"十四五"时期国家重点出版物出版专项规划项目

浙江昆虫志

第十六卷
膜翅目
细腰亚目（II）

陈学新 唐璞 主编

科学出版社
北京

内 容 简 介

膜翅目 Hymenoptera 细腰亚目 Apocrita 包括了膜翅目的大部分种类，分为两类：针尾部 Aculeata（胡蜂、青蜂、蜜蜂和蚂蚁等）和寄生部 Parasitica（如姬蜂、瘿蜂和小蜂等），主要鉴别特征为腹基部缢缩，具柄或略呈柄状。本卷包括膜翅目细腰亚目姬蜂总科的姬蜂科和茧蜂科，共 248 属 692 种。本卷主要依据标本和文献记录，对实际研究过的种类做了比较详细的形态描述，每个种均列有分布、主要形态特征等，并附有检索表。

本书可供农、林、牧、畜、渔、环境保护和生物多样性保护等领域的工作者参考使用。

图书在版编目（CIP）数据

浙江昆虫志. 第十六卷，膜翅目. 细腰亚目. Ⅱ /陈学新，唐璞主编. —北京：科学出版社，2024.12

"十四五"时期国家重点出版物出版专项规划项目

国家出版基金项目

ISBN 978-7-03-072428-1

Ⅰ. ①浙⋯ Ⅱ. ①陈⋯ ②唐⋯ Ⅲ. ①昆虫志—浙江②膜翅目—昆虫志—浙江③细腰亚目—昆虫志—浙江 Ⅳ. ①Q968.225.5②Q969.420.8③Q969.540.8

中国版本图书馆 CIP 数据核字(2022)第 092881 号

责任编辑：王　静　李　悦　赵小林/责任校对：杨　赛
责任印制：肖　兴/封面设计：北京蓝正合融广告有限公司

科学出版社 出版

北京东黄城根北街16号
邮政编码：100717
http://www.sciencep.com

北京中科印刷有限公司印刷
科学出版社发行　各地新华书店经销

*

2024 年 12 月第 一 版　开本：889×1194　1/16
2024 年 12 月第一次印刷　印张：34 3/4
字数：1 150 000

定价：528.00 元

（如有印装质量问题，我社负责调换）

《浙江昆虫志》领导小组

主　　　任　胡　侠（2018年12月起任）

　　　　　　林云举（2014年11月至2018年12月在任）

副 主 任　吴　鸿　杨幼平　王章明　陆献峰

委　　　员　（以姓氏笔画为序）

　　　　　　王　翔　叶晓林　江　波　吾中良　何志华

　　　　　　汪奎宏　周子贵　赵岳平　洪　流　章滨森

顾　　　问　尹文英（中国科学院院士）

　　　　　　印象初（中国科学院院士）

　　　　　　康　乐（中国科学院院士）

　　　　　　何俊华（浙江大学教授、博士生导师）

组 织 单 位　浙江省森林病虫害防治总站

　　　　　　浙江农林大学

　　　　　　浙江省林学会

《浙江昆虫志》编辑委员会

总 主 编　吴　鸿　杨星科　陈学新
副 总 主 编　（以姓氏笔画为序）
　　　　　　卜文俊　王　敏　任国栋　花保祯　杜予州　李后魂　李利珍
　　　　　　杨　定　张雅林　韩红香　薛万琦　魏美才
执行总主编　（以姓氏笔画为序）
　　　　　　王义平　洪　流　徐华潮　章滨森
编　　　委　（以姓氏笔画为序）
　　　　　　卜文俊　万　霞　王　星　王　敏　王义平　王吉锐　王青云
　　　　　　王宗庆　王厚帅　王淑霞　王新华　牛耕耘　石福明　叶文晶
　　　　　　田明义　白　明　白兴龙　冯纪年　朱桂寿　乔格侠　任　立
　　　　　　任国栋　刘立伟　刘国卿　刘星月　齐　鑫　江世宏　池树友
　　　　　　孙长海　花保祯　杜　晶　杜予州　杜喜翠　李　强　李后魂
　　　　　　李利珍　李君健　李泽建　杨　定　杨星科　杨淑贞　肖　晖
　　　　　　吴　鸿　吴　琼　余水生　余建平　余晓霞　余著成　张　琴
　　　　　　张苏炯　张春田　张爱环　张润志　张雅林　张道川　陈　卓
　　　　　　陈卫平　陈开超　陈学新　武春生　范骁凌　林　坚　林美英
　　　　　　林晓龙　季必浩　金　沙　郑英茂　赵明水　郝　博　郝淑莲
　　　　　　侯　鹏　俞叶飞　姜　楠　洪　流　姚　刚　贺位忠　秦　玫
　　　　　　贾凤龙　钱海源　徐　骏　徐华潮　栾云霞　高大海　郭　瑞
　　　　　　唐　璞　黄思遥　黄俊浩　戚慕杰　彩万志　梁红斌　韩红香
　　　　　　韩辉林　程　瑞　程樟峰　鲁　专　路园园　薛大勇　薛万琦
　　　　　　魏美才

《浙江昆虫志 第十六卷 膜翅目 细腰亚目（Ⅱ）》编写人员

主　编　陈学新　唐　璞

副主编　吴　琼　王义平

作者及参加编写单位（按研究类群排序）

姬蜂科

　　　　陈学新　唐　璞　吴　琼　韩源源　王春红　马行洲　袁瑞忠

　　　　朱佳晨　郑博颖　何俊华（浙江大学）

茧蜂科

　　　　陈学新　唐　璞　吴　琼　周金瑾　李　杨　韩源源

　　　　舒晓晗　肖丹丹　陆召和　逯倩钰　何俊华（浙江大学）

　　　　王义平（浙江农林大学）

《浙江昆虫志》序一

浙江省地处亚热带，气候宜人，集山水海洋之地利，生物资源极为丰富，已知的昆虫种类就有 1 万多种。浙江省昆虫资源的研究历来受到国内外关注，长期以来大批昆虫学分类工作者对浙江省进行了广泛的资源调查，积累了丰富的原始资料。因此，系统地研究这一地域的昆虫区系，其意义与价值不言而喻。吴鸿教授及其团队曾多次负责对浙江天目山等各重点生态地区的昆虫资源种类的详细调查，编撰了一些专著，这些广泛、系统而深入的调查为浙江省昆虫资源的调查与整合提供了翔实的基础信息。在此基础上，为了进一步摸清浙江省的昆虫种类、分布与为害情况，2016 年由浙江省林业有害生物防治检疫局（现浙江省森林病虫害防治总站）和浙江省林学会发起，委托浙江农林大学实施，先后邀请全国几十家科研院所，300 多位昆虫分类专家学者在浙江省内开展昆虫资源的野外补充调查与标本采集、鉴定，并且系统编写《浙江昆虫志》。

历时六年，在国内最优秀昆虫分类专家学者的共同努力下，《浙江昆虫志》即将按类群分卷出版面世，这是一套较为系统和完整的昆虫资源志书，包含了昆虫纲所有主要类群，更为可贵的是，《浙江昆虫志》参照《中国动物志》的编写规格，有较高的学术价值，同时该志对动物资源保护、持续利用、有害生物控制和濒危物种保护均具有现实意义，对浙江地区的生物多样性保护、研究及昆虫学事业的发展具有重要推动作用。

《浙江昆虫志》的问世，体现了项目主持者和组织者的勤奋敬业，彰显了我国昆虫学家的执着与追求、努力与奋进的优良品质，展示了最新的科研成果。《浙江昆虫志》的出版将为浙江省昆虫区系的深入研究奠定良好基础。浙江地区还有一些类群有待广大昆虫研究者继续努力工作，也希望越来越多的同仁能在国家和地方相关部门的支持下开展昆虫志的编写工作，这不但对生物多样性研究具有重大贡献，也将造福我们的子孙后代。

印象初
河北大学生命科学学院
中国科学院院士
2022 年 1 月 18 日

《浙江昆虫志》序二

浙江地处中国东南沿海，地形自西南向东北倾斜，大致可分为浙北平原、浙西中山丘陵、浙东丘陵、中部金衢盆地、浙南山地、东南沿海平原及海滨岛屿 6 个地形区。浙江复杂的生态环境成就了极高的生物多样性。关于浙江的生物资源、区系组成、分布格局等，植物和大型动物都有较为系统的研究，如 20 世纪 80 年代《浙江植物志》和《浙江动物志》陆续问世，但是无脊椎动物的研究却较为零散。90 年代末至今，浙江省先后对天目山、百山祖、清凉峰等重点生态地区的昆虫资源种类进行了广泛、系统的科学考察和研究，先后出版《天目山昆虫》《华东百山祖昆虫》《浙江清凉峰昆虫》等专著。1983 年、2003 年和 2015 年，由浙江省林业厅部署，浙江省还进行过三次林业有害生物普查。但历史上，浙江省一直没有对全省范围的昆虫资源进行系统整理，也没有建立统一的物种信息系统。

2016 年，浙江省林业有害生物防治检疫局（现浙江省森林病虫害防治总站）和浙江省林学会发起，委托浙江农林大学组织实施，联合中国科学院、南开大学、浙江大学、西北农林科技大学、中国农业大学、中南林业科技大学、河北大学、华南农业大学、扬州大学、浙江自然博物馆等单位共同合作，开始展开对浙江省昆虫资源的实质性调查和编纂工作。六年来，在全国三百多位专家学者的共同努力下，编纂工作顺利完成。《浙江昆虫志》参照《中国动物志》编写，系统、全面地介绍了不同阶元的鉴别特征，提供了各类群的检索表，并附形态特征图。全书各卷册分别由该领域知名专家编写，有力地保证了《浙江昆虫志》的质量和水平，使这套志书具有很高的科学价值和应用价值。

昆虫是自然界中最繁盛的动物类群，种类多、数量大、分布广、适应性强，与人们的生产生活关系复杂而密切，既有害虫也有大量有益昆虫，是生态系统中重要的组成部分。《浙江昆虫志》不仅有助于人们全面了解浙江省丰富的昆虫资源，还可供农、林、牧、畜、渔、生物学、环境保护和生物多样性保护等工作者参考使用，可为昆虫资源保护、持续利用和有害生物控制提供理论依据。该丛书的出版将对保护森林资源、促进森林健康和生态系统的保护起到重要作用，并且对浙江省设立"生态红线"和"物种红线"的研究与监测，以及创建"两美浙江"等具有重要意义。

《浙江昆虫志》必将以它丰富的科学资料和广泛的应用价值为我国的动物学文献宝库增添新的宝藏。

康 乐
中国科学院动物研究所
中国科学院院士
2022 年 1 月 30 日

《浙江昆虫志》前言

生物多样性是人类赖以生存和发展的重要基础，是地球生命所需要的物质、能量和生存条件的根本保障。中国是生物多样性最为丰富的国家之一，也同样面临着生物多样性不断丧失的严峻问题。生物多样性的丧失，直接威胁到人类的食品、健康、环境和安全等。国家高度重视生物多样性的保护，下大力气改善生态环境，改变生物资源的利用方式，促进生物多样性研究的不断深入。

浙江区域是我国华东地区一道重要的生态屏障，和谐稳定的自然生态系统为长三角地区经济快速发展提供了有力保障。浙江省地处中国东南沿海长江三角洲南翼，东临东海，南接福建，西与江西、安徽相连，北与上海、江苏接壤，位于北纬 27°02′~31°11′，东经 118°01′~123°10′，陆地面积 10.55 万 km^2，森林面积 608.12 万 hm^2，森林覆盖率为 61.17%（按省同口径计算，含一般灌木），森林生态系统多样性较好，森林植被类型、森林类型、乔木林龄组类型较丰富。湿地生态系统中湿地植物和植被、湿地野生动物均相当丰富。目前浙江省建有数量众多、类型丰富、功能多样的各级各类自然保护地。有 1 处国家公园体制试点区（钱江源国家公园）、311 处省级及以上自然保护地，其中 27 处自然保护区、128 处森林公园、59 处风景名胜区、67 处湿地公园、15 处地质公园、15 处海洋公园（海洋特别保护区），自然保护地总面积 1.4 万 km^2，占全省陆域的 13.3%。

浙江素有"东南植物宝库"之称，是中国植物物种多样性最丰富的省份之一，有高等植物 6100 余种，在中国东南部植物区系中占有重要的地位；珍稀濒危植物众多，其中国家一级重点保护野生植物 11 种，国家二级重点保护野生植物 104 种；浙江特有种超过 200 种，如百山祖冷杉、普陀鹅耳枥、天目铁木等物种。陆生野生脊椎动物有 790 种，约占全国总数的 27%，列入浙江省级以上重点保护野生动物 373 种，其中国家一级重点保护野生动物 54 种，国家二级保护野生动物 138 种，像中华凤头燕鸥、华南梅花鹿、黑麂等都是以浙江为主要分布区的珍稀濒危野生动物。

昆虫是现今陆生动物中最为繁盛的一个类群，约占动物界已知种类的 3/4，是生物多样性的重要组成部分，在生态系统中占有独特而重要的地位，与人类具有密切而复杂的关系，为世界创造了巨大精神和物质财富，如家喻户晓的家蚕、蜜蜂和冬虫夏草等资源昆虫。

浙江集山水海洋之地利，地理位置优越，地形复杂多样，气候温和湿润，加之第四纪以来未受冰川的严重影响，森林覆盖率高，造就了丰富多样的生境类型，保存着大量珍稀生物物种，这种有利的自然条件给昆虫的生息繁衍提供了便利。昆虫种类复杂多样，资源极为丰富，珍稀物种荟萃。

浙江昆虫研究由来已久，早在北魏郦道元所著《水经注》中，就有浙江天目山的山川、霜木情况的记载。明代医药学家李时珍在编撰《本草纲目》时，曾到天目山实地考察采集，书中收有产于天目山的养生之药数百种，其中不乏有昆虫药。明代《西天目祖山志》生殖篇虫族中有山蚕、蚱蜢、蟋蟀、蛱蝶、蜻蜓、蝉等昆虫的明确记载。由此可见，自古以来，浙江的昆虫就已引起人们的广泛关注。

20世纪40年代之前，法国人郑璧尔（Octave Piel，1876～1945）（曾任上海震旦博物馆馆长）曾分别赴浙江四明山和舟山进行昆虫标本的采集，于1916年、1926年、1929年、1935年、1936年及1937年又多次到浙江天目山和莫干山采集，其中，1935～1937年的采集规模大、类群广。他采集的标本数量大、影响深远，依据他所采标本就有相关24篇文章在学术期刊上发表，其中80种的模式标本产于天目山。

浙江是中国现代昆虫学研究的发源地之一。1924年浙江省昆虫局成立，曾多次派人赴浙江各地采集昆虫标本，国内昆虫学家也纷纷来浙采集，如胡经甫、祝汝佐、柳支英、程淦藩等，这些采集的昆虫标本现保存于中国科学院动物研究所、中国科学院上海昆虫博物馆（原中国科学院上海昆虫研究所）及浙江大学。据此有不少研究论文发表，其中包括大量新种。同时，浙江省昆虫局创办了《昆虫与植病》和《浙江省昆虫局年刊》等。《昆虫与植病》是我国第一份中文昆虫期刊，共出版100多期。

20世纪80年代末至今，浙江省开展了一系列昆虫分类区系研究，特别是1983年和2003年分别进行了林业有害生物普查，分别鉴定出林业昆虫1585种和2139种。陈其瑚主编的《浙江植物病虫志 昆虫篇》（第一集 1990年，第二集 1993年）共记述26目5106种（包括蜱螨目），并将浙江全省划分成6个昆虫地理区。1993年童雪松主编的《浙江蝶类志》记述鳞翅目蝶类11科340种。2001年方志刚主编的《浙江昆虫名录》收录六足类4纲30目447科9563种。2015年宋立主编的《浙江白蚁》记述白蚁4科17属62种。2019年李泽建等在《浙江天目山蝴蝶图鉴》中记述蝴蝶5科123属247种。2020年李泽建等在《百山祖国家公园蝴蝶图鉴 第Ⅰ卷》中记述蝴蝶5科140属283种。

中国科学院上海昆虫研究所尹文英院士曾于1987年主持国家自然科学基金重点项目"亚热带森林土壤动物区系及其在森林生态平衡中的作用"，在天目山采得昆虫纲标本3.7万余号，鉴定出12目123种，并于1992年编撰了《中国亚热带土壤动物》一书，该项目研究成果曾获中国科学院自然科学奖二等奖。

浙江大学（原浙江农业大学）何俊华和陈学新教授团队在我国著名寄生蜂分类学家祝汝佐教授（1900～1981）所奠定的文献资料与研究标本的坚实基础上，开展了农林业害虫寄生性天敌昆虫资源的深入系统分类研究，取得丰硕成果，撰写专著20余册，如《中国经济昆虫志 第五十一册 膜翅目 姬蜂科》《中国动物志 昆虫纲 第十八卷 膜翅目 茧蜂科（一）》《中国动物志 昆虫纲 第二十九卷 膜翅目 螯蜂科》《中国动物志 昆虫纲 第三十七卷 膜翅目 茧蜂科（二）》《中国动物志 昆虫纲 第五十六卷 膜翅目 细蜂总科（一）》等。2004年何俊华教授又联合相关专家编著了《浙江蜂类志》，共记录浙江蜂类59科631属1687种，其中模式产地在浙江的就有437种。

浙江农林大学（原浙江林学院）吴鸿教授团队先后对浙江各重点生态地区的昆虫资源进行了广泛、系统的科学考察和研究，联合全国有关科研院所的昆虫分类学家，吴鸿教授作为主编或者参编者先后编撰了《浙江古田山昆虫和大型真菌》《华东百山祖昆虫》《龙王山昆虫》《天目山昆虫》《浙江乌岩岭昆虫及其森林健康评价》《浙江凤阳山昆虫》《浙江清凉峰昆虫》《浙江九龙山昆虫》等图书，书中发表了众多的新属、新种、中国新记录科、新记录属和新记录种。2014～2020年吴鸿教授作为总主编之一还编撰了《天目山动物志》（共 11 卷），其中记述六足类动物 32 目 388 科 5000 余种。上述科学考察以及本次《浙江昆虫志》编撰项目为浙江当地和全国培养了一批昆虫分类学人才并积累了 100 万号昆虫标本。

通过上述大型有组织的昆虫科学考察，不仅查清了浙江省重要保护区内的昆虫种类资源，而且为全国积累了珍贵的昆虫标本。这些标本、专著及考察成果对于浙江省乃至全国昆虫类群的系统研究具有重要意义，不仅推动了浙江地区昆虫多样性的研究，也让更多的人认识到生物多样性的重要性。然而，前期科学考察的采集和研究的广度和深度都不能反映整个浙江地区的昆虫全貌。

昆虫多样性的保护、研究、管理和监测等许多工作都需要有翔实的物种信息作为基础。昆虫分类鉴定往往是一项逐渐接近真理（正确物种）的工作，有时甚至需要多次更正才能找到真正的归属。过去的一些观测仪器和研究手段的限制，导致部分属种鉴定有误，现代电子光学显微成像技术及 DNA 条形码分子鉴定技术极大推动了昆虫物种的更精准鉴定，此次《浙江昆虫志》对过去一些长期误鉴的属种和疑难属种进行了系统订正。

为了全面系统地了解浙江省昆虫种类的组成、发生情况、分布规律，为了益虫开发利用和有害昆虫的防控，以及为生物多样性研究和持续利用提供科学依据，2016 年 7 月"浙江省昆虫资源调查、信息管理与编撰"项目正式开始实施，该项目由浙江省林业有害生物防治检疫局（现浙江省森林病虫害防治总站）和浙江省林学会发起，委托浙江农林大学组织，联合全国相关昆虫分类专家合作。《浙江昆虫志》编委会组织全国 30 余家单位 300 余位昆虫分类学者共同编写，共分 17 卷：第一卷由杜予州教授主编，包含原尾纲、弹尾纲、双尾纲，以及昆虫纲的石蛃目、衣鱼目、蜉蝣目、蜻蜓目、襀翅目、等翅目、蜚蠊目、螳螂目、蛩蠊目、直翅目和革翅目；第二卷由花保祯教授主编，包括昆虫纲啮虫目、缨翅目、广翅目、蛇蛉目、脉翅目、长翅目和毛翅目；第三卷由张雅林教授主编，包含昆虫纲半翅目同翅亚目；第四卷由卜文俊和刘国卿教授主编，包含昆虫纲半翅目异翅亚目；第五卷由李利珍教授和白明研究员主编，包含昆虫纲鞘翅目原鞘亚目、藻食亚目、肉食亚目、牙甲总科、阎甲总科、隐翅虫总科、金龟总科、沼甲总科；第六卷由任国栋教授主编，包含昆虫纲鞘翅目花甲总科、吉丁甲总科、丸甲总科、叩甲总科、长蠹总科、郭公甲总科、扁甲总科、瓢甲总科、拟步甲总科；第七卷由杨星科和张润志研究员主编，包含昆虫纲鞘翅目叶甲总科和象甲总科；第八卷由吴鸿和杨定教授主编，包含昆虫纲双翅目长角亚目；第九卷由杨定和姚刚教授主编，包含昆虫纲双翅目短角亚目虻总科、水虻总科、食虫虻总科、舞虻总科、蚤蝇总科、蚜蝇总科、眼蝇总科、实蝇总科、小粪蝇总科、缟蝇总科、沼蝇总科、鸟蝇总科、水蝇总科、突眼蝇总科和禾蝇总科；第十卷由薛万琦和张春田教授主编，包含昆虫纲双翅目短角亚目蝇总科、狂蝇总科；第十一卷由李后魂教授主编，包含昆虫纲鳞翅目小蛾类；第十二卷由韩红香副研究员和姜楠博士主编，包含昆虫纲鳞翅目大蛾类；第十三卷由王敏和范骁凌教授主编，包含昆虫纲鳞翅目蝶类；第十四卷由魏美才教授主编，包含昆虫纲膜翅目"广腰亚目"；第十五卷由陈学新和王义平教授主编、第十六卷、第十七卷由陈学新和唐璞教授主编，这三卷内容为昆虫纲膜翅目细腰亚目*。17 卷共记述浙江省六足类 1 万余种，各卷所收录物种的截止时间为 2021 年 12 月。

---

* 因"膜翅目细腰亚目"物种丰富，本部分由原定 2 卷扩充为 3 卷出版。

《浙江昆虫志》各卷主编由昆虫各类群权威顶级分类专家担任，他们是各单位的学科带头人或国家杰出青年科学基金获得者、973计划首席专家和各专业学会的理事长和副理事长等，他们中有不少人都参与了《中国动物志》的编写工作，从而有力地保证了《浙江昆虫志》整套17卷学术内容的高水平和高质量，反映了我国昆虫分类学者对昆虫分类区系研究的最新成果。《浙江昆虫志》是迄今为止对浙江省昆虫种类资源最为完整的科学记载，体现了国际一流水平，17卷《浙江昆虫志》汇集了上万张图片，除黑白特征图外，还有大量成虫整体或局部特征彩色照片，这些图片精美、细致，能充分、直观地展示物种的分类形态鉴别特征。

浙江省林业局对《浙江昆虫志》的编撰出版一直给予关注，本项目在其领导与支持下获得浙江省财政厅的经费资助，并在科学考察过程中得到了浙江省各市、县（市、区）林业部门的大力支持和帮助，特别是浙江天目山国家级自然保护区管理局、浙江清凉峰国家级自然保护区管理局、宁波四明山国家森林公园、钱江源国家公园、浙江仙霞岭省级自然保护区管理局、浙江九龙山国家级自然保护区管理局、景宁望东垟高山湿地自然保护区管理局和舟山市自然资源和规划局也给予了大力协助。同时也感谢国家出版基金和科学出版社的资助与支持，保证了17卷《浙江昆虫志》的顺利出版。

中国科学院印象初院士和康乐院士欣然为本志作序。借此付梓之际，我们谨向以上单位和个人，以及在本项目执行过程中给予关怀、鼓励、支持、指导、帮助和做出贡献的同志表示衷心的感谢！

限于资料和编研时间等多方面因素，书中难免有不足之处，恳盼各位同行和专家及读者不吝赐教。

《浙江昆虫志》编辑委员会

2022年3月

《浙江昆虫志》编写说明

　　本志收录的种类原则上是浙江省内各个自然保护区和舟山群岛野外采集获得的昆虫种类。昆虫纲的分类系统参考袁锋等 2006 年编著的《昆虫分类学》第二版。其中，广义的昆虫纲已提升为六足总纲 Hexapoda，分为原尾纲 Protura、弹尾纲 Collembola、双尾纲 Diplura 和昆虫纲 Insecta。目前，狭义的昆虫纲仅包含无翅亚纲的石蛃目 Microcoryphia 和衣鱼目 Zygentoma 以及有翅亚纲。本志采用六足总纲的分类系统。考虑到编写的系统性、完整性和连续性，各卷所包含类群如下：第一卷包含原尾纲、弹尾纲、双尾纲，以及昆虫纲的石蛃目、衣鱼目、蜉蝣目、蜻蜓目、襀翅目、等翅目、蜚蠊目、螳螂目、蛩蠊目、直翅目和革翅目；第二卷包含昆虫纲的啮虫目、缨翅目、广翅目、蛇蛉目、脉翅目、长翅目和毛翅目；第三卷包含昆虫纲的半翅目同翅亚目；第四卷包含昆虫纲的半翅目异翅亚目；第五卷、第六卷和第七卷包含昆虫纲的鞘翅目；第八卷、第九卷和第十卷包含昆虫纲的双翅目；第十一卷、第十二卷和第十三卷包含昆虫纲的鳞翅目；第十四卷、第十五卷、第十六卷和第十七卷包含昆虫纲的膜翅目。

　　由于篇幅限制，本志所涉昆虫物种均仅提供原始引证，部分物种同时提供了最新的引证信息。为了物种鉴定的快速化和便捷化，所有包括 2 个以上分类阶元的目、科、亚科、属，以及物种均依据形态特征编写了对应的分类检索表。本志关于浙江省内分布情况的记录，除了之前有记录但是分布记录不详且本次调查未采到标本的种类外，所有种类都尽可能反映其详细的分布信息。限于篇幅，浙江省内的分布信息如下所列按地级市、市辖区、县级市、县、自治县为单位按顺序编写，如浙江（安吉、临安）；由于四明山国家级自然保护区地跨多个市（县），因此，该地的分布信息保留为四明山。对于省外分布地则只写到省份、自治区、直辖市和特区等名称，参照《中国动物志》的编写规则，按顺序排列。对于国外分布地则只写到国家或地区名称，各个国家名称参照国际惯例按顺序排列，以逗号隔开。浙江省分布地名称和行政区划资料截至 2020 年，具体如下。

　　湖州：吴兴、南浔、德清、长兴、安吉
　　嘉兴：南湖、秀洲、嘉善、海盐、海宁、平湖、桐乡
　　杭州：上城、下城、江干、拱墅、西湖、滨江、萧山、余杭、富阳、临安、桐庐、淳安、建德
　　绍兴：越城、柯桥、上虞、新昌、诸暨、嵊州
　　宁波：海曙、江北、北仑、镇海、鄞州、奉化、象山、宁海、余姚、慈溪
　　舟山：定海、普陀、岱山、嵊泗
　　金华：婺城、金东、武义、浦江、磐安、兰溪、义乌、东阳、永康
　　台州：椒江、黄岩、路桥、三门、天台、仙居、温岭、临海、玉环
　　衢州：柯城、衢江、常山、开化、龙游、江山
　　丽水：莲都、青田、缙云、遂昌、松阳、云和、庆元、景宁、龙泉
　　温州：鹿城、龙湾、瓯海、洞头、永嘉、平阳、苍南、文成、泰顺、瑞安、乐清

目　　录

第一章　姬蜂总科 Ichneumonoidea ··· 1
　一、姬蜂科 Ichneumonidae ·· 1
　　（一）瘤姬蜂亚科 Pimplinae ··· 2
　　　1. 白眶姬蜂属 *Perithous* Holmgren, 1859 ·· 2
　　　2. 伪瘤姬蜂属 *Pseudopimpla* Habermehl, 1917 ·· 5
　　　3. 短姬蜂属 *Pachymelos* Baltazar, 1961 ·· 6
　　　4. 弯姬蜂属 *Camptotypus* Kriechbaumer, 1889 ··· 7
　　　5. 顶姬蜂属 *Acropimpla* Townes, 1960 ··· 8
　　　6. 爱姬蜂属 *Exeristes* Förster, 1869 ·· 12
　　　7. 非姬蜂属 *Afrephialtes* Benoit, 1953 ··· 13
　　　8. 兜姬蜂属 *Dolichomitus* Smith, 1877 ·· 14
　　　9. 派姬蜂属 *Paraperithous* Haupt, 1954 ··· 16
　　　10. 蓑瘤姬蜂属 *Sericopimpla* Kriechbaumer, 1895 ······································· 18
　　　11. 聚瘤姬蜂属 *Gregopimpla* Momoi, 1965 ·· 19
　　　12. 聚蛛姬蜂属 *Tromatobia* Förster, 1869 ··· 21
　　　13. 盛雕姬蜂属 *Zaglyptus* Förster, 1869 ··· 23
　　　14. 闭臀姬蜂属 *Clistopyga* Gravenhorst, 1829 ··· 25
　　　15. 裂臀姬蜂属 *Schizopyga* Gravenhorst, 1829 ··· 26
　　　16. 锤跗姬蜂属 *Acrodactyla* Haliday, 1838 ·· 27
　　　17. 长胫姬蜂属 *Longitibia* He et Ye, 1999 ··· 30
　　　18. 斜脉姬蜂属 *Reclinervellus* He et Ye, 1998 ··· 31
　　　19. 多印姬蜂属 *Zatypota* Förster, 1869 ··· 32
　　　20. 尖裂姬蜂属 *Oxyrrhexis* Förster, 1869 ·· 33
　　　21. 嗜蛛姬蜂属 *Polysphincta* Gravenhorst, 1829 ·· 33
　　　22. 长尾姬蜂属 *Ephialtes* Gravenhorst, 1829 ·· 34
　　　23. 泥囊爪姬蜂属 *Nomosphecia* Gupta, 1962 ·· 36
　　　24. 囊爪姬蜂属 *Theronia* Holmgren, 1859 ·· 37
　　　25. 黑点瘤姬蜂属 *Xanthopimpla* Saussure, 1892 ··· 40
　　　26. 恶姬蜂属 *Echthromorpha* Holmgren, 1868 ·· 49
　　　27. 埃姬蜂属 *Itoplectis* Förster, 1869 ·· 49
　　　28. 钩尾姬蜂属 *Apechthis* Förster, 1869 ··· 51
　　　29. 黑瘤姬蜂属 *Pimpla* Fabricius, 1804 ·· 54
　　（二）皱背姬蜂亚科 Rhyssinae ·· 62
　　　30. 马尾姬蜂属 *Megarhyssa* Ashmead, 1900 ·· 63
　　　31. 三钩姬蜂属 *Triancyra* Baltazar, 1961 ·· 63
　　（三）柄卵姬蜂亚科 Tryphoninae ··· 64
　　　32. 单距姬蜂属 *Sphinctus* Gravenhorst, 1829 ·· 64
　　　33. 拟瘦姬蜂属 *Netelia* Gray, 1860 ··· 65
　　　34. 镰颚姬蜂属 *Atopotrophos* Cushman, 1940 ·· 67
　　　35. 鼓姬蜂属 *Eridolius* Förster, 1869 ··· 68
　　　36. 外姬蜂属 *Exenterus* Hartig, 1837 ··· 69
　　　37. 克里姬蜂属 *Kristotomus* Mason, 1962 ·· 69
　　（四）优姬蜂亚科 Eucerotinae ··· 70
　　　38. 优姬蜂属 *Euceros* Gravenhorst, 1829 ·· 70
　　（五）高腹姬蜂亚科 Labeninae ·· 71

39. 草蛉姬蜂属 *Brachycyrtus* Kriechbaumer, 1880 ································· 71
（六）潜水蜂亚科 Agriotypinae ··· 72
　　40. 潜水姬蜂属 *Agriotypus* Curtis, 1832 ·· 73
（七）壕姬蜂亚科 Lycorininae ·· 73
　　41. 壕姬蜂属 *Lycorina* Holmgren, 1859 ·· 73
（八）栉姬蜂亚科 Banchinae ·· 74
　　42. 细柄姬蜂属 *Leptobatopsis* Ashmead, 1900 ·································· 74
　　43. 栉姬蜂属 *Banchus* Fabricius, 1798 ··· 76
（九）栉足姬蜂亚科 Ctenopelmatinae ··· 77
　　44. 齿胫姬蜂属 *Scolobates* Gravenhorst, 1829 ·································· 77
　　45. 曲趾姬蜂属 *Hadrodactylus* Förster, 1869 ··································· 78
　　46. 饰骨姬蜂属 *Lophyroplectus* Thomson, 1883 ······························· 79
　　47. 畸脉姬蜂属 *Neurogenia* Roman, 1910 ······································· 80
（十）缝姬蜂亚科 Porizontinae ·· 80
　　48. 圆柄姬蜂属 *Venturia* Schrottky, 1902 ······································· 81
　　49. 凹眼姬蜂属 *Casinaria* Holmgren, 1859 ····································· 82
　　50. 悬茧姬蜂属 *Charops* Holmgren, 1859 ······································· 84
　　51. 小室姬蜂属 *Scenocharops* Uchida, 1932 ··································· 85
　　52. 齿唇姬蜂属 *Campoletis* Förster, 1869 ······································ 86
　　53. 弯尾姬蜂属 *Diadegma* Förster, 1869 ·· 87
　　54. 镶颚姬蜂属 *Hyposoter* Förster, 1869 ······································· 88
　　55. 食泥甲姬蜂属 *Lemophagus* Townes, 1965 ································· 88
　　56. 钝唇姬蜂属 *Eriborus* Förster, 1869 ··· 89
　　57. 黄缝姬蜂属 *Xanthocampoplex* Morley, 1913 ······························· 90
（十一）分距姬蜂亚科 Cremastinae ·· 91
　　58. 齿腿姬蜂属 *Pristomerus* Curtis, 1836 ······································ 91
　　59. 离缘姬蜂属 *Trathala* Cameron, 1899 ······································· 93
　　60. 抱缘姬蜂属 *Temelucha* Förster, 1869 ······································· 94
（十二）微姬蜂亚科 Phrudinae ··· 95
　　61. 短硬姬蜂属 *Brachyscleroma* Cushman, 1940 ······························· 95
（十三）瘦姬蜂亚科 Ophioninae ··· 97
　　62. 窄痣姬蜂属 *Dictyonotus* Kriechbaumer, 1894 ····························· 98
　　63. 棘转姬蜂属 *Stauropoctonus* Brauns, 1889 ································· 99
　　64. 嵌翅姬蜂属 *Dicamptus* Szépligeti, 1905 ···································· 99
　　65. 细颚姬蜂属 *Enicospilus* Stephens, 1835 ·································· 100
（十四）菱室姬蜂亚科 Mesochorinae ·· 108
　　66. 菱室姬蜂属 *Mesochorus* Gravenhorst, 1829 ······························ 108
　　67. 横脊姬蜂属 *Stictopisthus* Thomson, 1886 ································ 109
（十五）盾脸姬蜂亚科 Metopinae ·· 109
　　68. 方盾姬蜂属 *Acerataspis* Uchida, 1934 ···································· 110
　　69. 黄脸姬蜂属 *Chorinaeus* Holmgren, 1858 ································· 111
　　70. 盾脸姬蜂属 *Metopius* Panzer, 1806 ······································· 112
　　71. 圆胸姬蜂属 *Colpotrochia* Holmgren, 1856 ······························· 114
　　72. 等距姬蜂属 *Hypsicera* Latreille, 1829 ···································· 116
　　73. 长颊姬蜂属 *Macromalon* Townes et Townes, 1959 ····················· 117
　　74. 凸脸姬蜂属 *Exochus* Gravenhorst, 1829 ·································· 118
（十六）格姬蜂亚科 Gravenhorstiinae ··· 119
　　75. 软姬蜂属 *Habronyx* Förster, 1869 ··· 119
　　76. 棘领姬蜂属 *Therion* Curtis, 1829 ·· 120
　　77. 异足姬蜂属 *Heteropelma* Wesmael, 1849 ································· 121
　　78. 阿格姬蜂属 *Agrypon* Förster, 1860 ······································· 122

79. 短脉姬蜂属 *Brachynervus* Uchida, 1955 ·· 123
（十七）犁姬蜂亚科 Acaenitinae ·· 124
    80. 污翅姬蜂属 *Spilopteron* Townes, 1960 ································ 124
（十八）蚜蝇姬蜂亚科 Diplazontinae ·· 124
    81. 蚜蝇姬蜂属 *Diplazon* Viereck, 1914 ···································· 125
    82. 杀蚜蝇姬蜂属 *Syrphoctonus* Förster, 1869 ···························· 126
（十九）秘姬蜂亚科 Cryptinae ·· 126
    83. 棘腹姬蜂属 *Astomaspis* Förster, 1869 ································ 127
    84. 刺姬蜂属 *Diatora* Förster, 1869 ·· 128
    85. 光背姬蜂属 *Aclastus* Förster, 1869 ···································· 129
    86. 权姬蜂属 *Agasthenes* Förster, 1869 ···································· 130
    87. 短瘤姬蜂属 *Brachypimpla* Strobl, 1902 ······························ 131
    88. 洛姬蜂属 *Rothneyia* Cameron, 1897 ·································· 132
    89. 角脸姬蜂属 *Nipponaetes* Uchida, 1933 ································ 132
    90. 泥甲姬蜂属 *Bathythrix* Förster, 1869 ·································· 133
    91. 多棘姬蜂属 *Apophysius* Cushman, 1922 ······························ 134
    92. 蝇蛹姬蜂属 *Atractodes* Gravenhorst, 1829 ·························· 135
    93. 厕蝇姬蜂属 *Mesoleptus* Gravenhorst, 1829 ·························· 135
    94. 曼姬蜂属 *Mansa* Tosquinet, 1896 ······································ 136
    95. 甲腹姬蜂属 *Hemigaster* Brulle, 1846 ·································· 137
    96. 斗姬蜂属 *Torbda* Cameron, 1902 ······································ 138
    97. 蛀姬蜂属 *Schreineria* Schreiner, 1905 ································ 139
    98. 黑胸姬蜂属 *Amauromorpha* Ashmead, 1905 ························ 140
    99. 田猎姬蜂属 *Agrothereutes* Förster, 1850 ······························ 141
    100. 亲姬蜂属 *Gambrus* Förster, 1869 ···································· 141
    101. 瘤脸姬蜂属 *Etha* Cameron, 1903 ···································· 143
    102. 隆缘姬蜂属 *Buysmania* Cheesman, 1941 ···························· 144
    103. 绿姬蜂属 *Chlorocryptus* Cameron, 1903 ···························· 144
    104. 脊额姬蜂属 *Gotra* Cameron, 1902 ···································· 145
    105. 菲姬蜂属 *Allophatnus* Cameron, 1905 ······························ 146
    106. 角额姬蜂属 *Listrognathus* Tschek, 1871 ···························· 147
    107. 驼姬蜂属 *Goryphus* Holmgren, 1868 ································ 148
    108. 巢姬蜂属 *Acroricnus* Ratzeburg, 1852 ······························ 149
    109. 双洼姬蜂属 *Arthula* Cameron, 1900 ································ 150
    110. 隆侧姬蜂属 *Latibulus* Gistel, 1848 ···································· 151
（二十）姬蜂亚科 Ichneumoninae ·· 151
    111. 双缘姬蜂属 *Diadromus* Wesmael, 1845 ······························ 152
    112. 奥姬蜂属 *Auberteterus* Diller, 1981 ·································· 152
    113. 角突姬蜂属 *Megalomya* Uchida, 1940 ································ 153
    114. 遏姬蜂属 *Eccoptosage* Kriechbaumer, 1898 ························ 154
    115. 武姬蜂属 *Ulesta* Cameron, 1903 ······································ 156
    116. 尖腹姬蜂属 *Stenichneumon* Thomson, 1893 ························ 156
    117. 大凹姬蜂属 *Ctenichneumon* Thomson, 1894 ························ 157
    118. 青腹姬蜂属 *Lareiga* Cameron, 1903 ································ 158
    119. 俗姬蜂属 *Vulgichneumon* Heinrich, 1961 ···························· 159
    120. 丽姬蜂属 *Lissosculpta* Heinrich, 1934 ······························ 160
    121. 姬蜂属 *Ichneumon* Linnaeus, 1758 ···································· 161
    122. 锥凸姬蜂属 *Facydes* Cameron, 1901 ································ 162
    123. 圆丘姬蜂属 *Cobunus* Uchida, 1926 ·································· 162
    124. 钝杂姬蜂属 *Amblyjoppa* Cameron, 1902 ···························· 163
    125. 原姬蜂属 *Protichneumon* Thomson, 1893 ···························· 164

126. 长腹姬蜂属 *Atanyjoppa* Cameron, 1901 ··· 165
127. 新模姬蜂属 *Neotypus* Förster, 1869 ··· 166
128. 瘦杂姬蜂属 *Ischnojoppa* Kriechbaumer, 1898 ···································· 166
129. 平姬蜂属 *Platylabus* Wesmael, 1845 ··· 167
130. 卡姬蜂属 *Callajoppa* Cameron, 1903 ·· 168
131. 深沟姬蜂属 *Trogus* Panzer, 1806 ·· 169

二、茧蜂科 Braconidae ··· 170
  （一）矛茧蜂亚科 Doryctinae ··· 170
132. 艾维茧蜂属 *Aivalykus* Nixon, 1938 ··· 171
133. 拟条背茧蜂属 *Arhaconotus* Belokobylskij, 2000 ································ 172
134. 隐陡盾茧蜂属 *Cryptontsira* Belokobylskij, 2008 ······························· 173
135. 矛茧蜂属 *Doryctes* Haliday, 1836 ··· 173
136. 拟方头茧蜂属 *Hecabolomorpha* Belokobylskij et Chen, 2006 ··················· 175
137. 断脉茧蜂属 *Heterospilus* Haliday, 1836 ······································· 176
138. 合沟茧蜂属 *Hypodoryctes* Kokujev, 1900 ······································· 178
139. 甲矛茧蜂属 *Ipodoryctes* Granger, 1949 ·· 181
140. 小柄腹茧蜂属 *Leptospathius* Szépligeti, 1902 ································ 183
141. 厚脉茧蜂属 *Neurocrassus* Šnoflak, 1945 ······································· 184
142. 背纹茧蜂属 *Rhaconotinus* Hedqvist, 1965 ····································· 185
143. 柄腹茧蜂属 *Spathius* Nees, 1818 ·· 186
144. 刺足茧蜂属 *Zombrus* Marshall, 1897 ··· 198
  （二）茧蜂亚科 Braconinae ··· 199
145. 深沟茧蜂属 *Iphiaulax* Förster, 1862 ·· 201
146. 副奇翅茧蜂属 *Megalommum* Szépligeti, 1900 ··································· 204
147. 阿蝇态茧蜂属 *Amyosoma* Viereck, 1913 ··· 205
148. 刻柄茧蜂属 *Atanycolus* Förster, 1862 ··· 207
149. 似茧蜂属 *Bracomorpha* Papp, 1971 ··· 209
150. 茧蜂属 *Bracon* Fabricius, 1804 ··· 209
151. 距茧蜂属 *Calcaribracon* Quicke, 1986 ··· 219
152. 斧茧蜂属 *Dolabraulax* Quicke, 1986 ··· 221
153. 柔茧蜂属 *Habrobracon* Ashmead, 1895 ·· 223
154. 二叉茧蜂属 *Pseudoshirakia* van Achterberg, 1983 ······························ 225
155. 纹腹茧蜂属 *Shelfordia* Cameron, 1902 ··· 228
156. 窄茧蜂属 *Stenobracon* Szépligeti, 1901 ······································· 229
157. 拱腹茧蜂属 *Testudobracon* Quicke, 1986 ······································· 231
158. 刻鞭茧蜂属 *Coeloides* Wesmael, 1838 ·· 233
159. 马尾茧蜂属 *Euurobracon* Ashmead, 1900 ·· 234
160. 窄腹茧蜂属 *Angustibracon* Quicke, 1987 ······································· 238
  （三）内茧蜂亚科 Rogadinae ·· 239
161. 阔跗茧蜂属 *Yelicones* Cameron, 1887 ·· 241
162. 横纹茧蜂属 *Clinocentrus* Haliday, 1833 ······································· 243
163. 刺茧蜂属 *Spinaria* Brulle, 1846 ·· 246
164. 大内茧蜂属 *Megarhogas* Szepligeti, 1904 ······································ 246
165. 大口茧蜂属 *Macrostomion* Szepligeti, 1900 ···································· 247
166. 锥齿茧蜂属 *Conspinaria* Schulz, 1906 ··· 248
167. 圆脉茧蜂属 *Gyroneuron* Kokoujev, 1901 ·· 249
168. 三缝茧蜂属 *Triraphis* Ruthe, 1855 ·· 250
169. 内茧蜂属 *Rogas* Nees, 1818 ··· 253
170. 拟内茧蜂属 *Rogasodes* Chen et He, 1997 ······································· 253
171. 弓脉茧蜂属 *Arcaleiodes* Chen et He, 1997 ····································· 254
172. 脊茧蜂属 *Aleiodes* Wesmael, 1838 ··· 255

（四）皱腰茧蜂亚科 Rhysipolinae ... 266
173. 皱腰茧蜂属 *Rhysipolis* Förster, 1862 ... 266
（五）索翅茧蜂亚科 Hormiinae ... 266
174. 索翅茧蜂属 *Hormius* Nees, 1818 ... 267
（六）软节茧蜂亚科 Lysiterminae ... 268
175. 齿腹茧蜂属 *Acanthormius* Ashmead, 1906 ... 268
176. 犁沟茧蜂属 *Aulosaphes* Muesebeck, 1935 ... 271
177. 守子茧蜂属 *Cedria* Wilkinson, 1934 ... 272
（七）蝇茧蜂亚科 Opiinae ... 273
178. 全裂茧蜂属 *Diachasmimorpha* Viereck, 1913 ... 273
179. 宽带茧蜂属 *Eurytenes* Förster, 1863 ... 278
180. 费氏茧蜂属 *Fopius* Wharton, 1987 ... 279
181. 亮蝇茧蜂属 *Phaedrotoma* Förster, 1863 ... 280
（八）反颚茧蜂亚科 Alysiinae ... 282
182. 缺肘反颚茧蜂属 *Aphaereta* Förster, 1863 ... 282
183. 开颚茧蜂属 *Chaenusa* Haliday, 1839 ... 283
（九）蚜茧蜂亚科 Aphidiinae ... 284
184. 全脉蚜茧蜂属 *Ephedrus* Haliday, 1833 ... 284
185. 网脊蚜外茧蜂属 *Areopraon* Mackauer, 1959 ... 293
186. 蚜外茧蜂属 *Praon* Haliday, 1833 ... 294
（十）甲腹茧蜂亚科 Cheloninae ... 296
187. 革腹茧蜂属 *Ascogaster* Wesmael, 1835 ... 297
188. 甲腹茧蜂属 *Chelonus* Panzer, 1806 ... 311
189. 愈腹茧蜂属 *Phanerotoma* Wesmael, 1838 ... 317
190. 合腹茧蜂属 *Phanerotomella* Szépligeti, 1900 ... 318
191. 离脉茧蜂属 *Paradelius* de Saeger, 1942 ... 320
（十一）小腹茧蜂亚科 Microgastrinae ... 321
192. 绒茧蜂属 *Apanteles* Förster, 1863 ... 321
193. 长颊茧蜂属 *Dolichogenidea* Viereck, 1911 ... 364
194. 稻田茧蜂属 *Exoryza* Mason, 1981 ... 379
195. 盘绒茧蜂属 *Cotesia* Cameron, 1891 ... 380
196. 原绒茧蜂属 *Protapanteles* Ashmead, 1898 ... 388
197. 拱茧蜂属 *Fornicia* Brulle, 1846 ... 390
198. 小腹茧蜂属 *Microgaster* Latreille, 1804 ... 393
199. 侧沟茧蜂属 *Microplitis* Foester, 1863 ... 403
（十二）折脉茧蜂亚科 Cardiochilinae ... 412
200. 南折茧蜂属 *Austerocardiochiles* Dangerfield, Austin *et* Whitfield, 1999 ... 413
201. 宽折茧蜂属 *Eurycardiochiles* Dangerfield, Austin *et* Whitfield, 1999 ... 413
202. 片跗茧蜂属 *Hartemita* Cameron, 1910 ... 415
（十三）探茧蜂亚科 Ichneutinae ... 417
203. 探茧蜂属 *Ichneutes* Nees von Esenbeck, 1816 ... 417
204. 拟探茧蜂属 *Pseudichneutes* Bolokobylskij, 1996 ... 418
205. 前眼茧蜂属 *Proterops* Wesmael, 1835 ... 419
206. 寡脉茧蜂属 *Oligoneurus* Szepligeti, 1902 ... 420
（十四）怒茧蜂亚科 Orgilinae ... 422
207. 埃利茧蜂属 *Eleonoria* Braet *et* van Achterberg, 2000 ... 423
208. 角怒茧蜂属 *Kerorgilus* van Achterberg, 1985 ... 424
209. 拟怒茧蜂属 *Orgilonia* van Achterberg, 1987 ... 425
210. 怒茧蜂属 *Orgilus* Haliday, 1833 ... 426
211. 角室茧蜂属 *Stantonia* Ashmead, 1904 ... 427
（十五）长体茧蜂亚科 Macrocentrinae ... 429

212. 长体茧蜂属 *Macrocentrus* Curtis, 1833 ·················· 430
213. 腔室茧蜂属 *Aulacocentrum* Brues, 1922 ·················· 444
214. 直赛茧蜂属 *Rectizele* van Achterberg, 1993 ·················· 446
215. 澳赛茧蜂属 *Austrozele* Roman, 1910 ·················· 446
（十六）滑茧蜂亚科 Homolobinae ·················· 447
216. 滑茧蜂属 *Homolobus* Förster, 1862 ·················· 448
（十七）刀腹茧蜂亚科 Xiphozelinae ·················· 450
217. 刀腹茧蜂属 *Xiphozele* Cameron, 1906 ·················· 450
（十八）优茧蜂亚科 Euphorinae ·················· 452
218. 蜡茧蜂属 *Aridelus* Marshall, 1887 ·················· 453
219. 宽鞘茧蜂属 *Centistes* Haliday, 1835 ·················· 455
220. 瓢虫茧蜂属 *Dinocampus* Förster, 1862 ·················· 459
221. 优茧蜂属 *Euphorus* Nees, 1834 ·················· 459
222. 毛室茧蜂属 *Leiophron* Nees, 1818 ·················· 460
223. 悬茧蜂属 *Meteorus* Haliday, 1835 ·················· 461
224. 食甲茧蜂属 *Microctonus* Wesmael, 1835 ·················· 463
225. 缘茧蜂属 *Perilitus* Nees, 1818 ·················· 465
226. 常室茧蜂属 *Peristenus* Förster, 1862 ·················· 466
227. 长柄茧蜂属 *Streblocera* Westwood, 1833 ·················· 468
228. 姬蜂茧蜂属 *Syntretus* Förster, 1862 ·················· 472
229. 汤氏茧蜂属 *Townesilitus* Haeselbarth et Loan, 1983 ·················· 473
230. 网胸茧蜂属 *Ussuridelus* Tobias et Belokobylskij, 1981 ·················· 474
231. 赛茧蜂属 *Zele* Curtis, 1832 ·················· 474
（十九）高腹茧蜂亚科 Cenocoeliinae ·················· 475
232. 藤高腹茧蜂属 *Rattana* van Achterberg, 1994 ·················· 476
（二十）长茧蜂亚科 Helconinae ·················· 477
233. 天牛茧蜂属 *Brulleia* Szepligeti, 1904 ·················· 477
234. 近天牛茧蜂属 *Parabrulleia* van Achterberg, 1983 ·················· 478
235. 近长茧蜂属 *Helconidea* Viereck, 1914 ·················· 478
（二十一）悦茧蜂亚科 Charmontinae ·················· 480
236. 悦茧蜂属 *Charmon* Haliday, 1833 ·················· 480
（二十二）窄径茧蜂亚科 Agathidinae ·················· 481
237. 窄径茧蜂属 *Agathis* Latreille, 1804 ·················· 482
238. 闭腔茧蜂属 *Bassus* Fabricius, 1804 ·················· 483
239. 布伦茧蜂属 *Braunsia* Kriechbaumer, 1894 ·················· 484
240. 褐径茧蜂属 *Coccygidium* Saussure, 1892 ·················· 489
241. 长喙茧蜂属 *Cremnops* Förster, 1863 ·················· 490
242. 刺脸茧蜂属 *Disophrys* Förster, 1863 ·················· 491
243. 真径茧蜂属 *Euagathis* Szepligeti, 1900 ·················· 493
244. 溶腔茧蜂属 *Lytopylus* Förster, 1863 ·················· 497
245. 下腔茧蜂属 *Therophilus* Wesmael, 1837 ·················· 499
246. 泽拉茧蜂属 *Zelodia* van Acterberg et Long, 2010 ·················· 501
（二十三）鳞跨茧蜂亚科 Meteorideinae ·················· 504
247. 鳞跨茧蜂属 *Meteoridea* Ashmead, 1900 ·················· 504
（二十四）屏腹茧蜂亚科 Sigalphinae ·················· 505
248. 屏腹茧蜂属 *Sigalphus* Latreille, 1802 ·················· 505

参考文献 ·················· 506
中名索引 ·················· 514
学名索引 ·················· 524

第一章　姬蜂总科 Ichneumonoidea

姬蜂总科成员一直以来有变动，从少至 2 科，即茧蜂科 Braconidae 和姬蜂科 Ichneumonidae，到高达 8 科，即潜水蜂科 Agriotypidae、蚜茧蜂科 Aphidiidae、缺轭茧蜂科 Apozygidae、茧蜂科 Braconidae、姬蜂科 Ichneumonidae、巨蜂科 Megalyridae、前腹蜂科 Paxylommatidae 和冠蜂科 Stephanidae。在更早时，甚至有学者将钩腹蜂科 Trigonalidae 和旗腹蜂总科 Evanioidea 的 3 个科也放在姬蜂总科内。Sharkey 和 Wahl（1992）进行了系统发育研究，从而对本总科作了最新的定义。系统发育研究结果表明，姬蜂总科具有下述共同衍征：①成虫上颚具 2 齿；②胸腹侧片与前胸背板侧缘垂直方向愈合，中胸气门位于胸腹侧片正上方；③腹部第 1 腹板分成两部分，前半部分骨化程度高，后半部分骨化程度低；④腹部第 1 节和第 2 节通过位于第 1 背板端缘和第 2 背板基缘的背侧关节相连接；⑤前翅前缘脉和亚前缘脉近贴，前缘室比前缘脉宽度还要窄，通常情况下前缘室完全缺；⑥前翅 2r-m 脉缺；⑦幼虫具口后骨腹枝。根据这一定义，目前姬蜂总科仅含有 2 个现存的科，即茧蜂科 Braconidae 和姬蜂科 Ichneumonidae，以及 1 个化石科，即真姬蜂科 Eoichneumonidae。冠蜂科 Stephanidae 和巨蜂科 Megalyridae 被移出，并已立为总科级，其余则降为亚科，分别隶属于姬蜂科和茧蜂科。但此看法各作者尚未完全一致。

一、姬蜂科 Ichneumonidae

姬蜂种类众多，形态变化甚大。成虫微小至大型，2–35 mm（不包括产卵管）；体多细弱。触角长，丝状，多节。足转节 2 节，胫节距显著，爪强大，有 1 个爪间突。翅一般大型，偶有无翅或短翅型；有翅型前翅前缘脉与亚前缘脉愈合而前缘室消失，具翅痣；第 1 亚缘室和第 1 盘室因肘脉第 1 段（1-SR+M）消失而合并成一盘肘室，有第 2 回脉（2m-cu）；常具小翅室。并胸腹节大型，常有刻纹、隆脊或由隆脊形成的分区。腹部多细长，圆筒形、侧扁或扁平；产卵管长度不等，有鞘。

Townes（1969）报道已知 14 816 种。近来，每年都有许多新种发表，估计实际存在总数可达 6 万种。中国的姬蜂种类也十分丰富，到目前为止，约 320 属 1250 种，估计可能达 10 000 种（何俊华等，1996）。

寄生于鳞翅目 Lepidoptera、鞘翅目 Coleoptera、双翅目 Diptera、膜翅目 Hymenoptera、脉翅目 Neuroptera 和毛翅目 Trichoptera 等全变态昆虫的幼虫和蛹，绝不寄生于不完全变态的昆虫；也有的寄生于成蛛，或在蜘蛛卵囊内营生。此外，仅知一种伪蝎姬蜂 Obisiphaga sp.在英国从伪蝎 Obisium 卵囊中育出。其实，在卵囊内生活的姬蜂幼虫并不是只寄生于一个卵内，而是在取食卵粒，一只姬蜂幼虫可捕食多粒蜘蛛卵，实际上为捕食者习性。

姬蜂科的卵产在寄主体内或体外，有时具柄。蛹为离蛹，多有茧，即使在寄主体内化蛹的，也多有稀疏薄茧。对已羽化后的寄主蛹或蜂茧，除可依据羽化孔或茧的特征进行鉴定外，也可根据其幼虫口器形状的不同进行鉴定。多数为初寄生，少数为重寄生或兼性重寄生。一般为单寄生，偶有聚寄生。一般为内寄生，但有些亚科或族全部为外寄生。单期寄生类型中寄生于幼虫期的最多，不寄生于成虫期，也没有真正的卵寄生类型。跨期寄生的主要为幼虫-蛹期类型，从蛹中育出的姬蜂，多数为此类型。

姬蜂科是一类常见而重要的害虫天敌，如国内已知寄生于稻虫的姬蜂约 96 种，超过已知全部稻虫寄生蜂 20 个科总数的 1/3。

（一）瘤姬蜂亚科 Pimplinae

主要特征：体中等至大型，少数种类的个体较小；唇基端缘中央通常具深的缺刻；上颚粗壮，扭曲或不扭曲；前翅小翅室有或无；并胸腹节区域小，或无隆脊围成的区域，但有些类群如黑点瘤姬蜂属 *Xanthopimpla* 和囊爪姬蜂属 *Theronia* 的一些种具分脊，常有明显的分区；爪粗大，雌虫的爪基部通常有基齿，有的种类无基齿，但爪基部有一端部膨大的鬃，如囊爪姬蜂属团 *Theronia* genus group 种类；腹部第1节短而宽，气门位于该节中央或中央前方，腹板一般与背板游离，如果愈合，则背板有基侧凹；雌性下生殖板常呈方形，微弱骨化，中央常有一膜质区域；产卵器通常较长，有的种类如兜姬蜂属 *Dolichomitus* 甚至长于体长，产卵管背瓣端部无缺刻。

生物学：寄生于鳞翅目、鞘翅目、膜翅目、双翅目、蛇蛉目，大多数为幼虫、蛹寄生；也有的寄生于蛛形纲蜘蛛目，外寄生于蜘蛛上或卵囊内，或在蜘蛛卵囊内取食。

分布：世界广布。

I. 德姬蜂族 Delomeristini

主要特征：唇基端缘中央有明显的缺刻，均匀微弱隆起；眼眶有或无白斑；颚眼距白色；触角鞭节端节表面无突起。前胸背板背方不变短，颈部与中胸盾片不靠近；并胸腹节端区周围有明显的脊，气门圆形。雌性跗爪简单，无基齿，亦无末端膨大的鬃。腹部第 2–6 节背板具颗粒状刻点；第 3–5 节背板无背瘤。雄性下生殖板长形。.

生物学：寄生于鞘翅目象甲科；膜翅目锯蜂科、泥蜂科、茎蜂科；鳞翅目等。

分布：全北区、东洋区。世界已知 3 属，中国记录 2 属，浙江分布 1 属 2 种。

1. 白眶姬蜂属 *Perithous* Holmgren, 1859

Perithous Holmgren, 1859a: 123. Type species: *Ephialtes albicinctus* Gravenhorst, 1829.

主要特征：腹部第 2–5 背板光滑或近光滑，具中等粗的刻点；腹部各节端缘有白色横带；额眶白色。

生物学：寄生于膜翅目、鞘翅目和鳞翅目昆虫。

分布：全北区、东洋区。世界已知 19 种和亚种，中国记录 9 种和亚种，浙江分布 2 种。

（1）神白眶姬蜂指名亚种 *Perithous divinator divinator* (Rossi, 1790)

Ichneumon divinator Rossi, 1790: 48.
Perithous divinator divinator: Yu *et al*., 2016.

主要特征：雌，体长 7–9 mm。头部黑色，复眼内眶、唇基基部、上颚、触角柄节和梗节腹方黄色。胸部黑色；前胸背板背缘、翅基下脊、小盾片端部、后小盾片和并胸腹节的弧形斑黄色；中胸盾片、小盾片侧方、中胸侧板、中胸腹板和足红褐色。后足胫节和跗节常稍烟褐色。腹部背板黑色，第 2 节及以后各节背板端部黄带狭窄，一些背板或大部分背板常不完整或无；翅基片褐色或有一褐色斑（美国种群为黄色）；中足基节红褐色。中胸侧板近于光滑，近后足基节处无强刻条；后胸侧板近于光滑，有细刻点。

分布：浙江、辽宁、新疆；全北区。

（2）趣白眶姬蜂日本亚种 *Perithous scurra japonicus* Uchida, 1928（图1-1）

Perithous japonicus Uchida, 1928a: 91.
Perithous scurra japonicus: Yu *et al*., 2016.

主要特征：雌，体长11.4 mm；前翅长9.0 mm；产卵管长14.2 mm。触角鞭节33节，至端部稍粗。后胸侧板下缘脊完整；在中足基节背方呈一短锥形突起；腹部第1腹板基部有一明显钝的突起；后翅cu-a脉在上方0.36处曲折。胸部黑色，前胸背板上缘、翅基下缘脊、中胸后侧片、小盾片端部、后小盾片和并胸腹节端缘的新月形斑黄色；后足胫节和跗节黑褐色。

分布：浙江、黑龙江；日本。

图1-1 趣白眶姬蜂日本亚种 *Perithous scurra japonicus* Uchida, 1928
♀. A. 头，前面观；B. 整体，侧面观；C. 头、胸部，侧面观；D. 产卵管，端部侧面观

II. 长尾姬蜂族 Ephialtini

主要特征：前翅长2.5–28.0 mm。唇基端缘中央有一缺刻，基部0.5或更多隆凸；颚眼距无白色斑；触角端部鞭节端缘表面无向外的突起。前胸背板背方不变短，背方颈部与中胸盾片有明显的距离；中胸盾片无横刻条；盾纵沟中等强，或弱，或不明显；胸腹侧脊常存在；中胸侧板缝中央有一明显的角度；并胸腹节外侧脊完整，气门圆形。雌虫跗爪具大的基齿。后翅Cu1脉通常于cu-a脉中央上方伸出。腹部第2–6节背板具刻点，第2–5节背板通常有一对背瘤；雄性下生殖板宽大于长。

生物学：寄生于鳞翅目、鞘翅目以及蛛形纲蜘蛛目。

分布：世界广布。世界已知48属600余种，中国记录37属，浙江分布21属39种。

分属检索表

1. 跗节末节通常不扩大，比基跗节稍细，如果比基跗节稍阔，则后头脊背方缺如；雌性产卵管由中部至端部均匀大小（闭臀姬蜂属 *Clistopyga* 除外）·· 2
- 跗节末节扩大，比基跗节稍阔；后头脊完整；雌性产卵管由中部至端部逐渐变细，末端尖锐（嗜蛛姬蜂属团 *Polysphincta* genus group）··· 15

2. 后头脊背方缺如；有时侧方也缺如（全脊伪瘤姬蜂 *Pseudopimpla carinata* 后头脊背方完整，其产卵管侧扁且较厚） ····· 3
- 后头脊背方完整 ··· 5
3. 中胸盾片具密毛；产卵管有时强度下弯 ·· 4
- 中胸盾片光滑，无毛或被很少的细毛；后头脊背方缺；第 2–5 节背板后侧角呈尖锐的直角或有一细尖齿 ··············
 ··· 弯姬蜂属 *Camptotypus*
4. 翅无小翅室；腹部第 1 节背板与腹板愈合，无基侧凹；产卵管强度下弯 ··············· 短姬蜂属 *Pachymelos*
- 前翅有小翅室；腹部第 1 节背板与腹部分离，有基侧凹 ······························· 伪瘤姬蜂属 *Pseudopimpla*
5. 腹部第 2 节背板有一对明显的斜沟，由该节基部中央伸至气门，其与横轴所呈的角度大于 45°；腹部第 1 节背板较长，几乎与第 2 节等长 ·· 6
- 腹部第 2 节背板无明显的斜沟，或斜沟其与横轴所呈的角度小于 45°；腹部第 1 节背板很短 ······················ 7
6. 产卵管腹瓣末端背方有一叶突，包住背瓣末端一部分；背瓣末端无细纵脊 ············· 兜姬蜂属 *Dolichomitus*
- 产卵管腹瓣末端背方无或具一弱的叶突；背瓣末端侧方有一带细缺刻的纵脊；上颚外侧具粗的纵刻纹 ············
 ··· 派姬蜂属 *Paraperithous*
7. 后头脊背方中央横生，或稍上弯，眼眶通常呈白色 ··· 8
- 后头脊背方中央明显下弯 ··· 11
8. 复眼特别大，在触角窝对过处强烈内凹；上颊特别短；后翅 cu-a 脉在中央下方曲折；有小翅室 ·················
 ··· 蓑瘤姬蜂属 *Sericopimpla*
- 复眼不是特别大，不明显的凹陷；上颊中等长；后翅 cu-a 脉曲折位置不定 ·· 9
9. 后翅 cu-a 脉在中央下方曲折或不曲折；产卵管向端部渐尖细，末端稍上弯；雌性下生殖板呈铲状突出 ···········
 ··· 闭臀姬蜂属 *Clistopyga*
- 后翅 cu-a 脉在中央上方曲折；产卵管均匀大小，不上弯；雌性下生殖板不呈铲状突出 ·························· 10
10. 前翅通常有小翅室；并胸腹节端部侧方无瘤凸；产卵管腹瓣基部的脊不扩大，腹瓣通常有细皱 ····· 聚蛛姬蜂属 *Tromatobia*
- 前翅无小翅室；并胸腹节端部侧方有明显的瘤凸；产卵管腹瓣基部的脊扩大且与产卵管稍分离，腹部光滑 ·········
 ··· 盛雕姬蜂属 *Zaglyptus*
11. 后翅 cu-a 脉在中央下方曲折；产卵管稍侧扁至强烈侧扁 ······························· 顶姬蜂属 *Acropimpla*
- 后翅 cu-a 脉在中央或中央上方曲折；产卵管稍侧扁或圆筒形 ·· 12
12. 唇基基半或更多强度拱起；产卵管稍侧扁，腹瓣末端基部的脊与产卵管纵轴呈 30°；后足胫节黑白相间 ············
 ··· 聚瘤姬蜂属 *Gregopimpla*
- 唇基平坦；产卵管近圆筒形，腹瓣末端基部的脊与产卵管纵轴呈 40°～90°；后足胫节不黑白相间 ············ 13
13. 唇基宽为高的 2.5 倍，相当平坦；上颚下端齿明显长于上端齿；产卵管鞘长为前翅长的 1.8–5.0 倍；产卵管末端较扁平，腹瓣末端的脊的背端强度向前弯曲 ·· 长尾姬蜂属 *Ephialtes*
- 唇基宽为高的 1.8 倍；上颚两端齿等长；产卵管鞘长为前翅长的 1.0–2.0 倍；产卵管腹瓣末端的脊直，不向前弯曲 ···· 14
14. 并胸腹节中纵脊基部 0.25 或更多明显 ··· 爱姬蜂属 *Exeristes*
- 并胸腹节中纵脊无或不明显 ··· 非姬蜂属 *Afrephialtes*
15. 产卵管稍微至强烈上弯；或唇基与颜面愈合呈一均匀的平面，或前翅有小翅室 ········· 裂臀姬蜂属 *Schizopyga*
- 产卵管直，不上弯；唇基与颜面不愈合呈一平面；前翅无小翅室 ·· 16
16. 上颚上端齿钝且宽；无前缘脊；足特别细长 ··· 长胫姬蜂属 *Longitibia*
- 上颚上端齿尖细；前沟缘脊存在 ·· 17
17. 中胸盾片中叶方两侧有发达的竖脊；前沟缘脊上段发达 ····································· 锤跗姬蜂属 *Acrodactyla*
- 中胸盾片中叶前方两侧有明显的竖脊 ·· 18
18. 腹部第 3 节背板基部和端部具明显的斜沟，在中央围成一菱形的隆起区域；并胸腹节端横脊完整，中区马蹄形 ·······
 ··· 多印姬蜂属 *Zatypota*

- 腹部第 3 节背板斜沟不明显，或很浅，呈双凸；并胸腹节端横脊缺如或不完整 ······················· 19
19. 前胸背板背方中央有一纵脊；后翅亚基室变宽，cu-a 脉强烈外斜，上端与 M 脉交接处呈锐角 ············
··· 斜脉姬蜂属 *Reclinervellus*
- 前胸背板背方中央无纵脊；后翅亚基室不变宽 ··· 20
20. 产卵管短，最多约为后足胫节长的 0.8；腹部第 2、3 节背板具密的粗刻点 ············ 尖裂姬蜂属 *Oxyrrhexis*
- 产卵管长，至少为后足胫节长的 0.65；腹部第 2、3 节背板较光滑，最多具很稀疏的刻点 ·················
··· 嗜蛛姬蜂属 *Polysphincta*

2. 伪瘤姬蜂属 *Pseudopimpla* Habermehl, 1917

Pseudopimpla Habermehl, 1917: 164. Type species: *Pseudopimpla algerica* Habermehl, 1917.
Brachycentropsis Hensch, 1930: 71. Type species: *Brachycentropsis krapinensis* Hensch, 1930.

主要特征：前沟缘脊长而强；中胸盾片长，中叶隆起；盾纵沟发达，伸至中胸盾片中央；胸腹侧脊存在；后胸侧板下缘脊强而完整；并胸腹节相当光滑，均匀隆起，外侧脊存在，端横脊有或无；并胸腹节气门长椭圆形。腹部第 1 节背板中等长，向基部强烈收窄；背中脊仅在基部明显，背侧脊发达；第 2–4 节背板强烈隆起，密布刻点，无基侧斜沟。产卵管强度侧扁，直或微弱下弯；背瓣端部背缘具锯齿形凸，但通常被腹瓣包围；腹瓣末端具许多近于垂直的小波纹状的细脊。

生物学：寄生于鳞翅目幼虫和膜翅目茎蜂科幼虫。

分布：古北区、东洋区。世界已知 4 种，中国记录 2 种，浙江分布 1 种。

（3）光腰伪瘤姬蜂 *Pseudopimpla glabripropodeum* He *et* Chen, 1990（图 1-2）

Pseudopimpla glabripropodeum He *et* Chen, 1990: 141.

图 1-2 光腰伪瘤姬蜂 *Pseudopimpla glabripropodeum* He *et* Chen, 1990
A. ♂整体，侧面观；B. 头，前面观；C. 头，背面观；D. ♀整体，侧面观；E. 翅脉；F. 头、胸部，背面观；G. 腹部，背面观；H. 产卵管，端部

主要特征：雌，体长 10.0–12.0 mm；前翅长 9.0–11.0 mm。颜面中央上方有一细中脊；上颊背面观弧形隆肿；后头脊背方中央缺；触角鞭节 41 节，约为前翅长的 0.9。并胸腹节均匀隆起，除侧纵脊端部存在外，无明显的脊。前翅小翅室三角形，具短柄；后翅 cu-a 脉在上方 0.3 处曲折。各足跗爪有基齿。腹部密布粗刻点。腹部第 1 节背板长为端宽的 1.6 倍。雄，与雌蜂相似；个体较小。

分布：浙江、湖南；日本。

注：大个体雌虫并胸腹节中纵脊微弱存在。

3. 短姬蜂属 *Pachymelos* Baltazar, 1961

Pachymelos Baltazar, 1961: 44. Type species: *Pachymelos orientalis* Baltazar, 1961.

主要特征：胸部光滑，前沟缘脊有或缺；盾纵沟模糊或无，胸腹侧脊伸至中央上方；中胸盾片具相当密的带毛刻点；后胸侧板下缘脊缺；并胸腹节长，均匀隆起，仅外侧脊存在。端跗爪膨大。雌性前足跗爪具基齿，中后足有或无。腹部第 1 节长圆锥形，腹板与背板愈合，长达背板的 0.75；背中脊短而不明显，背侧脊完整或端部缺。第 2–5 背板光亮，具粗刻点，中央背瘤明显。雌性下生殖板长方形，完全骨化。

生物学：未知。

分布：东洋区。世界已知 3 种，中国记录 2 种，浙江分布 2 种。

（4）中华短姬蜂 *Pachymelos chinensis* He *et* Chen, 1987（图 1-3）

Pachymelos chinensis He *et* Chen, 1987: 89.

主要特征：雌，体长 7.5–8.0 mm；前翅长 5.6–6.0 mm。前翅 2rs-m 脉短，但明显，M 脉与 Rs 脉在该处不相接；第 2 盘室较宽，后翅 cu-a 脉与 M 脉相接处呈钝角，中胸盾片黑色，具 2 暗红色纵斑。雄，不明。

分布：浙江。

注：广东标本中胸侧板大部分黑色，仅在后下方带红褐色，中胸盾片红色纵斑不明显。

图 1-3 中华短姬蜂 *Pachymelos chinensis* He *et* Chen, 1987 正模（♀. 整体，侧面观）

（5）红胸短姬蜂 *Pachymelos rufithorax* He *et* Chen, 1987（图 1-4）

Pachymelos rufithorax He *et* Chen, 1987: 90.

主要特征：雌，体长 6.9–7.2 mm，前翅长 5.5–5.8 mm。前翅 2rs-m 脉缺失；第 2 盘室狭长；后翅 cu-a

脉与 M 脉交接处呈直角，中胸盾片大部分或全部火红色。雄，与雌蜂相似。腹部第 1 节长为端宽的 3.1 倍；颜面和前胸背板大部分黄白色；中胸背板、侧板及腹板、小盾片黑红色。

分布：浙江、福建、四川、贵州。

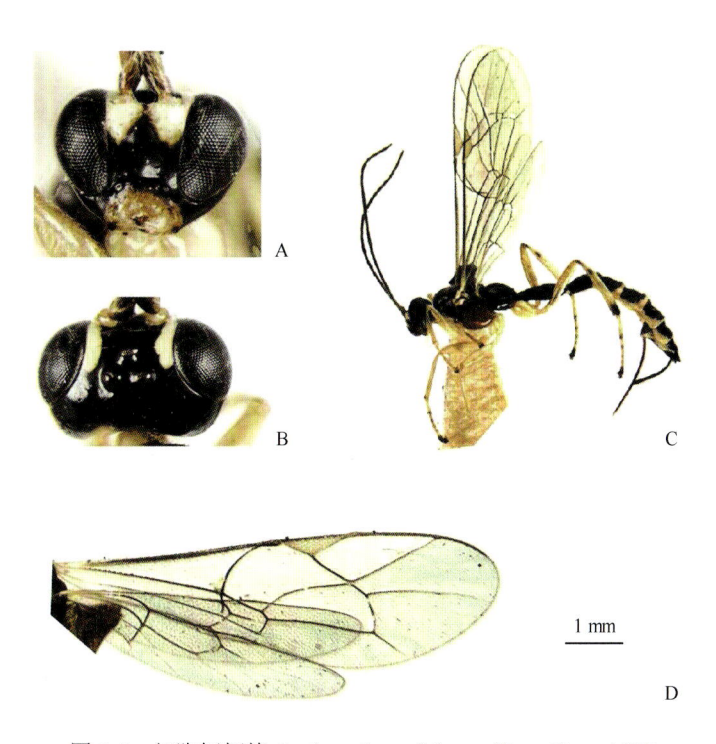

图 1-4　红胸短姬蜂 *Pachymelos rufithorax* He *et* Chen, 1987
♀. A. 头，前面观；B. 头，背面观；C. 整体，侧面观；D. 翅脉

4. 弯姬蜂属 *Camptotypus* Kriechbaumer, 1889

Camptotypus Kriechbaumer, 1889: 311. Type species: *Camptotypus sellatus* Kriechbaumer, 1889.
Phruropimpla Benoit, 1964: 387. Type species: *Hemipimpla flavicaput* Morley, 1914.

主要特征：上唇基端缘凹入。上颚端齿约等长。复眼内缘于触角窝处稍凹。胸部光滑，无前沟缘脊。并胸腹节无中纵脊和外侧脊，仅侧纵脊端部存在；并胸腹节气门圆形或者长线形。腹部第 1 节背板短，侧面观多少呈锥状隆起，第 2–5 背板通常具强而长形的刻点，基部和亚端部具横沟，围成一近菱形或椭圆形的中区，端缘光滑带狭窄，端角圆或者尖；第 1–3 腹板具毛。

生物学：寄生于柚橙夜蛾和曲钩蛾，也有从胡蜂科的 *Belonogaster* 巢中育出的。

分布：世界广布。世界已知 47 种，中国记录 4 种和亚种，浙江分布 1 种。

（6）阿里弯姬蜂 *Camptotypus arianus* (Cameron, 1889)（图 1-5）

Pimpla ariana Cameron, 1889: 157.
Camptotypus arianus: Yu *et al.*, 2016.

主要特征：雌，上颚外侧具带毛细刻点，两端齿等长。前胸背板光滑，仅在上缘后角有稀疏带毛刻点。中胸盾片光滑；盾纵沟不明显；后胸侧板光滑无毛；后胸侧板下缘脊完整且强。并胸腹节短而斜，背面和端区无明显分界，仅侧纵脊在端部 0.2 存在，无其他脊；前翅 cu-a 脉对叉；小翅室近三角形，具短柄；小翅室受纳 2m-cu 脉在端部 0.2 处。Rs 脉从翅痣中央伸出。后翅 cu-a 脉在下方 0.3 处曲折，Cu1 脉端段明显。腹部密布粗刻点。第 1 背板长约等于端宽；侧面观中央形成 2 个驼峰状突起。雄，与雌蜂相似，个体稍小，触角鞭节暗褐色。

分布：浙江、福建、广东、贵州；印度，缅甸，越南，老挝。

注：本种中名曾误订为"阿里山弯姬蜂"。

图 1-5　阿里弯姬蜂 *Camptotypus arianus* (Cameron, 1889)
♀. A. 整体，侧面观；B. 头，前面观；C. 整体，背面观；D. 头、胸部，侧面观；E. 前翅翅脉；F. 产卵管

5. 顶姬蜂属 *Acropimpla* Townes, 1960

Selenaspis Roman, 1910: 191. Type species: *Hemipimpla alboscutellaris* Szépligeti, 1908.
Acropimpla Townes, 1960: 159. Type species: *Charitopimpla leucostoma* Cameron, 1907.

主要特征：唇基及雄性颜面白色或黄色；唇基基部隆起，端部中央深凹，呈两叶；颜面上缘突起或具深缺刻；额黑色或与头部其他部位颜色一致；胸腹侧脊强；后胸侧板下缘脊完整；并胸腹节相当短且隆起，有或无中纵脊。第 1 腹节短而宽，背中脊和背侧脊发达；第 2 腹节基侧具一短而明显的斜沟，第 3–4 腹节背瘤明显突起；端部无刻点横带占背板长的 0.15–0.2。

生物学：主要寄生于鳞翅目类群。

分布：世界广布。世界已知 37 种，中国记录 15 种，浙江分布 6 种。

分种检索表

1. 并胸腹节背方无明显的中纵脊或仅在基部具一短桩 ··· 2
- 并胸腹节背方具明显的中纵脊，至少伸至中央 ··· 3

2. 颜面上缘于触角窝之间稍微下凹；并胸腹节背方基部具有短桩；并胸腹节和中胸侧板大部分红褐色，中胸侧板前上方具一近圆形的黄斑；腹部红褐色，第 2-5 腹节背板端缘有黑带 ·· 内田顶姬蜂 *A. uchidai*
- 颜面上缘直；并胸腹节背方基部无脊；并胸腹节和中胸侧板黑色；第 1 腹节黄褐色，第 2-5 腹节背板除基部和端部 0.2 黑色外大部分黄褐色，第 6、7 节背板端缘黄色 ·· 白口顶姬蜂 *A. leucostoma*
3. 并胸腹节背区光滑，外侧区具稀疏刻点 ·· 纳库顶姬蜂 *A. nakula*
- 并胸腹节背侧区、外侧区具密刻点 ·· 4
4. 并胸腹节刻点细弱，腹部刻点较弱；产卵管背瓣亚端部均匀弯曲不呈角度，无背结 ·· 无红顶姬蜂 *A. emmiltosa*
- 并胸腹节和腹部具密而粗的刻点；产卵管背瓣亚端部呈一角度，背结明显 ·· 5
5. 前翅小翅室具短柄，接纳 2m-cu 脉于端部；产卵管鞘短于腹部长 ·· 普尔顶姬蜂 *A. poorva*
- 前翅小翅室无短柄，接纳 2m-cu 脉于端角前方 0.2；产卵管鞘长于腹部长 ·· 螟虫顶姬蜂 *A. persimilis*

（7）无红顶姬蜂 *Acropimpla emmiltosa* Kusigemati, 1984（图 1-6）

Acropimpla emmiltosa Kusigemati, 1984: 135.

主要特征：雌，颚眼距为上颚基部宽的 0.27。上颚上端齿宽且长于下端齿。前沟缘脊直。后胸侧板光滑；后胸侧板下缘脊完整且强。小翅室斜四边形，不明显具柄。腹部各节被密毛。第 1 节背板长约等于端宽，具粗刻点；背中脊伸至基部斜面顶端；背侧脊仅基部存在。第 2 节背板基侧斜沟弱，密布粗刻点。第 3-5 节背板具粗刻点；背瘤明显，其上刻点稍稀。产卵管近圆筒形，背瓣端部均匀弯曲，无背结，腹瓣末端基部具斜脊。雄，不明。

分布：浙江、台湾、广东。

图 1-6 无红顶姬蜂 *Acropimpla emmiltosa* Kusigemati, 1984
♀. A. 头、胸部，侧面观；B. 整体，侧面观；C. 腹部，背面观

（8）白口顶姬蜂 *Acropimpla leucostoma* (Cameron, 1907)

Charitopimpla leucostoma Cameron, 1907a: 597.
Acropimpla leucostoma: Yu *et al.*, 2016.

主要特征：雌，体长 9.0–11.0 mm；前翅长 7.0–9.5 mm；产卵管鞘长 4.6–5.5 mm。并胸腹节具中等密刻点，无中纵脊；前翅小翅室三角形，稍有柄；后翅在下方 0.3 处曲折。产卵管鞘长为后足胫节的 2.1 倍。颜面黄色，中央有一纵黑斑；小盾片和后小盾片黄色；腹部第 1 节黄褐色，第 2–5 节腹节背板除基部和端部 0.2 处黑色外大部分黄褐色，端缘黑色；第 5 节背板完全黑色；第 6、7 节背板端缘黄色。

分布：浙江、福建、台湾、广东、海南、广西、贵州；日本，印度，缅甸，越南，老挝，斯里兰卡，印度尼西亚。

（9）纳库顶姬蜂 Acropimpla nakula Gupta et Tikar, 1976（图 1-7）

Acropimpla nakula Gupta *et* Tikar, 1976: 157.

主要特征：雌，唇基光滑。颚眼距为上颚基部宽的 0.3。上颚两端齿约等长。前胸背板光滑，后侧缘下方具细横刻条。前沟缘脊短。并胸腹节中等长，中纵脊伸至端部 0.6；侧区散生稀疏刻点，大部分光滑；外侧区具稀疏粗刻点，被细毛。气门近圆形，与外侧脊相距约为其短径的 0.8。小翅室斜三角形，具短柄；小翅室受纳 2m-cu 脉于端部 0.1 处。后翅 cu-a 脉在中央下方 0.3 处曲折。产卵管略侧扁，背瓣亚端部有弱的背结，腹瓣末端基部具斜脊。雄，不明。

分布：浙江、福建、贵州。

图 1-7 纳库顶姬蜂 *Acropimpla nakula* Gupta *et* Tikar, 1976

♀. A. 整体，侧面观；B. 并胸腹节，背面观；C. 翅脉；D. 腹部，背面观

（10）螟虫顶姬蜂 Acropimpla persimilis (Ashmead, 1906)（图 1-8）

Epiurus persimilis Ashmead, 1906: 180.
Acropimpla persimilis: Yu *et al.*, 2016.

主要特征：雌，体长 12.0–13.5 mm；前翅长 10.8–11.7 mm；产卵管长 7.5–8.0 mm。触角 26 节，长为前翅长的 0.7。并胸腹节中纵脊不明显，但可由两侧的刻点而显示其痕迹；侧区密布刻点。前翅小翅室无柄。产卵管鞘长于腹部长，约为后足胫节的 2.5 倍。体黑色；足褐色，后足胫节亚基部和端部、跗节黑色。

分布：浙江、黑龙江、吉林、辽宁、北京、河南、湖北、重庆、四川、贵州；俄罗斯，韩国，日本。

图 1-8 螟虫顶姬蜂 *Acropimpla persimilis* (Ashmead, 1906)

♀. 整体，侧面观

（11）普尔顶姬蜂 *Acropimpla poorva* Gupta *et* Tikar, 1976（图 1-9）

Acropimpla poorva Gupta *et* Tikar, 1976: 155.

主要特征：雌，体长 18.0 mm；前翅长 12.0 mm；产卵管长 7.0 mm。颜面上缘在触角窝之间稍隆起；触角 24 节，为前翅长的 0.64。并胸腹节中纵脊明显。前翅小翅室斜三角形；后翅 cu-a 脉在下方曲折。腹部密布刻点。产卵管鞘长为后足胫节的 1.86 倍。体黑色；颜面上方有一马蹄形黄斑。足黄褐色。腹部各节侧缘暗褐色。

分布：浙江、湖南、福建。

图 1-9 普尔顶姬蜂 *Acropimpla poorva* Gupta *et* Tikar, 1976

♀. A. 整体，侧面观；B. 头，前面观；C. 翅脉；D. 并胸腹节，背面观；E. 腹部，背面观

(12) 内田顶姬蜂 *Acropimpla uchidai* (Cushman, 1933)（图 1-10）

Charitopimpla uchidai Cushman, 1933: 39.
Acropimpla uchidai: Yu et al., 2016.

主要特征：雌，体长 9.0–10.0 mm；前翅长 7.0–8.0 mm；产卵管鞘长 4.0–4.4 mm。颜面上缘在触角窝之间下凹。并胸腹节光滑，无中纵脊。腹部第 2–6 节背板具粗刻点。产卵管鞘长为后足胫节的 1.9 倍。额眶在触角窝上方黄白色，颜面黄白色；中胸侧板和并胸腹节红褐色，胸腹侧脊端部有一黄斑；腹部大部分带红褐色。

分布：浙江、湖南、福建、台湾、广东、广西、四川；印度，尼泊尔，缅甸。

图 1-10　内田顶姬蜂 *Acropimpla uchidai* (Cushman, 1933)
♀. A. 整体，侧面观；B. 头，前面观；C. 并胸腹节，背面观；D. 腹部，背面观

6. 爱姬蜂属 *Exeristes* Förster, 1869

Exeristes Förster, 1869: 164. Type species: *Ichneumon roborator* Fabricius, 1793.
Aphanoroptra Thomson, 1877: 736. Type species: *Pimpla ruficollis* Gravenhorst, 1829.

主要特征：颜面和上唇基黑色或者近黑色或者唇基带锈红色。唇基中等窄，微弱突起，端缘凹陷。后头脊完整，背方中央强烈下弯。后胸侧板下缘脊完整。并胸腹节短，背方中纵脊基部 0.3 存在。前翅具小翅室，亚三角形，宽大于高，受纳 2m-cu 脉于端角前方；后翅 cu-a 脉近中央或中央上方曲折。端跗爪具基齿（但是 *E. ruficollis* 跗爪无基齿）。腹部第 1 节背板短而宽，背中脊伸至中央，背侧脊残存。第 2 节背板基侧沟弱，几乎横形。第 3–4 节背板具弱而明显的瘤凸；端缘光滑横带约占背板长的 0.2。雌性下生殖板中央具一大的膜质区域。

生物学：寄主主要为螟蛾科和小卷蛾科幼虫。

分布：世界广布。世界已知 10 种，中国记录 4 种，浙江分布 1 种。

（13）具瘤爱姬蜂 *Exeristes roborator* (Fabricius, 1793)（图 1-11）

Ichneumon roborator Fabricius, 1793: 170.
Exeristes roborator: Yu et al., 2016.

主要特征：雌，体长 8.0–14.0 mm；前翅长 6.0–10.0 mm；产卵管长 10.0–15.0 mm。触角 26 节，长为前翅长的 0.65；侧单眼距和单复眼距分别为单眼直径的 1.8 倍和 1.35 倍。胸部满布粗刻点；并胸腹节中纵脊伸至基部 0.35。后翅 cu-a 脉上方 0.3–0.4 处曲折。腹部密布刻点。产卵管背瓣亚端部有一小瘤突。体黑色。雄，与雌蜂相似；个体较小，体长 5.0–7.0 mm。唇基端部中央有一明显的小瘤突。

分布：浙江、黑龙江、辽宁、内蒙古、北京、山西、河南、甘肃、台湾；蒙古国，朝鲜，日本，巴基斯坦，印度，欧洲。

注：体黑色至红褐色；足基节黑色至红褐色。部分标本并胸腹节中纵脊不明显。

图 1-11 具瘤爱姬蜂 *Exeristes roborator* (Fabricius, 1793)
A. 头（♂），前面观；B. 头（♂），背面观；C. 整体（♀），侧面观；D. 翅脉；E. 并胸腹节和腹部基半部，背面观；F. 产卵管端部，侧面观

7. 非姬蜂属 *Afrephialtes* Benoit, 1953

Afrephialtes Benoit, 1953: 81. Type species: *Ephialtes navus* Tosquinet, 1896.

主要特征：额在触角窝上方凹入。颊具细刻点。并胸腹节狭长，均匀隆起，端部不强度倾斜；背侧区具粗刻点，中央偶尔光滑但不具纵沟，无中纵脊。小翅室斜，长大或等于高，第 1 腹节背板长为其端宽的 1.0–1.5 倍，具强刻点，基部斜面短，背中脊端部合拢，背侧脊强至弱，第 1 腹板端缘直或者具缺刻；第 2 节背板方形，但长于第 1 节背板；第 2–5 节背板具强刻点，端缘无刻点，光滑带狭，约为背板长的 0.2，第 6–8 节背板刻点较稀疏且细；第 3–6 节背板具有明显瘤状凸；产卵管鞘长于前翅，生有密毛；下生殖板基部具膜质区；体色一般黑色，腹部有时具黄色斑，足带红色。

生物学：寄生于柚木梢螟、短喙象甲。

分布：主要分布于东洋区；少数种类分布于古北区西部，旧热带区仅分布 1 种。世界已知 18 种和亚种，中国记录 5 种，浙江分布 1 种。

（14）富腹非姬蜂指名亚种 *Afrephialtes laetiventris laetiventris* (Cameron, 1899)（图 1-12）

Pimpla laetiventris Cameron, 1899: 183.

Afrephialtes laetiventris laetiventris: Yu et al., 2016.

主要特征：雌，唇基基部平扁，端部具皱点。小盾片平，具稀疏刻点；后胸侧板下缘脊完整，在端叉前方无缺刻；并胸腹节密布粗刻点，端部 0.2 光滑，气门圆形。后前翅 cu-a 脉对叉，小翅室斜四边形，受纳 2m-cu 脉于端部 0.25–0.3 处，后翅 cu-a 脉在中央上方 0.3 处曲折。腹部第 1 节背板长略大于宽，背侧脊在气门前方发达，腹板端缘平截；第 2 节背板密布粗刻点，但不相接，点间距为点径的 1.0–2.0 倍；第 3–6 节背板具强刻点。产卵管圆柱形。体黑色。须、前胸背板上缘端段、翅基片、第 3–6 节背板侧缘、第 6 及 7 节背板端缘，均黄褐色。足褐色。雄，未见。据 Gupta 和 Tiakr（1976）描述，与雌蜂相似。腹部第 1 节背板长为宽的 1.5 倍；腹部刻点更密。

分布：浙江、台湾、云南。

图 1-12　富腹非姬蜂指名亚种 *Afrephialtes laetiventris laetiventris* (Cameron, 1899)

♀. A. 整体，侧面观；B. 头，背面观；C. 前翅翅脉；D. 腹部，背面观

8. 兜姬蜂属 *Dolichomitus* Smith, 1877

Dolichomitus Smith, 1877: 411. Type species: *Dolichomitus longicauda* Smith, 1877.

主要特征：头通常横形。颜面黑色或与头部其他部位颜色一致。上唇基中等宽，平坦或微凸，端缘中央具深凹陷，极少数于中央具一端瘤。上颚端齿等长或下齿比上齿稍长。胸腹侧脊存在；中胸侧板缝在中央处呈明显角度；后胸侧板下缘脊完整。前翅小翅室宽而斜，2rs-m 脉一般比 3rs-m 脉长；小翅室受纳 2m-cu 脉于外角基方。第 2 节背板基部具明显而长的侧沟，由该节基部近中央伸至气门，与横轴所呈的角度大于 45°。第 3、4 节背板具明显的背瘤。产卵管圆形，腹瓣末端向背方扩展成一叶状突，包围背瓣末端的一部分；背瓣末端光滑，无细纵脊；产卵管鞘为前翅长的 1.0–10.0 倍。

生物学：寄生于鞘翅目、鳞翅目。

分布：世界广布。世界已知 70 种，中国记录 23 种，浙江分布 3 种。

分种检索表

1. 产卵管腹瓣末端背方叶突具 6–7 条脊 ·· 杨兜姬蜂 *D. populneus*
- 产卵管腹瓣末端背方叶突具 3–4 条脊 ·· 2
2. 上颚下端齿长于上端齿 ·· 中村兜姬蜂 *D. nakamurai*
- 上颚两端齿等长 ·· 黑足兜姬蜂 *D. melanomerus*

（15）黑足兜姬蜂 *Dolichomitus melanomerus* (Cameron, 1899)

Ephialtes tinctipennis Cameron, 1899: 151.
Dolichomitus melanomerus: Yu *et al.*, 2016.

主要特征：雌，唇基基部横隆，端缘内凹呈两叶。上颚粗壮，基部外表具稀疏带毛刻点，两端齿等长。后胸侧板下缘脊发达且完整。并胸腹节中等长，背面侧面观向后均匀倾斜，中纵脊不明显，具浅的中纵沟；侧纵脊仅在端部存在；外侧脊完整且强；侧区基半部具带毛粗刻点，端半部具夹点细横皱；外侧区具密点皱，被长细毛。小翅室近三角形，具短柄。第 1 节背板背侧脊弱。第 2 节背板长为端宽的 1.4 倍，基侧斜沟强，密布刻点。第 3–5 节背板长稍大于宽，密布刻点；背瘤发达；端缘光滑横带窄。第 6–8 节背板具细革状横皱，横形。产卵管圆筒形，均匀粗细；腹瓣端末背叶具 4 条脊。雄，不明。

分布：浙江、台湾。

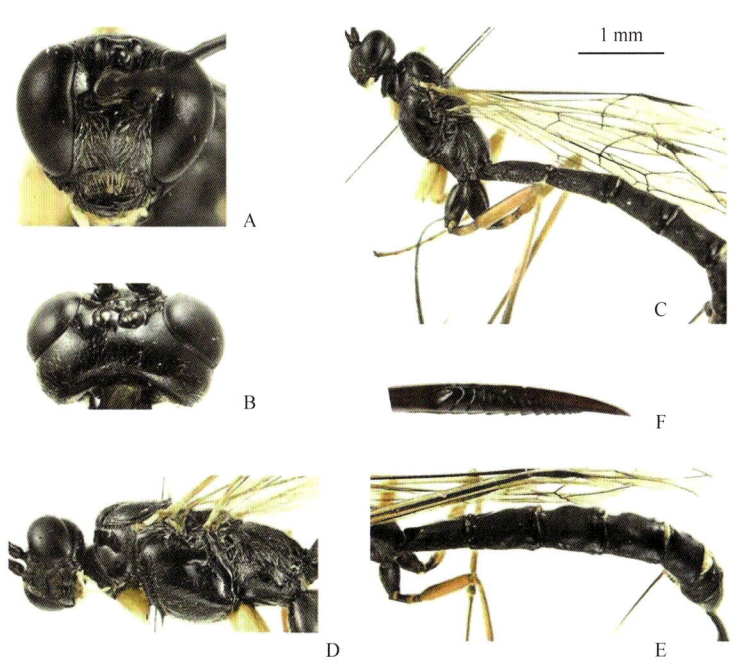

（16）中村兜姬蜂 *Dolichomitus nakamurai* (Uchida, 1928)（图 1-13）

Ephialtes nakamurai Uchida, 1928a: 87.
Dolichomitus nakamurai: Yu *et al.*, 2016.

图 1-13 中村兜姬蜂 *Dolichomitus nakamurai* (Uchida, 1928)

♀. A. 头，前面观；B. 头，背面观；C. 整体，侧面观；D. 头、胸部，侧面观；E. 腹部，侧面观；F. 产卵管侧面观

主要特征：雌，唇基光滑，端部平，端缘内凹呈两叶。后胸侧板下缘脊基部 0.7 强，向后渐弱。并胸腹节长，背面向后均匀倾斜；中纵脊短，仅在基部 0.2 明显，端部呈点皱状，中央光滑；侧纵脊仅在端部存在；外侧脊完整且强；侧区密布带毛刻点，端部具细的横刻条；外侧区具密粗刻点，被细毛。小翅室近三角形，具短柄。第 1 节背板背中脊短，仅基部存在；背侧脊不明显。产卵管圆筒形，均匀粗细，腹瓣末端背叶具 4 条脊。雄，不明。

分布：浙江、河南；日本。

（17）杨兜姬蜂 *Dolichomitus populneus* (Ratzeburg, 1848)（图 1-14）

Ephialtes populneus Ratzeburg, 1848: 100.
Dolichomitus populneus: Yu *et al.*, 2016.

主要特征：雌，上颊背面观近平行，长为复眼的 0.8。中胸侧板大部分具带毛刻点，镜面区窄。并胸腹节长，背面向后均匀倾斜；中纵脊强，端部稍向外扩展；侧纵脊仅在端部存在；外侧脊完整且强；侧区具稀疏带毛刻点；外侧区具细点皱，被细毛。并胸腹节气门卵圆形，与外侧脊几乎接触。第 1 节背板长为端宽的 1.5 倍；中央具细革状皱；背中脊伸至基部中央；背侧脊弱。产卵管圆筒形，均匀粗细，近端部向下弯曲，腹瓣末端背叶具 6–7 条强烈内斜的脊。雄，与雌虫相似，体小；体长 10.0–15.0 mm；前翅长 8.0–12.0 mm；前翅 cu-a 脉后叉式，中足基节无齿状突起。

分布：浙江、吉林、辽宁、山西；欧洲。

注：后足胫节和跗节暗褐色至完全黑色；少数标本第 1 节背板具明显刻点。

图 1-14 杨兜姬蜂 *Dolichomitus populneus* (Ratzeburg, 1848)
♀. A. 头、胸部，背面观；B. 前、后翅；C. 腹部，背面观；D. 整体，侧面观；E. 产卵管端部，侧面观

9. 派姬蜂属 *Paraperithous* Haupt, 1954

Paraperithous Haupt, 1954: 104. Type species: *Ephialtes gnathaulax* Thomson, 1877.

Gnathaulax Townes, 1964: 578. Type species: *Ephialtes gnathaulax* Thomson, 1877.

主要特征：颜面和唇基黑色或黑褐色，有时唇基带红色或褐色。唇基中等宽，微弱隆起，端缘缺刻深。上颚外侧具发达的纵点状刻条，端齿等长；颚眼距短；上颊中等长，隆起；并胸腹节细革状，具粗刻点，中纵脊有或无。前翅小翅室近三角形，长大于高，受纳 2m-cu 脉在外角稍前方。腹部第 1 节背板中等长，为端宽的 1.2–1.8 倍，背中脊和背侧脊存在；第 2 节背板基侧斜沟强，伸至背板中央；第 3–4 节背板方形，具中等隆起的瘤凸，端缘光滑横带约占背板长的 0.2；雌性下生殖板基部中央具一大膜质区；产卵管鞘长约为前翅长的 1.35 倍；产卵管腹瓣端末具一弱的叶突，背瓣端部侧方具一带微缺刻的细纵脊。

生物学：寄主为天牛科、螟蛾科等。

分布：古北区、东洋区。世界已知 6 种，中国记录 5 种，浙江分布 2 种。

（18）祝氏派姬蜂 *Paraperithous chui* (Uchida, 1934)（图 1-15）

Ephialtes chui Uchida, 1934a: 2.
Paraperithous chui: Yu *et al*., 2016.

主要特征：雌，体长 14.5–18.0 mm；前翅长 9.0–11.0 mm；产卵管长 20.0–23.0 mm。颜面宽约为长的 1.3 倍；上颚具纵刻皱；颚眼距短；触角鞭节 32 节。并胸腹节中纵脊伸至基部 0.3 处。后翅 cu-a 脉在上方 0.38 处曲折。腹部第 1 节长为端宽的 1.25–1.5 倍。产卵管鞘长为前翅的 1.5 倍。雄，未见标本。

生物学：寄生于桑螟。

分布：浙江、吉林、辽宁、内蒙古、湖北、湖南；朝鲜，日本。

图 1-15 祝氏派姬蜂 *Paraperithous chui* (Uchida, 1934)
♀. A. 头，前面观；B. 整体，侧面观；C. 后胸、腹部第 1–2 节背板，侧面观；D. 腹部第 1–3 节背板，背面观；E. 产卵管端部，侧面观

（19）印派姬蜂中华亚种 *Paraperithous indicus sinensis* Gupta *et* Tikar, 1976

Paraperithous indicus sinensis Gupta *et* Tikar, 1976: 42.

主要特征：雌，唇基端缘内陷；上颚外侧具夹点纵刻条，两端齿等长；颚眼距长为上颚基部宽的 0.2；小盾片和后小盾片具刻点；后胸侧板具粗的中等密的刻点；并胸腹节具不规则刻点，侧区较密；中纵脊伸至基部 0.5，后方稍扩张。前翅 cu-a 脉对叉，小翅室四边形，受纳 2m-cu 脉于端部前方 0.25 处，后翅 cu-a 脉在上方 0.25 处曲折。后足腿节长为宽的 5.0 倍，第 5 跗节比第 3、4 节跗节之和稍长。腹部第 1 节背板长为端宽的 2.0 倍，具密而粗的刻点，背中脊伸至基部斜面上方，背侧脊中央断，但明显；第 2 节背板稍长于宽，基侧斜沟约占背板的 0.55；第 3–5 节背板具明显的背瘤。体黑色；前中足基节红色，后足基节黑色。

分布：浙江。

10. 蓑瘤姬蜂属 *Sericopimpla* Kriechbaumer, 1895

Sericopimpla Kriechbaumer, 1895: 135. Type species: *Pimpla sericata* Kriechbaumer, 1895.
Philopsyche Cameron, 1905a: 137. Type species: *Philopsyche albobalteata* Cameron, 1905.

主要特征：颜面和唇基黑色，有时黄色。颜面隆起，具一弱中纵脊，散生小刻点。唇基微弱隆起，端缘具一圆缺刻。复眼非常大，内缘在触角窝对过处强烈凹入。前沟缘脊发达；胸腹侧脊强；后胸侧板下缘脊完整；并胸腹节短，侧面观强度弧形，仅外侧脊存在。雌性足跗爪具基齿。腹部第 1 节背板短而宽，侧面观弱弧形至强烈隆起，背中脊伸至中央，背侧脊有或无；第 2 节背板基侧斜沟，与横轴呈 40°。第 2–5 节背板短，具发达背瘤。雌性下生殖板横长方形，完全骨化。产卵管稍侧扁，端部具背结；背瓣端部厚；腹瓣末端具强的斜脊。

生物学：寄生于蓑蛾科幼虫。

分布：世界广布。世界已知 19 种和亚种，中国记录 2 种，浙江分布 2 种。

（20）白环蓑瘤姬蜂 *Sericopimpla albicincta* (Morley, 1913)

Exeristes albicincta Morley, 1913: 196.
Sericopimpla albicincta: Yu *et al.*, 2016.

主要特征：雌，颜面大部分光滑，中央隆肿，两边具稀疏刻点；颚眼距明显，长约为上颚基部宽的 0.2。前沟缘脊弱；中胸盾片具稀疏而均匀分布的刻点，点间距为点径的 2.0–3.0 倍；中胸侧板具中等粗的刻点；胸腹侧脊上缘具横刻条；并胸腹节侧区具稀疏刻点。腹部第 1 节背板短，中央不明显隆突；第 2–5 节背板背瘤明显，其上刻点较稀疏；产卵管约等于前翅长，为腹部长的 1.3 倍；产卵管鞘长为腹部长的 1.0 倍。体黑色；足黄色；后足基节黑色，转节腹缘黑色，背缘黄色，胫节亚基部和端部黑色；腹部黑色，端缘具黄横带，第 7 背板完全黑色。

分布：浙江；巴基斯坦，印度，尼泊尔。

（21）蓑瘤姬蜂索氏亚种 *Sericopimpla sagrae sauteri* (Cushman, 1933)（图 1-16）

Philopsyche sauteri Cushman, 1933: 38.
Sericopimpla sagrae sauteri: Yu *et al.*, 2016.

主要特征：雌，颜面长大于宽，具明显的刻点；颚眼距短，约为上颚基部宽的 0.1；额光滑；头顶窄；中胸盾片具密刻点；小盾片和后小盾片具深刻点；并胸腹节具密刻点，两侧的刻点近革状。足粗壮，后足腿节长为宽的 4.0 倍。后翅 cu-a 脉在下方 0.2 处曲折。腹部密布刻点。产卵管侧扁，尤其是端部，约为腹部长的 1.0 倍。体黑色。后足基节黑色；后足腿节黄色，端缘黑色。

分布：浙江、辽宁、河南、陕西、江苏、湖北、湖南、福建、台湾、广东、广西、四川、贵州；朝鲜，韩国，日本，印度。

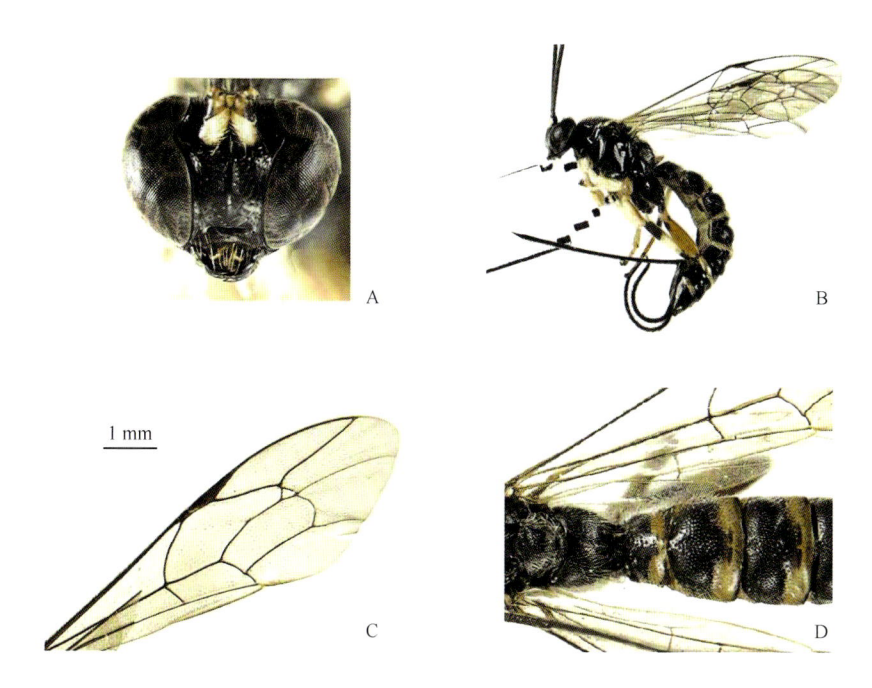

图 1-16 蓑瘤姬蜂索氏亚种 *Sericopimpla sagrae sauteri* (Cushman, 1933)
♀. A. 头，前面观；B. 整体，侧面观；C. 前翅；D. 并胸腹节和腹部基半部，背面观

11. 聚瘤姬蜂属 *Gregopimpla* Momoi, 1965

Gregopimpla Momoi, 1965: 601. Type species: *Pimpla* (*Epiurus*) *kuwanae* Viereck, 1912.

主要特征：体中等长；唇基亚基部强烈隆凸，端部平，雌雄均黑色；后头脊完整，背方中央下弯。中胸盾片具中等密的均匀分布的细毛；后胸侧板下缘脊完整；并胸腹节强烈隆突，中纵脊存在。前翅小翅室长大于高，近端部受纳 2m-cu 脉；后翅 cu-a 脉在上方 0.4 和中央之间曲折。腹部第 2 背板基侧沟弱。产卵管长为前翅长的 0.6–0.8。

生物学：寄生于鳞翅目幼虫体外，聚寄生。

分布：东洋区、全北区。世界已知 6 种，中国记录 2 种，浙江分布 2 种。

（22）喜马拉雅聚瘤姬蜂 *Gregopimpla himalayensis* (Cameron, 1899)（图 1-17）

Pimpla himalayensis Cameron, 1899: 178.
Gregopimpla himalayensis: Yu *et al.*, 2016.

主要特征：雌，颜面高等于宽，上半具刻点，下半与两侧光滑；触角 31–32 节。后胸侧板具粗刻点；并胸腹节基部 0.5 具稀疏刻点，端部 0.5–0.75 具网点，端部光滑。前翅小翅室长为高的 1.5–2.0 倍，后翅 cu-a 脉在上方 0.4 处曲折。腹部第 1 节背板长大于宽，具强刻点，第 3–5 节背板背瘤明显。体黑色，后足胫节端部 0.3 黑色，近中央有一白环；后足跗节黑色，基跗节基部褐色。雄，与雌蜂相似；体长 9.0–12.0 mm；前翅长 8.0–9.0 mm；触角 29 节。

分布：浙江、黑龙江、吉林、辽宁、山西、山东、河南、陕西、安徽、江西、湖南、广西、贵州、云南；朝鲜，日本，印度。

注：部分个体腹部第 2–4 节黑色至暗褐色。

图 1-17 喜马拉雅聚瘤姬蜂 *Gregopimpla himalayensis* (Cameron, 1899)

♀. A. 头，前面观；B. 整体，侧面观；C. 整体，背面观；D. 翅脉

（23）桑螨聚瘤姬蜂 *Gregopimpla kuwanae* (Viereck, 1912)（图 1-18）

Pimpla (*Epiurus*) *kuwanae* Viereck, 1912a: 589.

Gregopimpla kuwanae: Yu *et al*., 2016.

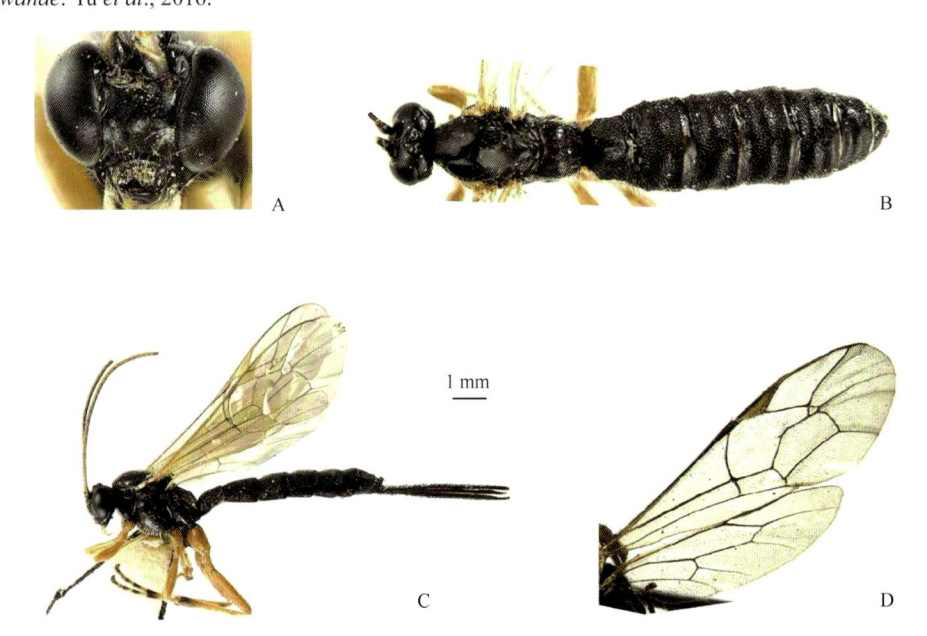

图 1-18 桑螨聚瘤姬蜂 *Gregopimpla kuwanae* (Viereck, 1912)

♀. A. 头，前面观；B. 整体，背面观；C. 整体，侧面观；D. 翅脉

主要特征：雌，体长 9.0–10.0 mm；前翅长 7.0–9.0 mm。颜面宽为高的 1.3 倍；表面光滑，仅在隆起部位具稀疏的刻点；侧单眼距和单复眼距分别为单眼直径的 1.5 倍和 1.3 倍；触角 25 节。并胸腹节基部 0.6 具中纵脊，端部稍外扩展。前翅小翅室长稍大于宽；后翅 cu-a 脉在中央至下方 0.4 处曲折。腹部第 1 节背板长短于端宽，具强刻点，第 3–5 节背板背瘤明显。体黑色，翅痣黄褐色。足红黄色，后足胫节亚基部和亚端部、各节跗节端部及爪黑褐色。

分布：浙江、黑龙江、吉林、辽宁、北京、河北、山东、河南、陕西、新疆、江苏、上海、安徽、湖北、江西、湖南、福建、台湾、四川、贵州、云南；日本。

12. 聚蛛姬蜂属 *Tromatobia* Förster, 1869

Tromatobia Förster, 1869: 164. Type species: *Pimpla variabilis* Holmgren, 1856.
Austropimpla Brethes, 1913: 40. Type species: *Austropimpla huebrichi* Brethes, 1913.

主要特征：雄性唇基黄白色，颜面白色或黑色。雌性颜面和唇基颜色不定，通常黑色或带黑色；颜面侧方有白斑，唇基部分白色。额眶通常白色或浅黄色。后头脊完整，背方中央不下弯。中胸盾片具中等密的均匀分布的毛；后胸侧板下缘脊完整或部分存在或在中足基节后方呈小突起；并胸腹节相当短且隆起，中纵脊有或无。前翅小翅室近三角形，或 3rs-m 脉缺；后翅 cu-a 脉在中央上方曲折，足跗爪具基齿。腹部第 1 节背板短宽，背中脊和背侧脊发达；第 2 节背板基侧斜沟弱；第 3–4 节背板具明显的背瘤，端缘光滑横带约占背板长的 0.15。雌性下生殖板完全骨化或基部中央具膜质区。产卵管侧扁而直，腹瓣具细横皱。产卵管鞘约为前翅长的 0.60。

生物学：寄生于园蛛科、管巢蛛科。

分布：世界广布。世界已知 16 种，中国记录 6 种，浙江分布 3 种。

分种检索表

1. 颜面（或仅在触角窝下方有黄斑）、额和眼眶黑色 ··· 2
- 脸眶、额眶黄色 ··· 线聚蛛姬蜂 *T. lineatoria*
2. 腹部第 2–5 节背板黄褐色；产卵管鞘长为前翅长的 0.3；前翅小翅室存在 ··· 黄星聚蛛姬蜂 *T. flavistellata*
- 腹部完全黑色；产卵管鞘长为前翅长的 0.43；前翅小翅室有或无 ··· 金蛛聚蛛姬蜂 *T. argiopei*

（24）黄星聚蛛姬蜂 *Tromatobia flavistellata* Uchida et Momoi, 1957（图 1-19）

Tromatobia flavistellata Uchida et Momoi, 1957: 8.

主要特征：雌，体长 5.4–7.0 mm；前翅长 4.0–5.0 mm。触角 24–26 节，约等于前翅长。并胸腹节密布粗刻点，中纵脊细，伸至基部 0.3。前翅小翅室无柄；后翅 cu-a 脉在中央上方曲折。产卵管鞘与后足胫节等长。体黑色；腹部第 2–5 节背板黄褐色。雄，与雌蜂基本相似。

分布：浙江、辽宁、河北、河南、新疆、江苏、湖北、江西、湖南、福建、台湾、广东、四川、贵州、云南；日本。

图 1-19　黄星聚蛛姬蜂 *Tromatobia flavistellata* Uchida et Momoi, 1957

♀. A. 头，前面观；B. 整体，侧面观；C. 整体，背面观；D. 头、胸部，背面观；E. 前、后翅

（25）线聚蛛姬蜂 *Tromatobia lineatoria* (Villers, 1789)（图 1-20）

Ichneumon lineatorius Villers, 1789: 134.

Tromatobia lineatoria: Yu *et al*., 2016.

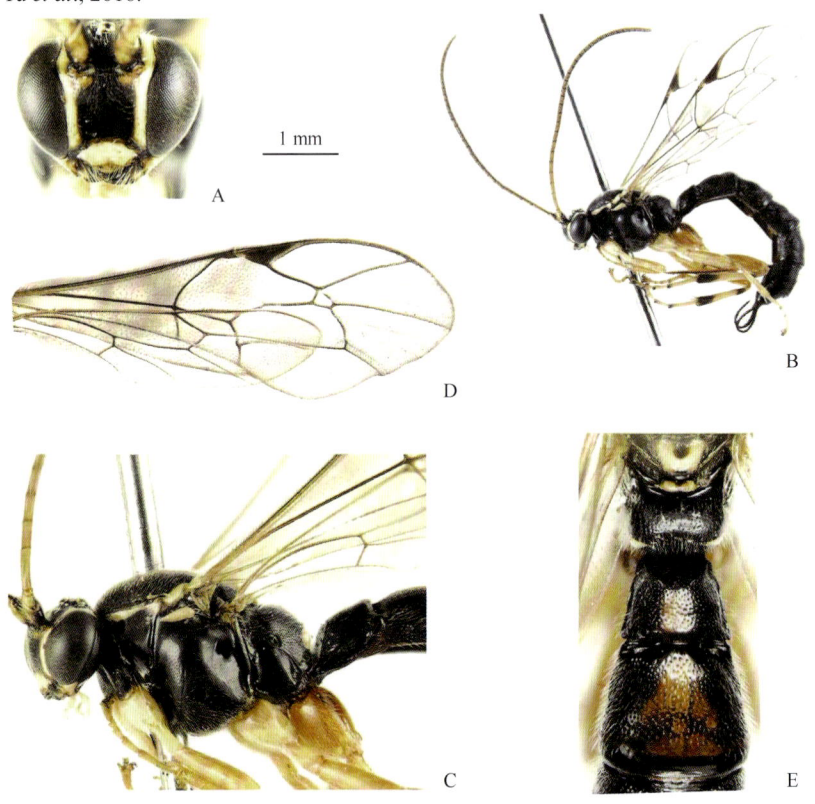

图 1-20　线聚蛛姬蜂 *Tromatobia lineatoria* (Villers, 1789)

♀. A. 头，前面观；B. 整体，侧面观；C. 头、胸部，侧面观；D. 翅；E. 并胸腹节和腹部基半部，背面观

主要特征：雌，颜面长为宽的 1.0 倍，点间距为点径的 2.0–3.0 倍，刻点间光滑。唇基光滑，平坦，端缘亚平截，高为宽的 0.5。后胸侧板下缘脊完整且强。并胸腹节短，背侧区具中等密带毛刻点，中央光滑；中纵脊缺；侧纵脊仅在端部存在；外侧脊端在气门后方存在，基部缺；外侧区具中等密带毛刻点。气门圆形，与外侧脊相接。后足腿节长为最大宽的 3.9 倍。产卵管稍侧扁，背瓣亚端部有一弱的背结。雄，未知。

分布：浙江、贵州；欧洲。

（26）金蛛聚蛛姬蜂 *Tromatobia argiopei* Uchida, 1941

Tromatobia argiopei Uchida, 1941: 161.

主要特征：雌，头横形，光滑，具细白毛，在复眼之后强度收窄；触角窝不深，光亮；颜面稍拱隆，具革状细刻点，向下方稍收拢；唇基稍横凹；上颚强，上齿长于下齿。触角丝状，刚短于体。胸部密布细白毛，几乎光滑，散生细刻点。并胸腹节短，圆弧形，上方具细刻点，无纵脊，但基部中央有 2 个短瘤状突起，后方陡落，两侧刚拱隆。后翅小脉明显在中央上方曲折。腹部长于头、胸部之和，密布粗刻点，但第 7 背板光滑；第 2 背板有大而深的凹陷；各背板明显横形，侧瘤不大。产卵管几乎达腹长的 1/3。

分布：浙江（临安）；日本。

13. 盛雕姬蜂属 *Zaglyptus* Förster, 1869

Zaglyptus Förster, 1869: 166. Type species: *Polysphincta varipes* Gravenhorst, 1829.

主要特征：颜面和唇基颜色各样，额眶有时白色。唇基强度隆起，端缘凹入。后胸侧板下缘脊完整或不完整；并胸腹节中等长，无中纵脊，端部两侧具瘤凸，在雌性中尤为明显。前翅 3rs-m 脉缺，无小翅室；后翅 cu-a 脉通常在中央上方曲折。足跗爪具基齿。腹部第 1 节背板短而宽，中央后方具斜侧沟，背中脊有或无；第 2 节背板具相当明显的基侧斜沟和端侧斜沟，在背板中央围成一菱形区域。第 3–4 节背板具发达的横形背瘤，端缘光滑横带约占背板的 0.22。雌性下生殖板具较大的膜质区域，仅在端部边缘骨化。产卵管直，侧扁，腹瓣端末基齿扩大，呈倒刺状。

生物学：寄生于管巢蛛科。

分布：世界广布。世界已知 24 种，中国记录 7 种，浙江分布 3 种。

分种检索表

1. 盾纵沟浅；颜面黑色 ··· 2
- 盾纵沟深；颜面黄色或白色 ··· 武夷盛雕姬蜂 *Z. wuyiensis*
2. 腹部背瘤光滑，无刻点 ·· 多色盛雕姬蜂 *Z. multicolor*
- 腹部背瘤具刻点 ··· 黑尾盛雕姬蜂 *Z. iwatai*

（27）黑尾盛雕姬蜂 *Zaglyptus iwatai* (Uchida, 1936)（图 1-21）

Polysphincta (*Zaglyptus*) *iwatai* Uchida, 1936a: 120.
Zaglyptus iwatai: Yu *et al*., 2016.

主要特征：雌，体长 6.0–6.4 mm；前翅长 4.6–5.0 mm。颜面宽大于长；颚眼距长为上颚基部宽的 0.5；触角长为前翅长的 0.8。盾纵沟弱；后胸侧板下缘脊完整。后翅 cu-a 脉在中央上方曲折。头、胸部大部分黑色；并胸腹节和腹部第 1–6 节红褐色；腹部第 7、8 节背板黑色。雄，与雌蜂相似，但胸部完全黑色，腹部更细。

分布：浙江、河南、江苏、安徽、湖北、福建、贵州、云南；俄罗斯（远东地区），朝鲜，日本。

图 1-21　黑尾盛雕姬蜂 *Zaglyptus iwatai* (Uchida, 1936)

♀. A. 头，前面观；B. 整体，侧面观；C. 头、胸部，背面观；D. 腹部，背面观

（28）多色盛雕姬蜂 *Zaglyptus multicolor* (Gravenhorst, 1829)（图 1-22）

Polysphincta multicolor Gravenhorst, 1829a: 119.

Zaglyptus multicolor: Yu *et al*., 2016.

图 1-22　多色盛雕姬蜂 *Zaglyptus multicolor* (Gravenhorst, 1829)

♀. A. 头，前面观；B. 整体，侧面观；C. 并胸腹节和腹部基半部，背面观；D. 腹部，背面观

主要特征：雌，体长 6.0–7.0 mm；前翅长 4.5–5.7 mm；产卵管鞘长 1.6–2.3 mm。颜面宽稍大于长；颚眼距长为上颚基部宽的 0.5；触角 26 节，与前翅约等长。盾纵沟弱；后胸侧板下缘脊完整。后翅 cu-a 脉在中央或中央下方曲折。腹部背板密布刻点，但各节背瘤光滑。体黑色；胸部红褐色，腹部黄褐色，背瘤黑褐色。

分布：浙江、黑龙江、辽宁、河南、宁夏、新疆、福建、广东、广西、四川、贵州、云南；古北区。

（29）武夷盛雕姬蜂 *Zaglyptus wuyiensis* He, 1984（图 1-23）

Zaglyptus wuyiensis He, 1984: 200.

主要特征：雌，体长 7.1 mm；前翅长 5.6 mm。颜面上缘具深的缺刻；颚眼距长为上颚基部宽的 0.25；后单眼间距：后单眼直径：单复眼间距（POL：OD：OOL）=1.5：1.0：1.5；触角 26 节，稍长于前翅长。盾纵沟深；后胸侧板下缘脊仅在基部 0.5 存在。后翅 cu-a 脉在中央曲折。腹部密布刻点。体黄色；围绕单眼的黑斑向后伸至后头脊；中胸盾片具 3 条黑斑，中央黑斑仅伸至中央。腹部基部中央具倒三角形黑斑。

分布：浙江、福建。

图 1-23 武夷盛雕姬蜂 *Zaglyptus wuyiensis* He, 1984
♀. A. 头，前面观；B 整体，侧面观；C. 头、胸部，侧面观；D. 头、胸部，背面观；E. 腹部，背面观

14. 闭臀姬蜂属 *Clistopyga* Gravenhorst, 1829

Clistopyga Gravenhorst, 1829a: 132. Type species: *Ichneumon incitator* Fabricius, 1793.

主要特征：颜面、唇基及额眶部分或全部黄白色。唇基窄隆起，端部稍扁平，端缘凹陷。后头脊完整，背方中央不下弯。后胸侧板下缘脊完整或不完整。并胸腹节中等长至非常长，中纵脊弱或缺。前翅无小翅室，后翅 cu-a 脉不曲折或在中央下方曲折。腹部第 1 背板中等长；背中脊和背侧脊存在或缺。第 2 背板具长而明显的基侧斜沟，与较弱的近横形的端侧沟围成大的近菱形区域。第 3–4 节背板具弱瘤状突起，后缘无明显的光滑带。雌性下生殖板大，铲状，端部圆形，突出腹端。产卵管侧扁，由基部向端部渐细，表面粗糙，基部 0.5–0.7 直，端部上弯。

生物学：寄生于鳞翅目、鞘翅目、蜘蛛目等。

分布：世界广布，但是不常见。世界已知 23 种，中国记录 6 种，浙江分布 1 种。

（30）激闭臀姬蜂 *Clistopyga incitator* (Fabricius, 1793)（图 1-24）

Ichneumon incitator Fabricius, 1793: 172.

Clistopyga incitator: Yu *et al.*, 2016.

主要特征：雌，唇基光滑，基半隆起，端缘平截。颚眼距为上颚基部宽的 1.0 倍；下眼沟明显。后胸侧板具稀疏刻点；后胸侧板下缘脊完整且强。并胸腹节长，无中纵脊，光滑，被细毛；侧纵脊仅在端部存在；外侧脊完整。气门圆形，与外侧脊靠近。小翅室缺失。后足腿节长为最大宽的 3.1 倍。第 1 节背板背中脊伸至端部 0.7，向端部渐弱；背侧脊发达且完整。第 2 节背板约等于宽，基侧和端侧斜沟明显，围成一菱形隆起区域，具夹点纵皱。雄，未知。

分布：浙江、山西、陕西；古北区。

图 1-24 激闭臀姬蜂 *Clistopyga incitator* (Fabricius, 1793)

♀. A. 头，前面观；B. 头，背面观；C. 头、胸部，背面观；D. 整体，侧面观；E. 并胸腹节和腹部基半部，背面观

15. 裂臀姬蜂属 *Schizopyga* Gravenhorst, 1829

Schizopyga Gravenhorst, 1829a: 125. Type species: *Schizopyga podagrica* Gravenhorst, 1829.

主要特征：复眼有明显的毛。唇基非常弱的隆起，与颜面愈合或者仅由一很弱的唇基缝分隔；颜面光滑，具稀疏的细刻点；上颚细，不扭曲至强烈扭曲，上端齿明显长于下端齿；前胸背板短；前沟缘脊存在；中胸盾片中等长，隆起或平；盾纵沟长，但较浅；后胸侧板下缘脊完整或不完整；并胸腹节中等长，中纵脊有或无；后足基节窝与胸腹连接孔分离。足粗壮，第 5 跗节膨大，雌性跗爪具大基齿。前翅小翅室有或无；后翅 Cu1 脉端段通常存在，明显。产卵管短，上弯，腹瓣基部不膨大。

生物学：寄生于管巢蛛科。

分布：世界广布。世界已知17种，中国记录3种，浙江分布1种。

（31）黄脸裂臀姬蜂 *Schizopyga flavifrons* Holmgren, 1856（图1-25）

Schizopyga flavifrons Holmgren, 1856a: 71.

主要特征：雌，体长6.8 mm；前翅长4.5 mm。上颊背面观长为复眼的1.6倍；触角鞭节20节，长为前翅的0.7；并胸腹节密布刻点，中纵脊和端横脊强且完整。前翅无小翅室；后翅cu-a脉在中央曲折。产卵管鞘长约等于后足跗节第2–4节之和。颜面黄白色。后足基节基部黑褐色；腿节端部黑色，胫节端部黑色。

分布：浙江、辽宁、甘肃、江苏；俄罗斯，日本，瑞典等。

图1-25　黄脸裂臀姬蜂 *Schizopyga flavifrons* Holmgren, 1856
♀. A. 头，前面观；B. 整体，侧面观；C. 并胸腹节和腹部基半部，背面观

16. 锤跗姬蜂属 *Acrodactyla* Haliday, 1838

Acrodactyla Haliday, 1838: 112-121. Type species: *Pimpla degener* Haliday, 1838.

主要特征：前翅长2.7–6.0 mm。体细长。颜面横形至长形；唇基宽矛形，与颜面之间有沟分开，强烈隆起，端半平，端缘弱反折；上颚微弱扭曲，上端齿比下端齿长；复眼无毛；后头脊完整。前胸背板侧面观较长，颈部有时具弱纵脊；前沟缘脊发达；中胸盾片光滑，几乎无毛，中叶前方两侧具明显的竖脊；盾纵沟长而强；胸腹侧脊长，上端前缘不伸至前胸背板后缘；后胸侧板下缘脊完整；并胸腹节长，中纵脊和端横脊存在。前翅3rs-m脉缺；后翅cu-a脉曲折或直。足细长，端跗爪膨大，具基齿。腹部第1节较长；第2节背板基侧斜沟和端侧斜沟弱，中央具弱的菱形区域；第3–4节背板光滑，具弱的菱形区域。产卵管直，端部略上弯，腹瓣亚基部膨大。

生物学：寄生于蜘蛛目园蛛科。

分布：世界广布。世界已知27种，中国记录15种，浙江分布3种。

分种检索表

1. 前中足腿节腹缘不膨大，无齿状突起 ·· 辛德锤跗姬蜂 *A. syndromosa*
- 前中足腿节腹缘膨大，通常有一齿状突起 ··· 2
2. 雌性前中足中央特别粗大，腹缘有一明显的扁钝齿 ··· 四雕锤跗姬蜂 *A. quadrisculpta*

- 雌性前中足中央稍肿大，腹缘齿较弱 ·· 黄胸锤跗姬蜂 *A. takewakii*

（32）四雕锤跗姬蜂 *Acrodactyla quadrisculpta* (Gravenhorst, 1820)（图 1-26）

Ichneumon quadrisculptus Gravenhorst, 1820: 378.
Acrodactyla quadrisculpta: Yu *et al.*, 2016.

主要特征：雌，颚眼距约为上颚基部宽；上颊背面观长为复眼的 0.73；触角 24 节，第 1 节长为第 2 节的 1.6 倍。中胸盾片光滑无毛；后胸侧板具粗糙的刻皱；并胸腹节中纵脊强，中区内有细刻点；端横脊中央前凸。后翅 cu-a 脉在下方 0.4 处曲折。前中足腿节中央肿大，各有一扁的钝齿。腹部第 1 节背板长为端宽的 1.5 倍。产卵管长约等于第 1 节背板长。体黑色；胸部赤褐色。后足胫节亚基部有一黑斑，端部黑色。

分布：浙江、陕西、福建、贵州；世界广布。

图 1-26 四雕锤跗姬蜂 *Acrodactyla quadrisculpta* (Gravenhorst, 1820)
♀. A. 头，前面观；B. 头，背面观；C. 整体，侧面观；D. 头、胸部，侧面观；E. 整体，背面观；F. 前足

（33）辛德锤跗姬蜂 *Acrodactyla syndromosa* Kusigemati, 1985（图 1-27）

Acrodactyla syndromosa Kusigemati, 1985: 138.

主要特征：雌，唇基光滑，强烈隆起，端缘平截，宽为高的 1.6 倍。并胸腹节长；无中纵脊；端横脊完整且强；外侧脊完整且强；中区和侧区光滑；外侧区具细点皱，被细毛。气门圆形，与外侧脊相距约为短径的 0.8。前翅 cu-a 脉后叉式，稍内斜。前、中足腿节腹缘无齿状突起。后足腿节长为最大宽的 7.0 倍。第 1 节背板背中脊发达，伸至端部 0.8；背侧脊发达且完整。第 2 节背板基侧和端侧斜沟浅，沟内光滑，在中央围成一菱形的隆起光滑区域。第 3–5 节背板横形，光滑，背瘤弱但明显。产卵管腹瓣基部膨大，基部 0.3 微弱收缩，端部尖细，稍上弯。雄，未知。

分布：浙江、台湾。

图 1-27　辛德锤跗姬蜂 *Acrodactyla syndromosa* Kusigemati, 1985

♀. A. 头，前面观；B. 头、胸部，背面观；C. 整体，侧面观；D. 头、胸部，侧面观；E. 并胸腹节和腹柄，背面观

（34）黄胸锤跗姬蜂 *Acrodactyla takewakii* (Uchida, 1927)（图 1-28）

Polysphincta takewakii Uchida, 1927a: 172.
Acrodactyla takewakii: Yu et al., 2016.

主要特征：雌，体长 3.7 mm；前翅长 2.7 mm。颚眼距约为上颚基部宽；上颊背面观长为复眼的 0.73；触角 24 节，第 1 节长为第 2 节的 1.7 倍。中胸盾片光滑无毛；后胸侧板具皱状刻纹；并胸腹节中纵脊强，

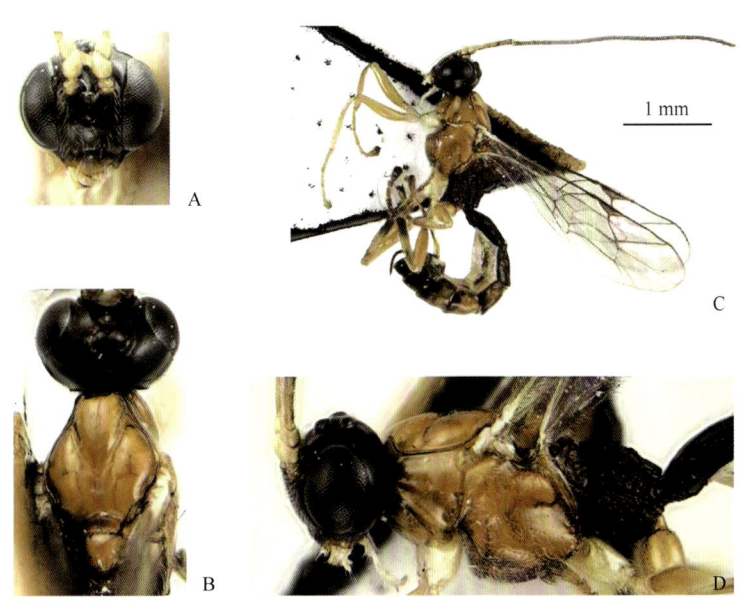

图 1-28　黄胸锤跗姬蜂 *Acrodactyla takewakii* (Uchida, 1927)

♀. A. 头，前面观；B. 头、胸部，背面观；C. 整体，侧面观；D. 头、胸部，侧面观

中区有细刻点；端横脊中央前凸；端区有 2 条纵脊。前中足腿节中央稍肿大，各有一扁宽的钝齿。腹部第 1 节背板长为端宽的 2.2 倍。产卵管长约等于后足跗节第 1、2 节之和。体黄褐色。后足胫节亚基部和端部淡褐色。

分布：浙江、安徽、湖南、广西；日本。

17. 长胫姬蜂属 *Longitibia* He et Ye, 1999

Longitibia He et Ye, 1999: 8. Type species: *Longitibia sinica* He et Ye, 1999.

主要特征：上颚中等尖细，不扭曲，上端齿长且明显宽于下端齿，齿端钝；唇基微弱隆凸，基部有一浅凹痕与颜面分隔；复眼裸；后头脊完整。前胸背板中等长；前沟缘脊上段强；中胸盾片中等长，盾纵沟深；胸腹侧脊发达；后胸侧板下缘脊完整；并胸腹节较长，无明显的纵脊；胸腹连接孔与后足基节窝之间不愈合。足特别细长，后足长为腹部长的 1.7 倍；端跗爪膨大。前翅 cu-a 脉后叉，内斜；3rs-m 脉缺，无小翅室；后翅 Cu1 脉端段明显。腹部第 1 节细长；第 2 节背板中央具近菱形隆起的区域；第 3–4 节背板均匀隆起。产卵管直，端部稍上弯，腹部基端膨大，向端部渐细。

生物学：未知。

分布：东洋区。世界已知 1 种，中国记录 1 种，浙江分布 1 种。

（35）中华长胫姬蜂 *Longitibia sinica* He et Ye, 1999（图 1-29）

Longitibia sinica He et Ye, 1999: 8.

图 1-29　中华长胫姬蜂 *Longitibia sinica* He et Ye, 1999

♀. A. 头，前面观；B. 头，背面观；C. 整体，侧面观；D. 头、胸部，侧面观；E. 头、胸部，背面观；F. 腹部，背面观

主要特征：雌，体长 7.3 mm；前翅长 6.7 mm。颜面长大于宽；唇基端缘平截；颚眼距约等于上颚基部宽；上颚上端齿宽而钝；后头脊完整；触角鞭节 27 节，约为前翅长的 1.2 倍。前沟缘脊缺失；盾纵沟深，伸至中央后方。并胸腹节具刻皱，中央具横刻条；中纵脊不明显。前翅无小翅室；后翅 cu-a 脉在下方 0.19 处曲折。足特别细长。体黑色，腹部暗红褐色至黑色。雄，不明。

分布：浙江、四川。

18. 斜脉姬蜂属 *Reclinervellus* He et Ye, 1998

Reclinervellus He *et* Ye, 1998: 153. Type species: *Reclinervellus dorsiconcavus* He *et* Ye, 1998.

主要特征：颜面横形，光滑；唇基宽矛形，弱至中等隆起，侧缘和端缘弧形，与颜面分界明显；上颚尖细，扭曲角度为 40°–85°，上端齿远长于下端齿，端部稍微上翘；颚眼距几乎消失；头顶在单眼后方陡斜；上颊在复眼后方直线收窄。足粗壮，第 5 跗节强烈膨大，雌性跗爪短，具基齿。前翅 3rs-m 脉缺。腹部第 1 背板中等长，端缘侧沟明显，背中脊和背侧脊存在；第 2–6 节背板具刻点，背板上各有一对被斜凹痕或沟包围的发达的近圆形的隆瘤；端缘光滑横带约为背板长的 0.21。产卵管长且直，腹瓣基部膨大，中央至端部渐尖。

生物学：寄生于园蛛科突尾艾蛛和八瘤艾蛛。

分布：古北区、东洋区。世界已知 4 种，中国记录 3 种，浙江分布 1 种。

（36）背凹斜脉姬蜂 *Reclinervellus dorsiconcavus* He *et* Ye, 1998（图 1-30）

Reclinervellus dorsiconcavus He *et* Ye, 1998: 153.

主要特征：雌，唇基与颜面之间分界明显；复眼大，颚眼距几乎消失；后头脊完整。前胸背板背方中央有一纵脊；盾纵沟深；并胸腹节光滑，无明显的中纵脊。前翅 3rs-m 脉缺失；后翅 cu-a 脉不曲折，强烈外斜。腹部第 1 节背板长为端宽的 1.2 倍，背中脊和背侧脊发达；第 2–6 节背板具发达的近圆形的隆瘤。产卵管鞘与腹部第 1、2 节背板之和等长。头黑色。胸部黄白色至黄褐色，带黑斑；并胸腹节黑色。足黄褐色，后足亚基部和端部黑褐色。腹部红黄褐色，第 2–6 节背板背瘤和第 7、8 节背板黑褐色。

分布：浙江。

图 1-30 背凹斜脉姬蜂 *Reclinervellus dorsiconcavus* He *et* Ye, 1998

♀. A. 头、胸部，背面观；B. 整体，侧面观；C. 头、胸部，侧面观；D. 腹部，背面观

19. 多印姬蜂属 *Zatypota* Förster, 1869

Zatypota Förster, 1869: 166. Type species: *Ichneumon percontatoria* Müller, 1776.

主要特征：上颚非常尖细，扭曲至 20°，上端齿长于下端齿；唇基横形，微弱隆起，与颜面之间有一弱唇基沟，侧缘圆，有时整个唇基弧形；颜面横形至长形，光滑，或具细的稀疏带毛刻点。并胸腹节短，中纵脊和端横脊发达。足细长，第 5 跗节膨大，雌性跗爪短，具基齿。前翅无小翅室；后翅 Cu1 脉端段通常缺。产卵管锥状，直或上翘，基部和中央明显膨大，端部尖细。

生物学：寄生于球腹蛛科。

分布：世界广布。世界已知 38 种，中国记录 12 种，浙江分布 1 种。

（37）白基多印姬蜂 *Zatypota albicoxa* (Walker, 1874)（图 1-31）

Glypta albicoxa Walker, 1874: 304.
Zatypota albicoxa: Yu *et al*., 2016.

主要特征：体长 5.0–9.0 mm；前翅长 3.6–8.0 mm。触角鞭节 24–28 节。体黑色，有光泽；眼眶、胸部和腹部通常有黄白色和赤褐色斑，后足胫节基部 0.3 和端部 0.4 黑色，中央黄白色；前翅 cu-a 脉内斜；后翅 cu-a 脉不曲折。后足长为宽的 5.0 倍；产卵管中部不明显膨大，自基部向端部渐细，端部上弯。

分布：浙江、黑龙江、吉林、河北、河南、陕西、江苏、安徽、湖南、四川、贵州、云南；俄罗斯（远东地区），日本。

注：少数标本胸部带红褐色。

图 1-31 白基多印姬蜂 *Zatypota albicoxa* (Walker, 1874)

♀. A. 头，前面观；B. 头，背面观；C. 整体，侧面观；D. 整体，背面观；E. 并胸腹节和腹柄，背面观；F. 后足；G. 产卵管鞘和产卵管

20. 尖裂姬蜂属 *Oxyrrhexis* Förster, 1869

Oxyrrhexis Förster, 1869: 166. Type species: *Cryptus carbonator* Gravenhorst, 1807.

主要特征：颜面长，光滑；唇基平，横形，侧角呈一角度，端缘平截，唇基沟浅；上颚中等细长，扭曲 20°–40°，上端齿比下端齿略长。前胸背板中等长，背方中央无短纵脊；前沟缘脊强，上段近垂直；中胸盾片中等长，隆起，具密毛；盾纵沟深；并胸腹节中等长，向后均匀倾斜，中纵脊弱至强。后足基节窝与胸腹连接孔融合。前翅无小翅室；后翅 Cu1 脉端段明显；足跗爪基齿发达，第 5 跗节膨大。腹部第 1 节背板长宽约相等，背中脊和背侧脊存在，较弱；第 2 节背板具背瘤，基侧和端侧斜沟明显；第 3–4 节背板具强的背瘤；各节背板具密刻点。产卵管直，腹瓣基部突起较弱。

生物学：寄主为皿蛛科、园蛛科、肖蛸科、蟹蛛科。

分布：古北区、东洋区。世界已知 2 种，中国记录 3 种，浙江分布 1 种。

（38）宽尖裂姬蜂 *Oxyrrhexis eurus* Kasparyan, 1977（图 1-32）

Oxyrrhexis eurus Kasparyan, 1977: 458.

主要特征：雌，体长 4.3–5.0 mm；前翅长 3.5–4.0 mm。颚眼距与上颚基部宽相等；触角鞭节 18 节，约为前翅长的 0.83。中胸盾片被密毛，盾纵沟深；并胸腹节中纵脊明显，端部向外扩展与端横脊相连。前翅 M 脉第 2 段长为 2rs-m 脉的 2.5 倍；Rs 脉直，径室长为宽的 2.5 倍。产卵管鞘与第 2 节背板等长。体黑色；后足基节、腿节红褐色，胫节亚基部和端部 0.3 烟褐色。雄，未见。

分布：浙江、黑龙江、内蒙古、宁夏、甘肃、四川；俄罗斯（远东地区），蒙古国。

图 1-32 宽尖裂姬蜂 *Oxyrrhexis eurus* Kasparyan, 1977
♀. A. 整体，侧面观；B. 翅脉；C. 并胸腹节和腹柄，背面观

21. 嗜蛛姬蜂属 *Polysphincta* Gravenhorst, 1829

Polysphincta Gravenhorst, 1829a: 112. Type species: *Polysphincta tuberosa* Gravenhorst, 1829.

主要特征：前翅长 3.7–7.0 mm。颜面长，光滑无毛；唇基强度隆起，横形，端缘平截，唇基沟浅但明显；上颚中等细长，稍微扭曲，上端齿明显长于下端齿。并胸腹节中等长，向后均匀倾斜，通常无脊；后足基节窝与胸腹连接孔融合。前翅 3rs-m 脉缺；后翅 Cu1 脉端段存在。足细长，第 5 节跗节膨大，跗爪具大基齿。腹部第 1 节背板长，背中脊弱，背侧脊发达。第 2 节背板具基侧沟，中央隆起；第 3-5 节背板具一对背瘤，光滑。产卵管长，长约为后足胫节的 0.65 或以上，腹瓣基部肿大。

生物学：寄生于园蛛科、管巢蛛科。

分布：世界广布。世界已知 25 种，中国记录 3 种，浙江分布 1 种。

（39）亚洲嗜蛛姬蜂 *Polysphincta asiatica* Kusigemati, 1985（图 1-33）

Polysphincta asiatica Kusigemati, 1985: 146.

主要特征：雌，唇基光滑，中等隆起，端缘平截。上颚尖细，上端齿稍长于下端齿。复眼内缘在触角窝对过处微弧形凹入。后头脊发达，侧缘略反折。中胸侧板光滑，具柔毛；后胸侧板上缘具非常细带毛刻点，其余光滑无毛。并胸腹节中等长，光滑，无中纵脊；侧纵脊仅在端部存在；外侧脊较弱；外侧区具细皱，被细毛。气门圆形，与外侧脊相距约为其短径的 2.0 倍。前翅 cu-a 脉稍后叉式；3rs-m 脉缺失。后足腿节长为最大宽的 6.0 倍。各足跗爪具基齿，爪间垫发达。腹部光滑。第 1 节背板背中脊弱；背侧脊发达且完整。第 2 节背板长为端宽的 1.0 倍，中央有一菱形隆起区域。产卵管腹瓣基端膨大，向端部渐尖。雄，未知。

分布：浙江、台湾、广东、贵州；日本。

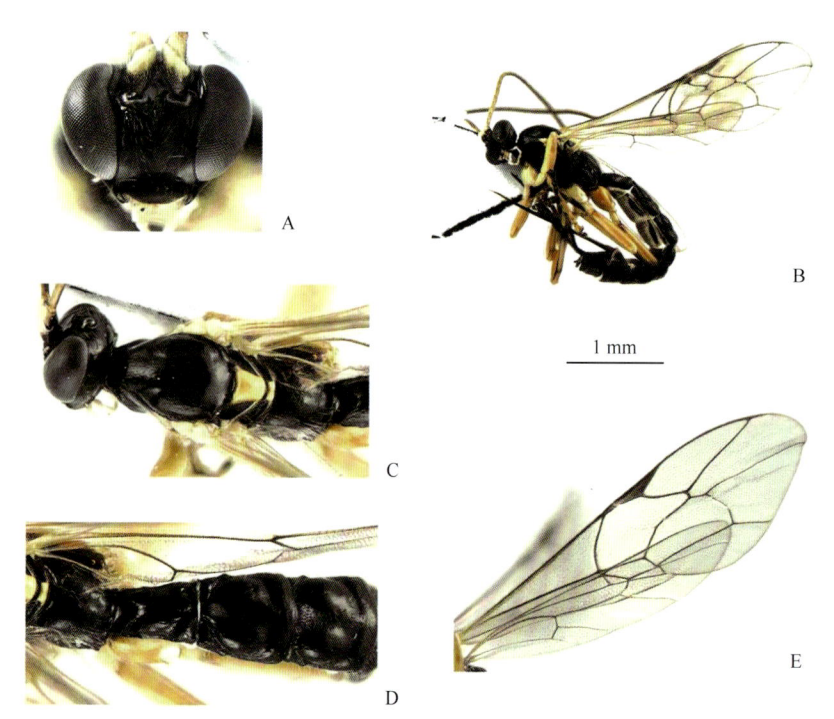

图 1-33 亚洲嗜蛛姬蜂 *Polysphincta asiatica* Kusigemati, 1985
♀. A. 头，前面观；B. 整体，侧面观；C. 头、胸部，背面观；D. 并胸腹节和腹部，背面观；E. 翅脉

22. 长尾姬蜂属 *Ephialtes* Gravenhorst, 1829

Pimpla (*Ephialtes*) Gravenhorst, 1829a: 232. Type species: *Ichneumon manifestator* Linnaeus, 1758.

主要特征：颜面黑色；雄性唇基黄白色，雌性唇基红色或者褐色。上唇基相当平，端缘中央深凹，非常宽。上颚长，下端齿长而宽于上端齿。后头脊完整，背方中央下弯。中胸盾片具均匀分布的中等密毛。

后胸侧板下缘脊完整或者端部模糊。并胸腹节背面中央基部 0.4 具中纵沟，沟两侧呈弱脊状。前翅小翅室亚三角形，宽略大于高，受纳 2m-cu 脉于外角前方；2rs-m 脉短于 3rs-m 脉；后翅 Cu&cu-a 脉于中央或者中央上方曲折。腹部第 1 节背板短而宽，远短于第 2 节背板；背中脊和背侧脊明显。第 2 背板基侧斜沟宽而弱。第 3–4 节背板具大而弱的背瘤。各节背板端缘光滑带约为背板长的 0.35。产卵管鞘长为前翅长的 1.8–5.0 倍；产卵管细长，圆柱形，端部略扁平；腹瓣端部呈叶状突起包住背瓣；腹瓣末端基部脊的背方强度向前弯。

生物学：寄生于鳞翅目、膜翅目。

分布：全北区、东洋区。世界已知 13 种，中国记录 5 种，浙江分布 2 种。

（40）黄条长尾姬蜂 *Ephialtes rufata* (Gmelin, 1790)

Ichneumon rufatus Gmelin, 1790: 2684.

Ephialtes rufata: Yu et al., 2016.

主要特征：雌，触角梗节及鞭节（除了背面及各节间褐色）、眼眶内缘及顶眶（之间稍断）、前胸背板前上角、中胸盾片前侧方和亚中线后半之狭条、小盾片后方 3/5 和后小盾片及其腋槽后缘之隆边、翅基下脊、中胸后侧片上端均黄色；须黄褐色。前足、中足、后足基节、转节和腿节赤褐色，但基节最基部及后足腿节末端稍带黑色，前转节稍带黄色；后足胫节和跗节黑褐色，距、胫节亚基部和基跗节基半黄白色；各跗爪端半赤褐色。颜面具浅而模糊大刻点，在后端中央凹亦具细而密刻点，颜面向中央呈屋脊状隆起，中纵线清楚，从上角发出网状皱纹。并胸腹节亚中脊仅伸至基部 0.35 处，脊外侧方具密而粗刻点，脊下方亦有较细而密刻点。各足跗爪具基齿。腹部第 1 背板中央之后背中脊不特别隆起。产卵管鞘约为后足胫节长的 0.87。产卵管末端明显向下呈钩状弯曲。

分布：浙江（临安）、黑龙江、甘肃、湖北、湖南；朝鲜，日本，巴基斯坦，欧洲。

（41）台湾长尾姬蜂 *Ephialtes taiwanus* (Uchida, 1928)

Apechthis taiwanus Uchida, 1928a: 49.

Ephialtes taiwanus: Yu et al., 2016.

主要特征：雌，体赤黄色，腹部第 5 背板以后带赤褐色；触角赤褐色，至端部及各节间黑褐色；中胸盾片中央与小盾片前沟形成的"⊥"形斑、胸腹侧片斜方、中胸侧板翅基下脊下方至中胸侧板凹的条状斑及前下角圆斑、并胸腹节基部并伸至气门、后胸侧板下缘的条状斑及基部 2 短纵线，腹部第 1 背板中央隆起部分、第 2–5 背板两个中间相接的近椭圆形大横点，第 6–7 背板前缘、产卵管鞘，均黑色；额的触角洼部位、中胸盾片 3 条宽纵条，背板黑斑周围深赤褐色。翅透明，带烟黄色，翅痣黄褐色。足赤褐色，前足基节、转节色稍浅；中足腿节基部及胫节外方赤褐色；后足基节端部黑褐色；腿节两端、胫节基部及端半棕色；各跗爪端部赤褐色。

分布：浙江（松阳、庆元、龙泉）、台湾、广西、四川；印度。

III. 瘤姬蜂族 Pimplini

主要特征：前翅长 2.5–25.0 mm。唇基端缘中央缺刻不明显，基部 0.5 隆起；颚眼距无白色斑；触角端节表面有明显的突起。前胸背板短，颈部（如果存在）通常与中胸盾片靠近；胸腹侧脊完整；中胸侧板缝中央无明显的角度；并胸腹节气门长，长约为宽的 2.0 倍或以上。跗爪简单（钩尾姬蜂属 *Apechthis* 除外）。后翅 Cu1 脉端段通常从 cu-a 脉上方伸出。腹部第 2–6 节背板具粗刻点（囊爪姬蜂属团 *Theronia* genus group

除外）。雄性下生殖板长大于宽（囊爪姬蜂属团 Theronia genus group 除外）。

生物学：寄生于鳞翅目幼虫-蛹、膜翅目。

分布：世界广布。世界已知 14 属 650 余种（Yu et al.，2016），浙江分布 7 属 36 种。

分属检索表

1. 中胸侧板缝在中央处不曲折成一角度	2
- 中胸侧板缝在中央处曲折成一明显的角度	5
2. 唇基被一条横缝分为基部和端部两部分，上颚不扭曲，下端齿远小于上端齿	恶姬蜂属 Echthromorpha
- 唇基无横缝，上颚末端阔，下端齿不比下端齿小	3
3. 复眼内缘在触角窝上方微弱内陷；雌性跗爪无基齿	黑瘤姬蜂属 Pimpla
- 复眼内缘在触角窝上方强度内陷；雌性前足跗爪通常有一大的基齿	4
4. 产卵管直，端末不下弯	埃姬蜂属 Itoplectis
- 产卵管端末向下弯曲	钩尾姬蜂属 Apechthis
5. 唇基被一横缝分为基部和端部两部分；上颚末端呈 90° 扭曲	黑点瘤姬蜂属 Xanthopimpla
- 唇基无横缝；上颚不扭曲（囊爪姬蜂属团 Theronia genus group）	6
6. 上颚两端齿等长	囊爪姬蜂属 Theronia
- 上颚两端齿不等长，或上端齿长于下端齿，或下端齿长于上端齿	泥囊爪姬蜂属 Nomosphecia

23. 泥囊爪姬蜂属 *Nomosphecia* Gupta, 1962

Theronia (*Nomosphecia*) Gupta, 1962: 68. Type species: *Theronia zebroides* Krieger, 1906.

主要特征：上颚端齿不等长，或上端齿长于下端齿，或下端齿长于上端齿；唇基性二型，雄性唇基近端缘中央具一瘤凸，雌性唇基端缘平截或端缘中央具不明显的瘤凸；颜面中等隆起；额在触角窝之间无明显的纵脊。胸腹侧脊完整或在曲折处较弱；腹板侧沟微弱存在；并胸腹节具强的中纵脊。足跗爪简单，无基齿，但跗爪基部具一端部膨大的鬃。前翅有小翅室；后翅 cu-a 脉中央上方曲折。产卵管上瓣端部非常扁；下瓣端部包围上瓣，具半圆形的脊。

生物学：寄生于膜翅目弓蜾蠃。

分布：古北区东部（日本）、东洋区。世界已知 26 种和亚种，中国记录 2 种，浙江分布 1 种。

（42）条斑泥囊爪姬蜂印度亚种 *Nomosphecia zebroides indica* (Gupta, 1962)（图 1-34）

Theronia (*Nomosphecia*) *zebroides indicus* Gupta, 1962: 72.
Nomosphecia zebroides indica: Yu et al., 2016.

主要特征：雌，唇基基部侧角具横脊，亚端部具 2 个小瘤状突起。颊眼距几乎消失。上颚下端齿约为上端齿的 2.0 倍。复眼内缘在触角窝对过处弧形内凹，胸腹侧脊强，但较短。后胸侧板下缘脊完整且强，在中足基节背方呈叶状突起，其上有强纵脊。并胸腹节背面向后陡斜；中纵脊发达，端部向外扩展与端横脊侧段连接；分隔外第 2、3 侧区的端横脊发达；中区后方开放，端部变宽，长为宽的 0.5；侧区光滑；外侧区具细皱。气门长椭圆形。前翅 cu-a 脉后叉式，小翅室四边形，具短柄。各足跗爪简单，无基齿，但有一端部膨大的鬃。雄，未知。

分布：浙江、福建、台湾、广东、广西；印度。

图 1-34 条斑泥囊爪姬蜂印度亚种 *Nomosphecia zebroides indica* (Gupta, 1962)
♀. A. 头，前面观；B. 整体，侧面观；C. 整体，背面观；D. 腹部，侧面观；E. 产卵管端部，侧面观

24. 囊爪姬蜂属 *Theronia* Holmgren, 1859

Theronia Holmgren, 1859a: 123. Type species: *Ichneumon flavicans* Fabricius, 1793.

主要特征：上颚端齿等长，唇基端缘平截，或具缺刻，或具瘤凸，基部横隆，端部平；复眼内缘在触角窝对过处凹入；颊眼距很短。后胸侧板下缘脊发达，通常在中足基节后方呈三角形突起；并胸腹节短，具中纵脊和侧纵脊，少数种类分脊和端横脊完整。足粗壮，端跗爪简单，无基齿，但基部具一端部膨大的鬃，爪间垫大。前翅具小翅室，四边形，受纳 2m-cu 脉在端部 0.7；后翅 cu-a 脉在中央上方曲折，Cu1 脉端段明显。腹部光滑，无明显刻点，第 1 节背板中纵脊弱，侧纵脊不明显，端侧斜沟明显；第 2–4 节背板具弱横形瘤突。

生物学：寄生于鳞翅目蛹或幼虫，以及膜翅目姬蜂科一些种类。

分布：世界广布。世界已知 59 种和亚种，中国记录 12 种，浙江分布 5 种。

分种检索表

1. 唇基性二型：雄性唇基近端部有 1–2 个瘤凸，通常基侧有一横脊；雌性一般在中央横隆，有时端部也有弱的瘤凸 ········ 2
- 唇基非性二型：雄性和雌性唇基端部都无瘤凸或横脊 ··· 4
2. 额在触角窝之间的纵脊非常弱，有时几乎不明显或缺失；产卵管短于腹长的 0.3；体具暗黄褐色斑纹 ···············
 ·· **缺脊囊爪姬蜂指名亚种** *T. pseudozebra pseudozebra*
- 额在触角窝之间有明显的中纵脊；产卵管长于腹长的 0.4；体红褐色，无黑斑或暗斑，或中胸盾片、并胸腹节和腹部背板上有黑点、黑带或黑色夹火红色条斑 ··· 3
3. 中胸侧板前缘和背缘的黑条相连，并与镜面区前上方的黑斑相连成"T"形斑纹，与后缘下方的黑斑多不相连 ········
 ··· **黑纹囊爪姬蜂黄瘤亚种** *T. zebra diluta*

- 中胸侧板前缘、背缘和后缘下方的黑斑不连成"T"形斑纹·············**马斯囊爪姬蜂黄腿亚种 *T. maskeliyae flavifemorata***
4. 胸腹侧脊发达，在上方弯曲处不变弱；并胸腹节中区平行，后方封闭；端横脊完整；后足腿节腹缘有齿状脊·············
·············**脊腿囊爪姬蜂腹斑亚种 *T. atalantae gestator***
- 胸腹侧脊在上方弯曲处不明显；并胸腹节中区后方较宽；端横脊中央段不明显；后足腿节腹缘无齿状脊·············
·············**平背囊爪姬蜂 *T. depressa***

（43）脊腿囊爪姬蜂腹斑亚种 *Theronia atalantae gestator* (Thunberg, 1822)（图 1-35）

Ichneumon gestator Thunberg, 1822: 262.
Theronia atalantae gestator: Yu *et al*., 2016.

主要特征：雌，体长 7.7–12.5 mm；前翅长 6.8–12.2 mm。唇基基部稍隆起，端缘有卷边；额在触角窝之间有明显的纵脊。胸腹侧脊完整，上端曲折处不变弱；盾纵沟浅，仅在前方 0.2–0.3 存在；后胸侧板下缘脊在后足基节背方不呈叶状突起；并胸腹节中区长方形，后方封闭，长为宽的 1.3 倍。后足腿节腹缘端半有钝齿。产卵管长为后足胫节的 1.0–1.2 倍。中胸侧板具明显的黑斑；腹部有暗褐色带或斑；后足基节有黑色斑。雄，与雌蜂相似。中胸侧板有大的黑斑。

分布：浙江、黑龙江、辽宁、北京、陕西、江苏、湖北、江西、湖南、四川、贵州；古北区东部。

图 1-35　脊腿囊爪姬蜂腹斑亚种 *Theronia atalantae gestator* (Thunberg, 1822)
♀. A. 头，前面观；B. 整体，侧面观；C. 整体，背面观；D. 并胸腹节，背面观；E. 后足腿节

（44）平背囊爪姬蜂 *Theronia depressa* Gupta, 1962（图 1-36）

Theronia depressa Gupta, 1962: 26.

主要特征：雌，唇基基半横形隆起，亚端部无瘤状突起，端缘微凹。颚眼距几乎消失。上颚两端齿等长。盾纵沟不明显。中胸侧板光滑；后胸侧板光滑无毛；后胸侧板下缘脊强，在中足基节背方呈发达的叶突，其上具纵脊。前翅 cu-a 脉后叉式。后足腿节长为最大宽的 2.67 倍。并胸腹节中纵脊端部向外扩展与端横脊相连，后方较宽；无分脊；侧纵脊发达；分开第2–3外侧区的端横脊侧段明显；中区后方开放。气门线形。雄，不明。

分布：浙江、广东；菲律宾。

图 1-36 平背囊爪姬蜂 *Theronia depressa* Gupta, 1962
♀. A. 头，前面观；B. 整体，侧面观；C. 整体，背面观

（45）马斯囊爪姬蜂黄腿亚种 *Theronia maskeliyae flavifemorata* Gupta, 1962（图 1-37）

Theronia maskeliyae flavifemorata Gupta, 1962: 24.

主要特征：雌，体长 7.0–9.0 mm；前翅长 6.8 mm。唇基中央隆起；额在触角窝之间有短的纵脊。胸腹侧脊上方曲折处弱；盾纵沟不明显；并胸腹节光滑，中区后方开放；分开第2、3外侧区的端横脊至少部分存在。产卵管鞘长为后足胫节的 1.27 倍。中后足腿节无黑色纵斑。雄，与雌蜂基本相似，但唇基近端部有 2 个小瘤突。

分布：浙江、广东、广西、云南；菲律宾。

图 1-37 马斯囊爪姬蜂黄腿亚种 *Theronia maskeliyae flavifemorata* Gupta, 1962
♀. A. 整体，侧面观；B. 整体，背面观

（46）缺脊囊爪姬蜂指名亚种 *Theronia pseudozebra pseudozebra* Gupta, 1962（图 1-38）

Theronia pseudozebra pseudozebra Gupta, 1962: 21.

主要特征：雌，唇基亚端部有 2 个弱瘤状突起，端缘微凹。上颊背面观向后强烈收窄，长为复眼的 0.4。前胸背板光滑，上缘具稀疏柔毛。前沟缘脊强。胸腹侧脊上段曲折处缺。后胸侧板下缘脊强，在中足基节背方呈发达的叶突，其上有细纵脊。并胸腹节中纵脊端部向外扩展与端横脊相连，后方较宽；无分脊；侧纵脊发达；分开第 2–3 外侧区的端横脊侧段缺失；中区后方开放。气门线形。雄，与雌蜂相似。唇基亚端部具 2 个强的瘤状突起；体上黑斑色稍浅。

分布：浙江、广东、海南、广西、贵州、云南；东洋区。

注：大型个体并胸腹节端横脊侧段在两端模糊存在。

图 1-38　缺脊囊爪姬蜂指名亚种 *Theronia pseudozebra pseudozebra* Gupta, 1962
♀. 整体，侧面观

（47）黑纹囊爪姬蜂黄瘤亚种 *Theronia zebra diluta* He, Chen *et* Ma, 1996

Theronia zebra diluta He, Chen *et* Ma, 1996: 190.

主要特征：体黄色至黄褐色，有黑纹。复眼、单眼区、后头脊前方、柄节和梗节上面、中胸盾片的 3 条纵纹及后缘、翅基片下方 1 纹、中胸侧板前缘及近翅基下脊与之相连的"T"形斑（下方有时断开）、后缘下半、并胸腹节 2 纹、腹部第 1–6 背板 1 对相靠近的横纹均黑色。后足基节基部外侧 1 斑、转节末端、腿节上的斑纹及产卵管鞘均黑色或黑褐色；触角黄赤色，基部各节下面黄色。翅透明，翅痣黄褐色。小盾片侧脊明显，超过侧缘长度之半；后胸侧板下缘脊在靠近中足基节处突然高起，形成一明显的叶状突，并胸腹节中区梯形，后方向外扩张，长约为后缘宽的 0.7；其后方的脊中央部分消失。腹部背板光滑，几无刻点，其上的瘤状横隆起较明显。产卵管鞘长为后足胫节长的 1.3–1.5 倍。

分布：浙江（杭州、诸暨、金华、常山、松阳、丽水）、长江流域及以南（除西藏外）各省份、香港；日本。

25. 黑点瘤姬蜂属 *Xanthopimpla* Saussure, 1892

Xanthopimpla Saussure, 1892: 20. Type species: *Xanthopimpla hova* Saussure, 1892.

主要特征：唇基短，被一横沟分成两部分；颚眼距短；上颚短，基部宽，端部非常尖细且扭曲呈 90°，致使下端齿位于内方，上端齿长于下端齿。盾纵沟强，其前端有一短横脊；小盾片通常具发达的侧脊，均匀隆起或呈锥状突起；后胸侧板下缘脊通常完整；并胸腹节光滑，通常有纵脊和横脊。足粗壮，跗爪简单无基齿，通常有一端部扩大的鬃。前翅透明或亚透明，一般有小翅室，受纳 2m-cu 脉于中央或近外角；后翅 cu-a 脉在中央上方曲折，Cu1 脉端段明显。

生物学：寄生于鳞翅目蛹，单寄生。

分布：世界广布，但主要在东南亚。世界已知 229 种和亚种，中国记录 56 种，浙江分布 5 种团 11 种。

A. 女王黑点瘤姬蜂种团 *regina*-group

主要特征：额在前单眼前方无凹窝或沟；颜面在亚侧方具竖脊；唇基中央微隆。前胸背板前下角呈陡圆，呈 120°；中胸盾片前方具密毛，向后方渐稀疏，端部 0.3 左右无毛；盾纵沟很短、模糊至中等长，不超过翅基片连线前缘；小盾片强烈隆凸至尖凸。并胸腹节通常中区完整，有时与第 2 侧区合并；气门前方有一强烈的瘤凸。中、后足跗爪最大鬃的端部明显变宽，弯曲，黑化。

分布：东洋区、澳洲区。浙江分布 3 种。

分种检索表

1. 盾纵沟前端无明显的横褶，中区长为宽的 0.6 ·· **利普黑点瘤姬蜂 *X. lepcha***
- 盾纵沟前端有强的横褶，中区长为宽的 0.73–1.3 倍 ·· 2
2. 第 3–5 节背板的刻点相当稀疏，第 4 节背板黑斑上的刻点的点间距为点径的 1.3–6.0 倍，黑斑上的刻点约有 20 个；第 3 节背板两黑斑之间的刻点很少或无 ·· **樗蚕黑点瘤姬蜂 *X. konowi***
- 第 3–5 节背板具密的刻点，第 4 节背板黑斑上的刻点的点间距为点径的 0.3–1.3 倍；第 3 节背板两黑斑之间的刻点较多 ·· **松毛虫黑点瘤姬蜂 *X. pedator***

（48）樗蚕黑点瘤姬蜂 *Xanthopimpla konowi* Krieger, 1899（图 1-39）

Xanthopimpla konowi Krieger, 1899: 81.

主要特征：雌，体长 13.0–20.0 mm；前翅长 12.0–18.5 mm。颜面宽为高的 1.3 倍，两侧近眼眶处有边缘圆的竖脊，之间具浅刻点，点间距为点径的 0.3。中胸盾片前端横脊短而低；盾纵沟短；小盾片强烈隆凸，但不呈锥状，盾片侧脊低。并胸腹节中区完整，长为宽的 1.2 倍；气门前方有一丘形隆突。后足胫节具 1–4 根端前鬃。第 3 节背板中央有 5–20 个刻点。产卵管鞘长为后足胫节的 1.1–1.5 倍。中胸盾片前方具 3 个黑

图 1-39 樗蚕黑点瘤姬蜂 *Xanthopimpla konowi* Krieger, 1899

♀. A. 头、胸部，背面观；B. 腹部，背面观

斑，中央黑斑不向后延伸；并胸腹节基部、腹部第 1–7 节背板均有一对黑斑；第 8、9 节背板有很明显的黑斑。

分布：浙江、湖南、福建、广东、四川、贵州、云南；日本，印度，缅甸，越南，泰国，马来西亚，印度尼西亚。

（49）利普黑点瘤姬蜂 *Xanthopimpla lepcha* (Cameron, 1899)（图 1-40）

Pimpla lepcha Cameron, 1899: 163.

Xanthopimpla lepcha: Yu *et al.*, 2016.

主要特征：雌，体长 12.0–15.0 mm；前翅长 11.0–14.0 mm。颜面宽为高的 0.93，两侧近眼眶处有边缘圆的竖脊，之间具中等小的刻点，点间距为点径的 0.7。中胸盾片前端横脊短而低；盾纵沟前方 0.2 存在；小盾片有一短而钝的顶，盾片侧脊发达，伸至小盾片后缘。并胸腹节中区完整，长为宽的 0.6；气门前方有一丘形隆突。后足胫节具 1–3 根端前鬃。第 3–4 节背板具均匀分布的细而浅的刻点，点间距约为点径的 1.5。产卵管鞘长为后足胫节的 0.60–0.75；产卵管背瓣端部强烈增厚。体黄色；单眼区黑色向后延伸与后头黑斑相连；中胸盾片有 3 个纵斑，均与后方黑斑相连，中纵斑端半窄；并胸腹节无黑斑；腹部第 1、3–5、7 节背板各有一对黑斑，第 2、6、8 节背板黄色无黑斑。

分布：浙江、福建、台湾、广东、贵州；印度，印度尼西亚。

图 1-40 利普黑点瘤姬蜂 *Xanthopimpla lepcha* (Cameron, 1899)
♀. A. 头、胸部，背面观；B. 整体，侧面观；C. 整体，背面观

（50）松毛虫黑点瘤姬蜂 *Xanthopimpla pedator* (Fabricius, 1775)（图 1-41）

Ichneumon pedator Fabricius, 1775: 828.

Xanthopimpla pedator: Yu *et al.*, 2016.

主要特征：雌，体长 10.0–18.0 mm；前翅长 8.0–15.0 mm。小盾片呈锥状突起；并胸腹节中区长为宽的 0.85。后足胫节具 1–2 根端前鬃。腹部第 3 节背板中央有 40 个或 40 个以上的刻点。产卵管鞘长为后足胫节的 0.82–1.2 倍。体色与樗蚕黑点瘤姬蜂 *Xanthopimpla konowi* 相似，但第 6、8 节背板黑斑较小，有时不明显。

分布：浙江、北京、山东、江苏、江西、湖南、广东、广西、四川、贵州、云南；日本，巴基斯坦，印度，缅甸，越南，菲律宾，马来西亚，印度尼西亚，法国。

图 1-41　松毛虫黑点瘤姬蜂 *Xanthopimpla pedator* (Fabricius, 1775)
♀. A. 整体，背面观；B. 整体，侧面观；C. 翅脉；D. 腹部，背面观

B. 柠檬黑点瘤姬蜂种团 *citrina*-group

主要特征：体细长，完全黄色，仅在单眼区黑色。足完全黄色。中胸盾片较长，前方 0.5 具中等密的带毛刻点；盾纵沟伸至翅基片连线前方；小盾片均匀隆凸，小盾片侧脊高，伸至小盾片端部；无胸腹侧沟；后横脊高为宽的 0.23，中央有缺刻。并胸腹节中区完整，长为宽的 0.8–1.45 倍。中、后足跗爪最大鬃的端部明显变宽，弯曲，黑化；后足胫节具 6 根端前鬃。前翅小翅室完整，受纳 2m-cu 脉于端部基方。腹部第 1 节背板长为宽的 1.05–1.65 倍，背侧脊完整。产卵管鞘长为后足胫节的 0.65。

分布：东洋区。浙江分布 1 种。

（51）无斑黑点瘤姬蜂 *Xanthopimpla flavolineata* Cameron, 1907（图 1-42）

Xanthopimpla flavolineata Cameron, 1907b: 48.

主要特征：雌，体长 6.0–11.0 mm；前翅长 4.0–9.0 mm。盾纵沟浅，不达翅基片连线水平；小盾片均匀隆起，侧脊高；翅基下缘脊中等突出，后方边缘尖锐；并胸腹节中区完整，长为宽的 0.82–1.35 倍。后足胫节端前鬃 5–6 根。腹部第 1 节背板背中脊强，背侧脊完整。产卵管鞘长为后足胫节的 0.45；长为自身宽的 4.8 倍。体黄色，无黑斑。翅痣浅褐色。雄，与雌蜂相似。

分布：浙江、湖北、江西、湖南、福建、台湾、广东、海南、香港、广西、四川、贵州、云南；东洋区，澳洲区。

图 1-42　无斑黑点瘤姬蜂 Xanthopimpla flavolineata Cameron, 1907

♀. A. 整体，侧面观；B. 整体，背面观

C. 短刺黑点瘤姬蜂种团 brachycentra-group

主要特征：前翅长 4.5–10.5 mm。唇基均匀微弱隆起至平坦，中央较隆。前胸背板前下角钝圆，呈 125° 角；中胸盾片前方 0.7 左右具中等密带毛刻点；盾纵沟最多伸至翅基片连线前缘；小盾片强烈隆凸或锥状突起，小盾片侧脊高，伸至小盾片端部；无胸腹侧沟；后横脊高为宽的 0.1–0.25，一般在中央有浅缺刻。并胸腹节中区完整，呈六边形。中、后足跗爪最大鬃的端部不变宽。后足胫节具 2–6 根端前鬃。前翅有小翅室。腹部第 1 节背板长为宽的 1.1–1.35 倍，背侧脊缺或微弱存在。产卵管鞘长为后足胫节的 0.22–0.68。

分布：古北区东部（日本）、东洋区。浙江分布 4 种。

分种检索表

1. 中后足胫节具 3–8 根端前鬃，通常 5–6 根；产卵管鞘长为后足胫节的 0.65 ·· 2
- 中后足胫节具 0–4 根端前鬃；产卵管鞘长为后足胫节的 0.25–0.69 ··· 3
2. 腹部第 2 节背板有一对黑斑或黑横带；中胸盾片前方的黑横带强度弧形 ·················· **棒点黑点瘤姬蜂 X. clavata**
- 腹部第 2 节背板无黑斑；中胸盾片前方的黑横带稍弧形或呈 3 个分离的黑斑 ···································
·· **瑞氏黑点瘤姬蜂离斑亚种 X. reicherti separata**
3. 腹部第 2 节背板中央的刻点较细，点间距大于点径；腹部第 1–5、7 节背板各有一对横形黑斑，其中第 1–3 节背板的黑斑几乎连接，第 7 节的黑斑呈带状 ································ **古氏黑点瘤姬蜂斑基亚种 X. guptai maculibasis**
- 腹部第 2 节背板中央具粗而浅的刻点；腹部第 1–5、7 节背板各有一对圆形黑斑，相距较远 ···
·· **短刺黑点瘤姬蜂指名亚种 X. brachycentra brachycentra**

（52）短刺黑点瘤姬蜂指名亚种 Xanthopimpla brachycentra brachycentra Krieger, 1914（图 1-43）

Xanthopimpla brachycentra brachycentra Krieger, 1914: 40.

主要特征：雌，体长 10.2 mm；前翅长 8.5 mm。盾纵沟前端横脊强，盾纵沟明显；中胸盾片前半具带毛刻点。并胸腹节中区完整，宽为长的 1.25 倍。中后足跗爪最长的鬃毛端部不扩大；后足胫节端前鬃 1–3 根。体黄色。中胸盾片前方具 3 个分散的黑斑；并胸腹节基部第 1 侧区有黑斑；腹部第 1–5、7 节背板各有一对黑斑；第6、8节背板黄色。

分布：浙江、湖南、台湾、广东、海南、四川、贵州；印度。

图1-43 短刺黑点瘤姬蜂指名亚种 Xanthopimpla brachycentra brachycentra Krieger, 1914

♀. A. 整体，背面观；B. 整体，侧面观

（53）棒点黑点瘤姬蜂 Xanthopimpla clavata Krieger, 1914（图1-44）

Xanthopimpla clavata Krieger, 1914: 40, 91.

主要特征：雌，前翅长8.0 mm。颜面高为宽的1.0倍；触角端部稍厚。小盾片均匀隆起；并胸腹节中区完整，长为宽的0.6。后足胫节端前鬃6根。腹部第1节背板中纵脊强，侧纵脊边缘不尖锐。产卵管鞘长为后足胫节的0.61。体黄色。中胸盾片前方黑带向后强度弧形；并胸腹节具一对分离的黑斑；腹部第1-3、7节具黑横带，第4、5节具一对黑斑。

分布：浙江、福建、台湾、广东、云南、西藏。

图1-44 棒点黑点瘤姬蜂 Xanthopimpla clavata Krieger, 1914

♀. A. 整体，侧面观；B. 整体，背面观

（54）古氏黑点瘤姬蜂斑基亚种 Xanthopimpla guptai maculibasis Townes et Chiu, 1970（图1-45）

Xanthopimpla guptai maculibasis Townes et Chiu, 1970: 188.

主要特征：雌，前翅长7.0 mm。颜面宽为高的0.8；触角端部稍厚。小盾片均匀隆起；并胸腹节中区完整，长为宽的0.72。后足胫节端前鬃2-3根。腹部第1节背板中纵脊强，侧纵脊不明显；第2节背板刻点不明显。产卵管鞘长为后足胫节的 0.5。体黄色。中胸盾片前方具 3 个分离的黑点，后方具一黑斑；并胸腹节为一对分离的黑斑；后足基节腹部第 1–6 节均有一对黑斑，第 7 节具黑横带。

分布：浙江、香港。

图 1-45　古氏黑点瘤姬蜂斑基亚种 *Xanthopimpla guptai maculibasis* Townes *et* Chiu, 1970
♀. A. 整体，侧面观；B. 整体，背面观

（55）瑞氏黑点瘤姬蜂离斑亚种 *Xanthopimpla reicherti separata* Townes *et* Chiu, 1970（图 1-46）

Xanthopimpla reicherti separata Townes *et* Chiu, 1970: 188.

主要特征：雌，体长 7.5 mm；前翅长 6.5 mm。触角端部不变厚。小盾片均匀隆起，侧脊高；并胸腹节中区完整。后足胫节端前鬃 5 根。腹部第 1 节背板中纵脊强，侧纵脊边缘圆；第 2 节背板刻点不明显。产卵管鞘长为后足胫节的 0.56。体黄色。中胸盾片前方具 3 个分离的黑点，后方为一黑斑；并胸腹节具一黑带，中央稍窄；腹部第 1、3、7 节背板具一黑横带，第 4、5 节具一对黑点斑，第 2、6 节背板无黑斑。雄，与雌蜂相似。

分布：浙江、福建、广东、广西。

图 1-46　瑞氏黑点瘤姬蜂离斑亚种 *Xanthopimpla reicherti separata* Townes *et* Chiu, 1970
♀. A. 整体，侧面观；B. 整体，背面观

D. 广黑点瘤姬蜂种团 *punctata*-group

主要特征：前翅长 5.0–11.8 mm。唇基微隆。前胸背板前下角钝圆，呈 120°；中胸盾片仅在前方 0.4

具稀疏的带毛刻点；盾纵沟伸至翅基片连线前缘；小盾片圆形隆凸，小盾片侧脊高，伸至小盾片端部；无胸腹侧沟；后横脊高为宽的 0.22，中央有一宽而浅的缺刻。并胸腹节中区完整，长为宽的 0.45–0.7。中、后足跗爪最大鬃的端部不变宽。后足胫节具 6–8 根端前鬃。前翅有小翅室，受纳 2m-cu 脉在端部基方。腹部第 1 节背板长为宽的 1.0–1.5，背侧脊缺。产卵管鞘长为后足胫节的 1.4–2.4 倍，产卵管粗大，背瓣明显下弯。

分布：东洋区、澳洲区。浙江分布 1 种。

（56）广黑点瘤姬蜂 *Xanthopimpla punctata* (Fabricius, 1781)（图 1-47）

Ichneumon punctatus Fabricius, 1781: 437.
Xanthopimpla punctata: Yu *et al*., 2016.

主要特征：雌，体长 10.0–14.0 mm；前翅长 9.0–12.0 mm。触角 40 节。小盾片强度隆起，侧脊高；并胸腹节中区完整，长为宽的 0.56。中后足跗爪最大鬃的末端不扩大；后足胫节端前鬃 4–8 根。腹部第 1 节无侧纵脊；第 2 节背板光滑，刻点稀少。产卵管鞘长为后足胫节的 1.8 倍。体黄色。中胸盾片前方具一黑横带；并胸腹节具一黑带；腹部第 1、3、7 节背板各有一对黑点斑，第 4、6、8 节背板无黑斑。雄，与雌蜂相似。

分布：浙江、北京、河北、山东、河南、陕西、江苏、安徽、湖北、江西、湖南、福建、台湾、广东、海南、香港、广西、四川、贵州、云南、西藏；东洋区。

图 1-47 广黑点瘤姬蜂 *Xanthopimpla punctata* (Fabricius, 1781)
♀. A. 整体，侧面观；B. 整体，背面观

E. 开室黑点瘤姬蜂种团 *incompleta*-group

主要特征：前翅长 6.0–13.0 mm。唇基均匀微弱隆起。前胸背板前下角钝圆，呈 135°；中胸盾片前方 0.8 左右具中等密至稀疏的带毛刻点；盾纵沟伸至翅基片连线前缘；小盾片侧脊高，伸至小盾片端部；无胸腹侧沟；中区完整或与第 2 侧区合并，分脊完整，端横脊完整。中、后足跗爪最大鬃的端部不变宽。后足胫节具 2–7 根端前鬃。前翅 cu-a 脉明显前叉，无小翅室。腹部第 1 节背板长为宽的 1.1–1.25 倍，背侧脊在气门前方存在。产卵管鞘长为后足胫节的 0.23–0.62；产卵管背瓣包围腹瓣，端部强烈下弯。

分布：东洋区、澳洲区。浙江分布 2 种。

（57）蓑蛾黑点瘤姬蜂 *Xanthopimpla naenia* Morley, 1913（图 1-48）

Xanthopimpla naenia Morley, 1913: 115.

主要特征：雌，体长 10.0 mm；前翅长 9.0 mm。触角 39–40 节。盾纵沟前端横脊甚高，盾纵沟明显；并胸腹节中区六边形，长约等于宽。前翅无小翅室。后足胫节具 3 根端前鬃。产卵管鞘长为后足胫节长的 2.3–4.0 倍。中胸盾片前方有一横黑带，小盾片前方有一黑斑；腹部第 1、7 节黑斑呈横带状；第 2–5 节背板均有一对黑斑（第 2 节黑斑较小），第 6、8 节背板完全黄色。

分布：浙江；日本，印度，越南，菲律宾，马来西亚。

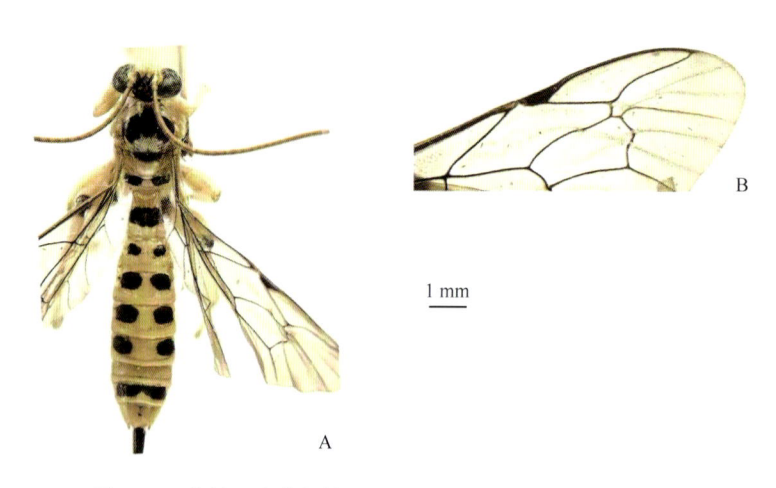

图 1-48　蓑蛾黑点瘤姬蜂 *Xanthopimpla naenia* Morley, 1913

♀. A. 整体，背面观；B. 前翅翅脉

（58）浙江黑点瘤姬蜂 *Xanthopimpla zhejiangensis* Chao, 1980（图 1-49）

Xanthopimpla zhejiangensis Chao, 1980: 10.

主要特征：雌，体长 8.0–11.0 mm；前翅长 7.0–9.0 mm。触角 30–42 节。盾纵沟前端横脊高于中胸盾片，盾纵沟伸至翅基片前缘连线处；并胸腹节中区与第 2 侧区愈合。前翅无小翅室。腹部第 1 节背板背侧脊完整。产卵管鞘长为后足胫节的 0.32。体黄色。中胸盾片前方有一横黑带，小盾片前方有一黑斑；腹部第 1–5、7 节背板均有一对黑斑，第 6、8 节背板完全黄色。雄，与雌蜂相似。

分布：浙江。

图 1-49　浙江黑点瘤姬蜂 *Xanthopimpla zhejiangensis* Chao, 1980

♀. A. 整体，背面观；B. 翅脉

26. 恶姬蜂属 *Echthromorpha* Holmgren, 1868

Echthromorpha Holmgren, 1868: 406. Type species: *Echthromorpha maculipennis* Holmgren, 1868.

主要特征：上颚短，末端不扭曲，端齿不等长，下端齿比上端齿小而短；唇基中等长至非常长，被一横沟分成两部分，端部中等大；颜面均匀隆起，向下收窄；复眼内缘在触角窝上方处强烈凹入。并胸腹节无隆脊，具粗刻点，或横皱，端部中央无刻点，亚侧方中后部常有一突出的瘤。跗爪大，无基齿，有一端部强度侧扁的鬃。

生物学：寄生于鳞翅目蛹和预蛹。

分布：世界广布。世界已知14种27亚种，中国记录1种，浙江分布1种。

(59) 斑翅恶姬蜂显斑亚种 *Echthromorpha agrestoria notulatoria* (Fabricius, 1804)（图 1-50）

Cryptus notulatorius Fabricius, 1804: 77.
Echthromorpha agrestoria notulatoria: Yu et al., 2016.

主要特征：雌，体长 10.5–18.5 mm；前翅长 10.0–16.0 mm。唇基向下延长，长等于宽，可分为上、下两部分，上部约占 2/3；颚眼距为上颚基部宽的 1.3 倍；上颚下端齿很小。前胸背板光滑，中央具横刻条。并胸腹节无中纵脊和外侧脊。后翅 Cu1 脉从 cu-a 脉与 M+Cu 脉相接处伸出。体黄色至赤褐色，有黑色斑纹。前翅翅尖有黑褐色的大斑。

分布：浙江、江西、湖南、台湾、广东、海南、广西、四川；东洋区。

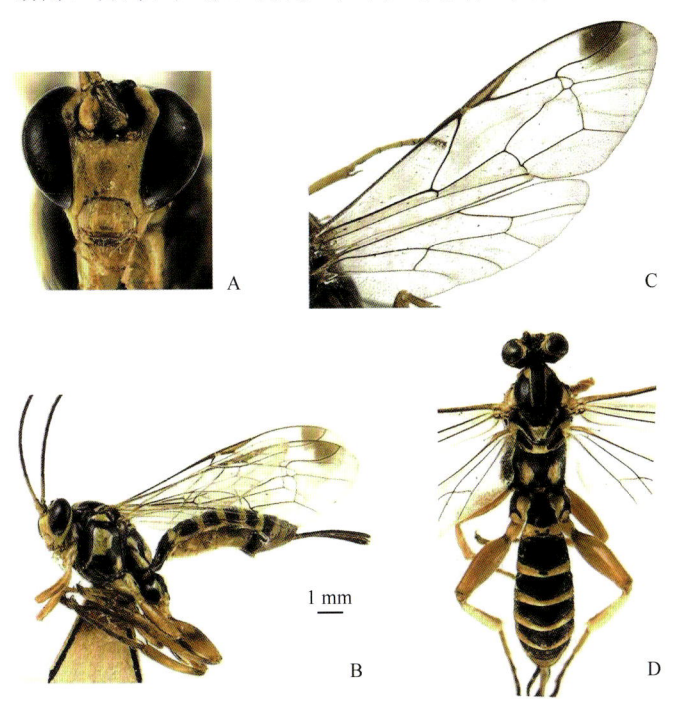

图 1-50 斑翅恶姬蜂显斑亚种 *Echthromorpha agrestoria notulatoria* (Fabricius, 1804)
♀. A. 头，前面观；B. 整体，侧面观；C. 翅脉；D. 整体，背面观

27. 埃姬蜂属 *Itoplectis* Förster, 1869

Itoplectis Förster, 1869: 164. Type species: *Ichneumon scanicus* Villers, 1789.

主要特征：前翅长 2.5–12.5 mm。颜面和眼眶完全黑色。上颚等长；唇基基部微横隆，端缘微凹；颜面均匀隆起，具密刻点；额凹入；后头脊完整；复眼内缘在触角窝处强度凹入。前沟缘脊存在；盾纵沟不明显；胸腹侧脊发达；中胸侧板缝在中央处不明显曲折成角度；并胸腹节短，具中纵脊。雌性前足跗爪通常具基齿，中后足跗爪简单，雄性所有跗爪简单。前翅有小翅室，受纳 2m-cu 脉于中央外方；后翅 cu-a 脉在中央上方曲折；Cu1 脉端段明显。腹部粗壮，具密刻点。产卵管直。

生物学：寄生于鳞翅目蛹。少数种类有时成为重寄生蜂。产卵于老熟幼虫，均在蛹期羽化。

分布：世界广布。世界已知 65 种，中国记录 8 种，浙江分布 3 种。

分种检索表

1. 前足跗爪无基齿 ··· 蝾螈埃姬蜂 *I. naranyae*
- 前足跗爪有基齿 ··· 2
2. 翅痣黄褐色；前足跗爪基齿顶角约 60°，齿长短于齿基部宽度；颚眼距为上颚宽的 0.25；触角鞭节第 1 节长为端宽的 8.4 倍 ·· 松毛虫埃姬蜂 *I. alternans epinotiae*
- 翅痣黄褐色或黑褐色；前足跗爪基齿顶角约 30°，齿长长于齿基部宽度；颚眼距为上颚宽的 0.4–0.7；触角鞭节第 1 节长为端宽的 5.2–8.4 倍 ······································· 喜马拉雅埃姬蜂 *I. himalayensis*

（60）松毛虫埃姬蜂 *Itoplectis alternans epinotiae* (Matsumura, 1926)（图 1-51）

Pimpla spectabilis Matsumura, 1926: 30.

Itoplectis alternans epinotiae: Yu *et al*., 2016.

主要特征：雌，体长 5.0–8.7 mm；前翅长 4.0–7.0 mm。触角 25 节，长为前翅长的 0.96；第 1 节长为端宽的 8.4 倍，为第 2 节的 1.6 倍。无盾纵沟；中胸侧板具细刻点。前足跗爪有基齿。腹部第 1 节背板长为端宽的 1.5–1.7 倍。体黑色。前中足大部分黄色或黄褐色，后足胫节的基部黑斑小，端半黑色。雄，与雌蜂相似，但后足基节黑色。

分布：浙江、黑龙江、吉林、辽宁、内蒙古、北京、山西、山东、河南、陕西、宁夏、甘肃、江苏、湖北、湖南、四川、贵州、云南；俄罗斯（远东地区），蒙古国，朝鲜，日本。

图 1-51 松毛虫埃姬蜂 *Itoplectis alternans epinotiae* (Matsumura, 1926)
♀. 整体，侧面观

（61）喜马拉雅埃姬蜂 *Itoplectis himalayensis* Gupta, 1968（图 1-52）

Itoplectis himalayensis Gupta, 1968: 52.

主要特征：雌，体长 4.7–7.0 mm；前翅长 3.9–6.2 mm。颚眼距为上颚基部宽的 0.4；触角 26 节，稍长于前翅长，鞭节第 1 节长为第 2 节的 1.35 倍。并胸腹节基部具中等粗刻点，中纵脊伸至基部 0.3–0.4。前足跗爪有基齿。体黑色；各足基节黑色，中后足第 1 转节黑色。雄，与雌蜂相似。体长 6.2 mm；前翅长 5.3 mm。触角 25 节，并胸腹节中纵脊弱。

分布：浙江、内蒙古、河北、甘肃、新疆、湖南、云南、西藏；印度。

图 1-52　喜马拉雅埃姬蜂 Itoplectis himalayensis Gupta, 1968
♀. 整体，侧面观

（62）螟蛉埃姬蜂 *Itoplectis naranyae* (Ashmead, 1906)（图 1-53）

Nesopimpla naranyae Ashmead, 1906: 180.
Itoplectis naranyae: Yu et al., 2016.

主要特征：雌，体长 8.0–13.0 mm；前翅长 5.0–9.0 mm。颚眼距为上颚基部宽的 0.28；触角 25 节，为前翅长的 0.83，鞭节第 1 节长为第 2 节的 1.2 倍。并胸腹节中纵脊明显。前足跗爪无基齿。头、胸部黑色，腹部第 1–4 节黄褐色；后足胫节黄白色，两端黑色。雄，与雌蜂相似，但中、后胸侧板和并胸腹节赤褐色。

分布：浙江、吉林、辽宁、山西、河南、陕西、江苏、安徽、湖北、江西、湖南、广东、海南、广西、四川、贵州、云南；俄罗斯，日本，菲律宾。

图 1-53　螟蛉埃姬蜂 Itoplectis naranyae (Ashmead, 1906)
♀. 整体，侧面观

28. 钩尾姬蜂属 *Apechthis* Förster, 1869

Apechthis Förster, 1869: 164. Type species: *Ichneumon rufatus* Gmelin, 1790.

主要特征：唇基基部隆起，端部平，端缘微凹；上颚宽，两端齿约等长；颚眼距短；颜面中等隆起；复眼内缘在触角窝对过处强度凹入；后头脊完整。中胸侧板缝在中央附近无明显角度；并胸腹节中纵脊仅在基部存在，无其他隆脊。雌性在前中足跗爪一般具大的基齿，后足跗爪基齿有或无。产卵管末端明显向下呈钩状弯曲。

生物学：寄生于鳞翅目蛹。

分布：世界广布。世界已知17种，中国记录5种，浙江分布3种。

分种检索表

1. 体黄褐色，具黑斑；侧单眼间距等于单复眼间距 ··· 台湾钩尾姬蜂 *A. taiwana*
- 体黑色或中胸盾片带黄斑；侧单眼间距为单复眼间距的1.5–1.8倍 ··· 2
2. 各足跗爪均有基齿；中胸盾片前侧方及中央后方有黄色斑纹；并胸腹节中纵脊伸至基部0.4；腹部刻点较密 ··· 黄条钩尾姬蜂 *A. rufata*
- 后足跗爪无基齿；中胸盾片完全黑色无黄色斑；并胸腹节中纵脊短，仅在基部0.25存在；腹部刻点较稀疏 ··· 四齿钩尾姬蜂 *A. quadridentata*

（63）四齿钩尾姬蜂 *Apechthis quadridentata* (Thomson, 1877)（图1-54）

Pimpla quadridentata Thomson, 1877: 749.

Apechthis quadridentata: Yu *et al*., 2016.

主要特征：雌，体长10.0 mm；前翅长8.0 mm。颜面中央略呈纵脊；侧单眼距为单复眼距的1.5倍；触角26节，约等于前翅长。前中足跗爪具基齿，后足跗爪简单。产卵管末端稍下弯，产卵管鞘长为后足胫节的0.8。足赤褐色；前足基节基部黑色；后足胫节和跗节黑褐色。雄，与雌蜂相似。后足胫节亚基部和距黄色，分界明显。

分布：浙江、黑龙江、吉林、河北、河南；古北区。

图1-54 四齿钩尾姬蜂 *Apechthis quadridentata* (Thomson, 1877)

♀. A. 整体，侧面观；B. 头，前面观；C. 中胸背板，背面观

（64）黄条钩尾姬蜂 *Apechthis rufata* (Gmelin, 1790)（图1-55）

Ichneumon rufatus Gmelin, 1790: 2684.

Apechthis rufata: Yu *et al*., 2016.

主要特征：雌，体长7.2–15.0 mm；前翅长6.0–13.5 mm。各足跗爪均有基齿。前翅2rs-m脉和3rs-m脉几乎等长。腹部第1节背板中央无明显的隆丘。中胸盾片后方具2条平行的黄斑。足赤褐色，后足胫节和跗节黑褐色。雄，与雌蜂相似。

分布：浙江、黑龙江、吉林、河南、陕西、甘肃、湖北、湖南；古北区。

图 1-55　黄条钩尾姬蜂 *Apechthis rufata* (Gmelin, 1790)
♀. A. 头，前面观；B. 整体，侧面观；C. 中胸盾片，背面观；D. 产卵管鞘，侧面观

（65）台湾钩尾姬蜂 *Apechthis taiwana* Uchida, 1928（图 1-56）

Apechthis taiwana Uchida, 1928a: 49.

主要特征：雌，体长 10.0–14.0 mm；前翅长 9.0–11.0 mm。POL：OD：OOL=1.0：1.0：1.0。触角 28 节，约与前翅等长。前翅 2rs-m 脉明显短于 3rs-m 脉。跗爪具基齿。腹部第 1 节背板中央隆起呈 2 小丘。产卵管端部不明显下弯。体黄褐色，带黑斑。雄，与雌蜂相似。

图 1-56　台湾钩尾姬蜂 *Apechthis taiwana* Uchida, 1928
♀. A. 整体，侧面观；B. 头，背面观；C. 并胸腹节和第 1 背板，侧面观；D. 腹部，背面观

分布：浙江、台湾、广东、广西、四川。

29. 黑瘤姬蜂属 *Pimpla* Fabricius, 1804

Pimpla Fabricius, 1804: 112. Type species: *Ichneumon instigator* Fabricius, 1793.
Jamaicapimpla Mason, 1975: 225. Type species: *Ephialtes nigroaeneus* Cushman, 1927.

主要特征：体小至粗壮。颜面中等隆起，宽大于高；复眼内缘在触角窝上方微弱凹入；唇基基部略隆起，端部平，端缘中央通常具缺刻；颚眼距长为上颚基部宽的 0.33–1.50 倍；上颚基部通常具刻点，端齿等长或上端齿稍长。腹部第 1 节背板与腹板分离，基侧凹明显；产卵管近圆柱形，端末有时扁平或稍下弯。
生物学：寄生于鳞翅目蛹。
分布：世界广布。世界已知 200 多种，中国记录 28 种，浙江分布 5 种团 12 种。

A. 红足黑瘤姬蜂种团 *rufipes*-group

主要特征：前翅 cu-a 脉一般稍后叉式。后足无明显白环。并胸腹节较长，中纵脊通常基部明显。腹部第 1 节背板中央有或无隆丘；各节背板折缘均狭窄，长为宽的 3.0 倍以上；第 4、5 节宽约等于第 1–3 节宽。产卵管近圆柱形，背瓣端部无明显的横脊。
分布：古北区。浙江分布 6 种。

分种检索表

1. 腹部第 1 节背板中央无隆丘；无光泽，密布刻点；腹部各节背板密布刻点，无端缘光滑横带 ··· 满点黑瘤姬蜂 *P. aethiops*
- 腹部第 1 节背板中央有隆丘；全体刻点在不同部位，分布不同；腹部各节背板端缘有一狭的光滑横带 ················· 2
2. 后足完全黑色 ··· 3
- 后足不完全黑色，至少胫节亚基部具白色或褐色环 ··· 5
3. 腹部第 1 节背板窄而长，中央隆丘尖，其后侧方有光泽，无明显的刻点，第 2–6 节背板刻点细而稀疏；并胸腹节背面具明显的横刻条 ··· 乌黑瘤姬蜂 *P. ereba*
- 腹部第 1 节背板短而宽，中央隆丘较圆，其后侧方具密刻点，第 2–6 节背板具密刻点；并胸腹节背面具密点皱 ········· 4
4. 体上柔毛褐色；翅基部黑色；腹部第 1–4 节背板具不规则刻点，第 5 节背板具浅皱，无明显的刻点；后足基节具模糊刻点 ··· 暗黑瘤姬蜂 *P. pluto*
- 体上柔毛金色或白色；翅基部黄色；腹部第 1–4 节背板密布规则的刻点，第 5 节背板密布小刻点；后足具清晰的刻点 ··· 野蚕黑瘤姬蜂 *P. luctuosa*
5. 后足腿节黑色；腹部黑色或端缘黄色 ··· 脊额黑瘤姬蜂 *P. carinifrons*
- 后足腿节黄色或红褐色或在端部 0.2 黑色；腹部黑色 ··· 天蛾黑瘤姬蜂 *P. laothoe*

（66）满点黑瘤姬蜂 *Pimpla aethiops* Curtis, 1828（图 1-57）

Pimpla aethiops Curtis, 1828: 214.

主要特征：雌，体长 11.0–17.0 mm；前翅长 9.0–12.0 mm；产卵管长 6.0–7.5 mm。触角 32 节，稍长于前翅长。并胸腹节密布细皱，无中纵脊；后胸侧板具点皱。前足跗节第 4 节端缘缺刻深。腹部第 1 节背板无明显的隆丘；第 2–6 节密布网点，无端缘光滑横带；第 2–5 节背板折缘狭窄，长分别为宽的 11.0 倍、5.4

倍、2.8 倍、3.0 倍。足黑色；前足腿节外侧带褐色。雄，与雌蜂相似。体长 9.0–13.0 mm；前翅长 8.0–10.0 mm。体上刻点稍稀疏；触角鞭节第 6–9 节具角下瘤；前中足腿节黄褐色。

分布：浙江、吉林、辽宁、河北、山东、河南、江苏、上海、安徽、湖北、江西、湖南、福建、台湾、广东、广西、四川、贵州、云南；古北区。

图 1-57 满点黑瘤姬蜂 *Pimpla aethiops* Curtis, 1828

♀. A. 头，前面观；B. 整体，侧面观；C. 翅；D. 并胸腹节和腹部，背面观

（67）脊额黑瘤姬蜂 *Pimpla carinifrons* Cameron, 1899（图 1-58）

Pimpla carinifrons Cameron, 1899: 172.

主要特征：雌，体长 9.7–13.6 mm；前翅长 7.0–13.0 mm；产卵管长 3.0–5.0 mm。触角鞭节 36 节。后胸侧板上半具斜纵刻条，下半光滑；并胸腹节具横刻条，无中纵脊。前足跗节第 4 节端缘缺刻深。腹部

图 1-58 脊额黑瘤姬蜂 *Pimpla carinifrons* Cameron, 1899

♀. A. 头，前面观；B. 整体，侧面观；C. 并胸腹节和腹部第 1 背板，背面观

第1节背板隆丘弱；第2–6节背板密布刻点，端缘光滑横带窄。体黑色；腹部各节端缘黄色。后足黑色，胫节中央有一白环。雄，与雌蜂相似。体长7.0–11.0 mm；前翅长5.0–8.0 mm。触角鞭节第6–11节上有条状角下瘤。

分布：浙江、湖南、福建、台湾、广东、海南、广西、四川、贵州、云南、西藏；古北区东部，东洋区。

（68）乌黑瘤姬蜂 *Pimpla ereba* Cameron, 1899（图1-59）

Pimpla erebus Cameron, 1899: 184.

Pimpla ereba: Yu et al., 2016.

主要特征：雌，唇基基部0.2横隆，端缘弧形内陷。复眼内缘在触角上方弧形内弯。额凹入，具横刻条，中央有一纵沟。并胸腹节具横刻条；中纵脊微弱存在；端区光滑。气门长形。前翅cu-a脉后叉式。前足胫节中央中等膨大。第1节背板长为端宽的1.2–1.3倍，中央具强的隆丘，光滑，仅在亚端部有稀疏刻点。第2节背板亚光滑，散生刻点。第3–4节背板在中央具密而非常细的刻点，两侧近光滑。第5–8节背板近于毛糙。雄，与雌蜂相似，不同点在于：触角第1鞭节长为第2节的1.20–1.42倍；第6、7节鞭节具角下瘤；前翅cu-a脉明显后叉式；后足跗节第1节长为胫节的0.31–0.38；腹部第1节背板长为宽的2.0倍，无隆丘；体上的刻纹与刻点更细。

分布：浙江、陕西、福建、广东、广西、云南；古北区，东洋区。

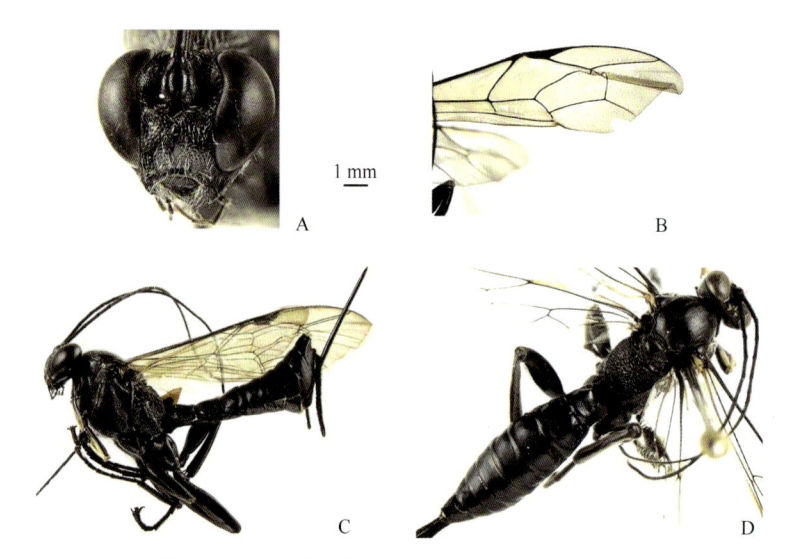

图1-59 乌黑瘤姬蜂 *Pimpla ereba* Cameron, 1899

♀. A. 头，前面观；B. 前翅；C. 整体，侧面观；D. 整体，背面观

（69）天蛾黑瘤姬蜂 *Pimpla laothoe* Cameron, 1897（图1-60）

Pimpla laothoe Cameron, 1897: 22.

主要特征：雌，体长11.2–17.8 mm；前翅长8.5–13.5 mm。额具网状刻点；触角鞭节36节，鞭节第1节长为宽的10.0倍；胸部密布网状刻点；并胸腹节密布网状细皱，中央呈横刻条。前足跗节第4节端缘缺刻深。腹部密布刻点；第2–5节折缘狭。产卵管鞘长为后足胫节的0.75。体被白色细毛。体黑色；小盾片黄色；后足基节和第1转节、跗节黑色。雄，与雌蜂相似。体长9.0–15.0 mm；前翅长6.6–11.6 mm。触角第6–10节、第11节基半具角下瘤。

分布：浙江、江苏、湖南、台湾、广东、广西、四川、贵州、云南、西藏；巴基斯坦，印度，斯里兰卡；东洋区。

图 1-60 天蛾黑瘤姬蜂 *Pimpla laothoe* Cameron, 1897
♀. A. 头，前面观；B. 整体，侧面观；C. 整体，背面观；D. 腹部，腹面观

（70）野蚕黑瘤姬蜂 *Pimpla luctuosa* Smith, 1874（图 1-61）

Pimpla luctuosa Smith, 1874: 394.

主要特征：雌，体长 11.8–17.5 mm；前翅长 11.0–14.3 mm；体上柔毛金色或白色。颜面密布刻点；额具浅刻点；触角 36 节，鞭节第 1 节长为宽的 6.6 倍。并胸腹节满布皱纹，在中央稍横形。前足跗节第 4 节端缘缺刻深。腹部第 1 节背板中央无明显的小丘，具刻点；第 2–5 节背板折缘窄。体黑色；中后足完全黑色。雄，与雌蜂相似。体长 6.2–13.5 mm；前翅长 5.0–11.0 mm。触角第 6–10 节具角下瘤。前足赤黄色，中足暗赤色。

图 1-61 野蚕黑瘤姬蜂 *Pimpla luctuosa* Smith, 1874
♀. A. 头，前面观；B. 整体，侧面观；C. 并胸腹节，背面观；D. 腹部，背面观

分布：浙江、辽宁、北京、江苏、上海、江西、福建、台湾、四川、贵州；古北区，东洋区。

（71）暗黑瘤姬蜂 *Pimpla pluto* Ashmead, 1906（图 1-62）

Pimpla pluto Ashmead, 1906: 178.

主要特征：雌，体长 17.2 mm；前翅长 13.4 mm。颜面中央纵隆，其上具细纵刻条；额具细刻点；触角 37 节，第 1 节长为宽的 7.0 倍。并胸腹节具粗刻点，中央略呈横皱。前足跗节第 4 节端缘缺刻深。腹部第 1 节背板中纵脊弱；第 2、3 节背板折缘长为宽的 4.0 倍以上。体黑色，后足完全黑色。雄，与雌蜂相似。触角第 6、7 节具角下瘤。

分布：浙江、陕西、宁夏、江苏；俄罗斯，朝鲜，日本，古北区，东洋区。

图 1-62　暗黑瘤姬蜂 *Pimpla pluto* Ashmead, 1906

♂. 整体，侧面观

B. 卷蛾黑瘤姬蜂种团 *turionellae*-group

主要特征：腹部第 4、5 节折缘较宽，近梯形。前翅 cu-a 脉对叉或者稍前叉，极少数后叉。后足胫节通常有白环。并胸腹节短且弧形，中纵脊有或无。腹部第 1 节无隆丘。

分布：世界广布。浙江分布 3 种。

分种检索表

1. 并胸腹节端部两侧黄色；腹部各节背板端缘和侧角具黄色斑 ··· 2
- 并胸腹节和腹部完全黑色 ··· **舞毒蛾黑瘤姬蜂 *P. disparis***
2. 前中足基节大部分黑色，带黄斑；后足黑色，仅胫节在亚基部有一小的白环；中胸侧板刻点细 ·· **布鲁黑瘤姬蜂 *P. brumha***
- 前中足基节大部分黄色；后足腿节红褐色，胫节中央具褐色环；中胸侧板刻点粗 ············ **黄须黑瘤姬蜂 *P. flavipalpis***

（72）布鲁黑瘤姬蜂 *Pimpla brumha* (Gupta *et* Saxena, 1987)（图 1-63）

Coccygomimus brumhus Gupta *et* Saxena, 1987: 402.
Pimpla brumha: Yu *et al*., 2016.

主要特征：雌，唇基基部 0.3 横形隆起，端部平，端缘微凹。颚眼距为上颚基部宽的 0.6。中胸侧板刻点细。并胸腹节中纵脊无，背面具夹点横刻条；端区近光滑。外侧区具细皱，被细毛。前翅 cu-a 脉前叉，前足胫节异常膨大。前足转节黑褐色，腹缘黄色；中足转节黑色；后足黑色，胫节亚基部具一白环。雄，与雌蜂相似。体长 6.0–10.0 mm，触角无角下瘤。

分布：浙江、河南、福建、广东、广西、贵州、云南；印度，东洋区。

图 1-63　布鲁黑瘤姬蜂 *Pimpla brumha* (Gupta *et* Saxena, 1987)

♀. A. 头，前面观；B. 整体，侧面观；C. 小盾片、后胸背板、并胸腹节、腹部，背面观；D. 翅；E. 腹部腹面（A、E. 2.5×；B. 1.0×；C. 1.56×；D. 1.25×标尺）

（73）舞毒蛾黑瘤姬蜂 *Pimpla disparis* Viereck, 1911（图 1-64）

Pimpla (*Pimpla*) *disparis* Viereck, 1911: 480.

图 1-64　舞毒蛾黑瘤姬蜂 *Pimpla disparis* Viereck, 1911

♀. A. 头，前面观；B. 翅；C. 整体，侧面观；D. 腹部，背面观

主要特征：雌，体长 6.5–18.0 mm；前翅长 5.5–12.0 mm。体密布刻点，被白细毛。额在中单眼前方具横皱；触角 29 节，稍短于前翅长，第 1 节鞭节长为端宽的 7.8 倍。中胸盾片和小盾片密布细而深的刻点；后胸侧板具斜点状横皱；并胸腹节具网状粗刻点，中纵脊短而细。前足第 4 跗节端缘缺刻深。腹部密布粗刻点。体黑色。足红褐色，所有基节和转节黑色，后足腿节端部、胫节和跗节黑色。雄，与雌蜂相似。触角鞭节第 6、7 节具角下瘤。体细毛密。

分布：浙江、黑龙江、吉林、辽宁、内蒙古、河北、山西、山东、河南、陕西、宁夏、甘肃、江苏、安徽、江西、湖南、福建、四川、贵州、云南、西藏；古北区，东洋区。

（74）黄须黑瘤姬蜂 *Pimpla flavipalpis* Cameron, 1899（图 1-65）

Pimpla flavipalpis Cameron, 1899: 174.

主要特征：雌，体长 8–12.0 mm；前翅长 6.0–10.0 mm。颚眼距长为上颚基部宽的 0.7；额凹入，具浅刻点；触角 31 节，第 1 节鞭节长为端宽的 8.0 倍。中胸侧板具粗刻点；并胸腹节皱纹在中央横行；无明显的脊。前翅 cu-a 脉明显前叉。前足跗节第 4 节端缘缺刻深。腹部刻点向端部渐细。体黑色，腹部各节端缘具黄斑；足黄褐色，后足基节黑色背缘具黄斑；后足胫节黑色中央有一黄褐色环，跗节黑色。雄，与雌蜂相似。触角鞭节无角下瘤；后足基节黑色无黄斑。

分布：浙江、台湾、广东、广西、云南、西藏；印度，尼泊尔，缅甸。

图 1-65 黄须黑瘤姬蜂 *Pimpla flavipalpis* Cameron, 1899
♀. A. 头，前面观；B. 头、胸部，背面观；C. 整体，侧面观

C. 伴侣黑瘤姬蜂种团 *sodali*-group

主要特征：前翅 cu-a 脉对叉或稍后叉；并胸腹节短，中纵脊明显；腹部第 1 节背板短；第 2 节背板折缘相当狭窄，长为宽的 4.0 倍以上；第 4、5 节折缘很宽，长为宽的 1.6 倍。雄性触角无角下瘤。

分布：主要分布在全北区、旧热带区。浙江分布 1 种。

（75）白环黑瘤姬蜂 *Pimpla alboannulata* Uchida, 1928（图 1-66）

Pimpla alboannulata Uchida, 1928a: 46.

主要特征：雌，体长 10.0–13.2 mm；前翅长 7.8–8.7 mm。颚眼距长为上颚基部宽的 1.4 倍；额光滑；触角 31 节，第 1 节鞭节长为宽的 10.0 倍。中胸侧板密布皱状刻点；后胸侧板具细横皱；并胸腹节具粗糙的网状刻点。前足胫节中央强烈畸形膨大，跗节第 4 节端缘无明显缺刻。腹部密布刻点，向后渐细。体黑色；各足胫节均有白环，后足腿节红褐色至黑色。雄，与雌蜂相似；触角无角下瘤。变异：前翅 cu-a 脉对叉或稍后叉；后足基节、腿节暗红褐色至完全黑色。

分布：浙江、黑龙江、吉林、湖北、广西、四川、贵州、云南；朝鲜，日本。

图 1-66　白环黑瘤姬蜂 *Pimpla alboannulata* Uchida, 1928
♀. A. 头，前面观；B. 整体，侧面观；C. 头、胸部，背面观；D. 腹部，背面观

D. 等黑瘤姬蜂种团 *aequalis*-group

主要特征：体粗壮。前翅 cu-a 脉对叉或稍后叉，后足胫节通常有一浅的黄褐色带。并胸腹节相当短，密布刻点，具细皱；中纵脊在基部 0.3 左右明显。腹部第 2–5 节背板折缘均很宽。

分布：主要分布在全北区和新热带区。浙江分布 1 种。

（76）日本黑瘤姬蜂 *Pimpla nipponica* Uchida, 1928（图 1-67）

Pimpla nipponica Uchida, 1928a: 45.

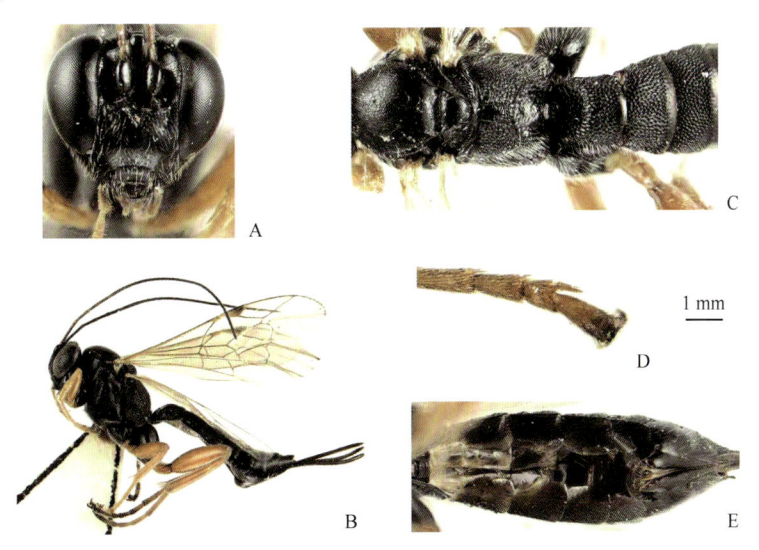

图 1-67　日本黑瘤姬蜂 *Pimpla nipponica* Uchida, 1928
♀. A. 头，前面观；B. 整体，侧面观；C. 胸部、腹部第 1–3 节，背面观；D. 前足跗节第 2–5 节，背面观；E. 腹部腹面（A. 3.2×；B. 1.0×；C. 2.5×；D. 5.0×；E. 2.0×标尺）

主要特征：雌，体长 5.9–9.4 mm；前翅长 4.8–7.3 mm。额光滑；触角 31 节，鞭节第 1 节长为端宽的 8.0 倍；第 6、7 节短，合长约与第 5 鞭节相等。后胸侧板具点状网纹；并胸腹节密布皱纹，中纵脊短，之间光滑。前足跗节第 4 节端缘缺刻深。腹部第 2–5 节背板折缘均很宽。体黑色，足赤褐色，各足基节黑色；后足胫节白环不明显。雄，与雌蜂相似；触角无角下瘤。

分布：浙江、黑龙江、辽宁、河北、山东、河南、江苏、上海、安徽、江西、湖北、湖南、台湾、四川、贵州、云南；俄罗斯（远东地区），日本。

E. 柔黑瘤姬蜂种团 habropimpla-group

主要特征：产卵管端部扁平，下弯；背瓣端部具明显的平行横脊。小盾片平坦。前翅 cu-a 脉明显后叉。并胸腹节无中纵脊，中央具横刻条。腹部第 1 节背板长大于宽，中央具一对隆丘；第 2–5 节背板折缘窄，长为宽的 3.0 倍或以上，长方形。

分布：主要分布在东洋区。浙江分布 1 种。

（77）双条黑瘤姬蜂 *Pimpla bilineata* (Cameron, 1900)（图 1-68）

Habropimpla bilineata Cameron, 1900: 97.
Pimpla bilineata Yu et al., 2016

主要特征：雌，颚眼距为上颚基部宽的 0.4–0.7；额光滑，具细刻点。中胸具稀疏的粗刻点；并胸腹节满布网状皱纹，无明显的中纵脊。前翅 cu-a 脉明显后叉。前足跗节第 4 节端缘缺刻深。腹部第 1 节背板具强烈隆起的小丘。产卵管背瓣端部平，具平行的横脊。体黑色；并胸腹节侧缘具纵黄斑；足黄褐色；后足基节黑色，背缘具纵黄斑；腹部 1–5 节背板端缘黄色。雄，与雌蜂相似；但后足腿节内缘明显黑色。

分布：浙江、福建、广东、广西、四川、贵州；尼泊尔，缅甸。

图 1-68 双条黑瘤姬蜂 *Pimpla bilineata* (Cameron, 1900)
♀. A. 头，前面观；B. 头、胸部，背面观；C. 整体，侧面观；D. 腹部，侧面观；E. 产卵管端部，背面观（A. 2.5×；B. 2.0×；C、D. 1.0×；E. 5.0× 标尺）

（二）皱背姬蜂亚科 Rhyssinae

主要特征：前翅长 6–30 mm，唇基小，近方形，有中端瘤或侧端瘤；中胸盾片上有不规则的明显横皱；

盾纵沟长；胸腹侧脊除 *Epirhyssa* 外均存在；中胸侧板缝直或几乎直；并胸腹节无脊；跗爪简单；小翅室有或无；后小脉在中央上方曲折；第 1 背板无明显侧纵脊；雌性腹部末节背板延长，端部呈一光滑的短角或呈一边缘光滑的突出部。

生物学：外寄生于树木钻蛀性的完全变态昆虫，特别是树蜂科、长颈树蜂科、杉蜂科和天牛科。

分布：世界广布。

30. 马尾姬蜂属 *Megarhyssa* Ashmead, 1900

Megarhyssa Ashmead, 1900a: 368. Type species: *Ichneumon gigas* Laxmann, 1770.

主要特征：前翅长 10–30 mm。大型个体，加上长的产卵管，为姬蜂科中最大种类。

生物学：寄生于树蜂科幼虫。

分布：全北区、东洋区。世界已知 37 种，中国记录 18 种，浙江分布 1 种。

(78) 斑翅马尾姬蜂骄亚种 *Megarhyssa praecellens superbiens* He, Chen *et* Ma, 1996

Megarhyssa praecellens superbiens He, Chen *et* Ma, 1996: 219.

主要特征：雌，颜面具刻点，上方隆起部有 1 细中脊；唇基端缘有 1 中瘤；额中央具细横皱；头部在复眼之后稍膨出。前胸背板光滑；中胸盾片中央平坦，满布强横刻条，侧方为短横突起，前方水平面与垂直面约呈 75°角，小盾片、中胸侧板上及后胸侧板近于光滑。并胸腹节光滑无脊。腹部细长；第 1 背板长约为端宽的 1.4 倍，光滑；其余背板一部分有细皱或细刻点、细刻条；第 3 背板端缘中央稍凹；第 4、5 节端角在 60°–80°。产卵管鞘长为前翅的 1.5–2.0 倍。

分布：浙江（海宁、松阳）、辽宁、河北、陕西、上海、湖北、湖南、福建、台湾；日本，越南。

31. 三钩姬蜂属 *Triancyra* Baltazar, 1961

Triancyra Baltazar, 1961: 66. Type species: *Triancyra scabra* Baltazar, 1961.

主要特征：前翅长 5–13 mm。翅痣较本族其他属的短宽，长约为宽的 5 倍。

生物学：未知。

分布：古北区、东洋区。世界已知 35 种，中国记录 14 种，浙江分布 1 种。

(79) 短基三钩姬蜂 *Triancyra brevilatibasis* Wang *et* Hu, 1992

Triancyra brevilatibasis Wang *et* Hu, 1992: 317.

主要特征：雌，上颚下端齿甚宽；颚眼距为上颚基部宽的 0.75。前胸背板除中央光滑外具明显的刻点；中胸盾片前面与背面呈 75°角；小盾片基缘光滑，中后部具横皱纹；中胸侧板具刻点，上缘和下缘的刻点相对粗密，刻点间距为其直径的 1.0–2.0 倍，中间刻点分散，翅基下脊下缘具少量刻纹；胸腹侧脊达中胸侧板高的 0.6；并胸腹节背中线基部呈一纵凹，背面除中后部微皱外，其余部分光滑，其气门与外侧脊的最近距离为气门长的 0.5。

分布：浙江（临安）。

（三）柄卵姬蜂亚科 Tryphoninae

主要特征：前翅长 2.5–23 mm。体通常壮实，有时细长。唇基端缘通常宽，有一列长而平行的毛缨。上颚通常 2 齿。雄性触角无角下瘤。无腹板侧沟或短。中胸腹板后横脊绝不完整。并胸腹节通常部分或完全分区，有时脊退化或无。跗爪多少有栉齿，有时简单。小翅室通常存在，上方几乎总是尖或具柄。第 2 回脉几乎均有 2 个气泡。第 1 腹节气门在中央或中央之前，除个别属种外，多具基侧凹；背中脊通常强。腹部扁平，而拟瘦姬蜂属 *Netelia* 侧扁。产卵管通常不长于腹端厚度，但有的属种有若干倍长，其端部无端前背缺刻，其下瓣端部通常有一些齿。

生物学：外寄生。卵大型，常具一柄，柄端埋于寄主体壁内。大多数寄生于老熟的鳞翅目幼虫和叶蜂幼虫。寄生蜂幼虫并不立即侵害寄生，而是等到寄主幼虫结茧或进入蛹室时。

分布：世界广布。

I. 单距姬蜂族 Sphinctini

主要特征：前翅长 10–14.5 mm。唇基相当小，端缘呈一宽三角形的齿，无毛缨。上颚齿端部狭，下齿显然小于上齿。后头脊完整，不达上颚。无前沟缘脊。小盾片很大，稍微隆起，侧缘具边。并胸腹节很短，端区几乎伸达基区。中足胫节 2 距，短而等长。后足胫节 1 距，坚固且稍长于胫节端宽。跗爪具栉齿。小翅室三角形。盘肘脉甚弯曲。第 1 腹节基部细而端部扩大，无基侧凹，气门在中央之后。第 2–4 腹节折缘非常狭至中等宽，与背板之间有褶分开。产卵管鞘约与腹端厚度等长。产卵管直。

生物学：本族寄主已知为刺蛾科，但也有从枯叶蛾科的天幕毛虫育出的记录。

分布：欧洲、亚洲的温带和亚热带地区及新热带区。中国记录 5 种，浙江分布 1 属 2 种。

32. 单距姬蜂属 *Sphinctus* Gravenhorst, 1829

Sphinctus Gravenhorst, 1829b: 363. Type species: *Sphinctus serotinus* Gravenhorst, 1829.

主要特征：前翅长 10–14.5 mm。唇基相当小，端缘呈一宽三角形的齿，无毛缨。上颚齿端部狭，下齿显然小于上齿。后头脊完整，不达上颚。无前沟缘脊。小盾片很大，稍微隆起，侧缘具边。并胸腹节很短，端区几乎伸达基区。中足胫节 2 距，短而等长。后足胫节 1 距，坚固且稍长于胫节端宽。跗爪具栉齿。小翅室三角形。盘肘脉甚弯曲。第 1 腹节基部细而端部扩大，无基侧凹，气门在中央之后。第 2–4 腹节折缘非常狭至中等宽，与背板之间有褶分开。产卵管鞘约与腹端厚度等长。产卵管直。

生物学：本族寄主已知为刺蛾科 Limacodidae，但也有从枯叶蛾科 Lasiocampidae 的天幕毛虫 *Malacosoma nenstria* 育出的记录。

分布：欧洲、亚洲的温带和亚热带地区及新热带区。世界已知 16 种，中国记录 5 种，浙江分布 2 种。

（80）多毛单距姬蜂 *Sphinctus pilosus* Uchida, 1940

Sphinctus pilosus Uchida, 1940a: 126.

主要特征：雌，体密布刻点和淡黄色长毛；颜面宽，上方中央稍隆起；唇基与颜面间稍有横凹痕，端半光滑，端缘有一大的中齿；额短，在触角窝间有 1 对短纵脊；上颊侧面观与复眼约等长；触角 42 节，至端部稍细。小盾片近方形；中胸侧板镜面区及后下方光滑。并胸腹节短而陡斜；毛特密，刻点稍粗，隆脊在端部强；分脊仅基部明显；柄区宽而长，内具夹点刻皱。腹部第 1 节柄部无背中脊，背侧脊弱，伸至气门稍后方。

分布：浙江（余杭、临安）、江西。

（81）红缘单距姬蜂 Sphinctus submarginalis Uchida, 1940

Sphinctus submarginalis Uchida, 1940a: 126.

主要特征：雌，体满布刻点和金黄色毛；颜面宽；唇基与颜面有弱沟分开，两侧光滑，端缘中央有 1 三角形大齿；额前斜，有倒 Y 形纵沟；上颊在复眼之后稍膨出，约与复眼等长；触角 44 节，在中央稍粗。胸部卵圆形；小盾片梯形；中胸侧板镜面区大而有强光泽。并胸腹节短而陡斜，满布网状刻点和毛；隆脊强；分脊斜，外方不明显；第 2、3 侧区间的横脊强；端区宽而长，几乎伸至基部，内具粗皱。腹部背板刻点粗，近于网状；第 1 背板基部细而光滑，无背中脊，背侧脊发达，经气门上方伸至端部附近，后柄部长方形。

分布：浙江（杭州、松阳、龙泉）、江西。

II. 短梳姬蜂族 Phytodietini

主要特征：并胸腹节短至中等长，无脊，但拟瘦姬蜂属 Netelia 通常有横行端侧脊突（侧突），侧突基方有横刻条。前足胫距净角梳不达距之端顶。中、后足胫节各 2 距。跗爪栉齿达爪端。小翅室狭三角形，偶尔没有。第 2 回脉弯曲，有 2 个很分开的气泡。第 1 背板从端部至基部收窄；除有时近基部外，无明显的背中脊；有基侧凹；气门在中央前方。第 2–4 节折缘宽，第 2 背板全部、第 3 背板部分或全部有褶与背板分开。产卵管长为腹端部厚度的 1–4 倍。

生物学：寄生于鳞翅目幼虫。

分布：世界广布。浙江分布 1 属 4 种。

33. 拟瘦姬蜂属 Netelia Gray, 1860

Netelia Gray, 1860: 341. Type species: Paniscus inquinatus Gravenhorst, 1829.

主要特征：前翅长 5–23 mm。底色藁黄至铁锈色，偶有褐色或黑色。上颚扭曲，下齿稍小。复眼大，复眼内缘在触角窝对过处凹入，与侧单眼相接或几乎相接。并胸腹节基部约 0.65 处有横刻条，通常有一对横行侧突，其余光滑。后小脉在中央上方曲折。雄性抱握器内表面通常有一斜行骨片，在此骨片端部是一可活动的瓣状物。产卵管端部细，长为腹端部厚度的 1–2 倍。

生物学：本属寄主是身体裸露、作土室化蛹的中等大小的鳞翅目幼虫。成虫身体大小、色泽、形状、腹部侧扁及夜晚活动，以及有趋光性等与瘦姬蜂亚科 Ophioninae 的一些种类很相似。

分布：世界广布。世界已知 333 种，中国记录 40 种，浙江分布 4 种。

分种检索表

1. 后足跗爪栉齿超过爪的真正末端，爪的尖端黑色，并短于倒数第 2 个栉齿尖端；上颊平坦或稍拱起 ························ 2
- 后足跗爪栉齿不超过爪的真正末端；上颊微弱拱起或强度拱起 ························ 3
2. 无后头脊，有小翅室；盾纵沟明显；第 3 节背板折缘与背板之间的褶不及背板长度的一半；中胸侧板无光泽，具微弱刻点；小脉多少在基脉外侧，阳茎基腹铗肩部强，抱握器特化 ························ **浙江超齿拟瘦姬蜂 N. (A.) zhejiangensis**
- 有后头脊，无小翅室；盾纵沟不凹陷，第 3 节背板折缘与背板之间的褶与背板等长；中胸具强皱；小脉在基脉对过；阳茎基腹铗肩部弱，抱握器不特化 ·· 两色巨齿拟瘦姬蜂 *N.* (*M.*) *bicolor*
3. 复眼前面观瘦而窄，长为宽的 3.0 倍 ··· 甘蓝夜蛾拟瘦姬蜂 *N.* (*N.*) *ocellaris*
- 复眼前面观中等至强度宽，长为宽的 2.7 倍或更小 ··· 东方拟瘦姬蜂 *N.* (*N.*) *orientalis*

（82）浙江超齿拟瘦姬蜂 *Netelia* (*Apatagium*) *zhejiangensis* He et Chen, 1996

Netelia (*Apatagium*) *zhejiangensis* He *et* Chen, 1996: 237.

主要特征：雌，颜面宽约与中长相等，中央隆起；唇基与颜面之间分开，端缘平截；颚眼距几乎消失，额中央有一纵沟；头顶在上颊上方微隆起；无后头脊；触角52节（雌）或50节（雄）。胸部光滑，具细而弱刻点；盾纵沟明显；小盾片侧脊强，直至后缘。并胸腹节具细刻条，有侧突但无外侧脊。

分布：浙江（龙泉）。

（83）两色巨齿拟瘦姬蜂 *Netelia* (*Monomacrodon*) *bicolor* (Cushman, 1934)

Monomacrodon bicolor Cushman, 1934: 3.
Netelia (*Monomacrodon*) *bicolor*: Yu *et al.*, 2016.

主要特征：雌，颜面具鲨皮状刻纹，中央稍隆起；唇基与颜面稍分开，端缘钝圆；颚眼距消失；复眼相当宽，在触角窝对过处凹入；额刻纹同颜面；单眼大，触及复眼；上颊稍弧形收窄；后头脊下方消失。胸部具革状细皱；小盾片全长有侧脊，在端部不相连；中胸侧板有细皱，在翅基下脊下方和中足基节前方趋于刻条，并胸腹节前半为不规则细网皱，后半具横刻条；无侧突。足细；后足胫节内距明显长于基跗节的一半；胫节鬃稀而弱。小脉在基脉稍外方；无小翅室；径脉发自翅痣中央以后；第2回脉稍弯曲；后小脉约在上方 0.33 处曲折。腹部第1背板具极细鲨鱼状刻纹，略有光泽且有细而密的柔毛；第3背板的褶完整。产卵管长约为腹端厚度的 2 倍。

分布：浙江（临安）、福建、四川。

（84）甘蓝夜蛾拟瘦姬蜂 *Netelia* (*Netelia*) *ocellaris* (Thomson, 1888)

Paniscus ocellaris Thomson, 1888: 1199.
Netelia (*Netelia*) *ocellaris*: Yu *et al.*, 2016.

主要特征：雌，头前面观长宽相等，或雄蜂稍宽；颜面稍宽，具微细刻点；唇基宽，具相当稀疏刻点；颚眼距短或无；额侧方粗糙，触角窝上方有微细横刻痕；侧单眼不与复眼接触；上颊中等宽，弧形收窄，而雄蜂相当狭。胸部具微细刻点；前胸背板凹，中央微皱；盾纵沟伸至基部 0.33；小盾片侧脊伸至中胸侧板 0.7，相当强；中胸侧板密布中等刻点，近于光滑，后胸侧板中央具微细斜行横刻条。并胸腹节密布细刻条，侧突弱。后足胫节内距长为其基跗节的 0.6；跗爪在顶端中等弯曲，约有 14 根栉齿和 3 根鬃毛。前翅亚中室几乎无毛；小脉在基脉外方；小翅室无柄；后小脉在上方 0.3 处曲折。雄蜂刻条较粗；雄性抱握器上有一与背缘平行的骨化片；端部内表面骨化；背带长、宽且斜；垫榴中等大；下生殖板后端中央平。体黄褐色。单眼区黑色。

分布：浙江（杭州）、辽宁、山西、河南、甘肃、江苏、福建、台湾、广东、云南；古北区，东洋区。

（85）东方拟瘦姬蜂 *Netelia* (*Netelia*) *orientalis* (Cameron, 1905)

Paniscus orientalis Cameron, 1905a: 126.

Netelia (*Netelia*) *orientalis*: Yu *et al.*, 2016.

主要特征：雌，头前面观长几乎等于宽；颜面宽，均匀隆起，具中等刻点。颚眼距短；额平滑；侧单眼触及复眼；上颊中等宽，在后方收窄。胸部通常密布细刻点；前胸背板颈部密布细刻条；盾纵沟长而强，其基部有细皱；小盾片侧脊强，直至端部；中胸侧板具稍粗刻点；后胸侧板密布细横刻条。并胸腹节密布细刻条，侧突非常弱，侧突后方具皱纹。后足内距长为基跗节的 0.5，跗爪端部中等弯曲，有 3 根鬃和约 13 个栉齿。小脉在基脉外方；亚中室端部有少许毛；第 1 臀室下方无毛；小翅室长形，近于无柄；后小脉在其上方 0.3 处曲折。雄性抱握器的背带长而宽，斜行，连结一位置近于背端缘的垫褶；垫褶下端游离，宽而尖。

分布：浙江（杭州、黄岩）、山东、湖南、台湾、广西；日本，印度，缅甸，斯里兰卡。

III. 犀唇姬蜂族 Oedemopsini

主要特征：前翅长 2.8–9.0 mm。体细长。唇基大至非常大，端缘通常有长而平行的毛缨。后头脊除 *Leptixys* 外完整，不达上颚。盾纵沟长，通常超过中胸盾片中央。中、后足胫节各 2 距。跗爪简单，或基部有不明显栉齿。无小翅室（除了 *Leptixys* 和某些 *Eclytus* 种类）。第 2 回脉弯曲，气泡 2 个。后小脉在中央下方曲折。第 1 腹节背板细长，从端至基渐狭，无基侧齿；气门在中央或其稍前后，气门前方部位至少为最狭处的 1.6 倍。产卵管长为腹端厚度的 1 倍至约 2 倍。

生物学：寄主为鳞翅目幼虫，有时为叶蜂幼虫。

分布：本族共有 8 属，中国记录 4 属 5 种。浙江分布 1 属 1 种。

34. 镰颚姬蜂属 *Atopotrophos* Cushman, 1940

Atopotrophos Cushman, 1940: 355-372. Type species: *Atopognathus collaris* Cushman, 1919.

主要特征：前翅长 2.8–6.0 mm。复眼无毛。复眼内缘向下稍收拢。唇基微隆起，宽约为长的 1.8 倍，端缘中央 0.3 突出、平截或凹入，有一列长而平行的端毛。上颚长镰形，下齿长且渐尖；上齿宽、平，相当短，位于上颚内缘，以致在上颚闭合时看不到。无小翅室。第 1 背板长约为宽的 4.3 倍，无基侧凹；气门近于中央。第 2–4 背板光滑，有小而弱刻点。产卵管长约为腹端厚度的 2.5 倍，稍向下弯，鞘中央宽。

生物学：未知。

分布：世界广布。世界已知 9 种，中国记录 4 种，浙江分布 1 种。

（86）福建镰颚姬蜂 *Atopotrophos fukienensis* Chao, 1958

Atopotrophos fukienensis Chao, 1958: 57.

主要特征：雌，头、胸部多白色细毛；头顶光滑，毛甚稀；颜面和唇基具微细刻点，颜面的毛颇密，在上方中央有一小圆突（或不清楚）；唇基端缘稍凹入；颚眼距与上颚基宽约等长。胸部背面和侧面均具微细刻点；盾纵沟后端相连，呈 U 字形，距中胸背板后缘甚远。中胸侧板侧沟约为侧板宽的 0.4。小盾片隆起。并胸腹节光滑；隆脊几乎完整，但基区和第 1 侧区分开不完全；第 1 侧区基方各具 1 突起；基区和中区分开（但偶有愈合）；分脊在中央前方伸出；端区长方形，宽与长之比为 2∶1.1。腹部具稀疏细毛，背板光滑。第 1 背板长，长为腹长的 1/3，气门与端部之间或具 1 小凹陷，或具 1 不甚清晰的短纵沟。

分布：浙江（龙泉）、福建。

IV. 外姬蜂族 Exenterini

主要特征：前翅长 3.2–11.0 mm。体形正常至很短而壮，头大。唇基中等小至相当大，横椭圆形，端缘圆或中央平截，有平行毛缨。上颚齿等长，或近于等长，或下齿大。颊脊与后脊相接处通常与上颚相离。盾纵沟强、弱或无，不伸达中胸盾片中央。并胸腹节分区多少完整。前足胫距均匀弧形，其净角梳几乎伸达端部。中足胫节1距。后足胫节无距，但有时具一不活动的端齿，似一小距。小翅室存在，个别例外。后小脉在中央或中央下方曲折。第1背板通常短而壮，有明显背中脊。第2–3背板折缘折于下方。产卵管长于腹端宽度的0.4–1.0倍。

生物学：本族寄生于叶蜂科和松叶蜂科。寄生于幼虫体外，并以锚形卵钩固着于体表，至寄主幼虫中结茧，寄生蜂幼虫才孵化。

分布：主要分布于全北区，东洋区山区也有发现。中国记录至少35种，浙江分布仅3属4种。

分属检索表

1. 后足胫节端部从后面观显得平截，以致后面观下角看起来像一直角；后足胫节外侧端部有长而密毛缨，端表面下方有一平滑区域；体相当细 ··· 克里姬蜂属 *Kristotomus*
- 后足胫节端部从后面观腹方圆形凹入，以致后面观下角无角；后足胫节外侧端部有短而稀毛缨，端表面下方无明显平坦区域；体大部分壮 ·· 2
2. 第1背板无基侧角，该节由端部向基部逐渐变细；腹部各节背板刻点细弱 ························· 鼓姬蜂属 *Eridolius*
- 第1背板有基侧角，该节由端部向基侧角逐渐变细，然后由基侧角向基端突然变细；腹部各节背板刻点粗大 ············· 外姬蜂属 *Exenterus*

35. 鼓姬蜂属 *Eridolius* Förster, 1869

Eridolius Förster, 1869(1868): 195. Type species: *Exenterus pygmaeus* Holmgren, 1857.

主要特征：盾纵沟伸达中胸盾片中部；翅基下脊简单；后足胫节末端圆（不平截），无长毛列；腹部第1节背板由端部向基部均匀收敛；第2节背板无斜凹；第4节及其后背板的折缘无褶缝；雌性下生殖板大；产卵器粗且短。

生物学：寄生于膜翅目叶蜂科等。

分布：世界广布。世界已知58种，中国记录4种，浙江分布1种。

（87）克氏鼓姬蜂 *Eridolius clauseni* (Kerrich, 1962)

Anisoctenion clauseni Kerrich, 1962: 45.
Eridolius clauseni: Yu *et al.*, 2016.

主要特征：雌，颜面和额具刻点，额上的较小；口后脊在与后头脊连接处稍隆出。中胸盾片近于光滑，有浅刻点，但明显；盾纵沟在前方明显；中胸侧板在上半有一光滑区域，在下半具粗糙刻点；后胸侧板密布细刻点。并胸腹节隆起，大部分具细皱，特别在外侧区，雄性较粗糙；侧区光滑；中区长，长为宽的2.0–2.5倍；分脊明显；端区至少在雌性中有中脊；第2侧区五边形并围有强脊。腹部长，不呈纺锤形；第1背板具皱，长约为端宽的1.5倍，在每边其侧凹上方基侧脊扩大呈一明显的基侧叶状突，在基部突然收窄，背中脊和背侧脊强，伸至背板0.75处；第2背板除端缘外具革状皱；其余背板近于光滑；雌性下生殖板大而平，端尖。产卵管鞘尖，稍下弯。

分布：浙江（临安）、福建、台湾、广西；韩国。

36. 外姬蜂属 *Exenterus* Hartig, 1837

Exenterus Hartig, 1837: 156. Type species: *Ichneumon marginatorius* Fabricius, 1793.

主要特征：体通常具粗糙的刻点和黄色斑；上颚2端齿等长；无盾纵沟；翅基下脊正常（无纵凹）；腹部第1节背板宽，背面平，在基侧凹上方呈突边状侧突；第2–4节背板具非常粗糙的刻点；产卵器粗且短，向下弯曲；雌性下生殖板大。

生物学：寄生于膜翅目松叶蜂科等。

分布：世界广布。世界已知32种，中国记录5种，浙江分布2种。

（88）中华外姬蜂 *Exenterus chinensis* Gupta, 1993

Exenterus chinensis Gupta, 1993: 431.

主要特征：雌，上颊约与复眼等宽，在复眼后方收窄；颜面和额具夹点刻皱；头顶具大而相连的刻点；颚眼距为上颚基宽的0.45；唇基具分散刻点，亚端部横凹，端缘隆起。前胸背板、中胸盾片和中胸侧板具中等粗刻点；后胸侧板近于光滑，有一强横脊弧形向上与并胸腹节侧纵脊相连。并胸腹节具皱，中区和端区趋于网皱；端横脊和分脊强；侧纵脊端部不明显，以致第2侧区和外侧区愈合。跗爪无栉齿。腹部第1背板具皱，背中脊和背侧脊强；第2背板具粗皱和相连的刻点；第3、4、6、7背板具浅刻点，但第5背板刻点中等深。下生殖板隆凸，船形，端缘薄而卷边。产卵管鞘不伸出腹端。

分布：浙江（庆元）、福建。

（89）相似外姬蜂 *Exenterus similis* Gupta, 1993

Exenterus similis Gupta, 1993: 433.

主要特征：雌，头部具刻点；额刻点粗，而唇基和上颊的稀。胸部具刻点；后胸侧板比胸部其余部位光滑；后胸侧板上的脊强，直或弧形弯向后胸侧板脊与并胸腹节端横脊连结。并胸腹节脊强而完整；中区、分脊和第2侧区完整。第1背板具皱，背中脊和背侧脊强；第2背板具皱；第3背板密布刻点；端节背板刻点浅。下生殖板几乎平，仅稍拱隆，端缘厚，呈三角形。

分布：浙江（富阳、庆元）、湖南。

37. 克里姬蜂属 *Kristotomus* Mason, 1962

Kristotomus Mason, 1962: 1273-1279. Type species: *Tryphon ridibundus* Gravenhorst, 1829.

主要特征：后足胫节端部从后面观显得平截，以致后面观下角看起来像一直角；后足胫节外侧端部有长而密毛缨，端表面下方有一平滑区域；体相当细；下齿大于上齿；第1背板有基侧凹。

生物学：寄生于膜翅目叶蜂科等。

分布：古北区、东洋区。世界已知40种，中国记录24种，浙江分布1种。

(90) 棒腹克里姬蜂 *Kristotomus claviventris* Kasparyan, 1976

Kristotomus claviventris Kasparyan, 1976: 145.

主要特征：雌，上颚端部宽，下齿宽于上齿；颜面具中等大小刻点；唇基光滑，有一些带毛刻点，端缘中央平截；唇基凹正常；额和头顶光亮，有分散的细刻点；头顶从上面观方形，在后方不狭窄；上颊宽度一致，下方不收窄。前胸背板及中胸盾片光滑，具很分散刻点；无盾纵沟或在前方稍微显出；小盾片大部分光滑，但有中等大小分散刻点；侧脊伸至 0.5–0.7 处；中、后胸侧板有浅而稀刻点，仅中央光亮。并胸腹节近于光滑，分区完整；中区和基区长为中区的 1.5 倍；中区与基区连结处收窄。有小翅室，小脉对叉或稍在基脉端方；后小脉在下方 0.2–0.25 处曲折，后盘脉明显着色。跗爪栉齿相当弱，有 4–5 个相当低的栉齿。腹部略呈棒形，腹端部和端节侧方弯向下方。第 1 背板细，长为端宽的 2.0–2.4 倍，背中脊强，伸至第 1 背板长的 0.8 处，背侧脊强，伸至背板端部，在端缘形成一侧叶，在气门或沿气门正上缘弯曲处中断；第 2 背板无基侧斜凹痕，基部 0.5–0.75 有明显刻点；第 3 背板刻点小而浅，腹部其余部位光亮；第 2–4 背板无折缘。产卵管短，渐尖，弧形下弯；产卵管鞘三角形。雌性下生殖板端部尖锐，有中褶；雄性下生殖板平至稍拱隆，端缘平截或稍凹。卵：小，长约 0.4 mm，肾形，有一不明显小柄从亚端缘生出，并有一圆纽扣形和褐色的锚。卵通常位于两侧。

分布：浙江（临安）、福建、台湾、广西；俄罗斯。

（四）优姬蜂亚科 Eucerotinae

主要特征：前翅长 4–11 mm。体壮。唇基中等大，通常与颜面不是明显分开，端缘无毛，但中央部分宽而钝。上颚中等宽，下齿几乎与上齿等大。后头脊完整，直达上颚基部。鞭节常在中央宽而扁，尤其是雄性。盾纵沟甚强，相当短。前足胫节距的净角梳几乎伸达端部；中、后足各 2 距。跗爪具栉齿。无小翅室；小脉后叉式；后小脉在中央下方曲折。并胸腹节端区分开，通常也有其他脊。腹部第 1 节背板宽；有一小的基侧凹；气门在中央稍前方。第 2–4 节或第 2–6 节折缘有褶与背板分开。产卵管短至很短，通常不明显。

生物学：本亚科寄主为叶蜂和鳞翅目。成虫的卵甚多，具柄，产在植物上，幼虫孵化后，附着在经过的寄主幼虫上并侵入体内，直至寄主化蛹之后，假使寄主体内有其他寄生虫，优姬蜂幼虫就寄生取食这些寄生虫，实际上是在营次寄生生活。

分布：本亚科世界已知 2 属，中国分布 1 属，浙江记录 1 属。

38. 优姬蜂属 *Euceros* Gravenhorst, 1829

Euceros Gravenhorst, 1829a: 368. Type species: *Euceros crassicornis* Gravenhorst, 1829.

主要特征：前翅长 4–11 mm。体壮。唇基中等大，通常与颜面不是明显分开，端缘无毛，但中央有宽而钝的角度。上颚中等宽，下齿几乎与上齿等大。后头脊完整，直达上颚基部。鞭节常在中央宽而扁，尤其是雄性。盾纵沟甚强，相当短。前足胫节距的净角梳几乎伸达端部；中、后足各 2 距。跗爪具栉齿。无小翅室；小脉后叉式；后小脉在中央下方曲折。并胸腹节端区分开，通常也有其他脊。腹部第 1 节背板宽；有一小的基侧凹；气门在中央稍前方。第 2–4 节或第 2–6 节折缘有褶与背板分开。产卵管短至很短，通常不明显。特征如上。

生物学：本属寄主为叶蜂和鳞翅目。寄生习性特殊，成虫的卵甚多，具柄，产在植物上，幼虫孵化后，附着在经过的寄主幼虫上，并侵入体内，直至寄主化蛹之后。假使寄主体内有其他寄生虫，优姬蜂幼虫就寄生取食这些寄生虫，实际上是在营次寄生生活。

分布：世界广布。世界已知 49 种，中国记录 7 种，浙江分布 2 种。

(91) 齿胫优姬蜂 *Euceros dentatus* Barron, 1978

Euceros dentatus Barron, 1978: 356.

主要特征：雌，头部（包括头顶）具中等刻点。颜面有一弱中瘤。唇基与颜面有沟分开，端缘钝，强弧形，不翻卷。上颚下齿明显短于并稍窄于上齿。触角鞭节除端节长大于宽外，其余各节端部都有些扩大和反折。胸部具中等刻点，但中胸侧板刻点细而稀。前胸背板突起的端部中央非常浅凹，侧方强度向后扩大；颈部前缘弧形。并胸腹节端区小，不达全长 1/2。足胫节中等，跗节端部不扩大；前足胫节端部有 1 个明显的齿；后足腿节强度侧扁，背缘锋锐；跗节中等侧扁。第 1 腹节中等长，两侧向端部中等扩展。第 1 背板两侧的脊在基部与气门之间的弱，在气门至后方的明显。背板具中等刻点。

分布：浙江（临安）、福建。

(92) 九州优姬蜂 *Euceros kiushuensis* Uchida, 1958

Euceros kiushuensis Uchida, 1958: 132.

主要特征：雌，颜面宽约为长的 1.4 倍，密布刻点，正上方有一光滑小瘤突；唇基短，端缘中央甚突出；颊眼距稍短于上颚基宽；上颚宽厚，上齿稍大于下齿；单复眼间距与侧单眼间距约为侧单眼长径的 2 倍；上颊在复眼之后膨出；后头脊发达；触角与前翅约等长，45 节，中段鞭节稍扁平，至端部渐尖。胸部密布刻点；中胸盾片中叶前方隆突；盾纵沟仅在前方较深；小盾片馒头隆起，侧脊仅在基部 0.26 处明显；小盾片前凹深而光滑；中胸侧板光滑，仅前半有稀疏刻点；后胸侧板大部分光滑，下缘脊发达，前方近中足基节处突出。并胸腹节具细刻点；端横脊发达；气门短椭圆形。无小翅室；第 2 回脉曲折，位于肘间横脉外方，其距离为肘间横脉的 0.3；小脉在基脉外方；第 2 盘室较高；盘肘脉中央曲折；后小脉在下方 0.2 处曲折。足粗壮，爪具栉齿。腹部稍扁平，密布刻点；第 1 节背板长稍短于端宽，背中脊伸至基部 2/5 处，背正中央稍呈瘤状隆起，气门位于基部 0.35 处，基侧凹深；第 2–6 背板横形，在基部两侧有斜行强凹痕，中央亦有一 V 形强凹痕，而致基部有 3 块呈锯齿状隆区。产卵管隐蔽。

分布：浙江（临安）、陕西、湖南、福建；日本。

（五）高腹姬蜂亚科 Labeninae

主要特征：前翅长 2.5–10.2 mm。体壮至细长。唇基与颜面间有沟分开，端缘无齿，上唇显然露出端部之外。上颚 2 齿，而唇姬蜂属 *Labium* 大部分种单齿。颚须、唇须均为 4 节。触角圆柱形，端部或稍扩大或尖，无角下瘤。中胸腹板后横脊不存在。并胸腹节通常分区；气门通常长形。腹部在并胸腹节着生处较高。第 2–3 背板光滑或稍有刻纹；折缘通常相当宽且有褶与背板分开。产卵管通常相当长，无端前背缺刻，下瓣端部有齿。

生物学：寄主甚为复杂，寄生在蜂巢、虫瘿、草蛉茧内或蛀木甲虫等。

分布：大多发现于大洋洲及新热带区。中国仅发现草蛉姬蜂族 Brachycyrtini 一族。

39. 草蛉姬蜂属 *Brachycyrtus* Kriechbaumer, 1880

Brachycyrtus Kriechbaumer, 1880: 161. Type species: *Brachycyrtus ornatus* Kriechbaumer, 1880.

主要特征：前翅长 3.3–9.0 mm。上颚端部中等宽；上齿宽。上颊非常短。中胸盾片相当平。盾纵沟在中胸盾片前缘呈点状凹痕。雄性前、中足跗爪简单。小脉在基脉外方，其距离约为小脉长度。无小翅室。第 2 回脉 1 个气泡。第 1 节背板近基部无瘤，亦无背侧脊。第 2–3 节背板折缘宽，有褶分开。产卵管鞘约为前翅长的 0.27；产卵管端部背瓣在背结处厚而圆，而后突然变尖；下瓣渐尖。

生物学：未知。

分布：世界广布。世界已知 22 种，中国记录 1 种，浙江分布 1 种。

（93）强脊草蛉姬蜂 Brachycyrtus nawaii (Ashmead, 1906)（图 1-69）

Proterocryptus nawaii Ashmead, 1906: 174.
Brachycyrtus nawaii: Yu *et al*., 2016.

主要特征：雌，头横形，几乎呈双凸透镜状；颜面较平坦；单眼强度横三角形排列；上颊狭且向后倾斜；复眼在触角窝处短距离深凹，凹入处外方还有一短纵脊；触角 27 节。胸部驼起具粗刻点；前胸在背面看不见，前沟缘脊发达，伸至背缘并有些突出；中胸盾片呈圆形，均匀拱起；小盾片均匀隆起，侧脊约伸至中央；腹板侧沟前半明显；后胸侧板狭长。并胸腹节陡斜，基部刻点较密；中区和端区愈合，内具横刻纹；分脊在中区很上方。前翅外方甚宽，小翅室外方开放；小脉在基脉很外方，此两脉之间的盘脉增粗；第 2 盘室甚大；后小脉在中央曲折。足胫节较短。腹部细长，长为头、胸部之和的 2.2 倍，两端细瘦，中央稍粗；第 1 背板光滑，背腹板完全愈合，后端稍向上弯；以后各背板具细刻点和白毛；第 2、3 背板折缘宽。雌蜂产卵管鞘长为后足胫节的 1.2 倍。雄蜂抱握器呈细棒状突出。

分布：浙江（杭州、缙云、松阳）、河北、陕西、湖北、江西、广东、四川；日本，菲律宾，美国（夏威夷）。

图 1-69　强脊草蛉姬蜂 *Brachycyrtus nawaii* (Ashmead, 1906)整体，侧面观（引自何俊华等，1996）

（六）潜水蜂亚科 Agriotypinae

主要特征：前翅长约 5 mm。上颚上齿短于下齿。雄性触角无角下瘤。小盾片有一长形端刺。跗爪长，简单，稍弯，爪间突小。腹柄部长柄状，与腹部其余部分明显区分，腹板与背板等长，并且完全愈合。雌性第 2–3 背板愈合，第 2–3 腹板也愈合。雄性第 2–3 背板部分愈合。第 2–6 腹板完全骨化。体暗色，密生银白色或微黄色细毛。雌性前翅多少具花斑，雄性前翅几乎完全透明。

生物学：产卵在虫囊内的毛翅目预蛹或蛹体外，幼虫营外部寄生生活。有的寄生于静水湖或河中，也有的寄生于溪流中的毛翅目，因种而异。

分布：仅在古北区和东洋区发现。浙江仅知潜水蜂属 1 种。

40. 潜水姬蜂属 *Agriotypus* Curtis, 1832

Agriotypus Curtis, 1832: 389. Type species: *Agriotypus armatus* Curtis, 1832.

主要特征：小盾片有一根长刺；雄性腹部第 2–3 节背板愈合，雌性第 2–3 节背板和腹板都愈合，第 2–6 腹板完全骨化，腹柄节（腹部第 1 节）长柄状，与腹部的其余部分明显区分，背板与腹板等长，并且完全愈合，上颚上端齿比下端齿短，爪细长，微弯曲，形状简单，爪间突甚小。体暗色，密生银白色或微黄色细毛，雌性前翅具花斑，雄性前翅几乎完全透明。

生物学：寄生于毛翅目预蛹或蛹。

分布：古北区、东洋区。世界已知 16 种，中国记录 9 种，浙江分布 1 种。

（94）浙江潜水蜂 *Agriotypus zhejiangensis* He et Chen, 1997

Agriotypus zhejiangensis He et Chen, 1997: 52.

主要特征：雌，额中央有一矮纵堤，触角洼浅。颜面中央隆起处刻皱稍粗；唇基近五边形，长与基宽等长，基部隆起，端部薄，端缘圆弧形；幕骨陷间距为幕骨陷复眼间距的 2 倍。胸部密布细刻点；前胸背板前沟缘脊上端强；中胸盾片稍有光泽；盾纵沟明显，至近后方中央会合；小盾片长三角形，长为基宽的 2.2 倍，基部两侧有脊，端部 0.64 刺状，端尖，刺长为并胸腹节长的 0.6，刺稍向后上方直伸，刺端部 0.4 光滑。并胸腹节具细网皱；中纵脊后端稍收拢，侧纵脊直而完整，与中纵脊平行，基部的等宽。前翅小脉刚后叉式；后翅小脉在下方 0.15 处曲折。

分布：浙江（庆元）。

（七）壕姬蜂亚科 Lycorininae

主要特征：前翅长 3–7 mm。雄性无角下瘤。颊有一沟。无中胸腹板后横脊。后胸侧板下缘脊完整，其前方 0.3 呈一高的叶状突。并胸腹节背侧角强度突出与后胸盾片上的叶状突相接。跗爪栉齿达于端部。后小脉在中央下方曲折或不曲折。腹部稍扁平。第 1 节背板健壮；气门位于中央以前；腹板与背板分开，有基侧凹。第 1–4 背板中央各有一被沟包围的三角形隆区，似壕沟状，故名。雌性下生殖板大，三角形，端部中央无缺刻。产卵管鞘长为后足胫节的 1.3–1.7 倍。产卵管端部尖矛形，上方无端前背缺刻，下瓣有斜脊。

生物学：寄生于鳞翅目小鳞翅类幼虫体内，在体外结茧，单寄生。

分布：分布于古北区、东洋区、旧热带区和南美洲、北美洲。世界仅知壕姬蜂属 *Lycorina* 一属。

41. 壕姬蜂属 *Lycorina* Holmgren, 1859

Lycorina Holmgren, 1859a: 126. Type species: *Lycorina triangulifera* Holmgren, 1859.

主要特征：并胸腹节具明显而锋锐的端横脊、分脊、亚侧纵脊和中纵脊。后小脉内斜，在近后端曲折；后盘脉弱。

生物学：未知。

分布：古北区、东洋区。世界已知 34 种，中国记录 7 种，浙江分布 1 种。

（95）无室壕姬蜂 *Lycorina inareolata* Wang, 1985（图 1-70）

Lycorina inareolata Wang, 1985: 144.

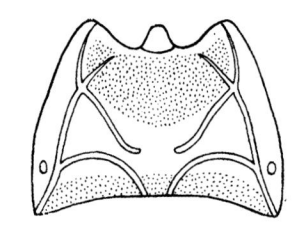

图 1-70　无室壕姬蜂 *Lycorina inareolata* Wang, 1985 并胸腹节（引自王淑芳，1985）

主要特征：雌，额及头顶光滑无刻点；脸的中央及两侧较隆起，具较密而均匀的刻点。前胸背板光滑，背侧方及后肩部具较稀刻点；中胸盾片及中胸侧板均具较粗而明显的刻点（点距大于点径），镜面区光滑；后胸侧板较中胸侧板刻点稀。并胸腹节分脊强，无中区，端横脊中部间断，端横脊后面后方明显陡斜，几乎与前面部分垂直，后面部分刻点明显。小脉对叉或稍外叉；后小脉在最基部曲折，后盘脉不明显。后足跗节与胫节几乎等长。腹部第 1–5 背板均具粗而稀的刻点；第 1 背板长为宽的 1.6 倍，背纵脊伸至背板中部，端横沟浅，三角凹沟不存在；第 5 背板端横沟中部间断。

分布：浙江（临安）。

（八）栉姬蜂亚科 Banchinae

主要特征：前翅长 1.8–16 mm。体健壮至很细。唇基几乎均有沟与颜面分开，端缘无毛缨，形状不定，但绝无中齿。上颚 2 齿。雄性无角下瘤。无腹板侧沟或短。无胸腹侧脊，后胸侧板下缘脊完整，或仅在前方存在，前部通常延长呈发达叶状。并胸腹节通常有端横脊且发达，常仅此一脊，有时更多或全无。小翅室有或无，若有上方通常尖。腹部扁平或侧扁；第 1 节有基侧凹。雌性下生殖板大，突出，侧面观呈三角形，端部几乎均有一中凹；产卵管小而短至长为后足胫节的 5 倍；产卵管端部几乎都有一亚端部背缺刻，下瓣无齿（除了极少在最端部有弱齿）。

生物学：通常产卵于幼龄鳞翅目体内，而在成长幼虫期体内钻出结茧。绒脸姬蜂属产卵于长角蛾科卵内，寄主结茧后杀死寄主幼虫。

分布：世界广布。

I. 缺沟姬蜂族 Lissonotini

主要特征：前翅长 2.6–16 mm。体通常细。后胸背板后缘通常无三角形的亚侧突。后胸侧板在分开上方部分和下方部分的沟内即外侧脊的稍下方有一凹窝。并胸腹节通常仅有端横脊，有时还有其他的脊或全无。跗爪常具栉齿。小翅室有或无，当存在时上方常尖。后小脉在中央下方曲折，偶尔在中央或其上方曲折或不曲折。腹部第 1 背板无背侧脊或不完整。产卵管鞘长为后足胫节的 0.25–4.0 倍。

生物学：寄主为鳞翅目幼虫，有产卵管长的种类寄生于孔洞、卷叶、芽、囊或其他类似场所中的寄主，产卵在寄主身上。产卵管短的种类寄生于裸露幼虫。

分布：世界已知 26 属，中国记录 5 属，浙江分布 1 属 3 种。

42. 细柄姬蜂属 *Leptobatopsis* Ashmead, 1900

Leptobatopsis Ashmead, 1900b: 347. Type species: *Leptobatopsis australiensis* Ashmead, 1900.

主要特征：前翅长 5.3–12.5 mm。体细或很细。后头脊上方一部分或全部没有。中胸盾片通常有中等大小、中等密的强刻点。从后面观，在后足基节基部之间后胸腹板上有一对向内合拢的齿。第 1 节背板气门近于中央，有时在端部 0.45 处。产卵管鞘长为后足胫节的 1.5–3.0 倍。

生物学：在中国仅知寄生于鳞翅目螟蛾科幼虫，在体外结茧，单寄生。

分布：东洋区和古北区东部。世界已知 33 种，中国记录 14 种，浙江分布 3 种。

分种检索表

1. 小盾片完全黑色 ·· 黑细柄姬蜂无斑亚种 *L. nigra immaculata*
- 小盾片完全黄色 ·· 2
2. 腹部第 1 背板长分别为该节端宽的 6.0 倍；小脉对叉式或稍后叉式；雄性第 4 背板完全黄色 ·································
·· 黑头细柄姬蜂 *L. nigricapitis*
- 腹部第 1 背板长分别为该节端宽的 3.7 倍；小脉明显前叉式；雄性第 4 背板黑色，其基带和端带黄色 ·····················
·· 稻切叶螟细柄姬蜂 *L. indica*

（96）稻切叶螟细柄姬蜂 *Leptobatopsis indica* (Cameron, 1897)

Cryptus indicus Cameron, 1897: 15.
Leptobatopsis indica: Yu *et al.*, 2016.

主要特征：雌，体长约 8 mm；前翅长 5 mm。前翅末端有一个大型烟褐色斑。雌蜂腹部第 1 节细长如柄，以下各节向末端渐粗大，下生殖板大型；产卵管鞘几与腹部等长。雌蜂体黑色，有时腹部黑褐色，唇基、上颚（除末端外）、有时脸的下方、额的两侧、中胸盾片前缘两侧、小盾片（除基方外）、翅基下脊、后翅基部下方、后胸侧板在后足基节上方、腹部第 1–3 背板基方以及第 2–3 背板端缘浅黄色，第 6 节以后各节背板白色。足赤色，但前足和中足基节黄色，后足腿节端部 2/5 黑色，胫节亚基部和第 1 跗节基半部浅黄色。雄蜂与雌蜂斑纹一致，但脸大部分黄色；前胸背板前缘黄色；腹部第 4 背板大部分黄色，中央具一条黑色横带。

分布：浙江、长江流域及以南（除了西藏）各省份；广布于澳洲区。

（97）黑头细柄姬蜂 *Leptobatopsis nigricapitis* Chandra *et* Gupta, 1997

Leptobatopsis nigricapitis Chandra *et* Gupta, 1997: 157.

主要特征：雌，脸长为宽的 0.8–1.0 倍，向下方稍宽，均匀强度拱隆，除了侧缘密布刻点。唇基光滑。颚眼距与上颚基宽等长，光滑，有一些刻点。额凹，光滑。头顶和上颊光滑，具很稀疏小刻点。POL 与 OOL 等长。鞭节 37–47 节。胸部密布刻点，点间光滑。中胸盾片刻点更小而密；小盾片光滑。小脉在基脉对方或稍基方；外小脉在上方 0.4 处曲折。后小脉外斜，在中央下方曲折；后盘脉明显。后足腿节长为中宽的 5.5–6.8 倍，胫节长为端宽的 13 倍；后足胫节长距长约为基跗节的 0.5。前中足跗节具栉齿，后足跗爪简单。腹部背板光滑，端节背板有短毛；第 1 背板长为端宽的 6.0 倍、为第 2 背板长的 1.7 倍；第 2 背板长为端宽的 3.0–3.6 倍。

分布：浙江（松阳）；印度，菲律宾。

（98）黑细柄姬蜂无斑亚种 *Leptobatopsis nigra immaculata* Momoi, 1971

Leptobatopsis nigra immaculata Momoi, 1971: 138.

主要特征：雌，头部高度光滑，无刻点；脸中央拱隆，有相当密的刻点；唇基基部刚有刻点；脸向下方稍扩大；颚眼距明显短于上颚基宽；额眶稍拱；OD=POL，长于 OOL。胸部密布刻点；前胸背板刻点稍强，在凹槽内具斜皱；小盾片、中胸盾片后方、镜面区光滑无刻点。小翅室有发达的柄；小脉对叉；外小脉在中央稍上方曲折；后小脉稍外斜，在中央下方曲折。腹部长为胸部的 2 倍；第 2 背板长刚为端宽的 2 倍；第 1 及端节背板光滑，第 2–3 背板具弱革状纹；第 2 背板有稀疏浅刻点；产卵管长 5 mm。

分布：浙江（松阳）、江西；菲律宾。

II. 梵姬蜂族 Banchini

主要特征：前翅长 5.2–13.5 mm。体中等比例至健壮，并胸腹节短，后足通常长。中胸背板后缘亚侧无突起。后胸侧板在上部和下部之间的沟内、外侧脊下方有一个窝。后胸侧板下缘脊通常完整，前部高出于其余部分。端横脊和外侧脊有或无，无其他脊。有小翅室，大型，前边常尖，有时稍平截。后小脉在很上方曲折。腹部第 1 背板无背侧脊和背中脊。腹部端部 0.3 多少侧扁。产卵管鞘长为前翅的 0.06–1.8 倍。

分布：世界广布，主要分布于全北区。世界已知 9 属，中国记录 2 属，浙江分布 1 属 1 种。

43. 梵姬蜂属 *Banchus* Fabricius, 1798

Banchus Fabricius, 1798: 209. Type species: *Banchus pictus* Fabricius, 1798.

主要特征：前翅长 7.7–12.0 mm。体中等健壮。额无附着物。雄性触角在亚端部、沿背缘有强弱程度不等的分得很开的特殊的毛，毛从短而斜至长而直，其顶端通常扩大和弯曲。唇基端部中央有一缺刻。上颚上齿长、宽均大于下齿，端部稍平截而微凹，似呈 2 齿。颚须 4 节，端部几乎总是扩大，雄性尤甚。无胸腹侧脊。小盾片端部中央尖突或呈刺状，偶尔圆。并胸腹节短，端脊在亚侧方强，中央弱或模糊。外侧脊至少部分存在。

生物学：寄主主要为鳞翅目幼虫，特别是在土中化蛹的夜蛾科幼虫。

分布：古北区、东洋区、新北区。世界已知 50 种，中国记录 8 种，浙江分布 1 种。

（99）旋梵姬蜂 *Banchus volutatorus* (Linnaeus, 1758)

Ichneumon volutatorius Linnaeus, 1758: 824.
Banchus volutatorus: Yu *et al.*, 2016.

主要特征：雌，颜面宽，密布刻点，中央稍隆起；唇基刻点稀，端部有一中纵沟，端缘有一中切；上颚 2 齿，上齿甚宽；颚须端前节长为端节的 2.8 倍；额具细刻点；后头脊完整；上颊收窄，背面观长为复眼的 0.65；触角 62 节。胸部密布刻点和黄色细毛；前胸无前沟缘脊；盾纵沟不明显；小盾片刻点细，后端隆起，有一直刺，长为小盾片的 0.5；中胸侧板密布细刻点，镜面区小但光滑；后胸侧板密布刻点，中央隆起，下缘脊薄而完整，在前端呈角片状。并胸腹节短，基部中央呈横凹槽；端横脊侧方及侧突明显。小翅室大，不规则菱形；小脉后叉式；后小脉在上方 0.9 处曲折。足较细长；爪具栉齿。腹部刻点极细，近于光滑，端半侧扁；第 1 背板长为端宽的 1.9 倍，气门位于前方；第 2、3 背板基角各有一黄褐色长形窗疤，折缘宽。第 3 背板的褶长为该节的 0.4。

分布：浙江（缙云）；欧洲。

（九）栉足姬蜂亚科 Ctenopelmatinae

主要特征：前翅长 2.9–22 mm。唇基通常短宽，与颜面有沟分开，上唇裸露。上颚 2 齿，上齿宽且稍分开。触角至端部渐尖，通常长，绝无角下瘤。无胸腹侧脊或短。中胸腹板后横脊绝不完整。并胸腹节分区变化甚大，完整至全无，通常有一端中区和端亚侧区。前足胫节端缘在其外边有一小齿突。跗爪简单或具栉齿。小翅室有或无，存在时亚三角形，上方尖或具柄。第 2 回脉气泡 1 个，有时 2 个。第 1 背板气门在中央或其前方，仅损背姬蜂属 *Chrionota* 在中央之后。雌性下生殖板方形，常部分膜质。产卵管通常不长于有时稍长于腹部厚度，或致死姬蜂族 Olethrodotini 与腹部约等长。产卵管端部非常细，有端前背缺刻；下瓣无齿，有时有些小齿。

生物学：为叶蜂总科的内寄生蜂。产卵于叶蜂幼虫体内，有时产于卵内，在幼虫体内成长结茧后羽化。但也有少数属种从鳞翅目尺蛾科、舟蛾科、枯叶蛾科和毛顶蛾科幼虫中育出。

分布：世界广布，但大部分种类在全北区。

I. 齿胫姬蜂族 Scolobatini

主要特征：前翅长 3.5–11.0 mm。头大，胸短，翅和后足大，腹部相当短。头和体躯光滑，只有小而稀刻点。额短，微隆，无附着物。唇基宽，微隆至几乎平；与颜面之间的沟弱或无。后头脊至多在上颊下方约 0.65 处存在。上颚宽，中等长，下齿通常稍大于上齿。中胸盾片短。无盾纵沟。胸腹侧脊背端伸至前胸背板高度中央的稍下方。并胸腹节短而稍隆，除中纵脊端部外无脊。前足胫节距内缘的垂叶至端部渐窄。跗爪通常栉齿发达。雄性后足跗节肿大，雌性稍扩大。径脉自翅痣基部约 0.4 伸出。无小翅室。肘间横脉多少内斜。后小脉在中央附近或下方曲折。腹部基部强度扁平，端部侧扁。第 1 背板基部有一小而浅的基侧凹，其余部位光滑无脊，侧缘平行或近于平行，有时后方稍收窄。无窗疤。折缘不被褶分开，也不折入下方。亚生殖板侧面观三角形。产卵管鞘长约为腹端厚度的 0.3；产卵管直，中等健壮，有端前背缺刻。

生物学：寄生于三节叶蜂科和筒腹叶蜂科幼虫。

分布：古北区、东洋区和澳洲区。世界已知 6 属，浙江分布 1 属 2 种。

44. 齿胫姬蜂属 *Scolobates* Gravenhorst, 1829

Scolobates Gravenhorst, 1829a: 357. Type species: *Scolobates crassitarsus* Gravenhorst, 1829.

主要特征：前翅长 7–11 mm，头高约为宽的 0.75。唇基端缘平截或稍弧形，中央有一发达的齿。与颜面之间不被沟分开。后头脊在上颊下方的 0.65 处存在。肘间横脉强度内斜。后臂脉中等长，通常伸达翅缘。腹部第 1 节背板折缘约为背板宽的 0.7。

生物学：未知。

分布：世界广布。世界已知 13 种，中国记录 6 种，浙江分布 2 种。

（100）红头齿胫姬蜂红胸亚种 *Scolobates ruficeps mesothoracica* He et Tong, 1992

Scolobates ruficeps mesothoracica He et Tong in He et al., 1992: 1229.

主要特征：雌，头、胸部光滑，散生细刻点有长毛；颜面宽，中央上方稍隆起，刻点密；唇基端缘中央有1强齿；上颊稍膨出，背面观宽于复眼；触角35–41节（雌）或34–37节（雄）。前胸背板光滑；中胸盾片拱隆，前方倾斜；小盾片侧脊仅基部存在；并胸腹节仅侧纵脊在端部存在。小脉刚在基脉基方；后小脉在下方0.4处曲折。腹部光滑，散生长毛；第1节背板长为端宽的2.5倍，两侧近于平行，但在气门处稍宽，气门在前方0.39处，背中脊达于气门与基部之间。

分布：浙江（杭州、兰溪、松阳、龙泉）、湖南。

(101) 黄褐齿胫姬蜂 *Scolobates testaceus* Morley, 1913

Scolobates testaceus Morley, 1913: 339.

主要特征：雌，颜面具稀疏带毛刻点；唇基中端齿强；颚眼距约为上颚基宽的3/4；头部在复眼之后稍膨出；胸部背板光滑；中胸侧板下半及后胸侧板全部具带长毛的稀细刻点。并胸腹节短，光滑。无小翅室。爪具栉齿。腹部端部侧扁，表面具带长毛的细刻点；第1节背板中央隆起部分长为端宽的4.4倍，侧缘直。产卵管鞘刚伸出腹端。

分布：浙江（安吉、临安、庆元、龙泉）、河南、江苏、湖北、湖南、福建、台湾、广西；印度。

II. 阔肛姬蜂族 Euryproctini

主要特征：前翅长2.9–14.5 mm。体健壮至很细。额中央无角状突，仅*Cataptygma*有中脊。后头脊完整，与口后脊在上颚基部上方相接。多有胸腹侧脊。并胸腹节与后胸背板在中央和亚侧方有相当宽的"V"形沟分开。并胸腹节通常有一封闭的亚圆形或亚六边形端区及稍分得出的亚端侧区；分脊偶尔存在，其余脊多少模糊，偶尔全毛；气门圆形，仅*Cataptygma*椭圆形。前足胫节距内缘和膜质垂叶端部呈尖角或直角。跗爪一般简单。径脉发自翅痣的0.40–0.48处。后小脉通常在下方曲折。腹部第1背板无基侧凹。通常有窗疤。第2–3背板折缘折于下方，*Cataptygma*例外。产卵管鞘短于腹端部厚度；产卵管直，有时下弯，有一端前背缺刻。

生物学：未知。

分布：主要分布于全北区，部分在东洋区，*Cataptygma*和*Phobetes*分布于新热带区。浙江分布1属1种。

45. 曲跗姬蜂属 *Hadrodactylus* Förster, 1869

Hadrodactylus Förster, 1869: 199. Type species: *Ichneumon typhae* Fourcroy, 1785.

主要特征：前翅长5.5–9.7mm。体细。胸腹侧脊上端几乎均达于中胸侧板前缘。并胸腹节亚侧脊和中纵脊通常明显，但弱，若无则并胸腹节光滑，有小翅室。后小脉在中央下方曲折。跗节多少长而弯曲；跗爪中等大小至相当大。腹部第1节背板长至很细长，其背中脊通常无。

生物学：寄主通常为麦叶蜂属种类。

分布：古北区、新北区，但在东洋区（中国福州）也有发现。世界已知47种，中国记录5种，浙江分布1种。

(102) 东方曲跗姬蜂 *Hadrodactylus orientalis* Uchida, 1930

Hadrodactylus typhae var. *orientalis* Uchida, 1930a: 285.
Hadrodactylus orientalis: Yu *et al.*, 2016.

主要特征：雌，颜面很宽，具粗糙皱纹刻条；唇基具不规则皱纹，横纺锤形；颚眼距几乎消失；上颚强，下齿很大而宽；额和头顶密布刻点；上颊在复眼之后稍收窄，侧面观短于复眼。并胸腹节满布刻点，不分区，在端区中央后方有弱纵脊。前翅小翅室具柄，第2回脉曲折，伸至小翅室外角；小脉后叉式；后小脉在下方0.4处曲折。后足第5跗节长而弯曲；爪发达，外爪短于内爪。腹部细，在端部稍侧扁，近于光滑；第1背板细长，侧缘直，至端部渐宽，长为端宽的3.3倍，侧面观直。产卵管鞘刚伸出，长为后足基跗节的0.27。

分布：浙江（杭州、定海）、辽宁、河南、陕西、江苏；俄罗斯，朝鲜，日本。

III. 波姬蜂族 Perilissini

主要特征：前翅长3.5–22 mm。体健壮至细。额无中角或脊。唇基中等宽至很宽。上颚通常长。后头脊完整（除了2个国外属）。胸腹侧脊与中胸侧板前缘分离。盾纵沟通常弱、浅或无。并胸腹节分区常完整；有分脊，或脊多少退化，偶尔无。跗爪常具栉齿。通常有小翅室。腹部第1节背面观有些弧形；有基侧凹，通常深而两个之间仅隔一透明膜。无窗疤。第2、3节折缘被褶分开，除欧姬蜂属 *Opheltes* 第3节之外，均折于下方。产卵管鞘通常约与腹端部厚度等长，但亦有较长；产卵管直或稍上弯，端前背缺刻强、浅或无。

生物学：寄主主要为叶蜂科、松叶蜂科和某些锤角叶蜂科种类。

分布：除澳洲区外，所有主要地理分布区都有，但大部分种分布在古北区和新北区。世界已知18属，中国记录6属，浙江分布2属3种。

46. 饰骨姬蜂属 *Lophyroplectus* Thomson, 1883

Lophyroplectus Thomson, 1883: 873-936. Type species: *Paniscus oblongopunctatus* Hartig, 1838.

主要特征：颊脊与口后脊连结处在上颚基部上方；基脉通常直；中脉直，不变粗；盘肘脉在翅痣基半部下方有一无毛区，在翅痣中央下方有一椭圆形骨片。

生物学：寄生于膜翅目叶蜂科等。

分布：世界广布。世界已知3种，中国记录1种，浙江分布1种。

（103）中华饰骨姬蜂 *Lophyroplectus chinensis* He et Chen, 1995

Lophyroplectus chinensis He et Chen, 1995: 552.

主要特征：雌，颚眼距几乎没有；后头脊与口后脊在上颚稍上方连结。前胸背板侧面具极细刻点，凹槽内并列刻条弱；盾纵沟短而弱；小盾片前凹深。并胸腹节分区完整，脊较强；中区和基区呈花瓶状，之间有横脊分开；端区大，其内有纵皱褶。小翅室内斜，上具长柄，柄长约与小翅室高等长；第2回脉长而直，上半段不着色；盘肘室在翅痣基部下方有一无毛区，在翅痣中央下方有一横形骨片，骨片长约为宽的6倍；盘肘脉近直角曲折，并有脉桩；小脉从基脉外方伸出；后小脉在中央稍上方曲折。腹部第1背板长为端宽的2.4倍，中央拱起，基部0.8具浅中纵凹痕，基侧凹明显，背侧脊不明显，气门位于0.56处；第2、3背板等长；腹末斜截。下生殖板大；产卵管鞘镞形。

分布：浙江（庆元）。

47. 畸脉姬蜂属 *Neurogenia* Roman, 1910

Neurogenia Roman, 1910: 179. Type species: *Prionopoda testacea* Szépligeti, 1908.

主要特征：前翅长 6–7 mm。唇基椭圆形，与颜面稍分开，端缘相当厚，弧形。上颚下齿长于上齿。中胸侧板中央从前至后有一纵凹。并胸腹节有基横脊和端横脊，并多少有些纵脊。跗爪具稀疏栉齿。有小翅室。中脉有一段强度增厚或在中央之后有一短而直的伪脉。基脉下弯或近于直，有时变厚。后中脉稍弯曲。后小脉外斜，在中央上方曲折。腹部第 1 节背板细；气门在中央之前，基部无背窝；腹柄侧凹深，两边仅有透明部位隔开，腹柄侧凹之后无背侧脊；第 2、3 背板近于光滑，无明显刻点，折缘除第 2 节背板基部 0.5 之外，不被明显的褶分开。雄性下生殖板简单，阳具端部圆并有些肿胀。产卵管鞘长为腹端部的 0.7 倍；产卵管端前背缺刻宽而弱似不明显。

生物学：未知。

分布：东洋区和旧热带区。世界已知 15 种，中国记录 5 种，浙江分布 2 种。

（104）福建畸脉姬蜂 *Neurogenia fujianensis* He, 1985

Neurogenia fujianensis He, 1985: 318.

主要特征：本种雌蜂与具瘤畸脉姬蜂 *N. tuberculata* 的前翅中脉膨大情况和体色极相似，其区别在于：并胸腹节中区长为宽的 2.4 倍，近纵六边形；触角 50 节；小盾片馒头形隆起；后小脉在上方 0.32 处曲折；第 1 背板长与第 2、3 背板之和相等。

分布：浙江（庆元）、福建。

（105）具瘤畸脉姬蜂 *Neurogenia tuberculuta* He, 1985

Neurogenia tuberculuta He, 1985: 316.

主要特征：雌，颜面甚宽，满布粗刻点；唇基端部具纵刻条；幕骨陷深；颚眼距很短；额具横皱纹；上颊散生刻点，在复眼之后稍呈弧形收窄，侧面观与复眼等长；触角 52 节（雌）或 54 节（雄）。胸部密布刻点；前沟缘脊明显；无盾纵沟；小盾片稍呈锥形隆起，无侧脊；中胸侧板镜面区大而光滑；后胸侧板在中足基节处角状突出。并胸腹节刻点细，有光泽；基区三角形；中区近正五边形（雌）或六边形（雄）；端区中央有中纵脊。前翅中脉除基部外增厚，约在 2/3 处具膝状隆瘤，瘤长约为宽的 1.5 倍；基脉下弯（外弯），并明显增厚；基脉、中脉及小脉交接处膨大；第 2 盘室在基部 0.25 处最高；第 2 回脉曲折；小翅室上方具短柄；后小脉在上方 0.4 处曲折。腹部第 3 节以后明显侧扁；第 1 背板基侧凹大而明显；产卵管鞘长为第 1 背板的 0.38。雄蜂抱握器端部长棒状。

分布：浙江（临安、松阳、庆元、龙泉）、广西。

（十）缝姬蜂亚科 Porizontinae

主要特征：前翅长 2.5–14 mm；体中等健壮至很细。唇基通常横形；与颜面不是明显分开。上颚 2 齿，仅短颚姬蜂属 *Skiapus* 1 齿。雄性触角无角下瘤。中胸腹板后横脊通常完整，仅少数属有些例外。并胸腹节通常部分或完全分区。跗爪通常具栉齿，有时除基部外简单。通常有小翅室，少数无小翅室者，除棒角姬蜂族 Hellwigiini 外，肘间横脉在第 2 回脉内方。第 2 回脉仅 1 个气泡。腹部第 1 背板中等细或很细；气门位于中央以后；无中纵脊。腹部多少侧扁，但有时不明显。第 2、3 背板折缘除都姬蜂属 *Dusona* 外均被褶所分开并折于下方。下生殖板横形，不扩大。雄性抱握器端部圆，或在少数属有时呈一棒状。产卵管鞘与腹端部厚度等距离长或更长；产卵管端部有一端前背缺刻，下瓣无端齿。

生物学：本亚科大部分寄生于鳞翅目 Lepidoptera 幼虫，少数寄生于树生甲虫和象甲、叶甲，也寄生于蛇蛉。

分布：世界广布。

I. 缝姬蜂族 Porizontini

主要特征：前翅长 2.3–9.0 mm。额光滑。复眼内缘平行或向下有些合拢。唇基与颜面在基部愈合，或有一模糊的凹痕。颚须 5 节。唇须 4 节。小翅室上方尖或具柄，或无。肘间横脉当无小翅室时在第 2 回脉内方。腹部第 1 节柄部背板、腹板之间的缝在背板高度中央、上方，有时在稍下方，侧方有边，绝不与腹板完全愈合以致不可辨认。腹柄圆柱形，而棱柄姬蜂属 *Sinophorus* 有时棱形。绝无基侧凹。产卵管与腹端部等长或更长。

生物学：内寄生于鳞翅目幼虫，蜂幼虫老熟后，钻出寄主体外结茧。

分布：世界已知 7 属，浙江分布 4 属 9 种。

分属检索表

1. 复眼内缘在触角窝处不凹陷，或仅微弱凹陷；产卵器长大于腹末厚度的 2 倍；上颊较阔；并胸腹节第 2 侧区四周通常都有隆脊 ··· 圆柄姬蜂属 *Venturia*
- 复眼内缘在触角窝处凹陷颇深；产卵器长度小于腹末厚度的 2 倍；上颊甚窄；并胸腹节第 2 侧区四周通常无完整隆脊 ······ 2
2. 中胸侧缝中央 0.3 或更长一些的部分凹陷呈一条明显的沟。腹部第 1 节基端的腹板没有占据该节整个厚度，因而在侧面观，该节的侧缝稍低于该节的上缘；有小翅室 ··· 凹眼姬蜂属 *Casinaria*
- 中胸侧缝中央 0.3 或更长一些的部分不凹陷，该处呈现为隆起的中胸后侧片和一些横皱脊；腹部第 1 节基端的腹板占据该节整个厚度，因而在侧面观，该节的侧缝位于该节的上缘；无小翅室，如有，则很小 ····································· 3
3. 第 2 盘室下外角尖；通常有小翅室，但很小 ··· 小室姬蜂属 *Scenocharops*
- 第 2 盘室下外角呈直角；无小翅室 ·· 悬茧姬蜂属 *Charops*

48. 圆柄姬蜂属 *Venturia* Schrottky, 1902

Venturia Schrottky, 1902: 102. Type species: *Venturia argentina* Schrottky, 1902.

主要特征：前翅长 2.7–8.0 mm。体细。复眼内缘在触角窝对过处没有明显凹缘。颊长约为上颚基部宽度的 0.5。颊脊与口后脊相接处在上颚基部上方。上颊通常相当宽。中胸侧板缝凹痕如一明显的沟。并胸腹节长，分区完全或几乎完全，但中区和柄区通常愈合，中纵脊彼此靠近，以致中区狭长。并胸腹节端部至少伸达后足基节中央。小翅室通常存在，但一些种无。第 2 回脉内斜。后小脉在下方 0.3 处曲折。腹部第 1 节背板基部直，圆柱形，通常长为厚的 3 倍，分开背板和腹板的缝位于中央。雄性抱握器端缘有一亚端背缺刻。产卵管长为腹端节厚度的 3–4 倍。

生物学：未知。

分布：世界广布，但大部分种在旧世界的热带地区。世界已知 136 种，中国记录 9 种，浙江分布 1 种。

（106）仓蛾姬蜂 *Venturia canescens* (Gravenhorst, 1829)

Campoplex canescens Gravenhorst, 1829a: 555.
Venturia canescens: Yu *et al*., 2016.

主要特征：雌，触角柄节下方和上颚（除了端部）黄白色。前足，以及中足基节、转节、跗节、后足转节黄色；中足腿节、胫节（中段污黄）赤褐色；后足腿节、胫节（中段污黄）暗褐色或暗赤褐色。胸部刻点较头部稍粗，点间还有更细小刻点；中、后胸侧板密布细刻点。并胸腹节脊强，中区长六边形，伸达中央，侧缘大致平行，内具横皱；端区具横刻条。

分布：浙江、黑龙江、北京、江苏；俄罗斯，日本，以色列，意大利，美国（夏威夷）。

49. 凹眼姬蜂属 *Casinaria* Holmgren, 1859

Casinaria Holmgren, 1859b: 325. Type species: *Campoplex tenuiventris* Gravenhorst, 1829.

主要特征：前翅长 3.7–9.0 mm。体健壮至很细。复眼内缘在触角窝对过处强凹入。颊短。上颊短且平。中胸侧板缝至少在中央 0.3 凹痕如一明显的沟。并胸腹节中等长至非常长，其端部伸至后足基节基部 0.3 与端部之间，有时超过后足基节。并胸腹节通常有一中纵槽，通常分区不完整，但有时中纵脊包围一个长形中区。小翅室均存在。第 2 回脉通常内斜。后小脉不曲折。腹部第 1 节背板基部圆柱形或稍扁平，该部分中等长至非常长，分开背板和腹板之间的缝在中央或稍上方。雄性抱握器端部圆，有时长形，无端前背缺刻，产卵管长为腹端节厚度的 0.8–1.4 倍。

生物学：寄主为裸露取食的鳞翅目幼虫。

分布：世界广布。世界已知 100 种，中国记录 12 种，浙江分布 4 种和亚种。

分种检索表

1. 腹部第 1 背板细长，大部分圆柱形，长于后足腿节，后柄部鳞茎状；后足腿节细长，中央不膨大；并胸腹节长，端部强度突出，伸过后足基节的 0.75 处；并胸腹节具皱状网纹至发达网纹；并胸腹节中纵脊不规则，其间沟深，基横脊明显；额有一细中纵脊；小盾片平，侧方具脊，在中央稍凹，具网纹；后胸侧板具强而粗的网纹 ························ 2
- 腹部第 1 背板比较健壮，等于或短于后足腿节；后足腿节中央较厚，壮实；并胸腹节端部不突出，不伸过后足基节中央；并胸腹节刻纹多样，但绝无发达网纹；并胸腹节无脊或部分存在；额无中纵脊或有；小盾片稍隆起，侧方无脊或基部存在，具皱纹或皱状刻点；后胸侧板具皱纹至刻点 ························ 3
2. 腹部在第 3 背板以后完全橙红色；颜面满布皱纹，中央无皱状刻条；前足仅基节及与转节连结处带黑色，中足腿节黑色，其端部和整个胫节黄褐色，跗节黄色，其端跗节烟褐色 ·············· **具柄凹眼姬蜂缅甸亚种** *C. pedunculata burmensis*
- 腹部除黑色，第 4 背板完全红色，第 5 背板红色、黑色或部分黑色；颜面中央具皱状刻条；前足腿节中央以前黑色，跗节大部分黑色；中足胫节端部带黑色，跗节通常完全黑色 ·············· **具柄凹眼姬蜂指名亚种** *C. pedunculata pedunculata*
3. 后足腿节红褐色；翅基片黄色 ························ **稻纵卷叶螟凹眼姬蜂** *C. similima*
- 后足腿节黑褐色；翅基片大部分黑褐色 ························ **黑足凹眼姬蜂** *C. nigripes*

（107）黑足凹眼姬蜂 *Casinaria nigripes* (Gravenhorst, 1829)

Campoplex nigripes Gravenhorst, 1829a: 598.
Casinaria nigripes: Yu *et al*., 2016.

主要特征：雌，上颚齿红褐色，后足胫节基部黄白色，足其余部分黑褐色；腹部第 2 背板窗疤及近后缘和第 3、4 背板赤褐色。前翅小翅室近三角形的四边形，上有短柄；后小脉不截断。腹部向末端呈棒状，但稍侧扁；第 2 背板与第 1 背板等长，长为端宽的 2 倍，窗疤呈陀螺形；第 3、4 背板等长；产卵器短，不伸出腹端。

茧：圆筒形，两端钝圆，长 8–9 mm，径 3.5–4 mm；灰白色，两端黑色，近两端 1/4 处各有许多黑斑形成 2 条环状斑，但在连结松针处无黑色。幼虫尸体往往在茧旁。常被其他寄生蜂寄生。

分布：浙江（长兴、杭州、衢州、松阳等）、黑龙江、吉林、辽宁、内蒙古、北京、河北、山西、山东、陕西、江苏、安徽、湖北、江西、湖南、福建、广东、广西、四川等；俄罗斯，日本，波兰等。

（108）具柄凹眼姬蜂指名亚种 *Casinaria pedunculata pedunculata* (Szépligeti, 1908)

Campoplex pedunculata pedunculata Szépligeti, 1908: 232.
Casinaria pedunculata: Yu et al., 2016.

主要特征：雌，腹部第 2 背板侧方及第 3–5（有时仅第 3 节）背板除背中线外赤褐色，有时第 6 背板大部分黑褐色；上颚端齿赤黄色；须黄色；前足转节以下、中足腿节末端以下和后足胫节基端褐色至赤褐色。颜面和唇基具细皱；额具细皱，有 1 中纵脊。胸部多具皱纹或网皱；小盾片有侧脊，亚端部有一簇长毛。并胸腹节具发达网纹，端部突出；基横脊明显；中纵脊深，内具强横皱，两边平行，有波形的脊；无端横脊。茧：两端钝圆，长 8–10 mm，径 3.2–3.5 mm。茧浅黄褐色至灰黄褐色。

分布：浙江（嘉兴、杭州、丽水、平阳）、河南、安徽、湖北、江西、湖南、福建、台湾、广东、广西、四川、贵州、云南；印度，印度尼西亚。

（109）具柄凹眼姬蜂缅甸亚种 *Casinaria pedunculata burmensis* Maheshwary et Gupta, 1977

Casinaria pedunculata burmensis Maheshwary et Gupta in Gupta et Maheshwary, 1977: 134.

主要特征：结构和色泽与具柄凹眼姬蜂指名亚种 *C. pedunculata pedunculata* 基本相似，不同之处如下：颜面满布细皱，中央无条皱；中胸侧板细皱发达；前足大部分黄褐色，仅基节和第 1 转节带黑色；中足腿节黑色，其端部及整个胫节黄褐色，跗节黄色，其端跗节烟褐色；后足色浅于中足；第 1、2 背板全部黑色，其余背板橙色，从第 3 节至末节沿背线黑色。

分布：浙江（遂昌）、湖南、四川；缅甸。

（110）稻纵卷叶螟凹眼姬蜂 *Casinaria similima* Maheshwary et Gupta, 1977

Casinaria similima Maheshwary et Gupta in Gupta et Maheshwary, 1977: 144.

主要特征：雌，腹部第 2 背板亚端部、第 3 背板端部和侧方、第 4 背板侧方，有时连第 5 背板红褐色；上颚（除了端齿）和翅基片淡黄色。后足腿节红褐色，胫节背方带黄色，亚基部和端部带黑色；跗节带黑色；第 2 转节黄色。颜面、唇基和额具细皱纹；中胸盾片和小盾片满布细皱纹；中胸腹板具皱状细刻点，在中央有明显细横皱，镜面区不光滑；后胸侧板具细皱。并胸腹节具粗糙皱纹；中纵脊和侧纵脊不规则但明显；中纵槽较深有横皱；有基横脊；端横脊仅两侧明显。前翅小翅室具柄。

分布：浙江（杭州、遂昌、龙泉）、湖北、江西、湖南、福建、台湾、广东、广西、四川。

50. 悬茧姬蜂属 *Charops* Holmgren, 1859

Charops Holmgren, 1859b: 324. Type species: *Campoplex decipiens* Gravenhorst, 1829.

主要特征：前翅长 3.7–8.0 mm。复眼内缘在触角窝对过处强凹入。颊短。上颊短。中胸侧缝中央 0.3 或更长不凹入，由一稍隆起的中胸后侧片而显出，其内有横皱。并胸腹节通常有脊，但脊弱。并胸腹节端部近于后足基节端部 0.25 处。无小翅室，第 2 回脉直。后小脉在中央下方曲折或不曲折。腹部第 1 节柄部非常长，稍微上弯或直，圆筒形，分开背板和侧板的缝在腹柄基部位于背方，在腹柄近端部位于侧方或腹方。雄性抱握器通常棒状，但有时正常。产卵管长约为腹端节厚度的 1.3 倍。

生物学：未知。

分布：世界广布，但大部分种分布于旧世界的热带地区。世界已知 30 种，中国记录 4 种，浙江分布 3 种。

分种检索表

1. 并胸腹节中纵脊明显；中胸侧板具横刻条或皱状网纹，网纹强，相距宽 ·························· 台湾悬茧姬蜂 *C. taiwana*
- 并胸腹节中纵脊模糊或没有；中胸侧板密布皱纹至皱状刻条 ··· 2
2. 并胸腹节中纵脊为模糊痕迹；后足腿节和胫节淡黄褐色；雄蜂抱握器棒状突出短而坚固 ·········· 螟蛉悬茧姬蜂 *C. bicolor*
- 并胸腹节中纵脊没有；后足腿节和胫节黑色；雄蜂抱握器薄而长 ·························· 短翅悬茧姬蜂 *C. brachypterus*

（111）螟蛉悬茧姬蜂 *Charops bicolor* (Szépligeti, 1906)

Agrypon bicolor Szépligeti, 1906: 124.

Charops bicolor: Yu *et al*., 2016.

主要特征：雌，前、中足黄色，后足带赤褐色；翅基片黄色。腹部背板赤褐色，腹面鲜黄色；第 2 背板基半的倒箭状纹和后缘及雄蜂腹末黑色。并胸腹节略呈三角形，后方显著向下倾斜，后端狭且伸至后足基节端部 0.25 处，表面细隆线一般模糊不清。茧：圆筒形，长 6–7 mm；灰色，有并列的黑色环斑；有丝将茧悬于空中，俗称"灯笼蜂"。

分布：浙江、吉林、辽宁、山东、河南、陕西、江苏、安徽、江西、湖南、福建、台湾、广东、海南、广西、四川、贵州、云南；朝鲜，日本，东南亚。

（112）短翅悬茧姬蜂 *Charops brachypterus* (Cameron, 1897)

Anomalon brachypterum Cameron, 1897: 25.

Charops brachypterus: Yu *et al*., 2016.

主要特征：雌，头部和胸部黑色，翅基片黄色。中足基节黑色，中足其余部分和前足同为黄褐色，有时跗节褐色；后足黑褐色至黑色，但转节、腿节两端及胫节基端黄色，胫节距黄色至褐色。雌蜂腹部赤褐色，第 1 节基端黑色，第 2 节除两侧外大部分黑色，第 3 节以后各节背中线略带黑褐色，或不明显；雄蜂腹末 3 节黑色。并胸腹节无中纵脊。雄性抱握器的棒状突细长。短翅悬茧姬蜂与螟蛉悬茧姬蜂甚为相似，它的身体稍大，后足黑褐色至黑色，而非黄褐色或赤褐色。茧亦相似，但较大。

分布：浙江（杭州、缙云、遂昌）、湖北、江西、湖南、广西、四川、贵州；东南亚。

(113) 台湾悬茧姬蜂 *Charops taiwana* Uchida, 1932

Charops taiwana Uchida, 1932a: 199.

主要特征：雌，柄节和梗节前方、前足（除了基节和腿节下方的暗褐色斑）、中足第1转节外侧、第2转节全部、腿节基部和端部、胫节、距、第1–2跗节均黄色；中足第3–5跗节和第1转节下方暗褐色；中足基节黑色；中足腿节中央暗褐色；后足基节、转节（除了第2转节内边）、腿节黑色；胫节和跗节黑褐色；翅基片黑色；腹部第1背板黄色，基部、背中央和后柄部黑色；第2背板暗褐色，腹板黄色，其余背板背面黑色，侧面橙色。中胸侧板具发达网状皱纹；后胸侧板具不规则隆线，趋于网状。并胸腹节具发达网皱；中纵脊明显，基部和亚端部稍向外扩展；中央具发达横刻条。雄蜂抱握器端部非常细长，形成棒状。

分布：浙江（杭州）、台湾。

51. 小室姬蜂属 *Scenocharops* Uchida, 1932

Scenocharops Uchida, 1932a: 202. Type species: *Scenocharops longipetiolaris* Uchida, 1932.

主要特征：前翅长6.5–8.5 mm。复眼内缘在触角窝对过处强凹入。颊短。上颊短至非常短。中胸侧板缝在中央0.3或更多不凹入，由稍隆起的中胸后侧片而显出，其内有横皱。并胸腹节无脊，有一中纵凹，其端部约达于后足基节端部0.4处。小翅室很小，有一长柄，偶尔无。第2回脉内斜。后小脉在其下方0.33处曲折。腹部第1节柄部很长，圆柱形或上方平，侧面观分开背板和腹板的缝近于上缘。雄性抱握器端半呈棒形。产卵管长为腹端节的1.4–1.8倍。

生物学：寄主为刺蛾科幼虫，在体内取食，老熟后钻出寄主体外结短椭圆形的茧。

分布：古北区、东洋区。世界已知9种，中国记录4种，浙江分布1种。

(114) 竹刺蛾小室姬蜂 *Scenocharops parasae* He, 1980

Scenocharops parasae He, 1980: 81.

主要特征：雌，后足赤褐色；基节黑色，距、跗节及爪黑褐色或漆黑褐色。腹部黄褐色；第1节柄部黄色，后柄部稍带褐色；第2背板背方（除了端部1/6）黑色；第3背板基端或稍带黑色。颜面、唇基具同样皱纹；侧单眼直径约等于单复眼间距，为侧单眼间距的0.6。小盾片及并胸腹节均具网状刻纹及白色长毛，后者中央有浅纵槽；中胸侧板满布不规则网状刻纹，在中胸侧凹处具明显横行皱脊；后胸侧板上方部分亦具皱脊，下方部分具网状皱纹，基间区近半圆形。后足跗爪栉齿9个，爪端尖而翘。茧：短椭圆形，腹面稍平，常附着在植株上的白色丝膜上；表面薄而光滑，颇似赛璐珞制品，可透见内部蜂幼虫残余物；赤褐色，茧内壁中段（相当于"赤道"部位）背面半环稍隆起，并呈深褐色；长7–8 mm，径5.0–5.5 mm。

分布：浙江（杭州、四明山）、湖南。

II. 马克姬蜂族 Macrini

主要特征：前翅长2.5–14.0 mm。体通常短而壮。复眼内缘平行至下方强度收窄，在触角窝对过处微弱至强度凹入。唇基基部与颜面愈合或由一弱沟分开。颚须5节，唇须4节。小翅室通常三角形或无，上缘通常尖或有柄，有时稍平截。如无小翅室时，肘间横脉在第2回脉基方。腹部第1节柄部通常短而壮；横切面通常方形、梯形或三角形，分开背板和腹板的缝常存在，通常位于柄部中央稍下方；后柄部亚端部很宽于柄部。第 1 腹节气门位于第 1 腹板端部；第 1 腹板短而宽，显然短于背板。第 1 背板基侧凹通常存在。第 2 背板通常比较短宽。产卵管与腹端部背板等长或更长。

生物学：寄生于鳞翅目幼虫，蜂产卵于未成熟幼虫体内，孵化后即在体内生活，老熟后钻出寄主幼虫体壁，在附近结茧，也有些属在寄主幼虫体下或体内结茧。

分布：本族为缝姬蜂亚科中为数最多的一族。中国记录 13 属，浙江分布 6 属 10 种。

分属检索表

1. 后小脉曲折，后盘脉与后小脉连接；有或无基侧凹，但有小翅室，并且（或者）后足基跗节腹面中央无一行排列甚密的毛 ·· 齿唇姬蜂属 *Campoletis*
- 后小脉不曲折，后盘脉不与后小脉相连；有基侧凹，至少有它的痕迹，除非无小翅室，或后足基跗节腹面中央有一行排列甚密的细毛 ·· 2
2. 后足基跗节腹面中央具一行排列甚密的小毛，后足跗节第 2–4 节和中足第 1–2 节通常也有这样的一行毛 ············· 3
- 后足基跗节无上述的一行细毛 ·· 4
3. 唇基端缘钝，不反卷，呈弓形；无小翅室；有基侧凹；产卵器通常比腹末厚度长得多 ················ 钝唇姬蜂属 *Eribous*
- 唇基端缘薄而反卷，端缘中央常平截；有小翅室或无；基侧凹小或无；产卵器长为腹端厚度的 1–2 倍 ·· 黄缝姬蜂属 *Xanthocampoplex*
4. 上颚下缘基方 0.65 左右有一个颇阔的镶边；上颊较窄；并胸腹节的脊通常很弱 ··············· 镶颚姬蜂属 *Hyposoter*
- 上颚下缘基方 0.65 左右的镶边很窄，或仅有一条高隆脊；上颊窄或阔；并胸腹节的脊通常较粗 ······················ 5
5. 无基侧凹；产卵管长与腹端厚度相等，产卵管端缘背缺刻位于端部 0.3 处 ··············· 食泥甲姬蜂属 *Lemophagus*
- 有基侧凹；产卵管鞘长通常 2 倍长于腹端厚度，产卵管端缘背缺刻离端部较远 ················ 弯尾姬蜂属 *Diadegma*

52. 齿唇姬蜂属 *Campoletis* Förster, 1869

Campoletis Förster, 1869: 157. Type species: *Mesoleptus tibiator* Cresson, 1864.

主要特征：前翅长 3.3–7.5 mm。复眼内缘微凹。唇基中等宽，端缘光滑，有一中齿，中齿尖或钝或不明显。上颊短到中等长。中胸侧板毛糙，具明显的刻点。中胸腹板后横脊完整。后胸侧板下缘脊完整。并胸腹节中等长；中区六边形；与端区明显分开或合并。后足基跗节腹方中央无一列密集的毛。小翅室具柄，受纳第 2 回脉于中部前方。后盘脉与后小脉相连，但不着色。有或无基侧凹。产卵管中等粗，下弯或直；长为腹端厚度的 1.6–3.5 倍。

生物学：寄主通常为农田夜蛾科和弄蝶科未成熟的幼虫。

分布：世界广布。世界已知 99 种，中国记录 7 种，浙江分布 1 种。

（115）棉铃虫齿唇姬蜂 *Campoletis chlorideae* Uchida, 1957

Campoletis chlorideae Uchida, 1957a: 29.

主要特征：雌，腹部后柄部端缘狭条、第 2–3 背板端缘和侧面宽条、其余各节除基部中央黑斑外的几乎整个背板黄褐色；有时腹部大部分黑色，仅第 2 节背板端缘或第 2–4 背板的端缘有黄褐色带。并胸腹节脊强；基区三角形或倒梯形；中区五边形，或近六边形，内具不均匀细刻点；端区宽，浅凹，内具皱纹。

茧：椭圆形，长约 5 mm，径约 2 mm；初为灰白色，后转灰褐色，杂有黑色斑纹；寄主幼虫死后的干皮常黏附于茧的一端；茧单个着生于植物叶片上。

分布：浙江（杭州、镇海、东阳、缙云、松阳）、辽宁、天津、河北、山西、山东、河南、陕西、江苏、上海、安徽、湖北、湖南、台湾、四川、贵州、云南；日本，印度，尼泊尔。

53. 弯尾姬蜂属 *Diadegma* Förster, 1869

Diadegma Förster, 1869: 153. Type species: *Campoplex crassicornis* Gravenhorst, 1829.

主要特征：前翅长 2.5–9.0 mm。体形变化大，粗短到细长都有。复眼内缘微凹。颊短到中等长。中胸侧板毛糙或略有光泽，通常具明显的刻点。中胸腹板后横脊完整。并胸腹节中区通常长大于宽，并与端区合并；或有时并胸腹节上的脊不明显；气门圆形。小翅室通常具柄，受纳第 2 回脉于中部外方，若无小翅室，则肘脉第 2 段短于肘间横脉。后小脉垂直或稍外斜，后盘脉不达后小脉。常有基侧凹；有窗疤。产卵管鞘长为腹端厚度的 2 倍多；但有时只等长，此种产卵管粗并强度上弯。后足胫节单色，或端部和亚基部黑色，若基部暗色则最基部淡色。

生物学：寄主为小型至中型的鳞翅目幼虫。

分布：世界广布。世界已知 216 种，中国记录 13 种，浙江分布 2 种。

（116）台湾弯尾姬蜂 *Diadegma akoensis* (Shiraki, 1917)

Eripternus (?) *akoensis* Shiraki, 1917: 145.
Diadegma akoensis: Yu *et al*., 2016.

主要特征：雌，全体多细刻点及白毛；颜面宽，中央稍隆起；额和头顶具极细刻点。中胸侧板镜面区光滑，此区前方为细褶皱。并胸腹节基区三角形，或近梯形；中区长约为宽的 2 倍，后方稍窄，端缘开放；除端区具横刻条外均为细刻点。小翅室菱形，上有短柄；小脉刚后叉式；后小脉不曲折，后盘脉无色，与后小脉不相连。腹部至端部渐呈棒形膨大；第 1 节柄部近方柱形，后柄部呈盘状，雄蜂在其上有较明显的纵行细皱，气门前方有基侧凹；第 2 背板窗疤小，圆形。产卵管末端向上翘，鞘长约为后足胫节的 0.7。茧：圆筒形，长 10 mm，径约 2 mm；灰白色；外层有薄而稀疏的茧衣，内层致密。

分布：浙江（杭州、东阳、黄岩、缙云、松阳、温州）、河南、江苏、上海、安徽、湖北、江西、湖南、福建、台湾、广东、海南、广西、四川、贵州、云南；日本。

（117）半闭弯尾姬蜂 *Diadegma semiclausum* (Hellén, 1949)

Angitia semiclausa Hellén, 1949: 20.
Diadegma semiclausum: Yu *et al*., 2016.

主要特征：雌，并胸腹节中区两侧多少平行，其后扩大处在端区与中区之间几乎不明显；分脊通常不完整，如完整，则形态有变，多少直，有明显角度或弧形；中区前方通常有角（尖）；前翅第 2 肘间横脉存在，小翅室受纳第 2 回脉明显在中央之后。腹部第 1 背板气门上方无基侧凹；第 7 背板端缘通常强度凹切，但有时仅稍凹切；第 6 背板端缘通常稍凹切，有时无凹切；产卵管为后足胫节长的 0.42–0.60。雄，与雌性相似。体长 4.44–6.36 mm；触角 25–29 节；腹部第 6–7 背板端部均无凹切。

分布：浙江（杭州）、北京、山西、山东、河南、宁夏、新疆、台湾（从澳大利亚输入）、云南（从中国台湾移入）；巴基斯坦，印度，尼泊尔，泰国，菲律宾（输入），印度尼西亚（输入），以色列，欧洲，大洋洲（输入）。

54. 镶颚姬蜂属 *Hyposoter* Förster, 1869

Hyposoter Förster, 1869: 152. Type species: *Limnerium parorgyiae* Viereck, 1910.

主要特征：前翅长 3.2–9.0 mm。体中等粗至中等细。复眼内缘稍微凹入至强度凹入。唇基小，强度隆起。上颚短，基部约 0.65 下缘有薄片状的镶边，至中部明显变窄；下齿比上齿弱小。上颊短或很短。颊脊与口后脊会合。中胸侧板无光泽，通常具刻点。中胸腹板后横脉完整。并胸腹节中区短，与端区愈合或被一条不完整的不规则的脊所分开，气门圆形或短椭圆形。通常有小翅室，具柄，受纳第 2 回脉于端部。后盘脉不与后小脉相接。后小脉垂直或稍外斜。腹部中等至强度侧扁。有基侧凹，通常小，偶有不明显；窗疤通常大。产卵管为腹末端厚度的 1.0–1.5 倍，直或稍下弯。

生物学：寄主为裸露的大蚊类幼虫等，在体内取食，蜂幼虫成长后钻出体外在寄主尸体下部结茧或结茧于寄主体内。

分布：世界广布。世界已知 120 种，中国记录 9 种，浙江分布 2 种。

(118) 菜粉蝶镶颚姬蜂 *Hyposoter ebeninus* (Gravenhorst, 1829)

Campoplex ebeninus Gravenhorst, 1829a: 480.

Hyposoter ebeninus: Yu *et al.*, 2016.

主要特征：雌，头、胸部具细皱和细毛；颜面宽；唇基端缘弧形，有细卷边；上颚下缘镶有宽边，上齿稍大而长；头部在复眼之后稍收窄；触角 30–32 节。前胸背板下方为细刻条；中胸盾片球面隆起；无盾纵沟；小盾片皱纹稍细；小盾片前凹光滑；中胸侧板在镜面区前方具细横刻条；后胸侧板具细网皱，皱纹较强。并胸腹节具细皱，分区的脊强；基区三角形；中区五边形，宽大于长，与端区之间有脊分开；端区斜，横而具粗皱刻。小翅室四边形，上有短柄；小脉对叉式或刚后叉式。爪具栉齿。

分布：浙江（杭州、金华、缙云）、黑龙江、内蒙古、江苏、湖北、江西、四川、贵州；俄罗斯，欧洲。

(119) 松毛虫黑胸姬蜂 *Hyposoter takagii* (Matsumura, 1926)

Casinaria takagii Matsumura, 1926: 28.

Hyposoter takaglii: Yu *et al.*, 2016.

主要特征：雌，头、胸部密布细刻点；复眼内缘近触角窝处稍凹陷；上颚下缘有颇宽的镶边；上颊较窄；无盾纵沟；小盾片具细横皱。并胸腹节分区明显，密布网状皱纹；基区三角形；中区近五边形，长短于宽。小翅室四边形，上有短柄；后小脉不截断。腹部第 1 节柄部近方柱形，柄后部稍膨大，气门在后方 1/3 处，气门前方有基侧凹；第 3 节以后明显纵扁；产卵器伸出很短。

分布：浙江（杭州、丽水）、黑龙江、内蒙古、河北、陕西、江苏、湖南、福建、广东、广西、云南；朝鲜，日本。

55. 食泥甲姬蜂属 *Lemophagus* Townes, 1965

Lemophagus Townes, 1965: 35, 415. Type species: *Lemophasus curtus* Townes, 1965.

主要特征：前翅长 3.5–5.0 mm，与 *Hyposoter* 和 *Diadesma* 相近，其区别在于：缺明显的基侧凹，产卵管背瓣在亚端部 0.3 处有一缺凹（通常是远离端部的）。本属与 *Diadesma* 的区别在于产卵管长与腹末端高度相等；而与 *Hyposoter* 的区别在于上颚下缘的脊窄，而且唇基也较窄。本属并胸腹节显著，分脊存在；中区小，三角形，与端区大部分愈合。小脉与基脉对叉，小翅室窄三角形，具柄。

生物学：寄主为在叶片上营裸露生活的叶甲幼虫。

分布：世界广布。世界已知 8 种，中国记录 1 种，浙江分布 1 种。

（120）负泥虫姬蜂 *Lemophagus japonicus* (Sonan, 1930)

Anilasta japonica Sonan, 1930a: 269.

Lemophagus japonicus: Yu *et al*., 2016.

主要特征：雌，颜面与唇基不分开，宽约与全长相等，唇基端缘钝圆；上颊在复眼后弧形收窄；触角 26 节。前胸背板下方具细横皱；中胸盾片球面隆起；无盾纵沟；小盾片明显隆起，仅在基部有侧脊；中胸侧板后方稍光滑，侧凹内具细横皱。并胸腹节基区小，长三角形；中区五边形，后方开放与端区相连，分脊近前方伸出。前翅径脉曲折角度大；小翅室斜长方形，上方有短柄；小脉外叉式；后小脉不曲折，无后盘脉。腹部向端部多少纺锤形膨大，雄蜂末端呈截断状；第 1 背板基部方柱形，光滑，无明显的基侧凹；第 2 背板前角的窗疤圆形（黄褐色）；产卵管短，末端稍向上弯，鞘长与腹部末端厚度相等。

分布：浙江（东阳）、湖北、湖南、福建、广东、广西、贵州、云南；日本。

56. 钝唇姬蜂属 *Eriborus* Förster, 1869

Eriborus Förster, 1869: 153. Type species: *Campoplex perfidus* Gravenhorst, 1829.

主要特征：前翅长 2.5–11 mm。体中等粗壮至很细。复眼内缘稍微至中等程度凹入。唇基很大，稍隆起；端缘钝，不卷边。中胸侧板无光泽或略有光泽；具显著的中等大小到粗糙的刻点。中胸腹板后横脊完整。并胸腹节中区长大于宽，后方稍收窄，通常与端区分开；有时中区与侧区愈合。并胸腹节气门圆形至短椭圆形。后足基跗节腹面中央具一列不明显的毛。无小翅室。肘脉第 2 段长为肘间横脉的 0.5–1.2 倍。小脉刚在基脉外方。后盘脉不达后小脉，后者垂直。腹部稍微至强度侧扁。窗疤近圆形或有时长椭圆形。产卵管是腹部末端厚度的 1.3–5.0 倍。

生物学：寄主为各种鳞翅目幼虫。

分布：世界广布。世界已知 55 种，中国记录 11 种，浙江分布 3 种。

分种检索表

1. 腹部第 1–2 背板黑色，第 2 背板端部及以后背板赤褐色；产卵管短，其鞘短于后足胫节 ············ 纵卷叶螟钝唇姬蜂 *E. vulgaris*
- 腹部几乎完全黑色；产卵管较长，其鞘长于后足胫节 ·· 2
2. 跗爪在基部有一些小栉齿；后足跗节第 3 节长与第 5 节等长；中胸盾片刻点细，大部分点距约等于其点径 ················
 ··· 中华钝唇姬蜂 *E. sinicus*
- 跗爪从基至近端部有明显栉齿；后足跗节第 3 节稍长于第 5 节；中胸盾片刻点粗糙，大部分点距小于其点径 ············
 ··· 大螟钝唇姬蜂 *E. terebranus*

（121）中华钝唇姬蜂 *Eriborus sinicus* (Holmgren, 1868)

Limneria sinica Holmgren, 1868: 412.

Eriborus sinicus: Yu *et al*., 2016.

主要特征：本种与大螟钝唇姬蜂 *E. terebranus* 极相似，其区别主要在于爪的栉齿较少，仅在基部有齿；后足跗节第 3 节和第 5 节约等长；中胸盾片刻点间的距离多半约等于刻点直径。

　　分布：浙江（杭州、绍兴、缙云、松阳）、江苏、福建、台湾、广东、云南；菲律宾，美国（夏威夷）。

(122) 大螟钝唇姬蜂 *Eriborus terebranus* (Gravenhorst, 1829)

Campoplex terebranus Gravenhorst, 1829a: 503.

Eriborus terebranus: Yu *et al*., 2016.

　　主要特征：腹部第 2 背板后缘和窗疤带赤褐色；翅基片黄色。翅透明；翅痣褐色。足赤褐色，前足基节和转节、中足转节及全部距黄色；中足基节（除了端部黄色）、后足基节和胫节末端、第 1–4 跗节末端和端跗节、各足的爪均黑色。颜面与唇基不分，密布刻点，唇基端缘钝而平截；上颊在复眼之后稍收窄；侧面观与复眼等长。并胸腹节刻点粗或为不规则细皱；基区三角形；中区五边形，长稍大于宽，与端区之间有横脊分开。前翅无小翅室；小脉稍在基脉外方；后小脉不曲折；后盘脉不达后小脉。后足跗节第 3 节稍长于第 5 节；爪从基部至端部有若干栉齿。腹部端部稍呈棒状膨大；第 1 背板柄部近方柱形，光滑，有基侧凹；第 2 背板长大于端宽，窗疤近圆形。产卵管鞘长约为后足胫节的 1.5 倍。茧：圆筒形，长 9–11 mm，径 2.5–3.5 mm，两端几乎平截，外表较光滑；灰黄褐色。

　　分布：浙江（长兴、平湖、杭州、镇海、丽水）、黑龙江、吉林、河北、山西、山东、河南、陕西、江苏、湖北、福建、广东、四川、云南；俄罗斯，朝鲜，日本，意大利，匈牙利，法国，密克罗尼西亚。

(123) 纵卷叶螟钝唇姬蜂 *Eriborus vulgaris* (Morley, 1913)

Dioctes vulgaris Morley, 1913: 174.

Eriborus vulgaris: Yu *et al*., 2016.

　　主要特征：雌，颜面、唇基密布刻点，唇基端缘钝圆；上颊在复眼后稍收窄，侧面观稍短于复眼。并胸腹节具网状刻点；基区三角形，小，与中区之间有柄；中区五边形，长大于宽，与柄区分界的脊不明显；端区内有横刻条。前翅无小翅室，小脉在基脉外方；后小脉不曲折，后盘脉不与后小脉相接。腹部多少侧扁；第 1 背板有基侧凹；第 2 背板窗疤近圆形。产卵管末端稍上翘；产卵管鞘长为后足胫节的 0.92。

　　茧：圆筒形，茧壁坚实，大小约 7.5 mm×2.5 mm；浅灰褐色，寄主尸体常连在它的后端。羽化孔在茧的一端，咬成圆孔。此茧与具柄凹眼姬蜂指名亚种的茧色泽颇相似，但体积要小得多，也可借助寄主幼虫尸体帮助鉴别。

　　分布：浙江（东阳、缙云、松阳、庆元、龙泉、泰顺）、湖北、江西、湖南、福建、台湾、广东、广西、四川、云南；日本，印度，塞舌尔群岛。

57. 黄缝姬蜂属 *Xanthocampoplex* Morley, 1913

Xanthocampoplex Morley, 1913: 445. Type species: *Xanthocampoplex orientalis* Morley, 1913.

　　主要特征：前翅长 3.5–8.0 mm。体中等壮至相当细。复眼内缘稍微至强度凹入。唇基小，端部多少隆起，端缘薄，有狭的卷边。上颚短；下缘有在端前方突然狭的叶突，上齿稍小。中胸侧板粗糙，通常也有明显刻点。并胸腹节脊有强有弱或消失，均匀隆起，有些种或有一弱纵槽或中央纵平；如有中区，则与端区愈合，气门圆形或椭圆形。中、后足胫距长度很不等。后足基跗节有一列很密的小毛，此毛看起来像明显的纵脊；跗爪具栉齿。有小翅室或无，上有长柄，受纳第 2 回脉在中央端方。小脉在基脉对方至外方 0.25

处。后盘脉不与后小脉相接。后小脉垂直或几乎垂直。第1腹节中等细，柄部近圆柱形；基侧凹小或无。腹部中等至强度侧扁。窗疤圆形或亚圆形。产卵管长为腹端厚度的1–2倍。

生物学：寄主为鳞翅目幼虫，特别是螟蛾科幼虫。

分布：世界广布。世界已知16种，中国记录3种，浙江分布1种。

（124）中华黄缝姬蜂 *Xanthocampoplex chinensis* Gupta, 1973

Xanthocampoplex chinensis Gupta, 1973: 569.

主要特征：雌，唇基端缘均匀弧形，稍卷边；颚眼距为上颚基宽的0.45；上颚下齿短于上齿；颚须正常，不扁平；额无中脊；头顶和上颊近于光滑；后胸侧板毛糙，有些浅刻点。并胸腹节仅基横脊明显，中纵脊弱而不明显；基区毛糙；基侧区具颗粒状刻点；愈合的中区和端区具细刻条；其余毛糙。前翅小脉后叉，其距为脉长的1/4；小翅室中等大小，受纳第2回脉近于端部；后小脉稍外斜，不曲折。第1背板近于光滑，长为端宽的2.8倍；基侧凹明显；第1腹板端部在其背板气门基方；第2及以后背板近于光滑；窗疤大，几乎圆形，离背板基部约为窗疤直径的0.75。

分布：浙江（临安）、福建。

（十一）分距姬蜂亚科 Cremastinae

主要特征：前翅长2.5–14 mm。体形中等至非常细长，腹部中等程度至强度侧扁（除了*Belesica*）。复眼裸露。雄性单眼有时很大。唇基小至中等。与脸之间有一条沟；端缘凸出，简单，但*Belesica*唇基端缘中部有一对刺。无角下瘤。无腹板侧沟或弱，不达中胸侧板之半。有胸腹侧脊。后胸侧板后横脊完整。并胸腹节各脊完整或几乎完整，有时中纵脊和侧纵脊部分或完全缺，极少情况下所有脊都缺。所有胫节距与基跗节所着生的膜质区有一条骨片将它们分开（其他姬蜂无此特征）。前足胫节端部外方无齿。小翅室有或无，若有则具柄。第2回脉具一气泡。后小脉在下方0.2–0.4处曲折。后盘脉通常存在，但仅为一条不着色的痕迹。第1背板延长，常有一个长而浅的基侧凹；气门在中部之后，偶有在中部。腹部通常强度侧扁。第2背板折缘由一褶分出，通常无毛，折在下方或有时下垂。第3背板折缘仅在基部被褶分开或不分开，常有毛。雌蜂下生殖板不特化，通常看不出。产卵管除*Belesica*外外露，背瓣在亚端部有缺刻，下瓣无横刻条。

生物学：寄生于生活在卷叶、植物组织和果实等处所的鳞翅目幼虫，体内寄生。有些寄生于鞘翅目幼虫。

分布：世界广布。

分属检索表

1. 腹部第2节近基端处有一对明显的窗疤；后足腿节腹面通常有一大齿；产卵器末端波曲状 ········ 齿腿姬蜂属 *Pristomerus*
- 腹部第2节无窗疤；后足腿节腹面无齿或近端部有齿；产卵器末端直，有时呈波曲状 ····································· 2
2. 腹部第1节背板腹缘的中央部分弯向下内方，从而两腹缘的这个部分互相接触，或几相接触，背板的腹缘与腹板愈合 ··· ·· 抱缘姬蜂属 *Temelucha*
- 腹部第1节背板两腹缘互相平行，两者相距颇远，也不与腹板愈合 ··························· 离缘姬蜂属 *Trathala*

58. 齿腿姬蜂属 *Pristomerus* Curtis, 1836

Pristomerus Curtis, 1836: 624. Type species: *Ichneumon vualnerator* Panzer, 1799.

主要特征：前翅长2.5–8.5 mm。体中等细，腹部中等至强度侧扁。后头脊通常完整，且上方中央均匀弧状，有时中部消失或中央横直或稍下弯。后足腿节常肿胀（雄性尤其显著），几乎总是在中部或中部稍后下方有一齿，在这个大齿与腿节端部之间常有一列小齿（雄性尤其显著）。翅痣通常宽。径室短。无小翅室。肘间横脉在第2回脉很内方。后小脉在下方0.35处曲折。后盘脉明显但不着色。第1背板中等细瘦，在气门之前有一长而有点斜的沟（有可能会被误认为基侧凹）。第1背板下缘明显，约平行。窗疤横形或近圆形，近第2背板基部。第2背板折缘窄，被一褶分出，下折。雄性抱握器端部钝圆。产卵管鞘是后足胫节的1.2–3.2倍。产卵管端部除一非洲种外呈波曲状。

生物学：寄生于生活在荫蔽处所的小蛾类幼虫，但也有作为重寄生蜂从蜂茧中育出的。

分布：世界广布。世界已知140种，中国记录8种，浙江分布4种。

分种检索表

1. 小盾片光滑，无刻点 ··· 光盾齿腿姬蜂 *P. scutellaris*
- 小盾片具明显刻点 ··· 2
2. 胸部完全红色 ··· 红胸齿腿姬蜂 *P. erythrothoracis*
- 胸部黑色 ··· 3
3. 并胸腹节中区长为分脊处宽度的1.5–2.1倍，为第2侧区基缘的0.8–1.0倍；雌蜂腹部第1背板（除了基部）、第2背板、第3背板基部黑色，其余火红色 ·· 中华齿腿姬蜂 *P. chinensis*
- 并胸腹节中区长约为分脊处的2.0倍，明显短于第2侧区基缘；腹部黑色，第2–7节各节后缘常黄白色 ··· 广齿腿姬蜂 *P. vulnerator*

（125）中华齿腿姬蜂 *Pristomerus chinensis* Ashmead, 1906

Pristomerus chinensis Ashmead, 1906: 180.

主要特征：雌，并胸腹节基区近正三角形，中区五边形，长约为中央宽的2倍，仅比第2侧区稍狭，分脊在前方2/5处伸出，端区多横皱。翅痣大，三角形，径脉曲折角度大；无小翅室。后足腿节下面有1个齿，雄蜂的大，位于中央，由大齿至腿节末端还有若干小齿；雌蜂的大齿较小，位于端部1/3处，其后方的小齿不明显。腹部第1背板后端1/3、第2背板、第3背板基部有纵行细刻纹；第1背板下缘在腹面平行不相接触；第2背板窗疤近于前缘。

分布：浙江（嘉兴、杭州、镇海、慈溪、普陀、缙云、松阳、龙泉）、黑龙江、吉林、辽宁、江苏、上海、安徽、湖北、江西、湖南、台湾、广东、四川。

（126）红胸齿腿姬蜂 *Pristomerus erythrothoracis* Uchida, 1933

Pristomerus erythrothoracis Uchida, 1933: 162.

主要特征：雌，颜面满布刻点；唇基隆起；额、头顶、上颊具革状细刻纹，上颊强度收窄；后头脊上方弧形；触角至端部稍粗。胸部满布刻点；小盾片侧脊细而完整。并胸腹节满布略带皱状的刻点；基区近三角形；中区近五边形，宽与第2侧区基部等长；端区具横刻条。后足腿节腹方0.6处有一大齿，齿与腿节后端之间还有若干小齿。腹部第3节以后侧扁，第1节端半、第2节、第3节基半背板具纵行细刻条。产卵管端部扭曲，鞘长约为后足胫节的1.76倍。

分布：浙江（海盐、杭州、镇海、慈溪）、江苏、上海、湖北、江西、湖南；朝鲜，日本。

（127）光盾齿腿姬蜂 *Pristomerus scutellaris* Uchida, 1932

Pristomerus scutellaris Uchida, 1932a: 197.

主要特征：雌，中胸盾片满布刻点，后方多细纵皱；盾纵沟明显，内多斜行细皱；小盾片近于平坦，表面光滑；中胸侧板具分散的刻点，镜面区光滑，侧板凹的上端并列短刻条；后胸侧板刻点较中胸侧板的密。并胸腹节满布带毛刻点；基区倒梯形或三角形；中区光滑，长六边形或五边形，长为宽的 1.8–2.2 倍，宽与第 2 侧区前缘相等或稍短；端区稍长于中区，内具横刻条。前翅无小翅室，小脉刚后叉；在腹缘中央后方具大齿，大齿与后缘之间还有 8–10 个小齿；后足胫节腹缘中央有一纵脊从基部伸至 0.67 处。

分布：浙江（杭州、缙云）、湖北、台湾、广西、四川。

（128）广齿腿姬蜂 *Pristomerus vulnerator* (Panzer, 1799)

Ichneumon vulnerator Panzer, 1799: 71.
Pristomerus vulnerator: Yu et al., 2016.

主要特征：雌，中胸盾片满布刻点，点间夹有颗粒状刻纹；并胸腹节密布刻点，中区近长六边形或五边形，长约为宽的 2 倍，中区宽度明显短于第 2 侧区基缘；端区内具横刻条，通常长于中区。前翅无小翅室，小脉后叉式；后小脉在下方 0.2 处曲折。后足基节具颗粒状刻纹，内夹刻点；腹部第 1 背板长于第 2 背板；后柄部、第 2 背板、第 3 背板基部具细而弱的纵刻条。

分布：浙江（长兴、杭州）、黑龙江、河北、山东、陕西、江苏、上海、安徽；俄罗斯，朝鲜，日本，英国等。

59. 离缘姬蜂属 *Trathala* Cameron, 1899

Trathala Cameron, 1899: 122. Type species: *Trathala striata* Cameron, 1899.

主要特征：前翅长 2.3–13.6 mm。体中等细至很细，腹部强度侧扁。后头脊上部完整，稍弧状，或有时中央消失。小盾片通常具部分至完整的侧脊。并胸腹节分区完整或几乎完整。后足腿节下方无齿。翅痣宽。径脉几乎直。无小翅室。肘间横脉中等长，长为肘脉第 2 段的 2.5 倍。小脉与基脉对叉或几乎如此。后小脉在中部和下方 0.2 之间曲折，后盘脉很弱。第 1 背板中等长至长，有一长而浅的基侧凹，腹柄部分的背板下缘明显，平行。窗疤缺。第 2 背板折缘被一折痕所分出，折缘折入。雄性抱握器形状简单，端部钝圆。产卵管鞘为后足胫节的 1.0–2.5 倍。产卵管端部直、下弯或有时波状。

生物学：通常寄生于螟蛾科幼虫，但亦有寄生于鞘翅目和膜翅目的记录。

分布：世界广布。世界已知 102 种，中国记录 3 种，浙江分布 2 种。

（129）黄眶离缘姬蜂 *Trathala flavo-orbitalis* (Cameron, 1907)

Tarytia flavo-orbitalis Cameron, 1907a: 589.
Trathala flavo-orbitalis: Yu et al., 2016.

主要特征：雌，颜面与唇基间有横沟分开；单眼区隆起，侧单眼至复眼距离约为单眼直径的 1.0 倍（雌）或 0.5 倍（雄）；触角短，仅伸达第 2 腹节；后头脊细，中央有缺口。并胸腹节分区完全，中区内具细横皱。径脉明显曲折；无小翅室。腹部细瘦，在第 3 节以后侧扁；第 1 背板下缘在腹面平行不相接触，后柄部及第 2 背板有细纵刻纹。产卵管鞘长约为后足胫节的 2.0 倍。茧：圆筒形，长 7–9 mm，灰黄褐色。

分布：浙江、国内除西北及西藏外广布；俄罗斯（远东地区），密克罗尼西亚，美国（夏威夷）。

(130) 松村离缘姬蜂 *Trathala matsumuraenus* (Uchida, 1932)

Epicremastus matsumuraeanus Uchida, 1932b: 76.
Trathala matsumuraenus: Yu *et al*., 2016.

主要特征：雌，颜面宽，满布刻点，中央纵隆处上方有一小瘤。胸部具中等刻点；中胸盾片中叶稍隆起，但盾纵沟看不出；小盾片梯形，后方具纵刻条，无侧脊。并胸腹节基区三角形；中区五边形，与第 2 侧区等宽，同具细皱；分脊与中区前侧方的脊呈直线相连，斜；端区与第 3 侧区大部分合并，具横皱。腹部第 1 背板长为端宽的 2.9 倍，至后柄部逐渐扩大，后柄部、第 2 背板（长形）除端部几乎光滑外，均具细纵刻线；从第 3 节起侧扁；第 3 背板中央具细刻线，其余部位及以后各节背板近于光滑。产卵管端部稍波曲；鞘长为后足胫节的 2.7 倍。

分布：浙江（松阳）、江西、湖南、台湾、贵州、云南。

60. 抱缘姬蜂属 *Temelucha* Förster, 1869

Temelucha Förster, 1869: 148. Type species: *Porizon macer* Cresson, 1872.

主要特征：前翅长 3.1–6.5 mm。体细，腹部强度侧扁。后头脊上方中央断开，断处下弯。小盾片常具侧脊。后腿节下方无齿。并胸腹节的脊完整或几乎完整。翅痣中等宽至很宽。径脉直。径室很短至中等长。无小翅室，肘间横脉在第 2 回脉内方，肘脉第 2 段长为其长度的 0.1–0.9。小脉与基脉对叉，或在基脉附近。后小脉在下方 0.2–0.4 处曲折。后盘脉仅为一条无色的痕迹。第 1 背板中等长至非常细长；基侧凹不明显或明显但浅，很短很斜至很长并与第 1 背板纵轴平行。第 1 背板的腹柄部分背板的下缘相连，腹板除端部和基部外被包围。无窗疤。第 2 背板有一被褶痕分出的折缘，折向下方。雄性抱握器很长，端部宽圆或亚平截状。产卵管鞘是后足胫节的 1.0–3.0 倍，其端部直或稍下弯。

生物学：寄生于鳞翅目幼虫。

分布：世界广布。世界已知 235 种，中国记录 6 种，浙江分布 2 种。

(131) 螟黄抱缘姬蜂 *Temelucha biguttula* (Matsumura, 1912)

Ophionellus biguttulus Matsumura, 1912: 67.
Temelucha biguttula: Yu *et al*., 2016.

主要特征：雌，单复眼间距为侧单眼长径的 0.5–0.7（雌）或 0.1–0.2（雄）。胸部密布细刻点；盾纵沟浅；小盾片侧脊弱。并胸腹节后端稍延伸；满布横皱；中区近五边形，长约为宽的 2.0 倍，稍短于端区，比第 2 侧区窄。腹部细瘦，后方侧扁；第 1 背板后方膝状隆起膨大，具细刻线，背板下缘近中央处在腹面向内呈弓形弯曲，两边几乎相接；第 2 背板最宽，长约为宽的 2.7 倍，有细纵刻线。产卵管鞘长为后足胫节的 1.8 倍。

茧：圆筒形，长 10–11 mm，径 5 mm；暗黄褐色。

分布：浙江、辽宁、山西、江苏、安徽、湖北、江西、湖南、福建、台湾、四川、云南；朝鲜，日本，美国（夏威夷）。

(132) 菲岛抱缘姬蜂 *Temelucha philippinensis* Ashmead, 1904

Temelucha philippinensis Ashmead, 1904a: 18.

主要特征：雌，单复眼间距为侧单眼长径的 1.3–1.5 倍（雌）或 1.0–1.1 倍（雄）。中胸盾片刻点在后方呈皱状；盾纵沟明显至后方，但不相接；小盾片有细侧脊；中胸侧板镜面区光滑，侧凹具平行细皱。并胸腹节端部延长，密布细横皱；基区小，近三角形；中区近五边形，长为端宽的 2 倍，稍宽于第 2 侧区；端区长为中区的 1.5 倍。前翅无小翅室，径室短，小脉刚前叉式；后盘肘无色，伸达后小脉（不曲折或稍微曲折）下方 0.4 处。足较细。腹部细瘦、侧扁；第 1 背板后柄部膝状膨大，背板下缘在腹面一部分相接；第 2 背板长为端宽的 3.5 倍（雄）或 4.0–4.5 倍（雌），与第 1 背板约等长，具细纵线。茧：长圆筒形，长 10–11 mm，径 3 mm；黄褐色。

分布：浙江、河北、河南、江苏、上海、安徽、湖北、江西、湖南、台湾、广东、海南、广西、四川、贵州、云南；印度，泰国，菲律宾，马来西亚。

（十二）微姬蜂亚科 Phrudinae

主要特征：前翅长 1.7–26 mm。体细至粗壮。头通常宽。唇基中等大至很大，微凸；端缘厚，有一平行毛带。上唇不外露。上颚有 2 齿或 1 齿。鞭节圆柱状，末端钝；无角下瘤；柄节端缘几乎横截，梗节很大。胸腹侧脊上端远离中胸侧板前缘，位于前胸背板后缘的中下方。腹板侧沟缺或短而弱。盾纵沟缺或短。并胸腹节通常分区，有时几乎光滑。前足胫节端部外方有或无齿。小翅室有或无，若有则三角形或不规则四边形。后小脉在中下方曲折。基侧凹通常存在。折缘宽，具毛，下垂，不被褶分出，但第 2、3 背板折缘有时被褶分出。产卵管短至长，背瓣在亚端部有一缺刻，腹瓣端部有或无齿。

生物学：已知某些属为甲虫幼虫的内寄生蜂。

分布：世界广布。

61. 短硬姬蜂属 *Brachyscleroma* Cushman, 1940

Brachyscleroma Cushman, 1940: 369. Type species: *Brachyscleroma apoderi* Cushman, 1940.

主要特征：前翅长 4 mm。额光滑。颊长，在复眼与上颚之间有一条沟。中胸侧板光滑，具很小而稀疏的刻点；部分凹沟内并列短脊。前足胫节端部外方无齿。跗爪基部栉状。第 2 背板平滑，几乎光亮，具中等密集的毛。第 2、3 背板折缘大，具密毛，与背板间不被褶分开。产卵管细长，端细并逐渐变尖，光滑。

生物学：寄生于卷叶象甲幼虫。

分布：世界广布。世界已知 20 种，中国记录 11 种，浙江分布 6 种。

分种检索表

1. 腹部第 1 背板后部无刻条，光滑 ··· 2
- 腹部第 1 背板后部具刻条 ··· 3
2. 额和脸具小脐状刻点；并胸腹节中区六边形，分脊在中区后部 1/3 处与其连接；腹部红黄色，第 1 背板中央黑色 ·· 九龙山短硬姬蜂 *B. jiulongshanna*
- 额和脸具粗糙刻点或刻条；并胸腹节中区五边形、六边形，分脊在中区中央之前与其连接；腹部黑色，第 1 背板、第 2 背板、第 3 背板基侧方和腹部末端黄褐色至红褐色 ··· 长管短硬姬蜂 *B. longiterebrae*
3. 脸和额光滑，有或无小的稀疏刻点；产卵管短，不长于腹部 ··· 4
- 脸具刻点至小脐状刻点，额具小至中等程度刻点；产卵管长于腹部 ·· 5

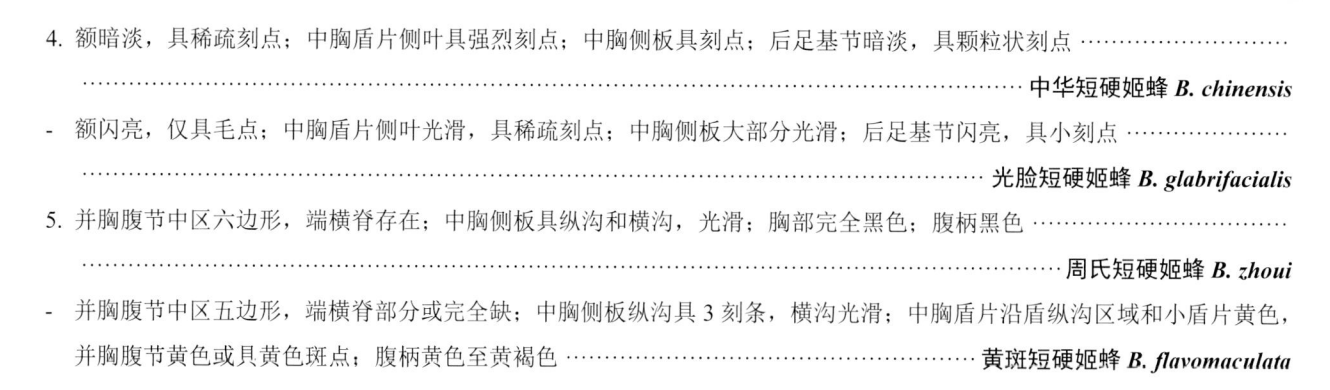

4. 额暗淡，具稀疏刻点；中胸盾片侧叶具强烈刻点；中胸侧板具刻点；后足基节暗淡，具颗粒状刻点 ·····················
·· 中华短硬姬蜂 *B. chinensis*
- 额闪亮，仅具毛点；中胸盾片侧叶光滑，具稀疏刻点；中胸侧板大部分光滑；后足基节闪亮，具小刻点 ·····················
·· 光脸短硬姬蜂 *B. glabrifacialis*
5. 并胸腹节中区六边形，端横脊存在；中胸侧板具纵沟和横沟，光滑；胸部完全黑色；腹柄黑色 ·······························
·· 周氏短硬姬蜂 *B. zhoui*
- 并胸腹节中区五边形，端横脊部分或完全缺；中胸侧板纵沟具 3 刻条，横沟光滑；中胸盾片沿盾纵沟区域和小盾片黄色，
  并胸腹节黄色或具黄色斑点；腹柄黄色至黄褐色 ·· 黄斑短硬姬蜂 *B. flavomaculata*

（133）中华短硬姬蜂 *Brachyscleroma chinensis* Gupta, 1994

Brachyscleroma chinensis Gupta, 1994: 366.

主要特征：雌，头前面观长为宽的 0.8–0.9。颜面、额、唇基几乎光滑，具浅而稀刻点。颚眼距为上颚基宽的 1.4–1.8 倍。上颊光滑，具极细带毛刻点。中胸侧板具稀细刻点，下半较密，上半更少，近于光滑；具分叉的凹痕，水平沟横穿侧板中央，另一支伸向中足基节（即基节前沟），除近侧板后缘一段外，凹痕内均有横刻条。前翅小脉在基脉外方；小翅室受纳第 2 回脉在其外方 0.3 处。腹部第 1 背板长为端宽的 2.6–3.0 倍，除基半及后缘中央一小区光滑外具纵刻条。第 2 背板常折入但无褶，第 2 及以后背板近于光滑，具稀疏带毛刻点。

分布：浙江（开化、庆元）、福建。

（134）黄斑短硬姬蜂 *Brachyscleroma flavomaculata* He *et* Chen, 1995

Brachyscleroma flavomaculata He *et* Chen, 1995: 250.

主要特征：雌，颜面亚侧方具细网皱和脐状刻点，中纵脊隆起及近脸眶处具光泽。唇基除近唇基凹处有浅刻条外光滑，唇基端缘中央呈角突。上颚下齿稍短于上齿，颚眼距为上颚基宽的 1.0 倍。中胸盾片密布刻点，在侧叶的稍弱；盾纵沟不显；小盾片刻点稀，几乎光滑。中胸侧板光滑，侧板横凹痕仅中央有少许短脊，其余部位及基节前斜凹均浅而光滑。小脉在基脉对过。腹部第 1 背板长为端宽的 2.9 倍，在端部 0.4 处有一些纵刻条。第 2 及以后各节背板光滑且在后端渐短而侧扁。产卵管鞘长为腹端厚度的 4.25 倍，为后足胫节长的 2.17 倍。

分布：浙江（临安、开化）。

（135）光脸短硬姬蜂 *Brachyscleroma glabrifacialis* He, Chen *et* Ma, 2000

Brachyscleroma glabrifacialis He, Chen *et* Ma, 2000: 236.

主要特征：雌，头前面观长为宽的 0.9。颚眼距为上颚基宽的 2.0 倍。上颊光滑，带毛刻点稍密。后头脊背中央缺。中胸盾片中央密布刻点，后方为夹点细网皱，侧叶仅具细模糊刻纹；小盾片具刻点，较中叶稀；中胸侧板大部分光滑，仅翅基下脊下方稍有小刻点；水平沟仅中段有横浅刻条，斜沟浅，无横刻条；腹板侧沟在前半存在，内仅 1 横脊。后胸侧板具细而稀刻点，点径小于点距，毛短稀，几乎光滑。前翅小脉在基脉外方；盘脉第 1、2 段等长；小翅室受纳第 2 回脉在其外方 0.29 处。腹部第 1 背板长为端宽的 2.4 倍；端半密布纵刻条，端缘中央光滑。第 2 及以后背板近于光滑，具稀疏带毛刻点。雄，除腹端平截外，与雌蜂基本相似。触角 27 节；后足基节和腿节黄褐色。

分布：浙江（临安）、福建。

（136）九龙山短硬姬蜂 *Brachyscleroma jiulongshanna* He, Chen *et* Ma, 2000

Brachyscleroma jiulongshanna He, Chen *et* Ma, 2000: 238.

主要特征：雌，头前面观长为宽的 0.83。颜面及额具脐状刻点。上颚外表具极细刻条。中胸侧板近于光滑，具分叉的凹痕，水平沟横穿侧板中央，另一支为伸向中足基节的斜凹痕（即基节前沟），除近侧板后缘一段外，凹痕内均有横刻条。并胸腹节近于光滑；基区倒梯形；中区六边形，后缘前凹长为前缘的 2 倍；分脊在中区后方 1/3 处，长与该处宽等长；端区甚长。前翅小脉在基脉外方，稍内斜；小脉受纳第 2 回脉在其外方 0.4 处；盘肘脉第 1 段长为第 2 段的 1.7 倍。腹部光滑，具稀疏带毛细刻点。第 1 背板长为端宽的 2.8 倍。

分布：浙江（遂昌）。

（137）长管短硬姬蜂 *Brachyscleroma longiterebrae* He, Chen *et* Ma, 2000

Brachyscleroma longiterebrae He, Chen *et* Ma, 2000: 237.

主要特征：雌，头前面观长为宽的 0.86。颜面上方具脐状刻点，下方光滑，中上方有一小隆起。额密布较小脐状刻点。唇基基方稍具刻点，大部分光滑。上颚下齿短于上齿。颚眼距为上颚基宽的 1.3 倍。小盾片刻点稀，大部分光滑，侧脊几达于后缘。中胸侧板无明显水平沟，斜沟（基节前沟）凹深，在其前方具带毛细刻点，后方光滑；凹沟内除近基节一段外具发达横刻条；腹板侧沟仅前半存在，弱，有不明显并列刻条。后胸侧板具带毛刻点，点径小于点距。雄，并胸腹节中区六边形，宽稍大于长，分脊从后方 4/7 处伸出；体完全黑色，仅唇基端半、上颚除了齿黄褐色，须及触角基部黄白色，后足腿节黑褐色。茧：椭圆形，长 5.2 mm，径 3.3 mm；灰黄色。

分布：浙江（开化）、湖南、福建。

（138）周氏短硬姬蜂 *Brachyscleroma zhoui* He, Chen *et* Ma, 2000

Brachyscleroma zhoui He, Chen *et* Ma, 2000: 239.

主要特征：雄，颜面具脐状刻点，中央拱隆，上方有一小突起。唇基光滑。上颚下齿短于上齿。颚眼距与上颚基宽等长。小盾片刻点稀而细，侧脊不达于后缘；盾纵沟仅在前方稍明显。中胸侧板光滑，具分叉的凹痕，水平沟横穿侧板中央，另一支为伸向中足基节的斜凹痕（即基节前沟），凹痕内均光滑，无刻条；侧板前下方具带毛细刻点。并胸腹节近于光滑；基区倒梯形，后缘短；中区六边形，宽稍大于长，后缘的脊弱并稍前凹；分脊在中央刚后方。

分布：浙江（临安）。

（十三）瘦姬蜂亚科 Ophioninae

主要特征：前翅长 6.5–29 mm。复眼裸露，通常大，内缘凹入。单眼通常大。唇基与脸之间几乎都有一条明显的沟。鞭节无角下瘤。无前沟缘脊。腹板侧沟缺或浅而短。后胸侧板后横脊常完整。并胸腹节分区有时完全或不完全，但常见的是并胸腹节仅有基横脊，有时无任何脊。跗爪通常全部栉状。无小翅室，肘间横脉总是在第 2 回脉的很外方。第 2 臂室总是有一条与翅后缘平行的伪脉（独特的特征）。第 1 腹节长，背板与腹板完全愈合，无基侧凹，气门在中部之后。腹部通常强度侧扁。第 2 背板折缘窄，由褶分出，下折；有的折缘较宽，不由褶分出，下垂，布满毛。雌性下生殖板侧面观三角形，中等大小。产卵管几乎总是比腹末端高度稍短一些，背瓣亚端部有凹缺，腹端无明显的脊。

生物学：本亚科为鳞翅目幼虫的内寄生蜂，寄生蜂从寄主幼虫或蛹内羽化，单寄生。

分布：世界广布。世界已知32属，中国记录7属121种，浙江分布4属28种。

分属检索表

1. 无后头脊；中后足第2转节端部外侧有1个向下弯曲的小齿；上颚强度扭曲，扭曲角度约为80°；前翅盘肘室无任何骨片 ································· 棘转姬蜂属 *Stauropoctonus*
- 有后头脊；中后足第2转节一般简单，若第2转节端缘外侧具小齿（极个别种类），则前翅盘肘室一定具明显的骨片；上颚扭曲或不扭曲，扭曲角度一般不超过80° ································· 2
2. 前翅盘肘室被毛均匀，无透明斑；单眼小，单眼与后头脊间的距离约为本身最大直径的2.0倍；后胸背板后缘有一显著的尖突，指向并胸腹节的气门 ································· 窄痣姬蜂属 *Dictyonotus*
- 前翅盘肘室在径脉第1段下方有一裸毛的透明斑；单眼大，后单眼与后头脊间的距离一般小于本身最大直径的1.0倍；后胸背板后缘简单 ································· 3
3. 上颚末端微弱至强度变细，并且扭曲 ································· 细颚姬蜂属 *Enicospilus*
- 上颚末端不特别变细，也不扭曲 ································· 嵌翅姬蜂属 *Dicamptus*

62. 窄痣姬蜂属 *Dictyonotus* Kriechbaumer, 1894

Dictyonotus Kriechbaumer, 1894b: 198. Type species: *Ophion* (*Dictyonotus*) *melanarius* Kriechbaumer, 1894.

主要特征：前翅长18.5–23 mm。体中等粗壮。胸部有带毛的中等密集小刻点。上颊中等长，隆起，中等斜。后头脊完整，或颊脊缺。颊长约为上颚基宽的0.73。唇基端缘中央呈钝角，稍反卷。单眼小。上颚宽短，不弯曲，下齿稍短。前胸背板后角的缺凹宽，它的上叶仅覆盖了气门开口上部的0.3区域。中胸侧板有一中横凹，其上侧板鼓起，无毛。后胸侧板亚中部有时有一水平方向的长瘤。胸腹侧脊上端折向中胸侧板前缘。后胸侧板后横脊完整。小盾片宽，具强烈的皱状刻点，有时近基部具侧脊。并胸腹节无脊，有稀疏网状皱。后小脉在中央或上方曲折。盘肘室缺无毛区。窗疤卵圆形，为背板基部到气门之间距离的0.6。第2背板折缘很窄，下垂。

生物学：寄主为天蛾科幼虫，但中国陕西有从枯叶蛾科油松毛虫中育出的记录。

分布：世界广布。世界已知4种，中国记录2种，浙江分布1种。

（139）紫窄痣姬蜂 *Dictyonotus purpurascens* (Smith, 1874)

Thyresdon purpurascens Smith, 1874: 395.
Dictyonotus purpurascens: Yu *et al.*, 2016.

主要特征：雌，唇基近于菱形，端缘有向上的镶边；额具刻条，有1中纵脊；头顶生细刻点；上颊侧面观长与复眼最宽处相等。前胸背板刻点极细，近于光滑；小盾片近于方形，具粗网皱，侧脊完整；中胸侧板上半隆高，下半较低，具细刻点；后胸侧板具粗刻点，中央有一甚高的隆瘤。并胸腹节满布粗网状皱纹，中央纵隆，基半有一中脊。前翅无小翅室，小脉近对叉式；后小脉在上方0.38处曲折。腹部第1背板长为第2背板的1.5倍；第2背板窗疤卵圆形，位于中央稍前方。

分布：浙江（杭州、定海）、吉林、辽宁、北京、山东、陕西、湖北、江西、四川；俄罗斯（西伯利亚地区），朝鲜。

63. 棘转姬蜂属 *Stauropoctonus* Brauns, 1889

Stauropoctonus Brauns, 1889: 75. Type species: *Ophion bombycivorus* Gravenhorst, 1829.

主要特征：前翅长 14–20 mm。体中等细。胸部具中等密集的毛，中胸盾片上毛稍短。上颊短至很短，强度倾斜。缺后头脊。单眼、复眼很大，侧单眼与复眼相接。颊是上颚基宽的 0.3。唇基很小，中等隆起，基部与脸分割不明显，端部凸出。鞭节长而细。上颚小，近基部变窄呈薄刀状，弯曲呈 80°，以致下齿在内方；上、下齿相等。前胸背板后角缺刻中等宽，气门大部分露出。胸腹侧脊上端远离中胸侧板前缘。后胸侧板后横脊完整。小盾片很小，基部 0.2 有侧脊。并胸腹节基脊发达，基脊之后具强的网皱，皱纹在亚侧方趋于形成纵脊。中后足第 2 转节端部前面有一明显弯齿。窗疤卵圆形，为背板基部到气门距离的 0.35。

生物学：寄生于天蚕蛾科幼虫。

分布：世界广布。世界已知 10 种，中国记录 1 种，浙江分布 1 种。

（140）蚕蛾棘转姬蜂 *Stauropoctonus bombycivorus* (Gravenhorst, 1829)

Ophion bombycivorus Gravenhorst, 1829a: 705.
Stauropoctonus bombycivoret: Yu *et al*., 2016.

主要特征：雌，并胸腹节与后胸背板之间有新月形凹陷，内具纵脊；基横脊强，弧形；基区具细刻点；端区具不规则网皱。前翅翅痣狭长，基部下方有一无毛区；径脉第 1 段基部甚粗且曲折，从翅痣近基部伸出，第 2 回脉位于肘间横脉内方，小脉对叉式；后小脉在中央或上方 0.4 处曲折。中后足第 2 转节外方端缘向后下方伸出的棘刺甚为明显。腹部第 1 背板与第 2 背板约等长；第 2 背板基部 0.4 近侧缘有一纵凹。

分布：浙江（松阳、龙泉）、吉林、四川、云南；俄罗斯，朝鲜，日本。

64. 嵌翅姬蜂属 *Dicamptus* Szépligeti, 1905

Dicamptus Szépligeti, 1905: 21, 28. Type species: *Dicamptus siganteus* Szépligeti, 1905.

主要特征：前翅长 7–29 mm。体细。胸部毛中等短密。上颊短，倾斜。后头脊完整。单眼、复眼大至很大，侧单眼接近或接触复眼。颊长为上额基宽的 0.07–0.45。唇基端部凸出或平截。上颚很短，中等宽，不弯曲，下齿与上齿相等或稍短。前胸背板后角缺刻窄，其上叶覆盖气门的 0.5–0.7 面积。胸腹侧脊上端折向中胸侧板前缘，有时达于前缘。后胸侧板后横脊完整。小盾片长，侧脊完整。并胸腹节仅具基横脊。翅痣长而窄。径脉伸出处离翅痣基部的距离为痣宽的 2 倍。径脉基部变粗且弯曲。盘肘室具 1 个或更多的骨化片，径脉下方具一无毛区。小脉与基脉对叉或在内方。外小脉在中部稍下方至很上方曲折。后小脉在中部下方曲折。窗疤窄至阔卵圆形，为背板基部至气门之间距离的 0.6–0.7。第 2 背板折缘下折。

生物学：本属已知一种从马尾松毛虫中育出。

分布：世界广布。世界已知 33 种，中国记录 7 种，浙江分布 2 种。

（141）黑斑嵌翅姬蜂 *Dicamptus nigropictus* (Matsumura, 1912)

Ophion nigropictus Matsumura, 1912: 113.
Dicamptus nigropictus: Yu *et al*., 2016.

主要特征：雌，复眼大，在触角窝处凹陷甚深；单眼大，与复眼几相接；上颚末端稍弯曲，2齿近相等；有后头脊；上颊甚狭，侧面观约为复眼宽的1/3。并胸腹节基部有横脊，基区短，约为端区的1/10，端区内多不规则隆脊。前翅第2回脉在肘间横脉内方；翅痣狭而长；径脉第1段两次强度弯曲，最厚处在基部1/3处；肘间横脉、肘脉第2段、第2回脉之比为2∶2.5∶2；盘肘室内玻璃状斑小，位于径脉第1段基部1/3–1/2处，基骨片矮三角形，端骨片小。腹部明显侧扁，第1、2背板等长；产卵器短，鞘长与腹末厚度相等。

分布：浙江（杭州、松阳、龙泉）、江西、湖南、福建、台湾、广东、广西、四川、贵州、云南；朝鲜，日本，印度，老挝，马来西亚，文莱。

（142）网脊嵌翅姬蜂 *Dicamptus reticulatus* (Cameron, 1899)

Enicospilus reticulatus Cameron, 1899: 102.
Dicamptus reticulatus: Yu *et al*., 2016.

主要特征：雌，体黄褐色；单眼区黑色；翅痣橙褐色；第3背板、第5及以后背板烟褐色。上颚中等长，向端部稍细，有一很深的基凹，基凹外方边缘具明显隆脊，外表面被刷状长毛；颜面稍长形；唇基侧面观中等隆起；上颊短，稍收窄；侧单眼紧靠复眼。中胸侧板光亮，上半具刻点，下半具夹点刻条至稍呈革状纹；小盾片平，具细纵刻条；后胸侧板前方具夹点粗革状纹，后方具细刻条。并胸腹节均匀下斜，后区具不规则粗刻皱。产卵管端部尖而长。

分布：浙江（庆元、龙泉）、陕西、湖北、福建、台湾、广西、四川、云南；印度，孟加拉国，缅甸。

65. 细颚姬蜂属 *Enicospilus* Stephens, 1835

Enicospilus Stephens, 1835: 1-306. Type species: *Ophion combustus* Gravenhorst, 1829.

主要特征：上颚端部多少扭曲、变细；后头脊一般完整。中胸腹板后横脊完整。前足胫距在长毛梳后方，没有一个被称为"垂叶"的膜质构造；中、后足第2转节一般不特化。前翅盘亚缘室在径分脉第1段（Rs+2r）下方有1个大型透明斑，该位置上通常生有1块或多块游离的"骨片"。后翅径分脉（Rs）第1段直或微曲；端翅钩大小、形状相似。

生物学：为中至大型鳞翅目昆虫的内寄生蜂，主要寄生于夜蛾科、毒蛾科和枯叶蛾科等。

分布：世界广布。世界已知704种，中国记录107种，浙江分布24种。

分种检索表

1. 前翅透明斑无骨片，至多具1块明显的厚膜片 ·· 2
- 前翅透明斑至少有1块明显的骨片，有时骨片细弱 ··· 3
2. 前翅Rs+2r脉直 ··· 红尾细颚姬蜂 *E. erythrocerus*（部分）
- 前翅Rs+2r脉波状弯曲 ·· 褶皱细颚姬蜂 *E. plicatus*（部分）
3. 前翅透明斑无中骨片，或者最多具明显的厚膜片 ··· 4
- 前翅透明斑有中骨片，通常强度骨化 ·· 11
4. 前翅透明斑基骨片和端骨片都窄细，呈线状，两者一般相连，包围在透明斑的边缘，有时若其中一块骨片稍宽，那么另一块骨片则完全消失 ··· 5
- 前翅透明斑基骨片甚阔，强度骨化 ·· 纯斑细颚姬蜂 *E. purifenastratus*
5. 前翅Cu1脉在1m-cu脉和Cu1a脉之间的长度/Cu1b脉的长度（CI）=0.25–0.45 ····红尾细颚姬蜂 *E. erythrocerus*（部分）

| - 前翅 CI=0.50–0.80 ··· 6
| 6. 前翅透明斑基骨片完全消失 ··· 细线细颚姬蜂 *E. lineolatus*
| - 前翅透明斑有明显的基骨片 ··· 7
| 7. 前翅 1m-cu 脉强度波曲，中央通常角状弯曲 ·· 褶皱细颚姬蜂 *E. plicatus*（部分）
| - 前翅 1m-cu 脉弧曲至微弱波曲，中央绝不呈角状弯曲 ··· 8
| 8. 前翅透明斑基骨片上方略圆阔；缘室被毛均匀 ··· 9
| - 前翅透明斑基骨片上方细尖；缘室基部被毛一般较中央的明显稀疏 ··· 10
| 9. 前翅透明斑基骨片强度骨化，端骨片甚弱但明显，两者相连，雌性后足爪基部叶耳状，无栉齿，雌性各足跗节腹面具致密细柔毛，无明显小刺 ··· 薄膜细颚姬蜂 *E. tenuinubeculus*
| - 前翅透明斑基骨片微弱骨化，纺锤状，无端骨片，后足爪基部具栉齿，各足跗节腹面具明显的小刺，柔毛极稀 ··· 茶毛虫细颚姬蜂 *E. pseudoconspersae*
| 10. 前翅 3rm 脉的长度/M 脉在 3rm 脉和 2m-cu 脉之间的长度（ICI）=0.50–0.60；透明斑上无端骨片，并胸腹节后区具向心刻条纹 ··· 横脊细颚姬蜂 *E. transversus*
| - 前翅 ICI=0.65–0.90；透明斑上有明显的端骨片；并胸腹节后区具不规则皱纹 ·· 苹毒蛾细颚姬蜂 *E. pudibundae*
| 11. 上颚外表面有 1 条斜沟，从上颚基部上方伸至两端齿交叉处，斜沟上通常具细毛，有时被毛甚密，斜沟不易观察到，在这种情况下被毛呈线状排列 ··· 12
| - 上颚外表面无斜沟，被毛一般散生，不呈线状排列 ··· 16
| 12. 前翅透明斑基骨片与端骨片相连接；中骨片通常圆形或卵形，一般强度骨化 ··· 13
| - 前翅透明斑基骨片与端骨片分离，有时后者完全消失；中骨片多样，通常微弱骨化 ·· 15
| 13. 下脸宽为高的 0.85–0.95，唇基宽为高的 2.00 倍；上颚上端齿长大于下端齿的 2.00 倍 ··· 四国细颚姬蜂 *E. shikokuensis*
| - 下脸宽为高的 0.65–0.80，唇基宽为高的 1.40–1.60 倍；上颚上端齿长小于下端齿的 1.80 倍 ··································· 14
| 14. 前翅基骨片位于透明斑上端角处，前翅长 16.5–19.0 mm ·· 中华细颚姬蜂 *E. sinicus*
| - 前翅基骨片位于透明斑端部中央，与 Rs+2r 脉间的距离约等于与透明斑后缘间的距离；前翅长 11.0–15.0 mm ··· 黑斑细颚姬蜂 *E. melanocarpus*
| 15. 前翅中骨片位于透明斑前端角处，透明斑长为宽的 2.10–2.50 倍 ··· 高氏细颚姬蜂 *E. gauldi*
| - 前翅中骨片位于透明斑端部中央，与 Rs+2r 脉间的距离约等于与端骨片间的距离，透明斑长不及宽的 2.00 倍 ··· 小枝细颚姬蜂 *E. ramidulus*
| 16. 前翅 1m-cu 脉中央显著增粗，呈角状弯曲；DI*=0.50–0.60；CI=0.60–1.00；基骨片略呈卵形，强度骨化 ··· 黄头细颚姬蜂 *E. flavocephalus*
| - 前翅 1m-cu 脉波状弯曲至匀称弧曲，粗细均匀；DI=0.25–0.45；CI=0.10–0.65，一般小于 0.60；基骨片通常三角形或近方形，若有时线状或亚卵形，则微弱骨化 ··· 17
| 17. 前翅基骨片微弱骨化，线状或亚卵形；SDI=1.25–1.50 ·· 竹毒蛾细颚姬蜂 *E. pantanae*
| - 前翅基骨片高度骨化，近三角形或近方形，若为亚卵形，则 SDI≤1.10 ··· 18
| 18. 前翅缘室基部光裸无毛，中骨片甚细长，与端骨片几乎平行；后翅 Rs 脉第 2 段波状弯曲 ··· 同心细颚姬蜂 *E. concentralis*
| - 前翅缘室被毛均匀，极少基部被毛较中部稍稀，中骨片不如上述；后翅 Rs 脉第 2 段直或微弱弧曲 ············ 19
| 19. 唇基侧面观高度拱起呈鼻状；上颚匀称渐细，两端齿几乎等长 ·· 琉球细颚姬蜂 *E. riukiuensis*
| - 唇基侧面观扁平至中拱；上颚多样，上端齿一般明显长于下端齿，极少两者等长 ··· 20
| 20. 前翅无明显的厚膜片；中骨片卵形、圆形或肾形，位于透明斑端部中央 ·· 21

---

* DI 为 1m-cu 脉与 Cu1a 脉之间最大垂直距离/Cu1a 脉在 Cu1 脉和 2m-cu 脉之间的长度

\- 前翅厚膜片通常大而明显；中骨片线状或新月形，通带位于透明斑上端角或端缘处 ·· 23
21. 前翅中骨片小，其直径不超过 Rs+2r 脉中央部分的宽度 ···································· **黑纹细颚姬蜂 E. nigropectus**
\- 前翅中骨片中至大型，其直径大于 Rs+2r 脉中央部分宽度的 2.50 倍 ·· 22
22. 上颚甚短，外表面具簇丛细毛，下脸和眼眶均为橘黄色；前翅中骨片较小，与 Rs+2r 脉间的距离约等于本身的直径 ·······
·· **三阶细颚姬蜂 E. tripartitus**
\- 上颚长，外表面仅具稀疏细毛；下脸红褐色，眼眶淡黄白色；前翅中骨片大，与 Rs+2r 脉间的距离明显小于本身的直径
·· **假角细颚姬蜂 E. pseudantennatus**
23. 并胸腹节气门边缘与侧纵脊同有 1 条脊相连；后胸侧板皮革质或具明显的斜脊 ············ **关子岭细颚姬蜂 E. kanshirensis**
\- 并胸腹节气门边缘与侧纵脊间没有 1 条明显的脊相连，有时两者同由细皱纹相连，则 CI>0.50；后胸侧板具刻点或点条
刻纹，无任何斜脊 ··· 24
24. 前翅 CI=0.50–0.80；中骨片很长，平行于透明斑端缘；下脸宽为高的 0.83–0.90 ············ **台湾细颚姬蜂 E. formosensis**
\- 前翅 CI=0.20–0.48；中骨片短，一般平行或约平行于 Rs+2r 脉；下脸宽为高的 0.60–0.82 ······································· 25
25. 前翅中骨片甚小，位于厚膜片前端角处；下脸宽为高的 0.65–0.70 ·································· **细脉细颚姬蜂 E. stenophleps**
\- 前翅中骨片较大，线状，位于厚膜片前缘端部；下脸宽为高的 0.72–0.80 ······················ **双脊细颚姬蜂 E. bicarinatus**

（143）双脊细颚姬蜂 *Enicospilus bicarinatus* Tang, 1990

Enicospilus bicarinatus Tang, 1990: 163.

主要特征：雌，黄褐色；腹部末端几节通常烟色。翅透明，翅痣黄褐色。上颚中长，基部强烈变细，端部两侧缘几乎平行，35°–45°扭曲；唇基侧面观扁平，端缘略钝，无刻痕。中胸侧板具刻点，下方有时具点条刻纹；后胸侧板具致密刻点。并胸腹节后区具不规则皱纹，后横脊两侧存在；气门边缘与侧纵脊间无脊相连。后足第 4 跗节长为宽的 2.2–2.5 倍；爪对称。雄性第 6–8 腹板被半卧状细毛；阳茎基侧突端部钝圆。

分布：浙江（杭州、奉化、东阳）、辽宁、上海、江西。

（144）同心细颚姬蜂 *Enicospilus concentralis* Cushman, 1937

Enicospilus concentralis Cushman, 1937: 305.

主要特征：雌，唇基、眼眶、中胸盾片边缘和翅基下突淡黄色，触角、足和腹部第 1–4 背板黄褐色，其余黑色。翅弱烟色，翅痣黄褐色。上颚中长，强烈变细，50°扭曲；唇基侧面观微拱，端缘稍钝，无刻痕。中胸侧板具刻条；后胸侧板具不规则皱纹。并胸腹节后区具不规则皱纹；气门边缘与侧纵脊间有 1 条脊相连。雄性第 6–8 腹板被密直立长毛；阳茎基侧突端部钝圆。

分布：浙江（庆元）、福建、台湾；印度，缅甸，菲律宾，巴布亚新几内亚，加里曼丹岛，苏拉威西岛。

（145）红尾细颚姬蜂 *Enicospilus erythrocerus* (Cameron, 1905)

Pleuroneurophion erythrocerus Cameron, 1905a: 121.
Enicospilus erythrocerus: Yu *et al*., 2016.

主要特征：雌，黄褐色；头顶、眼眶、脸淡黄色。翅透明，翅痣黄褐色。上颚中长，匀称渐细，20°–30°扭曲；唇基侧面观扁平，端缘稍钝，无刻痕。中胸侧板具点条刻纹；后胸侧板粗糙，具致密刻点。并胸腹节后区具不规则细网状纹；气门边缘与侧纵脊间无脊相连。雄性第 6–8 腹板具直立粗长毛；阳茎基侧突端部稍钝。

分布：浙江（湖州、杭州、松阳、龙泉）、广西；印度，斯里兰卡。

（146）黄头细颚姬蜂 *Enicospilus flavocephalus* (Kirby, 1900)

Ophion flavocephalus Kirby, 1900: 82.
Enicospilus flavocephalusi: Yu *et al.*, 2016.

主要特征：雌，黄褐色。头淡黄色；腹末通常烟褐色。翅透明；翅痣黄褐色。上颚中长，基部强烈变细，端部微弱变细，25°–30°扭曲；唇基侧面观微拱，端缘钝，无刻痕。中胸侧板光滑，具细刻点，下方有时具点条刻纹；后胸侧板具细弱的点条刻纹。并胸腹节后区具不规则细皱纹；气门近缘与侧纵脊间偶有弱脊相连。后翅径脉第1段直，第2段微曲。后足第4跗节长为宽的2.3–2.5倍；爪对称。雄性第6–8腹板被半卧状细毛；阳茎基侧突端部钝圆。

分布：浙江（丽水）、湖南、福建、台湾、广东、广西、贵州、云南；日本，印度，斯里兰卡，菲律宾，马来西亚，印度尼西亚，巴布亚新几内亚，澳大利亚等。

（147）台湾细颚姬蜂 *Enicospilus formosensis* (Uchida, 1928)

Henicospilus formosensis Uchida, 1928b: 223.
Enicospilus formosensis: Yu *et al.*, 2016.

主要特征：雌，红褐色；上颊、眼眶淡黄色；腹部第5节以后各节黑色或烟色。翅弱烟褐色；翅痣暗褐色。上颚中长，粗壮，匀称变细，10°–20°扭曲；唇基侧面观扁平，端缘钝，无刻痕。中胸侧板具细刻点，下方有时具点条刻纹；后胸侧板具较粗刻点。并胸腹节后区具不规则粗皱纹，两侧通常有后横脊的痕迹存在；气门边缘与侧纵脊间有脊相连。后翅径脉第1段直，第2段微曲。雄性第6–8腹板密被直立长毛；阳茎基侧突端部钝圆。

分布：浙江（临安、庆元、龙泉）、江苏、安徽、江西、湖南、福建、台湾、四川；日本，印度。

（148）高氏细颚姬蜂 *Enicospilus gauldi* Nikam, 1980

Enicospilus gauldi Nikam, 1980: 174.

主要特征：雌，黄褐色，腹末有时弱烟色；翅透明；翅痣黄褐色。中胸侧板上方具刻点，下方渐呈夹点条纹；后胸侧板具刻点。并胸腹节后区具不规则皱纹；气门与侧纵脊间无脊相连。前翅盘亚缘室端骨片强，但不与基骨片相连，中骨片强但边缘有时不明显；小脉交叉式。后翅径脉直。雄性第6–8腹板被半卧状细毛；阳茎基侧突端部稍平截。

分布：浙江（临安、庆元）、黑龙江、吉林、陕西、江苏、上海、江西、湖南、福建、贵州、云南；印度。

（149）关子岭细颚姬蜂 *Enicospilus kanshirensis* (Uchida, 1928)

Henicospilus kanshirensis Uchida, 1928b: 226.
Enicospilus kanshirensis: Yu *et al.*, 2016.

主要特征：雌，黄褐色；头顶、脸、眼眶和小盾片淡黄色；翅透明，翅痣暗褐色。中胸侧板具细刻条；后胸侧板革质状，具粗刻条纹。并胸腹节后区具不规则网状纹；气门边缘与侧纵脊间有1条脊相连。前翅盘亚缘室中骨片短，呈半月形；cu-a脉近交叉式；后翅Rs脉第1、2段均直。雄性第6–8腹板被密直立长毛；阳茎基侧突端部钝圆。

分布：浙江（杭州）、福建、台湾、海南、广西、云南；印度，尼泊尔，缅甸，越南，菲律宾，印度尼西亚。

（150）细线细颚姬蜂 Enicospilus lineolatus (Roman, 1913)

Henicospilus lineolatus Roman, 1913: 30.
Enicospilus lineolatus: Yu *et al.*, 2016.

主要特征：雌，黄褐色；脸、眼眶淡黄色。有时腹末几节弱烟色。翅透明，翅痣红褐色或黄褐色。中胸侧板具刻点或夹点刻纹；后胸侧板具致密刻点。并胸腹节后区具不规则皱纹至网状刻纹；气门与侧纵脊间无脊相连。前翅盘亚缘室仅具端骨片，通常线状，但有时较宽；小脉内叉式或交叉式。后翅径脉直。雄性第6–8腹板具直立粗长毛和卧状细毛；阳茎基侧突端部钝圆。

分布：浙江（嘉兴、杭州、宁波、定海、江山、丽水、温州）、吉林、河北、山西、陕西、江苏、安徽、湖北、湖南、福建、台湾、广东、海南、广西、四川、贵州、云南；日本，菲律宾，印度，尼泊尔，斯里兰卡，马来西亚，印度尼西亚，澳大利亚等。

（151）黑斑细颚姬蜂 Enicospilus melanocarpus Cameron, 1905

Enicospilus melanocarpus Cameron, 1905a: 122.

主要特征：雌，红褐色；腹末第5节以后有时黑色。翅透明，翅痣黄褐色或浅黑色。唇基侧面观微弱至中度拱起，端缘尖，具刻痕。后胸侧板具刻点或点条刻纹。并胸腹节后区具不规则皱纹；气门边缘与侧纵脊间通常无脊，有时有弱脊相连。雄性第6–8腹板具致密的半卧状细毛，有时具稀疏直立长毛；阳茎基侧突端部通常平截，有时稍钝圆。

分布：浙江（湖州、临安、四明山、金华、松阳、云和、龙泉）、河北、山西、陕西、江苏、江西、湖南、福建、广东、海南、广西、贵州、云南、西藏；日本，巴基斯坦，印度，尼泊尔，缅甸，斯里兰卡，菲律宾，马来西亚，印度尼西亚，巴布亚新几内亚，澳大利亚等。

（152）黑纹细颚姬蜂 Enicospilus nigropectus Cameron, 1905

Enicospilus nigropectus Cameron, 1905a: 128.

主要特征：雌，橘褐色；中胸盾片、中胸侧板、第3腹节背面、第5腹节以后和后足腿节烟褐色；单眼区黑色。翅痣黑褐色，翅淡烟色。唇基侧面观微拱，端缘稍尖，无刻痕。中胸侧板很光滑，上方具很细的刻点，下方具数条放射状刻条；后胸侧板具粗网状纹。并胸腹节后区具网状纹；气门与侧纵脊间有脊相连。后翅径脉直。雄性第6–8腹节具稀疏直立长毛和众多半卧状细毛；阳茎基侧突端部略尖。

分布：浙江（临安、松阳、温州）、辽宁、陕西、江苏、湖南、福建、台湾、广西、四川、云南；朝鲜，日本，缅甸，菲律宾。

（153）竹毒蛾细颚姬蜂 Enicospilus pantanae Tang, 1990

Enicospilus pantanae Tang, 1990: 133.

主要特征：雌，黄褐色；翅透明；翅痣暗褐色。上颚甚长，基部匀称渐细，端部两侧缘近平行，30°–35°扭曲；唇基侧面观微拱，端缘钝，无刻痕。中胸侧板光滑，具细刻点或点条刻纹；后胸侧板具不规则皱纹。并胸腹节后区具不规则皱纹，后半部有时具向心刻条；气门边缘与侧纵脊间无脊相连。盘亚缘室基骨片和端骨片呈线状，中骨片边缘不明显，略呈方形；小脉内叉式。雄性第6–8腹板被半卧状细毛；阳茎基侧突端部钝圆。

分布：浙江（长兴、安吉、余杭、富阳、嵊州）、福建、四川。

（154）褶皱细颚姬蜂 *Enicospilus plicatus* (Brulle, 1846)

Ophion plicatus Brulle, 1846: 145.
Enicospilus plicatus: Yu *et al*., 2016.

主要特征：雌，黄褐色；中胸盾片中央具暗色斑；眼眶、头顶淡黄色，第3腹节以后弱烟色。翅弱烟色，翅痣浅黑色。唇基侧面观微拱，端缘钝，无刻痕。中胸侧板具点条刻纹，上方较细，下方渐粗；后胸侧板具点条刻纹，有时呈不规则粗网状纹。并胸腹节后区具不规则网状刻纹；气门与侧纵脊间无脊相连。雄性第6–8腹板被直立的长粗毛和半卧状细毛；阳茎基侧突长，端部稍尖。

分布：浙江（安吉、杭州、宁波、遂昌、缙云、龙泉、泰顺）、陕西、安徽、湖北、江西、湖南、福建、台湾、广东、广西、四川、贵州、云南、西藏；越南，泰国，菲律宾，马来西亚，印度尼西亚等。

（155）假角细颚姬蜂 *Enicospilus pseudantennatus* Gauld, 1977

Enicospilus pseudantennatus Gauld, 1977: 92.

主要特征：雌，红褐色；眼眶和头顶黄白色。翅透明，翅痣黄褐色。唇基侧面观中拱，端缘尖，具刻痕。中胸侧板上方具刻点，下方渐呈点条刻纹；后胸侧板具刻点，有时具细刻条。并胸腹节后区具不规则细皱纹；气门与侧纵脊间无脊相连。雄性第6–8腹板被半卧状细毛；阳茎基侧突端部平截。

分布：浙江（衢州、缙云、松阳、庆元、龙泉）、江西、湖南、福建、台湾、广东、广西、云南；尼泊尔，缅甸，越南，斯里兰卡，菲律宾，印度尼西亚，巴布亚新几内亚，澳大利亚。

（156）茶毛虫细颚姬蜂 *Enicospilus pseudoconspersae* (Sonan, 1927)

Henicospilus pseudoconspersae Sonan, 1927: 48.
Enicospilus pseudoconspersae: Yu *et al*., 2016.

主要特征：雌，黄褐色，有时腹末弱烟色。翅透明，翅痣褐色。唇基侧面观扁平，端缘稍钝，无刻痕。中胸侧板稍光滑，具刻点，有时下方具点条刻纹；后胸侧板具点条刻纹，并胸腹节后区具不规则细皱纹；气门与侧纵脊间无脊相连。雄性第6–8腹板具直立粗长毛和半卧状细毛；阳茎基侧突端部钝圆。

分布：浙江（杭州、鄞州、江山、丽水、温州）、陕西、江苏、安徽、湖北、江西、湖南、福建、台湾、广西、四川、云南；印度，尼泊尔，菲律宾。

（157）苹毒蛾细颚姬蜂 *Enicospilus pudibundae* (Uchida, 1928)

Henicospilus pudibundae Uchida, 1928b: 219.
Enicospilus pudibundae: Yu *et al*., 2016.

主要特征：黄褐色，有时腹末弱烟色。翅透明或弱烟色；翅痣黄褐色。唇基侧面观几乎扁平，端缘稍尖，无刻痕。中胸侧板具点条刻纹；后胸侧板具刻点。并胸腹节后区具不规则皱纹；气门与侧纵脊间无脊相连。后足第4跗节长为宽的2.1–2.5倍；爪对称。雌性第6–8腹板具稀疏直立粗长毛；阳茎基侧突端部稍尖。

分布：浙江（松阳、庆元、龙泉）、陕西、江苏、安徽、湖北、江西、湖南、福建、广东、广西、四川、贵州、云南；朝鲜，日本，印度，越南，老挝，斯里兰卡等。

（158）纯斑细颚姬蜂 *Enicospilus purifenastratus* (Enderlein, 1921)

Amesospilus purifenestratus Enderlein, 1921a: 17.
Enicospilus purifenastratus: Yu *et al.*, 2016.

主要特征：雌，黄褐色；头淡黄色，腹部第5节以后弱烟褐色。翅淡黄色，翅透明。上颚中长，基部渐细，端部两侧缘几乎平行，10°–20°扭曲；唇基侧面观微拱，端缘钝，无刻痕。中胸侧板上方具刻点，下方渐呈点条刻纹；后胸侧板具点条刻纹。并胸腹节后区具近向心皱纹；气门与侧纵脊间无脊相连。雄性第6–8腹板具甚密的半卧状细毛；阳茎基侧突端部稍尖。

分布：浙江（长兴）、陕西、湖南、广东、广西、云南；斯里兰卡，新加坡，印度尼西亚，新几内亚岛。

（159）小枝细颚姬蜂 *Enicospilus ramidulus* (Linnaeus, 1758)

Ichneumon ramidulus Linnaeus, 1758: 566.
Enicospilus ramidulus: Yu *et al.*, 2016.

主要特征：雌，红褐色；眼眶、头顶淡黄色；腹部末端有时黑色。翅透明，翅痣黄褐色。上颚中长，基部渐细，端部两侧几乎平行，10°–20°扭曲；唇基侧面观中拱，端缘尖，具刻痕。中胸侧板稍光滑，具刻点；后胸侧板具稀刻点。并胸腹节后区具细皱纹；气门边缘与侧纵脊间无脊相连。雄性第6–8腹板被半卧状细毛；阳茎基侧突端部稍平截。

分布：浙江（临安、四明山、缙云、松阳）、黑龙江、吉林、辽宁、内蒙古、北京、河北、山西、陕西、新疆、江苏；俄罗斯，日本，欧洲。

（160）琉球细颚姬蜂 *Enicospilus riukiuensis* (Matsumura *et* Uchida, 1926)

Henicospilus riukiuensis Matsumura *et* Uchida, 1926: 71.
Enicospilus riukiuensis: Yu *et al.*, 2016.

主要特征：雌，黄褐色；眼眶、下脸淡黄色；单眼区黑色。翅弱烟色，翅痣黑褐色。上颚中长，强烈变细，10°–15°扭曲；唇基侧面观高度拱起呈鼻状，端缘尖，具刻痕。中胸侧板上方具刻点，下方渐呈点条刻纹；后胸侧板具不规则皱纹。并胸腹节后区具网状皱纹；气门边缘与侧纵脊间有1条脊相连。雄性第6–8腹板被稀疏的直立长毛和半卧状细毛；阳茎基侧突端部钝圆。

分布：浙江（临安）、台湾、四川、贵州；日本，印度，巴布亚新几内亚，马达加斯加，琉球群岛，马来半岛，加里曼丹岛，新喀里多尼亚。

（161）四国细颚姬蜂 *Enicospilus shikokuensis* (Uchida, 1928)

Henicospilus combustus var. *shikokuensis* Uchida, 1928b: 224.
Enicospilus shikokuensis: Yu *et al.*, 2016.

主要特征：雌，红褐色；眼眶黄褐色；腹末第5节以后通常烟色；翅透明；翅痣黄褐色。上颚中长，基部渐细，端部两侧缘几乎平行，10°–15°扭曲。中、后胸侧板稍光滑，具刻点。并胸腹节后区具不规则皱纹；气门与侧纵脊间无脊相连。雄性第6–8腹板具致密的半卧状细毛和稀疏的直立状长毛；阳茎基侧突端部钝圆。

分布：浙江（三门、松阳、庆元）、陕西、江苏、湖南、福建、台湾、广西；朝鲜，日本，缅甸。

（162）中华细颚姬蜂 *Enicospilus sinicus* Tang, 1990

Enicospilus sinicus Tang, 1990: 103.

主要特征：雌，黄褐色；翅透明或弱烟色，翅痣黄褐色。上颚甚短，匀称渐细，30°–35°扭曲。中胸侧板具点条刻纹，下方有时具细刻条；后胸侧板具点条刻纹。并胸腹节后区具不规则网状纹；气门与侧纵脊间无脊相连。雄性第6–8腹板具半卧状细毛；阳茎基侧突端部平截。

分布：浙江（湖州、临安）、江苏、安徽、湖南、广东、四川。

（163）细脉细颚姬蜂 *Enicospilus stenophleps* Cushman, 1937

Enicospilus stenophleps Cushman, 1937: 309.

主要特征：雌，淡黄褐色；中胸盾片具黑色条斑；腹部第5节及以后各节黑色。翅透明，翅痣红褐色。上颚中长，匀称变细，35°–50°扭曲；唇基侧面观扁平，端缘稍尖，无刻痕。中胸侧板具刻点或点条刻纹；后胸侧板具点条刻纹。并胸腹节后区具网状刻纹；气门与侧纵脊间无脊相连。雄性第6–8腹板被直立长毛；阳茎基侧突端部钝圆。

分布：浙江（金华）、湖南、福建、台湾、广西、四川、云南；印度，越南，斯里兰卡。

（164）薄膜细颚姬蜂 *Enicospilus tenuinubeculus* Chiu, 1954

Enicospilus tenuinubeculus Chiu, 1954: 34.

主要特征：雌，黄褐色；头顶、眼眶和脸淡黄色；腹末有时弱烟色。翅弱烟色，翅痣黄褐色。上颚中长，匀称渐细，20°–30°扭曲；唇基侧面观扁平，端缘稍钝，无刻痕。中胸侧板具点条刻纹；后胸侧板粗糙，具致密刻点。并胸腹节后区具向心刻条；气门边缘与侧纵脊间无脊相连。雌性后足爪基部叶耳状，无栉齿。雌性各足跗节腹面具致密的细毛，无明显小刺。雄性第6–8腹板被直立粗长毛；阳茎基侧突端部钝圆。

分布：浙江（杭州、遂昌、松阳、庆元）、陕西、江西、湖南、福建。

（165）横脊细颚姬蜂 *Enicospilus transversus* Chiu, 1954

Enicospilus transversus Chiu, 1954: 14.

主要特征：雌，黄褐色；脸、眼眶、头顶淡黄色；腹部末端有时弱烟色。翅透明，翅痣黄褐色。上颚中长，匀称渐细，10°–20°扭曲。中胸侧板具点条刻纹；后胸侧板具点条刻纹。并胸腹节后区具向心刻条；气门边缘与侧纵脊间无脊相连。后足第4跗节长为宽的2.1–2.2倍；爪对称。雄性第6–8腹板具稀疏直立长粗毛；阳茎基侧突中长，端部稍尖。

分布：浙江（湖州）、湖北、福建、台湾、广东、广西、四川；印度，斯里兰卡，印度尼西亚。

（166）三阶细颚姬蜂 *Enicospilus tripartitus* Chiu, 1954

Enicospilus tripartitus Chiu, 1954: 36.

主要特征：雌，褐色；腹部末端几节有时烟褐色。翅透明，翅痣黄褐色。上颚略短，强烈变细，10°–20°

扭曲。中胸侧板粗糙，具致密刻点或点条刻纹；后胸侧板具刻点或点条刻纹。并胸腹节后区具不规则细皱纹；气门与侧纵脊间无脊相连。后足第 4 跗节长为宽的 2.5–2.8 倍；爪对称。雄性第 6–8 腹板被卧状细毛；阳茎基侧突端部钝圆。

分布：浙江（临安、丽水）、陕西、江苏、安徽、湖北、江西、湖南、福建、台湾、广东、广西、四川、贵州；朝鲜，日本，印度，尼泊尔。

（十四）菱室姬蜂亚科 Mesochorinae

主要特征：前翅长 1.9–14 mm。体中等粗壮至细瘦，腹部有时延长。唇基与脸不分开，端缘很薄，通常稍凸出。上颚 2 齿。雄性鞭节无角下瘤。后胸腹板后横脊不完整。并胸腹节通常具完整的脊，有时脊减少。跗爪通常栉状。通常有小翅室，大而菱形，前面尖。第 2 回脉具 1 气泡。后小脉在中下方曲折或不曲折。腹部第 1 背板长是宽的 1.3–6.7 倍，向基部收窄，无基侧角，基侧凹大，气门在中部或明显的中部以后。腹部通常稍侧扁，至少端半侧扁。雄性抱握器长细竿状。雌性下生殖板大，中褶，侧面观大而呈三角形。产卵管鞘硬而甚宽，长是宽的 2.5–13.5 倍。产卵管很细，端部无明显的缺刻和脊。

生物学：本亚科为重寄生蜂，寄生于寄主体内的姬蜂科和茧蜂科幼虫，内寄生，被寄生的寄主原寄生蜂幼虫仍可结茧，菱室姬蜂而后从蜂茧中育出。

分布：世界广布。世界已知 7 属，中国记录 5 属 25 种，浙江分布 2 属 2 种。

66. 菱室姬蜂属 *Mesochorus* Gravenhorst, 1829

Mesochorus Gravenhorst, 1829b: 960. Type species: *Mesochorus splenaiciulus* Gravenhorst, 1829.

主要特征：前翅长 1.9–10.5 mm。体粗壮至很细，腹部端半多少侧扁。脸上缘通常具一横脊，中部下弯。颊在复眼与上颚之间有一条沟。单眼、复眼有时很大，但通常单眼小。上颚齿通常等长。胸腹侧脊上端远离中胸侧板前缘。小翅室通常大，肘间横脉等长。后翅前缘脉端部有 1–3 个小钩。后小脉不曲折，后盘脉完全不存在。第 1 背板长约为宽的 4.2 倍，背板无侧纵脊，表面光滑或具稀疏刻点，极少有纵脊或纵皱。产卵管长是宽的 2.2–13.5 倍。

生物学：未知。

分布：世界广布。世界已知 700 种，中国记录 27 种，浙江分布 1 种。

（167）盘背菱室姬蜂 *Mesochorus discitergus* (Say, 1835)

Cryptus discitergus Say, 1835: 231.
Mesochorus discitergus: Yu *et al*., 2016.

主要特征：雌，头、胸部黄褐色；复眼、单眼区黑色；触角稍带暗褐色；中胸盾片有 2 或 3 条黑色纵纹；并胸腹节基方大部分黑色；某些个体后头、中胸和并胸腹节全黑。翅透明，翅痣黄褐色。足黄褐色，后足胫节两端、各跗节末端及爪黑褐色。腹部背面黑色至黑褐色，但第 2 背板后半和第 3 背板前半形成 1 盘状黄褐色大斑；雄蜂抱握器黄褐色。颜面和唇基间无沟，形成 1 宽而微凸的表面，其侧下方及颊具细刻条；触角窝下方横脊中央突然下凹；并胸腹节分区明显，中区五边形，分脊在中央稍前方。前翅小翅室菱形且大；后小脉不曲折，无后盘脉。爪具栉齿。腹部第 1–3 背板稍平；背面除第 1 节后柄部有细纵刻纹外余均光滑；第 1 节基侧凹大；第 2 背板长稍大于宽，基角有窗疤。雌蜂产卵管鞘比第 2 腹节稍长；下生殖板大，侧面观呈三角形。

分布：浙江，除西北及西藏外，均有发现；世界广布。

67. 横脊姬蜂属 *Stictopisthus* Thomson, 1886

Stictopisthus Thomson, 1886: 327. Type species: *Mesochorus bilineatus* Thomson, 1886.

主要特征：前翅长 2.1–3.7 mm。体中等粗壮，常扁平，腹部端半稍侧扁。脸上缘的一条横脊直，中部不弯曲。颊在复眼与上颚上关节之间有一条沟。单眼不大。上颚齿等长。胸腹侧脊上端折向前缘，达中胸侧板前缘的肿胀部位。并胸腹节气门圆。并胸腹节后端不超过后足基节中部。跗爪简单。小翅室大，肘间横脉约等长。后翅前缘脉端部具 1 钩。后小脉不曲折。后盘脉不存在。第 1 背板长是宽的 2.2–3.1 倍。无背侧纵脊或皱，表面通常纵皱。产卵管鞘长是宽的 3.3–7.0 倍。

生物学：未知。

分布：世界广布。世界已知 63 种，中国记录 2 种，浙江分布 1 种。

（168）中华横脊姬蜂 *Stictopisthus chinensis* (Uchida, 1942)

Mesochorus chinensis Uchida, 1942: 130.
Stictopisthus chinensis: Yu *et al*., 2016.

主要特征：雌，颜面宽，表面稍均匀隆起，刻点较大但不密；额及触角洼凹入深且光滑，中央有一宽的纵隆，正中还有一短而弱的中脊。中胸盾片背面平坦，散生刻点；盾纵沟甚弱；小盾片平而光滑；中、后胸侧板散生刻点。并胸腹节基区和中区愈合，有时有细皱划分，基中区长六边形，长约为宽的 3 倍，比端区长，分脊在后方 1/3 处。小翅室菱形，小脉明显在基脉外方；后小脉不曲折。后足腿节长为厚的 3.3 倍。腹部光滑；第 1 背板侧面观背面弧形，气门刚在中央之后，后柄部端部 1/3 处有一条横沟，基部 2/3 有浅刻条。产卵管鞘长为后足胫节的 0.5。雄蜂抱握器棒状，长为后足胫节的 0.26，长为本身端宽的 10 倍。体黄褐色；触角向端部渐带黑褐色；并胸腹节基半、第 1 背板除了两端、第 2 背板侧前方、第 3 背板端半以后暗褐色至黑褐色。翅透明，翅痣黄褐色。足淡黄褐色；后足胫节和第 1–4 跗节藁黄色，各节端部带褐色。

分布：浙江（杭州、丽水、温州）、辽宁。

（十五）盾脸姬蜂亚科 Metopinae

主要特征：前翅长 2.25–16 mm。体短而壮，有时仅中等壮，足通常亦很壮。复眼中等大小；单眼通常中等大至小，少数扩大。颜面上缘几乎总是有一三角形突起，伸至触角之间或其基部上方。唇基与颜面之间不被沟分开，而与颜面形成一均匀隆起的表面，仅 *Metopius* 颜面为一大而平坦或被脊包围的凹入盾形区域。上唇露在唇基下方，有部分裸露如一新月形片。上颚 2 齿，下齿常明显小于上齿，或单齿。雄性鞭节无角下瘤。柄节卵圆形，长为宽的 1.2–1.7 倍。盾纵沟短，常缺；腹板侧沟无，或由一宽而浅的沟而显出；中胸腹板后横脊仅国外的 *Hemimetopius* 完整。并胸腹节短至长，通常有脊。前中足第 2 转节与腿节之间的缝常消失或模糊。中后足胫节 2 距，而 *Periope* 后足胫节 1 距，*Metopius* 和雄性 *Aceratospis* 中足胫节 1 距。前足胫节端部外方圆，有时有 1 齿。跗爪简单或具栉齿。小翅室存在或无；存在时通常小，三角形，但有时较大，为菱形。第 2 回脉通常有 1 气泡。腹部第 1 背板通常短而壮，有基侧凹，气门在中央前方，有时第 1 背板较细，或气门近于中央或后方，或无基侧凹。腹部扁平，某些属或其雌性近端部有些侧扁。通常无窗疤。折缘非常宽至消失。雌性下生殖板通常大而骨化。产卵管不突出于腹端部，无端前背缺刻。

生物学：寄主为裸露的或折叶和卷叶的鳞翅目昆虫，产卵于寄主幼虫体内，结茧化蛹于寄主蛹内，成蜂从寄主蛹前端外出。单寄生。

分布：世界广布。世界已知 25 属，浙江分布 7 属 20 种。

分属检索表

1. 脸盾状，表面平坦或凹陷，周围有隆脊；中足胫节只有 1 距 ·· 盾脸姬蜂属 *Metopius*
- 脸表面圆凸；中足胫节有 2 距，但方盾姬蜂属 *Acerataspis* 雄性例外 ··· 2
2. 腹部第 3–5 节折缘几乎无；小盾片侧缘扩大呈镶边状；各足的爪呈明显栉状 ··· 3
- 腹部第 3–5 节折缘发达，小盾片侧缘不扩大呈镶边状；前足和中足的爪通常简单 ·· 4
3. 有小翅室；颜面的触角间突在触角窝之间呈一很高的半圆形片状突；第 2 背板有 1 对中纵脊；腹部棍棒状 ··· 方盾姬蜂属 *Acerataspis*
- 无小翅室；颜面的触角间突在触角窝前方呈一三角形突起，但在触角窝之间无高的片状突；第 2 背板的 1 对亚侧纵脊至多伸到基部 0.4，但具一完整的中纵脊；腹部上方隆起，两侧平行，非棍棒状 ··· 黄脸姬蜂属 *Chorinaeus*
4. 在中单眼下方、触角窝之间，有一个很高的叶片状突起，它的背方具一很深的纵沟 ············· 圆胸姬蜂属 *Colpotrochia*
- 两个触角窝之间无叶片状突起，如有，则其背方无纵沟；无小翅室；后胸侧板无毛，或毛很少 ················· 5
5. 头部在侧单眼后方垂直 ··· 等距姬蜂属 *Hypsicera*
- 头部在侧单眼至后头脊之间向后倾斜，然后由后头脊至后头孔几乎垂直 ··· 6
6. 第 3 背板折缘非常窄，约与鞭节等宽；颊长约为开口部位宽的 0.8；中足胫节距约等长 ··· 长颊姬蜂属 *Macromalon*
- 第 3 背板折缘很发达，宽为背板的 0.25–0.7；颊长不大于开口部位的 0.5；中足胫节距不等长 ········· 凸脸姬蜂属 *Exochus*

68. 方盾姬蜂属 *Acerataspis* Uchida, 1934

Acerataspis Uchida, 1934b: 23. Type species: *Cerataspis clavata* Uchida, 1934.

主要特征：前翅长 7–9 mm。刻点强。颜面背方突起为狭而高的三角形突起，在背缘稍扩大，并有一深沟。上颊很短，几乎平。后头脊完整。颊长约为上颚基部宽度的 0.4。上颚上齿稍大于下齿。小盾片短，横形，端侧方突出如齿，侧纵脊伸至端部。小翅室大。小脉在基脉对方或稍外方。后小脉约在下方 0.4 处曲折。腹板侧沟为一宽凹。后胸侧板满布带毛细刻点。并胸腹节气门短卵圆形。中足胫节雄性 1 距，雌性 2 距。所有跗爪均有长栉齿。腹部强度隆起，棒形，末端圆，其第 6 背板圆且弯向下方。第 1 背板中等短，气门近基部 0.25 处，无侧脊或模糊不清。第 1–3 节背板从基部至端部各有一对亚中纵脊。第 7 和以后背板缩入。

生物学：未知。

分布：世界广布。世界已知 7 种，中国记录 6 种，浙江分布 2 种。

（169）棒腹方盾姬蜂 *Acerataspis clavata* (Uchida, 1934)

Cerataspis clavata Uchida, 1934c: 275.
Acerataspis clavata: Yu et al., 2016.

主要特征：雌，颜面和唇基愈合表面长形，密布夹刻点横网脊；头顶在单眼后陡斜，刻点较细密；上颊侧面观长为复眼的 0.36。前胸背板侧方下部光滑具粗刻条，背缘及后缘上方具粗刻点；中胸盾片、小盾片、中胸侧板具同样刻点；后胸侧板刻点较小而稀。并胸腹节中区与基区愈合，近六边形，长约为宽的 1.2 倍，宽约与第 2 侧区前缘等宽，后缘平直，区内光滑，有数条短刻条；分脊在中央相接；端区具模糊刻纹。小翅室大；后小脉在下方 0.3 处曲折。腹部棒形；第 1、2 节两侧近于平行；第 5 节后缘最宽，第 6 背板圆，后部弯入腹下方；第 1–3 背板各有 1 对平行的亚中脊，脊间网状刻点与脊外相同。体黑色；黄色部位如下：颜面和唇基愈合部位上方 0.5–0.7、触角间肘状突、翅基片、翅基下脊、小盾片及其后伸的翼状突、第 1–5 背板端带（端带宽狭或第 1–3 节的中央是否分开因个体而异）。触角背面黑褐色，腹面黄褐色。翅透明，稍带烟褐色，翅痣黑褐色。足黑色；前足转节和腿节（或仅上侧）黑褐色，前中足胫节和跗节、后足腿节基部下方和胫节基半污黄色。

分布：浙江（临安、松阳、庆元、龙泉）福建、广西、四川、云南；日本。

(170) 中华方盾姬蜂 *Acerataspis sinensis* Michener, 1940

Acerataspis sinensis Michener, 1940: 123.

主要特征：雌，颜面和唇基愈合表面长形，密布刻点。前胸背板侧方下部光滑具粗刻条，背缘及后缘上方具粗刻点；中胸盾片、小盾片、中胸侧板具同样刻点；后胸侧板刻点较小而稀。并胸腹节短，基区和中区愈合，近于梯形，内具放射状皱纹，其宽明显狭于第 2 侧区前缘长度，端缘向后近弧形弯曲；分脊从中区端角发出，而致第 2 侧区内角为一锐角；端区斜削，密布刻点。小翅室大；后小脉在下方 0.4 处曲折。腹部棒形，第 1–2 背板侧缘近于平行，第 3 节开始向后加宽，第 5 背板后缘最宽，第 6 背板圆形，后端弯向腹部下方；第 1–2 背板刻点较粗，点间近于网状，以后各节刻点渐浅而小，其毛渐密；第 1–3 背板各有一对平行的亚中纵脊前后相连，至端部稍细，脊间网状刻点与脊外相同。体黑色。颜面和唇基愈合部位上方 0.75、翅基片、腹部第 4 背板（除了基方 1/3 或三角形斑和端缘）、第 5 背板亚端缘黄色。触角背板黑褐色，腹面暗赤褐色至基部色渐淡。翅透明，带烟褐色；翅痣黑褐色。足黑色，前足腿节外方和胫节外方黄色。

分布：浙江（临安、遂昌）、广东；日本。

69. 黄脸姬蜂属 *Chorinaeus* Holmgren, 1858

Chorinaeus Holmgren, 1858: 320. Type species: *Exochus funebris* Gravenhorst, 1829.

主要特征：前翅长 3–7 mm。体刻点相当粗糙。颜面上方有一三角形叶突伸过触角基部上方，此叶突端部约呈 90°角。额在触角窝之间无叶突。上颊宽，隆起。后头脊下方无。上颚下齿小于上齿。小盾片几乎平，侧脊伸至端部。无小翅室，小脉在基脉外方。后小脉约在下方 0.35 处曲折。胸腹侧脊发达，前端达于侧板前缘。后胸侧板上半具毛，其余部位几乎或完全裸露。并胸腹节通常没有分脊；气门短椭圆形。前中足跗爪强度栉形，后足跗爪简单。腹部上方强度隆起，两侧平行。第 1 背板中等长，气门近基部 0.25 处，侧纵脊和中纵脊强而完整。第 2 背板中纵脊完整，侧纵脊至多伸至 0.4 处。第 3 背板中纵脊约伸至 0.7 处。本属体色相当一致，通常黑色，脸黄色，口器、颊、翅基片基部、腿节端部、胫节基部 0.2、足的斑纹等淡黄色。足大部分褐黄色或火红色，后足基节常带黑色。

生物学：未知。

分布：世界广布。世界已知 7 种，中国记录 6 种，浙江分布 1 种。

(171) 稻纵卷叶螟黄脸姬蜂 *Chorinaeus facialis* Chao, 1981

Chorinaeus facialis Chao, 1981: 176.

主要特征：雌，颜面宽，表面均匀隆起，密布刻点；额近于光滑；头顶在单复眼后陡斜；上颊侧面观长与复眼相等。前胸背板大部分光滑；中胸盾片具细刻点，后方有中纵沟；小盾片具细刻点，具强侧脊；中胸侧板后半近于光滑；后胸侧板下方约 0.75 光滑。并胸腹节合并的基区和中区长方形，长为宽的 2 倍；气门椭圆形，更接近外侧脊。前翅无小翅室，小脉后叉式或对叉式；后小脉下方 0.3 微弯。后足腿节长约为厚的 2.7 倍；爪简单。腹部略扁，向末端稍宽，顶端钝圆；各节密生粗刻点，但第 1 背板两纵脊之间几乎光滑；第 2 背板具中纵脊及甚短亚侧脊；第 3 背板中纵脊约伸达 0.6 处或更长些。

分布：浙江（缙云、遂昌、松阳、庆元）、湖北、江西、湖南、福建、广东、广西、四川、贵州、云南。

70. 盾脸姬蜂属 *Metopius* Panzer, 1806

Metopius Panzer, 1806: 78. Type species: *Sphex vespoides* Scopoli, 1763.

主要特征：前翅长 6–16 mn。体上刻点粗而强，颜面大部分为一平或稍凹的盾形区域所占，其盾区周缘围有隆脊。颜面上方的触角间突形状因亚属而异。上颊短，隆起或平。颊短。上颚下齿稍小于上齿，有时无下齿。小盾片短，横形，在背侧方有一翼形的薄片，在端部如一尖突。小翅室大。小脉在基脉对方或外方。后小脉在中央上方曲折。胸腹侧脊因亚属而异。腹板侧沟长而宽。后胸侧板通常具粗刻点。并胸腹节气门长裂口形。中足胫节 1 距，后足胫节 2 距。前中足跗爪栉状或简单；后足跗爪简单。腹部侧方通常平行，具强刻点，上方通常强度隆起。第 1 背板正方形，通常壮，气门近于基部 0.25 处。中纵脊和亚侧纵脊通常伸达端部且强。第 2 背板常有一短而弱的亚侧纵脊。第 3–5 背板偶有一薄的中脊。所有露出背板的折缘均大且有褶与背板分开。

生物学：寄生于鳞翅目枯叶蛾科等。

分布：世界广布。世界已知 143 种，中国记录 18 种，浙江分布 6 种。

分种检索表

1. 上颚无下端齿，脸上触角之间有一突起，该突起侧扁，上面有条纵脊 ·················· 斜纹夜蛾盾脸姬蜂 *M. (M.) rufus*
- 上颚有下端齿，不是生在上端齿下缘的外侧；触角间突上无纵脊 ··· 2
2. 额的中央有一条纵脊，呈叶片状，它的下端与脸的上方触角间突相连 ············· 褐翅盾脸姬蜂 *M. (T.) fuscolatus*
- 额的中央有一个锥状突，或偏扁的齿状突，它的下方有一条脊，与脸的上方触角间突相连 ····················· 3
3. 第 1 背板背面大部分或完全黄色 ··· 4
- 第 1 背板背面大部分或完全黑色 ··· 5
4. 颜面盾状部周围黑色 ··· 眉原盾脸姬蜂 *M. (C.) baibarensis*
- 颜面盾状部周围黄色 ··· 桑夜蛾盾脸姬蜂 *M. (C.) dissectorius dissectorius*
5. 后足腿节长约为厚的 3.0 倍；腹部黑色，在第 2–4 背板端部 0.2–0.3 有明显黄带 ··································
 ··· 切盾脸姬蜂台湾亚种 *M. (C.) dissectorius taiwanensis*
- 后足腿节长约为厚的 3.2 倍；腹部蓝黑色有紫色金属闪光，第 2–4 背板仅在端侧角有黄斑 ·····················
 ··· 金光盾脸姬蜂 *M. (C.) metallicus*

（172）眉原盾脸姬蜂 *Metopius (Ceratopius) baibarensis* Uchida, 1930

Metopius (Ceratopius) baibarensis Uchida, 1930a: 250.

主要特征：雌，柄节和梗节前方、触角间突起、额眶下方、上颚基部、颚须第 2 节后缘、小盾片基侧角（有时侧突端部）、后小盾片、第 1 背板背表面 0.5、第 2–4 节各背板端缘 0.25 和第 5 背板端缘均黄色；触角基部赤褐色，端部黑褐色，柄节下面黄色。足黑褐色；前足腿节、中后足胫节多少带赤褐色，前足胫节带暗黄褐色。翅透明，前翅前缘端部烟褐色。脸盾高约为宽的 1.2 倍，下方钝圆；触角间突起钝三角形，中央凹陷并有刻点；额突侧扁，额有中等刻点。前胸背板前方光滑，下方有斜刻条，后上方具粗刻纹；小盾片侧突短于小盾片中长。腹部背板宽；第 1 背板背中脊在后端稍弱，但伸至后缘，侧面观背板的背表面和前表面交接处为一弧形直角；第 2、3、4 背板长分别约为端宽的 0.87、0.86 和 0.78。

分布：浙江（临安）、湖北、台湾、贵州。

（173）桑夜蛾盾脸姬蜂 *Metopius* (*Ceratopius*) *dissectorius dissectorius* Chu, 1935

Ichneumon dissectorius Panzer, 1805: 14.
Metopius (*Ceratopius*) *dissectorius dissectorius* Chu, 1935: 12.

主要特征：雌，颜面盾状部周围、前胸后上角、翅基片下方 1 纹、小盾片两侧后端小纹、腹部第 1–4 背板或第 1–5 背板后缘均黄色（腹部后缘黄带有时中断，甚至完全黑色）；翅透明，带黄褐色；翅脉褐色；足大体黑色，各转节、各腿节基部和端部、前足胫节、中足胫节基部和端部黄色，中、后足胫节和跗节赤褐色。颜面呈盾状隆起，周缘围以隆脊，触角间有三角形突起，但突起中央无纵脊且表面稍凹，与额中央的齿状突起下方有脊相连；胸部密布粗刻点；小盾片方形，宽稍大于长，两侧有脊，后角亦呈棘状突出。腹部两侧近于平行，第 1 背板近于光滑，前方在两背中脊之间倾斜，后方中央呈屋脊状隆起，气门在前方 1/3 处；以后各腹节具网状刻纹，第 2–5 背板中央有 1 细纵脊。

分布：浙江、江苏、湖南、台湾；朝鲜，日本。

（174）切盾脸姬蜂台湾亚种 *Metopius* (*Ceratopius*) *dissectorius taiwanensis* Chiu, 1962

Metopius (*Ceratopius*) *dissectorius taiwanensis* Chiu, 1962: 11.

主要特征：雌，脸盾高约为宽的 1.27 倍，下方钝圆，触角间突起狭三角形，中央凹，有刻点；额具刻点，下方为点状刻条或刻条；额突侧扁，与触角突起有一脊在底部相连；头顶后方在中央稍凹。前胸背板前方光滑，下方有 3–5 条强刻条，后上方具粗刻点；小盾片背面观侧叶突出部分长于小盾片中部长度；后胸侧板具稀疏中等细的刻点。并胸腹节合并的基区和中区杯形，前方侧缘平行或稍收窄，分脊在中央刚后方。后足腿节长约为厚的 3.0 倍。小翅室菱形，小脉后叉式。腹部背板较狭窄，第 1 背板一对中纵脊伸抵后缘，但向端部稍细，背板侧面观在背表面和前表面相遇处有一明显的角度；第 2、3 背板长分别为宽的 1.09 倍和 1.3 倍；第 2–4 背板满布纵行网皱，有不明显的中脊。

分布：浙江（临安）、台湾、四川。

（175）金光盾脸姬蜂 *Metopius* (*Ceratopius*) *metallicus* Michener, 1941

Metopius (*Ceratopius*) *metallicus* Michener, 1941: 7.

主要特征：雌，腹部具暗蓝色并带紫色金属光泽；脸盾边缘、额眶一小点、腹部第 2–4 节后侧角斑点黄色；触角、须和足暗褐色，但后足基节和腿节黑色；翅淡褐色，盘肘室前方 1/3 和径室色暗。脸盾高约为宽的 1.1 倍，下端钝圆，表面满布粗刻点，触角间突起三角形，浅凹，有刻点；额突侧扁与触角间突有一脊在底部相连；额刻点较小而稀；头顶后方中央稍凹；雄性触角 61 节。前胸背板下方 1/3 光滑并有 4 条短而强的刻条，上方 2/3 具中等粗的刻点；小盾片背面观突出区域短于小盾片中区；后胸侧板具粗糙大刻点。并胸腹节合并的基区和中区杯形，两侧约平行或前方稍收窄，第 1 侧区大部分光滑。后足腿节长约为厚的 3.2 倍。前翅小翅室不呈菱形，小脉刚后叉式。腹部狭窄；第 1 背板背中脊强，但至端部较弱，侧面观背板前表面与背表面有一弧形的直角。

分布：浙江（庆元、龙泉）、江西、台湾、广东。

（176）斜纹夜蛾盾脸姬蜂 *Metopius* (*Metopius*) *rufus* Cameron, 1905

Metopius rufus Cameron, 1905b: 278.

主要特征：雌，脸盾长约为宽的 1.2 倍，缘脊强，盾区表面稍凹，中央刻点较密，下端微尖或钝圆，触角间突起狭三角形，有一发达的中脊，其端部有一圆凹；上颚无下齿。前胸背板具粗刻点，在发达的前沟缘脊后方光滑，有斜生的刻条；小盾片刻点粗密，缘叶发达，其后端向后甚突出。并胸腹节分脊多少存在，中纵脊在基半强，而端半弱或消失；中区与基区合并，前宽后窄，后缘消失。腹部较狭；第 1 背板背中脊强，至后方弱或消失，背板中段具刻点，端部具纵刻条；背板侧面观为均匀弧形；第 2–4 背板满布粗网纹。有时头、胸部多少黄褐色至暗褐色；脸盾、触角间突起、额眶、前胸背板上缘、胸腹侧脊上方大斑、翅基下脊、小盾片端半及前侧方的脊、后小盾片、并胸腹节的一对斑点均黄色。触角红褐色，其柄节和梗节前面黄色。腹部每一背板均两色，基部暗褐至黑色，端部黄色，前 4 节黄色部位占 1/3–2/3，第 5–6 节为狭条。足褐色；前中足腿节端部、前中足胫节和跗节淡黄色至黄褐色；后足腿节在端侧方有一黄点。翅透明，在近翅尖处有一烟褐色大斑。

分布：浙江（杭州、缙云、松阳、庆元）、江苏、湖北、江西、福建、台湾、广东、香港、广西、四川、云南；蒙古国，朝鲜，日本，印度，菲律宾。

（177）褐翅盾脸姬蜂 *Metopius* (*Tylopius*) *fuscolatus* Chiu, 1962

Metopius (*Tylopius*) *fuscolatus* Chiu, 1962: 9.

主要特征：雌，体黑色，柄节、颜面（中央有 2 个褐斑）、额侧下角、前胸背板背缘、中胸侧板前方、前足（除了基节、转节至胫节外侧）、中足腿节基部和端部、中后足第 1 转节端部和第 2 转节、后足腿节基部 1/3 及基部外侧、第 1 背板除了中央、第 2 背板端侧角、第 3 背板亚端部、第 4 背板端部 2/3 均黄色；触角、翅基片、后足胫节和跗节褐色。翅浅褐色，脉黑褐色。上颚 2 齿；脸盾长约为宽的 1.2 倍，具粗刻点，在中央有夹点刻条，在下方具明显刻条。侧单眼外方有沟。后胸侧板密布粗刻点。下方具夹点刻皱；小盾片背面观侧方扩展，其宽大于中长。前翅第 1 肘间横脉长约为第 2 肘间横脉的 0.6。腹部各节宽；第 1 背板背中脊极强而完整，背表面基部 1/3、端缘和脊间区具粗而稀刻点；后足腿节长为厚的 3.0 倍。

分布：浙江（临安）、台湾。

71. 圆胸姬蜂属 *Colpotrochia* Holmgren, 1856

Colpotrochia Holmgren, 1856b: 1-104. Type species: *Ichneumon elegantulus* Schrank, 1781.

主要特征：前翅长 5.5–14 mm。头双晶形。侧面观触角间叶突有角度，其背面中央有一深沟。上颊非常狭而斜。并胸腹节几乎光滑且稍微隆起，均匀弧形，无明显背表面和后表面。第 1 背板细长，在基部狭，气门位于基部 0.37–0.5 处，腹板伸至 0.3–0.5 处。腹部有黄带。后足胫节 2 距。

生物学：寄生于鳞翅目夜蛾科等。

分布：世界广布。世界已知 62 种，中国记录 14 种，浙江分布 5 种和亚种。

分种检索表

1. 后小脉垂直或外斜；小翅室有或无 ·· 2
- 后小脉强度内斜；有小翅室 ·· 黄圆胸姬蜂 *C.* (*S.*) *flava*

2. 小盾片几乎完全黄色；并胸腹节（偶有全黑）或第 1 背板有明显黄色或淡红色斑纹 ·· 3
- 小盾片黑色，端缘有狭窄黄斑；并胸腹节完全黑色；第 1 背板完全黑色（或除了后缘）；第 3 背板完全黄色或红黄色 ··· 4
3. 并胸腹节黑色无黄斑，有时在端区前方有一对小黄点 ·················· 毛圆胸姬蜂中华亚种 *C. (C.) pilosa sinensis*
- 并胸腹节中后方有一黄色宽带，通常约占并胸腹节背表面的一半或更多 ········ 毛圆胸姬蜂指名亚种 *C. (C.) pilosa pilosa*
4. 腹部第 1 背板后缘、第 2 背板黄色 ·· 定山圆胸姬蜂福建亚种 *C. (C.) jozankeana fukiensis*
- 腹部第 2 背板端部 0.3–0.4 红黄色 ·· 马氏圆胸姬蜂 *C. (C.) maai*

（178）定山圆胸姬蜂福建亚种 *Colpotrochia (Colpotrochia) jozankeana fukiensis* Momoi, 1966

Colpotrochia (*Colpotrochia*) *jozankeana fukiensis* Momoi, 1966: 26.

主要特征：雌，颜面大部分光滑，中央部分刻点大于点距；额突在中沟两侧呈发达叶突，向顶部明显增厚，背面观其水平边框非常厚。并胸腹节侧纵脊明显，完整，直伸至并胸腹节端部与端区侧脊愈合。后胸侧板脊触及气门，并在气门下方强度弯曲。腹部第 1 背板背脊明显，伸至气门；第 4 背板有侧纵沟伸至端部附近，气门边缘至侧缝距约为气门直径的 4 倍。后小脉在中央曲折。体黑色。触角褐色，腹方色浅，柄节内侧黄色；小盾片端部、后小盾片、第 1 背板端部 0.2、第 2–3 背板黄色；翅基下脊、前胸背板肩角和中胸后侧片多少带红色。前足黄色，基节、转节、腿节广泛的黑色；中、后足黑色，腿节和转节连结处、中足胫节端部、后足胫节（除了最基部和端部 0.2 带褐色）黄色；中足跗节褐色。翅透明。

分布：浙江（庆元）、福建。

（179）马氏圆胸姬蜂 *Colpotrochia (Colpotrochia) maai* Momoi, 1966

Colpotrochia (*Colpotrochia*) *maai* Momoi, 1966: 20.

主要特征：雌，头部具稀疏粗刻点；从头背面观额脊中沟两侧突叶较弱，向顶部强度变窄。小盾片侧脊钝，伸至中央稍过。并胸腹节侧纵脊不是直伸至端部，而通常是向外折向后足基节基部正前方；外侧脊通常触及气门，并在气门下稍弯曲。无小翅室；后小脉在中央稍下方曲折。腹部第 1 背板背中脊钝，偶尔伸达气门，但也有较清楚且伸过气门的；第 4 背板折缘的褶近于完整至端部，该节气门与此褶的距离为气门直径的 4 倍。

分布：浙江（临安、泰顺）、福建。

（180）毛圆胸姬蜂指名亚种 *Colpotrochia (Colpotrochia) pilosa pilosa* He, Chen *et* Ma, 1995

Colpotrochia (*Colpotrochia*) *pilosa pilosa* He, Chen *et* Ma, 1995: 555.

主要特征：雌，颜面具微弱网状刻点；额光滑，额突的中纵沟两侧叶片状，背面观至端部强度变窄，它的水平的边非常薄；头顶光滑，在单眼、复眼后陡斜。前胸背板在前沟缘脊后方凹而光滑，仅后缘下方有几条短脊；中胸盾片和小盾片均散生刻点，小盾片侧脊钝，刚至中央；中胸侧板除镜面区外和后胸侧板上方散生带长毛细刻点，有强光泽。并胸腹节除基部中央稍光滑外满布带毛细刻点；侧纵脊中央无角度；外侧脊触及气门，在气门下常弯曲。前翅无小翅室；后小脉在下方 0.38–0.45 处曲折。腹部短棒形，至后端渐粗，满布带毛细刻点；第 1 背板长为宽端的 2 倍，背中脊钝；第 4 背板折缘的褶伸至 0.7 处，气门离此褶的距离为气门直径的 4–5 倍。产卵管鞘极短，几乎不露出。

分布：浙江（长兴、余杭、临安、庆元）、湖南、福建、台湾、云南；印度。

（181）毛圆胸姬蜂中华亚种 *Colpotrochia* (*Colpotrochia*) *pilosa sinensis* Uchida, 1940

Colpotrochia (*Colpotrochia*) *pilosa sinensis* Uchida, 1940a: 129.

主要特征：本种与指名亚种极其相似，其区别在于前胸背板前沟缘脊上端无黄斑；并胸腹节无黄色横带，偶尔在端区前方有 2 个小黄点；后足基节、第 1 转节、腿节（除了最基部）黑色，后足跗节黑褐色（足的黑斑部位略有变化）。

分布：浙江（遂昌、松阳）、江苏、江西、福建、广东、海南、贵州；日本。

（182）黄圆胸姬蜂 *Colpotrochia* (*Scallama*) *flava* Uchida, 1931

Colpotrochioides flavus Uchida, 1931a: 145.
Colpotrochia (*Scallama*) *flava* He, Chen *et* Ma, 1996: 397.

主要特征：雌，颜面密布刻点；唇基比颜面低；颚眼距为上颚基宽的 0.5；额突从头背面观中沟两侧叶高，向端部强度变窄，其水平部位甚薄；单、复眼间距与侧单眼间距约等长，刚长于侧单眼直径，头顶在后方强度收窄；上颊陡斜，侧面观宽于复眼横径。中胸盾片具细刻点；小盾片梯形，平坦，近于光滑，侧脊至端部附近。并胸腹节近于光滑，侧后方多黄色长毛，外侧脊达于后端，与气门触及，在气门下段直。小翅室斜梯形，具长柄，柄长约为第 1 肘间横脉的 0.6；小脉在基脉内方，其间距约为小脉长的 0.4。后小脉在下方 0.6 处曲折，上段内斜。后足基节长为厚的 1.2 倍。腹部第 1 背板近于光滑，长为端宽的 1.5 倍；以后各节背板有带长毛的强刻点；第 2 背板窗疤横椭圆形，浅，紧贴于背板前缘。

分布：浙江（杭州、开化）、四川；日本。

72. 等距姬蜂属 *Hypsicera* Latreille, 1829

Hypsicera Latreille, 1829: 288. Type species: *Ichneumon femoralis* Fourcroy, 1785.

主要特征：前翅长 2.25–6.5 mm。体刻点细，中等密。颜面强度隆起，从口器至触角窝附近向前倾斜。颜面上缘的触角窝之间为一短宽的尖突，共弯向背方。上颊隆起。头部背方从侧单眼后缘至后头孔陡直。后头脊弱或侧方缺。颊长约为上颚基宽的 1.1 倍。上颚相当小，下齿明显短于上齿。小盾片稍微隆起，无侧脊。无小翅室。小脉在基脉很外方。后小脉在下方约 0.3 处曲折。胸腹侧脊完整。后胸侧板近外侧脊处有一沟，除背缘附近有些毛外光滑无刻点。并胸腹节相当长，在端横脊处陡落；脊完整，中区与基区合并，有些种分脊也消失。足粗壮。中足胫节距近等长。腹部在中央稍宽。第 1 背板基部相当狭窄，气门在基部 0.35 处；侧纵脊明显，通常伸至端部，中纵脊在基部明显。

生物学：寄生于鳞翅目夜蛾科等。

分布：世界广布。世界已知 63 种，中国记录 14 种，浙江分布 3 种。

分种检索表

1. 并胸腹节中区和基区被一完整横脊分开 ··· 红足等距姬蜂 *H. erythropus*
- 并胸腹节中区和基区完全愈合 ·· 2
2. 并胸腹节中区长度为端区的 1.8 倍 ··· 台湾等距姬蜂 *H. formosana*
- 并胸腹节中区长度为端区的 2.4 倍 ··· 光爪等距姬蜂 *H. lita*

(183) 红足等距姬蜂 *Hypsicera erythropus* (Cameron, 1902)

Exochus erythropus Cameron, 1902a: 432.
Hypsicera erythropus: Yu *et al*., 2016.

主要特征：雌，体长 6.5 mm。触角、颜面三角突、口器、翅基片和足黄褐色至赤褐色，有时跗节端部和胫节基部褐色。侧面观头部在复眼前方突出部位为复眼最宽处的 0.39，为上颊长的 0.87；小盾片稍隆起，端部圆；后胸侧板光滑，在前缘和背缘有极少数稀疏细刻点。并胸腹节脊宽而高；基区和中区分开，其合并长度约为端区长的 1.2 倍；分脊在中区中央稍前方伸出。前翅无小翅室，小脉在基脉很外方，内斜。

分布：浙江（萧山）、台湾。

(184) 台湾等距姬蜂 *Hypsicera formosana* (Uchida, 1930)

Metacoelus formosana Uchida, 1930a: 266.
Hypsicera formosana: Yu *et al*., 2016.

主要特征：雌，颜面的三角突、口器、翅基片和足褐色。头侧面观高约为宽的 0.95，复眼前的突出部位约为复眼最宽处的 0.77，约与上颊等长；单眼、复眼间距约为单眼直径的 1.1 倍。小盾片平；后胸侧板完全光滑，无刻点。并胸腹节的脊不很宽，中区和基区愈合，其合长为端区长的 1.8 倍。

分布：浙江（庆元）、台湾。

(185) 光爪等距姬蜂 *Hypsicera lita* Chiu, 1962

Hypsicera lita Chiu, 1962: 26.

主要特征：雌，翅基片和足黄褐色；触角、头的前角、前胸背板后角红褐色。侧面观头部在复眼前方突出部位约为复眼最宽处的 0.71，约为上颊长度的 0.8。小盾片平，稍长三角形；后胸侧板光滑无刻点。并胸腹节基区和中区愈合，其长约为宽的 3 倍、为端区长的 2.4 倍。前翅无小翅室，小脉在基脉外方，甚内斜。前中足具栉齿。

分布：浙江（杭州）、江苏、台湾。

73. 长颊姬蜂属 *Macromalon* Townes *et* Townes, 1959

Macromalon Townes *et* Townes, 1959: 1-318. Type species: *Macromalon montanum* Townes *et* Townes, 1959.

主要特征：头部在侧单眼至后头脊之间向后倾斜，然后由后头脊至后头孔几乎垂直；颊长约为开口部位宽的 0.8；小盾片侧缘不扩大呈镶边状；无小翅室；前足和中足的爪通常简单；中足胫节距约等长。
生物学：寄生于鳞翅目菜蛾科。
分布：世界广布。世界已知 2 种，中国记录 1 种，浙江分布 1 种。

(186) 东方长颊姬蜂 *Macromalon orientale* Kerrich, 1967

Macromalon orientale Kerrich, 1967: 194.

主要特征：雌，体具细而密刻点。颚眼距（颊）长，为上颚基宽的 1.5 倍。愈合的颜面和唇基较长。

颜面上缘在触角窝之间有一小突起。额光滑，无纵脊或突起。小盾片稍拱隆，无侧脊。中胸侧板的胸腹侧脊伸至翅基下脊；腹板侧沟为宽而浅的长凹沟。并胸腹节相当短，基中区愈合，长约为宽的 1.25 倍，分脊与其他脊同等发达。腹部第 1 背板基部稍窄，长为端宽的 1.16 倍，背中脊约伸至 0.35 处。第 2、3 背板均无背脊，长均为端宽的 0.7。第 1–3 节折缘几乎消失，第 4–6 节折缘较狭窄。无小翅室；肘间横脉至第 2 回脉之距约为其长的 0.9；小脉在基脉外方，其距为小脉长的 0.35–0.4。后小脉稍内斜，近下端稍曲折。中足 2 胫距约等长。后足腿节和胫节较粗壮。

分布：浙江（杭州）、福建、台湾、四川、云南；印度。

74. 凸脸姬蜂属 *Exochus* Gravenhorst, 1829

Exochus Gravenhorst, 1829b: 328. Type species: *Ichreumon sravipes* Gravenhorst, 1829.

主要特征：前翅长 2.7–7.5 mm。脸强度突起，脸上缘触角间突三角形，其后方有一条脊，伸达额基部。额通常无中脊。上颊很长，致使头近于方形。颊为上颚基宽的 0.5。上颚下齿比上齿小得多。小翅室缺。小脉通常后叉，有时对叉。后小脉强度内斜，在上方 0.2 处曲折。胸腹侧脊完整。后胸侧板光滑，有时稍有稀疏刻点。并胸腹节分区常完整或近于完整，分脊常缺，基区中部与中区常愈合，有时其他脊也缺；气门长形。足粗壮。中足胫节前距比后距短。跗爪简单。腹部两侧平行或向基部收窄，第 1 背板气门位于基部的 0.3 处，两侧脊强壮达端部，中纵脊基部强壮但不达端缘。第 2 背板无背脊。第 1、2 节背板折缘退化，第 3 节及以后各节折缘很宽。

生物学：寄生于鳞翅目夜蛾科等。

分布：世界广布。世界已知 284 种，中国记录 21 种，浙江分布 2 种。

(187) 黄盾凸脸姬蜂 *Exochus scutellaris* Chiu, 1962

Exochus scutellaris Chiu, 1962: 37.

主要特征：雌，头高约为宽的 0.89；头部侧面观颜面上方突出部位约为复眼最大宽度的 0.33，约为上颊长的 0.36；颜面具粗糙刻点，和唇基完全愈合，强度圆凸状隆起；额具细刻点，稍凸圆，其下部有一强而侧扁的中脊，此中脊伸至触角间突起下方；单眼、复眼间距约为侧单眼直径的 1.1 倍；后头在侧单眼后方非常微弱凹入，后头脊背方缺。并胸腹节分区明显，脊相当强。翅无小翅室；肘间横脉在第 2 回脉基方约为本身长的 1.2 倍；后小脉在下方 0.2 处截断。足粗壮；跗爪简单。第 1 背板长约为端部宽的 0.9，其中纵脊仅在基半存在。第 2 背板无背纵脊；第 3 及以后各节折缘相当宽。

分布：浙江（杭州、镇海）、江苏、湖南、台湾、四川、云南。

(188) 缘盾凸脸姬蜂 *Exochus scutellatus* (Morley, 1913)

Xanthexochus scutellatus Morley, 1913: 293.
Exochus scutellatus: Yu et al., 2016.

主要特征：雌，颜面满布粗而浅的刻点；额具细刻点，在中单眼下方稍隆起；头顶在单、复眼之后陡斜；后头脊上方完整；复眼大；上颊侧面观与复眼横径约等长。前胸背板光滑；中胸盾片具带毛刻点；小盾片刻点极细，具侧隆脊；中胸侧板近于光滑。并胸腹节光滑，中区近六边形，分脊在前方 0.33 处。后腿节长为厚的 2.1 倍。腹部光滑，具极细刻点；第 1 背板长约为端宽的 0.92；第 3 背板折缘桨状。

分布：浙江（庆元）、云南；孟加拉国。

（十六）格姬蜂亚科 Gravenhorstiinae

主要特征：体和附肢通常细长，腹部侧扁，产卵管通常短。上颚常有 2 齿，有时单齿。前沟缘脊通常长而强，有时无。无腹板侧沟。中胸腹板后横脊大部分完整或偶有不完整。并胸腹节多具网状皱纹，有时除基横脊外无其他脊，其端部常突出成一个柄。中后足胫节通常各有 2 距，但个别属单距。后足跗节常扩大或肿胀，特别是雄性。无小翅室，肘间横脉通常在第 2 回脉基方，有时在对过或端方。第 2 回脉有 1 个弱点。第 1 背板长，通常细，无基侧凹，腹板和背板愈合而无分隔的缝。第 1 背板气门通常在很后方。无窗疤。产卵管有端前背缺刻，在缺刻后方常相当细。

生物学：本亚科寄主为鳞翅目，产卵在幼虫体内，而从蛹期羽化，单寄生。

分布：世界广布。浙江分布 5 属 10 种。

分属检索表

1. 中足胫节仅 1 距 ·· 短脉姬蜂属 *Brachynervus*
- 中足胫节有 2 个明显端距 ··· 2
2. 后翅亚盘脉存在，至少近后小脉处，偶有着色浅，微弱 ·· 3
- 后翅无任何亚盘脉痕迹，后小脉均匀弧形或直 ····································· 阿格姬蜂属 *Agrypon*（部分）
3. 前胸背板下前角处无齿状突；第 1 回脉与盘肘室连接处通常位于该室中部基方；唇基端缘中部通常尖或圆 ············· 5
- 前胸背板下前角处有一尖齿状突；第 1 回脉与盘肘室连接处通常位于该室中部；唇基端缘中部平截，或凹陷，或两侧稍突出 ··· 4
4. 额在两个触角窝之间有一条粗脊，此脊不呈很高的侧扁的齿或薄片；雄性后足跗节第 2 节腹面没有一个稍凹陷的区域；后足基跗节长为第 2–5 跗节之和的 0.6–1.2 倍 ··· 棘领姬蜂属 *Therion*
- 额在两个触角窝之间有一个很高的侧扁的齿或薄片；雄性后足跗节第 2 节腹面有一个卵圆形至长形的凹陷区域；后足基跗节长为第 2–5 跗节之和的 0.75–2.3 倍 ·· 异足姬蜂属 *Heteropelma*
5. 前足基节从腹面观沿腹面前缘有一条脊 ·· 软姬蜂属 *Habronyx*
- 前足基节从腹面观沿腹面前缘光滑，没有脊的痕迹 ······················· 阿格姬蜂属 *Agrypon*（部分）

75. 软姬蜂属 *Habronyx* Förster, 1869

Habronyx Förster, 1869: 145. Type species: *Habronyx gravenhorstii* Förster, 1869.

主要特征：前翅长 4.7–24 mm。复眼内缘近于平行或稍向下收窄。复眼表面裸或有短而稀的毛。额有或无中竖脊。唇基端缘有中等至大的中齿。上颊中等长至长。后头脊完整，颊脊在上颚基部相连。上颚下齿稍短于上齿。通常无前沟缘脊。盾纵沟长，强至很弱。小盾片稍微至强度隆起，通常有侧脊。胸腹侧脊通常完整。中胸腹板后横脊在每一中足基节前方中断。并胸腹节端部达于后足基节约 0.35 处。中足胫节 2 距。后足胫节和跗节不特化。跗爪部分或完全具栉齿。肘间横脉通常在第 2 回脉内方，有时在对过或稍外方。外小脉在上方 0.45 至下方 0.37 处曲折。无后盘脉。第 2 背板明显长于第 3 背板，折缘通常被褶分开。

生物学：寄主主要为鳞翅目幼虫。

分布：世界广布。世界已知 49 种，中国记录 8 种，浙江分布 2 种。

（189）松毛虫软姬蜂 *Habronyx heros* (Wesmael, 1849)

Anomalon heros Wesmael, 1849: 125.

Habronyx heros: Yu et al., 2016.

主要特征：雌，颜面向下方收窄，稍宽，满布细刻点，中央有一小纵凹；唇基刻点稀，端缘光滑，端缘中央有一尖齿；额中央有一细纵脊，脊之两侧为横皱状刻条；单眼区具网状刻点。前胸背板前沟缘脊强，具网皱；中胸盾片具细刻点。中叶中央有浅纵沟，盾纵沟长，后方之间具网状皱纹；小盾片前方 2/5 中央隆起较高，后方中央有浅纵沟，满布不规则网皱，侧脊弱；中胸侧板满布刻点；并胸腹节中央有纵凹槽。前翅无小翅室，盘脉基段长为盘肘脉的 0.7；后小脉在上方 0.4 处曲折。雄性跗节不肿大；爪有栉齿。腹部细长而明显侧扁；第 1 节气门位于后方 0.18 处。

分布：浙江（温岭、庆元）、黑龙江、内蒙古、北京、山东、四川；俄罗斯，朝鲜，日本，德国，比利时等。

（190）柞蚕软姬蜂 *Habronyx insidiator* Smith, 1874

Habronyx insidiator Smith, 1874: 396.

主要特征：雄，头部在复眼之后相当肿出，阔于胸部；颜面表面较平坦，密布细刻点，上方中央有一纵行小瘤突；唇基光滑，中央有一尖齿；额中央有深的纵沟。前胸背板近于光滑，前沟缘脊发达，此脊后方为短刻条；中胸盾片具刻点，后方中央为细刻条；盾纵沟明显，内有细脊，不达后缘；小盾片均匀隆起，在两侧呈夹点横皱，无侧脊；中胸侧板下半具细刻点；上半近于平滑，但翅基下脊下方多不规则网皱；后胸侧板均匀隆起，满布粗网状刻纹。并胸腹节近于圆形，宽为长的 1.2 倍，满布粗网状刻纹，在中央有纵凹槽。前翅无小翅室，肘间横脉粗短，与第 2 回脉对叉式；小脉后叉式；后小脉约在上方 0.43 处曲折。后足跗节不膨大；跗爪无栉齿。腹部细长而明显侧扁；第 1 背板气门位于后方 0.2 处。

分布：浙江（临安）、东北、福建；俄罗斯，朝鲜，日本等。

76. 棘领姬蜂属 *Therion* Curtis, 1829

Therion Curtis, 1829: 101. Type species: *Ichneumon circumflexus* Linnaeus, 1758.

主要特征：前翅长 6–13 mm。唇基端缘中央平截或稍微凸出。上颚下齿比上齿小。颊脊与上颚基部相接。额有一中竖脊或一中褶，或侧扁的角突，其褶或角均不下伸达触角窝之间。小盾片强度隆起，无侧脊，但有时在基角存在。中胸腹板后横脊在各中足基节前方缺断。并胸腹节常形。并胸腹节与后胸侧板之间在外侧脊处被一弱凹痕分开，外侧脊弱，不明显或消失。后足基跗节长为第 2–5 跗节的 0.6–1.2 倍。后足跗节第 2–4 节上边有一弱中脊。跗爪全部或部分具栉齿，或简单，所有跗爪中等长，相当直，近端部强度弯曲。肘间横脉在第 2 回脉基方为肘间横脉长的 0.4–1.2 倍，后小脉在下方 0.3 至上方 0.42 处曲折。

生物学：寄生于大型鳞翅目幼虫，某些种仅寄生多毛的鳞翅目幼虫，如灯蛾科。

分布：世界广布。世界已知 25 种，中国记录 4 种，浙江分布 2 种。

（191）黏虫棘领姬蜂 *Therion circumflexum* (Linnaeus, 1758)

Ichneumon circumflexum Linnaeus, 1758: 566.
Therion circumflexum: Yu et al., 2016.

主要特征：雌，颜面宽，满布网状刻点，近眼眶和唇基处稍隆起，上缘中央有小突起；唇基满布网状刻点，端缘几乎直；额侧方隆起，中央密布细网皱，正中有一片状的脊，此脊不伸到触角窝之间，上端稍粗呈一瘤状突起；单眼区相当隆起。前胸背板具粗而稀刻点及细刻条，背缘光滑，下前角有尖齿状突起；中胸盾片长，具夹点网皱，盾纵沟浅凹，在近后端相接；小盾片锥形隆起，但顶钝，具中等刻点和长毛；中胸侧板密布夹点网皱；后胸侧板在中央隆起，前方为夹点网皱，后方为粗网皱。并胸腹节满布网皱，并有长毛，中央稍纵凹。前翅无小翅室；盘室狭长，外小脉位于下缘中央；小脉后叉式；后小脉在上方 0.4 处曲折。

分布：浙江（临安、庆元）、黑龙江、吉林、辽宁、内蒙古、北京、河北、甘肃、新疆、江西、台湾等；俄罗斯，蒙古国，朝鲜，日本，芬兰，波兰，比利时，英国，以色列，北美洲等。

（192）红斑棘领姬蜂 *Therion rufomaculatum* (Uchida, 1928)

Exochilum circumflexum var. *rufomaculatum* Uchida, 1928b: 237.
Therion rufomaculatum: Yu et al., 2016.

主要特征：雌，颜面密布细皱或网状刻点，但亚中线和侧缘均稍光滑而纵隆；唇基端缘光滑、中央平截；颊突出；额具粗网皱，在光滑的触角洼上方网皱细，正中有一薄片状的突起；头顶具网皱或网状刻点。前胸背板满布网状刻点，在前后缘并列短刻条；中胸盾片满布网纹，盾纵沟处仅有痕迹；小盾片馒头形隆起，密布刻点；中、后胸侧板满布网状刻点；后胸侧板中后方甚隆突，突之后为网皱。并胸腹节满布粗网皱，中央稍纵凹。无小翅室，外小脉在盘肘室下缘中央，小脉后叉式；后小脉在中央曲折。腹部细长侧扁；第 1 节细长，后柄部仅稍宽。

分布：浙江（遂昌）、湖北、台湾、广东、四川、贵州、云南、西藏。

77. 异足姬蜂属 *Heteropelma* Wesmael, 1849

Heteropelma Wesmael, 1849: 119. Type species: *Anomulon* (*Heteropelma*) *calcator* Wesmael, 1849.

主要特征：前翅长 6.5–17 mm。唇基端缘中央中等隆起或平截，或有宽的缺刻，其缺刻两侧通常隆起。上颚端缘中等宽，下齿约为上齿的 0.3。颊脊在上颚基部相接。额下部在触角窝之间有高竖的片状叶突。小盾片平或中央微凹；在基角常有侧脊或伸至 0.4 处。中胸腹板后横脊完整。并胸腹节常形或相当长；与后胸侧板通常有一弱凹痕分开，无外侧脊。后足基跗节长为第 2–5 跗节之和的 0.75–2.3 倍。雄性后足第 2 跗节多有一卵圆形至长形的凹陷区。跗爪简单，中等长，前中足跗爪强度弯曲，后足跗爪在中央明显弯成 100°，并有一基叶。肘间横脉在第 2 回脉基方，其距为其长的 0.7–1.0 倍。后小脉在约上方 0.35 处曲折。

生物学：寄主为大型鳞翅目幼虫。
分布：世界广布。世界已知 29 种，中国记录 11 种，浙江分布 2 种。

（193）松毛虫异足姬蜂 *Heteropelma amictum* (Fabricius, 1775)

Ichneumon amictus Fabricius, 1775: 341.
Heteropelma amictum: Yu et al., 2016.

主要特征：雌，额在触角窝之间具高而侧扁的片状突起；上颊约为复眼宽的 0.5，雄蜂上颊明显地隆肿，从前面观宽于复眼；颜面较平，具刻点；唇基端缘两侧角状，中央稍凹陷。前胸背板前下角具齿状突，大部分具皱纹；中胸盾片刻点密，盾纵沟较明显；中胸侧板上端具不规则的皱纹，镜面区光滑，其余部分具较弱的刻点，雄蜂刻点较强；并胸腹节具斜纵纹，中央稍凹，凹陷内具横皱纹。后足跗节隆肿。

分布：浙江（缙云、松阳、龙泉）、吉林、辽宁、陕西、江苏、江西、湖南、福建、台湾、广东、广西、四川、贵州、云南；印度，尼泊尔，孟加拉国，缅甸，菲律宾，印度尼西亚。

（194）长跗异足姬蜂 *Heteropelma elongatum* Uchida, 1928

Heteropelma elongatum Uchida, 1928b: 238.

主要特征：雌，头在后方收窄，头顶具革状刻纹，侧方有粗糙刻点；后头脊均匀弧形。触角窝之间叶突中等大小，侧面观多少三角形。颜面具浅色长毛。前胸背板具革状刻纹，前钩强。中胸盾片中央具革状刻纹，侧方有刻点；盾纵沟中等强，伸至盾片中央之后；中胸盾片上毛短，黄红色。中胸侧板背方具网皱，侧下方具刻点；胸腹侧脊强，约伸至中胸侧板中央，上端通常与前侧缘分离。小盾片有纵凹。中胸腹板后横脊完整。并胸腹节背方长约等于宽；具网皱，无侧突，腹方刻纹强。中足胫距等长。

分布：浙江（临安）、福建、广东、海南、四川、云南；日本。

78. 阿格姬蜂属 *Agrypon* Förster, 1860

Agrypon Förster, 1860: 151. Type species: *Ophion flaveolatus* Gravenhorst, 1807.

主要特征：前翅长 3.5–13.5 mm。体通常细长。复眼表面无毛。额通常有一中纵脊。唇基端部有一中齿。上颊中等长，通常在后方收窄。后头脊达于上颚基部，上颚下齿较小。前沟缘脊与颈上的脊强度分开，上端向前弯。盾纵沟强至弱，有时无。小盾片中等隆起，在基部几乎总有一横脊穿过，侧脊通常伸达端部。前胸侧板下角后折或弧形后弯，有时被一横脊分开。中胸腹板后横脊完整，或在中足基节前方中断。并胸腹节端部通常伸达后足基节近端部 0.7 处，有时超过，延伸部的侧方常有粗皱。前足基节下方有一明显的脊，至少在前方或前中方存在。肘间横脉在第 2 回脉基方。外小脉几乎总是在中央上方曲折，通常在上方 0.25–0.38 处。后盘脉有或无，大部分种无。第 2 背板明显长于第 3 背板。折缘被褶分开。产卵管鞘长通常约为腹端部厚度的 0.9。

生物学：寄生于鳞翅目尺蛾科等。

分布：世界广布。世界已知 171 种，中国记录 37 种，浙江分布 2 种。

（195）稻苞虫阿格姬蜂 *Agrypon japonicum* Uchida, 1928

Agrypon japonicum Uchida, 1928b: 252.

主要特征：雌，头、胸部密布夹点刻皱和细白毛；额有细中脊；唇基前缘有一明显的中齿；触角长于体长，第 1 鞭节在中央微弯曲，长于第 2、3 鞭节之和。小盾片有隆边。并胸腹节密布网状皱纹，末端不达于后足基节末端；前翅第 2 盘室基部窄；后小脉不截断，微向外方弯曲，无后盘脉；腹部细长而侧扁，产卵管鞘长度约与腹末节厚度相等。雄蜂与雌蜂相似，但体较小，色较深。后头全部、前胸背板上方、中胸侧板几乎全部、后胸侧板大部分或连腹板、并胸腹节除了端部均黑色。

分布：浙江（长兴、金华、丽水）、陕西、江苏、安徽、湖北、江西、湖南、福建；日本。

（196）铃木阿格姬蜂 *Agrypon suzukii* (Matsumura, 1912)

Anomalon suzukii Matsumura, 1912: 120.
Agrypon suzukii: Yu *et al.*, 2016.

主要特征：雌，前胸背板、中胸盾片、小盾片、中胸侧板具夹点刻皱；前沟缘脊明显，但不达上方；

盾纵沟弱；小盾片倒梯形，前缘具脊；后胸侧板具网皱。并胸腹节满布网皱；后端向后延伸，但不达后足基节端部；中纵脊仅基部存在，其外侧光滑。前翅无小翅室，小脉几乎为对叉式；第2盘室基部较窄；后小脉不曲折，无后盘脉。前足基节前缘具脊；后足第1跗节与第2-5跗节等长（雌）或稍短（雄）。腹部细长而侧扁；第1背板长为亚端部最宽处的7.1倍，稍短于第2背板。产卵管鞘长为后足胫节的0.4。体及足浅黄褐色至黄色；额至后头中央，有时中胸盾片中央纵条或大部分黑褐色。翅稍带烟黄色，翅痣黄褐色。

分布：浙江（安吉、嘉兴、杭州、宁波）、湖北、江西、台湾；日本。

79. 短脉姬蜂属 *Brachynervus* Uchida, 1955

Brachynervus Uchida, 1955: 123. Type species: *Brachynervus tsuneki* Uchida, 1955.

主要特征：前翅长约14 mm。唇基小，几乎平，端部强度隆起。上颚短而壮，端部扭曲约30°，有短齿。下齿长约为上齿的0.7。颊脊与口后脊相连。额中央有一高而侧扁的角突。胸部很短壮。小盾片宽，平或稍隆起。无中胸腹板后横脊。并胸腹节很短宽，腹部着生部位在后足基节很上方。并胸腹节与后胸侧板之间无外侧脊，仅有一凹痕分开。肘间横脉远在第2回脉基方，很短，有时由于径脉和肘脉相连而消失。后小脉在下方0.35处曲折。后足基跗节长约为第2-5跗节的0.65。跗爪具栉齿或简单，相当短。前中足跗爪强度弯曲。后足跗爪明显弯曲，中央呈115°，并有一基叶。

生物学：寄主为刺蛾科等，成蜂从寄主蛹内羽化并咬破寄主幼虫的硬茧外出。单寄生。

分布：古北区、东洋区。世界已知9种，中国记录8种，浙江分布2种。

（197）锚斑短脉姬蜂 *Brachynervus anchorimaculus* He *et* Chen, 1994

Brachynervus anchorimaculus He *et* Chen, 1994: 92.

主要特征：雌，唇基端缘弧形凸出，在中央浅缺，两侧各有1个小瘤；额突呈薄片状峰形；上颊弧形收窄，侧面观近于等宽，长为复眼的0.5，表面满布粗而模糊刻点；后头近于光滑。小盾片平，宽为长的0.92-1.0倍。中、后胸侧板网皱较小而深。并胸腹节宽为长的1.4倍。前翅小脉后叉式，肘间横脉存在；后小脉在下方0.45处曲折。前中足跗爪栉齿少；后足胫距端尖。产卵管近端部稍膨大；产卵管鞘长为基跗节的0.85。雄，前翅长11.8 mm；并胸腹节下侧方的斑较大；腹部至端部色较暗；后足胫节外距（短距）顶端稍钝，内距（长距）顶端尖。

分布：浙江（龙泉）、湖北、广东。

（198）混短脉姬蜂 *Brachynervus confusus* Gauld, 1976

Brachynervus confusus Gauld, 1976: 79.

主要特征：雌，头胸部满布皱纹；颜面近方形，向下稍收窄；唇基端缘薄，有或无明显中切；额具一长而顶平的峰状突；后头光滑；上颊稍弧形收窄；触角长于体，73节；前沟缘脊明显；中胸盾片具4条纵脊，在中央的靠近，脊间有横脊；后胸侧板与并胸腹节愈合体膨大，背面观宽于中胸。腹部细瘦侧扁，着生于后基节很上方；第1节长为第2节的1.1倍，其柄节稍膨大。产卵管鞘长为第3背板的0.7-0.8。跗爪弯曲，其中前中足的跗爪满布栉齿。前翅肘间横脉明显，第2盘室长为高的2.2-2.5倍。

分布：浙江（临安、开化、松阳）、辽宁、山东、湖北、江西、湖南、福建；印度。

（十七）犁姬蜂亚科 Acaenitinae

主要特征：唇基与脸分开或不分开；端部厚或薄，平截或隆起，有 1 中瘤或略呈 2 叶状。上唇常突出。上颚多具 2 齿。腹板侧沟缺。胸腹侧脊不全。并胸腹节脊多变，常分区。前足胫节端部外侧有 1 齿。中后足胫节有 2 距。前中足跗爪近端部紧贴 1 锐齿，形似有 2 个端叶，或爪简单或爪具 1 大的基叶。后足跗爪简单，或在几个属中也有 1 紧贴的锐齿。小翅室常缺。第 2 回脉有 2 个弱点。后小脉常在中部或中部以上曲折。第 1 背板很直，常无基侧凹，气门位于中部稍前方。雌性下生殖板很大，骨质化，三角形，中线对折，其尖端达到或超过腹端（Coleocentrini 族的一些属中，下生殖板端部凹，伸达腹部末端）。产卵管细，常超过腹部末端，无亚端部缺刻，端部有横脊但常弱。

生物学：寄主是树生甲虫。

分布：除澳洲区外全世界均有分布。世界已知 2 族，中国记录 2 族 13 属，浙江分布 1 属 1 种。

80. 污翅姬蜂属 *Spilopteron* Townes, 1960

Spilopteron Townes *in* Townes *et al.*, 1960: 1-676. Type species: *Spilopteron franclemonti* Townes, 1960.

主要特征：并胸腹节的脊正常而明显；上唇露出部分的长度为宽度的 0.4–0.8；肘间横脉与第 2 回脉相连，或位于第 2 回脉外侧，两者之间的距离甚近；第 2 回脉上的 2 个弱点相距颇远。

生物学：寄生于鞘翅目天牛科等。

分布：世界广布。世界已知 30 种，中国记录 24 种，浙江分布 1 种。

（199）红毛污翅姬蜂 *Spilopteron hongmaoensis* Wang, 1982（图 1-71）

Spilopteron hongmaoensis Wang, 1982: 206.

图 1-71 红毛污翅姬蜂 *Spilopteron hongmaoensis* Wang, 1982 并胸腹节及第 1–2 背板（引自王淑芳，1982）

主要特征：雄，体黄褐色，上颚端齿、触角柄节、梗节内侧、鞭节、后足腿节与转节之间的节间、腿节最端部、胫节及跗节均为暗褐色。翅黄色透明，翅痣及翅脉黄褐色，翅端色暗。上唇外露部分长为基宽的 0.5；上颚基部具纵皱，上齿短于下齿。前胸背板后上角具较稀而分布均匀的点刻，凹槽具横皱脊，无前沟缘脊。中胸背板盾纵沟明显，伸至背板的 2/3 处会合；中胸侧板具较粗糙的点刻，镜面区大且光滑，胸腹侧脊伸至前胸背板后缘中凹处之下；并胸腹节分区界线清楚，基区几呈方形，中区与后区合并，在该区基部具较弱的皱纹，端部光滑；后胸侧板具较稀且分布均匀的点刻。肘间横脉与第 2 回脉相连；小脉位于基脉的内侧，其为小脉长的 0.5；后小脉在中央稍下方曲折。腹部第 1 背板光滑无点刻，其长为端部宽的 2.5 倍；第 2 背板的长稍大于宽。腹板末端位于隆肿至气门之间的 1/2 处，隆肿侧面观圆形。

分布：浙江（松阳）、广西。

（十八）蚜蝇姬蜂亚科 Diplazontinae

主要特征：唇基与脸之间有沟或凹痕分开；端部常薄，中央有 1 缺刻。上唇隐蔽。上颚短宽；上齿很宽，端缘有 1 缺刻或凿状凹缘，似将上齿分成 2 齿。下齿尖，比上齿略短。雄性鞭节通常有角下瘤。前沟缘脊消失或弱。盾纵沟短或消失。腹板侧沟短或缺。胸腹侧脊除两侧外消失。小盾片无侧脊。跗爪简单。小翅室有或无，若有，则上方有柄。第2回脉有1个弱点。后小脉在中部或中部以下曲折，极少在中部以上曲折。第1背板宽，基部宽，端部稍宽或更宽，气门位于中部前方。有基侧凹，通常小而浅。腹部扁平，少数种类雌性侧扁。雌性下生殖板很大，横长方形。产卵管比腹部末端厚度短。

生物学：为食蚜蝇科种类的内寄生蜂，单寄生，产卵于食蚜蝇卵或初孵幼虫体内，至蛹期羽化。

分布：世界广布。世界已知20属304种，浙江分布2属3种。

81. 蚜蝇姬蜂属 *Diplazon* Viereck, 1914

Diplazon Viereck, 1914: 46. Type species: *Ichneumon laetatorius* Fabricius, 1781.

主要特征：前翅长3.1–7.5 mm。脸常无光泽并稍有刻点。唇基与脸之间有1条沟，基缘隆起，端缘中央有中缺刻。触角常比前翅短得多；鞭节通常16–17节，上有感觉器。后头脊上方中央常窄弧状或有一个角度。颊为上颚基宽的0.3–0.7。大多数种类雌性内眼眶浅色。胸部通常光滑，有刻点。盾纵沟在盾片前方0.2–0.25处深。胸腹侧脊仅个别不完整。腹板侧沟浅。并胸腹节脊强或弱。无小翅室。小脉与基脉对叉。后小脉在中部下方曲折。后足胫节前面常缺鬃状毛，基部黑色，端部和中部白色。腹部背方隆起，向端部变尖，少数种类雌性端部侧扁。各背板后缘稍隆起。第1背板正方形至长方形，长是宽的1.0–1.9倍，通常有中纵脊。第2、3背板横形。第2、3背板折缘，偶尔第4背板基部折缘被褶分开。气门在背板折缘上方。第1–3背板或第1–4背板中后部有横沟，深至弱。雄性第9和第10背板多愈合成合背板。雄性第9腹板端部有1中缺刻，叶瓣圆或有角度。

生物学：寄生于鳞翅目夜蛾科等。

分布：世界广布。世界已知61种，中国记录8种，浙江分布2种。

（200）花胫蚜蝇姬蜂 *Diplazon laetatorius* (Fabricius, 1781)

Ichneumon laetatorius Fabricius, 1781: 424.

Diplazon laetatorius: Yu *et al*., 2016.

主要特征：雌，颜面宽，刻点在中央部位较深；唇基平，端缘中央有缺口；上颚3齿，即上齿分为2小齿。胸部密布细刻点；前胸背板颈部之后具短刻条；盾纵沟仅在前方明显；小盾片方形、拱隆，刻点稍粗而稀；后胸侧板中央隆起，近中足基节处有凹洼，近外侧脊处有短刻条。并胸腹节具强脊；中区和基区近方形；端横脊明显，此脊之间具夹点刻皱，端区多不规则皱状刻条。前翅无小翅室；小脉对叉式；后小脉在下方1/3处曲折。腹部扁平；第1–3背板具皱状粗刻点，近后缘有明显横沟（第1–2节横沟内有纵刻条），其后各节近于光滑，至端部略侧扁；第1背板长约等于端宽，近基侧角突出，背中脊达于横沟，后端近于平行，侧面观在中央拱隆呈一角度。产卵管鞘短，不露出腹端。

分布：浙江、黑龙江、辽宁、内蒙古、河北、山西、山东、河南、陕西、宁夏、甘肃、新疆、江苏、安徽、湖北、江西、湖南、福建、台湾、广东、广西、四川、贵州、云南；世界广布。

（201）四角蚜蝇姬蜂 *Diplazon tetragonus* (Thunber, 1822)

Ichneumon tetragonus Thunberg, 1822: 365.

Diplazon tetragonus He *et al*., 1996: 442.

主要特征：雌，颜面宽，在革状细纹之间散生刻点；唇基端缘中央有缺刻；上颊在复眼之后弧形收窄，侧面观为复眼横径的0.73。胸部具细刻点，点间距大于点径，近于光滑；盾纵沟仅在前方明显；小盾片均匀隆起，刻点较弱。并胸腹节短，端横脊之前多具刻点，之后有不规则皱纹；中区（连基区）横长方形；第 1、2 侧区合并，在外下角略凹，有皱状刻条。前翅无小翅室；小脉对叉式或刚外叉式，有些内斜，后小脉在下方 0.4 处曲折。腹部扁平，第 1–4 节背板具点状网皱；在亚端部有横沟；第 1 背板长约等于端宽，背中脊伸至横沟处。

分布：浙江（杭州、丽水、温州）、黑龙江、湖南、福建、贵州；朝鲜，奥地利，捷克，丹麦，英国，法国，德国，匈牙利，爱尔兰，意大利，荷兰，苏格兰，瑞典。

82. 杀蚜蝇姬蜂属 *Syrphoctonus* Förster, 1869

Syrphoctonus Förster, 1869: 162. Type species: *Bassus exsultans* Gravenhorst, 1829.

主要特征：前翅长 3.1–6.8 mm。脸向腹方扩大，刻点模糊或无刻点。唇基与脸之间有一条弱沟，基缘隆起；端缘中央有 1 个弱缺凹，或有 1 条纵沟。触角与前翅等长；鞭节 19–25 节；鞭节上感觉器发达；有或无角下瘤。后头脊中央弧状或有 1 角度。颊是上颚基宽的 0.9–1.4 倍。雌性脸眶仅偶有黄斑。胸部无光泽。常无盾纵沟。胸腹侧脊完全。腹板侧沟浅。并胸腹节无光泽，常无脊。小翅室无或有。小脉后叉或对叉。后小脉常在中部下方曲折。后足胫节基部色浅，其余常褐色。腹部向端部变尖，各背板后缘稍横形隆起。第 1 背板短长方形，无中纵脊。第 2、3 节背板横形。第 2 背板全部、第 3 背板基半有折缘。气门在折缘上方。雄性第 9、10 节分开，第 9 腹板中部稍凹或不凹。

生物学：寄生于双翅目食蚜蝇科等。

分布：世界广布。世界已知 79 种，中国记录 4 种，浙江分布 1 种。

（202）索氏杀蚜蝇姬蜂 *Syrphoctonus sauteri* Uchida, 1957

Syrphoctonus sauteri Uchida, 1957b: 258.

主要特征：雌，头部具颗粒状细刻点；颜面宽，中央隆起；唇基端缘有一中切和一浅中沟；额的刻点细；上颊在复眼之后弧形收窄。中胸盾片具革状细纹，内散生较大刻点；无盾纵沟；中胸侧板下半具革状细皱，上半除镜面区光滑外，刻纹弱；后胸侧板向后方具细刻条。并胸腹节短，不分区，具颗粒状细刻点，端部中央有纵隆起，两侧多少光滑。腹部明显较头、胸部狭，前两节及第 3 节基半具颗粒状细刻点，其后具细革状纹，至端部近于光滑；第 1 背板长为端宽的 1.4 倍，在后方中央隆起，隆起部位外侧具细刻条。第 2 背板方形，基部有细纵刻条，窗疤浅而不显；第 3 背板气门位于褶缝下方的折缘上。

分布：浙江（杭州）、台湾、广西、贵州。

（十九）秘姬蜂亚科 Cryptinae

主要特征：本亚科曾称沟姬蜂亚科 Gelinae、亨姬蜂亚科 Hemitelinae。种类众多，身体小型至大型，少数种类无翅或翅退化；腹部第 1 节气门位于该节后方，甚少位于中部或稍前方，气门前方无基侧凹，该节背板与腹板愈合；腹部常扁，第 3 节及第 4 节宽度大于厚度（蝇蛹姬蜂属 *Atractodes* 雌性腹部侧扁）；腹板侧沟通常明显，其长度超过中胸侧板长度之半；小翅室通常五边形或四边形，有时外方开启；少数种类翅退化或无翅；产卵器长，通常超出腹末甚多，背瓣亚端部无缺刻，如果有，则该缺刻生在亚端部隆起的构造上。上述这些特征，有例外，必须综合考虑。秘姬蜂亚科在一般体形、腹部第 1 节形状（及气门位置）、小翅室形状等方面与姬蜂亚科 Ichneumoninae 甚为相似，有时不易区别。而姬蜂亚科主要特征是：腹板侧沟弱而短，不及中胸侧板长度之半；产卵器不超出腹末；唇基更大些，也更平坦，端缘更近于平截。这些主要的区别特征不时也有例外，难以掌握，不过它们之间幼虫的区别都很明显。其他一些区别特征，见姬蜂亚科所述。

生物学：本亚科在寄主茧中营寄生生活，特别是在鳞翅目茧中，但也会在叶蜂、茧蜂、姬蜂和其他膜翅目茧中，蜘蛛卵囊中，蝇类的围蛹中，以及胡蜂和泥蜂的巢中，甚至于毛翅目幼虫囊中。有的属寄生于茎中的蛹，少数则寄生于木材蛀虫。雌蜂在爬行中用触角寻找寄主。雌蜂触角甚为柔软，鞭节中段通常白色，中段或亚端部下方有感觉器。由于雌蜂在爬行中寻找寄主，而不是凭借飞行寻找寄主，因而有的种类无翅。

分布：浙江分布28属37种。

I. 粗角姬蜂族 Phygadeuontini

主要特征：本族种类绝大多数体型较小。前翅长2.0–11 mm（翅有时退化或缺如）。雄性脸几乎都不是白色或黄色，也没有白色、黄色的斑纹。柄节端缘横形或很斜。腹板侧沟后端（当它伸达中胸侧板缝时）明显高于中胸侧板后下角。后胸背板后缘亚侧方通常有一小角状突，并与并胸腹节亚侧脊前端相对。并胸腹节有纵脊和横脊，分区明显。小翅室封闭或开放。第2回脉通常斜并有2个弱点，但有时仅具1个弱点。第2回脉极少缺。第2背板折缘几乎均折入，有时不被褶分开，而悬在两侧。

生物学：寄主相当复杂。

分布：世界已知14亚族，中国记录12亚族，浙江分布8亚族11属14种。

I）长须姬蜂亚族 Chiroticina

主要特征：前翅长2.2–2.8 mm。唇基端缘通常无中齿或一对齿。上颚较小，外表亚基部通常无肿胀。颚须通常长，常伸达中胸腹板中央以后。柄节端部截面很斜。中胸盾片中叶常有一中纵沟（此特征在粗角姬蜂亚科其他属中没有）。中胸侧板镜面区正下方有一孤立的小凹窝，此窝在中胸侧板缝之前有一段距离。中胸腹板后横脊通常完整。小盾片通常有一侧脊伸过中央。并胸腹节中等长，有时有侧突，中区通常完整。并胸腹节侧纵脊基段通常存在。小翅室不完整。第2回脉内斜，多有2个弱点，后小脉稍微至强度内斜、曲折。第2、3背板折缘均被褶分开并折于下方。产卵管中等细，其端部通常有一个明显的背结和明显的齿。

生物学：寄主不明，有从小型茧中育出的。

分布：几乎均分布于热带和亚热带地区。世界已知18属，中国记录4属，浙江分布1属1种。

83. 棘腹姬蜂属 *Astomaspis* Förster, 1869

Astomaspis Förster, 1869: 175. Type species: *Astomaspis metathoracica* Ashmead, 1904.

主要特征：前翅长3.5–7.0 mm。体壮而宽。唇基强度隆起。上颊短，有强而密的刻点或垂直刻条。上颚齿尖，下齿显然小于上齿。颚须长。中胸盾片有强而粗的刻点，和（或）有横皱或刻条。中胸盾片中叶中央有一具刻纹的线条。盾纵沟伸至中胸盾片中央之后。小盾片侧脊弱，但伸至端部。腹板侧沟前半强，在后半无或非常弱。肘间横脉约与肘脉第2段等长。并胸腹节相当短。腹部第1节背板非常窄，有粗糙刻点和（或）纵刻条。其背中脊长而强。第1腹板宽而短，有一端前横脊。第2、3节背板宽，有粗糙刻点和（或）纵刻条，中央稍后也有一发达的横沟或凹痕。雄性第3背板端部有一凸出边缘，在其每边突出成齿。雄性第3背板以后背板短，大部分或完全缩于第3背板下方。雌性第3背板每边端侧角有一钝齿。雌性第4背板充分外露。雌性第5和以后背板大部分或完全缩于第4背板下方。产卵管长约为前翅的0.25，端部

0.3 渐细而尖。

生物学：寄生于草蛉科。

分布：世界广布。世界已知 24 种，中国记录 4 种，浙江分布 1 种。

（203）红胸棘腹姬蜂稻田亚种 *Astomaspis metathoracica jacobsoni* He, Chen *et* Ma, 1996

Astomaspis metathoracica jacobsoni He, Chen *et* Ma, 1996: 450.

主要特征：雌，颜面宽，密布细夹点刻皱并多白毛；唇基端部呈横皱，端缘钝圆；颚须长可达中胸腹板后缘；额上部具粗网皱，下部触角洼处具横刻条；头顶下斜，有与后头脊大致平行的刻条。前胸背板侧方具几乎平行的刻条；小盾片隆起具网皱，侧脊明显；中、后胸侧板具网状刻点。并胸腹节表面满布刻条，中区近五边形，长宽几乎相等。前翅无小翅室；小脉稍前叉式；后小脉在中央稍下方曲折。腹部近长卵圆形；前 4 节背板具发达纵刻条，向后愈浅而密且带网状，各节间由深缝分开。

分布：浙江（丽水）、福建、广东、广西、云南；菲律宾。

II）脊颈姬蜂亚族 Acrolytina

主要特征：前翅长 1.7–6.0 mm。唇基端缘无中齿，有一对齿或瘤。上颚相当小；亚基部有时肿胀。须不长。雌性触角端半常稍呈纺锤形。前胸背板颈后横沟被一短的中纵脊穿过，在此脊两侧常有一窝状凹陷。中胸腹板后横脊不完整。并胸腹节侧纵脊基段（气门正上方的一段）几乎均无。并胸腹节横脊常强而纵脊弱或不完整。腹部第 1 节背板气门在中央或中央之后。第 2 背板通常有强刻纹。第 2、3 背板折缘窄，被褶分开。产卵管鞘长通常为前翅的 0.22。产卵管有些侧扁，端部矛形。

生物学：已知寄主为做小型茧的昆虫。

分布：世界广布。世界已知 15 属，浙江分布 1 属 2 种。

84. 刺姬蜂属 *Diatora* Förster, 1869

Diatora Förster, 1869: 180. Type species: *Diatora prodeniae* Ashmead, 1904.

主要特征：前翅长 2.0–2.8 mm。唇基端缘缓弧形，雄性钝，雌性锋锐并稍反折。上颚亚基部肿胀，上颚端部强度收窄，齿短。胸部相当短。中胸盾片光滑无刻点。盾纵沟明显深，伸至中胸盾片近后缘处，其后端相当陡峭。并胸腹节短。无第 2 肘间横脉。肘脉在第 2 肘间横脉处稍有角度。后小脉在中央附近曲折，近于垂直。第 2 背板光滑无刻点，折缘宽，不被褶分开。产卵管侧扁，顶端长矛形，有一明显背结，下瓣有少许弱齿。

生物学：寄主为绒茧蜂等茧蜂，也有报道从鳞翅目（可能为重寄主）育出的。

分布：世界广布。世界已知 4 种，中国记录 2 种，浙江分布 2 种。

（204）光背刺姬蜂 *Diatora lissonota* (Viereck, 1912)

Microtoridea lissonota Viereck, 1912b: 150.
Diatora lissonota: Yu *et al.*, 2016.

主要特征：雌，颜面宽，密布细夹点刻皱，中央隆起；唇基端部光滑，端缘钝圆；额中央有纵沟；头顶几乎光滑。前胸背板、中胸盾片和小盾片光滑；盾纵沟明显，止于盾片后方 0.8 处，但末端相距较远；

中、后胸侧板具细刻点，中胸侧板后下方具极细横刻条，几乎光滑。并胸腹节基横脊之前光滑，之后为浅皱，基区横梯形，中区六边形或近梯形，侧突稍明显，端区大而纵凹。前翅小翅室五边形，外方开放；小脉斜，对叉式；后小脉在下方 0.3 处曲折。腹部光滑，第 1 背板长为端宽的 1.55 倍。产卵管侧扁，端部矛形，有背结；产卵管鞘长为后足胫节的 0.67。

分布：浙江（杭州）、台湾、四川、贵州、云南；印度，密克罗尼西亚。

(205) 斜纹夜蛾刺姬蜂 *Diatora prodeniae* Ashmead, 1904

Diatora prodeniae Ashmead, 1904b: 127-158.

主要特征：雌，颜面宽，具细刻点，中央稍隆起；唇基小，基部具刻点，端部光滑且下斜，端缘钝圆；头顶光滑；头部在复眼之后稍收窄。前胸背板除前下方光滑外具浅刻点；中胸盾片极光滑；小盾片光滑；中胸侧板雌蜂具细刻条而雄蜂较光滑；后胸侧板具细夹点刻皱且多毛。并胸腹节基横脊之前几乎光滑，之后具细夹点刻皱且多毛；基区扁梯形；中区六边形，宽大于高（雌）或长宽几乎相等（雄）；端区占并胸腹节长的 0.6，稍纵凹。

分布：浙江（杭州、缙云、松阳）、湖北、江西、湖南、台湾、广东、广西、贵州、云南；菲律宾。

III）亨姬蜂亚族 Hemitelina

主要特征：前翅长 1.8–5.5 mm。唇基端缘无中齿或角度。上颚亚基部不很肿胀，下齿稍短于上齿。须中等长。腹板侧沟强，通常伸达中胸侧板缝。中胸腹板后横脊多不完整。小盾片无侧脊。并胸腹节除有时在无翅个体外，脊相当完整。侧纵脊基段亦存在。小翅室通常开放。第 2 回脉内斜，有 1 或 2 个气泡。腹部第 1 节背板相当狭窄，第 2、3 背板弧形下弯并与折缘相连，无褶分开。产卵管鞘长为前翅的 0.2–0.6。产卵管通常强度侧扁，顶端长，至端部渐尖，下瓣有脊。

生物学：已知寄主为豉虫茧、蜘蛛卵囊和伪蝎卵囊。

分布：光背姬蜂属分布于全世界，其余分布于全北区或大洋洲。世界已知 9 属，浙江分布 1 属 1 种。

85. 光背姬蜂属 *Aclastus* Förster, 1869

Aclastus Förster, 1869: 175. Type species: *Aclastus rufipes* Ashmead, 1902.

主要特征：前翅长 1.8–4.0 mm（有时翅短翅型）。体和足很细。唇基窄，强度隆起，端缘薄，中等突出。上唇突出于唇基前缘呈一宽度均匀的狭片。中胸盾片光滑或近于光滑。盾纵沟前端明显，伸至盾片中央或较短。后胸腹板后横脊不完整。并胸腹节中区六边形，常宽大于长，分脊从中央稍前方伸出。第 1 肘间横脉很斜，约为肘脉第 2 段长的 1.7 倍。第 2 肘间横脉完全消失。第 2 回脉内斜，1 个气泡。后小脉不曲折，近于垂直。产卵管鞘约为前翅长的 0.35。产卵管中等宽，侧扁，端部长至顶端渐尖，在上瓣无背结或下瓣无脊。

生物学：寄生于膜翅目茧蜂科等。

分布：世界广布。世界已知 20 种，中国记录 1 种，浙江分布 1 种。

(206) 择捉光背姬蜂 *Aclastus etorofuensis* (Uchida, 1936)

Hemiteles (*Opisthostenus*) *etorofuensis* Uchida, 1936b: 43.

Aclastus etorofuensis: Yu *et al.*, 2016.

主要特征：雌，头光滑；颜面宽，具极细刻点；额和头顶均稍拱隆。中胸盾片近于平滑；盾纵沟伸至中央稍后；小盾片具细侧脊；中胸侧板平滑，腹板侧沟伸至 0.8 处。并胸腹节散生刻点；脊强，分区完整；中区长等于宽或稍长；端区较长而宽，长约为中区的 2.0 倍。小翅室五边形，但外方翅脉消失；后小脉不曲折。腹部稍扁平；第 1 背板具细纵皱，其余光滑，至端部多细毛，第 1 背板长为端宽的 2 倍、为第 2 背板长的 1.5 倍；产卵管鞘长为后足胫节的 0.45。

分布：浙江（杭州、东阳）、江苏、湖南、四川，据记载台湾也有分布；俄罗斯（远东地区），日本。

IV) 沟姬蜂亚族 Gelina

主要特征：前翅长 2.4–9 mm（沟姬蜂属 *Gelis* 常缺翅）。体粗壮至中等细。唇基端缘常凸出，或有时平截，有时中央有 1 对突起（齿）。上颚短，外方近基部肿大，最基部有一条横凹。上颚齿等长或下齿稍短。腹板侧沟伸到侧板 0.7 或更多，在无翅种类中常缺。镜面区下方凹痕有 1 水平短沟伸达中胸侧板缝。中胸腹板后横脊不完整。第 2、3 背板折缘被一褶分开。产卵管下瓣有脊，多有背结。

生物学：寄主主要为有各种小型茧或茧样构造的寄主，包括蓑蛾袋内、鞘蛾鞘包内和蜘蛛卵囊内的寄主。

分布：主要分布在北半球。世界已知 12 属，中国记录 5 属，浙江分布 1 属 1 种。

86. 权姬蜂属 *Agasthenes* Förster, 1869

Agasthenes Förster, 1869: 178. Type species: *Hemitelas varitarsus* Gravenhorst, 1829.

主要特征：前翅长 2.8–3.7 mm。唇基除近端缘外强度突起，端部平截，无齿。前沟缘脊缺。腹板侧沟明显，几乎达中胸侧板下角，其后端转向中足基节基部。中胸腹板后横脊完整。中胸盾片毛糙。盾纵沟伸达中胸盾片中部。并胸腹节中区长宽相等。翅窄。小翅室五边形，外方开放。第 2 回脉稍内斜，有 1 弱点。小脉后叉约为其长度的 0.5。后小脉在中部下方曲折，近垂直。第 1 腹板在气门很后方，气门位于背板中部，背中脊中等程度强。第 2、3 背板折缘被褶分开，气门在折缘上（粗角姬蜂亚科中特有的特征）。产卵管鞘长是前翅长的 0.17。产卵管中等强壮，其端部窄矛形。

生物学：寄生于膜翅目茧蜂科等。

分布：世界广布。世界已知 20 种，中国记录 1 种，浙江分布 1 种。

（207）蛛卵权姬蜂 *Agasthenes swezeyi* (Cushman, 1924)

Arachnoleter swezeyi Cushman, 1924: 3.
Agasthenes swezeyi: He & Tang, 1992: 1222.

主要特征：雌，体具细革状纹；单、复眼间距短于侧单眼间距，约为侧单眼直径的 2 倍；后头脊明显；触角至端部稍粗。盾纵沟细，伸至后方 2/3 处，但不相接；腹板侧沟内具短脊；后胸侧板具发达皱纹。并胸腹节基半具夹点刻皱，后半倾斜处具发达皱纹；基区梯形；中区六边形；分脊在中区中央伸出。小翅室五边形，但外方开放。腹部纺锤形；第 1 背板大部分具不规则皱纹，具颗粒状刻点。第 1 背板狭长，后半两侧近于平行。产卵管鞘长为后足胫节的 0.45。

分布：浙江（嘉兴、东阳）、江苏、江西、湖南、台湾、广西、云南；印度，菲律宾，马来西亚，美国（夏威夷）。

V）搜姬蜂亚族 Mastrina

主要特征：前翅长 2.5–11.0 mm。唇基端部各异，通常中央端部有 1 个或 1 对小齿或瘤。上颚下齿等于或长于上齿。触角柄节末端截面甚斜，与横轴呈 50°–70°。盾纵沟通常不达盾片中央或无，有时伸至或超过盾片中央。腹板侧沟伸至侧板 0.5 以上，个别属甚弱或无。中胸腹板后横脊不完整。小盾片无侧脊。并胸腹节分区典型完整，但部分属纵脊部分或完全消失，或仅有一横脊。小翅室小至中等大，第 2 肘间横脉有或无。第 2 回脉内斜，有 2 或 1 个气泡。后小脉内斜，均曲折。第 1 背板背侧脊完整或几乎如此。第 2、3 背板折缘均被褶分开。产卵管鞘长为前翅的 0.25–1.7 倍。产卵管端部通常有背结，几乎总有明显的齿。

生物学：大部分从有小茧的寄主中育出的，某些寄生于树生甲虫，墨线姬蜂属一种 *Distathma* sp.在水稻长腿水叶甲和稻负泥虫中育出。

分布：世界已知 15 属，中国记录 3 属，浙江分布 1 属 1 种。

87. 短瘤姬蜂属 *Brachypimpla* Strobl, 1902

Brachypimpla Strobl, 1902: 15. Type species: *Brachypimpla brachvura* Strobl, 1902.

主要特征：前翅长约 5.2 mm。体壮。颊约与上颚基宽等长。唇基端缘之前有一沟状凹痕，端缘中央稍凸出。雌性触角鞭节端半稍宽且下面稍平。盾纵沟中等强，几乎伸至中央，并胸腹节短，脊完整，但基区和中区合并，中区相当小。有第 2 肘间横脉。第 2 回脉稍内斜，2 个气泡距离近。第 1 背板很宽，侧面观强弧形，纵脊强而完整，但背中脊在后柄部中央消失，气门在中央附近。第 2 背板有光泽，有很密的刻点，折缘很狭，垂露。产卵管鞘长约为前翅的 0.3。产卵管端部稍呈矛形。

生物学：寄生于膜翅目茧蜂科等。

分布：古北区、东洋区。世界已知 2 种，中国记录 1 种，浙江分布 1 种。

（208）松毛虫短瘤姬蜂 *Brachypimpla latipetiolar* (Uchida, 1935)

Phygadeuon latipetiolar Uchida, 1935a: 83.
Brachypimpla latipetiolar: Yu *et al*., 2016.

主要特征：雌，颜面宽，中央稍隆起；唇基端缘弧形凸出。胸部具粗刻点；前胸背板颈部下方光滑；中胸盾片后半中央具横刻条，盾纵沟前端稍明显，后端有皱纹显出痕迹；小盾片呈馒头状隆起，无侧脊；中、后胸侧板刻点近于网状，在镜面区及附近、后胸侧板上方光滑。并胸腹节具网状刻点，近后缘呈纵皱；两条横脊明显；基横脊中央折向前方，正中一小段脊低而宽，或呈一光滑小区；基区仅下方有痕迹；端横脊明显，两侧的脊稍高，但不形成片状突，此脊之后的端区陡斜。

分布：浙江（长兴）、山东、江苏、安徽、湖南、福建；朝鲜，日本。

VI）洛姬蜂亚族 Rothneyiina

主要特征：前翅长 3.6–6.8 mm。头较大，上颊丰满。唇基端缘无中齿。上颚下齿短于上齿，外侧基部无肿凸。盾纵沟强。腹板侧沟强，完整或几乎完整。中胸腹板无横脊有一短距离间断，或有时完整。小盾片具侧脊，几乎到达端部。并胸腹节分区完整到几乎完整。中区六边形或五边形，宽等于或长于长，中区有时与端区分界不明显。小翅室开放或封闭。第 2 回脉近垂直，有 1 弱点。后小脉内斜，在中部下方曲折。第 1 腹节中等宽，气门在中部后方。第 2 背板折缘被明显的褶分开。产卵管鞘长是前翅的 0.13–0.45 倍。产卵管中等粗，侧扁，端部延长渐尖，无明显的背结和齿。

生物学：未知。

分布：主要分布于东洋区。世界已知 3 属，中国记录 2 属，浙江分布 2 属 3 种。

88. 洛姬蜂属 *Rothneyia* Cameron, 1897

Rothneyia Cameron, 1897: 1-144. Type species: *Rothneyia wroughtoni* Cameron, 1897.

主要特征：唇基与颜面几乎不分开。前沟缘脊明显。盾纵沟仅前部明显。小盾片隆起，梯形，末端陡峭，侧脊强壮，常向后延伸形成齿突。胸腹侧脊伸抵翅基下脊；腹板侧沟伸至中胸侧板后缘。中胸腹板后横脊在中足基节前中断。并胸腹节侧突强齿状。小翅室五边形，完整；后小脉上段内斜。腹部第 2、3 节背板愈合；第 3 节背板具 1 对侧端齿；第 4 节及以后各节背板均缩在第 3 节背板之下。

生物学：未知。

分布：古北区、东洋区。世界已知 8 种，中国记录 4 种，浙江分布 2 种。

(209) 光侧洛姬蜂 *Rothneyia glabripleuralis* He, 1995

Rothneyia glabripleuralis He, 1995: 254.

主要特征：雄，颜面宽，具刻点，多长毛；唇基完全光滑；触角洼光滑，额上方及头顶具细刻点；上颊明显收窄，背面观长为复眼的 0.83。前胸背板光滑，侧方凹槽内及后缘具并列弱刻条；中胸盾片中叶具夹点细皱，后方有纵皱；小盾片梯形，中央稍拱，具纵脊，侧脊明显，后端有齿突；中胸侧板完全光滑；后胸侧板前方具横皱，其余光滑；基间脊完整。并胸腹节的纵脊完整而明显；基中区近长方形，内具弱横刻条，与端区分界的脊弱；端区内具横刻条；侧突发达，长大于分脊长。小翅室向上方收窄，小脉刚内叉；后小脉在下方 0.24 处曲折。腹长为最宽处的 2.2 倍。

分布：浙江（萧山）。

(210) 中华洛姬蜂 *Rothneyia sinica* He, 1995

Rothneyia sinica He, 1995: 252.

主要特征：雄，小盾片近方形，后方陡斜，具不规则网皱，侧脊明显，后端突出呈钝齿；中胸侧板上方具夹点细皱；腹板侧沟内具并列刻条，胸腹侧脊后方几乎全段具斜刻条；后胸侧板具不规则网皱。并胸腹节的纵脊完整而明显；基中区稍呈梯形，后缘（弱）宽为长的 0.2；端区内多横行粗刻皱；侧突发达，其长度短于分脊。小翅室向上方收窄；小脉与基脉对叉；后小脉在下方 0.25 处曲折。腹长为最宽处的 2.0 倍；第 1 背板长为端宽的 1.2 倍，柄部具夹点纵刻条，后柄部具纵刻条，背中脊明显；第 2、3 背板宽，具纵皱，内夹弱横刻条；腹端齿突宽而不甚明显，齿突内方刚弧形相连。

分布：浙江（临安、开化、松阳）。

89. 角脸姬蜂属 *Nipponaetes* Uchida, 1933

Nipponaetes Uchida, 1933: 160. Type species: *Hemiteles* (*Nipponaetes*) *haeussleri* Uchida, 1933.

主要特征：前翅长 4.2 mm。脸中央有 1 垂直侧扁突起。唇基突起，端部中部有点平坦；端缘薄，中间 0.4

平截。上颚相当窄，下齿明显短于上齿。盾纵沟明显，伸过中部并在后方会合。小盾片隆起，短，背面观有点像三角形，侧脊弱，几乎伸达端部。中胸腹板后横脊完整。中区五边形或几乎如此，长宽约等长。并胸腹节没有明显的突起。小翅室开放，第 1 肘间横脉近垂直，第 2 肘间横脉缺。第 2 与第 3 背板分离，不特化。

生物学：寄生于膜翅目茧蜂科等。

分布：世界广布。世界已知 5 种，中国记录 1 种，浙江分布 1 种。

（211）黑角脸姬蜂 *Nipponaetes haeussleri* (Uchida, 1933)

Hemiteles (*Nipponaetes*) *haeussleri* Uchida, 1933: 159.
Nipponaetes haeussleri: Yu *et al*., 2016.

主要特征：雌，颜面宽，下方扩大，密布细刻点，中央有稍纵扁的角状隆起；额和头顶密布极细刻纹。胸部密布细刻纹；中胸盾片侧叶散生刻点；盾纵沟在盾片中央之后合拢处具皱纹；小盾片侧脊伸达后方；腹板侧沟几达后缘，镜面区光滑。并胸腹节近于光滑，第 3 侧区有横刻条；基区近三角形；中区近正五边形；端区长约为宽的 2 倍；无明显侧突。无小翅室，小脉对叉式；后小脉在下方 0.33 处曲折。腹部长卵圆形，光亮；第 1 背板长三角形，具细纵刻线；第 2 背板除端部外亦具细纵线。产卵管鞘长为后足胫节的 0.62。

分布：浙江（安吉、杭州、金华、缙云、松阳）、江苏、湖北、广东；朝鲜，日本，印度，菲律宾。

VII）泥甲姬蜂亚族 Bathythrichina

主要特征：前翅长 2.5–11 mm。体细长。头较短宽。唇基在端缘中央有 2–3 个齿或突起，或无。上颚下齿短于上齿或等长。梗节与柄节相比特别大。鞭节通常长，基部 0.33 节之后较粗。盾纵沟通常到达或超过中胸盾片中部。腹板侧沟通常伸达 0.17 处，但在多棘姬蜂属 *Apophysius* 伸达 0.4 处。中胸腹板后横脊多不完整。小盾片无侧脊。并胸腹节侧纵脊基段通常存在。中区通常长于其宽。小翅室通常五边形，有时第 2 肘间横脉缺，在 *Apophysius* 中两条肘间横脉平行。第 2 回脉多内斜，有 2 个或 1 个弱点。后小脉垂直或外斜，多曲折。第 1 腹节细长，腹板端部常明显在气门后方。第 2、3 背板折缘被褶分开。产卵管鞘为前翅长的 0.25–1.15 倍。产卵管较细长，侧扁，端部短至中等长，通常有明显结节，下瓣有明显的齿。

生物学：寄主为有小型茧的昆虫。

分布：世界广布。世界已知 6 属，中国记录 3 属，浙江分布 2 属 3 种。

90. 泥甲姬蜂属 *Bathythrix* Förster, 1869

Bathythrix Förster, 1869: 176. Type species: *Bathsthrix meteori* Howard, 1897.

主要特征：前翅长 2.5–7.5 mm。唇基端缘通常薄而锐，常有 1 对中齿突。上颚上、下齿等长。盾纵沟通常长而明显，伸达中胸盾片很后方并突然中止。并胸腹节无突起；侧纵沟基段存在。小翅室较小，两条肘间横脉收拢。第 2 回脉内斜，有 2 个弱点。后小脉曲折或有时不曲折。第 1 背板气门通常位于中央后方。第 1 背板背侧脊和腹侧脊完整或几乎如此，背中脊弱到无。

生物学：寄主为膜翅目姬蜂和茧蜂等。

分布：世界广布。世界已知 57 种，中国记录 4 种，浙江分布 1 种。

（212）负泥虫沟姬蜂 *Bathythrix kuwanae* Viereck, 1912

Bathythrix kuwanae Viereck, 1912a: 584.

主要特征：雌，胸部驼背，盾纵沟明显，近于平行，末端稍深而粗，止于中胸盾片后缘稍前方；并胸腹节基区小，中区近五边形，长约为宽的 2 倍，分脊在中央前方伸出。小翅室五边形，外方开放；肘脉外段无色；后小脉在中央下方曲折；有后盘脉。产卵管直而尖锐，端部呈矛形；鞘长约为后足胫节的 0.6。

分布：浙江（安吉、杭州、嵊州、宁波、东阳、遂昌、松阳、温州）、黑龙江、吉林、山东、河南、陕西、湖北、江西、湖南、台湾、广西、四川、云南。

91. 多棘姬蜂属 *Apophysius* Cushman, 1922

Apophysius Cushman, 1922: 587. Type species: *Apophysius bakeri* Cushman, 1922.

主要特征：前翅长 7–11 mm。唇基端部隆起，阔，有一对中齿，端缘斜削。上颚下齿是上齿的 0.4。中胸盾片较平，无盾纵沟。并胸腹节有 3 对突起；亚侧脊基段存在，并成为突起后端的强脊，小翅室大，宽大于高，两条肘间横脉平行。第 2 回脉差不多垂直，有一个阔弱点。后小脉曲折，第 1 腹节圆筒形，不拱，无纵脊，气门近中央。

生物学：未知。

分布：东洋区。世界已知 3 种，中国记录 2 种，浙江分布 2 种。

（213）红多棘姬蜂 *Apophysius rufus* Cushman, 1937

Apophysius rufus Cushman, 1937: 288.

主要特征：雌，颜面、唇基、上颚和柄节带黄色；鞭节火红色至端部稍暗。胸部黄褐色至赤褐色；中胸盾片上的 3 条纵纹（侧条相接于小盾片前凹）、前胸背板近后角、中胸侧板上 2 个大斑、后胸侧板上的纵条和并胸腹节第 1 侧区黑色。腹部赤褐色，第 1 节基部黄色，以后各节背板侧缘有模糊黑纹。翅透明，带烟黄色；翅痣黄褐色；翅脉黄褐色至淡褐色。前中足基节、转节、胫节污黄色，腿节、跗节淡赤褐色；后足赤褐色，基节下方带黑褐色。触角 44 节。小翅室五边形，第 1 肘间横脉稍短于第 2 肘间横脉，与径脉第 2 段相交近呈一直角，受纳第 2 回脉在中央稍外方；后小脉在下方 0.4 处曲折；产卵管鞘为后足胫节长的 0.68。

分布：浙江（临安）、江西、湖南、台湾、云南。

（214）一色多棘姬蜂 *Apophysius unicolor* Uchida, 1931

Apophysius unicolor Uchida, 1931b: 191.

主要特征：雌，头、胸部密布极细刻点和竖立的黄褐色长毛；颜面宽为中央长的 2.5 倍，刚有细刻点；唇基凹深；唇基平，端部光滑，端缘中央有 2 个小齿；颚眼距为上颚基宽的 0.2；上颚上齿很长。并胸腹节短，后方陡斜；在侧脊基部、分脊外端和侧突处呈 3 对发达的侧齿；气门长卵圆形。腹部平滑，毛较头、胸部短而平；第 2 背板以后强度侧扁；产卵管鞘长为后足胫节的 0.75。小翅室大，五边形，宽大于高，第 1 肘间横脉短于第 2 肘间横脉，与径脉第 2 段相交角度稍小于直角，在外方 0.4 处受纳第 2 回脉；盘肘脉在近中央稍曲折；小脉对叉式；后小脉中央曲折。

分布：浙江（临安）、台湾、福建、广西。

VIII）槽姬蜂亚族 Stilpnina

主要特征：前翅长 2.5–8 mm。体较短至长。*Atractodes* 雌性腹部强度侧扁。头较大。唇基较小至中等大小，几乎平，端缘厚，均匀隆起或中央稍呈角状，端缘中央有点突起。盾纵沟强但短，只伸到中胸盾片0.25处。中胸侧板镜面区下方有一水平向沟与侧板缝相连。腹板侧沟几乎伸达侧板缝。小盾片有或无侧脊，若有侧脊则伸达超过小盾片长度之半。并胸腹节背表面短，后表面很长且斜；端区和中区愈合成一个两侧平行几乎伸达基部的区域；侧纵脊基段存在。小翅室五边形，通常较小，外边有时开放。第2回脉内斜，常有2个弱点。后小脉几乎垂直，曲折。第1腹节窄，气门在中央后方。第2背板光滑，折缘宽，至少基部被1褶分开，但有些种无褶。产卵管稍伸出、较细，多少有点下弯，向端部变尖，没有明显的背结。

生物学：寄主为双翅目环裂亚目种类。

分布：大多数为全北区种类，有些种类分布于较凉、潮湿的热带。世界已知3属，中国记录2属2种，浙江分布2属2种。

92. 蝇蛹姬蜂属 *Atractodes* Gravenhorst, 1829

Atractodes Gravenhorst, 1829a: 1-1097. Type species: *Atractodes bicolor* Gravenhorst, 1829.

主要特征：腹部第1节在气门处下弯，第2节褶缝只及该节长度之半，或更短，甚少缺如；雌性腹部侧扁。

生物学：寄生于双翅目花蝇科。

分布：世界广布。世界已知104种，中国记录2种，浙江分布1种。

(215) 光蝇蛹姬蜂 *Atractodes gravidus* Gravenhorst, 1829

Atractodes gravidus Gravenhorst, 1829a: 793.

主要特征：雌，须黄色；翅基片、前缘脉及翅痣深褐色，其余脉褐色；足黄褐色，后足基节、转节及跗节褐色；腹部第1背板黑色，第2背板、第3背板基半部赤褐色，第3背板端半及以后各节褐色。后头脊细而完全，头顶光滑，刻点小而稀；额及颜面刻点较大而密，唇基刻点稀，上颚2齿等大，触角短于体长；中胸盾片中叶前方隆起，刻点小而稀，盾纵沟明显；并胸腹节分区明显，隆脊粗，中央两纵脊间呈纵槽，内多横皱，中区与端区之间无横脊。小翅室五边形，但第2肘间横脉退化。腹部纺锤形，末端多少侧扁；第1腹节柄状向后渐粗，中央有2平行纵脊，气门位于近端部1/3处。

分布：浙江（杭州）；朝鲜，西欧。

93. 厕蝇姬蜂属 *Mesoleptus* Gravenhorst, 1829

Mesoleptus Gravenhorst, 1829b: 3. Type species: *Ichneumon laevigatus* Gravenhorst, 1829.

主要特征：前翅长2.8–7.8 mm。唇基中等大，中等程度突起，端部较均匀突出，端缘中央通常稍隆起，第1腹节很长，从基部到气门稍后方直。腹部除了第1腹节扁平，长是宽的3.0–5.2倍。第2背板全长有1条褶分开折缘。

生物学：寄生于双翅目丽蝇科等。

分布：世界广布。世界已知90种，中国记录1种，浙江分布1种。

(216) 窄环厕蝇姬蜂 *Mesoleptus laticinctus* (Walker, 1874)

Mesostenus laticinctus Walker, 1874: 304.

Mesoleptus laticinctus: He et al., 1996: 477.

主要特征：雌，翅稍带烟黄色；翅痣（最基部黄色）黑褐色。足火红色；后足腿节后部上方、胫节端部、跗节和前中足端跗节黑褐色。颜面密布刻点，中央稍隆起；头顶近于光滑，在复眼之后宽。胸部光亮具刻点，点距多数大于其直径；盾纵沟前半深；小盾片前方 0.65 侧缘脊强；胸腹侧脊和腹板侧沟明显；后胸侧板具皱状刻条。并胸腹节基部隆起，向后陡斜，满布皱纹；合并的中区和端区稍呈凹槽，槽近于平行，稍宽于第 2 侧区。前翅翅痣长为宽的 2.5 倍，径脉发出处至基部的距离为翅痣宽度的 1.5 倍；小翅室五边形。腹部多少扁平，近于光滑；第 1 背板由基部至气门稍后方处很直；第 2 节褶缝伸达该节全长；产卵管不伸出。

分布：浙江（杭州、镇海、余姚、缙云、松阳）、黑龙江、河南、江苏、安徽、湖北、江西、湖南、福建、台湾、广西、四川。

II. 甲腹姬蜂族 Hemigasterini

主要特征：前翅长 2.8–20 mm（有时翅退化或消失）。雄性颜面常为白色或黄色，或有白斑或黄斑。柄节端部截面稍微至强度倾斜。腹板侧沟后端当伸至中胸侧板缝时，在中胸前侧片后下角。后胸背板后缘有一小角状亚侧突（在端脊姬蜂属 *Echthrus* 中有时无亚侧突）正对着并胸腹节亚侧脊前端。并胸腹节纵脊和横脊几乎均完整，中区完整，有时与基区愈合。当并胸腹节仅有横脊时，则端横脊强于基横脊或仅有端横脊。小翅室五边形或四边形，除甲腹姬蜂属 *Hemigaster* 外常封闭。第 2 回脉直，有时外斜，仅 1 个气泡。第 2 背板折缘垂悬，通常狭窄，有褶分开。

生物学：未知。

分布：世界已知 25 属，中国记录 12 属，浙江分布 2 属 4 种。

94. 曼姬蜂属 *Mansa* Tosquinet, 1896

Mansa Tosquinet, 1896: 209. Type species: *Mansa singularis* Tosquinet, 1896.

主要特征：前翅长 8–20 mm。上颚短，下齿短于上齿。唇基稍隆起，较狭长，端缘较平截，但在中央常有 1 个或 1 对钝突。雌性触角鞭节端部 0.4 圆柱状或下方有点平宽，角下瘤不明显或无，如果有，则长椭圆形，位于第 9–15 鞭节上。盾纵沟缺。腹板侧沟相当弱，通常达中胸侧板后下角。并胸腹节很短，有弱的侧突，中区与基区合并，合并的区域宽大于长。并胸腹节气门延长。小翅室大，宽是高的 1.6 倍，由于第 1 肘间横脉强度内斜，因此，径脉一段明显宽于肘脉一段，受纳第 2 回脉伸达其中央内方。产卵管圆柱形，上瓣端部有横脊。

生物学：寄主可能为刺蛾科。

分布：世界广布。世界已知 28 种，中国记录 6 种，浙江分布 2 种。

（217）长尾曼姬蜂 *Mansa longicauda* Uchida, 1940

Mansa longicauda Uchida, 1940a: 117.

主要特征：雌，颜面密布粗点状网皱；颚眼距长；头部在单复眼后陡斜；触角鞭节在两端较细，中段之后稍粗。前胸背板、中胸盾片和小盾片具点状网皱，并多黑毛，小盾片侧脊至少伸至中央；中胸侧板、后胸侧板布粗刻点，略呈点状网皱。并胸腹节中央后方具深槽，内有横皱，中纵脊基段近于平行。前翅小翅室大，第 1 肘间横脉甚斜，受纳第 2 回脉在基部 0.22 处；腹部满布刻点，仅柄部较稀；产卵管鞘长，为后足胫节的 1.1 倍。

分布：浙江（安吉、临安、松阳、庆元）、江西、湖南、台湾。

（218）黑跗曼姬蜂 *Mansa tarsalis* (Cameron, 1902)

Colganta tarsalis Cameron, 1902b: 22.
Mansa tarsalis: Yu *et al*., 2016.

主要特征：雄，颜面宽，满布粗刻点，中央隆起；唇基宽，长等于颜面，端缘有光滑的边；额凹，有浅中沟；头部在单、复眼后方陡斜。中胸盾片、小盾片密布粗刻点，并多黑毛，小盾片侧脊仅至基部 0.2 处，端部宽圆且陡斜；中、后胸侧板近于光滑，镜面区光滑；在近后足基节处有细皱。并胸腹节密布粗刻点；中纵脊前段向前收窄；侧突为宽的脊。后小脉在下方 0.36 处曲折。腹部近于光滑，从第 2 背板起多细毛；第 1 背板长为端宽的 2.3 倍，后柄部长为端宽的 0.58，在柄部与后柄部交界处有一明显浅纵中凹。

分布：浙江（杭州、开化、缙云）、江西、广东、广西；印度。

95. 甲腹姬蜂属 *Hemigaster* Brulle, 1846

Hemigaster Brulle, 1846: 266. Type species: *Hemigaster fasciate* Brulle, 1846.

主要特征：前翅长 6–11 mm。上颚短，下齿短于上齿。唇基稍隆起，较狭长，端缘强度凸出，凸出部有时不规则。额有 1 个侧扁的中角（本亚科的特殊特征）。雌性触角鞭节端部 1/3 下方平宽，无角下瘤。盾纵沟缺或甚弱。腹板侧沟全程存在或几乎如此。并胸腹节很短，有侧突或齿状突；中区与基区合并，合并后的区域宽大于长；端区中部几乎伸达并胸腹节基部。并胸腹节气门长形。第 1 肘间横脉强度弯曲。第 2 肘间横脉完全没有（本亚科其他属存在）。第 1 背板纵脊强而完整。第 2、3 背板扩大，多少合并（本亚科中唯一的特征）。第 4–7 背板大部分或全部隐藏在第 3 背板下方。产卵管圆柱形，上瓣端部有横脊。

生物学：未知。

分布：世界广布。世界已知 12 种，中国记录 2 种，浙江分布 2 种。

（219）颚甲腹姬蜂 *Hemigaster mandibularis* (Uchida, 1940)

Chreusa mandibularis Uchida, 1940a: 123.
Hemigaster mandibularis: Yu *et al*., 2016.

主要特征：雌，头部密布网皱；颜面侧方网皱较粗，中央屋脊状隆起处网皱细；上颚下缘有宽的镶边，上齿明显大于下齿；鞭节在中央之后稍膨大。胸部具网皱；中胸盾片短，网皱细而多毛；中胸侧板后方几乎光滑，腹板侧沟几乎完整；后胸侧板基间区狭。并胸腹节短而陡斜，中央稍纵凹；除基区（短宽）光滑、端横脊前并列纵刻条和第 3 侧区具横皱外满布网皱。前翅无小翅室，肘间横脉稍向外弯曲，位于第 2 回脉内方；后小脉约在下方 0.3 处曲折。

分布：浙江（临安）、江西、湖南、台湾、广西、四川。

（220）台甲腹姬蜂 *Hemigaster taiwana* (Sonan, 1932)

Chreusa taiwana Sonan, 1932: 85.
Hemigaster taiwana: Yu *et al*., 2016.

主要特征：雌，头略阔于胸部，具网皱；颜面宽，中央呈屋脊状隆起且有一中纵脊；上颚下缘无宽的镶边，上齿明显大于下齿；触角洼光滑，之间有片状三角形突起，其背缘较宽，内有纵沟。小盾片近三角形，均匀隆起，在端部有一列细纵脊，侧脊强，达于后缘；中胸侧板后方光滑，前上方及后胸侧板具网状刻点。并胸腹节具网皱，但基区光滑，端横脊前后有纵刻条，第3侧区、外侧区有横刻条；中区与端区间无脊，呈纵凹槽。前翅无小翅室；小脉稍后叉式；后小脉在下方曲折。腹部第1–3背板除腹柄基半外中央密布略带纵行的夹点网皱，其余背板短而隐藏于第3背板之下；第2、3背板愈合为背甲状。产卵管鞘长为后足胫节的0.7。

分布：浙江（杭州、开化、遂昌、松阳、庆元）、江西、台湾。

III. 秘姬蜂族 Cryptini

主要特征：前翅长2.8–27 mm（或在田猎姬蜂属 *Agrothereutes* 和胡姬蜂属 *Sphecophaga* 中的某些种短翅）。雄性脸部常白色或黄色，或有白或黄的斑纹。柄节端截面强度倾斜。腹板侧沟的后端，当它伸达中胸侧板缝时，位于中胸侧片的后下角。后胸背板后缘亚侧方无小角状突；但有时在后缘下方有1突起，以及有1对亚中突，与小盾片两侧相对。并胸腹节有2条、1条或极少没有横脊；如果只有1条横脊，则为基横脊。并胸腹节无纵脊，除极少数种包围基区的一段外。第2背板折缘窄，下垂，常退化。

生物学：未知。

分布：大多数种类分布于热带。世界已知15亚族，中国记录11亚族，浙江分布8亚族15属19种。

I）嘎姬蜂亚族 Gabuniina

主要特征：前翅长4–26 mm。体通常亚圆柱状，胸部长。第1腹节通常短，雌性腹部端几节背板长。额无角也无脊，但许多种类有一中脊。唇基端缘常平截或有时凹入，中部有1或2个齿或瘤。上颚端部强度变窄，下齿通常长于上齿。上颊常肿胀。雌性鞭节端部圆柱形，末端平截。盾纵沟明显，或超过盾片中央。腹板侧沟有变化，有时弱，极少整个缺。中胸腹板后横脊中部缺或有时存在但短。后胸背板后缘在后小盾片侧方无角状突。并胸腹节基沟深而宽。并胸腹节基横脊和端横脊完整，或中央缺，有时全缺，有时有侧突。后基节基部有时在连接处有一短浅沟。雌性前足胫节多少肿胀。雌性第4跗节有一组粗毛。小翅室大，如果很小，有时外方开放。小脉通常很前叉。有后臂脉。腋脉端部多达翅缘。第1背板通常粗壮，基部有或无侧齿，气门多位于中部或近中部，背中脊几乎全缺。雌性第7–8背板多少延长。产卵管鞘是后足胫节的0.7–1.75倍。产卵管端部无明显背结，下瓣端部有背叶，部分或完全包围上瓣。下瓣端脊垂直或稍斜，直形或"V"形；脊通常粗糙。

生物学：本亚族寄主为生活在树枝、细枝、藤蔓内的鞘翅目和鳞翅目钻蛀性昆虫。

分布：世界广布。中国记录7属，浙江分布2属2种。

96. 斗姬蜂属 *Torbda* Cameron, 1902

Torbda Cameron, 1902b: 18-22. Type species: *Torbda geniculata* Cameron, 1902.

主要特征：腹部第1节背板粗短至颇长，基侧方无齿，但在雌性常有一个低圆弧形镶边，腹板侧沟弱或缺失。

生物学：未知。

分布：古北区、东洋区。世界已知17种，中国记录8种，浙江分布1种。

（221）索氏斗姬蜂 *Torbda sauteri* Uchida, 1932

Torbda sauteri Uchida, 1932a: 191.

主要特征：雌，复眼后方头部很狭，弧形收窄；颜面和唇基散生刻点；上颚大，具2齿，下齿稍长于上齿；上颊相当肿胀。柄节卵圆形，端缘深凹；基部环节很长于其宽。胸部散生刻点，具细毛；并胸腹节后方具夹点刻皱；小盾片平坦，基脊发达。翅痣狭；小翅室五边形，两侧平行；径脉端段两次弯曲；小脉在基脉基方。足长，前足胫节强度变粗，在基部有明显收缩。腹部纺锤形，长于头、胸部之和；第1节光滑，有同样刻点，后柄部中央稍凹；第2背板密布刻点，中央有"Y"形凹痕；以后各节背板中央多少有横凹痕。雄，与雌性相似。体细；腹部细长；触角长于体，无白环；腹部至端部褐色。

分布：浙江、江西、台湾；日本。

97. 蛀姬蜂属 *Schreineria* Schreiner, 1905

Schreineria Schreiner, 1905: 15. Type species: *Schreineria zeuzerae* Schreiner, 1905.

主要特征：前翅长6.3–13 mm。唇基基部0.6具强度刻纹（刻点、粗皱，或网状细皱），中等程度突起；端部0.4光滑或粗糙，微凹，有1明显的横脊与基部隆起部分分开，端缘凹入无中齿。上颚短，端部窄，下齿长于上齿。腹板侧沟弱，伸达0.6处。并胸腹节缺端横脊和外侧脊；在基横脊后方具网皱、横皱或点皱。小翅室很小，五边形，有时第2回脉缺。小脉前叉，距离为其长度的0.8。后小脉约在上方0.38处曲折。第1背板粗壮，无背侧脊；有1强大的基侧齿，在腹侧脊基部另有1个较弱的齿，第2背板稍毛糙。有粗而密的强刻点。产卵管鞘与后足胫节等长。产卵管端部有6个直的相隔中等的强齿；下瓣端部有1背叶包围上瓣。

生物学：寄主为天牛科等。

分布：世界广布。世界已知21种，中国记录7种，浙江分布1种。

（222）蜡天牛蛀姬蜂 *Schreineria ceresia* (Uchida, 1940)

Pseudotorbda ceresia Uchida, 1940a: 119.
Schreineria ceresia: Yu et al., 2016.

主要特征：雌，颜面宽，中央甚隆起，密布细网皱，侧缘为横刻条；唇基基部隆起具细网皱；额散布粗刻点，触角洼浅而光滑；头顶刻点较额稍密。中后胸侧板密布网状刻点，腹板侧沟内具刻条，镜面区稍光滑，基间脊明显。并胸腹节密布细横皱，端区和外侧区为网皱；基横脊细，两侧明显；端横脊和侧纵脊消失。小翅室小，五边形，两侧平行，外方开放，小脉在基脉内方；后小脉在上方0.38处曲折。前足腿节中央扩大、平而略凹；胫节除基部外呈水泡状膨大。腹部第1背板基部侧方背部有一发达侧齿，腹方还有一较弱侧齿，气门位于0.6处，柄部表面平坦而光滑，其余部分具细皱并夹有零星粗刻点；第2、3背板除基缘光滑外密布刻点；第4及以后各节刻纹极细，几乎光滑。产卵管鞘长与后足胫节约等长。

分布：浙江（杭州）、上海、湖北。

II）田猎姬蜂亚族 Agrothereutina

主要特征：前翅长0.8–11 mm（或田猎姬蜂属 *Agrothereutes* 有些雌性短翅）。雄性脸多全黑。额无角状突或脊。唇基端部平截或多少凸出，有或无中齿或中叶。上颚较短，齿等长或上齿稍短。腹板侧沟稍上弯，但不达中胸侧板长度之半。中胸腹板后横脊在中足基节前方断缺，但黑胸姬蜂属 Amauromorpha 和多毛姬蜂属 Apsilops 完整。中胸腹板后横脊中段直，中等长。后胸背板后缘在小盾片侧方有 1 圆形至三角形的小突。并胸腹节有较密集的刻点至网状刻皱；端横脊完整或中央缺，侧突通常呈脊或低齿。雌性前足胫节不肿胀或仅稍微肿胀。后足基节基部前面自基节突而下常有 1 短、浅而垂直的沟。小翅室通常大，端部开放。两肘间横脉平行至中等程度收拢。后小脉常在中部下方曲折。有后臂脉。第 1 背板有或无亚基侧三角形齿（细至较粗），腹侧脊通常完整；背侧脊通常有，在气门基方常缺或弱；背中脊通常强，达或伸到后柄部之上，有时缺，气门通常在中部以后，有时在中部。窗疤宽是长的 1.8 倍。产卵管鞘长为后足胫节的 0.35–3.8 倍。产卵管多少侧扁或亚圆柱形，通常有背结，下瓣上有斜脊；在黑胸姬蜂属中，端部下瓣有近垂直的脊，并有 1 个背叶包围上瓣。通常胸部黑色；足黑色或多少铁锈色；腹部铁锈色，端部黑色并有白斑。

生物学：本亚族有 11 属，几乎全分布在北温带。寄主通常为鳞翅目和膜翅目广腰亚目，也有的寄生于蜘蛛卵囊、巢内的膜翅目针尾部、植物茎秆中的钻蛀性害虫和水生或半水生的鳞翅目。

分布：中国记录 7 属，浙江分布 3 属 4 种。

分属检索表

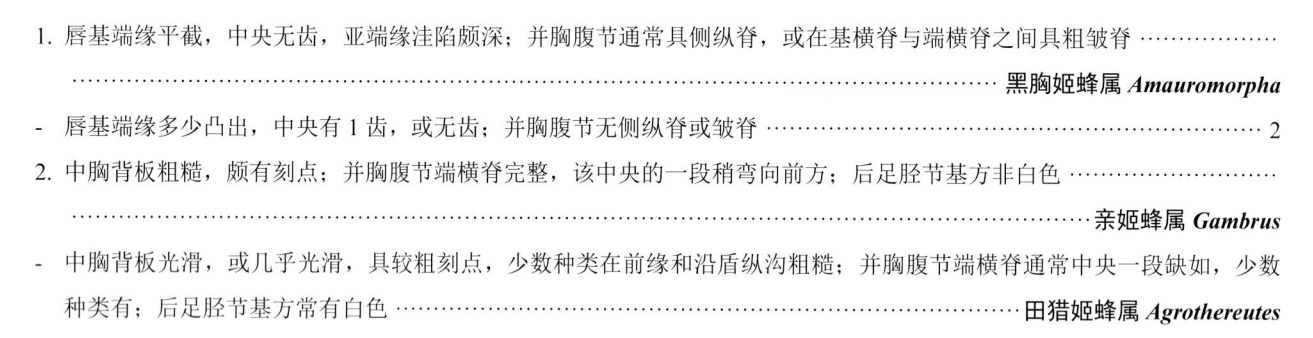

1. 唇基端缘平截，中央无齿，亚端缘洼陷颇深；并胸腹节通常具侧纵脊，或在基横脊与端横脊之间具粗皱脊 ·· 黑胸姬蜂属 *Amauromorpha*
- 唇基端缘多少凸出，中央有 1 齿，或无齿；并胸腹节无侧纵脊或皱脊 ························· 2
2. 中胸背板粗糙，颇有刻点；并胸腹节端横脊完整，该中央的一段稍弯向前方；后足胫节基方非白色 ·· 亲姬蜂属 *Gambrus*
- 中胸背板光滑，或几乎光滑，具较粗刻点，少数种类在前缘和沿盾纵沟粗糙；并胸腹节端横脊通常中央一段缺如，少数种类有；后足胫节基方常有白色 ·· 田猎姬蜂属 *Agrothereutes*

98. 黑胸姬蜂属 *Amauromorpha* Ashmead, 1905

Amauromorpha Ashmead, 1905: 410. Type species: *Amauromorpha metathoracica* Ashmead, 1905.

主要特征：前翅长 1.3–8.3 mm。体毛异常密。胸部圆柱形。唇基端缘平截，无中齿。中胸盾片长，有很细密的带毛刻点，外观无光泽。盾纵沟长，超过盾片中央。中胸腹板后横脊几乎完整，在中足基节前方有短缺口。并胸腹节基横脊和端横脊完整，或在中央不明显，无侧突；气门长。第 2 肘间横脉缺或很淡。第 2 回脉与第 1 肘间横脉对叉或后叉。小脉稍前叉。后小脉在中部很上方曲折。第 1 背板粗短，无基侧齿；向端部逐渐变宽，气门在中部；背侧脊和腹侧脊完整和中等程度强（或雌性背侧脊弱），背中脊不明显。第 2 背板无光泽，有密集明显小刻点。产卵管鞘是后足胫节的 0.87。产卵管侧扁，下瓣端部有垂直粗脊，并有背叶部分包围上瓣；上瓣上缘微波状。

生物学：水稻茎秆钻蛀性鳞翅目害虫的寄生蜂。

分布：东洋区。世界已知 2 种，中国记录 1 种，浙江分布 1 种。

（223）三化螟沟姬蜂 *Amauromorpha accepta* (Tosquinet, 1903)

Ischnoceros acceptus Tosquinet, 1903: 1-403.
Amauromorpha accepta: Yu et al., 2016.

主要特征：雌，体光滑，具细刻点和细白毛；颜面宽，中央稍隆起；额在中单眼前方具细纵脊。中胸稍长，盾纵沟稍超过中央。并胸腹节基横脊细，突向前方；端横脊亦细，偶尔不明显，无侧突。翅痣狭，长矛形；无小翅室，小脉在基脉内方；后小脉在上方 0.65 处曲折。腹部近纺锤形，第 1 背板长约为端宽的 2.2 倍，气门位于中央稍后；第 2 背板长，窗疤紧贴前侧角；产卵管鞘长约为后足胫节的 0.85。茧长圆筒形；长 11–14 mm，径 2.5–3.0 mm，顶端稍粗较平截，底端钝圆；茧层较厚但外表不糙；灰黄褐色。

分布：浙江、湖北、江西、湖南、福建、台湾、广东、海南、广西、四川、贵州、云南；印度，泰国，马来西亚等。

99. 田猎姬蜂属 *Agrothereutes* Förster, 1850

Agrothereutes Förster, 1850: 71. Type species: *Pezomachus abbreviator* Gravenhorst, 1829.

主要特征：前翅长 2.8–10.0 mm。胸部中等比例。唇基端缘宽凸。中胸盾片通常完全光滑，但有少数种类沿边缘和盾纵沟毛糙或盾叶中央光滑，其余部分毛糙，有中等大小较密的强刻点。盾纵沟明显，稍超过盾片中央。并胸腹节基横脊完整或中央不明显；端横脊有斜的侧突，中段弱或缺。小翅室大，四边形，两边几乎或完全平行。残脉短或缺。小脉对叉或前叉。后中脉强度弯曲。后小脉在近下端曲折。第 1 背板有 1 强亚基侧齿；气门在中部很后方，后柄部强度扩大；中纵脊从背板基部伸到后柄部之上，从气门向基方形成背板背侧角；背侧脊在气门端方强，在气门基方弱或缺；腹侧脊强。第 2 背板毛糙，有相当小的刻点。第 7 背板常有白斑。产卵管鞘与后足胫节等长。产卵管侧扁，端部多少矛形，上瓣有时在背结与端部之间微锯齿状。

生物学：寄生于膜翅目叶蜂科等。

分布：世界广布。世界已知 39 种，中国记录 4 种，浙江分布 1 种。

（224）黄杨斑蛾田猎姬蜂 *Agrothereutes minousubae* Nakanishi, 1965

Agrothereutes minousubae Nakanishi, 1965: 456.

主要特征：雌，颜面宽，刻点在中央稍密；唇基基部刻点粗，端部平滑；额具细刻点；头顶具细革状纹。前胸背板侧面下方密布横皱状刻条，上方为革状皱纹，沿上缘有一明显的长形凹洼；中胸盾片和小盾片多少有光泽，具极细而密的刻点，盾纵沟强，伸至近翅基片后端水平；中胸侧板和后胸侧板均满布粗糙的略横行的夹点刻皱和不规则细皱。并胸腹节粗糙；基横脊完整，其后方具网状皱纹；端横脊除侧突外中央消失。小翅室大，小脉后叉式；后小脉稍微外斜，在下方 0.3 处曲折。腹部满布细革状纹；第 1 背板基部侧突明显，后柄部长为端宽的 0.6；第 2 背板窗疤横卵圆形；产卵管鞘长为第 1 腹节的 1.6 倍。雄，触角在第 15–20 节有角下瘤；镜面区光滑；后柄部长为后缘宽的 1.5 倍。体黑色；复眼内眶、颜面下方中央、唇基除了端缘、颊上部、翅基下脊、小盾片端半、腹部第 7 背板端部中央、前中足基节大部分和转节、后足第 1 转节腹面、腿节基部、胫节基部、跗节第 1 节端部、第 2–4 跗节、第 5 跗节基半或全部均白色；前中足腿节红黄色；胫节和跗节腹面黄褐色，而其背面烟褐色；后足腿节下方赤褐色，胫节基半下方带模糊黄色；腹部第 2、3、4 节后缘带赤褐色；翅稍带烟褐色，翅痣黑褐色。

分布：浙江（杭州）；日本。

100. 亲姬蜂属 *Gambrus* Förster, 1869

Gambrus Förster, 1869: 188. Type species: *Gambrus* (*Crypius*) *maculatus* Brischke, 1888.

主要特征：前翅长 2.8–9.8 mm。唇基端缘凸，通常有 1 多少明显的端中叶或钝齿。中胸盾片不光滑，有中等大小或细小刻点。并胸腹节端横脊完整，中间部分向前弯曲，侧突弱。小翅室常亚四边形。产卵管鞘是后足胫节长的 1.0–2.0 倍。

生物学：寄生于鳞翅目夜蛾科等。

分布：世界广布。世界已知 25 种，中国记录 2 种，浙江分布 2 种。

（225）红足亲姬蜂 *Gambrus ruficoxatus* (Sonan, 1930)

Habrocryptus ruficoxatus Sonan, 1930b: 357.
Gambrus ruficoxatus: Yu *et al*., 2016.

主要特征：雌，头具极细刻点，在颜面稍粗，上颊较光滑；唇基隆起。前胸侧板具横刻条；中胸背板密布刻点，盾纵沟明显，不达后缘亦不相会，其后方之间的盾片上刻点较粗糙；小盾片稍隆起；中、后胸侧板具细皱状刻纹，镜面区光滑。并胸腹节具不规则皱纹，但在基横脊前方两侧极细；端横脊完整，中段伸向前方，侧突很弱。前翅小翅室甚大，略呈五边形，两侧近于平行，小脉前叉式；后小脉在中央稍下方曲折。腹部第 1 背板光滑，在基部有侧突；以后背板具稀疏细刻点，但亦光亮。雄，鞭节上无白斑，第 12–15 鞭节具角下瘤；腹部细瘦，第 1–4 背板均赤褐色，第 7 背板无白斑；后足基节基部及第 1–2 跗节多少带黑褐色。

分布：浙江、河南、陕西、湖北、江西、四川；日本。

（226）二化螟亲姬蜂 *Gambrus wadai* (Uchida, 1936)

Hygrocryptus wadai Uchida, 1936c: 9.
Gambrus wadai: Yu *et al*., 2016.

主要特征：雌，颜面宽，满布革状细刻纹；唇基端部光滑，端缘中央稍突出；额有极细中纵脊；头顶刻纹稍弱；上颊侧面观与复眼约等长。胸部满布细刻纹；前沟缘脊发达；盾纵沟伸至盾片 0.65 处，但后端不相接；小盾片仅在基部有侧脊；镜面区亦具细刻纹，腹板侧沟仅在前半稍明显。并胸腹节满布细刻纹，基横脊和端横脊中段均前突，侧突稍呈片状。前翅小翅室甚大，五边形，宽约等于高，两肘间横脉近于平行；小脉刚前叉式；后小脉在中央附近曲折。腹部纺锤形，密布细刻点；第 1 背板向后渐扩大，长为端宽的 2 倍多，基部有三角形侧突，后柄部长与端宽约相等；第 2 背板窗疤横椭圆形，近于背板侧缘。产卵管鞘长为后足胫节的 0.9。雄，触角 30 节，至端部渐细，上无白斑；所有足的第 3、4 跗节白色；腹部较细瘦。茧：白色，圆柱形，长 14–16 mm。

分布：浙江（长兴、海宁、桐乡）、山东、江苏、安徽；日本。

III）横沟姬蜂亚族 Ischnina

主要特征：前翅长 3.2–18 mm。额无角或脊，有时在触角窝上方有 1 凹点。前胸背板常有些变宽。盾纵沟通常长而明显，有时短或缺。腹部侧沟常达中胸侧板后缘，后半部沟曲折。中胸腹板后横脊不完整，中段常缺，或短而弱，或阔"V"形，有时呈 1 中瘤，或极少数情况中等程度长。后胸背板后缘在小盾片侧方常有 1 个圆形或三角状突。并胸腹节气门通常长形；端横脊完整、中间缺或整个缺，有时侧突呈齿状。后足基节常有一条起于基节突的沟，此沟呈水平、斜或垂直。小翅室中等小至大，少数相当小，其边收窄或平行。残脉缺。后小脉在中部或中部下方曲折。后臂脉存在。第 1 背板气门常在中部后方。窗疤圆至宽是长的几倍。产卵管鞘通常为后足胫节的 0.4–2.0 倍，极少为 8.0 倍。产卵管端部有 1 背结，下瓣有斜脊；有时脊垂直，但极少内斜，强度弯曲；在 *Dotocryptus* 和卫木姬蜂属 *Xylophrurus* 中下瓣端部包围上瓣。

生物学：寄主为鳞翅目和膜翅目广腰亚目的蛹或预蛹。也有的寄生于蚁蛉科、小树枝中的鞘翅目和膜翅目针尾部的巢。

分布：在全北区本亚族为优势亚族。世界已知43属，中国记录8属，浙江分布1属1种。

101. 瘤脸姬蜂属 *Etha* Cameron, 1903

Etha Cameron, 1903a: 17. Type species: *Etha striatifrons* Cameron, 1903.

主要特征：前翅长8.8–11.1 mm。体细。脸有1中瘤。唇基端缘微凸，无中齿或不规则状。上颚下齿稍短于上齿。雌性触角端部0.3略变粗，下方有点平扁，末端细尖。中胸盾片光亮或近于光亮，有刻点，通常也有一些不明显的横皱。盾纵沟明显，略超过盾片中央。并胸腹节侧突三角状，在侧突之间的端横脊弱或缺。后足基节前面有一条发自关节下缘的水平短沟。第1背板基部有1个三角状侧齿，无纵脊。第2背板毛糙，密布小刻点。产卵管鞘长约为后足胫节的0.7。

生物学：未知。

分布：东洋区。世界已知11种，中国记录3种，浙江分布1种。

（227）瘤脸姬蜂 *Etha tuberculata* (Uchida, 1932)

Cryptus tuberculatus Uchida, 1932a: 168.
Etha tuberculata: Yu *et al*., 2016.

主要特征：雄，颜面宽，具网皱，但在中央瘤状隆起处及侧缘为刻点；唇基几乎光滑；额具细皱，近触角洼处为横刻条，中央有一纵脊；头顶近于光滑，在单眼后倾斜；头部在复眼后强度收窄。胸部满布细皱，前胸前沟缘脊强，伸至背缘；中胸盾片在中叶及侧叶边缘有细刻条；盾纵沟明显；小盾片具稀刻点；腹板侧沟深。并胸腹节在基横脊之前具浅网皱，之后为横皱；基横脊和端横脊中段均消失，侧突呈片状。小翅室五边形，甚大，两侧约平行，长稍大于高；小脉对叉式；后小脉在中央稍下方曲折。腹部具极细革状纹，第1背板基部有侧齿，长为端宽的2.6倍，向后渐加宽；第2背板窗疤明显，圆形。产卵管鞘长约为后足胫节的0.77。

分布：浙江（泰顺）、台湾。

IV）刺蛾姬蜂亚族 Baryceratina

主要特征：前翅长3.6–21 mm。唇基端部平截或弱凸，常有1对中齿或中瘤。上颚粗短，向端部变尖；上齿大于和长于下齿。前胸背板上缘常不肿胀。前沟缘脊通常长，强而直。盾纵沟超过中胸盾片中部或无。腹板侧沟伸达侧板0.4处，如果达0.7，则弯曲。中胸腹板后横脊中段缺，仅见一个瘤突，或存在，通常直。并胸腹节基部横沟若中等深，则在后小盾片两侧的后胸背板后缘有1个小肿胀或突起。并胸腹节基横脊和端横脊存在，中间缺或全缺；端横脊常呈低侧突或小突起；气门通常长形。后足基节连结处下方有一小而弱肿块，在肿块下方又有一条弱的水平短沟。雌性前足胫节不肿大。小翅室很大，形状不定。后小脉在中部下方有时在中部附近曲折。有后臂脉。第1背板粗壮至细长；气门在中部很后；基部有或无侧齿。窗疤近圆形至横形，宽常明显大于长。产卵管鞘是后足胫节的0.6–1.0倍。产卵管圆柱状，上、下瓣有明显横脊或斜脊。

生物学：寄主为刺蛾茧。

分布：世界广布。世界已知12属，中国记录4属，浙江分布2属3种。

102. 隆缘姬蜂属 *Buysmania* Cheesman, 1941

Buysmania Cheesman, 1941: 25. Type species: *Buysmania reticulata* Cheesman, 1941.

主要特征：前翅长 6.7–10.3 mm。体粗壮。额无角或脊。雌性鞭节端部 0.3 不扩大，下方不扁平，向端部略变细。中胸盾片阔，微隆起，盾纵沟由皱状刻条显出，超过盾片中部。前胸背板上缘强度肿大，不与沟平行。中胸侧板凹与中胸侧板缝相距中等，两者由 1 条很浅的沟相连。腹板侧沟达中胸侧板后缘，后半段浅、中等弯。中胸腹板后横脊中部相当长。并胸腹节短，基横脊完整，端横脊仅见一对很低的侧突；气门长是宽的 3.0 倍。腋脉端部向臀区边缘合拢。第 1 背板粗壮，基部有一强侧齿；腹侧脊强而完整；背侧脊从基部到气门处明显；背中脊从背板基部到柄后部中央明显。窗疤宽度是长的 4 倍。产卵管鞘长是后足胫节的 0.82。

生物学：寄主为刺蛾科等。

分布：东洋区。世界已知 2 种，中国记录 1 种，浙江分布 1 种。

（228）壮隆缘姬蜂健壮亚种 *Buysmania oxymora robusta* (Uchida, 1932)

Goryphus robustus Uchida, 1932a: 172.
Buysmania oxymora robusta: Yu *et al*., 2016.

主要特征：雌，颜面、额在单眼下方具粗皱纹；触角在中段稍短粗。胸部具细皱，但在黄色部位仅具细刻点，近于光滑；盾纵沟明显；小盾片无侧脊；中胸侧板腹板侧沟深。并胸腹节满布网状皱纹；基横脊明显；端横脊仅存一对较低的条状侧突。小翅室五边形。腹部纺锤形；第 1 节背板基半光滑，有发达侧齿；第 2、3 节背板和第 4 节背板端缘密布刻点，其余光滑；产卵管端部下瓣具斜脊，上瓣亦有浅齿。

分布：浙江（杭州）、湖南、台湾、广东、云南；印度尼西亚。

103. 绿姬蜂属 *Chlorocryptus* Cameron, 1903

Chlorocryptus Cameron, 1903a: 34. Type species: *Chlorocryptus metallicus* Cameron, 1903.

主要特征：体较强壮，具蓝紫和暗绿金属色；前沟缘脊较强壮；无盾纵沟；腹板侧沟后端约伸达中胸侧板的 0.65 处；中胸腹板后横脊仅中央存在，呈瘤凸状；并胸腹节很短，小翅室较小，四边形，第 2 肘间横脉弱；小脉位于基脉的外侧；后中脉直或几乎直；腋脉端部常近后缘；腹部第 1 节背板具基侧齿。

生物学：未知。

分布：古北区、东洋区。世界已知 2 种，中国记录 2 种，浙江分布 2 种。

（229）朝鲜绿姬蜂 *Chlorocryptus coreanus* (Szépligeti, 1916)

Cryptaulax coreanus Szépligeti, 1916: 287.
Chlorocryptus coreanus: Yu *et al*., 2016.

主要特征：雌，本种与紫绿姬蜂 *C. purpuratus* 结构很相似。但其特征在于上颊在复眼之后鼓出再收窄；颜面纵隆两侧及触角下方的刻条均不明显；唇基中段无网皱；上颊侧面观较宽，为复眼横径的 0.8；中胸盾片盾纵沟在前方有痕迹，但无纵行细脊，中叶也无纵脊；并胸腹节有基横脊，但中段较弱；端横脊不明显，无侧突，端区与背表面倾斜较缓；腹部第 1 背板后柄部长大于宽；体蓝黑色，有光泽；雌蜂触角第 6–9 鞭节背面黄白色；翅完全透明。

分布：浙江（临安）、黑龙江、吉林、辽宁、内蒙古、台湾；朝鲜。

（230）紫绿姬蜂 *Chlorocryptus purpuratus* (Smith, 1852)

Cryptus purpupratus Smith, 1852: 33.
Chlorocryptus purpuratus: Yu *et al*., 2016.

主要特征：雌，头部横宽，头在复眼之后强度收窄；触角短于体长，在中央之后稍粗。前胸背板下方及中胸侧板具平行的刻皱；中胸盾片无盾纵沟，但在该处有细皱纹；后方有中纵脊。足基节具致密刻点。小翅室近于正方形，第 2 肘间横脉仅存上段。腹部比头、胸部之和稍长，具细密的刻点；第 1 腹节后柄部宽大于长或近于等长；第 2 背板梯形，其后缘是腹部最宽处；以后各节渐短狭，其和与第 2 腹节几乎等长。产卵器与后足胫节等长。

分布：浙江（杭州、宁波、四明山、松阳）、北京、山西、江苏、上海、江西、湖南、广西、四川、贵州、云南。

V）裂跗姬蜂亚族 Mesostenina

主要特征：前翅长 2.7–17.5 mm。体常细长。额常有 1 个中角或有 1 竖突，或 1 对中角。唇基端缘凸出，无中齿，时有 1 对弱瘤。上颚齿等长或下齿较短。前胸背板上缘多少肿大，盾纵沟明显，通常深，超过盾片中部。腹板侧沟多明显，至少伸达 0.5 处，如有后半段则强度弯曲。中胸腹板后横脊中段短，呈瘤突状或全缺。后胸背板后缘在后小盾片侧方有 1 小突起。并胸腹节基横脊完整，端横脊不完整，只见两侧突，或有时全缺。后足基节在基部前面有 1 短沟，从基节关节向下斜伸。雌性前足胫节不肿大，残脉缺。小翅室小至很小，通常宽是高的 1.5 倍，或小翅室缺。第 1 肘间横脉与第 2 回脉相对。后臂脉除 *Diloa* 外存在。腋脉端部向翅缘弯曲。第 1 背板气门在中央后方；基部通常有侧齿或叶突；仅 *Gotra* 有背中脊；背侧脊通常缺。窗疤几乎全是宽大于长。产卵管鞘长为后足胫节的 0.33–6 倍。产卵管中等程度侧扁，几乎均有结节；下瓣有斜脊，无背叶包围上瓣；上瓣端部在结节处有 1 缺刻，无横或斜的脊。

生物学：寄主为各种鳞翅目种类。生境通常是灌木丛、森林，少数种类为开阔草地。

分布：主要分布于热带。世界已知 17 属，中国记录 2 属，浙江分布 1 属 1 种。

104. 脊额姬蜂属 *Gotra* Cameron, 1902

Gotra Cameron, 1902c: 206. Type species: *Gotra longicornis* Cameron, 1902.

主要特征：前翅长 6–14 mm。体较粗壮。额具 1 垂直的中脊，有时此脊在近中部隆起呈一个侧扁的小齿或低角。唇基端缘薄，略凸，无瘤突，上颚齿约相等。上颊侧面观在上方 0.3 处约为复眼宽的 0.25。前胸背板上缘肿大而厚。前沟缘脊长，上端曲向中部近前胸背板上缘。盾纵沟长而明显。并胸腹节较短；端横脊仅见侧突或瘤状突。小翅室宽约为长的 3 倍，受纳第 2 回脉于中部外方。有第 2 肘间横脉，较长。小脉对叉至前叉（距离为其长度的 0.3）。第 1 背板柄部中等粗壮，横切面长方形；腹侧缘有脊；基部两侧各有 1 个强齿，产卵管鞘长为后足胫节的 0.33–0.7。

生物学：寄生于鳞翅目小卷蛾科等。

分布：世界广布。世界已知 39 种，中国记录 4 种，浙江分布 1 种。

（231）花胸姬蜂 *Gotra octocinctus* (Ashmead, 1906)

Mesostenus octocinctus Ashmead, 1906: 175.
Gotra octocinctus: Yu *et al.*, 2016.

主要特征：雌，体大致黑褐色，多黄色或黄白色斑纹。触角中段上面黄色；颜面、唇、口器（除了上颚齿）、眼眶（除了后上方一小段）、上颊、前胸背板前缘及后上方、中胸盾片中央 1 圆斑、小盾片及上侧隆脊、翅基片、中胸侧板近翅基处及下方 2 纹（或连成一纹）、中胸腹板、后小盾片、后胸侧板上部及下部 1 纹、并胸腹节后方的凸字形纹均黄白色；腹部雄蜂各节后缘、雌蜂第 1 节后缘和第 2–3 节近后缘横带、第 4–6 节各节后缘两侧横带均为黄色。翅痣黑褐色、基部黄色。足赤黄色，基节带白色，后足基节基部及外方斜纹、第 1 转节基部、腿节末端、胫节两端、各足端跗节和爪黑褐色。盾纵沟明显，止于圆斑处；并胸腹节多网状皱纹，无纵脊；基横脊中央凸向前方；端横脊仅具微弱侧齿；小翅室甚小，宽度约为高度的 1.5 倍，第 1 肘间横脉比第 2 肘间横脉短。

分布：浙江（余杭、富阳、临安、余姚、衢州、松阳）、陕西、江苏、安徽、湖北、江西、湖南、广东、广西、四川、云南；朝鲜，日本。

VI）驼姬蜂亚族 Goryphina

主要特征：体通常较粗。额通常光滑，少数属有 1 中角或齿，或触角窝上方有 1 条脊或叶状突。唇基端缘中央有时具 1 弱中叶、1 对小瘤或 1 小中齿。前胸背板上缘常多少肿胀。盾纵沟明显，通常达或稍过盾片中央。前沟缘脊通常长而强。中胸侧板凹凹点状，离中胸侧板缝有一定距离，常有 1 浅痕或沟将两者相连。中胸腹板后横脊中段存在。后胸背板后缘在后小盾片两侧方有 1 三角形或新月状小叶。并胸腹节基横脊完整。后足基节在基节关节下方有 1 斜或近于垂直的短沟。残脉缺。小脉通常对叉。后中脉中等至强度弯曲。后小脉通常在中部以下曲折。第 1 背板通常在基部有 1 侧齿；气门几乎总是在中部后方。窗疤雄性近圆形，雌性宽约为长的 2 倍。产卵管鞘常为后足胫节的 0.6–1.0 倍，偶有 0.3 或 3.6 倍。产卵管通常较粗壮，端部尖矛状，有 1 明显背结，下瓣有斜至近垂直的脊，极少数情况下瓣有 1 背叶（部分包围上瓣）；有时无背结。

生物学：寄主为蛀道中或卷叶中各种各样结茧的昆虫。

分布：绝大多数种类分布于热带和亚热带。世界已知 41 属，中国记录 15 属，浙江分布 3 属 3 种。

分属检索表

1. 前沟缘脊缺如，或弱，或颇强，如有，则由前胸背板隆肿的前缘（颈）突然分歧；小盾片侧脊伸达 0.3–0.8 处 ·· 菲姬蜂属 *Allophatnus*
- 前沟缘脊弱至强，由前胸背板隆肿的前缘（颈）逐渐分歧；小盾片无侧脊，或侧脊不及基方的 0.35 ······················ 2
2. 额的中央具一角状突 ··· 角额姬蜂属 *Listrognathus*
- 额在触角窝上方无角状突 ··· 驼姬蜂属 *Goryphus*

105. 菲姬蜂属 *Allophatnus* Cameron, 1905

Allophatnus Cameron, 1905c: 233. Type species: *Allophatnus fulvipes* Cameron, 1905.

主要特征：前翅长 6.0–8.9 mm。额有一中竖脊，其中央可能中断。唇基端缘凸出，在中央稍延长如一中叶。上颚下齿几乎等长于上齿。无前沟缘脊。腹板侧沟仅前半存在。小盾片侧脊伸达 0.3–0.8 处。并胸腹节基横脊完整，端横脊雄性弱或模糊，雌性的完整而强；有明显侧突；气门长约为宽的 2 倍。小翅室高约为宽的 0.8，与第 2 回脉（稍外斜）气泡以上一段等长，气泡宽；有第 2 肘间横脉，亚中室和臂室下方的毛与上方的毛大致同样（本族特殊特征）。外小脉在中央或稍下方曲折；后小脉约在下方 0.45 曲折；后臂脉几乎伸至翅缘；第 1 背板基部有三角形齿，纵脊多变。后柄部中央有大而密的刻点。产卵管鞘长约与后足胫节等长。产卵管端部有明显背结。

生物学：未知。

分布：世界广布。世界已知 7 种，中国记录 1 种，浙江分布 1 种。

（232）褐黄菲姬蜂 *Allophatmus fulvitergus* (Tosquinet, 1903)

Cryptus fulvitergus Tosquinet, 1903: 199.
Allophatmus fulvitergus: Yu *et al*., 2016.

主要特征：雌，额眶、前胸背板后上缘、中胸盾片、小盾片、翅基下脊、第 1 背板端部（其余白色）、第 2 背板、雄性唇基中央、脸眶、上颊眶、并胸腹节、第 1–3 背板褐黄色；触角鞭节黑褐色，第 5–9 节内面黄色。翅带烟黄色，翅痣黑褐色。足褐黄色；前足基节、雄性中足基节和后足基节大部分、后足胫节端部和跗节黑褐色。颜面密布细皱纹状刻点；额具细刻点；头部在单眼之后收窄；触角鞭节至端部稍粗。胸部密布夹点刻皱；中胸盾片较光亮，刻点稍稀；盾纵沟浅，伸至后方 3/4 处；小盾片侧脊伸至中央稍后；并胸腹节基横脊明显；端横脊中段较弱，侧突短宽。小翅室五边形，长约为高的 1.5 倍，两侧几乎平行；小脉前叉式。腹部第 1 背板基侧有三角形突起，柄部光滑，后柄部具粗刻点，第 2 及以后各背板刻点渐细几乎光滑。

分布：浙江（遂昌、松阳）、山东、河南、江西、湖南、福建、台湾、四川；日本，印度，印度尼西亚。

106. 角额姬蜂属 *Listrognathus* Tschek, 1871

Listrognathus Tschek, 1871: 153. Type species: *Listrognathus cornutus* Tschek, 1871.

主要特征：前翅长 4.7–12.5 mm。额具 1 圆锥状中角，此角背方有时还有 1 个侧角。唇基较小，侧面观金字塔状。颊脊在不同亚属之间有变化。上颚较短，下齿等于或稍短于上齿。前胸背板颈片侧方部分强度突起或有时脊状。前沟缘脊强。腹板侧沟伸至约 0.55 处。小盾片强度隆起，仅在基角有侧脊或无。并胸腹节基横脊完整；端横脊完整或不完整，通常有侧突。小翅室高约与宽相等，肘间横脉平行或稍向前收拢。第 2 回脉直。后小脉在下端 0.31 处曲折。第 1 背板相当粗壮，基部有强侧齿；无背中脊；背侧脊钝，近柄后节处不明显。窗疤宽。产卵管鞘长为后足胫节的 0.6。产卵管下瓣有明显的斜齿，上瓣在结节后方变平。有时端部鳞茎状。

生物学：寄生于鳞翅目夜蛾科等。

分布：世界广布。世界已知 58 种，中国记录 7 种，浙江分布 1 种。

（233）索角额姬蜂 *Listrognathus* (*Listrognathus*) *sauteri* Uchida, 1932

Listrognathus sauteri Uchida, 1932a: 183.

主要特征：雌，头、胸部密布粗刻点及细白毛；颜面宽，中央隆起，具细刻点和革状细刻纹；额具强刻条，锥形角突长约为柄节的 0.5；后头脊上方完整，下端内弯，与明显高出的口后脊相接处稍大于直角，相接点至上颚基部的距离与上颚基部宽度相等。前胸背板颈之下侧缘呈弧形突出。盾纵沟弱；小盾片仅基角具侧脊；中胸侧板及后胸侧板具夹点刻皱。并胸腹节横脊完整且明显，侧突长，呈片状隆起。前翅具小翅室。腹部第1背板柄部光滑，后柄部刻点粗而稀；第2、3背板刻点细而密；以后背板近于光滑。产卵管后端0.3尖削，产卵管鞘长约为后足胫节的0.6。

分布：浙江（杭州、金华）、河北、江苏、湖北、江西、台湾、四川。

107. 驼姬蜂属 *Goryphus* Holmgren, 1868

Goryphus Holmgren, 1868: 398. Type species: *Goryphus basilaris* Holmgren, 1868.

主要特征：前翅长3.2–9.5 mm。体中等比例至很粗短。额有1条窄的竖脊。唇基端缘稍凸，通常中央无特化，但有时稍有叶状，或稍2叶状，或偶有1中齿。上颚短，下齿等于或短于上齿。前沟缘脊强而长，延伸到腹方，包围颈片后缘。腹板侧沟达中足基节，仅稍弯曲。小盾片通常无侧脊。并胸腹节基横脊完整；端横脊完整，或弱或缺，有或无侧突或瘤突。小翅室高约为第2回脉弱点上段长度的0.5。小翅室通常方形或稍五边形，第2肘间横脉有但常弱。第2回脉直或近于直。后小脉在下方0.3处曲折。第1背板中等宽至很宽，基部有侧齿；腹侧脊、背侧脊和背中脊通常强而完整；背中脊伸达或超过气门。产卵管鞘约为前翅的0.9。产卵管粗壮，端部较短，结节通常明显，下瓣有斜或近垂直的齿。

生物学：寄生于鳞翅目夜蛾科等。

分布：世界广布。世界已知116种，中国记录15种，浙江分布1种。

（234）横带驼姬蜂 *Goryphus basilaris* Holmgren, 1868

Goryphus basilaris Holmgren, 1868: 398.

主要特征：雌，头、前胸、中胸盾片黑色。触角柄节、梗节赤黄色，鞭节黑褐色，雌蜂第9–11节上面白色。小盾片、中胸侧板后方（小盾片前缘的切线以后）、并胸腹节赤黄至橙红色。翅脉黄褐色，翅痣下方有一块褐色大斑几达后缘似呈横带。足大部分黄赤色，前足基节至腿节、中后足胫节或连腿节近端部以及跗节1、2、5节和爪暗褐至黑色；各足第3或第3、4节跗节白色。腹部第1背板赤黄色；雌蜂第1、2背板后缘和第7背板白色，雄蜂第1–3背板后缘和第7背板白色，其余黑色。头、胸部密布细刻点，额中央多细皱；盾纵沟明显，相交于后缘，近后端多细皱。并胸腹节有网状细皱，基横脊中央向前凸出，无端横脊，侧突片状，明显。腹部密布细刻点，第1腹节基段柄状；雌蜂在第3节最宽，雄蜂两侧近于平行。产卵管粗壮，鞘的长度约为后足胫节长的0.85。

分布：浙江（杭州、台州、衢州、缙云、松阳）、湖北、江西、湖南、福建、台湾、广东、海南、香港、广西、四川；日本，印度，缅甸，马来西亚，印度尼西亚。

VII）长足姬蜂亚族 Osprynchotina

主要特征：前翅长4.2–25 mm。体通常细长。额有时有1条弱的中脊。唇基宽，稍隆起，端缘平截或略凸出，无中齿。上颚窄长，上齿明显长于下齿，下齿有时弱或缺；上颚下缘向外曲。鞭节相当细长，顶端圆形。盾纵沟明显，超过盾片中部。腹板侧沟通常伸达中足基节，通常波曲。后胸背板后缘在后小盾片两侧有1小而宽或三角形突起。并胸腹节基横沟通常浅。并胸腹节基横脊明显而完整；端横脊有或无，绝不形成侧齿，通常也无侧突。后足基节从基亚节处发出一条短沟。雌蜂前足胫节不肿胀。残脉缺。后臂脉通常存在。第1背板几乎总是细长，有时差不多两边平行，其端部如果扩大，通常仅略扩大；基部常有1三角形侧突；除腹侧脊可能存在和背纵脊在柄后部端部可能存在外，无其他纵脊。窗疤长大于宽。产卵管鞘长是后足胫节的 0.56–5.6 倍。产卵管通常圆柱形，上弯；产卵管端部有变化，下瓣通常包围上瓣。

生物学：寄生于蜾蠃蜂科特别是蜾蠃蜂属巢内的蜂，有时可能寄生有巢的蜜蜂。

分布：广布于北半球，绝大多数种类分布于热带。本亚族已知 9 属，中国记录 6 属，浙江分布 1 属 3 亚种。

108. 巢姬蜂属 *Acroricnus* Ratzeburg, 1852

Acroricnus Ratzeburg, 1852: 92. Type species: *Acroricnus schaumii* Ratzeburg, 1852.

主要特征：前翅长 6.5–14 mm。颊长约为上颚基宽的 0.8。后头脊完整；或下端不达口后脊。并胸腹节端横脊完整或几乎如此，但有时弱，无侧突。后足端跗节腹面中央有 1 组大鬃毛，通常 4 根一组。小翅室大，有点斜。小脉稍后叉。后小脉在中部上方曲折。腋脉长，离臀区边缘很远。第 1 腹板端部位于气门后方，基部下面看向上斜。第 1 背板气门位于端部 0.46 处。产卵管鞘长是后足胫节长的 1.3 倍；产卵管上弯，端部扁平，下瓣包围上瓣，下瓣端部有竖脊，但上瓣几乎光滑。

生物学：寄生于膜翅目胡蜂科等。

分布：世界广布。世界已知 8 种，中国记录 2 种，浙江分布 3 亚种。

分种检索表

1. 腹部黑色，各节后缘黄色 ·· 游走巢姬蜂指名亚种 *A. ambulator ambulator*
- 腹部砖红色或暗红色，仅各节基部多少黑色 ·· 2
2. 腹部砖红色；触角黄环之前鞭节红黄色 ······················· 游走巢姬蜂红腹亚种 *A. ambulator rufiabdominalis*
- 腹部砖红色；触角黄环之前鞭节淡褐色或暗赤色 ················ 游走巢姬蜂中华亚种 *A. ambulator chinensis*

（235）游走巢姬蜂指名亚种 *Acroricnus ambulator ambulator*(Smith, 1874)

Cryptus ambulator Smith, 1874: 392.

Acroricnus ambulator ambulator: Yu et al., 2016.

主要特征：雌，额眶、脸眶上部、唇基中央（大小不等）、上唇、须、翅基片、小盾片后半、后小盾片、后胸侧板上方部分和后角（部分标本后胸侧板全黑）、并胸腹节端部两侧大斑、腹部各节后缘黄色。触角柄节和梗节黑色；鞭节中段 4–6 节呈黄色环，黄环之前赤褐色，黄环之后黑褐色。部分标本第 2–3 背板后半稍呈砖红色。翅透明，稍带烟褐色，外缘色稍深；翅痣及翅脉黑褐色。足砖红色，基节、转节、后足腿节端部、胫节端部黑色，后足基节内侧有黄色大斑，前、中足胫节和各跗节污黄色。头向下收窄；颜面、唇基、额密布刻点；上颊收窄；头顶刻点较细而稀；触角至端部稍粗。胸部密布夹点刻皱；盾纵沟浅。并胸腹节基横脊中央前伸；端横脊中央模糊。小翅室大，五边形。腹部细长，近于光滑。

分布：浙江（临安、松阳、庆元）、黑龙江、辽宁、北京、山西、山东、江苏、湖南、福建、台湾、广西、四川、云南；俄罗斯，朝鲜，日本。

（236）游走巢姬蜂中华亚种 *Acroricnus ambulator chinensis* Uchida, 1940

Acroricnus ambulator chinensis Uchida, 1940a: 115.

主要特征：雌，额眶、脸眶上部、唇基中央、小盾片端半、后小盾片、并胸腹节后方两侧大斑黄红色。腹部砖红色，第 1 背板基方黑色；第 3–6 背板基部模糊的斑及第 7 背板黑褐色。触角鞭节基部淡褐色，中段黄色，以后黑褐色。翅透明，稍带烟黄色，外缘稍暗；翅痣黄褐色。足砖红色；基节、转节、后足胫节端部和端跗节黑色；各胫节和跗节黄褐色。头向下收窄；颜面、唇基、额密布刻点；上颊收窄；头顶刻点较细而稀；触角至端部稍粗。胸部密布夹点刻皱；盾纵沟浅。并胸腹节基横脊中央前伸；端横脊中央模糊。小翅室大，五边形。腹部细长近于光滑。

分布：浙江（杭州）、江西、湖南、四川、贵州。

（237）游走巢姬蜂红腹亚种 *Acroricnus ambulator rufiabdominalis* Uchida, 1931

Acroricnus ambulator f. *rufiabdominalis* Uchida, 1931b: 167.

主要特征：本种与游走巢姬蜂指名亚种 *Acroricnus ambulator ambulator* (Smith)极其相似，但触角、足和腹部几乎完全砖红色；触角在中央后方有 4–5 节呈黄色环，此环后暗红色；足所有基节和转节、后足胫节端部和端跗节带黑色，其余跗节红黄色；腹部基部偶尔黑色。

分布：浙江（杭州）、湖南、台湾。

VIII）胡姬蜂亚族 Sphecophagina

主要特征：前翅长 4–11 mm，或在国外胡姬蜂属 *Sphecophaga* 中雌性有时短翅。唇基端缘平截或凹入，无齿突。上颚短，下齿稍短于上齿。前沟缘脊缺。腹板侧沟达侧板的 0.4–0.6 处，通常弱。中胸腹板后横脊中段缺。并胸腹节基横沟浅。并胸腹节短，基横脊、端横脊均有或无，无明显的侧突。残脉缺。小翅室缺，肘间横脉长至短。小脉对叉或几乎对叉。后中脉强度弓形。后小脉在下方或中部曲折。有后臂脉。腋脉端部弯向臀区边缘。第 1 背板粗壮至细长；气门在中部后方；无背中脊。窗疤近圆形或缺。第 3–5 背板中间常有成对的凹痕。雌性下生殖板大，骨化，菱形，微隆起。产卵管鞘很短。产卵管不超出腹部末端，从基部向端部变尖，端部扁平或侧扁，上瓣有时有斜横脊。

生物学：全部寄生于巢内的马蜂或胡蜂幼虫。

分布：全北区和东洋区。世界已知 3 属，中国记录 2 属，浙江分布 2 属 2 种。

109. 双洼姬蜂属 *Arthula* Cameron, 1900

Arthula Cameron, 1900: 110. Type species: *Arthula brunneocornis* Cameron, 1900.

主要特征：前翅长 6–10 mm。体细，第 1 背板长为宽的 3.0 倍。盾纵沟明显，伸达盾片的 0.6 处。并胸腹节基横脊强而完整，端横脊缺。肘间横脉短，与第 2 回脉对叉或稍前叉。第 2–5 背板中央各有 1 对凹痕。

生物学：寄主为膜翅目胡蜂科等。

分布：世界广布。世界已知 6 种，中国记录 4 种，浙江分布 1 种。

（238）台湾双洼姬蜂 *Arthula formosana* (Uchida, 1931)

Orientocryptus formosanus Uchida, 1931b: 175.
Arthula formosana: Yu et al., 2016.

主要特征：雄，头前面观向下收窄；颜面横宽，满布刻点，中央上方有 1 个小瘤；唇基中央隆起，端部下凹，端缘平直；上颚 2 齿，上齿稍大；额具刻点，有浅中沟，触角洼具横刻条；头顶在单、复眼后陡斜；后头脊明显，背方突出呈镶边；侧面观上颊长比复眼稍短。胸部具皱状刻点；前胸背板侧方凹槽部位和中胸侧板中央具横刻条；小盾片馒形隆起，无侧脊。并胸腹节短；基横脊发达，无端横脊；基横脊后方为粗网皱。前翅无小翅室，肘间横脉短，在第 2 回脉稍内方。足细长；后足腿节长为宽的 6.8 倍；后足基跗节约与其余跗节等长；后足跗爪甚弯曲呈钩状。腹部细，长梭形，密布刻点；第 1 背板柄状，长为端宽的 4.4 倍，气门刚在中央稍后方，基角有侧突；第 2 背板长分别为基宽和端宽的 3.8 倍和 1.5 倍，中后方亚侧部有纵凹；第 3、4、5 背板横形，依次渐短，亚侧部亦有纵凹，其中脊尤高。

分布：浙江（临安）、台湾、广西、云南。

110. 隆侧姬蜂属 *Latibulus* Gistel, 1848

Latibulus Gistel, 1848: 8. Type species: *Ichneumon argiolus* Rossi, 1790.

主要特征：前翅长 6–11 mm。体细长，第 1 背板长为宽的 2.0 倍以上，盾纵沟弱而不明显，或缺。并胸腹节基横脊强而完整；端横脊完整或仅侧方存在。肘间横脉短，在第 2 回脉很外方。第 2–5 背板中央有 1 对凹痕，凹痕浅至深。

生物学：寄主为胡蜂科等。

分布：古北区、东洋区。世界已知 11 种，中国记录 4 种，浙江分布 1 种。

（239）楚南隆侧姬蜂 *Latibulus sonani* He *et* Chen, 2004

Latibulus sonani He *et* Chen, 2004: 491.

主要特征：雌，颜面、唇基、头顶、上颚、颊密布刻点；额和单眼区具夹点刻皱；颜面有 2 条平行纵沟；额有 1 纵沟，伸至中单眼；触角洼后方具横刻条；颚眼距长于上颚基宽。盾纵沟弱或无；中胸侧板中区具皱，腹板侧沟明显。并胸腹节端横脊强，基部密布刻点，中区具夹点刻皱，两侧具网皱；气门后方有 1 小凹，此凹有斜刻条。腹柄密布细而长刻点，端部膝形，长为后柄部端宽的 2 倍；第 2–6 背板有 2 条深纵凹沟，其中第 5–6 背板的相当圆。前翅第 2 回脉位于第 1 肘间横脉基方，且相距较远。雄，与雌性相似，仅色泽不同。体黑褐色；颜面、唇基、上颚（除了端齿）、复眼内外眶、柄节下方、前胸背板上缘、中胸侧板大斑、前中足（包括基节和转节）、后足基节基部和下方、跗节（除了端跗节）和各背板端缘黄色。

分布：浙江（杭州）、台湾；日本。

（二十）姬蜂亚科 Ichneumoninae

主要特征：唇基比较平，与颜面由弱沟分开，端缘稍微弧形，或平截，中央有或无钝齿。上颚上齿通常长于下齿。无盾纵沟和腹板侧沟，或短而浅，偶尔例外。并胸腹节端区陡斜；有纵脊；中区存在，形状各异，常隆起，气门线形或圆形。小翅室五边形，肘间横脉向径脉合拢。腹部平，通常纺锤形。第 1 背板基部横切面方形；气门位于中央之后；后柄部平而宽，或锥形隆起。腹陷通常宽而明显凹入。产卵管通常短，刚伸出腹端。雌性鞭节通常在亚端部变宽；雄性细而尖。

生物学：本亚科是一个很大的亚科，世界广布。寄生于多种鳞翅目蛹的内寄生蜂，通常产卵于蛹，有时产卵于幼虫，在蛹期羽化。单寄生。

分布：世界已知 13 族，中国记录 11 族，浙江分布 8 族 21 属 28 种。

I. 厚唇姬蜂族 Phaeogenini

主要特征：体小型，包括姬蜂亚科中最小种类。唇基短，端缘通常弧形拱出，但有时有其他形状。上颚通常2齿。后头脊与口后脊相遇在上颚基部上方。并胸腹节气门圆形或近圆形，长宽比至多为1.2。腹部第1节柄部宽约与厚相等或较小，若偶有较宽，则后小脉上段内斜直，小脉在中央稍下方曲折。

生物学：寄主仅为小鳞翅类，从蛹内羽化，单寄生。

分布：浙江分布3属4种。

分属检索表

1. 腹部第2背板窗疤阔，多少凹陷下去，它的宽度大于两者之间的距离 ·················· 双缘姬蜂属 *Diadromus*
- 腹部第2背板窗疤无，或小，或甚浅，如果有，则它们的宽度常小于两者之间的距离 ·················· 2
2. 腹部第1节气门大约位于该节中部；雌性后颊在后头孔下方几乎相接 ·················· 角突姬蜂属 *Megalomya*
- 腹部第1节气门位于该节后方，距该节中部颇远；雌性后颊在后头孔下方分开颇远 ·················· 奥姬蜂属 *Auberteterus*

111. 双缘姬蜂属 *Diadromus* Wesmael, 1845

Diadromus Wesmael, 1845: 207. Type species: *Ichneumon troglodytes* Gravenhorst, 1829.

主要特征：触角多数种类长，第1鞭节通常长于第2鞭节。唇基与颜面不分开，无明显的缝或至多在两者之间有模糊凹痕；颜面和唇基通常较长，唇基末端呈双缘，即内缘与外缘，两端缘之间有一条沟。颊脊和口后脊相遇处在上颚基部较上方，口后脊后段扩大。腹部第2背板窗疤宽，多少凹陷，与基缘之间的距离小于窗疤长度，两者之间距离小于窗疤宽度。

生物学：寄生于鳞翅目菜蛾科等。

分布：世界广布。世界已知32种，中国记录2种，浙江分布1种。

（240）颈双缘姬蜂 *Diadromus collaris* (Gravenhorst, 1829)

Ischnus collaris Gravenhorst, 1829c: 653.
Diadromus collaris: Yu et al., 2016.

主要特征：雌，头部稍阔于胸部，在复眼之后弧形稍收窄；颜面宽，中央稍呈脊状，散生细刻点。在中央下缘及近触角窝处具细横皱；额均匀隆起，密布细横刻点；头顶中央散生刻点，两侧具细皱。前胸背板前沟缘脊后方近于光滑，背缘具刻点，后缘有横刻条；中胸盾片圆形，散生细刻点；小盾片梯形，在前方0.3有侧脊；中胸侧板密布横行夹点刻皱，镜面区光滑。并胸腹节背表面具极细刻条，后斜面具横皱条；基区前缘中央具小突起；中区六边形，长稍大于宽；分脊在中区中央稍前方伸出；端区近于平行，长约为宽的2倍。小翅室近于正四边形，径室短，小脉对叉式。腹部长纺锤形，长为头、胸部之和的1.4倍；第1背板后柄部稍扩大，具细皱；第2、3背板密布极细革状纹，以后各节渐光滑；第2背板窗疤大而浅，疤距小，远离背板基部。产卵管明显伸出腹端；鞘长为后足基跗节的0.7。

分布：浙江、内蒙古、北京、天津、山西、河南、宁夏、台湾；世界广布。

112. 奥姬蜂属 *Auberteterus* Diller, 1981

Auberteterus Diller, 1981: 100. Type species: *Centeterus alternecoloratus* Cushman, 1929.

主要特征：体长9–10 mm。唇基端缘内弯，中央有2齿，侧角突出。上颚强，上下缘近平行、中央稍缢缩，上齿略大于下齿。并胸腹节分脊位于中区前方。腹部第1节气门位于背板后方，离中部甚远。第2背板上的窗疤大而明显凹陷，其宽度小于两者之间的距离。

生物学：寄生于鳞翅目螟蛾科等。

分布：古北区、东洋区。世界已知1种，中国记录1种，浙江分布1种。

（241）夹色奥姬蜂 *Auberteterus alternecoloratus* (Cushman, 1929)

Centeterus alternecoloratus Cushman, 1929: 243.
Auberteterus alternecoloratus: Yu *et al.*, 2016.

主要特征：雌，头部稍宽于胸部，光滑，有粗而稀刻点；颜面很宽，中央稍隆起，有夹点刻条；唇基端部光滑，端缘略内弯，中央有2个齿，侧角亦突出；额在触角洼处具横刻条；头顶后方稍高；上颊凸出，侧面观为复眼的2.0倍。中胸盾片刻点较细，无盾纵沟；小盾片近于平坦，刻点稀细；中胸侧板镜面区下部光滑；后胸侧板刻点粗，有基间脊。并胸腹节分区明显，第1侧区和第1、2外侧区具细刻点，其余均为网纹；基区短；中区六边形，长约为宽的2倍，长短变化很大，其内皱纹纵行，与端区间无脊；端区皱纹近于横刻条。翅短；小翅室近正五边形。足粗短。腹部长矛形，雄蜂较细瘦，均密布刻点；第1背板柄部光滑，后柄部具纵隆线；第2背板较平，基半多纵行皱纹，窗疤明显，其长径为两窗疤之间距的0.5。

分布：浙江（嵊州、慈溪、松阳、龙泉）、江苏、湖北、江西、湖南、福建、台湾、广东、广西、四川、贵州、云南；印度。

113. 角突姬蜂属 *Megalomya* Uchida, 1940

Megalomya Uchida, 1940b: 222. Type species: *Megalomya longiabdominalis* Uchida, 1940.

主要特征：头近立方形，背面观长大于后头宽。额深凹；有甚高的隆堤，在近中单眼处最厚，在近中央处稍高，下方与颜面上方的锥形突起相连。颚眼距消失。上颚粗大，厚而长，强度弯曲，端部明显重叠；基部具粗刻点，端部扩大而光滑；下齿大而稍长，上齿短钝。上颊宽，长于复眼横径。后头脊在两侧明显且宽，背中央平而不显或极细。后头脊与口后脊相接处远离上颚基部，后颊在后头孔下方几乎相接。触角短，仅能伸达小盾片端部；鞭节稍扁，在端部细；鞭节除第1节和端节外，各环节均宽大于长。胸部较长。后小盾片无凹窝。并胸腹节气门卵圆形。前翅小脉稍内斜，稍后叉式。小翅室不规则五边形，受纳第2回脉在外方0.1–0.3处。后小脉在中央或中央稍下方曲折。前足转节1节。中足胫节1距。前中足胫节末端外侧有缺刻，缺刻边缘多钉状短刺。爪简单，腹部长，约为头、胸部之和的2倍，光滑，无刻点，扁平，腹板骨化无中褶。第1背板柄部细，中央明显弯曲；气门近圆形，位于中央稍后方。第2背板长大于端宽；无窗疤。第3背板长大于或等于端宽。下生殖板舌形，大；末节腹板不纵裂。产卵管短小。

生物学：从一点蝙蛾蛹中育出，单寄生。

分布：古北区、东洋区。世界已知4种，中国记录4种，浙江分布2种。

（242）蝙蛾角突姬蜂 *Megalomya hepialivora* He, 1991

Megalomya hepialivora He, 1991: 147.

主要特征：雌，体黄褐色；触角端部、第5–7节背板中央纵条等部位黑褐色。翅烟黄色。头近正方形；

上颊宽；颜面上方有锥形突伸至触角窝之间而与额之间的高堤（顶峰较宽）相连；唇基横梯形；颚眼距消失；上颚极发达，厚而长，两端部明显重叠，强度弯曲，上端齿较短钝；额深凹；单眼正三角形排列；后颊在后头孔下方，几乎碰到；触角甚短粗，仅达后小盾片。中胸盾片较长；无胸腹侧脊；小盾片舌形；后小盾片无凹窝。并胸腹节基部中央有一小突；气门卵圆形。腹部长为头、胸部之和的2倍，光滑，宽而扁平；腹板骨化，扁平而无中褶；产卵管短，刚伸出。前翅小脉内斜；小翅室五边形；后小脉在下方0.4处曲折。足粗壮；前足转节1节；中足胫节1距；前中足腿节粗大，胫节背方缺刻边缘多钉状短刺；爪简单。

雄，体长23 mm。体黑色；脸、唇基、额眶、触角中段，以及小盾片大部分、腹柄黄白色；第3背板火红色（除了后缘及2小斑）。头横形，上颊窄，额中央为三角形片状突。顶峰上方窄；后颊远离；腹部长度较短，背板除腹柄外满布皱纹或刻点。

分布：浙江（余姚、遂昌、庆元）、湖南。

（243）汤氏角突姬蜂 *Megalomya townesi* He, 1991

Megalomya townesi He, 1991: 150.

主要特征：雌，唇基刻点除基角较小外均中等大；头顶中央隆起，高于单眼区水平，中央无纵沟；后头脊具翻边，背中央脊稍细，但明显。背面观后头宽为复眼间距离的1.5倍。胸部刻点较密。后胸侧板除最后端有粗刻条外，近于光滑。并胸腹节端区斜，有稀横刻条。小翅室五边形；后小脉在下方0.34处曲折。腹部第1背板柄部细，光滑。第2、3背板均长于端宽。下生殖板稍超过腹端。头、胸部褐黄色；腹部火红色。上颚、单眼区、触角端部、颈部、前胸背板前缘和后缘、前胸侧板后缘、中胸侧板前缘、中胸腹板中线和后缘、后胸侧板大部分、并胸腹节后缘、第3–6节各节背板中央纵纹均黑色或黑褐色。翅烟黄色。翅痣火红色，其外框和翅脉黑褐色。足褐黄色。

分布：浙江（临安）、江西。

II. 杂沟姬蜂族 Joppocryptini

主要特征：雌蜂触角鬃形，细长，在中央之后明显加宽。唇基端叶渐狭，大多数光滑；基部有时拱凸；端缘多不直，宽圆或有一中齿。上唇刚突出，有时向上弧形弯曲。上颚2齿，下齿至少可见，常宽且向内弯曲，以致从上面看仅有一齿。小盾片多少隆起，至强度凸出。并胸腹节正常，有水平部分和陡斜部分，相互分开部位有皱；分区完整至全无；第2侧区有明显的棱角，平，具发达角状侧突。腹部长矛形，宽或窄，常有相当细刻皱，仅基部背板有纵刻条。产卵管伸出。

生物学：未知。

分布：东洋区。世界已知3属，中国记录2属，浙江分布1属1种。

114. 遏姬蜂属 *Eccoptosage* Kriechbaumer, 1898

Eccoptosage Kriechbaumer, 1898: 31. Type species: *Eccoptosage waagenii* Kriechbaumer, 1898.

主要特征：唇基端部薄而平，不直线平截，为圆弧形。上颚具有刚向内弯曲的2短齿。小盾片强度隆起，在端部中央多少有强凹；多有侧脊。并胸腹节完全分区，密布皱状刻点。腹部刻纹细，第1背板通常光滑，后柄部具刻点。腹陷很微弱，可见伸长的窗疤。大部分种红黄色。

生物学：寄生于眼蝶科。

分布：世界广布。世界已知17种，中国记录3种，浙江分布1种。

（244）朱色遏姬蜂 *Eccoptosage miniata* (Uchida, 1925)

Hoplismenus miniatus Uchida, 1925: 246.
Eccoptosage miniata: Yu *et al.*, 2016.

主要特征：雌，颜面较平而宽，密布刻点，上缘有钝的隆边；额光滑，凹入深；复眼突出；头顶刻点细；上颊在复眼之后收窄；后头深凹；后头脊伸至上颚基部。前胸背板上方具刻点，前沟缘脊强，其后方多少光滑；中胸盾片和小盾片满布细而密夹点细皱，小盾片有侧脊，至近后方有 2 个小隆起；中后胸侧板具夹点细脊，上方具刻条；后胸侧板近中足基节处叶状突出。并胸腹节基区光滑，近梯形；中区六边形，长稍大于宽，内有一中纵脊；分脊在中区中央附近；侧突很发达，顶端锥状；端横脊之后陡斜，端区内具横刻条。小翅室五边形，小脉在基脉外方。腹部细长；第 1 背板光滑，长为端宽的 3 倍，后柄部侧方平行，宽为长的 1.5 倍；第 2 节及以后背板具细刻点；第 2 背板窗疤浅，疤间距为疤宽的 2.4 倍。

分布：浙江（松阳、庆元）、台湾、四川、贵州、云南；印度。

III. 圆齿姬蜂族 Gyrodontini

主要特征：雌性触角变化大，丝状、很短、末端钝，或鬃形、很长、端部强度变细，有时中部以后强度变宽，有时很细长，一点也不变宽。雄性触角正常，有时结节上有横脊；角下瘤有不同形状、大小和数量。颊和上颊变化大，从非常窄到强度膨胀都有。唇基正常，不明显突起；大多数种类端缘直，极少有凹入或双凹。上颚正常；有时宽、具钝齿，或铲状、无齿，或单齿。小盾片通常平坦；有时在后小盾片上方明显隆起；极少强度突起。并胸腹节分区明显而完整，似姬蜂族；中区前端窄，有马蹄形、半卵圆形、六边形或长方形、方形或横向长方形；分脊通常不明显。足变化大，从很粗壮到很细长都有。一些属雌性后足基节有时有一个多少明显的毛刷；或个别属爪多少具明显的栉；性二型很突出，常是雌性腹部基色红色，而雄性黑色，或亮黄色间有黑色横带。雄性头部、胸部及足的白色多于雌性。

生物学：未知。

分布：世界广布，在澳洲区及古北区有 105 属，中国记录 30 属，浙江分布 6 属 9 种。

分属检索表

1. 腹部第 2 节背板窗疤甚阔，两个窗疤之间的距离小于窗疤宽度的 0.7 ··· 2
- 窗疤之间的距离大于窗疤宽度的 0.7 ··· 3
2. 唇基较长，在侧面观，微弱拱起，唇基端缘凹陷，上颊宽 ······················ **武姬蜂属 *Ulesta***
- 唇基端缘平截或圆凸 ··· **尖腹姬蜂属 *Stenichneumon***
3. 腹部第 2 节背板窗疤非明显凹陷；并胸腹节基部中央无一瘤状突起；后柄部中央光滑，或粗糙而不光滑，有时具刻点 ··· ··· **青腹姬蜂属 *Lareiga***
- 腹部第 2 节背板窗疤通常凹陷多少明显；并胸腹节在基区基部中央有一个瘤状突起，或无；后柄部中央差不多都有纵线纹，或粗刻点 ··· 4
4. 并胸腹节基部中央差不多都有一个小的瘤状突（如果基区明显，则瘤状突生在基区基部）；中区约呈六边形，它的基端圆凸，末端中央内陷；后柄部中央通常有少数至很多较粗刻点，通常无明显纵线纹，腹部第 2 节和第 3 节背板强度拱起，强度硬化，具较粗而明显的刻点；腹部第 2 节背板窗疤通常较小，凹陷甚深 ······················ **俗姬蜂属 *Vulgichneumon***
- 并胸腹节基部中央差不多都没有一个瘤状突；中区通常六边形或四边形；后柄部中央通常具明显纵线纹，但无明显刻点；腹部第 2 节和第 3 节背板没有那么强度硬化，背面也不那样强度拱起，通常具弱小刻点；腹部第 2 节背板窗疤通常较大，

但凹陷不甚深 ··· 5

5. 后柄部匀称拱起，中央不明显隆起，两侧无隆脊 ··· 丽姬蜂属 *Lissosculpta*

- 后柄部中央明显隆起，两侧各有一条纵脊 ·· 大凹姬蜂属 *Ctenichneumon*

115. 武姬蜂属 *Ulesta* Cameron, 1903

Ulesta Cameron, 1903b: 582. Type species: *Ulesta vericornis* Cameron, 1903.

主要特征：体细长。头大，上颊宽，在复眼后方稍肿大。后头宽，稍凸出。脸几乎平，唇基与脸不分开，端缘稍圆凸。上唇稍露，前缘有密而长的毛。上颚上齿长于下齿。触角中等粗，鬃形，中部以后变宽，但向端部有点变细，鞭节基部几乎长大于宽；柄节长，圆柱形。胸部具与头部一样的分散的大刻点。小盾片几乎平。并胸腹节分区完整，中区六边形，长大于宽；气门长形。小翅室五边形；小脉对叉或稍后叉。后小脉在中部稍下方曲折。足细长，后足基节下方有1明显毛刷。腹部长，末端尖，后柄部宽，拱起，无中区。中央多少具刻点。腹陷明显深而大，横形，明显大于中间区域。第2、3背板密布明显皱状刻点；第2–4背板之间的切口很深。产卵管稍露出。

生物学：寄生于弄蝶科等。

分布：世界广布。世界已知8种，中国记录4种，浙江分布1种。

（245）弄蝶武姬蜂 *Ulesta agitata* (Matsumura et Uchida, 1926)

Chasmias agitatus Mutsumura et Uchida, 1926: 72.

Ulesta agitata: Yu *et al.*, 2016.

主要特征：雌，头部密布刻点；颜面宽，中央上方最为隆起，刻点稀；唇基端缘稍凹入；触角洼光滑；上颊在复眼之后几乎不收窄，侧面观长为复眼的1.25倍。胸部密布刻点；前胸背板下方近于网状，前沟缘脊强；盾纵沟仅在前方有痕迹；小盾片平而光滑，无侧脊；镜面区光滑，胸腹侧片刻点模糊，基间脊强。并胸腹节脊强，分区完整，具粗刻点；中区六边形，长稍大于宽，无刻点，向四周有模糊刻纹。小翅室四边形，小脉刚后叉式。腹部雌蜂刚阔于胸部；第1背板柄部光滑，后柄部扩大，散生粗刻点，在中央有稍隆起的中区，其上刻点稍稀；第2–4（雌）或2–5（雄）节背板满布网状刻点，以后各节更弱而近于光滑；第2背板窗疤很宽，宽度为疤距的1.7–2倍，在背板基部中央有纵皱；第2–5背板之间节间缝深，第3、4节基部横凹沟内具纵刻条，基部中央有纵皱。产卵管刚伸出腹端。

分布：浙江（杭州）、陕西、江苏、安徽、湖北；朝鲜，日本。

116. 尖腹姬蜂属 *Stenichneumon* Thomson, 1893

Stenichneumon Thomson, 1893: 1964. Type species: *Ichneumon pistorius* Gravenhorst, 1829.

主要特征：大型，体长16–20 mm。雌性触角常为鬃形、端部渐尖，顶端尖，在中央之后腹面平；雄性多少粗，明显锯齿状，有较短一列（约10个）杆状角下瘤。头部刻点强而密。上颊和颊很宽或平，通常明显收窄。中胸盾片强度隆起。盾纵沟仅基部明显。小盾片圆形隆起，在后小盾片上方多少凸出，至少基部有侧脊。并胸腹节分区完整；中区大，四边形，有时长于其宽；无分脊或弱。足很细长，后足基节有时有刷或刷状突。雌性腹部相当长，近于平行，第2背板明显长于端宽。第1背板几乎没有任何刻纹，明显光亮；后柄部通常明显，具纵刻条或夹有刻皱，中部基方弯曲；驼峰状拱起。腹陷极大，宽而深，窗疤明显宽而斜。腹末很尖。产卵管略突出。腹部一律黑色、红色或带黄色，或由其中两色组成，东方种有时有白带，无肛斑。

生物学：寄生于鳞翅目枯叶蛾科等。

分布：世界广布。世界已知 23 种，中国记录 5 种，浙江分布 2 种。

（246）点尖腹姬蜂 *Stenichneumon appropinquans* (Cameron, 1897)

Ichneumon appropinquans Cameron, 1897: 5.

Stenichneumon appropinquans: Yu et al., 2016.

主要特征：雌，头部密布刻点；颜面中央和唇基基部隆起；额下方平滑，上部具网状刻点；上颊在复眼后收窄，背面观长与复眼约等长；触角鬃状，雌性中央膨大，末端渐尖，端部 0.5 下方平坦，雄性各鞭节间明显收缩。胸部密布网状刻点；小盾片梯形，表面近于平坦，具稀疏刻点，侧脊仅基部存在。并胸腹节基区模糊，横形，具不规则纵刻条；中区宽稍大于长，基角稍钝圆，内具不规则皱纹；分脊弱；端区及第 3 侧区皱纹粗。小翅室上方平截；盘肘脉中央有明显脉桩。腹部较细长，末端尖；第 1 背板后柄部近于光滑，中央具不明显纵刻条，后柄部与柄部之间正中有驼峰状隆起；第 2 背板窗疤甚宽，疤间具纵刻条，疤距仅为疤宽的 0.35。产卵管鞘稍伸出腹端。

分布：浙江（临安、松阳、龙泉）、湖北、福建、台湾、广西、四川、贵州、云南；印度。

（247）后斑尖腹姬蜂 *Stenichneumon posticalis* (Matsumura, 1912)

Ichneumon (*Stenichneumon*) *posticalis* Matsumura, 1912: 97.

Stenichneumon posticalis: Yu et al., 2016.

主要特征：雌，颜面宽，密布粗刻点，中央稍纵隆；唇基基部具粗刻点，端部光滑，端缘稍凹；额在单眼前方具粗刻点，触角洼光滑；头顶近于光滑，在单、复眼后陡斜；上颊侧面观长为复眼的 0.8。胸部密布刻点；前胸背板下方具横行的点状皱纹；中胸盾片刻点较小而密；后小盾片近于光滑；后胸侧板基间脊皱曲。并胸腹节满布不规则细皱；中区六边形，但两侧不突出故近于方形，宽为长的 1.1–1.4 倍，上角钝圆；端区内具不规则皱状刻条；侧突弱。前翅小翅室五边形，上边短；小脉刚后叉式。腹部细长，腹端尖；第 1 背板背面光滑，侧面观气门前方的背缘相当隆起；后柄部具弱纵刻条，气门间距为后柄部长的 1.3 倍；第 2 及以后各节背板具粗刻点，但向后端渐弱；第 2 窗疤大，疤间距甚短。产卵管鞘刚伸出腹端。

分布：浙江（临安、遂昌、松阳、庆元、龙泉、泰顺）、福建、广西、四川、贵州、云南；朝鲜，日本。

117. 大凹姬蜂属 *Ctenichneumon* Thomson, 1894

Ctenichneumon Thomson, 1894: 2082. Type species: *Amblyieles funereus* Gravenhorst, 1829.

主要特征：头正常；雌性触角鬃形，中部后方稍变宽，有时基部几节粗，有时中等长；雄性至少在端半多少有瘤状突起。上颊稍至强度收窄。唇基正常，端缘平直。上颚正常，2 齿，细长。小盾片平坦至稍隆起，无侧脊。并胸腹节分区完整；分脊多缺；基区凹入；中区四边形或横形；第 2 侧区向下拱出，无锐齿或刺。并胸腹节水平区域长度不到并胸腹节长度之半，中区后缘向端区陡斜。小翅室五边形，上方明显。第 1 背板后柄部有明显突起，中区两侧各有一条脊，中区上具纵刻条。腹陷大而深，但没有明显的窗疤，腹陷中间区域至多有长刻皱；以后的背板多少平滑而光亮。雌性腹部长卵圆形，末端钝。两性除个别种外至多在第 2 腹板有纵褶。第 3 腹板完全硬化，如果中央部分膜质，则膜质部分的宽度不及腹板全宽的 0.2。

生物学：寄生于夜蛾科等。

分布：世界广布。世界已知 56 种，中国记录 5 种，浙江分布 1 种。

（248）地蚕大凹姬蜂黄盾亚种 *Ctenichneumon panzeri suzukii* (Matsumarua, 1912)

Ichneumon suzukii Matsumarua, 1912: 247.

Ctenichneumon panzeri suzukii: Yu *et al.*, 2016.

主要特征：雌，本亚种雌蜂体黑色；触角中段（有时全黑）、小盾片黄白色；腹部第 2、3 节背板赤黄红色；前足胫节和各足跗节暗赤褐色。雄蜂体亦黑色；颜面两侧、唇基两侧或全部、触角柄节下方、颈部、前胸背板上缘至肩角及下角、翅基片、翅基下脊、小盾片、后小盾片及腹部第 1–5 背板后缘均黄色；触角柄节黑色，其余暗赤褐色；足黑色，各基节 1 纹、腿节末端（前足腿节下面扩至基部）、胫节（除了后足胫节端部）、跗节（除了各小节端部、后足基跗节基部和端跗节暗褐色）黄色，距暗褐色。

分布：浙江（金华）、河北、河南、广东、广西、四川、云南；朝鲜，日本。

118. 青腹姬蜂属 *Lareiga* Cameron, 1903

Lareiga Cameron, 1903c: 13. Type species: *Lieisu rufofemorata* Cameron, 1903.

主要特征：雌性触角刚毛状，细长，末端尖，中部以后各节稍变宽；雄性触角细长，端部各节稍具瘤状突起，有 1 排明显的长形的角下瘤。单复眼后方及附近的头顶向后倾斜，陡。上颊侧方明显，几乎直线向后收窄。颊侧方明显向下收窄。颜面和唇基正常，平坦；颜面中央稍隆起。雄性颚眼距短。中胸盾片具很细密的刻点，全部无光泽。盾纵沟前方 1/4 明显。小盾片在后小盾片上方明显突起，其凸出程度雄性比雌性强。雄性并胸腹节端区明显长于中宽；中区六边形，雌性常长大于宽；分脊在中部或在中部前方，很明显；其前方的脊有时不明显；第 2 侧区有齿状突起。足细长，雌性后足基节无毛刷。小脉明显后叉；径脉几乎直；小翅室有点不规则五边形。腹柄部长而细；后柄部向端部渐宽，长大于宽，中区仅有一弯曲的部位，光滑或散生少数刻点。腹陷清楚，窗疤狭窄，远离第 2 背板基部。第 2 背板具细刻点，第 3 背板几乎光滑，两者都光亮。在已知的种类中，腹部均为金属蓝色，头、胸及足至多有各种各样的白或黄色斑纹。

生物学：未知。

分布：东洋区、澳洲区。世界已知 11 种，中国记录 1 种，浙江分布 1 种。

（249）青腹姬蜂 *Lareiga abdominalis* (Uchida, 1925)

Melanichneumon abdominalis Uchida, 1925: 248.

Lareiga abdominalis: Yu *et al.*, 2016.

主要特征：雌，颜面具粗刻点，中部屋脊状隆起并带横皱；额光滑；头顶刻点细，在单眼之后倾斜，上有模糊波形横纹；上颊在复眼后稍收窄。并胸腹节具网状皱纹；中区六边形，长稍大于宽，侧突明显，呈齿状。小翅室五边形；小脉在基脉外方。腹部纺锤形；第 1 节柄部长，在柄部和后柄部交界处隆起甚高，后柄部中央起有强刻点，后缘光滑；第 2 背板密布细刻点，窗疤浅（黄金色），疤间距为疤宽的 2.5 倍；以后各节背板刻点渐浅，近于光滑；产卵管鞘刚伸出，但不超过腹端。雄，触角 8–18 节有条状角下瘤，端半各节节间收缩，呈竹鞭状；腹部较细瘦；白色部位更多，除雌蜂已有的外，颜面、唇基、触角柄节下方和梗节下方、翅基片、前胸侧板、颈下方、中胸侧板和腹板交界处前方大斑、前中足腿节下方、胫节（除了下方端半）、第 1–4 跗节（除了前足第 1 节下方和中足第 1 节）、后足第 2–5 跗节（除了第 5 跗节端部）也为白色。

分布：浙江（长兴、临安、松阳、庆元、龙泉）、湖北、江西、福建、台湾、广西、贵州；缅甸。

119. 俗姬蜂属 *Vulgichneumon* Heinrich, 1961

Melanichneumon (*Vulgichneumon*) Heinrich, 1961: 17. Type species: *Ichneumon brevicinctor* Say, 1825.

主要特征：雌性触角长，丝形，鞭节端部差不多圆筒状，末端稍尖，在中央以后不宽。并胸腹节稍短，分区完全；中区通常长于其宽，近于六边形，前方狭；分脊强。腿节不很短，腹部末端尖。后柄部中区明显，周围有隆脊，界线分明，具稀疏刻点，有时为不规则微弱纵刻条，偶尔光滑。第2背板窗疤甚浅。

生物学：寄主为夜蛾科和螟蛾科等。

分布：世界广布。世界已知29种，中国记录4种，浙江分布3种。

分种检索表

1. 腹部第1–3背板赤褐色，腹端部白色；后足基节至腿节0.7赤褐色，其余暗褐色 ········ 稻纵卷叶螟白星姬蜂 *V. diminutus*
- 腹部黑色，腹端部圆斑黄白色；后足基本上黑色 ·· 2
2. 后足转节黄白色 ·· 黏虫白星姬蜂 *V. leucaniae*
- 后足转节黑色 ·· 台湾白星姬蜂 *V. taiwanensis*

（250）稻纵卷叶螟白星姬蜂 *Vulgichneumon diminutus* (Matsumura, 1912)

Ichneumon diminutus Matsumura, 1912: 241.
Vulgichneumon diminutus: Yu *et al.*, 2016.

主要特征：雌，颜面甚宽，中央很隆起，上缘有1个小瘤突，密布刻点；唇基长于颜面，端部光滑，端缘平截；额刻点较稀，触角洼光滑；头部在复眼之后收窄；触角雌蜂常卷曲，29–30节，在鞭节基部较瘦，雄蜂鞭形，节间分明。前胸背板上部密布刻点，背板下部为细刻条；中胸盾片刻点较细；盾纵沟在前方明显；小盾片梯形；中、后胸侧板密布夹点刻皱，镜面区光滑，基间脊明显。并胸腹节密布粗刻点；分区完整，脊明显；基区梯形，内有模糊纵脊；中区六边形，长等于宽，后缘为前缘的2倍，内有不规则模糊刻条；端横脊之后陡斜，稍有侧突。小翅室五边形，上缘短，小脉稍后叉。腹部短纺锤形；第1节基部光滑，柄部后方散生粗刻点，后柄部刻点密，有明显的中央隆区；第2背板窗疤浅而小，靠近背板前缘，疤距为疤宽的2倍；第3背板密布刻点；以后各节刻点渐少而弱且近于光滑；产卵管刚伸出腹端。

分布：浙江（杭州、金华、缙云、遂昌）、湖北、江西、湖南、福建、台湾、广东、广西、四川、云南；日本。

（251）黏虫白星姬蜂 *Vulgichneumon leucaniae* (Uchida, 1924)

Melanichneumon leucaniae Uchida, 1924: 207.
Vulgichneumon leucaniae: Yu *et al.*, 2016.

主要特征：雌，颜面宽，密布细网皱；唇基光滑或散生刻点；额及头顶具粗刻点，触角洼小；上颊在复眼之后收窄，侧面观长与复眼相等，端部钝圆；前胸背板满布网皱，上方呈夹点刻皱；中胸盾片密布刻点，盾纵沟在前方有痕迹；小盾片近于光滑；中、后胸侧板满布夹点刻皱，镜面区亦具刻点，基间脊明显。并胸腹节满布网皱，但背表面的模糊；中区长约等于宽，马蹄形，即其基角圆，后缘稍前凹；分脊在中区中央之后发出。小翅室五边形，上边短。腹部纺锤形；第1背板柄部光滑，与后柄部之间角度明显；后柄部满布粗刻点，中央稍隆起，隆起部侧缘有脊，雄蜂较狭窄，后柄部中央明显隆起，但其上刻点较少，侧缘无明显的脊；第 2 背板密布刻点，腹陷和窗疤小，疤距甚远；第 3 节及以后各节背板刻点渐小而弱，近于光滑。

分布：浙江（嘉善、海宁、杭州、嵊州、丽水、温州）、辽宁、北京、山东、江苏、湖北、江西；俄罗斯，日本。

（252）台湾白星姬蜂 *Vulgichneumon taiwanensis* (Uchida, 1927)

Melanichneumon taiwanensis Uchida, 1927b: 204.
Vulgichneumon taiwanensis: Yu et al., 2016.

主要特征：雌，颜面很宽，满布网皱；唇基端部光滑，端缘稍圆突；额密布网状刻点，触角洼小；头顶密布刻点；上颊在复眼后收窄，侧面观与复眼宽约等长。前胸背板具网状刻点；中胸盾片密布细刻点，盾纵沟仅在前方有痕迹；雌蜂小盾片平，近于光滑；雄蜂小盾片稍隆起，刻点较密；中、后胸侧板具粗网状刻点，镜面区不光滑，基间脊强。并胸腹节分区明显，脊强；除中区外密布强网状刻点；中区六边形，长约等于宽，基角稍圆，后缘稍前凹，内具不规则皱纹，雄蜂有时长稍大于宽。前翅小翅室五边形，上边短。第 1 背板后柄部密布刻点，中央明显隆起；第 2 背板密布细刻点，窗疤小，位于近前角；第 3 背板具更细而浅刻点；以后各节背板刻点更浅而近于光滑。

分布：浙江（杭州、丽水、温州）、江西、湖南、福建、台湾、广东、广西、云南；日本。

120. 丽姬蜂属 *Lissosculpta* Heinrich, 1934

Lissosculpta Heinrich, 1934: 193. Type species: *Ichneumon impexus* Tosquinet, 1903.

主要特征：小盾片无侧脊，平坦。腹陷小，宽大于长，明显而深。并胸腹节分水平部分和陡斜部分；基区常侧方明显，差不多两侧平行；中区大多数向前仅稍收窄，不明显或完全缺；侧突不明显。后柄部均匀拱起，无突起的中区，两侧无隆脊，其上具分散刻点，或无刻点，光滑。雌性腹末不很尖，产卵管不外露。腹部基色为黑色或红色，除腹端部有白斑外，在前面几节背板后缘也有斑纹。

生物学：未知。

分布：世界广布。世界已知 18 种，中国记录 1 种，浙江分布 1 种。

（253）黄斑丽姬蜂 *Lissosculpta javanica* (Cameron, 1905)

Melanichneumon (?) *javanicus* Cameron, 1905d: 34.
Lissosculpta javanica: Yu et al., 2016.

主要特征：雄，颜面宽，散生粗刻点；唇基端缘中央有一小齿。前胸背板具浅刻点，在后缘和下角具细刻条；中胸盾片具细刻点，点距大于点径；盾纵沟浅，仅在前方有痕迹；小盾片梯形，均匀隆起，散生刻点；中、后胸侧板密布粗刻点，镜面区光滑；基间区为细刻条。并胸腹节分区的脊很弱；基区与中区分界不清，基中区长方形，长为中宽的 2 倍，内具模糊细皱；分脊在中区中后方伸出，至外方弱；端区向后稍扩张，内具不规则横皱；其余部分满布网状刻点。小翅室四边形；小脉刚后叉式。第 1 节腹柄基部光滑，其余部分具长形大而浅刻点，后柄部中央稍隆起，上具夹点细纵皱；第 2 背板窗疤大而深，疤宽与疤距约等长，背板中央有明显纵皱，其余为粗刻点；第 3 背板刻点及中间纵皱均较弱；以后各节背板刻点更弱而渐趋于光滑。

分布：浙江（长兴）、台湾；日本，印度，印度尼西亚。

IV. 姬蜂族 Ichneumonini

主要特征：雌性触角多数鬃形，有时中部以后强度变宽，端部变细。颊及上颊通常中等窄，有时多少膨胀；唇基端缘中央有 1 小突起或端缘稍双曲；有时口后脊隆起；上颚通常正常，在姬蜂属 *Ichneumon* 中偶有短宽，2 齿强，近等长，分开。小盾片通常平坦，有时在后小盾片上方多少突起或隆起，或锥状隆起；第 2 侧区端部绝不形成一个突角；绝大多数种类并胸腹节分区完整，除了基区和中区常合并；在中胸侧板和腹板交界处近端部常有 1 个多少突出的瘤突；中胸腹板前端常凹入，前缘隆起。足中等粗壮；绝大多数种雌性后足基节有 1 不同大小的毛刷。雌性腹末通常非常突出；后柄部具正常的刻条或夹点刻条，也有规则刻点或粗皱。绝大多数种腹陷大而深，常宽于腹陷间的距离，极少中等大小和中等深。腹部金属蓝色、黑色或红色，绝无白色肛斑，但在前面背板上有时有白色侧斑，胸部基色总是黑色或金属蓝色。两性差异较小。

生物学：姬蜂族不取食鳞翅目锤角亚目种类，而寄生于缰翅亚目（蛾类）各科，已知有天蛾科、灯蛾科、毒蛾科、舟蛾科、夜蛾科、尺蛾科、螟蛾科和卷蛾科等。

分布：世界广布，主要分布于全北区和东洋区，在新热带区等也有发现。世界已知 39 属，中国记录 16 属，浙江分布 6 属 8 种。

分属检索表

1. 小盾片和并胸腹节侧面观都呈锥形，并胸腹节在中区前方和后方都倾斜甚陡，后柄部不呈锥形 ······ **锥凸姬蜂属 *Facydes***
- 小盾片和并胸腹节侧面观都呈圆形或并胸腹节中区前方倾斜较陡 ·· 2
2. 后柄部在侧面观呈锥形隆起 ··· **圆丘姬蜂属 *Cobunus***
- 后柄部无锥形隆起 ·· 3
3. 腹部第 2–4 节背板后方两角稍尖出呈锐角 ··· **长腹姬蜂属 *Atanyjoppa***
- 腹部正常，第 2–4 背板后方两角较圆，呈钝角 ··· 4
4. 中区位于并胸腹节的圆凸面上，并不特别升高 ·· **姬蜂属 *Ichneumon***
- 中区在并胸腹节的圆凸面上特别升高，因而该节由中区向各个方向倾斜 ································ 5
5. 小盾片强度拱起；雌性腹末钝 ·· **钝杂姬蜂属 *Amblyjoppa***
- 小盾片微弱隆起至强度拱起；雌性腹末尖 ··· **原姬蜂属 *Protichneumon***

121. 姬蜂属 *Ichneumon* Linnaeus, 1758

Ichneumon Linnaeus, 1758: 560. Type species: *Ichneumon comitator* Linnaeus, 1758.

主要特征：触角鞭节鬃形，雌性端前方多少变宽。唇基端缘弧形或平截，稍凹入。后头脊与口后脊相接。上颚端部中等狭。并胸腹节基半或不到基半隆起。中区通常马蹄形或六边形，常与基区愈合，不高出于一般表面。腹部纺锤形，比胸部稍狭，黑色或蓝黑色，有或无白斑。后柄部通常有一具明显针状刻条的中区。腹陷大而深，有时宽于两腹陷距离。雌蜂腹部末端强度尖锐。

生物学：寄生于鳞翅目夜蛾科等。

分布：世界广布。世界已知 903 种，中国记录 24 种，浙江分布 1 种。

（254）眼斑介姬蜂 *Ichneumon (Intermedichneumon) ocellus* Tosquinet, 1903

Ichneumon ocellus Tosquinet, 1903: 319.

主要特征：雌，体黑色，多黄白色斑点；眼内眶、上颊眶中段、唇基两侧、触角中央、前胸背板背缘、中胸盾片 2 纵条、小盾片两侧、后小盾片、翅基下脊、并胸腹节后侧方、腹部各节背板后缘（第 2–3 节有时中断）均黄白色。前中足基节和转节黄白色，但基节后方、跗节带褐色；后足基节黑色，其余黄至红黄色，但腿节两端、胫节两端和跗节黑褐色。翅透明，翅痣淡褐色。颜面、唇基密布刻点；额上方和头顶散生小刻点；头部在复眼之后明显收窄；触角至端部渐细，端部 1/3 环节腹面平。胸部密布刻点，小盾片上的较弱。并胸腹节中区近梯形；分脊在中央后方。小翅室四边形。腹部第 1 背板后柄部有网状刻点，中央明显隆起；第 2 节及以后背板具粗刻点；第 2 背板窗疤深而宽，疤间距离约为宽的 0.7，疤间及背中央多纵刻点。

分布：浙江（杭州、舟山、松阳、龙泉）、湖南、福建、台湾、广东、四川、贵州、云南；日本，缅甸，泰国，新加坡，印度尼西亚。

122. 锥凸姬蜂属 *Facydes* Cameron, 1901

Facydes Cameron, 1901a: 480-487. Type species: *Facydes purpureomaculatus* Cameron, 1901.

主要特征：小盾片和并胸腹节在侧面观都呈锥形，并胸腹节在中区前方和后方都倾斜甚陡，后柄部不呈锥形。

生物学：寄生于鳞翅目天蛾科。

分布：东洋区。世界已知 1 种，中国记录 1 种，浙江分布 1 种。

（255）黑斑锥凸姬蜂 *Facydes nigroguttatus* Uchida, 1935

Facydes nigroguttatus Uchida, 1935b: 7.

主要特征：雌，颜面宽，具稀粗刻点，中央纵隆；唇基端缘稍凹入；额光滑；触角 42 节，鞭节在中央之后扩大，宽大于长且下面平坦。胸部密布刻点和黄毛；盾纵沟不明显；小盾片锥形隆起，尖端光滑；中胸侧板镜面区光滑，其下方略带横皱；后胸侧板下方部分刻点粗大，基间脊明显。并胸腹节前缘具深沟；中区位于最高处，前缘甚宽而光滑，后方开放，中纵脊在基半平行而后稍扩张；分脊不明显，但从前方（第 1 侧区）为粗刻点可以显出；第 2 和第 3 侧区之间无脊，具粗网皱。小翅室五边形；小脉稍外叉。腹部密布粗刻点和黄褐色毛，各节中央多纵刻条，环节之间亦较深，第 3–6 背板向侧方均匀弧形；第 1 背板基部光滑，后柄部中央稍隆起，背中脊直至后缘；第 2 背板窗疤深而宽，宽度大于疤间距。产卵管稍伸出。

分布：浙江（湖州、临安、松阳）、江西、台湾；日本，印度。

123. 圆丘姬蜂属 *Cobunus* Uchida, 1926

Cobunus Uchida, 1926: 65. Type species: *Ichneumon pallidiolus* Matsumura, 1912.

主要特征：雌性触角鬃状，中部以后下方多明显变平；雄性触角向端部多数有点瘤状。头上颊宽，复眼后方通常圆，一般不或稍明显收窄。单复眼后方的后头和上颊不陡，呈球面状渐渐后倾。颚眼距多数稍短于上颚基宽。颊脊直，与口后脊在上颚基部相遇。上颚宽壮，端齿强，上齿不很长于下齿。并胸腹节中区宽大，常与端区分开；分脊从中区前方伸出；端区侧脊大多数缺。足中等长，相当细。小脉对叉或后叉；小翅室菱形，间时横脉多在上方相碰；翅淡黄暗色，小翅室外方深暗色。雌性腹部多少扁，末端尖，产卵管多数仅稍露出。后柄部有 1 多少强度隆起和有明显纵刻纹的中区，侧方有皱状刻点。腹陷大而深，横形；有大而明显的窗疤；其中间部分狭，有纵刻纹。第 2–4 背板明显分离，具大而稀疏的皱状刻点，中央常有些纵刻条。所有种类，一般除末端节黑色外，全身红黄色，有时胸部多少有长黑斑。

生物学：寄生于鳞翅目毒蛾科。

分布：世界广布。世界已知 5 种，中国记录 1 种，浙江分布 1 种。

(256) 线角圆丘姬蜂 *Cobunus filicornis* (Uchida, 1932)

Kobunus filicornis Uchida, 1932a: 217.

Cobunus filicornis: Yu *et al.*, 2016.

主要特征：雄，颜面宽，散生刻点，中央稍隆起；唇基端缘薄，中央稍凹入；上颚下端齿生在上颚内缘；额凹入，光滑，仅在中单眼外侧方具粗刻点；头顶具刻点；上颊在复眼之后不收窄，背面观与复眼等长。胸部密布刻点；小盾片隆起，表面拱形，侧面观呈圆形，具侧脊。并胸腹节密布刻点，侧面观呈圆形，以中区部位最高，向基区的倾斜较陡；中区光滑，马蹄形，宽大于高，后缘的脊不明显；分脊明显，在中区后方 0.2 处相接。小翅室四边形；小脉稍后叉。腹部长纺锤形，密布粗刻点，但从第 4 背板起刻点渐细且带光泽；第 1 背板柄部与后柄部交界处呈锥形隆起；第 2 背板基部中央略具纵皱，窗疤甚宽，疤距为疤宽的 0.66。产卵管鞘短。

分布：浙江（临安、庆元）、江西、台湾；缅甸。

124. 钝杂姬蜂属 *Amblyjoppa* Cameron, 1902

Amblyjoppa Cameron, 1902d: 108. Type species: *Amblyjoppa rufo-balteata* Cameron, 1902.

主要特征：触角鬃形，相当细长，在中央之后很少或不变宽，端节尖；雄性呈明显的瘤突，有一长列长卵形的角下瘤。上颊宽，背面观直，向后强度收窄，在复眼之后向后陡斜。颊侧面观中等宽，相当平或稍拱。颚眼距几与上颚基宽等长。唇基前方有明显横凹痕，端缘直。盾纵沟在前方 1/3 明显。无腹板侧沟。小盾片高，强度隆起，后方圆，在后小盾片上方隆凸，无侧脊，后坡度陡；后小盾片陡斜。并胸腹节前沟宽，短；端区很长于基区及中区之和；分区完整；中区拱形，明显长于其宽，前方明显高于第 1 侧区。小脉多少后叉；小翅室五边形，上方宽。足细长，后足基节无刷。后柄部稍隆起或中区不明显，多少密布刻点，无纵刻条。第 2-4 背板无清楚的纵刻条，但在整个基部具皱状刻点或毛糙；腹陷大而深；窗疤明显。雌性腹部末端钝。腹部黑色、红色或蓝色，或这些色泽组合；端节背板绝无白斑或黄斑；第 1、2 背板或至第 3、4 背板有白色侧斑，或第 1 背板端带白色。

生物学：寄主为天蛾科等。

分布：世界广布。世界已知 20 种，中国记录 9 种，浙江分布 2 种。

(257) 环跗钝杂姬蜂台湾亚种 *Amblyjoppa annulitarsis horishanus* (Matsumura, 1912)

Ichneumon (*Hoplimenus*!) *horishanus* Matsumura, 1912: 87.

Amblyjoppa annulitarsis horishanus: Yu *et al.*, 2016.

主要特征：雌，全体密布细刻点和灰黄色短毛；颜面中央稍隆起；额具浅中纵沟，触角洼光滑而深；触角在中央之后环节渐细。小盾片明显隆起，无侧脊。并胸腹节刻点粗密且毛较长；中区三角形，在并胸腹节表面最高处，由此向各方倾斜，后方封闭，内具不规则细纵皱；周围的脊低而宽，且甚光滑；端区和第 3 侧区具不规则粗皱。前翅小翅室五边形。上边短。腹部第 1 背板后柄部中央有一明显隆区，隆区内刻点稍密；第 2 背板腹陷大而深，前抵背板前缘，之间距离为腹陷宽度的 0.9；腹末钝；产卵器不伸出腹端。

分布：浙江（松阳、庆元、龙泉）、江西、福建、台湾、广西、贵州、云南。

(258) 八重山钝杂姬蜂中华亚种 *Amblyjoppa yayeyamensis chinensis* (Morley, 1915)

Thogus chinensis Morley, 1915: 327.
Amblyjoppa yayeyamensis chinensis: Yu *et al*., 2016.

主要特征：雄，全体密布极细刻点和金黄色短毛；颜面中央稍纵隆；额在中单眼前方有短纵沟，触角洼光滑而深；触角在中央之后环节渐细，呈竹鞭状。小盾片明显隆起，无侧脊。并胸腹节刻点粗密且毛较长；中区马蹄形，在并胸腹节表面最高处，由此向各方倾斜，后方封闭，其内近于光滑，周围的脊低而宽，且甚光滑；端区和第3侧区具不规则夹点粗皱。前翅小翅室五边形。上边短。腹部第1背板后柄部中央有一明显隆区，隆区内刻点稍密；第2背板腹陷大而深，前抵背板前缘，之间距离为腹陷宽度的0.9；腹末钝。

分布：浙江（宁波、舟山）。

125. 原姬蜂属 *Protichneumon* Thomson, 1893

Protichneumon Thomson, 1893: 1889-1967. Type species: *Ichneumon fusorius* Linnaeus, 1761.

主要特征：小盾片稍隆起至明显隆起，端部向后小盾片圆形均匀倾斜，具少许刻点；中胸腹板前部凹入，端缘多少上曲，后角突起，与中胸侧板交界处前端有1角突，前翅小翅室规则五边形，肘间横脉长。
生物学：寄生于鳞翅目天蛾科等。
分布：世界广布。世界已知23种，中国记录9种，浙江分布2种。

(259) 藻岩原姬蜂 *Protichneumon moiwanus* (Matsumura, 1912)

Ichneumon moiwanus Matsumura, 1912: 108.
Protichneumon moiwanas: Yu *et al*., 2016.

主要特征：雌，黑色，多黄褐色短毛；复眼内侧、颊上1纹、唇基两侧斑点、上唇、触角中央、前胸背板后缘两侧、翅基片、翅基下脊、中胸盾片中央2纵条、小盾片、中胸侧板上的1纹均黄色；第2–3背板黄褐色，其基部稍带暗色，第2–3腹板及第4腹板中央斑纹黄褐色。足大部分黄褐色；基节暗褐色，上有黄斑；转节黄色，下方有1褐斑。翅半透明，稍带烟褐色，翅痣及翅脉暗褐色。体密布粗刻点。并胸腹节有纵隆，稍呈网状。

分布：浙江（松阳）；日本。

(260) 京都原姬蜂 *Protichneumon nakanensis* (Matsumura, 1912)

Ichneumon nakanensis Matsumura, 1912: 89.
Protichneumon nakanensis: Yu *et al*., 2016.

主要特征：雌，体黑色，多黄褐色短毛；复眼内侧、前头及唇基两侧、上唇、上颚、颊、须、触角中央、颈上1横线、前胸背板后缘两侧、翅基片上1斑点、翅基片下方1纹、中胸盾片上2纵条、小盾片、中胸侧板1大斑及足大部分均黄色；上颚端部赤褐色。中胸背板具稀而粗大刻点。翅透明，带烟黄色，外缘有些烟褐色，翅脉褐色。腹部第2背板基部中央具并列细纵皱。前足腿节下方、中足腿节下方1纹、中足基节基部暗褐色，后足基节大部分暗褐色，但上方有1黄纹。

分布：浙江（松阳）；俄罗斯（远东地区），朝鲜，日本。

126. 长腹姬蜂属 *Atanyjoppa* Cameron, 1901

Atanyjoppa Cameron, 1901b: 37. Type species: *Atanyjoppa flavomaculata* Cameron, 1901.

主要特征：雌性触角鬃形，中部以后多少变宽，下方平；雄性触角具明显的瘤状突。上颊背面观稍圆弧形。后头凹深。上颊和头顶在单、复眼后方缓弧形后斜。颊侧面观宽，明显肿胀。颚眼距与上颚基宽约等长。上颚宽，上齿明显长于下齿。唇基平坦，边圆，大多数种端缘中央有 1 小突。脸中央及侧缘稍突起。额凹，光滑。颊脊和口后脊在上颚基部相接。盾纵沟基部 1/4 明显。胸腹侧脊缺。中胸盾片拱起。小盾片多少突起，一般在后小盾片上方隆起，具分散的大刻点，大多数侧脊完整。并胸腹节很短，脊几乎完整；中区前方和后方的脊常不明显，向后明显拱起；中区较小，半椭圆形或马蹄形，或不分界。足瘦长。基节无毛梳。小脉后叉，有时对叉；小翅室五边形，大多数向前收窄，有的几乎菱形。腹部狭长；腹柄向后柄部渐宽，后柄部无明显的中区，大多数非常拱起，光亮或几乎光滑，腹陷明显，大而不深，窗疤明显。第 2–4 背板中央具明显纵皱；长多略大于宽，有时四边形。第 2–5 背板间有裂口，后缘略尖突。产卵管略露出。第 1–4 背板基带白色或白黄色，第 6–7 背板端斑黄色，是本属大多数种类典型的特征，但有腹部底色为红色、无端斑的种类。

生物学：未知。

分布：东洋区、澳洲区。世界已知 9 种，中国记录 2 种，浙江分布 1 种。

（261）好长腹姬蜂 *Atanyjoppa comissator* (Smith, 1858)

Ichneumon comissator Smith, 1858: 118.
Atanyjoppa comissator: Yu *et al.*, 2016.

主要特征：雌，颜面向下方稍宽，表面大致平坦，在中央稍隆起处有刻点，其余光滑；唇基平，端缘中央明显凹入；颊明显膨出具细刻点，比上颚基宽稍短；上颚狭长，下齿小；额光滑，下凹，沿复眼有细脊；头顶光滑；头部在复眼之后明显膨出。前胸背板前沟缘脊强；中胸盾片刻点甚浅而稀；小盾片中央稍隆起；中胸侧板刻点在下半较粗，镜面区光滑；后胸侧板密布网皱。并胸腹节短，均匀倾斜，大部分具不发达网皱；中区长六边形，四周的脊弱而宽；分脊在中区中央稍前方；端区具横皱；气门长裂口形。前翅小翅室五边形，上边甚短。

分布：浙江（临安）、江西、湖南、台湾、广东；马来西亚。

V. 灰蝶姬蜂族 Listrodromini

主要特征：唇基端缘几乎平截，或微凹，或具 2 切刻，或有一中突；与颜面之间完全不分开或仅极微分开；唇基凹小。颜面、唇基和颊为均匀拱起的表面。上颚短阔，2 端齿几乎等大。颊脊与口后脊在上颚基部相接。雌性触角短，线形至长、鬃形，在中央之后多不或稍变宽。小盾片平至锥形。并胸腹节短宽，向后或多或少均匀弧形倾斜；在前方完全没有或稍有一沟；多少完整分区，无刺突。小翅室上方平截。腹部多少扁，常短卵形，在前几节或有大刻纹。第 2 背板窗疤中等大至大型，两者之间距离约与窗疤宽度相等，凹陷甚深，它与背板基端之间距离约为窗疤宽度的 0.4。

生物学：寄主为灰蝶科。

分布：全北区、东洋区和旧热带区。中国记录 4 属，浙江分布 1 属。

127. 新模姬蜂属 *Neotypus* Förster, 1869

Neotypus Förster, 1869: 194. Type species: *Ichneumon lapidater* Fabricius, 1793.

主要特征：唇基端缘中央有很弱的或完全无突起。唇基凹小。颜面中央与稍微隆起的唇基之间不分开。颚眼距明显长于上颚基宽，为 1.1–1.8 倍。触角至多 27 节。上颚很宽，至端部几乎不收窄，2 齿明显。颊脊与口后脊在上颚基部相接。前胸背板横沟内无中瘤。雌性跗爪具栉齿，至少前中足具栉齿；雄性简单。小盾片从基至端圆弧形或隆起或锥形（特别是雄性）。腹板侧沟非常弱。翅基下脊弱，不呈横脊状。后胸侧板无基间脊。并胸腹节很短，从基部至端部均匀弧形。下生殖板几乎伸到腹末背板。

生物学：寄主为灰蝶科等。

分布：世界广布。世界已知 13 种，中国记录 2 种，浙江分布 1 种。

（262）显新模姬蜂东方亚种 *Neotypus nobilitator orientalis* Uchida, 1930

Neotypus lapidator f. *orientalis* Uchida, 1930b: 99.

主要特征：雌，头部黑色；额眶、上颊眶黄色；鞭节基部 2/3 赤褐色。胸部（包括并胸腹节）色泽变化很大，完全赤褐色或黑褐色，或黑色；仅小盾片红色或前胸背板上半、中胸盾片、小盾片、中胸侧板上半赤褐色，其余黑色。腹部黑色；第 1–2 背板后角斑点、第 4–5 背板后缘中央及以后各节黄白色。翅透明，稍带烟褐色。前中足赤褐色至淡黑褐色。胫节背面有时淡褐色；后足大部分黑褐色；基节端部有时黄色，胫节基部赤褐色。颜面与唇基稍弧形隆起，密布小刻点；头部在复眼后刚收窄；上颊宽；触角鞭节向两端稍细。胸部密布刻点。

分布：浙江（杭州、丽水）、黑龙江、辽宁、河南、江苏、湖南、福建、台湾、广东；俄罗斯，朝鲜，日本。

VI. 瘦杂姬蜂族 Ischnojoppini

主要特征：颊长为上颚基宽的 2.0–2.5 倍。颜面和唇基形成一表面匀整的圆凸面，无沟分开。上颚向端部收窄，2 齿长而尖，齿间缺刻深。上颊隆肿，口头脊与口后脊在上颚基部相接。触角雌性在中央之后膨大，且下方稍平，至端部尖。小翅室五边形，上方平截；小脉对叉；后小脉外斜，在下方曲折。并胸腹节正常、分区；气门长椭圆形。腹部细长，端部稍尖；不很扁平。第 2 背板长度约为后缘宽度的 1.5 倍。产卵管稍突出腹端。

生物学：未知。

分布：澳洲区及旧热带区。浙江分布 1 属 1 种。

128. 瘦杂姬蜂属 *Ischnojoppa* Kriechbaumer, 1898

Ischnojoppa Kriechbaumer, 1898: 32. Type species: *Joppa lutea* Fabricius, 1804.

主要特征：颊长为上颚基宽的 2.0–2.5 倍。颜面和唇基形成一表面匀整的圆凸面，无沟分开。上颚向端部收窄，2 齿长而尖，齿间缺刻深。上颊隆肿，口头脊与口后脊在上颚基部相接。触角雌性在中央之后膨大，且下方稍平，至端部尖。小翅室五边形，上方平截；小脉对叉；后小脉外斜，在下方曲折。并胸腹节正常、分区；气门长椭圆形。腹部细长，端部稍尖；不很扁平。第 2 背板长度约为后缘宽度的 1.5 倍。产卵管稍突出腹端。

生物学：寄生于鳞翅目弄蝶科等。

分布：世界广布。世界已知 7 种，中国记录 1 种，浙江分布 1 种。

（263）黑尾姬蜂 *Ischnojoppa luteator* (Fabricius, 1798)

Ichneumon luteator Fabricius, 1798: 222.
Ischnojoppa luteator: Yu *et al*., 2016.

主要特征：雄，颜面与唇基形成一均匀弧形的表面，无明显分沟，密布刻点，但唇基端部光滑，端缘弧形；复眼小；额和头顶具细夹点刻皱，额中央稍纵凹，但不呈沟，触角洼大而光滑；后头向前深凹。前胸背板前沟缘脊强，但不达背缘；中胸盾片密布网状刻点，无明显的盾纵沟；小盾片馒形隆起，侧脊薄而高伸至后缘；后胸侧板密布刻点，基间脊弱。并胸腹节除中纵脊之间具细横皱外，密布不规则网状粗刻点；分区完整，但脊细而低甚不明显；基区近方形。小翅室五边形，上边甚短。腹部长；第 1 背板具粗刻点，在基部和亚端部光滑；第 2、3 背板密布刻点，近于网状，在基部均有纵刻条；第 4 及以后各节背板刻点渐少趋于平滑，至腹端稍侧扁而尖。

分布：浙江、江苏、湖北、江西、湖南、福建、台湾、广东、香港、广西、四川、贵州、云南、西藏；世界广布。

VII. 平姬蜂族 Platylabini

主要特征：本族的特征在于唇基甚小，颇拱起或强度拱起，其上纵向和横向多有隆起。上颚向端部收窄，弯曲，齿小。小盾片多少在后小盾片上方拱隆，有明显的侧脊（除少数有例外）；腹部第 1 节柄部表面平；宽度大于高度。腹部末端钝。产卵器短，包在甚大的阔三角形下生殖管内。

生物学：寄主几乎为尺蛾科，少数为钩蛾科。

分布：世界广布。世界已知 18 属，中国记录 2 属，浙江分布 1 属 1 种。

129. 平姬蜂属 *Platylabus* Wesmael, 1845

Platylabus Wesmael, 1845: 150. Type species: *Platylabus rufus* Wesmael, 1845.

主要特征：雌，触角细长，鬃形，末端尖，中部以后下方变平，有时有点变宽；雄性触角无瘤状突起，也无锯齿状突，大多数无角下瘤。上颊一般宽，背面观向后中等收窄，一般侧面观多少弧形。颊侧面观通常中等宽、隆起。唇基和脸分开，明显隆起，端缘平直。脸中部区域明显狭。上颚细，端齿小。后头脊有时特别是钢蓝色种类，呈脊状突起。中胸盾片隆起。盾纵沟大多数仅基部明显。小盾片常有侧脊，隆起，在后小盾片上方多少突起，但不呈圆锥状。并胸腹节侧面观表面曲折，非弧形，水平区域长度几乎明显短于后方倾斜面的长度；中区长方形或方形；分脊缺；第 2 侧区常有明显的角但没有刺；气门一般长形，少有短卵圆形，绝不小而圆。足中等粗壮；腿节大多数粗壮，后足跗节大多数短于胫节，有时很短。小脉一般对叉；小翅室大多数菱形。雌性腹部阔圆形，平坦，端缘钝，后柄部中区不明显，中区有不规则的皱纹，或几乎平滑无纵皱。第 2 背板长不大于宽；腹陷横形，很深，总是宽于中间的间隔；窗疤大。大多数体色黑色，或红色，或钢蓝色，腹部无白或黄色的斑，但头、胸部常有这类斑纹；有少数种类有淡横带，头、胸部有延长的淡色斑；翅绝不暗色。

生物学：寄主为尺蛾科和钩蛾科等。
分布：世界广布。世界已知 127 种，中国记录 5 种，浙江分布 1 种。

（264）黑角平姬蜂 *Platylabus nigricornis* Uchida, 1926

Platylabus nigricornis Uchida, 1926: 153.

主要特征：雄，额有细中纵脊，脊之两侧具夹点细横皱，触角洼光滑；头顶密布刻点。并胸腹节背表面除基区光滑外，满布不规则皱纹或点状网皱；中区近方形，长约等于端宽，基宽稍短于端宽，相当隆起，向四方倾斜；无分脊；侧突强；端表面倾斜，内具横皱。小翅室四边形；小脉对叉式。腹部纺锤形，有强光泽；第 1 节背板柄部宽明显大于厚度，表面光滑，与后柄部交界处侧面观有明显角度，背中脊伸至此处，后柄具不规则皱纹和粗刻点，中区稍隆起并与隆起的背中脊相连。第 2–3 背板密布刻点，第 5 节以后渐弱而近于平滑；第 2 背板窗疤很宽，内无刻纹，疤宽约为疤距的 2.6 倍。下生殖板三角形，甚宽，稍超过腹端。产卵管稍伸出下生殖板。
分布：浙江（松阳）；朝鲜，日本。

VIII. 深沟姬蜂族 Trogini

主要特征：颜面及唇基侧方不明显隆起。唇基端缘平截或凹陷，无中叶。上唇裸露，呈新月形。额或有一对中突。颊脊完整，与口后脊在上颚基部上方相遇。小盾片金字塔形或强度隆起。并胸腹节总是以分脊为界斜向前后；中区后方开放，它的前缘通常特别粗，形成一个拱起的粗脊或"浮雕"；两条中纵脊平行，或大体上平行，两者之间相距颇远，脊粗；气门几乎狭长。小翅室四边形，有时具柄；径脉外段弯曲。后翅小脉上段直或外斜，稍弯曲。腹部第 2–5 节背板在中线两边微凹或圆弧形。翅带烟黄色或端缘多少烟褐色。雌性下生殖板显然长于从其端部至产卵管端部的距离。
生物学：寄主在卡姬蜂亚族为天蛾科，在深沟姬蜂亚族为鳞翅目锤角亚目，均从蛹内羽化，单寄生。
分布：全北区、东洋区和新热带区。中国记录 6 属，浙江分布 2 属 3 种。

130. 卡姬蜂属 *Callajoppa* Cameron, 1903

Callajoppa Cameron, 1903a: 36. Type species: *Callajoppa bilineata* Cameron, 1903.

主要特征：唇基颇宽，端缘平截，中央稍凸出。上颚在端部不尖，下齿约为上齿的 0.5。额无突起。上颊在复眼之后稍肿出。后头脊与口后脊相接处在上颚基部前方。雌性触角鞭节在亚端部变宽。小盾片锥形，无明显的角，无侧脊。翅烟黄色，外缘有时烟褐色。并胸腹节中区呈一光滑的隆起的"疤瘤"，侧面观略呈金字塔形。后柄部平，有稀疏刻点。腹陷浅，陷距等于或阔于腹陷宽度。腹部第 3 腹板中央无纵褶。雌性腹部末端钝。下生殖板伸抵或几乎伸抵腹部末端。
生物学：寄生于鳞翅目枯叶蛾科等。
分布：世界广布。世界已知 6 种，中国记录 3 种，浙江分布 1 种。

（265）天蛾卡姬蜂 *Callajoppa pepsoides* (Smith, 1852)

Trogus pepsoides Smith, 1852: 33.
Callajoppa pepsoides: Yu *et al.*, 2016.

主要特征：雌，黄赤色至茶褐色；有时头顶、中胸侧板除了上缘、中胸腹板除了前方、后胸、并胸腹节、腹部第 4-7 背板黑色；腹部第 1-3 背板基部有时带黑色，亦有腹部全黑个体。触角背面和末端黑褐色，下面黄赤色。足黄赤色；中足基节除了端部、后足基节至转节基部和腿节（除了端部）黑色。翅烟黄色，外缘有褐色宽带。唇基端缘平截；上颚 2 齿等大。中胸盾片密布细刻点；小盾片圆锥形隆起。并胸腹节具网状皱纹；基区粗糙；中区缩小成 1 个小而光滑的圆疤，它周围的隆脊消失；气门长线形。腹部后柄部中央密布细刻点，点间稍呈网状纵皱；第 3 腹板中央无纵褶。

分布：浙江（杭州、丽水）、辽宁、北京、河北、山东、甘肃、江苏、上海、湖北、湖南、广东、四川；朝鲜，日本。

131. 深沟姬蜂属 *Trogus* Panzer, 1806

Trogus Panzer, 1806: 80. Type species: *Ichneumon coerulator* Fabricius, 1804.

主要特征：额中央有一对脊突。唇基宽，端缘稍凹入。头部在单眼之后多少隆起。上颊在复眼之后弧形收窄。触角鬃形。胸腹侧脊背方完全或几乎完全，其背端向前弯曲，触及或几乎触及中胸侧板前缘。翅淡烟色，端缘稍暗。第 2-5 背板中线两侧有明显的宽而浅的凹槽，槽的外缘与背板间形成一个角突，槽内密布纵皱。腹部末端不尖。产卵管不露出。雄性抱握器在端部圆，无突出部分，下生殖板宽大于长。

生物学：寄生于凤蝶科等。

分布：全北区、东洋区和新热带区。世界已知 13 种，中国记录 2 种，浙江分布 2 种。

(266) 两色深沟姬蜂 *Trogus bicolor* Radoszkowski, 1887

Trogus bicolor Radoszkowski, 1887: 434.

主要特征：雄，体满布刻点及黄褐色毛；唇基端缘稍凹入。前胸背板下方光滑，前缘和后缘有模糊刻条；中胸盾片中央前方有不明显中脊；中胸侧板后上方光滑，前下方多斜行网皱；后胸侧板上方刻点细，下方刻点粗，基间脊强。并胸腹节基部有深沟；中区着生处最高，前缘特粗，后方开放，基区和第 1 侧区向前陡斜，具粗刻点；中纵脊强，近于平行；端区具平行粗横皱，脊外方多网皱。小翅室四边形。腹部长纺锤形，背板中央多纵刻条，侧方具粗刻点，其上密生黑毛；第 1 背板后柄部扩大，背中脊伸至后缘附近，在后柄部甚靠近且高隆；第 2-6 节各节背板之间缝深，各背板侧方陡直，与背面几呈直角，背面大致平坦；第 2 背板窗疤大而深，疤距与疤宽约等长。

分布：浙江（临安、四明山）、湖北、江西、四川、贵州；俄罗斯，朝鲜。

(267) 黑深沟姬蜂黄脸亚种 *Trogus lapidator romani* Uchida, 1942

Trogus lapidator romani Uchida, 1942: 107.

主要特征：雌，本亚种大小和结构与指名亚种 *Trogus lapidator lapidator* 极相似，主要区别在于下列部位体色不同：触角基半和柄节下方赤黄色；颜面多少赤黄色，仅中央纵条黑色；前胸背板后缘多少赤黄色；各跗节均赤黄色，色并不较暗。

分布：浙江（四明山）、辽宁、山西、四川；朝鲜。

二、茧蜂科 Braconidae

主要特征：体小型至中等大，体长 2–12 mm 居多，少数雌蜂产卵管长与体长相等或长于数倍。触角丝形，多节。翅脉一般明显；前翅具翅痣；1-SR+M 脉（肘脉第 1 段）常存在，而将第 1 亚缘室和第 1 盘室分开；绝无第 2 回脉；亚缘脉（径脉）或 r-m 脉（第 2 肘间横脉）有时消失。并胸腹节大，常有刻纹或分区。腹部圆筒形或卵圆形，基部有柄、近于无柄或无柄；第 2+3 背板愈合，虽有横凹痕，但无膜质的缝，不能自由活动。产卵管长度不等，有鞘。

生物学：茧蜂科的寄主均为昆虫，涉及最广的是全变态昆虫，包括了几乎所有代表目。矛茧蜂亚科和优茧蜂亚科可广泛寄生于不完全变态昆虫。虽然，蝇茧蜂亚科和反颚茧蜂亚科少数类群可寄生于水生双翅目，但未发现蜻蜓目、蜉蝣目、襀翅目和毛翅目被茧蜂寄生。营外寄生生活的虱目和蚤目也不被茧蜂寄生。

分布：茧蜂科是膜翅目最大的科之一，据估计世界上至少有 4 万种(van Achterberg，1984)，但是迄今为止仅记述了约 1 万种。

（一）矛茧蜂亚科 Doryctinae

主要特征：头横形；圆口类；须长，下颚须 6 节，下唇须 4 节；后头脊常存在；前足胫节外侧具成列刺；前胸侧板后缘凸出；前翅具 2–3 个亚缘室；产卵管长度变异，末端背方具 2 个结节。

生物学：外寄生于隐藏性生活的鞘翅目幼虫，少数寄生于鳞翅目和植食性膜翅目，偶尔寄生于纺足目。奇异茧蜂属某些种类植食性。

分布：世界广布。全世界各动物区系均有分布。中国记录 297 种，浙江分布 13 属 37 种。

分属检索表

1. 第 1 背板明显柄状；第 1 背板端腹片长，是第 1 背板长的 0.7–0.8 ·················· 柄腹茧蜂属 *Spathius*
- 第 1 背板不呈柄状或稍柄状；第 1 背板端腹片短或稍伸长，是第 1 背板长的 0.15–0.40（少数情况下几乎 0.5） ········· 2
2. 前翅 cu-a 脉存在，第 1 亚缘室和亚基室明显分离；腹部第 2 背板光滑或具刻纹 ············ 艾维茧蜂属 *Aivalykus*
- 前翅 cu-a 脉缺，第 1 亚盘室和亚基室愈合；腹部第 2 背板常光滑 ······················· 3
3. 后翅 m-cu 脉长且强烈向翅尖弯曲；后足基节背方具一长一短的 2 个刺状突起 ············ 刺足茧蜂属 *Zombrus*
- 后翅 m-cu 脉短，向翅基弯曲或斜向翅基，有时无 m-cu 脉，极少数情况下整个 m-cu 或其端部小部分稍向翅基弯曲；后足基节背方无刺状突起，极少数情况下（矛茧蜂属 *Doryctes*）具 1 个钝且短的刺突 ······················· 4
4. 后足基节窝与并胸腹节之间存在明显的基腹桥；后翅缘室具明显的横脉（触角第 1 鞭节短于第 2 鞭节；腹部第 2 背板基部具三角形区域；第 1 背板端腹片稍长，是第 1 腹板长的 0.35–0.50） ············ 小柄腹茧蜂属 *Leptospathius*
- 基腹桥缺；后翅缘室无横脉 ·················· 5
5. 前翅 2-SR 脉缺或大部分微弱；雄虫的后翅常具翅痣状膨大 ·················· 断脉茧蜂属 *Heterospilus*
- 前翅 2-SR 脉存在；雄虫的后翅常无翅痣状膨大（前翅 r-m 脉存在或缺） ·················· 6
6. 腹部第 2 背板近侧方具浅但宽的纵沟；中胸背板具颗粒；前翅 m-cu 脉后叉；腹部第 3–5 背板大部分具明显刻纹 ··················
·················· 拟方头茧蜂属 *Hecabolomorpha*
- 腹部第 2 背板无纵沟；中胸背板无颗粒，大部分光滑；前翅 m-cu 脉常前叉；腹部第 3–5 背板大部分光滑 ·················· 7
7. 腹部第 2+3 背板无深沟围成的透镜状的区域；腹部第 4 背板基部具无刻条的、弯曲的沟 ··················
·················· 合沟茧蜂属 *Hypodoryctes*

- 腹部第 2+3 背板具深沟围成的透镜状的区域；腹部第 4 背板基部具有刻条的、弯曲的沟 ································· **8**
8. 后足基节基腹方无瘤突；复眼具明显的密集的刚毛；盾纵沟不完整，端半部减弱，中胸盾片后方常具中沟（前翅 r 脉明显从翅痣前方伸出） ································ 隐陆盾茧蜂属 *Cryptontsira*
- 后足基节基腹方具瘤突；复眼常光滑，少数具短且稀疏的刚毛；盾纵沟完整，后半部常浅 ························· **9**
9. 中胸背板缓慢地从前胸背板弧形升起；前胸背板背方具明显的凸叶；腹部第 2 背板沟具侧向弯曲 ··· 矛茧蜂属 *Doryctes*
- 中胸背板强烈地从前胸背板几乎垂直升起；前胸背板背方无凸叶，常平坦；腹部第 2 背板沟侧方几乎直或缺 ········· **10**
10. 触角窝背方具明显幕骨凹陷，圆形或椭圆形；雄虫前翅有时在 1-SR、1-M 和 1-SR+M 脉附近具明显骨化的膨大（前翅 m-cu 脉前叉、对叉或后叉；有时腹部第 2 背板具光滑的基中区） ············· 厚脉茧蜂属 *Neurocrassus*
- 触角窝背方无幕骨凹陷；雄虫前翅常无骨化的膨大 ··· **11**
11. 前翅 Cu1a 对叉；雄虫腹部第 1 和 2 背板愈合，不活动；头顶光滑或具密集颗粒，无皱或刻条 ··· 拟条背茧蜂属 *Arhaconotus*
- 前翅 Cu1a 不对叉，从第 1 亚盘室端缘上部 0.2–0.3 伸出；雄虫腹部第 1 和 2 背板不愈合，活动；头顶具皱或刻条，常具颗粒 ··· **12**
12. 并胸腹节无由脊组成的中区；腿节背方具明显肿突；腹部第 3–5 背板大部分具刻条 ··· 甲矛茧蜂属 *Ipodoryctes*
- 并胸腹节具由脊组成的中区；腿节背方无肿突；腹部第 3–5 背板大部分常光滑 ··· 背纹茧蜂属 *Rhaconotinus*

132. 艾维茧蜂属 *Aivalykus* Nixon, 1938

Aivalykus Nixon, 1938a: 152. Type species: *Aivalykus eclectes* Nixon, 1938; by monotype.

主要特征：复眼无毛；触角第 1 鞭节明显短于第 2 鞭节；下唇须 1–3 节；前翅 M+Cu 脉明显存在且完全骨化，2-SR 脉存在，r-m 脉缺，cu-a 脉存在，亚基室和第 1 亚盘室明显分离，亚基室末端闭合；后翅亚基室缺或极少数情况下端部明显开放；第 1 背板不呈柄状；端腹片短；第 2 背板光滑或具刻纹。

生物学：据记载寄主为鞘翅目小蠹科、象甲科(Yu *et al.*, 2016; Belokobylskij and Maeto, 2009)。

分布：世界广布。世界已知 11 种，浙江分布 1 种。

(268) 亮艾维茧蜂 *Aivalykus nitidus* Belokobylskij *et* Chen, 2002（图 1-72）

Aivalykus nitidus Belokobylskij *et* Chen, 2002: 73.

主要特征：头顶密布微弱的针刮状刻纹；额具微弱针刮状刻纹；中胸盾片与前胸背板水平面几乎成直角；中胸盾片密布微弱的颗粒状刻点；中胸盾片中叶中后方具两条近平行的刻条；小盾片光滑；中胸侧板光滑，翅下区浅、宽，具微弱的皱纹；后胸侧板光滑，并胸腹节基侧区光滑，仅基侧区隆脊周围有微弱的皱纹；第 1 背板具明显刻条，背脊中间具微弱的皱纹；剩余背板光滑；产卵管鞘长是体长的 0.6，是腹长的 1.2 倍，是前翅长的 1.7 倍。

分布：浙江（临安）、河南、海南；印度尼西亚。

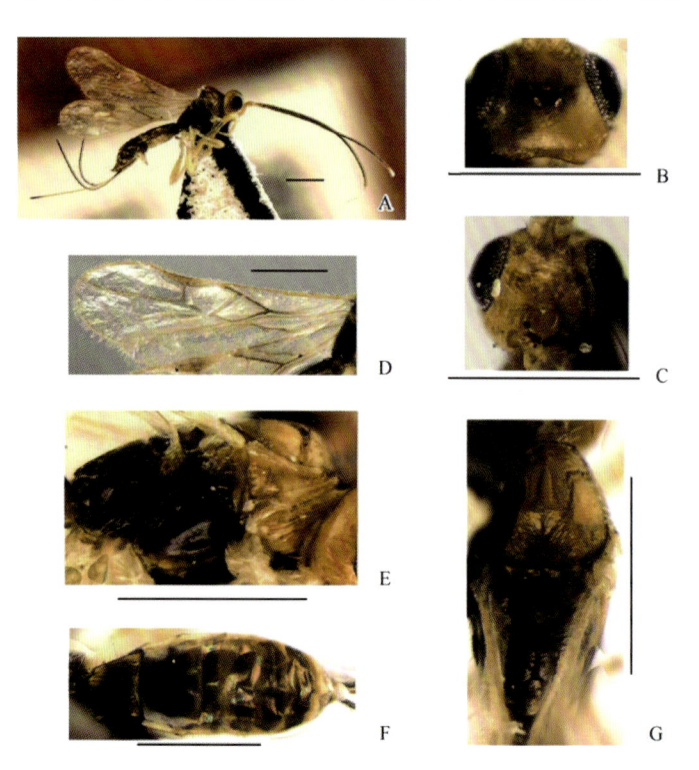

图 1-72　亮艾维茧蜂 *Aivalykus nitidus* Belokobylskij *et* Chen, 2002

A. 整体，侧面观；B. 头，背面观；C. 头，前面观；D. 前翅；E. 胸，侧面观；F. 腹，背面观；G. 胸，背面观（标尺为 0.5 mm）

133. 拟条背茧蜂属 *Arhaconotus* Belokobylskij, 2000

Arhaconotus Belokobylskij, 2000: 345. Type species: *Arhaconotus papuanus* Belokobylskij, 2001.

主要特征：头横形；后头脊背方存在，与口后脊在上颚基部愈合；颚眼沟缺；须长，下颚须 6 节，下唇须 4 节；下唇须第 3 节不变短；触角柄节宽，短，无端叶；第 1 鞭节几乎与第 2 鞭节等长；中胸背板从前胸背板水平面圆弧形升起；盾纵沟完整，深，内具稀疏短刻条；基节前沟深，长，几乎直，光滑；胸腹侧脊明显；并胸腹节分区明显，侧突缺。前翅翅痣宽；r 脉几乎从翅痣中央伸出；2-SR 脉和 r-m 脉存在；m-cu 脉和 cu-a 脉后叉；Cu1a 脉对叉；第 1 亚盘室末端闭合。后翅 cu-a 脉存在；m-cu 脉存在，前叉。前、中足胫节具成列的密集钉状刺；后足基节腹方具齿突；所有腿节背方都具肿突；腹部第 1 背板不呈柄状；雌虫和雄虫的第 1 腹板和第 2 腹板愈合；第 2 背板具半椭圆形基区和端区；雌虫第 6 背板大；产卵管长于腹部。

生物学：未知。

分布：东洋区、澳洲区。世界已知 4 种，浙江分布 1 种。

（269）海南拟条背茧蜂 *Arhaconotus hainanensis* Tang *et* Chen, 2010

Arhaconotus hainanensis Tang *et* Chen, 2010: 64.

主要特征：雌，头顶密布颗粒；额密布颗粒；上颊腹方具微弱颗粒；后头脊背方存在，与口后脊在上颚基部不愈合。前胸背板后横脊微弱，位于前胸背板中央，明显与前胸背板后缘分离；中胸盾片密布长毛和颗粒，从前胸背板水平面圆弧形升起；中胸盾片中叶无中沟；盾纵沟深，完整，其间具稀疏的短刻条；

小盾片密布颗粒；后足基节背方具颗粒。

分布：浙江、海南。

134. 隐陡盾茧蜂属 *Cryptontsira* Belokobylskij, 2008

Cryptontsira Belokobylskij, 2008: 123. Type species: *Doryctes parvus* Muesebeck, 1941.

主要特征：头稍横形；额具相当明显的凹陷，无中脊；复眼具明显密集的刚毛；颚眼沟十分浅或不明显；唇基下陷相当小；下唇须6节；下颚须4节；触角柄节无端叶，基部无缢缩，背方长于腹方；第1鞭节近圆柱形，几乎直或稍弯曲，比第2鞭节长或相当。中胸背板从前胸背板水平面几乎垂直升起，密布短刚毛；盾纵沟不完整，前部深，后部0.3–0.6不明显；小盾片前沟相当明显；后胸背板具短或不明显的齿突；基节前沟前端浅，后端深，相对短，直；胸腹侧脊明显，完整；并胸腹节分区明显，侧突存在，但短、粗。前翅r脉明显从翅痣前方伸出；2-SR脉和r-m脉存在；m-cu脉前叉；第1亚盘室末端封闭；Cu1a脉从第1亚盘室中央后端伸出。后翅m-cu脉存在；cu-a脉存在。前足胫节具成列的密集钉状刺；后足基节腹面基部无转角和瘤突；后足腿节宽，背方无肿突。腹部第1背板不呈柄状，宽、短，具明显背凹，基部0.3具小的气门；端腹片长是第1背板长的0.2；第2背板具分离的侧板；第2背板缝通常缺或浅；产卵管鞘直，短于腹部。

生物学：据记载，寄主为鞘翅目的长蠹科。

分布：世界广布。浙江分布1种。

（270）小隐陡盾茧蜂 *Cryptontsira parva* (Muesebeck, 1941)

Doryctes parvus Muesebeck, 1941: 150.

Cryptontsira parva: Yu *et al.*, 2016.

主要特征：雌，头顶光滑；头宽是长的1.4倍；额大部分光滑，稍具皱；背面观复眼的横径是上颊的1.1–1.2倍；单眼小，后单眼间距是前后单眼间距的1.4倍；颚眼沟存在，浅；后头脊背方完整，与口后脊在上颚基部处愈合。前胸背板明显，前胸背板后横脊位于前胸背板中央；中胸盾片着生密毛，向前突出，前缘陡，与前胸背板水平面呈直角或略呈锐角；中胸盾片密布颗粒；盾纵沟前面深，后方浅，其间具短刻条；小盾片前凹相当浅。前翅翅痣大且宽，三角形。后足基节几乎光滑；后足腿节光滑。

分布：世界广布。

135. 矛茧蜂属 *Doryctes* Haliday, 1836

Rogas (*Doryctes*) Haliday, 1836: 40, 43. Type species: *Bracon obliteratus* Nees, 1834; designated by Erichson, 1837.

主要特征：单眼区底边大于侧边；额通常不凹陷或稍浅，无中脊；复眼光滑无毛；后头脊背方存在，与口后脊在上颚基部处通常不愈合；前胸背板背面前方通常具肿突；中胸背板从前胸背板圆弧形升起；胸腹侧脊明显，完整；并胸腹节分区明显，侧突通常存在，短。后足基节腹方具齿突和转角；后足腿节宽，背方无肿突。第2背板具侧纵沟或脊；第2背板缝通常明显；产卵管鞘通常短于腹部。

生物学：据记载，寄主为鞘翅目的窃蠹科、长蠹科、吉丁虫科、天牛科、叶甲科、郭公甲科、象甲科、小蠹科；鳞翅目的毛翅蛾科；膜翅目的长颈树蜂科、长节锯蜂科。

分布：世界广布。世界已知87种，中国记录14种，浙江分布4种。

分种检索表

1. 翅痣端部浅褐色或黄色，极少数整个黄色；前翅 Cu1b 脉明显斜向翅基部；中胸盾片仅沿盾纵沟或周围具稀疏的长且半直立或直立的毛，大部分区域无毛；腹部第 3 背板具短刻条横向凹陷 ·················· **齿基矛茧蜂 *D. denticoxa***
- 翅痣端部褐色，常完全深棕色或黑色；前翅 Cu1b 脉几乎与 2-1A 脉垂直，几乎不斜向翅基部；中胸盾片密布短且半直立的毛；腹部第 3 背板无短刻条横向凹陷 ·················· 2
2. 第 1 背板长是其端宽的 1.4–1.9 倍 ·················· 3
- 第 1 背板长是其端宽的 0.9–1.3 倍 ·················· **余吴矛茧蜂 *D. yogoi***
3. 头红色或棕红色；前翅颜色深；第 2 背板基部半圆形区域具皱刻条；第 3 背板光滑 ·················· **具柄矛茧蜂 *D. petiolatus***
- 头黑色或深红棕色，有时腹方颜色浅；前翅透明或稍微着色；第 2 背板整个具刻条或皱刻条（侧方几乎光滑）；第 3 背板基部 0.2–0.5 具刻条 ·················· **俄罗斯矛茧蜂 *D. gyljak***

（271）齿基矛茧蜂 *Doryctes denticoxa* Belokobylskij, 1996

Doryctes denticoxa Belokobylskij, 1996a: 164.

主要特征：雌，脸具皱刻条，部分区域几乎光滑；颚眼沟极其浅；后头脊背方完整，与口后脊在上颚基部不愈合。中胸盾片中叶突起；中胸盾片仅沿盾纵沟或周围具稀疏的长且直立的毛，大部分区域无毛；中胸盾片光滑；小盾片光滑；中胸侧板几乎光滑；翅下区深且宽，具密集横刻条；基节前沟明显，后足基节背方具皱或皱刻点，背面近中部具一明显的齿突，腹方具明显瘤突。头和胸的前部红棕色，腹部黑色；触角棕色；足黑色，所有跗节棕色；翅烟褐色，翅痣暗棕色，基部和端部黄色。

分布：浙江（安吉、临安）、河南、陕西、福建、台湾、广东、贵州；日本。

（272）具柄矛茧蜂 *Doryctes* (*Doryctes*) *petiolatus* Shestakov, 1940

Doryctes (*Doryctes*) *petiolatus* Shestakov, 1940: 5.

主要特征：雌，头顶光滑；额光滑；上颊腹方具稀疏刻点；头部自复眼后弧形收缩；颚眼沟不明显；后头脊背方完整，与口后脊在上颚基部处不愈合。中胸盾片中叶不明显向前凸出，具中沟；中胸背板密布短毛；盾纵沟前深后浅，完整，具粗糙的短刻条；小盾片具稀疏刻点；小盾片前凹深，具 1 脊，前凹长是小盾片长的 0.4；中胸侧板具稀疏刻点；翅下区浅、宽，具密集横刻条；基节前沟浅，长、光滑，其长为中胸侧板下部全长的 0.7；并胸腹节端部具 2 小侧突，具明显基侧区和中区，基侧区光滑，仅脊周围具脊。

分布：浙江（衢州）、黑龙江、吉林、辽宁、河南、陕西；俄罗斯，哈萨克斯坦。

（273）余吴矛茧蜂 *Doryctes* (*Doryctes*) *yogoi* Watanabe, 1954

Doryctes (*Doryctes*) *yogoi* Watanabe, 1954: 80.

主要特征：雌，头部自复眼后明显弧形收缩；头顶和上颊光滑，仅具稀疏的刻点；额具皱刻条或前侧方仅具皱；复眼具稀疏的短毛，纵径是横径的 1.30–1.35 倍；后头脊背方完整，与口后脊在上颚基部不愈合。前胸背板背方后半部具明显凸叶，前部 0.3–0.4 mm 具微弱前胸背板脊；前胸背板侧方整个具粗糙皱刻条，中央大部分区域具粗糙的短刻条；中胸盾片中叶明显凸出，无中沟；中胸盾片密布微弱的刻点，后半部中央大部分区域具皱；中胸盾片整个密布半直立的短毛；盾纵沟前深后浅，完整，具密集短刻条；小盾片几乎光滑或具微弱的稀疏刻点；小盾片前凹长，深，内具刻条皱，具明显的中脊；中胸侧板大部分光滑或具稀疏的刻点；翅下区相当深且宽，具纵刻条，刻条间具皱；基节前沟浅，但后部深，光滑，其长为中胸侧板下部全长的0.6；并胸腹节无侧突，具明显基侧区和中区，基侧区大部分光滑，中区中等大小，窄，具密集皱。

分布：浙江（松阳）；日本。

(274) 俄罗斯矛茧蜂 *Doryctes gyljak* Shestakov, 1940

Doryctes gyljak Shestakov, 1940: 4.

主要特征：雌，头顶完全光滑；额光滑；上颊腹方光滑；头宽为中间长的1.3–1.5倍；脸具刻点；颚眼沟极其浅。中胸盾片密布刻点，并着生密的短毛；中胸盾片中叶具明显深的中沟，沟内具短刻条；小盾片光滑；中胸侧板具刻点，近背板处密；翅下区深且宽，具密集横纹；基节前沟深、稍弯，其长为中胸侧板下部全长的0.6；并胸腹节端部无侧突，分区不明显，基侧区几乎光滑，仅脊周围具微弱刻条，无中区；并胸腹节具粗糙密集网皱。

分布：浙江（临安）、河北；俄罗斯，哈萨克斯坦。

136. 拟方头茧蜂属 *Hecabolomorpha* Belokobylskij *et* Chen, 2006

Hecabolomorpha Belokobylskij *et* Chen, 2006: 107. Type species: *Hecabolomorpha asiaticum* Belokobylskij *et* Chen, 2006; by monotype.

主要特征：复眼光滑；无颚眼沟；后头脊背方存在，与口后脊在上颚基部不愈合；中胸背板几乎垂直于前胸背板升起；中胸背板中叶稍向前凸出，无肩角，具浅的中纵沟；翅下区浅，宽；基节前沟深，长，几乎直，内具短刻条；并胸腹节具明显分区；前翅翅痣宽；前翅r脉明显从翅痣中央前方伸出；2-SR脉和r-m脉都存在；m-cu脉明显后叉或对叉；cu-a脉后叉；Cu1a脉从第1亚盘室末端的后部1/3伸出；第1亚盘室末端开放。后翅 cu-a 脉存在；m-cu 脉存在；前足和中足胫节具成列钉状刺；后足基节腹方具齿突；所有腿节背方都具肿突；后足腿节窄；后足基跗节长为后足第2–5跗节长的0.6；腹部第1背板不呈柄状，宽，背凹明显；第2背板具两条向后方会合的侧沟。

生物学：未知。

分布：东洋区。世界已知1种，中国记录1种，浙江分布1种。

(275) 亚洲拟方头茧蜂 *Hecabolomorpha asiaticum* Belokobylskij *et* Chen, 2006

Hecabolomorpha asiaticum Belokobylskij *et* Chen, 2006: 108.

主要特征：雌，头顶几乎光滑，具微弱刻点；头顶完全密布短毛；脸密布微弱颗粒皱，侧方及下方几乎光滑；中胸盾片完全密布短毛；中胸盾片密布颗粒，中后部具皱；小盾片光滑，具微弱刻点；中胸侧板几乎完全长毛；中胸侧板大部分光滑，上方0.3纵刻条；基节前沟长占中胸侧板下部全长；并胸腹节基侧区具刻点皱，基部几乎光滑，中纵脊周围密布颗粒；中区明显，小，宽；并胸腹节剩余部分具稀疏的小室状皱，其间具密集颗粒。后足基节背方密布微弱横皱，其间具颗粒，大部分光滑；产卵管鞘亚端部明显变宽，到末端明显变窄，长是体长的0.8倍，是胸长的2.3–2.4倍，是腹长的1.3–1.4倍，是前翅长的1.1倍。

分布：浙江（临安）；印度。

137. 断脉茧蜂属 *Heterospilus* Haliday, 1836

Rogas (*Heterospilus*) Haliday, 1836: 46. Type species: *Heterospilus quaestor* Haliday, 1836; by monotype.

主要特征：单眼区底边大于侧边；额无中脊；复眼通常光滑无毛；后头脊背方完整；颚眼沟缺；唇基下陷圆形或近圆形；前胸背板脊明显；中胸盾片通常从前胸背板垂直升起，有时缓慢升起；盾纵沟完整；基节前沟明显；胸腹侧脊明显；后胸侧板脊缺；并胸腹节气门缺；2-SR 脉明显退化，几乎缺；m-cu 脉通常后叉；cu-a 脉明显后叉；第 1 亚盘室端部明显开放；cu-a 脉存在；亚基室小；m-cu 脉存在，不骨化；后足基节基腹方具明显瘤突和转角；所有腿节背方无或稍具肿突；第 2 背板缝通常明显，完整，几乎直，有时侧方稍弯曲；第 3 背板基部 0.3 具浅的横向凹陷。

生物学：据记载，寄主为鞘翅目的窃蠹科、长角象科、长蠹科、豆象科、吉丁虫科、天牛科、象甲科、拟叩甲科、花蚤科和小蠹科；膜翅目的茎蜂科、叶蜂科和方头泥蜂科；鳞翅目的草螟蛾科、麦蛾科、织蛾科、丝兰蛾科、螟蛾科和卷蛾科。

分布：世界广布。世界已知 139 种，中国记录 34 种，浙江分布 5 种。

分种检索表

1. 触角柄节腹方不短于其背方；后翅 1-SC+R 脉缺 ·············· 艳断脉茧蜂 *H. rubrocinctus*
- 触角柄节腹方短于其背方；后翅 1-SC+R 脉通常存在 ·· 2
2. 中胸背板完全光滑或微弱革质 ··· 3
- 中胸背板具明显密集的颗粒，极少数情况具粗糙的半弧形刻条和微弱颗粒或粗糙的皱刻条 ········· 4
3. 产卵管鞘长是腹长的 0.8–1.2 倍，是前翅长的 0.5–0.8；体色通常大部分深 ·········· 离断脉茧蜂 *H. separatus*
- 产卵管鞘长是腹长的 0.35–0.60，是前翅长的 0.2–0.4；体色通常大部分浅 ··· 中华断脉茧蜂 *H. chinensis*
4. 腹部第 4 和第 5 背板通常光滑；胸长是高的 1.7–1.8 倍；腹部第 2 背板长是其基宽的 0.45–0.55，是第 3 背板长的 0.8–1.0 倍 ·· 奥斯曼断脉茧蜂 *H. austriacus*
- 腹部第 4 背板基部广布刻条，第 5 背板通常基部具刻条；胸部明显扁平，长是其高的 2.2–2.7 倍；腹部第 2 背板长是其基宽的 0.55–0.60，是第 3 背板长的 1.20–1.35 倍 ·········· 肯氏断脉茧蜂 *H. kerzhneri*

（276）奥斯曼断脉茧蜂 *Heterospilus austriacus* (Szépligeti, 1906)

Atoreuteus austriacus Szépligeti, 1906: 605.
Heterospilus ater Fischer, 1960: 36.

Heterospilus austriacus: Yu *et al.*, 2016.

主要特征：雌，头顶具稀疏短毛；额光滑或具微弱刻条；脸光滑或下方中央具微弱皱；后头脊背方存在，与口后脊在上颚基部不愈合。中胸盾片沿盾纵沟及其边缘具相当稀疏的几乎直立的长毛；中胸盾片具明显的密集革质颗粒；小盾片几乎光滑；中胸侧板大部分光滑；翅下区浅，宽，具微弱的稀疏刻条；基节前沟几乎光滑，其长达中胸侧板下部全长的 1/2；并胸腹节具明显分区，中纵脊短，基侧区具微弱皱，沿脊具稀疏的短皱，中区明显；并胸腹节其余部分具小室状皱。

分布：浙江（临安）、黑龙江、吉林、辽宁、河北、海南、湖南、广西；俄罗斯、韩国、日本、中欧。

(277) 中华断脉茧蜂 *Heterospilus chinensis* Chen et Shi, 2004

Heterospilus chinensis Chen et Shi, 2004: 72.

主要特征：雌，头几乎全光滑；有时头顶中央具非常微弱刻条，额具微弱皱，脸下中央不具皱。胸长是高的 1.75–1.85 倍；中胸盾片大部分光滑或革质；中胸盾片沿盾纵沟及边缘被稀疏短毛，从前胸背板水平面垂直升起；小盾片光滑；中胸侧板大部分光滑；翅下区相当浅，窄，具粗糙的稀疏刻条，部分具皱；基节前沟深，直，几乎光滑，其长达中胸侧板下部全长的 0.5–0.6；并胸腹节具明显分区，中纵脊短，基侧区大部分光滑或革质，沿脊具密集短皱；中区明显；并胸腹节其余部分具粗糙的小室状皱。

分布：浙江（临安）、黑龙江、吉林、辽宁、河北、陕西、宁夏、甘肃、湖北、湖南、福建、台湾、广东、海南、四川、云南；日本。

(278) 肯氏断脉茧蜂 *Heterospilus kerzhneri* Belokobylskij et Maeto, 2009

Heterospilus kerzhneri Belokobylskij et Maeto, 2009: 201.

主要特征：雌，头顶大部分具明显的横向刻条，后部有时光滑；额具相当明显的密集的横向刻条，部分光滑；颊光滑；脸上部光滑，下部具微弱刻条。中胸盾片具明显的密集的颗粒；中胸盾片沿盾纵沟及边缘被密集短毛，从前胸背板水平面垂直升起；盾纵沟前部深且宽，后部浅且窄，内具短刻条；小盾片具明显但微弱的颗粒；中胸侧板上部具明显刻条，下部几乎光滑；翅下区浅，窄，具粗糙的皱刻条；基节前沟明显，几乎直或稍弯曲，光滑或具微弱网纹，其长达中胸侧板下部全长的 0.6；并胸腹节具明显分区，中纵脊短，基侧区具密集颗粒和刻条；中区明显；并胸腹节其余部分具粗糙的小室状皱。后足基节上部具皱刻条，剩余部分具微弱颗粒至光滑，腹方基部具明显瘤突。

分布：浙江（临安）、安徽、湖南；俄罗斯，日本。

(279) 艳断脉茧蜂 *Heterospilus rubrocinctus* Ashmead, 1905

Heterospilus rubrocinctus Ashmead, 1905b: 8.

主要特征：雌，上颊光滑；背面观复眼长是上颊长的 1.8 倍；脸中央和侧方光滑，仅侧方中央具刻条；无颚眼沟；后头脊背方存在，与口后脊在上颚基部愈合。中胸盾片前半部具密集的革质颗粒，后半部微弱革质或光滑，沿盾纵沟及附近被稀疏短毛，从前胸背板水平面垂直升起；中胸侧板大部分光滑；翅下区深，窄，具粗糙的刻条；基节前沟深，直，具短刻条，其长达中胸侧板下部全长的 0.5；并胸腹节具明显分区，基侧区具密集颗粒；中区明显，但不规则；并胸腹节其余部分具粗糙的小室状皱。

分布：浙江（临安）；俄罗斯，日本，越南，菲律宾。

(280) 离断脉茧蜂 *Heterospilus separatus* Fischer, 1960

Heterospilus separatus Fischer, 1960: 61.

主要特征：雌，头顶整个光滑，极少数情况下侧方或前侧方具微弱短刻条；额具微弱横刻条，极少数情况下光滑；脸几乎光滑，有时上方具微弱刻条皱。中胸盾片光滑，沿盾纵沟被稀疏短毛，从前胸背板水平面垂直升起；小盾片光滑；翅下区浅，窄，具粗糙的刻条，其间具皱；并胸腹节具明显分区，中纵脊短，基侧区光滑，仅隆脊周围具明显皱；中区明显；并胸腹节其余部分具粗糙的小室状皱。

分布：浙江（临安）、吉林、河北、湖北、湖南、台湾、广东、海南、四川、云南；俄罗斯，蒙古国，韩国，日本，哈萨克斯坦，高加索地区，中欧，西欧。

138. 合沟茧蜂属 *Hypodoryctes* Kokujev, 1900

Hypodoryctes Kokujev, 1900: 548. Type species: *Hypodoryctes sibiricus* Kokujev, 1900; by monotype.

主要特征：并胸腹节具缘区，中区很小。前翅 Cu1a 脉接近 2–1A 脉。后足基节基腹方通常具瘤突。腹部第 1 背板不具柄，具深的背凹；第 2 背板基部多少具 2 条明显的沟（或颜色不同的带）组成的三角形区，该区端部具柄，与第 2 背板缝分离；第 3 背板近中部多少具明显的横沟；第 1–2 背板完全、第 3 背板至少基半部和第 4、5 背板基部具刻条。

生物学：据记载，寄主为鞘翅目的窃蠹科、天牛科等。

分布：古北区、东洋区和新热带区。世界已知 10 种，中国记录 7 种，浙江分布 5 种。

分种检索表

1. 腹部第 2 背板长是基部宽的 0.5–0.8 ·· 二叶合沟茧蜂 *H. bilobus*
- 腹部第 2 背板长是基部宽的 0.9–1.3 倍 ··· 2
2. 腹部第 1 背板较长，是端宽的 2.5–2.7 倍 ·· 触合沟茧蜂 *H. tango*
- 腹部第 1 背板较短，是端宽的 1.6–2.2 倍 ··· 3
3. 产卵管鞘近端部具较长的白色带，腹部第 3 背板近中部具深且完整的横沟；腹部第 1 背板较长，长是端宽的 2.1–2.2 倍，后足基部背面几乎光滑或具细小的条纹 ································ 圣利诺合沟茧蜂 *H. serenada*
- 产卵管鞘无白色带，腹部第 3 背板近中部多少具浅的不完整的横沟；腹部第 1 背板较短，长是端宽的 1.6–2.0 倍 ········ 4
4. 头部自复眼后稍收缩，复眼横径是上颊长的 1.2–1.5 倍；前翅第 2 亚缘室较长，3-SR=（0.4–0.6）×SR1；腹部第 2 背板具一明显的三角形区，其内带清晰的花纹；后足胫节基部烟褐色 ·· 西伯利亚合沟茧蜂 *H. sibiricus*
- 头部自复眼后明显收缩，复眼横径是上颊长的 1.7–2.0 倍；前翅第 2 亚缘室较短，3-SR=（0.3–0.5）×SR1；腹部第 2 背板无带有花纹的三角形区；后足胫节基部灰白色 ·································· 风雅合沟茧蜂 *H. fuga*

（281）二叶合沟茧蜂 *Hypodoryctes bilobus* (Shestakov, 1940)（图 1-73）

Doryctodes bilobus Shestakov, 1940: 6.
Hypodoryctes bilobus: Yu *et al.*, 2016.

主要特征：雌，头顶着生密绒毛，具细微的稀疏刻点或者几乎光滑；复眼横径是上颊长的 1.3–1.8 倍；脸上密布刻点，中间具皱纹；颚眼沟浅。中胸盾片前缘陡，与前胸背板水平面几乎垂直，中叶突出显著，背面观基侧面无肩角，端部具窄且深的中纵沟；中胸盾片密布相当明显的刻点，其基侧部不着生毛，基部中间具窄的皱区；翅下陷很浅、宽，具皱纹。后足基节背面具横皱，侧面具细微且很密的刻点；后足基节腹面具明显的瘤突，腹部第 1 背板、第 2 背板三角形区内具粗糙的不规则的网皱，第 1 背板通常在端部具刻条，第 2 背板剩余部分和第 3 背板基部及侧面具密的纵皱。

分布：浙江（临安）、吉林、河南、安徽、湖北、湖南、福建、台湾、广东、海南、四川；俄罗斯，朝鲜，韩国，日本。

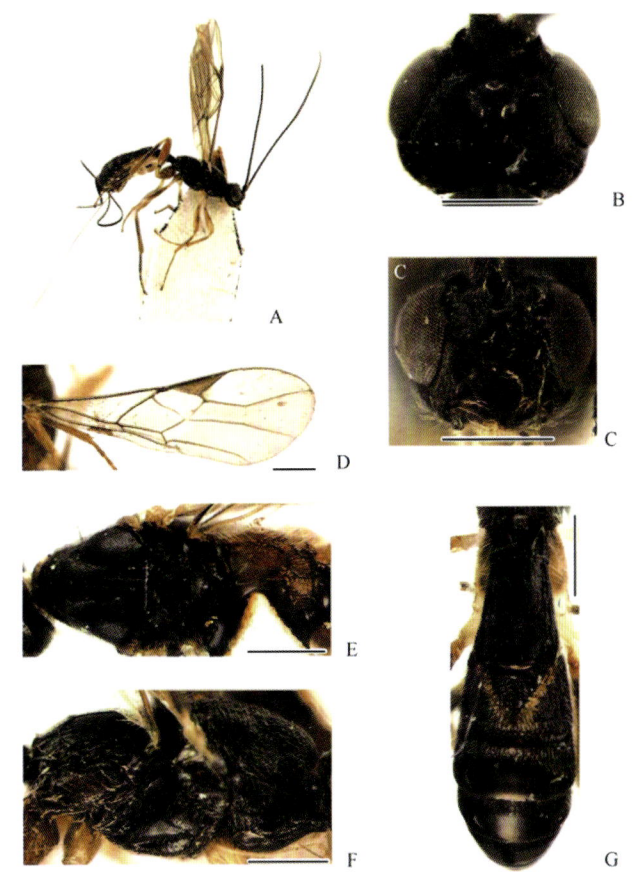

图 1-73　二叶合沟茧蜂 *Hypodoryctes bilobus* (Shestakov, 1940)

A. 整体, 侧面观; B. 头, 背面观; C. 头, 前面观; D. 前翅; E. 胸部, 背面观; F. 胸部, 侧面观; G. 腹部, 背面观（标尺为 0.5 mm）

（282）风雅合沟茧蜂 *Hypodoryctes fuga* Belokobylskij *et* Chen, 2004

Hypodoryctes fuga Belokobylskij *et* Chen, 2004: 704.

主要特征：雌，中胸盾片着生密且均匀的毛，密布相当明显的刻点；中胸盾片前缘平缓，与前胸背板水平面呈钝角，端半部中间具窄的网皱，盾片中叶稍向前凸出，背面观前侧方无肩角，至少在端部 5/6 具明显的中纵沟；小盾片具细且很密的刻点；翅下区很深、宽，具粗糙的皱纹；基节前沟长达中胸侧板下部全长的 0.7。腹面具明显的瘤突，背面具粗糙的横刻条，刻条间通常具皱，侧面有刻点皱或刻点；产卵管鞘长是体长的 0.9–1.1 倍，是腹长的 1.7–1.9 倍，是前翅长的 1.2–1.5 倍。

分布：浙江（临安）、吉林、河南、陕西、福建、台湾、贵州；俄罗斯，朝鲜，韩国，日本，越南。

（283）圣利诺合沟茧蜂 *Hypodoryctes serenada* Belokobylskij *et* Chen, 2004（图 1-74）

Hypodoryctes serenada Belokobylskij *et* Chen, 2004: 710.

主要特征：雌，头部几乎光滑；中胸盾片着生密毛，沿盾纵沟基部 1/3 着生密毛，中胸盾片前缘陡，与前胸背板水平面几乎垂直，端半部中央具窄的网皱，盾片中叶向前凸出明显，端部 1/2–2/3 多少具明显的中纵沟，背面观无肩角；小盾片具稀疏且很细的刻点或几乎光滑；翅下区很深、宽，具条纹。后足基节光滑，腹面具很明显的瘤突，背面具细微的横刻条。产卵管鞘长与体长几乎相等，是腹长的 2.0 倍，是胸长的 3.0–3.2 倍，是前翅长的 1.4–1.6 倍。

分布：浙江（临安）、福建、广东；越南。

图 1-74　圣利诺合沟茧蜂 *Hypodoryctes serenada* Belokobylskij *et* Chen, 2004
A. 整体，侧面观；B. 头，背面观；C. 头，前面观；D. 前翅；E. 胸部，背面观；F. 胸部，侧面观；G. 腹部，背面观（标尺为 0.5 mm）

（284）西伯利亚合沟茧蜂 *Hypodoryctes sibiricus* Kokujev, 1900

Hypodoryctes sibiricus Kokujev, 1900: 548.

主要特征：头部几乎光滑；中胸盾片具明显的刻点，着生密毛，基部具颗粒，基部侧面不着生毛，端半部中央具窄的皱；中胸盾片前缘平缓，与前胸背板水平面呈钝角，盾片中叶向前稍凸出，背面观无明显的肩角，端部 1/2–2/3 多少具明显的中纵沟；小盾片具很密的刻点；翅下区很浅、很窄，具稀疏的短刻条；翅浅烟褐色，翅痣深棕色。

分布：浙江（临安）、台湾、广东；俄罗斯，朝鲜，韩国，日本，哈萨克斯坦，越南，缅甸，墨西哥，洪都拉斯，哥斯达黎加，欧洲。

（285）触合沟茧蜂 *Hypodoryctes tango* Belokobylskij *et* Chen, 2004（图 1-75）

Hypodoryctes tango Belokobylskij *et* Chen, 2004: 716.

主要特征：头顶和上颊光滑；复眼光滑；脸中间有明显的宽刻条，侧面具明显的刻点。中胸盾片前缘陡，与前胸背板水平面几乎垂直，着生密且均匀的毛，具密且很细的刻点，无颗粒，端部中央具很窄的皱区；中胸盾片中叶向前明显地凸出，在端半部具明显的中纵沟，背面观基部无明显的肩角；小盾片具明显且很密的刻点。基节前沟长达中胸侧板下部全长的 0.7；并胸腹节具明显的缘区，基侧区基半部光滑，端半部具粗糙的网皱；中区短，宽。产卵管鞘长是体长的 1.0–1.3 倍，是腹长的 1.9–2.2 倍，是胸长的 3.2–3.4 倍，是前翅长的 1.5–1.6 倍。

分布：浙江（临安）、福建。

图 1-75　触合沟茧蜂 *Hypodoryctes tango* Belokobylskij *et* Chen, 2004
A. 整体，侧面观；B. 头，背面观；C. 头，前面观；D. 前翅；E. 胸部，背面观；F. 胸部，侧面观；G. 腹部，背面观（标尺为 0.5 mm）

139. 甲矛茧蜂属 *Ipodoryctes* Granger, 1949

Ipodoryctes Granger, 1949: 106. Type species: *Ipodoryctes anticestriatus* Granger, 1949; by monotype.

主要特征：本属与条背茧蜂 *Rhaconotus* Ruthe 很接近，腿节背面均有泡状肿突；腹部背板全部具刻纹且最后一节扩大；腹部第 2 背板通常具 1 横沟与第 2 背板缝组成椭圆形区。区别在于该属的前翅 Cu1a 脉不与 2-Cu1 脉处在同一水平上；腹部第 2 背板通常有基区；头顶光滑或具刻纹；中胸侧板上部通常具条纹；后足胫节基部一般颜色较暗至黑色。

生物学：据记载，寄主为鳞翅目的短翅蛾科、草螟蛾科、野螟科等。

分布：古北区、东洋区、旧热带区。世界已知 35 种，中国记录 12 种，浙江分布 3 种。

分种检索表

1. 头顶完全光滑 ··· 亮甲矛茧蜂 *I. nitidus*
  - 头顶常大部分具明显的条纹或皱刻条或颗粒状刻点 ·· 2
2. 翅痣中部棕色，基部和端部黄色 ·· 标记甲矛茧蜂 *I. signatus*
  - 翅痣黄色或淡棕色 ··· 具羽甲矛茧蜂 *I. signipennis*

（286）亮甲矛茧蜂 *Ipodoryctes nitidus* Belokobylskij, 2001（图 1-76）

Ipodoryctes nitidus Belokobylskij, 2001b: 143.

主要特征：头顶光滑；额具粗糙皱刻条及微弱颗粒；上颊光滑；复眼横径是上颊长的 1.2–1.3 倍；脸密布横向和微弱波浪形刻条；后头脊背方完整，与口后脊在上颚基部愈合。胸长是高的 1.9–2.1 倍；中胸背板中叶无中凹，密布皱和颗粒，中后方具粗糙皱刻条；侧叶具微弱皱，侧方和前方具网皱及颗粒；小盾片具微弱刻点；中胸侧板几乎光滑，翅下区浅，相当宽，具纵刻条；产卵管鞘长是腹长的 1.2–1.4 倍，是前翅长的 0.8–1.0 倍。

分布：浙江（临安）、福建、台湾、广东、海南、广西、贵州；越南，泰国，马来西亚。

图 1-76 亮甲矛茧蜂 *Ipodoryctes nitidus* Belokobylskij, 2001

A. 整体，侧面观；B. 头，背面观；C. 头，前面观；D. 前翅；E. 胸部，背面观；F. 胸部，侧面观；G. 腹部，背面观（标尺为 0.5 mm）

（287）标记甲矛茧蜂 *Ipodoryctes signatus* (Belokobylskij, 2001)

Rhaconotus signatus Belokobylskij, 2001b: 125.

Ipodoryctes signatus: Belokobylskij & Zaldivar-Riverón, 2021: 44.

主要特征：头部密布颗粒；上颊具极细微的颗粒；上颊长是复眼横径的 0.3 - 0.5；脸密布革质颗粒。胸长是高的 1.9 - 2.0 倍；前胸背板中央具明显背脊，位于前胸背板中央。中胸盾片密布颗粒，端部中央具一大的密布网皱的区域；中胸背板全部密布毛；中胸盾片无中纵沟；小盾片密布颗粒；基节前沟长达中胸侧板下部全长的 0.6 - 0.7，前端与胸腹侧脊相接；中胸侧板革质；翅下区浅，宽，具短刻条；胸腹侧脊明显，腹面宽，并胸腹节基半部具中脊，基侧区具明显的缘区且全部革质，并胸腹节剩余部分有具颗粒的皱纹。产卵管鞘长是腹长的 0.6 - 0.8，是胸长的 0.8 - 1.2 倍，是前翅长的 0.4 - 0.5。

分布：浙江（临安）、广东、海南、云南；日本，越南。

（288）具羽甲矛茧蜂 *Ipodoryctes signipennis* (Walker, 1860)

Rhaconotus signipennis Walker, 1860: 309.

Ipodoryctes signipennis: Belokobylskij & Zaldivar-Riverón, 2021: 44.

主要特征：头顶和额密布革质颗粒，上颊革质，下方光滑；脸密布颗粒，中央光滑。胸长是高的 1.9 - 2.0 倍；前胸背板中央具明显背脊，位于前胸背板中央。中胸盾片密布颗粒，端部中央具皱；中胸背板全部密布毛；小盾片密布颗粒；基节前沟长达中胸侧板下部全长的 0.7，前端与胸腹侧脊相接；中胸侧板几乎革质；翅下区浅，窄，具短刻条和颗粒；胸腹侧脊明显，腹面宽；并胸腹节具明显分区，基部 0.4 具中脊，基侧区革质，中区不明显，并胸腹节剩余部分具皱。产卵管鞘长是腹长的 0.4 - 0.5，是第 1 背板长的 1.6 - 1.8 倍，是胸长的 0.55 - 0.65，是前翅长的 0.23 - 0.32。

分布：浙江（安吉、临安、衢州、松阳）、湖南、台湾、广东、海南、广西、云南；俄罗斯，韩国，日本，印度，越南，斯里兰卡，印度尼西亚，加罗林群岛。

140. 小柄腹茧蜂属 *Leptospathius* Szépligeti, 1902

Leptospathius Szépligeti, 1902a: 49. Type species: *Leptospathius formosus* Szépligeti, 1902; by monotype.

主要特征：头方形，具后头脊；下颚须 5 节；触角第 4 节长于第 3 节；盾纵沟深而明显。前翅具 3 个亚缘室；m-cu 脉对叉；cu-a 脉对叉；Cu1a 脉从第 1 亚盘室端缘下部伸出；后翅 SR 脉上着生 1 条横脉，M+Cu 脉只略短于 1-M 脉。后足基节腹面无齿突。第 1 背板呈柄状，从基部到端部逐渐增宽；第 2+3 背板具 2 条向后会合的纵沟。

生物学：未知。

分布：东洋区、澳洲区。世界已知 6 种，中国记录 2 种，浙江分布 1 种。

（289）三角小柄腹茧蜂 *Leptospathius triangulifera* Enderlein, 1914（图 1-77）

Leptospathius triangulifera Enderlein, 1914: 33.

主要特征：额光滑；上颊腹方具稀疏的弯曲刻条；背面观复眼横径是上颊长的 1.3 倍，脸密布皱；在触角窝之间具小且明显的齿突；无颚眼沟。胸长是高的 2.4 倍；中胸盾片密布细微刻点，从前胸背板水平面圆弧形升起；中胸盾片中叶具中纵沟，其间具短刻条；中胸侧板几乎密布微弱刻点；翅下区深，窄，具

图 1-77　三角小柄腹茧蜂 *Leptospathius triangulifera* Enderlein, 1914

A. 整体，侧面观；B. 头，背面观；C. 头，前面观；D. 前翅；E. 胸部，侧面观；F. 胸部，背面观；G. 腹部，背面观（标尺为 0.5 mm）

短刻条；基节前沟很深、窄，具短刻条，其长达中胸侧板下部全长的 0.7；并胸腹节基侧区光滑，并胸腹节其余部分具网皱。产卵管鞘长稍长于体长，是前翅长的 1.4 倍。

分布：浙江（临安）、台湾、海南。

141. 厚脉茧蜂属 *Neurocrassus* Šnoflak, 1945

Neurocrassus Šnoflak, 1945: 26. Type species: *Neurocrassus tesari* Šnoflak, 1945; by monotype.

主要特征：额通常不凹陷，无中隆脊；靠近触角窝背方具明显幕骨凹陷；后头脊通常与口后脊在上颚基部不愈合；颚眼沟缺或微弱；触角柄节基部不缢缩，端部无叶突；第 1 鞭节长于第 2 鞭节；中胸盾片前缘陡，几乎与前胸背板水平面垂直。盾纵沟完整；前翅 2-SR 和 r-m 脉存在；第 1 亚盘室末端闭合；Cu1a 脉从第 1 亚盘室中央或下方伸出；后翅 cu-a 脉存在；后足基节腹面基部具明显的转角和齿突，后足腿节背方无肿突；腹部第 1 背板不具柄，具背凹。

生物学：据记载寄主为鞘翅目天牛科、象甲科。

分布：古北区、东洋区。世界已知 19 种，中国记录 8 种，浙江分布 1 种。

（290）斑头厚脉茧蜂 *Neurocrassus palliatus* (Cameron, 1881)（图 1-78）

Monolexis palliatus Cameron, 1881: 560.
Neurocrassus palliates: Yu *et al.*, 2016.

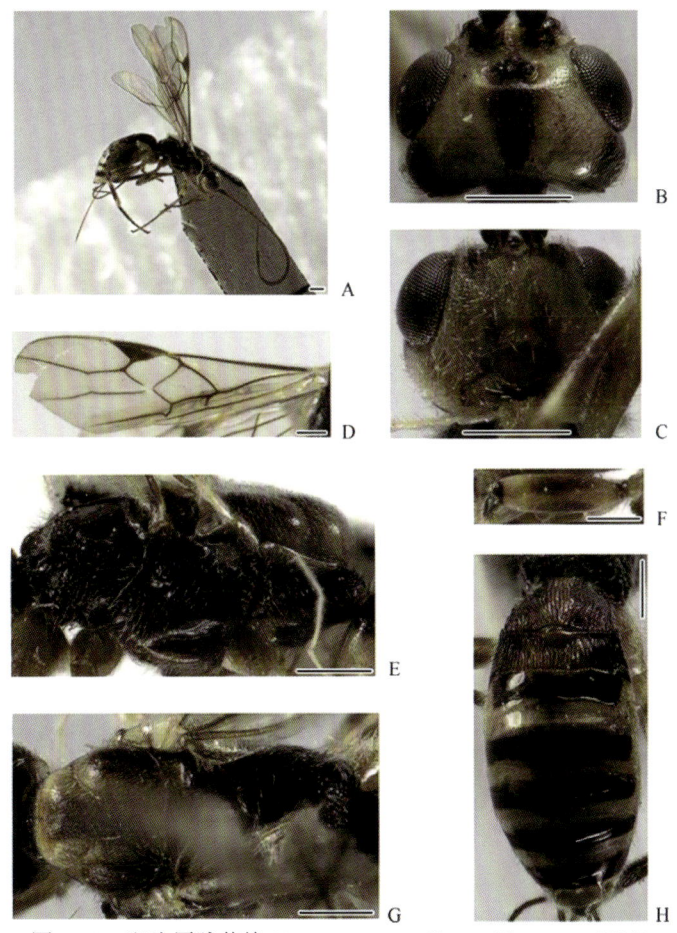

图 1-78　斑头厚脉茧蜂 *Neurocrassus palliatus* (Cameron, 1881)
A. 整体，侧面观；B. 头，背面观；C. 头，前面观；D. 前翅；E. 胸部，侧面观；F. 后足腿节，侧面观；G. 胸部，背面观；H. 腹部，背面观（标尺为 0.5 mm）

主要特征：触角窝之间具明显深且宽的凹陷；复眼横径是上颊长的 1.4–1.8 倍。头顶和上颊光滑；额光滑，前部具短的纵刻条；脸具刻条皱。中胸盾片中叶明显向前凸出，无或具非常浅的中沟；中胸盾片具密集的短毛；中胸盾片几乎光滑，具密集但微弱的刻点；小盾片光滑；中胸侧板光滑，翅下区浅、宽，具网皱；基节前沟长达中胸侧板下部长的 0.5–0.6；并胸腹节具明显分区；基侧区大，光滑，仅脊周围具皱；中区短而宽；并胸腹节具短的粗的侧瘤突。

分布：浙江（临安）、河南、湖南、福建、台湾、广东、海南、广西、云南；俄罗斯，日本，印度，尼泊尔，越南，菲律宾，马来西亚，印度尼西亚，美国（关岛），瓦努阿图。

142. 背纹茧蜂属 *Rhaconotinus* Hedqvist, 1965

Rhaconotinus Hedqvist, 1965: 8. Type species: *Rhaconotinus caboverdensis* Hedqvist, 1965.

主要特征：本属与甲矛茧蜂属很接近；腹部可见至少 6 节背板，腹部第 2 背板通常无横沟与第 2 背板缝组成的椭圆形区；前翅 Cu1a 脉与 2-Cu1 脉在同一水平上。

生物学：据记载，寄主为鞘翅目的象甲科、鳞翅目的草螟科和夜蛾科。

分布：古北区、东洋区、旧热带区。世界已知 45 种，中国记录 27 种，浙江分布 1 种。

（291）天目山背纹茧蜂 *Rhaconotinus tianmushanus* (Belokobylskij *et* Chen, 2004)

Rhaconotus tianmushanus Belokobylskij *et* Chen, 2004: 349.
Rhaconotinus tianmushanus: Belokobylskij & Zaldivar-Riverón, 2021: 109.

主要特征：头顶和上颊光滑；额光滑，前端具细微的皱或刻条；脸具皱刻条，中间光滑；胸长是高的 1.8 倍；中胸盾片和小盾片密布颗粒，中胸盾片端部中央具窄的皱区；基节前沟长达中胸侧板下部长的 0.7；中胸侧板光滑；胸腹侧脊明显，腹面很窄；并胸腹节具革质且端半部几乎光滑、后半部具皱或颗粒的基侧区，基部 1/3 具中脊，剩余部分具粗糙的网皱。后足基节侧面光滑，背面有具颗粒的刻条；后足腿节背面具弱的泡状肿突，具细刻条，大部分光滑，长是宽的 3.0 倍；产卵管鞘长是腹长的 0.3–0.4，是前翅长的 0.2–0.3。

分布：浙江（临安）、湖北、福建。

143. 柄腹茧蜂属 *Spathius* Nees, 1818

Spathius Nees, 1818: 301. Type species: *Cryptus clavatus* Panzer, 1809.

主要特征：触角细长，柄节和梗节正常，触角第 3 节一般比第 4 节长，偶尔等长；后头脊完整。中胸盾片和小盾片表面常具颗粒皱，盾纵沟一般存在，内具短刻条。腹部第 1 节呈柄状，端部突然增宽，与第 2+3 节分界明显；腹部第 2 和第 3 节背板合并较强；前翅 Cu1a 脉从第 1 亚盘室端缘上半部伸出；中足胫节外侧具 1 列钉状刺。

生物学：据记载，寄主为鞘翅目的窃蠹科、长角象科、长蠹科、吉丁虫科、天牛科、叶甲科、郭公虫科、坚甲科、象甲科、隐唇叩甲科、小蠹科等，鳞翅目的夜蛾科、螟蛾科、透翅蛾科、卷蛾科等，膜翅目的长颈树蜂科、长节锯蜂科等科昆虫的 300 多种。

分布：世界广布。世界已知 417 种，中国记录 129 种，浙江分布 12 种。

分种检索表

1. 腹部第 2–3 背板至少基部大部分区域具刻纹 ·· 2
- 腹部第 2–3 背板光滑，极少数情况基部具短的微弱刻纹 ··· 12
2. 腹部第 4 背板明显扩大，通常大于第 5 背板，几乎完全具明显的刻条皱，头顶几乎完全光滑；第 4 背板具明显侧缘 ······ 平行柄腹茧蜂 *S. parallelus*
- 腹部第 4 背板不扩大，不大于第 5 背板；如果第 4 背板扩大，则通常无刻条 ···················· 3
3. 腹部腹柄长为并胸腹节长的 2.8–3.5 倍；第 2+3 背板中长为第 2+3 背板最宽处的 1.3–1.5 倍 ······ 近细长柄腹茧蜂 *S. parimbecillus*
- 腹部腹柄不长于并胸腹节长的 2.5 倍；第 2+3 背板中长通常不长于第 2+3 背板最宽处 ······ 4
4. 胸部和头部通常明显或强烈扁平；中胸盾片稍从前胸背板升起 ·· 5
- 胸部和头部不或稍扁平；中胸盾片明显从前胸背板升起 ·· 7
5. 前翅 M+Cu1 脉端半部明显弯向 1-1A 脉；Cu1a 脉对叉；后足基节基腹方无转角和瘤突 ······ 低柄腹茧蜂 *S. deplanatus*
- 前翅 M+Cu1 脉端半部不或稍弯向 1-1A 脉；Cu1a 脉不对叉；后足基节基腹方具转角和瘤突 ······ 6
6. 产卵管鞘长为腹部长的 0.5–0.7，为胸部长的 0.7–1.0 倍，为前翅长的 0.3–0.5；第 2 背板基部具微弱刻条皱，刻条间革质，剩余背板光滑；体长 2.2–3.5 mm ······ 瘤柄腹茧蜂 *S. phymatodis*

- 产卵管鞘长为腹部长的 0.7–0.9, 为胸部长的 0.9–1.3 倍, 为前翅长的 0.45–0.60; 第 2 背板几乎全具密集的网纹和刻条; 第 3、4 背板基部具刻纹; 体长 2.0–4.0 mm ·········· **扁体柄腹茧蜂 *S. planus***
7. 头顶完全或大部分具明显刻纹 ·········· 8
- 头顶通常大部分, 仅有时部分具微弱刻纹 ·········· 9
8. 腹部第 4、5 背板基部或多或少具刻条或刻点; 基节前沟长是中胸侧板下缘的 0.5–0.6 ·········· **茨城柄腹茧蜂 *S. ibarakius***
- 腹部第 4、5 背板完全光滑; 基节前沟横贯中胸侧板下缘 ·········· **副妙柄腹茧蜂 *S. paramoenus***
9. 产卵管鞘长短于腹部, 是体长的 0.30–0.45 ·········· 10
- 产卵管鞘长不短于腹部, 是体长的 0.5–0.8 ·········· 11
10. 产卵管鞘长为腹部长的 0.8–1.4 倍, 为胸部长的 1.1–1.7 倍, 为前翅长的 0.5–0.8; 腹柄长为其端宽的 2.0–2.2 倍 ·········· **普柄腹茧蜂 *S. generosus*（部分）**
- 产卵管鞘长为腹部长的 0.5–0.8, 为胸部长的 0.7–1.0 倍, 为前翅长的 0.3–0.5; 腹柄长为其端宽的 1.6–1.9 倍 ·········· **妍柄腹茧蜂 *S. verustus***
11. 中胸盾片中后半部明显凹陷, 凹陷处或多或少具横向刻条; 复眼横径长为上颊的 1.0 倍; 头颜色通常浅于胸部; 中胸盾片缓和地升起, 侧面观中胸盾片与前胸背板呈钝角; 体长 3.0–5.2 mm ·········· **腔柄腹茧蜂 *S. cavus***
- 中胸盾片中后半部稍凹陷, 凹陷处具不规则刻条; 复眼横径长于上颊长; 头和胸部颜色通常一致; 中胸盾片陡峭地升起, 侧面观中胸盾片与前胸背板几乎呈直角; 体长 2.7–5.6 mm ·········· **普柄腹茧蜂 *S. generosus*（部分）**
12. 前翅 Cu1a 脉对叉; 第 1 亚盘室明显在 m-cu 脉前部闭合 ·········· **土生柄腹茧蜂 *S. habui***
- 前翅 Cu1a 脉不对叉; 第 1 亚盘室明显在 m-cu 脉后部闭合; 如果 Cu1a 脉几乎对叉, 则第 1 亚盘室在 m-cu 脉处闭合 ·········· **日本柄腹茧蜂 *S. japonicus***

（292）腔柄腹茧蜂 *Spathius cavus* Belokobylskij, 1998

Spathius cavus Belokobylskij, 1998: 106.

主要特征: 头顶光滑; 额具明显密集横刻条; 颊光滑; 脸具密集的横刻条, 其间具颗粒。胸长为高的 1.8–2.0 倍; 前胸背板脊明显, 后横脊中央与前胸背板后缘愈合, 前横脊位于前胸背板中央附近; 中胸盾片缓和地升起, 侧面观中胸盾片与前胸背板呈钝角; 中胸盾片具密集的颗粒; 中胸盾片沿盾纵沟及侧方被稀疏半直立短毛, 后部中央具 2 条会合的纵隆脊, 纵脊间具皱刻条; 盾纵沟完整, 深、宽, 具粗糙的密集短刻条皱; 产卵管鞘长为体长的 0.5, 为腹部长的 0.8–1.1 倍, 为胸部长的 1.2–1.3 倍, 为前翅长的 0.6–0.7。

分布: 浙江（临安）、山东、陕西、云南; 俄罗斯, 韩国, 日本。

（293）低柄腹茧蜂 *Spathius deplanatus* Chao, 1978（图 1-79）

Spathius deplanatus Chao, 1978: 180.

主要特征: 头部十分扁平, 头部背面观宽为中长的 1.1–1.3 倍; 头在复眼后强烈弧形收缩; 复眼横径长为上颊的 1.2–1.5 倍; 脸具密集的粗糙横刻条。胸部十分扁平, 长为高的 4.0–5.0 倍; 前胸背板脊微弱, 后横脊中央与前胸背板后缘愈合, 前横脊缺; 中胸盾片密布革质颗粒, 后部中央狭窄区域具明显皱, 仅沿盾纵沟被稀疏长毛; 小盾片密布颗粒; 中胸侧板全部密布明显密集的网纹; 翅下区深、窄, 具密集网纹和微弱刻条; 基节前沟深、窄, 稍弯曲, 具微弱网纹和颗粒, 长为中胸侧板下缘的 0.5–0.6; 并胸腹节分区存在但不明显, 基脊是叉脊的 1.5 倍, 整个表面具网状皱。产卵管鞘长为腹部长的 0.4 倍, 为腹柄长的 1.2–1.3 倍, 为胸部长的 0.5–0.6, 为前翅长的 0.3–0.4。

分布: 浙江（临安）、福建、广东、海南、四川、贵州; 日本。

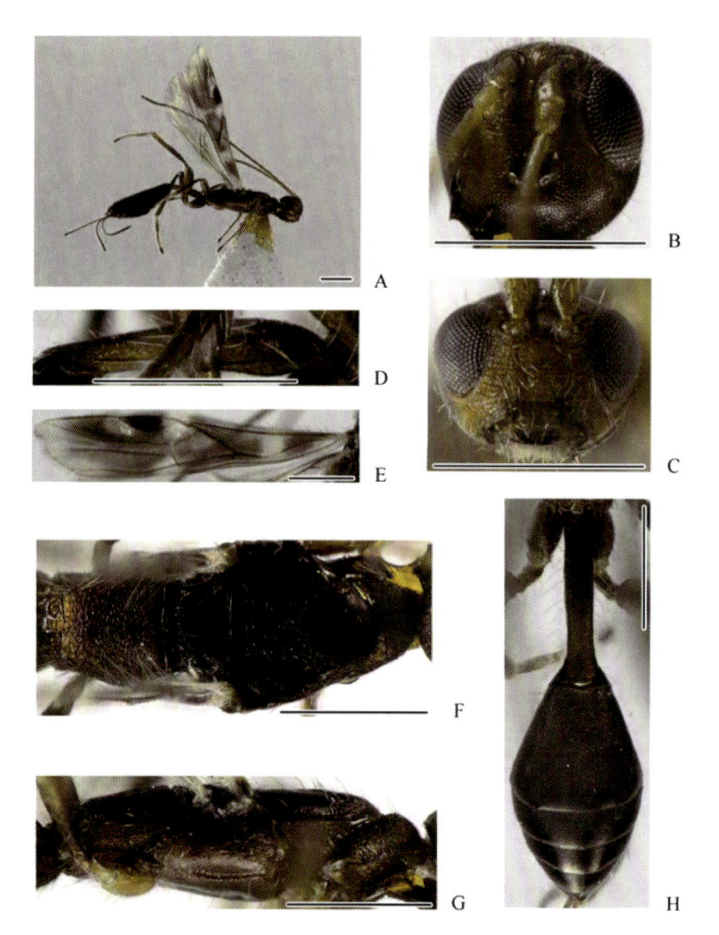

图 1-79　低柄腹茧蜂 Spathius deplanatus Chao, 1978

A. 整体，侧面观；B. 头，背面观；C. 头，前面观；D. 腹柄，侧面观；E. 前翅；F. 胸部，背面观；G. 胸部，侧面观；H. 腹部，背面观（标尺为 0.5 mm）

（294）普柄腹茧蜂 Spathius generosus Wilkinson, 1931（图 1-80）

Spathius generosus Wilkinson, 1931b: 263.

主要特征：头顶光滑，极少数中央或侧方具微弱刻条；额具密集的粗糙横刻条，有时侧方光滑；颊大部分光滑，沿后头脊具微弱的垂直刻条或网纹；头在复眼后前部稍凸出，后部弧形收缩；脸具密集的波浪形横刻条，其间具皱；后头脊背方存在，与口后脊在上颚基部不愈合。前胸背板脊明显，后横脊中央稍与前胸背板后缘愈合，前横脊位于前胸背板中央附近；中胸盾片陡峭地升起，侧面观中胸盾片与前胸背板几乎呈直角；中胸盾片具密集的颗粒，中后方具粗糙皱区，侧叶在盾纵沟附近无或具短皱；中胸盾片沿盾纵沟及侧方广被稀疏半直立短毛；小盾片具微弱的革质网纹；中胸侧板下部具微弱刻条，有时光滑；翅下区浅，宽，具密集粗糙的皱刻条；基节前沟长为中胸侧板的 0.5–0.6；并胸腹节整个表面具较强的网皱，分区明显；基侧区具网纹和颗粒，脊周围广布皱；中区长，窄；中区与柄区分界明显；基脊是叉脊的 0.4–0.5，有时约和叉脊等长。产卵管鞘长为体长的 0.4–0.6，为腹部长的 0.8–1.4 倍，为胸部长的 1.1–1.7 倍，为前翅长的 0.5–0.8。

分布：浙江（临安）、黑龙江、吉林、北京、河南、江苏、江西、福建、台湾、广东；俄罗斯，韩国，日本，印度。

图 1-80　普柄腹茧蜂 *Spathius generosus* Wilkinson, 1931

A. 整体, 侧面观; B. 头, 背面观; C. 头, 前面观; D. 腹柄, 侧面观; E. 前翅; F. 胸部, 侧面观; G. 胸部, 背面观; H. 腹部, 背面观 (标尺为 0.5 mm)

(295) 土生柄腹茧蜂 *Spathius habui* Belokobylskij *et* Maeto, 2009 (图 1-81)

Spathius habui Belokobylskij *et* Maeto, 2009: 592.

主要特征: 头顶和额光滑; 头顶后半部和侧方具稀疏的半直立短毛, 前半部中央光滑无毛; 头在复眼后前半部稍加宽, 后半部弧形收缩; 脸光滑, 近中央具微弱刻纹。前胸背板脊相当弱, 后横脊明显与前胸背板后缘分离, 近前方具微弱横脊; 中胸盾片从前胸背板明显弧形升起; 中胸盾片具密集颗粒, 中后方小的区域具皱, 盾纵沟附近和侧方无皱; 中胸盾片沿盾纵沟和侧方被稀疏半直立短毛; 小盾片隆起, 具微弱侧脊, 具密集颗粒; 中胸侧板广布密集的明显的革质颗粒; 翅下区浅, 宽, 具刻条-颗粒; 基节前沟浅, 直, 具密集的微弱短刻条, 长为中胸侧板下缘的 0.5; 并胸腹节具小侧突, 分区明显, 基脊是叉脊的 1.3 倍; 基侧区广布颗粒; 中区短, 相当宽; 柄区与中区明显分离; 并胸腹节具密集网皱; 产卵管鞘长为腹部长的 0.3, 为腹柄长的 0.8, 为胸部长的 0.4, 为前翅长的 0.2 倍。

分布: 浙江 (临安); 日本。

图 1-81 土生柄腹茧蜂 *Spathius habui* Belokobylskij *et* Maeto, 2009

A. 整体，侧面观；B. 头，背面观；C. 头，前面观；D. 前翅；E. 腹柄，侧面观；F. 胸部，背面观；G. 胸部，侧面观；H. 腹部，背面观（标尺为 0.5 mm）

（296）茨城柄腹茧蜂 *Spathius ibarakius* Belokobylskij *et* Maeto, 2009（图 1-82）

Spathius ibarakius Belokobylskij *et* Maeto, 2009: 602.

主要特征：头顶广布密集的微弱针刮状刻条，刻条间具微弱刻纹；额具明显的密集刻条，侧方和中后方光滑；脸具明显的密集的横向刻条。胸长为高的 1.8–1.9 倍；前胸背板脊明显，后横脊与前胸背板后缘大部分愈合；中胸盾片从前胸背板稍陡峭升起，侧面观中胸盾片与前胸背板呈钝角；中胸盾片密布明显颗粒，盾纵沟附近无皱；中胸盾片沿盾纵沟和侧叶纵列被稀疏、半直立或几乎直立短毛，后部中央具 2 条明显纵脊，脊间具皱；小盾片光滑；中胸侧板大部分光滑，后缘微弱革质和颗粒；翅下区深、宽，具粗糙皱刻条，部分具颗粒；产卵管鞘长为体长的 0.3–0.4，为腹部长的 0.6–0.8，为胸部长的 0.8–0.9，为前翅长的 0.3–0.5。

分布：浙江（临安）、黑龙江、吉林、湖南、福建、四川、贵州；日本。

图 1-82 茨城柄腹茧蜂 *Spathius ibarakius* Belokobylskij *et* Maeto, 2009
A. 整体，侧面观；B. 头，背面观；C. 头，前面观；D. 前翅；E. 胸部，背面观；F. 腹柄，侧面观；G. 胸部，侧面观；H. 腹部，背面观（标尺为 0.5 mm）

（297）日本柄腹茧蜂 *Spathius japonicus* Watanabe, 1937（图 1-83）

Spathius japonicus Watanabe, 1937: 36.

主要特征：头顶和额密布粗糙的稍波浪形刻条；脸具横向刻条。胸长为高的 1.7–1.8 倍；前胸背板后横脊与前胸背板后缘大部分愈合；中胸盾片从前胸背板陡峭升起，侧面观中胸盾片与前胸背板呈直角；中胸盾片具密集颗粒和横向皱刻条，侧叶中央狭窄区域仅具颗粒；中胸盾片仅盾纵沟和侧方被密集半直立长毛，后部中央具 2 条明显纵脊，脊间具稀疏皱；小盾片具密集颗粒和稀疏横向刻条；中胸侧板中央光滑或具微弱网纹；翅下区浅，窄，具粗糙皱刻条；基节前沟前深后浅，宽，"S"形弯曲，具明显的稀疏短刻条，几乎横贯中胸侧板下缘；并胸腹节分区明显；产卵管鞘长为腹部长的 1.8–2.3 倍，为腹柄长的 4.2–4.5 倍，为胸部长的 3.3–3.5 倍，为前翅长的 1.2–1.6 倍。

分布：浙江（临安）、湖北、湖南、福建、广东、海南、广西、贵州、云南；韩国，日本。

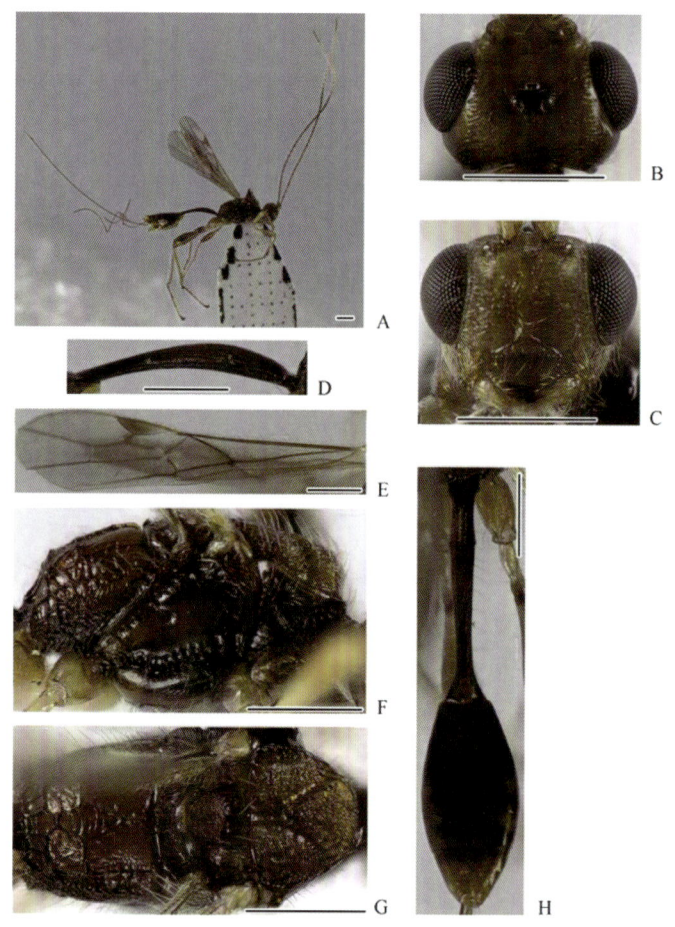

图 1-83　日本柄腹茧蜂 *Spathius japonicus* Watanabe, 1937

A. 整体，侧面观；B. 头，背面观；C. 头，前面观；D. 腹柄，侧面观；E. 前翅；F. 胸部，侧面观；G. 胸部，背面观；H. 腹部，背面观（标尺为 0.5 mm）

（298）平行柄腹茧蜂 *Spathius parallelus* Tang, Belokobylskij *et* Chen, 2015（图 1-84）

Spathius parallelus Tang, Belokobylskij *et* Chen, 2015: 79.

主要特征：头顶光滑；额密布规则横刻条；颊光滑；复眼横径长为上颊的 2.0–2.2 倍；脸具密集的波浪形刻条，其间具密集短皱。胸长为高的 2.4 倍；前胸背板脊明显，后横脊中央与前胸背板后缘稍接触，前横脊十分微弱，位于前胸背板中央；中胸盾片从前胸背板陡峭升起，几乎近垂直于前胸背板；中胸盾片具颗粒，被稀疏长毛，半直立，中叶后方具两条纵脊，脊间具短皱；盾纵沟具粗糙短刻条，稍伸入中叶和侧叶；小盾片具革质颗粒；中胸侧板几乎光滑，仅基节前沟上方和后方具微弱皱；翅下区浅，宽，具粗糙皱刻条；基节前沟浅，稍弯曲，具短刻条，长为中胸侧板的 0.6 倍；并胸腹节分区明显；基脊是叉脊的 1.3–1.6 倍；基侧区具微弱颗粒和不规则皱，中区具横皱；中区与柄区分界明显；产卵管鞘长为腹部长的 1.0–1.2 倍，为腹柄长的 3.2–3.3 倍，为胸部长的 2.0 倍，为前翅长的 0.8 倍。

分布：浙江（临安）、广东、海南。

图 1-84　平行柄腹茧蜂 Spathius parallelus Tang, Belokobylskij et Chen, 2015

A. 整体，侧面观；B. 头，前面观；C. 头，背面观；D. 前翅；E. 腹柄，侧面观；F. 胸部，侧面观；G. 胸部，背面观；H. 腹部，背面观（标尺为 0.5 mm）

（299）副妙柄腹茧蜂 Spathius paramoenus Belokobylskij et Maeto, 2009（图 1-85）

Spathius paramoenus Belokobylskij et Maeto, 2009: 678.

主要特征：头顶具粗糙或微弱的横向刻条；额具粗糙的波浪形横刻条；颊光滑；复眼横径长为上颊的 1.6–1.8 倍；复眼纵径为横径的 1.2 倍；脸几乎全具横向刻条，刻条间具皱，中央稍光滑。胸长为高的 2.0 倍；前胸背板脊明显，后横脊中央与前胸背板后缘明显愈合，前横脊细，位于前胸背板中央附近；中胸盾片较陡峭升起，侧面观中胸盾片与前胸背板呈直角；中胸盾片具密集的明显的颗粒，盾纵沟附近及侧方具长的粗糙皱，被稀疏半直立长毛，侧叶中央狭窄区域具颗粒；盾纵沟完整，前深后浅，宽，具密集短刻条；小盾片具明显的密集颗粒；中胸侧板具粗糙皱刻条，中央具革质网纹，基节前沟下方革质；产卵管鞘长为体长的 0.5–0.6，为腹部长的 0.9–1.2 倍，为胸部长的 1.6–1.7 倍，为前翅长的 0.7–0.8。

分布：浙江（临安）、广东、海南；日本。

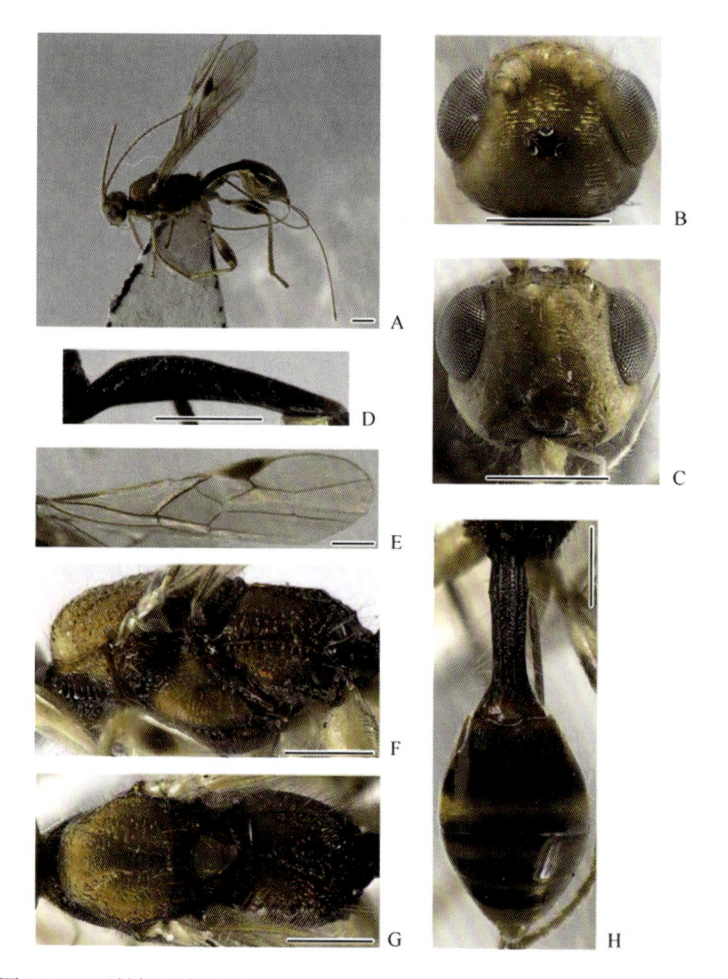

图 1-85 副妙柄腹茧蜂 Spathius paramoenus Belokobylskij et Maeto, 2009
A. 整体，侧面观；B. 头，背面观；C. 头，前面观；D. 腹柄，侧面观；E. 前翅；F. 胸部，侧面观；G. 胸部，背面观；H. 腹部，背面观（标尺为 0.5 mm）

（300）近细长柄腹茧蜂 *Spathius parimbecillus* Tang, Belokobylskij *et* Chen, 2015（图 1-86）

Spathius parimbecillus Tang, Belokobylskij *et* Chen, 2015: 83.

主要特征：头顶光滑；额具微弱横刻条；颊光滑；头部背面观宽为中长的 1.4 倍；复眼横径长为上颊的 1.6 倍；复眼纵径为横径的 1.3 倍；脸具密集的强烈横向刻条和微弱皱。胸长为高的 2.6 倍；前胸背板后横脊与前胸背板后缘明显分离，不愈合，前横脊细，位于前胸背板中央；前胸背板近前部具少许横脊；前胸背板侧方具明显刻条；中胸盾片从前胸背板缓和地升起，侧面观中胸盾片与前胸背板呈钝角；中胸盾片具颗粒，被稀疏长毛，几乎直立，后部中央 2 条纵隆脊明显，脊间具短刻条，侧叶具短皱；小盾片不隆起，具革质或革质颗粒，具侧脊；中胸侧板光滑；产卵管鞘长为腹部长的 1.6–1.7，为腹柄长的 3.3–3.9，为胸部长的 3.3–3.7 倍，为前翅长的 1.5–1.7。

分布：浙江（临安）、广东、海南。

图 1-86　近细长柄腹茧蜂 *Spathius parimbecillus* Tang, Belokobylskij *et* Chen, 2015

A. 整体，侧面观；B. 头，前面观；C. 头，背面观；D. 腹柄，侧面观；E. 前翅；F. 胸部，侧面观；G. 胸部，背面观；H. 腹部，背面观（标尺为 0.5 mm）

（301）瘤柄腹茧蜂 *Spathius phymatodis* Fischer, 1966（图 1-87）

Spathius phymatodis Fischer, 1966b: 219.

主要特征：头明显扁平；头顶几乎光滑，有时部分具微弱革质网纹或中央具微弱横向刻条；额至少在前部具明显横刻条；颊光滑；复眼横径长为上颊的 1.0–1.1 倍；复眼纵径为横径的 1.2 倍；脸几乎全具横向刻条，刻条间具明显颗粒，中央稍光滑。胸明显扁平；胸长为高的 2.5–3.1 倍；前胸背板脊明显，后横脊中央与前胸背板后缘稍愈合，前横脊细，位于前胸背板中央附近；中胸盾片稍圆弧升起，侧面观中胸盾片与前胸背板呈钝角；中胸盾片具密集的颗粒，盾纵沟附近及侧方无皱，被稀疏半直立长毛，中叶前方有时具微弱皱，具两条微弱的向后会合的脊，脊间具皱或网纹；小盾片平坦，具明显的密集的革质颗粒；中胸侧板上半部具粗糙皱刻条，下半部大部分光滑；产卵管鞘长为体长的 0.5–0.7，为腹部长的 0.5–0.7，为胸部长的 0.7–1.0，为前翅长的 0.3–0.5。

分布：浙江（临安）、吉林、福建、云南；俄罗斯，蒙古国，韩国，日本，乌克兰，立陶宛，法国，意大利，捷克，斯洛伐克，匈牙利，西班牙。

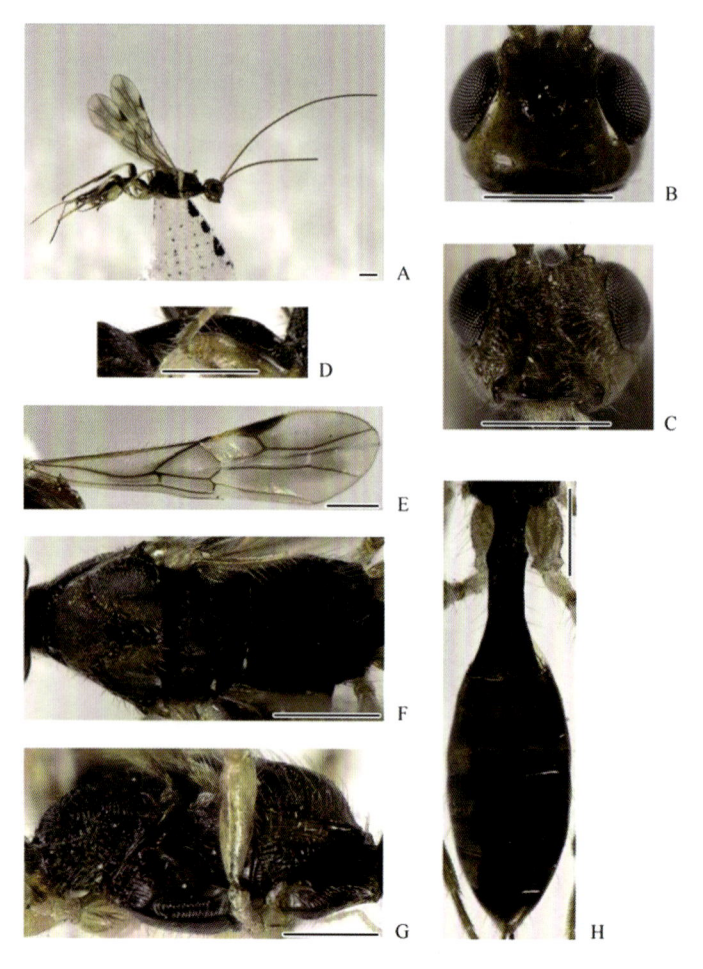

图 1-87　瘤柄腹茧蜂 *Spathius phymatodis* Fischer, 1966

A. 整体，侧面观；B. 头，背面观；C. 头，前面观；D. 腹柄，侧面观；E. 前翅；F. 胸部，背面观；G. 胸部，侧面观；H. 腹部，背面观（标尺为 0.5 mm）

（302）扁体柄腹茧蜂 *Spathius planus* Belokobylskij, 1998（图 1-88）

Spathius planus Belokobylskij, 1998: 100.

主要特征：头顶具微弱横向刻条，部分具皱，极少数情况下光滑；额几乎整个具微弱横刻条；颊在上方 0.5–0.7 具垂直刻条或皱刻条，剩余部分几乎光滑；复眼横径长为上颊的 1.1–1.2 倍；脸具粗糙皱刻条，中央稍光滑。胸扁平；胸长为高的 2.8–3.3 倍；前胸背板脊明显，后横脊中央与前胸背板后缘稍愈合或稍分离，前横脊细，位于前胸背板中央附近；中胸盾片稍圆弧升起，侧面观中胸盾片与前胸背板呈钝角；中胸盾片具密集的颗粒，盾纵沟附近及侧方无皱，被稀疏半直立长毛，中叶后方 0.6–0.7 具波浪形刻条；小盾片平坦，具密集颗粒，有时部分具微弱半弧形刻条；产卵管鞘长为腹部长的 0.7–0.9，为腹柄长的 2.0–2.8 倍，为胸部长的 0.9–1.3 倍，为前翅长的 0.45–0.60。

分布：浙江（临安）、内蒙古；俄罗斯，日本。

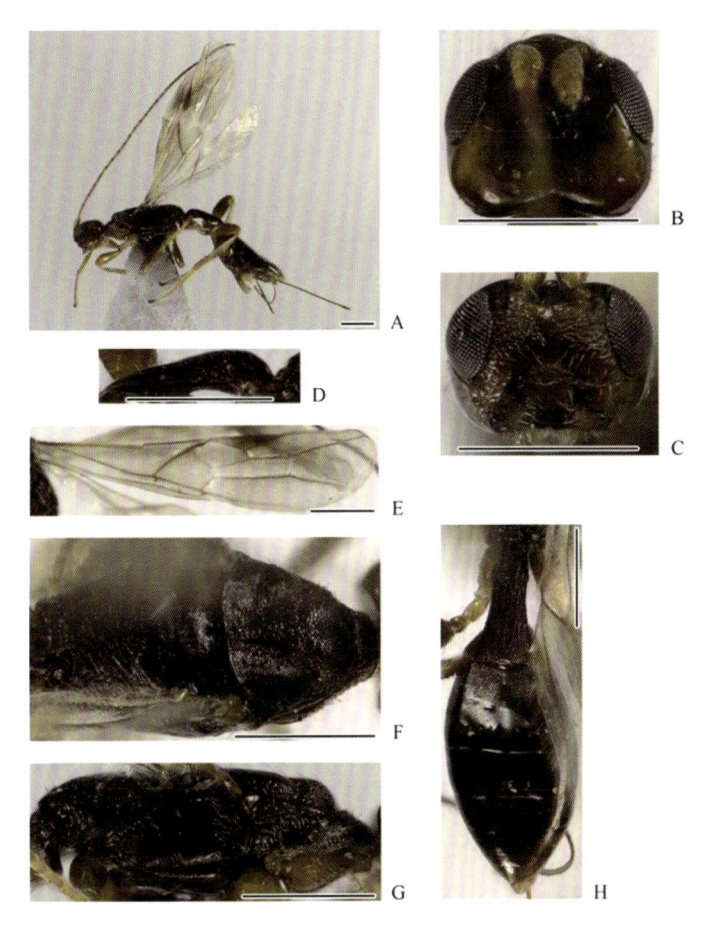

图 1-88　扁体柄腹茧蜂 *Spathius planus* Belokobylskij, 1998

A. 整体，侧面观；B. 头，背面观；C. 头，前面观；D. 腹柄，侧面观；E. 前翅；F. 胸部，背面观；G. 胸部，侧面观；H. 腹部，背面观（标尺为 0.5 mm）

（303）妍柄腹茧蜂 *Spathius verustus* Chao, 1977（图 1-89）

Spathius verustus Chao, 1977: 208.

主要特征：头顶光滑；额几乎完全或前部具明显刻条；颊光滑；复眼横径长为上颊的 1.1–1.3 倍；复眼纵径为横径的 1.3 倍；脸完全具密集的刻条，刻条间具微弱皱。胸部长为高的 1.9–2.0 倍；前胸背板脊明显，后横脊中央稍与前胸背板后缘愈合，前横脊细，位于前胸背板近中央；中胸盾片稍缓和地升起，侧面观中胸盾片与前胸背板呈钝角；中胸盾片具密集的颗粒，盾纵沟附近无皱，中后方具窄而短的皱区；中胸盾片沿盾纵沟及侧方被稀疏半直立长毛；小盾片具明显的密集颗粒或部分革质；中胸侧板上半部广布弯曲刻条，下半部光滑；翅下区浅，相当宽，具明显弯曲的刻条；基节前沟具明显的密集短刻条，长为中胸侧板的 0.5–0.6；并胸腹节具短而粗的侧突，分区明显；基脊是叉脊的 0.5–1.0 倍；基侧区具密集颗粒，沿脊具相当长的皱；中区与柄区分界明显。前翅第 2 亚缘室长是宽的 2.9–3.4 倍，是第 1 亚盘室长的 1.4–1.7 倍。

分布：浙江（临安）、吉林、山西、河南、宁夏、湖北、福建、海南、云南；俄罗斯，韩国，日本。

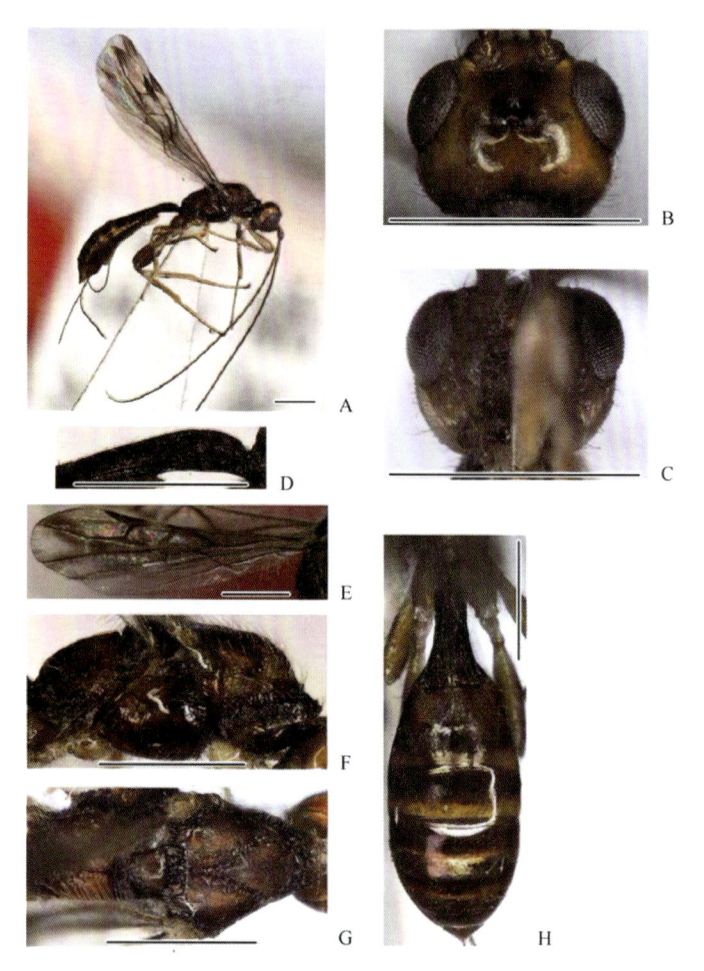

图 1-89 妍柄腹茧蜂 *Spathius verustus* Chao, 1977

A. 整体，侧面观；B. 头，背面观；C. 头，前面观；D. 腹柄，侧面观；E. 前翅；F. 胸部，侧面观；G. 胸部，背面观；H. 腹部，背面观（标尺为 0.5 mm）

144. 刺足茧蜂属 *Zombrus* Marshall, 1897

Zombrus Marshall, 1897: 10. Type species: *Zombrus anisopus* Marshall, 1897.

主要特征：复眼无毛；后头脊通常存在，不与口后脊在上颚基部愈合；触角第 1 鞭节长于第 2 鞭节；胸部不扁平；前胸背板背方具明显凸叶和完整的前胸背板脊；中胸背板平缓地从前胸背板升起，光滑；中胸背板中叶向前凸出；盾纵沟深，通常完整；后胸背板背方具小齿突；基节前沟深，通常内具刻纹；胸腹侧脊明显；并胸腹节具明显侧突，分区不明显；前翅 r 脉从翅痣前部伸出；2-SR 脉和 r-m 脉存在；m-cu 脉前叉；cu-a 脉后叉；Cu1a 脉从第 1 亚盘室端缘下部伸出；第 1 亚缘室末端闭合；后翅 M+Cu 脉不短于 1-M 脉；m-cu 脉强烈弯向翅尖；前足胫节具成列钉状刺；后足基节背面具 1 长 1 短的 2 个刺状突起，腹方无转角和瘤突；腹部第 1 背板不呈柄状，宽，具短的端腹片和明显背凹；第 2 背板具 1 稍隆起椭圆形中区；第 2 背板缝深，具有两条明显的侧边带；第 3 背板无凹陷。

生物学：据记载，寄主为鞘翅目的天牛科。

分布：世界广布。世界已知 42 种，中国记录 1 种，浙江分布 1 种。

（304）双色刺足茧蜂 *Zombrus bicolor* Enderlein, 1912（图 1-90）

Zombrus bicolor Enderlein, 1912b: 30.

主要特征：头顶和额光滑；复眼横径是上颊长的 1.3 倍；脸具明显网状刻点。胸长是高的 2.0–2.2 倍。中胸盾片中叶突起。盾纵沟深，散布稀疏的短刻条。基节前沟深，内具短刻条；基节前沟长为中胸侧板下部全长的 0.8–0.9；并胸腹节有粗的侧突。前翅长是宽的 2.8–3.3 倍，r 脉明显从翅痣中央之前伸出；第 2 亚缘室长是宽的 1.4 倍，是第 1 亚盘室长的 0.5。产卵管鞘长是腹部长的 0.6–0.7，是胸部长的 0.9–1.2 倍，是前翅长的 0.5–0.6。

分布：浙江（临安）、辽宁、内蒙古、北京、山西、河南、陕西、新疆、江苏、安徽、湖北、湖南、福建、台湾、广东、广西、重庆、四川、贵州、云南；俄罗斯，蒙古国，韩国，日本，吉尔吉斯斯坦。

图 1-90 双色刺足茧蜂 *Zombrus bicolor* Enderlein, 1912
A. 整体，侧面观；B. 头，前面观；C. 翅；D. 头，背面观；E. 后足腿节，侧面观；F. 胸部，侧面观；G. 腹部，背面观（标尺为 0.5 mm）

（二）茧蜂亚科 Braconinae

主要特征：头横形；唇基前缘具半圆形深凹缘，与上颚之间形成圆形或圆形相当深的口窝；下颚须 5 节；后头脊缺失。通常无胸腹侧脊；基节前沟有时缺失；并胸腹节光滑，通常具中纵脊或中纵沟，偶有刻纹，不具中区；前翅具 3 个亚缘室；第 1 盘室与第 1 亚缘室分开；前翅 1-SR+M 脉完整，具 r-m 脉；后翅 1-M 脉长至少为 M+Cu 脉的 2 倍；无 m-cu 脉。前足胫节端部扩展，前侧具粗而浓密的毛刷；后足腿节两侧强烈扁平，厚，通常至少为其最大宽的 4 倍；第 1–2 腹背板间缝浅，多数类群二者间可活动；第 1 腹背板后端部通常具隆起区，绝大多数类群其侧缘骨化较强，少数类群侧缘骨化程度较弱或未完全骨化。产卵管鞘突出，通常长于腹末端。雄虫外生殖器前部具有楔形基环（gonocard）。

生物学：外寄生于隐藏性生活的鞘翅目、鳞翅目、双翅目和叶蜂幼虫，少数茧蜂族营内寄生。单寄生或聚寄生。

分布：世界广布。

分属检索表

1. 第 1 鞭节，通常包括第 2、3 鞭节端部明显扩展突出，腹面尤甚 ·················· 刻鞭茧蜂属 *Coeloides*
- 基部鞭节圆柱形，端部腹面两侧平行 ··· 2
2. 跗爪具 1 额外齿；第 2 腹背板中基三角区宽，伸达或几乎伸达背板端部；前翅 r 脉（几乎）等长于 2-SR 脉；前翅第 2 亚缘室端部（略有）加宽，且前翅 1-R1 脉明显长于翅痣 ·················· 二叉茧蜂属 *Pseudoshirakia*
- 跗爪不具额外齿；第 2 腹背板中基三角区通常不长，远未达背板端部，或缺中基区；前翅 r 脉多变，如 r 脉长，则前翅 1-R1 脉几乎等长于翅痣，或前翅第 2 亚缘室上下边平行 ··· 3
3. 前翅 Cu1b 脉加宽且强烈倾斜；前翅第 1 盘室具光滑区；前翅 1+2-Cu1 脉均匀弯曲，与 2–1A 脉不平行；前翅 1-M 脉（近）垂直至微弱倾斜；前翅 cu-a 脉通常远前叉（但一些副奇翅茧蜂属种类 *Megalommum* spp.例外）；复眼相对大，且内缘明显凹陷；前翅 1-SR+M 脉通常明显窄于 1-M 脉 ·················· 副奇翅茧蜂属 *Megalommum*
- 前翅 Cu1b 脉细长，至多中等倾斜；前翅第 1 盘室均匀具毛；前翅 1+2-Cu1 脉通常直；复眼通常明显小，且内缘不或几乎不凹陷；前翅 1-SR+M 脉约与 1-M 脉宽度相等 ·················· 4
4. 柄节端中部内侧深凹陷，端部略下方具假（外）缘，明显向外突出且多少略分离；柄节外侧呈明显角状，近基部倾斜；前足跗节纤细，长于或为前足胫节长的 1.5 倍；后翅近基部具 1 鬃毛；前翅 3-SR 脉略弯曲；触角窝侧面具深凹陷（通常为倾斜沟）·················· 刻柄茧蜂属 *Atanycolus*
- 柄节端部内侧正常，如端部具假（外）缘，则其与柄节端部（几乎）处于同一水平位置，不或几乎不向外突出；柄节近基部常均匀钝圆；前足跗节较粗壮，短于前足胫节长的 1.5 倍；后翅近基部鬃毛数量、前翅 3-SR 脉和触角窝侧面沟多变 ·················· 5
5. 颜面和唇基明显扁平，处于同一平面，且第 2 腹背板侧面正常骨化；唇基背脊缺失；颜面相对短，触角窝上缘位置不超过唇基腹缘和头顶端部间距的一半；额和第 1 腹背板具深沟；触角中部至近端部渐宽；柄节近球形，腹面几乎不长于背面；上颚均匀弯曲；后翅 1r-m 脉明显长于 SC+R1 脉；前翅 cu-a 脉明显后叉；后翅不具 2-Cu 脉痕迹；第 1 腹背板短，光滑，不具中脊；第 2 腹背板不具中基区域；第 2 腹背板间缝光滑 ·················· 马尾茧蜂属 *Euurobracon*
- 颜面多少隆起，与唇基不处于同一平面，如扁平，则唇基具背脊；颜面相对长，触角窝上缘位置超过唇基腹缘和头顶端部间距的一半；额和第 1 腹背板通常不具深沟；前翅 cu-a 脉通常对叉；如前翅 cu-a 脉后叉，且额具深沟，则后翅 2-Cu 脉痕迹明显；触角、柄节、上颚、后翅 1r-m 脉及腹部背板多变 ·················· 6
6. 前翅 r 脉长，等长于或长于 2-SR 脉，且前翅第 2 亚缘室加宽，如前翅 r 脉为 2-SR 脉的 0.8，则后足跗节第 3 节端部侧面明显突出，或前胸背板侧面沟前端具明显短刻条；柄节端部凹陷，通常至多背侧略长于腹侧；唇基上方具三角形浅凹陷，极少缺失（窄腹茧蜂属 *Angustibracon*）·················· 7
- 前翅 r 脉短于 2-SR 脉，如前翅 r 脉约为 2-SR 脉的 0.8，则前翅第 2 亚缘室上下边平行，不加宽，后足跗节第 3 节端部侧面不突出，前胸背板前端光滑或几乎光滑；柄节多变，通常端部平截或腹面明显扩展；唇基上方通常不具三角形浅凹陷 ·················· 8
7. 唇基具背脊；并胸腹节均匀隆起；第 1 腹背板中部具刻纹；第 2 腹背板中基区域末端与中纵脊相接，但有时中纵脊微弱，中基区域有时缺失；跗节第 4 节端部不突出 ·················· 窄茧蜂属 *Stenobracon*
- 唇基不具背脊，至多略隆起；并胸腹节扁平；第 1 腹背板具刻纹；第 2 腹背板不具中纵脊；跗节第 4 节端部内侧多少突出 ·················· 窄腹茧蜂属 *Angustibracon*
8. 第 3 腹背板最大宽等于或大于中间长的 2.6 倍，若小于，则第 3 腹背板侧面观明显突起，且并胸腹节中部明显倾斜，以及第 2 腹背板具中基区域，末端与中纵脊相接，极少数种类中基区域和中纵脊微弱，或中部不规则区域部分不明显；柄节基部圆形；后翅 1r-m 脉短于 SC+R1 脉；第 6 腹背板通常缩回，且/或光滑；第 5 腹背板（大部分）扁平；并胸腹节前端不具中脊；第 5 腹背板至多后端中部具浅凹陷；并胸腹节气门上方不具瘤突；头和中胸盾片有时具长至中等长毛，但不呈天鹅绒状，有时大部分光亮 ·· 9

- 第 3 腹背板最大宽等于或小于中间长的 2.6 倍，若大于，则柄节基部呈倾斜角状，或第 2 腹背板不具中基区域和/或中纵脊（深沟茧蜂属 Iphiaulax），后翅 1r-m 脉约等长于 SC+R1 脉，第 5 腹背板明显扁平，第 6 腹背板明显暴露，且通常具刻纹，或并胸腹节具（近）完整中脊；第 3 腹背板侧面观较扁平；并胸腹节中部不明显倾斜；第 5 腹背板、并胸腹节瘤突、头和中胸盾片具毛程度均多变 ··· 10

9. 产卵管异常，上瓣多少扩展且不具背结，下瓣窄且不具腹齿；柄节近平截，极少数种类略凹陷，且腹面明显突出；第 5 腹背板端部侧面不突出 ··· 深沟茧蜂属 *Iphiaulax*

- 产卵管正常，上瓣中等大小，且/或具背结，下瓣具明显至微弱腹齿；柄节端部腹面常扩展；第 5 腹背板端部侧角有时突出 ··· 似茧蜂属 *Bracomorpha*

10. 中胸盾片大区域具毛，且并胸腹节具完整中纵脊，或跗爪具基叶；小盾片前沟相当宽，具明显短刻条；腹部粗壮；产卵管纤细；雌虫第 6 腹背板后缘凹陷窄且深；前翅 1-SR 脉与 C+SC+R 脉之间夹角大 ············ 拱腹茧蜂属 *Testudobracon*

- 中胸盾片大区域光亮，除了沿盾纵沟和近小盾片前沟区域，如大部分具毛，则并胸腹节不具中纵脊，跗爪不具基叶；小盾片前沟窄至中等宽，通常具不明显短刻条；腹部多变，但第 3 腹背板横向不明显；雌虫第 6 腹背板后缘不具凹陷；前翅 1-SR 脉与 C+SC+R 脉之间夹角多变 ··· 11

11. 第 1 腹背板中部骨化区域在气门后方极窄；第 1、2 腹背板完全光滑；柄节粗壮 ························· 12

- 第 1 腹背板中部骨化区域在气门后方不变窄，通常两侧平行；第 1、2 腹背板常（部分）具刻纹；柄节多变 ·········· 13

12. 后翅 2–1A 脉长，约等长于 1–1A 脉；后翅具 2-Cu 脉痕迹；前翅 3-Cu1 脉具刺状突出或暗色斑纹；后足跗节粗壮 ··· 距茧蜂属 *Calcaribracon*

- 后翅 2–1A 脉缺或几乎缺；后翅不具 2-Cu 脉痕迹；前翅 3-Cu1 脉不具刺状突出或暗色斑纹，至多加宽；后足跗节不粗壮 ·· 阿蝇态茧蜂属 *Amyosoma*

13. 柄节短，略长于梗节，近基部多少突出（模式种背侧亦突出）；前翅 Cu1b 脉几乎等长于 3-Cu1 脉；第 1 腹背板侧沟靠近背板边缘，背板表面中部具刻纹；第 2 腹背板细长，长为基部宽的 1.0–1.5 倍；跗爪具基叶 ········· 斧茧蜂属 *Dolabraulax*

- 柄节明显长于梗节，近基部不突出；前翅 Cu1b 脉明显短于 3-Cu1 脉；第 1 腹背板侧沟多变，如靠近背板边缘，则背板表面完全光滑；第 2 腹背板多变，如细长，则跗爪通常不具基叶 ·· 14

14. 后翅 1r-m 脉相当短，直，常微弱倾斜；柄节小，端部内侧不具双缘，腹侧等长于或短于背侧；前翅 1-SR 脉（近）垂直；第 1 腹背板侧面区域中等大小至宽；产卵管正常，端部具背结和腹齿；前翅 2-SR+M 脉中等长度至长；前翅 3-SR 脉常明显短于 SR1 脉；前翅 r 脉常端部渐（几乎）与 3-SR 脉合并 ·· 15

- 后翅 1r-m 脉中等长度至长，若短，则柄节端部内侧具双缘，腹侧明显突出；前翅 1-SR 脉倾斜，后翅 1r-m 脉明显弯曲；第 1 腹背板侧面区域多变；产卵管端部有时缺背结和腹齿；前翅 2-SR+M 脉（几乎）缺至中等长度；唇基背脊多变；前翅 3-SR 脉略短于至约等长于 SR1 脉；前翅 r 脉端部与 3-SR 脉呈明显角度 ··························· 纹腹茧蜂属 *Shelfordia*

15. 前翅 1-SR 脉相当短，或缺失（退化）；前翅 3-SR 脉小于 r 脉长的 1.5 倍，通常短于 r 脉长的 1.2 倍；前翅 2-SR+M 脉较长 ·· 柔茧蜂属 *Habrobracon*

- 前翅 1-SR 脉中等长度；前翅 3-SR 脉大于 r 脉长的 1.6 倍，通常大于 r 脉长的 1.9 倍；前翅 2-SR+M 脉较短 ··· 茧蜂属 *Bracon*

145. 深沟茧蜂属 *Iphiaulax* Förster, 1862

Iphiaulax Förster, 1862: 235. Type species: *Ichneumon impostor* Scopoli, 1763.

主要特征：体长 10–19 mm，前翅长 8.7–17.5 mm。触角密毛，长于前翅，通常 50–100 节，基部至端部逐渐变细，端鞭节具毛，尖细，中部鞭节横向，宽明显大于长，柄节大、卵圆形，侧面观腹侧长于背侧，端侧面明显凹陷；唇基下方向下唇基凹陷折回；复眼光滑；额主要光亮，在触角窝后方不或几乎不凹陷，具中纵沟；颊在复眼后方近方形或圆钝；颜面无脊状突起，无网状刻纹，通常主要光滑或具颗粒。胸光滑，具光泽；中胸盾片大部分光滑，盾纵沟微弱；小盾片前沟窄，通常具平行短刻条；前基节沟缺失；中胸侧板缝光滑。前翅 3-SR 脉长于 r-m 脉的 2.0 倍，r-m 脉弯曲，具 2 微凸，1-SR 脉与翅缘间距大于翅痣到翅顶端距离的 0.9，1-SR+M 脉直或弯曲，1-SR 与 C+SC+R 脉间夹角为 50°–60°，cu-a 脉对叉或略后叉，3-Cu1 脉后端不或微弱加粗；后翅 1r-m 脉通常稍短于 SC+R1 脉（在一些东洋区、澳洲区种类中长于 SC+R1 脉），后翅基部具光滑区域，C+SC+R 脉端部通常不止 1 根加粗鬃毛。爪简单，具圆钝基叶。第 1 腹背板具完整、近叶状的背侧脊，但缺中纵脊，端中隆起区域光滑或具刻纹；第 2 腹背板宽显著大于长，缺明显中基三角区，具侧纵沟，前端弯曲；第 2–3 腹背板间缝光滑或具平行短刻条；第 3 腹背板具前侧隆起区；第 3–5 腹背板近端部横向沟有或缺，后缘完全骨化，弯曲或平直，弯曲时，有时向外突出。产卵管纤细或粗壮，通常为后足胫节长的 0.5–1.4 倍，端部缺背结和明显腹齿。雄虫一般与雌虫相似，但通常体型较小，腹部相对更狭长。

生物学：容性外寄生于鞘翅目天牛科、吉丁虫科和鳞翅目螟蛾科等危害隐蔽幼虫。

分布：世界广布。世界已知 319 种，中国记录 14 种，浙江分布 2 种。

（305）短尾深沟茧蜂 *Iphiaulax impeditor* (Kokujev, 1898)（图 1-91）

Vipio (*Iphiaulax*) *impeditor* Kokujev, 1898: 399.

Iphiaux impeditor (Kokujev): Szépligeti, 1904: 22.

图 1-91 短尾深沟茧蜂 *Iphiaulax impeditor* (Kokujev, 1898)

A. 前翅；B. 后翅；C. 胸，侧面观；D. 胸，背面观；E. 腹，背面观；F. 后足，侧面观；G. 头，前面观；H. 头，背面观；I. 头，侧面观；J. 触角端部；K. 产卵管端部，侧面观

主要特征：头顶具稀疏短毛；胸长为高的 1.8 倍；中胸盾片中叶前端隆起，后端平坦；盾纵沟前半部浅，后半部平坦；小盾片前沟窄，深，具平行短刻条；小盾片光亮，仅具稀绒毛；后胸背板中央区域隆起强烈；并胸腹节中央光亮，两侧毛稀，缺中纵沟或脊。前足腿节：胫节：跗节长之比=27：29：45；后足腿节：胫节：基跗节长之比=37：56：18，三者长分别为其各自最大宽的 3.7 倍、9.0 倍和 5.6 倍；后足胫节端距为基跗节长的 0.5 和 0.4。腹背板大部分光亮，仅具稀短毛；第 1 腹背板具端中隆起区，光亮，两侧缘具密长毛，长为最大宽的 1.1–1.4 倍；第 2 腹背板光亮，或仅中部具少许细微刻纹，具至端部逐渐叉开的亚侧纵沟，止于整个长度的 3/4，背板最大宽为长的 2.0–2.1 倍；第 2–3 腹背板间缝深，中部具平行短刻条，两侧缺；第 3–5 腹背板具前侧隆起区；第 3–6 腹背板缺近后缘横向沟。产卵管鞘长为前翅的 0.2–0.3。

分布：浙江（杭州）、辽宁、北京、山东、陕西。

（306）赤腹深沟茧蜂 *Iphiaulax impostor* (Scopoli, 1763)（图 1-92）

Ichneumon impostor Scopoli, 1763: 287.

Iphiaulax impostor: Förster, 1862: 234.

图 1-92　赤腹深沟茧蜂 *Iphiaulax impostor* (Scopoli, 1763)

A. 前翅；B. 后翅；C. 胸，侧面观；D. 胸，背面观；E. 腹，背面观；F. 后足，侧面观；G. 头，前面观；H. 头，背面观；I. 头，侧面观；J. 柄节外侧，触角端部，侧面观；K. 产卵管端部，侧面观

主要特征：复眼略凹陷；颜面中央光滑，两侧具细密刻点和短毛；触角槽间凹陷深；复眼高度：颜面宽度：头宽=25：28：53；颜面长为宽的 0.6–0.7；额凹陷，具中纵沟；头顶密布短毛；中胸盾片中叶隆起弱；盾纵沟前半部凹陷浅，后半部平坦；小盾片前沟深，宽，具平行短刻条；小盾片端部具稀疏短毛；后胸背板中央区域隆起；并胸腹节光亮，中央区域毛稀疏，两侧密长，缺中纵脊或沟；腹背板大部分光亮；第 1 腹背板具强烈端中隆起区，两侧缘具毛，光亮或中部具细微刻纹，侧沟具平行短刻条，长为最大宽的 1.0–1.1 倍；第 2 腹背板前侧隆起区发达，中央区域具纵向刻纹，两侧光亮，最大宽为长的 2.0–2.1 倍；第 2、3 腹背板间缝宽，深，中央弯曲；第 3–5 腹背板具前侧隆起区和近后缘横向沟，第 3 腹背板横向沟相对微弱，有时中部缺；第 6、7 腹背板缺端横向沟和前侧隆起区。产卵管鞘长为前翅的 0.3–0.4。

分布：浙江（长兴）、吉林、辽宁、内蒙古、山东、河南、陕西、新疆、江苏、湖北、江西、云南；俄罗斯、蒙古国、韩国、日本、土库曼斯坦、塔吉克斯坦、哈萨克斯坦、乌克兰、阿尔巴尼亚、拉脱维亚、立陶宛、阿尔及利亚、亚美尼亚、阿塞拜疆、保加利亚、克罗地亚、塞浦路斯、捷克、斯洛伐克、爱沙尼亚、芬兰、法国、格鲁吉亚、德国、希腊、匈牙利、伊朗、以色列、意大利、北马其顿、摩洛哥、波兰、葡萄牙、罗马尼亚、西班牙、苏丹、瑞典、瑞士、土耳其、英国。

146. 副奇翅茧蜂属 *Megalommum* Szépligeti, 1900

Megalommum Szépligeti, 1900: 50. Type species: *Megalommum oculatum* Szépligeti, 1900.

主要特征：端鞭节明显突出；中部鞭节长短于宽；柄节端中部明显凹陷，有时腹缘端部微突出，具双缘；颜面具明显皱痕刻纹；复眼极大，几乎与上颚基部相接；头横向。胸大部分光滑，仅具稀疏毛；盾纵沟中等发达至微弱。第 1 亚盘室多少发生变异，卵圆形，端扩展，至少部分增厚；Cu1b 脉前部强烈变宽，远宽于 3-Cu1 脉后部，呈三角形，或整条脉均加粗，两侧近平行；m-cu 脉多少加粗；cu-a 脉远前叉；后翅基部具光滑区，2-SC+R 脉有时横向，缘室近基部常较窄。后足胫节毛相对较密。腹部光亮，缺少刻纹；第 1 腹背板长大于端宽，中央隆起区域发达，两侧具深纵沟，背侧脊变异大，完整至不完整或缺；第 2 腹背板方形，中基区域变异大，三角形或菱形，或缺，侧纵沟发达；第 3 腹背板宽大于长，前侧隆起区微弱；第 2、3 腹背板间缝深，光滑或具平行短刻条。产卵管端部简单，一般较短。

生物学：该属种类寄生于鞘翅目天牛科和鳞翅目织蛾科。

分布：世界广布。世界已知 50 种，我国记录 4 种，浙江分布 1 种。

（307）黑胫副奇翅茧蜂 *Megalommum tibiale* (Ashmead, 1906)（图 1-93）

Melanobracon tibialis Ashmead, 1906: 195.
Megalommum tibiale: Yu et al., 2016.

主要特征：触角等长于前翅，具有 49–63 鞭节；颊光亮，在复眼后方逐渐收缩，不明显收窄；颚眼缝缺，复眼几乎与上颚基部相接；胸长为高的 1.8–1.9 倍，光滑并具光泽，侧面毛稀；盾纵沟前半部凹陷浅，后半部平坦；小盾片前沟窄，具明显平行短刻条；小盾片微隆起，大部分光亮；后胸背板中央区域隆起，前端形成短脊；并胸腹节光滑，具光泽，侧方具密长毛，缺中纵沟或脊。第 1 腹背板长为端宽的 1.2–1.5 倍，后中隆起区域前端中部具浅凹陷，并具细微纵向线条状刻纹，两侧短毛；第 2 腹背板中基三角区大，被平行短刻条沟所包围，至少延伸至腹背板中部，或接近后缘，具侧纵沟；第 2–3 腹背板间缝中间深，两侧浅，中部近平直或微弯曲，仅中部具平行短刻条，两侧缺；第 2 腹背板中间长为第 3 腹背板中间长的 1.3–1.6 倍；第 3 腹背板光滑，前侧隆起区极微弱或缺；第 4–7 腹背板光滑，具中等均匀长毛；产卵管鞘长为前翅长的 0.2–0.3。

分布：浙江（临安）、河南、湖南、广西、四川。

第一章 姬蜂总科 Ichneumonoidea 二、茧蜂科 Braconidae

图 1-93 黑胫副奇翅茧蜂 *Megalommum tibiale* (Ashmead, 1906)
A. 前翅；B. 后翅；C. 胸，侧面观；D. 胸，背面观；E. 腹，背面观；F. 后足，侧面观；G. 头，前面观；H. 头，背面观；I. 头，侧面观；J. 第 1 腹背板，背面观；K. 柄节外侧，侧面观

147. 阿蝇态茧蜂属 *Amyosoma* Viereck, 1913

Amyosoma Viereck, 1913: 640. Type species: *Amyosoma chilonis* Viereck, 1913 (Original designation) (= *Bracon chinensis* Szépligeti, 1902).

主要特征：前翅长 2.5–5.5 mm；触角柄节端部平截，卵圆形；后翅 1r-m 脉短至中等长；前翅 1-SR 与 C+SC+R 脉间夹角约为 80°；前翅第 1 盘室强烈横向；后足腿节和胫节扁平，后足腿节、胫节和跗节具稀疏白色或淡黄色毛；第 1 腹背板纤细，中部气门后狭窄，长为端宽的 1.8–2.7 倍；第 2 腹背板未骨化区域呈三角形或近三角形；第 2–3 腹背板间缝深，直或近平直；整个腹背板光滑，无刻纹。

生物学：外寄生于鳞翅目蛀茎害虫。

分布：世界广布。世界已知 7 种，我国记录 5 种，浙江分布 2 种。

（308）中华阿蝇态茧蜂 *Amyosoma chinense* (Szépligeti, 1902)（图 1-94）

Bracon chinensis Szépligeti, 1902: 39.

Amyosoma chinense (Szépligeti): Yu *et al*., 2016.

主要特征：触角 36–38 节；端鞭节末端尖细，长为最大宽的 2.0–2.3 倍；复眼高度∶颜面宽度∶头宽 =11∶13∶25；额侧面具浓密的短绒毛，触角窝后方额不深凹陷，具浅中纵沟；头顶被密毛；上颊光亮，两侧近平行；胸长为高的 1.3–1.6 倍；中胸盾片中叶前端微弱隆起；盾纵沟凹陷浅，但完整，沿其整个长度具短毛；小盾片前沟窄，深，光滑，缺平行短刻条；小盾片端侧具毛；后胸背板中央区域隆起；并胸腹节中央毛稀，两侧相对密长，有时中央区域略凹陷，且中部两侧具微弱脊；前足腿节∶胫节∶跗节长=15∶17∶21；后足腿节∶胫节∶基跗节长=24∶29∶10，三者长分别为其最大宽的 3.2 倍、6.0 倍和 4.4 倍，胫节端距为基跗节长的 0.3 和 0.4。

分布：浙江（德清、安吉、临安、慈溪、临海、庆元、温州）、黑龙江、吉林、山东、河南、甘肃、江苏、上海、安徽、湖北、江西、湖南、福建、台湾、广东、海南、广西、四川、贵州、云南、西藏。

图 1-94　中华阿蝇态茧蜂 *Amyosoma chinense* (Szépligeti, 1902)
A. 前翅；B. 后翅；C. 胸，侧面观；D. 胸，背面观；E. 腹，背面观；F. 后足，侧面观；G. 头，前面观；H. 头，背面观；I. 头，侧面观；J. 第 1 腹背板，背面观；K. 柄节外侧，侧面观；L. 触角端部；M. 产卵管端部，侧面观

（309）白背阿蝇态茧蜂 *Amyosoma zeuzerae* Rohwer, 1919（图 1-95）

Amyosoma zeuzerae Rohwer, 1919: 567.

主要特征：颜面具细微颗粒，中央毛稍稀，侧面近复眼处密；复眼表面光滑，无毛；中胸盾片中叶前端隆起强烈；盾纵沟中等发达，沿其整个长度具短毛；小盾片前沟窄，浅，光滑，缺平行短刻条；小盾片端侧具毛；后胸背板中央区域隆起；并胸腹节中央毛稀，两侧相对密长。腹背板光滑；第 1 腹背板长为端宽的 2.5–3.2 倍；第 2 腹背板光亮，无毛，两侧未骨化区域三角形；第 3–7 腹背板光亮，仅后缘具稀疏短毛；产卵管鞘长为前翅的 0.4–0.5。

分布：浙江（湖州、杭州、遂昌）、山东、江苏、安徽、台湾、贵州。

图 1-95　白背阿蝇态茧蜂 *Amyosoma zeuzerae* Rohwer, 1919
A. 前翅；B. 后翅；C. 胸，侧面观；D. 胸，背面观；E. 腹，背面观；F. 后足，侧面观；G. 头，前面观；H. 头，背面观；I. 头，侧面观；J. 第 1 腹背板，背面观；K. 触角端部；L. 产卵管端部，侧面观

148. 刻柄茧蜂属 *Atanycolus* Förster, 1862

Atanycolus Förster, 1862: 238. Type species: *Ichneumon denigrator* Linnaeus, 1758.

主要特征：体长 5.0–15.0 mm，大部分种类体长大于 10.0 mm；触角柄节近圆柱形，基部强烈收窄，端侧中部向外强烈扩展，形成 1 架状突出（假缘），端侧缘强烈凹陷；梗节较长，中部强烈凹陷，背面观具柄；触角窝侧面具深凹陷；前翅 1-SR+M 脉一般直或略弯曲，有时弯曲较明显，前翅 3-SR 脉略弯曲；后翅近基部具 1 鬃毛；前足跗节细长，约为前足胫节的 1.5 倍，后足跗节第 4 节前端腹面具鬃毛，长度小于端跗节（不包括跗爪）腹面长度的 0.7；腹部大部分光滑，缺少刻纹，第 2 腹背板具光滑的中基三角区，侧缘不向外突出形成后侧角，第 3 腹背板一般缺近后缘横向沟；产卵管鞘长，一般为体长的 1.0–2.0 倍。

生物学：该属主要寄生于木材内或树皮蛀生的鞘翅目甲虫，如天牛科和吉丁甲科种类等，但饲养寄主包括小蠹科、象甲科、鳞翅目透翅蛾科种类。

分布：世界广布。世界已知 61 种，我国记录 6 种，浙江分布 1 种。

（310）长体刻柄茧蜂 *Atanycolus grandis* Wang *et* Chen, 2009（图 1-96）

Atanycolus grandis Wang *et* Chen *in* Wang *et al*., 2009: 33.

主要特征：触角短于前翅；颜面中央微隆凸，大部分光亮，两侧具细微刻点，具密毛，侧面相对较长；额中央深凹陷，光亮；头顶光亮，具稀疏短毛；后单眼间最短距离、后单眼横向直径、颚眼距长与上颚基部宽相等；中胸侧板光亮；盾纵沟前半部较深，后半部浅，沿其整个长度具稀疏短毛；中胸盾片光滑，中叶前端隆起，后端平坦；小盾片前沟窄，深，具平行短刻条；小盾片后端被密短毛；后胸背板中央区域隆起；并胸腹节表面光亮，具稀疏长毛，两侧相对密长。第 2 腹背板具纵向线条状刻纹（有时后缘光滑），但中基三角区和亚侧三角区光滑，侧纵沟深；第 2–3 腹背板间缝深、宽，具平行短刻条；第 3 腹背板具光滑前侧隆起区，缺近后缘横向沟，基中部和后缘光滑，其余具线条状刻纹，有时仅两侧具刻纹；第 4 腹背板前侧隆起区略微弱，大部分光滑，仅前侧具细微刻纹；第 5–7 腹背板光亮，无刻纹；肛下板端部尖锐，略超过腹部末端；产卵管鞘长为前翅的 1.0–1.1 倍。

图 1-96 长体刻柄茧蜂 *Atanycolus grandis* Wang *et* Chen, 2009

A. 前翅；B. 后翅；C. 胸，侧面观；D. 胸，背面观；E. 腹，背面观；F. 后足，侧面观；G. 头，前面观；H. 头，背面观；I. 头，侧面观；J. 柄节外侧，侧面观；K. 产卵管端部，侧面观

分布：浙江（临安、松阳、庆元）、江西、湖南、福建、广西、重庆、贵州。

149. 似茧蜂属 *Bracomorpha* Papp, 1971

Bracomorpha Papp, 1971: 276. Type species: *Bracomorpha torkai* Papp, 1971 (monobasic).

主要特征：体中等大小。触角常小于体长的 1.2 倍，鞭节一般少于 50 节，端鞭节末端尖锐，柄节近圆柱形，侧面观腹侧长于背侧；颜面光滑，具光泽，被稀疏毛；唇基浅，与颜面分离处不具脊。盾纵沟前端深凹陷；小盾片前沟相当窄、深，通常光滑；并胸腹节后缘中部具短刻条，有时前端侧面也具短刻条。爪具圆钝大基叶。前翅 1-SR+M 脉多少直；后翅 1r-m 脉短于 SC+R1 脉。第 1 腹背板长小于端宽的 1.5 倍，缺中纵脊，前端具横向线条状刻纹；第 2 腹背板前侧区域发达，并具光滑、发达的中基三角区，后端形成中脊；第 3、4 腹背板具明显前侧区域；第 2、3 腹背板间缝具深平行短刻条。产卵管端部具背结和微弱腹齿。

生物学：主要寄生于鞘翅目天牛科、象甲科种类，也寄生于鳞翅目卷蛾科幼虫。

分布：古北区西部、东洋区。世界已知 3 种，中国记录 1 种，浙江分布 1 种。

（311）宁海似茧蜂 *Bracomorpha ninghais* Wang, Chen, Wu *et* He, 2009

Bracomorpha ninghais Wang, Chen, Wu *et* He, 2009: 944.

主要特征：触角 54 节；唇基沿下缘具薄叶状凹缘，唇基与颜面分离处具窄且深的沟；下唇基凹陷相当窄；颜面光滑，具光泽，侧面具短毛；背面观复眼长为颊长的 1.6 倍；头两侧在复眼后方近平行；前胸背板背面观短，具深、通常光滑的横沟；前基节沟具密短毛和粗糙刻点，中胸侧板其余区域被密毛；中胸盾片和小盾片中央大部分光亮，侧面具短毛；盾纵沟前半部略凹陷，后半部微弱；小盾片前沟相当深，中等宽，具明显平行短刻条；后胸背板中央区域具明显隆起区；并胸腹节中央区域光亮，中部缺脊或沟，侧面被密长毛。第 1 腹背板长为端宽的 1.1 倍，表面部分区域具粗糙皱纹和短刻条，具微弱背脊和侧沟；第 2 腹背板中基三角区大，并具前侧三角区；第 2、3 腹背板间缝宽、深，具明显平行短刻条；第 3、4 腹背板具明显前侧隆起区域；第 3 腹背板宽为中间长的 2.8 倍；第 4–6 腹背板端部光滑，具近后缘横向深沟；第 6 腹背板至端部渐窄，侧面略呈角状。产卵管鞘长为前翅的 0.51，端部具明显腹齿；肛下板小，端部尖锐。

分布：浙江（宁海）。

150. 茧蜂属 *Bracon* Fabricius, 1804

Bracon Fabricius, 1804: 102. Type species: *Ichneumon minutator* Fabricius, 1798.

主要特征：体小至中型。柄节没有特化，明显长于梗节，端部内缘简单，外缘平截；颜面和唇基界线分明，多少突出，不具网状刻纹或脊。中胸盾片通常部分光亮。前翅 r 脉短于 2-SR 脉；前翅第 1 盘室相对较高；前翅 Cu1a 脉远低于 2-Cu1 脉水平线；前翅 1-Cu1 和 2-Cu1 脉直；前翅 1-R1 脉（痣外脉）长于翅痣，极少种类等长于或短于翅脉；前翅 Cu1b 脉细长；1-SR 与 C+SC+R 脉间夹角 75°–90°；后翅 1r-m 脉短。跗爪简单或具基叶。并胸腹节中纵脊有或缺；第 1、2 腹背板间可动连接，长小于端宽的 1.7 倍；第 2 腹背板基中部缺 "V" 形区域或沟；第 3 腹背板缺前侧沟，其基宽通常小于中间长的 2.7 倍；产卵管鞘端部背侧正常，腹侧具微齿。

生物学：茧蜂属种类主要寄生于隐蔽生活于植物内部的幼虫害虫，如鳞翅目螟蛾科、卷蛾科、麦蛾科、透翅蛾科、鞘蛾科、细蛾科、刺蛾科和草螟科；鞘翅目象甲科、窃蠹科和豆象科；双翅目瘿蚊科、尖尾蝇科、黄潜蝇科、实蝇科、花蝇科、潜蝇科和粪蝇科，以及较少见的寄主如膜翅目茎蜂科、叶蜂科、广肩小蜂科和瘿蜂科等；此外还寄生于半翅目木虱总科茧蜂小木虱。

分布：世界广布。世界已知 860 余种，中国记录 64 种，浙江分布 9 种。

1）茧蜂属指名亚属 *Bracon* Fabricius, 1804 *s. tr.*

主要特征：腹背板基半具刻纹，尽管有时微弱；第 2 腹背板有时具中基三角区；产卵管鞘短于腹长，但如果与腹长相等，那么后足端跗节扩大等于第 2 节；并胸腹节具皱痕刻纹，通常具纵脊；触角常为丝状，与体长相同。

分布：世界广布。世界已知 590 余种，中国记录 10 种，浙江分布 2 种。

（312）黑胸茧蜂 *Bracon (Bracon) nigrorufum* (Cushman, 1931)（图 1-97）

Microbracon nigrorufum Cushman, 1931: 15.
Bracon nigrorufum (Cushman): Fahringer, 1934: 338.

主要特征：额在触角槽后方略凹陷，具中纵沟；额主要光亮，具稀短毛；头顶光滑，具光泽；中胸盾片大部分光亮，被稀疏短毛，中叶和侧叶后端具稀疏刻点；盾纵沟凹陷深，完整；小盾片前沟窄，深，具平行短刻条；小盾片被短毛，端部较密，中央具稀疏刻点；后胸背板中央区域隆起；并胸腹节光亮，两侧具密毛，缺中纵脊。腹背板大部分光滑；第 1 腹背板端中隆起，表面光滑，侧沟具细微平行短刻条，侧缘具密毛，长为端宽的 1.1–1.3 倍；第 2 腹背板中间长略小于或约等于第 3 腹背板，第 3–5 腹背板中间长约相

图 1-97 黑胸茧蜂 *Bracon (Bracon) nigrorufum* (Cushman, 1931)

A. 前翅；B. 后翅；C. 胸，侧面观；D. 胸，背面观；E. 腹，背面观；F. 后足，侧面观；G. 头，前面观；H. 头，背面观；I. 头，侧面观；J. 并胸腹节，背面观；K. 第 1 腹背板，背面观；L. 柄节外侧，侧面观；M. 触角端部

等；第 2、3 腹背板间缝窄，中央深，两侧窄，中部具微弱平行短刻条，中央弯曲；第 2–7 腹背板光亮。产卵管鞘长为前翅长的 0.4–0.6。

分布：浙江（海盐、平湖、萧山、温州）、山东、宁夏、江苏、上海、湖北、江西、湖南、四川。

（313）螟黑纹茧蜂 *Bracon* (*Bracon*) *onukii* Watanabe, 1932（图 1-98）

Bracon (*Bracon*) *onukii* Watanabe, 1932: 65.

主要特征：唇基毛稀短；复眼内缘微弱凹陷；颜面光亮或具细微刻点，额在触角槽后方略凹陷；额具微弱刻点；头顶大部分光亮；后单眼间距：后单眼横向直径：后单眼与复眼间最短距离=3：3：5；颊在复眼后方两侧近平行，微弱收窄；盾纵沟较浅，伸达后缘中央；小盾片前沟深，窄，具平行短刻条；小盾片光亮，端具密短毛；后胸背板中央区域隆起；并胸腹节具中纵脊，两侧光滑；第 1 腹背板长约等于端宽，端中隆起区明显，后端具皱纹；第 2 腹背板最大宽为中间长的 3.0 倍，中央具皱纹，其余粗糙，具细密刻点；第 3 腹背板最大宽为中间长的 4.1 倍，前侧具微弱隆起区；第 2、3 腹背板间缝窄，深，具平行短刻条，中央微弱弯曲；第 3–5 腹背板粗糙，具细密刻点。产卵管鞘长为前翅长的 0.2–0.3。

分布：浙江（长兴、杭州、绍兴、慈溪、东阳）、黑龙江、辽宁、山西、山东、河南、陕西、江苏、安徽、湖北、江西、湖南、福建、台湾、广东、海南、广西、重庆、贵州、云南。

图 1-98 螟黑纹茧蜂 *Bracon* (*Bracon*) *onukii* Watanabe, 1932

A. 前翅；B. 后翅；C. 胸，侧面观；D. 胸，背面观；E. 腹，背面观；F. 后足，侧面观；G. 头，前面观；H. 头，背面观；I. 头，侧面观；J. 第 1 腹背板，背面观；K. 柄节外侧，侧面观；L. 产卵管端部，侧面观

2）中脊茧蜂亚属 *Cyanopterobracon* Tobias, 1957

主要特征：体长 3.0–7.5 mm；体色多变，但主要为黄褐色或黑色；体密布直立长毛；触角 28–70 节；触角呈刚毛形，鞭节横向，柄节粗壮，端部平截，缺中端凹陷；复眼光滑无毛；下唇-下颚复合体不突出或相当突出；体具长的暗色直立毛；腹部扁平，光滑，第 2、3 腹背板间缝中部深，侧面较浅；肛下板极短，未伸达腹末端；翅膜明显烟褐色。

分布：中国，俄罗斯，日本。世界已知 7 种，中国记录 2 种，浙江分布 1 种。

（314）红黄中脊茧蜂 *Bracon* (*Cyanopterobracon*) *urinator* (Fabricius, 1798)（图 1-99）

Ichneumon urinator Fabricius, 1798: 224.
Bracon (*Cyanopterobracon*) *urinator*: Yu *et al*., 2016.

主要特征：复眼内缘不凹陷；颜面光滑，两侧被密毛；额在复眼后方几乎不凹陷，中纵沟浅；额光亮；上颊被密长毛，在复眼后方收窄；前胸背板后缘具密毛；中胸盾片光滑，具光泽；盾纵沟浅；小盾片前沟宽，具平行短刻条；小盾片端部具密毛；后胸背板中央区域隆起；并胸腹节光亮，两侧被密毛；第 1 腹背板长为端宽的 1.3 倍，端中隆起区表面光亮，侧沟光滑，缺平行短刻条；第 2、3 背板间缝窄，光滑，缺平行短刻条，中央多少直或微弱弯曲；第 2–7 腹背板光滑，具光泽，后缘具毛；产卵管鞘长为前翅长的 0.6。

图 1-99 红黄中脊茧蜂 *Bracon* (*Cyanopterobracon*) *urinator* (Fabricius, 1798)
A. 前翅；B. 后翅；C. 胸，侧面观；D. 胸，背面观；E. 腹，背面观；F. 后足，侧面观；G. 头，前面观；H. 头，背面观；I. 头，侧面观；J. 柄节外侧，侧面观；K. 触角端部；L. 产卵管端部，侧面观

分布：浙江（嵊泗）、黑龙江、辽宁、内蒙古、山西、山东、新疆、江苏、广西。

3）光茧蜂亚属 *Glabrobracon* Fahringer, 1927

主要特征：触角常较细，长于头、胸之和，但短于体长，鞭节长大于宽；口窝小，水平直径略大于或等长于颚眼间距；小盾片光滑，具光泽；后足跗节第5节短于或等长于第2节；前翅缘室长，伸达翅顶端；腹部背板常光滑，偶尔第1、2腹背板具细微刻纹。

分布：世界广布。世界已知91种，中国记录14种，浙江分布1种。

（315）黄胸光茧蜂 *Bracon* (*Glabrobracon*) *isomera* (Cushman, 1931)（图1-100）

Microbracon isomera Cushman, 1931: 16.
Bracon (*Glabrobracon*) *isomera* (Cushman): Papp, 1996: 154.

主要特征：唇基毛密长；复眼内缘不凹陷；颜面主要光亮，具稀疏微弱刻点，两侧具密长毛；额在触角槽后方略凹陷，具中纵沟；额主要光亮，具稀短毛；头顶光亮，毛稀疏；上颊光亮，被短毛，在复眼后方渐收窄；中胸盾片大部分光亮，后端具毛；盾纵沟浅，但完整，沿其整个长度具毛；小盾片前沟窄，深，具平行短刻条；小盾片光亮，端侧具密毛；后胸背板中央区域隆起；并胸腹节光亮，两侧具密长毛，缺中纵脊；腹背板光滑；第1腹背板端中隆起，表面光亮，侧沟光滑或后端具微弱平行短刻条，长为端宽的1.2–1.3倍；第2–5腹背板长度几乎相等，有时仅第3腹背板稍长；第2、3腹背板间缝窄，深，光滑，缺平行短刻条，中央直或微弱弯曲；第2–7腹背板均光亮。产卵管鞘长为前翅长的0.4–0.5。

图1-100 黄胸光茧蜂 *Bracon* (*Glabrobracon*) *isomera* (Cushman, 1931)
A. 前翅；B. 后翅；C. 胸，侧面观；D. 胸，背面观；E. 腹，背面观；F. 后足，侧面观；G. 头，前面观；H. 头，背面观；I. 头，侧面观；J. 产卵管端部，侧面观

分布：浙江（萧山、慈溪）、江苏、上海、湖北、湖南、福建、四川。

4）东方茧蜂亚属 *Orientobracon* Tobias, 2000

主要特征：体细长，中等大小，体长一般为 3.0–6.0 mm；体色变异大，黄色或黑褐色；触角长于体长，35–48 节，末端鞭节端部尖，鞭节长为宽的 1.7–2.1 倍；颜面被稀疏毛，具细微颗粒；小盾片前沟深，具平行短刻条；前翅第 2 亚缘室方形，前翅 r 脉较长，3-SR 脉短，SR1 脉长为 3-SR 脉的 4.0–4.5 倍，呈微弱 "S" 形弯曲，1-M 脉通常略内凹，1-SR 脉和 C+SC+R 脉之间形成的夹角约 55°；后翅 2-SC+R 脉明显纵向，相对较长；第 1 腹背板和第 2 腹背板具纵向线条状刻纹；产卵管鞘非常短，小于腹部一半长度，一般为 0.1–0.5 mm，被均一黑色刚毛。

分布：世界广布。世界已知 3 种，中国记录 2 种，浙江分布 2 种。

（316）侧沟东方茧蜂 *Bracon* (*Orientobracon*) *laticanaliculatus* Li, He *et* Chen, 2016（图 1-101）

Bracon (*Orientobracon*) *laticanaliculatus* Li, He *et* Chen, 2016a: 465.

图 1-101 侧沟东方茧蜂 *Bracon* (*Orientobracon*) *laticanaliculatus* Li, He *et* Chen, 2016

A. 前翅；B. 后翅；C. 胸，侧面观；D. 胸，背面观；E. 腹，背面观；F. 后足，侧面观；G. 头，前面观；H. 头，背面观；I. 头，侧面观；J. 并胸腹节，背面观；K. 第 1 腹背板，背面观；L. 柄节外侧，侧面观；M. 触角端部

主要特征：唇基被密集短毛；复眼内缘微凹陷；颜面被均匀稀疏毛，具细微刻点，中央微弱凹陷；额在触角槽后方凹陷，无明显的中纵沟；头顶主要光亮；后单眼间最短距离：后单眼横向直径：后单复眼间最短距离=7：4：18。上颊光亮，被稀疏毛，在复眼后方渐收窄。胸光亮，具稀疏长毛；盾纵沟前半部略凹陷，后半部平坦，沿其整个长具短毛；小盾片前沟宽且深，具平行短刻条；小盾片密布短毛；后胸背板中央区域隆起；并胸腹节具浅中纵沟，端部具短中脊，中央区域具稀疏毛，两侧毛相对较密。第1腹背板长为端宽的1.5倍，端中隆起区密布粗糙刻纹，侧沟具平行短刻条；第2腹背板中基部微弱皱突起，侧纵沟短，背板密布粗糙刻纹；第2、3腹背板间缝深，中部宽、两侧窄，中央弯曲，具微弱的平行短刻条；第3腹背板前端具刻纹，后端光滑；第4–7腹背板光亮，具稀疏毛。产卵管鞘长为前翅长的0.2。

分布：浙江（湖州）。

（317）斑顶东方茧蜂 *Bracon* (*Orientobracon*) *maculaverticalis* Li, He *et* Chen, 2016（图1-102）

Bracon (*Orientobracon*) *maculaverticalis* Li, He *et* Chen, 2016a: 463.

主要特征：唇基与颜面间被宽浅沟分离；唇基具密集长毛；复眼内缘微弱凹陷；颜面中部具稀疏毛，侧方光亮，具稀疏刻点；额在触角槽后方凹陷，缺中纵沟；头顶被稀疏毛；上颊光亮被稀疏毛，在复眼后

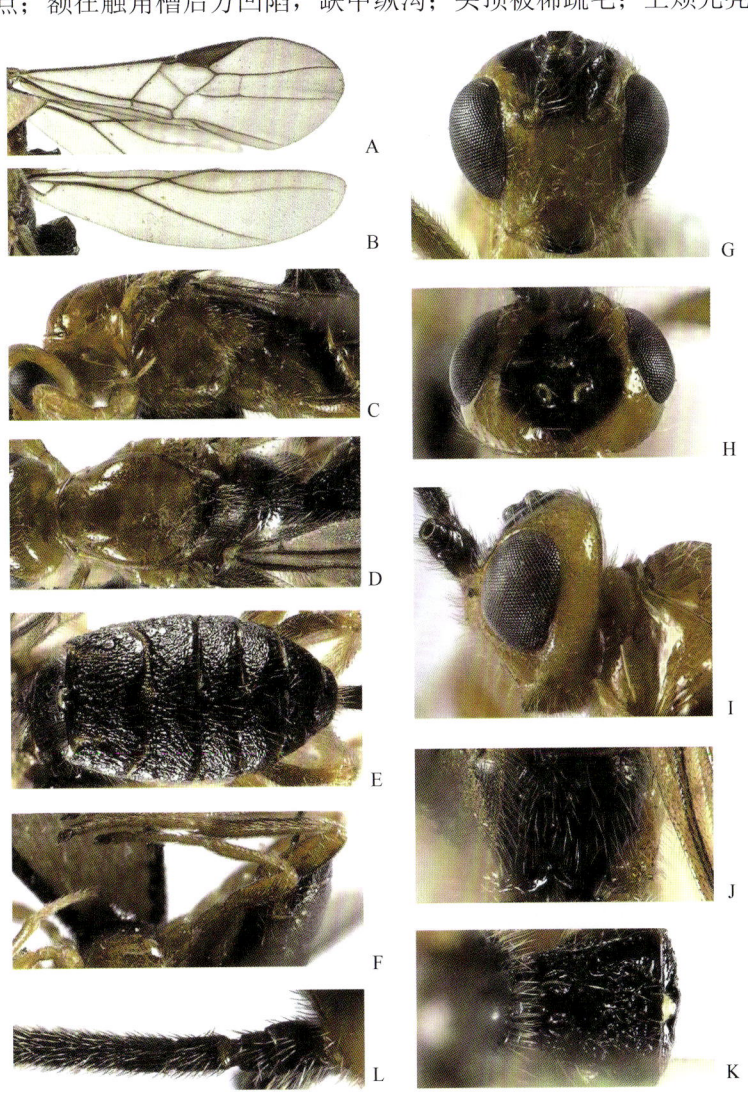

图1-102 斑顶东方茧蜂 *Bracon* (*Orientobracon*) *maculaverticalis* Li, He *et* Chen, 2016

A. 前翅；B. 后翅；C. 胸，侧面观；D. 胸，背面观；E. 腹，背面观；F. 后足，侧面观；G. 头，前面观；H. 头，背面观；I. 头，侧面观；J. 并胸腹节，背面观；K. 第1腹背板，背面观；L. 柄节外侧，侧面观

方略收窄；盾纵沟前部凹陷较深，后半平坦，沿其整个长具短毛；小盾片基部具刻点，端部被密毛；小盾片前沟宽，具刻点或平行短刻条；后胸背板中央区域隆起；并胸腹节被密长毛，具浅中纵沟，端部具短中脊；第 1 腹背板长为端宽的 0.9–1.1 倍，基中部光亮，端中隆起区表面密布豆痕状刻纹，侧沟具平行短刻条；第 2 腹背板中基部略隆起，具侧纵沟，背板密布粗糙刻纹，侧面被密毛；第 2、3 腹背板间缝深，中间宽，两侧窄，具平行短刻条，中央弯曲；第 3–5 腹背板密布粗糙刻纹，被稀疏毛；第 6、7 腹背板光亮，具稀疏毛。产卵管鞘长为前翅长的 0.2–0.4。

分布：浙江（临安）、贵州。

5）刻纹茧蜂亚属 Sculptobracon Tobias, 1961

主要特征：体长 2.8–4.1 mm；体主要为黄色至黑褐色；触角短于体长，25 节左右，鞭节长为宽的 2.3–3.7 倍；复眼内缘不凹陷；颜面具细微刻纹，被稀疏短毛，口窝宽度和其与复眼距离相等；小盾片通常具刻点，小盾片前沟深，具平行短刻条；前翅 1-SR 脉与 C+SC+R 脉形成的夹角约 80°，前翅第 1 亚缘室长，伸达翅端部；通常所有腹背板粗糙，具相同网状刻纹，第 2 腹背板沿中部稍突起，形成平坦、光滑的纵向条带；产卵管鞘短，稍伸出腹部末端至约为腹部长的 1/4，被均一黑色刚毛。

分布：古北区东部、东洋区。世界已知 3 种，中国记录 2 种，浙江分布 2 种。

（318）茶卷蛾刻纹茧蜂 Bracon (Sculptobracon) adoxophyesi Minamikawa, 1954（图 1-103）

Bracon (Sculptobracon) adoxophyesi Minamikawa, 1954: 39.

主要特征：唇基毛稀短；复眼内缘微弱凹陷；颜面颗粒状；额在触角槽后方微弱凹陷，中纵沟不明显；额颗粒状；头顶颗粒状；后单眼间距：后单眼直径：后单眼与复眼间最短距离=3∶3∶7。上颊颗粒状，在复眼后方明显收窄；盾纵沟前半部略凹陷，后半部平坦；中胸盾片具细微颗粒和稀绒毛；小盾片前沟宽，深，具平行短刻条；小盾片主要光亮，具细微刻点，被短毛，端部较密；后胸背板中央区域隆起；并胸腹节大部分光亮，后端具中纵脊；腹背板具网状刻纹；第 1 腹背板长为端宽的 0.9–1.0 倍，端中部隆起，表面具明显刻点，侧沟具平行短刻条；第 2 腹背板最大宽为中间长的 2.4 倍，密布网状刻纹，具中纵光亮带，侧纵沟明显；第 2、3 腹背板间缝窄，深，具平行短刻条；前侧隆起区和近后缘横向沟均具平行短刻条；第 3 腹背板最大宽为中间长的 3.6 倍，中纵光亮带极窄；第 2–7 腹背板具相同刻纹，第 6、7 腹背板后缘光滑。产卵管鞘长为前翅长的 0.2。

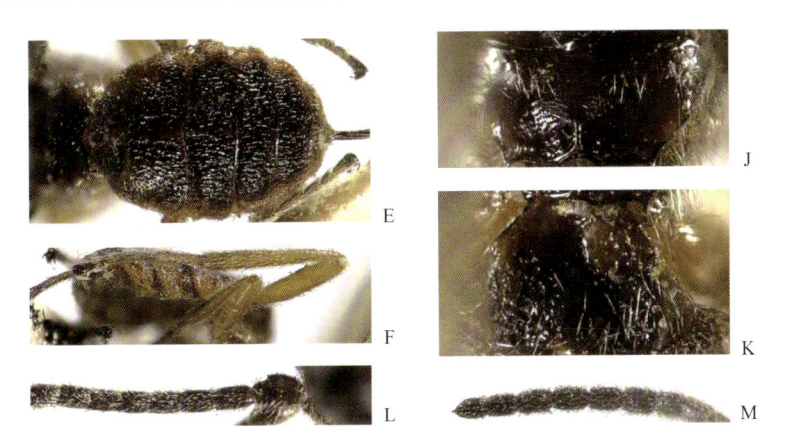

第一章 姬蜂总科 Ichneumonoidea 二、茧蜂科 Braconidae · 217 ·

图 1-103 茶卷蛾刻纹茧蜂 *Bracon* (*Sculptobracon*) *adoxophyesi* Minamikawa, 1954
A. 前翅；B. 后翅；C. 胸，侧面观；D. 胸，背面观；E. 腹，背面观；F. 后足，侧面观；G. 头，前面观；H. 头，背面观；I. 头，侧面观；J. 并胸腹节，背面观；K. 第1腹背板，背面观；L. 柄节外侧，侧面观；M. 触角端部

分布：浙江（镇海）、山东、安徽、湖北、江西、湖南、福建、台湾、广东、广西、四川、贵州。

(319) 杨扇舟蛾刻纹茧蜂 *Bracon* (*Sculptobracon*) *yakui* Watanabe, 1937（图 1-104）

Bracon (*Sculptobracon*) *yakui* Watanabe, 1937: 27.

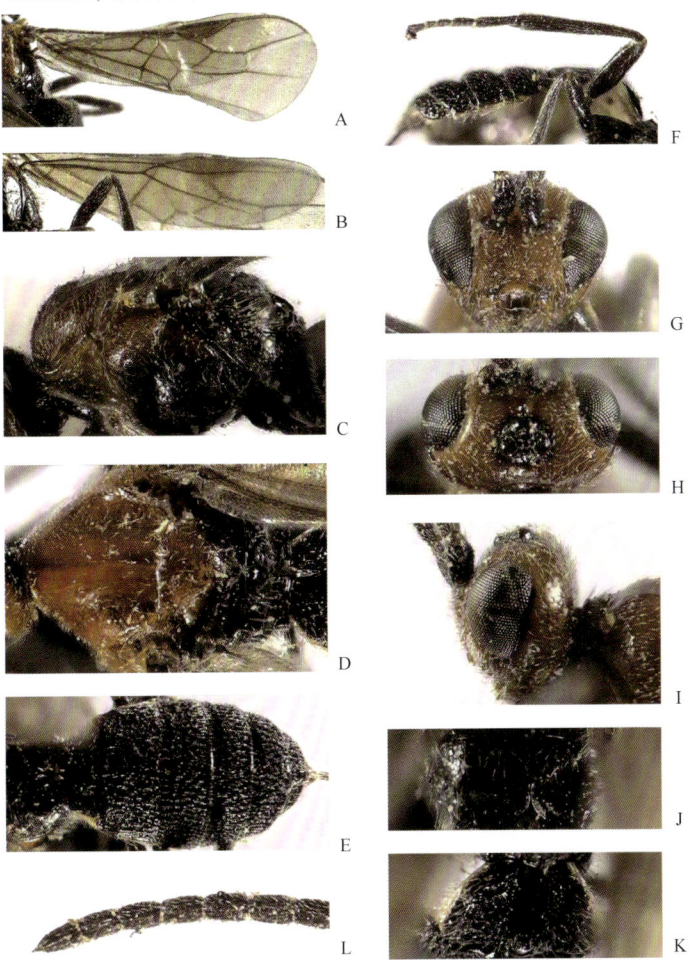

图 1-104 杨扇舟蛾刻纹茧蜂 *Bracon* (*Sculptobracon*) *yakui* Watanabe, 1937
A. 前翅；B. 后翅；C. 胸，侧面观；D. 胸，背面观；E. 腹，背面观；F. 后足，侧面观；G. 头，前面观；H. 头，背面观；I. 头，侧面观；J. 并胸腹节，背面观；K. 第1腹背板，背面观；L. 触角端部

主要特征：复眼内缘不凹陷；颜面具细微颗粒和短毛，两侧稍密；上颊光亮，在复眼后方收窄；中胸盾片光亮，侧叶密布短毛；盾纵沟浅，沿其整个长度具短毛；小盾片前沟中等宽，具平行短刻条；小盾片光亮，端部具密短毛；后胸背板中央区域隆起；并胸腹节光滑，中基毛稀短，两侧毛相对密长，后端具短中脊；第1腹背板长为端宽的 0.5–0.6，端中隆起区表面具粗糙刻纹，侧沟具平行短刻条，背板至端部渐宽，两侧不平行；第2腹背板密布刻纹，中部具带状光滑隆起区，侧纵沟微弱；第2、3腹背板间缝深、宽，具平行短刻条，中央弯曲；第3腹背板前侧具极微弱隆起；第2–7腹背板具相同刻纹；产卵管鞘长为前翅的 0.1。

分布：浙江（德清、常山）、河南。

6）颚钩茧蜂亚属 *Uncobracon* Papp, 1996

主要特征：体色变异大，主要为黄色或红黄色至黑褐色；体长 4.0–9.0 mm；触角约等于体长，中部鞭节长大于宽；上颚端后侧具钩状突起；头上颊明显收缩；胸主要光滑，盾纵沟凹陷深；小盾片前沟宽，深，具稀疏平行短刻条；并胸腹节具完整的中纵脊，或中部具皱褶，形成中纵沟；前翅第2亚缘室宽，中等长；后翅 2-SC+R1 脉纵向，较长；腹背板大部分具明显刻纹。

分布：古北区、东洋区。世界已知 3 种，中国记录 1 种，浙江分布 1 种。

（320）帕氏颚钩茧蜂 *Bracon* (*Uncobracon*) *pappi* Tobias, 2000（图 1-105）

Bracon (*Uncobracon*) *pappi* Tobias *in* Tobias *et* Belokobylskij, 2000: 121.

主要特征：额在触角槽后方微凹陷，中纵沟浅；额具细微颗粒；头顶具稀疏细微刻点，具稀疏毛；上颊大部分光亮，被稀疏毛，在复眼后方明显收窄；中胸盾片大部分光亮，具细微刻点，被短毛，侧叶稍密；盾纵沟沿整个长度深凹陷，小盾片前沟宽，深，具平行短刻条；小盾片光亮，端侧密布短毛；后胸背板中央区域隆起，前端形成短脊；并胸腹节光亮，中基毛稀疏，两侧密长，具完整的中纵脊；第1腹背板长为端宽的 0.8，中基凹陷深，端中隆起区后端具网状刻纹，侧沟具稀疏细微平行短刻条；第2腹背板密布粗糙刻纹，中基略隆起，侧纵沟较明显；第2、3腹背板间缝宽，深，具平行短刻条，中央弯曲；第3腹背板具密集刻纹，后缘光滑；第3–5腹背板具前侧隆起区，近后缘横向沟微弱至发达；第4–6腹背板密布粗糙刻纹，第7腹背板大部分光滑；产卵管鞘长为前翅的 0.4–0.5。

分布：浙江（湖州、临安、鄞州、开化、遂昌、庆元、泰顺）、河南、福建、贵州。

图 1-105　帕氏颚钩茧蜂 Bracon (Uncobracon) pappi Tobias, 2000
A. 前翅；B. 后翅；C. 胸，侧面观；D. 胸，背面观；E. 腹，背面观；F. 后足，侧面观；G. 头，前面观；H. 头，背面观；I. 头，侧面观；J. 上颚，侧面观；K. 第 1 腹背板，背面观；L. 触角端部；M. 产卵管端部，侧面观

151. 距茧蜂属 *Calcaribracon* Quicke, 1986

Calcaribracon Quicke, 1986: 12. Type species: *Calcaribracon rostratus* Quicke, 1986.

主要特征：触角约等长于前翅，具 50–70 鞭节，端鞭节极短，末端呈脊状；中部鞭节宽至少为长的 1.25 倍；柄节小，腹侧短于背侧，端侧或端中均缺凹陷；上颚小，具 2 齿；唇基凹陷深，背面钝圆，通常具有 1 发达的横向唇基脊；唇基与颜面间没有被脊分离；颜面光亮，某些种类具密毛；复眼相当小，具稀疏短毛或几乎光滑，内缘不或几乎不凹陷，头横向；额不凹陷，具微弱中纵沟。中胸盾片光亮，近盾纵沟处常具密毛，中叶在侧叶前端几乎不突出；盾纵沟至少前半部较明显，但凹陷不深；小盾片前沟光滑；后胸背板中央区域大，光滑，前端不形成脊，小盾片后部延伸盖住后胸背板前端；并胸腹节光滑，简单；并胸腹节气门小，位于偏后端；并胸腹节和后胸背板间沟相当浅，多少仅具毛；前足基节沟缺。翅大，密毛；前翅 SR1 脉到翅缘的距离大于翅痣末端到翅顶端的 0.9；前翅第 2 亚缘室相当窄，背面长大于端宽的 2.2 倍；1-SR+M 脉强烈弓形，常在近最大弯曲处明显加厚；1-SR 脉长，直；C+SC+R 脉与 1-SR 脉间夹角约 60°；cu-a 脉常前叉，有时对叉，常强烈内斜；3-Cu1 脉前端基部形成 1 明显直距，少数种类此区域暗色；后翅 2-SC+R 脉窄且纵向，或长且横向；后翅常具 2-Cu 脉，但不与其他翅脉相接；后翅 cu-a 脉强烈倾斜，有时弯曲；M+Cu 脉长小于 1-M 脉的 0.33；后翅基部具均匀密毛；2–1A 脉相当发达。足，尤其后足具密长毛（包括基节）；基叶中等大小，突出；胫节端距短，具毛；后足跗节极粗壮，长小于最大宽的 8.0 倍。腹部背面观短，光滑具光泽，后端具毛；第 1 腹背板侧面大部分膜质，未完全骨化，骨化部分长为端宽的 3.0–4.0 倍；第 2 腹背板骨化部分呈三角形，前侧区域大部分膜质，缺中基区域或侧纵沟；第 2、3 腹背板间缝模糊，极窄，缺平行短刻条；第 3 腹背板短；腹部至少可见 6 节背板；产卵管鞘短，一般仅为腹长的一半，产卵管具明显背结和腹齿；肛下板未超过腹末端。

分布：世界广布。世界已知 11 种，中国记录 12 种，浙江分布 2 种。

(321) 油茶织蛾距茧蜂 *Calcaribracon* (*Arostrobracon*) *camaraphilus* Quicke et You, 1996（图 1-106）

Calcaribracon (*Arostrobracon*) *camaraphilus* Quicke et You, 1996: 14.

主要特征：触角 57 节；额在触角窝后方微弱凹陷；额中部光亮，两侧具稀疏短毛；头顶光亮；背面观复眼长为上颊长的 1.6 倍；胸长为宽的 1.6 倍；中胸盾片具稀疏毛；盾纵沟浅，不明显；小盾片前沟光滑，缺平行短刻条；小盾片大，隆起明显；后胸背板中央隆起区域大；并胸腹节光亮，中央具稀疏短毛，两侧相对密长；爪简单，基叶端部具突起；腹部背板光亮；第 1 腹背板长为最大宽的 2.0–2.2 倍，表面光滑，具光泽，侧面具稀疏长毛；第 2、3 腹背板间缝近消失，光滑，窄且浅，中央微弱弯曲；第 3–6 腹背板后缘骨化程度稍低，后缘及侧面具毛；肛下板末端尖锐，未伸达腹部末端；产卵管鞘长为前翅的 0.1。

分布：浙江（松阳）、江西、湖南、福建。

图 1-106 油茶织蛾距茧蜂 *Calcaribracon* (*Arostrobracon*) *camaraphilus* Quicke *et* You, 1996
A. 前翅；B. 后翅；C. 胸，侧面观；D. 胸，背面观；E. 腹，背面观；F. 后足，侧面观；G. 头，前面观；H. 头，背面观；I. 头，侧面观；J. 第 1 腹背板，背面观；K. 柄节外侧，侧面观；L. 产卵管端部，侧面观

（322）日本距茧蜂 *Calcaribracon* (*Arostrobracon*) *nipponensis* (Watanabe, 1937)（图 1-107）

Bracon nipponensis Watanabe, 1937: 28.

Calcaribracon (*Arostrobracon*) *nipponensis*: Yu *et al*., 2016.

主要特征：唇基具稀疏短毛；复眼光滑，内缘不凹陷；额在触角窝后方微弱凹陷；额光亮，具稀疏短毛；头顶光亮，被短毛；背面观复眼长为上颊长的 1.5 倍；上颊光滑，具稀疏毛；中胸盾片具稀疏毛；盾纵沟浅，不明显；小盾片前沟光滑，缺平行短刻条；小盾片大，隆起明显；后胸背板中央隆起区域大；并胸腹节光亮，两侧具密长毛；翅基部具均匀密毛；爪简单，基叶端部突起，稍尖；腹部背板光亮；第 1 腹背板长为最大宽的 2.1 倍，表面光滑，具光泽；第 2、3 腹背板间缝不明显，光滑，缺平行短刻条；第 3–7 腹背板后缘具毛；肛下板末端尖锐，未伸达腹部末端；产卵管鞘长为前翅的 0.2；头和胸主要为红黄色，触角、复眼、上颚端部、单眼区、并胸腹节黑褐色；前足红黄色（跗爪黑褐色），中、后足黑褐色；腹部背板和产卵管鞘黑色；翅膜暗色，翅痣和翅脉黑褐色。

分布：浙江（庆元）、安徽。

图 1-107　日本距茧蜂 *Calcaribracon* (*Arostrobracon*) *nipponensis* (Watanabe, 1937)

A. 前翅；B. 后翅；C. 胸，侧面观；D. 胸，背面观；E. 腹，背面观；F. 后足，侧面观；G. 头，前面观；H. 头，背面观；I. 头，侧面观；J. 第 1 腹背板，背面观；K. 柄节外侧，侧面观

152. 斧茧蜂属 *Dolabraulax* Quicke, 1986

Dolabraulax Quicke, 1986: 18. Type species: *Dolabraulax implicatus* Quicke, 1986.

主要特征：雌，所有鞭节长均大于宽的 2.0 倍，具纵向线条状刻纹和长毛；梗节长大于宽；柄节小，基部背面和基中部扩展，腹侧短于背侧，但缺端侧凹陷；末端鞭节渐尖；下唇基凹陷背侧略圆钝，边缘具明显脊，唇基光滑，与颜面无脊隔开；颚眼缝不清晰；颜面光滑，具稀疏毛；复眼光滑，中等大小；复眼后方头强烈收窄；额在触角槽后方倾斜，具隆起中纵区域；上颊光滑光亮，具稀疏毛。中胸盾片主要光亮，前端圆钝，中叶几乎不突出；盾纵沟仅前端凹陷；小盾片前沟具细微平行短刻条；小盾片具中等密毛；前胸背板和中胸侧板大部分光滑，光亮，但中胸腹板具稀疏长刚毛；后胸背板中央隆起区域前端不形成脊；并胸腹节光亮，具中纵脊，自后缘延伸至中部，后缘侧面具短刻条；基节前沟完全缺失。前翅第2亚缘室短，端部渐窄，1-SR+M脉均匀略弯曲，1-SR脉与1-M脉多少形成直线状，第1亚盘室近方形，翅脉均不加粗；后翅亚基室小，M+Cu脉长不及1-M脉的1/3，亚盘室与盘室被均匀毛。足细长，爪具明显突出基叶。腹部细长，两侧几乎平行，大部分具豆痕状刻纹；第1腹背板中央区域具明显横向脊；第2腹背板具中基区域，末端形成脊，两侧具凹陷区域；第2、3腹背板间缝具平行短刻条；第3腹背板具大且明显的前侧区域；第4、5腹背板具中基部横沟，沟内具平行短刻条；肛下板延伸超过腹末端；产卵管鞘长于体长，端部缺背结，但具腹齿。

生物学：未知。

分布：古北区东部、东洋区。世界已知9种，中国记录8种，浙江分布1种。

（323）鸡公山斧茧蜂 *Dolabraulax jigongshanus* Wang, 2010（图1-108）

Dolabraulax jigongshanus Wang, 2010: 49.

主要特征：额光滑，具光泽，在触角窝后方微弱凹陷或不凹陷，中部缺纵向隆起；中胸盾片中叶较侧基叶明显，前端隆起；盾纵沟前半部较深，后半部较浅，沿其整个长度具稀疏毛；小盾片前沟较宽，深，具平行短刻条；后胸背板中央区域强烈隆起；并胸腹节光亮，中部毛稀疏，两侧相对密长，具中纵脊，自后缘延伸至端部1/4–1/3处；跗爪简单，具基叶；腹部明显长于头和胸之和，两侧近平行；第1腹背板长为端宽的1.3–1.4倍，端中隆起区域占背板长度的3/5–4/5，侧沟具平行短刻条；第2腹背板中基光滑区域伸达背板后缘，侧纵沟具微弱短刻条，背板其余区域具豆痕状刻纹；第2、3腹背板间缝深，具平行短刻条，中部宽，两侧窄；第3腹背板具前侧隆起区，光滑具光泽，端部被稀疏短毛；第4腹背板大部分光滑，有时基部及两侧粗糙；第5–7腹背板光亮，端部具稀疏短毛；肛下板末端尖锐，延伸明显超过腹部末端，产卵管鞘长为前翅的1.7–1.8倍，被密毛。

分布：浙江（长兴、安吉、临安）、河南、福建、广东、四川。

图 1-108　鸡公山斧茧蜂 *Dolabraulax jigongshanus* Wang, 2010

A. 前翅; B. 后翅; C. 胸, 侧面观; D. 胸, 背面观; E. 腹, 背面观; F. 后足, 侧面观; G. 头, 前面观; H. 头, 背面观; I. 头, 侧面观; J. 并胸腹节, 背面观; K. 第 1 腹背板, 背面观; L. 中部鞭节; M. 产卵管端部, 侧面观

153. 柔茧蜂属 *Habrobracon* Ashmead, 1895

Habrobracon Ashmead, 1895: 324. Type species: *Bracon gelechiae* Ashmead, 1895.

主要特征：体小至微小型；触角一般短粗，长常短于或稍长于头和胸之和，通常雄虫触角较雌虫长；端鞭节末端尖锐，柄节小；头顶颗粒状；唇基几乎平坦；前翅 2-SR+M 脉较长；第 2 亚缘室短，前翅 r 脉长，常弯曲，3-SR 脉长小于 r 脉的 1.5 倍，大多数种类小于 1.2 倍；前翅 1-SR 脉短，与 C+SC+R 脉形成的夹角超过 65°；产卵管鞘常短于腹部。

生物学：据记载，寄主主要为鳞翅目和鞘翅目害虫，少数寄生于膜翅目和双翅目种类，寄主包括鳞翅目灯蛾科、遮颜蛾科、舞蛾科、鞘蛾科、宽蛾科、草蛾科、麦蛾科、尺蛾科、举肢蛾科、弄蝶科、枯叶蛾科、毒蛾科、潜蛾科、夜蛾科、瘤蛾科、织叶蛾科、凤蝶科、粉蝶科、菜蛾科、羽蛾科、螟蛾科、透翅蛾科、谷蛾科、卷蛾科、巢蛾科；鞘翅目窃蠹科、吉丁甲科、叶甲科、象甲科、皮蠹科；膜翅目茧蜂科、瘿蜂科；双翅目实蝇科。

分布：世界广布。世界已知 37 种，中国记录 5 种，浙江分布 2 种。

（324）麦蛾柔茧蜂 *Habrobracon hebetor* (Say, 1836)（图 1-109）

Bracon hebetor Say, 1836: 252.

Habrobracon hebetor var. *asiatica*: Telenga, 1936: 132. Synonymized by van Achterberg and Polaszek, 1996: 29.

主要特征：额明显颗粒状；头顶颗粒状，被短毛；上颊短，颗粒状，被稀疏短毛，在复眼后方两侧近平行；中胸盾片具细微刻点和短毛；盾纵沟沿整个长度凹陷浅；小盾片前沟窄，浅，具平行短刻条；小盾片具细微刻点，端后侧具刚毛；后胸背板中央区域隆起；并胸腹节光滑，缺中纵脊，具短毛，两侧稍密长；腹背板光滑，富有光泽，具微弱刻点；第 1 腹背板长为端宽的 0.8，中基凹陷浅，背板表面大部分光滑，侧沟具微弱短刻条；第 2 腹背板具细微刻点，侧纵沟浅；第 2、3 腹背板间缝较深且窄，光滑，缺短刻条，中央微弱弯曲；第 3-7 腹背板光亮或具细微刻点，后侧毛相对较密；产卵管鞘长为前翅的 0.2-0.3。

分布：浙江（杭州、东阳）、黑龙江、吉林、山西、山东、新疆、上海、湖北、江西、福建、台湾、广东、海南、广西、贵州、云南、西藏。

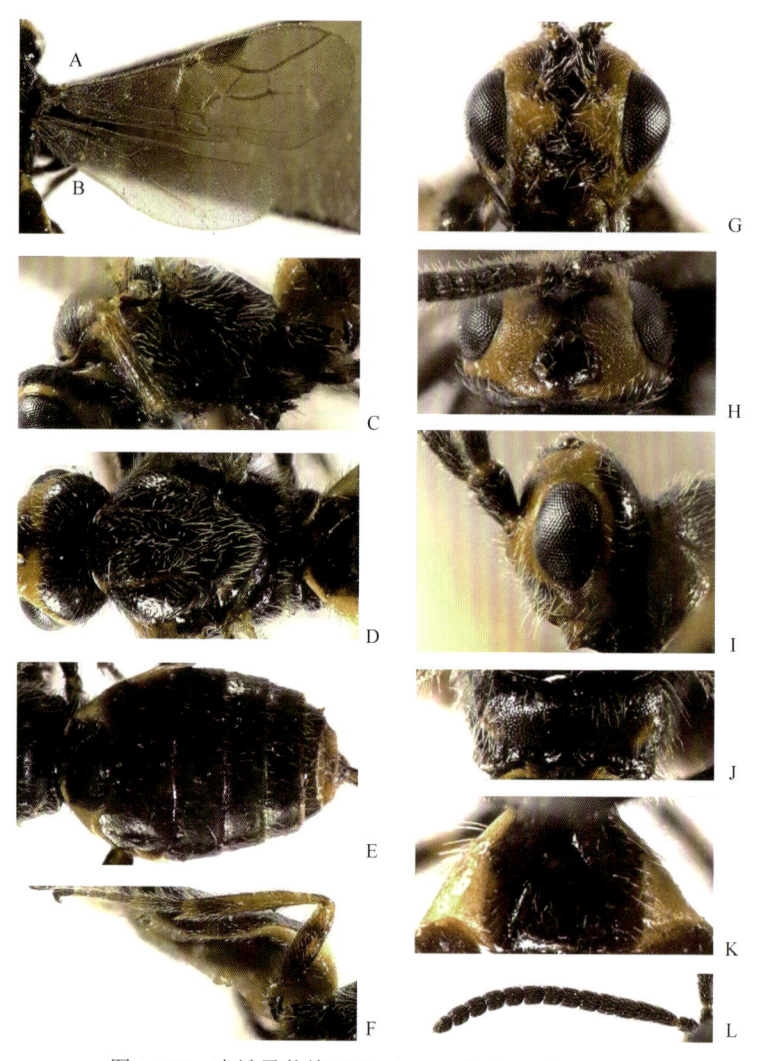

图 1-109 麦蛾柔茧蜂 *Habrobracon hebetor* (Say, 1836)

A. 前翅；B. 后翅；C. 胸，侧面观；D. 胸，背面观；E. 腹，背面观；F. 后足，侧面观；G. 头，前面观；H. 头，背面观；I. 头，侧面观；J. 并胸腹节，背面观；K. 第 1 腹背板，背面观；L. 触角

（325）稳柔茧蜂 *Habrobracon stabilis* (Wesmael, 1838)（图 1-110）

Bracon stabilis Wesmael, 1838: 25.

Habrobracon stabilis: Yu *et al.*, 2016.

主要特征：触角 22–24 节；额在触角槽后方微弱凹陷，具中纵沟；额和头顶颗粒状，密布短毛；上颊颗粒状，被密短毛，在复眼后方渐收窄；盾纵沟凹陷处颗粒微弱或光滑；小盾片前沟窄，深，具平行短刻条；小盾片革质，端侧具密毛；后胸背板光滑，中央区域隆起；并胸腹节光滑具光泽，缺中纵脊，两侧革质，具密毛；第 1 腹背板长为最大宽的 0.9–1.0 倍，端中隆起区表面革质，侧沟具稀疏短刻条或几乎光滑；第 2、3 腹背板间缝窄，深，几乎直，光滑，或具少许微弱短刻条；第 3–5 腹背板粗糙颗粒状；第 2–5 腹背板粗糙颗粒状；第 4 腹背板颗粒稍微弱；第 6、7 腹背板颗粒微弱至大部分光滑，具稀疏短毛，后缘毛较密；产卵管鞘长为前翅的 0.3–0.4。

分布：浙江（临安）、新疆、福建。

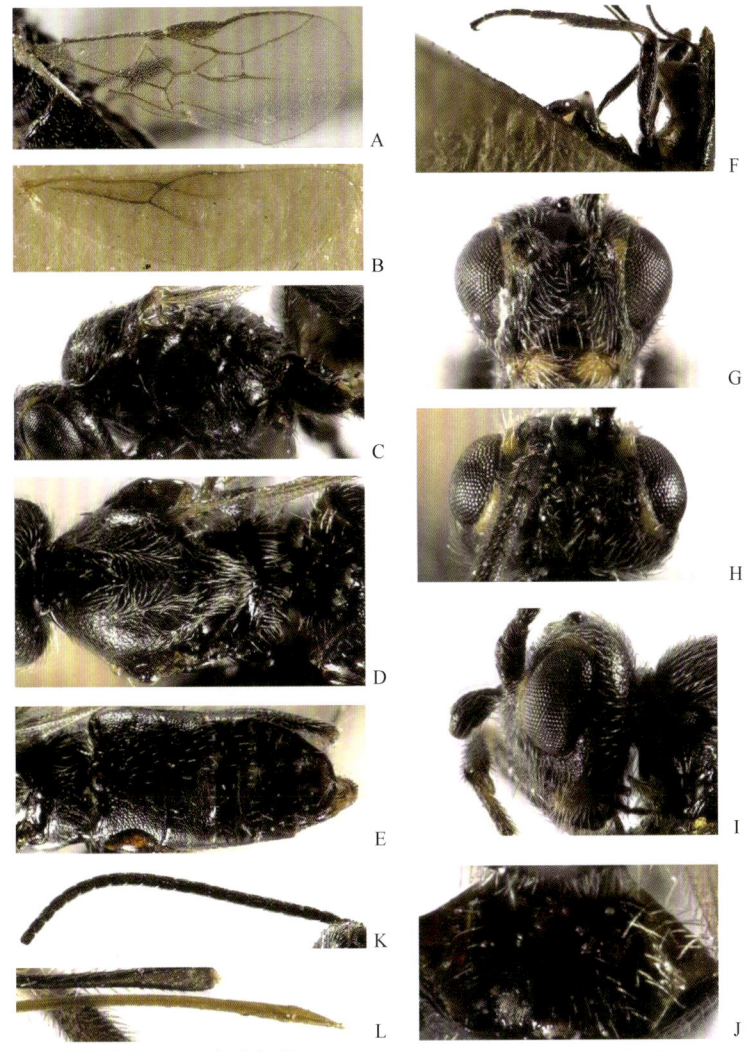

第一章 姬蜂总科 Ichneumonoidea 二、茧蜂科 Braconidae

图 1-110 稳柔茧蜂 *Habrobracon stabilis* (Wesmael, 1838)
A. 前翅; B. 后翅; C. 胸, 侧面观; D. 胸, 背面观; E. 腹, 背面观; F. 后足, 侧面观; G. 头, 前面观; H. 头, 背面观; I. 头, 侧面观; J. 第 1 腹背板, 背面观; K. 触角; L. 产卵管端部, 侧面观

154. 二叉茧蜂属 *Pseudoshirakia* van Achterberg, 1983

Pseudoshirakia van Achterberg, 1983: 74. Type species: *Bracon yokohamensis* Cameron, 1903 (Monobasic and original designation).

主要特征：触角 76–81 节；柄节相当粗壮，端部微弱凹陷，腹侧等长于背侧；触角端鞭节圆筒形，具毛；复眼光亮，内缘不凹陷；颜面具皱纹；唇基不具明显背脊，腹缘凹陷，略呈薄叶状突出；上唇深凹陷，光滑；颚眼缝缺失。前胸侧板前侧凹和后胸侧板凹缘缺失；中胸侧板缝浅、窄；盾纵沟凹陷，但端部 1/4 消失；小盾片前沟窄、光滑；后胸背板中央区域前端形成 3 条脊；并胸腹节基中部多少凹陷，不具脊；并胸腹节气门相当大，钝圆，位于并胸腹节中部后方。前翅 1-SR 脉与 C+SR+R 脉间夹角约 60°；前翅 cu-a 脉长且直，近对叉；前翅 SR1 脉直；前翅第 2 亚缘室短，端部明显加宽；前翅 3-Cu1 脉有时后端形成刺状突起；后翅缘室端部窄；后翅 cu-a 脉明显倾斜。前足胫节端具 1 距和粗壮长毛；跗节各节腹部平截；跗爪二分叉，基叶突出。第 1 腹背板侧面前端略弯曲，不具亚侧沟，气门前端具背脊，背侧脊完整，侧面观前端凹陷倾斜不明显；第 2 腹背板三角形区域大，具网状刻纹，边缘具浅沟，前侧区域钝圆；第 3–6 腹背板具前侧带短刻条沟；产卵管直，端部正常；产卵管鞘长为前翅的 0.2–0.3。

生物学：寄生于危害甘蔗的鳞翅目螟蛾科甘蔗白螟幼虫。

分布：古北区东部、东洋区。世界已知2种，中国记录2种，浙江分布2种。

（326）黄褐二叉茧蜂 *Pseudoshirakia flavus* Wang, Chen *et* He, 2006（图1-111）

Pseudoshirakia flavus Wang, Chen *et* He, 2006a: 47.

主要特征：颜面具细微刻纹，中部平坦至略隆起；额平坦，光亮；头顶和上颊光滑具光泽，被稀疏短毛；头部在复眼后方两侧近平行；中胸侧板光亮；后胸侧板具中等密度刻点；盾纵沟前半部凹陷深，至端部渐浅，沿其整个长度具毛；中胸盾片光亮，中叶明显隆起；小盾片前沟窄，深，具平行短刻条；小盾片突出明显，光滑，具稀疏短毛；后胸背板中央区域隆起，前端形成3条脊；并胸腹节大部分光滑，两侧具密长毛，中纵沟明显，内具短刻条（有时微弱或呈刻点状）；第1腹背板长为端宽的1.25–1.35倍，端中部明显隆起，具网状刻纹，基部凹陷区域光滑；第2腹背板长为端宽的0.62–0.66，具近三角形隆起区，端部常不会合，偶尔亦会合，一般未伸达第2、3腹背板间缝；第2、3腹背板间缝相当深，具平行短刻条，中央直；第3–6腹背板前侧具微小隆起；第1–6腹背板具粗糙网状刻纹，第7腹背板光滑有光泽；产卵管鞘长为前翅的0.2；肛下板端部相当尖锐，但并不超过腹部末端。

分布：浙江（开化、庆元、泰顺）、福建、海南。

图1-111 黄褐二叉茧蜂 *Pseudoshirakia flavus* Wang, Chen *et* He, 2006
A. 前翅；B. 后翅；C. 胸，侧面观；D. 胸，背面观；E. 腹，背面观；F. 后足，侧面观；G. 头，前面观；H. 头，背面观；I. 头，侧面观；J. 第1腹背板，背面观；K. 第2腹背板，背面观；L. 触角端部；M. 跗爪，侧面观；N. 产卵管端部，侧面观

（327）白螟二叉茧蜂 *Pseudoshirakia yokohamensis* (Cameron, 1910)（图 1-112）

Bracon yokohamensis Cameron, 1910: 278.
Pseudoshirakia yokohamensis: van Achterberg, 1983: 74.

主要特征：颜面具细微刻纹，中部平坦或略凹陷，被稀疏长毛；额平坦，光亮；头顶和上颊光滑具光泽，被稀疏短毛；头部在复眼后方两侧近平行；中胸侧板光亮；后胸侧板具中等密度刻点；盾纵沟前半部凹陷深，至端部渐浅；中胸盾片光亮，中叶明显隆起；小盾片前沟窄，深，具平行短刻条；小盾片突出明显，光滑，具稀疏短毛；后胸背板中央区域隆起，前端形成 3 条脊；并胸腹节大部分光滑，两侧具密长毛，中纵沟明显，内具短刻条（有时微弱）；第 1 腹背板长为端宽的 1.06–1.08 倍，端中部明显隆起，具网状刻纹，基部凹陷区域光滑；第 2 腹背板长为端宽的 0.52–0.56，具三角形隆起区，端部会合或几乎会合，伸达第 2、3 腹背板间缝；第 2、3 腹背板间缝宽、深，具平行短刻条，中央直；第 3–6 腹背板具前侧隆起区，且中部稍隆起，形成微弱中纵脊，常不完整；第 1–6 腹背板具粗糙网状刻纹，第 7 腹背板光滑具光泽；产卵管鞘长是前翅的 0.21–0.25；肛下板端部相当尖锐，但并不超过腹部末端。

分布：浙江（杭州）、湖北、福建、台湾、广东、海南、香港、广西。

图 1-112　白螟二叉茧蜂 *Pseudoshirakia yokohamensis* (Cameron, 1910)

A. 前翅；B. 后翅；C. 胸，侧面观；D. 胸，背面观；E. 腹，背面观；F. 后足，侧面观；G. 头，前面观；H. 头，背面观；I. 头，侧面观；J. 第 1 腹背板，背面观；K. 第 2 腹背板，背面观；L. 跗爪，侧面观；M. 产卵管端部，侧面观

155. 纹腹茧蜂属 *Shelfordia* Cameron, 1902

Shelfordia Cameron, 1902d: 35. Type species: *Rostraulax vechti* Quicke, 1984 (Original designation). Synonymized by van Achterberg, 1993.

主要特征：触角柄节中等大小或较狭长，端部腹侧常突出，仅偶有背侧较长，腹面渐窄；额中央区域明显凹陷，具或缺失浅中纵沟；唇基高于颜面，背面或多或少具脊；颜面具刻点和毛，缺刻纹和脊。中胸盾片主要光亮；盾纵沟完整；后胸背板中央区域隆起，前端具短脊或缺；并胸腹节中脊前端明显，并与中央椭圆形区域相接，或缺，至多前端具微弱中脊，缺中央椭圆形区域，至多具1对脊。前翅1-SR 脉与C+SC+R 脉间夹角小于60°；后翅1r-m 短于 SC+R1 脉或二者相等。爪简单，基部具毛。第1腹背板中央区域强烈隆起，且隆起区域相对较窄（约为背板最大宽的1/3），两侧平行；中脊至少前端缺失，侧面观前端较低；背脊有时缺失，如存在，则伸达中央区域前缘；背板基部略凹陷；第2腹背板较粗短，具"V"形区域和中基区域；第3腹背板缺完整的前侧沟，完全缺近后缘横向沟；第5腹背板平截，或后端略凹陷且平滑，或后端明显突起且具刻纹。产卵管长，上部纤细，下部具微齿。

生物学：未知。

分布：世界广布。世界已知36种，中国记录1种，浙江分布1种。

（328）中华纹腹茧蜂 *Shelfordia chinensis* Wang, Chen *et* He, 2003（图 1-113）

Shelfordia chinensis Wang, Chen *et* He, 2003: 216.

图 1-113 中华纹腹茧蜂 *Shelfordia chinensis* Wang, Chen *et* He, 2003

A. 前翅；B. 后翅；C. 胸，侧面观；D. 胸，背面观；E. 腹，背面观；F. 后足，侧面观；G. 头，前面观；H. 头，背面观；I. 头，侧面观；J. 柄节外侧，侧面观；K. 触角端部；L. 产卵管端部，侧面观

主要特征：头顶突出光滑；颜面平坦，侧面具粗糙刻点，具伸向触角槽的弯曲沟，中央具长毛；唇基平坦，主要光滑，略隆起于颜面水平面之上；颚眼缝深；上颚距长与上颚宽相等；后胸侧板光滑，具光泽，仅具些许细微刻点；中胸盾片中叶圆钝，稍突出于两侧叶前方，具稀长毛；小盾片前沟窄；后胸背板中央区域隆起，前端不形成短脊；并胸腹节表面光亮，缺中脊，具稀疏黄色长毛，两侧稍密；后足基节具颗粒，各足跗节爪粗，具长毛；第1腹背板长为端宽的1.4倍，中部隆起区域具粗糙皱纹，背侧脊完整，具发达中纵脊，侧沟具平行短刻条；第2腹背板具小的中基三角区域，末端与中纵脊相接，侧基三角区光滑具光泽，背板除中基和侧三角区域光滑外，其余具线条状刻纹；第2、3腹背板间缝深、宽，具平行短刻条，中间宽，两侧较窄；第3腹背板大部分光滑，中基1/3区域具线条状刻纹，具发达前侧隆起区；第4腹背板光滑，前侧隆起区微弱；剩余腹背板光滑，缺前侧区域；肛下板大；产卵管鞘长为前翅的3.0倍。

分布：浙江（开化）。

156. 窄茧蜂属 *Stenobracon* Szépligeti, 1901

Stenobracon Szépligeti, 1901: 359. Type species: *Stenobracon oculatus* Szépligeti, 1901.

主要特征：体长一般为10.0 mm以上，体较为细长；触角粗壮，从中部至端部渐细，鞭节76–96节；端鞭节末端通常尖锐，长为最大宽的2.0–2.5倍；中部鞭节长为宽的0.83–1.33倍，两侧缘平行；柄节较粗壮，近圆柱形，除侧面外具中等长毛，端部侧面与中部凹陷，端中部假缘常微弱或缺失，侧面观腹侧长于背侧；下唇基光滑，凹陷深，与上唇基分离处具横脊；胸光滑具光泽；前胸背板背部，以及中胸侧板大部分具稀疏刻点和毛；中胸侧板缝光滑；基节前沟缺；前侧凹发达；后胸侧板以及并胸腹节侧部多少具密集刻点和毛；中胸盾片相当宽，主要光滑，前端具稀疏毛或刻点；盾纵沟中等发达，一般沿其整个长度凹陷；小盾片前沟窄，具平行短刻条；小盾片具稀疏长毛；腿节背侧具中等密度长毛，腹侧较稀疏；后足胫节侧面缺中纵沟。第1腹背板长大于宽，大部分具椭圆形端中隆起区，不具背侧脊；第2腹背板常具中基光滑三角区，几乎延伸至背板近后缘，中基三角区或缺；第2、3腹背板间缝宽，具发达平行短刻条，第3、4腹背板间缝具微弱短刻条；第3腹背板长为第2+3腹背板中部长的0.32–0.40，前侧区相当发达，几乎在中部会合，其后缘具浅横向沟；第3–4腹背板通常具近后缘横沟；第5–8腹背板光滑，缺近后缘横沟，毛基部形成刻点；产卵管鞘等长于或长于体长，被中等密毛，端部窄，末端多少突出，产卵管端部具微弱背结，腹齿2或3个。体色大部分淡黄色至深褐色；翅膜基部黄色，端部1/3–1/2暗褐色。雄虫特征与雌虫相似；但端鞭节长为最大宽的3.0倍；复眼较雌虫大，颜面明显窄；第3腹背板长为第2+3腹背板中部长的0.33–0.55。

生物学：该属主要寄生于鳞翅目螟蛾科和夜蛾科等蛀茎害虫，少数寄生于木蠹蛾科和短翅蛾科种类。

分布：世界广布。世界已知17种，中国记录3种，浙江分布2种。

（329）长尾窄茧蜂 *Stenobracon* (*Stenobracon*) *deesae* (Cameron, 1902)（图1-114）

Bracon deesae Cameron, 1902a: 433.

Stenobracon (*Stenobracon*) *deesae* (Cameron): Yu *et al.*, 2016.

主要特征：额具浓密毛；触角窝后方额不深凹陷，具浅中纵沟；头顶光亮；胸光亮，具稀疏短毛，长为高的1.57–1.94倍。盾纵沟前半凹陷，后半平坦，沿其整个长具短毛；小盾片光亮，端部具短毛；后胸背板中央区域具小的隆起区；并胸腹节两侧具密长毛，中部具细微刻纹；第1腹背板长为宽的1.29–1.57倍，端中隆起，具刻纹，侧沟具平行短刻条；第2腹背板端宽为长的1.25–1.32倍，具纵向刻纹，中基三角区明显且光亮，亚侧纵沟明显；第3腹背板最大宽为长的1.72–1.88倍，前部光亮区后缘凹陷，具短刻条，近后缘具横向深陷沟；第2、3腹背板间缝窄、深，具平行短刻条，中央弯曲；第4腹背板近后缘具横向深陷沟；

第 3、4 腹背板除基部光滑区域外, 具豆痕状刻纹; 第 5 腹背板近后缘横向沟不明显; 第 5–7 腹背板端部具中等长毛。产卵管鞘长为前翅的 2.50–2.64 倍; 体主要为褐黄色, 但复眼、上颚端部、产卵管鞘黑褐色, 单眼三角区黄褐色至深褐色, 跗爪暗褐色, 有时后足跗节稍染褐色, 腹部或稍染红黄色; 翅膜淡黄色具灰褐色斑纹。

分布: 浙江 (杭州、庆元)、江苏、湖南、福建。

图 1-114　长尾窄茧蜂 *Stenobracon* (*Stenobracon*) *deesae* (Cameron, 1902)

A. 前翅; B. 后翅; C. 胸, 侧面观; D. 胸, 背面观; E. 腹, 背面观; F. 后足, 侧面观; G. 头, 前面观; H. 头, 背面观; I. 头, 侧面观; J. 第 1 腹背板, 背面观; K. 柄节外侧, 侧面观; L. 产卵管端部, 侧面观

(330) 白螟黑纹窄茧蜂 *Stenobracon* (*Stenobracon*) *nicevillei* (Bingham, 1901) (图 1-115)

Bracon nicevillei Bingham, 1901: 555.
Stenobracon (*Stenobracon*) *nicevillei* (Bingham): Yu *et al*., 2016.

主要特征: 额具浓密毛; 触角窝后方额不深凹陷, 具浅中纵沟; 头顶和上颊光亮, 毛基部形成浅刻点; 胸光亮, 具稀疏短毛, 长为高的 1.8 倍。盾纵沟前半凹陷, 后半平坦, 沿其整个长具短毛; 小盾片光亮, 端部具短毛; 后胸背板中央区域隆起; 并胸腹节两侧具密长毛, 中部具细微刻纹。第 1 腹背板长为端宽的 1.35 倍, 端中隆起区域的前侧具短纵向线条状刻纹, 后部具豆痕状刻纹, 侧沟具平行短刻条; 第 2 腹背板端宽为中间长的 1.28 倍，中基三角区光亮，其余具豆痕状刻纹（除了端部），侧纵沟具平行短刻条；第 2、3 腹背板间缝窄，深，具平行短刻条，中央微弱弯曲；第 3 腹背板端宽为长的 1.76 倍，大部分具豆痕状刻纹，具微弱中纵向条纹，前侧区后部沟具微弱短刻条；第 4 腹背板中基部具豆痕状刻纹；第 3、4 腹背板具近后缘横向沟；第 5–7 腹背板光滑，端部具中等长毛。产卵管鞘长为前翅的 1.48–1.81 倍。

分布：浙江（庆元、泰顺）、福建、台湾、广东、海南、广西、贵州、云南。

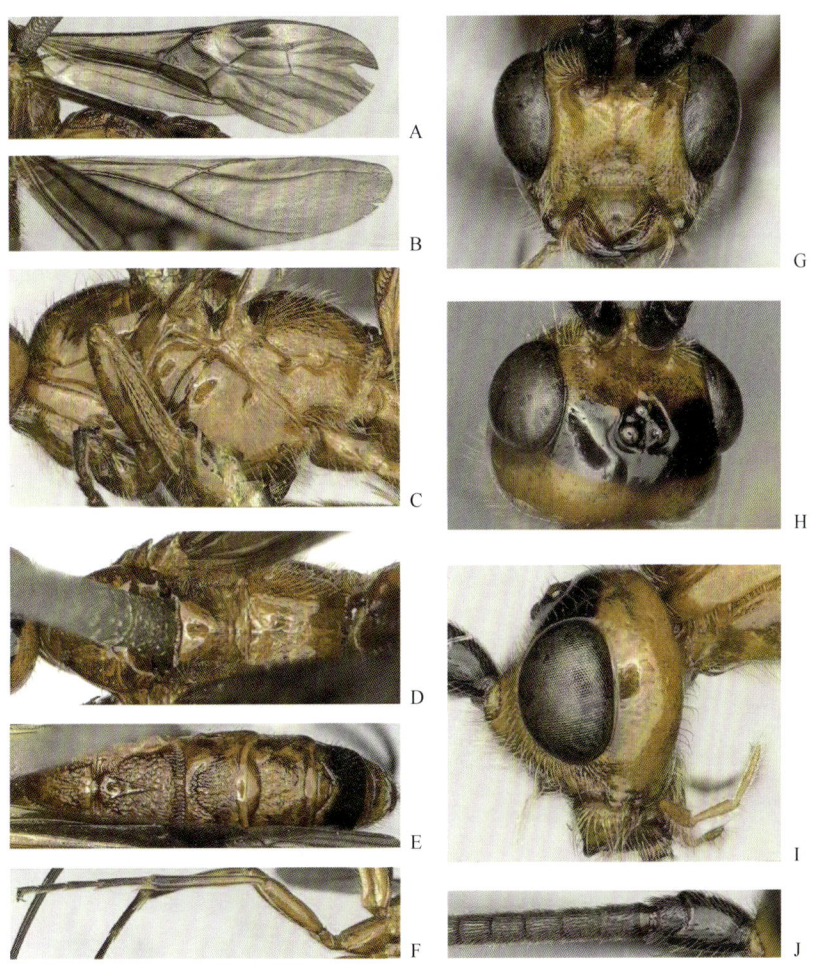

图 1-115　白蜾黑纹窄茧蜂 *Stenobracon* (*Stenobracon*) *nicevillei* (Bingham, 1901)
A. 前翅；B. 后翅；C. 胸，侧面观；D. 胸，背面观；E. 腹，侧面观；F. 后足，侧面观；G. 头，前面观；H. 头，背面观；I. 头，侧面观；J. 柄节外侧，侧面观

157. 拱腹茧蜂属 *Testudobracon* Quicke, 1986

Testudobracon Quicke, 1986: 25. Type species: *Testudobracon niger* Quicke, 1986 (Monobasic and original designation).

主要特征：触角端鞭节末端尖锐，但不形成突出短脊；中部鞭节具纵向线条状刻纹，长约为宽的 2.0 倍；梗节相当大，柄节很小，腹侧短于背侧；唇基无背脊，但下唇基凹陷与唇基上部分离处具发达横脊；唇基上方与触角窝之间具明显的隆起区；额在中纵沟两侧具脊；头横向。中胸盾片大部分具毛，盾纵沟发达，小盾片前沟宽，具发达平行短刻条，小盾片具密毛；后胸背板中央区域前端形成 3 条或更多短脊；并胸腹节具中纵脊。前翅第 2 亚缘室短，端部渐窄；1-SR 脉明显；1-SR+M 脉略弯曲或前端自 1-SR 脉发出后弯曲；3-Cu1 脉未加粗，末端不具短刺状突起。爪基叶大、突出。腹部具 6 节可见背板；第 1 腹背板近方形；

第 2 腹背板前端腹面向前突出至第 1 腹背板两侧气门处，突出部分边缘明显；第 2–6 腹背板具皱纹状刻纹；第 6 腹背板后缘中部具深、窄、钝圆凹陷；第 5、6 腹背板端侧具突起；产卵管近端部背结钝三角形，具腹齿。

生物学：据记载，广泛寄生于双翅目瘿蚊科的 *Asphonodylia* 多个种类，也寄生于鳞翅目螟蛾科的豆荚螟。

分布：世界广布。世界已知 12 种，中国记录 7 种，浙江分布 1 种。

（331）小拱腹茧蜂 *Testudobracon pleuralis* (Ashmead, 1906)（图 1-116）

Chelonogastra pleuralis Ashmead, 1906: 196.

Testudobracon pleuralis: Yu *et al.*, 2016.

主要特征：唇基具稀疏长毛；颜面中央区域隆起，光滑或具细微皱纹，侧面颗粒状，具短毛；复眼光滑，内缘几乎不凹陷；额在触角槽后方微弱凹陷，具中纵沟；额和头顶颗粒状，具稀疏短毛；上颊颗粒状；中胸盾片光亮，具均匀细微刻点和短毛；盾纵沟深，完整；中胸盾片中叶隆起强烈，光滑，表面密布短绒毛，有时前端较稀疏；中胸侧板密布绒毛；小盾片前沟宽，深，具平行短刻条；后胸背板中央区域隆起，

图 1-116 小拱腹茧蜂 *Testudobracon pleuralis* (Ashmead, 1906)

A. 前翅；B. 后翅；C. 胸，侧面观；D. 胸，背面观；E. 腹，侧面观；F. 后足，侧面观；G. 头，前面观；H. 头，背面观；I. 头，侧面观；J. 第 1、2 腹背板，背面观；K. 第 6 腹背板，背面观；L. 柄节外侧，侧面观

前端形成 3 条短脊；并胸腹节中央光亮，具完整中纵脊，侧面具密长毛；腹部背板具粗糙网状刻纹；第 1 腹背板长为端宽的 0.8–0.9，端中隆起区基部光滑，端部具刻纹，侧沟具平行短刻条，侧缘具长毛；第 2 腹背板宽为中部长的 2.5–2.9 倍，侧纵沟近平行；第 2、3 腹背板间缝宽，两侧及中部略弯曲，具平行短刻条；第 3 腹背板宽为中部长的 3.0–3.3 倍；第 2、3 腹背板长之和约为腹部长的 0.5；第 3–5 腹背板具近后缘横向沟；侧面观第 4、5 腹背板后侧部具圆钝叶状突起；第 6 腹背板后缘具深中凹陷，其最大深约为背板长的 0.8；侧面观第 6 腹背板后侧具尖角状突起；产卵管鞘长为前翅的 0.51–0.54，被密短毛。

分布：浙江（杭州、缙云、松阳）、江苏、湖北、台湾、海南、广西、四川、贵州。

158. 刻鞭茧蜂属 *Coeloides* Wesmael, 1838

Coeloides Wesmael, 1838: 59. Type species: *Coeloides scolyticida* Wesmael, 1838.

主要特征：本属最显著的独有特征为第 1 鞭节，通常还包括第 2、3 鞭节端部向外扩展突出，腹部向内不同程度刻入；体长一般为 4.5–7.0 mm。头、胸及腹部大部分光滑，无刻纹；颜面、后胸侧板及雄性外生殖器上毛较密；具口器侧沟；触角柄节卵圆形，端侧部凹陷；梗节长与宽基本相等，约与第 1 鞭节等长；盾纵沟弱，不完整；并胸腹节光滑；第 1–2（–3）腹背板常光滑，或具刻纹；第 1 腹背板长一般为宽的 1.3–2.0 倍；第 2 腹背板通常锥形，宽大于长，但有时长稍大于宽；第 3 腹背板常显著长于第 2 腹背板，但有时稍短；腹部一般较短，背腹扁或筒形；产卵管鞘直，长为前翅的 0.6–1.5 倍。

生物学：以幼虫外寄生于为害针叶树和阔叶树的鞘翅目象甲科和吉丁虫科幼虫体上；幼虫老熟后将寄主杀死，然后在寄主坑道中做羊皮纸质茧化蛹。成虫产卵前先用颤抖的触角敲打树干，待测探到寄主后，便慢慢刺透树皮在寄主体上产卵；此外，还寄生于天牛科、窃蠹科、三锥象科，双翅目秆蝇科，鳞翅目卷蛾科，以及膜翅目长颈树蜂科种类。

分布：世界广布。世界已知 32 种，我国记录 10 种，浙江分布 1 种。

（332）龙泉刻鞭茧蜂 *Coeloides longquanus* Wang et Chen, 2006（图 1-117）

Coeloides longquanus Wang et Chen, 2006b: 12.

主要特征：触角 45 节；颜面主要光滑，具光泽和明显刻点；颚眼距深，具毛；唇基高：内幕骨间距：幕骨复眼间距=4：13：15；下颚须为头高的 0.7；唇基区域密长毛；背面观复眼长为上颊的 1.5 倍；上颊光亮，密短毛；额在触角窝后方深凹陷；头顶光滑无毛，富有光泽；前胸背板和前胸侧板光亮；中胸盾片被密短毛；但中胸侧板光亮；盾纵沟沿整个长度均较深；小盾片前沟窄，深，具平行短刻条；小盾片平坦，有光泽，具稀疏绒毛；后胸背板中央区域隆起；并胸腹节光滑，密长毛，缺中纵脊或沟；第 1 腹背板长为最大宽的 1.1 倍，光滑具光泽，端中区域强烈隆起，基部窄，端部宽，侧沟光滑，缺平行短刻条；第 2 腹背板光亮，具渐分离的侧纵沟；第 2、3 腹背板间缝窄，深，缺平行短刻条；第 3–7 腹背板光滑，无前侧隆起或沟；肛上板端钝圆，未超过腹部末端；产卵管鞘长为前翅的 1.02 倍；头主要为红黄色；触角褐色，复眼、上颚端部黑褐色；胸稍染褐色；前、中足黄色，后足浅褐色；腹部背板浅褐色；翅膜稍染黄褐色，翅痣和翅脉黄色至黄褐色；产卵管鞘暗褐色。

分布：浙江（龙泉）。

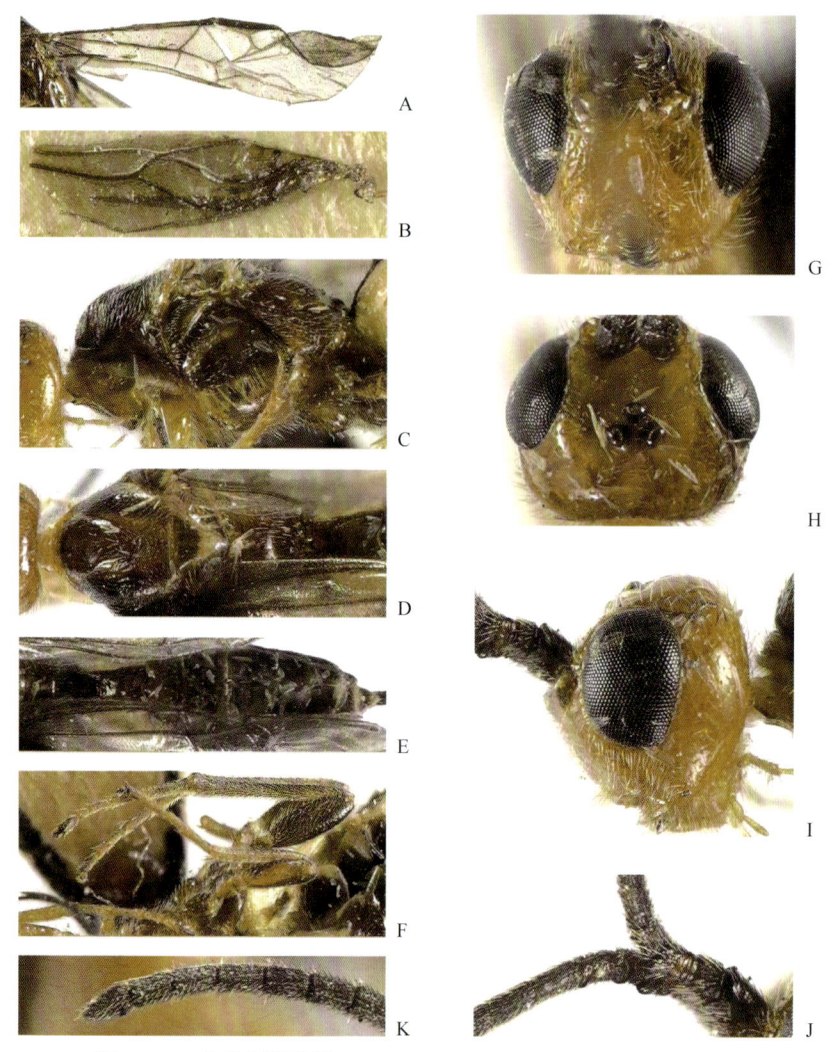

图 1-117　龙泉刻鞭茧蜂 *Coeloides longquanus* Wang et Chen, 2006

A. 前翅；B. 后翅；C. 胸，侧面观；D. 胸，背面观；E. 腹，背面观；F. 后足，侧面观；G. 头，前面观；H. 头，背面观；I. 头，侧面观；J. 触角基部外侧，侧面观；K. 触角端部

159. 马尾茧蜂属 *Euurobracon* Ashmead, 1900

Euurobracon Ashmead, 1900c: 140. Type species: *Bracon penetrator* Smith, 1877 (*nec*. Smith, 1863).

主要特征：触角粗壮，鞭节 50–80 节，中部至端部不渐细；端鞭节粗壮，通常近圆锥状，有时末端明显尖细，偶尔与近端部鞭节部分愈合，近端部鞭节宽明显大于长，中部鞭节宽大于长的 1.7 倍；柄节小，近球形，侧面观腹侧短于背侧，端部侧面或中部不具凹陷；上颚大，端部多少强烈扭曲；唇基下部不折入，下唇基凹陷，且与上部分离处不具中脊；唇基与颜面分离处不具脊；颜面平坦，光滑具光泽，具稀疏刻点，有时刻点深；复眼光滑；复眼最短间距常位于触角窝水平上方；额相当平坦，具中纵沟，至少端部侧面具明显毛；头方形。胸大区域光滑具光泽，部分具刻点；前胸背板前端具明显带短刻条横沟，侧面主要光滑；盾纵沟一般仅在前 1/4 区域明显（除了对叉马尾茧蜂 *E. interstitialis* Quicke, 1989）；中胸盾片大部分光滑，沿盾纵沟和中叶后端具毛；小盾片前沟完全光滑；小盾片表面微弱隆起；基节前沟缺失；中胸侧板缝完全光滑；后胸背板中央区域前端形成明显短脊；并胸腹节多少具密毛。前翅第 2 亚缘室略短于第 3 亚缘室，基部多少与端部等宽；前翅 1-SR+M 脉端部微弱，均匀弯曲；前翅 cu-a 脉常强烈后叉，内斜（除了对叉马尾茧蜂 E. interstitialis Quicke, 1989）；前翅 3-Cu1 脉端部常明显变粗；后翅 1r-m 长于 SC+R1 脉；后翅 2-Cu 脉和 2-1A 脉缺；后翅基部大部分具毛，但较后翅其余区域稀疏。前足胫节具 1 端距，略膨大扩展，前侧多少具密集加粗刚毛或刺；前足基跗节长小于最大宽的 4.6 倍；爪极细长，简单，基叶退化，仅在基部具 1 小突起。腹部大部分光滑具光泽；第 1 腹背板背脊仅前端具光泽，有时呈薄叶状，且折叠形成坑状，背侧脊缺失；第 2 腹背板两侧具亚侧纵沟；第 2、3 腹背板间缝光滑，通常直，有时微弱弯曲；第 3 腹背板具或不具明显前侧区，后缘形成前侧沟，端部光滑；第 3–5 腹背板缺近后缘横沟；产卵管鞘长为前翅的 0.7–14.6 倍，端部具明显背结和腹齿。雄虫较雌虫触角更长，末端明显膨大，基部鞭节长大于宽的 2.0 倍；复眼更大；后翅 2-SC+R 脉绝不横向；第 1 腹背板较长、窄；第 2–5 腹背板中部横沟更为发达。卵：长，前端钝圆，近中部至后端多少渐尖。

生物学：寄生于鞘翅目天牛科种类幼虫。

分布：世界广布。世界已知 12 种，中国记录 6 种，浙江分布 3 种。

分种检索表

1. 后翅 2-SC+R 脉对叉或纵向；产卵管鞘长大于前翅的 4.5 倍；内幕骨间距和幕骨复眼间距比值小于 1.70 ·· 长管马尾茧蜂 **E. yokahamae**
- 后翅 2-SC+R 脉横向；产卵管鞘长小于前翅的 4.0 倍；内幕骨间距和幕骨复眼间距比值大于 1.75 ·················· 3
2. 产卵管鞘长为前翅的 0.8–1.0 倍；前翅 m-cu 脉明显弯曲，长为 2-SR+M 脉的 1.45 倍 ········ **短管马尾茧蜂 E. breviterebrae**
- 产卵管鞘长大于前翅的 1.1 倍；前翅 m-cu 脉直，长为 2-SR+M 脉的 2.21 倍 ·················· **变色马尾茧蜂 E. disparalis**

（333）短管马尾茧蜂 *Euurobracon breviterebrae* Watanabe, 1934（图 1-118）

Euurobracon breviterebrae Watanabe, 1934b: 21.

主要特征：触角约 66 节；颜面侧面和背面具长毛，但中部和唇基上方大区域光亮；额除触角窝后区域和近中纵沟区域之外，具长毛；胸长约为高的 1.72 倍；盾纵沟沿中胸盾片整个长度具毛；胫节前侧方多少均匀覆盖长、弯曲且加粗鬃毛，基跗节长为最大宽的 4.3 倍；后足腿节：胫节：基跗节长之比=94：185：74，基跗节长为宽的 7.0 倍；第 1 腹背板长为最大宽的 1.2 倍，有时在背脊后方具微弱中纵沟，背面观背脊宽圆形；第 2 腹背板宽约为长的 1.85 倍；第 2、3 腹背板经常具微弱但明显（中部缺失）的横沟；第 2、3 腹背板间缝发达，具微弱平行短刻条；第 3 腹背板具明显前侧区；产卵管鞘长为前翅的 0.8–1.0 倍；触角和产卵管鞘黑色；头和体红褐色；足黄褐色；翅膜黄色，端部具灰褐斑。

分布：浙江、辽宁、江苏、江西、广东、海南、广西、四川。

图 1-118 短管马尾茧蜂 *Euurobracon breviterebrae* Watanabe, 1934
A. 前翅；B. 后翅；C. 胸，背面观；D. 腹，背面观；E. 头，前面观

（334）变色马尾茧蜂 *Euurobracon disparalis* Li, He *et* Chen, 2016（图 1-119）

Euurobracon disparalis Li, He *et* Chen, 2016b: 387.

主要特征：额除触角槽后方的中纵向沟外，均具密毛；后单眼间距：后单眼横向直径：后单复眼间最短距离=15∶12∶40；中胸盾片中叶隆起强烈，盾纵沟基半部深；小盾片前沟中央窄且浅，两侧宽且深，光滑；小盾片光亮，具非常稀疏的短绒毛；后胸背板中央区域具近三角形隆起区，并胸腹节中央具稀疏或密集短毛，两侧毛相对密长；第 1 腹背板长为宽的 1.0–1.14 倍，中部隆起区具中纵凹陷沟，延伸到背脊的中部至后方；第 2 腹背板宽为长的 1.67–1.93 倍，基部具向后分离的侧纵沟，在中线两侧中央部分具 1 对深浅不一的坑；第 2、3 腹背板间缝极窄，明显而完整；第 3 腹背板具前侧区，具向后汇集的前侧沟，横中凹陷沟不明显；第 4、5 背板完全光滑；产卵管鞘长为前翅的 1.12–1.32 倍；触角和产卵管鞘黑色，头和体黄褐色，或腹部略呈红褐色，足黄褐色，后足跗节黑褐色。翅基部黄色，端部褐色，前翅端部褐色，未延伸至缘室和第 2 亚缘室，翅痣基半部具完整的黄色或黄灰色横带。

图 1-119　变色马尾茧蜂 *Euurobracon disparalis* Li, He *et* Chen, 2016

A. 前翅；B. 后翅；C. 胸，侧面观；D. 胸，背面观；E. 腹，背面观；F. 后足，侧面观；G. 头，前面观；H. 头，背面观；I. 头，侧面观；J. 第 1、2 腹背板，背面观；K. 触角端部；L. 产卵管端部，侧面观分布：浙江（长兴）、河南、四川。

（335）长管马尾茧蜂 *Euurobracon yokahamae* (Dalla Torre, 1898)（图 1-120）

Bracon yokahamae Dalla Torre, 1898: 295. [replacement name]
Euurobracon yokahamae: Yu *et al.*, 2016.

主要特征：唇基光滑，富有光泽、光亮，除唇基毛刷外，唇基毛形成一排；颜面中央和凹陷区外围光亮，富有光泽，除唇基上的小三角区域外，其他区域具密长毛；中胸盾片中叶隆起强烈，主要被中等长密毛；盾纵沟前 1/3 处深；小盾片前沟中央窄且浅，两侧宽且深，光滑，不具平行短刻条；小盾片光亮，被中等长密毛；后胸背板具三角形隆起区域；并胸腹节密布长毛；第 1 腹背板长为其最大宽的 1.12 倍；背脊相当紧密连接在一起，呈宽阔圆钝状，而非片状脊，隆起区域缺中纵沟；第 2 腹背板主要光亮，最大宽为长的 1.3 倍，缺明显的横向中沟；第 3 腹背板具明显的前侧区域，缺 1 对亚中横向沟或坑；第 4、5 背板光滑；产卵管鞘长大于前翅的 4.5 倍；触角和产卵管鞘黑色，体主要为黄褐色；前足、中足和后足红黄色或黄色，翅黄色，具各种类型的褐斑，前翅翅痣端部具暗斑；前翅第 1 亚缘室具暗斑，前翅端部灰褐色，后翅端部区域灰褐色。

图 1-120 长管马尾茧蜂 *Euurobracon yokahamae* (Dalla Torre, 1898)
A. 前翅；B. 后翅；C. 胸，侧面观；D. 胸，背面观；E. 腹，背面观；F. 后足，侧面观；G. 头，前面观；H. 头，背面观；I. 头，侧面观；J. 第 1、2 腹背板，背面观；K. 柄节外侧，侧面观；L. 产卵管端部，侧面观

分布：浙江、北京、安徽、湖北、台湾、海南、四川、西藏。

160. 窄腹茧蜂属 *Angustibracon* Quicke, 1987

Angustibracon Quicke, 1987: 139. Type species: *Bracon leptogaster* Cameron, 1899.

主要特征：触角端鞭节末端突出，但不尖锐，长约为基宽的 3.0 倍；触角长于前翅；中部鞭节长略大于宽；柄节粗大，近球形，腹侧长于背侧，端部侧面凹陷；头横向，复眼中等大小，其内缘中部有一条沟伸至触角基部后侧方，围绕触角窝；颜面具光泽，微隆起，具细微刻点，背面中部有浅沟；额不凹陷，具中纵沟。中胸盾片光滑，有光泽，具稀疏毛；盾纵沟沿其整个长度明显，光滑；小盾片前沟窄，常具细微短刻条；后胸背板中央区域大，稍隆起，前端中部形成短脊；中胸侧板光滑，基节前沟缺，中胸侧板缝光滑；并胸腹节光滑，气门高大于宽。前翅第 2 亚缘室长度多变，端部稍宽于基部，SR1 脉达翅缘，其所占翅缘长为翅痣到翅尖距离的 0.82–0.85；1-SR+M 脉直或几乎直；1-SR 脉明显，与 C+SC+R 脉间夹角约 37°；1-M 脉强烈弯曲；cu-a 脉对叉或前叉，明显弯曲；3-Cu1 脉后端常加粗，有时形成明显刺状突起；r 脉长大于 m-cu 脉的 0.65；后翅 2-SC+R 脉短，纵向；1r-m 脉长于 2-SC+R 脉；后翅基部除了翅边缘，后端大部分光亮无毛。前足胫节表面有明显刺状毛；爪细长；前足基跗节长大于端宽的 8.0 倍；后足胫节细长，侧面不具纵沟。腹部极细长，第 2、3 腹背板长之和大于第 3 腹背板端宽的 2.3 倍；第 1 腹背板不具背脊和背侧脊，中部隆起区域具刻纹，侧沟窄，具平行短刻条；第 2 腹背板有 1 对从基部向后渐远的沟，前侧区域通常微弱；第 2、3 腹背板间缝具平行短刻条；第 3–5 腹背板各具 1 对从基部向后延伸的侧纵沟，伸达各节中部之后的侧缘，沟内具短刻条；产卵管鞘约与体等长，近端部具背结和腹齿。

生物学：未知。

分布：东洋区。世界已知 2 种，中国记录 1 种，浙江分布 1 种。

（336）斑窄腹茧蜂 *Angustibracon maculiabdominis* Zhou et You, 1992（图 1-121）

Angustibracon maculiabdominis Zhou et You, 1992: 140.

主要特征：额光滑，平坦，中纵沟从单眼前方延伸到颜面中部；头顶和上颊光亮；背面观复眼长为上颊的 2.3 倍；头方形；前胸背板向后延长，部分在翅基片前下方逐渐加宽；中胸盾片光亮，具稀疏长毛；盾纵沟发达，完整；中胸侧板光亮；小盾片前沟窄、深，具平行短刻条；小盾片光亮，后端具密毛；后胸背板中央区域隆起；并胸腹节光亮，具 1 浅中纵沟，两侧具密长毛；腹部细长，长约为头、胸部之和的 2.0 倍；第 1–8 腹背板圆筒形；第 1 腹背板长为端宽的 2.0–2.3 倍，端中隆起区域呈盾形，具粗糙刻纹；第 2、3 腹背板长均大于宽；第 4 腹背板长宽约相等；第 2 腹背板侧纵沟发达，基部中央至端部锥形隆起区，密布粗糙皱纹，端部尤为明显；第 3–5 腹背板侧纵沟伸达该节背板侧缘末端（第 3 节）或侧缘端部 2/3 处（第 4、5 节），各节腹背板仅具稀疏浅刻点或细微皱纹；第 2、3 腹背板间缝宽，深，具明显短刻条；肛下板末端窄而尖锐，未伸达腹部末端；产卵管鞘长为前翅的 1.32–1.40 倍。

分布：浙江（舟山）、广西。

图 1-121 斑窄腹茧蜂 *Angustibracon maculiabdominis* Zhou et You, 1992

A. 前翅；B. 后翅；C. 胸，侧面观；D. 胸，背面观；E. 腹，背面观；F. 后足，侧面观；G. 头，前面观；H. 头，背面观；I. 头，侧面观；J. 柄节外侧，侧面观；K. 产卵管端部，侧面观

（三）内茧蜂亚科 Rogadinae

主要特征：触角 14–104 节。下颚须 6 节，下唇须 4 节；上唇内凹，光滑无毛，通常近垂直，不向后倾斜，但阔跗茧蜂族上唇平坦，多少后倾近水平状；上颚多强壮，单齿或 2 齿。前胸背板凹通常不存在；前胸背板很短于中胸盾片，前端圆形，不突出；前胸腹板通常平坦，中等程度至强度向后突出，侧面观可见。胸腹侧脊存在，偶尔缺或退化。中胸盾片横沟无或仅中央存在。前翅 M+Cu1 脉通常平直或稍弯曲，但有时明显弯曲。前足基跗节具内凹，有特化的毛，但有时无此凹；前足和中足端跗节正常，短于第 2–4 跗节之和，但阔跗茧蜂族前中足跗节很阔，第 2–4 跗节很短，端跗节很大而长，长于第 2–4 跗节之和；后足基跗节有特化区。腹部第 1 背板背脊常愈合，侧凹无或模糊。

生物学：内茧蜂亚科全为鳞翅目昆虫的容性内寄生性茧蜂，主要寄生于谷蛾总科、巢蛾总科、麦蛾总科、斑蛾总科、螟蛾总科、卷蛾总科、尺蛾总科、天蛾总科、蚕蛾总科、夜蛾总科、舟蛾总科、弄蝶总科和凤蝶总科等总科的 30 多个科的种类。被寄生的寄主幼虫僵硬，寄生蜂在寄主僵硬虫尸内化蛹。绝大多数种类为幼虫单寄生，少数为聚寄生。

分布：世界广布。世界已知 4 族，中国记录 3 族，浙江分布 12 属。

分属检索表

1. 足粗短；前中足跗节很阔，第 2–4 跗节很短，端跗节很大而长，长于第 2–4 跗节之和；前足胫节距长与其基跗节等长；前足基跗节无特化区；后足基跗节有特化区，即外侧具向外突出的薄缘；上唇平坦，多少后倾近水平状；前翅 M+Cu1 脉很弯曲；上颚单齿（阔跗茧蜂族 Yeliconini） ··· 阔跗茧蜂属 *Yelicones*
- 足正常，细长；前中足跗节正常；前足胫节距长明显短于基跗节；前足基跗节具缺凹，内有特化毛；后足基跗节无特化区；上唇多少凸出；前翅 M+Cu 脉直或稍曲，偶尔很曲；上颚 2 齿 ··· 2

2. 后翅 m-cu 脉存在，至少呈褶痕，并胸腹节分区，至少端部如此；跗爪简单；产卵管鞘显著地超出腹端；腹部第 3 背板至多基部具折缘，背方至多具中等程度刻纹；第 3 或第 4 背板具细横刻纹；前翅 Cu1a 脉近 2–1A 脉或处于 2–1A 脉和 2-Cu1 脉中间；第 1 背板背脊多样，通常相互连接而将背板基部围成一个瘦小的三角区（横纹茧蜂族 Clinocentrini） ··· 横纹茧蜂属 *Clinocentrus*
- 后翅 m-cu 脉不存在，如果偶尔存在（如脊茧蜂属某些种），则并胸腹节无分区；产卵管鞘伸出，几乎不超过腹末端，如果产卵管鞘明显超过腹端（刺茧蜂亚族 Spinariina、内茧蜂属 *Rogas* 和三缝茧蜂属 *Triraphis*），则跗爪具一大基叶突；其余特征多样（内茧蜂族 Rogadini） ·· 3

3. 腹部背板愈合，背板间不可活动，呈背甲状；第 3–5 背板具刺；并胸腹节短，后方陡斜；头（相对于胸、腹部）小（刺茧蜂亚族 Spinariina） ·· 刺茧蜂属 *Spinaria*
- 腹部背板不愈合，除第 2、3 背板外，其余背板间可活动；第 3–5 背板无刺；并胸腹节和头正常（内茧蜂亚族 Rogadina） ··· 4

4. 腹部第 1 背板在亚基部缢缩，最基部明显变宽；后足胫节距完全无毛，光滑（除外距基部具一些不明显的毛外）且弯曲；后翅 1r-m 脉斜；胫节内距基部具少许毛；第 4 背板具锋锐的侧褶 ·················· 5
- 腹部第 1 背板基部不扩大，或稍扩大，如果基部明显扩大和亚基部具缢缩（某些 *Aleiodes* 种类），则后足胫节距具毛且直，或后翅 1r-m 脉垂直；中足胫节内距具均匀的毛或光滑；第 4 背板多样 ··· 6

5. 前翅 r 脉、3-SR 脉及 2-SR 脉交界处肿大；腹部第 1 背板背凹大而深，左右相通，侧面观有一洞；跗爪具基叶突 ··· 大内茧蜂属 *Megarhogas*
- 前翅 r 脉、3-SR 脉及 2-SR 脉交界处正常；腹部第 1 背板背凹大，但左右不连通，若偶尔连通，则跗爪无基叶突；跗爪简单 ··· 大口茧蜂属 *Macrostomion*

6. 并胸腹节后方两侧具强齿，或明显的齿；第 1 背板背脊分离；跗爪具大而锐的基叶突；前翅 m-cu 脉与 2-Cu1 脉成角 ··· 7
- 并胸腹节后方无齿；第 1 背板背脊、跗爪及前翅 m-cu 脉和 2-Cu1 脉特征多样 ································· 8

7. 中胸盾片中叶显著凸出，比侧叶高；并胸腹节后方两侧具强锥齿；前翅 M+Cu1 脉、1-Cu1 脉和 cu-a 脉正常，亚基室正常 ··· 锥齿茧蜂属 *Conspinaria*
- 中胸盾片中叶微凸；并胸腹节后方两侧具齿，但相对较弱；前翅 M+Cu1 脉端半、1-Cu1 脉和 cu-a 脉肿大，亚基室端部扩大，形成圆腔 ··· 圆脉茧蜂属 *Gyroneuron*

8. 腹部第 4、5 背板具锐的侧褶；前翅 m-cu 脉多少弯曲，与 2-Cu1 脉平滑连接；后足胫节端部内方有一排梳状黄白色毛；下颚须第 3 节（尤其是雌性）常扩大；雌性下生殖板中等至大；颚眼沟多少存在；产卵管鞘细；跗爪有或无基叶突 ··· 9
- 腹部第 4、5 背板不具锐的侧褶；前翅 m-cu 脉直，与 2-Cu1 脉成角度；后足胫节端部内方无一排梳状黄白色毛；须正常；雌性下生殖板小至中等；无颚眼沟；产卵管鞘较宽大；跗爪简单，无基叶突 ········· 11

9. 跗爪基叶突中等至小，端部尖，黄色；后头脊不与口后脊相连；后翅 M+Cu 脉约等于或长于 1-M 脉；腹部第 2 背板基部中央无三角区 ·· 三缝茧蜂属 *Triraphis*
- 跗爪基叶突大，端部平截，黑色；后头脊与口后脊相连；后翅 M+Cu 脉短于 1-M 脉；腹部第 2 背板基部中央具三角区 ·· 10

10. 下颚须第 3 节显著扁平扩大；腹部第 1 背板背脊多少相互分离，有时愈合（中国种类）；后翅 SR 脉基部稍弯曲 ········· ·· 内茧蜂属 *Rogas*
- 下颚须细长；腹部第 1 背板背脊愈合成中纵脊；后翅 SR 脉基部强度弯曲 ················· 拟内茧蜂属 *Rogasodes*
11. 前翅 m-cu 脉相对于 1-M 脉向后明显发散；后翅 1-M 脉明显弯曲；后翅基室狭小；后足跗节黄白色；头、胸部嵌有红色或黄色的斑纹 ·· 弓脉茧蜂属 *Arcaleiodes*
- 前翅 m-cu 脉相对于 1-M 脉平行或向后收窄；后翅 1-M 脉直；后翅基室正常；后足跗节和头、胸部颜色有变化 ······ ·· 脊茧蜂属 *Aleiodes*

I. 阔跗茧蜂族 Yeliconini

主要特征：触角 35–54 节。后头脊明显而细；上唇平坦，多少后倾近水平状；上颚单齿；前胸背板无背凹；前胸腹板强度突出，侧面观可见；基节前沟宽而浅，有时不明显；盾纵沟细而浅，有时不明显。小盾片前沟前的中胸盾片横沟宽。后胸背板前方具中纵脊。并胸腹节具均匀的网皱，无中纵脊。前翅 2-SR+M 脉弯曲；M+Cu1 脉很弯曲。后翅 m-cu 脉长而明显。足粗壮；前中足跗节很阔，第 2–4 跗节很短，端跗节很大而长，长于第 2–4 跗节之和；前足胫节距长与其基跗节等长；后足基跗节有特化区，即外侧具向外突出的薄缘。足跗爪具栉齿。腹部第 1–3 背板具纵刻条。雌性下生殖板中等大小，腹方平直，端部平截。产卵管鞘稍外露；产卵管端部多少扁平。

生物学：据记载，仅知 *Y. delicatus* (Cresson)寄生于螟蛾科的苹蚀叶斑螟。

分布：世界广布。世界已知 40 种，中国记录 7 种，浙江分布 4 种。

161. 阔跗茧蜂属 *Yelicones* Cameron, 1887

Yelicones Cameron, 1887: 387. Type species: *Yelicones violaceipennis* Cameron, 1887.

主要特征：触角 30–54 节。后头脊明显而细；上唇平坦，多少后倾近水平状；上颚单齿；前胸背板无背凹；前胸腹板鳃叶状，强度突出，侧面观可见；基节前沟宽而浅，有时不明显；盾纵沟细而浅，有时不明显。小盾片前沟前的中胸盾片横沟宽。后胸背板前方具中纵脊。并胸腹节具均匀的网皱，无中纵脊。前翅 1-SR+M 脉弯曲；M+Cu1 脉很弯曲。后翅 m-cu 脉长而明显。足粗壮，前中足跗节很阔，第 2–4 跗节很短，端跗节很大而长，长于第 2–4 跗节之和；前足胫节距长与其基跗节等长；后足基跗节有特化区，即外侧具向外突出的薄缘；足跗爪具栉齿。腹部第 1–3 背板具纵刻条。雌性下生殖板中等大小，腹方平直，端部平截。产卵管鞘稍外露；产卵管端部多少扁平。

生物学：据记载，仅知寄生于苹蚀叶斑螟。

分布：世界广布。世界已知 127 种，中国记录 8 种，浙江分布 4 种。

分种检索表

1. 体全黄色或褐黄色；翅面无明显的褐斑；第 2 背板基部中央光滑三角区明显 ·· ··· 贝氏阔跗茧蜂 *Y. belokobyskiji*
- 体褐黄色或土黄色，并具褐色斑点；翅面具明显的褐斑；第 2 背板基部中央三角区不明显 ························· 2
2. 前翅 SR1 脉曲；1-R1 脉与翅痣等长；2-Cu1 脉为 1-Cu1 脉的 1.3 倍；后翅 2-SC+R 长形 ···································· ·· 长脉阔跗茧蜂 *Y. longineva*
- 前翅 SR1 脉直；1-R1 脉长于翅痣长；2-Cu1 脉为 1-Cu1 脉的 1.5–2.3 倍；后翅 2-SC+R 方形至明显竖形 ·············· 3
3. 后翅 m-cu 脉明显后叉，2-SC+R 脉明显竖形（垂直）；前翅 2-Cu2 脉为 1-Cu1 脉的 1.5 倍；后足基节和转节黄白色，腿节和胫节黄褐色带褐色，跗节黄色，端跗节暗色 ··· 吴氏阔跗茧蜂 *Y. wui*

- 后翅 m-cu 脉前叉至后叉，2-SC+R 脉方形；前翅 2-Cu2 脉为 1-Cu1 脉的 2.0–2.3 倍；后足黄色 ·· 朝鲜阔跗茧蜂 *Y. koreanus*

(337) 贝氏阔跗茧蜂 *Yelicones belokobyskiji* Quicke, Jamil *et* Chen, 1997

Yelicones belokobyskiji Quicke, Jamil *et* Chen, 1997.
Yelicones spec. B Chen *et* He, 1997, 308: 10.

主要特征：头顶和上颊近于光滑。后头脊细，背方中央缺。额稍突出，光滑，具中纵脊。脸平坦稍隆，具皱状刻纹。颊近于光滑，颚眼距为上颚基宽的 0.5–0.7。中胸侧板前方和背方具皱纹，其余具刻点，有光泽；基节前沟浅而狭，前部 2/3 明显，具平行刻纹。后胸侧板具皱纹。中胸盾片具皱状刻点，有光泽；盾纵沟细而浅，具平行刻条。小盾片前凹具纵刻条。并胸腹节具粗糙的网状皱纹，具不规则纵脊，侧脊在后方明显；气门圆形，位于基部 0.34 处。爪具栉齿。腹部第 1 背板长为其端宽的 1.0–1.1 倍；具网状纵皱；背中脊从基部 0.4 处会合成中纵脊；基部背中脊间背板光滑；气门位于背板基部 0.4 处，稍突出。第 2 背板具网状纵皱，基部中央具光滑三角区。第 3 背板基部具刻皱，其余光滑。其余背板光滑。产卵管鞘稍外露。

分布：浙江（新昌）、山东、云南；印度，尼泊尔。

(338) 长脉阔跗茧蜂 *Yelicones longievna* Quicke, Chishti *et* Chen, 1997

Yelicones longievna Quicke, Chishti *et* Chen, 1997: 787.

主要特征：触角 36 节。背面观上颊长度是复眼横径的 0.8。头顶具明显的皱状刻点。上颊下方具皱状刻条。后头脊明显而细。额具不规则中纵脊，上方具平行横刻条。脸具平行皱状横刻条；中央具中纵脊。颊具刻纹，长为上颚基宽的 0.7。中胸侧板前方和背方具皱纹；基节前沟浅，与侧板凹相连，内具皱状刻纹。中胸盾片具皱状刻点，中叶具细的中纵脊；盾纵沟细而浅，具短刻条。小盾片前凹具 4 条纵刻条。并胸腹节具网状皱纹，无中纵脊；气门圆形，位于基部 0.35 处。爪具栉齿。腹部第 1 背板长是端宽的 1.2 倍；具不规则纵刻条；背中脊在基部 1/3 后会合成中纵脊，在端部融于纵刻条之中；基部背中脊间背板光滑；气门位于背板基部 0.45 处，稍突出。第 2 背板基部 2/3 具细弱的纵刻条，基部中央无光滑三角区；端部 1/3 光滑。其余背板光滑。产卵管鞘稍外露。

分布：浙江（临安）；尼泊尔。

(339) 朝鲜阔跗茧蜂 *Yelicones koreanus* Papp, 1985

Yelicones koreanus Papp, 1985: 360.

主要特征：触角 24（+）节。背面观上颊长为复眼横径的 0.7。头顶和上颊具明显的刻纹。后头脊细而完整。额中央纵隆，其上有数条纵刻条；额上方具横刻条。脸具平行皱状细横刻条，中央具弱中纵脊。颊具刻纹，长为上颚基宽的 0.50。中胸侧板前方和背方具皱纹，其余具刻点，有光泽；基节前沟与侧板凹相连，具短刻纹。中胸盾片具皱状刻点，后方中央具纵皱，中叶具细中纵脊；盾纵沟细而浅，具短刻条。小盾片前凹具 5 条纵刻条。并胸腹节具网皱，无中纵脊；气门圆形，位于基部 0.36 处。前翅 r 脉发自翅痣中部；r：3-SR：SR1=10：10：34（长度比）；SR1 脉直；1-R1 脉长度为翅痣的 1.2 倍；1-SR+M 脉弯曲，2-SR：3-SR：r-m=9：11：10；1-Cu1：2-Cu1=8：18。后翅缘室向端部收窄，2-SC+R 脉方形；1-M：1r-m=14：14；m-cu 脉对叉。后足胫距长分别为基跗节的 0.43 和 0.30。爪具栉齿。腹部第 1 背板长与端宽等长，具粗皱状纵刻条，背中脊在基部 0.3 后会合成中纵脊，基部背中脊间背板光滑，气门位于背板基部 0.44 处。第 2 背板除端部 1/3 光滑外，其余具纵刻条，基部中央具光滑的小三角区。其余背板光滑。产卵管鞘稍外露。

分布：浙江（安吉、遂昌）、福建；俄罗斯（远东地区），朝鲜，越南。

（340）吴氏阔跗茧蜂 *Yelicones wui* Chen *et* He, 1995

Yelicones wui Chen *et* He *in* Wu, 1995: 558.

主要特征：触角 34 节，具密毛。背面观复眼为上颊长的 1.3 倍；上颊在复眼后方圆弧状，略收窄。后头脊明显，中央一点弱，背面观角状，腹方与口后脊会合。头顶和上颊具明显的皱状刻纹；额具弧状（光滑）刻纹。脸具平行皱状横刻条，上方具中纵脊。口窝宽为脸宽的 0.65。颊具刻纹，颚眼距为上颚基宽的 0.8。中胸侧板具刻纹；胸腹侧脊完整；基节前沟完整，前半段较深，上方与侧板凹连接，内具不规则粗刻纹；腹板侧沟前方存在。中胸盾片前方陡，具明显的刻皱，中叶具中纵脊；盾纵沟窄、深，后方会合。小盾片前沟宽而深，具 3 条纵脊。并胸腹节短，明显后倾，具不规则刻纹，近网状，基半具中纵脊。缘室基部扩大，端部收窄；2-SC+R 脉垂直，cu-a 脉近垂直，m-cu 脉后叉。后足胫节距长分别为其基跗节的 0.44 和 0.30，直，具毛。爪具栉齿。腹部第 1 背板长是端宽的 1.0 倍，两侧向基部显著收窄，具皱状纵刻条，背凹明显，背脊在背板中部后方愈合围成一个锐尖的基区，中纵脊弱，气门略突出。第 2 背板基区明显，近三角形，光滑；长是第 3 背板的 1.1 倍；基部近 2/3 具明显的皱状纵刻条，端部 1/3 和其余背板光亮。第 2、3 背板具锐的侧褶。

分布：浙江（庆元）。

II. 横纹茧蜂族 Clinocentrini

主要特征：触角 22-40 节；复眼稍微或不内凹。后头脊腹方弯向口后脊并与之连接。并胸腹节气门圆形，位于中部前方。并胸腹节小区中等大小或退化。前翅 Cu1a 脉（比起 2-Cu1 脉水平线）更接近 2-1A 脉水平线或大约位于中间；前翅 Cu1b 脉无或短小；前翅的 1-SR 脉与 1-M 脉连成直线；后翅 m-cu 脉存在，至少呈褶痕。跗爪简单。第 1 背板背脊有变化，但若连接则圈成一个细长的三角形；第 2 背板无三角形中基区，但在横纹茧蜂属 *Clinocentrus* 中有时具微小的三角区；第 3 背板至多前端有锋利的侧褶，具细至中等程度粗糙的刻纹；第 3 或第 4 背板有细横刻纹，偶尔无；第 4 和 5 背板无锋利的侧褶。产卵管鞘细，中等至大，约与腹部长度等长。

生物学：横纹茧蜂属内寄生于卷蛾科、螟蛾科、尖翅蛾科、雕蛾科、巢蛾科和织蛾科等 7 科的（老熟）幼虫。

分布：世界广布。

162. 横纹茧蜂属 *Clinocentrus* Haliday, 1833

Clinocentrus Haliday, 1833: 266. Type species: *Clinocentrus umbratilis* Haliday, 1833.

主要特征：触角 24-40 节；柄节端部几乎平截。下颚须中等大小，6 节；基节前沟背方无与之相连的沟。并胸腹节有中等大小不规则的分区；前翅缘室长，达于翅端；第 2 亚缘室中等大小；第 1 亚盘室端部关闭且中等大小；前翅 3-M 脉不骨化，m-cu 脉明显前叉；后翅 M+Cu 脉大约等长于 1-M 脉；后足胫节外距明显长于周围的刚毛；第 1 背板背脊愈合并圈成一个三角形；第 2、3 背板间的沟弱至深凹；第 3 背板通常（部分）有横刻纹；第 4 背板光滑；下生殖板中等大小，腹方平直，端部平截；产卵管鞘较长。

生物学：内寄生于卷蛾科、螟蛾科、尖翅蛾科、雕蛾科、邻绢蛾科、巢蛾科和织蛾科等7科的（老熟）幼虫。对夜蛾科和尺蛾科的寄主记录需进一步证实。

分布：世界广布。世界已知43种，中国记录12种，浙江分布4种。

分种检索表

1. 腹部第1背板长与端宽等长；体红黄色至褐色，并胸腹节和腹部基部3节色深 ································ 2
- 腹部第1背板长为端宽的1.4–1.8倍；体黑褐色，头、胸部具黄色至红黄色斑 ································ 3
2. 体红黄色；触角黄色；前翅2-Cu1脉为1-Cu1脉的3.7倍；后翅m-cu脉前叉 ········· 淡角横纹茧蜂 *C. cornalus*
- 体深黄褐色；触角褐色；前翅2-Cu1脉为1-Cu1脉的2.7倍；后翅m-cu脉后叉 ········· 百山祖横纹茧蜂 *C. baishanzuensis*
3. 额和头顶具细横刻纹；头褐黄色，仅复眼后方后头脊处暗色 ································ 皱额横纹茧蜂 *C. rugifrons*
- 额和头顶光滑；头褐黄色，脸、额、头顶及后头褐色 ································ 光头横纹茧蜂 *C. politus*

（341）淡角横纹茧蜂 *Clinocentrus cornalus* Chen et He, 1997

Clinocentrus cornalus Chen *et* He, 1997: 15.

主要特征：触角33节，具密毛。背面观复眼长为上颊长度的3.0倍；上颊在复眼后方直线收窄。后头脊完整，背方位置低；头顶和上颊光滑；额平坦，光滑。脸中央稍纵隆，上方具中纵脊，上方两侧具横刻纹。口窝宽为脸宽的0.5。颊光滑，无颚眼沟；颚眼距为上颚基宽的0.7。中胸侧板除背方具刻纹外，光滑；基节前沟近中央存在，具平行的短刻条；中胸盾片有稀而细刻点，光滑；盾纵沟窄，后方会合处宽阔，有刻纹；小盾片前沟宽而深，具1条明显纵脊，几条弱纵脊；小盾片近光滑，基半具侧脊。后胸背板基半具中纵脊。并胸腹节具不规则刻纹，基部有中纵脊，分区明显。前翅1-SR+M脉稍曲；r：3-SR：SR1 =6：12：24；SR1脉端部弯曲；2-SR：3-SR：r-m =8：12：5；1-Cu1：2-Cu1=3.5：13；cu-a脉内斜。后翅1r-m脉显著内斜；M+Cu：1-M=19：15；缘室平行；2-SC+R脉四边形；cu-a脉与M+Cu脉垂直；m-cu脉长。后足胫节距长分别为其基跗节的0.33和0.22，几乎直，具毛；跗爪简单。腹部第1背板长是端宽的1.1倍，向基部收窄，具纵刻条，背凹大，背脊在背板基部0.38处愈合，中纵脊明显。第2背板横形；基区小，不规则，具刻纹；长度是第3背板的1.2倍。第2、3背板具锐的侧褶；均有明显的皱状细纵刻条，第3背板端缘具少许细横刻纹。其余背板光滑。产卵管鞘长是前翅的0.4。

分布：浙江（临安）。

（342）百山祖横纹茧蜂 *Clinocentrus baishanzuensis* Chen et He, 1995

Clinocentrus baishanzuensis Chen *et* He *in* Wu, 1995: 559.

主要特征：触角鞭节褐色；上颚（除了端部）、颊和须黄色。后胸背板、并胸腹节和腹部第1–3背板及产卵管鞘黑褐色。足褐黄色，转节色较淡，后足胫节（除了基部）和后足跗节浅褐色。翅膜透明，毛黄褐色，翅痣基部和近基部中央黄色，其余暗黄褐色，脉黄褐色。触角34节。背面观复眼为上颊长的2.5倍；上颊在复眼后方圆弧状收窄；后头脊完整；头顶和上颊光滑；额近触角窝处有少许刻纹；脸上方及两侧具横刻纹，下方中央近光滑；唇基具刻皱；口窝宽为脸宽的0.6；颊具刻纹，颚眼距为上颚基宽的0.5。中胸侧板除背前方具刻纹外光亮；基节前沟近中央存在，光滑，具少许平行短小刻条。中胸盾片前方陡，光亮；盾纵沟窄，深，后方会合；小盾片前沟宽，具数条纵脊。后胸背板基半具中纵脊。并胸腹节较短，明显后倾，具不规则刻纹，分区不明显，中纵脊仅基部存在。后足胫节距长分别为其基跗节的0.30和0.22，具毛；跗爪简单。腹部第1背板长是端宽的1.0倍，两侧向基部收窄，具明显皱状纵刻条，背凹大，背脊在基部0.33处愈合，中纵脊明显。第2背板长度是第3背板的1.3倍，具不规则有刻纹的小基区，中纵脊弱；第 2、3 背板具锐的侧褶，均有明显的皱状纵刻条，第 3 背板最端缘具微细横刻纹，第 3 背板缺中纵脊；第 4-6 背板光滑。下生殖板中等大小，腹方平直，端部平截。产卵管鞘长是前翅的 0.3。

分布：浙江（庆元）。

（343）皱额横纹茧蜂 *Clinocentrus rugifrons* Chen et He, 1997

Clinocentrus rugifrons Chen et He, 1997: 19.

主要特征：触角 34-36 节。背面观复眼长为上颊长的 3.1 倍；上颊在复眼后方明显收窄，光滑。后头脊完整，腹方与口后脊会合。头顶具细横刻纹，明显球面状后倾；额具少许细横刻纹。脸两侧有细横刻纹。唇基具刻点；口窝宽为脸宽的 0.47；颊具皱纹，颚眼距为上颚基宽的 0.5。中胸侧板除背方具刻纹外光滑；基节前沟近中央存在，窄，具平行光滑的短刻条。中胸盾片具稀而细凹点，光滑；盾纵沟窄，深，后方会合处宽阔，内具刻皱；小盾片前沟宽而深，具 3 条纵脊。并胸腹节基部具中纵脊，其两侧近光滑，其余大部分具不规则网状刻纹，分区不明显。前翅 2-SR+M 脉几乎直；r∶3-SR∶SR1=8∶13∶36；SR1 脉端部弯曲；2-SR∶3-SR∶r-m=11∶13∶8；1-Cu1∶2-Cu1=3.5∶18.5；cu-a 脉近垂直。后翅 1r-m 脉外斜；M+Cu∶1-M=25∶21；缘室平行；2-SC+R 脉近四边形；cu-a 脉近于垂直；m-cu 脉长。后足胫节距长分别为其基跗节的 0.28 和 0.20，几乎直，具毛；跗爪简单。腹部第 1 背板长是端宽的 1.5-1.8 倍，两侧向基部收窄，具纵刻条，背凹大，背脊在背板基部 0.25 处愈合，中纵脊明显。第 2 背板正方形，长度是第 3 背板的 1.3 倍，基区小；第 2、3 背板具明显的纵刻条，均具锐的侧褶；第 3 背板刻条在端部向两侧弯，端缘中央具横刻纹；其余背板光滑。产卵管鞘长是前翅的 0.40-0.45。

分布：浙江（松阳、龙泉）、福建、广西。

（344）光头横纹茧蜂 *Clinocentrus politus* Chen et He, 1997

Clinocentrus politus Chen et He, 1997: 18.

主要特征：体黑褐色；触角褐色，基部两节红褐色；眼眶、触角窝附近、唇基、口器、颊、中胸侧板侧方后缘和腹板后缘、中胸盾片、小盾片侧方、中胸侧板光滑部分红黄色；腹部腹板及须黄色。足黄褐色，基节和转节黄色，胫节基部黄白色，腿节端部带暗色。翅透明，痣和脉褐色，痣基部黄色；触角 33-36 节。背面观复眼长为上颊长的 3.0 倍；上颊在复眼后方直线收窄，光滑。后头脊完整。头顶光滑，后倾。额光滑。脸上端具中纵脊，两侧有向下发散的刻纹，下半中央光滑。唇基具刻点；口窝宽为脸宽的 0.44。颊具刻纹，颚眼距为上颚基宽的 0.57。中胸侧板除背方具刻纹外光滑；基节前沟近中央存在，窄，具平行短刻条。中胸盾片光滑；盾纵沟窄，深，后方会合，会合处有刻纹；小盾片前沟宽而深，具 3 条纵脊。并胸腹节基部有中纵脊，其两侧中央光滑，其余具不规则网状刻纹，分区不明显。前翅 1-SR+M 脉稍弯；r∶3-SR∶SR1=9∶15∶37；SR1 脉直；2-SR∶3-SR∶r-m=11∶9∶8.5；1-Cu1∶2-Cu1=5∶20；cu-a 脉内斜。后翅 1r-m 脉外斜；M+Cu∶1-M=26∶23；缘室平行；2-SC+R 脉四边形；cu-a 脉与 M+Cu 脉近垂直；m-cu 脉长。后足胫节距长分别为其基跗节的 0.32 和 0.20，几乎直，具毛；跗爪简单。腹部第 1 背板长是端宽的 1.1-1.4 倍，向基部收窄，具纵刻条，背凹大，背脊在背板基部 0.3 处愈合，中纵脊明显。第 2 背板长为第 3 背板的 1.3 倍，基区小，不规则；第 2、3 背板具明显的皱状纵刻条和锐的侧褶；第 3 背板仅最端部具少许细横刻纹，刻纹有时向两侧弯，端部中央具横刻纹。其余背板光滑。产卵管鞘长是前翅的 0.4-0.43。

分布：浙江（临安）、福建、四川、贵州。

III. 内茧蜂族 Rogadini

主要特征：触角27–104节。复眼内缘多少内凹。并胸腹节气门位于中央前方，圆形，极少椭圆形；分区通常退化或无，若偶尔有则窄小。前翅的Cu1b脉很短于3-Cu1脉，常（接近于）无；前翅1-SR脉通常与1-M脉几乎成直线，偶尔与1-M成角度；后翅m-cu脉缺，极少有；后翅M+Cu脉长于或约等于1-M脉，偶尔短于1-M脉。跗爪有或无叶突。第1、2背板连接处除了刺茧蜂亚族Spinariina可活动；第2背板通常具三角形或半圆形的中基区，此区常小，但在Myoporhogas、三缝茧蜂属Triraphis和脊茧蜂属Aleiodes的一些种中缺；第4–6背板暴露，偶尔大部分或完全内缩；产卵管鞘不或几乎不突出于腹部末端，但刺茧蜂亚族Spinariina、内茧蜂属Rogas、直脉茧蜂属Rectivena和三缝茧蜂属Triraphis例外。

生物学：寄生于刺蛾科、卷蛾科、夜蛾科、尺蛾科等。

分布：世界广布。

163. 刺茧蜂属 *Spinaria* Brulle, 1846

Spinaria Brulle, 1846: 512. Type species: *Bracon armator* Fabricius, 1804.

主要特征：头背面观横形；复眼中等大小，内缘凹入。后头脊缺；前胸背板前缘中央叉状，背中央有一垂直、端部向前弯曲的长刺；胸腹侧脊完整；中胸侧板具完整的基节前沟。并胸腹节具刻皱，后端两侧具强齿；前翅r脉出自翅痣近中部；前翅SR1脉长约为3-SR脉的2倍；2-SR脉斜，与3-SR脉等长，r-m脉垂直；m-cu脉与第1亚缘室相连；cu-a脉后叉；腹部5节具显著的纵刻条和侧褶；背板间的缝具平行短刻条；腹部第3和第4背板端侧角具尖而强的刺，端缘中央具一钝齿；腹部第5背板端缘中央具一尖刺，产卵管鞘短，不超过腹末端，粗壮，被黑毛。

生物学：寄生于刺蛾科。

分布：东洋区、澳洲区。世界已知25种，中国记录4种，浙江分布1种。

（345）武刺茧蜂 *Spinaria armator* (Fabricius, 1804)

Bracon armator Fabricius, 1804: 107.
Spinaria armator: Sonan, 1944: 17.

主要特征：体长10–12 mm；体黄色，触角黑色至黑褐色，腹部第1–2节背板或仅第2背板中央、第4–5背板大部分黑色；足金黄色，雌性后足基节、转节及跗节稍暗；翅面和翅脉黄色，前后翅外侧、副痣及1-SR+M脉基段附近、3-Cu1脉烟褐色。

分布：浙江（临安）、台湾、广东、海南、广西；马来西亚，印度尼西亚。

164. 大内茧蜂属 *Megarhogas* Szepligeti, 1904

Megarhogas Szepligeti, 1904: 83. Type species: *Megarhogas longipes* Szepligeti, 1904.

主要特征：触角64（+）节。下颚须和下唇须正常。后头脊完整，腹方非常接近口后脊，但不与口后脊会合；具颚眼沟；盾前凹深，窄；胸腹侧脊完整；基节前沟完整。中胸盾片中叶突出。后胸背板中纵脊完整。并胸腹节中纵脊仅基部存在，分成2条，后缘侧脊明显，钝角状突出。前翅翅痣很长，1-SR+M

脉基部很弯；r 脉和 2-SR 与 3-SR 脉交界处肿大；3-SR 脉基部及 2-SR 脉上端弯曲；1-M 脉很斜；后翅 1r-m 脉显著外斜；M+Cu 脉与 1-M 脉约等长；基室很狭；缘室中间变窄，SR 脉近翅前缘；无 m-cu 脉。足跗爪腹面具大而锐的叶突；后足胫节距长弯曲，无毛。腹部第 1 背板长为端宽的 2 倍，两侧向基部收窄，最基部两侧有叶状突出，端侧角突出，背凹大，背脊愈合，围成一个基区，中纵脊强；第 2 背板基区大，三角形，光滑；第 2–6 背板具锐的侧褶；下生殖板大，腹方凸出，端部圆形，不封闭；产卵管鞘细，略突出。

生物学：寄生于毒蛾科。

分布：东洋区。世界已知 12 种，中国记录 2 种，浙江分布 1 种。

(346) 斑翅大内茧蜂 *Megarhogas maculipennis* Chen et He, 1997

Megarhogas maculipennis Chen et He, 1997: 82.

主要特征：体长 13.0–13.5 mm；前翅长 11.5–12.2 mm。体黄色；腹部背板黄褐色，向末端变暗；触角红黄色至红褐色；产卵管鞘褐色。后足腿节和胫节红褐色至红黄色。翅面淡烟黑色，翅痣端半下方具 1 透明横带，基半下方带 1 烟色横带，痣黄色，基部外缘褐色，脉黄色至黄褐色；触角约 77 节。下颚须第 3 节略扩大。背面观复眼为上颊长的 3.4 倍；上颊在复眼后方明显收窄。后头脊完整；头顶和上颊光滑。额光滑，近触角窝处有刻条。脸中央隆起部分具刻皱，两侧具横刻纹。唇基近光滑；口窝宽为脸宽的 0.7。颊具刻皱，颚眼距为上颚基宽的 0.58。中胸侧板除背缘和前上缘具刻纹外光滑；基节前沟完整，浅而宽，具不规则刻条。中胸盾片具光泽，有细刻点，中叶突出；盾纵沟窄，后方会合处有纵刻纹；小盾片前沟宽而深，具数条纵脊。并胸腹节中纵脊仅基部存在，分成 2 条，端部具粗刻纹，其余刻纹细弱；后缘侧脊明显，钝角状突出。前翅 r : 3-SR : SR1=8 : 28 : 35；SR1 脉端部弯曲；r 脉和 2-SR 脉与 3-SR 脉交界处肿大，3-SR 脉基部及 2-SR 脉上端弯曲；2-SR : 3-SR : r-m=11 : 28 : 8；1-Cu1 : 2-Cu1=6 : 24；cu-a 脉垂直；1-M 脉很斜。后翅 M+Cu : 1-M=30 : 30；缘室中间变窄，SR 脉近翅前缘；2-SC+R 脉四边形；cu-a 脉外斜，下端弯曲；无 m-cu 脉。后足胫节距长分别为其基跗节的 0.27 和 0.23，弯曲，无毛；跗爪腹面具大而锐的叶突。腹部第 1 背板长是端宽的 2.3 倍，两侧向基部收窄，最基部两侧叶状突出，端侧角突出，具皱状纵刻纹，背凹大，背脊在背板基部 0.14 处愈合，中纵脊强。第 2 背板长为第 3 背板的 1.4 倍；三角形基区大，光滑，具中纵脊；背板亚基部凹入。第 2–4 背板具明显的皱状细纵刻条，第 3、4 背板刻条较弱；第 3、4 背板基部两侧有一条斜纵沟。第 5、6 背板具细刻点；第 2–6 背板具锐的侧褶。产卵管鞘长是前翅的 0.05。

分布：浙江（开化）、福建、云南。

165. 大口茧蜂属 *Macrostomion* Szepligeti, 1900

Macrostomion Szepligeti, 1900: 57. Type species: *Macrotstomion bicolor* Szepligeti, 1900.

主要特征：触角 25 (+) 节；柄节近光滑，背方长于腹方，端部平截。下颚须和下唇须均正常。后头脊完整，背面观圆弧状，腹方与口后脊会合。颊具颚眼沟。盾前凹深，窄小；胸腹侧脊完整；基节前沟近中央存在，窄，"S" 状；中胸侧板光滑；小盾片无侧脊。后胸背板基半具中纵脊。并胸腹节无中纵脊，具不规则刻纹。前翅 1-SR+M 脉弯曲；SR1 脉直；2-SR 脉约与 3-SR 脉等长；cu-a 脉近垂直。后翅 1r-m 脉显著外斜；缘室平行；2-SC+R 脉四边形；cu-a 脉外斜；无 m-cu 脉。足跗爪简单，无叶突；后足胫节距长弯曲，无毛。腹部第 1 背板两侧向基部收窄，最基部扩大，背凹大，背脊愈合，围成一个基区，中纵脊明显；第 2 背板基区大，三角形，近光滑；第 2–6 背板具锐的侧褶；下生殖板大，腹方凸出，端部平截。产卵管鞘长细。

生物学：未知。

分布：澳洲区。世界已知 13 种，中国记录 3 种，浙江分布 1 种。

(347) 苏门答腊大口茧蜂 *Macrostomion sumatranum* (Enderlein, 1920)

Pelecystoma sumatranum Enderlein, 1920: 147.
Macrostomion sumatranum: Watanabe, 1937: 47.

主要特征：体黄色至红黄色，腹部色稍深；单眼区和上颚端部褐色。中胸盾片有 3 个褐色斑（中叶前半、两侧叶后方）；翅带褐色，翅痣外侧亚端部有一透明横带（除了第 2 亚缘室）；下颚须和下唇须均正常。后头脊完整，背面观圆弧状，腹方与口后脊会合。颊具颚眼沟。盾前凹深，窄小；中胸侧板光滑；胸腹侧脊完整；基节前沟近中央存在，窄，"S"状。小盾片无侧脊。后胸背板基半具中纵脊。并胸腹节无中纵脊，具不规则刻纹。前翅 1-SR+M 脉弯曲；SR1 脉直；2-SR 脉约与 3-SR 脉等长；cu-a 脉近垂直。后翅 1r-m 脉显著外斜；缘室平行；2-SC+R 脉四边形；cu-a 脉外斜；无 m-cu 脉。足跗爪简单；后足胫节距长，弯曲，无毛。腹部第 1 背板两侧向基部收窄，最基部扩大，背凹大，背脊愈合，围成一个基区，中纵脊明显；第 2 背板基区大，三角形，近光滑；第 2–6 背板具锐的侧褶；下生殖板大，腹方凸出，端部平截。产卵管鞘细长。

分布：浙江（临安、龙泉）、湖北、福建、台湾、海南、广西、贵州、云南；印度尼西亚。

166. 锥齿茧蜂属 *Conspinaria* Schulz, 1906

Conspinaria Schulz, 1906: 139. Type species: *Paraspinaria pilosa* Cameron, 1905.

主要特征：触角 70–75 节，触角长于体长；柄节背方稍长于腹方，端部平截。下颚须和下唇须正常，细长。后头脊完整，腹方近口后脊，但不与口后脊会合。颊无颚眼沟。盾前凹深，大；胸腹侧脊完整；基节前沟近于完整，宽。中胸盾片中叶明显突出；小盾片无侧脊。后胸背板具中纵脊。并胸腹节短，明显后倾，中纵脊强，具不规则粗横刻条，后缘两侧角各有 1 个强刺。前翅 1-SR+M 脉直；SR1 脉直；2-SR 脉约为 3-SR 脉的 0.5；cu-a 脉近垂直。后翅 1r-m 脉显著外斜；M+Cu 脉长于 1-M 脉；缘室基部稍扩大，其余近平行；2-SC+R 脉四边形；cu-a 脉稍外斜；无 m-cu 脉。足跗爪腹面具大而锐的叶突；后足胫节端部内侧具特化的梳状毛；后足胫节距长直，具毛。腹部第 1 背板两侧近平行，背凹大，背脊近于平行，达背板端缘，两背脊间有中纵脊，背脊间背板突起，背脊两侧背板凹；具缘脊；第 2 背板基部三角区很小；第 2 背板具有中纵脊和缘脊；第 2–6 背板具锐的侧褶；下生殖板中等大小，腹方近乎平直，端部平截；产卵管鞘细，短。

生物学：未知。

分布：东洋区。世界已知 11 种，中国记录 2 种，浙江分布 1 种。

(348) 黄锥齿茧蜂 *Conspinaria flavum* (Enderlein, 1920)

Gyroneuron flavum Enderlein, 1920: 144.
Conspinaria flavum: Shenefelt, 1975: 1194.

主要特征：体长 8–14 mm；前翅长 8–13 mm。体红黄色至黄褐色；腹部色稍暗；触角除了基部两节、后足跗节、产卵管鞘黑褐色。翅面带黄色，痣和脉黄色；副痣和附近翅脉褐色；触角 70–75 节，长于体长。背面观复眼长为上颊长的 1.7 倍；上颊在复眼后方稍收窄。头顶和上颊光滑。额凹入，光滑。脸光滑，中央稍隆起。唇基凸，具刻点；口窝宽为脸宽的 0.4。颊光滑；颚眼距为上颚基宽的 1.2 倍。中胸侧板大部分光滑；基节前沟近完整，宽，具平行短刻条，其下方侧板具刻皱。中胸盾片前方陡，有稀而细的刻点，近于光滑；盾纵沟窄，深，后方会合处有纵刻条；小盾片前沟窄而深，具 3 条纵脊；小盾片具刻点。并胸腹节短，明显后倾，中纵脊强，具不规则粗横刻条，后缘两侧角各有 1 个强刺。前翅 r：3-SR：SR1=10：20：38；SR1 脉直；2-SR：3-SR：r-m=11：20：10；1-Cu1：2-Cu1=3：19；cu-a 脉近垂直。后翅 M+Cu：1-M=27：16；缘室基部稍扩大，其余近于平行；2-SC+R 脉四边形；cu-a 脉稍外斜；无 m-cu 脉。后足胫节距长分别为其基跗节的 0.26 和 0.20，直，具毛。腹部第 1 背板长是端宽的 1.1 倍，两侧近平行，具皱状纵刻条，背脊两侧背板凹入，具缘脊。第 2 背板很小，长度是第 3 背板的 2.1 倍，具明显的皱状纵刻条，中央纵向突起，其两侧背板凹入，有中纵脊和缘脊。第 3 背板基部 2/3 具稍弱的皱状纵刻条。其端部和第 4–6 背板具刻点，近光滑。产卵管鞘长是前翅的 0.04。

分布：浙江（杭州、泰顺）、安徽、江西、湖南、福建、台湾、广西、云南；印度尼西亚。

167. 圆脉茧蜂属 *Gyroneuron* Kokoujev, 1901

Gyroneuron Kokoujev, 1901: 231. Type species: *Gyroneuron mirum* Kokoujev, 1901.

主要特征：触角约 54 节，触角长于体长；柄节背方略长于腹方，端部平截。下颚须和下唇须正常。后头脊完整，腹方近口后脊，但不与口后脊会合。无颚眼沟。盾前凹深，明显；胸腹侧脊完整；基节前沟近于完整，浅而宽；中胸侧板光滑；小盾片无侧脊。后胸背板基半具中纵脊。并胸腹节短，明显后倾，基部具中纵脊，后缘两侧角各有 1 齿。前翅 1-SR+M 脉直；SR1 脉稍弓状；cu-a 脉外斜；M+Cu 脉端部、1-Cu1 脉和 cu-a 脉明显肿大，形成半圆弧状；亚基部端部明显膨大。后翅 1r-m 脉显著外斜；M+Cu 脉长于 1-M 脉；缘室基部稍扩大，其余近平行；2-SC+R 脉横形，cu-a 脉弯曲；稍外斜；无 m-cu 脉。足跗爪腹面具大而锐的叶突；后足胫节端部内侧具特化的梳状毛；后足胫节距直，具毛。腹部第 1 背板背凹大，背脊不愈合，端半消失；中纵脊明显，第 2 背板基区小，三角形；第 2 背板具中纵脊；第 2–6 背板具锐的侧褶；下生殖板中等大小，腹方平直，端部平截。产卵管鞘细、短。

生物学：未知。

分布：东洋区。世界已知 2 种，中国记录 2 种，浙江分布 1 种。

（349）黄圆脉茧蜂 *Gyroneuron testaceator* Watanabe, 1934

Gyroneuron testaceator Watanabe, 1934a: 193.

主要特征：体长 5.5–10.5 mm；前翅长 6.0–9.7 mm。触角 50–66 节。体黄色至褐黄色；触角（除了基部两节）、前胸背板中央一点、中胸盾片和侧缘褐色；翅透明，翅痣和 M+Cu 脉、Cu1 脉和 cu-a 脉、后翅 1-SC+R 脉和 SC+R1 脉褐黄色，其余脉褐色；触角约 54 节，长于体长。下颚须和下唇须正常。后头脊完整，腹方近口后脊，但不与口后脊会合。无颚眼沟。盾前凹深，明显。中胸侧板光滑；胸腹侧脊完整；基节前沟近于完整，浅而宽。小盾片无侧脊。后胸背板基半具中纵脊。并胸腹节短，明显后倾，基部具中纵脊，后缘两侧角各有 1 齿。前翅 1-SR+M 脉直；SR1 脉稍弓状；cu-a 脉外斜；M+Cu 脉端部、1-Cu1 脉和 cu-a 脉明显肿大，形成半圆弧状；亚基部端部明显膨大。后翅 1r-m 脉显著外斜；M+Cu 脉长于 1-M 脉；缘室基部稍扩大，其余近平行；2-SC+R 脉横形，cu-a 脉弯曲；无 m-cu 脉。跗爪腹面具大而锐的叶突；后足胫节端部内侧具特化的梳状毛；后足胫节距直，具毛。腹部第 1 背板背凹大，背脊不愈合，端半消失；中纵脊明显。第 2 背板基区小，三角形；具中纵脊。第 2–6 背板具锐的侧褶。下生殖板中等大小，腹方平直，端部平截。产卵管鞘细、短。

分布：浙江（庆元、龙泉）、湖南、福建、台湾、广西、云南。

168. 三缝茧蜂属 *Triraphis* Ruthe, 1855

Triraphis Ruthe, 1855: 292. Type species: *Exothecus discolor* Ruthe, 1855.

主要特征：触角端节具短刺。下颚须和下唇须正常；口后脊在腹面不与后头脊连接。后头脊不完整，背方有一大段缺，腹面部分缺。头顶和额光滑。唇基平坦，不突出，端部厚；颚眼沟明显；复眼明显内凹；盾前凹不明显；胸腹侧脊完整；基节前沟仅中部明显；盾纵沟狭窄，与后方中部短凹陷相连接。后胸背板中脊短。并胸腹节存在分区，但四周的脊比较弱而不规则；无并胸腹节瘤。前翅 1-SR 脉长，与 1-M 脉成一直线；前翅 m-cu 脉前叉，弯曲，渐并入 2-Cu1 脉，向后与 1-M 脉收窄，即第 1 盘室向后收窄；前翅 r 脉不与痣后缘成一直线；前翅 3-SR 脉长于 2-SR 脉；前翅第 1 亚盘室中等大小，1-Cu1 脉短；前翅 1-SR+M 脉稍弯曲；前翅 cu-a 脉近垂直；前翅 M+Cu1 脉平直；后翅缘室与翅缘接近平行；后翅 1r-m 脉比较短而外斜；翅膜几乎透明。跗爪具尖锐的叶突；端跗节正常，细；雄性跗节正常，相似于雌性跗节；中足、后足胫节距长，直，具刚毛；后足胫节端部内侧具明显特化的梳状毛。第 1 背板具中等大小的背凹，其背脊通常不连接，有中脊，无基凸缘；第 2 背板基部中央无三角区；第 2–6 背板具锋利的侧褶。雌性下生殖板比较大，腹面部分平直，端部平截；产卵管鞘细；产卵管几乎直。

生物学：内寄生于刺蛾科和斑蛾科。

分布：世界广布。世界已知 43 种，中国记录 15 种，浙江分布 6 种。

分种检索表

1. 翅面烟黑色，前翅仅亚端部和基部、后翅基部黄色；体黄色，仅后头及其周围黑色 ············ **暗翅三缝茧蜂 *T. fuscipennis***
- 翅面透明，至多中部带暗色；体色多样 ··· 2
2. 体全黄色至褐黄色，具少许暗斑 ··· 3
- 体黑色或黄色，具许多暗斑 ··· 4
3. 后单眼直径小于或等于单复眼间距；背面观复眼长度是上颊长度的 3 倍 ·································· **黄三缝茧蜂 *T. flavus***
- 后单眼直径大于单复眼间距；背面观复眼横径是上颊长度的 5 倍 ·· **窄颊三缝茧蜂 *T. brevis***
4. 单眼小，后单眼直径小于单复眼间距；复眼小，背面观复眼长是上颊长的 3 倍 ······················ **黑三缝茧蜂 *T. melanus***
- 单眼大，后单眼直径大于单复眼间距；若后单眼直径等于单复眼间距，则复眼大，背面观复眼长是上颊长的 3–5 倍 ·····
··· 5
5. 产卵管鞘长，长为前翅长的 0.37；体黄色，腹部第 1–3 节背板带暗色 ······································ **长管三缝茧蜂 *T. terebrans***
- 产卵管鞘短，长为前翅长的 0.11；体色多样 ·· **龙王三缝茧蜂 *T. longwangensis***

（350）暗翅三缝茧蜂 *Triraphis fuscipennis* Chen et He, 1997

Triraphis fuscipennis Chen et He, 1997: 98.

主要特征：体黄色至红黄色；触角黄褐色至淡褐色；头顶、上颊和后头黑色；产卵管鞘及爪褐色。翅面带浅烟黑色，前翅缘室基半、第 2 盘室中部、近副痣处和前后翅基部黄色，近透明；痣黑色；脉褐色，副痣和前翅 1-R1 脉基半黄色；触角 51 节；背面观复眼长为上颊长的 3.5 倍；上颊光滑，在复眼后方直线稍收窄。头顶光滑，中央明显后倾。额凹，光滑。脸中央稍纵隆，上半有从中央向两侧发散的细斜刻纹，两侧缘和下方光滑。唇基具细刻纹；口窝宽为脸宽的 0.53。颊近光滑，颚眼距为上颚基宽的 0.57。中胸侧板光滑。中胸盾片光滑；盾纵沟窄；小盾片前沟宽而深，具 4 条纵脊。并胸腹节基半具中纵脊，后半具不规则刻纹，其余背板具稀疏刻点，近光滑。前翅 r：3-SR：SR1 =5：17：30；SR1 脉稍弓状；2-SR：3-SR：

r-m=14∶17∶9；1-Cu1∶2-Cu1=5∶15；cu-a 脉垂直。后翅 M+Cu∶1-M=27∶24；缘室平行，端部稍收窄，SR 脉端半无痕迹；2-SC+R 脉四边形，cu-a 脉稍外斜，无 m-cu 脉。后足胫节距长分别为其基跗节的 0.28 和 0.22。腹部第 1 背板长是端宽的 1.3 倍，两侧向基部收窄，具皱状纵刻条，背脊伸达基部 0.30 处，端部中纵脊明显。第 2 背板长度是第 3 背板的 1.5 倍。第 2–6 背板具明显的皱状纵刻条；第 4–6 背板具稍弱的皱状纵刻条。产卵管鞘长是前翅的 0.12。

分布：浙江（长兴）。

（351）黄三缝茧蜂 *Triraphis flavus* Chen *et* He, 1997

Triraphis flavus Chen *et* He, 1997: 97.

主要特征：体黄色；须黄白色；触角端部变暗；爪褐色；小盾片后缘带褐色；产卵管鞘黄褐色。翅透明，痣和前翅中部翅脉褐色，痣两端及其他脉黄色至黄白色。有时头顶、上颊、后头和额褐黄色，小盾片后方、并胸腹节和腹部第 1、2 背板带褐色；翅端部翅脉不着色；触角 28–34 节。背面观复眼长为上颊长的 3.0 倍；上颊光滑，在复眼后方直线稍收窄。头顶光滑，明显后倾。额平坦，具光滑横刻纹。脸具中纵脊，两侧具细横刻纹。唇基具细刻纹；口窝宽为脸宽的 0.5。颊具刻皱，颚眼距为上颚基宽的 0.8。中胸侧板除背方具少许刻纹外光滑；中胸盾片光滑；盾纵沟深，后方会合；小盾片前沟宽而深，具数条纵脊；小盾片光滑，基部具侧脊。并胸腹节短，明显后倾，基部具中纵脊；中央近光滑，两侧具不规则刻纹，有端区。后足胫节距长分别为其基跗节的 0.29 和 0.23。腹部第 1 背板长是端宽的 0.9，两侧向基部收窄，具皱状纵刻条，背脊伸达基部 0.4 处，中纵脊在端半明显。第 2 背板长为第 3 背板的 1.5 倍，具中纵脊；第 2、3 背板具明显的皱状纵刻条，第 4–6 背板具稍弱的皱状纵刻条；第 3、4 背板端缘、第 5 背板端半和第 6 背板光滑。产卵管鞘长是前翅的 0.13。

分布：浙江（杭州）、广东。

（352）窄颊三缝茧蜂 *Triraphis brevis* Chen *et* He, 1997

Triraphis brevis Chen *et* He, 1997: 95.

主要特征：体黄色至红黄色；须黄白色；触角端部变暗；前胸和足淡黄色；并胸腹节和第 1 背板略带暗色；产卵管鞘和爪淡褐色。翅透明，痣和中部翅脉褐色，副痣和其他脉黄色；背面观复眼长为上颊长的 5.0 倍；上颊在复眼后方直线显著收窄。头顶和上颊光滑。额凹入，光滑。脸背方中央具中纵脊，两侧具刻纹，下方大部分近光滑。唇基具刻点；口窝宽为脸宽的 0.5。颊光滑，颚眼距为上颚基宽的 0.7。中胸侧板除背方具少许刻纹外光滑。中胸盾片光滑；盾纵沟深，后方会合；小盾片前沟宽而深，具数条纵脊；小盾片光滑，无侧脊。并胸腹节短，明显后倾，中纵脊在最基部存在，后分叉，围成端区；基中脊两侧近光滑，其余具不规则刻纹。前翅 r∶3-SR∶SR1=12∶18∶2；SR1 脉直；2-SR∶3-SR∶r-m =12∶18∶9；1-Cu1∶2-Cu1=4∶16；cu-a 脉内斜；1-Cu1 脉稍肿大。后翅 M+Cu∶1-M=24∶22；缘室向端部收窄；SR 脉端部消失；2-SC+R 脉四边形，cu-a 脉外斜，无 m-cu 脉。后足胫节距长分别为其基跗节的 0.3 倍和 0.23 倍。腹部第 1 背板长是端宽的 0.9，两侧向基部明显收窄，具皱状纵刻条，背凹明显，背脊不愈合，伸达基部 0.4 处；中纵脊在端部存在；第 2 背板长为第 3 背板的 1.4 倍；第 2–5 背板具明显的皱状纵刻条；第 4、5 背板端缘和第 6 背板光滑。产卵管鞘长是前翅的 0.15。

分布：浙江（杭州）、湖北、福建。

（353）黑三缝茧蜂 *Triraphis melanus* Chen *et* He, 1997

Triraphis melanus Chen *et* He, 1997: 101.

主要特征：触角 38–40 节（雌性）或 25 节（雄性）。背面观复眼长为上颊长的 3.0 倍；上颊在眼后方明显收窄。头顶和上颊光滑；额具细横刻纹。脸两侧具细横皱纹，中央下方近光滑。唇基具细刻皱；口窝宽为脸宽的 0.55。颊具刻纹，颚眼距为上颚基宽的 0.8。中胸侧板除背方具几条粗刻条外光滑；中胸盾片具稀而细的刻点，近光滑；小盾片前沟宽，具短纵脊；小盾片光滑，无侧脊。并胸腹节基半具中纵脊，端区小，除后缘具少许刻纹外，大部分光滑。前翅 r：3-SR：SR1=5：13：30；SR1 脉直；2-SR：3-SR：r-m=10：13：7；1-Cu1：2-Cu1=3：14；cu-a 脉近垂直。后翅 M+Cu：1-M=17：17；缘室近平行；2-SC+R 脉四边形；cu-a 脉近垂直；无 m-cu 脉。后足胫节距长分别为其基跗节的 0.27 倍和 0.22 倍。腹部第 1 背板长是端宽的 1.1 倍，两侧向基部收窄，具皱状纵刻条，背脊伸达基部 0.3 处，具弱中纵脊。第 2 背板长为第 3 背板的 1.4 倍，具弱中纵脊。第 4、5 背板皱状纵刻条稍弱；第 6 背板近光滑。产卵管鞘长是前翅的 0.14 倍。

分布：浙江（安吉、临安）、福建、四川。

(354) 长管三缝茧蜂 *Triraphis terebrans* Chen *et* He, 1995

Triraphis terebrans Chen *et* He, 1995: 256.

主要特征：触角 45 节。背面观复眼长为上颊长的 4.1 倍；上颊在复眼后方明显收窄。头顶和上颊光滑。额具少许光滑刻纹。脸两侧有细横皱纹和向下发散的皱纹。唇基具刻点；口窝宽为脸宽的 0.57。颊具刻皱，颚眼距为上颚基宽的 0.4。中胸侧板光亮。中胸盾片前方陡，光滑，小盾片前沟宽，具纵脊；小盾片光滑，无侧脊。并胸腹节短，明显后倾，中纵脊在最基部存在；端区狭长；除基部光滑外，其余具不规则刻纹，有光泽。前翅 r：3-SR：SR1=8：22：42；SR1 脉直；2-SR：3-SR：r-m=15：22：10；1-Cu1：2-Cu1=4：20；cu-a 脉近垂直。后翅 M+Cu：1-M=20：19；缘室向端部收窄；2-SC+R 脉长方形；cu-a 脉近垂直；无 m-cu 脉。后足胫节距长分别为其基跗节的 0.36 和 0.27。腹部第 1 背板长是端宽的 1.0 倍，两侧近平行，背脊伸至基部 0.4 处，不愈合，中纵脊弱。第 2 背板长为第 3 背板的 1.4 倍。第 1–5 背板具明显的皱状纵刻条，第 4、5 背板纵刻条稍弱；第 6 背板近光滑。产卵管鞘长是前翅的 0.37。

分布：浙江（开化）。

(355) 龙王三缝茧蜂 *Triraphis longwangensis* Chen *et* He, 1997

Triraphis longwangensis Chen *et* He, 1997: 100.

主要特征：体长 3.8 mm；前翅长 3.8 mm。头、胸部褐黄色；头顶、上颊和后头、中胸侧板上半、小盾片侧方、后胸背板和侧板、并胸腹节黑褐色至黑色；腹部黑色，腹板和第 6 背板黄色；触角淡褐色，端部变暗；须黄白色；产卵管鞘淡褐色。足黄色，爪黄色。翅透明，痣淡褐色，副痣带黄色，脉褐色至淡褐色；触角 40 节。背面观复眼长为上颊长的 5.0 倍；上颊在复眼后方明显收窄。头顶、上颊和额光滑。脸两侧具细横皱，下缘中央近光滑。唇基具细刻点；口窝宽为脸宽的 0.5。颊光滑，颚眼距为上颚基宽的 0.7。中胸侧板光亮。中胸盾片前方陡，近光滑。小盾片前沟宽，具数条纵脊；小盾片近光滑，后缘有少许刻点，无侧脊。并胸腹节基半具中纵脊，基半中央光滑，端半具横皱刻纹，其余具不规则刻纹。前翅 r：3-SR：SR1=5：17：35；SR1 脉直；2-SR：3-SR：r-m=11：17：8；1-Cu1：2-Cu1=4：13；cu-a 脉近垂直。后翅 M+Cu：1-M=18：17；缘室向端部变窄；SR 脉不着色；2-SC+R 脉横形；cu-a 脉外斜；无 m-cu 脉。后足胫节距长分别为其基跗节的 0.11–0.18。腹部第 1 背板长是端宽的 1.2 倍，两侧向基部收窄，背脊在基部 0.26 处愈合，基区内具刻纹。第 2 背板长为第 3 背板的 1.6 倍。第 1、2 背板具弱而模糊的中纵脊。第 1–5 背板具明显的皱状纵刻条，第 4、5 背板纵刻条稍细弱；第 6 背板细皮革状；产卵管鞘长是前翅的 0.11。

分布：浙江（安吉）。

169. 内茧蜂属 *Rogas* Nees, 1818

Rogas Nees, 1818: 306. Type species: *Ichneumon testaceus* Fabricius, 1798.

主要特征：触角端节具短刺。下颚须第 3 节显著扩大和扁平，下唇须第 2 节渐扩大略呈囊状，其他须节细；口后脊在腹面与后头脊连接或几乎如此。后头脊完整；额和头顶平且光滑；颚眼沟存在；复眼明显内凹。盾前凹深且窄；胸腹侧脊完整；基节前沟仅中部有痕迹，狭窄且表面具平行刻条；盾纵沟狭窄。后胸背板中纵脊长，不突出或稍突出。并胸腹节分区不规则，不完整且比较窄；无并胸腹节瘤，但脊稍突起。前翅 1-SR 脉长，与 1-M 脉成一直线；前翅 m-cu 脉刚前叉，弯曲，渐并入 2-Cu1 脉，向后与 1-M 脉会聚，即第 1 盘室向后收窄；前翅 r 脉不与痣脉后缘成一直线；前翅 3-SR 脉中等大小，明显长于 2-SR 脉；前翅第 1 亚盘室长，1-Cu1 脉中等大小；前翅 cu-a 脉和 3-Cu1 脉一样斜；后翅 M+Cu 脉几乎直；后翅缘室端部与翅缘平行，SR 脉基部稍弯；后翅 1r-m 脉斜；后翅 cu-a 脉明显弯向翅基部。跗爪具大而平截的基叶突；雄性跗节正常，相似于雌性跗节；中足、后足胫节距长，直，具刚毛；后足胫节端部内侧具明显特化的梳状刚毛。第 1 背板具大背凹，背脊达背板端部，但中国种类在后端连接，背板上无基凸缘；第 2 背板有或无中纵脊，基部中央具不规则而部分有刻纹的基区；第 2–5 背板具锋利的侧褶；雌性下生殖板中等大小，腹面部分平直，端部平截。

生物学：寄生于刺蛾科和凤蝶科；有寄生于尺蛾科和卷蛾科的记录，但还需证实。

分布：古北区、东洋区。世界已知 100 种，中国记录 4 种，浙江分布 1 种。

（356）黑痣内茧蜂 *Rogas nigristigma* Chen et He, 1997

Rogas nigristigma Chen et He, 1997: 87.

主要特征：触角 77 节。下颚须第 3 节显著扩大，第 4 节略扩大，均扁平；下唇须第 2 节膨大，囊状；背面观复眼为上颊长的 2.2 倍；上颊在复眼后方明显收窄。头顶和上颊光滑。额平坦，光滑。脸具刻纹，中央稍隆起。唇基稍凸，具刻点；口窝宽为脸宽的 0.5。颊光滑，颚眼距为上颚基宽的 0.6。中胸侧板除背方具刻纹外光滑；中胸盾片前方陡，有稀而细的刻点，近光滑；小盾片前沟宽而深，具 3 条纵脊；小盾片近光滑，有少许小刻点，基半具侧脊。并胸腹节短，明显后倾，中纵脊完整，具不规则刻纹。前翅 1-SR+M 脉稍曲；r：3-SR：SR1=6：17：37；SR1 脉端部弯曲；2-SR：3-SR：r-m=12：17：7；1-Cu1：2-Cu1=4：16；cu-a 脉近垂直。后翅 M+Cu：1-M =18：20；缘室平行；2-SC+R 脉四边形；cu-a 脉垂直；无 m-cu 脉。前后翅翅面具密毛。后足胫节距长为其基跗节的 0.33 和 0.40，几乎直，具毛。腹部第 1 背板长是端宽的 1.2 倍，两侧近平行，具皱状纵刻条，背脊愈合，围成一个基区，中纵脊弱。第 2 背板长为第 3 背板的 1.2 倍；基区大，近三角形，具刻纹。第 2、3 背板具明显的皱状纵刻条，第 4、5 背板具稍弱的皱状纵刻条；第 6 背板光滑。产卵管鞘长是前翅的 0.1。

分布：浙江（泰顺）、陕西。

170. 拟内茧蜂属 *Rogasodes* Chen et He, 1997

Rogasodes Chen et He, 1997: 88. Type species: *Rogasodes masaicus* Chen et He, 1997.

主要特征：触角 21（+）节；柄节背方长于腹方，端部近平截。下颚须和下唇须均细长。后头脊完整，背面观圆弧状，腹方与口后脊会合。颊具颚眼沟。盾前凹深，窄；胸腹侧脊完整；基节前沟近中央存在，浅而宽；盾纵沟窄，深，后方会合，会合处凹；小盾片基半具侧脊。后胸背板基半具中纵脊。并胸腹节中纵脊完整，具不规则网状刻纹。前翅 1-SR+M 脉稍曲；SR1 脉稍弓状；cu-a 脉弯曲，近垂直。后翅 1r-m 脉显著外斜；M+Cu 脉稍短于 1-M 脉；缘室基部明显扩大，中部变窄，端部近平行；cu-a 脉外斜，无 m-cu 脉。足跗爪腹面具大而锐的基叶突；后足胫节距长直，具毛。腹部第 1 背板两侧向基部收窄，最基部稍凸出，背凹大，背脊愈合，基区三角形；第 2 背板基区小，三角形，近光滑；第 2-6 背板具锐的侧褶。下生殖板中等大小，腹方平直，端部平截；产卵管鞘细短。

生物学：未知。

分布：东洋区。世界已知 2 种，中国记录 1 种，浙江分布 1 种。

（357）斑拟内茧蜂 *Rogasodes masaicus* Chen *et* He, 1997

Rogasodes masaicus Chen *et* He, 1997: 89.

主要特征：触角 21（+）节。背面观复眼长为上颊长的 3.2 倍；上颊在复眼后方明显收窄；后头脊完整，背面观圆弧状。头顶和上颊光滑；额平坦，具粗横刻纹。脸隆起部分具纵皱，两侧具细横刻纹。唇基稍凸，具刻点；口窝宽为脸宽的 0.51。颊具短纵刻纹，颚眼距为上颚基宽的 0.83。中胸侧板除最前背方具刻纹外光滑。后胸侧板大部分光滑，后缘和下缘具皱纹。中胸盾片具稀而细的凹点，光滑；小盾片前沟宽而深，具 3 条纵脊；小盾片近光滑，有少许小点，基半具侧脊。并胸腹节中纵脊完整，具不规则网状刻纹。前翅 2-SR+M 脉稍曲；r：3-SR：SR1=7：19：35；2-SR：3-SR：r-m=12：19：7；1-Cu1：2-Cu1=4：8。后翅 M+Cu：1-M =18：20；2-SC+R 脉四边形。后足胫节距长分别为其基跗节的 0.28 和 0.22，直，具毛。腹部第 1 背板长是端宽的 1.2 倍，两侧向基部收窄，具皱状纵刻条，背脊在基部 0.28 处愈合，围成一个三角形基区，中纵脊明显。第 2 背板长为第 3 背板的 1.9 倍；基区小，三角形，近光滑；具中纵脊。第 2、3 背板间的缝深，缝内具平行短刻条。第 2-6 背板具明显的皱状纵刻条，刻条向腹端变弱。产卵管鞘长是前翅的 0.06。

分布：浙江（开化）、福建。

171. 弓脉茧蜂属 *Arcaleiodes* Chen *et* He, 1997

Arcaleiodes Chen *et* He, 1997: 60. Type species: *Aleiodes unifasciata* Chen *et* He, 1991.

主要特征：触角 50-64 节，具淡色环。下颚须和下唇须细长；口后脊在腹方与后头脊连接，呈角状。头顶窄；单眼、复眼大，背面观复眼长是上颊长的 3-4 倍。后头脊背面观呈圆弧状；盾前凹发达；胸腹侧脊完整；中胸侧板光滑；基节前沟缺。并胸腹节无分区，端侧角有钝瘤突。前翅 m-cu 脉前叉，与 2-Cu1 脉呈角度，并与 1-M 脉向后发散，即第 1 盘室向后扩大。前翅 3-SR 脉长于 2-SR 脉；前翅第 1 亚盘室细长，1-Cu1 脉短，明显内斜；后翅基室狭窄，1-M 脉弓状。跗爪简单；后足胫节内方无明显特化梳状毛。腹部第 1 背板具大背凹，背脊连接成中纵脊，第 2 背板基部中央有三角区，第 2 背板和第 3 背板基部具侧折缘；基部 3 节背板具纵刻条；雌性下生殖板中等大小，腹方平直，端部平截。

生物学：未知。

分布：东洋区东北部。世界已知 9 种，中国记录 6 种，浙江分布 2 种。

（358）秀弓脉茧蜂 *Arcaleiodes pulchricorpus* (Chen *et* He, 1991)

Aleiodes pulchricorpus Chen *et* He, 1991: 29.

Arcaleiodes pulchricorpus: Chen & He, 1997: 61.

主要特征：触角 62–64 节。复眼横径是上颊长的 3.6 倍；上颊在复眼后呈直线收窄。后头脊背面观圆弧状。颚眼距是上颚基宽的 0.7。中胸盾片前方陡；盾纵沟会合处的两侧各有 1 列短而平行的皱状横刻条。中胸侧板布满皱纹，无基节前沟。后胸侧板有平行刻条。并胸腹节后缘有 2 个钝瘤突。前翅 r∶3-SR∶SR1=18∶37∶67；1-Cu1∶2-Cu1=2∶3；第 2 亚缘室长是高的 2.7–3.5 倍。后翅缘室显著地向外扩大；1-M 脉弓状。后足胫节长距长是基跗节的 0.46。腹部第 1、2 背板有明显的中纵脊和粗纵刻条，背板两侧有凸边；第 3 背板基半部有弱刻条，端部及其余背板光滑。第 1 背板长是端宽的 1.15 倍。第 2 背板长是端宽的 0.67。

分布：浙江（临安）、安徽、湖南、四川。

(359) 华弓脉茧蜂 *Arcaleiodes aglaurus* (Chen et He, 1991)

Aleiodes aglaurus Chen et He, 1991: 29.
Arcaleiodes aglaurus: Chen & He, 1997: 61.

主要特征：体长 6.4–6.6 mm；前翅长 5.0–5.4 mm。体黑色；触角中部（雄性第 22–34 节；雌性第 20–28 节）有 1 黄白色环。脸（中部黑色）、颊、口后区、前胸背板（两侧下方各有 1 个黑斑）、盾纵沟、翅基片及后跗节黄白色；中胸侧板有时红褐色；腹部和并胸腹节连接处、第 1 背板端部 1/3 和第 2 背板基缘和端部 1/3 黄色。足黄褐色；后足基节、腿节和胫节红褐色。翅透明，痣和脉褐色。触角 50–55 节。复眼横径是上颊长的 2.8 倍。上颊在复眼后方直线收窄。后头脊背面观中央钝角状。颚眼距是上颚基宽的 0.9。中胸盾片前方陡，盾纵沟会合处两侧各有 1 列平行短横刻条。中胸侧板无基节前沟。后胸侧板有斜刻条。并胸腹节有 2 个钝瘤突。前翅 r∶3-SR∶SR1=14∶25∶53，第 2 亚缘室长是高的 2.2–2.4 倍。后翅缘室向外显著扩大，1-M 脉弓状。后足胫节长距长是后足基跗节的 0.45。腹部第 1、2 背板及第 3 背板基半有中纵脊及粗细相间的纵刻条，第 3 背板端部及其余背板光滑。第 1、2 背板两侧缘凸边。第 1、2 背板长分别是端宽的 1.1 倍和 0.72。产卵管鞘略伸出。

分布：浙江（临安）、江西、云南。

172. 脊茧蜂属 *Aleiodes* Wesmael, 1838

Aleiodes Wesmael, 1838: 194. Type species: *Aleiodes heterogaster* Wesmael, 1838.

主要特征：触角 27–75 节；端节有或无刺。下颚须和下唇须细长，少数变宽；口后脊在腹方与后头脊连接，或在腹方退化。后头脊有变化，通常在背方中央断开。头顶和额光滑或具刻纹；颚眼沟缺；复眼或多或少内凹；盾前凹或多或少发达；前胸腹板有变化，较宽且向上弯曲至弱小；胸腹侧脊完整。前翅 M+Cu1 脉通常稍波曲。跗爪无叶突和刚毛，某些种呈栉形；雄性跗节正常，相似于雌性跗节；胫节端部内侧无明显特化的梳状毛，罕见有。第 1 背板具大至相当小的背凹，其背脊连接，或多或少呈拱状，无基凸缘；第 2 背板基部中央有三角区，中纵脊多样；第 2 背板以及至少第 3 背板基部有锋利的侧褶，但在某些种中第 4 背板上也有侧折缘；雌性下生殖板中等大小，腹方平直，端部平截。

生物学：内寄生于巢蛾科、斑蛾科、羽蛾科、枯叶蛾科、尺蛾科、夜蛾科、舟蛾科、灯蛾科、毒蛾科、钩蛾科、天蛾科、灰蝶科、弄蝶科和眼蝶科等 14 科的（低龄）幼虫。对刺蛾科、卷蛾科、织蛾科、潜蛾科和蛱蝶科的寄主记录需进一步证实。

分布：世界广布。世界已知 632 种，中国记录 56 种，浙江分布 21 种。

分种检索表

1. 产卵管鞘大部分光滑无毛（除了端部和腹方）；产卵管有一背脊，腹方有小齿；后翅缘室在基部 0.6 处收窄；小盾片侧脊强；前胸腹板相对宽，明显上翘；后翅 SC+R1 脉角状弯曲；前翅 cu-a 脉长而斜。并胸腹节侧脊角状突起；前翅 r 脉是 3-SR 脉的 0.6–0.9；第 1 背板后角明显突出；鳞翅目天蛾科的寄生蜂（新内茧蜂亚属 *Neorhogas*） ················ 硕脊茧蜂 *A. praetor*

- 产卵管鞘大部分具毛；产卵管无腹齿，至多有一低小的背脊；后翅缘室大多数两侧平行或向端部逐渐扩大，偶尔有中部收窄的情况；小盾片侧脊缺，若则弱；前胸腹板较不发达和不上翘；后翅 SC+R1 脉通常近于直或均匀弯曲；前翅 cu-a 脉较短，较直。并胸腹节侧脊多样；前翅 r 脉多样；第 1 背板后角通常不或几乎不突出；其他鳞翅目昆虫的寄生蜂 ····· 2

2. 后翅缘室端半明显扩大，端部最大宽度为基部近翅钩处宽度的 1.6 倍或更大，如果两侧近平行，则跗爪具黑色栉齿；中胸侧板部分光滑，至少刻纹间侧板光滑，但克鲁脊茧蜂 *A. krulikowskii* 具密集的皱纹；跗爪具黑色栉齿；第 2 背板中基部有明显和光滑的三角区。后头脊腹方退化，不达口后脊；小盾片侧脊通常缺（甲内茧蜂亚属 *Chelonorhogas*） ············ 3

- 后翅缘室端半两侧平行或稍扩大，端部最大宽度少于基部近翅钩处宽度的 1.8 倍，如果达到 2.5 倍，则中胸侧板大部分皮革状；中胸侧板通常皮革状或细颗粒状，但 *bicolor* 种团中部具粗皱；跗爪至多具黄色栉齿；第 2 背板中基部无三角区或三角区很小或不明显。后头脊腹方通常完整，与口后脊相连；小盾片侧脊或多或少发达，但有时缺（脊茧蜂亚属 *Aleiodes*） ············ 6

3. 后足跗爪具明显黑色栉齿，偶尔为褐色栉齿，栉齿粗大；若栉齿处于中间状态或几乎没有，则前翅 1-Cu1 脉与 2-Cu1 脉等长，翅面近透明 ············ 4

- 后足跗爪具黄色或褐色白毛，通常具 3 根黄色或褐色的长鬃，或仅基节具栉齿；若偶尔具明显的黄色栉齿，则翅面褐色；前翅 1-Cu1 脉明显短于 2-Cu1 脉 ············ 折半脊茧蜂 *A. ruficornis*

4. 前翅 1-Cu1 脉与 2-Cu1 脉约等长 ············ 5

- 前翅 1-Cu1 脉明显短于 2-Cu1 脉 ············ 黑脊茧蜂 *A. microculatus*

5. 前翅 1-SR+M 脉曲呈角状，M+Cu1、1-Cu1 和 1-M 脉稍肿大；前翅 r 脉出自翅痣基部 1/3 处；上颚、中后胸侧板红褐色 ············ 角脉脊茧蜂 *A. angulinervis*

- 前翅 1-SR+M 脉直或稍曲，不呈角状，M+Cu1、1-Cu1 和 cu-a 脉正常；其他特征多样 ············ 凸脊茧蜂 *A. convexus*

6. 前翅 r 脉为 3-SR 脉的 0.7–3.0（–6.0）倍，若为 0.7，则侧面观颚眼距为复眼高的 0.5 ············ 7

- 前翅 r 脉为 3-SR 脉的 0.2–0.6 倍，若约为 0.6，则侧面观颚眼距为复眼高的 0.3–0.4 ············ 11

7. 后翅 r 脉和 m-cu 脉存在；中胸侧板全部具刻皱；跗爪具栉齿 ············ 淡脉脊茧蜂 *A. pallidinervis*

- 后翅 r 脉缺，m-cu 脉有或无；中胸侧板至少后缘和下缘不具刻纹；跗爪简单 ············ 8

8. 后足第 2 转节正常；后翅 m-cu 脉存在 ············ 静脊茧蜂 *A. aethris*

- 后足第 2 转节细，长为其宽的 2.4–4.5 倍；后翅 m-cu 脉有或无 ············ 9

9. 腹部第 4 背板具锐的侧褶；并胸腹节后侧方无小瘤突；翅透明，翅痣和脉黄色；后翅具 m-cu 脉；体红黄色 ············ 螟蛉脊茧蜂 *A. narangae*

- 腹部第 4 背板无侧折缘；并胸腹节后侧方具小瘤突；翅面褐色，翅痣和脉褐色；后翅无 m-cu 脉；体色多样 ············ 10

10. 后足第 2 转节中等大小，长为宽的 2.4–2.8 倍，为第 1 转节长的 1.5 倍；前翅透明区达翅后缘或近乎如此，雄性腹部第 2、3 背板有具毛圆形凹陷；雌性小盾片侧脊弱 ············ 具凹脊茧蜂 *A. excavatus*

- 后足第 2 转节很细，长为宽的 3.5–4.5 倍，为第 1 转节长的 1.7–2.0 倍；前翅透明区限于翅痣下方一点或缺；雄性腹部背板无具毛椭圆形凹陷；雌性小盾片侧脊强 ············ 异脊茧蜂 *A. dispar*

11. 腹部第 4 背板多少具窄而锐的侧褶，若侧褶弱或缺，则颚眼距为复眼高度的 0.5–0.6；中胸侧板上缘和并胸腹节具粗糙刻纹；基节前沟区域具明显通常是粗糙的刻纹；第 4 背板基部刻条（但种团 *gracilipes*-group 光滑） ············ 12

- 腹部第 4 背板无锐的侧褶；颚眼距为复眼高度的 0.2–0.4；基节前沟区域、中胸侧板上缘和并胸腹节通常具少许刻纹，或完全皮革状；腹部第 4 背板通常光滑或具浅刻纹 ············ 15

12. 单眼大，OOL 为后单眼直径的 0.6；腹部第 4 背板具明显网状刻纹，端部两侧有凹缺；体乳黄色，前翅翅基附近、后胸背板两侧、并胸腹节基半、腹部第 1 背板基半、第 2–3 背板基部两侧三角区、第 4 背板基半中部茶褐色 ············ 油桐尺蠖脊茧蜂 *A. buzurae*

- 单眼小，OOL 至少为后单眼直径的 1.0 倍；腹部第 4 背板刻纹不呈网状，端缘两侧无凹缺；体色多样 ·················· 13
13. 中胸侧板整个具粗刻纹，无光滑区；腹部第 4 背板无明显刻纹，皮革状；后足腿节细，长是宽的 6–7 倍；体黑色，眼眶、腹部第 1–2 背板和足红色，足转节、前中足基节以及后足腿节和胫节端部黑褐色 ·················· **细足脊茧蜂 *A. gracilipes***
- 中胸侧板后缘中部（镜面区）部分光滑，有光泽；腹部第 4 背板具明显刻纹；后足腿节相对粗，长是宽的 5 倍；体色多样 ·· 14
14. 体红黄色，有时并胸腹节和第 1 背板略有暗色；上颊在复眼后方圆弧状收窄；前翅 2-Cu1 脉为 1-Cu1 脉的 7–8 倍；前翅近正方形；头顶和上颊细颗粒状，近光滑 ·················· **趋稻脊茧蜂 *A. oryzaetora***
- 体黑色，须黄色；眼眶、足和腹部腹板红黄色；上颊在复眼后方直线收窄；前翅 2-Cu1 脉为 1-Cu1 脉的 2–3 倍；前翅长方形；头和上颊具粗刻皱 ·················· **眼蝶脊茧蜂 *A. coxalis***
15. 上颊在复眼后方显著收窄；背面观复眼长是上颊长度的 3.2–3.8 倍；单眼大，OOL 为后单眼直径的 0.3–0.8；雌性颚眼距侧面观为复眼高的 0.25 ·················· **松毛虫脊茧蜂 *A. esenbeckii***
- 上颊在复眼后方中等程度至稍收窄；背面观复眼长是上颊长度的 1.8–3.2 倍；单眼通常小，OOL 大于后单眼直径的 0.8；雌性颚眼距侧面观为复眼高的 0.3–0.4 ·· 16
16. 雌性腹部大部分强度侧扁；腹部第 2 背板与第 3 背板间缝不明显；腹部第 1 背板两侧近平行；前翅翅痣大部分黄色 ·· **侧腹脊茧蜂 *A. compressor***
- 雌性腹部扁平或仅腹端几节侧扁；腹部第 2 背板与第 3 背板间缝明显；腹部第 1 背板向基部收窄；前翅翅痣多样 ······ 17
17. 上颊宽，侧面观为复眼中部横径的 0.7–0.8；侧面观后头脊直；雌性后足腿节细长，长为宽的 4.9–6.2 倍；雌性单眼小，OOL 为后单眼直径的 1.0–1.6 倍；雌性翅痣通常黄色；触角 39–44（雌性）或 40–45（雄性）节；第 2 背板长为基宽的 0.9–1.0 倍，前翅第 2 亚缘室较细长；雌性下生殖板通常暗色；雌性腹端常暗褐色，但也有的种群完全黄色；基节前沟通常有一些皱纹 ··································· **黏虫脊茧蜂 *A. mythimnae***
- 上颊较窄；侧面观后头脊稍曲；雌性后足腿节较粗，长是宽的 3.9–5.1 倍，若超过 5.0 倍，则 OOL 小于后单眼直径的 0.8 倍；单眼中等至大，雌性 OOL 为后单眼直径的 0.3–1.0 倍；雌性前翅翅痣至少部分明显褐色；其他特征多样 ·········· 18
18. 触角 41–44（雌性）或 40–44（雄性）节；并胸腹节至少部分具皱纹；翅痣黑褐色（雌性）或黄色（雄性）；腹部第 1 背板长是端宽的 0.8–0.9；头顶细颗粒状，近光滑；体全红黄色，有时并胸腹节或第 1 背板略带暗色 ·· **舟蛾脊茧蜂 *A. drymoniae***
- 触角 27–37（雌性）或 32–39（雄性）节；并胸腹节大部分皮革状或具微皱；翅痣一色；其他特征多样 ·················· 19
19. 腹部末端几节明显侧扁；背面观复眼长为上颊长度的 3.2 倍；头顶具细刻纹 ·················· **金刚钻脊茧蜂 *A. earias***
- 腹部扁平；背面观复眼长小于上颊长度的 3 倍；头顶近光滑 ·· 20
20. 前翅 r 脉与翅痣端部内缘呈 90°；翅痣完全或大部分黄色；雌性腹部第 1 背板长是端宽的 0.7–0.8；触角 31–33（雌性）或 30–31（雄性）节；舟蛾科的聚寄生蜂 ·················· **黄脊茧蜂 *A. pallescens***
- 前翅 r 脉与翅痣端部内缘角度小于 90°；翅痣部分褐色；雌性腹部第 1 背板长是端宽的 0.8–0.9（雄性可达 1.2 倍）；触角 33–37（雌性）或 37–42（雄性）节；尺蛾科和巢蛾科的寄生蜂 ·················· **腹脊茧蜂 *A. gastritor***

（360）硕脊茧蜂 *Aleiodes praetor* (Reinhard, 1863)

Rogas praetor Reinhard, 1863: 264.

Aleiodes praetor: He & Chen, 1990: 201.

主要特征：体长 8–10 mm；前翅长 8–8.5 mm。体红黄色；上颚端部、单眼区黑色；触角鞭节、后足胫节端半及后跗节暗褐色。翅痣暗褐色，翅脉红黄色。触角 70–72 节。头顶光滑。上颊在复眼后方直线收窄。背面观复眼长为上颊长的 2.4–3.0 倍。后头脊背面观弧状，中央缺，侧方不与口后脊会合。额稍凹，光亮，无中纵脊。脸有细弱的横刻条。口窝宽约与脸宽等长；颚眼距是上颚基宽的 0.77–0.83 倍。前胸背板背方粗糙。中胸侧板光亮，无基节前沟。中胸盾片细颗粒状，有光泽；小盾片侧脊明显；小盾片前凹有 5 条纵刻条；后胸侧板大部分光滑。并胸腹节具明显的网状刻条；气门椭圆形；侧纵脊后方明显，形成钝瘤突；中纵脊显著。前翅 r：3-SR=11：15；1-Cu1：2-Cu1=4：20；第 2 亚缘室长是高的 1.9–2.1 倍。后翅 SR 脉在中部强度弯曲，缘室向外不扩展。后足胫节长距是后足基跗节的 0.36–0.4；爪简单。腹部第 1–2 背板、第 3 背板基部 2/3 具纵刻条和中纵脊，第 3 背板端部 1/3 及其后背板光滑。第 1 背板向基部收窄，长是端宽的 0.9–1.0 倍；基区突然收窄，背凹大；第 2 背板长是端宽的 0.58–0.65，与第 3 背板约等长。产卵管鞘长是前翅的 0.08–0.1。

分布：浙江（临安）、黑龙江、吉林、辽宁、内蒙古、北京、河南、江苏、湖北、福建；俄罗斯，朝鲜，日本，法国，匈牙利，英国，德国，芬兰，意大利，比利时。

（361）角脉脊茧蜂 *Aleiodes angulinervis* He et Chen, 1990

Aleiodes angulinervis He et Chen, 1990: 202.

主要特征：体长 7.0–9.0 mm；前翅长 6.5–8.1 mm。体黑褐色；上颚、中后胸侧板红褐色；须、翅基片和足（后足胫节端半和跗节暗色）、第 1–2 腹板红黄色；胸部颜色变化较大，雌体有时甚至整个胸部红褐色。翅透明，痣和脉褐色。触角 54–66 节。后单眼直径是单复眼间距的 4.5 倍。上颊在复眼后方直线收窄。背面观复眼长是上颊长的 4.3 倍。后头脊中央圆弧状。脸有粗横刻条和中纵脊。颚眼距是上颚基宽的 0.6。中胸侧板极光亮，无基节前沟。并胸腹节侧纵脊后方显著，呈 2 个瘤突。前翅 3-SR 脉是 r 脉的 2.2 倍；1-SR+M 脉在中部向翅痣方向凸出，呈一钝角；M+Cu1 脉、1-M 脉和 1-Cu1 脉连接处各脉稍肿胀。后翅缘室向外显著扩大。后足长距长是后足基跗节的 0.43，爪具 6 齿。腹部第 1–2 背板、第 3 背板基半有明显的纵刻条和中纵脊；第 2 背板长是端宽的 0.75。产卵管鞘刀状。

分布：浙江（杭州、慈溪、金华）、江苏、云南；俄罗斯（远东地区）。

（362）凸脊茧蜂 *Aleiodes convexus* van Achterberg, 1991

Aleiodes convexus van Achterberg, 1991: 25.

主要特征：体长 4.6–5.0 mm；前翅长 4.2–4.5 mm。头、腹部深褐色至黑色，有时腹部基方色稍浅；胸部红黄色；触角、须和足深褐色至黑色。翅膜褐色，痣及脉褐色；触角 41–51 节。背面观复眼长为上颊长的 1.2 倍；上颊光滑，在复眼后方直线收窄。头顶具细横皱，明显后倾。额平坦，光滑，侧方具斜刻条。脸具横刻纹，中央稍隆起。口窝宽为脸宽的 0.6。颊光滑，颚眼距为上颚基宽的 2.0 倍。中胸侧板除前背方具刻纹外光滑；胸腹侧脊完整；基节前沟缺。后胸侧板具皱纹。中胸盾片前方陡，光滑；盾纵沟窄；小盾片近光滑，端部具刻点，具侧脊。并胸腹节短，明显后倾，具不规则皱纹，中纵脊基半完整。前翅 r：3-SR：SR1=3：9：17；2-SR：3-SR：r-m=7：9：7；1-Cu1：2-Cu1=8：9；cu-a 脉近垂直。后翅 M+Cu：1-M=11：10；缘室向端部逐渐扩大；2-SC+R 脉四边形，cu-a 脉近垂直，无 m-cu 脉。足跗爪腹面无叶突，基部具栉齿；后足基节光亮，具微细刻点；后足胫节距长分别为其基跗节的 0.45 和 0.4。腹部第 1 背板长是端宽的 1.1 倍；背凹大，背脊愈合，围成一个半圆形基区。第 2 背板长是第 3 背板的 1.5 倍；基区大，光滑。第 1–2 背板具明显的皱状纵刻条和中纵脊。第 3 背板基缘具稍弱的皱状纵刻条，其余具皱状刻点。第 2–3 背板具锐的侧褶；第 3 背板凸，端缘下曲；其余背板缩在第 3 背板下。产卵管鞘长是前翅的 0.08。

分布：浙江（杭州）、湖北、湖南、福建、广东、海南、广西、贵州、云南。

（363）黑脊茧蜂 *Aleiodes microculatus* (Watanabe, 1937)

Rhogas microculatus Watanabe, 1937: 60.
Aleiodes caliginosis: Yu et al., 2016.

主要特征：体长 8.0–8.6 mm；前翅长 6.6–7.4 mm。体黑色；上颚（除了端部）、触角基半下方黄褐色，有时整个基半黄褐色。前中足胫节和跗节色常较淡，为暗褐色。翅面带茶色，翅痣和脉暗褐色。触角 62–69 节。额稍凹，有稀疏的刻条。头顶后倾，有横刻条。单眼小。背面观复眼长为上颊长的 1.1 倍；上颊在复眼后方弧状收窄。复眼小，外缘与后头脊不平行；后头脊背面观角状，侧方下端稍后伸并与口后脊会合。脸有发达的横刻条和中纵脊；唇基有皱纹和缘脊，口窝宽是脸宽的 0.4–0.5。颚眼距是上颚基宽的 1.2–1.4 倍。前胸背板槽深，其内刻条发达。中胸盾片和小盾片有皱状刻点；小盾片基半有侧脊。中胸侧板布满刻纹，中央处略有光泽；基节前沟不明显。并胸腹节有显著的网状刻条；气门卵圆形；侧纵脊后缘显著，形成 2 个锐突。前翅 r：3-SR=9：28；1-Cu1：2-Cu1=（14–16）：（36–41）；第 2 亚缘室长是高的 1.6–1.7 倍，向外端收窄。后翅 SR 脉几乎直。后足基节有明显的皱状刻点；胫节长距是基跗节的 0.35–0.4；爪基部有 7 个小栉。腹部第 1–2 背板有明显的纵刻条、中纵脊及不显著的侧脊；第 3 背板刻条较弱，其端缘及以后背板光滑。第 1 背板长约为端宽的 1.1 倍，向基部略收窄；基区突然收窄。第 2 背板长是端宽的 0.74–0.81，是第 3 背板的 1.2–1.3 倍；有一很小的基区。产卵管细尖；产卵管鞘末端平，长是后足基跗节的 0.32–0.44。

分布：浙江（安吉、杭州、松阳、龙泉）、湖北、湖南、福建、四川；俄罗斯。

（364）折半脊茧蜂 *Aleiodes ruficornis* (Herrich-Schaffer, 1838)

Bracon ruficornis Herrich-Schaffer, 1838b: 156.

Aleiodes ruficornis: Chen & He, 1997: 41.

主要特征：触角 38–42 节（雌），粗，短于体长；雄触角细长，长于体长。头顶在复眼后方呈圆弧状收窄。POL 约为 OD 的 2 倍。后头脊背面观稍呈弧状。上颊上小下大。脸有明显的横刻条和中纵脊。颚眼距是上颚基宽的 1.2–1.4 倍。中胸盾片和小盾片具密集刻点，略有光泽。中胸侧板有皱纹，基节前沟明显。前翅 3-SR 脉为 r 脉的 2.2–2.6 倍，1-Cu1：2-Cu1 约为 1：2；第 2 亚缘室长是高的 1.4–1.7 倍。后翅缘室向外显著扩大。后足胫节长距长是基跗节的 0.42–0.47。腹部第 1–2 背板有明显的纵刻条和中纵脊，第 3 背板基半有较细直的纵刻条。第 2 背板长是端宽的 0.7–0.8。产卵管鞘末端钝圆。

分布：浙江（临安、龙泉）、黑龙江、辽宁、北京、河北、山西、山东、河南、陕西、甘肃、新疆、湖北、四川、贵州、云南。

（365）淡脉脊茧蜂 *Aleiodes pallidinervis* (Cameron, 1910)

Rhogas pallidinervis Cameron, 1910: 97.

Aleiodes pallidinervis: Chen & He, 1997: 57.

主要特征：雌，体长 7.8–9.2 mm；前翅长 7.4–8.1 mm。体褐黄色，触角鞭节、后足腿节、胫节端部和跗节、产卵管鞘褐色；爪褐色，栉齿黄色；翅面带黄色，痣和脉全黄色。部分标本中胸盾片侧叶、中胸侧板和腹板、后胸侧板、并胸腹节、整个腹部和足黑褐色，为黑色变型。触角约 65 节。背面观复眼为上颊长的 2.6 倍；上颊在复眼后直线收窄。后头脊完整，腹方与口后脊会合。颚眼距为上颚基宽的 1.2 倍。前胸背板侧面前方中央具平行皱状刻纹，其余具刻纹。中胸侧板具刻纹；基节前沟近中央存在，很浅，具粗短刻条。后胸侧板具皱纹。中胸盾片和小盾片具刻纹；盾纵沟窄，浅，后方会合。并胸腹节中纵脊完整，具不规则刻纹，侧脊后缘明显，呈钝瘤突。前翅 r：3-SR：SR1=16：7：53；SR1 脉端部弯曲；2-SR：3-SR：r-m=12：7：8；1-Cu1（斜）：2-Cu1=10：22；cu-a 脉内斜。后翅 M+Cu：1-M=27：20；缘室在 r 脉处收窄；2-SC+R 脉四边形；cu-a 脉垂直；m-cu 脉长。后足胫节为其基跗节的 0.33；跗爪腹面具细密的栉齿。腹部第 1 背板长是端宽的 1.1 倍，端侧角稍突出；基区光滑。第 2 背板基区大，光滑。第 1–2 背板和第 3 背板基半具明显的皱状纵刻条和中纵脊，第 3 背板端半及以后背板光滑。第 2–3 背板具锐的侧褶。产卵管鞘长是前翅的 0.06。

分布：浙江（泰顺）、吉林、湖北、湖南、广西、重庆、四川、贵州；日本。

(366) 静脊茧蜂 *Aleiodes aethris* Chen *et* He, 1997

Aleiodes aethris Chen *et* He, 1997: 43.

主要特征：雌，体黄色至红黄色；须黄白色，触角鞭节黑褐色；端跗节和产卵管鞘褐色。翅端部带暗色，基部黄色；前翅 C+SC+R 脉端部、副痣、翅痣亚端部、1-SR 脉、1-M 脉、2-SR+M 脉、r 脉、2-SR 脉、Cu1 脉、m-cu 脉和 cu-a 脉、后翅 1r-m 脉、2-M 脉、2-SC+R 脉和 SR 脉端半及其附近翅面黑褐色，其余脉黄色。触角 58–63 节，各节似分两节。背面观复眼为上颊长的 3.8 倍；上颊在复眼后方明显收窄。复眼明显突出。后头脊背方中央缺。头顶和上颊细颗粒状。额微细颗粒状，近光滑。脸上方具细横皱，大部分具细颗粒状。口窝宽为脸宽的 0.38。颊细颗粒状，颚眼距为上颚基宽的 0.75。盾前凹深，窄小。中胸侧板除在基节前沟处和背方具刻纹外近光滑；基节前沟浅而模糊。中胸盾片和小盾片皮革状；盾纵沟窄，浅，后方会合；小盾片前沟深，具 3 条纵脊。并胸腹节中纵脊细而完整，具细刻纹，后缘两侧角具钝瘤突。前翅 1-SR+M 脉直；r∶3-SR∶SR1=17∶17∶47；SR1 脉直；2-SR∶3-SR∶r-m=11∶17∶9；1-Cu1∶2-Cu1=13∶17；cu-a 脉内斜。后翅 1r-m 脉显著外斜；M+Cu∶1-M=27∶22；缘室近平行，向端部稍扩大；2-SC+R 脉竖形，cu-a 脉外斜，m-cu 脉长。后足基节近光亮；后足胫节距约等长，为其基跗节的 0.33；跗爪简单。腹部第 1 背板长是端宽的 1.0 倍，两侧向基部收窄，背脊愈合，基区光滑。第 2 背板长是端宽的 0.8，是第 3 背板的 1.3 倍；基区很小。第 1–3 背板具明显的皱状纵刻条和中纵脊，第 3 背板端缘和以后背板光滑。第 2–3 背板具锐的侧褶。产卵管鞘长是前翅的 0.1。

分布：浙江（缙云）、黑龙江、吉林、湖北、湖南、福建、广东、四川。

(367) 螟蛉脊茧蜂 *Aleiodes narangae* (Rohwer, 1934)

Rhogas narangae Rohwer, 1934: 21.
Aleiodes narangae: He & Chen, 1988: 353.

主要特征：雌，体长 4.5–5.3 mm；前翅长 1.2–1.3 mm。体红黄色；单眼区黑色；触角端部变暗；上颚端部、产卵管鞘、后足腿节和胫节关节处黑褐色；有的黑化个体，头、胸、腹全褐色。翅透明，痣黄色，脉黄色至浅褐色。触角 44–47 节。额微隆起，有横皱。头顶有横皱和一条弱的中纵脊。单眼小。背面观复眼长约为上颊长的 2 倍；上颊在复眼后方直线收窄。眼凹很浅，外缘与后头脊不平行。后头脊背面观几乎平直，侧方直；脸上方有横皱和中纵脊。唇基高，皮革状；口窝宽是脸宽的 0.4–0.56。颚眼距是上颚基宽的 1.7–2.1 倍。前胸背板背方具刻点，背板槽较浅。中胸盾片和小盾片有明显的皱状刻点；盾纵沟浅；小盾片有侧脊。中胸侧板上方、前缘和基节前沟内有明显的刻纹，其余区域有细凹点；胸腹侧脊上端折向前缘。后胸侧板叶突明显。并胸腹节有细网状刻纹；无侧纵脊；中纵脊明显。气门椭圆形。前翅 r∶3-SR=10∶(9–10)；1-Cu1∶2-Cu1=9∶(16–18)；第 2 亚缘室长是高的 1.7–1.9 倍，向外端收窄。后翅 SR 脉弱；缘室向端部微微扩大。后足基节有细皱；胫节长距是基跗节的 0.23–0.25；爪简单。腹部第 1–3 背板有细纵刻条和中纵脊，第 3 背板端缘近于光滑；第 4 背板基半有细纵刻条，其端半及以后各节背板光滑。第 1 背板明显向基部收窄，长是端宽的 1.1–1.2 倍，基区小，突然收窄。第 2 背板长约为端宽的 1.0 倍、为第 3 背板的 1.2–1.3 倍。产卵管末端钝圆，长是后足基跗节的 0.46–0.50。

分布：浙江（嘉兴、杭州、绍兴、奉化、慈溪、东阳、黄岩、临海、温州）、江苏、江西、湖南、福建、台湾、广东、海南、广西、四川、贵州；日本，印度，泰国，菲律宾，马来西亚。

注：本种中名别名有螟蛉内茧蜂、黄色小茧蜂。

（368）具凹脊茧蜂 Aleiodes excavatus (Telenga, 1941)

Heterogamus excavatus Telenga, 1941: 402.
Aleiodes excavates: Yu et al., 2016.

主要特征：体长 5.2–5.7 mm；前翅长 4.0–4.5 mm。触角 44–45 节（雌性）或 45–50 节（雄性）；雌性触角端半黑色，基半黄色；雄性触角端部暗褐色。雌性小盾片侧脊弱。后足转节正常，第 2 转节长是端宽的 2.4–2.8 倍。雌性前翅翅痣下方的亚透明斑可达翅后缘，或者较宽阔；前翅 r 脉是 3-SR 脉的 1.0–1.3 倍，并与 3-SR 脉呈钝角；前翅 cu-a 脉较长而内斜。雄性第 2、3 背板上各有 1 个具毛圆形凹陷；第 2 背板纵刻条粗而稀，第 3 背板刻纹密。

分布：浙江（临安）、吉林、福建；古北区。

（369）异脊茧蜂 Aleiodes dispar (Curtis, 1834)

Rogas dispar Curtis, 1834: 512.
Aleiodes dispar: Yu et al., 2016.

主要特征：雌，体长 4.8–5.3 mm；前翅长 4.1–4.4 mm。触角雌性 39–41 节，雄性 41–43 节；雌性触角中部具白环，其两端黑色，触角最基部黄色；雄性触角一色，黄色或暗色，而且比雌性细；雌性须黄色。小盾片侧脊强（雌性）或弱（雄性）。后足第 2 转节细长，其长为宽的 3.5–4.5 倍；雌性后足第 2 转节是第 1 转节的 1.7–2.0 倍。雌性前翅翅痣下方透明斑仅局限于翅痣下方。前翅 r 脉是 3-SR 脉的 1.0–1.3 倍（雄性可达 3.9 倍）。雄性腹部背板无凹陷。

生物学：据记载，寄生于黄地老虎、狼蛱蝶。

分布：浙江（杭州、诸暨、开化、丽水）、吉林、北京、江苏、安徽、湖北、湖南、福建、广东、广西、四川、贵州、云南；古北区。

（370）油桐尺蠖脊茧蜂 Aleiodes buzurae He et Chen, 1990

Aleiodes buzurae He et Chen, 1990: 202.

主要特征：雌，体长 4.1–5 mm；前翅长 3.6–4.2 mm。体乳黄色；触角端部变暗；上颚端部、中胸背板腋下槽、后胸背板两侧、并胸腹节基半、第 1 背板基半、第 2–3 背板基部两侧、第 4 背板基部中央以及后足胫节最基部茶褐色。翅透明，痣黄色（端部暗色），脉黄色至暗色。上颊在复眼后方直线收窄。背面观复眼长是上颊长的 3.4 倍。后头脊背面观弧状，中央有一缺口。脸具横皱和中纵脊；颚眼距是上颚基宽的 1.2 倍。中胸侧板具刻纹，基节前沟浅。前翅 3-SR 脉为 r 脉的 2.2 倍；第 2 亚缘室长是高的 1.9–2.0 倍；1-Cu1：2-Cu1=12：17 或 11：13。后翅缘室不扩展。后足长距长是后足基跗节的 0.33–0.38。腹部第 1–3 背板有明显的纵刻条和中纵脊；第 4 背板有明显网状刻纹，其背板两侧有凹缺。第 2 背板长是端宽的 0.7。产卵管鞘末端平。

分布：浙江（泰顺）、安徽、湖南、广西。

（371）细足脊茧蜂 Aleiodes gracilipes (Telenga, 1941)

Rhogas (*Aleiodes*) *gracilipes* Telenga, 1941: 190, 423.
Aleiodes gracilipes: Shenefelt, 1975: 1176.

主要特征：体长 6–8 mm。体黑色；眼眶、第 1–2 背板及足红色，前中足基节、足转节以及后足腿节和胫节端部黑褐色。翅带暗色，翅痣及脉褐色，翅痣基部黄色；前翅第 2 亚缘室短于第 1 亚盘室，后翅缘室不向外扩大。

分布：浙江（临安、庆元、龙泉）、湖南、福建、广西、贵州、云南。

(372) 趋稻脊茧蜂 *Aleiodes oryzaetora* He *et* Chen, 1988

Aleiodes oryzaetora He *et* Chen, 1988: 354, 357.

主要特征：雌，体长 3.9–4.8 mm；前翅长 3.2–3.7 mm。体红黄色；触角鞭节浅褐色。并胸腹节和第 1 背板基半略有暗色。翅透明，翅痣和翅脉黄色至黄褐色。有时体全部红黄色或全部暗色。触角 43–44 节。上颊在复眼后方弧状收窄，上小下大；背面观复眼长为上颊长的 1.9 倍。复眼无眼凹；后头脊背面观几乎直；脸有中纵脊和弱横皱；颚眼距是上颚基宽的 2.3 倍。中胸盾片皮革状；盾纵沟深；中胸侧板满布皱状细刻条，基节前沟仅中段存在。前翅 r 脉为 3-SR 脉的 0.5，1-Cu1：2-Cu1=1：(7–8)，第 2 亚缘室长是高的 1.3–1.5 倍，近正方形。后翅缘室向外不扩大，无 m-cu 脉。后足胫节长距长是后足基跗节的 0.3。腹部第 1–3 背板有中纵脊和纵刻条，第 4 背板基半有细纵刻条，其余背板光滑。第 1 背板约与端宽等长；第 2 背板长是端宽的 0.81。产卵管鞘长是后跗节的 0.5。

分布：浙江（杭州、东阳、温州）、江苏、安徽、湖北、江西、福建。

(373) 眼蝶脊茧蜂 *Aleiodes coxalis* (Spinola, 1808)

Bracon coxalis Spinola, 1808: 126.
Aleiodes coxalis: Chen & He, 1997: 46.

主要特征：雌，体长 6.0–7.5 mm；前翅长 4.1–5.8 mm。体黑色；触角浅褐色；须黄色；眼眶、上颚、翅基片和足红黄色至黄褐色；腹部腹板红黄色至红褐色；有些个体胸部有红黄色斑纹。翅透明，略带黄色，痣褐黄色，脉黄色至褐色。触角 46–52 节；额稍凹，有弧状刻条；头顶有明显的横刻条。上颊在复眼后方直线收窄。背面观复眼长为上颊长的 1.7 倍。复眼凹浅，外缘与后头脊不平行。后头脊背面观几乎直，侧方直。脸横刻条和中纵脊在上方明显。唇基有皱状刻点；口窝宽是脸宽的 0.3。颚眼距是上颚基宽的 1.4–1.6 倍。前胸背板背方有皱状刻点，背板槽内刻条发达。中胸盾片和小盾片满布皱状刻点；盾纵沟深；小盾片基部有侧脊。中胸侧板满布刻条，仅侧板凹上方一点光滑；基节前沟明显，内有粗皱。并胸腹节有明显的网状刻纹；中纵脊明显；侧纵脊后方存在，不很显著；气门宽椭圆形。前翅 r：3-SR=8：20 或 9：16；1-Cu1：2-Cu1=10：25 或 9：20；第 2 亚缘室长是高的 1.4–1.7 倍，向外端略收窄。后翅 SR 脉弱，中部稍曲，缘室不向外端扩大。后足基节有皱纹；胫节长距是基跗节的 0.30–0.34；爪简单。腹部第 1–3 背板有明显的纵刻条和中纵脊，第 3 背板端缘近于光滑。第 4 背板基部 2/3 具纵刻条，端部 1/3 及以后背板光滑。第 1 背板向基部收窄，长是端宽的 0.9–1.0 倍，基区小，突然收窄。第 2 背板长是端宽的 0.8–0.9，长是第 3 背板的 1.2–1.3 倍。产卵管末端刀状，长是后足基跗节的 0.48–0.55。

分布：浙江（嘉兴、杭州、丽水、温州）、安徽、湖北、江西、福建、四川；意大利。

(374) 松毛虫脊茧蜂 *Aleiodes esenbeckii* (Hartig, 1838)

Rogas esenbeckii Hartig, 1838a: 255.
Aleiodes esenbeckii: Chen & He, 1997: 50.

主要特征：雌，体长 7.5–9.0 mm；前翅长 6.5–7.5 mm。体黑色；头、前胸、中胸和后胸红黄色；须红褐色。足暗红褐色，转节端部、胫节、各跗分节基部色较淡。翅透明，痣褐色，脉红黄色到暗褐色。有的种群全红黄色；触角53–60节。额稍凹，光滑，有一条明显中纵脊。头顶略有皱纹。单眼大。背面观复眼长为上颊长的3.2–3.8倍；上颊在复眼后方直线收窄。复眼眼凹深，外缘与后头脊平行。后头脊背面观稍弧状，中央有一缺凹。脸有明显的横刻条和中纵脊。唇基有皱纹和缘脊；口窝宽是脸宽的0.34。颚眼距是上颚基宽的0.8–0.9。前胸背板背方皮革状。中胸盾片和小盾片具细刻点，小盾片侧脊明显。中胸侧板有细弱刻纹，基节前沟浅而阔；并胸腹节具中等强度的网状刻纹；无侧纵脊；中纵脊和外侧脊明显。前翅 r：3-SR=12∶24；1-Cu1∶2-Cu1=22∶18；第2亚缘室长是高的1.9–2.2倍，向外略收窄。后翅SR脉弱，缘室在端部稍扩大，m-cu脉存在。后足基节皮革状；后足胫节长距长是基跗节的0.33–0.36；爪简单。腹部第1–2背板、第3背板基部2/3有纵刻条和中纵脊，第3背板端部1/3及以后背板光滑。第1背板向基部明显收窄，长是端宽的1.0–1.1倍；第2背板长是端宽的0.8、是第3背板的1.3–1.4倍。产卵管末端刀状，长是后足基跗节的0.29–0.34。

分布：浙江（长兴、安吉、杭州、宁波、东阳、丽水）、黑龙江、吉林、辽宁、北京、山东、陕西、新疆、江苏、安徽、湖北、江西、湖南、福建、台湾、广东、广西、四川、云南；俄罗斯，蒙古国，朝鲜，日本，阿富汗，德国，意大利，奥地利，匈牙利。

注：中名别名有松毛虫内茧蜂、松毛虫红头小茧蜂、红头小茧蜂。

(375) 侧腹脊茧蜂 *Aleiodes compressor* (Herrich-Schaffer, 1838)

Rogas comprerssor Herrich-Schaffer, 1838b: 215.
Aleiodes compressor: Yu et al., 2016.

主要特征：雌，体长4.7–6.5 mm；前翅长4.1–5.5 mm。体红黄色；触角向端部变暗；并胸腹节和腹部第1背板、产卵管鞘褐色至黑褐色。翅透明，痣黄色，下缘暗色，脉褐黄色至黄褐色。触角32–34节，短于体长；背面观复眼长为上颊长的2.2倍；上颊在复眼后方圆弧状收窄；后头脊完整。头顶、上颊和额细皮革状，无光泽。脸具细横刻纹，上方中央有中脊。唇基凸，具刻皱；口窝宽为脸宽的0.38。颊细皮革状，颚眼距与上颚基宽等长。中胸侧板除背方具刻纹外，其余细颗粒状，无基节前沟。中胸盾片无光泽，皮革状，中叶有中纵沟；盾纵沟窄，后方会合；小盾片皮革状。并胸腹节中纵脊完整，表面颗粒状。前翅 r：3-SR∶SR1=7∶14∶36；SR1脉直；2-SR∶3-SR∶r-m=9∶14∶7；1-Cu1∶2-Cu1=6∶16；cu-a脉近垂直。后翅1r-m脉显著外斜；M+Cu∶1-M=23∶15；缘室平行；2-SC+R脉四边形，cu-a脉近垂直，m-cu脉有痕迹。后足基节细颗粒状；后足胫节距长分别为其基跗节的0.30和0.25，几乎直，具毛；跗爪腹面具栉齿。腹部第1背板长是端宽的1.5倍，两侧近平行，具细纵刻条，背脊愈合，基区光滑，中纵脊弱。第2背板长为第3背板的1.2倍，基小；第2、3背板具更细的皱状纵刻条，背板之间无明显的缝；具锐的侧褶。第3背板端部和以后背板光滑；腹末端（从第3背板开始）强度侧扁，刀状；雄性侧扁程度低。产卵管鞘长是前翅的0.08。

分布：浙江（长兴、杭州）、黑龙江、北京、山东、江苏；古北区。

(376) 黏虫脊茧蜂 *Aleiodes mythimnae* He et Chen, 1988

Aleiodes mythimnae He et Chen, 1988: 354.

主要特征：雌，体长5.0–5.5 mm；前翅长3.9–4.8 mm。体红黄色；触角端部变暗。翅透明，痣及脉红黄色至褐黄色。但有的种群体黑褐色；触角（端部变暗）、唇基、上颊、颊、须、眼眶、前胸背板侧面近中胸盾片处、中胸盾片后部、小盾片、中胸侧板（翅基下脊处黑褐色）、后胸侧板、足（后足胫节端部色较深）以及腹部腹板黄色至浅褐色；腹部第1背板基部中央、第2背板中央以及第3背板基部中央组成一个大的黄褐色斑。翅透明，痣黄色，有一暗斑，脉褐色。雄性体色较雌性为淡，整个头部、中胸盾片全黄色至黄褐色。触角 43–44 节。上颊在复眼后方呈圆弧状，稍收窄。背面观复眼长是上颊长的 1.6–2.5 倍。后头脊背面观中央广钝角状，稍弱。口窝宽是脸宽的 0.3。颚眼距是上颚基宽的 1.3–1.4 倍。中胸盾片皮革状，盾纵沟深。中胸侧板具细刻纹，前缘、后缘及下缘细颗粒状，无明显的基节前沟。前翅 3-SR 脉为 r 脉的 2.3–3.1 倍，1-Cu1：2-Cu1 为 1：4；第 2 亚缘室长是高的 1.8–2.1 倍。后翅缘室向外不扩大，m-cu 脉存在。后足胫节长距长是后足基跗节的 0.3。腹部第 1–3 背板有细纵刻条和中纵脊，第 4 背板基半具细刻条，其余背板光滑。第 1–2 背板长分别是端宽的 1.2 倍和 0.9。产卵管鞘长是后足基跗节的 0.44。

分布：浙江（临安、黄岩、龙泉）、黑龙江、吉林、湖北、福建、海南、广西、四川、贵州、云南；古北区。

（377）舟蛾脊茧蜂 *Aleiodes drymoniae* (Watanabe, 1937)

R(h)ogas drymoniae Watanabe, 1937: 61.

Aleiodes drymoniae: He & Chen, 1990: 202.

主要特征：雌，体长 5.1–6.0 mm；前翅长 4.6–5.4 mm。体红黄色；触角鞭节褐色；并胸腹节和第 1 背板有模糊的暗色。翅透明，痣和脉褐色；触角 41–42 节。额稍凹，细颗粒状，有光泽。头顶后缘中央近后头脊处明显后倾。背面观复眼长为上颊长的 2 倍；上颊在复眼后方弧状收窄。单眼较大。复眼眼凹中等。后头脊背方中央弱或缺。脸上方有细刻纹和中纵脊。口窝宽是脸宽的 0.3。颚眼距约为上颚基宽的 1.3 倍。前胸背板背方短，皮革状，背板槽较深。中胸盾片和小盾片细颗粒状；盾纵沟会合处宽；小盾片有侧脊。中胸侧板大部分细颗粒状，近于光滑；无基节前沟。并胸腹节有显著的网状刻条；侧纵脊后方明显，形成瘤突；中纵脊明显；气门圆形。前翅 r：3-SR=10：（21–24）；1-Cu1：2-Cu1=11：（20–22）；第 2 亚缘室长是高的 1.7–1.8 倍，向外端明显收窄。后翅 SR 脉弱，无色，中央微曲；缘室向外不扩大。后足基节细粒状；胫节长距长是基跗节的 0.31–0.34；爪较细长，有小栉。腹部第 1–2 节及第 3 节背板基部有发达的纵刻条和中纵脊，第 3 背板端部 1/3 及其后背板光滑。第 1 背板长是端宽的 0.8–0.9，向基部明显收窄，背凹小。第 2 背板长是宽的 0.6，长是第 3 背板的 1.2–1.3 倍。产卵管鞘稍露出，长是后足基跗节的 0.35–0.46。

分布：浙江（金华）、辽宁、湖北、湖南；俄罗斯，朝鲜，日本。

（378）金刚钻脊茧蜂 *Aleiodes earias* Chen *et* He, 1997

Aleiodes earias Chen *et* He, 1997: 48.

主要特征：雌，体长 3.3–4.7 mm，前翅长 3.6–3.9 mm。体黄色；触角端部变暗；产卵管鞘黄褐色。翅透明，痣黄色，下缘至翅中部脉淡褐色，其余脉黄色。触角 35–37 节（雌性）或 33 节（雄性）。背面观复眼长约为上颊长的 3.2 倍；上颊在复眼后方直线收窄。后头脊完整，背面观圆弧状。头顶和上颊具细刻纹；额具微皱。脸中央上方具中纵脊。唇基具细刻皱；口窝宽为脸宽的 0.46。颊具刻皱，颚眼距为上颚基宽的 0.8。基节前沟近中央存在，很浅，具细刻纹。盾纵沟窄，后方会合；小盾片前沟宽，具纵脊；小盾片无侧脊。并胸腹节中纵脊完整，具不规则刻纹。前翅 1-SR+M 脉稍曲；r：3-SR：SR1=9：15：38；2-SR：3-SR：r-m=10：15：7；1-Cu1：2-Cu1=7：17；cu-a 脉内斜。后翅 1r-m 脉外斜；M+Cu：1-M=25：17；缘室平行；2-SC+R 脉四边形，cu-a 脉外斜，无 m-cu 脉。后足基节具细刻纹；后足胫节距长分别为基跗节的 0.33 和 0.28；跗爪简单。腹部第 1 背板长是端宽的 1.0 倍，两侧向基部稍收窄，背脊愈合，基区光滑。第 2 背板长为第 3 背板的 1.2 倍，基区小。第 1–3 背板具明显的纵刻条，第 3 背板端部及以后背板光滑；第 1–2 背板具中纵脊；第 2–3 背板具锐的侧褶。从第 3 背板端缘开始至腹末端侧扁。产卵管鞘长是前翅的 0.11。雄性腹部侧扁程度低，背面观仅腹末背板向端部收窄。

分布：浙江（长兴、杭州、遂昌）、江苏、湖北、江西、广东、广西、云南。

(379) 黄脊茧蜂 *Aleiodes pallescens* Hellen, 1927

Aleiodes pallescens Hellen, 1927: 31.

主要特征：雌，体长 4.3–5.5 mm；前翅长 4.0–4.5 mm。体红黄色；产卵管鞘黑色。翅透明，翅痣黄褐色，翅脉黄色至浅褐色。触角 31–33 节（雌性），30–31 节（雄性）。额平坦，细颗粒状，无中纵脊。头顶近于光滑。背面观复眼长为上颊长的 2.1 倍；上颊在复眼后方弧状收窄。单眼较大。复眼眼凹浅。后头脊背方中央弱或缺。脸横皱纹和中纵脊仅上方明显。唇基细颗粒状；口窝宽是脸宽的 0.3。颚眼距是上颚基宽的 1.2–1.3 倍。前胸背板背方细颗粒状，背板槽浅。中胸盾片和小盾片细颗粒状；盾纵沟会合处界线不明；小盾片无侧脊。中胸侧板大部分细颗粒状，后缘光亮；无基节前沟。后胸侧板小，中部有细颗粒；并胸腹节有细弱的刻纹；无瘤突；中纵脊明显；气门圆形至卵圆形。前翅 r∶3-SR=9∶18 或 9∶16；1-Cu1∶2-Cu1=7∶17 或 10∶19；第 2 亚缘室长是高的 1.6–1.7 倍，向外端收窄。后翅 SR 脉弱，中部微弯；缘室向外不扩展；m-cu 脉弱。后足基节细颗粒状；胫节长距长是基跗节的 0.26–0.30；第 2 跗节与第 5 跗节等长，后者膨大；爪简单。腹部第 1–2 背板、第 3 背板基半有细弱的纵刻条和中纵脊，第 3 背板端半及以后背板光滑。第 1 背板长是端宽的 0.7–0.8，向基部显著收窄，背凹小。第 2 背板长是端宽的 0.6，长是第 3 背板的 1.3 倍。产卵管末端平截，长是基跗节的 0.5–0.6。雄性腹部比较窄。

分布：浙江（松阳）、黑龙江、内蒙古、陕西、新疆、湖北；蒙古国，芬兰。

(380) 腹脊茧蜂 *Aleiodes gastritor* (Thunberg, 1822)

Ichneumon gastritor Thunberg, 1822: 1182.
Aleiodes gastritor: Chen & He, 1992: 1252.

主要特征：雌，体黄褐色至红黄色；触角端部变暗；须、转节和后足胫节端半黄白色。翅透明，翅痣黄色、端部暗色，脉黄色至暗色。有的种群体暗色；触角、头、中胸、足（后腿节浅褐色）及腹部腹面黄褐色；腹部第 1 背板端部中央、第 2 背板中央各有一个黄褐斑；触角 33–37 节（雌性），37–42 节（雄性）。额稍凹，细粒状，无中纵脊。头顶窄。背面观复眼长为上颊长的 1.9–2.8 倍；上颊在复眼后方稍弧状收窄。单眼较大。复眼眼凹浅。后头脊背面观中央稍弧状。脸上方具细横皱和中纵脊。唇基皮革状；口窝宽是脸宽的 0.34。颚眼距约为上颚基宽的 1.2 倍。前胸背板皮革状，背方凹较浅。中胸盾片和小盾片皮革状，满布细凹点；小盾片无侧脊。中胸侧板皮革状，仅侧凹上方一点光滑；无基节前沟。并胸腹节有网状刻纹；无侧纵脊；中纵脊明显；气门近于圆形。前翅 r∶3-SR=8∶18 或 9∶17；1-Cu1∶2-Cu1=8∶20 或 10∶19；第 2 亚缘室长是高的 1.6–1.9 倍，向外方明显收窄。后翅 SR 脉弱，中部稍曲；缘室不向外端扩大；m-cu 脉弱。后足基节皮革状；胫节长距长是基跗节的 0.30–0.33；爪较细长，无齿。腹部第 1–2 背板、第 3 背板基部 2/3 有纵刻条和中纵脊，第 3 背板端部 1/3 皮革状；第 4 背板基部有皱纹，其余及以后背板光滑。第 1 背板向基部收窄，长是端宽的 0.8–0.9（雌性）、1.1–1.2 倍（雄性），基区小。第 2 背板长是端宽的 0.5–0.6（雌性）或 0.8–0.9（雄性），长是第 3 背板的 1.1–1.2 倍（雌性）或 1.3–1.4 倍（雄性）。产卵管鞘末端平，长为后足基跗节的 0.5–0.6。

分布：浙江（杭州、诸暨）、吉林、辽宁、内蒙古、北京、河北、山西、陕西、江苏、安徽、湖南、福建、台湾、广东、广西、四川、贵州、西藏；日本，欧洲。

注：中名有的用桑尺蠖黑腰茧蜂。

（四）皱腰茧蜂亚科 Rhysipolinae

主要特征：触角多于 14 节；下颚须 6 节；上唇光滑，而且（稍）凹；复眼内缘不或稍内凹；前胸侧板后突缘存在；胸腹侧脊存在，至少部分存在；并胸腹节无瘤突，若偶尔有瘤突，则钝；腹部第 1–2 背板折缘窄；第 4 及以后背板通常大部分外露；并胸腹节中纵脊短于并胸腹节长的一半；腹部第 1 背板背脊不会合，若会合，则围成一个半圆形区域，不向后伸；第 2 背板基部中央无基区。腹部第 1 背板多少均匀突起，其侧方部分窄或缺。

生物学：抑性外寄生于鳞翅目和鞘翅目幼虫，Acisidini 可能还寄生于双翅目。

分布：世界广布。

173. 皱腰茧蜂属 *Rhysipolis* Förster, 1862

Rhysipolis Förster, 1862: 225-288. Type species: *Rogas* (*Colastes*) *meditator* Haliday, 1836.

主要特征：触角 27–42 节；胸腹侧脊存在；基节前沟通常明显弯曲，与胸腹侧脊相连；中胸背板光滑；盾纵沟明显，通常具刻条；并胸腹节具刻纹；腹部第 1 背板具刻纹，背脊明显；剩余背板具微弱刻纹或无刻纹。

生物学：寄主主要为鳞翅目麦蛾科和细蛾科。

分布：世界广布。世界已知 22 种，中国记录 4 种，浙江分布 1 种。

（381）稻苞虫皱腰茧蜂 *Rhysipolis parnarae* Belokobylskij *et* Con, 1988

Rhysipolis parnarae Belokobylskij *et* Con, 1988: 162.

主要特征：雌，体长约 3.8 mm。淡赤褐色，腹部自第 3 背板以后色稍浅；复眼、单眼区、上颚齿、爪及产卵管鞘均黑色；触角至末端渐呈褐色。头横形，具前口窝。上颊在复眼之后收窄；后头脊完整，下方的稍粗且色稍深。触角 37–38 节，第 1 鞭节与柄节、梗节之和等长。前胸背板向前突出。盾纵沟深，内具细皱。胸腹侧脊仅下端存在，腹板侧沟明显。并胸腹节基部正中及后半具细网状皱纹，在基部有略平行的不明显纵行脊纹。前翅 r 脉自翅痣中央伸出，r 脉约为 3-SR 脉的 0.5，为 2-SR 脉的 0.6–0.65，与 r-m 脉（不着色）约等长，比 m-cu 脉稍短；后翅 SR 脉无色，后翅 M+Cu 脉短于 1-M 脉，具 m-cu 脉。腹部比胸部稍长，背板可见 8 节。第 1 背板与后缘宽等长，背中脊从前侧角斜伸至前方 1/3 处再平行向后止于后方 1/3 处，背板基部光滑，背侧脊亦明显，与背中脊交界处有凹陷，与背中脊之间有纵行刻条；第 2 背板横形，光滑，后缘宽约为长的 1.6 倍，在基部有极细刻条，气门位于锋锐的侧缘之下；以后各节多细毛。产卵管鞘长约为后足胫节的 0.5。茧成块，由许多小茧结成紧密一条，各小茧间不易分开，茧块长的有 24 mm，宽 3–4 mm；各小茧长约 7 mm，宽约 1 mm。

分布：浙江（平阳）、湖北、湖南、广东、海南、广西、四川、贵州、云南；越南。

注：中名有的用稻苞虫茧蜂、稻苞虫下孔茧蜂。

（五）索翅茧蜂亚科 Hormiinae

主要特征：口窝深而宽；下颚须 6 节；口上缝明显；柄节和梗节等长；后头脊完整；前胸侧板后突缘

存在；胸腹侧脊通常存在；并胸腹节中纵脊短或缺；偶有无翅或翅退化种类；有翅者前翅 Cu1a 脉通常与 2-Cu1 脉相连；亚盘室完整；r-m 脉几乎均存在；m-cu 脉伸入第 2 亚缘室；前足胫节无钉状刺列；后足胫节距短；腹部第 1 背板侧方平坦，通常宽，无背脊，与第 2 背板之间可以活动；腹部第 2–3 背板背方大部分膜质，几乎均比其侧板骨化程度低。产卵管稍伸出腹端。

生物学：抑性外部生于鳞翅目，有麦蛾科、卷蛾科、鞘蛾科、尖翅蛾科、潜蛾科等，聚寄生，在寄主体外结茧，茧成块在一起，外覆丝膜。

分布：世界广布。

174. 索翅茧蜂属 *Hormius* Nees, 1818

Hormius Nees, 1818: 305. Type species: *Bracon moniliatus* Nees, 1812.

主要特征：胸腹侧脊上方远离中胸侧板前缘；前翅端部具缘毛，1-R1 脉长于翅痣长度，SR1 脉直；m-cu 脉明显后叉，2-SR 脉明显，r-m 脉有时缺，3-SR 脉等于或长于 2-SR 脉；后翅 M+Cu 脉短于 1-M 脉；中胸盾片大部分光滑，若有时颗粒状，则第 1 背板缺背凹；后足腿节通常光滑；产卵管鞘长度短至中等长。

生物学：寄生于鳞翅目卷蛾科和螟蛾科昆虫。

分布：世界广布。世界已知 61 种，中国记录 5 种，浙江分布 1 种。

(382) 纵卷叶螟索翅茧蜂 *Hormius moniliatus* (Nees, 1811)

Bracon moniliatus Nees, 1811: 36.
Hormius moniliatus: Nees, 1918: 305.

主要特征：雌，头、胸部赤褐色，复眼、单眼区、触角鞭节、上颚齿或并胸腹节黑色或黑褐色；腹部第 1 背板中央黑褐色，其余黄褐色；足黄褐色，端跗节及爪褐色；翅透明，稍带淡黄色，翅脉及翅痣淡黄色。头横宽；具前口窝，后头脊明显。单眼正三角形排列，单眼区小，单复眼间距约为单眼区宽的 2 倍。复眼小，稍突出，在颜面近于平行。触角着生位置高，在复眼上缘连线水平处，细长，比体稍长，22 节。前胸背板向前突出；中胸盾片后缘几乎平直；盾纵沟明显，达于后缘但不相接，其后半之间具网状细皱；小盾片近正三角形，平坦，前方横沟宽，内具皱纹和一中脊。并胸腹节具网状细皱，在亚中线部分形成不明显纵脊。前翅 m-cu 脉插入第 2 亚缘室；Cu1a 脉与亚盘室上方的 2-Cu1 脉相连成一直线；3-SR 脉与 r-m 脉约等长、稍长于 r 脉，2-SR 脉比 m-cu 脉稍长，约为 r 脉的 1.8 倍；cu-a 脉对叉式；后翅 M+Cu 脉与 1-M 脉约等长。腹部比胸部长而宽；第 1 背板中央隆起，长与后缘宽相近，为前缘宽的 2 倍，侧缘后半平行，背板上多网状脊纹，自前角至后缘有 1 对平行的细脊；第 2 背板后缘宽约为长的 2 倍，前侧角有一斜沟，第 3、4、5 背板约等长，均为第 2 背板长的 0.4。产卵管鞘约与后足基跗节等长。雄蜂与雌蜂相似，但有几点不同：头较横宽；复眼甚大；单眼区大，其宽与单复眼间距相近；触角 28 节，基部环节较粗；前翅第 2 亚缘室较狭长，即 r-m 脉明显短于 3-SR 脉，与 r 脉相等。茧白色，质地薄，数个在一起，排列不规则；小茧长椭圆形，长约 3 mm，颇似一些绒茧蜂 *Apanteles* 的茧。

分布：浙江（金华）、四川、云南。

（六）软节茧蜂亚科 Lysiterminae

主要特征：复眼内缘不凹入或微凹入；触角梗节明显短于柄节，若偶尔约等长，则胸腹侧脊存在；后头脊腹方 1/3 弯向口后脊，或腹方缺；胸腹侧脊存在；并胸腹节中纵脊短，不及长度一半；端跗节和前中足跗节正常；腹部第 2–3 背板骨化，其程度与折缘相当或骨化程度更高，若偶尔骨化程度低，则并胸腹节中纵脊长；腹部第 1 背板均匀突起，无侧区或此区非常狭小；腹部第 1 背板背脊不愈合，或者愈合，围成半圆形区域，无角；腹部第 2 背板基部无三角区；腹部第 2–3 腹节气门位于背板上，并被刻条包围，如果偶尔位于折缘上，则腹部背板具纵刻条，纵刻条间具横刻纹，并且第 4 节及以后背板大部分缩在第 3 背板之下。

生物学：鳞翅目幼虫的外寄生蜂，寄主幼虫不僵化。

分布：世界已知 2 族，浙江分布 1 族 3 属。

分属检索表

1. 腹部第 1–2 背板具大而呈旗状的侧背板 ··· 守子茧蜂属 *Cedria*
- 腹部第 1–2 背板无大而呈旗状的侧背板 ··· 2
2. 前翅 Cu1a 脉位于 2-Cu1 脉和 2–1A 脉之间；第 3 背板端缘无齿或突起 ············· 犁沟茧蜂属 *Aulosaphes*
- 前翅 Cu1a 脉近 2-Cu1 脉；第 3 背板端缘具明显至稍微突出的角，至少稍有镶边或镶边呈小锯齿状 ··············
  ··· 齿腹茧蜂属 *Acanthormius*

175. 齿腹茧蜂属 *Acanthormius* Ashmead, 1906

Acanthormius Ashmead, 1906: 200. Type species: *Acanthormius japonicus* Ashmead, 1906.

主要特征：触角 14–25 节；柄节末端倾斜；触角窝侧方突出；头向腹面渐窄；无颚眼沟；中胸背板具长毛；前翅 2-SR 脉至少端半骨化，m-cu 脉短，1-SR 脉长；前翅第 1 亚盘室窄，Cu1b 脉存在；第 1 背板与第 2 背板连接处可活动；第 1 背板背凹存在，但小；第 3 背板后方有明显至稍微突出的角，至少微有镶边或镶边呈小锯齿状；第 4、5 背板光滑，轻度骨化，大部分内缩，无侧褶；产卵管鞘明显突出，短至中等长度，短于腹部长度。

生物学：寄生于木蛾科。

分布：世界广布。世界已知 45 种，中国记录 15 种，浙江分布 6 种。

分种检索表

1. 中胸背板具皱纹，或有刻纹，或细颗粒状且具毛 ··· 2
- 中胸背板大部分光滑 ··· 淡齿齿腹茧蜂 *A. albidentis*
2. 头顶光滑；触角有或无淡色环 ··· 3
- 头顶具刻纹；触角无淡色环 ··· 4
3. 雌性触角无淡色环；雌性触角 21 节 ··· 贝氏齿腹茧蜂 *A. belokobylskiji*
- 雌性触角具淡色环；雌性触角 17–19 节 ··· 中华齿腹茧蜂 *A. chinensis*
4. 体褐色 ··· 古田山齿腹茧蜂 *A. gutainshanensis*
- 体褐黄色或黄褐色 ··· 5

5. 体褐黄色；腹部第3背板端齿侧面观较长；产卵管鞘长与第2背板等长；触角19节，黄色，端节暗色···天目山齿腹茧蜂 *A. tianmushanensis*
- 体暗黄褐色；腹部第3背板端齿侧面观较短；产卵管鞘长是第2–3背板的0.5；触角21–22节，黄色，端部4节暗色···黄褐齿腹茧蜂 *A. testaceus*

（383）贝氏齿腹茧蜂 *Acanthormius belokobylskiji* Chen et He, 2000

Acanthormius belokobylskiji Chen *et* He, 2000: 298.

主要特征：雌，体长1.8 mm；前翅长1.6 mm。体褐黄色，前胸背板、并胸腹节红褐色，腹部第1背板大部分、第2背板基半黑褐色；触角最基部黄色，其余淡褐色至褐色；须淡黄色。足黄色至褐黄色。翅透明，翅痣淡褐色，最基部色淡，脉淡褐色。背面观复眼长为上颊长的1.5倍；上颊光滑，在复眼后方圆弧状收窄。后头脊完整。头顶仅单眼区后方一小块具细刻点，其余光滑。额具刻纹。脸光滑，中央稍隆起。唇基光滑；口窝宽为脸宽的0.4。颊光滑；颚眼距为上颚基宽的1.0倍。盾前凹窄小；中胸侧板除背方前缘具刻纹外光滑；基节前沟前半存在，窄，无短刻条。后胸侧板具不规则皱纹。中胸盾片无光泽，细皮革状，前缘具刻纹；盾纵沟窄，后方会合；小盾片前沟宽而深，具1条纵脊；小盾片光滑，具侧脊。并胸腹节分区明显，脊间表面具不规则刻纹。前翅1-SR+M脉稍弯；r脉出自翅痣端部0.4处；r：3-SR：SR1=3.5：6：17.5；SR1脉端部直；2-SR：3-SR：r-m=8：6：4；cu-a脉几乎对叉；Cu1b脉对叉。后翅1r-m脉和cu-a脉显著外斜；2-SC+R脉横形。后足基节近光亮；后足胫节距长分别为其基跗节的0.18和0.10，直，具毛；跗爪简单。腹部第1背板长是端宽的1.0倍，两侧向基部收窄；背凹小，背脊基半明显，明显向端缘收敛。第1–3背板具明显的纵刻条，纵刻条间具细横刻纹。第2背板长为第3背板中长的1.3倍。第3背板齿背面观向后发散，侧面观略下弯，齿长是第3背板中长的0.56。

分布：浙江（临安）。

（384）中华齿腹茧蜂 *Acanthormius chinensis* Chen et He, 1995

Acanthormius chinensis Chen *et* He, 1995: 258.

主要特征：雌，体暗黄褐色；触角基部6节黄色，中部4节浅褐色，亚端部6节鲜黄色，最端部2节褐色；须淡黄色；产卵管鞘浅褐色。足褐黄色。翅面透明，翅痣端部2/3褐色，基部黄色，前翅r脉、SR脉、M脉、Cu脉及附近翅面褐色，其余脉黄色。复眼背面观为上颊长度的1.8倍；上颊光滑，在复眼后方明显收窄。后头脊完整，背方直。头光滑。口窝宽为脸宽的0.6。颚眼距为上颚基宽的1.1倍。中胸侧板除背方具刻纹外光亮；基节前沟前方2/3存在，窄，光滑。中胸盾片前方陡，具细刻纹，侧叶后缘细颗粒状；盾纵沟窄，后方会合；小盾片前沟宽，具3条纵脊。并胸腹节有分区，脊间表面具不规则刻纹。前翅1-SR+M脉稍弯；r脉出自翅痣中部稍外方；r：3-SR：SR1=4：7：20；SR1脉端部直；2-SR：3-SR：r-m=8.5：7：4.5；1-Cu1：2-Cu1=1：18；cu-a脉近垂直。后翅1r-m脉显著外斜；2-SC+R脉短横形；cu-a脉外斜。后足基节具少许刻点，有光泽；后足胫节距长分别为其基跗节的0.15和0.07，直，具毛。腹部第1背板长是端宽的0.8，两侧向基部收窄，背凹小，背脊平行，两背脊间的距离与背脊至背板侧缘距离相等。第1–3背板具明显的皱状纵刻条，纵刻条间具短横刻纹。第2背板长为第3背板中长的1.3倍。第3背板齿长为第3背板中长的0.46。下生殖板中等大小，腹方平直，端部平截。产卵管鞘长是前翅长的0.33，是第2–3背板长的0.9。

分布：浙江（开化）。

(385) 古田山齿腹茧蜂 *Acanthormius gutainshanensis* Chen et He, 1995

Acanthormius gutainshanensis Chen et He, 1995: 259.

主要特征：雌，体长 2.1 mm；前翅长 2.0 mm。头黄褐色，胸部和产卵管鞘褐色，并胸腹节和腹部背板暗褐色；触角褐黄色，端节褐色；须黄白色。足黄色至褐黄色。翅透明，痣褐色，基部淡色，前翅痣下方及端半翅面、1-M 脉周围翅面、后翅 1-M 脉周围翅面褐色，翅面褐色部分的翅脉褐色，其余翅脉黄色至淡色。触角 19 节。背面观复眼长为上颊长的 2.0 倍；上颊在复眼后方收窄，具细刻皱。后头脊完整，背方直。头顶具细刻皱，明显球面状后倾。额平坦，具细刻皱。脸上方具细刻纹，下方近于光滑，中央稍隆起，隆起部分的侧缘具细刻纹。唇基光滑；口窝宽为脸宽的 0.45。颊光滑，颚眼距为上颚基宽的 1.3 倍。中胸侧板除背前方具刻纹外光亮；基节前沟仅中央一点存在，光滑，在其上方有一条斜沟，此沟后方与中胸侧板凹相连，前方伸至胸腹侧脊上端上方，将中胸侧板分成上、下两部分，下方部分明显比上方部分凸出。中胸盾片具细皱纹；盾纵沟窄，后方会合；小盾片前沟宽，具皱纹，具 1 条纵脊；小盾片侧方具平行刻纹。并胸腹节分区明显，脊间表面具不规则刻纹。产卵管鞘长是前翅的 0.25，是第 2–3 背板长的 0.56。

分布：浙江（开化）。

(386) 天目山齿腹茧蜂 *Acanthormius tianmushanensis* Chen et He, 2000

Acanthormius tianmushanensis Chen et He, 2000: 305.

主要特征：雌，体长 2.1 mm；前翅长 1.8 mm。体褐黄色，腹部第 3 背板大部分（除了端齿及其基部）、第 2 背板基侧淡褐色；触角黄色，端节暗色；须淡黄色；产卵管鞘褐色。足黄色。翅透明，翅痣淡褐色，基部黄色，翅脉淡褐色。触角 19 节。背面观复眼长为上颊长的 1.4 倍；上颊近于光滑，在复眼后方收窄。后头脊完整。头顶具皱纹。额平坦，具刻纹。脸具刻纹，中央稍纵隆。唇基光滑；口窝宽为脸宽的 0.4。颊光滑；颚眼距为上颚基宽的 1.5 倍。中胸侧板除背方前缘和后下角具刻纹外光滑；基节前沟前半存在，具刻条。中胸盾片无光泽，具刻纹；盾纵沟窄，后方会合；小盾片前沟宽，具 1 条纵脊；小盾片近光滑，有少许小刻点，具侧脊。并胸腹节分区明显，中区具横刻纹，其余具不规则刻纹。产卵管鞘长是前翅的 0.22。

分布：浙江（临安）。

(387) 黄褐齿腹茧蜂 *Acanthormius testaceus* Chen et He, 2000

Acanthormius testaceus Chen et He, 2000: 306.

主要特征：雌，体长 1.6–2.4 mm；前翅长 1.4–1.9 mm。体暗黄褐色，头部稍淡；第 3 背板基侧有暗斑；触角浅褐黄色，端部 4 节暗色；须淡黄色。足黄色，端跗节暗色。翅透明，翅面略带褐色，翅痣褐色，基部淡色，脉浅褐色至黄色。触角 21–22 节。复眼背面观为上颊长的 1.8 倍；上颊光滑，在复眼后方圆弧状稍收窄。后头脊完整。头顶具刻纹，球面状后倾。额具刻纹。脸具刻纹，中央稍纵隆，隆起部分具光泽。唇基稍凸，近光滑；口窝宽为脸宽的 0.4。颊光滑；颚眼距为上颚基宽的 1.5 倍。中胸侧板除背方前缘和后下角具刻纹外光滑；基节前沟近前半段存在，具刻条。中胸盾片无光泽，细颗粒状；盾纵沟窄，后方会合；小盾片前沟宽而深，具 2 条纵脊；小盾片近于光滑，有少许小刻点，具侧脊。并胸腹节分区明显，脊间表面具不规则刻纹。前翅 1-SR+M 脉稍弯；r 脉出自翅痣端部 0.4 处；r：3-SR：SR1 = 4：6.5：22；SR1 脉端部直；2-SR：3-SR：r-m = 9：6.5：6；1-Cu1：2-Cu1 = 1：11.5；cu-a

脉近垂直；后翅 1r-m 脉外斜；2-SC+R 脉横形。后足基节具细刻纹；后足胫节距长为分别为其基跗节的 0.16 和 0.19，直，具毛。腹部第 1 背板长是端宽的 0.7，两侧向基部收窄，背凹小，背脊略向端缘收敛，在端缘两背脊间的距离短于背脊至背板侧缘的距离。第 1–3 背板背面观向后略收敛，端部下弯，具明显的纵刻条，纵刻条间具细横刻条。第 2 背板长为第 3 背板中长的 1.6 倍。第 3 背板齿长是第 3 背板中长的 0.51。下生殖板中等大小，腹方平直，端部平截；产卵管鞘长是前翅的 0.24，是第 2–3 背板长的 0.5。

分布：浙江（临安）。

(388) 淡齿齿腹茧蜂 *Acanthormius albidentis* Chen et He, 1995

Acanthormius albidentis Chen et He, 1995: 260.

主要特征：雌，体长 1.6 mm；前翅长 1.5 mm。体褐黄色；触角褐色。翅透明，痣及脉黄褐色。触角 21 节。背面观复眼长为上颊长的 1.7 倍；上颊光滑，在复眼后方稍收窄。后头脊完整。头顶光滑，球面状后倾。额平坦，光滑。脸近于光滑，中央稍隆起。唇基稍凸；口窝宽为脸宽的 0.5。颊光滑，颚眼距为上颚基宽的 1.3 倍。中胸侧板大部分光滑；基节前沟近中央存在，光滑。中胸盾片近于光滑；盾纵沟窄，近于光滑，后方会合；小盾片前沟宽而浅，具 1 条纵脊；小盾片光亮。并胸腹节具分区，无中纵脊，脊间表面近光滑。前翅 1-SR+M 脉稍弯；r 脉发自翅痣中部；r：3-SR：SR1=2.5：6：18；SR1 脉端部直；2-SR：3-SR：r-m=6.5：6：4；1-Cu1：2-Cu1=1：18；cu-a 脉近于垂直。后翅 1r-m 脉显著外斜；2-SC+R 脉横形；cu-a 脉明显外斜。后足基节光亮；后足胫节距不明显，与周围的毛差不多长，具毛。腹部第 1 背板长是端宽的 0.8，两侧向基部收窄；背凹小，背脊弱，近于平行；第 1–3 背板具明显的纵刻条，刻条间具细横刻纹；第 2 背板长为第 3 背板中长的 1.4 倍；第 3 背板齿长为第 3 背板中长的 0.43；其余背板内缩。

分布：浙江（开化）。

176. 犁沟茧蜂属 *Aulosaphes* Muesebeck, 1935

Aulosaphes Muesebeck, 1935: 248-249. Type species: *Rhyssalus unicolor* Ashmead, 1905.

主要特征：触角 18–26 节；柄节端部斜；后头脊完整，位置低，腹方与口后脊相连；上颚 2 齿，但有时第 2 齿小；无颚眼沟；中胸盾片前方无不规则的中纵脊或沟；胸腹侧脊完整；中胸侧板前缘光滑，至多具一些短刻纹；前翅 r 脉发自翅痣中部；前翅 2-SR 脉长于或等长于 3-SR 脉；前翅的 Cu1a 脉位于 2-Cu1 脉和 2–1A 脉之间；m-cu 脉与 2-M 脉相连；m-cu 脉后叉；第 1 背板与第 2 背板连接处可活动；第 1 背板背凹小；腹部第 3 背板端部无镶边，有时具齿状；第 4–5 背板内缩；第 2–3 背板具锐的侧褶；下生殖板中等大小，腹方平直，端部平截；产卵管鞘明显突出，短至中等长度，短于腹部。

生物学：寄生于蓑蛾科幼虫。

分布：古北区南部、东洋区、澳洲区。世界已知 10 种，中国记录 2 种，浙江分布 1 种。

(389) 缩颊犁沟茧蜂 *Aulosaphes constractus* Chen et He, 1996

Aulosaphes constractus Chen et He, 1996: 226.

主要特征：雌，体长 2.0 mm；前翅长 2.0 mm。体褐黄色；触角末端、端跗节及产卵管鞘浅褐色；足黄色。翅透明，痣浅褐色，基部黄色，翅痣下方翅面具一不明显的浅褐色横带，横带内翅脉及 1-Cu1 脉浅褐色，其余脉黄色至无色。触角 21 节。背面观复眼长为上颊长的 2.3 倍；上颊光滑，在复眼后方显著直线收窄。头顶光滑。额平坦，具细横皱。脸光滑，有光泽，中央稍隆起。唇基光滑；口窝宽为脸宽的 0.5。颊光滑，颚眼距为上颚基宽的 0.7。中胸侧板除背方具刻纹外光亮；基节前沟近中央存在，宽而浅，光滑。中胸盾片前方陡，细皮革状，中叶稍突出，前缘沿中纵沟处有脊；盾纵沟窄，后方会合；小盾片前沟宽，无明显纵脊；小盾片近光滑，具侧脊。并胸腹节具规则分区，基部近于光滑，其余具刻皱。前翅 1-SR+M 脉稍弯；r 脉从翅痣中央前方发出；r：3-SR：SR1=6.5：6.5：20；SR1 脉端部直；2-SR：3-SR：r-m=10：6.5：6；1-Cu1：2-Cu1=1：10；cu-a 脉近于垂直。后翅 1r-m 脉外斜；2-SC+R 脉横形；cu-a 脉外斜；m-cu 脉弱。后足胫节距长分别为其基跗节的 0.25 和 0.13，直，具毛。腹部第 1 背板长是端宽的 0.7，两侧向基部明显收窄；具纵刻条，两背脊间的刻条较弱；背凹小，背脊不愈合，平行，在背板后缘两背脊间的距离与背脊至背板侧缘的距离相等。第 2 背板长是第 3 背板的 1.1 倍，无基区。第 2、3 背板具明显的纵刻条，刻条间具细横皱；第 3 背板端缘具齿状透明边缘；第 4、5 背板内缩。产卵管鞘长是前翅的 0.25，是后足胫节的 1.0 倍。

分布：浙江（杭州）。

177. 守子茧蜂属 *Cedria* Wilkinson, 1934

Cedria Wilkinson, 1934: 80-81. Type species: *Cedria paradoxa* Wilkinson, 1934.

主要特征：触角第 3 节至少有点长于第 4 节，明显长于梗节；触角间距大于触角窝直径的 2 倍；头正常，后方不延长；中胸盾片大部分光滑；后胸背板具中脊；前翅 1-SR+M 脉存在，2-SR 脉长于 m-cu 脉，1-Cu1 脉稍或不斜，第 1 亚盘室至多基部稍变窄；1-SR+M 脉前端远离 C+SC+R 脉；腹部第 1 背板向基部逐渐收窄；第 2 背板具刻条，基部明显扁平，有锐的刻褶。

生物学：寄生于鳞翅目螟蛾科和卷蛾科。雌蜂有保护其具聚集外寄生习性的幼蜂的习性。

分布：旧热带区、澳洲区。世界已知 6 种，中国记录 2 种，浙江分布 1 种。

（390）守子蜂 *Cedria paradoxa* Wilkinson, 1934

Cedria paradoxa Wilkinson, 1934: 81.

主要特征：体长雌 2.3–2.5 mm，雄 1.9–2.1 mm。体黄棕色；单眼、复眼黑色；产卵管鞘和触角末端 7 节黑褐色。翅痣和翅脉赤褐色，翅痣基端灰白色。翅膜稍带暗色，在翅痣下面 r 脉两侧具浅暗斑纹。足淡黄色，末跗节黑褐色。腹部背面甲状片深黄赤色。触角 13 节，雌蜂基部稍粗，向末端略细；雄蜂相反，鞭节之长等于头、胸长之和，有时较短。中胸盾片有粗刻点，中央有一纵走细隆起线，从前缘向后伸达两盾纵沟接合处。并胸腹节有一大五边形中区，周围有隆起脊形成 5 个小区。跗节短于胫节。腹背有甲状片，其长与头、胸长度之和相等；第 1 腹节背板后缘宽度较中部长度长，第 2 背板呈横长方形，中央长度比后缘宽度短，该处是甲状片的最宽处，甲状片上有显著的纵脊散布全面，超过第 2 背板后缘，但无刻点或斑纹，第 3 背板比第 2 背板短，但较产卵管鞘的露出部分稍长，末端中央稍隆起光滑，表面有斜置两侧的隆起线纹，长各 1/3。

卵：乳白色，长卵形，一端略细，长 0.37 mm，宽 0.12 mm。幼虫体淡绿或乳白色，纺锤形，成熟幼虫体长 2.5 mm，径 0.8 mm。蛹乳白色，长 2–2.3 mm，触角向前，弯曲伏胸下，雌蛹产卵管向背后方伸出。茧灰白色，长圆形，长径 3 mm，短径 1.2 mm，群集成块，茧块扁平近圆形，径达 18 mm，一茧块内多达 40 个茧。

分布：浙江（吴兴、嘉兴、杭州）、江苏；印度，缅甸，斯里兰卡。

（七）蝇茧蜂亚科 Opiinae

主要特征：头横形；唇基隆起，腹缘通常不凹入；唇基与上颚之间无口窝，或有一浅横形开口；触角通常细长，长于体长；后头脊背方中央缺，侧方常存在，通常与下颊脊相连；下唇须4节；无胸腹侧脊（*Ademon* 存在）；前翅翅痣常楔形，有时两侧缘近于平行，少数宽三角形；1-M 脉或 1-M 和 1-SR 脉常偏于翅基部，位于基方 1/3 处；无臀横脉；M+Cu1 脉大部分不骨化，仅着色但不呈管状。腹部第1背板非柄状，至基部渐窄，侧凹明显。产卵管短，偶有长于腹部。

生物学：容性内寄生于双翅目环裂亚目蝇类老熟幼虫，在寄主化蛹后羽化，为幼虫蛹跨期寄生；但也有的产卵于寄主卵内，为卵-蛹跨期寄生或产于早期幼虫体内，单寄生。

分布：世界广布。

分属检索表

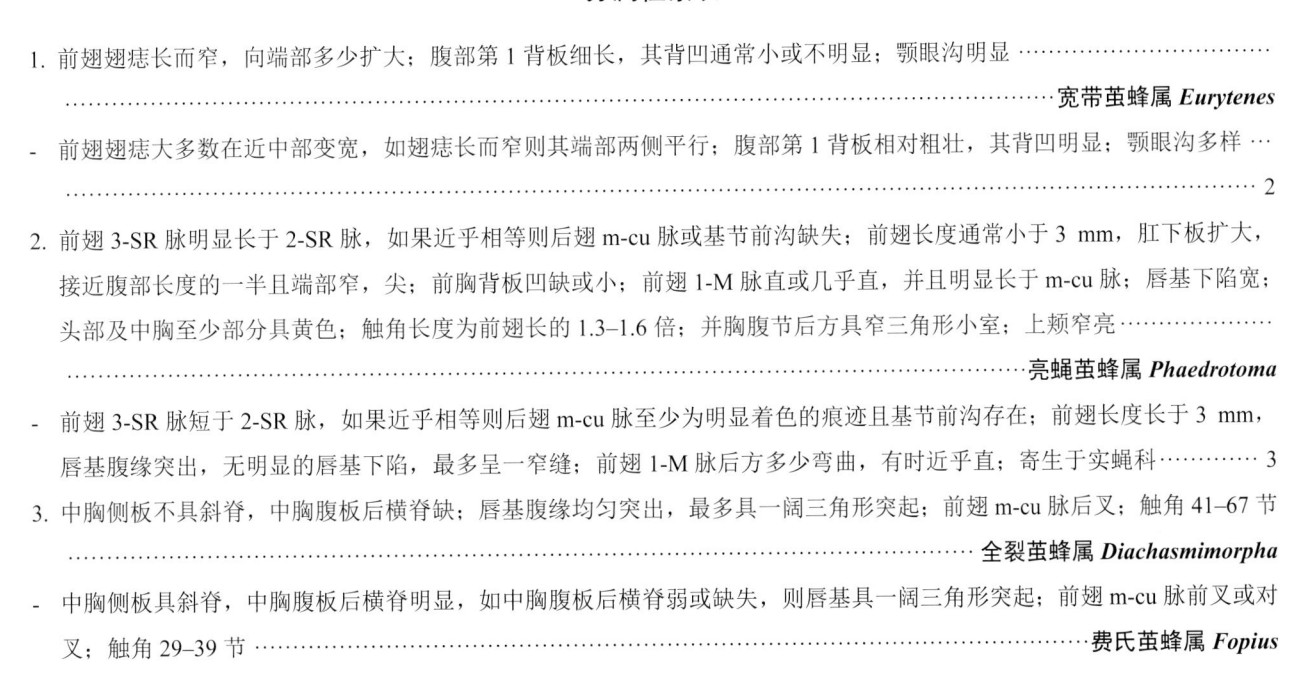

1. 前翅翅痣长而窄，向端部多少扩大；腹部第1背板细长，其背凹通常小或不明显；颚眼沟明显 ·· 宽带茧蜂属 *Eurytenes*
- 前翅翅痣大多数在近中部变宽，如翅痣长而窄则其端部两侧平行；腹部第1背板相对粗壮，其背凹明显；颚眼沟多样 ··· 2
2. 前翅 3-SR 脉明显长于 2-SR 脉，如果近乎相等则后翅 m-cu 脉或基节前沟缺失；前翅长度通常小于 3 mm，肛下板扩大，接近腹部长度的一半且端部窄，尖；前胸背板凹缺或小；前翅 1-M 脉直或几乎直，并且明显长于 m-cu 脉；唇基下陷宽；头部及中胸至少部分具黄色；触角长度为前翅长的 1.3–1.6 倍；并胸腹节后方具窄三角形小室；上颊窄亮 ·· 亮蝇茧蜂属 *Phaedrotoma*
- 前翅 3-SR 脉短于 2-SR 脉，如果近乎相等则后翅 m-cu 脉至少为明显着色的痕迹且基节前沟存在；前翅长度长于 3 mm，唇基腹缘突出，无明显的唇基下陷，最多呈一窄缝；前翅 1-M 脉后方多少弯曲，有时近乎直；寄生于实蝇科 ············· 3
3. 中胸侧板不具斜脊，中胸腹板后横脊缺；唇基腹缘均匀突出，最多具一阔三角形突起；前翅 m-cu 脉后叉；触角 41–67 节 ·· 全裂茧蜂属 *Diachasmimorpha*
- 中胸侧板具斜脊，中胸腹板后横脊明显，如中胸腹板后横脊弱或缺失，则唇基具一阔三角形突起；前翅 m-cu 脉前叉或对叉；触角 29–39 节 ·· 费氏茧蜂属 *Fopius*

178. 全裂茧蜂属 *Diachasmimorpha* Viereck，1913

Diachasmimorpha Viereck, 1913: 641. Type species (by original designation): *Biosteres longicaudatus* (Ashmead, 1905).

主要特征：绝大多数种类后头脊侧方存在，上颚腹缘不具基齿，唇基腹缘突出至稍波曲，极少中部有2齿，复眼大；前胸侧板无斜脊；盾纵沟光滑，在长尾全裂茧蜂种团 *D. longicaudata*-group 中完整，其他种团后方弱或缺，中胸背板凹存在，无中胸腹板后横脊；前翅第2亚缘室短，3-SR 脉至多与 2-SR 脉等长，m-cu 脉后叉；后翅 m-cu 脉和 2M 脉发达，SR 脉缺（至少基部缺）；前胸侧板腹侧方无斜脊，盾纵沟不完整至完整，无刻纹；腹部第1背板背凹缺，气门位于中部附近，一些种类第2背板具刻纹；产卵管长且近端部背方具两个节，肛下板向端部变细且多少延长，长尾全裂茧蜂种团 *D. longicaudata*-group 产卵管近端部波曲。作为实蝇科寄生蜂，全裂茧蜂属 *Diachasmimorpha* 外部形态与剑尾茧蜂属 *Doryctobracon* 近似。剑尾茧蜂属 *Doryctobracon* 为新北区类群，前翅 m-cu 脉前叉或对叉，后头脊缺失，唇基腹缘稍微或强烈波曲。

生物学：主要寄生于实蝇科幼虫。

分布：世界广布。世界已知69种，中国记录8种，浙江分布5种。

分种检索表

1. 第2背板具纵向刻纹；前胸背板凹小而浅 ··· 2
- 第2背板完全光滑；前胸背板凹深，中等大小 ·· 3
2. 盾纵沟完整；产卵管鞘与前翅等长；肛下板端部稍突出于腹部末端；中胸侧板及并胸腹节深褐色 ··· 两色全裂茧蜂 *D. bicolor*
- 盾纵沟前方1/3明显，后方消失；产卵管鞘长度为前翅长的0.6；肛下板端部不突出于腹部末端；中胸侧板及并胸腹节橙色 ··· 浅斑全裂茧蜂 *D. palleomaculata*
3. 上颚正常，端部稍扭曲；前胸背板中后凹纵长 ··························· 黑胸全裂茧蜂 *D. melathorax*
- 上颚粗壮，端部不扭曲；前胸背板中后凹深，坑状 ··· 4
4. 腹部第1背板具长的中纵脊；前翅相对较短，其长度为体长的1.3倍；并胸腹节橙黄色，具长的中纵脊；前翅2-Cu1脉长度为1-Cu1脉长的4.5倍 ························ 黄脸全裂茧蜂 *D. flavifacialis*
- 腹部第1背板无明显中纵脊；前翅相对较长，其长度为体长的1.5倍；并胸腹节大部分褐色，中纵脊短，仅于基部存在；前翅2-Cu1脉长度为1-Cu1脉长的3.1倍 ··· 弯脉全裂茧蜂 *D. curvinervis*

（391）两色全裂茧蜂 *Diachasmimorpha bicolor* Wu, Chen *et* He, 2005（图1-122）

Diachasmimorpha bicolor Wu, Chen *et* He, 2005b: 41.

主要特征：雌，头顶光滑无毛，上颊光滑，具稀疏刚毛；侧面观上颊在复眼后向背方渐收窄，后头脊伸达复眼背方近4/5处；脸被细小刚毛及刻点；前幕骨陷小而明显；唇基几乎光滑，具零星刻点，腹缘突出，侧面观与上颚明显分离，前面观唇基无下陷；颚眼距为上颚基宽的1.3倍；上颚粗壮，端部不扭曲，腹缘具脊，且其基部几乎与后头脊基部处于同一水平。前胸背板凹小而浅；前胸侧板平坦，具刚毛；前胸背板侧面背方和腹方具弱的平行短刻条；基节前沟宽且深，具平行短刻条，不伸达中足基节基部；中胸侧板光滑，后缘腹方密布刻点和刚毛，前缘具平行短刻条；中胸侧缝仅腹方1/2具平行短刻条；中胸腹板后横脊缺；后胸侧板具粗糙刻点及长毛，前缘腹方具平行短刻条，四周具不规则的凹陷；中胸腹板缝中等深

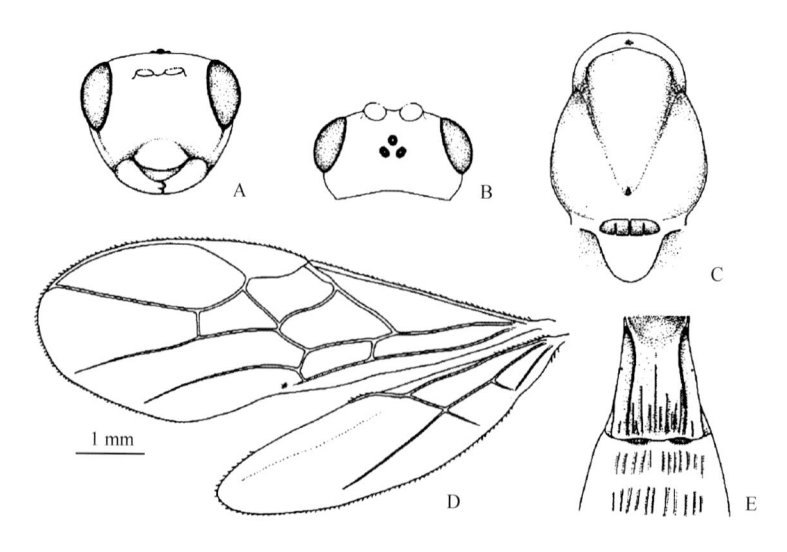

图1-122 两色全裂茧蜂 *Diachasmimorpha bicolor* Wu, Chen *et* He, 2005
A. 头部，前面观；B. 头部，背面观；C. 中胸，背面观；D. 前翅和后翅；E. 腹部第1背板，背面观

度，具明显的平行短刻条；盾纵沟完整，深且光滑，仅在基部具平行短刻条，中胸背板中后凹小，坑状，中等深度；中胸盾片光滑，被稀疏刚毛，中叶前方强烈突出；小盾片前沟宽而深，具 5 条纵脊；小盾片稍隆起，光滑，具零星刚毛，端部密布刚毛；并胸腹节基部具一短而明显的中纵脊，前方和背方具不规则皱纹，后方不完全分区，每一小室内相对光滑，并胸腹节气门小而圆，位于并胸腹节两侧中点处；腹部第 1 背板长度为其端宽的 1.3 倍，具一不甚明显的中纵脊，向基部渐弱，中部及侧方具条纹，基部凹陷；背脊在基部强烈突出，向后延伸至第 1 背板端部；第 1 背板气门小，位于侧面，侧凹大而深，背凹缺失，但由于背脊在基部强烈突起而相对凹陷；第 2 背板中部具纵向刻纹，其在中部具一光滑的横带，第 3 及以后各背板在后方具一行刚毛；产卵管长而直，端部不波曲，端部背面具 2 个小突起，腹面的齿小且模糊不清，产卵管鞘具长刚毛，无端刺，其长度为前翅长的 1.0 倍及第 1 背板长度的 6.0 倍；肛下板大，突出于腹部末端，端部尖锐。

分布：浙江（临安）。

(392) 弯脉全裂茧蜂 *Diachasmimorpha curvinervis* Wu, Chen *et* He, 2005（图 1-123）

Diachasmimorpha curvinervis Wu, Chen *et* He, 2005b: 50.

主要特征：雌，头顶具细毛，上颊具稀刚毛及刻点；侧面观上颊两侧在复眼后向背方渐窄，后头脊伸达复眼背方近 2/3 处；脸密布细毛及刻点；前幕骨陷小而明显；唇基几乎光滑，具稀疏刻点，腹缘突出，侧面观与上颚明显分离，前面观唇基下陷缺失；颚眼距为上颚基宽的 1.0 倍；上颚粗壮，端部不扭曲，腹缘具脊，且其基部位于后头脊基部稍腹方。中胸长为高的 1.3 倍；前胸背板凹深，中等大小；前胸侧板平坦；前胸背板侧面大部分光滑无毛，仅前缘及腹方后缘具弱的短刻条；基节前沟深而宽，光滑，仅具稀疏的平行短刻条，不伸达中足基节基部；中胸侧板光滑，前缘背方具平行短刻条；中胸侧缝仅腹方不到 1/2 处具弱的平行短刻条；中胸腹板后横脊缺；后胸侧板中央光滑，具零星刚毛及刻点，四周具不规则的凹陷；中胸腹板缝浅而窄，具明显的平行短刻条；盾纵沟深，近乎光滑，仅前方存在，后方消失，中胸背板中后凹深，呈水滴状；中胸盾片中叶具细小刻点及刚毛，不甚突出，侧叶近乎光滑；小盾片前沟宽而深，具 3 条纵脊；小盾片稍隆起，光滑，具稀疏刚毛；并胸腹节基部相对光滑并具一短而明显的中纵脊，中部具强烈不规则刻纹，后方分区，中室具纵刻纹，两侧小室内相对光滑，并胸腹节气门小而圆，恰好位于并胸腹节侧面中点之前。腹部第 1 背板长度为其端宽的 1.0 倍，中部及两侧具强烈刻条，基部凹陷；背脊在基部强烈突出，近基部分叉，向端部渐弱；第 1 背板气门小，位于侧面，侧凹大而深，背凹缺失，但由于背脊

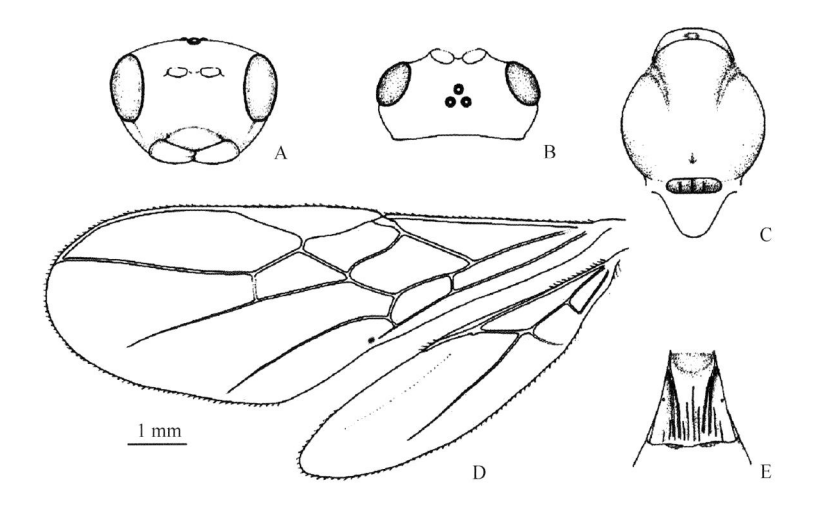

图 1-123 弯脉全裂茧蜂 *Diachasmimorpha curvinervis* Wu, Chen *et* He, 2005

A. 头，前面观；B. 头，背面观；C. 中胸，背面观；D. 前翅和后翅；E. 腹部第 1 背板，背面观

在基部强烈突起而相对凹陷;第 2 背板完全光滑,第 3 及以后各背板在近端部具一行刚毛;产卵管直,中等长度,端部不波曲,端部背面的小突起及腹面小齿均模糊不清,产卵管鞘具端刺,其长度为前翅长的 0.5 及第 1 背板长度的 3.8 倍;肛下板大,但不突出于腹部末端,端部稍平截。

分布:浙江(安吉)。

(393) 黄脸全裂茧蜂 *Diachasmimorpha flavifacialis* Wu, Chen *et* He, 2005(图 1-124)

Diachasmimorpha flavifacialis Wu, Chen *et* He, 2005b: 45.

主要特征:雌,头顶具细毛,上颊具刚毛及刻点;侧面观上颊两侧在复眼后向背方渐窄,后头脊伸达复眼背方近 3/4 处;脸密布细毛及刻点;前幕骨陷明显,中等大小;唇基光滑,具零星刚毛,腹缘突出,侧面观与上颚明显分离,前面观唇基下陷几乎缺失;颚眼距为上颚基宽的 1.0 倍;上颚粗壮,端部不扭曲,腹缘具脊,且其基部位于后头脊基部稍腹方。中胸长为高的 1.2 倍;前胸背板凹深,中等大小;前胸侧板平坦,光滑;前胸背板侧面光滑;基节前沟浅而宽,光滑,仅具稀疏的平行短刻条,不伸达中足基节基部;中胸侧板光滑,前缘具弱的平行短刻条,中胸侧缝腹方 3/5 具弱的平行短刻条;中胸腹板后横脊缺;后胸侧板中央光滑,具细小刻点及刚毛,四周具不规则的凹陷;中胸腹板缝浅,具明显的平行短刻条;盾纵沟近乎光滑,仅前方存在,后方消失,中胸背板中后凹不可见(针插位置);中胸盾片具细小刻点及刚毛,中叶稍突出;小盾片前沟宽而深,具 3 条纵脊;小盾片隆突,光滑,具稀疏刚毛;并胸腹节基部相对光滑,中纵脊长,基部强烈突起,中部具不规则刻纹,后方两侧光滑,并胸腹节气门小而圆,恰好位于并胸腹节侧面中点之前。后足基节密布细小刚毛及刻点,跗爪正常,基部相对粗壮,不具基叶突;后足腿节、胫节和基跗节的长度分别为其宽的 3.0 倍、7.3 倍和 3.7 倍。腹部第 1 背板长度为其端宽的 1.0 倍,中部具强烈刻条,两侧相对光滑,基部凹陷;背脊在基部强烈突出,向后伸达第 1 背板端部;第 1 背板气门小,位于侧面,侧凹深,中等大小,背凹缺失,但由于背脊在基部强烈突起而相对凹陷;第 2 背板完全光滑,第 3 及以后各背板在近端部具一行刚毛;产卵管直,中等长度,端部不波曲,端部背面具 2 个小突起,腹面具 3 个腹齿,但不甚清晰,产卵管鞘具端刺,其长度为前翅长的 0.5 及第 1 背板长度的 3.6 倍;肛下板大,但不突出于腹部末端,端部稍平截。

分布:浙江(安吉)、四川。

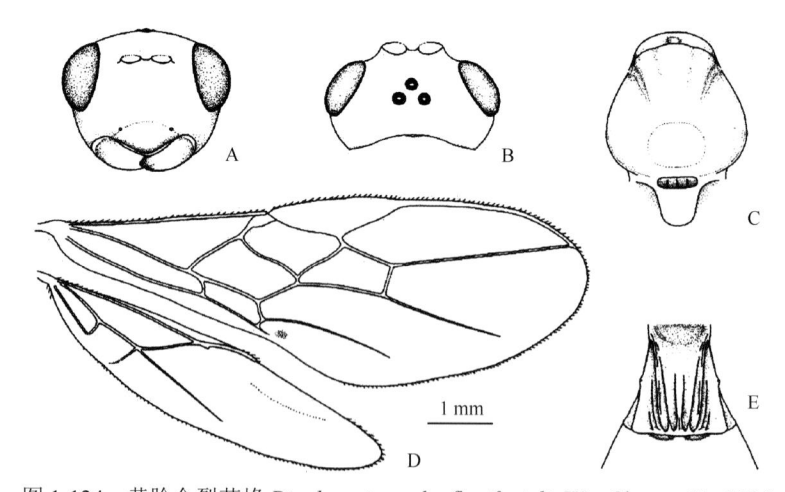

图 1-124 黄脸全裂茧蜂 *Diachasmimorpha flavifacialis* Wu, Chen *et* He, 2005
A. 头,前面观;B. 头,背面观;C. 中胸,背面观;D. 前翅和后翅;E. 腹部第 1 背板,背面观

(394) 黑胸全裂茧蜂 *Diachasmimorpha melathorax* Wu, Chen *et* He, 2005(图 1-125)

Diachasmimorpha melathorax Wu, Chen *et* He, 2005b: 48.

主要特征：雌，头顶及上颊具稀疏刚毛及刻点；侧面观上颊两侧在复眼后近乎平行，后头脊伸达复眼背方近 3/4 处；脸具刚毛及粗糙刻点；前幕骨陷明显，中等大小；唇基几乎光滑，具零星刚毛和刻点，腹缘突出，侧面观与上颚明显分离，前面观唇基下陷缺失；颚眼距为上颚基宽的 1.0 倍；上颚正常，不粗壮，端部扭曲，腹缘具脊。前胸背板凹深，中等大小；前胸侧板平坦，具刚毛；前胸背板侧面大部分光滑无毛，前缘背方及腹方具平行短刻条；基节前沟中等深度，具明显的平行短刻条，不伸达中足基节基部；中胸侧板光滑，中部具两列斜向刚毛，前缘背方及后缘腹方具长毛，翅基下脊下方区域背面稍凹，前缘具平行端刻条；中胸侧缝全部具平行短刻条；中胸腹板后横脊缺；后胸侧板中央具长刚毛及零星深刻点，前缘具平行端刻条，后缘及腹缘具不规则凹陷；中胸腹板缝深而窄，具明显的平行短刻条；盾纵沟深，前方具刻条，后方消失，中胸背板中后凹深，略呈水滴状；中胸盾片遍布刻点及刚毛，后方光滑，中叶前方突出；小盾片前沟窄而深，具 3 条纵脊；小盾片稍隆起，具稀疏刚毛；并胸腹节基部具一短而明显的中纵脊，后方不完全分区，每一小室内相对光滑，其余部分具强烈的不规则刻纹。腹部第 1 背板长度为其端宽的 1.2 倍，中部具纵刻纹，两侧相对光滑，基部稍凹陷；背脊在基部强烈突出，于中部分叉，向后几乎延伸至第 1 背板端部；第 1 背板气门小，位于侧面，侧凹深，中等大小，背凹缺失，但由于背脊在基部强烈突起而相对凹陷；第 2 背板完全光滑，第 3 及以后各背板在近中部具一行刚毛；产卵管长而直，端部不波曲，端部背面具 2 个小突起，腹面具 3 个腹齿，产卵管鞘刚毛较密，具一端刺，其长度为前翅长的 1.2 倍及第 1 背板长度的 7.2 倍；肛下板中等大小，不突出于腹部末端，端部尖锐。

分布：浙江（临安）。

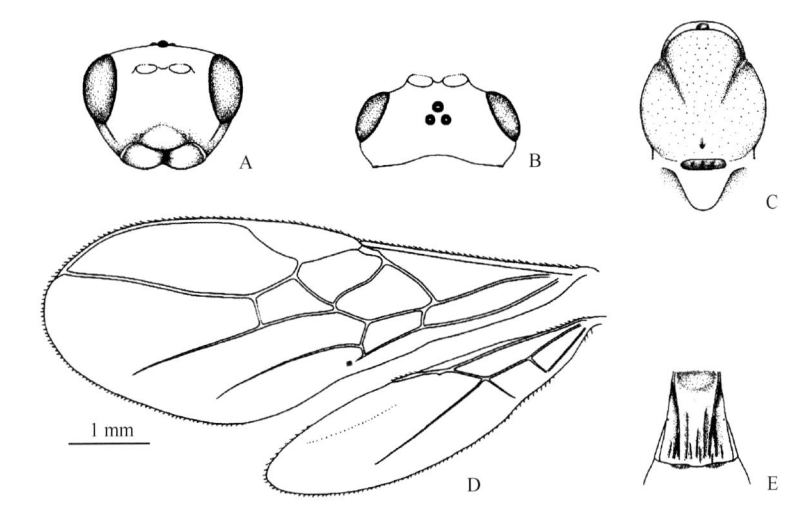

图 1-125 黑胸全裂茧蜂 *Diachasmimorpha melathorax* Wu, Chen *et* He, 2005
A. 头部，前面观；B. 头部，背面观；C. 中胸，背面观；D. 前翅和后翅；E. 腹部第 1 背板，背面观

（395）浅斑全裂茧蜂 *Diachasmimorpha palleomaculata* Wu, Chen *et* He, 2005

Diachasmimorpha palleomaculata Wu, Chen *et* He, 2005b: 39.

主要特征：雌，头顶及上颊具稀疏刚毛；侧面观上颊在复眼后方亚平行，后头脊伸达复眼背方近 2/3 处；脸密布细小刚毛及刻点；前幕骨陷明显，中等大小；唇基几乎光滑，具零星刚毛，腹缘突出，侧面观与上颚明显分离，腹缘稍向前突出，前面观唇基下陷缺失；颚眼距为上颚基宽的 1.1 倍；上颚粗壮，端部稍扭曲，腹缘具脊，且其基部几乎与后头脊基部处于同一水平。前胸背板凹小而浅；前胸侧板平坦，具零星刚毛；前胸背板侧面前缘和腹方具平行短刻条；基节前沟宽，中等深度，具平行短刻条，不伸达中足基节基部；中胸侧板光滑，具零星刚毛，翅基下脊下方区域稍凹陷，具弱的平行端刻条；中胸侧缝仅腹方 2/3 具平行短刻条；中胸腹板后横脊缺；后胸侧板中央具刻点及刚毛，前缘腹方具平行短刻条，四周具不规则的凹陷；中胸腹板缝浅，具明显的平行短刻条；盾纵沟前方 1/3 深且光滑，后方消失，中胸背板中后凹小而深，略呈细长水滴状；中胸盾片光滑，被零星刚毛，中叶前方不强烈突出；小盾片前沟宽中等深度，具 3 条纵脊，侧面脊较弱；小盾片稍隆起，光滑，具稀疏刚毛；并胸腹节基部相对光滑并具一短而明显的中纵脊，中部具网状不规则皱纹，后方不完全分区，中间小室内具皱纹，两侧小室相对光滑。腹部第 1 背板长度为其端宽的 1.1 倍，基半部光滑，端半部具条纹，基部凹陷；背脊在基部强烈突出，向后延伸至第 1 背板端部；第 1 背板气门小，位于侧面，侧凹大，中等深度，背凹缺失，但由于背脊在基部强烈突起而相对凹陷；第 2 背板中央具纵向刻纹，第 3 及以后各背板在近中部具一行刚毛；产卵管长而直，端部近乎扁平，不波曲，端部背面具 2 个小突起，腹面的齿不可见，产卵管鞘具长刚毛，具有一小的端刺，其长度为前翅长的 0.6 及第 1 背板长度的 5.1 倍；肛下板大，但不突出于腹部末端，端部尖锐。

分布：浙江（临安）。

179. 宽带茧蜂属 *Eurytenes* Förster, 1863

Eurytenes Förster, 1863: 259. Type species: *Opius abnormis* Wesmael, 1835.

主要特征：触角较长，长于前翅；唇基下陷明显，在个别种类中消失，唇基短，腹缘稍凹、平截至稍凸；上颚端部扭曲，腹缘具脊；颚眼沟明显；前胸背板凹多样；盾纵沟仅前方存在或完整；基节前沟光滑、具刻纹或刻槽或完全消失；前翅翅痣狭长，两侧近乎平行，端部多少变宽；r 脉自翅痣近基部或极端近基部伸出；3-SR 脉长于 2-SR 脉，第 2 亚缘室相对细长至较粗短；m-cu 脉后叉、对叉或前叉；Cu1a 脉前移，Cu1b 脉至少与 3-Cu1 脉等长；腹部第 1 背板相对细长，背凹小或不可见；第 2 背板光滑或具刻纹；产卵管鞘短，有些种类甚至不突出于腹部末端。

生物学：主要寄生于潜蝇科幼虫。

分布：世界广布。世界已知 34 种，中国记录 4 种，浙江分布 1 种。

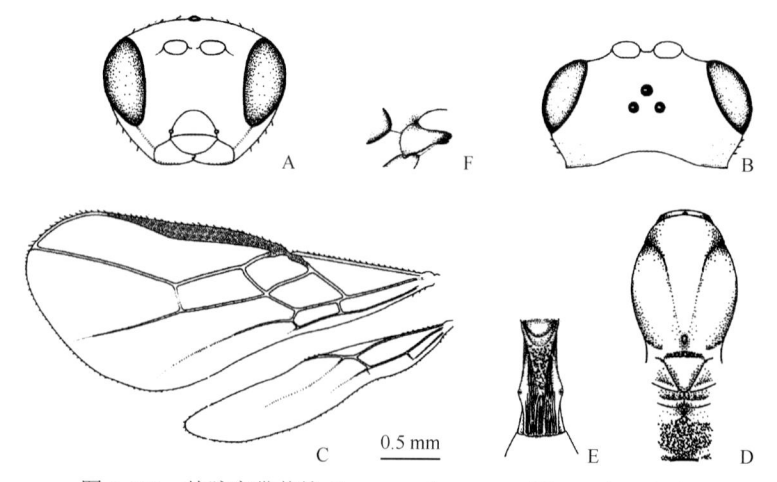

（396）基脉宽带茧蜂 *Eurytenes basinervis* Wu et Chen, 2005（图 1-126）

Eurytenes basinervis Wu et Chen, 2005c: 225.

主要特征：雌，额光滑无毛，背面观复眼长度为上颊长的 1.6 倍；头顶及上颊光滑，具稀疏刚毛；侧面观上颊在复眼后两侧亚平行，后头脊伸达复眼背缘；脸密布长毛，前幕骨陷中等大小；唇基具刻点，腹

图 1-126 基脉宽带茧蜂 *Eurytenes basinervis* Wu et Chen, 2005
A. 头，前面观；B. 头，背面观；C. 前翅和后翅；D. 胸部，前面观；E. 腹部第 1 背板，背面观；F. 上颚

缘稍凹，侧面观与上颚明显分离，前面观唇基下陷深且中等大小；颚眼距为上颚基宽的 1.3 倍；上颚正常，端部扭曲，腹缘具脊，且其基部位于后头脊基部稍腹方。前胸背板凹小而深；前胸侧板平坦，侧方中央具纵向刻点；前胸背板侧面背方后缘具刻点及长毛；基节前沟深，光滑，不达中足基节；中胸侧板除背方前缘和翅基下脊下方区域具平行短刻条外光滑无毛。中胸侧缝光滑，无刻条；中胸腹板后横脊缺；后胸侧板背方光滑，腹方密布刚毛并具不规则刻纹；中胸腹板缝深，具明显的平行短刻条；盾纵沟深，前端 1/3 具刚毛和平行短刻条，后方 2/3 消失，中胸背板中后凹深；中胸盾片光滑；小盾片前沟深而宽，具平行刻条；小盾片相当隆起，光滑，后方具刚毛；并胸腹节具不规则刻纹，无中纵脊。腹部第 1 背板长为端宽的 1.8 倍，具纵刻纹，中央具浅皱纹，基部稍凹，背脊基部明显，不伸达背板端部；第 1 背板气门小，侧凹大而深；背凹存在，并且由于背脊基部强烈突起而凹陷加深；第 2 背板光滑，稀布细毛；产卵管直，端部尖，产卵管鞘长度为前翅长的 0.2 及第 1 背板长度的 1.4 倍，鞘上具稀疏刚毛。

分布：浙江（丽水）。

180. 费氏茧蜂属 *Fopius* Wharton, 1987

Fopius Wharton, 1987: 68. Type species(by original designation): *Rhynchosteres silvestrii* (Wharton, 1987).

主要特征：后头脊侧方存在，上唇完全隐藏于唇基之下，唇基腹缘突出，或在其中部有不同程度的增厚、突起或具一小齿，额后方及侧方具强烈刻纹或刻点；前胸侧板在后缘突上方有一斜脊，盾纵沟完整且具平行短刻条，中胸腹板后横脊存在（除马朗费氏茧蜂种团 *F. marangensis*-group 外）；前翅第 2 亚缘室短，3-SR 脉至多与 2-SR 脉等长，m-cu 脉前叉或对叉；后翅 SR 脉缺，2M 脉和 m-cu 脉发达，大多数种类 m-cu 脉在近翅缘处稍回弯；绝大部分种类腹部第 1 背板背凹缺，气门位于中部附近，一些种类第 2 背板具刻纹；肛下板向端部变细且多少延长；身体刻纹明显（特别是头顶、盾纵沟和前胸侧板）。

生物学：主要寄生于实蝇科幼虫。

分布：世界广布。世界分布 45 种，中国记录 11 种，浙江分布 2 种。

（397）齿唇费氏茧蜂 *Fopius denticulifer* (van Achterberg *et* Maetô, 1990)

Pseudorhinoplus denticulifer van Achterberg *et* Maetô, 1990: 61.
Fopius denticulifer: Yu *et al.*, 2016.

主要特征：深褐色或黑色；触角 41–46 节；唇基腹缘中央具三角形突出；前翅 r 脉长度短于翅痣宽度；前胸背板凹缺；基节前沟后方明显下弯，中胸侧板稀布刻点；中胸盾片中后凹缺；小盾片大部分光滑；并胸腹节大部分具不规则皱纹，中纵脊前方 1/2 强烈，后方分区不明显；后足腿节长约为宽的 4 倍；腹部第 1 背板大部分光滑，中部具一纵刻皱，后方具一些短刻皱；产卵管直，带状，不具齿或节；产卵管鞘长度至少为前翅长的 1.4 倍。

分布：浙江（安吉、临安）；俄罗斯东部，日本。

（398）锐尾费氏茧蜂 *Fopius oxoestos* Wu, Chen *et* He, 2005（图 1-127）

Fopius oxoestos Wu, Chen *et* He, 2005a: 143.

主要特征：雌，头顶及上颊所具刻点类似于额上刻点；侧面观上颊两侧在复眼后近乎平行，后头脊缺；脸密布刚毛及刻点；前幕骨陷明显，中等大小；唇基腹缘稍突出，其中央无突起，侧面观腹缘向前突出，与上颚明显分离，前面观唇基下陷窄，几乎缺失；颚眼距为上颚基宽的 1.1 倍；上颚正常，不粗壮，端部不扭曲，腹缘具长脊；中胸长为高的 1.4 倍；前胸背板凹缺失；前胸侧板平坦，斜脊不明显；前胸背板侧面中背方前缘具刻点，其余部分光滑；基节前沟窄，具平行短刻条，伸达中胸侧板前缘，但不达中足基节基部；中胸侧板光滑无毛，翅基下脊下方区域前缘及后缘具平行短刻条；中胸侧缝仅腹方 1/2 具平行短刻条；中胸腹板后横脊几乎不可见；后胸侧板具零星刻点及刚毛，四周具大的不规则的凹陷；中胸腹板缝浅，后方变宽并稍具刻纹；盾纵沟完整，深而窄，具平行刻条，中胸背板中后凹小而深，坑状；中胸盾片具细小刻点及刚毛，中叶向前中度突出；小盾片前沟宽而深，仅具一条明显的中纵脊；小盾片稍隆突，具稀疏刚毛及刻纹；腹部第 1 背板长度为其端宽的 1.0 倍，中部具明显纵刻条，基部光滑，稍凹陷；背脊在基部强烈突出，向后不伸达第 1 背板端部；第 1 背板气门小，位于第 1 背板两侧背方中点，侧凹深，中等大小，背凹缺失，但由于背脊在基部强烈突起而相对凹陷；第 2 背板光滑，具稀疏刚毛，第 3 及以后各背板在近后缘具一行刚毛；产卵管直，端部近乎平行，端部背面具一小突起，腹面具 3 个齿，产卵管鞘不具端刺，其长度为前翅长的 0.7 及第 1 背板长度的 4.4 倍；肛下板中等大小，不突出于腹部末端，端部尖锐。

分布：浙江（德清）。

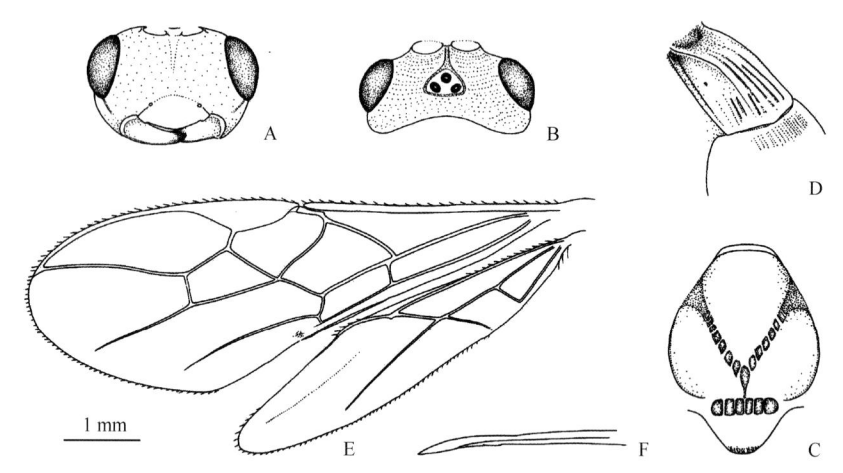

图 1-127　锐尾费氏茧蜂 *Fopius oxoestos* Wu, Chen *et* He, 2005
A. 头，前面观；B. 头，背面观；C. 中胸，背面观；D. 腹部第 1 背板，背侧面观；E. 前翅和后翅；F. 产卵管端部，侧面观

181. 亮蝇茧蜂属 *Phaedrotoma* Förster, 1863

Phaedrotoma Förster, 1863: 260. Type species (by original designation): *Phaedrotoma depeculator* Förster, 1863.

主要特征：脸无瘤状突起；前单眼前无明显凹陷；额前方近触角窝处无明显凹陷，额可能会凹陷；后头脊侧面存在，腹面部分不弯曲或轻微弯曲，远离口后脊；唇基或多或少地突起，所处位置较高；上颚正常，从基部到端部逐渐变宽，至多有凸出的脊；前胸背板凹圆或宽椭圆形，或仅具一横沟；中胸盾片中后凹各样；小盾片前沟通常较宽；并胸腹节常光滑或具刻纹；前翅 2-SR 脉存在，很少消失；前翅 3-SR 脉明显长于 2-SR 脉，如果近乎相等，那么后翅 m-cu 脉或基节前沟消失；前翅 1-M 脉常直；后翅 cu-a 脉存在；前翅长短于 3 mm；第 2 背板和第 3 背板基部无尖锐的侧脊，若轻微突起则第 2 背板光滑；第 2 背板与第 3 背板长度总和与除第 1 背板外的腹部长度的比例小于 0.7；第 4 背板及之后的背板（至少部分）外露；产卵管鞘基部或多或少地具刚毛。

生物学：寄生于潜蝇科 A、花蝇科、果蝇科、水蝇科、粪蝇科和实蝇科。

分布：世界广布。世界已知 147 种，中国记录 20 种，浙江分布 3 种。

分种检索表

1. 基节前沟光滑、宽、凹陷较浅，长度较短或整个消失 ·· **黄体亮蝇茧蜂 *P. flavisoma***

- 基节前沟具刻纹，如果前沟较细或近乎光滑则呈明显的线状凹陷 ··· 2
2. 产卵管鞘具刚毛部分的长度是后足胫节的 0.6–1.0 倍；产卵管鞘具刚毛部分的长度长于腹部第 1 背板；前胸背板凹大且圆；并胸腹节表面常有大量密集的皱纹 ·································· 细纹亮蝇茧蜂 *P. rugulifera*
- 产卵管鞘具刚毛部分的长度是后足胫节的 0.1–0.5；产卵管鞘具刚毛部分的长度是腹部第 1 背板的 0.6–0.9 ··· 窄凹唇亮蝇茧蜂 *P. depressa*

（399）窄凹唇亮蝇茧蜂 *Phaedrotoma depressa* Li *et* Achterberg, 2013

Phaedrotoma depressa Li *et* Achterberg, 2013: 72-73.

主要特征：前翅 SR1 脉长度是 3-SR 脉的 3.4–4.0 倍；唇基窄，腹缘凹陷，近乎为镰刀状；胸部（除了中胸背板黑色）橘褐色；腹部第 2 背板和第 3 背板表面具细微刻纹；并胸腹节光滑；雌虫肛下板端部尖锐，长度是腹部长度的 0.1–0.2；后足腿节的长度是其宽度的 4.5 倍。

分布：浙江、辽宁、河北、山东、陕西、湖南、福建、广东、海南、广西。

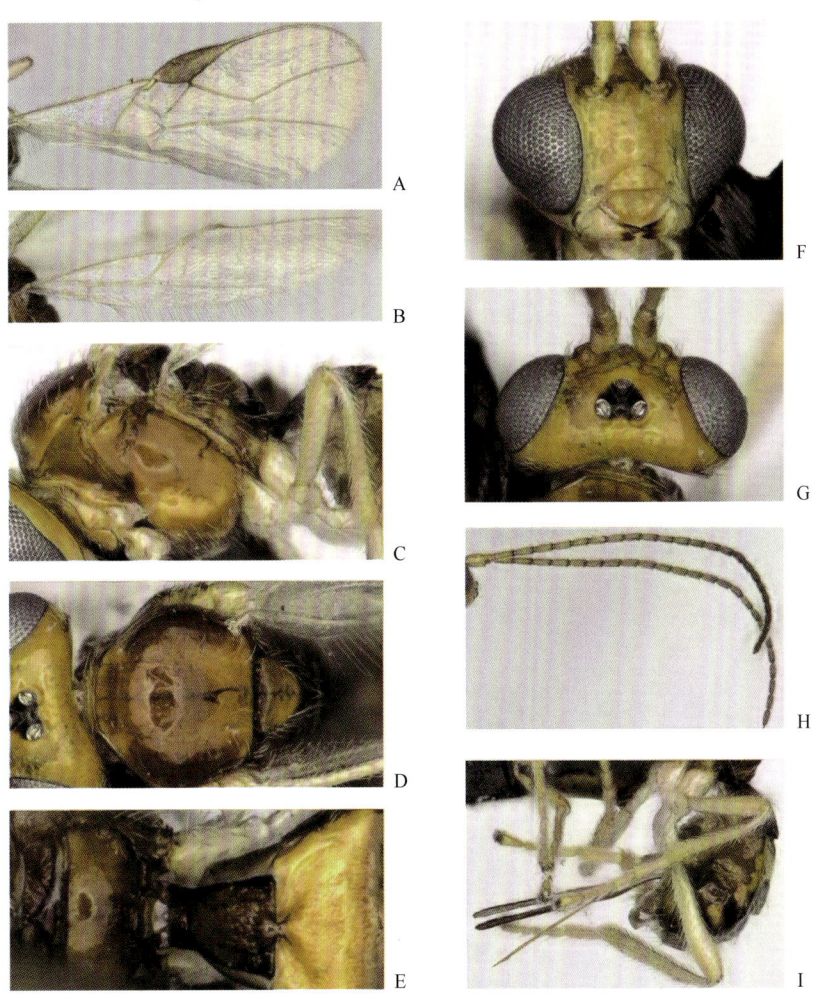

（400）黄体亮蝇茧蜂 *Phaedrotoma flavisoma* Li *et* van Achterberg, 2013（图 1-128）

Phaedrotoma flavisoma Li *et* van Achterberg, 2013: 75.

图 1-128 黄体亮蝇茧蜂 *Phaedrotoma flavisoma* Li *et* van Achterberg, 2013
A. 前翅；B. 后翅；C. 胸部，侧面观；D. 胸部，背面观；E. 并胸腹节和腹部第 1 背板，背面观；F. 头，前面观；G. 头，背面观；H. 触角；I. 产卵管鞘，侧面观

主要特征：雌，脸光滑，中部轻微隆起；脸的宽度是其最大高度的 1.6 倍；唇基宽度为其最大高度的 2.7 倍，为脸宽的 0.6；唇基近半椭圆形，侧面观平坦，光滑，具光泽，腹缘直；唇基下陷大，近三角形；颚眼缝光滑，颚眼距长度为上颚基部宽的 0.3；上颚逐渐变窄，其基部无齿状突起；长度为高度的 1.2 倍；前胸背板凹消失；前胸背板侧区光滑；中胸侧板上区光滑；基节前沟中部凹陷，光滑；中胸侧缝光滑；后胸侧板前沟光滑；盾纵沟仅前端存在；中胸盾片光滑，有光泽，沿盾纵沟处有稀疏刚毛；中胸背板中后凹消失；小盾片前沟内具细的平行短刻条；小盾片光滑；并胸腹节表面光滑；腹部第 1 背板长度为其端宽的 1.6 倍，表面轻微隆起，大部分具细纹，背脊在背板基部隆起，延伸至背板后缘；第 2 背板和其余背板光滑；产卵管鞘具刚毛部分的长度为腹部第 1 背板长的 2.3 倍，为前翅长的 0.3，为后足胫节长的 1.6 倍。体黄色或褐色；触角端部、腹部腹面褐色；胸部黄褐色；上颚端部、第 1 腹部边缘、第 3 到第 6 背板和产卵管褐色；下颚须和足象牙色；翅痣和翅脉主要为褐色，翅膜半透明。

分布：浙江、湖南。

（401）细纹亮蝇茧蜂 *Phaedrotoma rugulifera* Li *et* van Achterberg, 2013

Phaedrotoma rugulifera Li *et* van Achterberg, 2013: 78-79.

主要特征：颚眼沟大部分消失；唇基中等大小；前翅第 2 亚缘室中等大小；产卵管具刚毛部分的长度是后足胫节的 0.6–1.0 倍；前胸背板凹大且圆；中胸侧板上区具刻纹；并胸腹节表面具密集的皱纹；第 2 和第 3 背板表面具细小的颗粒。

分布：浙江、湖南、福建、广东、海南、四川、贵州。

（八）反颚茧蜂亚科 Alysiinae

主要特征：唇基与上颚间无口窝；上颚桨状，端部宽阔分开，并稍扭曲，颚齿通常多于 2 个（3–7 齿），外翻，闭合时端部不相接触；无后头脊；无胸腹侧脊。有无翅、短翅或长翅型；长翅型前翅具 2–3 个亚缘室；后翅常有 m-cu 脉；并胸腹节和腹部第 1 背板常具白毛。腹柄节具背凹。

生物学：容性内寄生于双翅目环裂亚目蝇类幼虫，也有的将卵产于蛹中，在寄主蛹期撕裂蛹壳羽化。单寄生。反颚茧蜂族寄主主要为潜蝇科、花蝇科、角蛹蝇科、丽蝇科、黄潜蝇科、腐木蝇科、果蝇科、水蝇科、日蝇科、尖尾蝇科、尖翅蝇科、蝇科、禾蝇科、斑蝇科、蚤蝇科、酪蝇科、扁足蝇科、茎蝇科、麻蝇科、粪蝇科、沼蝇科、鼓翅蝇科、小粪蝇科、食蚜蝇科、寄蝇科及实蝇科；离颚茧蜂族主要为潜蝇科。

分布：世界广布。

182. 缺肘反颚茧蜂属 *Aphaereta* Förster, 1863

Aphaereta Förster, 1863: 264. Type species: *Alysia cephalotes* Haliday, 1833.

主要特征：头近立方形。上颚多毛，具 3 齿，第 2 齿最长，第 3 齿外侧斜脊甚明显。脸中部被低矮中脊，脸与额的侧面被一具扇状小脊的浅沟分开。触角第 1 鞭节明显短于第 2 鞭节。小盾片低，微隆，无后生刺；腹板侧沟变异甚大，常宽，中具扇状小脊，后端甚弱。后胸背板脊完整，但不呈刺状。并胸腹节气门微小。前翅翅脉不完整，1-SR+M 脉缺如；翅痣短而窄，后端几乎与痣后脉愈合；3-SR 脉明显长于 2-SR 脉；2–1A 脉及 Cu1b 脉缺如，Cu1a 对叉式；后翅 cu-a 脉及 m-cu 脉常缺如；1r-m 脉短于 1-M 脉；SR 脉和 2-M 脉若存在，则退缩呈线状。雌蜂腹末强烈侧扁；柄后腹背板光滑；产卵管鞘毛中长。

生物学：该属寄主范围甚广。主要寄主为花蝇科、丽蝇科、果蝇科、麻蝇科、粪蝇科及食蚜蝇科等，这些寄主主要栖息于粪堆和烂果等。

分布：世界广布。世界已知45种，中国记录4种，浙江分布2种。

(402) 三色反颚茧蜂 *Aphaereta tricolor* Papp, 1994

Aphaereta tricolor Papp, 1994: 138.

主要特征：雌，体三色，头黑褐色，唇基褐色。触角柄节和梗节黄色，鞭节暗褐色。上颚黄色，须浅黄色，翅基片黄色。胸部和腹部污褐色，并胸腹节有些暗。足黄色，端跗节带褐色。翅透明，翅痣和翅脉暗褐色。头背面观宽为长的1.8倍，复眼为上颊长的2倍，上颊圆。单眼小而圆，POL：OD：OOL=4：3：9。复眼侧面观近于圆，略高于其宽，为上颊宽的1.75倍。上颚外边长稍大于第1–3齿宽的2倍；第2齿尖，第1、3齿圆。头部光滑。触角约为体长的1.25倍。第2鞭节长为第1鞭节的1.33倍，为端宽的8倍；端前节长为宽的4倍。胸部侧面观长为高的1.37倍。胸部包括并胸腹节光滑。中胸背板窝圆而深，盾纵沟均匀深而光滑，伸至窝处。小盾片前沟内具刻条。并胸腹节基部有1中纵脊，约在中央分叉，在后方形成半月形，表面具细皱中区。后足腿节长为中央宽的5倍。后足胫节和跗节等长。前翅长约为体长的1.17倍；r脉稍长于翅痣宽度；SR1脉伸至翅尖，长为3-SR脉的3.45倍；m-cu脉长为d脉的2倍。腹部第1背板稍长于端宽；气门在背板中央前方；背中脊向后合拢，融于后方刻皱之中。第1背板两脊之间具不均匀细纵皱，侧方的不均匀至光滑；以后背板萎缩至微弱骨化。产卵管鞘与后足基跗节等长。

分布：浙江（富阳）；俄罗斯（远东地区），朝鲜。

(403) 食蝇反颚茧蜂 *Aphaereta scaptomyzae* Fischer, 1966

Aphaereta scaptomyzae Fischer, 1966c: 324.

主要特征：雌，复眼稍突出，复眼后方具隆边；上颊长为复眼的0.5；后头无隆边，凹入，上方完全光滑；单眼区仅稍凸，等边三角形排列。胸部刚窄于头部，两翅之间宽度大于胸部高度，背表面稍拱隆。前胸光滑，中央的沟稍有凹痕。中胸背板宽为长的1.3倍，为第1腹部背板后方的1.8倍；翅基片圆形，完全光滑；盾纵沟前方稍凹；小盾片前沟宽为长的3倍，光滑，中央有1条弱脊；小盾片和后翅腋槽光滑。后小盾片不平滑，有光泽。并胸腹节几乎完全光滑，基部有1中脊，至中央分叉。中胸侧板完全平滑，腹板侧沟短，为细凹痕。后胸侧板完全平滑，在前缘有明显的疤痕。足细，后足腿节长为宽的6倍；后足跗节与后足胫节等长。翅痣狭，楔形；r脉发自翅痣中央前方，与翅痣垂直，与翅痣宽度等长，与3-SR脉之间呈一钝角；3-SR脉长为2-SR脉的2倍；SR1脉几乎直，伸达翅痣，几乎为3-SR脉长的3倍；第2亚缘室向外方收窄；m-cu脉长为2-Cu1脉的1.5倍；cu-a脉后叉；Cu1a脉几乎对叉式。腹部第1背板长为端宽的1.25倍，拱隆；大部分背板具纵刻条，其余光滑。产卵管鞘长为后足胫节的3.3倍或腹长的2.3倍，其上稀疏的毛长度至少为产卵管鞘宽的4倍；下生殖板伸至腹端之前。

分布：浙江（富阳）；俄罗斯（远东地区），朝鲜，德国。

183. 开颚茧蜂属 *Chaenusa* Haliday, 1839

Chaenusa Haliday, 1839: 28. Type species: *Bracon conjungens* Nees, 1812.

主要特征：复眼具毛是该属明显异于其他属的特征。上颚3或4齿，第1齿一般端部横截，第2齿最发达，尖。第 3 齿较小，第 4 齿位于第 2 齿腹侧，为一较小的突起，若 3 齿则第 1、3 齿相似，中等大小，尖；胸部一般光滑；翅痣短，宽；r 脉源于翅痣近中部，长度明显短于翅痣宽度；翅脉部分退化，1-SR+M 脉常退化，致使亚缘室和盘室愈合；第 1 背板多样。

生物学：寄生于双翅目水蝇科。

分布：古北区、东洋区、新北区。世界已知 38 种，中国记录 1 种，浙江分布 1 种。

(404) 奥氏开颚茧蜂 *Chaenusa orghidani* Burghele, 1960

Chaenusa orghidani Burghele, 1960: 19.

主要特征：雌，体长 2.5–2.7 mm。头完全黑色，有光泽，具细毛。单眼排列呈等边三角形；在侧单眼之间有一条弱纵线。触角 20–21 节，前 2 节黄色，其余黑色。第 1–4 及 12 鞭节长分别为宽的 6 倍、5 倍、4 倍、3.5 倍和 2.5 倍。上颚长为宽的 1.5 倍，上缘及下缘均直，3 齿，第 2 齿大而尖，比其他齿宽；第 1 齿窄而钝，隐蔽；第 3 齿亦小，刚尖于第 1 齿，亦隐蔽。盾纵沟明显。中胸盾片和小盾片密布细革状刻纹，有弱毛。中胸侧板密布细革状刻纹，中胸侧板沟具强刻皱。腹板具同样刻点。翅脉和翅痣浅褐色，第 1 亚缘室和第 1 盘室分开，但常不明显。并胸腹节毛糙，弱毛，在前半中央有些拱隆。足完全黄色，但跗节黑色；腹部第 1 背板有黑色纵带，瘤状隆起稍明显，毛仅在背板边缘可见。第 2 背板褐色，以后各节背板红黄色。产卵管短，刚伸出腹端。

分布：浙江（富阳）；俄罗斯，罗马尼亚。

（九）蚜茧蜂亚科 Aphidiinae

主要特征：背面观头横形；后头脊完整；非圆口类；颚须 2–5 节，唇须 1–3 节；触角 11–30 节；前翅翅脉完整或退化，有 1–3 个亚缘室；后翅没有 cu-a 脉；腹部具柄，着生在并胸腹节下方、后足基节之间；第 2 背板和第 3 背板连接处可以自由活动；体长大多稍短于前翅长度；颜色黑色到黄色均有。

生物学：寄生于蚜总科。

分布：世界广布。

I. 全脉蚜茧蜂族 Ephedrini

主要特征：背面观头横形，比胸部翅基片处略宽或等宽；触角通常为 11–21 节，雌雄节数一样或雄性多 3–5 节，第 3 节长于第 4 节，部分种等长。盾纵沟至少基部明显；在弓蚜茧蜂属和孔蚜茧蜂亚属中，盾纵沟在中胸盾片可能的交会处有圆形孔洞；前翅翅痣三角形，部分种副痣长；SR1 脉达翅缘，故而缘室完整；亚缘室有 3 个，但 3-M 脉不达翅缘，从而使第 3 亚缘室开放；第 1 盘室完整；后翅有闭合基室。并胸腹节具五边形中室，有时不完整。雌性腹部矛形，雄性腹末钝圆。腹柄节细长或近方形，表面光滑或具特化刻纹。产卵管鞘细长，或特化为三角形，具稀疏毛。

生物学：未知。

分布：世界广布。

184. 全脉蚜茧蜂属 *Ephedrus* Haliday, 1833

Ephedrus Haliday, 1833: 485. Type species: *Bracon plagiator* Nees, 1811. Monotypy.

主要特征：背面观头横形，比胸部翅基片处略宽或等宽；触角通常为11节，罕见12节，雌雄节数一样，第3节长于第4节，部分种等长。中胸侧板基节前沟缺；盾纵沟至少基部明显；部分种（孔蚜茧蜂亚属）的中胸盾片在盾纵沟（可能的）交会处有圆形孔洞；前翅翅痣三角形，部分种副痣长；SR1脉达翅缘，故而缘室完整；亚缘室有3个，但3-M不达翅缘，从而使第3亚缘室开放；第1盘室完整；后翅有闭合基室。雌性腹部矛形，雄性腹末钝圆。腹柄节细长或近方形，表面光滑或具特化刻纹。产卵管鞘细长，具稀疏毛，末端近平截或圆形，向末端稍宽或收窄。

生物学：寄生于蚜总科。

分布：世界广布。世界已知47种，中国记录18种，浙江分布7种。

1）全脉蚜茧蜂亚属 Ephedrus (Ephedrus) Haliday, 1833

主要特征：背面观头横形，比胸部翅基片处略宽或等宽；触角通常为11节，偶有12节，雌雄节数一样，第3节（第1鞭节）长于或等于第4节（第2鞭节）。中胸侧板基节前沟缺；盾纵沟至少基部明显；中胸盾片在盾纵沟（可能的）交会处无圆形孔洞；前翅翅痣三角形，部分种副痣狭长；SR1脉达翅缘，故而缘室完整；亚缘室有3个，但3-M不达翅缘，从而使第3亚缘室开放；第1盘室完整；后翅有闭合基室。雌性腹部矛形，雄性腹末钝圆。腹柄节常狭长，表面光滑或具特化刻纹。产卵管鞘细长，具稀疏毛，末端近平截或圆形，向末端稍宽或收窄。

生物学：寄生于蚜总科。

分布：世界广布。中国记录13种，浙江分布4种。

分种检索表

1. 触角端鞭节和亚端鞭节不明显分离 ·· 方柄全脉蚜茧蜂 E. (E.) quadratum
- 触角端鞭节和亚端鞭节明显分离 ··· 2
2. 前翅3SR脉稍长于2SR脉 ·· 黑全脉蚜茧蜂 E. (E.) nigra
- 前翅3SR脉长度约为2SR脉的1.5倍 ··· 3
3. 触角第1鞭节长为端部宽的3.3–3.5倍；产卵管鞘较细长 ······································ 黍蚜茧蜂 E. (E.) nacheri
- 触角第1鞭节长为端部宽的4.0倍；产卵管鞘非常狭长 ····································· 麦蚜茧蜂 E. (E.) plagiator

（405）黍蚜茧蜂 Ephedrus (Ephedrus) nacheri Quilis, 1934（图1-129）

Ephedrus (Ephedrus) nacheri Quilis, 1934: 17.

主要特征：雌，背面观头横形，光滑，有光泽，具稀疏长毛，较胸部翅基片处宽。单眼呈正三角形排列。上颊长为复眼的1.2倍，在复眼后收敛。后头脊完整。前面观复眼小，卵圆形，向唇基收敛，着生稀疏长毛。脸光滑，着生稀疏毛；颚眼距为复眼纵径的0.35。中胸盾片光滑，有光泽，在基部、边缘及沿盾纵沟痕迹具稀疏长毛；盾纵沟宽前面部分深。并胸腹节具宽五边形中室，内部光滑，脊周围具弱脊纹。第1背板长为气门处宽的2.0–2.2倍，末端宽略大于气门处宽；气门瘤微突；表面微皱，具稀疏毛，具清晰的中纵脊和两侧纵脊。其余各背板光滑，有光泽，具稀疏毛。产卵管鞘较细长。

分布：浙江、吉林、辽宁、内蒙古、天津、河北、山西、山东、陕西、甘肃、湖北、江西、湖南、福建、台湾、广东、四川、贵州、云南、西藏；日本，印度，加拿大，美国，欧洲。

图 1-129　黍蚜茧蜂 *Ephedrus* (*Ephedrus*) *nacheri* Quilis, 1934

A. 整体，侧面观；B. 前翅；C. 腹部，侧面观；D. 并胸腹节，背面观；E. 腹部第 1 背板，背面观；F. 头部，前面观；G. 头部，背面观；H. 胸部，侧面观；I. 中胸盾片，背面观；J. 触角

（406）黑全脉蚜茧蜂 *Ephedrus* (*Ephedrus*) *nigra* Gautier, Bonnamour *et* Gaumont, 1929（图 1-130）

Ephedrus plagiator niger Gautier, Bonnamour *et* Gaumont, 1929: 200.
Ephedrus (*Ephedrus*) *niger*: Ma, 1983: 522.

主要特征：雌，背面观头横形，光滑，有光泽，具稀疏刚毛，几乎与胸部翅基片处等宽。单眼呈正三角形排列。上颊长等于复眼横径。后头脊完整。前面观复眼中等大小，卵圆形，向唇基收敛，着生稀疏柔毛。脸光滑，着生稀疏短刚毛；第 1 鞭节是第 2 鞭节的 1.3 倍；端鞭节与亚端鞭节明显分离。中胸盾片光滑，有光泽，具极稀毛；垂直落向前胸背板，侧面观不覆盖前胸背板。盾纵沟仅在肩角处深且很宽，背面缺。并胸腹节具明显宽五边形中室，内部光滑，上端稍宽，基部窄。第 1 背板细长，长为气门处宽的 2.5–2.6 倍；气门瘤突出不明显；背面几乎光滑；具清晰的短中纵脊和两侧纵脊；端部两侧凹陷。其余各背板光滑，散生毛。产卵管鞘长，窄，末端具缢缩，截形。

分布：浙江、吉林、辽宁、内蒙古、北京、河北、江苏、湖北、福建、台湾、广东、四川、贵州、西藏；俄罗斯，韩国，日本，印度，欧洲。

图 1-130　黑全脉蚜茧蜂 *Ephedrus* (*Ephedrus*) *nigra* Gautier, Bonnamour et Gaumont, 1929
A. 整体，侧面观；B. 前翅；C. 腹部，侧面观；D. 并胸腹节和腹部第 1 背板，背面观；E. 触角；F. 头部，前面观；G. 头部，背面观；H. 胸部，侧面观；I. 中胸盾片，背面观；J. 腹末和产卵管鞘，侧面观

（407）麦蚜茧蜂 *Ephedrus* (*Ephedrus*) *plagiator* (Nees, 1811)（图 1-131）

Bracon plagiator Nees, 1811: 17.
Ephedrus (*Ephedrus*) *plagiator*: Yu *et al.*, 2016.

主要特征：雌，背面观头横形，光滑，有光泽，具稀疏短刚毛，较胸部翅基片处宽。单眼呈正三角形排列。上颊略短于复眼（5：6）。后头脊完整。眼间线为脸宽的 1.4 倍。前面观复眼中等大小，卵圆形，向唇基收敛，无毛。脸光滑，具稀疏长毛；颚眼距为复眼纵径的 0.33。脸宽为头宽的 0.45。唇基光滑，具稀疏长毛。幕骨指数为 0.5。触角线形，11 节，向末端加粗；第 1 鞭节长为宽的 4 倍；端鞭节与亚端鞭节明显分离。中胸盾片光滑，有光泽，沿盾纵沟具稀疏长毛，中叶前端具稀毛，中叶和侧叶具大的无毛区；

垂直落向前胸背板，侧面观不覆盖前胸背板。盾纵沟基部深，全程清晰。并胸腹节具五边形中室，中室相对窄。第 1 背板长为气门处宽的 2.0–2.6 倍；气门瘤不明显突出；两侧具侧纵脊，中纵脊后端分叉，较光滑，后端有倒三角形凹陷。其余各背板光滑，有光泽，散生毛。产卵管鞘较细长。雄，体长 1.8–2.5 mm。除生殖器外，其余同雌性。

分布：浙江、黑龙江、辽宁、内蒙古、北京、河北、山西、山东、陕西、甘肃、新疆、江苏、上海、湖北、江西、湖南、福建、台湾、广东、香港、广西、四川、贵州、云南；俄罗斯，日本，印度，美国，澳大利亚，巴西，欧洲。

图 1-131　麦蚜茧蜂 *Ephedrus* (*Ephedrus*) *plagiator* (Nees, 1811)

A. 整体，侧面观；B. 前翅；C. 腹部，侧面观；D. 并胸腹节，背面观；E. 腹部第 1 背板，背面观；F. 触角；G. 头部，前面观；H. 头部，背面观；I. 胸部，侧面观；J. 中胸盾片，背面观；K. 腹末和产卵管鞘，侧面观

（408）方柄全脉蚜茧蜂 *Ephedrus* (*Ephedrus*) *quadratum* Shi, 2001

Ephedrus (*Ephedrus*) *quadratum* Shi, 2001: 147.

主要特征：雌，背面观头横形，光滑，有光泽，具稀疏短刚毛，较胸部翅基片处宽。单眼呈正三角形排列。上颊略长于复眼横径（5：4）。后头脊完整。前面观复眼小，卵圆形，向唇基收敛，无毛。脸光滑，具稀疏长毛；颚眼距为复眼纵径的 0.33。脸宽为头宽的 0.5。唇基光滑，具稀疏长毛。幕骨指数为 0.5。触角线形，11 节，向末端加粗；第 1 鞭节长为宽的 4 倍；端鞭节与亚端鞭节不明显分离。中胸盾片沿盾纵沟具稀疏长毛，中叶前端具稀毛，中叶和侧叶具大的无毛区；垂直落向前胸背板，侧面观不覆盖前胸背板。盾纵沟全程清晰。并胸腹节具五边形中室，中室极窄。翅痣三角形，长度为其最宽处的 4 倍；3SR 脉明显略长于 2SR 脉。第 1 背板近方形，略长于气门处宽；气门瘤突出；具 1 弱中纵脊，较光滑，后端无凹陷。其余各背板光滑，有光泽，散生毛。产卵管鞘较粗。

分布：浙江、北京。

2）孔蚜茧蜂亚属 *Ephedrus* (*Fovephedrus*) Chen, 1986

主要特征：背面观头横形，比胸部翅基片处略宽或等宽；触角通常为 11 节，雌雄节数一样，第 3 节长于第 4 节。中胸侧板基节前沟缺；盾纵沟至少基部明显；中胸盾片在盾纵沟（可能的）交会处有圆形孔洞；前翅翅痣三角形，翅痣狭长；SR1 脉达翅缘，故而缘室完整；亚缘室有 3 个，但 3-M 脉不达翅缘，从而使第 3 亚缘室开放；第 1 盘室完整；后翅有闭合基室。雌性腹部矛形，雄性腹末钝圆。腹柄节常粗短，近方形，表面光滑或具特化刻纹。产卵管鞘细长，具稀疏毛，末端近平截或圆形，向末端稍宽或收窄。

生物学：寄生于蚜总科蚜虫。

分布：世界广布。中国记录 5 种，浙江分布 3 种。

分种检索表

1. 前翅 3SR 脉等于 2SR 脉；触角端鞭节与亚端鞭节明显分离；F1 长为宽的 6–7 倍 ··· **长痣蚜茧蜂** *E.* (*F.*) *longistigmus*
- 前翅 3SR 脉短于 2SR 脉；触角端鞭节与亚端鞭节不明显分离；F1 长为宽的 3–5 倍 ························· 2
2. 第 1 背板长为气门处宽的 1.3–1.5 倍，具 2 条侧纵脊及一条末端分叉的中纵脊，无特化皱缩及其孔陷；并胸腹节具五边形中室，近乎光滑 ··· **桃蚜茧蜂** *E.* (*F.*) *persicae*
- 第 1 背板长为气门处宽的 1.0–1.2 倍，具特化皱缩或孔陷；并胸腹节具五边形中室，光滑或具皱刻 ·· **皱蚜茧蜂** *E.* (*F.*) *rugosus*

（409）长痣蚜茧蜂 *Ephedrus* (*Fovephedrus*) *longistigmus* Gärdenfors, 1986（图 1-132）

Ephedrus (*Fovephedrus*) *longistigmus* Gärdenfors, 1986: 84.

主要特征：雌，背面观头横形，光滑，有光泽，具稀疏毛，约与胸部翅基片处等宽。单眼呈等边三角形排列，后单眼距约为单眼直径的 2 倍。上颊略长于复眼横径，在复眼后明显收窄。后头脊完整。前面观复眼小，长卵圆形，着生稀疏毛，向唇基收敛。脸上着生稀毛，眼间线为脸宽的 1.5 倍，颚眼距为复眼纵径的 1/3。脸宽为脸高度的 1.7 倍，为头宽的 0.5。唇基近半圆形，着生稀疏长毛。幕骨指数为 0.4。中胸盾片中叶被稀毛，侧叶具大的无毛区；垂直落向前胸背板，侧面观不覆盖前胸背板。盾纵沟仅在肩角明显，在背面缺。中胸盾片后端具 1 圆形孔洞。并胸腹节光滑，有光泽；具明显长五边形中室；中室中部具 1 横脊，把中室分成上、下两个部分。第 1 背板长为气门处宽的 1.5 倍；气门瘤后两侧近平行；气门瘤不突出；表面粗糙；两侧具侧背脊，中背脊存在；端部微凹陷。其余各背板光滑，具稀疏毛。产卵管鞘细长。

分布：浙江、辽宁、北京、河南、陕西、湖南、福建、台湾、重庆、四川、贵州、云南、西藏；日本，芬兰，美国。

图 1-132　长痣蚜茧蜂 Ephedrus (Fovephedrus) longistigmus Gärdenfors, 1986

A. 整体，侧面观；B. 前翅；C. 并胸腹节，前面观；D. 腹部第1背板，背面观；E. 触角；F. 头部，背面观；G. 头部，前面观；H. 胸部，侧面观；I. 中胸盾片，背面观；J. 腹末和产卵管鞘，侧面观

（410）桃蚜茧蜂 *Ephedrus* (*Fovephedrus*) *persicae* Froggatt, 1904（图 1-133）

Ephedrus (*Fovephedrus*) *persicae* Froggatt, 1904: 611.

主要特征：雌，背面观头横形，光滑，有光泽，具稀疏毛，约与胸部翅基片处等宽。单眼呈等边三角形排列，后单眼距约为单眼直径的 2 倍。上颊略长于复眼横径，在复眼后明显收窄。后头脊完整。前面观复眼小，长卵圆形，着生稀疏毛，向唇基收敛。中胸盾片光滑，被稀毛；垂直落向前胸背板，侧面观不覆盖前胸背板。盾纵沟常达中胸盾片中部，往后变浅。盾纵沟在中胸盾片连接处具 1 圆形孔洞。并胸腹节具五边形中室，内部光滑；中室中部具 1 横脊，把中室分成上、下两个部分。第 1 背板长为气门处宽的 1.3–1.5 倍；气门瘤微凸；表面光滑或粗糙；两侧具侧背脊，中背脊存在。其余各背板光滑，具稀疏毛。产卵管鞘细长。

分布：浙江、辽宁、北京、天津、山东、陕西、甘肃、江苏、湖北、江西、湖南、福建、台湾、广东、香港、四川、贵州、云南；世界广布。

注：该种有较大变异。正常体色为黑褐色，但也有全体黄褐色的标本。此外，前翅 2SR 脉长 1.0–2.0 倍于 3SR 脉。

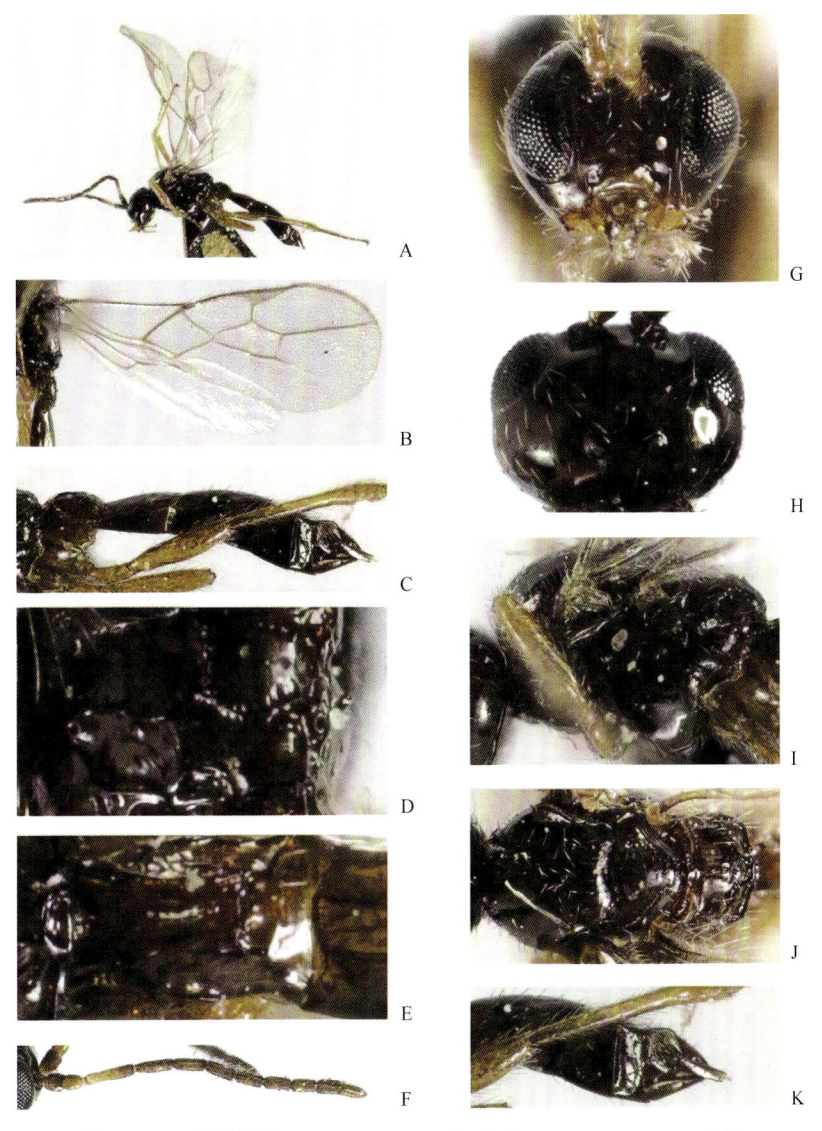

图 1-133　桃蚜茧蜂 *Ephedrus* (*Fovephedrus*) *persicae* Froggatt, 1904
A. 整体, 侧面观; B. 前翅; C. 腹部, 侧面观; D. 并胸腹节, 背面观; E. 腹部第1背板, 背面观; F. 触角; G. 头部, 前面观; H. 头部, 背面观; I. 胸部, 侧面观; J. 中胸盾片, 背面观; K. 腹末和产卵管鞘, 侧面观

（411）皱蚜茧蜂 *Ephedrus* (*Fovephedrus*) *rugosus* (Chen, 1986)（图 1-134）

Fovephedrus (*Fovephedrus*) *rugosus* Chen, 1986: 92.
Ephedrus rugosus: Yu *et al*., 2016.

主要特征：雌，背面观头横形，光滑，有光泽，表面着生稀疏毛，较胸部翅基片处略宽。上颊明显比复眼横径宽（3∶2），在复眼后缓缓收窄。前面观复眼卵圆形，具稀疏短刚毛，向唇基收敛。脸光滑，具稀疏毛；端鞭节与亚端鞭节不明显分离，形成棍棒状。中胸盾片光滑并具光泽，散生稀疏长毛；垂直落向前胸背板，侧面观不覆盖前胸背板。盾纵沟短，仅抵中胸盾片中部。在中胸盾片后端 1/2 处具 1 圆形深孔洞。并胸腹节具网眼状皱纹，中间小室呈长五边形，小室表面呈不规则的皱脊和雕刻状的皱纹；后侧室网眼呈不规则皱纹，前室较光滑，具 3 根长毛，三角形排列。腹部第 1 背板长与气门处宽近等长或略长；中纵脊仅抵中部，两侧呈不规则的雕刻状脊，一些呈螺旋孔状。其余各节光滑，有光泽，具稀疏毛。产卵管鞘基部宽而中部较窄。

分布：浙江、江苏、福建。

图 1-134　皱蚜茧蜂 *Ephedrus* (*Fovephedrus*) *rugosus* (Chen, 1986)

A. 整体，侧面观；B. 前翅；C. 腹部，侧面观；D. 并胸腹节和腹部第 1 背板，背面观；E. 头部，前面观；F. 头部，背面观；G. 胸部，侧面观；H. 中胸盾片，前面观；I. 触角

II. 蚜外茧蜂族 Praini

主要特征：背面观，头横形或者近方形，与胸部翅基片处等宽或略宽。后头脊明显。下颚须 3–4 节，下唇须常 2–3 节。触角线形，雌性通常为 12–23 节，雄性多 3–5 节。盾纵沟常完整，但在希腊网脊蚜外茧蜂 *Areopraon helleni*(Starý)中完全消失。前翅翅痣长三角形，副痣明显长；痣后脉明显，但不达翅外缘；径脉（r+3-SR）不达缘室，故而缘室不完整；2-SR 脉和 r-m 脉缺失，3-M 脉不达翅缘，故而 3 个亚缘室愈合，且外缘开放；1-SR+M 脉常存在，至少部分明显，故而第 1 盘室完整（但不闭合），但在近蚜外茧蜂属 *Pseudopraon* Starý 中，1-SR+M 脉完全消失。后翅有闭合基室。并胸腹节光滑或具五边形中室，有时中室不完整，但脊存在。雌性腹部矛形，雄性腹末钝圆。腹柄节细长或近方形，表面光滑或具特化刻纹。产卵管鞘细长，直或微向上弯曲，末端尖，具稀疏刚毛或密被柔毛。

生物学：寄生于蚜总科，于蚜虫体内或体外化蛹。

分布：世界广布。

185. 网脊蚜外茧蜂属 *Areopraon* Mackauer, 1959

Areopraon Mackauer, 1959: 810. Type species: *Praon lepelleyi* Waterston, 1926.

主要特征：背面观，头横形，比胸部翅基片处略宽或等宽；后头脊完整；颚须 4 节，唇须 3 节。雌性触角通常为 12–22 节，雄性节数比雌性多 2–4 节。盾纵沟深，全程明显；并胸腹节有完整的中室或具明显的叉脊；前翅翅痣三角形，比痣后脉（1-R1）脉长；径脉（r+3-SR 脉）不达翅缘；1-SR+M 脉弱，但存在；2-M 脉存在。后翅具 1 闭合基室。产卵管鞘末端密被柔毛，无乳白色芽突。

生物学：寄生于绵蚜科、蚜科中的粉毛蚜亚科、瘿绵蚜亚科和毛蚜亚科，于蚜虫体内或体外化蛹。

分布：古北区、东洋区。世界已知 9 种，中国记录 1 种，浙江分布 1 种。

（412）祝氏网脊蚜外茧蜂 *Areopraon chui* Tian *et* Chen, 2018（图 1-135）

Areopraon chui Tian *et* Chen, 2018: 64.

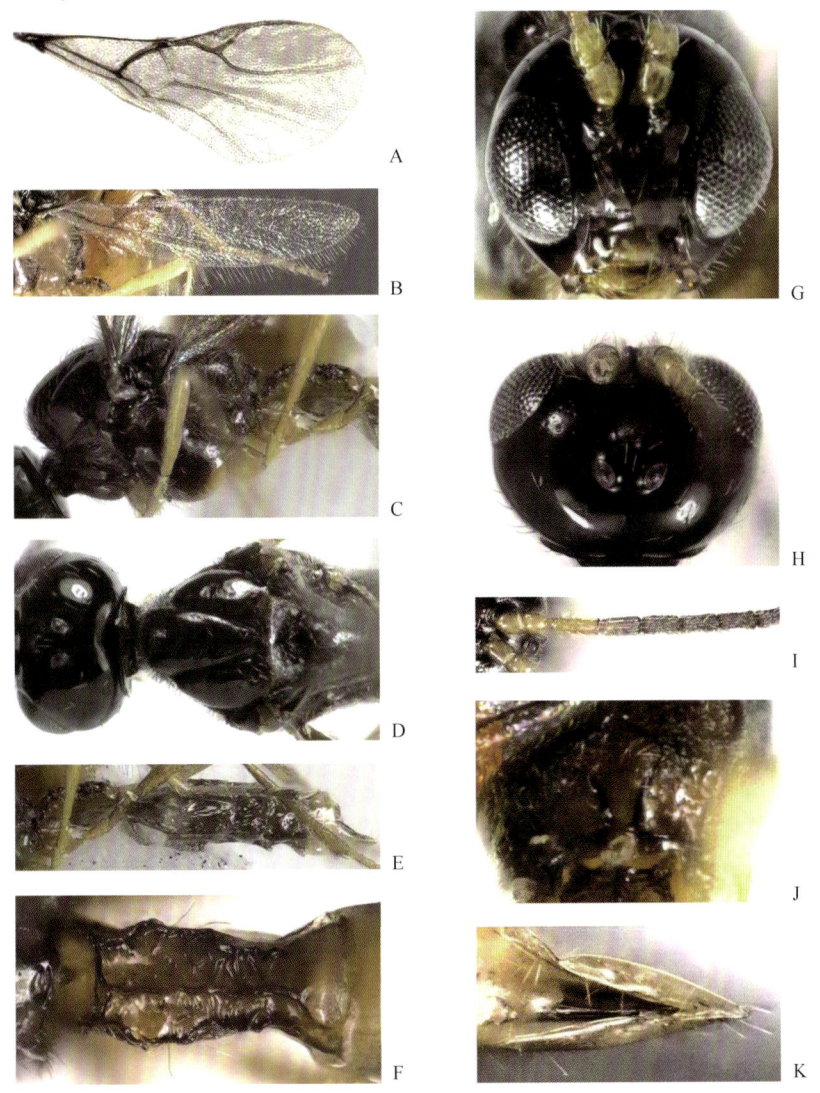

图 1-135　祝氏网脊蚜外茧蜂 *Areopraon chui* Tian *et* Chen, 2018

A. 前翅；B. 后翅；C. 胸部，侧面观；D. 中胸盾片，背面观；E. 腹部，侧面观；F. 腹部第 1 背板，背面观；G. 头部，前面观；H. 头部，背面观；I. 触角；J. 并胸腹节，背面观；K. 腹末和产卵管鞘，侧面观

主要特征：雌，背面观头横形，光滑，有光泽，具稀疏长毛，比胸部翅基片处略宽。单眼呈正三角形排列。上颊 1.4 倍于复眼背宽。后头脊完整。前面观复眼中等大小，卵圆形，着生稀疏毛。中胸盾片中叶和侧叶光滑，沿盾纵沟具稀疏长毛；垂直落向前胸背板，侧面观不覆盖前胸背板。盾纵沟深，全程明显。并胸腹节具明显五边形中室，光滑，被密集柔毛。第 1 背板长为气门处宽的 2.3 倍，具皱刻，有 3 条明显的纵脊；气门瘤明显突出，靠近气门瘤处具 2 根长刚毛。产卵管鞘中等长，光滑，末端除外。头黑褐色，脸部稍浅；唇基、颚部黄色到黄褐色。颚须和唇须白色到黄色。触角柄节、梗节和第 1 鞭节黄色到淡褐色。腹面观胸、腹褐色。翅烟色，翅脉棕色。足黄色到淡褐色，跗节黑色。触角其余节数和胸部其他部位淡褐色。腹部和产卵管鞘褐色。

分布：浙江。

186. 蚜外茧蜂属 *Praon* Haliday, 1833

Praon Haliday, 1833: 483. Type species: *Bracon exolentus* Nees, 1811. Monotypy.

主要特征：背面观头横形，比胸部翅基片处略宽或等宽。后头脊完整。触角通常为 13–26 节，雄性多 3–5 节，第 3 节长于或等于第 4 节。唇基密生长刚毛，下颚须 4 节，下唇须 2–3 节。中胸盾片垂直落向前胸背板，具或多或少的刚毛，有时侧叶有无毛区；盾纵沟全程明显。前翅翅痣三角形，副痣相对狭长，痣后脉（1-R1 脉）长；径脉（r+3-SR 脉）不达翅缘，故而缘室开放；2-SR 脉和 r-m 脉缺失，因此 3 个亚缘室愈合，同样 3-M 不达翅缘，从而使缘室、亚缘室和盘室在外缘也愈合；因 m-cu 脉存在或缺，第 1 盘室完整或与第 2、第 3 盘室愈合；后翅有闭合基室。并胸腹节光滑无脊。雌性腹部矛形，雄性腹末钝圆。腹部第 1 背板呈方形，长稍大于气门瘤处宽。产卵管鞘直或微上弯，锥形，末端尖，被稀疏刚毛，且具 1 个或 1 对乳白色芽突。

生物学：寄生于蚜总科蚜虫。

分布：世界广布。世界已知 71 种，中国记录 18 种，浙江分布 2 种。

（413）豆长管蚜外茧蜂 *Praon pisiaphis* Chou et Xiang, 1982（图 1-136）

Praon pisiaphis Chou et Xiang, 1982: 43.

主要特征：雌，背面观头横形，光滑，有光泽，具稀疏长毛，比胸部翅基片处宽。后头脊完整。前面观复眼大，卵圆形，着生稀疏毛，向唇基收敛。脸光滑，被稀毛，颚眼距为复眼纵径的 0.25，中胸盾片光滑，毛稀；中叶具深褐色纵向中线。盾纵沟深，全程明显。并胸腹节光滑，被密集长刚毛。前翅翅痣三角形，长度为其最宽处的 4 倍；痣后脉长为翅痣长的 0.5；径脉极短，长度为翅痣宽的 1/3，但其痕迹可能达翅缘；m-cu 脉完整；1-SR+M 脉基半部分完整。第 1 背板长为气门处宽 1.2 倍，具刻纹，侧缘罕具长毛；气门瘤突出；产卵管鞘被稀疏长毛，向末端收窄。整体黄褐色到褐色。单眼区黑色。触角柄节、梗节、第 1 鞭节（有时第 2 鞭节、第 3 鞭节全部或部分）黄褐色，其余鞭节黑褐色。小盾片及其周围黑褐色，胸部其余部分浅。产卵管鞘黑褐色。

分布：浙江、黑龙江、陕西。

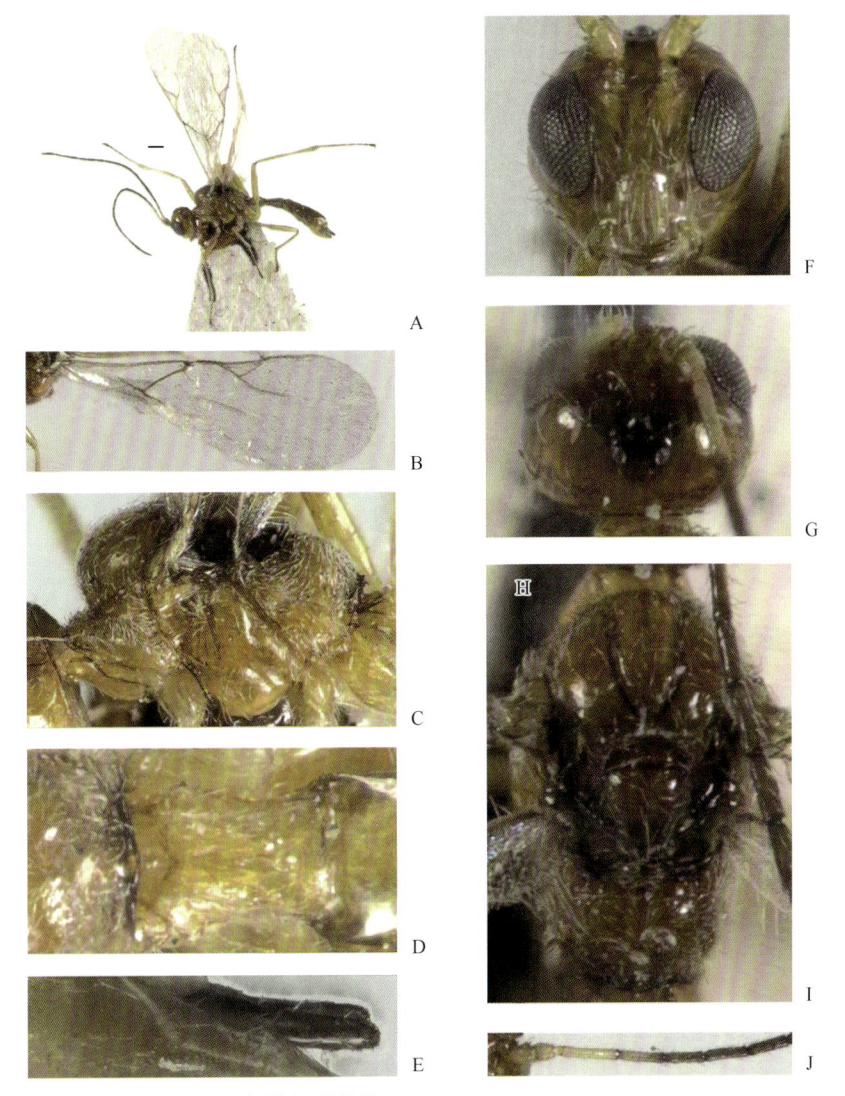

图 1-136 豆长管蚜外茧蜂 *Praon pisiaphis* Chou et Xiang, 1982

A. 整体，侧面观；B. 前翅；C. 胸部，侧面观；D. 腹部第 1 背板，背面观；E. 产卵管鞘，侧面观；F. 头部，前面观；G. 头部，背面观；H, I. 胸部和并胸腹节，背面观；J. 触角

（414）翼蚜外茧蜂 *Praon volucre* (Haliday, 1833)（图 1-137）

Aphidius volucre Haliday, 1833: 484.
Praon volucre: Yu et al., 2016.

主要特征：雌，背面观头横形，光滑，有光泽，具稀疏长毛，比胸部翅基片处宽。POL 1.8 倍于 OD。上颊为眼宽的 1.2 倍。后头脊完整。前面观复眼大，卵圆形，着生稀疏毛，向唇基收敛。中胸盾片密被刚毛，侧叶有小的卵圆形无毛区；垂直落向前胸背板，侧面观不覆盖前胸背板。盾纵沟全程明显。并胸腹节光滑，无脊，着生较密毛。第 1 背板长为气门处宽的 1.0–1.3 倍，具刻纹，侧缘被长毛；气门瘤突出；具侧纵脊，有时弱。其余各腹节光滑，具稀疏毛。产卵管鞘细长，末端具 2 个乳白色芽突。

分布：浙江、黑龙江、吉林、内蒙古、天津、河北、山西、山东、河南、陕西、宁夏、甘肃、新疆、湖南、福建、广东、四川、云南；亚洲，欧洲。

图 1-137　翼蚜外茧蜂 *Praon volucre* (Haliday, 1833)

A. 整体，侧面观；B. 触角；C. 前翅；D. 腹部，侧面观；E. 并胸腹节和腹部第 1 背板，背面观；F. 头部，前面观；G. 头部，背面观；H. 胸部，侧面观；I. 中胸盾片，背面观；J. 产卵管鞘，侧面观

（十）甲腹茧蜂亚科 Cheloninae

主要特征：上颚内弯，端部相接；唇基拱隆，与上颚间无口窝；无胸腹侧脊；中胸腹板后横脊完整；腹部第 1–3 节背板呈背甲状不能活动，具皱状纵刻条，背甲上无横缝或有 2 条横缝；其余背板隐藏于背甲下方；前翅有 3 个亚缘室，r-m 脉存在。

生物学：容性内寄生于鳞翅目卵-幼虫期，主要是寄生于隐蔽性生活的卷蛾科和螟蛾科，单寄生。产卵于寄主卵内，蜂的 1 龄幼虫直至寄主幼虫成熟准备好化蛹处所后，才继续发育，最后钻出寄主，在寄主茧内结茧化蛹。

分布：世界广布。

分属检索表

1. 中胸腹板横脊在中足基节前方完整 ·· 2
- 中胸腹板后横脊缺（柄节异常长，雌性中央鞭节较粗。前翅 r 脉退缩呈一短枝；2-SR 脉直接连于翅痣，通常不与 r 脉相接且有一定距离；1-R1 脉短，但明显。后足胫节至端部强度肿胀；后足胫距长，内距超过基跗节中央。腹部第 1–3 背板愈合；第 1 背板气门着生于背表面侧方）（隐缝茧蜂族 Adeliini） ·· 离脉茧蜂属 *Paradelius*

2. 腹部背甲无完整横沟，呈一块均匀隆起、具刻皱的表面；后头脊不与口后脊相连；复眼裸或具毛；胸部通常黑色（甲腹茧蜂族 Chelonini） ··· 3
- 腹部背甲有 2 条完整而明显的横沟；后头脊与口后脊刚相连；复眼裸；胸部通常大部分黄色（愈腹茧蜂族 Phanerotomini） ··· 4

3. 前翅 2-SR+M 脉存在；复眼裸或近于如此；雄性背甲端部不开口；前翅 r 脉通常从翅痣中央很外方伸出 ············ ··· 革腹茧蜂属 *Ascogaster*
- 前翅 2-SR+M 脉无；复眼明显具毛；雄性背甲端部有或无孔窝；前翅 r 脉通常从翅痣中央附近伸出 ············ ··· 甲腹茧蜂属 *Chelonus*

4. 前翅有 2-R1 脉；前翅无 Cu1b 脉，以致第 1 亚盘室端后方开放；触角 24–60 节；后翅无 r 脉；后翅 M+Cu 脉短于 1-M 脉 ·· 合腹茧蜂属 *Phanerotomella*
- 前翅无 2-R1 脉；前翅通常有 Cu1b 脉，以致第 1 亚盘室端后方闭合；触角通常 23 节，偶有达 25–27 节；后翅 r 脉常存在；后翅 M+Cu 脉等于 1-M 脉 ··· 愈腹茧蜂属 *Phanerotoma*

187. 革腹茧蜂属 *Ascogaster* Wesmael, 1835

Ascogaster Wesmael, 1835: 226. Type species: *Ascogaster instabilis* Wesmael, 1835.

主要特征：复眼光裸或被零星刚毛（除毛眼革腹茧蜂 *A. setula* 外）；背甲无清晰的横缝（个别个体有浅痕）；前翅有 3 个亚缘室，翅脉 1-SR+M 脉存在并将第 1 亚缘室和第 1 盘室分开，r-m 脉存在；中胸腹板后横脊发达且完整。
生物学：主要寄生于鳞翅目昆虫的卵-幼虫期，有少数寄生于双翅目、鞘翅目天牛科、膜翅目叶蜂科等。
分布：世界广布。世界已知 176 种，中国记录 48 种，浙江分布 16 种。

分种检索表

1. 脸上半部刚毛朝上；唇基端缘两侧各一齿状凸缘，中部平滑弧形；产卵管鞘阔长刀状，向上弯曲，伸出背甲。谢氏革腹茧蜂种团 semenovi-group ·· 谢氏革腹茧蜂 *A. semenovi*
- 脸上半部刚毛朝上或朝下；唇基端缘两侧无齿状凸缘；产卵管鞘窄细 ··· 2

2. 脸上半部刚毛一般朝上；背甲腹面开口在末端；雌性产卵器及鞘细长，伸出背甲末端，一般上弯；脸上半部刚毛朝上，唇基端缘中部内切成两个明显齿突，若唇基端缘中部微凹或平直，无明显齿突，则雌性下生殖板大，远伸出背甲末端。高加索革腹茧蜂种团 caucasica-group ·· 二型革腹茧蜂 *A. dimorpha*
- 脸上半部刚毛朝下着生；背甲腹面开口在末端之前；雌性产卵器短棒状，不伸出背甲末端 ································· 3

3. 脸通常光滑，具刻点，唇基与脸部纹饰对比不明显；脸有时细且具规则网皱（异足革腹茧蜂 *A. varipes*）或小网格皱夹刻点（皱唇革腹茧蜂 *A. rugulosa* 和福建革腹茧蜂 *A. fujianensis*）；中胸背板通常以刻点为主，盾纵沟明显（福建革腹茧蜂 *A. fujianensis* 除外），中胸侧板具一般刻点，基节前沟明显（除台湾革腹茧蜂 *A. formosensis* 外）；唇基端缘突出或浅凹，具 0–3 个齿突。双齿革腹茧蜂种团 bidentula-group ··· 4
- 脸通常粗糙，网皱，唇基具稀刻点，与脸部纹饰对比明显；中胸背板通常网皱，盾纵沟不明显，中胸侧板粗糙，小室状网皱，基节前沟不明显;唇基端缘多数种类具 1 个齿突(少数圆形),绝不超过一个。四齿革腹茧蜂种团 quadridentata-group ··· 10

4.	复眼明显密被细刚毛	毛眼革腹茧蜂 *A. setula*
-	复眼几乎光裸，具少数稀疏细刚毛	5
5.	唇基端缘宽阔凸出呈一钝尖或阔齿	6
-	唇基端缘 1–2 个小齿或瘤突	7
6.	足黄色，但后足的基节基部、腿节末端及其跗节黑褐色；唇基端缘凸出呈一个宽阔的钝尖，无凹陷和齿瘤；背甲基部基突垂直向下	基突革腹茧蜂 *A. consobrina*
-	足黑色，但后足胫节基部和基跗节象牙白；唇基端缘凸出呈一个宽阔的钝齿，末端平截或微凹；背甲基部基突不垂直向下	粗点革腹茧蜂 *A. infacetus*
7.	唇基端缘内切呈 2 个小齿，即使不明显内切，也具 2 个小瘤突	阿里山革腹茧蜂 *A. arisanica*
-	唇基端缘宽阔凸出呈 1 个小齿	8
8.	基节前沟背后方具粗刻点	9
-	基节前沟背后方为一块光滑的无刻点区	铂金革腹茧蜂 *A. perkinsi*
9.	后足基节黑褐色；雄性背甲基部同雌性，黄色；脸小网格皱夹刻点；前翅 m-cu 脉后叉、对叉或前叉，r 脉与 3-SR 脉大致等长	皱唇革腹茧蜂 *A. rugulosa*
-	后足基节黄色；雄性背甲基部不同于雌性，全黑色；脸具刻点，至多刻点夹细皱；前翅 m-cu 脉明显后叉，r 脉长度为 3-SR 脉的 1.5 倍	上杭革腹茧蜂 *A. shanghanensis*
10.	唇基端缘圆弧形，中央无任何突起	网皱革腹茧蜂 *A. reticulata*
-	唇基端缘中央形成一瘤状突或者小钝齿	11
11.	上颊背面观、前面观脸两侧轮廓直线形	赵氏革腹茧蜂 *A. chaoi*
-	上颊背面观、前面观脸两侧轮廓多少呈圆形	12
12.	背面观上颊与复眼等长或稍大于或短于复眼	13
-	背面观上颊明显长于复眼，为复眼长的 1.3–2.0 倍	14
13.	触角短，鞭节 27 节，中部略膨大，强烈短缩，第 10 鞭节后渐细，长短于宽，末端 7 节略呈念珠状	祝氏革腹茧蜂 *A. chui*
-	触角长，一般多于 30 节（小凹革腹茧蜂 *A. vescifoveata* 触角等于 30 节），末端一般长大于宽，不呈念珠状	四齿革腹茧蜂 *A. quadridentata*
14.	背甲腹腔短，开口末端仅达背甲长度的 1/2，背面观上颊在复眼后不膨大	大颊革腹茧蜂 *A. grandis*
-	背甲腹腔长，开口末端达背甲长度的 1/5–1/4，背面观上颊在复眼后多少膨大后收窄	15
15.	背甲背面观短而宽，基部窄，端部渐阔，背甲长宽比（CL/CW）= 1.6–1.7	何氏革腹茧蜂 *A. hei*
-	背甲背面观较窄长，两边近平行，CL/CW= 2.0–2.5	红足革腹茧蜂 *A. rufipes*

A. 谢氏革腹茧蜂种团 semenovi-group

主要特征：脸具刻点，常刻点夹皱；脸部（至少中上部）刚毛朝上着生；唇基端缘两侧各有一个齿状凸缘，中部平滑弧形，无齿或缺刻或唇基端缘向中部宽阔凸出，中部绝无任何齿或瘤突；下生殖板发达，伸出背甲外，产卵管鞘宽扁，刀状，伸出背甲末端；雌性触角 21 节，短且中部强烈膨大。

分布：古北区、东洋区。

（415）谢氏革腹茧蜂 *Ascogaster semenovi* Telenga, 1941（图 1-138）

Ascogaster semenovi Telenga, 1941: 310.

主要特征：雌，头顶刻点夹皱，后头凹陷，后头脊完整；背面观上颊在复眼后收窄，与复眼等长或略长于复眼；复眼突出，光裸；单眼正三角形排列，不在一条直线上。额在触角间凹陷，光滑且有光泽，中央隆起，中纵脊明显，但仅在触角窝之间，止于触角窝后缘。脸宽为脸高的 1.82 倍，密刻点，脸上半部刚毛朝上竖起，其余部分向下，中上部具小瘤突。前幕骨陷小，幕骨陷间距为幕骨陷至复眼间距的 1.6 倍；唇基宽约为高的 2.1 倍，稀刻点较光滑，与脸界线明显，刚毛向下；唇基端缘中部圆弧形，无齿突，两侧各形成一个向前翘起的齿状突起。前胸背板前凹深，背侧方密刻点夹皱，中横沟明显，小室状浅凹；腹方光滑，具刻点。中胸盾片光滑具刻点，盾纵沟及后方会合处明显小室状网皱；小盾片前沟具 5 个凹窝，侧叶不发达，小盾片细刻点有光泽；基节前沟前段阔，明显网状凹窝，后端细刻点，中胸侧板背前方区域网状凹皱，基节前沟背后区域光滑几乎无刻点，略有光泽。并胸腹节粗糙小室状网皱，中横脊明显，形成 4 个不明显的齿，中齿比侧齿略矮。后足基节稀疏细点刻有光泽，长度约为背甲长的 1/5，各足端跗节和前跗节发达，爪粗壮，末端尖锐。背甲长略大于头、胸长度之和，细小室状网皱至密刻点夹皱，被密毛；端部两侧向后略变窄，背面和侧面观末端均尖；侧面观末端最厚处高度是基部的 2.7 倍，腹腔开口于腹甲末端之前约 3/10 处，腹缘两侧形成光滑宽阔的边沿，末端中央内切；基脊短且近平行，长度不一，至多延伸至基部约 1/8 处。腹末下生殖板极长，基部阔，末端指状，末端超出背甲腹缘；产卵管上弯，基部阔，向末端变尖；产卵管鞘宽刀片状，伸出背甲外。通体黑色。翅半透明，翅痣及翅脉深褐色；后足基节胫节基部、中足和前足胫节及跗节颜色浅，呈暗红褐色。

分布：浙江（德清、临安）、辽宁、内蒙古、江苏、上海、湖北、台湾；蒙古国，韩国，日本。

图 1-138 谢氏革腹茧蜂 *Ascogaster semenovi* Telenga, 1941
A. 整体，侧面观；B. 中胸，侧面观；C. 并胸腹节和腹部，背面观；D. 头，背面观；E. 头，前面观

B. 高加索革腹茧蜂种团 *caucasica*-group

主要特征：脸刻点，常刻点夹皱；脸部（至少中上部）刚毛朝上竖起；唇基端缘中部向内凹切，有 2

个明显的齿突；若唇基端缘无凹切和齿突（至多微内凹），则下生殖板发达，明显伸出背甲末端。

分布：古北区、东洋区。

（416）二型革腹茧蜂 *Ascogaster dimorpha* Tang *et* Marsh, 1994（图 1-139）

Ascogaster dimorpha Tang *et* Marsh, 1994: 286.

主要特征：雌，头顶具刻点夹细皱，上颊在复眼后圆弧形略收窄，背面观约与复眼等长或略长于复眼；复眼凸出，基本光裸；单眼正三角形排列，不在一条直线上。额在触角间略凹陷，前部光滑且有光泽，后部皱刻，中纵脊止于触角窝后缘连线水平。前幕骨陷不明显；幕骨陷间距为幕骨陷至复眼间距的 2.0 倍；唇基具刻点，刚毛向下；与脸界线明显，中部横向突起，端缘中央强度内切形成两个尖齿。颊刻点夹皱，眼高是颊眼距的 1.6 倍；后头凹陷，后头脊完整。前胸背板明显突出于中胸盾片前方，背侧方小室状网皱，腹方光滑，细刻点。中胸背板细刻点，盾纵沟不明显，盾纵沟后方会合处弱小室状网皱；小盾片前沟具 6 凹，侧叶发达，被细刻点，末端圆形，小盾片平滑，细刻点有光泽；中胸侧板除基节前沟前部分网状浅凹外，大部分区域细刻点略有光泽；中胸腹板细刻点有光泽，腹纵沟明显凹陷；并胸腹节中横脊中部向前凹入，从而前表面中部很窄，不形成明显的齿状瘤突，小室状网皱，后表面被大刻点，侧面粗糙小室状网皱。

分布：浙江（临安、松阳）、台湾、海南、云南。

图 1-139　二型革腹茧蜂 *Ascogaster dimorpha* Tang *et* Marsh, 1994

A. 整体（♂），侧面观；B. 整体（♀），侧面观；C. 前翅；D. 中胸，侧面观；E. 头，背面观；F. 头，前面观；G. 产卵管，侧面观；H. 中胸，背面观；I. 腹部，背面观

第一章 姬蜂总科 Ichneumonoidea 二、茧蜂科 Braconidae ·301·

C. 双齿革腹茧蜂种团 bidentula-group

主要特征：脸刻点，上部刚毛朝下立起；唇基具 1、2 或 3 个中齿或中部突出或顶端微凹；除台湾革腹茧蜂 *A. formosensis*（中胸侧板规则小室状网皱）和异足革腹茧蜂 *A. varipes* 外，一般中胸侧板基节前沟明显，网状凹窝，其他部位刻点或基节前沟背后方有一小块光滑无刻点区；腹腔开口于背甲末端之前（有时很接近末端），产卵器短，末端未伸出背甲。

分布：古北区、东洋区。

（417）阿里山革腹茧蜂 *Ascogaster arisanica* Sonan, 1932（图 1-140）

Ascogaster arisanicus Sonan, 1932: 79.

主要特征：雌，触角 36–39 节，鞭节中部膨大，端部渐细，各节长均大于宽。头阔于中胸，上颊在复眼后圆弧形略收窄，背面观等于或略长于复眼。后头凹陷，后头脊完整。复眼不突出，光裸，无明显刚毛。颚眼距为复眼高的 0.7，两颊前面观轮廓略收窄。脸稍突出，刚毛向下，密刻点，中上部 1 个小瘤突，脸宽为高的 1.5 倍。唇基端缘向中部突出，末端中央明显内切成两个齿状突或唇基端缘仅微凹，有两个极不明显瘤突。前胸背板突出于中胸背板前方，背侧面深网状凹窝，腹面皱纹；盾纵沟宽但浅，褶皱，后部会合为一个大网格状皱褶区，中胸背板其余部分密网状刻点；基节前沟明显，宽但浅，小网格凹皱，后方略变窄至消失，前胸侧板翅基下区密刻点网皱，基节前沟背后方有一小块区域光滑无刻点，其余部分细刻点；并胸腹节强烈网皱，中横脊弱，具 4 齿，中齿比侧齿弱。背甲长，背面观略呈棒状，在末端 1/3 处到最宽，

图 1-140 阿里山革腹茧蜂 *Ascogaster arisanica* Sonan, 1932
A. 整体，侧面观；B. 头，背面观；C. 头，前面观；D. 胸，侧面观；E. 胸、腹，背面观（标尺为 0.25 mm）

最阔处与最窄处长度比为 48∶35，末端圆；小室状网皱，向末端渐弱至稀疏刻点；侧面观棒状，基侧突垂直向下，腹面开口明显在背甲末端之前。

分布：浙江（杭州）、吉林、北京、河南、陕西、宁夏、甘肃、湖北、湖南、台湾、广东、海南、广西、四川、贵州、云南、西藏；韩国，日本。

（418）基突革腹茧蜂 *Ascogaster consobrina* Curtis, 1837（图 1-141）

Ascogaster consobrina Curtis, 1837: 672.

主要特征：雌，头部在复眼下不强烈收缩，背面观上颊明显比复眼长；后头沟深凹，单眼中等大小，几乎在一条直线上。复眼中等突出。颚眼距略小于上颚基宽的 2 倍，上颚端部弯曲。脸宽约为高度的 1.5 倍，背部强烈突出，侧面轮廓相当直，小室状刻点。脸中上部有一弱瘤突，自此起一强烈纵脊向上延至触角窝中央。唇基中部隆起，端部边缘不内压，钝阔突出，无小瘤状突起，比脸部的刻点少些。前胸背板伸出中胸背板，背侧面弱密皱，盾纵沟明显，凹窝，后中部交会处宽阔，小室状网皱，余下部位刻点。基节前沟明显，凹窝。中胸侧板侧面网点除了基节前沟正上方通常一块光滑无刻点区域，腹方常稀刻点，有光泽。并胸腹节弱不规则网皱，中横脊强烈隆起形成中齿、侧齿。后足基节点刻，背部常有微弱的皱纹。

分布：浙江（安吉、临安）、辽宁、河南、宁夏、湖南、福建、台湾、四川、贵州、云南、西藏；韩国，日本，土耳其，奥地利，捷克，斯洛伐克，德国，匈牙利，爱尔兰，荷兰，瑞典，瑞士，英国，法国。

图 1-141　基突革腹茧蜂 *Ascogaster consobrina* Curtis, 1837
A. 整体，侧面观；B. 头，前面观；C. 头，背面观；D. 胸，侧面观；E. 前翅；F. 胸、腹，背面观（标尺为 0.5 mm）

（419）粗点革腹茧蜂 *Ascogaster infacetus* Chen et Huang, 1994

Ascogaster infacetus Chen et Huang, 1994: 53.

主要特征：雌，额凹陷，具网纹，有光泽，中纵脊明显；脸宽为脸高的 1.6 倍，密刻点，脸部毛均向下着生。唇基稀刻点有光泽，端缘两侧向中部突出，中央形成一宽阔齿，但绝无齿状瘤突；前胸背板背上方刻点。中胸盾片密刻点，盾纵沟明显，孔穴状凹窝，后端会合处网状凹皱，小盾片前沟 5 凹，粗刻点，侧叶不发达，末端钝圆；基节前沟深，粗糙网皱，中胸侧板前方粗糙小室状网皱，基节前沟背后区粗糙大刻点；并胸腹节小室状网皱，中横脊明显，具 4 齿。背甲长卵圆形，CL/CW=1.8–2.0，最阔处在中央，基脊短，末端向中央弯曲；侧面观略呈棒状，腹腔末端开口于背甲末端前约 3/10 处，腹腔侧缘弯曲呈弧状，腹腔末端之后腹缘平直，末端几乎平截。产卵管鞘短，未伸出背甲末端。

分布：浙江（临安）、福建。

(420) 铂金革腹茧蜂 *Ascogaster perkinsi* Huddleston, 1984（图 1-142）

Ascogaster perkinsi Huddleston, 1984: 368.

主要特征：雌，额在触角间凹陷、光滑，中纵脊后缘延伸至前单眼。脸宽为脸高的 1.4–1.5 倍，夹点刻皱，上部中央隆起呈瘤突，中纵脊纵贯脸部向后延伸与触角凹中纵脊相通，脸部毛尖向下。前幕骨陷明显；幕骨陷间距为幕骨陷至复眼间距的 1.5 倍；唇基与脸界线不明显，具细刻点，毛向下生长，侧方强度内压，中间并向前突出呈一明显小瘤突；眼高是颚眼距的 2.5 倍；颊细刻点夹皱。前胸背板突出于中胸盾片前方，背侧方中央具网皱状小室形成的沟，其余部位被刻点。中胸背板前部近垂直隆起，前盾片密刻点，盾纵沟弱，具凹洼；其后方会合处小室状凹洼，较明显；小盾片前沟具 5–6 孔，小盾片细刻点，有光泽；中胸侧板基节前沟明显小室状凹洼，翅基下区粗糙，点刻至小室状凹洼和皱褶处，基节前沟上部大部分区域细疏刻点有光泽；并胸腹节小室状网皱，中横脊发达，具 4 齿，侧齿窄高，中齿阔矮。背甲短，长度略小于头、胸长度之和，背面观呈棒状；小室状网皱；有一直向下伸的前叶突；腹腔短，开口明显在端部前方约 1/5 处，基部略扁平，具两条明显的短脊；端部圆。

体色：体黑色。唇基通常黄褐色，下唇须和下颚须黄白色；触角基部黄褐色，端部变暗褐色。后足除腿节端部、胫节端部 1/2、末跗节暗褐色外，其余部分均为黄色；前、中足通常黄色，中足有时胫节暗褐色；背甲基部 1/4 通常黄色，端部黑褐色。

图 1-142 铂金革腹茧蜂 *Ascogaster perkinsi* Huddleston, 1984

A. 整体，侧面观；B. 头，背面观；C. 头，前面观；D. 中胸背板，背面观；E. 胸，侧面观；F. 背甲，背面观；G. 翅（标尺为 0.5 mm）

分布：浙江（湖州、临安、开化、遂昌）、河南、宁夏、湖南、福建、台湾、广东、贵州、云南；韩国，日本。

（421）皱唇革腹茧蜂 *Ascogaster rugulosa* Tang et Marsh, 1994（图 1-143）

Ascogaster rugulosa Tang et Marsh, 1994: 292.

主要特征：雌，头顶明显网状横皱，额在触角间明显凹陷，光滑有光泽，有发达中纵脊。脸稍突出，中上部中央具一弱瘤突，中纵脊自此向上延伸经由触角窝达前单眼前缘，唇基以上部分粗糙，小网格皱纹，唇基两侧较平滑，稀细刻点，脸部毛均向下生长。颊稀刻点，较平滑，前面观弧线形收窄。后头脊完整。前胸背板背侧方中央网皱状小室形成一条斜沟，沟前方侧面光滑有光泽，具稀刻点，沟后密网状凹窝。中胸盾片密被刻点，盾纵沟细，小室状凹窝，不明显，会合处明显凹陷，小室状网皱；小盾片细点刻，其前沟 5 个凹窝；中胸侧板前部及翅基下陷下缘网状凹窝较密且密被毛，基节前沟部位凹陷不明显，较密小室状网皱，毛稀近光裸有光泽，其他区域凹刻和毛均较稀，略有光泽；中胸腹板具细刻点，腹纵沟明显凹陷，不规则网状凹窝，并胸腹节中横脊明显，形成 4 个明显齿突，亚中齿突高且阔于侧齿突；背部小室状网皱，后部网状凹窝。

分布：浙江（临安）、台湾、广东、海南、贵州、云南；韩国。

图 1-143　皱唇革腹茧蜂 *Ascogaster rugulosa* Tang et Marsh, 1994
A. 整体，侧面观；B. 头，前面观；C. 胸，侧面观；D. 中胸背板，背面观；E. 背甲，背面观（标尺为 0.5 mm）

（422）毛眼革腹茧蜂 *Ascogaster setula* Tang et Marsh, 1994（图 1-144）

Ascogaster setula Tang et Marsh, 1994: 294.

主要特征：雌，额在触角间凹陷，光滑且有光泽，有中纵脊，向后延至前单眼之前。脸突出，脸宽约等于脸高，密刻点夹皱，中上部具一不明显瘤突，脸部毛末端均朝下。前幕骨陷不明显；唇基刻点，与脸界线不明显，端缘两侧几乎水平，中部向前伸出，形成一个小齿突。颚眼距短，为眼高的 1/3–1/2；颊密刻点夹皱。中胸盾片密具粗糙深刻点，盾纵沟及后方会合处小室状网皱；小盾片前沟具 5 凹，小盾片网状刻点夹皱，侧叶不很发达，末端圆，稍变窄；中胸侧板具粗刻点夹皱，基节前沟明显，小室状网皱；并胸腹节粗糙小室状网皱，中横脊形成的侧齿和中齿不发达，侧齿稍高于中齿。

分布：浙江（临安）、福建、台湾、广东、海南；韩国。

图 1-144 毛眼茧腹茧蜂 *Ascogaster setula* Tang *et* Marsh, 1994

A. 整体，侧面观；B. 头，前面观；C. 头，背面观；D. 胸，侧面观；E. 背甲，背面观；F. 中胸背板，背面观（标尺为 0.5 mm）

（423）上杭茧腹茧蜂 *Ascogaster shanghanensis* Ji *et* Chen, 2003

Ascogaster shanghanensis Ji *et* Chen *in* Chen *et* Ji, 2003: 59.

主要特征：雌，额凹陷，光滑有光泽，中纵脊明显；颊刻点，前面观两侧轮廓圆形收窄，颚眼距是复眼高的 0.5。脸宽为脸高的 1.5 倍，密刻点，脸部毛均向下着生。唇基隆起，稀刻点有光泽，端缘中部向前伸出形成一齿瘤。前胸背板背上方网状凹刻，腹方光滑具刻点。中胸盾片中叶密粗刻点，盾纵沟及其后方会合处浅，网状凹窝，中胸背板其余部分粗密刻点；小盾片粗刻点，前沟 5 凹，侧叶不发达，末端圆；中胸侧板翅基下区粗刻点夹皱，基节前沟粗糙网状凹窝，基节前沟背后方较稀疏粗刻点；并胸腹节小室状网皱，中横脊明显，侧齿大，中齿极小。背甲背面观阔椭圆形，最阔处在中间，末端圆，CL/CW=1.6，网皱；基脊平行，侧面观末端圆而厚，腹腔末端开口接近背甲末端；产卵管鞘短，棒状，与腹腔末端平齐。

分布：浙江（临安）、福建。

D. 四齿革腹茧蜂种团 quadridentata-group

主要特征：脸网皱，上部刚毛朝下立起；唇基一般具 1 个中齿，有时无中齿，但绝不会超过 1 个齿状瘤突；腹腔开口于背甲末端之前（有时很接近末端），产卵器短，末端未伸出背甲。

分布：世界广布。

（424）赵氏革腹茧蜂 Ascogaster chaoi Tang et Marsh, 1994（图 1-145）

Ascogaster chaoi Tang et Marsh, 1994: 285.

主要特征：雌，额在触角间凹陷，区域内刻点夹皱，中纵脊较明显，向后延至前单眼，向前起始于脸中上部中央一瘤突；脸宽为脸高的 1.5 倍，小室状网皱，毛均向下生长。前幕骨陷明显；唇基具刻点，与脸明显分开，中部横凸，侧缘向内压，端缘中部向前伸出，形成一个不明显的钝齿突，毛向下生长。上颊在复眼后略直，收窄，背面观约与复眼等长，复眼光裸，不突出，后头凹陷，后头脊发达。眼高是颚眼距的 1.6 倍；颊前面观轮廓较直，小室状网皱。前胸背板在中胸背板之前中度前伸，前凹深，背侧方小室状网皱，腹方发达条皱，侧方中部有一小块细刻点。中胸盾片小室状网皱，盾纵沟明显凹陷，盾纵沟后面各具一细刻点区域，后方会合处小室状网皱；小盾片前沟具 5–6 凹穴，侧叶发达，明显呈钩状，小盾片小室状网皱；中胸侧板具较规则的小室状粗糙网皱，基节前沟极难辨认；并胸腹节粗糙网皱，中齿不明显突起，中齿比侧齿略高。背甲短，长椭圆形，端部略尖，长度短于头、胸之和，细小室状网皱，被密毛，长是宽的 1.5–2.0 倍，基脊不明显；侧面观棒状，腹腔开口于腹甲末端之前约 1/3 处，腹缘弯曲，末端缘边较宽；产卵器短，隐于背甲内，产卵管鞘末端圆形。

分布：浙江（临安、松阳、泰顺）、吉林、宁夏、上海、安徽、湖北、福建、广西。

图 1-145 赵氏革腹茧蜂 Ascogaster chaoi Tang et Marsh, 1994
A. 整体，侧面观；B. 头，背面观；C. 头，前面观；D. 胸，侧面观；E. 胸、腹，背面观（标尺为 0.5 mm）

（425）祝氏革腹茧蜂 Ascogaster chui Ji et Chen, 2003

Ascogaster chui Ji et Chen in Chen et Ji, 2003: 29.

主要特征：雌，额稍凹陷，弱横皱有光泽，中纵脊弱；颊不规则网皱，前面观两侧轮廓在圆弧形收窄，颚眼距约为眼高之半。脸宽为脸高的 1.7 倍，网格状皱，脸部毛均向下着生。唇基隆起，具刻点有光泽，端缘两侧水平，中部向前伸出呈钝三角状突起；上颚小。后头脊完整。前胸背板突出在中胸背板前，粗刻点网皱。中胸盾片粗刻点网皱，盾纵沟不明显，小盾片前沟 4–5 凹，粗刻点皱；中胸侧板小室状网皱，基节前沟不明显；并胸腹节短而宽，小室状网皱，中横脊位置偏上，具 4 齿，中齿宽钝，侧齿窄高。

分布：浙江、黑龙江、吉林、河南、湖北、福建。

（426）大颊革腹茧蜂 *Ascogaster grandis* Tang *et* Marsh, 1994（图 1-146）

Ascogaster grandis Tang *et* Marsh, 1994: 288.

主要特征：雌，上颊在复眼后近平直，后端约 1/3 处开始略弧形收窄，背面观上颊远大于复眼长，为复眼长的 1.4–1.5 倍，复眼近光裸；单眼小，在一条直线上。头顶小室状网格强皱，额在触角间强烈凹陷，夹点横条皱，中纵脊明显，向后延至中背单眼下缘，向前延伸至脸中上部，形成瘤突；颊侧面观肿胀且直；前面观两侧轮廓圆弧形弯曲，眼高约为颚眼距的 2.4 倍。脸略凸，脸宽为脸高的 1.3–1.5 倍，具发达小室状网皱，脸部毛均向下。前胸背板侧背方具小室状网皱，腹方光滑或有纵条皱。中胸盾片具小室状网皱，盾纵沟及其会合处较大的小室状网皱，在翅基前方各一小块区域被密刻点；小盾片小室状网皱，其前沟具 4 孔，侧叶发达，末端弯曲呈钩状；中胸侧板发达小室状网皱，基节前沟网皱较其他部位大，毛稀且略有光泽；中胸腹板具粗糙稀刻点，中纵脊略凹陷，不明显；并胸腹节小室状网皱，中横脊存在，形成极明显的两侧齿，中齿不明显，仅稍稍隆起，较侧齿短阔。雄蜂除触角鞭节黄褐色、中部不膨大外，其余特征同正模。

分布：浙江（安吉、临安）。

图 1-146 大颊革腹茧蜂 *Ascogaster grandis* Tang *et* Marsh, 1994
A. 整体，侧面观（正模♀）；B. 胸，侧面观；C. 并胸腹节和背甲，背面观；D. 头，背面观；E. 头，前面观；F. 胸，背面观（标尺为 0.5 mm）

(427) 何氏革腹茧蜂 *Ascogaster hei* Tang *et* Marsh, 1994（图 1-147）

Ascogaster hei Tang *et* Marsh, 1994: 288.

主要特征：雌，额在触角后凹陷，夹点刻皱，有一弱中脊。复眼突出，近光裸。颊前面观收窄。脸宽约为高的 2.0 倍，具发达小室状网皱。唇基具刻点，与脸明显分开，端缘中央呈一小尖瘤突。前胸背板突出于中胸盾片前方，背侧方具小室状网皱。盾纵沟不明显；中胸盾片具发达的小室状网皱。中胸侧板具粗糙的小室状网皱，基节前沟不明显；并胸腹节具发达小室状网皱，中横脊明显，中央和侧方突出成齿。背甲长为宽的 1.6–1.7 倍，背面观呈棒状。背甲腹腔长，稍在末端之前。肛下板短。产卵管鞘棒状。体几乎完全黑色；仅前足腿节末端和胫节，有时中足基节端部黄褐色。

分布：浙江（临安、诸暨、龙泉）、黑龙江、吉林、河北、湖南、福建、云南；韩国。

图 1-147 何氏革腹茧蜂 *Ascogaster hei* Tang *et* Marsh, 1994
A. 整体，侧面观（正模♂）；B. 前翅；C. 胸，侧面观；D. 背甲，背面观；E. 头，背面观；F. 头，前面观

(428) 四齿革腹茧蜂 *Ascogaster quadridentata* Wesmael, 1835（图 1-148）

Ascogaster quadridentatus Wesmael, 1835: 237.

主要特征：雌，上颊在复眼后弧形收窄，背面观约与复眼等长，复眼光裸，不突出，后头中度凹陷，后头脊完整。眼高是颚眼距的 1.5–2.0 倍；颊前面观轮廓圆弧形。前胸背板略伸出中胸背板前端，侧面粗糙网皱；盾纵沟不明显，中胸盾片具粗糙小室状网皱，小盾片网皱，前沟 5 凹，侧叶不发达，末端圆形，或发达，末端呈钩状；中胸侧板具粗糙小室状网皱，基节前沟不明显；并胸腹节具发达小室状网皱，中横脊明显，具 4 齿，中齿比侧齿矮。背甲背面观卵圆形，末端略尖，有时呈一小突起，腹腔在末端之前，至末端长度的 0.15–0.3 处。肛下板短，产卵管鞘棒状。

分布：浙江（湖州、临安、开化、遂昌）、黑龙江、吉林、辽宁、北京、河北、河南、陕西、宁夏、青海、江苏、上海、江西、湖南、福建、台湾、广东、广西、四川、贵州、云南；世界广布。

图 1-148　四齿革腹茧蜂 *Ascogaster quadridentata* Wesmael, 1835
A. 整体，侧面观；B. 头，前面观；C. 头，背面观；D. 胸，侧面观；E. 胸、腹，背面观（标尺为 0.5 mm）

（429）网皱革腹茧蜂 *Ascogaster reticulata* Watanabe, 1967（图 1-149）

Ascogaster reticulatus Watanabe, 1967: 41.

主要特征：雌，上颊在复眼后强烈弧形收窄，背面观约与复眼等长或短于复眼，复眼光裸，突出；单眼钝三角形排列，在一条直线上，OOL：OD：POL＝3.0：1.0：2.5。额中度凹陷，光滑或网皱，中纵脊明显，向后延至前单眼，向前起始于脸中上部中央一瘤突；脸宽为脸高的 1.5 倍，具小室状网皱，毛均向下生长。前幕骨陷明显，唇基与脸无明显分界，网皱至稀刻点，端缘弧形拱起，无任何齿或瘤，宽约为高的 1.4 倍，约为脸宽的 3/5。眼高是颚眼距的 1.6–1.7 倍，后头脊完整，长为高的 1.5 倍。前胸背板在中胸背板之前中度前伸，前凹深，背侧方小网状凹陷，腹方光滑。中胸盾片具小室状网皱，前部中央具一小块粗糙刻点区，盾纵沟比较明显，盾纵沟后侧方各有一小刻点区，后方会合处小室状网皱；小盾片前沟具 5 凹，侧叶不发达，末端钝圆，小盾片小室状网皱或夹点粗条皱；中胸侧板具较规则的小室状粗糙网皱，基节前沟不明显；并胸腹节小室状粗糙网皱，齿不明显突起，侧齿比中齿略高。后足基节光滑至细小刻点，为背甲长度的 1/3。

分布：浙江（杭州、镇海、东阳、衢州）、北京、山西、山东、河南、陕西、甘肃、江苏、上海、安徽、江西、湖南、福建、台湾、广东、海南、广西、云南；古北区。

图 1-149　网皱革腹茧蜂 *Ascogaster reticulata* Watanabe, 1967
A. 整体，侧面观；B. 胸，侧面观；C. 胸、腹，背面观；D. 前翅；E. 头，背面观；F. 头，前面观（标尺为 0.5 mm）

（430）红足革腹茧蜂 *Ascogaster rufipes* (Latreille, 1809)（图 1-150）

Sigalphus rufipes Latreille, 1809: 14.
Ascogaster rufipes: Shenefelt, 1973: 833.

主要特征：雌，触角长于体，中部膨大，末端略细，鞭节 11–22 节，各节宽约等于长，基部和端部各节明显长大于宽；背面观头宽为中长的 1.5 倍，1.2 倍于中胸宽。上颊在复眼后先略膨大，而后圆弧形收窄，背面观上颊为复眼长的 1.3–1.5 倍，复眼近光裸。头顶具较规则的小室状网皱，额在触角间略凹陷，具细横皱，有光泽；脸突出，中上部中央具一弱瘤突，中纵脊向前延至前单眼前缘，脸宽为脸高的 1.3 倍，具小室状网皱，脸部毛均向下生长。前幕骨陷小，但明显；幕骨陷间距约为幕骨陷至复眼间距的 1.7 倍；唇基稀刻点，中部略凸，端缘中央形成一明显瘤突。眼高是颚眼距的 2.2–2.5 倍；颊粗糙网皱，颊前面观圆弧形收窄。后头脊完整。前胸背板腹面光滑至细刻点夹皱，侧纵沟不明显但背窝明显，背侧面凹窝夹皱；中胸背板盾纵沟不明显，后部会合为一个不规则的网格状皱褶区，侧面各有一小块密细刻点区；小盾片前沟具 5 个凹窝；小盾片凸出，粗糙网皱；小盾片侧叶小，端部圆弧形，具网皱。前胸侧板上基节前沟不明显，具近似均匀的网状凹窝；并胸腹节规则凹窝网皱，中部横脊存在，将并胸腹节分为前、后两部分，横脊前部位的长于后者，横脊形成明显的两对齿状突起，纵脊不明显，未形成明显的中室。背甲略小于头、胸长度之和但略大于胸长，细长网状皱纹，背面观两边几乎平行，CL/CW = 2.0–2.5，基部两条平行短脊，末端钝圆或略尖；侧面观背甲渐厚，端部显平截，腹面开口在末端之前约为背甲长度的 1/5 处。体黑色，复眼黑褐色；唇基端缘及小齿突红褐色，上颚黄褐色至红褐色，须浅黄褐色；触角黑褐色；翅半透明，前翅翅基片暗褐色，翅痣及翅脉暗褐色，后翅翅脉色浅，几乎透明；除前足转节、腿节及胫节基部 2/3，中足转节、腿节后侧大部分，以及后足腿节端部、转节和胫节基部约 1/4 黄褐色外，足的其余部位黑褐色；背甲基部 1/3 黄褐色，端部 2/3 黑褐色；产卵管鞘黄褐色。但贵州标本体色几乎全黑色，仅背甲基部常有一小块黄斑。

分布：浙江、吉林、内蒙古、河北、湖北、福建、台湾、海南、广西、四川、贵州、云南；古北区。

图 1-150 红足革腹茧蜂 *Ascogaster rufipes* (Latreille, 1809)
A. 整体，背面观；B. 体躯，侧面观；C. 头，背面观；D. 头，前面观；E. 整体，背面观；F. 背甲，背面观（标尺为 0.5 mm）

188. 甲腹茧蜂属 *Chelonus* Panzer, 1806

Chelonus Panzer, 1806: 164. Type species: *Ichneumon oculator* Fabricius, 1775.

特征简述：体长 2–7 mm；触角 16–44 节，复眼具刚毛，前翅 r 脉通常从翅痣近中部伸出，1-SR+M 脉缺失，第 1 盘室与第 1 亚缘室会合成一大的室，Cu1b 脉存在，腹部前 3 节背板完全愈合成背甲状，其余各节藏于背甲之下，背甲上无横缝，有时雄性腹端具开孔。

生物学：容性内寄生于鳞翅目，少数寄生于双翅目，绝大多数为卵-幼虫寄生，其余为幼虫期寄生。

分布：世界广布。世界已知 280 种，中国记录 96 种，浙江分布 14 种。

1) 棒甲腹茧蜂亚属 *Baculonus* Braet *et* van Achterberg, 2001

主要特征：触角第 3–5 节相当长（长为其宽的 5–7 倍），额稍凹陷，两侧无明显的脊；小盾片多少突起，侧面观高于中胸背板水平线；前翅 3-SR 脉较短，1-M 脉靠近于 C+SC+R 脉。

生物学：未知。

分布：世界广布。

（431）黄基棒甲腹茧蜂 *Chelonus* (*Baculonus*) *icteribasis* Zhang, Chen *et* He, 2006

Chelonus (*Baculonus*) *icteribasis* Zhang, Chen *et* He, 2006: 53.

主要特征：雌，头顶均匀突起，具细密横线纹；上颊具细密纵线纹；额凹陷，横线纹围绕触角窝；脸具横纹；唇基具细密的刻点，有光泽，端缘中部平截；颚眼距是上颚基部的 1.47 倍。胸部长 1.4 倍于高；前胸背板具不规则的网状皱；中胸背板均匀突起，具网状皱，刻纹在其后方中部更粗糙；小盾片多少突起，侧面观高于中胸背板，中部具细密刻点，四周具皱褶；小盾片前沟较深，具 4 条短纵脊；中胸侧板均匀突起，具粗糙网状皱；并胸腹节具粗糙且密集的网状皱，具横脊，脊上具 4 个钝短的齿状突起，两侧的突起大于中间的突起。后足基节完全光滑具细毛；后足腿节、胫节和基跗节长分别为其最大宽度的 3.4 倍、4.7 倍和 5.3 倍；后足胫节距长是基跗节的 0.3。背面观腹部椭圆形，基部 2/3 具纵脊，相互之间被较弱的短横皱相连接，长为其最大宽度的 1.9 倍，基部背脊明显；腹部自基部逐渐扩大，但在端部 1/3 处明显收缩。体黑色；触角柄节和第 1–3 鞭节黄褐色，其余暗褐色；下颚须和下唇须浅黄色；上颚除基部黑褐色外其余部分褐色；翅痣和大部分翅脉黑褐色；副痣浅黄色；前翅自翅痣后多少烟色；腹基部 1/3 完全黄色；足几乎完全黄褐色，后足基节黑色，但其端部黄褐色，后足胫节中部黄色，其余暗色；所有端跗节黑色。

分布：浙江、吉林、福建、广东、广西。

2）脊甲腹茧蜂亚属 *Carinichelonus* Tobias, 2000

主要特征：额强烈凹陷，内具一中纵脊；额两侧具突起的侧脊，直达侧单眼；上颊、头顶和颊具光滑皱纹，有光泽；腹部末端平截，端部强烈向内弯曲，腹腔相当短，约为腹部长度的 1/2；腹腔周围具柳叶脊。

生物学：寄主为黄杨绢野螟、桑绢野螟、豆荚螟、小卷蛾、棉卷叶野螟。

分布：古北区、东洋区。

（432）台北甲腹茧蜂 *Chelonus* (*Carinichelonus*) *tabonus* Sonan, 1932

Chelonus tabonus Sonan, 1932: 71.

Chelonus (*Carinichelonus*) *tabonus*: Yu *et al*., 2016.

Mircochelonus (*Carinachelonus*) *cavifrons* Tobias, 2000: 461. Syn. nov.

主要特征：雌，触角 16 节，3–5 节相当长；额强烈凹陷，内有一中纵脊，侧脊直达侧单眼；头顶具光滑的线状纹，有光泽；颊具相当光滑的线状纹，有时甚至完全光滑，有光泽；脸具粗糙的网状皱；中胸背板具粗糙的网状皱，刻纹在中部后方极粗糙；小盾片中等突起，具刻点，光滑且有光泽；并胸腹节具相当粗糙的网状皱，端横脊明显，具 4 齿突；腹部背面观长椭圆形，自基部逐渐加宽，在端部平截；腹端强烈向内弯曲，腹腔几乎是腹部长的 1/2；腹腔周围具明显的柳叶脊；体黑色，腹基部两侧具圆形斑点，有时相连接。雄蜂与雌蜂相似，触角 30–32 节。

分布：浙江（上虞、松阳）、山东、江苏、福建、台湾、四川、贵州、云南；古北区，东洋区。

3）大甲腹茧蜂亚属 *Megachelonus* Baker, 1926

主要特征：该亚属的主要特征是：雌虫腹部末端下缘具两个明显的齿突；腹腔开口相当窄，且远离腹部末端；腹腔的边缘具形状和大小不一的薄片状脊；有时雄性腹部末端具开孔。

生物学：未知。

分布：东洋区。

（433）长大甲腹茧蜂 *Chelonus* (*Megachelonus*) *macros* Zhang, Chen *et* He, 2006

Chelonus (*Megachelonus*) *macros* Zhang, Chen *et* He, 2006: 56.

主要特征：雌，头顶和上颊具横线纹；额明显凹陷，具网状皱，但接近触角窝处光滑；脸具粗糙的网状皱，间有短纵纹连接；唇基平且具细密的刻点，其宽 2.5 倍于中部高度，端缘中部平截；颚眼距是上颚基部的 2.0 倍。胸部长 1.4 倍于高；前胸背板具不规则的网状皱；中胸背板具粗糙的网状皱，但在其后方中部更粗糙；小盾片具细密的刻点，有光泽；小盾片前沟相当深，具 6 条短纵脊；中胸侧板均匀突起，具浓密的网状皱；并胸腹节具粗糙且密集的蜂窝状皱，有弱的横脊，脊上具 4 个盾短的齿状突起，两侧的突起大于中间的突起。背面观腹部背甲长为其最大宽度的 2.0 倍，具密集的蜂窝状皱，基部背脊明显；腹部末端具两个齿状突起；腹腔边缘具长且宽的薄片状脊，薄片状脊上具平行排列的纵脊；产卵器细长且弯曲。体黑色；下颚须和下唇须浅黄色；上颚除基部黑褐色外其余部分红褐色；翅基片黑色；翅烟色，沿中脉有一透明的带；翅痣黑褐色；腹基部具一对黄斑，前足除腿节暗褐色外，其余部分黄色；中足黄色；后足除转节黄色外其余均为黑色；后足胫节中部具一浅黄色的条带。

分布：浙江（安吉、临安）、福建。

4）副甲腹茧蜂亚属 *Parachelonus* Tobias, 195

主要特征：雌蜂触角大于 17 节；胸部长小于高的 1.5 倍；雄蜂腹部末端具开口，开口深且大型，后面观长大于腹部宽度的 1/3；体大型，一般大于 4 mm。

生物学：内寄生于寄主的卵或幼虫；寄主为 *Chamaesphecia bibioniformis*、*Chamaesphecia euceraeformis*、*Chamaesphecia tenthrediniformis*，以及苹果小卷蛾、白杨透翅蛾、蚁态透翅蛾、苹透翅蛾、醋栗透翅蛾。

分布：古北区。

（434）多色甲腹茧蜂 *Chelonus* (*Parachelonus*) *polycolor* Ji *et* Chen, 2003

Chelonus (*Microchelonus*) *polycolor* Ji *et* Chen *in* Chen *et* Ji, 2003: 156.
Chelonus (*Microchelonus*) *polycolor*: Yu *et al*., 2016.

主要特征：雌，自中部后触角节扁平，长小于宽，但在端部呈圆柱状；头部自复眼后几乎直线收缩；腹部背面观椭圆形，长是其最大宽度的 1.9 倍，基部具纵皱，其余部分具网状皱；头部黑色；胸部红黄色；腹基部具一白黄色的环，其余部分黑色；足大部分浅色。雄，形态特征与雌蜂相似。触角 34 节，细长，线形；腹部端部具一椭圆形的开孔。

分布：浙江（临安）、福建、广东、广西。

（435）无斑甲腹茧蜂 *Chelonus* (*Parachelonus*) *amaculatus* Chen *et* Ji, 2003

Chelonus (*Microchelonus*) *amaculatus* Chen *et* Ji, 2003: 115.

主要特征：雌，触角第 3 节长与第 4 节约等长；第 3、4 节和端节长分别为其宽的 4.67 倍、3.0 倍和 2.33 倍；背面观头部自复眼后收缩；复眼长为上颊的 1.40 倍；上颊具细小的线状纹；头顶均匀突起，具细小的线状纹；额稍凹陷，具线状纹；脸均匀突起，具网状皱；唇基具细密的刻点，光滑，有光泽；端缘中部平截；颊具细密的线状纹；颚眼距 2.6 倍于上颚基部。背面观头宽明显小于胸部宽度；前胸背板具皱纹；中胸背板均匀突起，具细密的蜂窝状皱，刻纹在中部后方更粗糙；小盾片突起，具细密的刻点，光滑；小盾片前沟较深，宽，内具数条短纵脊；中胸侧板相当突起，具粗糙网状皱；并胸腹节具粗糙的网状皱，端横脊存在，脊上具 4 钝齿突。腹部突起卵圆形，腹基部 2/3 具纵皱，其余部分具不规则的网状皱；背面观长为其最大宽度的 1.65 倍，侧面观长为其高的 3.07 倍；腹端稍向内弯曲，腹腔几乎直达腹端；产卵管鞘短，藏于腹部之下。触角柄节褐黄色，3–10 鞭节黄色，其余部分暗褐色；下颚须与下唇须淡黄色；上颚褐黄色；翅基片淡黄色；翅透明；翅痣暗褐色；前翅端半部翅脉褐色，基半部翅脉黄色；足大部分黄白色，后足腿节端部略带褐色；中足和后足胫节端部黑色，后足胫节和跗节（端跗节黑色）白黄色。

分布：浙江（杭州、开化）、福建、广东、海南、四川、云南、贵州。

5）柱甲腹茧蜂亚属 *Stylochelonus* Hellén, 1958

主要特征：雌蜂触角大于 17 节；胸部长大于其高的 1.5 倍；雄蜂腹部末端具开口，开口浅，小型，后面观长小于腹部宽度的 1/3；一般体小型，小于 4 mm。

生物学：寄主为小潜蛾属种类及卷蛾。

分布：古北区。

（436）尖甲甲腹茧蜂 *Chelonus* (*Stylochelonus*) *antenventris* Chen et Ji, 2003

Chelonus antenventris Chen et Ji, 2003: 72.

Chelonus (*Stylochelonus*) *antenventris*: Yu et al., 2016.

主要特征：雄，体长 2.7–3.5 mm；触角 25 节，具毛；头部自复眼后几乎直线收缩；上颊短于复眼；额稍凹陷，有光泽；中胸背板均匀突起，具粗糙的网状皱；小盾片中等突起，具网状皱；中胸侧板均匀突起，具网状皱；并胸腹节具端横脊，脊上具 4 齿突；腹部背面观长椭圆形，但在端部明显收缩；腹部具网状皱，刻纹在端部转为密集的刻点皱；腹端具一椭圆形开口，后面观长是腹部宽度的 4/5；体黑色；腹基部具一对相接的三角形黄斑。雌，形态与雄性相似，但触角 22 节，第 3–5 节黄色；腹部基部黄色。

分布：浙江（杭州、天台、文成）、福建、广东、四川。

（437）短颚眼距甲腹茧蜂 *Chelonus* (*Stylochelonus*) *brevimalarspacemis* Ji et Chen, 2003

Chelonus brevimalarspacemis Ji et Chen in Chen et Ji, 2003: 78.

主要特征：雄，体长 2.27 mm；触角 20 节，具毛；头部背面观自复眼后弧形收缩；复眼明显长于上颊；上颊具细密的线状皱，相互交错；单眼较大；头顶均匀突起，具细密且相互交错的线状皱纹；额稍凹陷，光滑；脸具网状纹；唇基中等突起，具刻点，有光泽，边缘中部平截；颚眼距相当短，约为复眼纵径的 1/4；前胸背板光滑；中胸背板均匀突起，具细密的网状皱，但刻纹在其后方中部十分粗糙；小盾片扁平，具刻点，有光泽；小盾片横沟较深且宽，内有数条短纵脊；中胸侧板强烈突起，具网状皱，但靠近并胸腹节的区域具光滑的刻点，有光泽；并胸腹节具粗糙的网状皱，端横脊存在；后足基节光滑；后足腿节粗壮；后足腿节、胫节和基跗节长分别为其最大宽度的 2.89 倍、4.43 倍和 3.80 倍；腹部椭圆形，基背脊明显，具粗糙且不规则的网状皱；腹端开口相当小，圆形，后面观直径为腹部宽度的 0.11 倍；触角柄节黄色；触角褐色到暗褐色；上颚褐色；下颚须和下唇须淡黄色；翅基片暗褐色；翅痣暗褐色，前翅基部翅脉黄色，端半部翅脉暗褐色；腹部完全黑色；足大部分黄色，基节和转节淡黄色；后足腿节端部略带褐色；后足胫节淡黄色，端部褐色；跗节淡黄色，但所有基跗节黑色。雌，形态与雄性相似，但触角 18 节，第 3–5 节黄色；腹部基部黄色。

分布：浙江（开化、泰顺）、福建、云南。

6）甲腹茧蜂亚属 *Chelonus* Panzer, 1806 *s. str.*

主要特征：体长 3–7 mm；雌蜂触角 17–44 节；雄蜂腹部末端闭合无开口。

生物学：主要寄主为夜蛾科、螟蛾科、麦蛾科及透翅蛾科和卷蛾科昆虫。

分布：世界广布。世界已知 239 种，我国记录 82 种，浙江分布 4 种。

分种检索表

1. 足大部分淡色，黄白色或黄色，有时红色 ··· 阿里山甲腹茧蜂 *C. (C.) arisanus*
- 足大部分暗色，黑色或黑褐色 ··· 2
2. 体长 6–7 mm；雌蜂触角 30 节左右；腹部相当长，背面观长是宽的 2 倍以上 ··· 3
- 体长≤5 mm；雌蜂触角一般小于 30 节；背面观腹部长≤最大宽度的 2 倍 ············ 环足甲腹茧蜂 *C. (C.) annulipes*
3. 雌蜂触角 30 节；腹部近基部有一条白色带，带中间被黑色间断 ····················· 台湾甲腹茧蜂 *C. (C.) formosanus*
- 雌蜂触角 32 节；腹部背基部两侧各有一矩形白斑（大小有变化，有时相连接）··········· 螟甲腹茧蜂 *C. (C.) munakatae*

(438) 环足甲腹茧蜂 *Chelonus (Chelonus) annulipes* Wesmael, 1835

Chelonus (*Chelonus*) *annulipes* Wesmael, 1835: 221.

主要特征：雌，体长 5 mm；触角 24 节；背面观头部横形，自复眼后弧形收缩；复眼长于上颊；后头凹陷，OOL：OD：POL=20：7：17；胸部长为其高的 1.3 倍，具粗糙的皱褶，稍有光泽；盾纵沟明显，内具粗糙的刻纹；小盾片具皱纹，间隙有光泽；前翅缘室稍短于翅痣；前翅 r 脉与 3-SR 脉等长；背面观腹部长为其最大宽度的 2.0 倍，侧面观长为其高的 2.5 倍；腹部在端部稍加宽，具粗糙的网状皱，但端部刻纹更密集；腹端部向内稍弯曲，腹腔几乎与腹部等长；体黑色；触角柄节，上颚和翅基片暗褐色；翅痣透明或稍带烟褐色；腹基部具 2 个黄色斑点。雄，与雌蜂相似。触角 30 节。

分布：浙江（杭州）、吉林、湖北、福建；古北区，新北区。

(439) 阿里山甲腹茧蜂 *Chelonus (Chelonus) arisanus* Sonan, 1932

Chelonus (*Chelonus*) *arisanus* Sonan, 1932: 71.

主要特征：雌，头部自复眼后弧形收缩；颜面均匀突起，具弯曲的相互交错的细条纹皱；唇基密布刻点，刻点间区域光滑且有光泽；额稍凹陷，具条纹皱；头顶具细小的条纹皱；后头凹陷；前胸背板具刻皱；中胸盾片均匀突起，具细小的蜂窝状皱纹，但在后方中央稍凹陷，呈较粗糙的网状皱；盾纵沟明显；中胸侧板基半部具蜂窝状皱纹，侧下方区域光滑，散布小刻点；小盾片具细小的刻点，光滑且有光泽，边缘部分刻点粗糙；并胸腹节具粗糙的网皱，中央有一横脊，脊上具齿；翅痣椭圆形，短于缘室；足大部分黄色，后足腿节端半部深褐色，后足胫节两端深褐色，其余部分浅黄色，产卵管鞘短，藏于背甲下，褐色。雄，与雌蜂相似，触角 36 节。

分布：浙江、河北、湖北、福建、台湾、贵州、云南。

(440) 台湾甲腹茧蜂 *Chelonus (Chelonus) formosanus* Sonan, 1932

Chelonus (*Chelonus*) *formosanus* Sonan, 1932: 70.

主要特征：雌，体长 6 mm；触角细，30 节，第 1 鞭节稍短于柄节；脸具网状皱；唇基具密集的刻点；胸部具粗糙的皱褶；小盾片具网状皱；并胸腹节具网状皱，端横脊明显，侧齿突明显，无中齿；足较细，后足腿节基部突然变细；体黑色；翅透明，翅基片及翅痣暗褐色；足黑色，前中足腿节（基部除外）、胫节及跗节、后足腿节端部褐色，后足胫节基部 1/2 及跗节白色；腹基部具一白色的带，带中间被黑色间断。

分布：浙江、台湾、广东。

（441）螟甲腹茧蜂 Chelonus (Chelonus) munakatae Matsumura, 1912

Chelonus (Chelonus) munakatae Matsumura, 1912: 68.

主要特征：雌，头部自复眼后弧形收缩；上颊和头顶具密集的网状皱；额凹陷；脸具密集的网状皱；唇基突起，散布细小刻点，光滑且有光泽；前胸背板具细密的刻点；中胸背板均匀突起，盾纵沟深，其余部分具粗糙的刻点皱；小盾片稍突起，具细密的刻点；并胸腹节具粗糙的网状皱，无端横脊，两侧各具一钝短的齿突；背面观腹部两侧几乎平行，长大于其宽的 2 倍，具粗糙且不规则的网状皱；体黑色，雌蜂腹部背基部两侧各有一矩形白斑（大小有变化，有时相连接）；翅透明，稍带烟色；前中足腿节端部、前中足胫节和后足胫节中部，以及基跗节大部分黄色。雄，形态特征与雌蜂相似。触角 37 节；腹部全黑色，无白斑。

分布：浙江（杭州、东阳）、辽宁、内蒙古、天津、山西、山东、陕西、江苏、江西、湖南、福建、四川、云南；古北区。

7）小甲腹茧蜂亚属 Microchelonus Szépligeti, 1908 s. str.

主要特征：体长 3–4 mm；雌蜂触角固定为 16 节；雄蜂腹部末端具一开口，开口的形状和大小不一。
生物学：主要寄主为夜蛾科、螟蛾科和卷蛾科害虫，约 180 多个寄主种类。
分布：世界广布。浙江分布 3 种。

分种检索表

1. 雌蜂触角 16 节；腹部末端无开孔 ·· 棉红铃虫小甲腹茧蜂 C. (M.) pectinophorae
- 雄蜂触角大于 16 节；腹部末端具开孔 ·· 2
2. 触角 18 节，基半部黄色；腹部背端部具一卵圆形开孔，宽是长的 1.5 倍 ············ 张氏小甲腹茧蜂 C. (M.) jungi
- 触角大于 18 节，完全黑色；腹部背甲端部具一个相当大的椭圆形开口，其宽为背甲端部的 0.75 ·······················
·· 华丽小甲腹茧蜂 C. (M.) elegantulus

（442）华丽小甲腹茧蜂 Chelonus (Microchelonus) elegantulus Tobias, 1986

Chelonus (Microchelonus) elegantulus Tobias, 1986: 22; 2000: 509.

主要特征：雌，上颊长是复眼的 0.58；头顶自复眼后稍凹陷，具线状皱，但相互交错；额稍凹陷，光滑；脸具极不规则的线状皱，且被较弱的横纹相连接；唇基稍突起，具皱纹，中部边缘平截；颊具弯曲的线状脊，但有较弱的横纹将其相互连接。前胸背板具粗糙的皱纹；中胸背板均匀突起，具粗糙的网状皱，在其后方中部更粗糙；中胸侧板相当突起，具粗糙的网状皱；小盾片不突起，光滑，有光泽；小盾片前沟相对深且宽，具 6 条短脊；并胸腹节具粗糙的网状皱，且具一条端横脊，脊上具 4 个牙状突起。腹部背甲长椭圆形，具明显的纵皱，且被较弱的横纹相连接；背面观腹部长为其最大宽度的 2.07 倍；侧面观长为其最大高度的 3.59 倍；腹部端部具弧形缺刻，且腹面具凹陷；产卵管鞘向外延长几乎与腹部等长。体黑色；腹部背甲大部分黑色，但背面具暗红褐色成分；触角柄节，第 3 节和第 4 节黄色，其余触角节暗褐色；下颚须与下唇须淡黄色；上颚褐色；翅基片黄色；翅透明；翅痣褐黄色；前翅基部翅脉黄色，端半部翅脉褐黄色；足黄色，但后足胫节端部褐色；基跗节黑褐色；产卵管鞘黄色。雄，与雌性相似，但触角长且细，22 节；腹部背甲端部具一个相当大的椭圆形开口，其宽为背甲端部的 0.75。

分布：浙江（临安）、辽宁、山东、广东、海南、广西、贵州；俄罗斯，日本。

（443）张氏小甲腹茧蜂 *Chelonus* (*Microchelonus*) *jungi* (Chu, 1936)

Chelonella jungi Chu, 1936: 683.
Chelonus (*Microchelonus*) *jungi*: Yu et al., 2016.

主要特征：雄，体长 2.5 mm；触角 18 节；头部具细密的横皱；小盾片具刻点；小盾片前沟具 5 条纵脊；并胸腹节具粗糙的网状皱，端横脊明显，脊上具 4 齿；腹部具纵皱，背面观长是宽的 3 倍；端部具一卵圆形的开孔，宽是长的 1.5 倍；体黑色；触角柄节、基半部、转节、前中足腿节末端黄赤色；翅透明；翅痣赤褐色，腹部全黑色。

分布：浙江。

（444）棉红铃虫小甲腹茧蜂 *Chelonus* (*Microchelonus*) *pectinophorae* Cushman, 1931

Chelonus (*Chelonella*) *pectinophorae* Cushman, 1931: 11.
Microchelonus pectinophorae: Tobias, 1989a: 22.

主要特征：雌，体长 3.2 mm；触角 16 节，长均大于宽；头部自复眼后弧形收缩；上颊短于复眼；头顶均匀突起，具细密的线横线纹，额稍凹陷，具线状纹；脸具细密且不规则的网状皱；唇基具细小的刻点，有光泽；胸部粗壮；前胸背板具网状皱；中胸盾片端中央密布细小刻点，其两侧及端部具粗糙的网状刻点，有光泽；并胸腹节具粗糙的网状皱。

分布：浙江（临安、镇海）、黑龙江、江苏、上海、安徽、湖北、江西、台湾、四川、云南；朝鲜，日本。

189. 愈腹茧蜂属 *Phanerotoma* Wesmael, 1838

Phanerotoma Wesmael, 1838: 165. Type species: *Chelonus dentatus* Panzer, 1805.

主要特征：雌雄触角均为 23 节，少数 25–27 节（古北区东部）；额不具中纵脊；复眼无毛；唇基腹方有 3 个不明显的齿或腹缘直、无齿。前翅翅痣常相对粗大；有 1-SR+M 脉，无 2-R1 脉；第 2 亚缘室四边形或五边形；第 1 盘室前方或多或少平截；Cu1b 脉多少发达，以致第 1 亚盘室闭合；后翅常有 r 脉，M+Cu 脉与 1-M 脉等长或长于 1-M 脉。腹部背甲具 2 条明显的横缝；第 3 背板无侧齿或至多侧后方呈角状物伸出。产卵管鞘端部至多 1/3 有刚毛。

生物学：主要为卵-幼虫内寄生蜂，单寄生；寄生于鳞翅目木蠹蛾科、螟蛾科、卷蛾科、斑蛾科、草螟科、小卷蛾科、蛀果蛾科、麦蛾科、织蛾科、鞘蛾科、夜蛾科及毒蛾科等农林害虫，具很高的利用价值。

分布：世界广布。世界已知 206 种，中国记录 16 种，浙江分布 2 种。

（445）黄愈腹茧蜂 *Phanerotoma flava* Ashmead, 1906

Phanerotoma flava Ashmead, 1906: 191.

主要特征：雌，黄褐色；触角暗褐色；翅透明，翅痣和前痣暗褐色。头近立方形，具细皱；唇基具刻点；颊等长于上颚基宽；触角 23 节，鞭节均长于其宽。胸部具强皱；小盾片有刻点。并胸腹节具不规则网皱，有一齿状侧突，后方陡斜。前翅 r 脉在翅痣端部 2/5 处伸出；r 脉短，长为 3-SR 脉的 1/5，SR1 脉稍向上弯；2-SR 脉长，为 r-m 脉的 3.5 倍，与 m-cu 脉相交，以致第 1、2 亚缘室均略呈三角形；cu-a 脉后叉式，强度内斜，约在第 1 盘室中央稍后方伸出。腹部背板仅见 3 节；具有规则的狭刻条，在刻条之间有细横脊；

第 1 背板背中脊明显；第 2 背板最短，长约为宽的 1/2；腹凹伸至腹端。

分布：浙江（松阳）、辽宁、河南、陕西、江苏、上海、安徽、湖北、湖南、福建、台湾、广西；朝鲜，日本。

（446）食心虫白茧蜂 *Phanerotoma planifrons* (Nees, 1816)

Sigalphus planifrons Nees, 1816: 259.

Phanerotoma planifrons: Shenefelt, 1973: 923.

主要特征：雌，触角黄褐色，端部黑褐色；足淡黄色，后足腿节端部、后足胫节端部和亚基部暗褐色；翅透明，翅痣褐色，其基部淡黄色，痣下有褐晕；2-SR 脉及 r-m 脉与 M 脉相交点附近均灰白色。头横置，近于立方形；触角 23 节，雌蜂比体稍短，中央之后稍粗，近末端各节长稍大于宽，末 6 节呈串珠状。雄蜂细长；颜面及头顶具横皱纹，颜面中央稍隆起；后头具粗皱纹，着生白毛。胸部密布皱状刻点。小盾片具纵刻纹。并胸腹节具不规则的网状皱纹，在中央有一条细横脊，后部强度倾斜，在每一边无侧齿。腹部长卵圆形，背板仅见 3 节；第 1、2 背板有刻皱及纵行皱纹，第 2 背板后缘及第 3 背板具网状皱纹；第 1 背板自基角有纵脊斜伸至中央，第 3 背板最长；第 2 背板最短，后缘宽为长的 2 倍。产卵管略露出。前翅 r 脉在翅痣端部 1/3 处伸出，r 脉第 1 段短，等于或短于 3-SR 脉的 1/2，SR1 脉稍弯，有时几乎直；m-cu 脉与 3-SR 脉交叉；cu-a 脉后叉式，约在第 1 盘室基方 1/3。茧：长 5.5 mm，圆筒形；白色。

分布：浙江、黑龙江、吉林、台湾；世界广布。

190. 合腹茧蜂属 *Phanerotomella* Szépligeti, 1900

Phanerotomella Szépligeti, 1900: 59. Type species: *Phanerotomella longipes* Szépligeti, 1900.

主要特征：触角（24-）30–60 节；复眼裸，前翅 2-R1 脉存在；前翅 1-SR+M 脉存在；前翅第 2 亚缘室小而近三角形；翅痣通常较细；前翅副痣中等大或大；前翅 SR 脉完全骨化；前翅第 1 盘室前方稍尖，前翅 Cu1b 消失，以致第 1 亚盘室端下角开放；后翅 r 脉消失；后翅 M+Cu 脉短于 1-M 脉；腹部背甲横缝明显；第 3 背板无细侧齿，后侧方至多角状突出。

生物学：未知。

分布：古北区、旧热带区、澳洲区。世界已知 90 种，中国记录 25 种，浙江分布 4 种。

分种检索表

1. 头部完全黄色、黄褐色 ·· 浙江合腹茧蜂 *Ph. zhejiangensis*
- 头部完全或基本上黑色，或仅唇基黄褐色 ··· 2
2. 腹部第 1 背板全部和第 2 背板基半中央黄色 ·· 两色合腹茧蜂 *Ph. bicoloratus*
- 腹部基本上黑色 ··· 3
3. 胸部完全或基本上黑色 ·· 台湾合腹茧蜂 *Ph. taiwanensis*
- 胸部红褐色至褐黄色 ·· 中华合腹茧蜂 *Ph. sinensis*

（447）两色合腹茧蜂 *Phanerotomella bicoloratus* He et Chen, 1995

Phanerotomella bicoloratus He et Chen in Wu, 1995a: 561.

主要特征：雌，头部强度横形，宽为中长的 1.72 倍；复眼大，强度突出；颚眼距为复眼纵径的 0.49；

颜面宽为颜面和唇基相加之高的 0.96，具细而密刻点，在触角窝下方具夹点横皱，有光泽；唇基刻点细而稀；额有纵行夹点刻皱。触角 45–46 节，很细，第 3 节长为第 4 节的 1.27 倍。中胸盾片具蜂巢状细刻点，在盾片后方中央较粗而呈纵皱，有光泽；小盾片刻点细；中胸侧板具不规则网皱，有腹板侧沟；中胸腹板具细而密刻点。并胸腹节具不规则网皱，端部有几条纵皱；横脊明显，上有 4 个钝齿。前翅痣后脉不长于翅痣；r：SR1：r-m=1：3.69：1.23；第 2 亚缘室刚平截或对交；m-cu 脉明显后叉；cu-a 脉后叉；盘脉第 1 段为第 2 段长的 0.29。中足胫节长距长为基跗节的 0.66；后足腿节长为宽的 4.0 倍。腹部背甲长与胸长相近，为腹宽的 1.6 倍，刚拱隆，具蜂巢状刻纹，第 1 背板侧方略显纵皱；T1：T2：T3=1：0.91：0.88，后侧缘有很钝的齿；基脊长为第 1 背板的 0.54。

分布：浙江（开化、庆元）、福建。

（448）中华合腹茧蜂 *Phanerotomella sinensis* Zettel, 1989

Phanerotomella sinensis Zettel, 1989: 29.

主要特征：雌，头部强度横形，宽为长的 1.3 倍；复眼大，强度突出；背面观上颊长为复眼的 0.8；颚眼距为复眼纵径的 0.6；颜面宽为颜面和唇基相加之高的 1.03 倍，具较密粗刻点，在中央刚有夹点横皱，中央稍纵隆；唇基刻点稍稀；额前方光滑有一中纵脊，后方具横皱；头顶具夹点横皱，光滑。触角 54–57 节，很细长，第 3 节长为第 4 节的 1.06 倍。中胸盾片具粗皱状刻点，在小盾片前方纵粗皱；无盾纵沟；小盾片具刻点，有光泽；中胸侧板粗蜂巢状，具刻皱，稍带光泽；无腹板侧沟；中胸腹板具细而密刻点，在外方呈皱状。并胸腹节具蜂巢状刻皱，横皱不明显或无，2 中齿不明显，2 侧齿钝或稍明显。前翅痣后脉长于或刚长于翅痣；r：3-SR：r-m=1：3.9：1.1；第 2 亚缘室刚平截、相交或具短柄；m-cu 脉后叉；cu-a 脉后叉；盘脉第 1 段为第 2 段长的 0.32。中足胫节长距长为基跗节的 0.54；后足腿节长为宽的 4.52 倍。腹部背甲长为胸长的 0.97，为腹宽的 1.6 倍，刚拱隆，具蜂巢状刻纹，后缘有很钝的齿；基脊长为第 1 背板的 0.36，近于平行。

分布：浙江（杭州、开化、松阳）、湖南、福建、广东。

（449）台湾合腹茧蜂 *Phanerotomella taiwanensis* Zettel, 1989

Phanerotomella taiwanensis Zettel, 1989: 26.

主要特征：雌，头部强度横形，宽为中长的 1.8 倍；复眼较小；背面观上颊长为复眼的 1.4 倍；颚眼距为复眼纵径的 0.79；颜面宽为颜面和唇基相加之高的 0.94，密布刻点，在触角下方有横行刻皱；唇基刻点在基部细而密；在端部稍稀，比颜面光泽强；上颚齿发达；额具横皱，中央有一纵脊；头顶具皱状刻点；OD：POL：OOL=1：1：3；OOL 为单眼至后头脊距的 0.87。触角 46–54 节，很细长；第 3 节长为第 4 节的 1.13 倍。中胸盾片具蜂巢状刻点，在盾片后方中央具纵皱；无盾纵沟；小盾片具刻点，较中盾片细；中胸侧板满布蜂巢状刻点；无腹板侧沟。并胸腹节具网皱，前细后粗；横皱明显，有 4 个很细的钝齿。痣后脉刚长于翅痣；r：3-SR：r-m=1：3.82：1.14；第 2 亚缘室平截；m-cu 脉强度后叉；cu-a 脉后叉；盘脉第 1 段为第 2 段长的 0.24；臀横脉有明显痕迹。中足胫节长距长为基跗节的 0.5；后足腿节长为宽的 4.73 倍。腹部背甲长与胸长相近，为腹宽的 1.58 倍，刚拱隆，具网皱状刻纹；在基半略呈纵网皱，后缘有钝齿；基脊弱，长为第 1 背板的 0.3。雄，腹部较细瘦，触角颜色较深。

分布：浙江（湖州、杭州、开化、松阳、庆元）、福建、台湾、广东、广西。

（450）浙江合腹茧蜂 *Phanerotomella zhejiangensis* He et Chen, 1995

Phanerotomella bicoloratus He et Chen *in* Wu, 1995a: 562.

主要特征：雌，体长 4.0 mm。体黄白色；头部（不包括须及触角基部）、中后胸背板黄褐色；第 1 背板中央后方（模糊）、第 2 背板中央、第 3 背板中央前方各有一浅褐色斑点；上颚端齿黑褐色。足基节、转节黄白色，其余浅黄褐色。翅透明，翅痣及翅前缘脉黑褐色，其余黄褐色。雌，头横形，宽为中长的 1.8 倍；复眼较小；背面观上颊长为复眼的 0.8；颚眼距为复眼纵径的 0.45；颜面宽与颜面和唇基相加之高约等长，具细而密刻点，颜面中央稍上方有一小纵瘤；唇基端部近于光滑；额具细点皱，有一细纵脊；头顶具细密夹点刻皱；后头不深凹；POL：DO：OOL：侧单眼至后头脊之距离（OCL）=3：2：10：15。触角 49 节，细长，各节均长于其宽；第 3 节长为第 4 节的 1.1 倍，中胸盾片和小盾片表面较平，具蜂巢状夹点刻皱；中胸侧板和腹板密布浅蜂巢状夹点刻皱；无腹板侧沟。并胸腹节具不规则细网皱；水平部分无纵脊，倾斜部位横脊明显，该部位有 4 齿，侧方 2 个较强。前翅 1-R1 脉长为翅痣的 1.3 倍；r：SR1：r-m（仅上段着色）=10：43：10；第 2 亚缘室交叉；m-cu 脉稍后叉；cu-a 脉后叉；1-Cu1 脉长为 2-Cu1 脉的 0.33。中足胫节外侧有钉状刺，长距长为基跗节的 0.5；后足腿节长为宽的 3.9 倍。腹部背甲长稍短于胸长，为腹宽的 1.67 倍，相当拱隆，具蜂巢状刻纹；后缘齿钝圆；基脊长为第 1 背板的 0.3。

分布：浙江（开化、庆元）。

191. 离脉茧蜂属 *Paradelius* de Saeger, 1942

Paradelius de Saeger, 1942: 313. Type species: *Paradelius ghesquierei* de Saeger, 1942.

主要特征：触角 20 节。2-SR 脉不与 r 脉相连，直接伸至翅痣，且有一段距离。腹部第 1 背板全部和第 2 背板基半有纵行皱纹，第 1 背板与第 2 背板之间横沟明显。

生物学：未知。

分布：世界广布。世界已知 5 种，中国记录 1 种，浙江分布 1 种。

（451）中华离脉茧蜂 *Paradelius chinensis* He *et* Chen, 2000

Paradelius chinensis He *et* Chen, 2000: 356.

主要特征：雌，头暗红色；触角鞭节、单眼区、后头黑褐色，须白色。胸、腹部黑褐色；中胸盾片后方暗红色；翅基片及腹部腹板黄褐色。足黄褐色；基节、转节及前中足跗节黄白色；后足腿节、胫节色稍深。翅略带烟黄色；翅痣及翅脉浅褐色。头背面观宽为中长的 2.0 倍。触角第 1 节最长，第 3 节长为第 4 节的 1.7 倍，中央各节稍粗。头顶具细刻纹。单眼小，正三角形排列。额中央光滑，触角洼内具细刻纹。脸和唇基均宽，具夹点细皱；唇基端缘平截。复眼大，具细毛；上颊短，背面观复眼长为上颊的 5.0 倍，在复眼后收窄。后头脊明显。颚眼距为上颚基宽的 0.8。前胸背板侧面光滑，凹槽内具模糊并列刻条。中胸盾片短宽，与小盾片均具细点皱；无盾纵沟。中胸侧板中央纵隆，具模糊刻点；胸腹侧脊完整；基节前沟弱而弯曲。后胸侧板近于光滑，基间脊明显。并胸腹节中区长六边形，前宽后窄，其内光滑；分脊在中区刚后方伸出；侧区、外侧区表面均具模糊刻纹。后足基节光滑；胫节长距长为基跗节的 0.64；基跗节下方具长条形叶突；爪具基叶突。腹部第 1–3 背板已愈合成一平坦的背甲，但横缝深；第 1 背板长为端宽的 0.58；背板在基部稍收窄，具纵刻条；基部中央凹入。第 2 背板长为端宽的 0.44，具纵刻条。第 3 背板狭横条形，长为端宽的 0.19，无纵刻条。第 1–3 节气门均在背板上。其余背板骨化程度弱。产卵管基部稍膨大，端部很尖。

分布：浙江（庆元）。

（十一）小腹茧蜂亚科 Microgastrinae

主要特征：唇基拱隆，端缘凹，与上颚之间不形成口窝；无后头脊；触角鞭节 16 节（由于各节中央收缩，似成 32 节）；复眼短，具柔毛；盾纵沟消失或有弱的凹痕；胸腹侧脊通常消失。SR1 脉（径脉端段）不骨化，通常几乎不明显，仅有一条不清楚痕迹显出；第 2 亚缘室若存在，则小且为三角形或近四边形；跗爪明显；腹部无柄，甚短；第 1 背板气门位于膜质的侧背板上；第 1 背板有明显的中区，与第 2 背板有活动的关节；产卵管通常短，不长于腹部。

生物学：容性内寄生于鳞翅目幼虫，偶有寄生于膜翅目（叶蜂、蜜蜂）幼虫。单寄生或聚寄生，也有的为卵-幼虫跨期寄生。

分布：世界广布。世界已知 5 族 52 属，种数之多居茧蜂各亚科首位。中国记录 5 族 8 属（其中主要为广义的绒茧蜂属 *Apanteles*）。

I. 绒茧蜂族 Apantelini

主要特征：产卵管鞘通常长于后足胫节一半，且全长具毛；肛下板通常大且中间不骨化、具纵皱且通常折叠；T1 通常长大于宽且端部中间具一阔沟；T2 宽通常大于中间长且中间长通常短于 T3 中间长；并胸腹节通常具部分或完整中区，但绝无长中纵脊（除了新热带区的 *Promicrogaster* 种类）；小翅室大部分开放（除了新热带区种类）。

生物学：大多数寄生于小蛾类，部分为大蛾类。单寄生，除了极少数种类聚寄生。

分布：世界广布。世界已知 16 属，中国记录 4 属，浙江分布 3 属。

分属检索表

1. T1 和 T2 整体具皱且覆盖整个背板以致从背面几乎看不到背侧片；基脉（1-SR *et* 1-M）结合处呈直角；并胸腹节具整体粗糙皱纹且侧缘肿胀 ·· 稻田茧蜂属 *Exoryza*
- T1 和 T2 从背面可以看到背侧片；基脉（1-SR *et* 1-M）结合处直或仅稍弯曲；并胸腹节侧缘不肿胀 ······················ 2
2. 并胸腹节后侧区（若明显）通常横形；T1 两侧亚平行至平行或末端加宽；后翅臀瓣最宽处外方突起且均匀具毛 ········· ·· 长颊茧蜂属 *Dolichogenidea*
- 并胸腹节后侧区（若明显）通常矩形或高大于宽；T1 两侧通常向末端多少收窄；后翅臀瓣最宽处外方凹至近直（极少数略突起）且无毛（极少数具稀毛）··· 绒茧蜂属 *Apanteles*

192. 绒茧蜂属 *Apanteles* Förster, 1863

Apanteles Förster, 1863: 245. Type species: *Microgaster obscure* Förster, 1863.

主要特征：肛下板大、尖形且通常中间具一系列纵刻纹但至少中间通常具清晰褶；产卵管鞘通常长且整体具毛；产卵管长且稍弯曲且渐收窄；短的肛下板无褶皱且同时具短的产卵管；T1 长大于宽且两侧近平行或桶形至向端部强收窄，其上中后端通常具一纵凹。T2 宽大于长，边缘向端部微弱至强分散；T3 稍微至明显长于 T2；并胸腹节具粗糙刻纹至光滑，绝无中纵脊痕迹，代之以多少完整的中区（分脊通常消失，但中区至少可看到中部凹陷或端部 U 形区域）；后翅臀瓣最宽处外方凹且无毛至均匀突起具微毛。

生物学：大多数单寄生，少数聚寄生。多寄生于鳞翅目小蛾类，部分寄生于大蛾类。

分布：世界广布。世界已知860种（Yu *et al*., 2016；Fernandez-Triana *et al*., 2014），中国记录57种，浙江分布38种。

分种团检索表

1. 后翅臀瓣最宽处外方极凹且末端尖锐，凹陷边缘无毛；后翅cu-a脉总是深弯到臀瓣且明显长于1-1A脉，以致亚基室形状总明显不同 ·· 硕肛绒茧蜂种团 grandiculus-group
- 后翅臀瓣最宽处外方凹至均匀突起，边缘无毛或有毛，但绝无上强凹以致末端尖锐；后翅cu-a脉直至强弯，但绝不明显长于1-1A脉 ··· 2
2. 后翅臀瓣最宽处外方直且无毛；T1通常多少长楔形；产卵管鞘通常长于后足胫节 ······························ 直翅绒茧蜂种团 mycetophilus-group
- 以上特征不同时具备 ··· 3
3. 并胸腹节大部分具完整或部分中区且具分脊；后翅臀瓣最宽处外方通常凹或直且无微毛，除了极少数种略突起且具稀的微毛 ··· 4
- 并胸腹节通常无中区或仅具中区痕迹且几无分脊；后翅臀瓣最宽处外方均匀突起且具一系列密的长微毛；痣后脉大部分短；后足腿节通常黑色；后足胫节外侧刺有明显两种 ················ 乳翅绒茧蜂种团 metacarpalis-group
4. T1呈狭窄楔形，水平部分长度至少为隆起处宽度的2倍；并胸腹节具完整、轮廓清楚的中区；产卵管鞘至少与后足胫节等长 ·· 白角绒茧蜂种团 taeniaticornis-group
- T1常向末端收窄，但不呈楔形，水平部分长度明显不足隆起处宽度的2倍；并胸腹节中区不总是如上完整且清晰；产卵管鞘长度多变 ·· 黑绒茧蜂种团 ater-group

A. 黑绒茧蜂种团 ater-group

分种检索表

1. 并胸腹节最多具一弱的中区且绝无分脊；气门绝不被脊全部或部分包围；并胸腹节中区边缘至外缘暗淡、微皱，或者甚至几乎光滑，或者如果具强皱则前翅痣后脉几乎不为其至缘室末端距离的1.5倍；体小；腿节黑色，后足胫节深褐色至黑色；T2后续背板具暗淡光泽 ·· （裳蛾绒茧蜂亚种团 eublemmae-subgroup）
- 并胸腹节通常具明显中区及分脊，少数无分脊；气门通常仅被叉脊包围；若分脊及叉脊确实消失，则并胸腹节表面仍具大量粗皱；痣后脉通常明显长于其至缘室末端的距离 ··· 2
2. 后翅臀瓣最宽处外侧直或稍凸，具毛 ··· 3
- 后翅臀瓣最宽处外方侧凹，偶尔直，无毛 ·· 4
3. 后翅臀瓣最宽处外方具一列完整毛；中胸盾片刻点粗且强，刻点间具明显强针状刻条 ············ 神绒茧蜂 *A. dryas*
- 后翅臀瓣最宽处外方最多具一些难见的毛；中胸盾片刻点浅，刻点间无明显皱纹且绝无针状刻条 ··· 萨拉乌斯绒茧蜂 *A. saravus*
4. T1末端稍微至明显加宽 ··· 谷蛾绒茧蜂 *A. carpatus*
- T1两侧平行，或向末端稍收窄，或明显楔形 ··· 5
5. 产卵管鞘不或几乎不长于后足基跗节 ··· 6
- 产卵管鞘明显长于后足基跗节，通常更长 ·· 7
6. 并胸腹节分脊明显、清晰 ·· 薄层绒茧蜂 *A. folia*
- 并胸腹节分脊缺失 ··· 爪哇绒茧蜂 *A. javensis*

| 7. 触角鞭节基部几节红黄色，其他部位黑褐色 | 8 |
| - 触角鞭节均匀黑色或褐色 | 9 |
| 8. r 脉：2-SR 脉=1.7：1.5，结合处不明显角状；T2 近三角形；后足基节、后足转节及后足腿节红黄色 ·········· 黄角绒茧蜂 *A. raviantenna* |
| - r 脉：2-SR 脉=1.9：1，结合处明显角状；T2 近矩形；后足基节基部 2/3 黑色，末端 1/3 红黄色 ················· 武夷绒茧蜂 *A. wuyiensis* |
9. 翅痣苍白具深色边缘，或者少有黄色	10
- 翅痣均匀褐色或者最多具浅色基斑	17
10. 并胸腹节分脊实际缺失	11
- 并胸腹节分脊或多或少明显且清晰	12
11. 后足胫节外侧刺密 ·········· 遮颜蛾绒茧蜂 *A. tachardiae*
- 后足胫节外侧刺稀疏 ·········· 淡绒茧蜂 *A. oritias*
12. 后足腿节黄色至红黄色 ·········· 长兴绒茧蜂 *A. changhingensis*
- 后足腿节深褐色至黑色	13
13. T1 两侧平行 ·········· 纵卷叶螟绒茧蜂 *A. cypris*
- T1 向末端强收窄	14
14. 前足跗节极短，第 2 节几乎长不大于宽；前足跗节第 5 节明显具一刺 ·········· 黑绒茧蜂 *A. sodalis*
- 前足跗节正常，第 2 节明显长大于宽；前足跗节第 5 节无刺	15
15. 并胸腹节分脊清晰 ·········· 瓜野螟绒茧蜂 *A. taragamae*
- 并胸腹节分脊不清晰，多少缺失	16
16. 单眼间的头顶区域具极细的横行刻纹，大部分光滑；产卵管鞘稍长于后足胫节；痣后脉长，为其至缘室末端间距的近 6 倍 ·········· 斜绒茧蜂 *A. clita*
- 并胸腹节分脊清晰；产卵管鞘明显远长于后足胫节；痣后脉较短，为其至缘室末端间距的 4.5 倍 ·········· 瑟伯罗斯绒茧蜂 *A. cerberus*
17. 并胸腹节分脊实际缺失	18
- 并胸腹节分脊多少明显清晰	19
18. 后足腿节黄色至红黄色 ·········· 椰树绒茧蜂 *A. cocotis*
- 后足腿节深褐色至黑色 ·········· 棉褐带卷叶蛾绒茧蜂 *A. adoxophyesi*
19. T2 或 T3 或二者都黄色至红黄色，颜色与其他背板明显不同 ·········· 棉大卷叶螟绒茧蜂 *A. opacus*
- T2 和 T3 褐色至黑色，与其他背板颜色相同	20
20. 后足腿节黄色至红黄色	21
- 后足腿节褐色至黑色	23
21. 翅痣极宽；分脊不清晰；后足胫节外侧刺强、红色且极密 ·········· 蜡螟绒茧蜂 *A. galleriae*
- 翅痣不宽；分脊很清晰；后足胫节外侧刺不强且稀	22
22. 前翅 r 脉从翅痣末端伸出，长为 2-SR 脉的 1.3 倍；并胸腹节后侧区被一纵脊包围，并不总是明显，与正常的侧脊平行且与之一起围成一个窄的纵向区域 ·········· 侧脊绒茧蜂 *A. latericarinatus*
- 前翅 r 脉从翅痣中间伸出，长为 2-SR 脉的 2.2 倍；并胸腹节后侧区不被多出的侧脊包围 ·········· 异绒茧蜂 *A. dissimile*
23. 后足腿节黑褐色至黑色	24
- 后足腿节黄色至红黄色	26
24. 并胸腹节末端 3 个区域皱；翅痣具小的浅色基斑	25
- 并胸腹节末端 3 个区域光滑，至多具不明显弱皱；翅痣无浅色基斑 ·········· 细角绒茧蜂 *A. gracilicorne*
25. T1 水平部位长等于宽；小盾片仅具不明确刻点；并胸腹节末端 3 个区域具强的横向脊 ·········· 拟纵卷叶螟绒茧蜂 *A. cyprioides*

-	T1 水平部位长为宽的 3 倍；小盾片上的刻点光滑；并胸腹节末端 3 个区域具光泽和不规则脊 ·· 长口绒茧蜂 *A. longirostris*
26.	T1 两侧平行或向末端不明显收窄 ··· 27
-	T1 向末端稍微至极收窄 ··· 29
27.	小盾片侧边光滑区域超过小盾片一半；后足基节黑色 ·· 28
-	小盾片侧边光滑区域不超过小盾片一半；后足基节均匀红黄色 ····················· 新月绒茧蜂 *A. lunata*
28.	产卵管鞘长为后足胫节的 1.3 倍；T1 水平部位具明显光滑的中槽；翅透明，中室毛无色 ············· 赛绒茧蜂 *A. salutifer*
-	产卵管鞘长最多稍长于后足胫节；T1 水平部位无中槽；翅稍带褐色，中室毛深色 ············· 克洛丽丝绒茧蜂 *A. chloris*
29.	并胸腹节末端 3 个区域光滑 ·· 30
-	并胸腹节末端 3 个区域具皱 ··· 宽沟绒茧蜂 *A. latisulca*
30.	r 脉和 2-SR 脉结合处明显角状；痣后脉长为其至缘室末端间距的 6 倍 ············· 迪奥绒茧蜂 *A. diocles*
-	r 脉和 2-SR 脉结合处不明显角状；痣后脉长不足其至缘室末端间距的 6 倍 ····························· 31
31.	触角第 12–15 鞭节长为宽的 1.7–1.6 倍；前翅 r 脉与翅痣垂直；中胸背板具明显的纵刻条 ············· 32
-	触角第 12–15 鞭节长为宽的 1.3–1.2 倍；前翅 r 脉向外弯曲；中胸背板无明显的纵刻条，具皱状刻点 ·· 透翅绒茧蜂 *A. pellucipterus*
32.	颜面近矩形，高为宽的 0.86；后足胫节内距不到后足基跗节的 1/2 ····················· 直绒茧蜂 *A. verticalis*
-	颜面横形，高为宽的 0.8；后足胫节内距长，为后足基跗节的 3/5 ······················· 米登绒茧蜂 *A. medon*

（452）棉褐带卷叶蛾绒茧蜂 *Apanteles adoxophyesi* Minamikawa, 1954（图 1-151）

Apanteles adoxophyesi Minamikawa, 1954: 35-46.

主要特征：雌，单眼大，呈低三角形排列，前单眼的后切线与后单眼相切，前单眼和一个后单眼的间距短于后单眼直径，POL∶OD∶OOL=4.5∶2.3∶4.5。触角稍短于体长，节间连接不紧密，端前节长为宽的 1.4 倍。中胸背板稍带光泽，具较浅的细刻点，刻点间距约等长于刻点直径，刻点在假想盾纵沟末端大面积融合成刮纹。小盾片前沟稍弯、窄，内具若干纵脊。小盾片少光亮，具稀浅、不确定刻点，末端不宽，中间长度稍短于基部宽度。小盾片侧边光滑区向上延伸稍超过小盾片中部。并胸腹节少光泽，前侧端具浅刻点，中区稍凹，末端"V"形，无分脊，后侧区和中区具较多不规则短脊。中胸侧板具高光泽，前半部略暗，具密的深刻点，其末端边缘上方具不明显平行短刻条。后足腿节粗，长为其最大宽度的 2.8 倍。后足基节少光泽，基部上面稍粗糙，无明显刻点。后足胫节外表面刺不密。后足胫节内距为后足基跗节的近 2/3，外距为 1/3。后足基跗节稍短于第 2–4 跗节，爪大小正常。腹部稍短于胸部（40.0∶43.5）。T1 向端部强收窄，稍短，长为端宽的 2.3 倍，基部近 1/3 稍凹，翻转部分少光泽、粗糙，具浅的皱状刻点和弱皱，中槽明显，末端突起部分具高亮泽、光滑。T2 光滑、具光泽，宽为中间长度的 5.3 倍，末缘稍向 T3 弯曲。T3 为 T2 长的 2.7 倍（8.0∶3.0）。T3 及其后的背板光亮平滑且多毛。肛下板明显长于腹末，突出成刺。产卵管鞘约与腹部等长，为后足胫节的 1.2 倍。体黑色。翅基片深褐色。下颚须、下唇须和胫节距色浅。触角和产卵管鞘深褐色。上唇和上颚深褐色。基节黑色，前、中足胫节和跗节黄色，后足胫节基半部和后足跗节浅黄褐色，后足胫节端半部深褐色，腿节黑色。翅透明，C+SC+R 脉、1-R1 脉及翅痣上缘褐色，翅痣中间部分、r 脉、2-SR 脉及 2-M 脉黄褐色，其他脉无色。雄，与雌蜂大体相似，除：翅痣中间浅白；触角明显长于体，端前节长为宽的 2.3 倍；T2 更高；足颜色更深。

分布：浙江（海盐、杭州、金华、衢州、丽水、温州）、山东、河南、江苏、安徽、湖北、江西、福建、台湾、广东、广西、四川、贵州、云南；日本。

图 1-151 棉褐带卷叶蛾绒茧蜂 *Apanteles adoxophyesi* Minamikawa, 1954

A. 整体，背面观；B. 腹部，背面观；C. 头，背面观；D. 头，前面观；E. 中胸侧板；F. 并胸腹节；G. 中胸背板和小盾片（标尺为 0.5 mm）

（453）谷蛾绒茧蜂 *Apanteles carpatus* (Say, 1836)（图 1-152）

Microgaster carpatus Say, 1836: 252.
Apanteles carpatus: Chen & Song, 2004: 32.

主要特征：雌，上颊略暗淡，具浅皱状刻点，后面稍收窄。颜面高为宽的 2/3，少光泽，表面具浅的不明确刻点，复眼内缘平行。单眼小，呈低三角形排列，前单眼的后切线与后单眼相切，前单眼和一个后单眼的间距稍长于后单眼直径。触角明显短于体长，节间连接紧密，端前节长约等于宽。中胸背板稍带光泽，具较密刻点，刻点间距短于刻点直径，刻点在假想盾纵沟末端大面积融合，中间最末端小范围内光滑无刻。小盾片前沟稍直、不宽，内具若干纵脊。小盾片光亮，仅在边缘具不明确浅刻点，末端很宽，中间长度不长于基部宽度。小盾片侧边光滑区向上延伸到小盾片中部。并胸腹节稍暗，前端强皱，中区强、钻石形，基部封闭，分脊较清晰，后侧区和中区大部分光滑，并胸腹节后侧区通常具一与外侧平行的长纵脊。中胸侧板具高光泽，前半部略暗，具稀浅刻点，腹板侧沟里面及上面具不很规则的线皱。

分布：浙江（德清、杭州、义乌、衢州、遂昌、松阳）、北京、山东、新疆、江苏、湖北、湖南、台湾、四川、贵州、云南；世界广布。

图 1-152 谷蛾绒茧蜂 *Apanteles carpatus* (Say, 1836)
A. 前翅；B. 后翅；C. 中胸侧板；D. 中胸盾片；E. 并胸腹节；F. 头，前面观；G. 头，背面观；H. 触角；I. 足

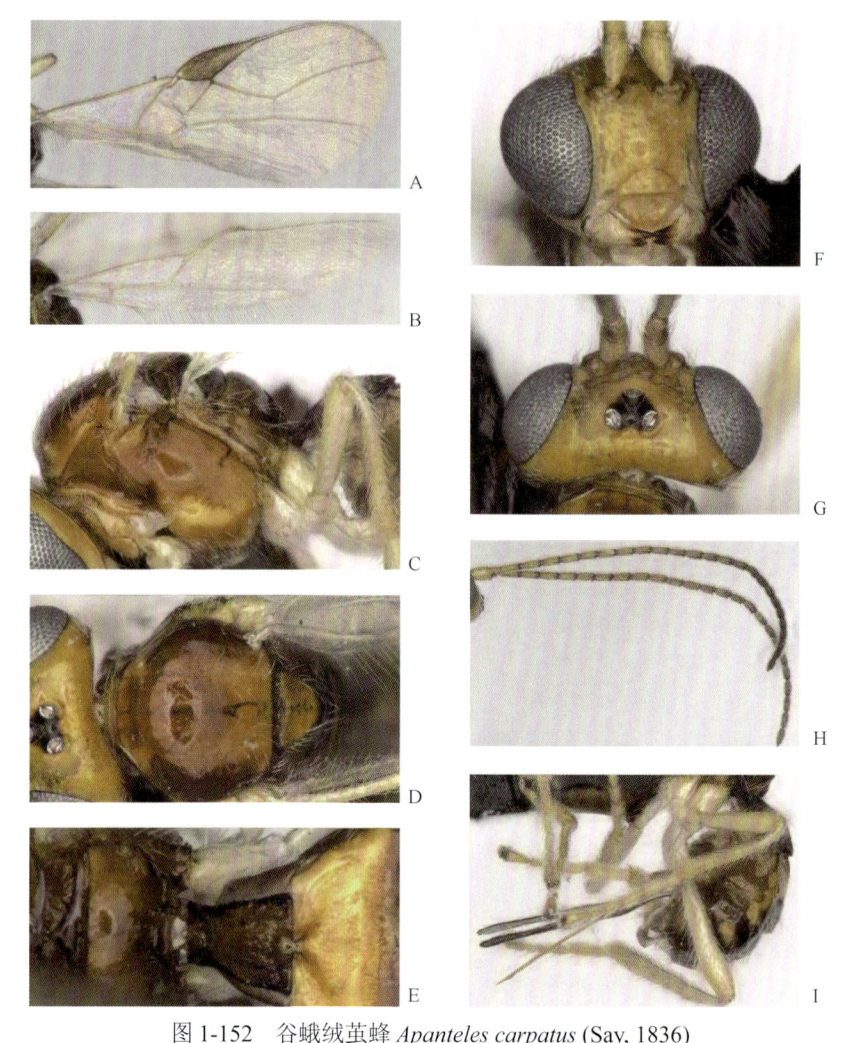

（454）瑟伯罗斯绒茧蜂 *Apanteles cerberus* Nixon, 1965（图 1-153）

Apanteles cerberus Nixon, 1965: 69.

主要特征：雌，上颊暗淡，具不明确刻点、多毛，后面强收窄。颜面横形，高为宽的近 0.9，表面暗淡，具稀的细刻点，复眼内缘平行。单眼不大，呈低三角形排列，前单眼的后切线与后单眼相割，前单眼和一个后单眼的间距略短于后单眼直径。触角约等于体长，节间连接疏松，端前节长为宽的 1.4 倍。中胸背板稍具光泽，具细密刻点，刻点间距小于刻点直径，刻点在假想盾纵沟末端大面积融合成纵皱。小盾片前沟直、不窄，内具若干纵脊。小盾片具光泽，光滑无刻。小盾片侧边光滑区向上延伸到小盾片中部。并胸腹节具光泽，前侧区具强皱，中区末端"V"形，分脊不明显，中区及后侧区光滑。中胸侧板具高光泽，前端稍暗淡，具浅密刻点。后足基节稍具光泽，外侧顶端稍粗糙无刻点。后足胫节外表面刺钉状、较稀。后足胫节内距长为后足基跗节的 1/2，外距为 1/4。后足基跗节等长于第 2–4 跗节。T1 两侧平行，仅末端不明显收窄，长为端宽的 2.2 倍，基部 2/5 凹陷，翻转部分稍具光泽，中槽浅、扩、近光滑，两侧稍粗糙，具弱刻点，末端突起部分亮泽光滑。T2 光滑具光泽，仅侧角具刻点痕迹，宽为中间长度的 3.2 倍，末缘向 T3 强弯。T3 为 T2 长的 2.2 倍。T2 后的背板具光泽、平滑且少毛。肛下板短于腹末。产卵管鞘为后足胫节的 1.3 倍。雄，未知。

分布：浙江（龙泉）、北京、广东；印度。

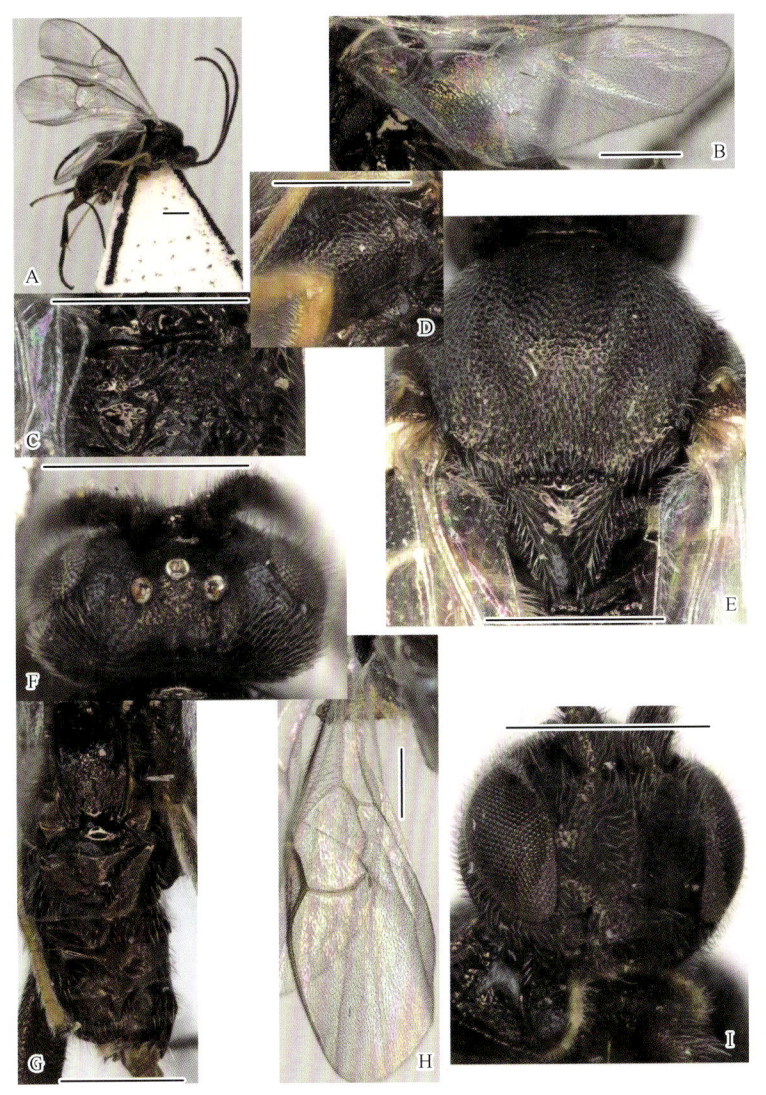

图 1-153　瑟伯罗斯绒茧蜂 *Apanteles cerberus* Nixon, 1965

A. 整体，侧面观；B. 后翅；C. 并胸腹节；D. 中胸侧板；E. 中胸背板和小盾片，背面观；F. 头，背面观；G. 腹部，背面观；H. 前翅；I. 头，前面观（标尺为 0.5 mm）

（455）长兴绒茧蜂 *Apanteles changhingensis* Chu, 1937（图 1-154）

Apanteles changhingensis Chu, 1937: 63.

主要特征：雌，背面观横形，宽为长的 2 倍，为中胸盾片宽的 0.9。复眼和后单眼间的头顶部分表面少光泽，遍布密的粗刻点。上颊稍暗淡，具稍浅的不确定的刻点，下缘具大面积横行刮纹，后面不收窄。颜面高为宽的 0.81，稍带光泽，均匀分布小的确定刻点，复眼内缘近平行。单眼呈低三角形排列，前单眼的后切线与后单眼相切，前单眼和一个后单眼的间距约等于后单眼直径。触角约等于体长，节间连接疏松，端前节长为宽的 1.8 倍。中胸背板长，带光泽，具极密的粗刻点，刻点间距明显小于刻点直径，刻点在假想盾纵沟末端融合成强皱状，无明显纵条纹。小盾片前沟稍弯、窄，内具较稀的若干纵脊。小盾片具高光泽，光滑，边缘具深刻点，末端极窄，中间长度明显长于基部宽度。小盾片侧边光滑区向上延伸超过小盾片中部。并胸腹节具光泽，前侧区稍皱，中区光滑、基部关闭、末端"V"形，分脊明显，后侧区边缘具一长脊，表面稍不平。中胸侧板具高光泽，前面半部略暗，具密皱状刻点。后足腿节长为其最大宽度的 3.1 倍。后足基节具高光泽，基部上面具细刻点。后足胫节外表面刺稀疏。后足胫节内距长近为后足基跗节的

3/5，外距为 1/4。后足基跗节稍长于第 2–4 跗节。T1 近平行，仅末端稍窄，长为端宽的 2.5 倍，基部近 1/3 稍凹，翻转部分少光泽，两边具弱的纵状刻条，中槽深，其内光滑无脊，末端突起部位光滑。T2 具高光泽，光滑，边缘具不明显浅刻点，长方形，宽为中间长度的 2.5 倍，末端近直。T3 为 T2 长的 2.2 倍（22.3∶10.0）。T3 及其后的背板高光亮、光滑、多毛。肛下板长于腹末。产卵管鞘为后足胫节的 1.3 倍。雄，未知。

分布：浙江（杭州）、福建、海南。

图 1-154 长兴绒茧蜂 *Apanteles changhingensis* Chu, 1937

A. 整体，侧面观；B. 中胸背板和小盾片，背面观；C. 中胸侧板；D. 并胸腹节和腹部，背面观；E. 头，前面观；F. 前翅；G. 后翅；H. 头，背面观（标尺为 0.5 mm）

（456）克洛丽丝绒茧蜂 *Apanteles chloris* Nixon, 1965（图 1-155）

Apanteles chloris Nixon, 1965: 77.

主要特征：雌，复眼和后单眼间的头顶部分表面具光泽，具极浅细刻点。上颊稍暗淡，具极浅的不确定刻点，后面强收窄。颜面高为宽的 0.78，带光泽，表面光滑，分布稀浅的细刻点，复眼内缘向端部稍收窄。单眼呈三角形排列，前单眼的后切线与后单眼几乎不相切，前单眼和一个后单眼的间距等于单眼直径。触角稍短于体长，节间连接稍紧密，端前节长为宽的 1.7 倍。中胸背板稍带光泽，具极密的粗刻点，刻点间距明显小于刻点直径，刻点在假想盾纵沟末端融合成强刮状刻条。小盾片前沟直、宽，内具稀的若干纵脊。小盾片具光泽，光滑，具极浅刻点，末端稍窄，中间长度稍长于基部宽度。小盾片侧边光滑区向上延伸超过小盾片中部。并胸腹节具光泽，前侧区强皱，中区光滑、末端"V"形，分脊强，后侧区表面具若干不规则长脊。中胸侧板具高光泽，前面半部略暗，具密的粗刻点，末端上缘刻点变皱。T1 两侧平行，长为端宽的 1.5 倍，基部近 1/3 稍凹，翻转部分暗淡，具强皱状刻点，中槽浅，末端突起部位光滑。T2 稍带光泽，中间光滑，两侧微皱，横形，宽为中间长度的 4.5 倍，末端近直。T3 为 T2 长的 2 倍（8.0∶4.0）。T3 及其后的背板高光亮、光滑、多毛。肛下板长于腹末。产卵管鞘长最多稍长于后足胫节。体黑色。翅基片、触角和产卵管鞘深褐色。下颚须、下唇须和胫节距色浅。上唇和上颚深褐色。足黄色，除了基节（后足基节端部黄色或黄褐色）深褐色到黑色，后足胫节端部 1/5 和后足跗节大部分深褐色。C+SC+R 脉、1-R1 脉及翅痣深褐色，r 脉、2-SR 脉及 2-M 脉褐色，其他脉多少浅黄褐色。雄，与雌蜂大体相似，除：触角明显长于体，端前节长为宽的 2.5 倍；T2 皱；足红黄色。

分布：浙江（临安、遂昌、庆元）、福建、广东、贵州；越南，菲律宾。

图 1-155　克洛丽丝绒茧蜂 *Apanteles chloris* Nixon, 1965

A. 整体，侧面观；B. 前翅；C. 后翅；D. 中胸背板和小盾片，背面观；E. 触角；F. 中胸侧板；G. 腹部，背面观；H. 头，前面观；I. 头，背面观；J. 并胸腹节（标尺为 0.5 mm）

（457）斜绒茧蜂 *Apanteles clita* Nixon, 1965（图 1-156）

Apanteles clita Nixon, 1965: 67.

主要特征：雌，复眼和后单眼间的头顶部分表面少光泽，具稍皱状、不明确的刻点。上颊稍暗淡，具稍浅的不确定的刻点，下缘具极细的横行刮纹，后面不收窄。颜面高为宽的 0.7，稍带光泽，均匀分布极浅刻点，复眼内缘近平行。单眼小，呈低三角形排列，前单眼的后切线与后单眼相切，前单眼和一个后单眼的间距约等于后单眼直径。触角明显短于体长，节间连接稍紧密，端前节长等于宽。中胸背板带光泽，具较稀的粗、浅刻点，刻点间距明显不小于刻点直径，刻点在假想盾纵沟末端融合成强皱状，无明显纵条纹。小盾片前沟直、稍宽，内具较稀的若干纵脊。小盾片具高光泽，光滑几无刻点，末端稍窄，中间长度略长于基部宽度。小盾片侧边光滑区向上延伸超过小盾片中部。并胸腹节具光泽，前侧区稍皱，中区光滑、基部打开、末端"V"形，分脊无，气门后叉脊清晰可见，后侧区表面稍不平，具若干脊。中胸侧板具高光泽，前面半部略暗，具极稀浅刻点，腹板侧沟内具平行短刻条。后足腿节长为其最大宽度的 3.1 倍。后足基节具高光泽，基部上面稍光滑，几无刻点。后足胫节外表面刺稀疏。后足胫节内距长近为后足基跗节的

图 1-156　斜绒茧蜂 *Apanteles clita* Nixon, 1965

A. 整体，侧面观；B. 中胸侧板；C. 头，前面观；D. 并胸腹节；E. 头，背面观；F. 翅；G. 腹部，背面观；H. 中胸背板和小盾片，背面观（标尺为 0.5 mm）

1/2，外距为 1/3。后足基跗节约等于第 2–4 跗节长。T1 从基部稍向末端收窄，窄，长为端宽的 2.4 倍，基部近 1/3 稍凹，翻转部分少光泽，两边具弱皱状刻点，中槽深，其内光滑无脊，末端突起部位光滑。T2 具高光泽，中间光滑，边缘稍不平，宽为中间长度的 3.3 倍，末端向 T3 弯曲。T3 为 T2 长的 1.7 倍（5.0∶3.0）。T3 及其后的背板高光亮、光滑、少毛。肛下板长于腹末。产卵管鞘稍长于后足胫节。体黑色，除了腹部深褐色。翅基片黄褐色。触角和产卵管鞘褐色。下颚须、下唇须和胫节距色浅。上唇和上颚浅红褐色。足黄褐色到深褐色，除了前足腿节、前足胫节、前足跗节、中足腿节端半部、中足胫节、中足跗节、后足胫节基部 3/5 及后足跗节（除了基跗节端半部褐色）黄色。翅透明，C+SC+R 脉、1-R1 脉及翅痣边缘、r 脉、2-SR 脉及 2-M 脉黄褐色，翅痣色浅，其他脉无色。雄，未知。

分布：浙江（松阳）、福建、广西、贵州；印度，越南。

（458）椰树绒茧蜂 *Apanteles cocotis* Wilkinson, 1934（图 1-157）

Apanteles cocotis Wilkinson, 1934: 152.

图 1-157 椰树绒茧蜂 *Apanteles cocotis* Wilkinson, 1934

A. 整体，侧面观；B. 前翅；C. 并胸腹节；D. 中胸侧板；E. 头，背面观；F. 后翅；G. 中胸背板和小盾片，背面观；H. 头，前面观；I. 腹部，背面观（标尺为 0.5 mm）

主要特征：雌，复眼和后单眼间的头顶部分表面具光泽，仅具刻点痕迹。上颊极短，稍具光泽，具极浅的不独立刻点，后面强收窄。颜面横形，高为宽的 0.8，表面具光泽，具极浅的细刻点，复眼内缘平行。单眼大，呈三角形排列，前单眼的后切线与后单眼刚好相切，前单眼和一个后单眼的间距短于后单眼直径。触角约等于体长，节间连接不紧密，端前节长为宽的 1.3 倍。中胸背板稍具光泽，具密的粗刻点，刻点间距小于刻点直径，刻点在假想盾纵沟末端融合成皱。末端中间近光滑无刻纹，小盾片前沟弯曲、宽，内具稀的若干纵脊。小盾片稍具光泽，稍粗糙具极浅细刻点。小盾片侧边光滑区向上延伸到小盾片中部。并胸腹节稍具光泽，前侧区具极弱皱，中区末端"V"形、窄、中间稍凹，无分脊，中区及后侧区光滑，除了后侧区后角具若干脊。中胸侧板具光泽，前端暗淡，具极浅密刻点。后足基节具光泽，外侧极顶端光滑无刻点。后足胫节外表面刺稀疏。后足胫节内距长为后足基跗节的 1/3，外距略短。后足基跗节等长于第 2–4 跗节。腹部 1.1 倍长于胸部。T1 两侧亚平行，末端不明显收窄，长为端宽的 2.5 倍，基部 2/5 凹陷，翻转部分暗淡，中槽深、几乎无皱，两侧具强的皱状刻点，末端突起部分亮泽光滑。T2 具光泽，大部分光滑除了侧缘具极少浅刻点，宽为中间长度的 4.2 倍，末缘向 T3 弯曲。T3 为 T2 长的 2 倍。T2 后的背板稍具光泽，平滑且少毛。肛下板大且极长，明显长于腹末。产卵管鞘为后足胫节的近 1.3 倍。体黑色，除了 T2 后续背板深褐色具浅色端部。翅基片褐色。下颚须、下唇须和胫节距色浅。触角和产卵管鞘深褐色。上唇黄褐色，上颚深褐色。足亮黄色，除了基节深褐色及后足胫节极端部和后足跗节大部分略带褐色。翅透明，明显褐色，C+SC+R 脉、1-R1 脉、翅痣、r 脉、2-SR 脉及 2-M 脉褐色，其他脉多少浅褐色。雄，体色基本符合上述描述，除：后足腿节稍深，或大面积均匀深色至整体黑色，后足胫节端半部至端部 3/5 有时后足跗节、中足腿节基部和中足转节深色。

分布：浙江（安吉、杭州、东阳、开化、遂昌、松阳、文成）、福建、台湾、广东、广西、贵州；印度尼西亚。

（459）拟纵卷叶螟绒茧蜂 *Apanteles cyprioides* Nixon, 1965（图 1-158）

Apanteles cyprioides Nixon, 1965: 48.

主要特征：雌，复眼和后单眼间的头顶部分表面多光泽，光滑无刻点。上颊略暗淡，具极浅的不明确刻点，后面强收窄。颜面高为宽的 0.9，具光泽，表面具较密细刻点，复眼内缘向唇基略收窄。单眼小，呈稍高三角形排列，前单眼的后切线与后单眼几乎不相切，前单眼和一个后单眼的间距约等长于后单眼直径。触角明显长于体长，节间连接不紧密，端前节长约为宽的 1.8 倍。中胸背板稍带光泽，较细刻点，刻点间距不短于刻点直径，刻点在假想盾纵沟末端大面积强烈融合，具典型纵刻条。小盾片前沟稍直、稍宽，内具若干纵脊。小盾片光亮，最多边缘具不明显刻点痕迹，末端稍宽，中间长度不长于基部宽度。小盾片侧边光滑区向上延伸到小盾片中部以上。并胸腹节稍亮，前端强皱，中区强，钻石形，基部封闭，分脊较清晰，后侧区和中区大部分光滑，具不明显若干短脊。中胸侧板具高光泽，前半部略暗，具稀但强的清晰刻点，腹板侧沟里面及上面无皱。T1 两侧近平行或末端稍收窄，短，长为端宽的 1.3 倍，基部 1/3 凹陷，翻转部分略横形，具光泽，弱皱，两侧具稍规则的弱纵状刻条，中槽不明显或无，末端突起部分亮泽光滑。T2 具高光泽，光滑具极细密刻点，横形，宽为中间长度的 4.3 倍，末缘稍向 T3 弯曲。T3 为 T2 长的 2.25 倍（9.0∶4.0）。T2 后的背板光亮、平滑无刻、毛略多。肛下板稍长于腹末。产卵管鞘约为后足胫节长度的 0.76，宽，产卵管粗，极弯。体黑色。翅基片深褐色。下颚须、下唇须和胫节距色浅。触角和产卵管鞘深褐色。上唇和上颚红褐色。前足、中足（除了腿节大部分褐色）、后足胫节基部 2/3 及后足端跗节黄到红黄色，足其余部分深褐色到黑色。翅透明，C+SC+R 脉和 1-R1 脉褐色，r 脉、2-SR 脉及 2-M 脉浅褐色，翅痣浅褐色具浅色基斑，其他脉多少无色。雄，与雌蜂大体相似，除：翅痣中间浅白；触角明显长于体，端前节长为宽的 2.5 倍；T1 后稍窄；T2 中间更长。

分布：浙江（安吉、杭州、金华、开化、丽水、温州）、河北、甘肃、江苏、湖北、江西、湖南、福建、广东、广西；菲律宾，新加坡，南非。

图 1-158　拟纵卷叶螟绒茧蜂 *Apanteles cyprioides* Nixon, 1965

A. 头，背面观；B. 中胸背板和小盾片，背面观；C. 腹部，背面观；D. 头，前面观；E. 后翅；F. 中胸侧板；G. 并胸腹节；H. 前翅；I. 整体，侧面观（标尺为 0.5 mm）

（460）纵卷叶螟绒茧蜂 *Apanteles cypris* Nixon, 1965（图 1-159）

Apanteles cypris Nixon, 1965: 47.

主要特征：雌，复眼和后单眼间的头顶部分表面多光泽，光滑无刻点。上颊略暗淡，具极浅的不明确刻点，后面强收窄。颜面高为宽的 0.85，少光泽，表面具较密粗刻点，复眼内缘向唇基略收窄。单眼小，呈低三角形排列，前单眼的后切线与后单眼相切，前单眼和一个后单眼的间距约等长于后单眼直径。中胸背板稍带光泽，具较细刻点，刻点间距不短于刻点直径，刻点在假想盾纵沟末端大面积强烈融合，具典型纵刻条。小盾片前沟稍直、稍宽，内具若干纵脊。小盾片光亮，光滑无刻点，末端稍宽，中间长度不长于基部宽度。小盾片侧边光滑区向上延伸到小盾片中部以上。并胸腹节稍暗，前端强皱，中区强，钻石形，基部封闭，分脊较清晰，后侧区和中区大部分光滑但具若干强的不规则的脊。中胸侧板具高光泽，前半部略暗，具稀但强、清晰刻点，腹板侧沟里面及上面无皱。腹部明显短于胸部（43.0∶50.0）。T1 两侧近平行或末端稍收窄，短，长为端宽的 1.3 倍，基部 1/3 凹陷，翻转部分略横形，少光泽，具强皱，两侧具稍规则的纵状刻条，中槽明显、宽，末端突起部分小、亮泽光滑。T2 少光泽，具极细密刻点，横形，宽为中间长度的 4.5 倍，末缘稍向 T3 弯曲。T3 为 T2 长的 2 倍（18.0：9.0）。T2 后的背板少光泽无刻，毛略多。肛下板不长于腹末。产卵管鞘约为后足胫节长度的 0.85，宽，产卵管粗，极弯。体黑色。翅基片红黄色。下颚须、下唇须和胫节距色浅。触角和产卵管鞘深褐色。上唇和上颚深褐色。前足、中足（除了腿节大部分褐色）、后足胫节基部 2/3 及后足端跗节黄色到红黄色，足其余部分深褐色到黑色。翅透明，C+SC+R 脉、1-R1 脉、r 脉、2-SR 脉及 2-M 脉黄褐色，翅痣浅黄褐色具浅色基斑，其他脉多少无色。雄，与雌蜂大体相似，除：翅痣中间浅白；触角明显长于体，端前节长为宽的 2.7 倍；T2 中间更长。

分布：浙江（湖州、嘉兴、杭州、余姚、兰溪、义乌、东阳、临海、开化、缙云、遂昌、景宁、龙泉、平阳、文成）、河南、江苏、安徽、江西、湖南、福建、台湾、广东、海南、香港、广西、四川、贵州、云南；东洋区。

图 1-159　纵卷叶螟绒茧蜂 *Apanteles cypris* Nixon, 1965

A. 整体，侧面观；B. 头，前面观；C. 中胸侧板；D. 前翅；E. 中胸背板和小盾片，背面观；F. 头，背面观；G. 并胸腹节和腹部，背面观；H. 后翅（标尺为 0.5 mm）

（461）迪奥绒茧蜂 *Apanteles diocles* Nixon, 1965（图 1-160）

Apanteles diocles Nixon, 1965: 48.

主要特征：雌，复眼和后单眼间的头顶部分带光泽，表面光滑几无刻点。上颊稍暗，稍不平，无明显的确定刻点，后面稍收窄。颜面高为宽的0.76，具高光泽，表面光滑无刻点，复眼内缘下端稍收窄。单眼呈低三角形排列，前单眼的后切线与后单眼相割，前单眼和一个后单眼的间距等于单眼直径。触角明显长于体长，节间连接稍紧密，端前节长为宽的1.2倍。中胸背板具光泽，具稀的细、浅刻点，刻点间距明显大于刻点直径，刻点在假想盾纵沟末端稍融合成刮状刻纹。小盾片前沟直、稍宽，内具稀的若干纵脊。小盾片具高光泽，光滑无刻纹，末端窄，中间长度长于基部宽度。小盾片侧边光滑区向上延伸稍超过小盾片中部。并胸腹节具光泽，中区基部封闭、末端"V"形，分脊强，后侧区除具若干不规则脊外和中区一样都光滑无刻。中胸侧板具高光泽，前端暗，具稀浅刻点，刻点部位外缘上端稍皱。T1两侧平行，仅末端不明显窄，长为端宽的2倍，基部近1/2凹陷，翻转部分具强光泽，大部分光滑除了两侧具若干极浅刻点，中槽不明显，末端突起部位不明显。T2具高光泽，光滑，除了后缘具若干突点，宽为中间长度的4.6倍，末端直。T3为T2长的2.6倍（9.0∶3.5）。T3及其后的背板高光亮、光滑、多毛。肛下板稍长于腹末。产卵管鞘稍长于后足胫节。体黑色。翅基片红褐色，触角和产卵管鞘深褐色至黑色。下颚须、下唇须和胫节距色浅。上唇和上颚深褐色。足红黄色，除了基节深红褐色至黑色，后足胫节极末端及后足跗节大部分褐色到深褐色。翅透明，C+SC+R脉、1-R1脉、翅痣、r脉、2-SR脉及2-M脉黄褐色，其他脉多少无色。

分布：浙江（德清、杭州、鄞州、义乌、东阳、天台、衢州、丽水、文成）、河北、湖北、湖南、福建、广东、海南、广西、四川、贵州、云南；东洋区。

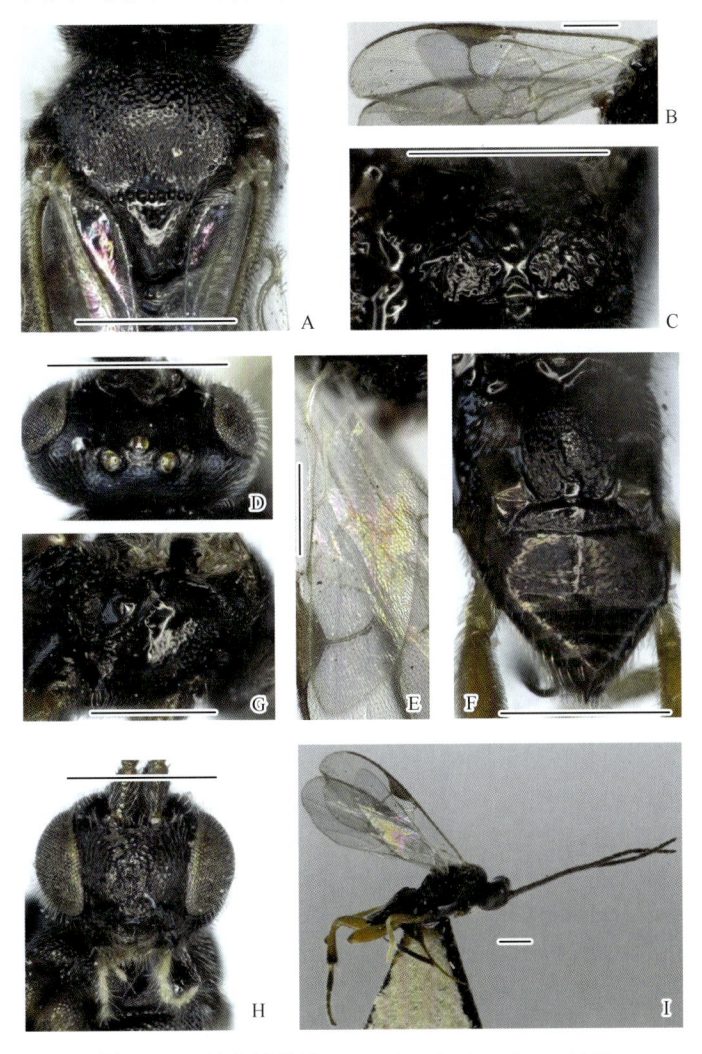

图1-160 迪奥绒茧蜂 *Apanteles diocles* Nixon, 1965

A. 中胸背板和小盾片，背面观；B. 前翅；C. 并胸腹节；D. 头，背面观；E. 后翅；F. 腹部，背面观；G. 中胸侧板；H. 头，前面观；I. 整体，侧面观（标尺为0.5 mm）

（462）异绒茧蜂 *Apanteles dissimile* Nixon, 1965（图 1-161）

Apanteles dissimile Nixon, 1965: 93.

主要特征：雌，复眼和后单眼间的头顶部分表面具光泽，具极细的不明显刻点。上颊稍暗淡，具极浅的不确定的刻点，后面强收窄。颜面高为宽的 0.78，带光泽，表面光滑，分布稀浅的细刻点，复眼内缘向端部强收窄。单眼很大，呈低三角形排列，前单眼的后切线与后单眼相割，前单眼和一个后单眼的间距明显小于单眼直径。触角稍短于体长，节间连接紧密，端前节长为宽的 1.3 倍。中胸背板稍暗，具稍稀的粗刻点，刻点间距稍小于刻点直径，刻点在假想盾纵沟末端稍融合成皱状刻点。小盾片前沟直、宽，内具稀的若干纵脊。小盾片具光泽，光滑无刻点，末端窄，中间长度明显长于基部宽度。小盾片侧边光滑区向上延伸到小盾片中部。并胸腹节具光泽，中区光滑、基部封闭、末端 "V" 形，分脊强，后侧区和中区一样光滑。中胸侧板具高光泽，前面半部略暗，具密的粗刻点。T1 从基部向端部收窄，长楔形，长为端宽的 3.8 倍，基部近 1/3 稍凹，翻转部分暗淡，长为宽的 1.7 倍，具粗的强皱状刻点，中槽狭长，末端突起部位

图 1-161　异绒茧蜂 *Apanteles dissimile* Nixon, 1965

A. 整体，侧面观；B. 中胸侧板；C. 并胸腹节；D. 中胸背板和小盾片，背面观；E. 腹部，背面观；F. 翅；G. 头，背面观；H. 头，前面观（标尺为 0.5 mm）

光滑。T2 具光泽，光滑无刻点，横形，宽为中间长度的 3.8 倍，末端近直，T2 与 T3 之间的沟不明显。T3 为 T2 长的 2 倍（10.0∶5.0）。T3 及其后的背板高光亮、光滑、多毛。肛下板不长于腹末。产卵管鞘为后足胫节的 1.2 倍。体黑色，除了腹部第 1、2 节背板侧膜黄色。翅基片黄褐色。触角和产卵管鞘深褐色。下颚须、下唇须和胫节距色浅。上唇和上颚黄褐色。足亮黄色（包括前、中基节），除了后足基节黑色、后足胫节端半部深褐色及后足跗节稍带褐色。翅透明，稍褐色，C+SC+R 脉、1-R1 脉及翅痣深褐色，其他脉褐色。

分布：浙江（杭州、开化）、吉林、辽宁、河北、河南、湖南、福建、台湾、海南、广西、贵州、云南；越南，菲律宾。

（463）神绒茧蜂 *Apanteles dryas* Nixon, 1965（图 1-162）

Apanteles dryas Nixon, 1965: 85.

主要特征：雌，复眼和后单眼间的头顶部分表面光亮，具小的清晰刻点。上颊短，略暗淡，具皱状刻点，后面强收窄。颜面高为宽的 0.75，少光泽，表面密具强刻点，近触角窝皱，复眼内缘平行。单眼小，呈高三角形排列，前单眼的后切线与后单眼几乎不相切，前单眼和一个后单眼的间距稍长于后单眼直径。触角稍短于体长，节间连接较疏松，端前节长约等于宽。中胸背板稍带光泽，具很密的强、深刻点，刻点间距短于刻点直径，刻点在假想盾纵沟末端变大变皱，中间最末端小范围内光滑，刻点少。小盾片前沟弯、

图 1-162 神绒茧蜂 *Apanteles dryas* Nixon, 1965

A. 并胸腹节和腹部，背面观；B. 头，前面观；C. 后翅；D. 前翅；E. 中胸背板和小盾片，背面观；F. 中胸侧板；G. 头，背面观；H. 整体，侧面观（标尺为 0.5 mm）

宽，内具若干稀纵脊。小盾片稍光亮，具较强的粗刻点，末端窄，中间长度稍长于基部宽度。小盾片侧边光滑区向上延伸到小盾片中部稍偏上。并胸腹节稍暗，长，中区及分脊强，后侧区和中区具若干强的规则的平行脊。中胸侧板具高光泽，前半部略暗，具稀的明晰的强刻点，腹板侧沟里面及上面光滑无皱。T1 两侧近平行或稍向末端收窄，长，长为端宽的 1.7 倍，基部 1/4 凹，翻转部分长明显大于宽，少光泽，具强皱，中槽明显、窄，末端突起部分亮泽光滑。T2 少光泽，表面粗糙具弱皱，横形，宽为中间长度的 3.3 倍，末缘稍向 T3 弯曲。T3 为 T2 长的 2.3 倍（9.0∶4.0）。T2 后的背板光亮平滑且多毛。肛下板明显长于腹末。产卵管鞘约为后足胫节长度的 0.9。

分布：浙江（杭州、金华、开化）、吉林、辽宁、北京、江苏、福建、贵州、云南。

（464）薄层绒茧蜂 *Apanteles folia* Nixon, 1965（图 1-163）

Apanteles folia Nixon, 1965: 99.

主要特征：雌，复眼和后单眼间的头顶部分表面稍暗淡，表面稍不平。上颊暗、具极浅的不确定刻点，后面不明显收窄。颜面高为宽的 0.77，稍暗，表面稍粗糙具浅刻点，复眼内缘平行。单眼呈低三角形排列，前单眼的后切线与后单眼正好相切，前单眼和一个后单眼的间距不小于单眼直径。触角约等于体长，节间连接紧密，端前节长为宽的 1.8 倍。中胸背板暗，具稍密的粗刻点，刻点间距不大于刻点直径，刻点在假

图 1-163　薄层绒茧蜂 *Apanteles folia* Nixon, 1965

A. 前翅；B. 中胸背板和小盾片，背面观；C. 中胸侧板；D. 头，背面观；E. 头，前面观；F. 并胸腹节和腹部，背面观；G. 后翅；H. 整体，侧面观（标尺为 0.5 mm）

想盾纵沟末端大面积强融合成皱状刻纹。小盾片前沟近直、窄，内具密的若干纵脊。小盾片稍带光泽，遍布较深刻点，边缘稍皱，末端宽，中间长度不长于基部宽度。小盾片侧边光滑区向上延伸几乎不到小盾片中部。并胸腹节暗淡具强皱，中区及分脊隆起强皱。中胸侧板具高光泽，前端大部分暗，具极密的粗刻点，其外缘具细密刮纹。腹部约等于胸部长。T1两侧平行，仅末端不明显窄，长为端宽的1.5倍，基部近1/3凹陷，翻转部分暗淡，具强网状皱，中槽不明显或无，末端突起部位小、光滑。T2稍带光泽，稍粗糙具极细弱刻纹，宽为中间长度的4.4倍，末端近直。T3为T2长的1.9倍（8.0∶4.2）。T3及其后的背板高光亮、光滑、少毛。肛下板不长于腹末。产卵管鞘短，为后足基跗节的1/2。

分布：浙江（杭州、金华、丽水）、福建、台湾、广东、广西、贵州、云南；菲律宾，马来西亚，巴布亚新几内亚，澳大利亚。

（465）蜡螟绒茧蜂 *Apanteles galleriae* Wilkinson, 1932（图1-164）

Apanteles galleriae Wilkinson, 1932: 139.

主要特征：雌，复眼和后单眼间的头顶部分表面具光泽，光滑几无刻点。上颊稍带光泽、稍不平、无刻点，后面稍向外突出。颜面高为宽的0.75，具高光泽，表面光滑无刻点，复眼内缘平行。单眼大，呈低

图1-164 蜡螟绒茧蜂 *Apanteles galleriae* Wilkinson, 1932

A. 中胸背板和小盾片，背面观；B. 并胸腹节；C. 后翅；D. 中胸侧板；E. 腹部，背面观；F. 前翅；G. 头，背面观；H. 头，前面观；I. **整体**，侧面观（标尺为0.5 mm）

三角形排列，前单眼的后切线与后单眼相割，前单眼和一个后单眼的间距稍小于单眼直径。触角明显短于体长，节间连接紧密，端前节长稍大于宽。中胸背板具高光泽，具稍稀的细刻点，刻点间距稍大于刻点直径，刻点在假想盾纵沟末端融合成弱皱状刻纹。小盾片前沟稍弯、窄，内具稀的若干纵脊。小盾片具光泽，光滑几无刻点，末端宽，中间长度不长于基部宽度。小盾片侧边光滑区向上延伸到小盾片中部。并胸腹节具光泽，前侧区具强皱状刻点，中区光滑、基部封闭、末端"V"形，分脊细弱、不明显，后侧区和中区一样光滑。中胸侧板具高光泽，前端略暗，具极稀的浅刻点，其上缘刻点稍皱。T1从基部向端部稍收窄，长为端宽的2.2倍，基部近1/3稍凹，翻转部分暗淡，边缘具弱皱状刻点，中槽稍浅、扩，末端突起部位光滑。T2具光泽，光滑，侧缘具不确定的浅刻点，宽为中间长度的4.4倍，末端中间向T3弯曲。T3为T2长的2.4倍（11.0∶4.5）。T3及其后的背板高光亮、光滑、少毛。肛下板长于腹末。产卵管鞘不明显长于后足胫节。体黑色，除了腹部大部分红褐色。翅基片黄褐色。触角和产卵管鞘褐色。下颚须和下唇须浅褐色。胫节距色浅。上唇和上颚褐色。足浅红褐色，除了基节深褐色至黑色及后足胫节1/3褐色。翅透明，C+SC+R脉黄褐色，1-R1脉、翅痣、r脉、2-SR脉及2-M脉褐色，其他脉多少浅黄褐色。

分布：浙江（开化、庆元）、江西、湖南、台湾、广东、海南、广西、贵州；古北区，新北区。

（466）细角绒茧蜂 *Apanteles gracilicorne* Song *et* Chen, 2004（图1-165）

Apanteles gracilicorne Song *et* Chen *in* Chen *et* Song, 2004: 51.

图1-165 细角绒茧蜂 *Apanteles gracilicorne* Song *et* Chen, 2004

A. 并胸腹节；B. 前翅；C. 头，背面观；D. 中胸背板和小盾片，背面观；E. 整体，背面观；F. 腹部，背面观；G. 后翅；H. 头，前面观（标尺为0.5 mm）

主要特征：雌，复眼和后单眼间的头顶部分表面具光泽，光滑，具极浅刻点。上颊稍暗淡，具不确定的浅刻点，后面稍收窄。颜面高为宽的 0.88，具光泽，表面光滑，遍布浅刻点，复眼内缘下方稍收窄。单眼小，呈低三角形排列，前单眼的后切线与后单眼相切，前单眼和一个后单眼的间距稍长于后单眼直径。触角约等于体长，节间连接不紧密，端前节长为宽的 1.6 倍。中胸背板具光泽，具密的粗刻点，刻点间距小于刻点直径，刻点在假想盾纵沟末端大面积融合成明显纵状刻条，无明显纵条纹。小盾片前沟直、稍宽，内具较稀的若干纵脊。小盾片具高光泽，光滑，几乎遍布浅刻点，末端窄，中间长度稍长于基部宽度。小盾片侧边光滑区向上延伸超过小盾片中部。并胸腹节具光泽，前侧区强皱，中区基部关闭、末端"V"形，分脊明显，后侧区和中区一样光滑。中胸侧板具高光泽，前面半部略暗，具密的皱状刻点。腹部等于胸部长。T1 近平行，仅末端稍窄，长为端宽的 2.3 倍，基部近 1/3 稍凹，翻转部分少光泽，两边具纵刻条，中槽窄、具强皱，末端突起部位小、光滑。T2 带光泽，边缘稍粗糙具极浅的刻点，窄，宽为中间长度的 2.5 倍，末端近直。T3 为 T2 长的 3 倍（12.0：4.0）。T3 及其后的背板高光亮、光滑、少毛。肛下板不长于腹末。产卵管鞘与后足胫节等长。体黑色。翅基片黄色。触角和产卵管鞘深褐色至黑色。下颚须、下唇须和胫节距色浅。上唇和上颚深红褐色至黑色。足褐色到黑色，除了前足腿节、前足胫节、前足跗节、中足腿节末端、中足胫节、中足跗节、后足转节、后足胫节基部 2/3 及后足基跗节 1/3 黄色或黄褐色。翅透明，C+SC+R 脉、1-R1 脉、r 脉、2-SR 脉、2-M 脉及翅痣褐色，其他脉多少浅黄褐色或无色。

分布：浙江（安吉、杭州）、辽宁、河北、福建、云南。

（467）爪哇绒茧蜂 *Apanteles javensis* Rohwer, 1919（图 1-166）

Apanteles javensis Rohwer, 1919: 567.

图 1-166　爪哇绒茧蜂 *Apanteles javensis* Rohwer, 1919

A. 整体，侧面观；B. 前、后翅；C. 中胸背板和小盾片，背面观；D. 并胸腹节和腹部，背面观；E. 头，前面观；F. 头，背面观；G. 中胸侧板（标尺为 0.5 mm）

主要特征：雌，复眼和后单眼间的头顶部分带光泽，表面具极浅的刻点。上颊稍暗，稍不平，无明显的确定刻点，后面稍收窄。颜面高为宽的 0.65，稍带光泽，表面具稀的浅刻点，复眼内缘平行。单眼呈低三角形排列，前单眼的后切线与后单眼几乎不相切，前单眼和一个后单眼的间距等于单眼直径。中胸背板具光泽，具细小、确定刻点，刻点间距约等于刻点直径，刻点在假想盾纵沟末端融合成刮状刻纹。小盾片前沟直、窄，内具密的若干纵脊。小盾片具高光泽，光滑无刻纹，末端窄，中间长度明显长于基部宽度。小盾片侧边光滑区向上延伸超过小盾片中部。并胸腹节具光泽，前侧区稍皱，中区基部开口、末端"V"形，无分脊，后侧区和中区光滑无刻。中胸侧板具高光泽，前端暗，具稍稀的细刻点。T1 前半部两侧近平行，后半部明显窄，长为端宽的 2.5 倍，基部近 1/2 凹陷，翻转部分具强光泽，大部分光滑除了两侧具若干极浅刻点，中槽不明显，末端突起部位不明显。T2 具高光泽，光滑无刻纹，宽为中间长度的 3 倍，末端近直。T3 为 T2 长的 1.9 倍（9.5∶5.0）。T3 及其后的背板高光亮、光滑、少毛。肛下板稍长于腹末。产卵管鞘短，为后足基跗节的 0.8。雄，体黑色。翅基片、触角和产卵管鞘深褐色至黑色。下颚须、下唇须和胫节距色浅。上唇和上颚深红褐色。足深褐色至黑色，除了前足腿节大部分、前足胫节、前足跗节、中足腿节极末端、中足胫节、中足跗节、后足胫节基部 3/5 及后足跗节各节极前端浅黄色至深黄色。翅透明，C+SC+R 脉、1-R1 脉、翅痣、r 脉、2-SR 脉及 2-M 脉黄褐色，其他脉多少无色，翅痣中间稍浅。

分布：浙江（德清、杭州）、湖北、福建、广东、广西、四川；东洋区。

（468）侧脊绒茧蜂 *Apanteles latericarinatus* Song *et* Chen, 2001（图 1-167）

Apanteles latericarinatus Song *et* Chen, 2001: 254.

主要特征：雌，复眼和后单眼间的头顶部分表面具光泽，光滑无刻点。上颊稍暗淡，稍不平但无刻点，后面强收窄，复眼相对突出。颜面高为宽的 0.82，稍带光泽，表面稍不平，分布极浅的细刻点，复眼内缘平行。单眼大，呈低三角形排列，前单眼的后切线与后单眼相割，前单眼和一个后单眼的间距明显小于单眼直径。触角明显短于体长，节间连接不紧密，端前节长为宽的 1.2 倍。中胸背板稍暗，具密的细刻点，刻点间距约等于刻点直径，刻点在假想盾纵沟末端融合成皱状刻纹。小盾片前沟稍弯、宽，内具稀的若干纵脊。小盾片具光泽，光滑无刻点，末端窄，中间长度长于基部宽度。小盾片侧边光滑区向上延伸几乎不到小盾片中部。并胸腹节具光泽，前侧区具稍皱状刻点，中区光滑、基部封闭、末端 V 形，分脊强，后侧区和中区一样光滑，不过有时侧方具一条纵脊。中胸侧板具高光泽，前半部略暗，具密的深刻点。T1 从基部向端部收窄，长楔形，长为端宽的 3.8 倍，基部近 1/3 稍凹，翻转部分暗淡，长为宽的 1.8 倍，具皱状刻点，中槽稍扩，末端突起部位光滑。T2 具光泽，光滑具若干极浅刻点，宽为中间长度的 3 倍，末端中间向 T3 弯曲。T3 为 T2 长的 2.02 倍（9.5∶4.5）。T3 及其后的背板高光亮、光滑、少毛。肛下板长于腹末。产卵管鞘与后足胫节等长。雄，与雌蜂大体相似，除：翅面不带褐色，翅痣中间浅白；触角明显长于体，端前节长为宽的 2 倍；T2 更高。体色：体黑色，除了腹部第 1 背板之后黄色至黄褐色。翅基片浅红褐色。触角（除了柄节基部黄色）和产卵管鞘深褐色。下颚须、下唇须和胫节距色浅。上唇和上颚浅黄褐色。足黄色到红黄色，除了基节深褐色至黑色及后足胫节端半部褐色。翅透明，稍褐色，C+SC+R 脉、1-R1 脉及翅痣褐色，其他脉多少黄褐色。

分布：浙江（开化、遂昌）、福建、海南、贵州、云南。

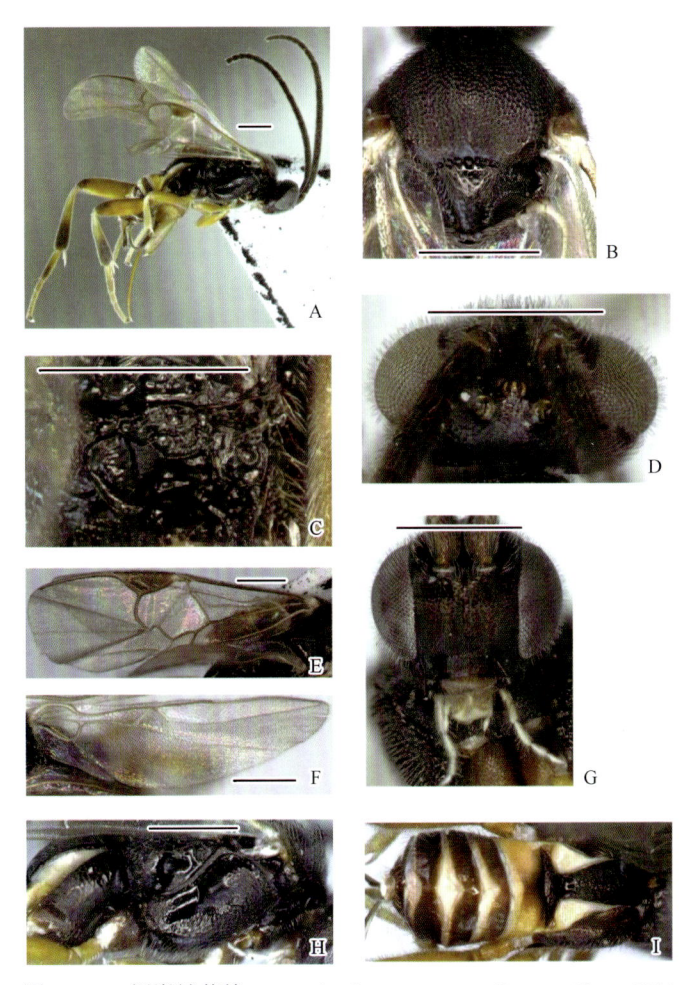

图 1-167　侧脊绒茧蜂 *Apanteles latericarinatus* Song et Chen, 2001

A. 整体，侧面观；B. 中胸背板和小盾片，背面观；C. 并胸腹节；D. 头，背面观；E. 前翅；F. 后翅；G. 头，前面观；H. 中胸侧板；I. 腹部，背面观（标尺为 0.5 mm）

（469）宽沟绒茧蜂 *Apanteles latisulca* Chen et Song, 2004（图 1-168）

Apanteles latisulca Chen et Song, 2004: 60.

主要特征：雌，复眼和后单眼间的头顶部分具光泽，表面略光滑几无刻点。上颊稍暗，具极浅的不确定刻点，后面极收窄。颜面高为宽的 0.9，稍带光泽，表面稍光滑、几无刻点，复眼内缘近平行。单眼较大，呈低三角形排列，前单眼的后切线与后单眼稍相割，前单眼和一个后单眼的间距稍小于单眼直径。触角稍短于体长，节间连接疏松，端前节长稍大于宽。中胸背板稍带光泽，具强的粗刻点，刻点间距小于刻点直径，刻点在假想盾纵沟末端大面积融合成强纵刮纹。小盾片前沟稍弯、宽，内具稀的若干纵脊。小盾片具高光泽，光滑，分布极浅弱刻点，末端稍窄，中间长度不长于基部宽度。小盾片侧边光滑区向上延伸到小盾片中部。并胸腹节稍带光泽，中区基部封闭、末端"V"形，分脊强，后侧区和中区具大量不规则脊。中胸侧板具高光泽，前端暗，具细密刻点。T1 两侧近平行，末端稍窄，长为端宽的 2.1 倍，基部近 1/3 凹陷，翻转部分暗淡，两侧强皱间有弱的皱状刻点，中槽不明显、更皱，末端突起部位小、光滑。T2 具光泽，光滑无刻纹，宽为中间长度的 4 倍，末端中间稍向 T3 弯曲。T3 为 T2 长的 2.8 倍（10.5∶3.8）。T3 及其后的背板高光亮、光滑、少毛。肛下板明显长于腹末。产卵管鞘稍短于后足胫节。体黑色，除了 T2 后背板褐色，背板末端黄白色。翅基片、触角和产卵管鞘深褐色。下颚须、下唇须和胫节距色浅。上唇和上颚黄褐色。足黄色，除了基节褐色至黑色，后足胫节末端 1/4 及后足跗节（除了基跗节基部 1/3 黄色）褐色。

翅透明，C+SC+R 脉、1-R1 脉、翅痣、r 脉、2-SR 脉及 2-M 脉褐色，其他脉浅黄褐色。

分布：浙江（杭州、松阳）、福建、广东、海南、广西。

图 1-168 宽沟绒茧蜂 *Apanteles latisulca* Chen et Song, 2004

A. 整体, 侧面观; B. 前翅; C. 头, 背面观; D. 腹部, 背面观; E. 后翅; F. 中胸背板和小盾片, 背面观; G. 并胸腹节; H. 中胸侧板; I. 头, 前面观（标尺为 0.5 mm）

（470）长口绒茧蜂 *Apanteles longirostris* Chen et Song, 2004（图 1-169）

Apanteles longirostris Chen et Song, 2004: 66.

主要特征：雌，复眼和后单眼间的头顶部分表面具光泽，光滑，具极浅细刻点。上颊稍暗淡，具不确定的极浅刻点，后面明显收窄。颜面高为宽的 0.73，具光泽，表面具极浅、不明确刻点，复眼内缘近平行。单眼小，呈高三角形排列，前单眼的后切线与后单眼几乎不相切，前单眼和一个后单眼的间距约等于后单眼直径。触角约等于体长，节间连接不紧密，端前节长为宽的 1.4 倍。中胸背板少光泽，具密的粗刻点，刻点间距稍小于刻点直径，刻点在假想盾纵沟末端融合成浅刮纹。小盾片前沟直、窄，内具若干纵脊。小盾片具光泽，光滑，遍布浅刻点，末端宽，中间长度长于基部宽度。小盾片侧边光滑区向上延伸超过小盾片中部。并胸腹节少光泽，中区及分脊很强，中区基部闭合、末端"V"形，后侧区除具若干不规则短脊外和中区一样光滑。中胸侧板具高光泽，前面大半部略暗，具密的粗刻点，其末端上缘变皱。T1 近平行，仅末端稍窄，长为端宽的 3 倍，基部近 1/3 稍凹，翻转部分少光泽，两边具强皱状刻条，中槽浅、具皱状刻点，末端突起部位光滑。T2 带光泽，边缘稍粗糙具明显刻点，宽为中间长度的 3 倍，末缘中间稍向 T3 弯曲。T3 为 T2 长的 3.4 倍（12.0∶3.5）。T3 及其后的背板少光亮、稍粗糙、具毛点。肛下板长于腹末。产卵管鞘稍长于后足胫节。体黑色。翅基片、触角和产卵管鞘深褐色至黑色。下颚须、下唇须和胫节距浅黄。上唇和上颚深红褐色至黑色。足褐色到黑色，除了前足腿节、前足胫节、前足跗节、中足腿节末端、中足胫节、中足跗节、后足转节、后足胫节基部 3/5 及后足基跗节基部 1/4 黄色或黄褐色。翅透明，C+SC+R 脉端半部、1-R1 脉、r 脉、2-SR 脉、2-M 脉及翅痣褐色，翅痣具浅色基斑，其他脉多少浅黄褐色。

分布：浙江（湖州、余杭、东阳、庆元、龙泉、温州）、福建、广东、海南、贵州、云南。

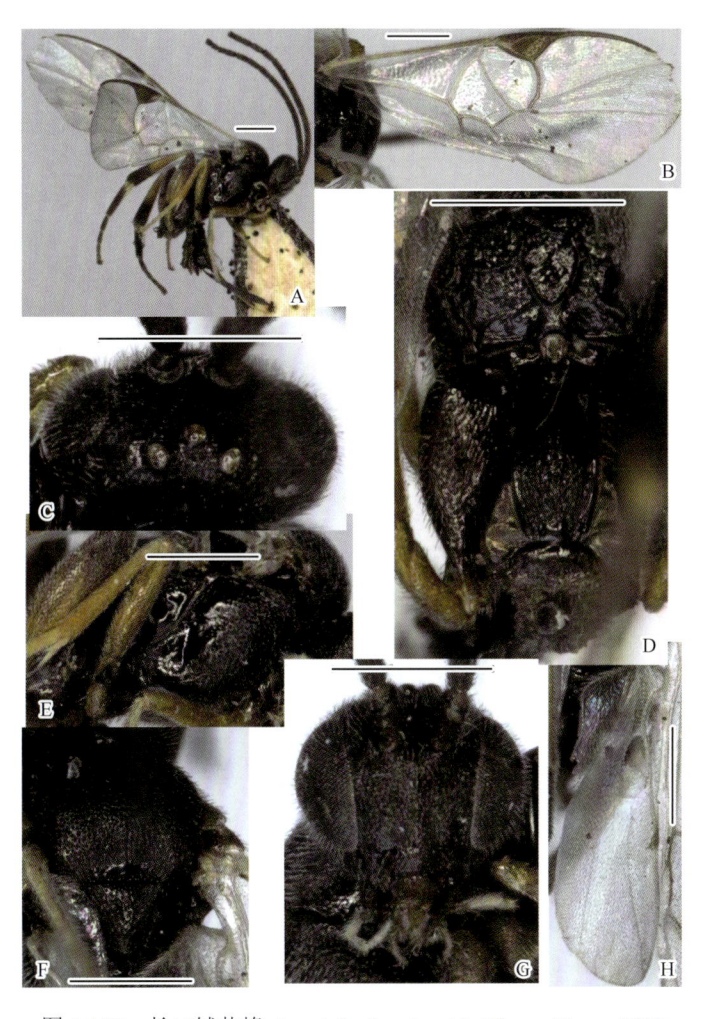

图 1-169　长口绒茧蜂 *Apanteles longirostris* Chen et Song, 2004

A. 整体，侧面观；B. 前翅；C. 头，背面观；D. 并胸腹节和 T1-T3，背面观；E. 中胸侧板；F. 中胸背板和小盾片，背面观；G. 头，前面观；H. 后翅（标尺为 0.5 mm）

（471）新月绒茧蜂 *Apanteles lunata* Song et Chen, 2004（图 1-170）

Apanteles lunata Song et Chen, 2004: 68.

主要特征：雌，复眼和后单眼间的头顶部分具高光泽，表面光滑几无刻点。上颊稍暗，稍不平，无刻点，后面强收窄。颜面高为宽的 0.9，具高光泽，表面稍不平、无刻点，复眼内缘下端强收窄。单眼呈低三角形排列，前单眼的后切线与后单眼稍相割，前单眼和一个后单眼的间距等于单眼直径。中胸背板稍带光泽，具强的粗、密刻点，刻点间距明显小于刻点直径，刻点在假想盾纵沟末端稍融合成皱状刻点。小盾片前沟弯、稍宽，内具极稀的若干纵脊。小盾片具高光泽，光滑，边缘具极稀浅刻纹，末端稍宽，中间长度不长于基部宽度。小盾片侧边光滑区向上延伸到小盾片中部。并胸腹节稍带光泽，中区基部封闭、末端"V"形，分脊强，后侧区和中区具较多不规则脊。中胸侧板具高光泽，前端暗，具较稀的深刻点。腹部与胸部等长。T1 两侧平行，长为端宽的 1.5 倍，基部近 1/3 凹陷，翻转部分稍带光泽，中槽窄、光滑，两侧具平行纵刻条，末端突起部位不明显。T2 稍带光泽，光滑，具弱皱，宽为中间长度的 3.9 倍，末端中间稍向 T3 弯曲。T3 为 T2 长的 2.3 倍（9.0∶4.0）。T3 及其后的背板高光亮、光滑、少毛。肛下板稍长于腹末。产卵管鞘为后足胫节的 0.8。体黑色，除了 T3 有时候黄色，T3 后续背板黄褐色。翅基片黄色。触角（除了柄节大部分黄色）和产卵管鞘红褐色。下颚须、下唇须和胫节距色浅。上唇和上颚红褐色。足黄色（包括所有基节），除了后足胫节极末端及后足跗节大部分稍带褐色。翅透明，C+SC+R 脉、1-R1 脉、翅痣、r 脉、2-SR 脉及 2-M 脉黄褐色，其他脉浅黄褐色。

分布：浙江（德清、临安、庆元）、吉林、陕西、湖北、江西、湖南、福建、台湾、海南、四川、贵州、云南。

图 1-170 新月绒茧蜂 *Apanteles lunata* Song et Chen, 2004

A. 整体，侧面观；B. 头，背面观；C. 中胸背板和小盾片，背面观；D. 前、后翅；E. 腹部，背面观；F. 并胸腹节；G. 中胸侧板；H. 头，前面观

（标尺为 0.5 mm）

（472）米登绒茧蜂 *Apanteles medon* Nixon, 1965（图 1-171）

Apanteles medon Nixon, 1965: 90.

主要特征：雌，复眼和后单眼间的头顶部分表面稍具光泽、细稀刻点。上颊稍具光泽、具稀浅刻点，底部具大量横行针刻纹，后面强收窄。颜面横形，高为宽的0.8，表面暗淡具稀浅刻点，多毛，复眼内缘亚平行。单眼大，呈低三角形排列，前单眼的后切线与后单眼稍相割，前单眼和一个后单眼的间距略短于后单眼直径。触角明显短于体长，节间连接紧密，端前节长为宽的1.7倍。中胸背板稍带光泽，略横形，具密的深刻点，刻点间距小于刻点直径，刻点在假想盾纵沟末端大面积具纵刻纹。小盾片前沟直、窄，内具若干纵脊。小盾片稍具光泽、遍布极浅的刻点，末端较宽。小盾片侧边光滑区向上延伸到小盾片中部。并胸腹节暗淡，前侧区具皱，中区及分脊明显，中区内及后侧区光滑无刻，中区末端"V"形。中胸侧板具光泽，前半部暗淡，具极密的大刻点。腹部1.1倍长于胸部。T1向末端收窄，长为端宽的3.1倍，基部1/3凹陷，翻转部分暗淡，具强皱，中槽扩、长，末端突起部分亮泽光滑。T2具光泽、光滑，亚三角形，宽为中间长度的2倍，末缘近直。T3为T2长的1.7倍。T2后的背板光亮平滑且多毛。肛下板明显长于腹末。产卵管鞘为后足胫节的1.3倍，较窄。体黑色。翅基片深褐色。下颚须、下唇须和胫节距浅黄色。触角和产卵管鞘深褐色。上唇和上颚深褐色至黑色。足浅黄色至红黄色，除了基节深褐色至黑色，后足转节第1节、后足腿节极端部、后足胫节端部2/3和后足跗节（除了基跗节基部1/3黄色）烟褐色。翅透明，C+SC+R脉和1-R1脉褐色，r脉、2-SR脉、2-M脉及其他脉浅褐色，翅痣褐色，具小的浅色基斑。

分布：浙江（临安）、湖南、广东；越南，马来西亚。

图 1-171 米登绒茧蜂 *Apanteles medon* Nixon, 1965

A. 整体，侧面观；B. 头，前面观；C. 中胸侧板；D. 并胸腹节；E. 中胸背板和小盾片，背面观；F. 头，背面观；G. 后翅；H. 腹部，背面观（标尺为0.5 mm）

(473) 棉大卷叶螟绒茧蜂 *Apanteles opacus* (Ashmead, 1905)（图 1-172）

Urogaster opacus Ashmead, 1905c: 118.
Apanteles opacus: Chen & Song, 2004: 74.

主要特征：雌，复眼和后单眼间的头顶部分具光泽，表面光滑几无刻点。上颊稍暗，具极浅的不确定刻点，后面稍收窄。颜面高约等于宽，略带光泽，表面稍光滑、具浅的细刻点，复眼内缘下端强收窄。单眼大，呈高三角形排列，前单眼的后切线与后单眼不相切，前单眼和一个后单眼的间距稍小于单眼直径。触角约等于体长，节间连接疏松，端前节长为宽的 1.5 倍。中胸背板稍带光泽，具细密刻点，刻点间距明显小于刻点直径，刻点在假想盾纵沟末端大面积融合成纵刮纹。小盾片前沟弯曲、宽，内具极稀的少数纵脊。小盾片具高光泽，具较密的浅刻点，部分稍融合，末端稍宽，中间长度不明显长于基部宽度。小盾片侧边光滑区向上延伸超过盾片中部。并胸腹节稍带光泽，前侧区稍皱，中区基部封闭、末端"V"形，分脊强，后侧区和中区具或多或少不规则脊。中胸侧板具高光泽，前端暗，具密的粗刻点，外缘上端刻点皱。T1 两侧平行，长为端宽的 2.8 倍，基部近 1/3 凹陷，翻转部分暗淡，稍粗糙，两侧具纵状刻条，中槽明显、具不明显短横脊，末端突起部位光滑。T2 稍带光泽，边缘具细弱刻纹，宽为中间长度的 3.6 倍，末端中间向 T3 弯曲。T3 为 T2 长的 2.3 倍（10.5：4.5）。T3 及其后的背板高光亮、光滑、多毛。肛下板不长于腹末。

图 1-172 棉大卷叶螟绒茧蜂 *Apanteles opacus* (Ashmead, 1905)

A. 整体，侧面观；B. 中胸背板和小盾片，背面观；C. 腹部，背面观；D. 后翅；E. 头，背面观；F. 并胸腹节；G. 中胸侧板；H. 头，前面观（标尺为 0.5 mm）

产卵管鞘稍短于后足胫节。体黑色，除了T2、T3通常黄色或红黄色或T3仅前面部分黄色。翅基片、触角（除了柄节大部分浅黄褐色）和产卵管鞘黄褐色。下颚须、下唇须和胫节距色浅。上唇和上颚红褐色。足黄色，除了基节褐色至黑色，后足腿节极末端、后足胫节末端1/3及后足跗节大部分褐色。翅透明，C+SC+R脉、1-R1脉、翅痣、r脉、2-SR脉及2-M脉褐色，其他脉多少浅黄褐色。雄，与雌蜂大体相似，除：触角明显长于体，端前节长为宽的2.4倍。

分布：浙江（湖州、杭州、东阳、临海、开化、遂昌）、辽宁、陕西、江苏、上海、安徽、湖北、湖南、福建、台湾、广东、海南、广西、四川、贵州、云南；日本，印度，越南，菲律宾，马来西亚。

（474）淡绒茧蜂 *Apanteles oritias* Nixon, 1965（图1-173）

Apanteles oritias Nixon, 1965: 68.

主要特征：雌，复眼和后单眼间的头顶部分表面具光泽、稀浅刻点。上颊稍暗淡，具不确定的极浅刻点，后面不明显收窄。颜面高为宽的0.8，少光泽，表面具较密浅刻点，复眼内缘平行。单眼小，呈低三角形排列，前单眼的后切线与后单眼相切，前单眼和一个后单眼的间距稍大于后单眼直径。触角稍长于体长，节间连接紧密，端前节长为宽的2倍。中胸背板少光泽，具密的深刻点，刻点间距稍小于刻点直径，刻点

图1-173 淡绒茧蜂 *Apanteles oritias* Nixon, 1965

A. 整体，侧面观；B. 翅；C. 并胸腹节；D. 中胸背板和小盾片，背面观；E. 头，背面观；F. 头，前面观；G. 中胸侧板；H. 腹部，背面观（标尺为0.5 mm）

在假想盾纵沟末端融合成强刮纹。小盾片前沟近直、极窄，内具若干纵脊。小盾片侧边光滑区向上延伸超过小盾片中部。并胸腹节少光泽，前侧区具皱状刻点，中区不清晰，无分脊，后侧区稍不平整具不规则短脊。中胸侧板具高光泽，前半部略暗，具粗刻点，后缘上部刻点稍皱。腹部稍短于胸部长。T1 从基部向端部强收窄，短，长为端宽的 3 倍，基部近 1/3 稍凹，翻转部分少光泽，两侧具极弱细皱，中槽不明显，此部位具强皱纹，末端突起部位小、光滑。T2 具高光泽，光滑无刻点，宽为中间长度的 5 倍，末缘稍向 T3 弯曲。T3 为 T2 长的 2.2 倍。T3 及其后的背板光滑且多毛。肛下板明显长于腹末。产卵管鞘为后足胫节的 1.2 倍。体黑色。翅基片黄色。触角和产卵管鞘深褐色至黑色。下颚须、下唇须和胫节距色浅。上唇和上颚深红褐色。足亮黄色，除了基节深褐色至黑色，后足胫节末端 1/6 及后足跗节褐色，后足胫节外侧刺稀疏。翅透明，C+SC+R 脉、1-R1 脉、r 脉、2-SR 脉、2-M 脉及翅痣边缘褐色至深褐色，翅痣中间色浅，其他脉多少浅黄褐色或无色。

分布：浙江（安吉、海盐、杭州、义乌、东阳、天台、衢州、温州）、江苏、福建、广东、四川、云南；印度。

（475）透翅绒茧蜂 *Apanteles pellucipterus* Song *et* Chen, 2001（图 1-174）

Apanteles pellucipterus Song *et* Chen, 2001: 1-4.

主要特征：雌，复眼和后单眼间的头顶部分具高光泽，表面光滑几无刻点。上颊稍暗，稍不平，无刻点，后面强收窄。颜面高为宽的 0.9，稍带光泽，表面稍不平、具极浅刻点，复眼内缘下端稍收窄。单眼

图 1-174 透翅绒茧蜂 *Apanteles pellucipterus* Song *et* Chen, 2001

A. 整体，侧面观；B. 前翅；C. 中胸侧板；D. 头，前面观；E. 中胸背板和小盾片，背面观；F. 头，背面观；G. 后翅；H. 并胸腹节和腹部，背面观（标尺为 0.5 mm）

大，呈低三角形排列，前单眼的后切线与后单眼正好相切，前单眼和一个后单眼的间距稍小于单眼直径。触角稍长于体长，节间连接紧密，端前节长为宽的 1.4 倍。中胸背板稍带光泽，具稍稀的细、浅刻点，刻点间距明显大于刻点直径，刻点在假想盾纵沟末端稍融合成纵刮纹。小盾片前沟直、稍宽，内具极稀的若干纵脊。小盾片具高光泽，光滑，分布极细的浅刻点，末端稍窄，中间长度稍长于基部宽度。小盾片侧边光滑区向上延伸到小盾片中部。并胸腹节稍带光泽，前侧区稍皱，中区基部封闭、末端"V"形，分脊强，后侧区和中区具少数不规则脊。中胸侧板具高光泽，前端暗，具稍稀的浅刻点，其外缘上短刻点稍皱。T1两侧平行，仅末端稍窄，长为端宽的 2.2 倍，基部近 1/3 凹陷，翻转部分稍带光泽，中槽大、稍光滑，两侧具不规则纵刻条，期间有弱的皱状刻点，末端突起部位光滑。T2 稍带光泽，光滑，具弱皱，宽为中间长度的 3.2 倍，末端中间稍向 T3 弯曲。T3 为 T2 长的 2 倍（10.0∶5.0）。T3 及其后的背板高光亮、光滑、多毛。肛下板明显长于腹末。产卵管鞘稍长于后足胫节。体黑色，除了 T3 有时候黄色，T3 后续背板黄褐色。翅基片、触角和产卵管鞘红褐色。下颚须、下唇须和胫节距色浅。上唇和上颚深红褐色。足黄色，除了基节深褐色至黑色，后足胫节极末端及后足跗节（除了基跗节基半部黄色）稍带褐色。翅透明，C+SC+R 脉、1-R1 脉、翅痣、r 脉、2-SR 脉及 2-M 脉黄褐色，其他脉浅黄褐色。

分布：浙江（海盐、杭州）、福建、广东、广西、贵州。

（476）黄角绒茧蜂 *Apanteles raviantenna* Chen et Song, 2004（图 1-175）

Apanteles raviantenna Chen et Song, 2004: 79.

图 1-175 黄角绒茧蜂 *Apanteles raviantenna* Chen et Song, 2004

A. 整体，侧面观；B. 前翅；C. 后翅；D. 并胸腹节；E. 头，背面观；F. 中胸侧板；G. 头，前面观；H. 腹部，背面观（标尺为 0.5 mm）

主要特征：雌，复眼和后单眼间的头顶部分具高光泽，表面光滑具极浅细刻点。上颊稍暗，稍不平、几无刻点，后方强收窄。颜面高为宽的 0.77，带光泽，表面光滑、具极浅稀刻点，复眼内缘平行。单眼呈低三角形排列，前单眼的后切线与后单眼相切，前单眼和一个后单眼的间距约等于单眼直径。触角稍短于体长，节间连接紧密，端前节长约等于宽。中胸背板略带光泽，具密的粗刻点，刻点间距明显小于刻点直径，刻点在假想盾纵沟末端稍融合成弱的纵刮纹。小盾片前沟近直、窄，内具稀的若干纵脊。小盾片具高光泽，具不明显的弱刻点，末端稍宽，中间长度不短于基部宽度。小盾片侧边光滑区向上延伸几乎不到盾片中部。并胸腹节稍带光泽，前侧区强皱，中区基部封闭、末端"V"形，分脊强，后侧区和中区除少数脊外光滑。中胸侧板具高光泽，前端暗，具稍稀的粗刻点，外缘上端刻点皱，腹板侧沟内具平行短刻条。T1 前端 2/3 近平行，末端 1/3 收窄，长为端宽的 3.1 倍，基部近 1/3 凹陷，翻转部分暗淡，具强皱，中槽不明显，末端突起部位光滑。T2 稍带光泽，具极细密皱，宽为中间长度的 3.6 倍，末端中间向 T3 弯曲。T3 为 T2 长的 1.9 倍（8.5∶4.5）。T3 及其后的背板高光亮、光滑、少毛。肛下板稍长于腹末。产卵管鞘约等于后足胫节。体黑色，除了 T2 后背板黄色到黄褐色具白色末端。翅基片红褐色。触角（除了前面 1-7 或 8 鞭节黄色）和产卵管鞘褐色。下颚须、下唇须和胫节距色浅。上唇和上颚红褐色。足黄色（包括所有基节），除了后足胫节端部 2/5 及后足跗节大部分褐色。翅透明，带褐色，C+SC+R 脉、1-R1 脉、翅痣及其他脉多少黄褐色。

分布：浙江（安吉、杭州、天台、开化、遂昌、庆元）、吉林、辽宁、山东、河南、湖北、湖南、福建、贵州。

（477）赛绒茧蜂 *Apanteles salutifer* Wilkinson, 1931（图 1-176）

Apanteles salutifer Wilkinson, 1931a: 77.

主要特征：雌，复眼和后单眼间的头顶部分表面具光泽，光滑，具极浅刻点。上颊稍暗淡，具不确定的浅刻点，下缘具大面积横行刮纹，后面不收窄。颜面高为宽的 0.87，具光泽，表面光滑，具毛点，复眼内缘近平行。单眼呈低三角形排列，前单眼的后切线与后单眼相切，前单眼和一个后单眼的间距约等于后单眼直径。触角明显短于体长，节间连接疏松，端前节长为宽的 1.6 倍。中胸背板具光泽，具较密的浅、细刻点，刻点间距不小于刻点直径，刻点在假想盾纵沟末端融合成纵状刻条，无明显纵条纹。小盾片前沟稍弯、略宽，内具较稀的若干纵脊。小盾片具高光泽，光滑无刻点，末端窄，中间长度等长于基部宽度。小盾片侧边光滑区向上延伸超过小盾片中部。并胸腹节具光泽，前侧区稍皱，中区基部关闭、末端"V"形，分脊明显，后侧区除几条弱脊外和中区一样光滑。中胸侧板具高光泽，前面半部略暗，具密的浅刻点。T1 近平行，仅末端稍窄，长为端宽的 2.2 倍，基部近 1/3 稍凹，翻转部分少光泽，两边具弱的皱状刻点，中槽内具皱纹及短横脊，末端突起部位光滑。T2 具高光泽，光滑无刻点，宽为中间长度的 3 倍，末端稍向 T3 弯曲。T3 为 T2 长的 2.2 倍（11.0∶5.0）。T3 及其后的背板高光亮、光滑、少毛。肛下板长于腹末。体黑色。翅基片、触角和产卵管鞘深褐色至黑色。下颚须、下唇须和胫节距色浅。上唇和上颚深红褐色至黑色。足褐色到黑色，除了前足腿节、前足胫节、前足跗节、中足腿节末端、中足胫节、中足跗节、后足胫节基部 3/5 及后足基跗节 1/4 黄色或黄褐色。翅透明，C+SC+R 脉、1-R1 脉及翅痣边缘褐色，翅痣、r 脉、2-SR 脉及 2-M 脉浅褐色，其他脉多少浅黄褐色或无色。

分布：浙江（临安、东阳、衢州）、山东、河南、湖北、福建、广西、云南；韩国，日本，印度，缅甸，泰国。

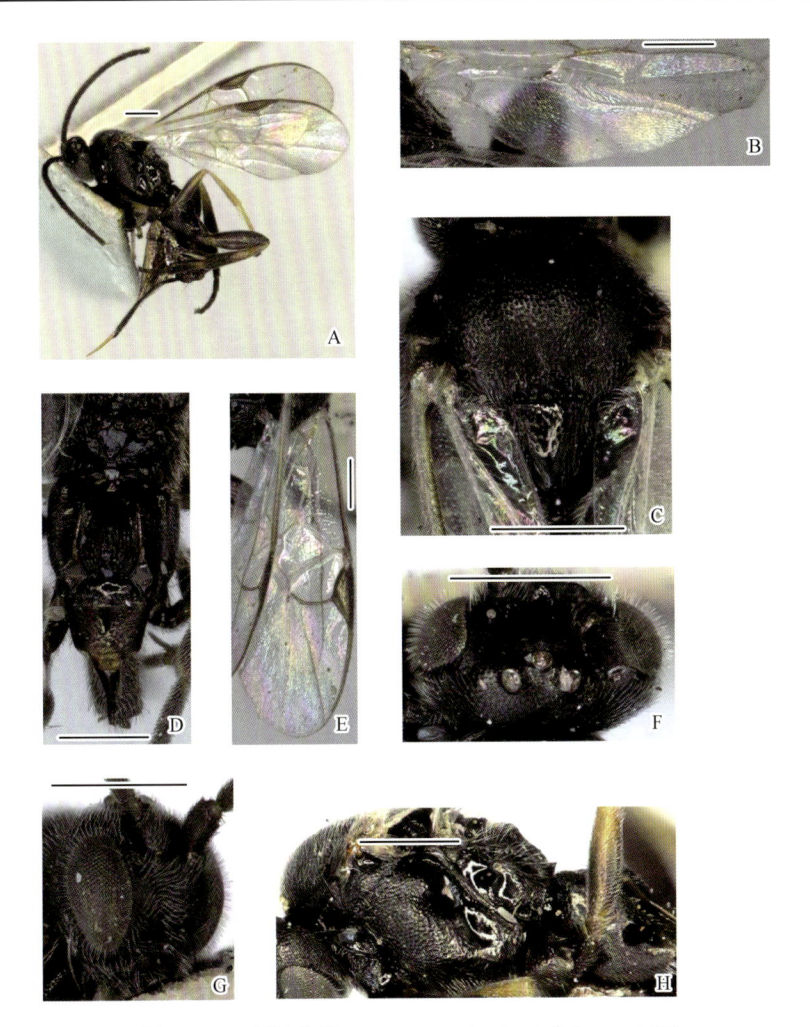

图 1-176 赛绒茧蜂 *Apanteles salutifer* Wilkinson, 1931

A. 整体，侧面观；B. 后翅；C. 中胸背板和小盾片，背面观；D. 并胸腹节和腹部，背面观；E. 前翅；F. 头，背面观；G. 头，侧面观；H. 中胸侧板（标尺为 0.5 mm）

（478）萨拉乌斯绒茧蜂 *Apanteles saravus* Nixon, 1965（图 1-177）

Apanteles saravus Nixon, 1965: 81.

主要特征：雌，复眼和后单眼间的头顶部分表面具高光泽、光滑无刻点。上颊暗淡，具浅的不独立刻点，其下缘具皱刻纹，后面稍收窄。颜面横形，高为宽的 0.8，表面稍具光泽、几无刻点、少毛，复眼内缘亚平行。单眼较大，呈三角形排列，前单眼的后切线与后单眼刚好相切，前单眼和一个后单眼的间距小于后单眼直径。触角约等于体长，节间连接紧密，端前节长为宽的 1.3 倍。中胸背板稍暗淡，具粗的密刻点，刻点间距小于刻点直径，刻点在假想盾纵沟稍皱，末端中间和末缘近光滑无刻纹。小盾片前沟稍弯、窄，内具不明显若干纵脊。小盾片光亮，前端具极浅刻点。小盾片侧边光滑区向上延伸超过小盾片中部。并胸腹节具光泽，前侧区弱皱，中区清晰、末端"V"形，分脊强，中区和后侧区光滑、几无刻纹。中胸侧板具高光泽，前端部分暗淡，具密的粗刻点，腹板侧沟内具细的规则刻纹。T1 两侧向端部稍收窄，长为端宽的 2.5 倍，基部 1/3 凹陷，翻转部分暗淡，具强皱，中槽不明显，末端突起部分亮泽光滑。T2 不具光泽，表面略粗糙不平，亚三角形，宽为中间长度的 3.2 倍，末缘弯向 T3。T3 为 T2 长的 1.7 倍。T2 后的背板稍具光泽、几乎光滑、少毛。肛下板长于腹末。产卵管鞘为后足胫节的 0.8。体黑色，除了 T2 褐色，T3 黄褐色，后续背板深褐色。翅基片黄褐色。下颚须和下唇须浅黄色，胫节距色浅。触角和产卵管鞘深褐色至黑色。上唇和上颚深褐色。足深褐色至黑色，除了前足、中足胫节和跗节、后足胫节基半部浅黄色至黄色。翅透明，稍褐色，C+SC+R 脉、1-R1 脉和翅痣褐色，其他脉浅褐色。

分布：浙江（临安、庆元）、湖南、福建、广东、海南、广西、贵州、云南；越南，菲律宾。

图 1-177　萨拉乌斯绒茧蜂 *Apanteles saravus* Nixon, 1965

A. 整体，侧面观；B. 前翅；C. 并胸腹节；D. 中胸侧板；E. 头，前面观；F. 腹部，背面观；G. 后翅；H. 中胸背板和小盾片，背面观（标尺为 0.5 mm）

（479）黑绒茧蜂 *Apanteles sodalis* (Haliday, 1834)（图 1-178）

Microgaster sodalis Haliday, 1834: 246.
Apanteles sodalis: Belokobylskij, 2003: 386.

主要特征：雌，复眼和后单眼间的头顶部分表面具光泽，具浅的稀刻点。上颊暗淡，密布浅刻点，后面不明显收窄。颜面高为宽的 0.8，具高光泽，表面光滑、具稀浅刻点，复眼内缘近平行。单眼小，呈低三角形排列，前单眼的后切线与后单眼刚好相切，前单眼和一个后单眼的间距约等于后单眼直径。触角短于体长，节间连接不紧密，端前节长为宽的 1.6 倍。中胸背板稍带光泽，具密的细刻点，刻点间距稍短于刻点直径，刻点在假想盾纵沟末端融合成刮纹。小盾片前沟弯、稍宽，内具若干纵脊。小盾片少光亮，具稀浅、不确定刻点，末端窄，中间长度明显长于基部宽度。小盾片侧边光滑区向上延伸稍超过小盾片中部。并胸腹节具光泽，前侧端具弱皱状刻点，中区末端"V"形，具分脊但不明晰，后侧区和中区大部分区域光滑。中胸侧板具高光泽，前半部略暗，具稍皱的浅刻点，其末端边缘上方具弱的同心弧皱。T1 向端部稍收窄，长为端宽的 2.3 倍，基部近 2/5 稍凹，翻转部分具光泽、光滑，具浅的弱皱，中槽明显，末端突起部分具高亮泽、光滑。T2 光滑、具光泽，宽为中间长度的 3.8 倍，末缘稍向 T3 弯曲。T3 为 T2 长的 2 倍。T3 及其后的背板光亮平滑且少毛。肛下板不长于腹末。产卵管鞘为后足胫节的 0.9。体黑色。翅基片深褐色。下颚须、下唇须和胫节距色浅。触角和产卵管鞘深褐色。上唇和上颚深褐色。足褐色到黑色，除了前足腿节端半部、前足胫节、前足跗节、中足胫节基半部、中足跗节和后足胫节基半部黄色。翅透明，C+SC+R 脉、1-R1 脉及翅痣黄褐色，r 脉、2-SR 脉及 2-M 脉浅黄褐色，其他脉几乎无色。雄，与雌蜂大体相似，除：翅痣中间浅白；触角明显长于体，端前节长为宽的 2.3 倍；T2 更高；足颜色更深。

分布：浙江（杭州、天台、开化、遂昌）、福建、海南、四川、贵州；世界广布。

图 1-178 黑绒茧蜂 *Apanteles sodalis* (Haliday, 1834)

A. 整体，侧面观；B. 腹部，背面观；C. 并胸腹节；D. 中胸侧板；E. 前翅；F. 中胸背板和小盾片，背面观；G. 头，前面观；H. 头，背面观（标尺为 0.5 mm）

（480）遮颜蛾绒茧蜂 *Apanteles tachardiae* Cameron, 1913（图 1-179）

Apanteles tachardiae Cameron, 1913: 19.

主要特征：雌，复眼和后单眼间的头顶部分表面具光泽，几无刻点。上颊暗淡，密布浅刻点，后面稍收窄。颜面高为宽的 0.8，具高光泽，表面光滑、具稀浅刻点，复眼内缘近平行。单眼小，呈低三角形排列，前单眼的后切线与后单眼刚好相切，前单眼和一个后单眼的间距约等于后单眼直径。触角明显长于体长，节间连接疏松，端前节长为宽的 1.8 倍。中胸背板稍带光泽，具密的细刻点，刻点间距稍短于刻点直径，刻点在假想盾纵沟末端融合成刮纹。小盾片前沟稍弯、窄，内具若干纵脊。小盾片少光亮，具极浅、不确定刻点，末端不窄，中间长度不长于基部宽度。小盾片侧边光滑区向上延伸超过小盾片中部。并胸腹节具光泽，中区窄、凹、末端"V"形，无分脊，气门后具若干短脊，后侧区除不规则脊外光滑，中区光滑。中胸侧板具高光泽，前半部略暗，具细密刻点。腹部为胸部的 0.74（29.0：39.0）。T1 向端部强收窄，短，长为端宽的 2.2 倍，基部近 2/5 稍凹，翻转部分少光泽，具弱皱，中槽窄、皱，末端无光滑突起部位，具细皱。T2 稍粗糙，两侧具极细皱纹，宽为中间长度的 3 倍，末缘稍向 T3 弯曲。T3 为 T2 长的 1.6 倍（6.5：4.0）。T3 及其后的背板光亮平滑且少毛。肛下板不长于腹末。产卵管鞘稍长于后足胫节。体黑色。翅基片黑色。下颚须、下唇须和胫节距色浅。触角和产卵管鞘深褐色。上唇和上颚深褐色。足褐色到黑色，除了前足腿节端半部、前足胫节、前足跗节、中足胫节和中足跗节。后足胫节外侧刺密。翅透明，C+SC+R 脉、1-R1 脉及翅痣边缘深褐色，r 脉、2-SR 脉及 2-M 脉浅褐色，翅痣中间浅，其他脉几乎无色。雄，与雌蜂大体相似，除：翅痣中间浅白；触角明显长于体，端前节长为宽的 2.3 倍；T2 更高；足颜色更深。

分布：浙江（临安、开化、庆元）、湖南；印度。

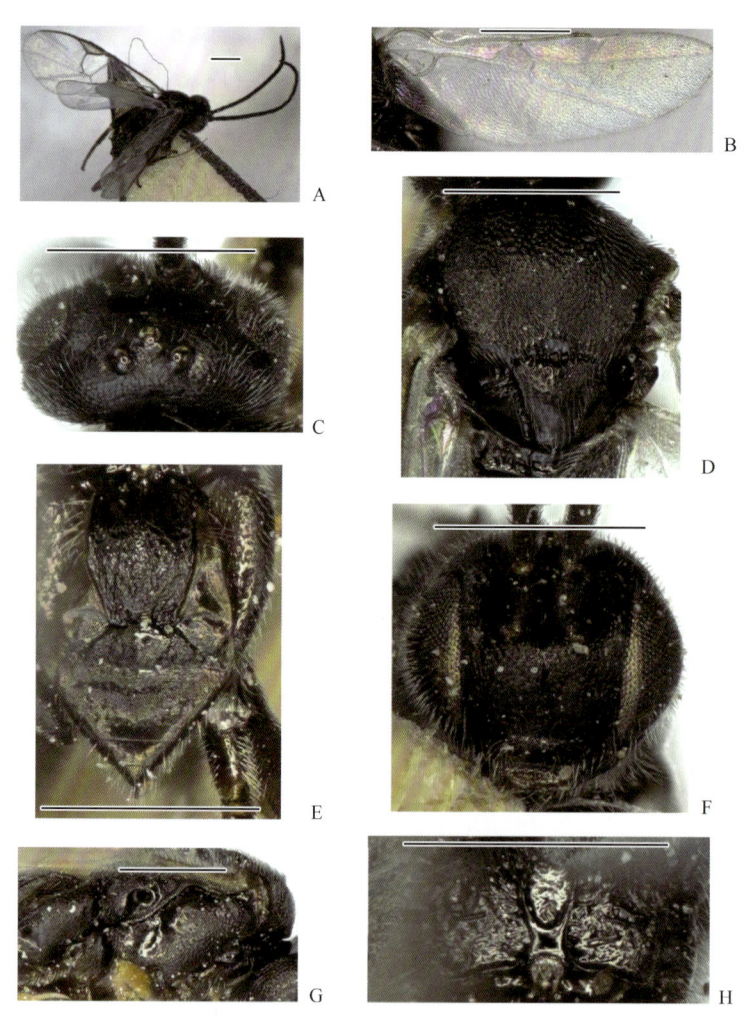

图 1-179　遮颜蛾绒茧蜂 *Apanteles tachardiae* Cameron, 1913

A. 整体，侧面观；B. 后翅；C. 头，背面观；D. 中胸背板和小盾片，背面观；E. 腹部，背面观；F. 头，前面观；G. 中胸侧板；H. 并胸腹节（标尺为 0.5 mm）

（481）瓜野螟绒茧蜂 *Apanteles taragamae* Viereck, 1912（图 1-180）

Apanteles taragamae Viereck, 1912b: 140.

主要特征：雌，复眼和后单眼间的头顶部分表面暗淡，具强皱。上颊暗、具粗的不确定刻点，后面强收窄。颜面高为宽的 0.75，稍暗，表面不平具极不确定刻点，复眼内缘近平行。单眼大，呈极低三角形排列，前单眼的后切线与后单眼相割，前单眼和一个后单眼的间距稍小于单眼直径。触角明显小于体长，节间连接较疏松，端前节长为宽的 1.5 倍。中胸背板暗，具稍稀的粗刻点，刻点间距不小于刻点直径，刻点在假想盾纵沟末端强融合成皱状刻纹。小盾片前沟近直、极窄，内具稀短的若干纵脊。小盾片具光泽，光滑无刻点，末端宽，中间长度不长于基部宽度。小盾片侧边光滑区向上延伸超过小盾片中部。并胸腹节具光泽，前侧区具极弱的皱纹，中区光滑、基部开口、末端"V"形，分脊强，后侧区除具少数不规则脊外和中区一样光滑。中胸侧板具高光泽，前端略暗，具稀的浅刻点，其外缘上端具刮纹。T1 两侧近平行，仅末端稍窄，长为端宽的 1.7 倍，基部近 1/2 凹陷，翻转部分稍带光泽，边缘具极弱的皱纹，中槽稍浅、扩、光滑，末端无明显突起部位。T2 具光泽，光滑无刻点，宽为中间长度的 3.6 倍，末端向 T3 稍弯曲。T3 为 T2 长的 1.6 倍（8.0：5.0）。T3 及其后的背板高光亮、光滑、少毛。肛下板不长于腹末。产卵管鞘约为后足胫节的 3/4。体黑色。翅基片深红褐色。触角和产卵管鞘深褐色至黑色。下颚须和下唇须浅黄色。胫节距色浅。上唇和上颚红黄色。足深褐色至黑色，除了前足腿节、前足胫节、前足跗节、中足腿节端部 1/3、中足胫节、中足跗节、后足胫节基部 2/3 及后足跗节浅黄色到红黄色。翅透明，C+SC+R 脉、1-R1 脉及翅痣边缘黄褐色，其他脉几乎无色，翅痣色浅。雄，与雌蜂大体相似，除：触角稍长于体，端前节长为宽的 2.5 倍及 T1 更长。

分布：浙江（德清、安吉、杭州、金华、衢州、遂昌、松阳、庆元、温州）、山西、河南、陕西、湖北、湖南、福建、台湾、广东、海南、广西、贵州、云南；韩国，日本，印度，泰国，斯里兰卡，印度尼西亚，巴布亚新几内亚。

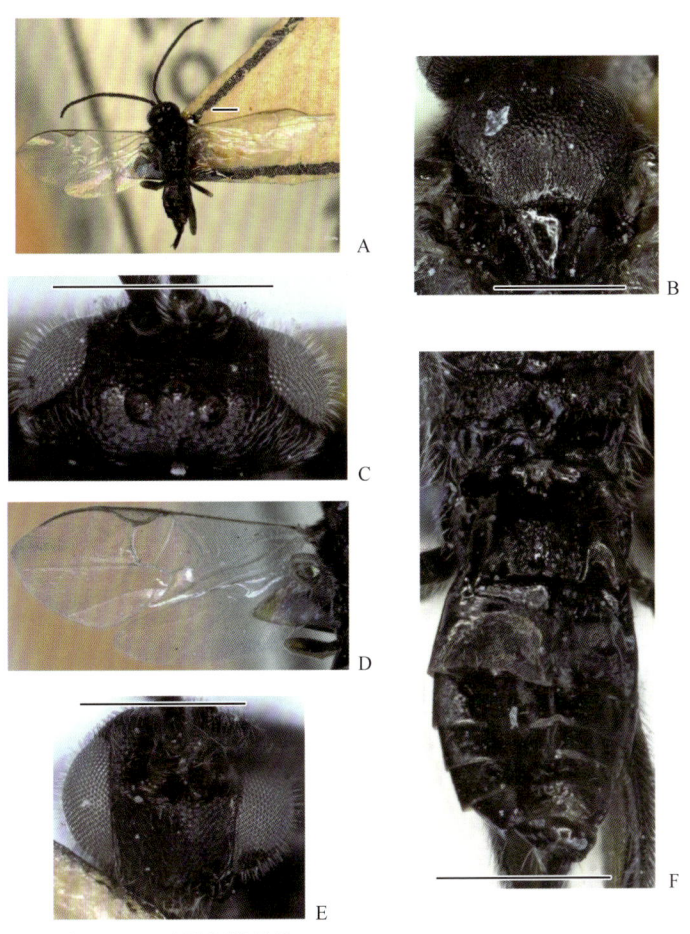

图 1-180　瓜野螟绒茧蜂 *Apanteles taragamae* Viereck, 1912

A. 整体，背面观；B. 中胸背板和小盾片，背面观；C. 头，背面观；D. 翅；E. 头，前面观；F. 并胸腹节和腹部，背面观（标尺为 0.5 mm）

（482）直绒茧蜂 *Apanteles verticalis* Song et Chen, 2004

Apanteles verticalis Song et Chen *in* Chen et Song, 2004: 93.

主要特征：雌，复眼和后单眼间的头顶部分表面具光泽，具极浅刻点。上颊稍暗淡，具极浅的不确定刻点，下缘具极细的横行刮纹，后面不收窄。颜面高为宽的 0.86，稍带光泽，表面稍粗糙，分布极浅刻点，复眼内缘向端部收窄。单眼大，呈低三角形排列，前单眼的后切线与后单眼相割，前单眼和一个后单眼的间距小于后单眼直径。触角明显短于体长，节间连接疏松，端前节长为宽的 1.4 倍。中胸背板带光泽，具较稀的浅刻点，刻点间距不小于刻点直径，刻点在假想盾纵沟末端融合成刮状刻纹。小盾片前沟直、稍宽，内具较稀的若干纵脊。小盾片稍带光泽，光滑几无刻点，末端稍宽，中间长度等长于基部宽度。小盾片侧边光滑区向上延伸超过小盾片中部。并胸腹节具光泽，前侧区稍皱，中区光滑、基部封闭、末端"V"形，分脊强，后侧区表面不平具若干不规则长脊。中胸侧板具高光泽，前面半部略暗，具密的粗刻点，末端上缘刻点变皱。T1 近平行，仅末端收窄，长为端宽的 2.3 倍，基部近 1/3 稍凹，翻转部分少光泽，强皱，无中槽，末端突起部位光滑。T2 具高光泽，光滑无刻点，梯形，宽为中间长度的 2.5 倍，末端向 T3 稍弯曲。T3 为 T2 长的 1.6 倍（8.0：5.0）。T3 及其后的背板高光亮、光滑、少毛。肛下板长于腹末。产卵管鞘约等长于后足胫节。体黑色，除了腹部深褐色。翅基片、触角和产卵管鞘深褐色。下颚须、下唇须和胫节距色浅。上唇和上颚深褐色。足黄色，除了基节深褐色到黑色，后足腿节末端 1/3 烟褐色，后足胫节端部 1/2 和后足跗节（除了基跗节基部 1/4 黄白色）深褐色。翅透明，C+SC+R 脉、1-R1 脉、翅痣、r 脉、2-SR 脉及 2-M 脉黄褐色，其他脉多少浅黄褐色。雄，与雌蜂大体相似，除：触角明显长于体；T2 更高。

分布：浙江（安吉、杭州、衢州、松阳、庆元、龙泉）、辽宁、甘肃、湖北、福建、广东、海南、广西、贵州、云南。

（483）武夷绒茧蜂 *Apanteles wuyiensis* Song et Chen, 2002（图 1-181）

Apanteles wuyiensis Song et Chen, 2002: 117-119.

主要特征：雌，复眼和后单眼间的头顶部分具高光泽，表面光滑具极浅刻点。上颊稍暗，稍不平、几无刻点，复眼相较于上颊强突出。颜面高为宽的 0.84，略带光泽，表面稍光滑、具极浅刻点，复眼内缘平行。单眼呈低三角形排列，前单眼的后切线与后单眼稍相割，前单眼和一个后单眼的间距稍小于单眼直径。触角稍短于体长，节间连接紧密，端前节长约等于宽。中胸背板稍带光泽，具细密刻点，刻点间距明显小于刻点直径，刻点在假想盾纵沟末端大面积融合成纵刮纹。小盾片前沟弯曲、宽，内具极稀的少数纵脊。小盾片具高光泽，具较密的浅刻点，部分稍融合，末端稍宽，中间长度不明显长于基部宽度。小盾片侧边光滑区向上延伸超过盾片中部。并胸腹节稍带光泽，前侧区稍皱，中区基部封闭、末端 V 形，分脊强，后侧区和中区具或多或少不规则脊。中胸侧板具高光泽，前端暗，具密的粗刻点，外缘上端刻点皱。T1 前端 2/3 近平行，末端 1/3 收窄，长为端宽的 3 倍，基部近 1/3 凹陷，翻转部分暗淡，具强皱，中槽不明显，末端突起部位光滑。T2 稍带光泽，具极细密皱，宽为中间长度的 3.1 倍，末端中间向 T3 弯曲。T3 为 T2 长的 1.7 倍（7.5：4.5）。T3 及其后的背板高光亮、光滑、少毛。肛下板不长于腹末。产卵管鞘约等于后足胫节。体黑色，除了 T2 后背板黄褐色具白色末端。翅基片红褐色。触角（除了前面 1–7 或 8 鞭节黄色）和产卵管鞘褐色。下颚须、下唇须和胫节距色浅。上唇和上颚红褐色。足黄色，除了基节黄褐色至深褐色，后足胫节端半部及后足跗节大部分褐色。翅透明，带褐色，C+SC+R 脉、1-R1 脉、翅痣及其他脉多少黄褐色。

分布：浙江（开化）、福建、贵州。

图 1-181　武夷绒茧蜂 *Apanteles wuyiensis* Song *et* Chen, 2002

A. 整体，侧面观；B. 前翅；C. 头，前面观；D. 中胸侧板；E. 头，背面观；F. 中胸背板和小盾片，背面观；G. 后翅；H. 并胸腹节和腹部，背面观（标尺为 0.5 mm）

（484）恒春绒茧蜂 *Apanteles heichinensis* Sonan, 1942（图 1-182）

Apanteles heichinensis Sonan, 1942: 245.

主要特征：雌，复眼和后单眼间的头顶部分表面少光泽，具浅的细刻点。上颊暗淡，密布深刻点，后面稍收窄。颜面高为宽的 2/3，少光泽，表面略粗糙、具不明确刻点，复眼内缘平行。单眼呈低三角形排列，前单眼的后切线与后单眼刚好相切，前单眼和一个后单眼的间距等于后单眼直径。触角明显短于体长，节间连接紧密，端前节长仅稍大于宽。中胸背板稍带光泽，具较浅的细刻点，刻点间距约等长于刻点直径，刻点在假想盾纵沟末端稍融合成浅的刮纹，末端小范围内光滑无刻。小盾片前沟稍弯、窄，内具若干纵脊。小盾片光亮，几无刻点，末端稍宽，中间长度不长于基部宽度。小盾片侧边光滑区向上延伸不到小盾片中部。并胸腹节具光泽，前端具短的不规则脊和稀浅刻点，中区窄，末端 V 形，无分脊，后侧区和中区光滑。中胸侧板具高光泽，前半部略暗，具稀浅刻点。T1 前半部稍平行，末端强收窄，短，长为端宽的 3.6 倍，基部近 1/2 稍凹，翻转部分少光泽，具浅的皱状刻点，中槽浅，末端突起部分具高亮泽、光滑。T2 光滑具光泽，侧边具少数极浅的刻点，宽为中间长度的 3 倍，末缘稍向 T3 弯曲。T3 为 T2 长的 1.8 倍（9.0∶5.0）。T3 及其后的背板光亮平滑且少毛。肛下板明显长于腹末。产卵管鞘约 1.2 倍长于后足胫节长度。体黑色，除了腹部略带褐色。翅基片浅褐色。下颚须和下唇须浅白，末端稍带黄褐色。胫节距色浅。触角和产卵管鞘褐色。上唇和上颚深褐色。足红黄褐色，除了基节深褐色，前、中足胫节和跗节黄色。翅透明，C+SC+R脉、1-R1脉、翅痣红褐色，其他脉多少带极浅褐色。

分布：浙江（杭州、金华、龙泉）、陕西、甘肃、上海、湖南、福建、台湾。

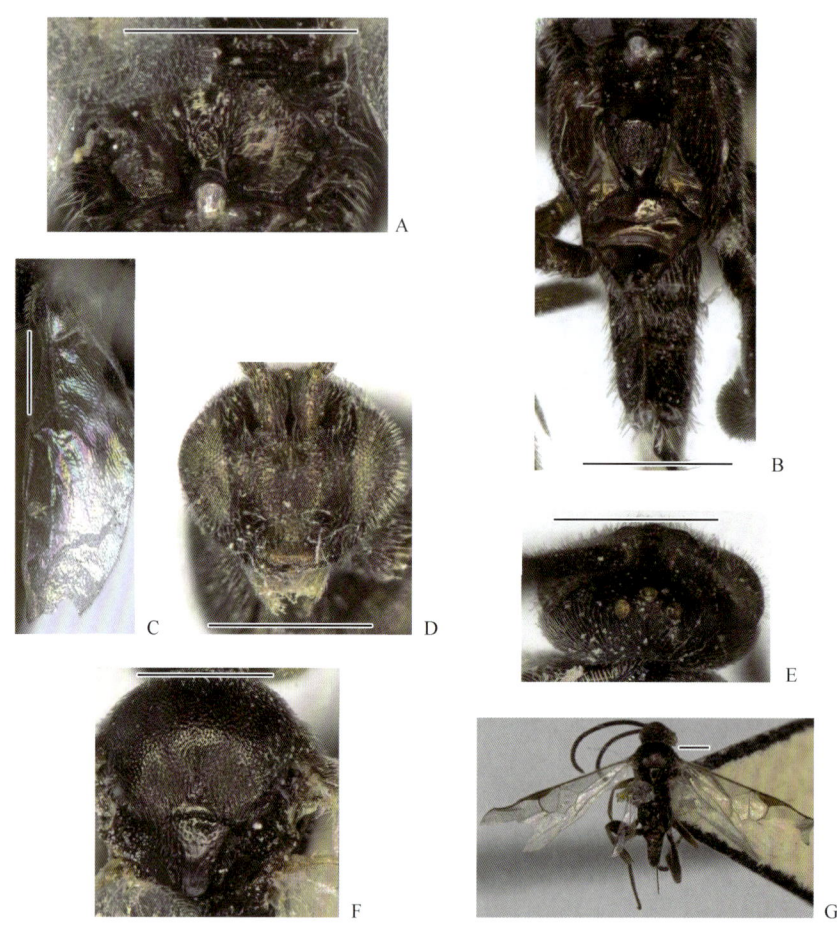

图 1-182 恒春绒茧蜂 *Apanteles heichinensis* Sonan, 1942

A. 并胸腹节；B. 腹部，背面观；C. 后翅；D. 头，前面观；E. 头，背面观；F. 中胸背板和小盾片，背面观；G. 整体，背面观（标尺为 0.5 mm）

B. 硕肛绒茧蜂种团 *grandiculus*-group

（485）长尾绒茧蜂 *Apanteles longicaudatus* You et Zhou, 1991（图 1-183）

Apanteles longicaudatus You et Zhou, 1991: 39.

主要特征：雌，复眼和后单眼间的头顶部分表面具光泽，表面具极小浅刻点。上颊稍暗淡，具密的粗刻点，复眼相较上颊强突出。颜面高为宽的 0.7，具光泽，表面具浅、弱刻点，多毛，复眼内缘平行。单眼大，呈高三角形排列，前单眼的后切线与后单眼刚好不相切，前单眼和一个后单眼的间距明显短于后单眼直径。触角稍短于体长，节间连接紧密，端前节长为宽的 3 倍。中胸背板具光泽，具浅细刻点，刻点间距明显大于刻点直径。小盾片前沟稍弯、极窄，其内的纵脊不明显。小盾片具高光泽，具极弱、细刻点，末端稍宽，中间长度稍长于基部宽度。小盾片侧边光滑区向上延伸到小盾片基部。并胸腹节具高光泽，前半部具极弱的细刻点，其他部位光滑除了腹孔上缘两侧具细皱。中胸侧板具高光泽，其极前端具极弱的不明显刻点。T1 从基部向端部收窄，长为端宽的 2.8 倍，基部 2/5 强凹，全部光滑无刻纹。T2 具高光泽，光滑，梯形，宽为中间长度的 1.8 倍，末端稍向 T3 弯曲。T3 为 T2 长的 1.51 倍（6.5∶4.3）。T3 及其后的背板具光泽、光滑、少毛。肛下板明显长于腹末。产卵管鞘为后足基胫节的 2.6 倍。体黑色。翅基片黄色。触角（除了柄节大部分黄色）和产卵管鞘褐色。下颚须、下唇须和胫节距色浅。上唇和上颚红黄色。足红黄色，除了基节深褐色至黑色及后足跗节颜色稍深。翅透明，C+SC+R 脉、1-R1 脉、翅痣边缘、r 脉、2-SR 脉及 2-M 脉黄褐色，其他脉多少无色，翅痣中间稍浅。雄，触角长于体，翅透明，但不呈乳白色，其余同雌蜂[本研究未见本种雄性标本，此描述来自游兰韶（1991）原始描述]。

分布：浙江（遂昌）、江西、福建。

图 1-183 长尾绒茧蜂 *Apanteles longicaudatus* You et Zhou, 1991
A. 整体，背面观；B. 后翅；C. 中胸盾片和小盾片，背面观；D. 并胸腹节和腹部，背面观；E. 产卵管鞘；F. 头，背面观；G. 头，前面观
（标尺为 0.5 mm）

（486）小背绒茧蜂 *Apanteles parvus* Liu et Chen, 2014

Apanteles parvus Liu et Chen, 2014: 441.

主要特征：雌，上颊带光泽，具明显刻点，末端强收窄。颜面略横形，高为宽的 0.7，具光泽、浅刻点、少毛，复眼内缘平行。前单眼的后切线与后单眼几乎不相切。触角为体长的 0.8，端前节长不足 2 倍于宽。中胸背板具光泽，具深刻点，刻点间距不小于刻点直径，末端刻点变稀。小盾片前沟弧形，其内具窝状沟。小盾片带光泽，具稀刻点。并胸腹节光滑，具相当浅刻点，腹孔周围具强辐射状皱纹。中胸侧板高光滑，其前半端具均匀毛状刻点。T1 从基部向端部收窄，基宽为端宽的 1.7 倍，基部 2/5 凹陷，除边缘具稀浅刻点外大部分光滑具光泽，末端前缘具横向弱皱。T2 亚三角形，末端向 T3 强弯曲。T3 为 T2 长的 2.2 倍。

T1 后背板具高光泽且光滑。产卵管鞘约大于后足基胫节的 2 倍, 窄、边缘平行。肛下板尖形且明显长于腹部末端。体黑色, 除了 T2 后续背板末端 1/4 浅黄色。触角和产卵管鞘均匀深褐色。翅基片、下颚须、下唇须和胫节距浅黄色。上唇和上颚红黄色。足亮红黄色, 除了基节黑色。翅透明, C+SC+R 脉、1-R1 脉、翅痣边缘、r 脉、2-SR 脉、2-M 脉褐色, 其他脉多少无色。

分布: 浙江 (临安、开化、龙泉)、山西、河南、福建、广东。

C. 乳翅绒茧蜂种团 metacarpalis-group

（487）竹尖蛾绒茧蜂 Apanteles cosmopterygivorus Liu et Chen, 2014 （图 1-184）

Apanteles cosmopterygivorus Liu et Chen, 2014: 443-444.

主要特征: 雌, 复眼背面观为上颊长度的 1.4 倍。上颊具不明显浅毛状刻点, 末端稍收窄。颜面近方形, 高为宽的 0.9, 稍带光泽, 具不明显刻点, 稍膨胀, 中间具不明显沟, 少毛, 复眼内缘平行至亚平行, 唇基末缘微凹。前单眼的后切线与后单眼相切, 前后单眼间距等于后单眼直径。触角明显长于体长, 端前节长约为宽的 2 倍。中胸背板稍带光泽, 具深的稀刻点, 刻点间距大于刻点直径。小盾片前沟稍弯、窄, 其内具若干脊。小盾片具高光泽, 具极少的不明显刻点。并胸腹节具高光泽, 除了前端稍不平、具退化的不明显刻点, 后侧区稍光滑, 腹孔上缘伸出两条短脊。中胸侧板高光滑, 其前半部具不明显的稀的毛状刻点。T1 前半部两侧平行, 但中间开始突然向末端强收窄, 基宽为端宽的 1.7 倍, 1.4 倍长于基部宽度。前

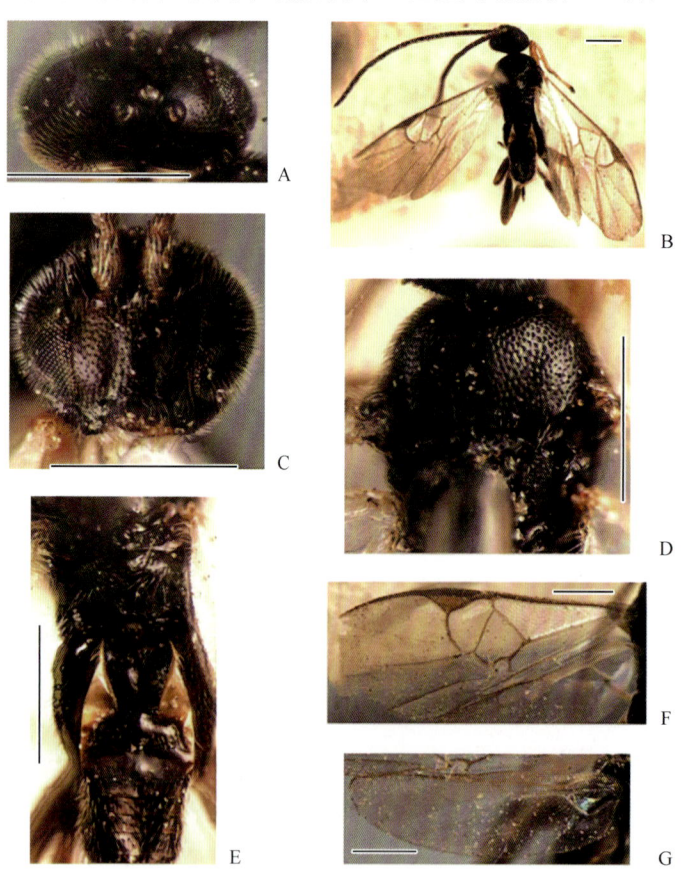

图 1-184 竹尖蛾绒茧蜂 *Apanteles cosmopterygivorus* Liu et Chen, 2014

A. 头, 背面观; B. 整体, 背面观; C. 头, 前面观; D. 中胸背板和小盾片, 背面观; E. 并胸腹节和 T1-T3, 背面观; F. 前翅; G. 后翅

（标尺为 0.5 mm）

端稍凹，光滑、无刻点、具光泽。T2 相对横形，末端向 T3 稍弯，2.4 倍宽于中间长。T3 为 T2 长的 1.4 倍。T1 后续背板相对光滑、具光泽且差不多全覆毛（除了 T2、T3 前半部）。肛下板稍短于腹部末端。产卵管鞘很短，约为后足基跗节的 2/3，相对窄。体深红褐色。下颚须、下唇须和胫节距浅色。翅基片褐色。触角及产卵管鞘均匀深褐色。上唇及上颚浅红褐色。足大部分亮红褐色，除了前足腿节、前中足胫节和跗节亮黄色，后足胫节和跗节稍烟褐色。翅透明，稍烟褐色，C+SC+R 脉、1-R1 脉及翅痣褐色，r 脉、2-SR 脉、2-M 脉及其他脉浅褐色。

分布：浙江（富阳、临安、龙泉）。

注：本种由于较长的痣后脉、相对横形的 T2 及较长的 cu-a 脉，为乳翅绒茧蜂种团 *metacarpalis*-group 中变异。其可能为绒茧蜂属乳翅绒茧蜂种团和长颊茧蜂属滑茧蜂种团的过渡种。此外，本种与乌黑绒茧蜂 *A. corvinus* Reinhard 相似，但可由以下特征相区分：产卵管鞘非常短，为后足基跗节的 2/3 且两侧平行（后者等于后足跗节的第 1–2 节长）；T1 前半部两侧平行，但中间开始突然向末端强收窄（后者从基部向端部渐窄）；触角明显长于体长（后者约相等）。

D. 直翅绒茧蜂种团 *mycetophilus*-group

（488）白痣绒茧蜂 *Apanteles artustigma* Liu et Chen, 2015（图 1-185）

Apanteles artustigma Liu et Chen, 2015: 379-380.

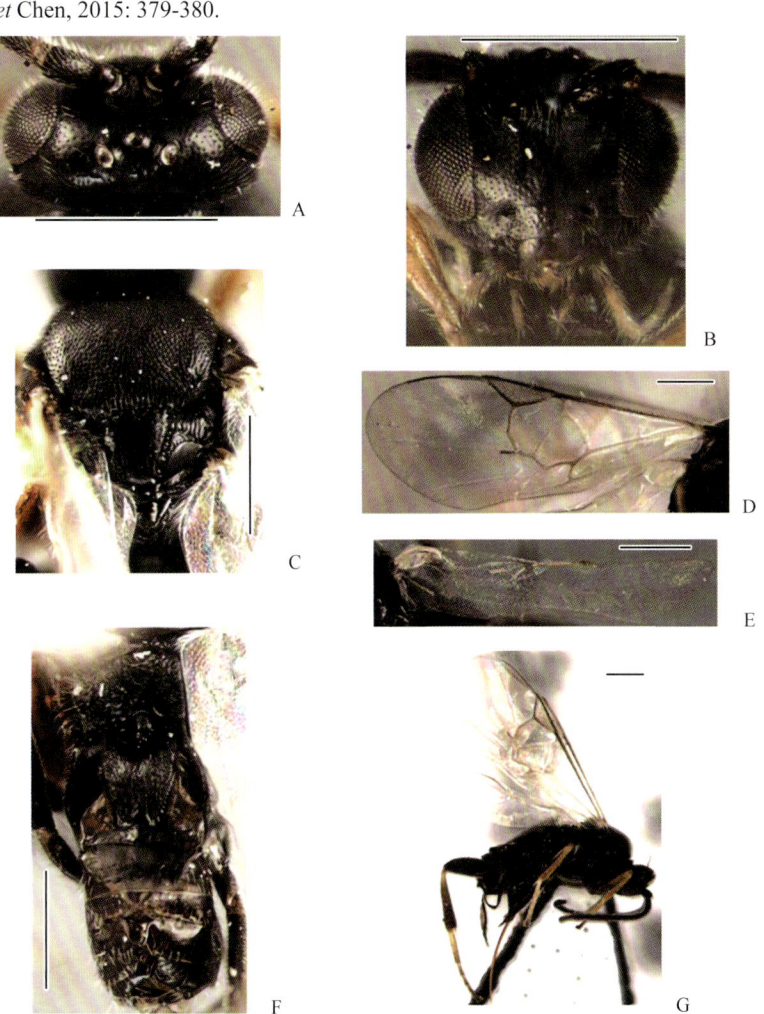

图 1-185 白痣绒茧蜂 *Apanteles artustigma* Liu et Chen, 2015

A. 头，背面观；B. 头，前面观；C. 中胸背板，背面观；D. 前翅；E. 后翅；F. 并胸腹节和 T1-T3，背面观；G. 整体，侧面观（标尺为 0.5 mm）

主要特征：雌，颜面横形，高为宽的 0.6，具高光泽，中间稍突起，具稀毛和稍融合的小刻点，复眼内缘平行。单眼较小，前单眼和后单眼间距不短于后单眼直径，前单眼的后切线与后单眼相切，头顶明显突起。中胸背板具高光泽、细密刻点，刻点间距不小于刻点直径，多银灰色毛。小盾片前沟稍直、窄，其内具稀的若干脊。小盾片光滑，仅边缘具少数不明显刻点。并胸腹节较暗淡，前面具弱皱状刻点，大部分强皱，除了后侧区小范围光滑。中胸侧板高光滑，其前半部具均匀浅刻点。腹部稍长于胸部长（43.5：41.0）。T1 向端部收窄，基宽为端宽的 1.5 倍，非常短，仅 1.3 倍长于基部宽度。基部 2/5 凹陷，较暗淡，具纵皱，散布浅刻点至末端光滑的突起部位。T2 较横形，末端稍向 T3 弯曲，宽为中间长度的 4.2 倍，具弱皱。T3 长为 T2 的 2 倍。T1 后续背板相对光滑、具光泽。肛下板长于腹部末端。产卵管鞘稍长于后足胫节，较窄，具直立稀毛。体黑色。触角鞭节、翅基片和产卵管鞘褐色。上唇和上颚红褐色。下颚须、下唇须深色。前中足胫节和跗节黄色，前中足腿节、后足胫节、后足跗节和转节红褐色，基节和后足腿节黑色。后足胫节距浅黄色。前翅透明，1-R1 脉、C+SC+R 脉及翅痣边缘黄褐色，翅痣大部分白色，其他脉无色。

分布：浙江（杭州）、广东。

E. 白角绒茧蜂种团 *taeniaticornis*-group

（489）科农绒茧蜂 *Apanteles conon* Nixon, 1965

Apanteles conon Nixon, 1965: 124.

主要特征：雌，体长 3.1 mm，前翅长 3.1 mm。复眼和侧单眼间的头顶部分具高光泽，表面光滑具极浅细刻点。上颊稍暗，稍不平、几无刻点，后方强收窄。颜面高为宽的 0.86，稍带光泽，表面光滑、几无刻点，复眼内缘近平行。单眼大，呈低三角形排列，中单眼的后切线与侧单眼相割，中单眼和一个侧单眼的间距明显小于单眼直径。触角稍长于体长，节间连接紧密，端前节长为宽的 1.4 倍。中胸背板带光泽，具极细的稀刻点，刻点间距明显大于刻点直径，刻点在假想盾纵沟末端稍融合成极弱的不明显纵刮纹。小盾片前沟弯曲、窄，内具若干纵脊。小盾片具高光泽，光滑无刻点，末端稍宽，中间长度稍长于基部宽度。小盾片侧边光滑区向上延伸到盾片中部。并胸腹节稍带光泽，前侧区弱皱，中区基部开口、末端 V 形，分脊强，后侧区和中区光滑无脊。中胸侧板具高光泽，前端暗，具密的粗刻点，外缘上端刻点皱。T1 强楔形，长为端宽的 4.6 倍，基部近 1/3 凹陷，翻转部分暗淡，长为宽的 2 倍，中槽稍浅，两侧具皱状刻点，末端突起部位光滑。T2 稍带光泽，光滑无刻，宽为中间长度的 3.9 倍，末端中间向 T3 弯曲。T3 为 T2 长的 2 倍（9.0：4.5）。T3 及其后的背板高光亮、光滑、多毛。肛下板明显长于腹末。产卵管鞘约等于后足胫节。体黑色。三角片黄褐色。触角和产卵管褐色。下颚须、下唇须和胫节距色浅。上唇和上颚红黄褐色。足黄色到红黄色，除了后足基节大部分褐色，后足胫节端部 2/5 及后足跗节大部分褐色。翅透明，带褐色，C+SC+R 脉、1-R1 脉、翅痣及其他脉多少黄褐色。

分布：浙江（安吉、杭州、遂昌、松阳、龙泉）、北京、山东、甘肃、安徽、湖北、福建、台湾、广东、海南、四川、贵州、云南；韩国，菲律宾，印度尼西亚。

193. 长颊茧蜂属 *Dolichogenidea* Viereck, 1911

Apanteles (*Dolichogenidea*): Viereck, 1911: 173. Type species: *Apanteles banksi* Viereck, 1911.
Dolichogenidea Viereck: Mason, 1981: 34; Papp, 1988: 146; Chen & Song, 2004: 95.

主要特征：肛下板中等至大，通常中间具一系列纵刻纹但至少中间通常具清晰褶；产卵管鞘通常长且整体具毛；产卵管直至稍弯；T1 长通常大于宽且两侧近平行或桶形或向端部稍加宽，但绝不向末端强收窄，其上中后端通常具一纵凹。T2 宽大于长；T3 稍微至明显长于 T2；并胸腹节具粗糙刻纹至光滑，绝无中纵脊痕迹，有中区或无，分脊有或无，若有分脊，则后侧区明显横形；后翅臀瓣最宽处外方均匀突起具微毛；中胸背板通常具均匀分布刻点，其末端极少具皱或纵刻条。

生物学：幼虫典型单性寄生且寄生于鳞翅目小蛾类，但有时也聚寄生或寄生于大蛾类。

分布：世界广布。世界已知 230 种，中国记录 44 种，浙江分布 12 种。

分种检索表

1. 并胸腹节通常具发达的中区和分脊；翅痣大多黄褐色至褐色，偶尔具浅色基斑 ··· 2
- 并胸腹节最多仅具中区痕迹，绝无分脊；翅痣大部分具浅色基斑 ··· 7
2. 后足腿节黄色至红黄色，最多烟褐色 ··· 3
- 后足腿节黑褐色至黑色 ··· 5
3. 产卵管鞘明显短于后足胫节 ·· 夜蛾长颊茧蜂 *D. priscus*
- 产卵管鞘不短于后足胫节 ·· 4
4. T2 具强皱至弱皱 ·· 白蛾孤独长颊茧蜂 *D. singularis*
- T2 光滑至近光滑 ·· 绢野螟长颊茧蜂 *D. stantoni*
5. 产卵管鞘短于后足腿节 ··· 索纳长颊茧蜂 *D. sonani*
- 产卵管鞘长，至少等长于后足胫节 ·· 6
6. 翅痣深色，翅痣具浅色基斑 ·· 蓑蛾长颊茧蜂 *D. metesae*
- 翅痣无浅色基斑 ··· 乳色长颊茧蜂 *D. lacteicolor*
7. 腹部大部分黑色或红褐色 ·· 8
- 腹部大部分黄色 ·· 黄腹长颊茧蜂 *D. flavigastrula*
8. 产卵管鞘极宽（等宽于后足跗节第 2 节）·· 9
- 产卵管鞘通常窄 ·· 10
9. 胸部短于腹部；T2 为 T3 中间长的一半；T1 后半部具皱；T2 不平整至具微弱皱；各背板较暗淡（足有时多少黑色）··············
 ·· 悦长颊茧蜂 *D. dilecta*
- 胸部长于腹部；T2 明显超过 T3 中间长的一半；T1 后半部散布浅刻点；T2 最多稍不平整；各背板较光亮且光滑 ···············
 ·· 宽尾长颊茧蜂 *D. laticauda*
10. T1 向端部稍微或明显加宽 ··· 11
- T1 两侧平行或向端部极收窄 ·· 大蓑蛾长颊茧蜂 *D. claniae*
11. 后足胫节外侧刺更密 ··· 杨透翅蛾长颊茧蜂 *D. paranthreneus*
- 后足胫节外侧刺分散且稀疏 ··· 滑长颊茧蜂 *D. laevigata*

（490）大蓑蛾长颊茧蜂 *Dolichogenidea claniae* (You et Zhou, 1990)（图 1-186）

Apanteles claniae You *et* Zhou, 1990: 152.
Dolichogenidea claniae: Chen & Song, 2004: 109.

主要特征：雌，复眼和后单眼间的头顶部分表面无光泽，稍粗糙、具弱刻点。上颊暗淡，粗糙、具不明确刻点，后面稍收窄。颜面高为宽的 0.8，稍具光泽，表面具极细毛点，复眼内缘下端强收窄。单眼大，呈低三角形排列，前单眼的后切线与后单眼相切，前单眼和一个后单眼的间距稍小于后单眼直径。触角明显长于体长，节间连接紧密，端前节长为宽的 1.5 倍。中胸背板稍带光泽，具极浅、弱刻点，刻点间距小于刻点直径。小盾片前沟两侧稍弯、窄，内具若干纵脊。小盾片具光泽，光滑无刻点，末端宽，中间长度长于基部宽度。小盾片侧边光滑区向上延伸到小盾片中部。并胸腹节稍具光泽，前侧区具弱皱状刻点，中区仅末端具不清晰短脊，无分脊，后侧区和中区光滑。中胸侧板具高光泽，其极前端几无刻点。T1 两侧平行，长为端宽的 1.2 倍，基部近 1/3 稍凹，翻转部分具光泽，末端 1/3 具若干明显刻点，两侧具弱的纵刻条。T2 少光泽，稍粗糙，边缘具极弱的短刻纹，宽为中间长度的 3.6 倍，末缘向 T3 稍弯曲。T3 为 T2 长的 1.6 倍。T3 及其后的背板少光亮、平滑且多毛。肛下板短于腹末。产卵管鞘稍长于后足胫节，末端明显缢缩。体黑色。翅基片浅黄褐色。下颚须、下唇须和胫节距色浅。触角（除了柄节黄色）和产卵管鞘褐色。上唇和上颚黄色。足浅黄色到黄色，除了基节深褐色至黑色，后足胫节端部 2/5 稍褐色（后足跗节浅黄色）。翅透明，稍带褐色，C+SC+R 脉、1-R1 脉、翅痣及其他脉黄褐色，翅痣具明显浅色基斑。

分布：浙江、吉林、江西、福建。

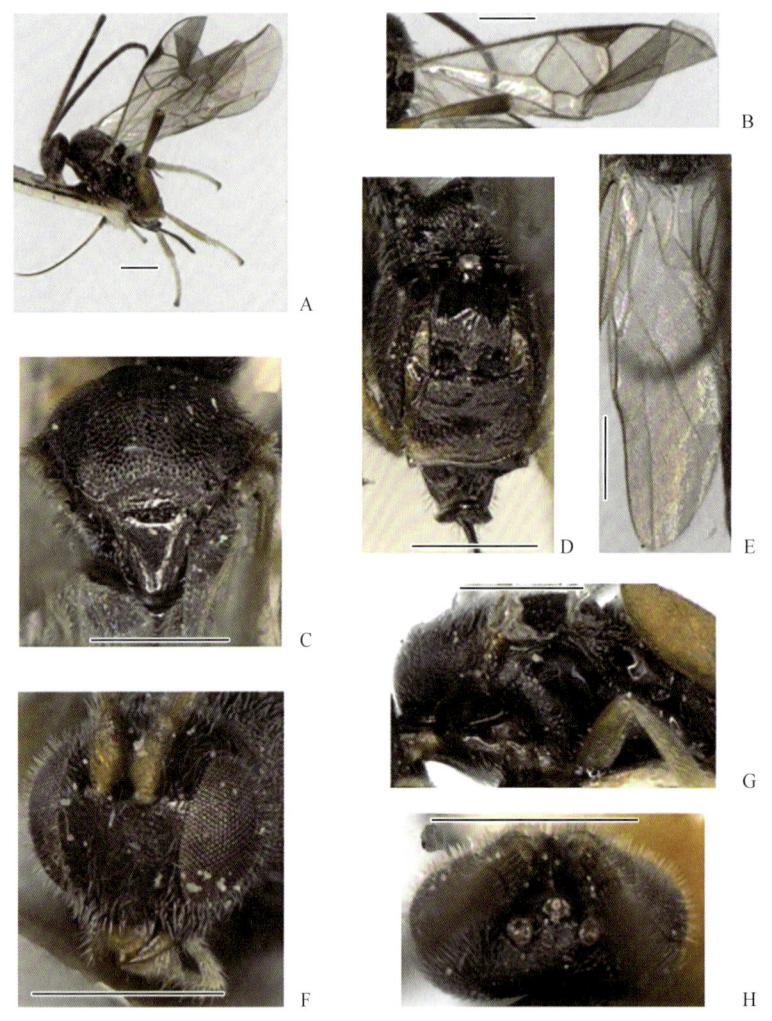

图 1-186 大篾蛾长颊茧蜂 *Dolichogenidea claniae* (You et Zhou, 1990)
A. 整体，侧面观；B. 前翅；C. 中胸背板和小盾片，背面观；D. 并胸腹节和腹部，背面观；E. 后翅；F. 头，前面观；G. 中胸侧板；H. 头，背面观（标尺为 0.5 mm）

（491）悦长颊茧蜂 *Dolichogenidea dilecta* (Haliday, 1834)（图 1-187）

Microgaster dilecta Haliday, 1834: 246.

Dolichogenidea dilecta: Mason, 1981: 36.

主要特征：雌，复眼和后单眼间的头顶部分表面具光泽，光滑无刻点。上颊暗淡，具浅密的不明确刻点，后面稍收窄。颜面高为宽的 0.78，少光泽，表面具浅、弱刻点，复眼内缘下端强收窄。单眼呈低三角形排列，前单眼的后切线与后单眼相切，前单眼和一个后单眼的间距约等于后单眼直径。触角短于体长，节间连接紧密，端前节长稍大于宽。中胸背板稍带光泽，具粗、深刻点，刻点间距小于刻点直径，后缘小范围光滑无刻。小盾片前沟稍弯、窄，内具若干纵脊。小盾片具高光亮，光滑具极浅细刻点，末端稍窄，中间长度稍长于基部宽度。小盾片侧边光滑区向上延伸不到小盾片中部。并胸腹节具高光泽，前侧区具弱刻点，中区仅末端两侧具短脊，无分脊，后侧区和中区光滑。中胸侧板具光泽，其极前端具极浅的弱刻点。T1 两侧近平行，末端稍收窄，长为端宽的 1.8 倍，基部近 1/3 稍凹，翻转部分具光泽，具弱皱状刻点，中槽不明显。T2 少光泽，几无刻纹，横长方形，宽为中间长度的 3.3 倍，末缘向 T3 稍弯曲。T3 为 T2 长的 1.8 倍。T3 及其后的背板少光亮、平滑且少毛。肛下板短于腹末。产卵管鞘约等于后足胫节。体黑色。翅基片深褐色。下颚须、下唇须和胫节距色浅。触角和产卵管鞘褐色。上唇和上颚黄褐色。足浅黄色到黄色，除了基节深褐色至黑色，后足胫节端部 1/3 及后足跗节端跗节褐色。翅透明，C+SC+R 脉、1-R1 脉及翅痣黄褐色，r 脉、2-SR 脉及 2-M 脉浅黄色，其他脉多少无色，翅痣具浅色基斑。

分布：浙江（开化）、福建；古北区，东洋区。

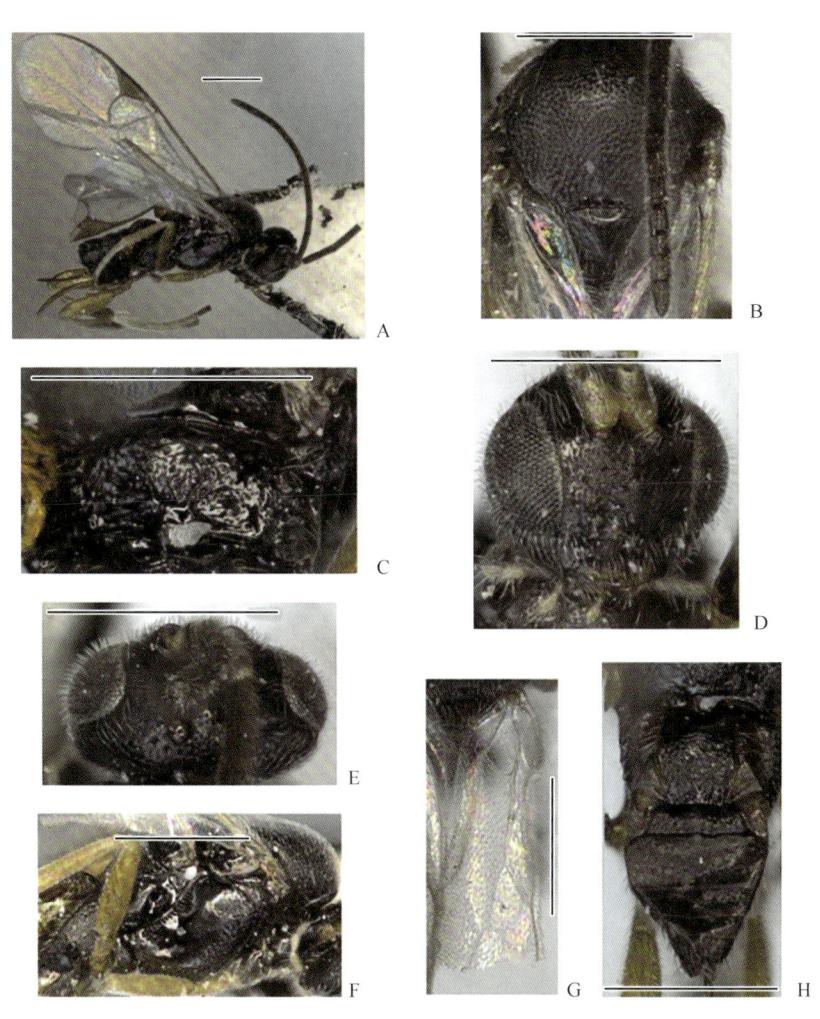

图 1-187　悦长颊茧蜂 *Dolichogenidea dilecta* (Haliday, 1834)

A. 整体，侧面观；B. 中胸背板和小盾片，背面观；C. 并胸腹节；D. 头，前面观；E. 头，背面观；F. 中胸侧板；G. 后翅；H. 腹部，背面观（标尺为 0.5 mm）

(492) 黄腹长颊茧蜂 *Dolichogenidea flavigastrula* Chen et Song, 2004（图 1-188）

Dolichogenidea flavigastrula Chen et Song, 2004: 116.

主要特征：雌，复眼和后单眼间的头顶部分表面少光泽，具稀浅的细刻点。上颊暗淡，具浅的不明确刻点，后面强收窄。颜面高为宽的 0.8，少光泽，表面具稀的极浅刻点，复眼内缘近平行。单眼大，呈低三角形排列，前单眼的后切线与后单眼相割，前单眼和一个后单眼的间距明显小于后单眼直径。触角稍长于体长，节间连接紧密，端前节长为宽的 1.6 倍。中胸背板具光泽，具较浅的完整刻点，刻点间距大于刻点直径，刻点在中胸背板末端更稀至极末端无刻点。小盾片前沟直、宽，内具稀的若干纵脊。小盾片具高光亮，光滑无刻点，末端宽，中间长度不长于基部宽度。小盾片侧边光滑区向上延伸到小盾片中部。并胸腹节短，稍具光泽，前侧区具明显刻点，后缘略皱状，中区凹，中区仅具末端 V 形脊，无分脊，后侧区和中区光滑。中胸侧板具高光泽，其极前端略暗，具稀浅刻点。T1 两侧平行，长为端宽的 1.5 倍，基部近 1/2 稍凹，翻转部分少光泽，具皱状刻点，两侧具纵刻条，中槽大、光滑。T2 具光泽，具细弱纵刻条，宽为中间长度的 3.8 倍，末缘向 T3 弯曲。T3 为 T2 长的 2 倍（10.0∶5.0）。T3 及其后的背板光亮、平滑且少毛。肛下板不长于腹末。产卵管鞘稍长于后足胫节长度。体黑色，除了腹部大部分黄色到黄褐色。翅基片红褐色。下颚须、下唇须和胫节距色浅。触角和产卵管鞘褐色。上唇和上颚红黄色。足黄色，除了基节深褐色至黑色，后足胫节端半部及后足跗节（除了后足基跗节基半部黄白色）深褐色。翅透明，C+SC+R 脉、1-R1 脉、翅痣及其他脉褐色，翅痣具大的浅色基斑。

分布：浙江（杭州）、福建、贵州。

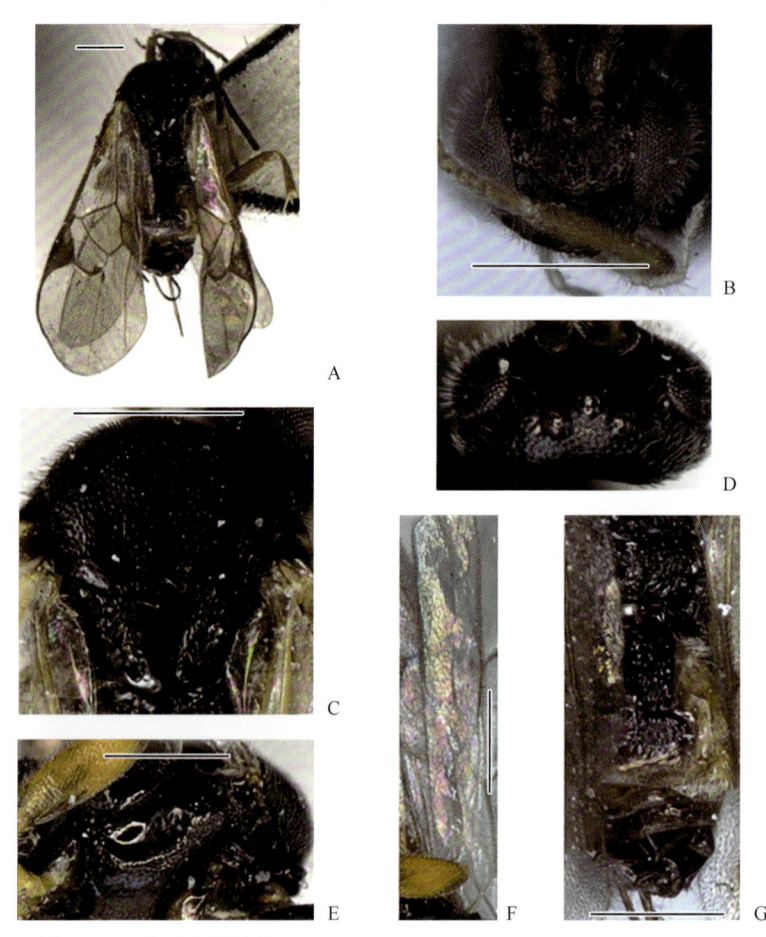

图 1-188 黄腹长颊茧蜂 *Dolichogenidea flavigastrula* Chen et Song, 2004
A. 整体，背面观；B. 头，前面观；C. 中胸背板和小盾片，背面观；D. 头，背面观；E. 中胸侧板；F. 后翅；G. 并胸腹节和腹部，背面观（标尺为 0.5 mm）

（493）滑长颊茧蜂 *Dolichogenidea laevigata* (Ratzeburg, 1848)（图 1-189）

Microgaster laevigata Ratzeburg, 1848: 50.
Dolichogenidea laevigata: Mason, 1981: 36.

主要特征：雌，复眼和后单眼间的头顶部分表面具光泽，具浅密刻点。上颊暗淡，具浅密的不明确刻点，后面强收窄。颜面高为宽的 0.84，少光泽，表面具极浅刻点，复眼内缘下端强收窄。单眼呈低三角形排列，前单眼的后切线与后单眼相割，前单眼和一个后单眼的间距稍小于后单眼直径，后单眼中间有一浅沟向后延伸到后头。触角约等于体长，节间连接紧密，端前节长为宽的 1.4 倍。中胸背板稍带光泽，具极密的浅刻点，刻点间距明显小于刻点直径，后缘小范围光滑无刻。小盾片前沟稍弯、窄，内具若干纵脊。小盾片具高光亮，光滑具极浅细刻点，末端宽，中间长度不长于基部宽度。小盾片侧边光滑区向上延伸超过小盾片中部。并胸腹节短，稍具光泽，前侧区具明显深、粗刻点，中区稍凹，中区仅末端两侧具梳状脊，无分脊，后侧区和中区光滑。中胸侧板具高光泽，其前端具浅的稀刻点。腹部 1.1 倍长于胸部长。T1 两侧平行或近端部稍宽，长为端宽的 1.4 倍，基部近 1/3 稍凹，翻转部分具光泽，长约等于宽，具粗浅刻点，边缘具纵皱中槽大、极浅。T2 无光泽，稍粗糙，具极弱的刻纹和刻点，横长方形，宽为中间长度的 4 倍，末缘向 T3 稍弯曲。T3 为 T2 长的 1.8 倍。T3 及其后的背板少光亮、平滑且少毛。肛下板不长于腹末。产卵管鞘为后足胫节的 1.1 倍。体黑色，除了 T3 端部红黄色及后续背板稍褐色具浅色末缘。翅基片红黄色。

图 1-189 滑长颊茧蜂 *Dolichogenidea laevigata* (Ratzeburg, 1848)

A. 整体，侧面观；B. 头，背面观；C. 并胸腹节；D. 中胸背板和小盾片，背面观；E. 翅；F. 头，前面观；G. 腹部，背面观；H. 中胸侧板（标尺为 0.5 mm）

下颚须、下唇须和胫节距色浅。触角和产卵管鞘褐色至黑色。上唇和上颚红褐色。足黄色，除了基节深褐色至黑色，后足胫节端部 1/3 及后足跗节大部分褐色。翅透明，稍带褐色，C+SC+R 脉、1-R1 脉、翅痣及其他脉褐色，翅痣具浅色基斑。

分布：浙江（德清、安吉、杭州、开化）、河北、陕西、江苏、福建、广东、贵州、西藏；古北区，东洋区。

（494）宽尾长颊茧蜂 *Dolichogenidea laticauda* Chen et Song, 2004（图 1-190）

Dolichogenidea laticauda Chen et Song, 2004: 126.

主要特征：雌，复眼和后单眼间的头顶部分表面具光泽，光滑、具极细刻点。上颊暗淡，具不明确刻点，后面稍收窄。颜面高为宽的 0.95，稍具光泽，多毛，表面具极细刻点，复眼内缘下端强收窄。单眼大，呈低三角形排列，前单眼的后切线与后单眼相割，前单眼和一个后单眼的间距稍小于后单眼直径。中胸背板稍带光泽，具细、密、浅刻点，刻点间距不小于刻点直径。小盾片前沟直、窄，内具若干纵脊。小盾片具光泽，光滑无刻点，末端宽，中间长度不长于基部宽度。小盾片侧边光滑区向上延伸超过小盾片中部。并胸腹节稍具光泽，前侧区具强刻点，中区仅末端具不清晰短脊，无分脊，后侧区和中区光滑。中胸侧板具高光泽，其极前端具极浅的弱刻点。T1 两侧平行，末端或稍收窄，长为端宽的 1.3 倍，基部近 1/3 稍凹，

图 1-190　宽尾长颊茧蜂 *Dolichogenidea laticauda* Chen et Song, 2004

A. 整体，侧面观；B. 中胸侧板；C. 后翅；D. 头，背面观；E. 中胸背板和小盾片，背面观；F. 腹部，背面观；G. 头，前面观；H. 并胸腹节；I. 前翅（标尺为 0.5 mm）

翻转部分具光泽，末端 1/3 具若干粗刻点，两侧具弱的纵刻条。T2 少光泽，边缘具极弱的短刻纹，宽为中间长度的 3.8 倍，末缘向 T3 强弯曲。T3 为 T2 长的 1.5 倍。T3 及其后的背板少光亮、平滑且多毛。肛下板不长于腹末。产卵管鞘约为后足胫节的 1.14 倍，宽。体黑色，腹部 T3 及后续背板边缘及后侧黄褐色。翅基片黄褐色。下颚须、下唇须和胫节距色浅。触角（除了柄节黄色）和产卵管鞘褐色。上唇和上颚红褐色。足浅黄色到黄色，除了基节深褐色至黑色，后足胫节端部 1/3 稍褐色。翅透明，稍带褐色，C+SC+R 脉、1-R1 脉、翅痣、r 脉、2-SR 脉及 2-M 脉黄褐色，其他脉浅黄褐色，翅痣具明显浅色基斑。

分布：浙江（建德）、北京、福建。

（495）杨透翅蛾长颊茧蜂 *Dolichogenidea paranthreneus* (You *et* Dang, 1987)（图 1-191）

Apanteles paranthreneus You *et* Dang, 1987: 278.
Dolichogenidea paranthreneus: Chen & Song, 2004: 131.

主要特征：雌，复眼和后单眼间的头顶部分表面具光泽，光滑具稀的细刻点。上颊暗淡，稍不平，无明确刻点，后面强收窄。颜面高为宽的 0.76，少光泽，表面具极浅、弱刻点，复眼内缘下端稍收窄。单眼小，呈低三角形排列，前单眼的后切线与后单眼相切，前单眼和一个后单眼的间距稍大于后单眼直径。触角稍长于体长，节间连接紧密，端前节长为宽的 1.4 倍。中胸背板稍带光泽，具稍粗、深刻点，刻点间距小于刻点直径，末端刻点变稀、变浅。小盾片前沟直、窄，内具若干纵脊。小盾片无光泽，具极弱刻点，末

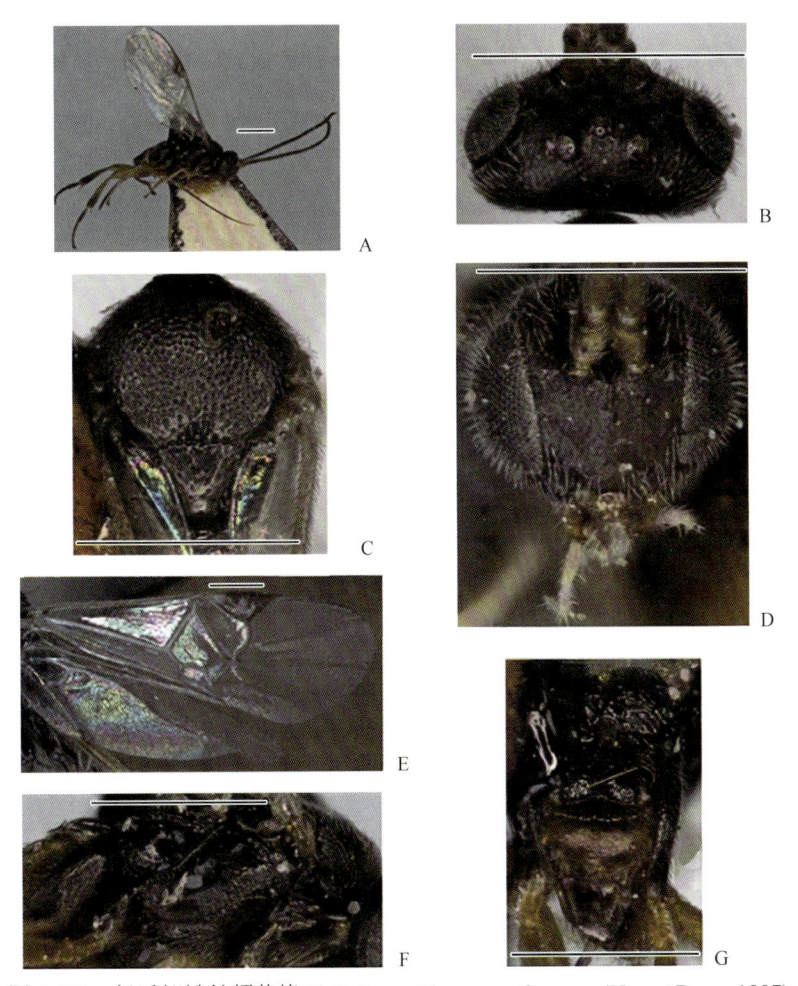

图 1-191 杨透翅蛾长颊茧蜂 *Dolichogenidea paranthreneus* (You *et* Dang, 1987)

A. 整体，侧面观；B. 头，背面观；C. 中胸背板和小盾片，背面观；D. 头，前面观；E. 翅；F. 中胸侧板；G. 并胸腹节和腹部，背面观（标尺为 0.5 mm）

端宽，中间长度不长于基部宽度。小盾片侧边光滑区向上延伸到小盾片中部。并胸腹节稍具光泽，前侧区具弱刻点，中区较完整，无分脊，后侧区和中区不平整具弱脊。中胸侧板具光泽，其极前端具极浅的弱刻点。腹部为胸部长的 0.81。T1 两侧平行，末端稍扩张，长为端宽的 1.3 倍，基部近 1/3 稍凹，翻转部分具光泽，两侧具弱纵刻条，中槽不明显。T2 少光泽，几无刻纹，宽为中间长度的 3.3 倍，末缘向 T3 强弯曲。T3 为 T2 长的 1.6 倍。T3 及其后的背板少光亮、平滑且少毛。肛下板不长于腹末。产卵管鞘约为后足胫节的 1.5 倍。体黑色，腹部大部分红褐色。翅基片黄色。下颚须、下唇须和胫节距色浅。触角（除了柄节大部分黄色）和产卵管鞘褐色。上唇和上颚红黄色。足浅黄色到黄色，除了基节深褐色至黑色，后足胫节端部 1/4 及后足跗节大部分褐色。翅透明，1-R1 脉及翅痣褐色，r 脉、2-SR 脉及 2-M 脉浅黄色，其他脉多少无色，翅痣具浅色基斑。

分布：浙江（天台）、山西、陕西、福建。

（496）乳色长颊茧蜂 *Dolichogenidea lacteicolor* (Viereck, 1911)（图 1-192）

Apanteles lacteicolor Viereck, 1911: 475.
Dolichogenidea lacteicolor: Mason, 1981: 36.

主要特征：雌，复眼和后单眼间的头顶部分表面稍带光泽，稍粗糙、无刻点。上颊暗淡，表面不平、无明显刻点，后面强收窄。颜面高为宽的 0.81，暗淡，表面粗糙、无刻点，复眼内缘下端稍收窄。单眼呈

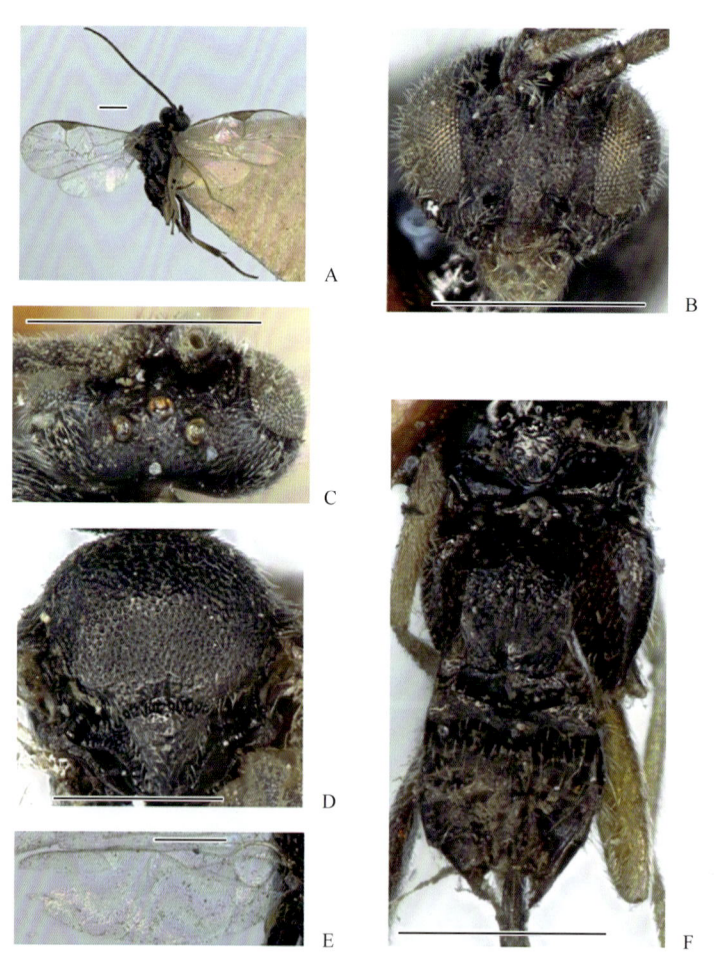

图 1-192　乳色长颊茧蜂 *Dolichogenidea lacteicolor* (Viereck, 1911)

A. 整体，侧面观；B. 头，前面观；C. 头，背面观；D. 中胸背板和小盾片，背面观；E. 后翅；F. 并胸腹节和腹部，背面观（标尺为 0.5 mm）

低三角形排列，前单眼的后切线与后单眼相切，前单眼和一个后单眼的间距约等于后单眼直径。触角约等于体长，节间连接紧密，端前节长为宽的 1.5 倍。中胸背板稍暗淡，具细密刻点，刻点间距明显小于刻点直径。小盾片前沟弯曲、稍宽，其内具稀的若干纵脊。小盾片稍具光泽，遍布细弱的刻点，末端窄，中间长度稍长于基部宽度。小盾片侧边光滑区向上延伸到小盾片中间。并胸腹节具光泽，中区及分脊明显隆起，中区基部开口、末端"V"形，中区和后侧区光滑无刻纹。中胸侧板具高光泽，其前端稍暗淡，具浅弱刻点。T1 两侧平行，长为端宽的 1.6 倍，基部近 1/3 凹陷，翻转部分稍暗淡，中间强皱，端部 2/5 具稍弱的纵刻条，末端突起部分光滑。T2 稍具光泽，稍不平、无明显刻纹，宽为中间长度的 2.8 倍，末端向 T3 强弯曲。T3 为 T2 中间长的 1.4 倍。T3 及其后的背板稍具光泽、光滑、少毛。肛下板短于腹末。产卵管鞘为后足胫节的 2/3，产卵管粗，末端突然缢缩。体黑色。翅基片、触角和产卵管鞘黑褐色。下颚须、下唇须和胫节距色浅。上唇及上颚红黄色。足褐色，除了基节深褐色至黑色、前足腿节大部分、前足胫节、前足跗节、中足腿节大部分、中足胫节、中足跗节及后足胫节基部 3/4 黄色或红黄色。翅透明，C+SC+R 脉、1-R1 脉、翅痣、r 脉、2-SR 脉及 2-M 脉黄褐色，其他脉多少浅黄褐色。雄，与雌蜂大体相似，除：T1 刻纹较弱；足色稍深；中胸背板刻点稍稀浅（触角残）。

分布：浙江（杭州、上虞、丽水）、山西、河南、湖南、福建、台湾、广西、贵州、云南；世界广布。

（497）蓑蛾长颊茧蜂 *Dolichogenidea metesae* (Nixon, 1967)（图 1-193）

Apanteles metesae Nixon, 1967: 15.
Dolichogenidea metesae: Chen & Song, 2004: 129.

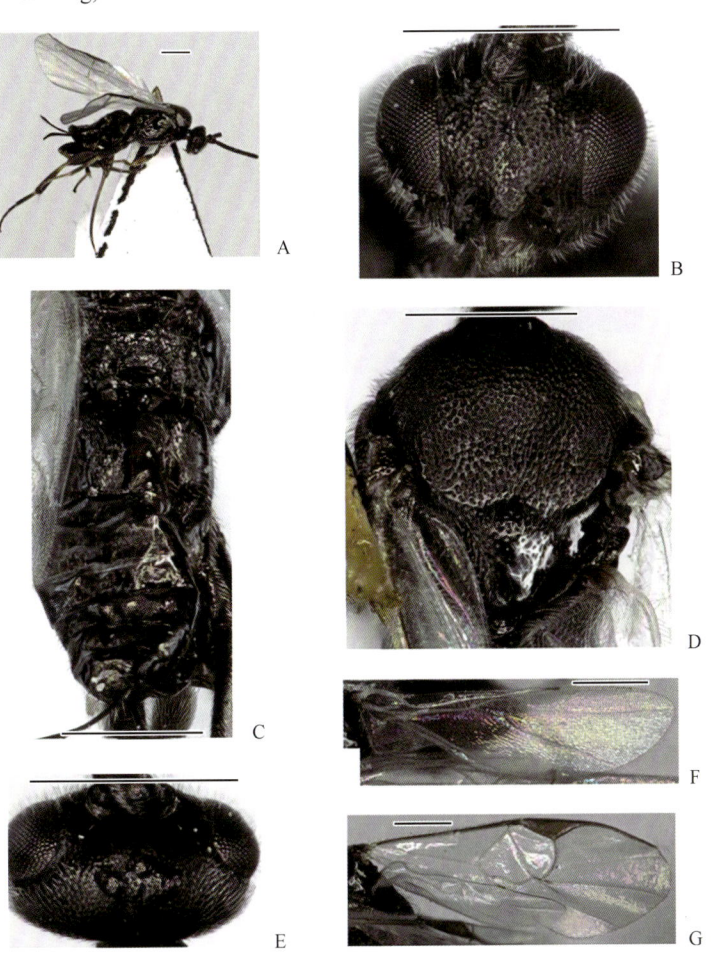

图 1-193 蓑蛾长颊茧蜂 *Dolichogenidea metesae* (Nixon, 1967)

A. 整体，侧面观；B. 头，前面观；C. 并胸腹节和腹部，背面观；D. 中胸背板和小盾片，背面观；E. 头，背面观；F. 后翅；G. 前翅（标尺为 0.5 mm）

主要特征：雌，复眼和后单眼间的头顶部分表面稍带光泽，具细密刻点。上颊暗淡，表面不平、具不明确刻点，后面稍强收窄。颜面高为宽的 0.81，暗淡，表面具粗、密刻点，复眼内缘下端稍收窄。单眼呈低三角形排列，前单眼的后切线与后单眼相切，前单眼和一个后单眼的间距约等于后单眼直径。触角鞭节残，仅剩 5 节。中胸背板具光泽，具粗、密、强刻点，刻点间距明显小于刻点直径，其末端刻点消失、表面光滑。小盾片前沟近直、窄，其内具稍稀的若干纵脊。小盾片稍具光泽，边缘具极细的明显刻点，末端宽，中间长度不长于基部宽度。小盾片侧边光滑区向上延伸超过小盾片中间。并胸腹节暗淡，中区及分脊稍清晰，中区基部封闭、末端"U"形，中区内稍不平、具少数不规则脊，后侧区光滑无刻纹。中胸侧板具高光泽，其前端稍暗淡，具清晰、强刻点。T1 两侧平行，长为端宽的 1.8 倍，基部近 1/3 凹陷，翻转部分稍暗淡，中间两侧具弱皱状刻点，端半部具极弱的不明显纵刻条，中槽大、浅，末端突起部分小、光滑。T2 具光泽，光滑无刻纹，宽为中间长度的 3.8 倍，末端向 T3 强弯曲。T3 为 T2 中间长的 1.5 倍。T3 及其后的背板具光泽、光滑、少毛。肛下板不长于腹末。产卵管鞘约等于后足胫节，产卵管粗。体黑色。翅基片黑色，触角和产卵管鞘黑褐色。下颚须、下唇须和胫节距色浅。上唇和上颚稍褐色。足褐色至黑色，除了前足腿节大部分、前足胫节、前足跗节、中足腿节极端部、中足胫节基部 1/3、中足跗节大部分及后足胫节基部 1/3 黄色或红黄色。翅透明，C+SC+R 脉、1-R1 脉、翅痣、r 脉、2-SR 脉及 2-M 脉黄褐色，其他脉多少无色。

分布：浙江（杭州）、上海、海南、广西。

（498）夜蛾长颊茧蜂 *Dolichogenidea priscus* (Nixon, 1967)（图 1-194）

Apanteles priscus Nixon, 1967: 24.
Dolichogenidea priscus: Chen & Song, 2004: 134.

主要特征：雌，复眼和后单眼间的头顶部分表面暗淡，表面稍粗糙、具极细刻点。上颊暗淡，粗糙、具不明确刻点，后面稍收窄。颜面高为宽的 0.71，少光泽，表面几无刻点，复眼内缘下端稍收窄。单眼呈低三角形排列，前单眼的后切线与后单眼相割，前单眼和一个后单眼的间距稍等于后单眼直径。触角稍长于体长，节间连接紧密，端前节长为宽的 2 倍。中胸背板稍带光泽，具粗、密刻点，刻点间距明显小于刻点直径。小盾片前沟近直、稍宽，其内具密的若干纵脊。小盾片稍具光泽，光滑，几无刻点，末端稍宽，中间长度不长于基部宽度。小盾片侧边光滑区向上延伸超过小盾片中部。并胸腹节稍具光泽，前侧区具少数细刻点，中区及分脊明显清晰，中区基部开口、末端"U"形，中区和后侧区光滑无刻纹。中胸侧板具光泽，其前端几无刻点。T1 近平行或两侧稍弧形，长为端宽的 1.5 倍，基部近 1/3 凹陷，翻转部分稍带光泽，中间具强皱纹，末缘 1/3 弱皱，末端突起部分小、光滑。T2 稍具光泽，前缘具弱刻纹，宽为中间长度的 2.8 倍，末端向 T3 稍弯曲。T3 不明显长于 T2。T3 及其后的背板少光泽、光滑、少毛。肛下板不长于腹末。产卵管鞘稍长于后足基跗节（1.1 倍）。体黑色。翅基片、触角和产卵管鞘黑褐色。下颚须、下唇须和胫节距色浅。上唇和上颚红黄色。足黄色至红黄色，除了基节深褐色至黑色，后足胫节端部 2/5 及后足跗节褐色。翅透明，C+SC+R 脉、1-R1 脉、翅痣、r 脉、2-SR 脉及 2-M 脉黄褐色，其他脉多少无色。雄，与雌蜂大体相似，除：足颜色更深；翅痣中间大部分浅白。

分布：浙江（杭州、兰溪）、北京、河南、湖南、广东、广西、四川、贵州、云南；印度，越南，斯里兰卡，马来西亚。

图 1-194 夜蛾长颊茧蜂 *Dolichogenidea priscus* (Nixon, 1967)

A. 整体，侧面观；B. 翅；C. 并胸腹节；D. 中胸背板和小盾片，背面观；E. 腹部，背面观；F. 中胸侧板；G. 头，背面观；H. 头，前面观（标尺为 0.5 mm）

（499）白蛾孤独长颊茧蜂 *Dolichogenidea singularis* Yang et You, 2002（图 1-195）

Dolichogenidea singularis Yang et You, 2002: 608.

主要特征：雌，上颊在复眼后没有急剧向后收缩，而平行状向后延伸，因而头部背面观几呈矩形；头顶圆隆，无后头脊。整个头部及复眼上具浓密的灰白色纤毛，但后头中部下方至后头孔处及触角洼光滑无毛，头顶两侧、上颊及脸区上的载毛刻窝明显。触角洼浅，脸区平坦，中部仅略膨起，无皱脊。上唇呈舌状突出。上颚镰状交叉于上唇之上。颚眼沟不明显，颚眼距为上颚基宽的 1.1 倍，为复眼侧面观高度的 0.21。前胸背板背面观不明显，侧面呈三角形，其上缘及下缘具凹沟，沟内有短纵脊；背板光滑无毛，仅前缘中部具 1 行毛，后上角处具 1 丛毛。中胸背板前方呈半球状圆隆突出，背面无沟及脊，长为宽的 0.6，表面具浓密的灰白色短毛及显著的载毛刻窝。中胸小盾片圆鼓，宽为长的 1.1 倍，长为中胸盾片的 0.6，边缘无脊，表面具与中胸盾片相同的密毛，但中部稍疏，且载毛刻窝浅；小盾片前沟窄而深陷，沟内具纵刻条；小盾片腋下区三角形，前部及内侧方连成一呈弧形的凹陷区，内有皱脊；而后部则形成 1 半圆形的光滑镜面区。后胸背板表面无毛，长度几为小盾片的 1/2；背板中部形成一略呈菱形的光滑区域，两侧后外方则凹陷呈窝状，内有皱脊 3-4 条；菱形区中部也凹陷呈圆窝状，周缘具脊。并胸腹节长为小盾片的 0.8，前半部较平坦，仅略低于后胸背板，表面具密毛，其长度为中胸盾片毛的 2 倍；而后半部则呈 120°斜跌下。该下斜区表面无毛；无中纵脊，但具 2 亚中脊，其向后延伸，在并胸腹节中部围成一烧瓶状中区；分脊从中区中部发出，后侧区略呈矩形，区内光滑，具几条不规则弱短脊；气门位于前方 2/5 处。中胸侧板凸出，前半部及腹板上具密毛，后半部光滑无毛，无胸腹侧脊，中胸侧板缝深而显著，中胸侧板凹、基节前沟不明显。后胸侧板表面光滑，仅前角处和上缘及后缘处具毛，后下角呈片脊状突出，中部具一极为显著的深窝；沿后缘及后下角处凹陷成沟，沟内具短纵脊。第 1 背板长为后缘宽的 0.9，两侧缘呈弧形刻入，背面具不规则的皱脊，围成多个小刻窝；侧凹深陷而显著；背板前部 1/3 强烈折弯向下；气门位于本节前部 1/3 的侧膜上，不易看到；第 2 背板具网状刻纹；后缘呈弧形沟状，沟内具短纵脊。

分布：浙江（海盐）、天津、河北、山东、陕西。

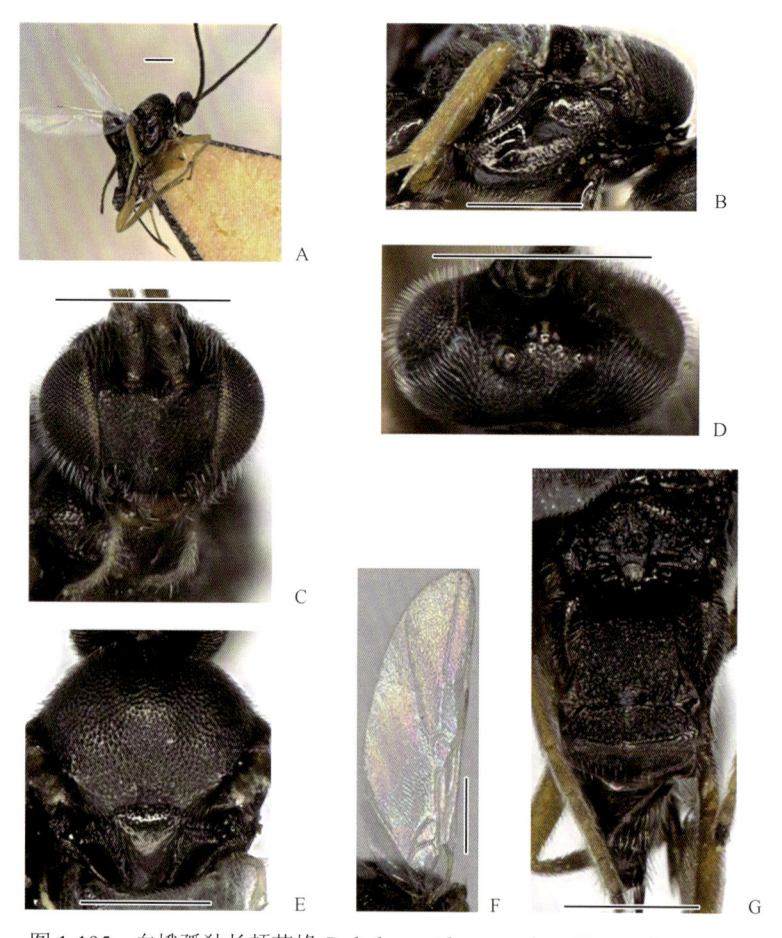

图 1-195 白蛾孤独长颊茧蜂 *Dolichogenidea singularis* Yang et You, 2002

A. 整体，侧面观；B. 中胸侧板；C. 头，前面观；D. 头，背面观；E. 中胸背板和小盾片，背面观；F. 后翅；G. 并胸腹节和腹部，背面观（标尺为 0.5 mm）

（500）索纳长颊茧蜂 *Dolichogenidea sonani* (Watanabe, 1932)（图 1-196）

Apanteles sonani Watanabe, 1932: 96.

Dolichogenidea sonani: Chen & Song, 2004: 137.

主要特征：雌，复眼和后单眼间的头顶部分表面稍带光泽，表面具极细的不明显刻点。上颊暗淡，粗糙，无明确刻点，后面强收窄。颜面高为宽的 0.83，暗淡，表面稍粗糙、无明确刻点，复眼内缘下端稍收窄。单眼呈低三角形排列，前单眼的后切线与后单眼相切，前单眼和一个后单眼的间距等于后单眼直径。

触角稍长于体长，节间连接紧密，端前节长为宽的 2 倍。中胸背板暗淡，具细密刻点，刻点间距明显小于刻点直径。小盾片前沟近直、窄，其内具稍稀的若干纵脊。小盾片稍具光泽，光滑，几无刻点，末端窄，中间长度稍长于基部宽度。小盾片侧边光滑区向上延伸到小盾片基部。并胸腹节具光泽，前侧区具极弱刻点，中区及分脊明显清晰，中区基部开口、末端"U"形，中区和后侧区光滑无刻纹。中胸侧板具高光泽，其前端稍粗糙、具不明确刻点。T1 向末端稍扩张，长为端宽的 1.2 倍，基部近 1/3 凹陷，翻转部分稍暗淡，中间具较强皱状刻点，且中间 1/3 具一明显中纵脊，末缘 1/3 几乎光滑、无刻纹，末端突起部分不明显。T2 稍具光泽，整体光滑（除了前侧具极细的弱皱），宽为中间长度的 3.4 倍，末端沟近直。T3 为 T2 中间长的 1.2 倍。T3 及其后的背板少光泽、光滑、少毛。肛下板不长于腹末。产卵管鞘约为后足基跗节的 1/3。体黑色。翅基片、触角和产卵管鞘黑褐色。下颚须、下唇须和胫节距色浅。上唇和上颚黄褐色。足深褐色至黑色，除了前足腿节、前足胫节、前足跗节、中足腿节端半部、中足胫节基部 1/3、中足跗节及后足胫节基部 1/3 黄色。翅透明，C+SC+R 脉、1-R1 脉、翅痣边缘、r 脉、2-SR 脉及 2-M 脉黄褐色，其他脉多少无色，翅痣中间色浅。

分布：浙江（临安、义乌、东阳、天台、衢州、松阳、庆元）、台湾、广东、广西、四川、贵州。

图 1-196 索纳长颊茧蜂 *Dolichogenidea sonani* (Watanabe, 1932)

A. 整体，侧面观；B. 前翅；C. 头，前面观；D. 中胸背板和小盾片，背面观；E. 头，背面观；F. 并胸腹节和腹部，背面观；G. 后翅；H. 后足基节；I. 产卵管鞘（标尺为 0.5 mm）

(501) 绢野螟长颊茧蜂 *Dolichogenidea stantoni* (Ashmead, 1904)（图 1-197）

Urogaster stantoni Ashmead, 1904a: 1-22.
Dolichogenidea stantoni: Austin & Dangerfield, 1992: 29.

主要特征：雌，复眼和后单眼间的头顶部分表面稍带光泽，表面具细刻点。上颊暗淡，具不明确刻点，后面强收窄。颜面高为宽的 0.85，稍具光泽，表面稍不平，无明确刻点，复眼内缘下端稍收窄。单眼呈低三角形排列，前单眼的后切线与后单眼相割，前单眼和一个后单眼的间距略短于后单眼直径。触角约等于体长，节间连接紧密，端前节长为宽的 1.5 倍。中胸背板稍带光泽，具细密刻点，刻点间距略小于刻点直径。小盾片前沟直、窄，其内具若干纵脊。小盾片稍具光泽，遍布浅弱、细刻点，末端宽，中间长度不长于基部宽度。小盾片侧边光滑区向上延伸到小盾片基部。并胸腹节稍具光泽，中区及分脊明显清晰，中区基部开口、末端 U 形，中区和后侧区光滑无刻纹。中胸侧板具高光泽，其极前端具浅弱刻点。腹部 1.2 倍长于胸部长。T1 两侧平行，长为端宽的 1.4 倍，基部近 1/3 凹陷，翻转部分稍暗淡，中间具强网皱，端部 1/3 具弱的纵刻条，末端突起部分光滑。T2 具光泽，光滑无刻纹，宽为中间长度的 3.8 倍，末端向 T3 强弯曲。T3 为 T2 中间长的 1.3 倍。T3 及其后的背板具光泽、光滑、少毛。肛下板不长于腹末。产卵管鞘为后足胫节的 1.3 倍。体黑色，除了腹部大部分红褐色。翅基片、触角和产卵管鞘黄褐色到褐色。下颚须、下唇须和胫节距色浅。上唇和上颚黄褐色。足黄色，除了基节深褐色至黑色，后足胫节极末端及后足跗节稍带褐色。翅透明，C+SC+R 脉、1-R1 脉、翅痣边缘、r 脉、2-SR 脉及 2-M 脉黄褐色，其他脉多少无色。雄，与雌蜂大体相似，触角更细长，明显长于体，端前节长为宽的 2.1 倍；T1 刻纹稍弱；T2 中间宽为长的 2.8 倍。

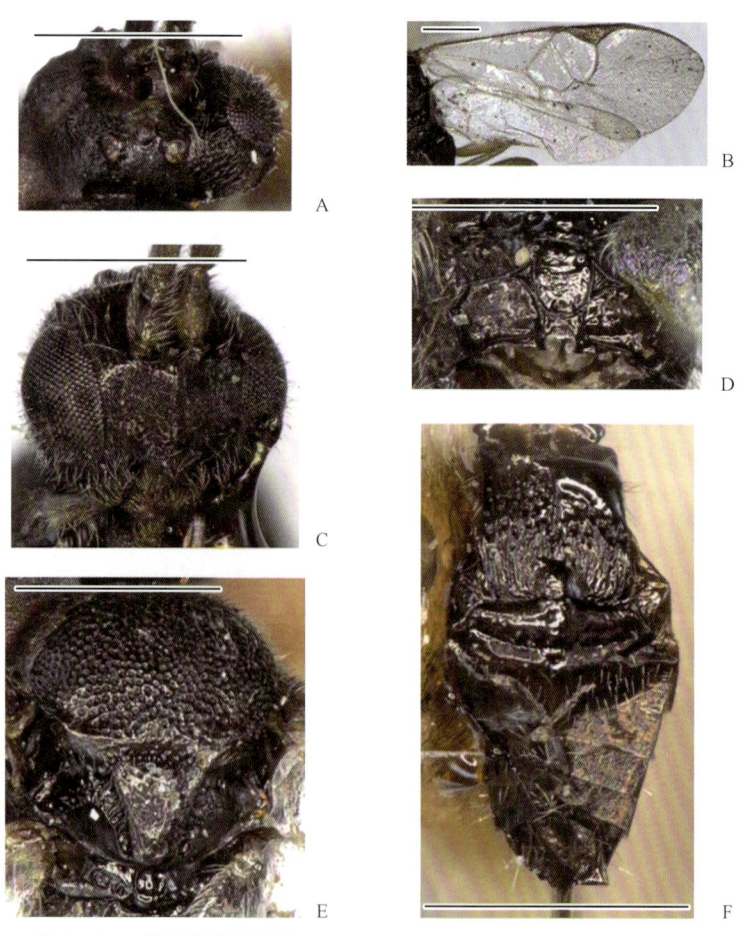

图 1-197 绢野螟长颊茧蜂 *Dolichogenidea stantoni* (Ashmead, 1904)
A. 头，背面观；B. 翅；C. 头，前面观；D. 并胸腹节；E. 中胸背板和小盾片，背面观；F. 腹部，背面观（标尺为 0.5 mm）

分布：浙江（杭州）、江苏、福建、台湾、广东、广西、贵州；印度，越南，菲律宾，马来西亚，斐济，巴布亚新几内亚。

194. 稻田茧蜂属 *Exoryza* Mason, 1981

Exoryza Mason, 1981: 40. Type species: *Apanteles schoutedeni* de Saeger, 1941.

主要特征：单眼不大，呈高三角形。前胸背板具上下沟，沟间区域具密刻点；中胸背板大部分具密的刻点；后胸背板前缘具一适度伸出的亚侧具毛瓣；并胸腹节大部分具皱和明显中凹或基部开口的中区。R 脉强度外斜，与 2-SR 脉约 135°结合；基脉（1-SR *et* 1-M）强角状；后翅臀瓣突起，并具弱至强的毛。T1 和 T2 具针状皱且覆盖几乎整个背部；T1 末端加宽，中间高于边缘；T2 宽明显长于长，长方形，T3 约等长于 T2，具微弱刻纹。背板具密的规则的毛。产卵管长且弯曲，鞘具毛且约等长于后足胫节。肛下板大，中间具一系列纵皱。

生物学：寄生于钻蛀稻茎的螟蛾总科幼虫。

分布：东洋区、新北区、新热带区。世界已知 4 种，中国记录 2 种，浙江分布 1 种。

(502) 三化螟稻田茧蜂 *Exoryza schoenobii* (Wilkinson, 1932)（图 1-198）

Apanteles schoenobii Wilkinson, 1932: 142.

Exoryza schoenobii: Mason, 1981: 40.

主要特征：雌，复眼和后单眼间的头顶部分表面少光泽，具浅的极细刻点。上颊暗淡，密布小刻点，后面稍收窄。颜面高为宽的 0.78，暗淡，表面密布细刻点，复眼内缘下端向内强收窄。单眼小，呈极高三角形排列，前单眼的后切线与后单眼远远相离，前单眼和一个后单眼的间距 1.8 倍长于后单眼直径。触角稍长于体长，节间连接稍紧密，端前节长为宽的 2.2 倍。中胸背板稍带光泽，具细密刻点，刻点间距不小于刻点直径，刻点在假想盾纵沟稍变大。小盾片前沟弯曲、宽，内具稀的若干纵脊。小盾片稍带光泽，遍布稀浅刻点，末端稍窄，中间长度不长于基部宽度。小盾片侧边光滑区向上延伸稍超过小盾片中部。并胸腹节暗淡，整体具强皱，中间中区部位凹，中区脊和分脊因强皱不清晰。中胸侧板稍暗，几乎全部遍布均匀细刻点。T1 向端部扩大，稍短，长等于端宽，基部近 1/4 凹，翻转部分遍布强网状皱纹和皱状刻点，具中槽，端部中央具一小的光滑半月斑。T2 皱纹与 T1 相似，横长方形，宽为中间长度的 2.3 倍，末缘直。T3 约等于 T2 中间长，皱纹较前两节稍弱，基中部具弱的细脊。T3 后的背板稍带光泽、平滑且多毛。肛下板不长于腹末，突出成刺。产卵管鞘稍短于后足胫节。体黑色。三角片浅黄褐色。下颚须、下唇须和胫节距色浅。触角和产卵管鞘深褐色。上唇和上颚红黄色。足黄色到红黄色（包括所有基节），除了后足腿节极末端、后足胫节和后足跗节（除了后足端跗节黄色）深褐色。翅透明，C+SC+R 脉、1-R1 脉、翅痣及其他脉褐色。雄，与雌蜂大体相似，除：体小；T2 中间长稍大于 T3（触角残）。

分布：浙江（温州）、湖北、江西、湖南、福建、台湾、广东、海南、广西、云南；印度，孟加拉国，越南，斯里兰卡，菲律宾，马来西亚。

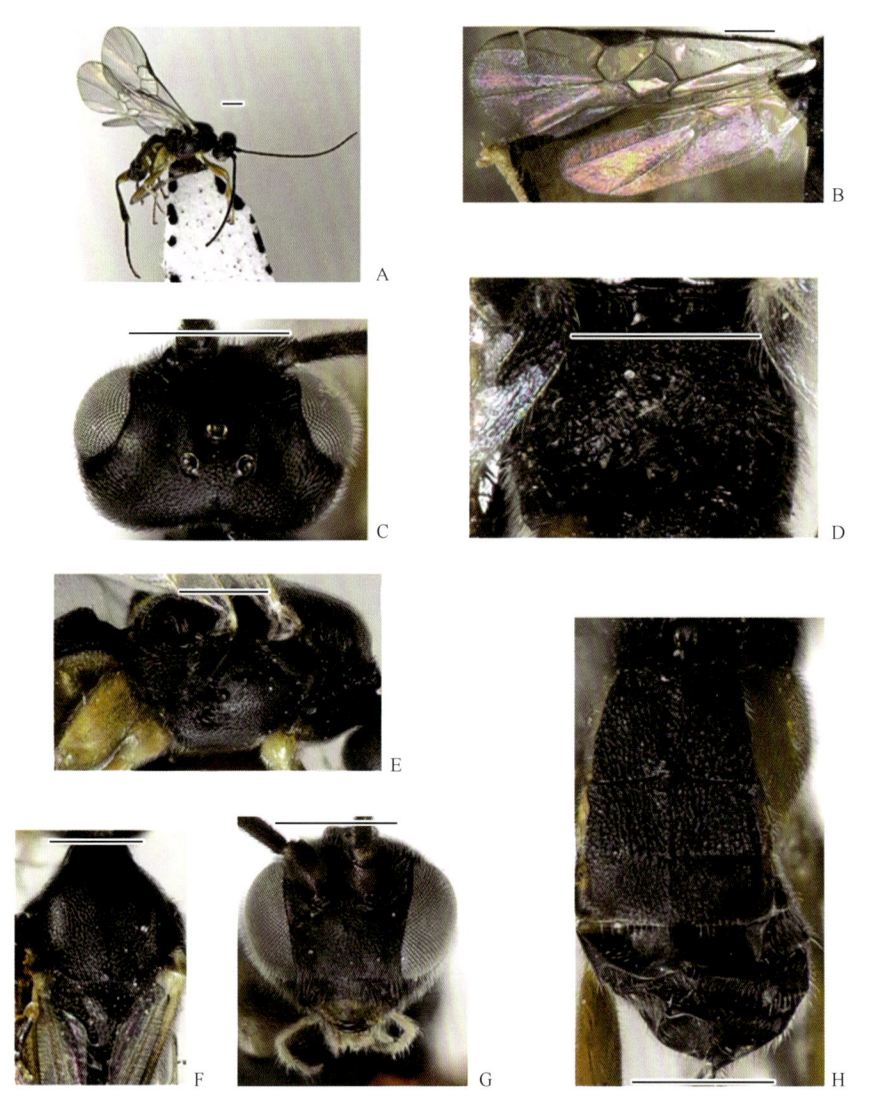

图 1-198 三化螟稻田茧蜂 *Exoryza schoenobii* (Wilkinson, 1932)

A. 整体，侧面观；B. 翅；C. 头，背面观；D. 并胸腹节；E. 中胸侧板；F. 中胸背板和小盾片，背面观；G. 头，前面观；H. 腹部，背面观（标尺为 0.5 mm）

II. 盘绒茧蜂族 Cotesiini

主要特征：产卵管鞘几乎均（98%）短于后足胫节之半，毛少并集中于端部；有时毛细或很细，几乎看不出。产卵管短，基部壮，近中央突然收窄。下生殖板短，通常骨化，侧面观通常长高相等。腹部背板变化很大，第 1 背板有时（20%）在基半或更长有中沟；并胸腹节常（50%）有一中纵脊。后胸背板亚侧叶上的刚毛常消失，悬骨多少外露。胸腹侧脊均不存在；前胸背板侧面有 1–2 条沟。触角大部分环节有 2 列板状感器，但偶有不规则排列。

生物学：几乎均为大鳞翅类幼虫，多数为聚寄生，是一次产多个卵所致。

分布：世界广布。世界已知 17 属，中国记录 5 属，浙江分布 2 属。

195. 盘绒茧蜂属 *Cotesia* Cameron, 1891

Cotesia Cameron, 1891: 185. Type species: *Cotesia flavipes* Cameron, 1891.

主要特征：雌，肛下板常短，均匀骨化，近中部附近绝无系列纵褶，偶尔仅近端部沿中线明显皱褶。产卵管鞘短，大多数隐藏于肛下板内，其长度（包括隐藏部分）不超过后足胫节之半（偶尔为其 0.6 倍），几乎光滑具光泽，仅于近端部有少量毛集中。T1 基部凹陷处横截面呈"U"形，偶尔宽大于长但通常稍长于宽，并端向变阔，偶尔略桶形或侧缘平行，但端部绝不变窄；末端中部无凹槽。T2 长至少为 T3 之半，通常近矩形；若具侧沟，则其呈平截的金字塔形或半圆形，且基宽大于中长，而端宽几乎或超过 2 倍于中长。T1 基部通常光滑，但后部几乎总具皱或皱状刻点；T2 几乎总具皱至针划状刻纹，T3 表面光滑至具与 T2 相近刻纹。并胸腹节总具皱，绝无中区；常具 1 中纵脊，部分被刻皱阻断，侧方常具不完整的横脊，将并胸腹节表面划分为前部较光滑表面和后部下斜的具皱表面。后翅臀瓣边缘明显凸，其边缘无毛至均匀具毛。

生物学：绝大多数寄生于鳞翅目幼虫，也有极少数种类寄生于鞘翅目和膜翅目叶蜂科幼虫。

分布：世界广布。世界已知 297 种，中国记录 104 种，浙江分布 17 种。

分种检索表

1.	小盾片后部光滑带中央被皱斑隔断	微红盘绒茧蜂 *C. rubecula*
-	小盾片后部光滑带中央不被皱斑隔断	2
2.	中胸盾片刻点粗	3
-	中胸盾片刻点细或正常粗细	9
3.	后足基节至少大部分红黄色	4
-	后足基节至少大部分黑色或黑褐色	5
4.	小盾片具皱状刻点	黏虫盘绒茧蜂 *C. kariyai*
-	小盾片光滑	螟黄足盘绒茧蜂 *C. flavipes*
5.	并胸腹节具明显中纵脊	6
-	并胸腹节中纵脊弱或不明显	7
6.	r 脉长于 2-SR 脉，并长于翅痣宽	龙眼蚁舟蛾盘绒茧蜂 *C. taprobanae*
-	r 脉与 2-SR 脉等长，短于翅痣宽	桥夜蛾盘绒茧蜂 *C. anomidis*
7.	r 脉明显长于 2-SR 脉	菜粉蝶盘绒茧蜂 *C. glomerata*
-	r 脉短于、等于或略长于 2-SR 脉	8
8.	第 2+3 背板仅端部具一排刚毛；前中足基节红黄色	螟蛉盘绒茧蜂 *C. ruficrus*
-	第 2+3 背板除基中域外满布刚毛；所有基节黑褐色	菜蛾盘绒茧蜂 *C. vestalis*
9.	产卵管鞘长于后足基跗节之半	10
-	产卵管鞘短于后足基跗节之半	13
10.	后足胫节距稍短于基跗节之半	金刚钻盘绒茧蜂 *C. eguchii*
-	后足胫节距长于基跗节之半	11
11.	并胸腹节中纵脊不明显	天幕毛虫盘绒茧蜂 *C. gastropachae*
-	并胸腹节中纵脊明显	12
12.	产卵管鞘与后足基跗节等长	松毛虫盘绒茧蜂 *C. ordinaria*
-	产卵管鞘短于后足基跗节	桃天蛾盘绒茧蜂 *C. miyoshii*
13.	并胸腹节具明显中纵脊	14
-	并胸腹节仅具弱的或无中纵脊	16
14.	中胸盾片后半部高度光滑并具绸状光泽	邻盘绒茧蜂 *C. affinis*
-	中胸盾片不如上述	15
15.	r 脉约为 2-SR 脉的 2 倍	樗蚕盘绒茧蜂 *C. dictyoplocae*
-	r 脉约与 2-SR 脉等长	柳天蛾盘绒茧蜂 *C. planus*

16. 足（包括所有基节）、腹部大部分及肛下板鲜红黄色；T3 具稀疏刻点；额和头顶具小刻点·· 中华盘绒茧蜂 *C. chinensis*
- 至少后足基节大部分黑色；T3 光滑；额和头顶无刻点·· 二化螟盘绒茧蜂 *C. chilonis*

（503）邻盘绒茧蜂 *Cotesia affinis* (Nees von Esebeck, 1834)

Microgaster affinis Nees von Esebeck, 1834: 176.

Cotesia affinis: Papp, 1990: 117.

主要特征：雌，体长 2.3–3 mm，黑色。下颚须和胫距色浅；触角柄节红褐黄色、暗红或黑色；鞭节褐色。足鲜黄色，基节和后足腿节末端黑色。翅透明；翅痣和痣后脉淡褐，基部的脉无色，前缘脉浅黄褐色。腹部 2–3 节或 2–7 节背板有时红色至红黄色。头部唇基、颜面、额和头顶有微小刻点；单眼排列呈钝三角形；侧单眼间距与单复眼间距相等；触角短于体长，端前节长为宽的 1.6–1.8 倍；雄蜂比体长，端前节尖锐。中胸盾片具微细刻点，后半部光滑，小盾片具微细刻点。并胸腹节有中纵脊，基部及中部有微细皱纹，后侧区有光泽。后足基节基部有刻点，上方及外方的刻点细；后足胫距略等长，不达到基跗节之半。腹部第 1 背板短，长为端部宽的 1.1–1.25 倍，向后明显加宽，基凹光滑，端半有夹点刻皱；第 2 背板中域短，端宽为中长的 2.8–3.0 倍，略呈四边形，具纵刻纹，侧沟不明显；第 3 背板长为第 2 背板的 1.3–1.4 倍。肛下板短，从侧面观端部平截；产卵管鞘稍突出。茧：白色，群集。

分布：浙江（杭州）、辽宁、陕西、湖南、贵州；日本，欧洲。

（504）桥夜蛾盘绒茧蜂 *Cotesia anomidis* (Watanabe, 1942)

Apanteles anomidis Watanabe, 1942a: 169.

Cotesia anomidis: Papp, 1990: 117.

主要特征：雌，黑色。触角柄节大部分、上颚红褐黄色；鞭节褐色，端部色深；下颚须浅黄褐色。足红黄褐色，基节除了端部黑色；后足腿节最端部、胫节端部和跗节暗褐色。翅透明，翅痣和翅脉褐色；翅基片暗褐色。腹部褐色，第 1–3 节背板侧缘和腹部基部腹面红褐黄色。头部宽为长的 2 倍。颜面有微弱的刻点；后单眼间距约与单复眼间距相等；触角粗，短于体，端前节长为宽的 1.5 倍。中胸盾片有强刻点，盾纵沟刻点较密集，小盾片刻点不明显。并胸腹节有网状皱纹，端角光滑，有中纵脊，脊两边伸出向上的斜脊，并连接成基横脊。前翅 r 脉与 2-SR 脉等长，短于翅痣宽，痣后脉稍长于翅痣。后足基节有光泽，有分散的刻点；后足腿节短，长为宽的 3.1 倍；后足胫距略等长，为后足基跗节长之半。腹部第 1 背板长为宽的 1.1 倍，向端部逐渐加宽，基部凹而光滑，其余有强的网状皱纹；第 2 背板有网状皱纹，无侧沟；第 3 背板或在基部 1/3 处有皱纹；第 4 及以后背板光滑。产卵管短，产卵管鞘短于后足胫距；肛下板端部平截。茧：群集，白色，略带浅绿，附着在树叶上。

分布：浙江、辽宁、陕西、江苏、湖南。

（505）二化螟盘绒茧蜂 *Cotesia chilonis* (Munakata, 1912)

Apanteles chilonis Munakata, 1912: 69.

Cotesia chilonis: Chen & Song, 2004: 150.

主要特征：本种与螟黄足盘绒茧蜂 *Cotesia flavipes* 极相似，主要区别在于本种后足基节除末端外为黑色；颜面不特别突出；r 脉比 m-cu 脉短；并胸腹节较平坦等。茧与螟黄足盘绒茧蜂相同。

分布：浙江（吴兴、长兴、嘉兴、杭州、慈溪、黄岩、临海）、江苏、安徽、湖北、江西、湖南、福建、四川、贵州。

（506）中华盘绒茧蜂 *Cotesia chinensis* (Wilkinson, 1930)

Apanteles chinensis Wilkinson, 1930: 151.

Cotesia chinensis: Chen & Song, 2004: 151.

主要特征：雌，体黑色；翅基片、足（包括所有基节）、腹部大部分（有些个体整个腹部）和肛下板鲜红黄色，须和胫距淡黄色；触角黄褐色，柄节黄色；翅透明，前缘脉褐黄色，翅痣和痣后脉褐色。有些个体第 1 背板红褐色，侧面膜质边缘淡黄色；第 2 背板黄色（有些个体色深）；第 3 背板鲜红黄色（有些个体中部色深）。头部颜面扁平，颜面、头顶和后头具微小刻点；触角比体短。中胸背板有光泽，具微细稍密的刻点；小盾片刻点较少，前沟内有 8 个以上的纵脊；并胸腹节毛糙，满布皱纹和一细中纵脊，基横脊微弱，但有时模糊。r 脉略短于翅痣宽，长于 2-SR 脉，相接处形成角度；2-SR 脉与 m-cu 脉等长；2-SR+M 脉短于 m-cu 脉，长于 1-SR 脉，略长于 2-M 脉的着色部分；翅痣与痣后脉约等长。后足基节外表面光滑，仅具微细刻，但基部上方有一群强而界线分不开的刻点；后足胫距等长，为后足基跗节长度之半。腹部基凹光滑，端部 1/3–1/2 刻点粗糙，几乎呈刻皱，端部比基部宽，端宽和长相等，端角较圆；第 2 背板横长方形，与第 3 背板等长，有纵刻皱纹，侧沟刚有痕迹。第 2+3 背板横缝很清楚。第 3 及以后背板光滑，仅具稀疏细刻点。产卵管鞘短于后足胫距。下生殖板侧面观端部正上方稍凹。茧：群集，淡绿色，长 3 mm，宽 1.4 mm。

分布：浙江（杭州）、湖北、湖南、福建。

（507）樗蚕盘绒茧蜂 *Cotesia dictyoplocae* (Watanabe, 1940)

Apanteles dictyoplocae Watanabe, 1940a: 51.

Cotesia dictyoplocae: Chen & Song, 2004: 152.

主要特征：雌，黑色。触角暗褐色，柄节基部淡红褐黄色；翅基片暗褐色，下颚须和胫距色浅；翅透明，翅痣和翅脉暗褐色；足淡红褐黄色，基节黑色，后足第 1 转节、腿节端部、胫节端部 1/3、跗节暗褐色；腹部基腹面黄褐色。头部有微细刻点，颜面有微弱的中纵脊，侧单眼间距短于单复眼间距（4∶5）；触角丝状，稍长于体，端前节长为宽的 1.5 倍。中胸盾片有密而规则的刻点，小盾片有稀疏的浅刻点。并胸腹节具网状皱纹，有从中纵脊两边伸出往上的斜脊，连接成明显的基横脊。翅痣长稍短于痣后脉，r 脉稍长于翅痣的宽，约为 2-SR 脉的 2 倍，2-SR 脉长于 2-SR+M 脉、稍短于 m-cu 脉。后足基节具微细刻点，后足胫距略等长，约为基跗节长之半。腹部第 1 背板向基部收窄，长为端部宽的 1.1 倍，基凹光滑，其余部分有网状皱纹；第 2 背板稍短于第 3 背板，有网状皱纹，皱纹较第 1 背板稍弱，侧沟缺；第 3 背板刻纹有变化，仅在基部存在或光滑；第 2 及其后的背板有中纵脊；肛下板平截。产卵管短，产卵管鞘短于后足胫距。茧：群集，黄白色，覆以疏松白丝。

分布：浙江（杭州）、黑龙江、吉林、辽宁、湖南、福建、云南；日本。

（508）金刚钻盘绒茧蜂 *Cotesia eguchii* (Watanabe, 1935)

Apanteles eguchii Watanabe, 1935: 49.

Cotesia eguchii: Chen & Song, 2004: 153.

主要特征：雌，体黑色；触角赤褐色，至端部暗色；足赤黄色，但基节黑色；翅透明，翅痣和翅脉褐色，翅基片暗褐色。头具弱刻点；颜面无中纵脊；侧单眼间距稍小于单复眼间距；中胸盾片密布刻点；小盾片几乎光滑，仅有一些分散刻点；中胸侧板前半密布刻点，端部有深沟。并胸腹节具网状皱纹，具中纵脊。后足基节光滑，具带毛刻点；后足胫节距近于等长，稍短于后足基跗节的 1/2。前翅 r 脉稍长于翅痣宽度，为 2-SR 脉的 1.5 倍；2-SR+M 脉稍短于 m-cu 脉；2-M 脉着色部分与 1-SR 脉等长。腹部第 1 背板稍长于端宽，基部渐狭，基半表面和端半表面几乎呈直角；第 2 背板横形，稍长于第 3 背板；基部 3 节背板均具网状皱纹，其余光滑。产卵管鞘短，与后足基跗节相等。茧：单个，硫黄色。

分布：浙江（杭州）、河北、山西、山东、陕西、湖北、湖南、四川；朝鲜。

(509) 螟黄足盘绒茧蜂 *Cotesia flavipes* Cameron, 1891

Cotesia flavipes Cameron, 1891: 185.

主要特征：雌，体长 1.8 mm。体黑色；前胸侧面及腹面、翅基片、腹部腹面黄褐色；有些个体自第 3 腹节背板以后带暗红褐色；雌蜂触角暗褐色，雄蜂黄褐色。足黄褐色，爪黑色。翅透明，翅痣及前缘脉淡褐色。产卵器黑色。头部光滑；前面突出。雌蜂触角亚念珠形，明显比体短，雄蜂丝形，比体长。中胸盾片平坦，有光泽，除后缘外具稀疏刻点，翅基片间的宽度大于背腹板间的厚度；并胸腹节端部稍向下倾斜，表面有皱状刻点。前翅 r 脉与 m-cu 脉等长或稍短。腹部第 1 背板梯形，后缘宽度比长度略短，具皱纹；第 2 背板中部皱纹近于纵行，侧区光滑部分上下几等宽；以后各节背板光滑。产卵器短。茧：白色，二三十个小茧群聚一起，不规则，茧块外有薄丝缠绕。各小茧圆筒形，长约 3 mm，径 1 mm，两端钝圆。

分布：浙江（杭州、宁波、东阳、仙居、玉环）、江苏、安徽、湖北、江西、湖南、福建、台湾、广东、广西、四川、贵州、云南；日本，巴基斯坦，印度，斯里兰卡，菲律宾，马来西亚，澳大利亚，毛里求斯。

(510) 天幕毛虫盘绒茧蜂 *Cotesia gastropachae* (Bouché, 1834)

Microgaster gastropachae Bouché, 1834: 157.

Cotesia gastropachae: Chen & Song, 2004: 155.

主要特征：雌，体黑色，须赤黄色；足红褐色，基节、跗节、后腿节、后足胫节端部黑色。腹部腹面基部、第 1-2 背板侧缘、有时第 3 背板中域多少呈红褐色。翅透明，有时略有暗色；翅基片黑色；翅痣、翅脉褐色。头横宽，略椭圆状，光滑。颜面和上颊粗糙。颚眼距和上颚基宽等长。单复眼间距是单眼直径的 2 倍。雌蜂触角短于体长，雄蜂长于体长。中胸盾片密布刻点，无光泽，沿后缘光滑；小盾片前沟宽，内有明显纵脊；小盾片具稀刻点，光滑。中胸侧板具粗糙刻点，前部无光泽，后部光滑。后胸侧板腹方粗糙，中部光滑。并胸腹节粗糙。r 脉从翅痣中部伸出，与 2-SR 脉几乎等长，两脉形成一个明显角度；cu-a 脉从盘室下缘中部略基方伸出。后基节光滑；后足胫节距长于基跗节之半。腹部第 1-2 背板具夹点刻皱，其余背板光滑。第 1 背板亚四方形，基部稍窄；第 2 背板短于第 3 背板，侧缘光滑；下生殖板端部尖。产卵器短。茧：白色。

分布：浙江、山西、山东、陕西；俄罗斯（西伯利亚地区），日本，德国，法国，美国，捷克，斯洛伐克，土耳其。

(511) 菜粉蝶盘绒茧蜂 *Cotesia glomerata* (Linnaeus, 1758)

Ichneumon glomeratus Linnaeus, 1758: 568.

Cotesia glomerata: Chen & Song: 155.

主要特征：雌，体黑色；须黄色；触角黑褐色，但近基部赤褐色；足黄褐色，后足基节和腿节末端、胫节末端黑色，后足跗节褐色；翅基片暗红色；翅透明，翅痣和翅脉淡赤褐色；第 1、2 腹节背板侧缘黄色，腹部腹面在基部黄褐色。头横宽，大部分具细皱，有光泽。盾纵沟浅，具细刻纹；小盾片平，有光泽；中胸侧板上方具刻点，下方平滑。并胸腹节有粗糙皱纹，中央有纵脊痕迹。腹部与胸部等长，末端尖；第1、2背板具刻皱，其余背板光滑；第1背板长约为宽的1.5倍，侧缘平行；第2背板短于第3背板，有深的斜沟，侧方平滑；产卵管鞘短。r 脉自翅痣中央伸出，明显长于 2-SR 脉，连接处折成角度；Cu1a 脉从第 1 亚盘室中央伸出。后足基节上方和侧方平滑有光泽，下方有刻点；后足胫节距短于基跗节之半。茧：圆筒形，长约 4.5 mm；黄色，许多个在一块。

分布：浙江、黑龙江、吉林、辽宁、内蒙古、山西、陕西、江苏、上海、湖南、四川；日本，印度，美国，加拿大，欧洲，非洲北部。

（512）黏虫盘绒茧蜂 *Cotesia kariyai* (Watanabe, 1937)

Apanteles kariyai Watanabe, 1937: 41.
Cotesia kariyai: Chen & Song, 2004: 158.

主要特征：雌，体黑色；触角暗褐色；足黄褐色，胫节末端及跗节带黑褐色；腹部第 2 背板后半、第 3 和第 4 背板及腹部腹面黄褐色；翅基片、翅痣及翅脉褐色。头部平滑有光泽，具稀疏白毛，颜面刻点浅。中胸侧板皱纹与中胸盾片的相似，在近后胸侧板处有一大块光滑区域；并胸腹节有发达的网状皱纹，无中脊。前翅 r 脉与 2-SR 脉等长，稍短于翅痣宽度，稍长于 m-cu 脉；2-M 脉着色部分与 2-SR+M 脉等长。后基节具细刻点，后足胫节距等长，约为基跗节长的 1/3。腹部第 1 背板至基部渐狭，长度稍大于端部宽度；第 2 背板横形，与第 3 背板等长；第 1、2 背板具网状皱纹，其余背板光滑；产卵器短。茧：成块，白色，茧块大小形状不一，外被丝状物，寄生于黏虫，长度为 9–18 mm。

分布：浙江（东阳）、黑龙江、吉林、辽宁、北京、山西、山东、河南、陕西、江苏、安徽、湖北、江西、湖南、广西、四川、贵州、云南。

（513）桃天蛾盘绒茧蜂 *Cotesia miyoshii* (Watanabe, 1932)

Apanteles miyoshii Watanabe, 1932: 85.
Cotesia miyoshii: Chen & Song, 2004: 161.

主要特征：雌，体长 3 mm。体黑色；口器、足、腹部黄赤色；后足基节和第 1–2 背板烟褐色；触角黄褐色；须和胫节距淡黄。翅透明，翅痣和翅基片褐色，翅脉黄色。头光滑，有一些分散的刻点；后头每边有强夹点刻皱。雌性触角与体等长；雄性更长。中胸盾片具浅而相接刻点；小盾片几乎光滑，有一些刻点；中胸侧板和后胸侧板光滑，在翅基片下方有分散的刻点。并胸腹节有发达的网状皱纹，有一中纵脊。前翅 2-SR 脉、翅痣宽度、m-cu 脉均等长，并短于 r 脉的 1/2；2-M 脉着色部分稍短于 2-SR+M 脉。足后基节基部外侧有发达刻点；后足胫节长距长近于基跗节的 1/2。腹部第 1 背板长等于端宽，侧方圆滑，在基部深凹，端半和凹陷内网状皱纹发达；第 2 背板、第 3 背板基部网皱与第 1 背板同，有光滑的中区。产卵管短，鞘短于后足胫距。茧：纯白色，或群聚在一起，附着于叶上似一大团白色棉絮状物。

分布：浙江（杭州）、辽宁、北京、山东、江苏、湖北；日本。

（514）松毛虫盘绒茧蜂 *Cotesia ordinaria* (Ratzeburg, 1844)

Microgaster ordinarius Ratzeburg, 1844: 71.
Cotesia ordinaria: Yu et al., 2016.

主要特征：雌，体长 3 mm 左右；黑色。须浅黄色；上颚端部黄褐色至黑褐色。足黄褐色，转节第 1

节黑色，第 2 节黄褐色；中足腿节上面、后足腿节上面和端部（或全部）、胫节端部黑褐色至黑色。翅透明，翅基片和翅痣暗褐色。腹部端部下面及腹部 1–2 节窄的边缘黄色。额和颜面具细密刻点。中胸密布刻点，具轻微光泽。小盾片有细而较稀疏的刻点并具光泽。胸部侧板具刻点及光泽；后胸背板具皱褶及脊。并胸腹节粗糙，具圆形中区。后足基节具刻点及光泽，其胫节长距比基跗节的 1/2 长。腹部端部下面侧扁；第 1 背板长是端宽的 1.5 倍；第 1、2 背板具皱褶，并有平滑中脊；其余各节平滑，具光泽。产卵管很短。

分布：浙江、黑龙江、吉林、辽宁、陕西、江苏、湖南、广西；俄罗斯（萨哈林岛，我国称库页岛），日本，欧洲。

(515) 柳天蛾盘绒茧蜂 *Cotesia planus* (Watanabe, 1932)

Apanteles planus Watanabe, 1932: 84.
Cotesia planus: He *et al.*, 2004: 86-88.

主要特征：雌，体黑色；触角、足、腹部腹面、第 1–3 背板侧缘赤黄色；翅基片黄褐色；后足基节基部烟褐色，而雄性更黑；须和胫节距淡色。翅透明，翅痣黄褐色，翅脉淡色。头几乎光滑，后头两侧有细刻点；雌性触角稍短于体，而雄性长于体。中胸盾片具强刻点，小盾片及中胸侧板光滑，仅翅基片下方具刻点。并胸腹节具有网状皱纹，在端部有一短的中纵脊，在每侧呈两斜脊。前翅 r 脉、m-cu 脉、2-SR 脉均等长，短于翅痣宽度；2-SR+M 脉与 2-M 脉着色部分等长，两者均短于 m-cu 脉。后足基节光滑；后足胫节距近于等长，稍短于基跗节的1/2。腹部第 1 背板长为端宽的 1.5 倍，具网状皱纹，在基部凹陷；第 2 背板中央之皱纹与第 1 背板相同，有一光滑的不高的中脊，缺凹浅，侧缘光滑；第 3 及以后各节背板光滑；产卵管短，产卵管鞘与后足胫节距约等长。茧：纯白色，成群，由散丝聚在一起而无覆盖，每一寄主中育出数可多于 100 个。

分布：浙江（杭州）、黑龙江、内蒙古、陕西、宁夏、湖南；日本。

(516) 菜蛾盘绒茧蜂 *Cotesia vestalis* (Kurdjumov, 1912)

Apanteles plutellae Kurdjumov, 1912: 226.
Cotesia vestalis: Belokobylskij *et al.*, 2003: 387; Yun *et al.*, 2005, World Ichneumonoidea 2004. Taxapad, CD/DVD.

主要特征：雌蜂体黑色，雄蜂带暗褐色。足除了基节、后足腿节末端、跗节黑褐色，其余深黄色。头密布细毛，有光泽；颜面密布刻点，有稍隆起且宽的中纵线；雄性触角比体长。中胸背板刻点粗糙且密，尤以端半部中央更为显著；小盾片具夹点刻皱。并胸腹节无中区，有明显的中纵脊及网状皱纹。前翅 r 脉和 2-SR 脉等长，连接处外方曲折明显；2-SR+M 脉和 2-M 脉着色部分几乎等长，均比 1-SR 脉稍长；痣后脉比翅痣长。后足基节有刻纹；后足胫距约等长，不超过基跗节长度的 1/2。腹部第 1 背板长形，具粗糙网状皱纹，边缘浅黄色，第 2 背板基中小区横长方形，具粗糙网状皱纹；第 3 及以后背板光滑。产卵管鞘短，短于后足胫距。茧：单个，淡黄色，长 3.8–4 mm，宽 1.4–1.8 mm。

生物学：本种为单寄生，螟蛉盘绒茧蜂为聚寄生。

分布：浙江、北京、湖南、台湾、四川；印度，斯里兰卡，印度尼西亚，英国，北非。

注：本种成虫形态上和螟蛉盘绒茧蜂 *Cotesia ruficrus* 非常接近，其不同点是：头顶有刻点，触角黑色，稍厚，触角末端两节比端前数节稍短；后足腿节末端黑斑大，颜色深；翅痣、前缘脉和痣后脉均为褐色，腹部第 2 背板和第 3 背板除基中小区外，全部着生刚毛。

(517) 微红盘绒茧蜂 *Cotesia rubecula* (Marshall, 1885)

Apanteles rubeucla Marshall, 1885: 175.

Cotesia rubecula: Chen & Song, 2004: 166.

主要特征：雌，体黑色。须、所有的足、胫节距红黄褐色，所有基节、转节的一部分、后足腿节和后足胫节端部黑色；前、中足跗节端部、后足跗节全部及所有足色暗，后足腿节端部的黑色范围可变；翅烟色，刚毛有色，翅脉在基部红黄褐色，其余部分暗褐色，翅痣与痣后脉暗褐色，翅痣不透明。脸和唇基点刻密，脸在两触角间下方有1个不明显的突起，眼眶前有密刻点及一些小隆线，额和头顶有小刻点；后单眼间距与单复眼间距相等；雌蜂触角鞭节稍长于体长，雄蜂的触角鞭节更长些。中胸背板刻点密，沿盾纵沟及背板后部刻点尤密；小盾片前沟宽而深，约具8个明显的小扇形；小盾片具浅而或多或少模糊的刻点。并胸腹节具强而粗的网状皱褶；第2背板具皱褶，比第1背板皱褶细，其基部中央有1个小瘤；第3背板几乎平滑，有光泽，具小刻点，由小刻点形成微弱的皱褶，其端部平滑，具极细弱刻点；其后各背板平滑有光泽，并具极细小刻点。产卵器短。

分布：浙江（杭州）、吉林、辽宁、北京、河北、山西、陕西；加拿大，欧洲，大洋洲。

（518）螟蛉盘绒茧蜂 *Cotesia ruficrus* (Haliday, 1834)

Microgaster ruficrus Haliday, 1834: 253.

Cotesia ruficrus: Chen & Song, 2004: 168.

主要特征：体黑色，腹部腹面带黄褐色，少数标本第3背板黄褐色或第3背板以后带暗红褐色。足大体黄褐色，后足基节（除了末端）黑色，后足腿节末端、胫节两端或仅末端、全部或仅后足跗节及爪暗褐色。翅基片黄褐色；翅透明，翅脉及翅痣淡黄褐色。头密布细毛，有光泽；颜面密布刻点，有稍隆起的中纵线。中胸盾片后方中央及盾纵沟位置上刻点粗密；并胸腹节具网状皱纹。前翅r脉与2-SR脉等长或比之稍短，连接处外方曲折明显。后足基节有明显的皱纹。腹部第1、2背板具粗糙网状皱纹；第1背板梯形，后缘宽与长度约相等；第2背板横长方形，皱纹近于纵列，侧缘光滑；以后各节平滑有光泽，多数标本中线渐隆起，但不形成脊。产卵管短。茧：白色或稍带淡黄，一般10余个至20余个小茧平铺成一块，偶尔不规则重叠。小茧圆筒形，长2.5–3 mm，两端稍细，顶端钝圆，质地较厚。

分布：浙江、黑龙江、吉林、辽宁、北京、河北、山东、河南、陕西、江苏、上海、安徽、湖北、江西、湖南、福建、台湾、广东、广西、四川、贵州、云南；朝鲜，日本，印度，斯里兰卡，菲律宾，欧洲，大洋洲，非洲。

（519）龙眼蚁舟蛾盘绒茧蜂 *Cotesia taprobanae* (Cameron, 1897)

Apanteles taprobanae Cameron, 1897: 38.

Cotesia taprobanae: Long & Belobobylskij, 2004: 394.

主要特征：成虫体长2.8 mm；黑色。触角柄节、触角基半部、足（除了基节）红褐色；鞭节端半部、翅痣及痣后脉褐色，前缘脉褐黄色；后足跗节及腹部末端一般褐色。头部颜面具刻点；中胸盾片具粗糙、明显分散的刻点；小盾片具不明显的刻纹和刻点；并胸腹节有一条明显的中纵脊，从中脊的每一边伸出往上走的斜脊，连成一基横脊；翅痣宽度、2-SR脉和m-cu脉约等长，均短于r脉，长于2-SR+M脉，但r脉与2-SR+M脉的相对长度有变化；后足基节有光泽，具明显分散刻点，后足胫距等长，为后足跗节基节长度之半。腹部第1背板端半部有皱纹刻点、刻点粗糙；第2背板有刻纹及刻点，无侧沟。产卵管短。

分布：浙江（杭州）、广东、海南。

196. 原绒茧蜂属 *Protapanteles* Ashmead, 1898

Protapanteles Ashmead, 1898: 166. Type species: *Protapanteles ephyrae* Ashmead, 1898.

主要特征：并胸腹节常完全或大部分光滑，但其表面常部分或全部革质状、具刻点或皱的刻纹，刻纹较盘绒茧蜂属明显光滑；偶尔具 1 中纵脊，但绝无中区痕迹。前翅 r 脉和 2-SR 脉连接处明显角状至均匀弧状；小翅室开放或封闭；后翅臀瓣凸，边缘具缘毛或无。雌蜂肛下板均匀骨化，中部附近绝无系列纵褶；产卵管鞘短，大多隐藏于肛下板内，其长（包括隐藏部分）不超过后足胫节之半（若偶尔长于后足胫节之半，则肛下板大、端部尖，产卵管鞘大部分被隐藏），端部具明显而集中的毛或极细而不明显的毛。T1 形状变化大，端部强度圆形收缩至平截；T2 无侧沟至具一对完整或不完整的侧沟，其两沟间角度从锐角至钝角不等，界定明显三角形至矩形或半圆形的中域；T1、T2 表面光滑至具皱状刻点或针划状刻纹；T3 大部分或整个光滑。有些种类雌蜂前足端跗节侧方常具一明显弯刺且与其基部处凹陷或不凹陷。前胸背板侧部具腹沟，背沟有或无。

生物学：绝大多数寄生于鳞翅目幼虫，也有极少数种类寄生于鞘翅目昆虫。

分布：世界广布。世界已知 83 种，中国记录 42 种，浙江分布 5 种。

分种检索表

1. r 脉和 2-SR 脉连接处明显呈角状 ·· 2
- r 脉和 2-SR 脉连接处呈 1 均匀的弧线（并胸腹节平滑有光泽，无中纵脊；T1 向后稍变阔；产卵管短，产卵管鞘约等长于后足基跗节） ··· 桑毒蛾原绒茧蜂 *P. femoratus*
2. T1 自前向后逐渐收窄，通常明显呈楔形；T2 中域通常三角形 ················ 汤氏原绒茧蜂 *P. thompsoni*
- T1 至后部外翻处边缘多少平行，且端部通常圆形收窄；T2 中域近矩形至近三角形，通常因侧沟伸向腹部侧缘而明显呈横形 ··· 3
3. 前足端跗节具 1 刺（后足基节外表面密布刻点；T2 极光滑，端部具稀疏刻点，等长于 T3；并胸腹节密布刻点，中部稍凹，具端横脊和侧脊，中部具 1 弱纵沟） ························· 茶细蛾原绒茧蜂 *P. theivorae*
- 前足端跗节无刺 ·· 4
4. 触角端前节明显长大于宽的 1.5 倍 ·· 毒蛾原绒茧蜂 *P. liparidis*
- 触角端前节长不大于宽的 1.5 倍 ·· 次原绒茧蜂 *P. minor*

（520）桑毒蛾原绒茧蜂 *Protapanteles (Protapanteles) femoratus* (Ashmead, 1906)

Glyptapanteles femoratus Ashmead, 1906: 192.

Protapanteles (Protapanteles) femoratus: Yu et al., 2016.

主要特征：体长 2 mm 左右。体黑色具光泽。触角黑褐色至黑色。前足和中足腿节（雄蜂仅腿节端部）、胫节、跗节及后足胫节基部 1/3 黄色，其余部位黄褐至暗褐色。翅透明，前缘脉浅黄褐色，翅痣与痣后脉暗褐色，其余翅脉无色。第 1、2 腹节腹面黄色。产卵管鞘黑色。颜面具浅而相互连接的刻点；触角雌性同体长，雄性比体长。中胸盾片具浅而连接的刻点；小盾片具若干分散的刻点；并胸腹节平滑有光泽。前翅 r 脉与 2-SR 脉不形成角度。后足基节有细刻点，具光泽；后足胫节长距是基跗节的 1/2 长，短距约 1/3 长。腹部平滑有光泽；第 1 背板长约为中间宽度的 2 倍；第 2 背板比第 3 背板稍短，具 2 条斜的凹线，围绕成一平滑的三角区。产卵管短，产卵管鞘长同后足基跗节。

分布：浙江；日本，美国。

(521) 毒蛾原绒茧蜂 *Protapanteles* (*Protapanteles*) *liparidis* (Bouché, 1834)

Microgaster liparidis Bouché, 1834: 152.

Protapanteles (*Protapanteles*) *liparidis*: Yu et al., 2016.

主要特征：雌，体黑色具光泽。上唇与上颚黄褐色；须白色；触角褐黑色。足黄褐色；中足基节黑褐色；后足基节黑色，腿节端部和胫节顶端 1/3 及跗节黑褐色。翅透明；前缘脉、翅痣、痣后脉深褐色，其余翅脉色淡。第 1-5 腹节腹面及背板侧缘褐黄至暗褐色。颜面具细小刻点；头顶和后头平滑，具光泽。中胸盾片密布细小刻点；小盾片具细小较浅刻点；后胸背板粗糙，具不规则皱褶。并胸腹节具粗刻点。前翅 r 脉与 2-SR 脉相接处不成角度；m-cu 脉长约为 1-M 脉的 1/2；翅痣长约为宽的 2 倍；痣后脉比翅痣长；cu-a 脉后叉式。后足基节具细小刻点。腹部第 1 背板两边平行，向端部渐窄，长为宽的 2 倍多；第 2 背板端宽是基宽的 2 倍，比第 3 背板短；第 1、2 背板具纵皱褶；第 3 背板及其后各背板平滑，具光泽。

分布：浙江、黑龙江、吉林、陕西、湖南、台湾；俄罗斯（西伯利亚地区），日本，美国，欧洲。

(522) 次原绒茧蜂 *Protapanteles* (*Protapanteles*) *minor* (Ashmead, 1906)

Glyptapanteles minor Ashmead, 1906: 192.

Protapanteles (*Protapanteles*) *minor*: Yu et al., 2016.

主要特征：雌，体黑色；触角赤黄色至赤褐色，至端部暗；口器、翅基片、足、第 1-3 背板侧方、腹部腹面除了端部赤黄色；后足基节通常更暗褐，在端部有几分赤黄色，极个别几乎完全赤黄色；后足胫节在端部稍烟褐色；第 3 背板除了侧缘通常黑色；须和距淡色；翅透明，翅痣和翅脉暗褐色。触角、后足基节及第 3 背板色泽有变化。头具细刻点；头顶光滑。雌性触角稍短于胸、腹部之和，亚念珠形；雄性触角长于体，通常丝形。中胸盾片具细刻点，后方刻点弱而稀疏。中胸侧板光滑，有分散的细刻点。并胸腹节平滑，基部具稀疏刻点，无中脊。r 脉与翅痣宽等长，与 2-SR 脉形成强的角度；m-cu 脉与 2-SR 脉等长；2-M 脉着色部位与 2-SR+M 脉等长。后足基节平滑，外表有细刻点；长距为基跗节长的 3/5、短距刚小于 1/2。腹部第 1 背板光滑，基部稍凹，有一些分散的刻点，长为其宽的 2.5 倍，侧缘至端部很缓地收窄；第 2 背板稍短于第 3 背板，光滑，常有一些小刻点，端沟明显；第 3 及以后背板光滑；下生殖板侧面观圆而不尖；产卵管鞘与后足基跗节等长。茧：纯白色，有一些乱丝，通常多个不规则地黏在桑叶上。

分布：浙江（海宁、杭州）、台湾、贵州；日本。

(523) 茶细蛾原绒茧蜂 *Protapanteles* (*Protapanteles*) *theivorae* (Shenefelt, 1972)

Apanteles theivorae Shenefelt, 1972: 429.

Protapanteles (*Protapanteles*) *theivorae*: Yu et al., 2016.

主要特征：雌，体长 2.2 mm，黑色。下颚须白色，上唇、触角柄节、前足和中足、后足腿节（除了基节、胫节端部 1/3 和跗节大部分烟褐色）、翅基片、腹部 1-3 节背板侧膜边缘、腹基部腹面黄褐色。翅透明，翅痣及翅脉暗褐色。头顶光滑，颜面和后头密布刻点；单复眼间距与侧单眼间距等长，为侧单眼直径的 1.5 倍。中胸盾片密布刻点，小盾片有稀疏刻点。并胸腹节密布刻点，中部稍凹陷，无中区和分脊，有侧脊。r 脉稍长于痣宽，痣宽长于 m-cu 脉，cu-a 脉、m-cu 脉和 2-SR 脉等长，痣长短于痣后脉。后足基节外侧有密集刻点；后足长距为基跗节长度之半，短距稍短于后足基跗节长的 1/3。腹部第 1 背板长为基宽的 1.7 倍，基部 2/3 两侧平行，到端部 1/3 始向后端收窄，有稀疏刻点，端部收窄部分和膜质边缘等宽；第 2 背板光滑，与第 3 背板等长，中域三角形，侧沟直，端部有稀疏刻点，中域端部和两侧端部等宽；第 3 及以后背板无刻点。产卵管鞘和后足跗节第 2 节等长。

分布：浙江（杭州）、湖南、贵州、云南。

（524）汤氏原绒茧蜂 *Protapanteles* (*Protapanteles*) *thompsoni* (Lyle, 1927)

Apanteles thompsoni Lyle, 1927: 415.

Protapanteles (*Protapanteles*) *thompsoni*: Yu *et al*., 2016.

主要特征：雌，体黑色；上颚、翅基片，以及整个前中足、后足转节、腿节和胫节均赤黄色；后跗节略暗色；触角暗褐色，柄节有时有赤黄色区域；须、胫节距、体腹面灰白色；翅常整个烟色；翅痣不透明。头比中胸盾片宽；颜面有点膨大，颜面和唇基具刻点；额和头顶具微细刻点；侧单眼间距短于单复眼间距；触角鞭节短于体长，但长于头部、胸部之和。胸部背腹面有些收缩；中胸盾片、小盾片、并胸腹节前部多少平坦；中胸盾片有强光泽，具刻点，前部刻点明显分开和非常发达，后部刻点稀而细；小盾片前沟狭、浅；小盾片光滑，后方边缘有些细刻点。并胸腹节光滑，有非常细的刻点，基半和后方中间具稀刻点。后足基节基部有强而密刻点，整个外方具细而稀刻点；后跗节长于后足胫节；后足胫节长距为基跗节的 7/12，短距为 5/12。腹部第 1 背板基半或 3/8 处略转折，具光泽，至下方侧缘有些弱刻点，端前很短一段偶尔有些粗糙；第 2 背板明显短于第 3 背板，有分叉的斜沟，此处一般有些粗糙，其他部位光滑，偶尔有小刻点；第 2+3 背板间的沟不明显，第 3 背板之后光滑，偶尔少数刻点。产卵管鞘长于后足基跗节而短于第 1+2 跗节。肛下板在端部下方开裂，下边后方的脊膜质。

分布：浙江（杭州）；俄罗斯，日本，法国，比利时，匈牙利，美国，加拿大。

III. 拱茧蜂族 Forniciini

主要特征：产卵管短而下弯；产卵管鞘近似于生在腹瓣片上，光滑，仅在端部有少许毛；下生殖板完全骨化，端部尖。第 1–3 背板愈合成一背甲，完全具粗糙刻皱，有 2 条横沟显示其环节，有 1–2 条强中脊。所有其他腹板完全隐藏在背甲以下；第 1 侧背板上仅有气门痕，而第 2–6 气门正常。并胸腹节的脊式样很不寻常；中央有一"Y"形脊，中支伸至 2/3 处，臂部围成一小的基区，此区前方多少开放；有 1 对分脊从基区侧后方伸至并胸腹节两侧的气门后方，1 对多少分明的侧纵脊从分脊中央伸至并胸腹节后缘，由此形成 1 个大型端区，但其中央被中脊隔开。后胸背板中央通常有 1 端刺，前缘在小盾片下方。小盾片外侧半月形区中等大小；端节中段具纹纹而不相连；小盾片后上方突出呈或短或长单叶突或双叶突，个别几乎刺状。中胸盾片和小盾片刻纹复杂，各种间差异很大。胸腹侧脊强而完整。前胸背板沟宽，内具粗刻纹，前沟缘脊下明显。前翅 r 脉与 2-SR 脉相接处呈明显角度并有一瘤；无 r-m 脉。后翅 cu-a 脉强度扭曲；第 1 亚缘室小，长约等于高；臀叶凹入，无缘毛。头小，横形；翅基片处胸宽约为头宽的 1.5 倍。大部分鞭节因有 2 列板状感器而似被分开。

生物学：寄主于鳞翅目刺蛾科幼虫，单寄生或聚寄生。

分布：世界广布。

197. 拱茧蜂属 *Fornicia* Brulle, 1846

Fornicia Brulle, 1846: 86-88. Type species: *Fornicia clatrata* Brulle, 1846.

主要特征：前翅无第 2 肘间横脉，第 2、3 段径脉、第 3 段肘脉不着色；腹部具胸腹侧脊和前沟缘脊；第 1–3 背板愈合成甲壳状，其余背板隐藏；头特别小。

生物学：寄主于鳞翅目刺蛾科幼虫。

分布：东洋区、新北区、旧热带区。世界已知32种，中国记录17种，浙江分布5种。

分种检索表

1. 小盾片末端叉状或凹缘状 ··· 2
- 小盾片末端钝圆，不分叉 ··· 4
2. 体强壮；腹部长不达宽的1倍 ·· 3
- 体稍瘦；腹部长是宽的1.45–1.50倍 ··· 弱皱拱茧蜂 *F. imbecilla*
3. 翅端部0.33暗色；盘室宽度是高的1.25倍；痣后脉与翅痣等长 ·································· 叉拱茧蜂 *F. arata*
- 翅端部褐色；盘室宽度稍大于高；痣后脉长于翅痣长度 ··· 暗翅拱茧蜂 *F. obscuripennis*
4. 后胸背板刺长于小盾片末端突出部分；腹部黄色 ··· 黄腹拱茧蜂 *F. flavoabdominis*
- 后胸背板刺长与小盾片末端突出部分相等；腹部黑色 ·· 小拱茧蜂 *F. minis*

（525）叉拱茧蜂 *Fornicia arata* (Enderlein, 1912)

Odontofornicia arata Enderlein, 1912a: 261.

Fornicia arata: Watanabe, 1934a: 195.

主要特征：雌，体黑色；后足腿节色多变化，大部分红色或黑色至黑褐色；后足胫节1/4均为白色。前翅翅脉外方0.3–0.5烟褐色，其余透明或烟色；翅痣黑褐色，翅脉褐色至稍带褐色。体壮。背面观复眼长于上颊；上颊在复眼后明显收窄。脸具细而密刻点，无光泽；头顶中央光滑，稍凹，两侧具横刻条；上颊和颊具夹点刻皱。前胸背板平，具不明显刻点。中胸盾片密布不同程度的细刻点和刻纹，中脊弱；盾纵沟部位刻纹较粗而明显；小盾片端部叉状2齿明显。后小盾片中央隆起，有一多少向上伸的刺。中胸侧板（镜面区除外）和后胸侧板具细而密刻点，无光泽。前翅r脉从翅痣偏外方伸出；痣后脉与翅痣等长；盘室宽约为高的1.25倍。后足胫节宽，下缘长仅约为高的1.25倍。腹部很宽，长不达宽的1.4倍；第1–2背板上纵皱强而明显；第2背板上中央两侧的纵皱约12条。产卵管隐藏。

分布：浙江、安徽、台湾、四川；印度尼西亚。

（526）黄腹拱茧蜂 *Fornicia flavoabdominis* He et Chen, 1994

Fornicia flavoabdominis He et Chen *in* Chen *et al*., 1994: 130.

主要特征：雌，头、胸部黑色；腹部黄色，第2、3背板沿中纵脊处带褐色；触角基部8节黄色，其余向端部变暗；翅基片淡黄色。足黄色至红黄色，后足基跗节褐色；距黄白色。翅透明，翅毛黄色，痣及前缘脉黄褐色，其余脉黄色至淡黄色。头宽约为长的2.0倍，为中胸盾片宽的0.8–0.83。脸具横皱，有宽而低的中纵脊。头顶、上颊及颊具连续的刻条。单眼区后方头顶斜削，光亮无毛。复眼横径是上颊长度的1.3–1.5倍。中胸盾片具刻纹，在中纵脊（弱）、盾纵沟及后缘处刻纹较强；小盾片具刻皱，末端圆，几乎不伸出。后胸背板有1宽而上翘的刺，刺背方有1中脊。并胸腹节脊弱，基区小，宽度小于后胸背板刺的基宽。后足胫节内距长是基跗节的0.55–0.67。前翅翅痣长为痣后脉的0.9。r脉与2-SR脉等长。盘室宽与高等长。1-Cu1脉是2-Cu1脉的0.75。后翅cu-a脉稍"S"状，较直。腹部第1–3背板愈合呈背甲状，稍拱，长是宽的1.4–1.5倍。第1背板上刻条不明显，近网状刻纹，中纵脊细。第2、3背板上刻条稍强；中纵脊宽而突起，第2背板上的有光泽，第3背板上的具细密刻点，向端部变细。第3背板后缘中央稍凹入。产卵管是腹部长度的0.53。

分布：浙江（临安）。

(527) 弱皱拱茧蜂 *Fornicia imbecilla* Chen et He, 1994

Fornicia imbecillus Chen et He *in* Chen *et al.*, 1994: 129.

主要特征：雌，触角基部 7 节褐黄色，其余向端部变暗；翅基片黄色；肩片后角褐色，其余黄色。足褐黄色，基节黑色；前中足胫节和跗节黄色；后足腿节端部外侧暗色，胫节基部 0.33 黄白色，端部 0.25 黄色，其余部分和跗节褐色；距黄白色。翅透明，毛黄色，端部略带褐色；痣及前缘脉褐色，1-Cu1 脉第 1 段淡褐色，其余脉褐黄色至黄色。头宽约为长的 2.0 倍，为中胸盾片宽的 0.78。脸上方具刻条并自上而下向两侧延伸，中部具皱纹；仅上方一点中纵脊。头顶在复眼及单眼区后方斜削，斜削部分光亮无毛，其余具弱刻条。上颊及颊具弱刻点。复眼横径是上颊长度的 1.8 倍。中胸盾片在盾纵沟、中纵脊（弱）及两侧缘处具网皱；小盾片中央网皱稍弱，末端低落突出，分叉。后胸背板具 1 上翘的刺。并胸腹节脊强，基区大，宽度大于后胸背板刺的基宽。后足基节外侧具平行的横皱，胫节内距是基跗节长度的 0.63。前翅翅痣长为痣后脉的 0.9；r 脉是 2-SR 脉的 1.5–1.7 倍。盘室宽是高的 1.2–1.3 倍。1-Cu1 脉长是 2-Cu1 脉的 0.54–0.61。后翅 cu-a 脉强 "S" 形。腹部第 1–3 背板愈合呈背甲状，稍拱，长是宽的 1.45–1.50 倍；背板上纵刻条密而弱，比刻条间的皱纹稍强，近网状，背面观刻条柔和。中纵脊弱，在第 1 背板上细，宽大于高；在第 2 背板上平坦，在第 3 背板上弱，稍突起。第 3 背板后缘中央明显凹入。产卵管未伸出。

分布：浙江（遂昌）。

(528) 小拱茧蜂 *Fornicia minis* He et Chen, 1994

Fornicia minis He et Chen, 1994: 131.

主要特征：雄，体黑色；触角褐色，向端部变暗；翅基片黄褐色。前中足黄色，基节和转节黑色；后足褐黄色，基节和转节黑色至红褐色，胫节中部外方、基跗节褐色；距色淡。翅透明，痣褐色，前缘脉黄色，其余脉近无色。头宽为长的 2.2 倍，为中胸盾片宽的 0.78。脸具刻皱，中纵脊具光泽。头顶、上颊及颊光亮，略带微皱。复眼横径是上颊长的 2.0 倍。中胸盾片在盾纵沟、中纵脊（弱）处呈网皱，其余具刻点；小盾片具网皱，末端圆，突出部分光滑，长为小盾片的 0.15，上有细纵脊。后胸背板有 1 小刺，长与小盾片突出部分等长。并胸腹节基区阔于后胸背板刺的基宽。后足胫节内距长是基跗节的 0.5。前翅翅痣长为痣后脉的 0.77；r 脉长是 2-SR 脉的 1.57 倍；盘室宽与高等长；1-Cu1 脉是 2-Cu1 脉的 0.56。后翅 cu-a 脉 "S" 形。腹部第 1–3 背板愈合呈背甲状，稍拱，长是宽的 1.44 倍。背板有明显的纵刻条，第 2 背板约有 14 条纵刻条，第 3 背板刻条最强，约 10 条；中纵脊在第 1 背板上较细而光亮，其余背板上中央凹入，似成 2 条，中纵脊伸达第 3 背板末端。第 3 背板端缘中央明显凹入。

分布：浙江（杭州）。

(529) 暗翅拱茧蜂 *Fornicia obscuripennis* Fahringer, 1934

Fornicia obscuripennis Fahringer, 1934: 587.

主要特征：雌，体黑色，下颚须色浅。足基节黑色；前足和中足红黄色；后足腿节红褐色，端部黑色；后足胫节三色，近基部 1/3 白色，中段黑色，端部 1/3 红色。翅烟褐色，翅痣褐色，基部具浅色斑点，翅脉褐至淡褐色。头部背面观宽约为长的 1.73 倍；上颊在复眼后方明显收窄，颜面有均匀微弱的刻点。上颊、头顶和后头均有微弱皱纹，后头中部稍凹入。单眼呈矮三角形排列；复眼横径为上颊长的 2 倍。触角长于体，每节中部稍凹陷，端节长为宽的 3 倍。中胸盾片具均匀的细刻点，盾纵沟处皱纹和刻点较密集；端部 2/3 有中纵脊。小盾片有刻点，端部延长，具两齿；后胸背板中部具齿。并胸腹节有皱纹和刻点，中纵脊端部分叉成一五边形中区，基横脊明显，斜；气门被侧纵脊包围。后足基节具微小刻点，长为基部宽的 1.5 倍，达腹部第 2 背板末端；后足胫节内距长为后足基跗节之半。前翅比体长；翅痣长约为宽的 3 倍，痣后脉稍长于翅痣；r 脉从翅痣端部 1/4 处发出，明显长于 2-SR 脉；第 1 盘室宽大于高（5∶4），1-Cu1 脉短于 2-Cu1 脉（8∶11）；后小脉强"S"形。腹部背甲约与胸部等长，具强而规则的波状纵脊，纵脊间有不规则的短纵脊和皱纹；第 1 背板和第 2 背板及第 3 背板间的横缝深而呈弧形；第 2 背板稍长于第 1 和第 3 背板；第 3 背板纵脊减弱，后缘呈三角形凹缘。肛下板隐藏，产卵管鞘短，和后足跗节第 4 节等长。

分布：浙江（杭州、乐清）、江苏、湖南、福建、台湾、广西、四川、贵州。

IV. 小腹茧蜂族 Microgastrini

主要特征：产卵管鞘长于后足胫节之半，几乎全段具毛（除了不着色的最基部，从腹瓣片端部生毛）。下生殖板通常大，通常（95%）中央不骨化，有刻条和褶。腹部第 1 背板通常（85%）长于宽，为 1.5–2.5 倍；但有时长近于宽，其侧背板背面观刚可看到；无端中凹痕，但有 20% 的美洲种在基半或更长有一明显中纵沟。第 2 背板多变，多数矩形并稍短于第 3 背板，但偶有小而亚三角形，或方形，长于第 3 背板。并胸腹节几乎均（99%）有一完整强中脊；有时（25%）除中脊外还有横脊或刻皱，致有时形成各式各样明显中区。后胸背板几乎均（97%）有一低矮具刚毛的亚侧叶突，紧靠小盾片后缘。几乎无胸腹侧脊。盾纵沟在一些属强。前胸背板侧面上下缘均有沟，但沟稀光滑。触角大部分环节有 2 列板状感器，但 *Hygroplitis* 有 3–4 列或不规则。

生物学：主要寄主于小鳞翅类，有些是钻蛀性幼虫，但有少数寄生于大鳞翅类如夜蛾科。

分布：世界广布。世界已知 13 属，中国记录 3 属，浙江分布 1 属。

198. 小腹茧蜂属 *Microgaster* Latreille, 1804

Microgaster Latreille, 1804: 175.Type species: *Microgaster australis* Thomson, 1895.

主要特征：头横形，在复眼后方加宽、圆形或收窄，头顶多光滑，脸方，完全光滑至具密集刻点或皱纹；前胸窄，两侧具背沟及腹沟，中胸盾片多光滑，少数前方具密集刻点或整个粗糙，盾纵沟通常不明显，仅至多具凹痕；盾片前沟窄至宽，内具数条小脊，小盾片多光滑，小盾片后方带通常连续且光滑，其中央位置不被皱纹所断开；并胸腹节常凸出，具一明显的中纵脊，有时基部具一横脊，表面具深网眼状的粗糙刻皱，气孔被强脊包围；翅多半透明，前翅至多烟褐色或 r 脉及外缘区域具暗色斑块，前翅 1-SR1 脉短于翅痣至长于翅痣，1-Cu1 脉常与 2-Cu1 脉等长，极少数短于或长于 2-Cu1 脉；前翅具 r-m 脉，第 2 亚缘室封闭，呈三角形至四边形，后翅 2r-m 脉骨化存在，但不着色，后翅臀瓣大，具缘毛；后足基节长，明显超过腹部第 2 背板末端，后足胫节距内距明显长于外距；腹部第 1 背板端部明显扩大，长度短于端宽，第 2 背板矩形，无中区，腹部第 1 至 2 背板具皱纹，其余背板多光滑，至多第 3 背板具弱刻纹，肛下板大，通常具中纵褶及明显侧褶；产卵管鞘长，且整长具毛。

生物学：全部为鳞翅目昆虫的容性内寄生茧蜂，多单寄生，即通常大部分雌蜂一次产一个卵，寄生于鳞翅目幼虫；寄主多为小蛾类，主要为麦蛾科、螟蛾科、卷蛾科及夜蛾科等。

分布：世界广布。世界已知 179 种，中国记录 33 种，浙江分布 11 种。

分种检索表

1. 体红褐色或黄褐色 ·· 红褐小腹茧蜂 *M. ferruginea*
- 体大部分黑色 ··· 2

2. 后足胫节黑色且在中间具一白色环；前翅透明，但翅外缘及 r 脉区域暗色 ············ 古晋小腹茧蜂 *M. kuchingensis*
- 后足胫节褐色或仅基部黄色；前翅透明 ·· 3
3. 整个足及腹部红黄色（包括肛下板）、黄色或浅黄色，至多具些许黑色部分 ·· 4
- 至少中足、后足基节、转节、腿节及肛下板黑色，或黑褐色 ·· 5
4. 第 3 背板光滑，或仅基部不平滑；前翅 1-Cu1 脉与 2-Cu1 脉等长 ······················· 赛氏小腹茧蜂 *M. szelenyii*
- 腹部第 3 背板基半部具粗糙刻纹，但比腹部第 1 至 2 背板刻纹弱；前翅 1-Cu1 脉明显短于 2-Cu1 脉 ···················
  ··· 玉米螟小腹茧蜂 *M. ostriniae*
5. 后足爪具一钉状齿或具 2–5 个刺 ·· 6
- 后足爪无刺或具一简单刺 ·· 7
6. 翅暗色；肛下板十分短且明显骨化；腹部第 3 背板黑色；跗爪具 5 个刺，呈梳状 ··
  ··· 暗翅小腹茧蜂 *M. obscuripennata*
- 翅透明至半透明；肛下板弱骨化；跗爪至多具 4 个刺 ··· 双刺小腹茧蜂 *M. biaca*
7. 肛下板中间弱骨化，端部折叠，未伸达腹末 ·· 8
- 肛下板中间明显骨化，且伸达腹末 ·· 9
8. 前翅 r 脉长于翅痣宽 ··· 天目山小腹茧蜂 *M. tianmushana*
- 前翅 r 脉明显短于翅痣宽 ·· 泰山小腹茧蜂 *M. taishana*
9. 腹部第 1 至 2 背板具些许刻纹，腹部第 1 背板中间光滑 ·· 10
- 腹部第 1 至 2 背板具粗糙刻纹 ·· 长尾小腹茧蜂 *M. longicaudata*
10. 并胸腹节前缘多少具光滑带；产卵管鞘具毛部分为后足胫节长的 0.61；触角柄节黄色 ··
  ··· 赵氏小腹茧蜂 *M. zhaoi*
- 并胸腹节完全粗糙；产卵管鞘具毛部分为后足胫节长的 0.39；触角柄节黑色 ···
  ··· 短管小腹茧蜂 *M. breviterebrae*

（530）双刺小腹茧蜂 *Microgaster biaca* Xu et He, 1998（图 1-199）

Microgaster biaca Xu et He, 1998: 395.

主要特征：雌，脸扁平，在端部 1/3 位置具有中纵脊和横行刻条，其余部分具斜的刻条向唇基处汇聚，高为宽的 0.76，复眼内缘平行。唇基扁平，具明显稀疏刻点。额光滑。头顶在上颊后方不加宽，头顶及上颊光滑。单眼区呈锐角三角形。触角柄节长为宽的 1.67 倍，第 1 鞭节长为宽的 3.0 倍，端前节长为宽的 1.55 倍。前胸背板中间十分窄，侧缘中间光滑，两侧有细圆孔状形成的背沟及腹沟。前胸侧板基部光滑。中胸盾片光滑，至多前缘具弱刻纹。中胸侧板光滑，中部凹陷，整体光滑除了后缘 1/3 处具稀疏的刻点。盾片前沟窄，长为小盾片的 0.2，内有 7 条小脊。小盾片扁平，光滑。后胸侧板前缘光滑，后缘具粗糙刻纹。并胸腹节具粗糙深网眼状皱纹，整体具一明显中纵脊，无横脊，气孔被强脊包围。第 1 背板基部 1/3 凹陷且光滑，有一中沟，后部 2/3 具强烈刻条，粗糙；长：基宽：端宽 = 55：40：78。腹部第 2 背板长为宽的 2.73 倍，具明显刻条。第 3 背板中间长为第 2 背板的 0.92。第 3 至第 7 背板光滑。肛下板伸达腹末，骨化且中间折叠，无侧褶，产卵管鞘伸出肛下板，整长具毛，伸出部分为腹部长的 0.43，为后足胫节长的 0.56，为前翅长的 0.2，为后足基跗节的 1.11 倍。体主要为黑色。触角黑色；上颚红黄色，下颚须及胫节距黄色；翅基片黑色，翅透明至半透明，仅外缘有烟褐色斑块，翅痣褐色，无基斑，大部分翅脉褐色；足基节黑色，后足转节至腿节黄色，胫节黄色除端部褐色外，跗节黑褐色。雄，体长 3.2–4.0 mm；触角端前节长为宽的 3.3 倍；后足腿节末端 1/3 和胫节末端 1/2 黑褐色。

分布：浙江（安吉、临安、庆元）。

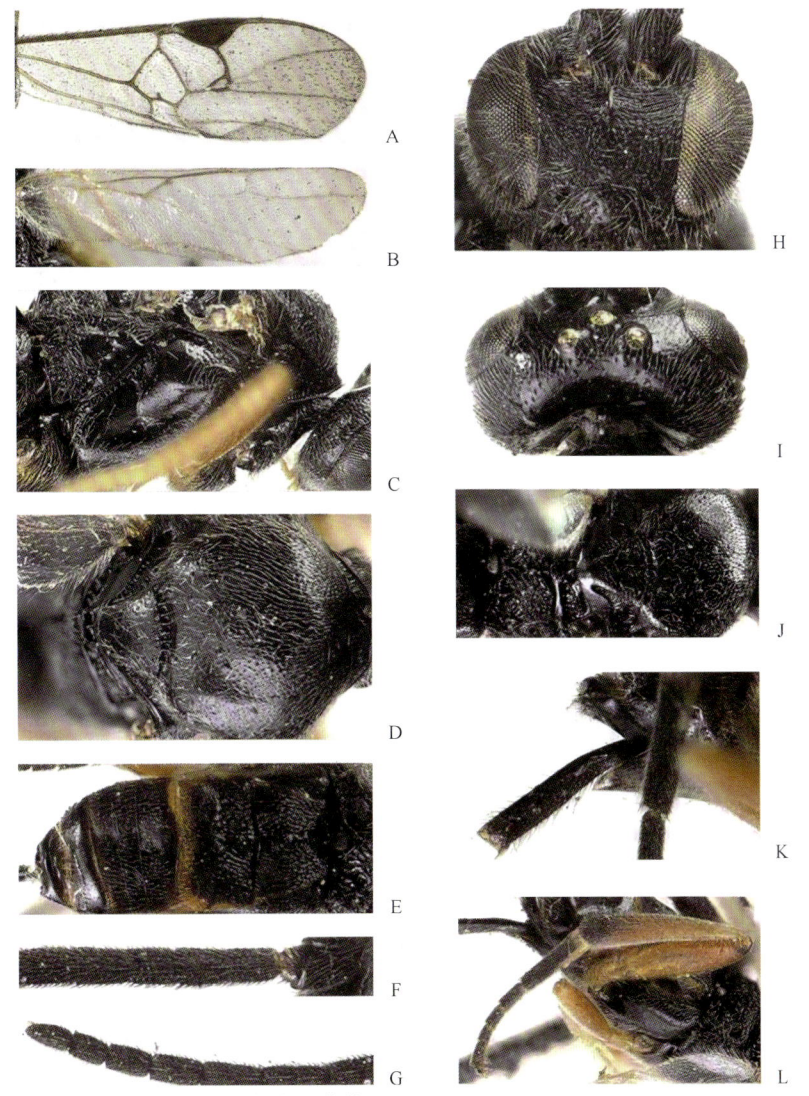

图 1-199　双刺小腹茧蜂 *Microgaster biaca* Xu et He, 1998

A. 前翅；B. 后翅；C. 中胸侧板；D. 中胸盾片和小盾片；E. 腹部，背面观；F. 触角基部；G. 触角端部；H. 头，前面观；I. 头，背面观；J. 小盾片和并胸腹节；K. 肛下板和产卵管及鞘；L. 后足

（531）短管小腹茧蜂 *Microgaster breviterebrae* Xu *et* He, 2003

Microgaster breviterebrae Xu *et* He, 2003: 525.

主要特征：雌，脸扁平，在端部 1/3 位置具有中纵脊，其余部分具斜的刻条向唇基处汇聚，高为宽的 0.82，复眼内缘平行。唇基扁平，具弱且稀疏刻点。额光滑。头顶在上颊后方不加宽，头顶及上颊光滑。单眼区呈钝角三角形。触角约为前翅长的 0.99，触角柄节长为宽的 1.42 倍，第 1 鞭节长为宽的 3.0 倍，端前节长为宽的 1.33 倍。前胸背板中间十分窄，侧缘中间光滑，两侧有细圆孔状形成的背沟及腹沟。前胸侧板光滑。中胸盾片光滑，至多前缘具弱刻点。中胸侧板无明显的基节前沟，中部凹陷，光滑。盾片前沟长为小盾片的 0.21，内有 7 条小脊。小盾片有强烈光泽，光滑。后胸侧板后缘具粗糙刻纹。并胸腹节具粗糙深网眼状皱纹，整体具一明显中纵脊，气孔被强脊包围。第 1 背板基部 1/2 具轻微凹陷及刻点，后部 1/2 具刻条；长：基宽：端宽=25：15：30。腹部第 2 背板长为宽的 3.2 倍，近两侧具弱刻点。第 3 背板中间长为第 2 背板的 1.12 倍。第 3 至第 7 背板光滑。肛下板未伸达腹末，骨化仅中间折叠，产卵管鞘伸出肛下板，整长具毛，伸出部分为腹部长的 0.38，为后足胫节长的 0.39，为前翅长的 0.16，为后足基跗节的 0.84。体主要为黑色。触角黑色；上颚黄褐色，下颚须及胫节距黄色；翅基片黑色，前翅稍烟褐色，仅 r 脉区域半透明状，翅痣褐色，无基斑，大部分翅脉褐色；足黑色。

分布：浙江（临安）、黑龙江、吉林、辽宁、河南、福建、广东。

（532）红褐小腹茧蜂 *Microgaster ferruginea* Xu et He, 2000

Microgaster ferruginea Xu et He, 2000: 1.

主要特征：雌，脸扁平，具极细的刻纹，在端部 1/3 位置具有中纵脊及横刻条，余下部分具斜刻条向唇基处汇聚，高为宽的 0.71，复眼内缘平行。唇基扁平，具稀疏刻点。额光滑。头顶在上颊后方不加宽，头顶及上颊光滑。单眼区呈钝角三角形，后单眼中间有一条黑线延伸至后头。触角为前翅长的 1.42 倍，触角柄节长为宽的 1.57 倍，第 1 鞭节长为宽的 2.4 倍，端前节长为宽的 3.33 倍。前胸背板中间十分窄，侧缘中间光滑，两侧有细圆孔状形成的背沟及腹沟。前胸侧板前部光滑。中胸盾片光滑。中胸侧板无明显的基节前沟，中部凹陷，基部 1/3 有明显的稀疏刻点，光滑。盾片前沟长为小盾片的 0.21，内有 7 条小脊。小盾片扁平，光滑。并胸腹节具粗糙深网眼状皱纹，整体具一明显中纵脊及横脊，气孔被强脊包围。腹部为胸部的 1.07 倍长。腹部第 1 背板基部 1/2 凹陷，光滑，端部具弱刻条，整体有光泽；长：基宽：端宽=5：3：3。腹部第 2 背板长为宽的 2.85 倍，具弱刻条，有光泽。第 3 背板中间长为第 2 背板的 1.16 倍。第 3 至第 7 背板光滑。体主要为红褐色。触角红黄色；上颚红黄色，下颚须及下唇须淡黄色；腹部腹片淡黄褐色；足基节红黄色，前、中和后足转节至跗节红黄色，胫节距淡黄色；翅透明，翅痣黄褐色，大部分翅脉黄褐色。

分布：浙江（德清）、山东。

（533）古晋小腹茧蜂 *Microgaster kuchingensis* Wilkinson, 1927

Microgaster kuchingensis Wilkinson, 1927: 176.

主要特征：雌，脸上布满粗糙及网状刻纹，端部 1/3 具短中纵脊及横行刻条，唇基具弱刻纹。触角粗壮，鞭节仅基半部长为宽的 2 倍，第 1 鞭节为 0.36 mm；后单眼间的距离短于后单眼与复眼间的距离。中胸盾片具强烈的刻点；并胸腹节具一明显的中纵脊，气孔被强脊包围。后足基节长于胸部的一半，具刻点；后足胫节距至少为基跗节长的 2/3；中足胫节距与基跗节等长。腹部第 1 至 2 背板具强烈的粗糙刻条（除了第 1 背板基部 2/3 中间凹陷区域）；腹部第 2 背板具一光滑的三角形中区；腹部第 1 背板向末端加宽，小于基宽的 2 倍，约与侧长等长；腹部第 1 背缝十分明显，深且直；第 2 背板端宽与基宽近似相等，侧缘稍斜，长约为中间宽长的 4 倍，端缘直，第 3 背板中间长为第 2 背板的 1.33 倍；产卵管鞘短于后足基节，约与后足腿节等长，产卵管鞘明显向下弯曲。体主要为黑色。触角柄节、前足腿节及产卵管红褐色；前足胫节及胫节距、跗节色较浅；中足及后足胫节距、后足跗节基部 1/4，以及中足跗节黄色；中足胫节黑色，端部及基部黄色；翅半透明，前翅 r 脉区域及外缘有暗色斑块，前翅翅痣、翅脉黑褐色。

分布：浙江、山东。

（534）长尾小腹茧蜂 *Microgaster longicaudata* Xu et He, 2000

Microgaster longicaudata Xu et He, 2000: 207-212.

主要特征：雌，脸扁平，在端部 1/3 位置具短中纵脊及横行刻条，余下部分具不规则皱纹，高为宽的

0.70，复眼内缘平行。唇基扁平，具刻点。额有刻条，光滑。头顶在上颊后方不加宽，头顶光滑，上颊具弱的刻纹。单眼区呈钝角三角形。触角柄节长为宽的 1.6 倍，第 1 鞭节长为宽的 3.25 倍，端前节长为宽的 1.33 倍。前胸背板中间十分窄，侧缘中间光滑，两侧有细圆孔状形成的背沟及腹沟。前胸侧板光滑。中胸盾片基部 1/2 具弱刻条，粗糙。中胸侧板无明显的基节前沟，中部凹陷，光滑。盾片前沟长为小盾片的 0.15，内有 9 条小脊。小盾片扁平，光滑。并胸腹节具粗糙深网眼状皱纹，整体具一明显中纵脊，气孔被强脊包围。后足背面光滑，其端部伸达腹部第 2 背板末端。后足腿节长为宽的 3.08 倍，为后足基节长的 1.18 倍。后足胫节外侧具有稀疏的钉状刺；内距明显长于外距，为其 1.5 倍；后足跗节为胫节长的 1.1 倍；后足基跗节为第 2 至 5 跗节长度之和的 0.77；第 2 跗节为基跗节长的 0.4，为第 5 跗节长的 1.37 倍，后爪至多具一刺。第 3 背板中间长与第 2 背板等长。第 3 至第 7 背板光滑。肛下板仅伸达腹末，骨化除中间折叠部分外，无侧褶，产卵管鞘全长具毛，产卵管伸出部分为腹部长的 0.94。体主要为黑色。触角黑色；上颚褐色，下颚须黄色；翅基片褐色，胫节距黄色；翅半透明，翅痣褐色，翅脉褐色；腹部背板黑色，第 1 至 3 侧板黄色，腹板黑色；前、中足基节至转节黑色，腿节至跗节黄色；后足基节黑色，转节至腿节黄色，腿节黄色端部黑色，胫节黄色，端部黑色，跗节黑褐色。

分布：浙江、河北、陕西、湖北、四川、贵州。

(535) 暗翅小腹茧蜂 *Microgaster obscuripennata* You *et* Xia, 1992

Microgaster obscuripennata You *et* Xia *in* He *et al.*, 1992: 1265.

主要特征：雌，触角（柄节暗红黄色）红褐色；上颚端部暗黄褐色；下颚须和唇须淡黄色；腹部 1–3 腹片淡黄褐色，肛下板黑色。足基节黑色；胫节距黄白色；足第 1 转节黑褐色；前、中足第 2 转节至胫节暗红黄色，跗节淡黄褐色；后足第 2 转节至腿节（末端 1/4 黑褐色）暗红黄色，胫节（基部 1/4 黄白色）至跗节（基部 1/4 黄白色）黑褐色。翅几乎不透明，暗烟褐色；翅痣黑褐色，大部分翅脉黑褐色。头横宽，背面观宽为长的 2.6 倍。触角粗，密布均匀短柔毛；柄节长为宽的 1.7 倍；鞭节第 1 节、端前节和端节长分别为宽的 2 倍、2.3 倍和 2.9 倍，末端 3–4 节连接紧密。触角洼和额（中央光滑）具疏刻点。头顶光滑，具疏细刻点和刻纹。上颊在复眼后方弧形收窄，上颊具小刻点和皱纹。单眼大，OD：APOL：POL：OOL=（3.5–4）：（2–2.5）：（6–7）：7。复眼内缘平行，高为宽的 1.7 倍。脸微拱，上方 1/3 具中纵脊；中央具粗刻点，上方具横皱纹，下方两侧具斜皱纹；宽为高的 1.5 倍。唇基具粗刻点。前胸背板具细刻点。中胸盾片前方 2/3 具粗浅刻点，在后方减弱；小盾片前沟宽，内具 12 条小脊；小盾片光滑，两侧缘具疏浅刻点。中胸侧板前方、下方和翅基下脊下方具粗浅刻点，其余光滑。后胸侧板上方光滑，下方具粗糙皱纹。并胸腹节中纵脊发达，基横脊不明显，中纵脊中段向两侧发出数条横脊，表面具粗糙皱纹，后侧区不明显。前翅长为宽的 3.0 倍；翅痣长为宽的 2.7 倍，1-R1 脉分别为其至径室端部距离和翅痣长的 2.1 倍和 1 倍；r 脉稍直，从翅痣中部稍外方伸出，r 脉：翅痣宽：2-SR 脉=14：14：10；小翅室较大，四边形。后翅 cu-a 脉直；后肘室长为端宽的 2.3 倍。后足基节外侧光滑，背面具皱纹，腹面具细刻点，端部达到腹部第 3 背板端缘，后足腿节长为宽的 3.1 倍；后足胫节内、外距长分别为基跗节的 0.8 和 0.57；后足爪具梳齿 4–5 枚，爪上的齿长为爪弯曲部分的 3/4–4/5。腹部长于胸部。第 1 背板长：基宽：端宽=26：21：38；具粗糙纵皱和网皱，两侧缘从基部至端部波状扩大。第 2 背板矩形，宽为长的 4.4 倍，短于第 3 背板，具粗糙纵皱纹。第 3 背板具疏浅粗刻点，其后各背板平滑。肛下板顶端远离腹部末端，后背缘呈波状，骨化程度较高，仅具中纵褶。产卵管鞘基部具柄，长为后足胫节的 0.61。变异：雄，体长 5.1 mm；触角端前节长为宽的 3.7 倍；其余同雌性。茧：单个，长筒圆形，长 8.5–9 mm，直径 2.7–3.0 mm，淡黄色，杂以疏松细丝。

分布：浙江（临安、松阳、景宁）、湖南。

(536) 玉米螟小腹茧蜂 *Microgaster ostriniae* Xu et He, 2000

Microgaster ostriniae Xu et He, 2000: 134.

主要特征：雌，脸扁平，在端部 1/3 位置具短中纵脊，余下部分具极细的刻纹，高为宽的 0.73，复眼内缘亚平行。唇基扁平，光滑。额光滑。头顶在上颊后方不加宽，头顶及上颊光滑。单眼区呈锐角三角形。触角为前翅长的 1.12 倍，触角柄节长为宽的 2.25 倍，第 1 鞭节长为宽的 4.0 倍，端前节长为宽的 1.33 倍。前胸背板中间十分窄，侧缘中间具明显刻点，两侧有细圆孔状形成的背沟及腹沟。前胸侧板光滑。中胸盾片均匀布满明显的刻点。中胸侧板无明显的基节前沟，中部凹陷，外缘稍具明显刻点，余下部分光滑。盾片前沟长为小盾片的 0.22，内有 7 条小脊。小盾片扁平，具稀疏微弱刻点。并胸腹节具粗糙深网眼状皱纹，整体具一明显中纵脊及横脊，气孔被强脊包围。后足背面光滑，其端部伸达腹部第 2 背板末端。后足腿节长为宽的 3.4 倍，为后足基节长的 1.55 倍。后足胫节外侧具有稀疏的钉状刺；内距明显长于外距，为其 1.6 倍；后足跗节与胫节等长；后足基跗节为第 2 至 5 跗节长度之和的 0.62；第 2 跗节为基跗节长的 0.4，与第 5 跗节长等长，后足爪无刺。腹部第 1 背板基部 1/3 凹陷，具网眼状刻纹，端部 2/3 基部具网眼状皱纹。腹部第 2 背板长为宽的 3.12 倍，具刻条状皱纹。第 3 背板中间长为第 2 背板的 0.75。第 3 背板中间前缘区域具弱刻纹。第 4 至第 7 背板光滑。肛下板未伸达腹末，弱骨化，完全折叠，无侧褶，产卵管鞘全长具毛，产卵管鞘伸出部分为腹部长的 0.6，为后足胫节长的 0.7，为前翅长的 0.28，为后足基跗节的 1.86 倍。体主要为红褐色。触角褐色，柄节黄色；下颚须黄色；翅基片黄色；胫节距黄色；翅半透明，翅痣黄褐色，翅脉黄褐色；腹板黄色，腹部第 1 至 2 背板红棕色，腹部第 3 背板暗黄色，后足黄色。雄，体长 2–2.6 mm；触角端前节长为宽的 2.5 倍。

分布：浙江（杭州）、辽宁、山东。

(537) 赛氏小腹茧蜂 *Microgaster szelenyii* Papp, 1974（图 1-200）

Microgaster szelenyii Papp, 1974: 155.

主要特征：雌，脸扁平，具中纵脊，布满刻纹，高为宽的 0.75，复眼内缘亚平行。唇基扁平，光滑。额光滑。头顶在上颊后方不加宽，头顶及上颊光滑。单眼区呈钝角三角形。触角柄节长为宽的 1.57 倍，第 1 鞭节长为宽的 3.75 倍，端前节断裂。前胸背板中间十分窄，侧缘中间具刻纹，两侧有细圆孔状形成的背沟及腹沟。前胸侧板光滑。中胸盾片前缘 2/3 具稀疏的弱刻点。中胸侧板无明显的基节前沟，中部凹陷，基部 1/3 有弱的稀疏刻点。盾片前沟长为小盾片的 0.21，内有 5 条小脊。小盾片扁平，光滑。并胸腹节具粗糙深网眼状皱纹，整体具一明显中纵脊及横脊，气孔被强脊包围。腹部第 1 背板基部 1/3 凹陷，具刻纹，端部 2/3 具强网眼状的刻纹及条状刻纹；长：基宽：端宽＝25：11：31。腹部第 2 背板长为宽的 3.0 倍，具明显刻条。第 3 背板中间长为第 2 背板的 0.84。第 3 至第 7 背板光滑。肛下板未伸达腹末，骨化，仅中间部分折叠，无侧褶，产卵管鞘全长具毛，产卵管鞘伸出部分为腹部长的 0.45，为后足胫节长的 0.49，为前翅长的 0.2，为后足基跗节的 1.17 倍。体主要为黑色。触角黄褐色；上颚黄色，下颚须黄色；翅基片黑褐色，胫节距黄白色；翅半透明，r 脉区域及外缘区域有暗色斑块，翅痣褐色，翅脉褐色；腹部第 3 背板黄色，第 4 至 5 背板两侧具黄色斑，腹部腹板及肛下板均黄色，前足、中足黄色，后足基节至腿节黄色，胫节基部 3/4 黄色，端部 1/4 黑褐色，跗节黑褐色除了基跗节基部 1/5 黄白色。

分布：浙江（安吉、杭州、诸暨）、黑龙江、辽宁、河北、山东、河南、湖南、四川、贵州；俄罗斯，韩国。

图 1-200 赛氏小腹茧蜂 *Microgaster szelenyii* Papp, 1974
A. 前翅；B. 后翅；C. 胸部，背面观；D. 胸部，侧面观；E. 并胸腹节；F. 头，前面观；G. 头，背面观；H. 腹部，背面观；I. 肛下板、产卵管及其鞘；J. 触角端部；K. 触角基部

（538）泰山小腹茧蜂 *Microgaster taishana* Xu, He et Chen, 1998（图 1-201）

Microgaster taishana Xu, He et Chen *in* Xu *et al.*, 1998: 302.

主要特征：雌，脸扁平，在端部 1/3 位置具短中纵脊及横行刻纹，余下部分具刻纹及刻点向唇基处汇聚，高为宽的 1.22 倍，复眼内缘亚平行。唇基扁平，光滑。额光滑。头顶在上颊后方不加宽，头顶光滑，上颊具弱的刻纹。单眼区呈钝角三角形。前胸背板中间十分窄，侧缘中间具刻纹，两侧有细圆孔状形成的背沟及腹沟。前胸侧板基部光滑。中胸盾片光滑。中胸侧板无明显的基节前沟，中部凹陷，光滑。盾片前沟长为小盾片的 0.14，内有 7 条小脊。小盾片扁平、光滑。并胸腹节具粗糙深网眼状皱纹，具一明显中纵脊，气孔被强脊包围。腹部为胸部的 1.18 倍长。腹部第 1 背板基部 1/3 凹陷，光滑，端部 2/3 具明显网眼状刻纹；长∶基宽∶端宽=20∶12∶29。腹部第 2 背板长为宽的 2.67 倍，具明显刻纹。第 3 背板中间长为第 2 背板的 0.9。第 3 至第 7 背板光滑。肛下板远离腹末，骨化除中间折叠部分外，有侧褶，产卵管鞘全长具毛，产卵管鞘伸出部分为腹部长的 0.4，为后足胫节长的 0.56，为前翅长的 0.2，为后足基跗节的 1.3 倍。体主要为黑色。触角黑色；上颚黄褐色，下颚须黄褐色；翅基片黑色，翅半透明，翅痣褐色，翅脉褐色；

后足基节黑色，转节至胫节黄色，至多端部些许黑色，胫节距白色，基跗节 1/3 黄白色，余下跗节褐色。雄，体长 3.3–3.8 mm；触角端前节长为宽的 4 倍，触角除柄节黑色外，其余黑褐至黄褐色；后足跗节黑褐色至烟褐色。

分布：浙江（杭州）、山东、江苏、湖北、贵州。

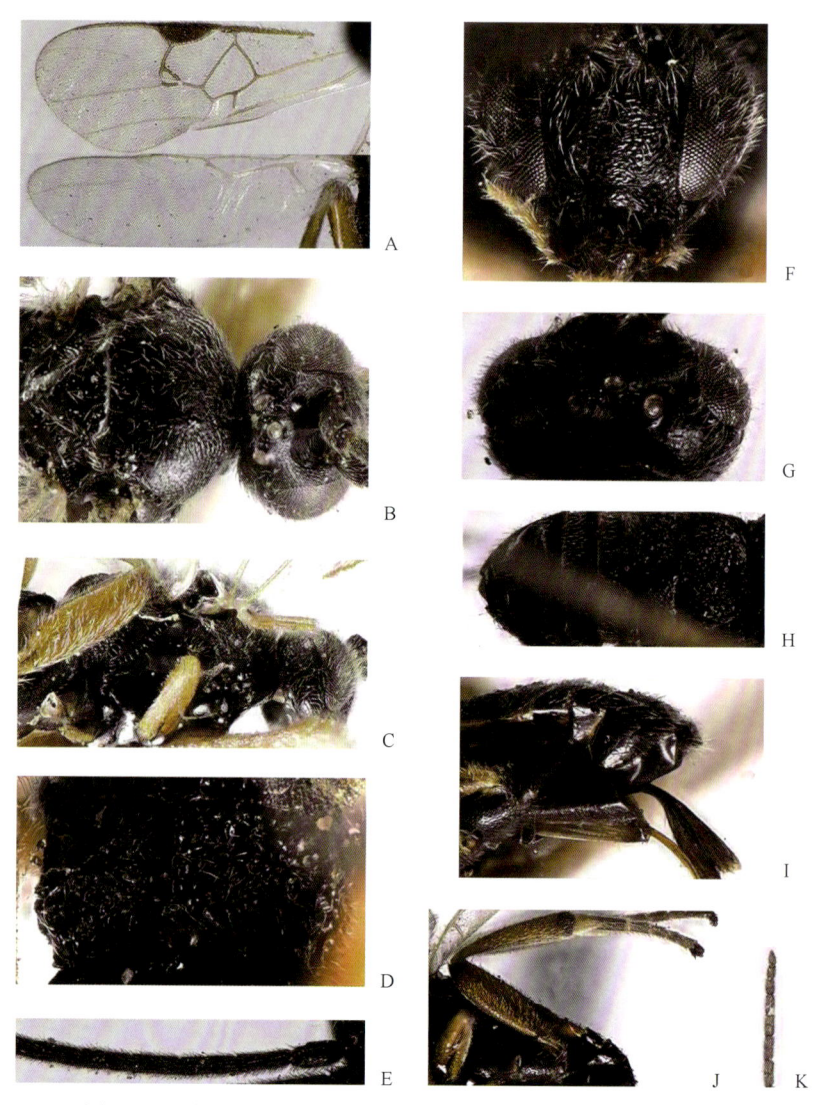

图 1-201　泰山小腹茧蜂 *Microgaster taishana* Xu, He *et* Chen, 1998
A. 前翅和后翅；B. 头部和胸部，背面观；C. 胸部，侧面观；D. 并胸腹节；E. 触角基部；F. 头，前面观；G. 头，背面观；H. 腹部，背面观；I. 肛下板、产卵管及其鞘；J. 后足；K. 触角端部

（539）天目山小腹茧蜂 *Microgaster tianmushana* Xu *et* He, 2001（图 1-202）

Microgaster tianmushana Xu *et* He, 2001: 734.

主要特征：雌，脸扁平，在端部 1/3 位置具刻纹，并具横行刻条，余下部分为斜脊，向唇基处汇聚，高为宽的 0.8，复眼内缘亚平行。唇基扁平，具弱刻点。额光滑。头顶在上颊后方不加宽，头顶及上颊光滑。单眼区呈钝角三角形。触角为前翅长的 1.05 倍，触角柄节长为宽的 1.5 倍，第 1 鞭节长为宽的 3.0 倍，端前节长为宽的 1.54 倍。前胸背板中间十分窄，侧缘中间光滑，两侧具细圆孔状形成的背沟及腹沟。前胸侧板基部光滑。中胸盾片光滑。中胸侧板无明显的基节前沟，中部凹陷，光滑。盾片前沟长为小盾片的 0.15，内有 7 条小脊。小盾片扁平，光滑。并胸腹节具粗糙深网眼状皱纹，整体具一明显中纵脊，气孔被强脊包围。腹部为胸部的 1.03 倍长。腹部第 1 背板基部 1/2 呈 "V" 形凹陷，光滑，后缘 1/2 具明显的纵刻条；长：基宽：端宽 = 24：12：25。腹部第 2 背板长为宽的 3.0 倍，具明显的纵及斜刻条。第 3 背板中间长为第 2 背板的 1.2 倍。第 3 至第 7 背板光滑。肛下板未伸达腹末，完全折叠，无侧褶，产卵管鞘全长具毛，产卵管鞘伸出部分为腹部长的 0.54，为后足胫节长的 0.59，为前翅长的 0.21，为后足基跗节的 1.28 倍。体主要为黑色。触角褐色；上颚褐色，下颚须黄白色；翅基片褐色，翅半透明，翅痣褐色，翅脉褐色；后足基节黑色，转节至腿节黄色，胫节黄色，端部黄褐色，胫节距白色，跗节褐色。

分布：浙江（临安）、福建。

图 1-202 天目山小腹茧蜂 *Microgaster tianmushana* Xu et He, 2001

A. 前翅；B. 后翅；C. 胸部，背面观；D. 胸部，侧面观；E. 并胸腹节；F. 触角端部；G. 头，前面观；H. 头，背面观；I. 腹部，背面观；J. 肛下板、产卵管及其鞘；K. 后足；L. 触角基部

（540）赵氏小腹茧蜂 *Microgaster zhaoi* Xu *et* He, 1997（图 1-203）

Microgaster zhaoi Xu et He, 1997: 76.

主要特征：雌，脸扁平，在端部 1/3 位置具短中脊及横行刻条，高为宽的 0.86，复眼内缘亚平行。唇基扁平，光滑。额光滑。头顶在上颊后方不加宽，头顶及上颊光滑。单眼区呈钝角三角形。触角柄节长为宽的 2.2 倍，第 1 鞭节长为宽的 3.33 倍，端前节长为宽的 1.33 倍。前胸背板中间十分窄，侧缘中间具刻纹，两侧有细圆孔状形成的背沟及腹沟。前胸侧板基部光滑。中胸盾片光滑。中胸侧板无明显的基节前沟，中部凹陷，光滑。盾片前沟长为小盾片的 0.25，内有 7 条小脊。小盾片扁平、光滑。并胸腹节具粗糙深网眼状皱纹，具一明显中纵脊，气孔被强脊包围。腹部第 1 背板基部 1/3 轻微凹陷且光滑，端部 2/3 中间区域光滑，两侧具刻条；长：基宽：端宽=22：10：26。腹部第 2 背板长为宽的 2.88 倍，具稀疏刻条。第 3 背板中间长与第 2 背板等长。第 3 至第 7 背板光滑。肛下板伸达腹末，骨化除中间折叠部分外，无侧褶，产卵管鞘全长具毛，产卵管鞘伸出部分为腹部长的 0.44，为后足胫节长的 0.61，为前翅长的 0.22，为后足基跗节的 1.28 倍。体主要为黑色。触角褐色，柄节内缘黄色；上颚黄褐色，下颚须黄色；翅基片黑色，翅半透明，前翅 r 脉区域及外缘有暗色块，翅痣褐色，翅脉褐色；后足腿节黄色，端部褐色；后足基节黑色，转节黄色，腿节黑褐色，胫节基部 1/3 黄白色，胫节距白色，端部 2/3 黑褐色，跗节黑褐色。

分布：浙江（临安）、上海、湖南、福建、云南。

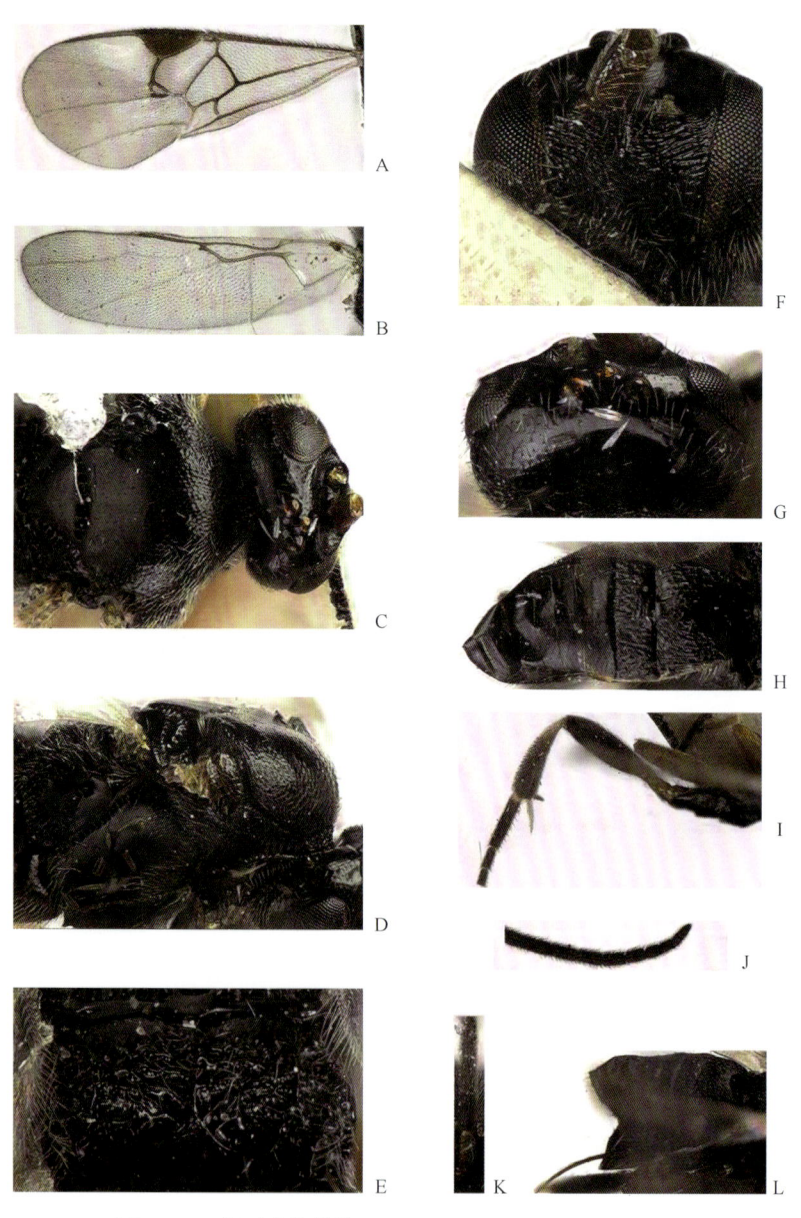

图 1-203　赵氏小腹茧蜂 *Microgaster zhaoi* Xu et He, 1997

A. 前翅；B. 后翅；C. 胸部，背面观；D. 胸部，侧面观；E. 并胸腹节；F. 头，前面观；G. 头，背面观；H. 腹部，背面观；I. 后足；J. 触角端部；K. 触角基部；L. 肛下板、产卵管及其鞘

V. 侧沟茧蜂族 Microplitini

主要特征：产卵管鞘几乎均（99%）短；毛限制于端部，但一些种产卵管鞘长；产卵管短，基部壮，在中央宽或窄；下生殖板完全骨化，侧面观通常长等于高。腹部第 1 背板近于方形或显然长大于宽，几乎均有刻纹；第 2 背板偶有（2%）刻纹。或有沟与第 3 背板分开，有时仅侧方有浅沟；第 2+3 背板通常形成一光滑的分不开的表面。并胸腹节几乎均（99%）有皱和中纵脊，仅 *Alloplitis* Nixon3 种中区多少存在。后胸背板几乎均（99%）有一具刚毛的大亚侧叶突，紧靠小盾片后缘。无胸腹侧脊，偶尔有（5%，陡胸茧蜂属 *Snellenius* Westwood 部分存在）。盾纵沟有时（30%）存在，偶尔（10%）很强。后足胫节短于第 1 背板；胫距短，约为基跗节的 1/2。触角大部分环节有 2 列板状感器，一些雌蜂中央环节腹方基角部位取代板状感器。

生物学：几乎均寄主于大鳞翅类，通常为夜蛾科，幼虫常聚寄生。

分布：世界广布。该族包括 4 属，中国记录 3 属，浙江分布 1 属。

199. 侧沟茧蜂属 *Microplitis* Foester, 1863

Microplitis Foester, 1863: 245. Type species: *Microplitis sordipes* Nees, 1834.

主要特征：头横形，脸方形，具刻纹，复眼内缘亚平行至平行，唇基扁平，复眼大，具均匀且密的刚毛，下唇须 3–4 节；前胸背板具侧沟；中胸盾片粗糙至光滑，盾纵沟从无至有，至深凹陷，且具粗糙刻纹；小盾片前沟宽至窄，内有 3–11 条小脊，小盾片光滑至粗糙，后方通常宽而光滑，其中央部位被皱纹所阻断；无基节前沟，中胸侧板光滑，至多外缘具明显刻点至粗糙刻纹；并胸腹节常凸出，具一明显中纵脊，无中区，其表面具深网眼状粗糙，有时具横行短平行小脊；翅常半透明，至多呈烟褐色或局部具暗色斑块，前翅 1-SR 脉短，不伸至 SR1 脉，1-Cu1 脉多短于 2-Cu1 脉，前翅 r-m 存在，小翅室封闭，呈三角形至四边形，后翅 2r-m 脉骨化存在，但不着色，后翅臀瓣凸出，具毛；后足基节短，至多末端至腹部第 2 背板末端，后足内距与外距常等长，通常不超过基跗节的 1/2；腹部第 1 背板明显向末端加宽至两侧平行或末端收缩变窄，若两侧平行或收窄常末端伴有一明显的瘤状凸，腹部第 2 背板与第 3 背板间的缝隙十分微弱，有时第 2 背板具一明显中区或粗糙刻纹，肛下板常完全骨化，无中纵褶或侧褶，产卵管鞘短，多稍伸出肛下板，仅末端聚集刚毛。

生物学：全部为鳞翅目昆虫的容性内寄生茧蜂；主要为聚集生，即通常大部分雌蜂一次产多个卵，寄生于鳞翅目幼虫；寄主多为大蛾类，主要为夜蛾科、尺蛾科、天蛾科、卷蛾科。

分布：世界广布。世界已知 190 种，中国记录 42 种，浙江分布 11 种。

分种检索表

1. 腹部第 1 背板宽大，或向末端明显加宽，长为其最大宽度的 0.8–1.5 倍，末端中部无瘤状凸或具不明显凸 ··················· 2
- 腹部第 1 背板细长，至多末端不明显加宽，长至少为其最大宽度的 1.5 倍，末端具一明显瘤状凸 ··················· 4
2. 雌性触角明显短于体长，触角端前节长至多为宽的 1.5 倍 ··················· 周氏侧沟茧蜂 *M. choui*
- 雌性触角至少与体等长，触角端前节长为宽的 1.5 倍以上 ··················· 3
3. 腹部第 1 背板向末端明显加宽，长与最宽处约等长 ··················· 宽背侧沟茧蜂 *M. amplitergius*
- 腹部第 1 背板向末端稍加宽或稍收窄 ··················· 白胫侧沟茧蜂 *M. albotibialis*
4. 足大部分亮色，后足腿节黄色或红黄色；翅基片通常红色或黄褐色 ··················· 5
- 足通常暗色，后足腿节黑色或黑褐色；翅基片黑色或黑褐色 ··················· 马尼拉侧沟茧蜂 *M. manilae*
5. 腹部第 1 背板末端强烈突起或抬起；腹部第 2 背板有一明显中区 ··················· 祝氏侧沟茧蜂 *M. chui*

- 腹部第 1 背板末端平滑，至多有一小的瘤状突起；腹部第 2 背板无明显中区 ································· 6
6. 触角亮色，红黄色至黄褐色，端部色稍暗 ··· 7
- 触角暗色至黑色，有时第 3 至 6 鞭节色浅 ··· 9
7. 第 2 背板中部具两条斜纵沟包围形成的盾形中域 ······················ 龙王山侧沟茧蜂 *M. longwangshana*
- 第 2 背板中部无两条斜纵沟包围形成的盾形中域 ·· 8
8. 翅痣长为宽的 2.7 倍 ··· 赵氏侧沟茧蜂 *M. zhaoi*
- 翅痣长为宽的 3.6 倍 ··· 黏虫侧沟茧蜂 *M. leucaniae*
9. 头顶具密集刻点，有光泽 ·· 淡足侧沟茧蜂 *M. pallidipes*
- 头顶具密集刻点，暗淡无光泽 ·· 10
10. 腹部第 1 背板十分窄，长为中间宽的 2.5–3.0 倍 ······························· 管状侧沟茧蜂 *M. tuberculifer*
- 腹部第 1 背板相对短且宽，长不超过其中间宽的 2 倍，端部 1/3 稍收窄 ············· 中红侧沟茧蜂 *M. mediator*

（541）白胫侧沟茧蜂 *Microplitis albotibialis* Telenga, 1955（图 1-204）

Microplitis albotibialis Telenga, 1955: 166.

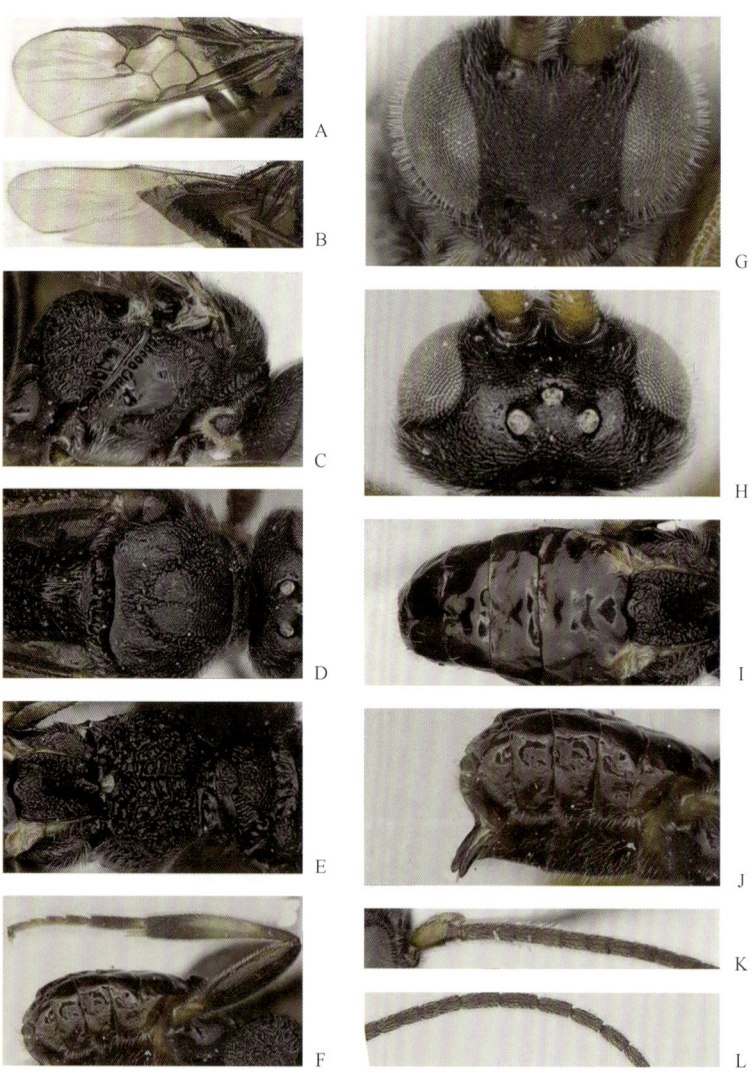

图 1-204　白胫侧沟茧蜂 *Microplitis albotibialis* Telenga, 1955

A. 前翅；B. 后翅；C. 胸部，侧面观；D. 胸部，背面观；E. 并胸腹节和 T1；F. 后足；G. 头，前面观；H. 头，背面观；I. 腹部，背面观；J. 肛下板、产卵管及其鞘；K. 触角基部；L. 触角端部

主要特征：雌，脸扁平，全脸具明显不规则刻纹，高为宽的 0.79，复眼内缘平行。唇基扁平具刻点。触角洼及额光滑。头顶及上颊具明显的刻纹。单眼大，单眼区不凸出，呈钝角三角形。触角柄节长为宽的 1.71 倍，第 1 鞭节长为宽的 3.75 倍，端前节长为宽的 2.28 倍。前胸背板中间十分窄，两侧布满明显的刻纹，有一条由平行小脊构成的腹沟。前胸侧板基部 1/2 粗糙，端部 1/2 光滑。中胸盾片具微刻点，盾纵沟区域具明显凹陷刻纹，并具由平行小脊构成的一条中沟。胸腹侧板外缘明显粗糙，具稀疏刚毛，中间区域光滑且无刚毛。盾片前沟深，长为小盾片的 0.27，内有 4 条小脊。小盾片前缘直，扁平、具刻点，整体三角形，末端有刻纹。并胸腹节平，整个粗糙具深网眼状皱纹，并具一明显中纵脊，无横脊。腹部长为胸部的 1.1 倍。第 1 背板基部也有一光滑的中沟，其余部分具刻纹刻点，不平整，两侧平行，末端稍收窄，长为最宽处的 1.40 倍，末端无突起，长：基宽：端宽=38：18：27。腹部第 2 背板光滑，横形，与第 3 背板愈合，第 2、3 背板之间的缝隙看不见，第 3 至第 7 背板光滑。肛下板达到腹末，产卵管鞘伸出肛下板，向下弯曲，刚毛聚集在端部。体主要为黑褐色。触角柄节黄色；下颚须及下唇须黄色；翅基片褐色，翅痣褐色，无基斑，翅脉褐色，翅面基部至第 1 盘室及翅痣下方 r 脉区域有褐色斑块；腹部第 1 背板红褐色，第 1、2 侧板及腹板浅黄色，腹部第 2 至 7 背板及侧腹板均为褐色；前足基节黑褐色，转节至跗节黄色，中足基节至腿节黑色，胫节至跗节黑褐色，后足基节黑褐色，转节黄色，腿节褐色，胫节除中间有一白色宽带外褐色，跗节褐色。变异：前、中、后足暗红黄色。雄，体近似雌性；触角端前节长为宽的 3.2 倍；后足腿节暗黄褐色。

分布：浙江（德清、安吉）、吉林、辽宁、河南、陕西、宁夏、青海、新疆、湖北；俄罗斯，蒙古国，韩国，匈牙利。

（542）宽背侧沟茧蜂 *Microplitis amplitergius* Xu et He, 2002（图 1-205）

Microplitis amplitergius Xu et He, 2002: 155.

主要特征：雌，脸扁平，具强烈密集的刻点，高为宽的 0.67，复眼内缘亚平行。唇基扁平具刻点，有光泽。触角洼及额有刻条，有光泽。头顶光滑有光泽，上颊有刻纹。单眼呈钝角三角形。触角柄节长为宽的 1.83 倍，第 1 鞭节长为宽的 3.2 倍，端前节长为宽的 2.67 倍。前胸背板中间十分窄，两侧粗糙，无腹沟。前胸侧板基半部具刻纹，端半部光滑。中胸盾片盾纵沟浅，内具皱纹，在后方中央会合形成凹陷网状皱纹区域，并被一短中纵脊分开；中叶和侧叶密布皱纹，中叶中纵沟浅，内具皱纹。中胸侧板无明显的基节前沟，外圈粗糙，中间光滑，具胸腹侧缝及侧腹板侧缝。盾片前沟深，长为小盾片的 0.30，内有 6 条小脊。小盾片稍凸出，中间光滑，后胸侧板非常粗糙。并胸腹节扁平，整个粗糙具深网眼状皱纹，并具一明显中纵脊，无横脊，气孔被强脊包围。第 1 背板有刻纹，无光滑中沟，长为最宽处的 1.09 倍，向末端逐渐加宽，末端凸出，长：基宽：端宽=23：9：21。腹部第 2 背板长为宽的 4.67 倍，中部有刻纹，两侧光滑，无中区，明显横形，腹部第 2 背板与第 3 背板愈合，第 2、3 背板之间的缝隙看不见，第 3 背板中间长为腹部第 2 背板的 1.5 倍，第 3 至第 7 背板光滑。肛下板伸达腹末，强烈骨化且无侧褶；产卵管稍伸出肛下板，端部聚集着刚毛。体主要为红黑色。触角褐色，柄节黄色；上颚黄色，下颚须；翅基片黄色，前翅半透明，翅痣褐色，有一黄色基斑，翅脉褐色；足黄色，胫节距黄色。变异：第 2 背板有弱刻纹；后足基节及跗节褐色。雄，体长 3.5–3.8 mm；触角端前节长为宽的 3.3 倍。

分布：浙江（临安）、辽宁、宁夏、贵州。

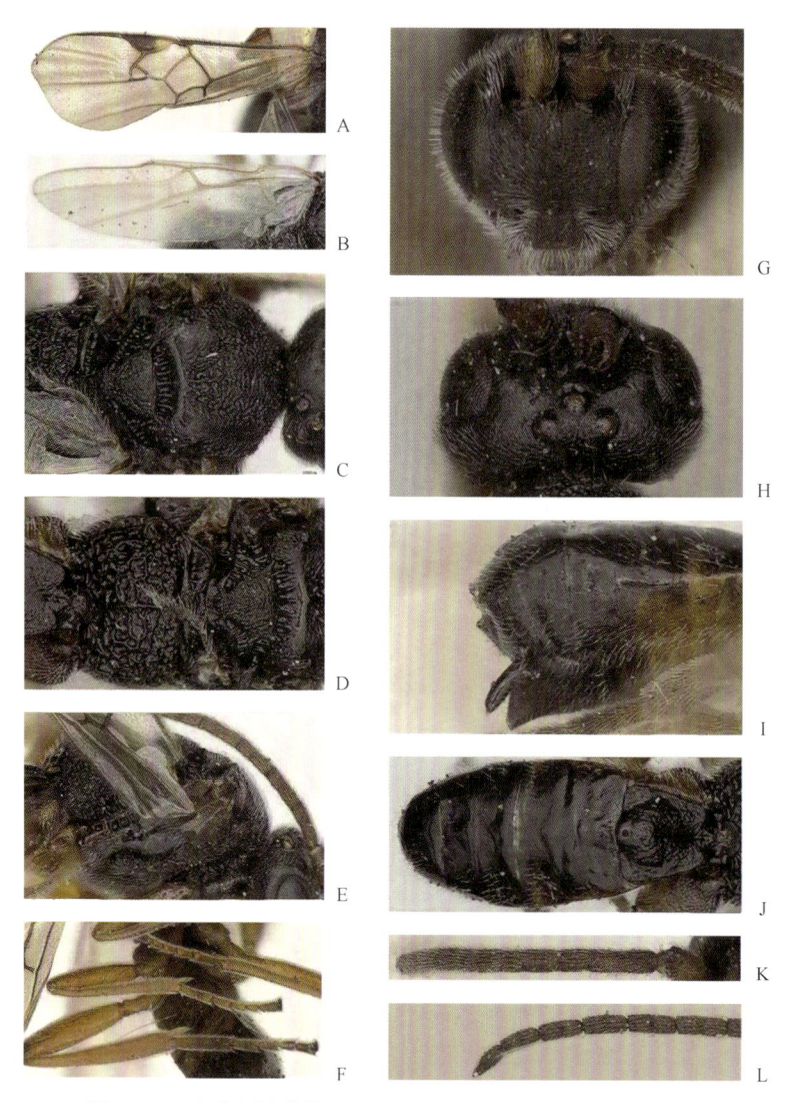

图 1-205　宽背侧沟茧蜂 *Microplitis amplitergius* Xu et He, 2002

A. 前翅；B. 后翅；C. 胸部，背面观；D. 并胸腹节和小盾片；E. 胸部，侧面观；F. 后足；G. 头，前面观；H. 头，背面观；I. 肛下板、产卵管及其鞘；J. 腹部，背面观；K. 触角基部；L. 触角端部

（543）周氏侧沟茧蜂 *Microplitis choui* Xu et He, 2000（图 1-206）

Microplitis choui Xu et He, 2000: 107.

主要特征：雌，头顶、上颊具皱；单眼锐角三角形；额中间光滑；触角短于体长，均匀细长，密布刚毛；触角第 1 节长为宽的 2.92 倍；脸扁平，具皱纹，脸宽是脸高的 1.64 倍；复眼内侧近平行。前胸背板窄且密布刻纹，两侧具有平行小脊形成的腹沟；中胸盾片具刻纹，后方会合呈略凹的皱区，无盾纵沟及短中纵脊，小盾片前沟深，为小盾片长的 0.24，内具 7 条纵脊；小盾片光滑；中胸侧板中央光滑，前缘粗糙，并胸腹节具粗糙网状皱纹，具一明显的中纵脊。第 1 背板前方稍平滑，有光泽，后部具皱纹，长为最宽处的 2.1 倍，两侧亚平行，末端稍加宽，末端具一突起，长：基宽：端宽=18.9：8：9。腹部第 2 背板无中区，腹部第 2 背板与第 3 背板愈合，第 2、3 背板之间的缝隙看不见，第 2 至第 7 背板光滑。肛下板未伸达腹末，强烈骨化且无侧褶；产卵管稍伸出肛下板，端部聚集着刚毛。体黑色；触角除了柄节和末端 7–8 节黑褐色，其余红黄色；上颚端部黄褐色，下颚须及唇须淡黄色；翅基片红黄色，翅透明，翅痣黑褐色，具一明显黄色基斑，翅脉黄褐色；腹部第 1–3 腹片黑褐色，肛下板黑褐色；足基节黑色，仅末端黄褐色；胫节距红黄色；前足、中足及后足转节至跗节红黄色。变异：体长 2.4–2.9 mm。雄，体长 2.8–3.0 mm；触角端前节长为宽的 3 倍。

分布：浙江（松阳）、陕西、甘肃。

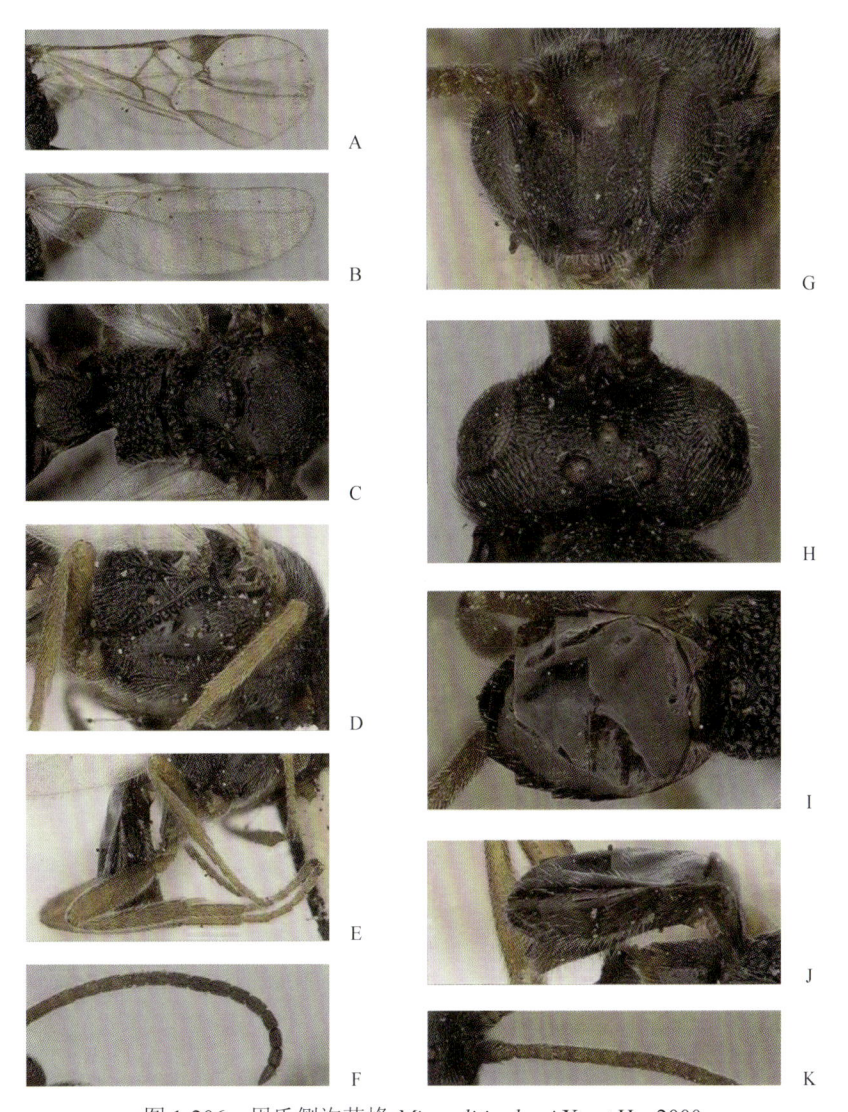

图 1-206　周氏侧沟茧蜂 *Microplitis choui* Xu et He, 2000
A. 前翅；B. 后翅；C. 胸部和并胸腹节，背面观；D. 胸部，侧面观；E. 触角端部；F. 后足；G. 头，前面观；H. 头，背面观；I. 腹部，背面观；J. 肛下板、产卵管及其鞘；K. 触角基部

（544）祝氏侧沟茧蜂 *Microplitis chui* Xu et He, 2002

Microplitis chui Xu et He, 2002: 155.

主要特征：雌，体黑色；触角柄节暗红黄色，鞭节端部 1–7 节黄白色，其余黑褐色；上颚端部黄褐色；下颚须和唇须白色；翅基片红黄色；腹部第 1–2 腹片黄白至红黄色，其余黑褐色；足基节、胫距及前中足转节至跗节红黄色；后足转节、腿节红黄色，胫节（基部 1/4 和末端 1/4 褐色）红黄色，跗节黑褐色。翅透明；翅痣黑褐色，基部 1/3 具一明显黄色斑，大部分翅脉黄褐色。头顶具密刻点。上颊密布小刻点和刻纹。脸微拱，具皱状刻点；侧缘平行，宽为高的 1.2 倍。唇基缘直。前胸背板密布皱状刻点。中胸盾片盾纵沟浅，内具弱皱纹，在后方中央会合形成稍微凹陷网状皱纹区域，并被一短中纵脊分开；中叶和侧叶密布粗刻点；小盾片前沟宽，内具 6 条小脊；小盾片具粗密刻点。中胸侧板前方、下方和翅基下脊下方具皱状刻点，其余光滑；无中胸侧脊；具腹板侧沟，内具小脊，向前伸至中胸侧板前檐。后胸侧板密布粗糙网皱。并胸腹节中纵脊发达，中部向两侧发出数条横脊，其余表面具粗糙网皱。后足基节基部具皱纹，其余大部分光滑；后足腿节长为宽的 3.7 倍；后足胫节内、外距约等长，内距长为基跗节的 0.38；后足爪微弯，无齿和小刺。腹部短于胸部。第 1 背板两侧平行，末端 1/4 收窄，明显向下弯曲，端缘具光滑圆形突起，长为最大宽度的 2 倍；前方稍光滑，有光泽，后方具弱刻皱。第 2 背板光滑，中部具两条纵沟包围形成中域，短于第 3 背板，第 2 背板与第 3 背板之间的沟不明显。第 3 背板及其后各背板平滑，后方具稀疏横排细毛。肛下板短，完全骨化，顶端远离腹部末端，后背缘平直。产卵管鞘伸出肛下板，未达腹末，长为后足基跗节的 0.31，末端具细毛束。雄，触角鞭节基部 1–6 节红黄色，其余黑褐色，端前节长为宽的 2.3 倍，其余同雌性。

分布：浙江（遂昌）。

(545) 黏虫侧沟茧蜂 *Microplitis leucaniae* Xu et He, 2002

Microplitis leucaniae Xu et He, 2002: 153.

主要特征：雌，体黑色；触角除端部 7–8 节黑褐色外，其余红黄色；上颚端部暗红黄色；下颚须和唇须红黄色；翅基片红黄色，腹部第 2–5 背板红黄色，腹片和肛下板红黄色。足基节红黄色；胫距淡黄色；前、中足转节至跗节红黄色；后足转节、腿节和胫节（末端 1/5 黑褐色）红黄色，跗节除端部褐色外，其余红黄色。翅透明；翅痣黑褐色，基部 1/3 具一明显黄色斑，大部分翅脉黄褐色。触角细，稍长于体长；柄节长为宽的 1.5 倍；鞭节第 1 节、端前节和端节长分别为宽的 4.5 倍、2.5 倍和 3 倍，末端第 3–4 节连接疏松。头背面观宽为长的 1.8 倍。触角洼和额具皱纹。头顶具粗糙皱纹。上颊密布皱纹。脸微拱，具横皱纹；侧缘亚平行，宽为高的 1.3 倍。唇基缘凹。前胸背板密布网状皱纹。中胸盾片盾纵沟浅，内具皱纹，在后方中央会合形成稍微凹陷网状皱纹区域；中叶和侧叶密布刻点和皱纹；小盾片前沟宽，内具 5 条小脊；小盾片密布皱纹。中胸侧板前方、下方和翅基下脊下方具皱状刻点，其余光滑；腹板侧沟内具小脊。后胸侧板密布粗糙网皱。并胸腹节中纵脊发达，后半部具明显横脊，其余表面具粗糙网皱。后足爪微弯，无齿和小刺。腹部长于胸部。第 1 背板两侧平行，后方 1/3 稍收窄，后缘中央具光滑突起，长为最大宽度的 2.1 倍；密布粗糙皱纹。第 2 背板光滑，第 2 与第 3 背板之间的沟不明显，与第 3 背板等长。第 3 背板及其后各背板平滑，后方具稀疏横排细毛。肛下板短，完全骨化，顶端远离腹部末端，后背缘平直。产卵管鞘伸出肛下板，刚达腹末，长为后足基跗节的 0.33，末端具细毛束。茧：单个。长圆筒形，长 3.1–3.3 mm，直径 1.1–1.2 mm，暗黄褐色。雄，体长 3.0–3.3 mm。有时触角棕黑色，端前节长为宽的 3.0–3.5 倍，腹部仅第 2–3 背板红黄色，后足基节黑褐色；有时第 1 背板红黄色。

分布：浙江（杭州、金华、天台）、新疆、江苏、福建、广西。

(546) 龙王山侧沟茧蜂 *Microplitis longwangshana* Xu et He, 2000

Microplitis longwangshana Xu et He, 2000: 196.

主要特征：雌，体长 2.8 mm；前翅长 3.1 mm。体黑色；触角、上颚端部暗红黄色；翅基片及腹部第 1–3 腹板红黄色，肛下板黄褐色。前、中足基节至跗节红黄色；后足转节至腿节红黄色，后足基节黑色、端部红黄色；胫节（中央红黄色）暗褐色，胫距淡黄色；跗节暗褐色。翅透明；翅痣黑褐色，基部 1/3 具一明显黄色斑，大部分翅脉黄褐色。触角长于体；柄节长为宽的 2 倍。触角洼和额具皱纹。头顶光滑。上颊密布细刻点。复眼内缘平行。脸微拱，具皱状刻点，在复眼后方不加宽；宽为高的 1.1 倍。唇基缘直。前胸背板密布皱状刻点。中胸盾片中叶和侧叶几乎光滑，仅前方具细刻点；盾纵沟浅，具细刻点；小盾片前沟窄，内具 5 条小脊；小盾片具均匀刻点，有光泽。中胸侧板前方、下方和翅基下脊下方具皱状刻点，其余光滑；具腹板侧沟，内具小脊。后胸侧板密布粗糙网皱。并胸腹节中纵脊发达，中部向两侧发出数条横脊，其余表面具粗糙网皱。小翅室四边形；后足爪微弯，无齿和小刺。腹部与胸部等长。第1背板两侧亚平行，后方1/3稍窄，长为最大宽度的2.1倍；前方光滑，后方1/3具弱刻皱，端缘具光滑圆形突起。第2背板光滑，中部具两条斜纵沟包围形成盾形中域，与第3背板等长，之间的沟不明显。第3及其后各背板平滑，后方具稀疏横排细毛。肛下板短，完全骨化，顶端接近腹部末端，后背缘平直。产卵管鞘伸出肛下板，刚达腹末，长为后足基跗节的0.3，末端具细毛束。雄，体长3.3 mm。翅痣具弱淡色斑。

分布：浙江（安吉、杭州）。

（547）马尼拉侧沟茧蜂 *Microplitis manilae* Ashmead, 1904（图1-207）

Microplitis manilae Ashmead, 1904a: 20.

主要特征：雌，脸扁平，脸有均匀的小刻点，高为宽的0.83，复眼内缘亚平行。唇基扁平具弱的刻点，有光泽。触角洼及额光滑。头顶光滑，上颊具密集的刻点。单眼呈锐角三角形。前胸背板中间十分窄，两侧基半部光滑，端半部粗糙，具一条由平行小脊构成的腹沟。前胸侧板基半部有刻纹，端半部光滑。中胸

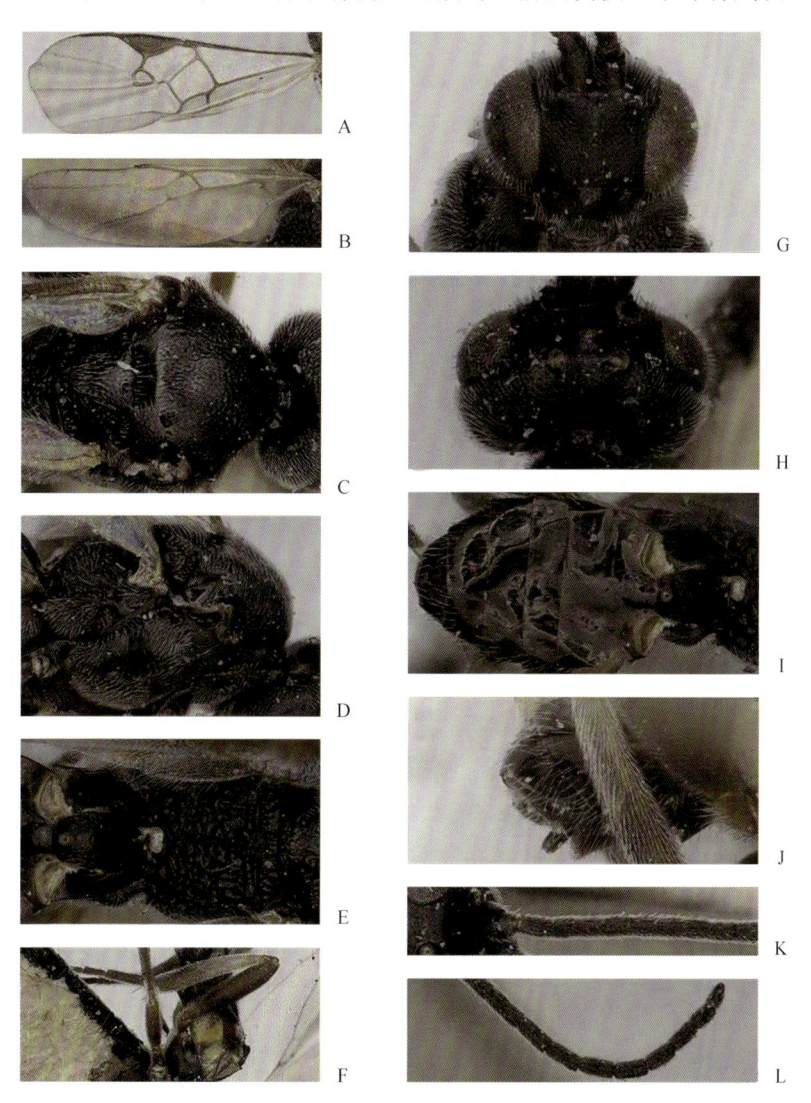

图1-207 马尼拉侧沟茧蜂 *Microplitis manilae* Ashmead, 1904

A. 前翅；B. 后翅；C. 胸部，背面观；D. 胸部，侧面观；E. 并胸腹节和腹部第1背板；F. 后足；G. 头，前面观；H. 头，背面观；I. 腹部，背面观；J. 肛下板和产卵管；K. 触角基部；L. 触角端部

盾片具刻纹及刻点，有一中纵脊，盾纵沟明显粗糙。中胸侧板无明显的基节前沟，但中部凹陷，外缘粗糙，中间光滑。盾片前沟深，长为小盾片的 0.3，内有 5 条小脊。小盾片光滑，有强烈光泽，后缘两侧分别有一排沟，内有小脊，后胸侧板非常粗糙。并胸腹节凸出，整个具深网眼状粗糙皱纹，并具一明显中纵脊，无横脊，气孔被强脊包围。第 1 背板整体中间光滑，背侧面有不平整的刻纹，无中沟，长为最宽处的 2.1 倍，向末端渐收窄，末端具一弱的突起。腹部第 2 背板长为宽的 1.2 倍，光滑，有一中区，腹部第 2 背板与第 3 背板愈合，第 2、3 背板之间的缝隙十分微弱，第 3 背板中间长为腹部第 2 背板的 1.28 倍，第 2 至第 7 背板光滑。肛下板伸达腹末，强烈骨化无侧褶，产卵管鞘伸出肛下板，产卵管鞘为后足基跗节长的 0.6，刚毛聚集在端部。体主要为黑色。触角黑色；上颚红黄色；翅基片褐色，翅膜状，半透明，翅痣及翅脉褐色；足基节褐色，后足腿节褐色；后足胫节褐色除中部有一白色带外，胫节距褐色；跗节褐色。变异：体长 2.6–2.8 mm；前翅长为最大宽度的 2.5–2.7 倍。雄，触角长，端前节长为宽的 2.33 倍。

分布：浙江（安吉）、福建、台湾、广东、海南、广西、贵州；韩国，日本，印度，越南，泰国，菲律宾，马来西亚，澳大利亚，巴布亚新几内亚。

（548）中红侧沟茧蜂 *Microplitis mediator* (Haliday, 1834)

Microgaster mediator Haliday, 1834: 235.

Microplitis mediator: Nixon, 1970: 1.

主要特征：体黑色；触角柄节黄褐至黑褐色，鞭节棕色至黑褐色；上颚端部暗黄褐色；下颚须和唇须淡红黄色；翅基片、腹部第 2–3 背板红黄色，第 1–3 腹板红黄至黄褐色。足基节黑色，有时端部红黄色；胫距淡黄色；前中足转节至跗节、后足转节至胫节红黄色（有时腿节末端和胫节末端 1/4 黑褐色），跗节黄褐至黑褐色。翅几乎透明，淡烟灰色；翅痣黑褐色，基部 1/3 具一明显黄色斑，大部分翅脉褐色。额具细刻点。头顶和上颊密布小刻点及刻纹。单眼较小，呈高三角形排列。脸微拱，上方 1/4 具中纵脊，密布细刻点。前胸背板密布刻点。中胸盾片密布刻点，沿中纵沟处密布细皱；盾纵沟浅，在后方中央会合形成网皱状凹区；小盾片前沟内具 7 条小脊；小盾片夹点刻皱。中胸侧板光滑，前方、下方和上前方具刻点；基节前沟明显，内具小脊。后胸侧板密布粗皱。并胸腹节表面具粗糙皱纹，中纵脊和后横脊发达。第 3 背板及其后各背板平滑，后方具稀疏横排细毛。肛下板短，远离腹端。产卵管长为后足基跗节的 0.31，末端具细毛束。茧：单个；纺锤形，有时顶端稍钝圆；长 4–4.7 mm，直径 1.3–1.5 mm；绿色最为常见，也有黄白色、灰褐色和黑褐色，常因季节而异；黑褐色茧较大，茧外被赤褐色粗丝，茧表面几乎光滑，有时有纵皱纹。羽化时开一小盖外出。

分布：浙江（安吉、临安）、黑龙江、辽宁、内蒙古、河北、山西、山东、河南、陕西、新疆、江苏；古北区，东洋区。

（549）淡足侧沟茧蜂 *Microplitis pallidipes* Szepligeti, 1902

Microplitis pallidipes Szepligeti, 1902: 64.

主要特征：雌，触角柄节暗红黄色，其余黑褐色；上颚端部黄褐色；下颚须和唇须淡红黄色；翅基片红黄色；腹部除第 1 背板和末端 2–3 节黑色外，其余均为红黄色至棕黄色。足基节红黄色；胫距淡红黄色；前中足转节至跗节、后足转节、腿节至胫节（末端 1/4 褐色）红黄色（雄性后足腿节背面有暗色条纹），跗节暗褐色。翅透明；翅痣黑褐色，基部 1/3 具一明显黄色斑；大部分翅脉黄褐色。额具皱纹。头顶、上颊密布小刻点和刻纹。单眼较小，呈矮三角形排列。脸微拱，具横皱。前胸背板密布刻点。中胸盾片密布点刻，具中纵沟，内具皱纹；盾纵沟深，内具刻纹，在后方中央会合成网皱状凹区；小盾片前沟内具 5 条小脊；小盾片密布皱纹。中胸侧板光滑，前方、下方和上前方具夹点刻皱；基节前沟明显，内具并列小脊。后胸侧板密布粗皱。并胸腹节具粗糙网皱，中纵脊发达，中部向两侧发出数条横脊。腹部与胸部等长。第

1背板长为最宽处的1.8倍；两侧亚平行，在后方1/3稍宽，端部稍收窄；具皱纹，端缘具光滑圆形凸区，第2背板光滑，与第3背板等长，之间的沟不明显。第3背板及其后各背板平滑，后方具稀疏横排细毛。肛下板短，远离腹端。产卵管鞘长为后足基跗节的0.46，末端具细毛束。

分布：浙江（杭州、丽水）、山东、福建、台湾；朝鲜，新加坡。

（550）管状侧沟茧蜂 *Microplitis tuberculifer* (Wesmael, 1837)（图1-208）

Microgaster tuberculifer Wesmael, 1837: 43.

Microplitis tuberculifer: Chou, 1981: 79.

主要特征：雌，脸扁平，全脸具明显不规则刻纹，高为宽的0.88，复眼内缘亚平行。唇基扁平具刻点。触角洼及额光滑。头顶及上颊光滑具弱的刻纹，有光泽。单眼小，单眼区不凸出，呈锐角三角形。前胸背板中间十分窄，两侧布满弱的刻纹，具一条由平行小脊构成的腹沟。前胸光滑。中胸盾片具刻纹，无盾纵沟及中脊或中沟。胸腹侧板外缘具粗糙刻纹及稀疏刚毛，中间区域光滑且无刚毛。盾片前沟不深，长为小盾片的0.22，内有7条小脊。小盾片前缘直，整体三角形，扁平，具刻纹。并胸腹节较平，整个具深网眼

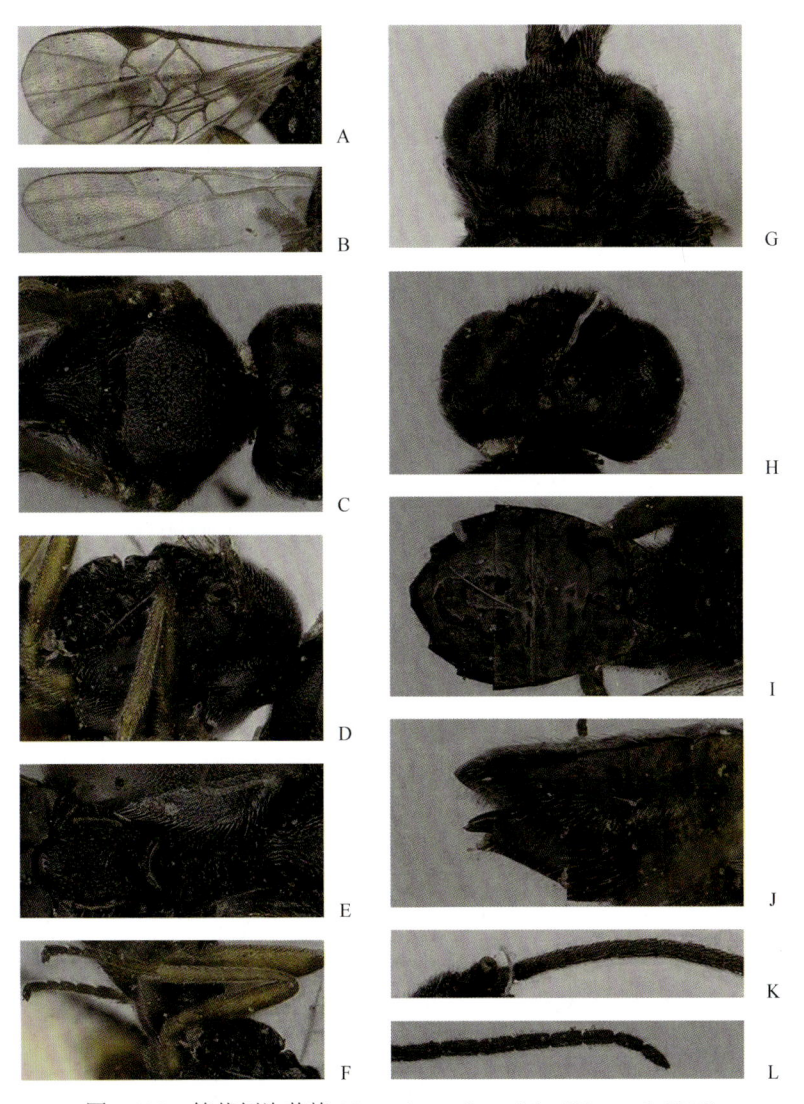

图 1-208 管状侧沟茧蜂 *Microplitis tuberculifer* (Wesmael, 1837)

A. 前翅；B. 后翅；C. 胸部，背面观；D. 胸部，侧面观；E. 并胸腹节和腹部第1背板；F. 后足；G. 头，前面观；H. 头，背面观；I. 腹部，背面观；J. 肛下板和产卵管；K. 触角基部；L. 触角端部

状粗糙皱纹，具一明显中纵脊，无横脊。第1背板粗糙，两侧平行，末端收窄，长为最宽处的2.0倍，末端具一明显突起。腹部第2背板光滑，横形，与第3背板愈合，第2、3背板之间的缝隙看不见，第3至第7背板光滑。肛下板未达腹末，产卵管鞘伸出肛下板，刚毛聚集在端部。体主要为黑褐色。翅基片黄色，翅透明，翅脉褐色，翅痣褐色，基部有一明显的基斑；腹部背板黑褐色，第1侧板及第1至3腹板黄色；前中足黄色，后足基节黑色，转节至胫节黄色，跗节褐色。变异：前、中、后足暗红黄色；腹部第2背板中间些许褐色；中胸盾片处有一弱的盾纵沟痕迹。雄，体近似雌性；触角端前节长为宽的3.5倍。

分布：浙江（杭州）、黑龙江、吉林、辽宁、北京、河北、山东、河南、宁夏、新疆、湖北、福建、台湾、四川、贵州；世界广布。

（551）赵氏侧沟茧蜂 *Microplitis zhaoi* Xu *et* He, 2000

Microplitis zhaoi Xu *et* He, 2000: 107.

主要特征：雌，体黑色；触角除柄节和末端7–8节黑褐色外，其余红黄色；上颚端部黑褐色；翅基片及腹部第2–3背板红黄色，第1–3腹片黄白色，肛下板黑色。足基节红黄色，后足基节除了末端黑色；转节至跗节红黄色；但有时后足腿节末端红褐色，胫节末端1/4黑褐色；胫距淡黄色。翅透明；翅痣黑褐色，基部1/3具一明显黄色斑，大部分翅脉黄褐色。触角洼和额（中央光滑）具皱纹。头顶具粗糙皱纹。上颊密布小刻点和皱纹。脸微拱，具横皱纹；宽为高的1.3倍。唇基缘凹。前胸背板密布皱状刻点。中胸盾片中叶和侧叶密布刻纹；盾纵沟浅，内具皱纹，在后方中央会合形成稍微凹陷网皱区。小盾片前沟内具5条小脊；小盾片密布刻纹。中胸侧板前方、下方和翅基下脊下方具皱状刻点，其余光滑；腹板侧沟内具小脊。后胸侧板密布粗糙网皱。后足基节基部具刻点，其余大部分光滑，端部未达腹部第1背板端缘；后足胫距约等长，为基跗节的0.33；后足爪微弯，无齿和小刺。腹部长于胸部。第1背板两侧平行，末端稍收窄，长为最大宽度的2.1倍，具粗糙皱纹，端缘具光滑圆形突起。第2背板光滑，稍短于第3背板，之间的沟不明显。第3及其后各背板平滑。肛下板短，完全骨化，顶端远离腹部末端，后背缘稍呈波状。产卵管鞘伸出肛下板，未达腹末，长为后足基跗节的0.33，末端具细毛束。雄，体长2.3–2.7 mm；触角棕褐色，端前节长为宽的2.5倍，其余同雌性。

分布：浙江（松阳）、福建。

（十二）折脉茧蜂亚科 Cardiochilinae

主要特征：唇基拱隆，但不与上颚形成口窝；无后头脊；触角多于16鞭节；小盾片前沟浅而弯；前翅第2亚缘室大或中等，通常近矩形，长明显大于宽；SR1脉（径脉端段）基部多少有一强度折曲，稍微骨化；腹部无柄，短。第1背板气门位于膜质侧背板上。

生物学：容性寄生于鳞翅目幼虫，单寄生。

分布：世界广布。世界已知6属，约165种，中国记录3属，浙江分布3属。

分属检索表

1. 产卵管和鞘很短，短于后足胫节长的0.2，粗壮、明显下弯；并胸腹节分区前方退化；后足基跗节片状 ··· **片跗茧蜂属** *Hartemita*
- 产卵管和鞘长，不粗壮，稍下弯至直；并胸腹节分区完整；后足基跗节圆筒状 ····································· 2
2. 腹部第1背板中区和侧背板间有缝明显分开；小盾片端部多样，大多数光滑，有时具一中凹，有时凸出呈1尖突；并胸腹节无中凹槽 ··· **南折茧蜂属** *Austerocardiochiles*
- 腹部第1背板中区和侧背板间的缝明显退化，尤其是端半；小盾片端部无一中凹；并胸腹节有中凹槽 ··· **宽折茧蜂属** *Eurycardiochiles*

200. 南折茧蜂属 *Austerocardiochiles* Dangerfield, Austin *et* Whitfield, 1999

Austerocardiochiles Dangerfield, Austin *et* Whitfield, 1999: 929. Type species: *Cardiochiles pollinator* Dangerfield *et* Austin, 1995.

主要特征：体中等大小，粗壮，体具刻纹；体多黑色或黄色，翅面具暗斑；复眼明显具毛；唇基端缘具 2 个突起；下颚须 6 节；上颚 2 齿；触角窝之间有 1 条脊伸至颜面上；触角 33–48 节，柄节长为宽的 1.1–2.1 倍；盾纵沟明显，具平行短刻纹，后方会合；中胸盾片的中凹槽内具中纵脊；小盾片前沟形状多样，宽为长的 3.4–9.9 倍；小盾片端部多样，大多数光滑，有时具一中凹，有时凸出呈 1 尖突；并胸腹节中区完整，无中凹槽；胸腹侧脊存在；后足胫节端部无突出物，基跗节有时稍扁，通常圆柱状；跗爪栉状，有时具一阔齿；前翅 1r 脉缺，3r 脉也通常缺，盘室延长，翅痣长为宽的 2.7–4.2 倍，SR 脉弯曲或角状，但从不直，1A 脉存在；后翅具 2r-m 脉和 2-1A 脉，有 3–7 个翅钩；腹部第 1 背板长为宽的 1.0–3.6 倍；第 2 背板中区长为宽的 0.07–0.5，棱镜状；产卵管鞘均匀具毛，长为宽的 0.1–0.4；为后足胫节长的 0.2–0.8，直；下生殖板端部尖，中纵区不骨化和膜状，端部有骨片桥，或中部稍不骨化，基部内折。

生物学：未知。

分布：广布于旧世界，如中国、俄罗斯、日本、老挝、菲律宾、澳大利亚和非洲等，但主要分布在南半球。世界已知 15 种，中国记录 3 种，浙江分布 1 种。

(552) 浙江南折茧蜂 *Austerocardiochiles zhejiangensis* Chen, Whitfield *et* He, 2003

Austerocardiochiles zhejiangensis Chen, Whitfield *et* He, 2003: 39.

主要特征：雌，体长 6.5–7.0 mm，前翅长 6.1-6.5 mm。体黑色；触角和须深褐色；前足腿节端部、胫节和跗节橘黄色；中足跗节褐色至暗褐色；中后足胫节基部具黄白色环；腹部第 1 背板的侧背板暗红褐色；翅膜仅端部 1/3 明显褐色，其余透明；翅痣和脉深褐色。颚眼沟存在；口上沟可见；唇基端缘两侧凸、接着平直，中间凸并具 2 个小突；颜面明显凸，具粗皱，中央具 1 明显而细的纵脊；额明显凹，具细横脊和光滑的中脊；头顶在单眼后方稍突起，狭，具粗皱；触角 41 节，粗短，柄节长为宽的 1.7 倍；盾纵沟存在，明显具平行刻条；中胸盾片明显具凹皱，中叶的中纵沟内具 1 明显的纵脊；盾侧沟存在；小盾片具中等密集的毛，具粗皱，宽为长的 1.3 倍，侧脊明显，后方无杯状凹；并胸腹节中区菱形，宽为长的 0.57；并胸腹节气门椭圆形，长为宽的 2.3 倍；并胸腹节短，明显具皱纹；基节前沟明显，阔，前方具平行刻纹，后方几乎光滑。前翅基部毛稀疏，向端部变得密集；翅痣长为宽的 3.7 倍，1r 脉存在，痕迹状。第 1 背板长，端部几乎不变宽，长为宽的 1.4 倍，球基长为球部的 0.28；背板在球基两侧具细条纹；球部明显凸，但中纵向凹，明显具皱纹，但端部光滑；第 2 和第 3 背板间的缝明显；第 2 背板中区长为宽的 0.33；第 2 背板光滑；产卵管鞘阔而长，长为宽的 0.28，为后足胫节长的 0.56，具密毛。

分布：浙江（安吉、临安）。

201. 宽折茧蜂属 *Eurycardiochiles* Dangerfield, Austin *et* Whitfield, 1999

Eurycardiochiles Dangerfield, Austin *et* Whitfield, 1999: 938. Type species: *Cardiochiles occidentalis* Dangerfield *et* Austin, 1995.

主要特征：体小至中等大小；体多橘黄色和黑色，翅膜端部暗色；复眼明显具毛；唇基端缘具 2 个突起；唇基宽为高的 1.8–2.3 倍；颜面宽为高的 1.8–2.4 倍；复眼与上颊之比为 (1：0.6) – (1：0.8)；后头脊腹方缺；中唇舌短，端部弱分叉；外颚叶短；下颚须 6 节；上颚 2 齿；后头深度为头长度的 0.2–0.3；

触角窝间距为触角窝径的 0.7–1.0 倍；触角 33–37 节，柄节长是宽的 1.3–1.6 倍；盾纵沟光滑或具平行短刻纹；中胸盾片在中凹槽内无或具中纵脊；小盾片前沟宽为长的 3.4–6.3 倍；小盾片端部无一中凹；并胸腹节中区完整，有中凹槽；胸腹侧脊缺或腹方存在；后足胫节端部无突出物；基跗节通常圆柱状，有时稍扁；跗爪栉状；前翅 1r 脉和 3r 脉缺，盘室延长，翅痣长为宽的 3.4–4.2 倍，SR 脉曲；后翅 2r-m 脉和 2-1A 脉缺；腹部第 1 背板长为宽的 1.0–1.8 倍；第 2 背板中区长为宽的 0.3–0.5，棱镜状；产卵管鞘均匀具毛，长为宽的 0.3–0.5，为后足胫节长的 0.5–0.8，直；下生殖板端部尖，均匀骨化，或中纵区骨化弱，内折。

生物学：未知。

分布：世界已知 4 种，中国记录 3 种，浙江分布 2 种。

（553）九龙宽折茧蜂 *Eurycardiochiles jiulong* Chen, Whitfield *et* He, 2003

Eurycardiochiles jiulong Chen, Whitfield *et* He, 2003: 47.

主要特征：雌，体长 7.8 mm，前翅长 7.8 mm。体黑色；须，前足腿节端部、胫节和跗节，中足胫节基部 0.2 和跗节，以及后足胫节基部 0.2 褐黄色至橘黄色；腹部第 1 背板除球基和球部外暗红色；翅膜褐色，基部明显淡；翅痣和脉深褐色。复眼具密集的细毛；头部具明显的刻纹和中等密集的长毛；唇基端缘两侧凸、接着中间均匀凸，并具 2 个弱的小突；颜面宽为高的 1.5 倍，明显具粗横皱，中央具 1 细纵脊；额具明显细横条，中脊伸达中单眼。中胸盾片明显具皱纹，中叶的中纵沟内具 1 明显的纵脊；盾侧沟存在；小盾片具密集的长毛和粗皱，宽为长的 1.3 倍，侧脊明显；并胸腹节气门椭圆形，长为宽的 2.2 倍；并胸腹节短，明显具皱纹，从中区上分出许多短刻条。前足胫节距长为基跗节的 1.0 倍。前翅具密毛，部分毛更密。腹部第 1 节背板短，端部变宽，长为宽的 1.0 倍，球基长为球部的 0.30；背板在球基两侧具细纵条；球部大部分光滑，基部有弱皱，中纵向凹；第 2 和第 3 背板间的缝明显；第 2 背板中区长为宽的 0.32；第 2 背板有弱刻点；产卵管鞘阔而长，长为宽的 0.34，为后足胫节长的 0.48。

分布：浙江（遂昌）。

（554）畲宽折茧蜂 *Eurycardiochiles shezu* Chen, Whitfield *et* He, 2003

Eurycardiochiles shezu Chen, Whitfield *et* He, 2003: 48.

主要特征：雌，体长 7.9 mm，前翅长 7.9 mm。体黑色；前足腿节端部、胫节和跗节，中足胫节基部 1/3 和跗节，以及后足胫节基部 0.6 褐黄色至橘黄色；腹部第 1 背板除球基和球部外暗红色；翅膜全部褐色，翅痣和脉褐色至深褐色。唇基端缘两侧凸、接着平直，中间凸并具 2 个小突；颜面宽为高的 1.5 倍，明显具粗横皱，中央具 1 明显纵脊；额明显具横条，中脊伸达中单眼。盾纵沟存在，等宽，明显具平行刻条，后方会合；中胸盾片明显具皱纹，中叶的中纵沟内具 1 明显的纵脊；小盾片具密集的长毛，具粗皱，宽为长的 1.4 倍，侧脊明显；小盾片前沟狭，宽为长的 3.4 倍，有 4 条脊；并胸腹节气门椭圆形，长为宽的 2.3 倍；并胸腹节短，明显具皱纹，从中区上分出许多短刻条。前足胫节距长为基跗节的 0.89 倍。前翅具密毛，部分毛更密。腹部第 1 节背板短，端部变宽，长为宽的 1.0 倍，球基长为球部的 0.25，球部明显具刻皱；第 2 和第 3 背板间的缝明显；第 2 背板中区长为宽的 0.29；第 2 背板具刻点；产卵管鞘阔而长，长为宽的 0.34，为后足胫节长的 0.48，具密毛，端部圆、变宽，有背切口。雄，体长 7.8–8.1 mm，前翅长 8.0–8.2 mm。触角细长，46 节。

分布：浙江（丽水、泰顺）。

202. 片跗茧蜂属 *Hartemita* Cameron, 1910

Hartemita Cameron, 1910: 99. Type species: *Hartemita latipes* Cameron, 1910.

主要特征：额具中纵脊从单眼到触角窝；口上沟明显；上颚两齿；复眼大多裸；具颚眼沟；盾纵沟具明显刻纹；并胸腹节具皱纹，中区经常不明显或退化成短的后脊；并胸腹节气门延长；基节前沟宽，具皱纹或刻点，前翅盘室宽与高相等；后足胫节末端加宽；后足胫节内距长于外距，是基跗节长的 0.45–0.76 倍；后足基跗节变大，延长，扁平，或明显薄板状，比后足胫节端部宽度宽；腹部第 1 背板中区长，窄，前方收窄；第 1 和第 2 背板间的背板缝侧方部分有时向前延伸；第 2 背板中区模糊，或由浅沟分界，经常比侧面部分凸出；下生殖板短，均匀硬化，腹部后方宽阔圆形；产卵器极短，强烈向下弯曲。

生物学：未知。

分布：东洋区。世界已知 24 种，中国记录 6 种，浙江分布 4 种。

分种检索表

1. 后足基跗节扁平，不呈宽的薄板状，或端部不突出，不比后足胫节端部宽，长大于宽的 3 倍 ·· 2
- 后足基跗节呈宽的薄板状，有时具明显的端叶，比后足胫节端部宽，长小于宽的 3 倍 ·· 3
2. 唇基腹缘中部突起；头顶、中胸盾片大部分光滑；并胸腹节前方具明显的横脊 ················ 淡足片跗茧蜂 *H. latipes*
- 唇基腹缘凹陷或中部近于笔直；头顶、中胸盾片具明显刻点；并胸腹节前方无明显的横脊 ········ 刻片跗茧蜂 *H. punctata*
3. 下颚须与头高等长；后足基跗节长为宽的 3 倍，宽为后足胫节端宽的 1.2 倍，长为其余后足跗节的 2 倍；前胸侧板后方具黑色斑；中胸腹板黑色；后足基节具 2 个黑斑 ·· 中华片跗茧蜂 *H. chinensis*
- 下颚须长是头高的 1.3 倍，后足基跗节更宽，长为宽的 2.5 倍，宽为后足胫节端宽的 1.4 倍，长为后足跗节的 2.3 倍；前胸侧板无黑色斑；中胸腹板黄色；后足基节具 1 个黑斑 ·· 黄片跗茧蜂 *H. flava*

（555）中华片跗茧蜂 *Hartemita chinensis* Chen, He *et* Ma, 1998

Hartemita chinensis Chen, He *et* Ma, 1998: 211.

主要特征：雌，体黄色。触角鞭节、柄节外侧条斑和端部背方斑点、梗节外侧和背方、额、单眼区、头顶三角形斑并伸至上颊、中胸盾片侧条和宽的中条、前胸侧板后方一斑、中胸腹板腹方和侧腹方、中后足转节、后足基节前方和侧腹方斑点、后足腿节基半背方、后足胫节基环、后足基跗节除基部 1/4 外和端跗节、第 3–5 背板后缘中央黑色或暗褐色。翅稍烟色，前翅端部 1/4 暗，翅痣和翅脉暗褐色。下颚须与头高等长。后头深凹。上颊膨出。背面观复眼长为上颊的 0.94。头顶在背方狭，具细而弱刻条。额凹，大部分光滑，背方具细刻条。颜面平，具明显刻条，背方中央有瘤，宽为高的 1.8 倍。唇基平，大部分光滑，端缘凸出。颚眼距与上颚基宽等长。前胸背板侧面大部分具细皱，中沟内有并列刻条。中胸盾片密布刻点；盾纵沟深，有并列刻条，后方相接呈一尖角并形成一宽凹区。小盾片具刻点，中央稍拱隆。中胸侧板大部分具刻点；基节前沟宽，具夹点刻皱，沟上方光滑区狭。中胸腹板具刻点。并胸腹节具均匀细皱，前方有明显横脊，中区消失至有短横脊。产卵管鞘端部宽圆，腹方有长毛。

分布：浙江（德清、临安）。

（556）黄片跗茧蜂 *Hartemita flava* Chen, 1998

Hartemita flava Chen *in* Chen, He *et* Ma, 1998: 212.

主要特征：雌，触角鞭节、柄节外侧条斑和端部背方斑点、梗节外侧和背方、额、单眼区、头顶三角形斑并伸至上颊上方、中胸盾片侧条和宽的中条、中后足转节、后足基节背方斑点、后足腿节基半背方条斑、后足胫节基环、后足基跗节除基部 1/4 外和端跗节、第 3–5 背板后缘中央黑色或暗褐色。翅稍烟色，前翅端部 1/4 暗，翅痣和翅脉暗褐色。头背面观宽为中长的 2.4 倍。触角 46–47 节。下颚须长为头高的 1.3 倍。后头深凹。上颊后方明显膨出，侧宽。背面观复眼长为上颊的 0.8。头顶在背方狭，具细刻条。额凹，大部分光滑。颜面平，具刻点，背方中央有瘤，宽为高的 1.7 倍。唇基平，大部分光滑，端缘凸出。颚眼距为上颚基宽的 1.2 倍。前胸背板侧面大部分具夹点刻皱，中沟内有并列刻条。中胸盾片密布刻点；盾纵沟深，狭，有并列刻条，后方相接呈一锐角并形成一宽凹区。小盾片具刻点，中央稍拱隆。中胸侧板大部分具刻点；基节前沟宽，具夹点刻皱，沟上方光滑区狭。中胸腹板具刻点。并胸腹节具均匀细皱，前方有明显横脊。产卵管鞘端部宽圆，腹方有长毛。

分布：浙江（金华、遂昌）、福建。

（557）淡足片跗茧蜂 *Hartemita latipes* Cameron, 1910

Hartemita latipes Cameron, 1910: 99.

主要特征：体黄色；触角、柄节和梗节外侧条斑、鞭节、单眼区并向前伸至额和触角窝之间、头顶至复眼边缘横带、唇基端缘、中胸盾片除了侧缘和盾纵沟区域、中胸腹板腹方和侧腹方、中足胫节基端、中足跗节、后足基节背方斑点、后足转节、后足胫节基部 1/6、胫刺和跗节（除了基跗节基部 1/4）、第 2 背板前侧方、第 4–6 背板端半黑色；产卵管鞘暗色。头顶大部分光滑，具很细带毛刻点。背面观后头深凹，上颊在复眼后方弧形稍收窄。额光滑，有中脊。脸有背中瘤，大部分光滑，具带毛细刻点。唇基缝中央凹，端缘中央拱凸。下颚须为头高的 1.3 倍。触角 42–43 节，约与体等长，前胸背板侧面光滑，具很细刻点，带细长毛。盾纵沟深凹，具细并列刻条，后方合拢呈锐角；小盾片前凹内有发达 3 纵条；小盾片光滑，具细长毛。并胸腹节具皱，在前缘后方有发达横脊；中区退化，仅中脊后端短而明显。中胸侧板光滑，基节前沟宽，稍有并列刻条，背缘中等拱隆呈脊形。后足胫节长距长为基跗节的 0.75。后足基跗节强度扁平，中央最宽，与胫节端部等宽，长为宽的 4 倍，为其余跗节之和的 1.2 倍。爪具栉齿；后足跗爪 7–12 齿。翅稍烟色，前翅端 1/4 更暗。产卵管鞘端部钝圆，侧方有长毛。

分布：浙江（遂昌、松阳）、福建、台湾、广西、云南；尼泊尔，老挝，印度尼西亚。

（558）刻片跗茧蜂 *Hartemita punctata* Chen, 1998

Hartemita punctata Chen, 1998: 215.

主要特征：触角鞭节基部 6 节外侧条斑、柄节端部背方斑点、梗节背方、额、单眼区、头顶（宽）、中胸盾片除了窄的盾纵沟、小盾片中央、中胸腹板侧腹方、中后足转节、后足基节背面和侧腹方小斑点、后足腿节基部 2/3 背方条斑、后足胫节基环、胫距、后足基跗节、第 3–7 背板后缘中央黑色或暗褐色。翅稍烟色，前翅端部 1/4 暗，翅痣和翅脉暗褐色。下颚须与头高等长。后头凹入。上颊后方膨出。背面观复眼长与上颊等长。头顶在背方狭，具细刻条。额凹，大部分光滑，有几条细中脊。颜面平，具刻条，有宽的中脊，宽为高的 1.7 倍。唇基平，大部分具刻点，端缘中央近于直。颚眼距与上颚基宽等长。前胸背板侧面大部分具细皱，中沟内有并列刻条。中胸盾片密布刻点；盾纵沟深，狭，有并列刻条，后方相接呈一尖角并形成一宽凹区。小盾片具刻点，中央拱隆。中胸侧板背方具细皱，基节前沟宽并具夹点刻皱，沟上方光滑。中胸腹板具稀疏刻点。并胸腹节具均匀细皱，前方无明显横脊。后足基节背方大部分光滑；长距长为基跗节的 0.67；后足基跗节明显平，长为宽的 2.5 倍，为其余跗节长的 1.2 倍，宽为后足胫节的 0.8；后足跗爪具 3–4 个栉齿。

分布：浙江（安吉）。

（十三）探茧蜂亚科 Ichneutinae

主要特征：上唇不凹入，唇基和上唇不形成前口窝；前翅 1-M 脉前端近翅痣处弧形；前翅 SR 脉若完整，则止于翅尖很前方；前翅无 2A 脉；后翅无 r 脉；后翅无 2-Cu 脉；前足胫节端部，通常中后足胫节端部侧方有 1 个或多个小刺；产卵管短，刚伸出腹端。

生物学：本亚科寄主为叶蜂科和三节叶蜂科，以及潜叶性蛾类如微蛾科和潜蛾科；为幼虫的体内寄生蜂。

分布：世界广布。中国分布 4 属 9 种。

分属检索表

1. 翅脉退化，前翅 SR 脉不伸达翅缘，m-cu 脉、r-m 脉、2-SR 脉消失或仅微弱骨化；缘室长，除 r 脉明显外，3-SR+SR1 脉不着色。寄生于潜叶性蛾类（苗茧蜂族 Muesebeckiini）。后翅 1A 脉完整，与 cu-a 脉相接或几乎相接。雄性第 6、7 背板各有一大的中央凹窝 ··· **寡脉茧蜂属 *Oligoneurus***
- 翅脉完整，前翅 SR 脉伸达翅缘，m-cu 脉、r-m 脉、2-SR 脉明显骨化；缘室短，3-SR 和 SR1 脉明显骨化 ············· 2
2. 前翅翅基下陷有一小而光滑的椭圆形瘤突，常与翅基下突融合；腹部第 1 背板与其上侧片不明显分开；前翅 1-M 脉在前端均匀弯曲；前翅 m-cu 脉稍外斜；中单眼位于两触角窝之间，它与侧单眼之间的距离约为其直径的 2 倍；寄生于三节叶蜂科（前眼茧蜂族 Proteropini）··· **前眼茧蜂属 *Proterops***
- 前翅翅基下陷有脊或完全光滑；腹部第 1 背板与其上侧片明显分开；前翅 1-M 脉在前端突然弯曲；前翅 m-cu 脉几乎直；中单眼位于头顶，中侧单眼间距至多等于其直径；寄生于叶蜂科（探茧蜂族 Ichneutini）·················· 3
3. 前幕骨陷很小而浅，圆形或椭圆形，其侧方圆；口上缝中央浅凹；唇基横形，隆起；前翅 1-M 脉在前方突然弧形或明显曲折；前翅 r 脉从翅痣中央前方伸出；前翅 SR1 脉斜，弯向翅痣，或偶尔几乎直；前翅缘室长（1-R1 脉为翅痣长的 0.6–0.9），端部尖；前翅 m-cu 脉与 2-Cu1 脉呈一锐角；前翅 Cu1b 脉存在且明显骨化；后翅 SC+R1 脉稍弧形或直；后翅 cu-a 脉明显内斜或近于垂直，较长；胸腹侧脊腹方存在；基节前沟大部分具刻纹；雄性第 7 背板中后方背窝小，两个背窝离得较远 ·· **探茧蜂属 *Ichneutes***
- 前幕骨陷大而深，其侧方有角；口上缝中央深凹；唇基三角形，平坦，通常基部拱隆；前翅 1-M 脉在前方弯曲不很明显；前翅 r 脉从翅痣中央伸出；前翅 SR1 脉直或向翅端弯曲，近于垂直；前翅缘室狭（1-R1 脉长为翅痣长的 0.4–0.5），端部近于平截；前翅 m-cu 脉与 2-Cu1 脉呈一直角；前翅 Cu1b 脉无或未骨化；后翅 SC+R1 脉弧形；后翅 cu-a 脉外斜或几乎垂直，较短；胸腹侧脊在腹方消失；基节前沟大部分光滑；雄性第 7 背板中后方背窝中等大小，两个背窝比较接近 ········ ··· **拟探茧蜂属 *Pseudichneutes***

203. 探茧蜂属 *Ichneutes* Nees von Esenbeck, 1816

Ichneutes Nees von Esenbeck, 1816: 275. Type species: *Ichneutes reunitor* Nees von Esenbeck, 1816.

主要特征：前幕骨陷很小而浅，圆形或椭圆形，其侧方圆；口上缝中央浅凹；唇基横形，隆起；前翅 1-M 脉在前方突然弧形或明显曲折；前翅 r 脉从翅痣中央前方伸出；前翅 SR1 脉斜，弯向翅痣，或偶尔几乎直；前翅缘室长（1-R1 脉为翅痣长的 0.6–0.9），端部尖；前翅 m-cu 脉与 2-Cu1 脉呈一锐角；前翅 Cu1b 脉存在且明显骨化；后翅 SC+R1 脉稍弧形或直；后翅 cu-a 脉明显内斜或近于垂直，较长；胸腹侧脊腹方存在；基节前沟大部分具刻纹；雄性第 7 背板中后方背窝小，两个背窝离得较远。

生物学：未知。

分布：古北区、东洋区和新北区。世界已知 24 种，中国记录 5 种，浙江分布 2 种。

(559) 东洋探茧蜂 *Ichneutes orientalis* He et Chen, 1997

Ichneutes orientalis He et Chen *in* He et al., 1997: 10.

主要特征：头部及胸部黑色；上颚、须、翅基片赤黄色；触角黑褐色。雌性腹部和足火红色。翅带淡烟褐色；翅脉及翅痣褐色。头顶、上颊近于光滑；头顶后方中央有纵凹痕。背面观复眼长与上颊相等；上颊在复眼后方平行。额在触角窝之间有些细皱。脸中央堤状隆起；满布细刻皱。唇基端半近于光滑；端缘浅弧形。颚眼距为上颚基宽的 0.5。前胸背板侧方平滑；凹槽内具并列强刻条。中胸盾片和小盾片具细刻点，近于光滑；盾纵沟明显，伸到后方由一脊相隔，沟内具并列刻条。中胸侧板大部分光滑；基节前沟明显，内有明显并列刻条。后胸侧板中央隆起，具细皱，周围凹槽内具并列刻条。并胸腹节具不规则网皱，基部隆起而无中脊，中区和端区部位稍纵隆，内具横刻条。后翅 cu-a 脉内斜，下端弯曲。后足基节光滑；跗爪具基叶突。腹部长与头、胸部之和相等。第 1 背板长为端宽的 0.8，侧缘向后渐宽；满布细皱；背中脊强，至背板后缘弧形相接；气门位于背板侧缘 0.4 处。第 2 背板具细纵皱。第 3–6 背板具带毛细刻点。产卵管鞘长为后足基跗节的 0.5。

分布：浙江（文成）。

(560) 红胸探茧蜂 *Ichneutes rufithorax* He et van Achterberg, 1997

Ichneutes rufithorax He et van Achterberg *in* He et al., 1997: 12.

主要特征：雌，头部及腹部黑色；上颚除了端齿赤黄色；须黄褐色；第 1–2 腹板浅褐色，基半及后缘多少白色。前胸、中胸盾片、前翅腋槽、中胸侧板上方火红色；小盾片、中胸侧板下半及腹板、后胸全部、并胸腹节黑色。足黑色。翅带烟褐色；翅脉及翅痣褐色。头顶及上颊密布夹点细网皱。背面观复眼长为上颊的 1.3 倍。上颊在复眼后方渐收窄。额具并列纵短刻条。脸中央屋脊状隆起，其上方有一瘤突；满布细皱。唇基具粗刻点；端缘平截。颚眼距为上颚基宽的 0.3。前胸背板侧方平滑；凹槽上方及后缘下方具并列刻条。中胸盾片和小盾片具细刻点和毛，近于光滑；盾纵沟明显，伸到后方但不相接，沟内具模糊并列刻条。中胸侧板大部分光滑；基节前沟弱，前方有一些点皱。后胸侧板中央隆起，具细皱，周围凹槽内具并列刻条。并胸腹节基部稍拱隆；多不规则粗网皱，基部有一短中脊，中区和端区多少明显，上半具横刻条。后足基节光滑，跗爪有基叶突。腹部稍短于头、胸部之和。第 1 背板长为端宽的 0.75；侧缘向后渐宽；满布细皱；背中脊强，至背板后缘呈钝角相接。第 2 背板除四侧角外中央具细皱。第 3–6 背板具毛，无明显刻点。端节光滑，端缘钝圆。产卵管鞘稍扁宽，长为后足基跗节的 1.5 倍。雄，与雌蜂基本相似，触角 33 节；上颊在复眼后方几乎不收窄；并胸腹节中区不明显；小盾片前方或火红色；外生殖器抱握器大。

分布：浙江（杭州）、湖南。

204. 拟探茧蜂属 *Pseudichneutes* Bolokobylskij, 1996

Pseudichneutes Bolokobylskij, 1996: 307-308. Type species: *Ichneutes levis* Wesmael, 1835.

主要特征：触角 22–28 节。下颚须 5 节；唇须 4 节。无后头脊。前幕骨陷很大而深，其侧方有角突。口上缝有深凹痕。唇基三角形，平，在基部通常强度隆起。颚眼距比较短。上颚强，不扭曲，下齿稍短于上齿。前胸侧板无纵脊。胸腹侧脊在侧方存在，在腹方无。基节前沟浅凹，大部分光滑。小盾片具皱或中央后方具有刻条状凹痕。并胸腹节具网状皱。跗爪有明显圆或尖的大基齿；后足胫节短壮。前翅 1-M 脉在端部微弱弯曲；前翅 1-SR 脉无；前翅 r 脉从翅痣中央伸出；前翅 SR1 脉直或稍弯向翅痣；前翅缘室短；前翅 1-R1 脉长为翅痣长的 0.4–0.5；前翅 m-cu 脉和 2-Cu1 脉呈一直角；前翅 Cu1b 脉无或未骨化。后翅 SR

脉未着色或仅显示为一短于 1r-m 脉的小脉；后翅 SC+R1 脉弧形；后翅 cu-a 脉外斜或垂直，明显较短；后翅 1-1A 脉完整。腹部第 1 背板有一对背中脊（此脊常弱，但第 1 背板中区隆起），无中纵凹痕。第 2 背板光滑或具肤浅的刻纹。雄性第 7 背板扩大，在中后方有一对中等大小的背窝，两个背窝接近；尾须板形。雌性下生殖板端部无密毛的"补钉"。

生物学：潜叶性叶蜂科幼虫的寄生蜂。

分布：古北区、东洋区。世界已知 4 种，中国记录 1 种，浙江分布 1 种。

（561）黄头拟探茧蜂 *Pseudichneutes flavicephalus* He, Chen *et* van Achterberg, 1997

Pseudichneutes flavicephalus He, Chen *et* van Achterberg, 1997: 15.

主要特征：雄，头部、触角基部 3 节黄褐色，触角其余环节黑色；头顶单眼周围浅褐色；上颚端齿赤黄色。胸、腹部黑至黑褐色；前胸、中胸腹板前方黄褐色；腹部腹板赤黄色。足黄褐色；后足腿节背方、胫节背方和后方、基跗节稍带浅褐色。翅带烟褐黄色；翅痣及其基部翅脉褐色。脸、头顶及上颊具极细革状纹，近于光滑，脸亚中部明显纵凹；头顶后方中央有一浅凹。背面观复眼长为上颊的 1.6 倍；上颊在复眼后方稍收窄。额光滑。前幕骨陷极大而深，近于复眼边缘。唇基扁三角形；基部横隆，端缘弧形。颚眼距为上颚基宽的 0.2。前胸背板侧方凹槽内仅隐现并列刻条。中胸盾片和小盾片具带毛细刻点，有光泽；盾纵沟明显，伸到后方但不相接，内具并列刻条。中胸侧板大致光滑；基节前沟极弱，除后端外为一浅凹痕。后胸侧板中央隆起，具细皱。并胸腹节在基部中央具纵皱，其余为横刻皱。后翅 cu-a 脉下半弯曲无色。后足基节光滑；跗爪有大的基叶。腹部与胸部等长。第 1 背板长为端宽的 1.2 倍；背板后半中央稍隆起，满布细皱，后侧方为横皱；背中脊不明显，基部 0.15 处存在，而后则融于皱中。第 2 及以后背板光滑，具毛。

分布：浙江（余姚）。

205. 前眼茧蜂属 *Proterops* Wesmael, 1835

Proterops Wesmael, 1835: 201. Type species: *Proterops nigripennis* Wesmael, 1835.

主要特征：体长 2.5–9.0 mm。无后头脊。触角 25–38 节，第 1 节基部无圆锥形感觉器，雌性端部 3/4 环节腹方有 2 条宽阔间隔的纵板，且无变形感觉孔的区域。颚须 4 节；唇须 3 节。上颚不定，扭曲或直；上颚基部无凹痕和被一横脊分开的具微细刻纹区域。前胸侧板无纵脊；前胸背板通常（90%）无弱的背侧凹。无胸腹侧脊；腹板侧沟光滑。盾纵沟光滑，内无刻条，通常完整，偶尔无。无小盾片后凹。并胸腹节通常光滑，偶有 2 条突出的纵脊。翅脉完整；前翅 1-M 脉均匀弧形；1-SR 脉存在。后翅 1-SC+R 脉近端部不明显向后弯曲；SR 脉伸至翅端或近于翅端，明显长于 1r-m 脉；在 R 脉与 1r-m 脉连接处，没有长感觉毛；翅钩 3–5 个一束；1-1A 脉完整，伸达 cu-a 脉。后足跗爪简单，无基齿。腹部第 1 背板光滑，偶尔有 2 条突出的纵脊或 2 条侧脊，无中纵凹；第 7 背板气门存在，雄性具刚毛，但无侧窝；雄性第 6、7 背板无中窝；尾须须形至板形；雌性下生殖板端部无密的刚毛区。

生物学：容性内寄生于膜翅目叶蜂幼虫，主要为三节叶蜂科幼虫。

分布：世界广布。世界已知 8 种，中国记录 5 种，浙江分布 1 种。

（562）褪色前眼茧蜂 *Proterops decoloratus* Shestakov, 1940

Proterops nigripennis var. *decoloratus* Shestakov, 1940: 20.
Proterops decoloratus: He, Chen & Ma, 2000: 679.

主要特征：雌，头黑褐至黑色，但颜面下方、唇基、上颚除了端齿、须黄褐色至暗黄褐色；胸、腹部赤黄色，但中胸背板后缘、腹部折缘及腹板多少带暗色。足赤黄褐色；后足跗节黑褐色。翅面烟褐色；翅痣及翅脉黑褐色。个别头完全赤黄色，触角鞭节除了端部、后足除了基跗节均赤黄色；部分腹板背板暗赤色。雄性胸部色泽一般均较深，小盾片、后小盾片及腋槽后缘、胸部侧板及中胸腹板黑褐色；部分标本后足胫节黑褐色；个别标本胸部完全赤黄色如雌性。头顶近于光滑。单眼较小；中单眼位于触角窝之间。额短，光滑。脸宽；稍平坦，具带毛细刻点，中央上方有 1 个小瘤。唇基宽，微拱，近于光滑，端缘平截；幕骨陷很大而深。背面观复眼长为上颊的 1.2 倍。颚眼距为上颚基宽的 0.56。胸部光滑。盾纵沟细而明显，内无刻条，至后方会合。并胸腹节短，气门甚突出。后翅 cu-a 脉垂直稍外斜，下端稍弯曲。后足基节光滑；爪无基叶突。腹部平滑，较扁平。第 1 背板长为端宽的 0.8，中央稍拱隆，侧方具纵沟；气门处突出；两侧缘向后明显扩大。第 2 背板与第 3 背板约等长。产卵管短，刚伸出下生殖板。

分布：浙江（德清、杭州、金华、开化、龙游、遂昌、松阳、龙泉、文成）、山西、湖北、福建、四川、贵州、云南；俄罗斯（西伯利亚地区）。

206. 寡脉茧蜂属 *Oligoneurus* Szepligeti, 1902

Oligoneurus Szepligeti, 1902: 77. Type species: *Oligoneurus concolor* Szepligeti, 1902.

主要特征：头横形，稍宽于胸。无后头脊。复眼具毛。触角 12–28 节，着生于颜面很上方且宽阔分开。额短，在前方仅稍下斜。常无盾纵沟，若有亦仅前方存在。无胸腹侧脊。基节前沟光滑或具并列刻条。无小盾片后凹。后足基节较小；后足胫距很短；后足跗爪简单。前翅缘室开放；r 脉存在，SR 脉不伸达翅缘；2-SR 脉和 r-m 脉均消失，以致所有亚缘室愈合；1-M 脉前端强度弯向副痣，与 1-SR+M 脉不相接；第 1 臂室开放；cu-a 脉对叉式。后翅 1A 脉完整，与 cu-a 脉相接或几乎相接。腹部短，第 1 背板中央为骨化片，其气门着生于片的侧缘，无背中脊。第 2 背板中央亦有骨化片区。雄性第 6、7 背板各有一大的中央凹窝。产卵管鞘刚伸出腹端。

生物学：寄主为潜叶性鳞翅目微蛾科、潜蛾科和尖蛾科幼虫。

分布：世界广布。世界已知 13 种，中国记录 5 种，浙江分布 5 种。

分种检索表

1. 触角较粗短，第 5 节以后长约为宽的 1.6 倍；翅痣长为宽的 2.1 倍；前翅 1-R1 脉极短，刚突出于翅痣 ················· **粗角寡脉茧蜂 *O. crassicornis***
- 触角细长，第 5 节以后长为宽的 2.5 倍以上；翅痣长为宽的 2.6 倍以上；前翅 1-R1 脉长，长为翅痣的 0.8 以上 ········· 2
2. 体基本上黄白色至淡黄色，单眼区及胸、腹部背面黑褐色；并胸腹节无中脊；第 1 背板长为最宽处的 1.7 倍，以气门处最宽，向前、后收窄；后足胫节和跗节黄白色 ················· **竹尖蛾寡脉茧蜂 *O. cosmopterygivorus***
- 体基本上黑褐色 ················· 3
3. 脸和前胸背板浅黑褐色；前翅 1-R1 脉短，长为翅痣长的 0.8；r 脉从翅痣 0.55 处伸出；第 2 背板中央骨化片长为端宽的 0.53；复眼内缘几乎平行 ················· **中华寡脉茧蜂 *O. sinensis***
- 脸四周或全部和前胸背板赤褐色；前翅 1-R1 脉长，长约为翅痣长的 1.2 倍；r 脉从翅痣 0.62 处伸出；第 2 背板中央骨化片长为端宽的 0.73–1.0 倍；复眼内缘下方多少收窄 ················· 4
4. 脸四周赤黄色，中央浅褐色；并胸腹节后半中央具弱纵刻条；第 2 背板中央骨化片长为端宽的 0.73；背面观复眼长为上颊的 1.6 倍，上颊弧形收窄；脸下宽为长的 0.8；唇基翘边有缺口，着生长毛 ················· **松阳寡脉茧蜂 *O. songyangensis***
- 脸全部黄色；并胸腹节无纵刻条，具模糊皱刻纹；第 2 背板中央骨化片长为端宽的 1.0 倍；背面观复眼长为上颊的 1.1 倍，上颊几乎不收窄；脸下宽为长的 1.1 倍；唇基翘边呈弧形凹入，不着生长毛 ················· **黄脸寡脉茧蜂 *O. flavifacialis***

(563) 中华寡脉茧蜂 *Oligoneurus sinensis* He, 2000

Oligoneurus sinensis He *in* He *et al.*, 2000: 346.

主要特征：雌，体黑褐色；脸、前胸背板肩角和翅基下脊色稍浅；唇基、上颚、颊赤黄色；须、第1、2背板侧方膜区黄褐色。触角基部3节及第4节基半黄褐色，其余黑褐色。足黄褐色，端跗节及爪黑褐色。翅透明，着色翅脉及翅痣淡褐色。头略宽于胸。触角22节。复眼大，具毛；内缘几乎平行；背面观复眼长为上颊的1.6倍。上颊稍弧形收窄。脸中央有三角形隆起；正中具1短纵脊；具毛玻璃状细刻纹。唇基小，端缘有翘边，着生长毛。单眼小，近于正三角形排列。颚眼距为上颚基宽的0.38。前胸背板侧面近于平滑。中胸盾片和小盾片具毛玻璃状细刻点，无盾纵沟；小盾片前沟中段稍宽而深，内无脊。中胸侧板甚大。后胸侧板光滑，具毛玻璃状刻点。并胸腹节中央稍拱隆；光滑，具带长毛的极细刻。后足腿节长为宽的3.5倍。腹部第1背板中央骨化片花瓶状，长为最宽处的1.6倍；在气门着生处最宽，向前明显收窄，向后渐稍窄；后半表面拱隆。第2背板中央骨化片近三角形，长为后缘宽的0.53。以后各节背板很宽。下生殖板扁三角形，伸至产卵管鞘中央。产卵管鞘长为后足基跗节的0.8。

分布：浙江（临安）。

(564) 竹尖蛾寡脉茧蜂 *Oligoneurus cosmopterygivorus* He, 2000

Oligoneurus cosmopterygivorus He, 2000: 347.

主要特征：雌，体黄白色至淡黄色；单眼区、中胸盾片、小盾片和后小盾片、并胸腹节中央大部分、腹部除第1–2背板侧方膜区和腹板黑褐色。触角柄节黄白色，其余黑褐色。足黄白色，端跗节及爪淡褐色。翅透明，着色翅脉及翅痣淡褐色。头略宽于胸。触角24节。头顶中央有一细纵线从单眼区直至后头孔。复眼具毛；背面观复眼长为上颊的1.15倍。上颊弧形收窄。脸稍拱隆，近于光滑。唇基小，端缘有明显翘边，无明显长毛。单眼小，正三角形排列，有颊沟，颚眼距为上颚基宽的0.38。前胸背板侧面近于平滑。中胸盾片和小盾片具带毛细刻点，前端有盾纵沟痕迹；小盾片前沟稍宽而深，内无脊。中胸侧板甚大，光滑；腹板侧沟后半有明显凹痕。后胸侧板拱隆，具带毛细刻点。并胸腹节基部均匀拱隆；后缘中央半圆形凹入。后足腿节长为宽的3.8倍。端跗节稍膨大。腹部第1背板中央骨化片瓶状，长为最宽处的1.7倍；在气门着生处（前方0.3处）最宽，向前、后渐稍窄；后半表面拱隆；有背中脊，伸至气门稍前方。第2背板中央骨化片梯形，长为后缘宽的0.82。产卵管鞘长为后足基跗节的0.5。

分布：浙江（余杭）。

(565) 松阳寡脉茧蜂 *Oligoneurus songyangensis* He, 2000

Oligoneurus songyangensis He, 2000: 348.

主要特征：雌，体黑褐色；脸四周、唇基、上颚、柄节、梗节、前后翅腋槽和翅基下脊赤黄色；脸中央、上颚端齿、前胸浅褐色；须、翅基片、第1-2背板侧方膜区和腹板大部分黄白色。足黄褐色，基节色浅，端跗节及爪黑褐色。翅透明，翅脉着色及翅痣淡褐色。头略宽于胸。触角24节。头顶多带毛细刻点，正中有浅细纵沟从单眼区伸至后头。复眼具毛；内缘明显向下收窄，背面观复眼长为上颊的1.6倍。上颊稍弧形收窄。脸稍拱隆；中央有小隆突；近于光滑。唇基小，端缘翘边明显，中央有一缺口，翘边上着生长毛。单眼小，正三角形排列。颚眼距为上颚基宽的0.33。前胸背板侧面近于平滑。中胸盾片和小盾片具带毛细刻点，有光泽；无盾纵沟。中胸侧板甚大，光滑。后胸侧板具带毛细刻点。并胸腹节拱隆，后半具5条模糊弱纵刻条。前翅1-R1脉长为翅痣的1.24倍；cu-a脉对叉。后翅1r-m：1-M=4.5：11。后足腿节长为宽的 3.75 倍。腹部第 1 背板中央骨化片花瓶状，长为最宽处的 2.0 倍；在气门着生处（0.4 处）最宽，向前明显收窄，向后渐稍窄，后半表面拱隆；背中脊近于平行，伸至气门内侧。第 2 背板中央骨化片梯形，长为后缘宽的 0.73。下生殖板三角形，侧面观端角不尖，覆盖部分产卵管鞘。产卵管鞘长为后足基跗节的 0.95。

分布：浙江（松阳）。

（566）黄脸寡脉茧蜂 Oligoneurus flavifacialis He, 2000

Oligoneurus flavifacialis He, 2000: 350.

主要特征：雌，体黑褐色；脸、唇基、上颚除了端齿、颊、触角基部 3 节、前胸、翅基下脊赤黄色；须、第 1–2 背板侧方膜区及腹板藁黄色。足浅黄褐色，基节色稍浅，端跗节及爪黑褐色。翅透明，着色翅脉及翅痣淡褐色。头略宽于胸。头顶正中有一细纵沟从单眼后方伸至后头。复眼具毛；背面观复眼长为上颊的 1.1 倍。上颊几乎不收窄。脸拱隆，光滑；脸下方稍收窄。唇基小，端缘翘边弱，呈弧形凹入，不着生长毛。单眼小，正三角形排列。具颊沟；颚眼距为上颚基宽的 0.25。前胸背板侧面平滑。中胸盾片和小盾片具极细带毛刻点，近于光滑；前端有盾纵沟痕迹。中胸侧板甚大，光滑。后胸侧板几乎光滑。并胸腹节拱隆；具模糊细刻纹，无纵脊和横脊；气门小，短卵圆形。后足腿节长为宽的 3.2 倍。腹部第 1 背板中央骨化片花瓶状，长为最宽处的 1.9 倍；在气门着生处（0.4 处）最宽，向前明显收窄，向后稍收窄；后半表面拱隆，光滑；背中脊伸至气门前方。第 2 背板中央骨化片梯形，长为后缘宽的 1.0 倍。下生殖板端尖。产卵管鞘长为后足基跗节的 1.0 倍。

分布：浙江（庆元）。

（567）粗角寡脉茧蜂 Oligoneurus crassicornis He, 2000

Oligoneurus crassicornis He, 2000: 351.

主要特征：雌，体黑色；脸、唇基、上颚除了端齿、颊、触角基部 4 节、后胸侧板端部赤黄色；头顶、上颊上方、前胸腹板、翅基下脊、第 1–2 腹板黑褐色。足浅赤黄色。翅透明，着色脉及翅痣褐色。头略宽于胸。触角第 3 节长为第 4 节的 1.26 倍；以后各节渐粗渐短。头顶近于光滑。复眼具毛，但极少；背面观复眼长为上颊的 1.5 倍。上颊明显收窄。脸近于平滑；脸下方稍收窄。唇基平，端缘弧形，近于光滑。单眼小，正三角形排列。颚眼距为上颚基宽的 0.5。前胸背板侧面、中胸盾片、小盾片和中后胸侧板具极细革状纹和细毛，近于光滑。后胸侧板散生长毛。并胸腹节稍拱隆；具模糊细革状纹，无纵脊和横脊；气门小，卵圆形。前翅 1-R1 脉极短，刚突出于翅痣；cu-a 脉刚对叉。后翅 1r-m : 1-M = 5 : 6.5。后足腿节长为宽的 3.6 倍。腹部第 1 背板中央骨化片花瓶状，长为最宽处的 1.7 倍；在气门着生处不突出，前方 0.6 侧缘稍收窄，后方 0.4 平行；后半表面拱隆；近于光滑；无背中脊。第 2 背板中央骨化片梯形，长分别为前、后缘宽的 1.36 倍和 0.8。下生殖板端部尖。产卵管鞘长为后足基跗节的 0.65。

分布：浙江（临安）。

（十四）怒茧蜂亚科 Orgilinae

主要特征：头横形；无前口窝，触角端部无刺，偶有短刺；唇基缝无或中央大部分消失；后头脊通常侧方存在，背中央方缺，少数完全没有；后头叶突明显；上颚端部扭曲；唇基凹小至中等大；颚须 6 节；唇须 4 节，但第 3 节常退化而第 4 节着生于该节基部；前背凹圆形或椭圆形；盾前凹无；胸腹侧脊存在，但有时部分或大部分消失；基节唇沟凹痕窄或模糊；小盾片前沟多少具并列刻条；前翅无 1-SR 脉，仅

Antestrix 存在，前翅 Cu1b 脉存在，偶有消失；后翅 cu-a 脉存在；后翅轭室狭；后足多少扩大；后足胫节端部外侧常有钉状刺；后跗节腹面无毛列；跗爪常简单；第 1 背板拱隆、骨化，气门位于中央之后，背中脊常退化，背凹无；第 1 背板侧凹通常存在；第 2 背板常有侧褶；产卵管鞘细，长为前翅的 0.4-1.8 倍（偶约 0.2）。

生物学：容性内寄生于鳞翅目螟蛾科、卷蛾科和舟蛾科幼虫，单寄生。

分布：世界广布。本亚科分 3 族 7 属，中国分布中腹茧蜂族 Mesocoelini 的中腹茧蜂属 *Mesocoelus* Schulz，拟窄径茧蜂族 Mimagathidini 的角室茧蜂属 *Stantonia* Ashmead、拟怒茧蜂属 *Orgilonia* van Achterberg 和埃利茧蜂属 *Eleonoria* Braet *et* van Achterberg，以及怒茧蜂族 Orgilini 的怒茧蜂属 *Orgilus* Haliday 共 5 属 9 种。浙江分布拟窄径茧蜂族 3 属 7 种。

分属检索表

1. 后翅后缘近基部凹；后翅 cu-a 脉强度外斜；后翅 M+Cu 脉明显短于 1-M 脉；后翅基室很小；前翅 r-m 脉不定（拟窄径茧蜂族 Mimagathidini）··· 2
- 后翅后缘近基部拱凸或（近于）直；后翅 cu-a 脉垂直或稍外斜；后翅 M+Cu 脉约等长于或长于 1-M 脉；后翅基室中等至大；前翅 r-m 脉缺，至多有残余（怒茧蜂族 Orgilini）··· 4
2. 第 2 转节有 1-5 个端齿；前翅第 1 盘室前方截面宽；后翅后缘亚基部直或近于如此；胸腹侧脊腹方消失；前翅 2-SR 脉与 m-cu 脉相连或近于如此；第 4 背板后半无明显侧褶；产卵管鞘长为前翅的 1.0-1.8 倍；后胸侧板下缘脊较细··· 埃利茧蜂属 *Eleonoria*
- 第 2 转节无端齿；前翅第 1 盘室前方截面狭；后翅后缘亚基部明显凹；胸腹侧脊腹方完整；前翅 2-SR 脉与 m-cu 脉不相连；第 4 背板后半有明显侧褶；产卵管鞘长为前翅的 0.15-1.3 倍；后胸侧板下缘脊有叶突····················· 3
3. 后头脊无，或仅伸至复眼中央水平处；腹部第 3、4 背板有明显侧褶；前翅 2-M 脉不骨化或近于如此；前翅无 r-m 脉··· 拟怒茧蜂属 *Orgilonia*
- 后头脊有檐边，或伸至复眼上方水平处；腹部第 3、4 背板无明显侧褶；前翅 2-M 脉骨化部分明显；前翅 r-m 脉通常存在··· 角室茧蜂属 *Stantonia*
4. 唇基背方有 1 对向上弯的瘤突；跗爪很细；后足跗节细长··· 角怒茧蜂属 *Kerorgilus*
- 唇基无瘤突；跗爪稍细；后足跗节通常短，古北区种常更粗壮 ·· 怒茧蜂属 *Orgilus*

207. 埃利茧蜂属 *Eleonoria* Braet *et* van Achterberg, 2000

Eleonoria Braet *et* van Achterberg, 2000: 466. Type species: *Eleonoria mesembria* Braet *et* van Achterberg, 2000.

主要特征：触角 27-36 节；柄节端部稍斜至强烈倾斜；下颚须长为头高的 1.5 倍；下唇须端节中部与亚端节相连；复眼无毛；背面观复眼长为上颊的 3.5-5.0 倍；头具精致刻点皮革状；头顶突起，单眼区附近平坦；背面观颜面和唇基平；唇基前缘笔直；颚眼距长为上颚基宽的 0.8-1.0 倍；颚眼沟和口上沟缺；后头脊缺；胸部长为高的 1.4-1.5 倍；前胸背板背凹缺；小盾片前沟窄而浅，内具平行刻条；并胸腹节中纵脊缺；后胸侧板前缘直，具相当锐利的前脊，有时前具 1 小至中等大小的缘脊；整个翅面具刚毛；前翅 1-SR+M 脉全缺至微波状；前翅第 1 盘室前缘顶端平截而宽；前翅 1-SR+M 脉全缺或几乎没有；前翅第 2 亚缘室缺；前翅 3-Cu1 脉长为 Cu1b 脉的 3.0-4.0 倍；后翅后缘直或稍凹入；后翅 1-M 脉明显长于 M+Cu 脉；后足强烈扩大，胫节密布硬刚毛；后足转节长约为最宽处的 2.0 倍，表面皮革状粗糙至针状；后足第 2 转节长为第 1 转节腹面长的 1.0-2.1 倍；转节端部具 1-5 个栉齿；第 2 腹沟笔直或弯曲，具平行刻条；产卵管鞘长为前翅长的 1.1-1.8 倍；产卵瓣和端部 V 字形刻痕缺。雌性触角近中部通常具灰白色条纹，触角其他部分（除了柄节和梗节）常黑色或黑褐色。

生物学：未知。

分布：古北区东部。世界已知6种，中国记录2种，浙江分布1种。

（568）何氏埃利茧蜂 *Eleonoria hei* van Achterberg *et* Chen, 2000

Eleonoria hei van Achterberg *et* Chen *in* Braet *et al.*, 2000: 470.

主要特征：雌，体黑色；触角第10（11）–（17）18节乳白色，雄性完全暗褐色，或大部分黄褐色，端部暗；须、中后足胫节基环、第1背板基部1/3、第2背板基半、第3背板基部1/3、肩板浅黄色；翅基片褐色；唇基、柄节和梗节腹方、触角第3–9节一部分、前中足（端跗节和第2转节暗褐色）黄褐色；触角其余部分暗褐色；中胸盾片在翅基片前方、中胸腹板后方（弱）、颜面（近触角窝色浅）暗红褐色；后足浅褐色（第1转节稍浅和端跗节暗褐色）；翅膜稍烟色，翅脉和翅痣暗褐色；后足胫节毛状刺黄褐色。上颊在复眼立即收窄，光亮，具细革状刻点；颜面相当平，密布刻点和浅革状刻纹；唇基光滑，背方有些小刻点，腹缘直；额中央光滑，侧方具夹点革状纹；头顶拱隆，具夹点革状纹；颚眼距为上颚基宽长的0.9。前胸背板背凹浅，横形；中胸侧板、中胸腹板、后胸侧板、中胸盾片、小盾片具细革状刻点；盾纵沟具细并列刻条；基节前沟前方渐消失，其余明显凹入，有细并列刻条；后胸侧板腹缘直，前方弧形，并形成中等大小的叶突；并胸腹节具细颗粒状刻点，侧方有刻点，光亮。后足基节具革状颗粒；前足腿节明显弧形，大部分平行；后足基跗节端部狭；后足腿节、胫节和基跗节长分别为其宽的5.1倍、11.3倍和8.8倍；后足第2转节腹缘长为第1跗节的1.5倍，其端部有2大2小齿；后足胫距长为基跗节的0.45和0.30。腹部第1背板长为端宽的1.9倍，表面颗粒状，相当光亮，后方1/3具夹点网皱，稍拱隆，气门不突出；第2背板长为第3背板中长的1.3倍；第2–3背板具夹点刻皱，第2–3背板间横缝稍弧形；第4背板具细刻点；第5–7背板具皱状刻点；第2–3背板和第4背板基部有明显侧褶；产卵管鞘长为前翅长的1.83倍。

分布：浙江（杭州）、江苏。

208. 角怒茧蜂属 *Kerorgilus* van Achterberg, 1985

Kerorgilus van Achterberg, 1985: 164. Type species: *Kerorgilus longicaudis* van Achterberg, 1985.

主要特征：雌，触角较短粗；柄节粗壮，端部平截；唇基有1对直向上伸的角状突，腹缘直；后头脊在复眼上缘水平存在，背中央有间断；颚眼沟缺；胸部长为高的1.6–1.9倍；前胸侧板腹方拱隆，侧面观腹缘弧形；胸腹侧脊完整，不规则，不伸达中胸侧板前缘；基节前沟完整，弯曲，内具明显的并列刻条；后胸侧板腹方向前突出；盾纵沟完整，具并列刻条；中胸盾片具刻点和均匀短毛；小盾片前沟具并列刻条；后胸侧板叶突存在；并胸腹节拱隆，完全光滑；前翅1-M脉均匀弯弧，cu-a脉强度内斜，明显后叉，2-M脉骨化部分小，SR1+3-SR脉稍弯；跗爪非常细；后足胫节有成簇的钉状刺；腹部第1背板无背中脊，长为端宽的1.3–1.8倍；第2背板光滑，无凹痕，仅在第1背板后方有明显侧褶；产卵管有1小的端前背缺刻；产卵管鞘长为前翅的1.2–1.8倍。

生物学：未知。

分布：古北区。世界已知3种，中国记录2种，浙江分布1种。

（569）带角怒茧蜂 *Kerorgilus zonator* (Szepligeti, 1896)

Orgilus zonator Szepligeti, 1896: 182.

Kerorgilus zonator: van Achterberg, 1985: 167.

主要特征：雌，体长 4.5–6.0 mm。体黑色，触角梗节端部、上颚（除了端部）、足转节、胫节、胫距、腿节（除了后足腿节端部 1/3）、腹部第 2–3 节、产卵管黄色或黄褐色。翅烟褐色，翅脉（除前缘脉、翅痣和痣后脉深褐色外）均为淡褐色或黄褐色。背面观复眼长约为上颊长的 2 倍；额稍凹入，有刻纹，中央具纵脊；头顶具皱状小刻点；颜面隆起，上方刻点密集皱纹，其余为小刻点；唇基具稀疏刻点，唇基角状突起处刻点较密集。中胸盾片中叶稍隆起，具刻点和均匀的短柔毛，盾纵沟明显，内具平行短脊；小盾片近光滑；基节前沟具皱脊；中胸侧板其余部分具稀疏刻点；中胸侧板凹浅；后胸侧板具密集刻点，侧板突弧形、突出；并胸腹节中部稍隆起，有明显的网皱和纵皱；中纵脊端段和侧纵脊明显。后足基节有刻点，后足腿节、胫节和基跗节长分别为各自宽的 4.0–4.5 倍、9–10 倍和 8–9 倍，后足胫距分别为后足基跗节长的 0.4 和 0.35。第 1 背板长为端部宽的 1.4 倍，基部稍有刻皱，其余光滑有光泽；产卵管鞘密布毛，长为前翅长的 1.3–1.5 倍；产卵管端部稍向下弯曲。

分布：浙江（德清、杭州）、黑龙江、辽宁、内蒙古、湖南；蒙古国，朝鲜，阿塞拜疆，匈牙利，高加索地区。

209. 拟怒茧蜂属 *Orgilonia* van Achterberg, 1987

Orgilonia van Achterberg, 1987: 13. Type species: *Orgilonia fuscistigma* van Achterberg, 1987.

主要特征：雌，触角细长；柄节粗壮，端部相当斜；唇基正常，端缘凸；无后头脊，或仅两侧存在；颚眼沟无；胸部长为高的 1.3–1.5 倍；胸腹侧脊强或弱，完整，远离中胸侧板前缘或相接；基节前沟无或浅凹，并具并列刻条或刻点；后胸侧板腹侧方不向前方突出；盾纵沟完整，光滑或有些并列短刻条；中胸盾片皮革状（颗粒状），具均匀短毛；小盾片前凹内有并列短刻条；后胸侧板叶突存在；并胸腹节拱隆，具颗粒状皱纹和革状纹；前翅 1-M 脉直或近于如此，r-m 脉缺，cu-a 脉垂直并近于对叉式，2-M 脉不骨化，SR1+3-SR 脉直或近于如此；后足胫节端部外侧有成簇钉状刺；腹部第 1 背板长为端宽的 1.6–2.5 倍，有或无背中脊；第 2 背板具革状纹或刻条，无凹痕；第 2–4 背板有锐的侧褶；产卵器细长，产卵管无结节或缺刻；产卵管鞘长为前翅的 0.5–1.1 倍。

生物学：未知。

分布：东洋区和旧热带区。世界已知 7 种，中国记录 1 种，浙江分布 1 种。

（570）维氏拟怒茧蜂 *Orgilonia vechti* van Achterberg, 1987

Orgilonia vechti van Achterberg, 1987: 487.

主要特征：雌，体黄褐色；触角（除了柄节背方大部分）、单眼区、跗节和产卵管鞘暗褐色；转节和后足胫节基部烟褐色；翅痣和大部分翅脉稍暗褐色；翅膜透明，稍烟褐色。触角 47 节（雄），第 3 节长为第 4 节的 1.2 倍；下颚须长为头高的 1.1 倍；背面观复眼长为上颊的 3.4 倍；上颊在复眼后渐收窄；后头脊仅靠复眼下半存在；POL：OD：OOL=5：3：8；颜面近触角窝处具革状刻纹，其余大部分光滑和具刻点；额和头顶具相当粗的颗粒状革状纹；颚眼距与上颚基宽等长。胸部背凹无或近于如此；胸腹侧脊强而有规则，背方紧靠中胸侧板前缘；基节前沟近于完整，在中央有窄的并列刻条；盾纵沟近于光滑，内有些短并列刻条；并胸腹节气门较大，表面有长而弧形的皱，在中央有些短皱，其余部位具革状颗粒。前翅 r 脉为翅痣最宽处的 1.2 倍，稍斜；r：SR1+3-SR：2-SR=6：42：9；m-cu：1-M=10：16。后翅 1-SC+R 脉端部近于 SR 脉水平。后足腿节、胫节和基跗节长分别为其宽的 5.4 倍、10 倍和 13 倍；胫节端部有 4 个钉状刺；后足胫节外侧端半刚毛之间有 6 根鬃。腹部第 1 背板长为端宽的 2.2 倍，向端部渐宽，具粒状，中央具皱，背脊伸至基部 0.6 处；第 2–6 背板具细而密的网皱，但雄性第 1–3 背板主要为颗粒状刻点；第 2–3 背板间横缝宽，内有并列刻条；产卵管鞘长为前翅长的 0.83–0.9，为后足胫节长的 2 倍；产卵管有些下弯。

分布：浙江（温州）；印度尼西亚。

210. 怒茧蜂属 *Orgilus* Haliday, 1833

Orgilus Haliday, 1833: 262. Type species: *Microdus obscurator* Nees, 1812.

主要特征：雌，触角粗壮至中等细，与体约等长或稍短；柄节粗壮，端部平截；唇基正常，其端缘直，后头脊不定，颚眼距无，或看起来如一革状纹的浅凹痕。胸部长为高的 1.3–1.8 倍；前胸侧板腹方拱隆，侧面观腹缘弧形；胸腹侧脊不定；基节前沟完整或大部分缺，盾纵沟不定；中胸盾片具毛，光滑或有刻纹；小盾片沟细，内具并列刻条；后胸侧板叶突存在或模糊；并胸腹节不定；前翅 1-M 脉多少呈弧形；前翅 cu-a 脉对叉式或明显后叉式，垂直或稍内斜；跗爪不定，常中等粗壮，偶有 1 小尖叶或基部具栉齿；后足胫节端部有钉状刺，但无钉怒茧蜂亚属 *Anakorgilus* 无；腹部第 1 背板（近于）无柄，有或无背脊；第 2 背板通常具刻纹，无凹痕；腹部侧褶不定；产卵管有小的端前背缺刻，或缺刻模糊或无；产卵管鞘长为前翅的 0.35–2.5 倍。

生物学：内寄生于鳞翅目鞘蛾科、麦蛾科、织蛾科、螟蛾科、蓑蛾科、细蛾科和卷蛾科幼虫。

分布：世界广布。世界已知 254 种，中国记录 5 种，浙江分布 2 种。

（571）熊太怒茧蜂 *Orgilus kumatai* Watanabe, 1968

Orgilus kumatai Watanabe, 1968: 4.

主要特征：体长 2.5–3.5 mm。触角 30–31 节（雌）、28–30 节（雄），第 3 节长为宽的 3.0 倍；复眼背面观长为上颊的 2.0 倍；颜面高为复眼高的 1.1 倍；后头脊背方中央的间断较短。胸部具细而密的颗粒；盾纵沟完整；并胸腹节具细皱；基节前沟深，具短平行刻条。后足腿节长为宽的 3.3–3.5 倍。前翅 2-M+3-M 脉缺；cu-a 脉对叉或稍后叉。第 1 背板长，其长度为基宽的 1.1–1.3 倍；产卵管鞘长，为后腿节长的 1.6 倍，稍短于腹部。

分布：浙江（松阳）；俄罗斯（远东地区），朝鲜，日本。

（572）帕怒茧蜂 *Orgilus pappianus* Taeger, 1987

Orgilus pappianus Taeger, 1987: 203.

主要特征：雌，体长 3.8 mm，触角长 3.8–3.9 mm，前翅长 3.4–3.6 mm，产卵管鞘长 1.8–1.9 mm。体黑色；上颚及翅基片暗褐色，须黄褐色。触角黑色。翅透明；翅痣和翅脉暗褐色。足黄褐色，后足腿节端部和后足跗节黑褐色，后足胫节距基半多少色浅。产卵管鞘黑色。背面观宽为长的 1.5–1.6 倍，为胸宽的 1.0–1.1 倍。背面观复眼长为上颊的 1.5 倍，侧面观复眼高为长的 1.8–1.9 倍。上颊密布细刻点。额中央大部分光滑，侧方密布细刻点。头顶密布细刻点。颜面拱隆，密布细刻点；唇基强度拱隆，具稀细刻点。触角 28 节。前胸背板侧面背方密布细刻点，腹方具网皱。盾纵沟很深，内具并列刻条；中胸盾片密布细刻点。中胸侧板在基节前沟上方具相当稀的细刻点，在基节前沟下方密布细刻点，基节前沟具并列刻条。后胸侧板具相当密刻点。并胸腹节具相当密的细刻点至刻点，中央和气门周围具网皱。后足基节密布刻点。第 1 背板长为端宽的 0.89，具网皱，背脊基半明显。第 2+3 背板长为第 2 背板缝处宽的 1.1 倍；第 2 背板具网皱；第 2 背板缝深而宽，具并列刻条；第 3 背板大部分具网皱，基部和端部光滑，侧褶完整而明显。产卵管鞘长为前翅长的 0.50–0.57，为后足腿节长的 1.6–1.8 倍。

分布：浙江、湖北、台湾。

211. 角室茧蜂属 *Stantonia* Ashmead, 1904

Stantonia Ashmead, 1904a: 146. Type species: *Stantonia flava* Ashmead, 1904.

主要特征：触角细长，为体长的 1.3–2.0 倍，基部鞭节中央收缩；柄节强壮，端部斜。唇基正常，腹缘几乎直。后头脊有檐边，伸达复眼上缘水平；颚眼距有或无。胸部长为高的 1.2–1.4 倍。胸腹侧脊完整，几乎伸达中胸侧板前缘；基节前沟凹痕窄，部分具并列刻条。后胸侧板腹侧方无伸向前方的突起。盾纵沟完整，大部分光滑或完全具并列刻条；中胸盾片具均匀短毛、细刻点，光亮，光滑或具颗粒状条纹。小盾片前沟具并列刻条或光滑。后胸侧板叶突存在，至少中等大小，钝。并胸腹节隆起至相当平坦，光滑或有革状颗粒，有些刻皱或在前方有中脊和在后方有小室。前翅 1-M 脉直；有 r-m 脉，部分骨化，但有时完全缺或不骨化；cu-a 脉前叉式、（近）对叉式或后叉式，（近）垂直；2-M 脉基部骨化；SR1 脉直；1-SR+M 脉偶尔没有。后足胫节外侧端部有些钉状刺，偶尔模糊；中足与后足相比很细，比之其他属更显得细。腹部第 1 背板长为端宽的 1.9–3.3 倍，无背中脊。第 2 背板光滑或具革状细刻纹，无凹区。第 2、第 3（除了基部）、第 4 背板无明显侧褶。产卵管无缺刻，无背结；产卵管鞘长为前翅的 0.15–0.7，但在 *S. lutea* 中为 1.0–1.3 倍。

生物学：寄生于螟蛾科和卷蛾科幼虫。

分布：世界广布，但主要在热带区。世界已知 75 种，中国记录 14 种，浙江分布 5 种。

分种检索表

1. 触角中段有白色或浅黄色环；后足跗节（除了第 1、5 节）黄白色；中胸和后胸部分黑色；腹部第 2 背板折缘有孤立的暗斑；体完全浅黄色；产卵管鞘长约为前翅的 0.6 ··· 2
- 触角无白色或浅黄色环，中段黄色或暗褐色；后足跗节黑色或浅黄色，通常至多基节白色；中胸和后胸通常完全黄色；腹部第 2 背板折缘一色，无暗斑 ··· 3
2. 中足基节和后足腿节几乎完全黑色 ·· 阿氏角室茧蜂 *S. achterbergi*
- 中足基节浅黄色，后足腿节浅红色或浅黄色，至多端部 0.33 处暗褐色 ················· 屈氏角室茧蜂 *S. qui*
3. 翅基片大部分黄色或黄褐色，至多端部烟褐色；胸部完全黄色；腹部大部分浅黄色，至多有些暗色小斑；前翅 r-m 脉消失或模糊 ·· 黄角室茧蜂 *S. issikii*
- 翅基片烟褐色，暗褐色或带黑色；胸部和腹部有暗褐色或黑色斑；前翅 r-m 脉明显 ······························ 4
4. 触角大部分浅黄色，端部烟褐色；并胸腹节至多后方暗褐色 ····························· 红角角室茧蜂 *S. ruficornis*
- 触角端半大部分暗褐色或黑色；并胸腹节至少在中央或中央附近有暗褐色斑点 ··· 天目山角室茧蜂 *S. tianmushana*

(573) 阿氏角室茧蜂 *Stantonia achterbergi* Chen, He *et* Ma, 2004

Stantonia achterbergi Chen, He *et* Ma, 2004: 353.

主要特征：雌，体长 9.1 mm；前翅长 8.5 mm；产卵管鞘长为前翅长的 0.6。体色为浅黄褐色和黑色至黑褐色相间；头顶、单眼区、额（除了额眶）、上颊上方、后头上方、触角（除了柄节、梗节腹方及第 19–28 节黄白色）、前胸背板侧面中央（浅）、翅基片（浅）、中胸盾片侧叶（后方相连）、小盾片除了前后方、中胸侧板前方（浅）、并胸腹节除了中央纵条及后端、腹部背板（除了第 1 背板基部 0.55、第 2 背板基部 0.25、第 3–4 背板大部分）、产卵管鞘黑色；第 2、3 背板折缘上有浅褐色斑，其余浅黄色。足浅黄褐色，端跗节黑色；前中足基节外侧稍带浅褐色；后基节（除了最端部）、后足腿节（除了基部）、后足胫节端部 0.25

及距均为黑色。前翅烟褐色半透明，翅外端包括缘室端方 0.7 在内明显褐色；翅痣和翅脉褐色。触角 55 节。前胸背板侧方大部分具夹点刻皱，在中央凹槽内和后方具强并列刻条；中胸盾片具刻点，点距大部分大于点径；盾纵沟狭，内有并列刻条；小盾片前沟有 1 条强中脊；小盾片刻点较盾片密而小；基节前沟宽而明显，有并列刻条，沟下方具模糊点皱，沟上方具刻点；并胸腹节中央具夹点粗横皱，除中央后方大部分光滑及其前方有一中央凹槽（内有横脊）外，其余具夹点刻皱。后足基节外侧基方光滑，背面基方有少许网皱，后半具粗横刻条。第 1 背板长为宽的 4.3 倍；气门瘤明显；第 1–2 背板具极细浅颗粒状纹，其余背板具带毛浅刻点，有光泽。

分布：浙江（安吉）、吉林、广东。

（574）黄角室茧蜂 *Stantonia issikii* Watanabe, 1932

Stantonia issikii Watanabe, 1932: 79.

主要特征：雌，产卵管鞘长为前翅长的 0.62。体浅黄色；单眼区、触角柄节背方及鞭节端部、中胸盾片中叶前方、并胸腹节第 2 外侧区 1 斑点、第 1 背板基部和端部、第 2 背板最前方和后方、第 3 节背板中后方、端跗节、中足胫节端部 1/8、后基节外侧端部 1 斑、后腿节两端、后足胫节端部 0.35、产卵管鞘均黑色至黑褐色。前翅烟黄色透明，翅痣、翅脉黑褐色；端部包括缘室端方 0.3 在内略烟褐色。头顶密布刻点。额侧方具细夹点刻皱，中央光滑。脸具夹点斜皱。唇基稍拱，具刻点。上颊在复眼后收窄，背面观复眼长为上颊的 3.0 倍。颚眼距为上颚基宽的 0.8。前胸背板侧面大部分具细刻点，在中央凹槽内具并列刻条。中胸盾片和小盾片具明显刻点，点距约等于点径；盾纵沟狭，内有并列刻条；小盾片前凹有 1 条强中脊及一些并列短刻条。基节前沟明显，内有狭的并列刻条，沟下方具较稀刻点，侧沟细，具并列刻条。并胸腹节具细皱，后方大部分光滑，前后方均有纵脊。后足基节具细刻点，背方端部有一些强刻纹；后足腿节密布带毛革状刻点；后足胫节端部明显增粗；后足胫节距长为基跗节的 0.49 和 0.38。第 1 背板长为宽的 3.6 倍，细；中胸背板散生细刻点，近于光滑。

分布：浙江（杭州）、湖南、台湾。

（575）屈氏角室茧蜂 *Stantonia qui* Chen, He *et* Ma, 2004

Stantonia qui Chen, He *et* Ma, 2004: 359.

主要特征：雌，体长 7.3 mm；前翅长 7.0 mm；产卵管鞘长为前翅长的 0.61。体黄褐色；头、胸部腹方色较浅，腹部色稍深；单眼区黑色；产卵管鞘浅褐色。触角基部浅褐色，柄节、梗节背方黑色；第 21–28 节黄白色，以后各节黑色。前中足浅黄褐色，端跗节黑色，中足胫节最端部浅褐色；后足黄褐色，基节外侧、转节最端部浅褐色，后足胫节端部 0.4、距及端跗节黑色，后足第 1–4 跗节乳白色。前翅带烟褐色，半透明，端部包括缘室端方 0.5 在内明显暗褐色；翅痣及翅脉褐色。触角 52 节；头顶稍拱隆，具刻点，点距大部分等长于点径。额侧方具夹点刻皱，中央光滑。颜面具较浅带毛刻点，点距稍大于点径。前胸背板侧面大部分光滑，在中央凹槽内和后方具并列刻条；中胸盾片具模糊刻点；盾纵沟弱，有弱的并列刻条；小盾片前沟无刻条；小盾片正常；基节前沟宽而明显，有并列刻条，其余背板具极细模糊刻点，近于光滑；并胸腹节具夹点刻皱，在中央前方的弱，有 1 短中纵脊，在中央后方的强而呈横皱脊。后足基节具革状细刻点，背方有刻皱，其后端为横形粗皱；后足腿节、胫节和基跗节长分别为各自宽的 6.0 倍、8.9 倍和 8.6 倍；后足腿节腹方有革状细刻点；后足胫节距长为基跗节的 0.42 和 0.33；跗爪相当细，简单。第 1 背板细，长为宽的 3.7 倍；中胸背板具浅颗粒状刻点并有光泽。

分布：浙江（安吉）、广东。

（576）红角角室茧蜂 *Stantonia ruficornis* Enderlein, 1921

Stantonia ruficornis Enderlein, 1921b: 58.

主要特征：雌，产卵管鞘长为前翅长的 0.12。体黄褐色；触角柄节及梗节外侧、单眼区及其周围、翅基片、中胸盾片中叶前方及侧叶、小盾片后方及后小盾片、并胸腹节端半、第 1 背板两端的侧缘相连、第 2 背板前方、雌性第 3–4 节背板中央部分、雄性和色深雌性与第 3 及以后背板黑色；触角鞭节端部（少数整个鞭节）、基节前沟下方、第 2-3 背板各背板折缘上 1 斑点、产卵管鞘浅褐色。足黄褐色，前中足色稍浅；端跗节、中足胫节端部、中后足第 3–4 跗节、后足基节端部、腿节端部、胫节端部 0.4 黑色至黑褐色。前翅带烟褐色半透明，端部包括缘室端方 0.45 在内明显浅褐色；翅痣、翅脉褐色。头顶和额侧方具夹点刻皱，额中央光滑。脸具夹点横皱。唇基拱隆，具细刻点。上颊在复眼后立即收窄，背面观复眼长为上颊的 2.3 倍。颚眼距为上颚基宽的 0.9。胸部侧观长为高的 1.3 倍。前胸背板侧面大部分近于光滑，在中央和后方具并列刻条。中胸盾片刻点稍密，点距小于点径；盾纵沟深，有并列刻条；小盾片前凹有 1 条弱中脊及一些并列短而弱刻条；小盾片拱隆，刻点细。基节前沟明显，有并列刻条，侧板倾斜部分具中等刻点。并胸腹节中央前方具刻皱，中央后方有明显横皱脊。后足基节具刻点，背方端部有一些粗横刻纹；后足腿节腹方有革状夹点刻皱。

分布：浙江（湖州、杭州、庆元）、江苏、湖南、台湾、云南。

（577）天目山角室茧蜂 *Stantonia tianmushana* Chen, He *et* Ma, 2004

Stantonia tianmushana Chen, He *et* Ma, 2004: 364.

主要特征：雌，体长 4.6 mm；前翅长 4.5 mm；产卵管鞘长为前翅长的 0.31。体黄褐色；单眼区、触角背方、翅基片、中胸盾片中叶前方及侧叶中央、后小盾片、并胸腹节正中新月形斑、第 1 背板两端、第 3–5 背板中央部分、产卵管鞘黑褐色或黑色。第 2 背板折缘有浅褐色斑。足黄褐色，前中足色浅；前足端跗节、中后足第 2–5 跗节、后基节端部、后腿节端部、后足胫节端部 0.3 带黑褐色。翅半透明，端部稍暗；翅痣及翅脉浅褐色。头顶具细刻点，点距大部分稍大于点径，在单眼区后方稍凹；额侧方具中等刻点，中央光滑；颜面具刻点，中央上方具横皱，满布细毛；唇基稍拱，具刻点。前胸背板侧面大部分近于光滑，中央凹槽内具并列弱刻条。中胸盾片具中等刻点；盾纵沟有狭的并列刻条；小盾片前沟内无刻条；小盾片刻点较细；基节前沟有并列刻条，侧板其余部分近于光滑；并胸腹节正中央新月形黑斑（周围有细脊）内具不规则粗皱，其余部分近于光滑，前方有 1 中纵脊。后足基节具革状纹，背方除基部外有粗横刻纹；后足腿节腹方有革状细刻皱。第 1 背板长为宽的 3.7 倍，气门瘤明显；第 3 及以后背板具带毛稀浅刻点。

分布：浙江（临安）。

（十五）长体茧蜂亚科 Macrocentrinae

主要特征：体通常细长，头强度横形。唇基端部无凹缘，直或弧形凸出，与上颚不形成口窝。上颚内弯，粗短或细长，端齿通常相叠，少数刚相接或不相接。触角丝状，细长，常具端刺。复眼裸。无后头脊。中胸盾片中叶隆起，多少比侧叶高。无中胸腹板后横脊。前翅 SR1 脉完全骨化，伸至翅尖，缘室封闭；有 2-SR 脉和 r-m 脉，r-m 脉偶有消失；m-cu 脉前叉式。基节强度延长；第 2 转节外侧有短钉状小齿，偶有消失。腹部细长，着生于并胸腹节的位置较高，离后足基节有一些距离。产卵管通常长，长于腹长，但澳赛茧蜂属 *Austrozele*、长赛茧蜂属 *Dolichozele* 及古热区 3 属和少数长体茧蜂种类短于腹长。

生物学：本亚科全部为鳞翅目的容性内寄生蜂，主要寄生于卷叶蛾科、谷蛾科、螟蛾科、夜蛾科、巢蛾科、鞘蛾科、斑蛾科、毒蛾科、尺蛾科、透翅蛾科、麦蛾科、织蛾科、蛱蝶科、灰蝶科等。不少种类对一些重要的农林害虫起着重要的自然控制作用。一些长体茧蜂还十分成功地被利用来进行生物防治。

分布：世界广布。世界已知 9 属约 170 种，中国记录 4 属 78 种，浙江分布 4 属 34 种。

分属检索表

1. 第 1 腹节无侧凹，偶尔在基侧凹处浅凹，但无明显区别；第 1 背板基部中央平或拱隆；后翅 SC+R1 脉突然弯曲；第 1 背板具横刻条；前足腿节背方刚毛中等长，稍短于腹方刚毛 ················· 腔室茧蜂属 *Aulacocentrum*
- 第 1 腹节侧凹大而深，明显不同于基侧凹；第 1 背板基部中央几乎均稍凹 ································· 2
2. 后翅 R1 脉明显变宽；前翅 3-M 脉后端更直，且其长不到 3-SR 脉的 2 倍；后翅 SR 脉在基部刚呈或不呈弧形 ················· 直赛茧蜂属 *Rectizele*
- 后翅 R1 脉明显细；前翅 3-M 脉正常，后端很少直，其长至少为 3-SR 脉的 2 倍；后翅 SR 脉不定 ················· 3
3. 后足胫节内距长为基跗节的 0.5–0.8；产卵管鞘长约为腹部高，约为前翅长的 0.1（非洲种有长至 0.2–0.4 者）；后翅 SR 脉弯曲；前足腿节基腹方刚毛长于端腹方刚毛 ················· 澳赛茧蜂属 *Austrozele*
- 后足胫节内距长为基跗节的 0.3–0.5；产卵管鞘是前翅长的 0.2–2.7 倍；后翅 SR 脉至多稍弯曲；前足腿节基腹方刚毛长度明显比较均匀，若比之于背方刚毛，则较短 ················· 长体茧蜂属 *Macrocentrus*

212. 长体茧蜂属 *Macrocentrus* Curtis, 1833

Macrocentrus Curtis, 1833: 187. Type species: *Macrocentrus bicolor* Curtis, 1833.

主要特征：触角 24–61 节，等长或稍长于体长；须短至长；唇基凸，腹缘直至稍凹；上颚通常强度弯曲，下齿通常很小于上齿，锐，但有些种类等长，钝。侧面观中胸盾片中叶明显高于侧叶；胸腹侧脊存在，常在前足基节后方断缺；后胸背板中纵脊前端不分叉。前翅 1-SR+M 脉直至明显弯曲，通常有 2A 脉，1-M 脉直至明显弯曲，1-Cu1 脉和 1-1A 脉细；2-Cu1 脉平直；亚基室端部通常不或稍扩大，内常有黄色或褐色斑；cu-a 脉垂直，细；r-m 脉偶尔缺；Cu1a 脉无淡褐色斑；第 1 亚盘室部分无毛或具毛；1-SR+M 脉与 1-M 脉夹角大约 90°；3-M 脉正常，通常长于 3-SR 脉的 2 倍。后翅缘室窄，平行或端部有点扩大，基部不扩大，SR 脉基部至多稍弯曲，不骨化；1r-m 脉直，短至中等长；2-SC+R 脉长形；SC+R1 脉直至均匀弯曲；r 脉缺，R1 脉细。足通常中等长或短，后足胫节内距长是其基跗节的 0.3–0.5；前足胫节距长是其基跗节长的 0.2–0.6；跗爪有或无基叶突；后足基节至多有少许横刻纹。腹部第 1 背板或具纵刻条或具皱纹或大部分光滑，长为端宽的 1.5–3.4 倍，端部扩大，基部中央浅凹，侧凹深；产卵管鞘长是前翅的 0.2–2.7 倍，产卵管具端前背缺刻。

生物学：单寄生于或聚寄生于卷蛾科、麦蛾科、织蛾科、螟蛾科、夜蛾科、灰蝶科和透翅蛾科等的幼虫。具多胚生殖习性，但不少种类仅能育出一蜂。

分布：世界广布，主要分布于全北区。世界已知 191 种，中国记录 52 种，浙江分布 29 种。

分种检索表

1. 爪具明显基叶突；单寄生种类 ································· 2
- 爪简单，或具一不明显基叶突；通常为聚寄生种类，少数为单寄生 ································· 16
2. 后翅 SR 脉基部强度弯曲，后翅缘室基部宽为中央最窄处宽的 2 倍 ································· 3
- 后翅 SR 脉基部直或稍弯曲，后翅缘室基部宽为中央最窄处宽的 1.5 倍以下 ································· 7
3. 第 1 亚盘室具浅褐色骨化片；cu-a 脉稍后叉，端部膨大，强度内斜或直 ································· 4
- 第 1 亚盘室无骨化片；cu-a 脉后叉式或显著后叉，直或稍内斜 ································· 6

4. 触角鞭节基部数节较短，第1、2鞭节长分别为宽的5.2倍和3.8倍；触角45节，柄节和梗节黄色，鞭节具黄白色环；头部黑褐色；腹部背板以红褐色为主，上有暗色斑 ·· 环角长体茧蜂 *M. coronarius*
- 触角鞭节基部数节较长，第1、2鞭节长分别为宽的7.3倍和5.1倍以上；触角57–59节，柄节和梗节黑色，鞭节无白色环；眼眶（宽）黄褐色，颜面中央及单眼区黑色；腹部背板黑色，或以黑色为主，上有黄褐色斑 ·················· 5
5. 下颚须亚端节长于端节；背面观复眼长为上颊的8.3倍；第1背板具细纵刻条，无基凹，背板基半中央平坦；前胸一致黄色；腹部背板黑色，上有火红色斑 ··· 斑痣长体茧蜂 *M. maculistigmus*
- 下颚须亚端节短于端节；背面观复眼长为上颊的7.5倍；第1背板具纵刻皱，中央略呈网状，基凹宽大；前胸侧板具褐色斑；腹部背板完全黑色 ·· 四明山长体茧蜂 *M. simingshanus*
6. 前翅亚基室完全无毛；1-Cu1脉长，刚长于cu-a脉；上颊短，背面观复眼长为上颊的7.2倍 ··································
 ··· 安吉长体茧蜂 *M. anjiensis*
- 前翅亚基室完全具毛或基本具毛；1-Cu1脉较短，长为cu-a脉的0.56–0.73；上颊极短，背面观复眼长为上颊的9.0倍或10.5倍 ··· 祝氏长体茧蜂 *M. chui*
7. 上颊短，背面观复眼长为上颊的9倍以上 ·· 8
- 上颊长，背面观复眼长为上颊的8倍以下，通常不到6倍 ·· 12
8. 前翅cu-a脉明显后叉，端部明显弯向翅基，约与1-Cu1脉等长或稍长 ·· 9
- 前翅cu-a脉稍后叉，直，稍内斜，长比1-Cu1脉短 ··· 10
9. 头部和腹部背面黑褐色或浅褐色，胸部黄褐色或红黄色，但偶有深色；胸腹侧脊在腹方消失；亚基室具毛 ··················
 ·· 红胸长体茧蜂 *M. thoracicus*
- 体背面黑色至浅黑褐色 ··· 天目山长体茧蜂 *M. tianmushanus*
10. 后足基节和腿节（除了基部）黑褐色；前翅亚基室整个无毛；前翅m-cu脉长为2-SR+M脉的3.5倍 ·····················
 ··· 中华长体茧蜂 *M. sinensis*
- 后足基节和腿节（或除了基部）红黄色；前翅亚基室仅端部无毛或两端无毛；前翅m-cu脉长为2-SR+M脉的2.0倍以下
 ··· 11
11. 亚基室仅端部无毛；脸长宽相等，前面观宽为复眼宽的1.8倍；颚眼距为上颚基宽的0.6；后翅缘室向端部等宽；后足胫节基部0.2处黄色，端部0.8处浅褐色；翅痣浅褐色；触角第3、4节长分别为其宽的57.7倍和45.5倍 ·······················
 ·· 浙江长体茧蜂 *M. zhejiangensis*
- 亚基室仅中段有毛，两端无毛；脸宽为长的1.5倍，前面观宽为复眼宽的2.4倍；颚眼距为上颚基宽的0.9；后翅缘室向端部稍扩大；后足胫节浅火红色，端部浅褐色；翅痣黄褐色；触角第3、4节长分别为其宽的7.0倍和6.3倍 ····················
 ··· 庆元长体茧蜂 *M. qingyuanensis*
12. 胸部一致黄色、红色或黄褐色 ··· 13
- 胸部黑色或具黑色斑 ··· 14
13. 体中小型；后足基节黄褐色或火红色；头部及腹部完全黑色，胸部红黄色；小脉弧形或直；M+Cu1脉端段和1-Cu1脉不加粗或刚加粗 ·· 两色长体茧蜂 *M. bicolor*
- 体大型；足基节黑色；头、胸部红色，腹部黑色；小脉垂直；M+Cu1脉端段和1-Cu1脉加粗；亚基室整个具毛或无毛·
 ··· 黑腹长体茧蜂 *M. melanogaster*
14. 后足基节黑色或浅褐色 ·· 黑基长体茧蜂 *M. nigricoxa*
- 后足基节黄褐色或火红色 ··· 15
15. 前翅第2亚缘室长，SR1脉长为3-SR脉的2.2–2.5倍；前翅m-cu脉长为2-SR+M脉的1.6–1.7倍；脸在侧上方具刻皱；后足胫节端部黑褐色 ··· 周氏长体茧蜂 *M. choui*
- 前翅第2亚缘室较短，SR1脉长约为3-SR脉的3.4倍；前翅m-cu脉长为2-SR+M脉的2.1倍；脸具中等刻点；后足胫节火红色，基部黄褐色，外侧带暗色 ··· 百山祖长体茧蜂 *M. baishanzua*
16. 跗爪稍有基齿，但基齿甚弱；上颊短，背面观复眼长为上颊的10倍以上；cu-a脉明显后叉，与1-Cu1脉约等长；体通常黄褐色；单寄生 ··· 17
- 跗爪简单，无基齿；体色不定；有单寄生，也有聚寄生 ·· 18
17. 上颚短，闭合时齿端不相接；前翅亚基室完全无毛；翅痣浅污黄色；腹部具纵刻纹；头、胸部乳黄色至浅黄褐色，并胸腹节浅褐色，腹部背板黑色，第 3 节以后渐浅 ··· 茶梢尖蛾长体茧蜂 *M. parametriatesivorus*
- 上颚长，闭合时齿端相接；前翅亚基室具毛，或端部裸；翅痣污黄色，端部浅褐色；腹部纵刻纹略呈 "V" 形倾斜；体基本上黄褐色，腹部背板有时色稍暗 ·· 卷叶螟长体茧蜂 *M. cnaphalocrocis*
18. 个体较大，通常体长 6.5 mm 以上；体通常褐黄色；可能为单寄生 ·· 19
- 个体较小，通常体长 5.0 mm 以下；体色不定；可能为聚寄生 ·· 20
19. 前翅 m-cu 脉长为 2-SR+M 脉的 2.8 倍以上；后翅 2-SC+R 长形；后翅 1-M 脉长为 1r-m 脉的 2.1 倍；体及足火红色 ··· 斜脉长体茧蜂 *M. obliquus*
- 前翅 m-cu 脉长为 2-SR+M 脉的 1.8–2.3 倍；后翅 2-SC+R 方形；后翅 1-M 脉长为 1r-m 脉的 1.6–1.8 倍；头、胸部及前、中足基节和转节暗红色或腹部第 1–2 节全部及第 3 节基部背板暗褐色 ···················· 杭州长体茧蜂 *M. hangzhounesis*
20. 上颚第 1 齿很短，约与第 2 齿等长；上颚闭合时两齿端刚相遇，即上颚末端刚达到或刚超过唇基中央 ····················· 21
- 上颚第 1 齿较长，明显长于第 2 齿；上颚闭合时两齿端相叠，即上颚末端明显超过唇基中央 ······························· 23
21. 上颊短，背面观复眼长为上颊的 8.9 倍；前翅亚基室几乎裸，亦无色斑；中胸明显宽于头部；前翅 m-cu 脉长为 2-SR+M 脉的 1.65 倍；后翅 1-M 脉长为 1r-m 脉的 2.75 倍；第 1 背板长为端宽的 3.9 倍；头、胸部黄褐色；腹部黄白色 ··· 古田山长体茧蜂 *M. gutianshanensis*
- 上颊相对较长，背面观复眼长为上颊的 4.2–4.4 倍；前翅亚基室具毛，或端部具毛；中胸不宽于头部；前翅 m-cu 脉长为 2-SR+M 脉的 5.2 倍或 8.3 倍；后翅 1-M 脉长为 1r-m 脉的 2.0 倍；第 1 背板长为端宽的 3.2 倍以下；头部黑褐色；腹部一部分黑褐色 ·· 22
22. 产卵管鞘长为前翅的 0.8；亚基室全部具毛 ··· 丽水长体茧蜂 *M. lishuiensis*
- 产卵管鞘长约为前翅的 1.5 倍；亚基室端部具毛 ·· 腰带长体茧蜂 *M. cingulum*
23. 第 2 背板中央有弧形横凹痕，其基半具纵刻条，端部及以后各节背板光滑；第 2 亚缘室短而小，2-SR∶3-SR∶SR1=11∶7∶41；r 脉较长，仅比 3-SR 脉稍短；翅痣较宽，长为宽的 2.5 倍；头、腹部黑色，胸部红色（并胸腹节黑褐色）；脸宽为长的 2.3 倍 ·· 半条长体茧蜂 *M. hemistriolatus*
- 第 2 背板中央无横形凹痕；其他特征也不完全相同 ·· 24
24. 产卵管鞘与腹部等长或较短；产卵管端前背缺刻，端部波曲收窄变细 ·· 25
- 产卵管鞘等于或长于体长；产卵管亚端部背方有缺刻，或无 ·· 26
25. 前翅第 2 亚缘室相对较大，SR1 脉长为 3-SR 脉的 3.3 倍或更短；第 2 背板端部及第 3 背板具刻条；后足转节红黄色；翅痣暗浅褐色 ··· 三板长体茧蜂 *M. tritergitus*
- 前翅第 2 亚缘室相对较小，SR1 脉长为 3-SR 脉的 5 倍或更长；第 2 背板端部及第 3 背板光滑 ··· 短须长体茧蜂 *M. brevipalpis*
26. 唇基明显平滑；后足胫节基部有浅色环，紧接中部烟褐色；头前面观较横形；前翅亚基室端半大部分具刚毛（除了近翅褶处）；背面观雌蜂复眼长为上颊的 3.1 倍；上颚第 2 齿中等大小且尖；唇基端缘直 ·· 松小卷蛾长体茧蜂 *M. resinellae*
- 唇基隆起，具刻点；后足胫节通常浅黄色，或其基部暗褐色和亚基部浅色 ·· 27
27. 前翅亚基室端半有一大光滑区 ··· 28
- 前翅亚基室完全具毛 ·· 螟虫长体茧蜂 *M. linearis*
28. 背面观复眼长为上颊的 1.4–2.0 倍；下颚须长为头高的 1.4 倍 ····································· 朴氏长体茧蜂 *M. parki*
- 背面观复眼长为上颊的 4.7 倍；下颚须长为头高的 1.3–1.4 倍 ······························· 黑长体茧蜂 *M. nigrigenius*

（578）环角长体茧蜂 *Macrocentrus coronarius* Lou et He, 2000

Macrocentrus coronarius Lou et He in He et al., 2000: 381.

主要特征：雌，产卵管鞘长为前翅长的 1.5 倍。头、胸部黑色至暗褐色；上颚基部、须、触角柄节、梗节、鞭节 9–17 节、翅基片、前胸、中胸侧板后部、后胸侧板大部分黄色；小盾片基部红褐色，端部黄褐色。腹部背板红褐色；第 1 背板中后方、第 2 背板中央、第 3 背板后方三角形斑、第 4（除了基角）及以后背板黑褐色。前足脱落；中足黄色；后足黄褐色，基节内方及跗节黄色。翅透明，翅痣褐黄色，翅脉黄褐色。头顶几无刻点。单眼大。额近于光滑，在中单眼前有中纵沟，连至脸中部。脸宽为长的 1.4 倍，刻点密，两侧刻点稀。唇基拱起，刻点稀而细。上颊极短。背面观复眼长为上颊的 8.3 倍。颚眼距与上颚基宽等长。上颚两齿尖。下颚须短，为头高的 1.3 倍。前胸背板侧面前缘光滑，中央具并列刻条，其余为粗刻条。中胸盾片和小盾片光滑，具稀刻点；盾片中叶稍隆起，前方陡斜；盾纵沟深；小盾片两侧具并列强刻条；小盾片前凹深。中胸侧板满布中等刻点；胸腹侧脊在腹板部位缺如；基节前沟仅后端明显。后胸侧板刻点较中胸侧板的粗，后部呈刻皱状；侧板叶突大，端缘圆弧形。并胸腹节均匀拱起，密布横网皱，中纵脊强，伸至 0.8 处，中部似断。后翅 2-SC+R 脉长形，长为 1r-m 脉的 0.5；缘室端部比基部狭，中部收窄；cu-a 脉垂直，稍弧形。后足基节具稀而粗刻点，转节端齿 5 个；腿节基半具 11 个小齿；爪具基叶突。腹部第 1 背板长为端宽的 2.6 倍，满布皱状纵刻条。第 2、3 背板长分别为宽的 1.4 倍和 1.2 倍，刻条同前；第 3 背板刻条仅伸至 0.7 处。产卵管具端前背缺刻，端尖。

分布：浙江（杭州）。

（579）斑痣长体茧蜂 *Macrocentrus maculistigmus* He *et* Lou, 1992

Macrocentrus maculistigmus He *et* Lou, 1992: 1256.

主要特征：雌，产卵管鞘长为前翅长的 1.3 倍。体大部分黑色；唇基、眼眶、上颚除了端齿、须、颊、上颊、后头、前胸、翅基片、盾纵沟前方、中胸侧板后方大部分、后胸侧板除了上方和下角、腹部腹板黄色；腹部第 1 背板基部、后端和侧缘前方、第 2 背板基部和侧后方、第 3 及以后背板侧缘和后缘火红色。触角柄节及鞭节基部 4 节黑褐色，以后向端部渐黄褐色，但各节端部黑褐色。前、中足黄色；后足火红色，基节基部及跗节黄色。翅透明，翅痣浅褐色，基部 0.3 黄色；翅脉褐色。头顶光滑。单眼中等。脸宽为长的 1.4 倍，略平坦，中央布均匀刻点。唇基稍隆起，散生刻点，端缘平截；幕骨陷大，间距长于至复眼之距。上颊很短；背面观复眼长为上颊的 8.3 倍。颚眼距为上颚基宽的 0.9。上颚两齿尖，端钝。前胸背板侧面近于光滑，凹槽内并列刻条弱。中胸盾片和小盾片光亮，侧叶内侧稍具刻点；盾纵沟深，内具横脊，会合处呈横皱并有一中纵脊。中胸侧板除镜面区外具中等刻点；胸腹侧脊在腹板部位无；基节前沟宽，仅后部深。后胸侧板刻点粗而密；侧板叶突长，端缘弧形。并胸腹节满布细皱，端半部的强而横形，基侧角具刻点，中纵脊在基部 0.5 存在。后足基节光滑，散生刻点；转节端齿 7 个；腿节基部 0.4 具 7 个小齿；爪具基叶突。腹部第 1 背板长为端宽的 2.8 倍，向后方稍扩大，具细纵刻条。第 2 背板长为宽的 1.4 倍，具细纵刻条。第 3 背板长为宽的 1.2 倍，基部 0.6 具细刻条。雄，与雌性基本相似。触角细长；柄节暗黄色，鞭节大部分黑褐色；脸刻点较细；中胸侧板下方刻点粗密；并胸腹节皱纹较稀而明显。前翅亚基室和亚盘室内的斑均较小；cu-a 脉后叉，其距为 cu-a 脉长的 0.8；头部及腹部第 1、2 背板黑斑小；后足转节黄色。

分布：浙江（杭州）、湖南、福建。

（580）四明山长体茧蜂 *Macrocentrus simingshanus* Lou *et* He, 2000

Macrocentrus simingshanus Lou *et* He, 2000: 385.

主要特征：雌，产卵管鞘长为前翅长的 1.5 倍。体大部分黑色；眼眶（宽）、唇基、上颚（除了端齿）、须、前胸（除了侧板基部黑色斑）、翅基片、中胸侧板镜面区、后胸侧板上方大部分及后下角、腹部腹板黄色。触角基部及中后部黄色，但各节端部褐色。足黄褐色；后足基节至腿节火红色；后足胫节淡火红色。

翅半透明；翅痣淡褐色，基部 0.4 黄色，翅脉黄褐色至淡褐色。头顶具模糊细刻点。单眼大。额前有浅中纵沟连至脸中央。脸宽为长的 1.1 倍，稍隆起，满布中等刻点。唇基端缘钝圆。上颊很短；背面观复眼长为上颊的 7.5 倍。颚眼距为上颚基宽的 0.5。上颚两齿尖。下颚须为头高的 1.8 倍。前胸背板侧面背缘散生刻点，中央凹槽内有 4 条弱刻条。中胸盾片和小盾片具模糊细刻点；盾纵沟深，内具横脊，会合处后方模糊，有一中纵脊。中胸侧板除镜面区外具中等刻点；胸腹侧脊完整；基节前沟宽，仅后部深。后胸侧板具皱状刻点；侧板叶突大，近方形。并胸腹节满布横形粗皱纹，在基侧角弱，在基部 0.6 有中纵脊。后翅 2-SC+R 脉长形，缘室端宽稍窄于基宽，中部强度收窄；cu-a 脉稍弧形。后足基节散生刻点；转节端齿 6 个；爪具基叶突。腹部第 1 背板长为端宽的 2.5 倍，向后方稍扩大，具皱状刻条，中央略呈网状。第 2 背板长为宽的 1.3 倍，具细纵刻条。第 3 背板长为宽的 1.2 倍，基半具细刻条。

分布：浙江（四明山）。

(581) 安吉长体茧蜂 *Macrocentrus anjiensis* He et Chen, 2000

Macrocentrus anjiensis He et Chen in He et al., 2000: 390.

主要特征：雄，体黄色；仅上颚端齿和单眼区黑褐色。足黄色。翅透明；翅痣及翅脉黄色。头背面观宽为中长的 2.2 倍。触角第 3 节长为第 4 节的 1.4 倍。单眼较小。额光滑，在中单眼前具浅纵沟。脸宽为长的 1.4 倍，均匀拱隆，具细刻点，有光泽；头前面观脸宽为复眼宽的 2.0 倍。唇基稍拱，具弱刻点，端缘平截。背面观复眼长为上颊的 7.2 倍。颚眼距为上颚基宽的 0.7。上颚长，闭合时端齿稍相叠。前胸背板侧面刻点稀疏，凹槽内具并列刻条。中胸盾片和小盾片几乎光滑，稍具浅而稀刻点；盾纵沟深，后部会合处有一中纵脊。中胸侧板满布中等刻点；胸腹侧脊仅在侧方存在；基节前沟仅在后端稍明显。后胸侧板前半为点皱，后半为不规则皱；侧板叶突短宽，端缘钝圆。并胸腹节除基部及端部外为不规则横皱；基部有一中纵脊。后翅 2-SC+R 脉方形；缘室中部强度收窄，端部稍扩大；cu-a 脉近于垂直，直。后足基节光滑。爪具基叶突。腹部第 1 背板长为端宽的 2.4 倍；中央后方稍拱起，具纵刻条；基部 1/4 中央纵凹。第 2 背板长为端宽的 1.2 倍，具纵刻条。第 3 背板近方形，除端部外具细纵刻条。下生殖板中央有缺刻；抱握器大，不呈正梯形。

分布：浙江（安吉）。

(582) 祝氏长体茧蜂 *Macrocentrus chui* Lou et He, 2000

Macrocentrus chui Lou et He, 2000: 394.

主要特征：雌，产卵管鞘长为前翅长的 1.6 倍。体褐黄色；单眼区、上颚端部黑色；产卵管鞘黑褐色。足褐黄色。翅透明，翅痣和副痣黄色，翅脉褐黄色。头顶光滑。单眼稍小。额光滑，在中单眼前具浅纵沟。脸宽为长的 1.2 倍，较平坦，光滑，具细刻点；前面观脸宽为复眼宽的 2.0 倍。唇基具刻点，端缘平截。背面观复眼长为上颊的 9.0 倍或 10.5 倍。颚眼距与上颚基宽相近。上颚两齿尖。下颚须已断（副模长为头高的 1.9 倍）。胸部长为高的 1.5 倍。前胸背板侧面散生刻点，中央及后缘凹槽内具并列刻条。中胸盾片和小盾片光滑，稍具浅刻点；盾纵沟深，后部会合处短，无中纵脊。中胸侧板满布刻点；胸腹侧脊完整，在腹板部位弱；基节前沟仅在后端明显。后胸侧板满布较大皱状刻点；侧板叶突宽，端缘平截。并胸腹节基部光滑具浅刻点，中后部有皱状横刻条；中纵脊仅基部存在。后足基节光滑；转节端齿 6 个。爪具基叶突。腹部第 1 背板长为端宽的 2.0 倍；中央稍拱起，具纵刻条。第 2 背板长为端宽的 1.2 倍，具纵刻条。第 3 背板近方形，基部 0.75 具纵刻条。茧：椭圆形，稍扁，长 8.5 mm，径 3.0 mm；茧表白色，外被黄褐色虫粪和黑褐色木屑。

分布：浙江（杭州）。

（583）红胸长体茧蜂 *Macrocentrus thoracicus* (Nees, 1811)

Bracon thoracicus Nees, 1811: 14.
Macrocentrus thoracicus: Haliday, 1935c: 138.

主要特征：雌，产卵管鞘长约为前翅的 1.5 倍。头、腹部漆黑色；须、上颚除了端部黄白色；触角柄节、梗节红黄色；鞭节至端部及腹部腹板黑褐色。胸部红黄色；前胸、中胸盾片前方、后小盾片、并胸腹节黑褐色；翅基片黄白色，胸部体色也有部分黑色，或黑褐至黑色为主部分红，甚至基本上为黑色个体。足黄色。翅带烟黄色透明，翅痣暗黄色，有时最基部和前缘黄色；翅脉除痣外脉外浅褐色。脸宽为长的 1.4 倍，较平坦，光滑，上半刻点细稀。唇基稍拱，具刻点，端缘平截。上颊极短，背面观复眼长为上颊的 12.2 倍。颚眼距为上颚基宽的 0.4。上颚长，闭合时齿端相接。下颚须长为头高的 1.9 倍。前胸背板侧面光滑，凹槽内具并列刻条。中胸盾片和小盾片光滑，稍具浅而稀刻点；盾纵沟深，后部会合处有一中纵脊。中胸侧板近于光滑；胸腹侧脊仅在侧板部位的明显；基节前沟弱，具中等刻点。后胸侧板具中等刻点，有光泽；侧板叶突宽，端缘平截。并胸腹节具强而稀不规则网纹，端部呈纵皱。后足基节光滑；转节端齿 4–6 个。爪具基叶突。腹部第 1 背板长为端宽的 2.9 倍；中央稍拱起，具强而较稀纵刻条；背板向端部稍扩大。第 2 背板长为端宽的 1.4–1.5 倍，具纵刻条。第 3 背板长为端宽的 1.2 倍，基部 0.7 具纵刻条。产卵管端部尖，端前背缺刻弱。

分布：浙江（杭州、庆元）、辽宁、北京。

（584）天目山长体茧蜂 *Macrocentrus tianmushanus* He *et* Chen, 2000

Macrocentrus tianmushanus He *et* Chen *in* He *et al*., 2000: 406.

主要特征：雌，体背面黑色至浅黑褐色；唇基、上颚基部、翅基片、胸部侧板（除了中胸侧板上方）、腹板及腹部腹板浅黄色；触角柄梗节暗红色，鞭节褐色；第 3 及以后各节背板后缘白色。足黄色。翅透明；翅痣及痣外脉黄色，其余翅脉浅褐色。头顶近于光滑。单眼中等。额光滑，具浅纵沟。脸宽为长的 1.3 倍，均匀稍拱，光滑，具细刻点。唇基拱隆，具细刻点，端缘平截。背面观复眼长为上颊的 11.6 倍。颚眼距为上颚基宽的 0.4。上颚中等长，齿端稍相接。下颚须长为头高的 1.6 倍。前胸背板侧面近于光滑，凹槽内无明显并列刻条。中胸盾片和小盾片近于光滑，稍具浅而稀刻点；盾纵沟深，后部会合处有一中纵脊。中胸侧板下方具弱刻点；胸腹侧脊完整；基节前沟弱。后胸侧板刻点弱。并胸腹节粗糙，端部 0.6 处有 2–4 条横刻条，除端缘外有 1 纵刻条。前翅 r：3-SR：SR1（直）=7：15：37；2-SR：3-SR：r-m=11：15：3.5；m-cu：2-SR+M=15：3.5；cu-a 脉近于垂直，端部稍弯向翅基；亚基室端部无毛，无色斑。后翅缘室中央稍收窄；cu-a 脉垂直，直。后足基节光滑；各转节端齿 4 个。爪具基叶突。腹部第 1 背板长为端宽的 2.3 倍；具纵刻条。第 2 背板长为端宽的 1.25 倍，具纵刻条。第 3 背板近方形，基部 0.6 具纵刻条。

分布：浙江（临安）。

（585）中华长体茧蜂 *Macrocentrus sinensis* He *et* Chen, 2000

Macrocentrus sinensis He *et* Chen, 2000: 416.

主要特征：雌，产卵管鞘长为前翅长的 1.5 倍。体黑色；触角向端部色渐浅；上颚除了端齿红褐色；须、翅基片黄色；足淡黄色，后足基节（两端黄色）、腿节端部 0.6、胫节端部 0.4（胫节中段色暗，向基渐浅，向端渐深）黑褐色；翅透明，稍带烟色；翅痣和翅脉褐色。头顶不高出复眼上缘连线水平，散生细刻点，在单眼区外侧下凹深。单眼中等。额光滑，在中单眼前具深纵沟直至脸上方。脸宽为长的 1.25 倍，中下方稍拱起，满布刻点，中央的细而密。唇基基部稍隆起，具刻点，端半下倾，端缘直。背面观复眼长为上颊的 11.2 倍。颚眼距为上颚基宽的 0.6。上颚粗壮。前胸背板侧面具中等刻点，中央凹槽内具并列刻条。中胸盾片和小盾片光滑，散生浅刻点；盾纵沟宽，内具横脊，后方有一中纵脊。中胸侧板满布稀疏刻点；胸腹侧脊完整；基节前沟宽，后部深。后胸侧板具网点，后部呈网皱。并胸腹节满布粗皱纹，基侧角为弱皱，中纵脊在基部 0.2 存在。前翅 cu-a 脉稍内斜，端部增粗；亚基室几乎无毛，内具一褐色骨片。后翅缘室向端部稍扩大；SR 脉几乎直；cu-a 脉垂直，刚弧形。后足基节具刻点，端部具几条横纹；转节端齿 6 个；腿节基部 0.4 具 7 个小齿。爪具基叶突。腹部第 1 背板长为端宽的 2.7 倍，具强而直纵刻条，在后方两侧刻条稍斜，基半中央有一浅中纵槽连于基凹。第 2 背板甚长，长为宽的 1.6 倍，纵刻条细而略斜，有明显的中纵脊。第 3 背板长为宽的 1.3 倍，基部 0.3 具纵刻纹，中纵脊也明显。

分布：浙江（安吉）、湖北。

(586) 浙江长体茧蜂 *Macrocentrus zhejiangensis* He et Chen, 2000

Macrocentrus zhejiangensis He et Chen, 2000: 419.

主要特征：雌，产卵管鞘长为前翅长的 1.4 倍。体黑色；唇基、上颚除了端齿、翅基片、腹部第 1–3 腹板红褐色；须黄色。触角基部 0.35 及柄节外侧黑褐色，其余红黄色，各节端部黑褐色。前、中足黄色；后足基节、腿节红黄色，转节、胫节基部 0.2 及跗节黄色，胫节端部 0.8（基方色较浅）黑褐色，距暗红色。翅透明；翅痣及翅脉淡褐色，翅痣基部及副痣色较浅，为黄褐色。头顶光滑。单眼大。额光滑，在中单眼前具浅纵沟且伸至脸上方。脸长等于宽，中央稍拱起，具浅而稀刻点，两侧更稀；前面观脸宽为复眼宽的 1.8 倍。唇基隆起，刻点较脸稀；端缘平截。上颊很短；背面观复眼长为上颊的 11 倍。颚眼距为上颚基宽的 0.6。上颚两齿尖。下颚须长为头高的 2.0 倍。前胸背板侧面近于光滑，中央及后缘凹槽内具并列刻条；肩角具不规则夹点刻皱。中胸盾片和小盾片光滑，稀生小刻点；盾纵沟强，内具刻条，在后方网皱状并有一皱的中纵脊。中胸侧板满布中等刻点；胸腹侧脊完整而强；基节前沟端部内具刻条。后胸侧板满布网皱。并胸腹节满布横网状刻纹，前密后粗，几无中纵脊。前翅 cu-a 脉刚内斜，略弯，粗细几乎一致；亚基室稍向外扩大，端部具一无毛区，其前下方有一淡黄色斑。后翅径脉直，几与前缘平行；cu-a 脉垂直，稍弧形。后足基节具稀疏刻点；转节端齿 3 个。爪具基叶突。腹部第 1 背板长为端宽的 2.3 倍，向基部稍收窄，具细刻条，基半有 4 条明显纵脊，端半有中纵脊。第 2 背板长为宽的 1.5 倍，具纵刻条。第 3 背板长为宽的 1.3 倍，基部 0.8 处具纵刻条；第 4 背板基半中央也具细纵刻条。

分布：浙江（龙泉）。

(587) 庆元长体茧蜂 *Macrocentrus qingyuanensis* He et Chen, 2000

Macrocentrus qingyuanensis He et Chen, 2000: 421.

主要特征：雌，产卵管鞘长 9.0 mm，为前翅长的 1.6 倍。体黑至黑褐色；上颚除了端齿、须、翅基片、腹部腹板及触角中央之后各节黄色；唇基及额火红色；触角基部黑褐色。足火红色，胫节和跗节色稍浅，但后足胫节端部浅褐色。翅透明，翅痣及痣后脉黄褐色，其余翅脉浅褐色。头背面观宽为中长的 2.3 倍。头顶光滑。单眼中等。额光滑，在中单眼前具浅纵沟。脸宽为长的 1.5 倍，稍拱隆，光滑，刻点细而稀；前面观脸宽为复眼宽的 2.4 倍。唇基散生刻点，端缘平截。背面观复眼长为上颊的 10 倍。颚眼距为上颚基宽的 0.9。上颚强，闭合时齿端相接。下颚须长为头高的 2.1 倍。前胸背板侧面凹槽内具并列强刻条，其余光滑。中胸盾片和小盾片近于光滑；盾纵沟深，后部会合处有一中纵脊。中胸侧板除深的凹窝周围刻点稀疏外，满布中等刻点；胸腹侧脊完整；基节前沟内有皱。后胸侧板满布不规则网皱。并胸腹节满布不规则网皱，基部中央有一中纵脊。后翅缘室向端部稍扩大；cu-a 脉垂直，稍弧形。后足基节光滑，散生刻点；各足转节端齿 3 个。爪具基叶突。腹部第 1 背板长为端宽的 2.6 倍；中央有浅凹槽，端部稍拱起，具纵刻条，后侧方的刻条向中央倾斜。第 2 背板长为端宽的 1.7 倍，具纵刻条，侧方的向内斜。第 3 背板长为端宽的 1.6 倍，基部 0.8 具细纵刻条。

分布：浙江（庆元）。

(588) 两色长体茧蜂 *Macrocentrus bicolor* Curtis, 1833

Macrocentrus bicolor Curtis, 1833: 186.

主要特征：雌，产卵管鞘长 7.6 mm，为前翅长的 1.6 倍。头部（包括触角）、前胸、并胸腹节及腹部黑色至黑褐色；中后胸和部分标本前胸火红色；上颚基部、须及翅基片黄白色。足浅黄褐色，后足胫节（除了基部 0.3 处）黑褐色。翅透明，翅痣污黄色，翅脉浅褐色。头背面观宽为中长的 2.5 倍。头顶光滑。单眼中等。额光滑，在中单眼前具浅纵沟。脸宽为长的 1.3 倍，均匀拱隆，光滑，具细而稀刻点；前面观脸宽为复眼宽的 1.9 倍。唇基平，具刻点，端缘平截。背面观复眼长为上颊的 6.2 倍。颊眼距为上颚基宽的 0.75。上颚中等宽，闭合时齿端刚相接，上齿为下齿的 2.4 倍，两齿尖。下颚须长为头高的 2.1 倍。前胸背板侧面光滑，凹槽内及后缘具并列刻条，肩角散生刻点。中胸盾片和小盾片光滑，盾片侧叶上散生浅刻点；盾纵沟深，后部会合处有一中纵脊；小盾片前凹深，内有 3 脊。中胸侧板满布刻点；胸腹侧脊完整；基节前沟内刻点稍明显，在后端具刻条。中胸腹板光滑。后胸侧板前半具点皱，后半具较大网皱。并胸腹节密布网皱，在基半的细而密，端半的网大而稀。前翅 r : 3-SR : SR1（直）=10 : 16 : 49；2-SR : 3-SR : r-m=11 : 16 : 6；m-cu : 2-SR+M=15.5 : 10；2-SR+M 脉弯曲；cu-a 脉稍内斜，端部稍加粗；亚基室端部上半毛稀，下半光滑，近端部下缘有浅黄色斑。后翅缘室中部不收窄，几乎等宽；cu-a 脉垂直，刚弧形。后足基节光滑，散生刻点；各转节端齿 4 个。爪具基叶突。腹部第 1 背板长为端宽的 2.2 倍；具纵刻条；两侧缘向后稍扩大。第 2 背板长为端宽的 1.4 倍，具纵刻条。第 3 背板长为端宽的 1.4 倍，基部 0.6 具细纵刻条。雄，与雌蜂基本相似，不同之处有：背面观复眼长为上颊的 4.5 倍。颊眼距为上颚基宽的 0.67。M+Cu : 1-M : 1r-m : cu-a=34 : 13 : 7 : 9。腹部第 1 背板长为端宽的 1.8 倍；基部中央凹；第 2 背板长为端宽的 0.9；第 3 背板长为端宽的 0.9。下生殖板中央凹入。

分布：浙江（杭州）、辽宁、湖北；俄罗斯，朝鲜，日本，欧洲。

(589) 黑腹长体茧蜂 *Macrocentrus melanogaster* He et Chen, 2000

Macrocentrus melanogaster He et Chen, 2000: 427.

主要特征：雌，产卵管鞘长为前翅长的 1.5 倍。头、胸部（包括并胸腹节）红色；须、上颊、翅基片黄褐色；上颚端齿黑色。触角柄节内侧、梗节红褐色，柄节外侧、鞭节基部节黑褐色，之后渐褐黄色。足黄色；后足基节、腿节（除了基部）黑色；胫节中部黑褐色；端跗节黄褐色。翅透明，稍带烟黄色；翅痣淡褐色，下缘暗黄色，翅脉淡褐色。头顶几乎光滑，在单眼区两侧下凹。单眼中等大。额光滑，在中单眼前具浅纵沟。脸宽为长的 1.5 倍，中央上方具一小纵瘤，散生刻点，在下方中央具一稍凹的三角区，内刻点较细密。前面观宽为复眼宽的 2 倍。唇基稍隆起，端半下斜，侧方稍凹，具刻点，端缘直，上弧形收窄。背面观复眼长为上颊的 5.2 倍。颊眼距与上颚基宽等长。上颚粗壮，两齿较钝。下颚须长为头高的 1.9 倍。前胸背板侧面散生刻点，中央凹槽内具并列刻条。中胸盾片和小盾片光滑，具刻点；盾纵沟宽而深，短脊强，后方有中纵脊；小盾片具侧脊，前凹大，内具 7 条纵脊。中胸侧板满布刻点，侧板凹大；胸腹侧脊完整而强；基节前沟仅端部深。后胸侧板前上方具粗刻点，其斜呈强皱。并胸腹节满布网状皱脊，侧角为点皱；在基半具中纵脊。后翅缘室基部稍宽于端部，中部稍收窄；cu-a 脉近于垂直，稍弧形。后足基节满布刻点，背后方有横皱；各足转节端齿 5 个。爪具基叶突。腹部第 1 背板长为端宽的 3.0 倍，满布细纵皱，部分有不规则网状刻纹。第 2 背板长为端宽的 1.3 倍，具纵刻皱，基部亚侧区多规则纵网皱。第 3 背板长为端宽的 0.9，基半具细而密纵刻条。下生殖板端缘中央稍凹。

分布：浙江（杭州）、安徽、福建、海南、贵州、云南。

（590）黑基长体茧蜂 *Macrocentrus nigricoxa* He et Chen, 2000

Macrocentrus nigricoxa He et Chen, 2000: 429.

主要特征：雌，产卵管鞘长为前翅长的1.4倍。体黑色；须、触角柄节及腹端稍黑褐色；须浅褐色；唇基、上颚除了端部黄褐色。足褐色。翅透明；翅痣及翅脉浅褐色，但翅痣基部1/3浅黄色。头顶光滑，隆起，高出复眼上缘连线。单眼中等大。额光滑，具细刻点。脸宽为长的1.6倍，稍隆起；光亮，满布小刻点；前面观脸宽为复眼宽的2.6倍。唇基端缘平直。上颊在复眼后弧形收窄。背面观复眼长为上颊的4.3倍。颊眼距为上颚基宽的0.8。上颚两齿尖。下颚须长为头高的1.86倍。前胸背板侧面具中等刻点，中央及后缘凹槽内具并列刻条。中胸盾片光滑，具稀疏刻点；盾纵沟深，横脊明显，端部有皱状刻纹和弱中纵脊；小盾片具刻点。中胸侧板满布刻点；侧板凹深；胸腹侧脊完整；基节前沟深，后部具刻皱。后胸侧板满布粗大刻皱。并胸腹节基部具细刻皱；中后部有粗而稀疏的横刻纹；中纵脊在基部不很明显。前翅 r：3-SR：SR1=14.5：24：62；2-SR：3-SR：r-m=19：24：7；m-cu：2-SR+M=23：10；cu-a 脉垂直，粗细一致；亚基室整个具毛，内无色斑。后翅缘室近于等宽；cu-a 脉垂直，稍弧形。后足基节具刻皱，端部有横刻纹；各足转节端齿2个。爪具基叶突。腹部第1背板长为端宽的2.4倍；中央稍拱起，具弱纵刻条。第2背板长为端宽的1.1倍，基半具纵刻条。第3背板长为端宽的0.7，近方形；第2背板端半以后背板光滑。

分布：浙江（杭州）。

（591）周氏长体茧蜂 *Macrocentrus choui* He et Chen, 2000

Macrocentrus choui He et Chen, 2000: 438.

主要特征：雌，产卵管鞘长为前翅长的1.7倍。体黑色；上颚除了端齿、须、翅基片黄色；触角鞭节两端黑褐色，中段褐黄色。足黄褐色；后足基节、腿节红黄色，胫节端半黑褐色；后足跗节和距黄白色。翅透明，翅痣和翅脉略黄褐色，翅基部翅脉黄色。头顶光滑，刻点极小。单眼稍小。额光滑，具中纵沟。脸宽为长的1.4倍，中央稍隆起，在外上方有刻皱，具小刻点；前面观脸宽为复眼宽的2.6倍。唇基具刻点，端缘直。背面观复眼长为上颊的6.8倍。颊眼距为上颚基宽的0.7。下颚须长为头高的2.2倍。前胸背板侧面凹槽内具并列刻条，槽前方具皱，肩角散生刻点。中胸盾片光滑，散生细刻点；盾纵沟窄而深。中胸侧板密布中等刻点；胸腹侧脊完整；基节前沟浅，端部深。后胸侧板满布粗刻点，后半部呈刻皱。并胸腹节具不规则横形网皱，基部两侧近于光滑；在基部0.2处具中纵脊。后翅缘室中后部几乎等宽；cu-a 脉刚外斜，稍弧形。后足基节端部有几条横刻纹；转节端齿3个。跗爪具基叶突。腹部第1、2、3背板长分别为端宽的2.4倍、1.4倍和1.3倍。

分布：浙江（临安）、黑龙江、吉林、辽宁、陕西。

（592）百山祖长体茧蜂 *Macrocentrus baishanzua* He et Chen, 2000

Macrocentrus baishanzua He et Chen, 2000: 440.

主要特征：雌，产卵管鞘长14.0 mm，为前翅长的2.0倍。体黑色至黑褐色；唇基、上颚除了端齿、触角柄节及梗节、前胸背板肩角、翅基片暗红色；须、第3–7节各节背板后缘、腹部腹板黄色。前、中足黄褐色，胫节和跗节色稍浅；后足火红色，转节外侧，以及腿节基部、胫节基部黄褐色，胫节外侧带暗色；跗节黄白色。翅烟黄色透明，翅痣及翅脉浅褐色，翅痣基部黄褐色。头顶光滑。单眼中等。额光滑，具浅中纵沟。脸宽为长的1.6倍，稍拱隆，具中等刻点。唇基端缘弧形。背面观复眼长为上颊的7.3倍。颚眼距为上颚基宽的0.93。上颚壮，闭合时齿端相接。下颚须长为头高的2.0倍。前胸背板侧面具刻点，凹槽内及后缘具并列刻条。中胸盾片中叶光滑，侧叶和小盾片稍具浅刻点；盾纵沟深，后部会合处具一中纵脊。中胸侧板满布粗刻点；胸腹侧脊完整；基节前沟满布不规则皱。后胸侧板前半满布较大刻点，后半具强横皱。并胸腹节满布不规则横皱，在基部的弱，并有一中纵脊。后翅缘室中部稍收窄，端部稍扩大；cu-a脉垂直，明显弧形。后足基节具刻点；转节端齿11个。爪具基叶突。腹部第1、2、3背板长分别为端宽的2.4倍、1.7倍和1.3倍；除第3背板端部0.1外，均具纵刻条。

分布：浙江（庆元）。

(593) 茶梢尖蛾长体茧蜂 *Macrocentrus parametriatesivorus* He et Chen, 2000

Macrocentrus parametriatesivorus He et Chen, 2000: 449.

主要特征：雌，产卵管鞘长7.0 mm，为前翅长的1.9倍。头、胸部乳黄色至浅黄褐色，单眼区、上颚端齿黑色；触角鞭节、并胸腹节浅褐色，至端部色稍深。腹部背板黑色，第3及以后各节背板色渐浅，其端缘黄白色；腹板浅黄褐色。足浅黄褐色。翅透明；翅痣及翅脉色极浅，为浅污黄色。头顶近于光滑。单眼中等。额光滑，具浅中纵沟。脸宽为长的1.2倍，均匀隆起，光滑，散生细刻点。唇基具刻点，端缘平截。背面观复眼长为上颊的10倍。颚眼距为上颚基宽的0.5–0.7。上颚短宽，闭合时齿端不相接，齿短。前胸背板侧面光滑，凹槽内亦无刻点，肩角散生刻点。中胸盾片和小盾片光滑；盾纵沟深，后部会合处有一中纵脊。中胸侧板散生刻点；胸腹侧脊完整；基节前沟仅在后端明显。后胸侧板散生刻点；侧板叶突窄。并胸腹节0.6处具一横脊，其基部有一纵脊，两脊明显，纵脊两侧及横脊后方具稀斜皱。前翅 r : 3-SR : SR1 （直）=6.5 : 19 : 32；2-SR : 3-SR : r-m=10.5 : 19 : 5；m-cu : 2-SR+M=12 : 6；1-Cu1 : cu-a=5.5 : 4.5；cu-a脉稍内弯，端部加粗；亚基室无毛，在近端部下缘有浅斑。后翅缘室中部刚收窄；cu-a脉稍外斜，稍弧形。后足基节光滑；转节端齿弱，3个。爪具基叶突，齿弱。腹部第1背板长为端宽的2.5倍；具纵刻条；基半中央有细纵沟。第2、3背板长分别为端宽的1.8倍和1.5倍。除第3背板端部0.3外，均具纵刻条。茧：椭圆形，长5.2–6.7 mm，径1.2–1.4 mm；乳黄色，外被细丝。

分布：浙江（杭州）、江西、湖南。

(594) 卷叶螟长体茧蜂 *Macrocentrus cnaphalocrocis* He et Lou, 1993

Macrocentrus cnaphalocrocis He et Lou, 1993: 12.

主要特征：雌，体黄褐色至红黄色，侧面和腹面色更浅；须、上颚（除了端齿）、翅基片黄白色；单眼区褐色；并胸腹节中央具一淡褐色梯形斑；腹部背板红褐色，端部4节带黄色，第1背板端半红黄色，第3背板亚端部两侧具浅红黄色斑；足和腹部腹板浅黄色，各足跗节色较深。翅半透明；翅痣黄色，端部带褐色；痣后脉及副痣黄色；翅脉浅褐色。单眼大。额光滑，具中纵沟。脸宽为长的1.25倍，具细浅刻点，在中上方具一浅纵沟。唇基隆起，端缘微凹。背面观复眼长为上颊的16倍。颚眼距为上颚基宽的0.8。上颚两齿尖。下颚须长为头高的1.5倍。中胸盾片和小盾片光滑，稍具细浅刻点；盾纵沟深，内具横脊，会合处有中纵脊。中胸侧板刻点前半部粗而密，后半部及下方刻点较疏；胸腹侧脊完整；基节前沟后半明显。后胸侧板仅后部具弱皱状刻点。并胸腹节基侧角具细刻点，中后部有横形皱纹，基部0.3有中纵脊。前翅 r : 3-SR : SR1=7 : 16 : 40；2-SR : 3-SR : r-m=10 : 6 : 5；m-cu : 2-SR+M=14 : 6；1-Cu1 : 1-Cu2 : cu-a=5 : 18.5 : 6；cu-a脉稍内弯；亚基室端部具无毛区，内具浅黄色斑痕。后翅缘室中央稍收窄，端部稍宽于基部；cu-a脉稍外斜，稍弧形。后足基节具细刻点；转节端齿2个；跗爪具基叶突，但齿甚弱。腹部第1背板长为端宽的2.0–2.9倍，拱起，具斜的略呈"V"形至"U"形纵刻条。第2背板长为宽的1.7倍，具斜形纵刻条。第3背板长为宽的1.5倍，基部0.84具细纵刻条。第4背板基部中央亦具细弱刻条。茧：长卵圆形，长 6.7 mm，径 1.6 mm；羽化孔位于茧的一端，孔边缘整齐，且有一圆形盖。

分布：浙江（杭州、上虞、余姚、普陀、丽水）、甘肃、江苏、安徽、湖北、江西、福建、广东、海南、广西、四川、贵州、云南；菲律宾。

（595）斜脉长体茧蜂 *Macrocentrus obliquus* He et Chen, 2000

Macrocentrus obliquus He et Chen, 2000: 460.

主要特征：雌，产卵管鞘长 15.0 mm，为前翅长的 2 倍。体火红色；上颚端齿、触角鞭节、产卵管鞘黑褐色。上颚基部、须黄白色。足火红色。翅透明，稍带烟褐色；翅痣和翅脉黑褐色，但翅痣基部及副痣黄白色。头背面观宽为中长的 3.1 倍。单眼中等。额光滑，具浅中纵沟。脸宽为长的 1.5 倍，中央稍拱隆，具细刻点。唇基相当拱隆，稍具刻点，端缘平截。背面观复眼长为上颊的 3.7–4.8 倍。颚眼距为上颚基宽的 1.1 倍。上颚短壮，闭合时两端齿不相接触，两齿短。下颚须长为头高的 0.93。前胸背板侧方凹槽内及后缘具并列刻条，其余近于光滑。中胸盾片和小盾片稍具浅刻点；盾纵沟深，后部会合处有中纵脊。中胸侧板满布中等刻点；胸腹侧脊完整；基节前沟浅。后胸侧板满布夹点皱刻，在后半具不规则皱状刻纹。并胸腹节满布不规则细网皱，中后部有皱状横刻条，中纵脊仅基部存在。后翅缘室中部稍收窄，端部比基部稍扩大；cu-a 脉外斜。后足基节具细刻点；转节端齿 6 个。爪无基叶突。腹部第 1 背板长为端前最宽处的 2.6 倍；中央稍拱起，具纵皱。第 2 背板长为端宽的 1.9 倍，具夹皱纵刻条。第 3 背板长为端宽的 1.6 倍，除端部 0.4 外具细而弱纵刻条。

分布：浙江（三门）、江西、四川。

（596）杭州长体茧蜂 *Macrocentrus hangzhounesis* He et Chen, 2000

Macrocentrus hangzhounesis He et Chen, 2000: 462.

主要特征：雌，产卵管鞘长 10.2 mm，为前翅长的 1.7 倍。头、胸部暗红色；单眼周围、上颚端齿黑褐色；额、须、触角基部 4–5 节、翅基片黄褐色。腹部背板火红色；腹板黄褐色；产卵管鞘黑褐色。足黄褐色，前中足基节和转节暗红色。翅透明；翅痣及翅脉黑褐色，副痣黄色。单眼较小。额光滑，具浅中纵沟。脸宽为长的 1.4 倍，稍平坦，具细刻点，中央上方具 V 形凹痕。唇基平，具刻点，端缘平截。背面观复眼长为上颊的 3.7 倍。颚眼距为上颚基宽的 1.0 倍。上颚短壮，闭合时两端齿刚相接，两齿尖。下颚须长为头高的 0.85。前胸背板侧面光滑，凹槽内下方具并列刻条。中胸盾片和小盾片具刻点；盾纵沟深，后部会合处有中纵脊。中胸侧板满布刻点；胸腹侧脊完整；基节前沟弱。后胸侧板满布夹点细网皱，在后端有纵刻条。并胸腹节满布不规则网皱状刻条；无中纵脊。后翅缘室仅中部稍收窄，端部比基部稍扩大；cu-a 脉外斜。后足基节光滑；转节端齿 5 个。爪无基叶突。腹部第 1、2、3 背板长分别为端宽的 3.2 倍、2.1 倍和 1.8 倍；除第 3 背板端部 0.4 外具细纵刻条。

分布：浙江（杭州）。

（597）古田山长体茧蜂 *Macrocentrus gutianshanensis* He et Chen, 2000

Macrocentrus gutianshanensis He et Chen, 2000: 466.

主要特征：雌，头、胸部黄褐色；唇基、上颚除了端齿、须、触角柄节、梗节及第 3 节基半、前胸、翅基片、小盾片黄白色；其余鞭节和并胸腹节（稍带）黑褐色。腹部背板带黑褐色，第 3–4 节稍浅，至端部深；腹板黄白色。足黄白色。翅半透明；前缘脉、翅痣褐色，痣后脉、1-SR+M 脉黄色，其余翅脉浅褐色，但后翅的色更浅。触角第 3 节（中央细而略弯）长为第 4 节的 1.4 倍。头顶光滑。单眼较小。额光滑，具浅中纵沟。唇基平，具细刻点，端缘平截。背面观复眼长为上颊的8.9倍。颚眼距为上颚基宽的0.55。上颚短，闭合时齿端不相接，2齿约等长。下颚须长为头高的1.4倍。前胸背板侧面凹槽深，内亦光滑。中胸盾片光滑，较宽；盾中叶稍隆起，背面观前端近于平，前方弧形下斜；盾纵沟深，后部会合处有一中纵脊；小盾片侧方光滑。中胸侧板散生刻点；胸腹侧脊在腹板部位较弱；基节前沟仅在后端明显。后胸侧板散生较大浅刻点。并胸腹节除基部具颗粒状刻纹外，中央有一纵脊，中后方具横网皱。前翅 r：3-SR：SR1（稍弯）=9：12.5：40；2-SR：3-SR：r-m=9.5：12.5：4；m-cu：2-SR+M=14：8.5；1-Cu1（粗）：cu-a=6：5；cu-a脉近于垂直，端部稍内弯；亚基室几乎无毛，内无色斑。后翅缘室近于平行；cu-a脉近于垂直，刚弧形。后足基节光滑；转节端齿8个。爪无基叶突。腹部第1、2、3背板长分别为端宽的3.9倍、1.6倍和1.2倍；除第3背板端半外具弱纵刻条。

分布：浙江（开化）。

（598）丽水长体茧蜂 *Macrocentrus lishuiensis* He et Chen, 2000

Macrocentrus lishuiensis He et Chen, 2000: 467.

主要特征：雌，产卵管鞘长2.6 mm，为前翅长的0.8。头黑至黑褐色；触角窝四周、脸及鞭节色稍浅；上颚基部黄褐色；须、柄节和梗节黄白色。胸部黄褐色；并胸腹节浅褐色。腹部背板大部分黑色，最基部黄白色，第1背板端部0.3、第2背板端部0.4、第3背板端部0.7及整个腹板黄褐色。足黄褐色；基节和各足转节色浅；端跗节和中后足腿节端部浅褐色。翅半透明，翅痣及翅脉带褐色。头背面观宽为中长的2.2倍。头顶光滑。单眼小，单眼区突出。额光滑，具浅中纵沟。脸宽为长的1.4倍，稍拱，光滑，散生细刻点。唇基刚拱，光滑，端缘平截。背面观复眼长为上颊的4.2倍。颚眼距为上颚基宽的0.6。上颚短，闭合时齿端不重叠，2齿约等长。下颚须长为头高的1.5倍。前胸背板侧面具模糊刻点，凹槽内具弱并列刻条。中胸盾片和小盾片近于光滑；盾纵沟深，后部会合处无中纵脊；小盾片外侧光滑。中胸侧板近于光滑，刻点弱；胸腹侧脊在腹板部位弱；基节前沟仅在后端明显。后胸侧板满布网皱。并胸腹节具不规则网状刻条，两端的较稀，基部有一中纵脊。前翅 r：3-SR：SR1（稍弯）=5：11：34；2-SR：3-SR：r-m=9：11：4；m-cu：2-SR+M=12.5：1.5；1-Cu1：cu-a=1.5：5；cu-a脉稍内斜；亚基室整个具毛，内无斑。后翅缘室近于平行；cu-a脉刚内斜，刚弧形。后足基节光滑；转节端齿3个。爪尖，无基叶突。腹部第1、2、3背板长分别为端宽的3.2倍、1.7倍和1.1倍；除第3背板端部外具纵刻条。

分布：浙江（丽水）。

（599）腰带长体茧蜂 *Macrocentrus cingulum* Brischke, 1882

Macrocentrus cingulum Brischke, 1882: 125.

主要特征：雌，产卵管鞘长为前翅长的1.5倍。体暗红黄色；头部及腹部（第1背板端半、第3背板有时第4背板红黄色）黑褐色；须、上颊、柄节、梗节、足暗黄白色；鞭节褐色。翅半透明，翅痣褐色，副痣和痣后脉暗黄色，翅脉浅褐色。背面观头宽为中长的2.0倍。单眼小。额光滑，有浅中纵沟。脸宽为长的1.36倍，稍隆起，中央平坦，布均匀细浅刻点。唇基稍隆起，散生刻点，端缘平截。上颊凸出，弧形收窄。颚眼距与上颚基宽等长。上颚短，闭合时齿端刚相接，两齿均短，端钝。下颚须长为头高的1.8倍。前胸背板侧面凹槽光亮，稍有刻脊。中胸盾片和小盾片光滑；盾纵沟深，内具横脊，会合处呈横皱。中胸侧板光滑；胸腹侧脊完整；基节前沟近后部明显，其内具弱刻点。后胸背板有5条纵脊；后胸侧板满布刻皱。并胸腹节满布近于横状的刻纹；中纵脊近于无。前翅 r：3-SR：SR1=5：12：36；2-SR：3-SR：r-m=8：12：4；m-cu：2-SR+M=13：2.5；1-Cu1：cu-a= 3.5：5；cu-a脉近于垂直，端部稍粗；亚基室端部具毛。后翅缘室等宽；cu-a脉外斜，稍弧形。后足基节光滑；转节端齿4个；爪简单。腹部第1–2及第3背板基部0.8具纵刻条。第1背板长为端宽的2.4倍，有纵槽连于基凹，槽内有弱横脊。第2背板长为端宽的1.3

倍，基部较宽。第 3 背板长等于宽。

分布：浙江（杭州、上虞、镇海、奉化、余姚、东阳、缙云、平阳）、黑龙江、吉林、辽宁、北京、天津、河北、山西、山东、河南、江苏、上海、湖北、江西、四川。

注：中名曾误用螟虫长距茧蜂。

（600）半条长体茧蜂 *Macrocentrus hemistriolatus* He et Chen, 2000

Macrocentrus hemistriolatus He et Chen, 2000: 473.

主要特征：雌，头、腹部黑至黑褐色；唇基、上颚除了端齿、触角柄节及梗节、须黄至黄白色；抱握器基部黄褐色。胸部红黄色；翅基片黄白色；并胸腹节黑褐色。足浅黄褐色，第 1–4 跗节红黄色，端跗节暗红色。翅透明；翅痣及翅脉黄色，翅痣下方色稍深，其余翅脉浅褐色。背面观头宽为中长的 2.2 倍。头顶光滑。单眼较小。额光滑，具浅中纵沟。脸宽为长的 1.6 倍，较平坦，光滑，具极细刻点。唇基明显拱隆，几无刻点，端缘平截。背面观复眼长为上颊的 2.0 倍。颚眼距为上颚基宽的 0.5 倍。上颚长，闭合时齿端相接。下颚须长为头高的 1.8 倍。前胸背板侧面近于光滑，凹槽内具并列刻条。中胸盾片和小盾片光滑；盾纵沟深，后部会合处仅具并列横刻条。中胸侧板近于光滑；胸腹侧脊完整；基节前沟几乎看不出。后胸侧板几乎光滑。并胸腹节表面具弱而斜的皱状刻条。后翅缘室几乎等宽；cu-a 脉近于垂直，弧形。后足基节光滑；转节端齿 2 个。爪无基叶突。腹部第 1 背板长为端宽的 2.8 倍；具稍内斜的纵刻条。第 2 背板长为端宽的 1.3 倍，基半中央有弧形横凹痕伸向侧方，凹痕前具纵刻条。第 2 背板凹痕后部分及以后背板光滑。

分布：浙江（庆元）。

（601）三板长体茧蜂 *Macrocentrus tritergitus* He et Chen, 2000

Macrocentrus tritergitus He et Chen, 2000: 475.

主要特征：雌，产卵管鞘长为前翅长的 0.6 倍。体红黄色；头部黑褐色；须、上颚、柄节、梗节、翅基片暗黄色；鞭节、并胸腹节及后胸侧板红褐色；腹部黑褐色至黑色，但第 1 背板端半、第 2 背板端部及第 3 背板红黄色。足红黄色，前、中足基节色稍浅。翅透明；翅痣暗浅褐色，副痣及痣外脉暗红色；翅脉浅褐色。头顶光滑，隆起。单眼中等。额光滑，有中纵沟，伸至脸上方。脸宽为长的 1.4 倍，稍隆起，中央平坦，散生浅刻点。唇基稍隆起，散生刻点，端缘平截。上颊凸出，弧形收窄。背面观复眼长为上颊的 4 倍。颚眼距等于上颚基宽。上颚粗短；外齿长约为内齿的 2 倍。下颚须长为头高的 1.5 倍。前胸背板侧方中凹槽有弱刻纹。中胸盾片和小盾片光亮；盾纵沟深，内具横脊，会合处无中纵脊。中胸侧板光滑；胸腹侧脊完整；基节前沟仅后部明显，内有刻皱。后胸侧板满布刻纹。并胸腹节满布细小网皱，横形刻纹明显，中纵脊近于无。后翅缘室等宽；cu-a 脉弧形。后足基节光滑；转节端齿 3 个。爪简单。腹部第 1–3 背板满布纵刻条。第 1、2、3 背板长分别为端宽的 2.8 倍、1.4 倍和 1.2 倍。产卵管端部波曲变细，端尖；产卵管鞘长是腹部长的 0.96。

分布：浙江（鄞州、丽水）、北京、安徽、广西。

（602）短须长体茧蜂 *Macrocentrus brevipalpis* He et Chen, 2000

Macrocentrus brevipalpis He et Chen, 2000: 483.

主要特征：雌，产卵管鞘长 2.2 mm，为前翅长的 0.63。头黑褐色；脸、触角浅褐色；唇基、上颚基部黄褐色。胸部黑褐色；前胸、中胸背板黄褐色。腹部背板黑褐色，但第 2、3 节背板色稍浅；腹板浅褐色。

足黄褐色。翅透明；翅痣及翅脉浅褐色，翅痣基半黄白色。头背面观宽为中长的1.7倍。触角33节；第3节长为第4节的1.4倍。头顶光滑。单眼小。额光滑，具浅中纵沟。脸宽为长的1.9倍，向中央稍拱，散生浅稀刻点。唇基拱，散生浅稀刻点，端缘稍凹。背面观复眼长为上颊的2倍。颚眼距为上颚基宽的0.4倍。上颚长，闭合时齿端相接，上齿为下齿的3倍。下颚须短，为头高的1.0倍。前胸背板侧面具稀而粗刻点，凹槽内具模糊并列刻条。中胸盾片宽，长宽相近；中胸盾片和小盾片近于光滑；盾片中叶稍隆起，前缘陡直；盾纵沟深，后部会合处无中纵脊。中胸侧板满布中等粗刻点；胸腹侧脊完整；基节前沟仅在后端明显。后胸侧板具夹点刻皱。并胸腹节中央具稍下斜的横刻条，端部0.4几乎光滑，基部无明显纵脊。后翅缘室中部稍收窄；cu-a脉外斜，弧形。后足基节光滑；转节无端齿。爪无基叶突。腹部第1、2、3背板长分别为端宽的2.9倍、1.6倍和1.0倍。第1及第2背板除端部外具纵刻条。

分布：浙江（杭州）。

（603）松小卷蛾长体茧蜂 *Macrocentrus resinellae* (Linnaeus, 1758)

Ichneumon resinellae Linnaeus, 1758: 565.
Macrocentrus resinellae: Shenefelt, 1969: 169.

主要特征：雌，产卵管鞘长7.1 mm，为前翅长的1.73倍。体黑色，须、上颚（除了端齿）、有时触角基部环节、前中胸和后胸侧板黄褐色。足黄褐色；后足胫节（有时基部色泽较浅）和跗节带烟褐色。翅稍带烟褐色，翅痣和翅脉浅褐色，后翅色较浅。头背面观宽为中长的2.2倍。头顶光滑。单眼稍小。额光滑，有浅中纵沟。脸宽为长的1.26倍，稍拱，具细刻点。唇基平滑无刻点，端缘平截。背面观复眼长为上颊的3.1倍。颚眼距为上颚基宽的0.33。上颚稍强，闭合时齿端相接，两齿尖。下颚须长为头高的1.3倍。前胸背板侧方近于光滑，凹槽内具很弱的并列刻条。中胸盾片和小盾片光滑，稍具浅稀刻点；盾纵沟深，后部会合处有一中纵脊。中胸侧板满布较稀刻点；胸腹侧脊完整；基节前沟弱。后胸侧板具模糊夹点刻皱。并胸腹节仅中央具不规则夹点刻皱，其余部位光滑。后翅缘室中部稍收窄，端部稍扩大；cu-a脉刚内斜，稍弧形。后足基节光滑；转节端齿3–4个。爪无基叶突。腹部第1、2、3背板长分别为端宽的2.2倍、1.4倍和1.2倍；除第3背板端部0.2外具纵刻条。

分布：浙江（东阳）、黑龙江、吉林、辽宁、内蒙古、山西、山东、陕西、四川、云南；俄罗斯（远东地区），哈萨克斯坦，欧洲。

（604）朴氏长体茧蜂 *Macrocentrus parki* van Achterberg, 1993

Macrocentrus parki van Achterberg, 1993: 53.

主要特征：雌，产卵管鞘长为前翅长的0.95–1.02倍。体带黑色或暗褐色；须、柄节、梗节、翅基片、足、前翅C+SR+R脉基方0.6和/或前胸背板肩角浅褐黄色；鞭节基部褐色，端部略褐色；腹部腹面基半和下生殖板黄褐色；其余翅脉和翅痣（除了基部和狭的端部）暗褐色；翅痣相当明，副痣大部分象牙白色，翅膜半透明。头背面观宽为中长的2.3倍。头顶光滑。单眼小。额大部分隆起。脸宽为长的1.7倍，稍拱，具稀而细刻点。唇基强度拱隆，具稀刻点，端缘平截。上颊在复眼后圆形收窄，背面观复眼长为上颊的1.4–2.0倍。颚眼距为上颚基宽的0.9。上颚闭合时齿端相接，2齿等宽；上齿壮而尖。下颚须长为头高的1.4倍。前胸背板侧面光滑，凹槽内前方略具并列刻条，其后方有皱。中胸盾片具稀刻点；盾纵沟深，后部会合处具中纵脊。中胸侧板具稀刻点；胸腹侧脊完整，相当弱；基节前沟具网皱。后胸侧板满布较大皱状刻点。并胸腹节中央具中等刻皱，在前方的不规则，在后方为横形，无中纵脊。后翅缘室端部平行；cu-a脉近于垂直，稍直。后足基节光滑，具稀刻点；转节端齿3个，小。爪端齿细长，无基叶突。腹部第1背板长为端宽的2.0–2.2倍，中央稍拱，具粗而（近于）纵行刻条。第2背板长为端宽的1.15倍，除后缘外具纵刻条。第3背板长为端宽的0.95，基部0.67具细纵刻条。

分布：浙江（丽水）；韩国。

（605）黑长体茧蜂 *Macrocentrus nigrigenius* van Achterberg, 1993

Macrocentrus nigrigenius van Achterberg, 1993: 50.

主要特征：雌，产卵管鞘长为前翅长的 1.36–1.55 倍。体黑褐色；梗节、翅基片稍暗褐色；须（除了下颚须第 4、5 节）浅黄色。足黄褐色，跗节和后足胫节（除了亚基部色浅）暗褐色；中足胫节（除了亚基部）稍烟褐色。翅脉稍烟褐色；大部分翅脉暗褐色；前翅 SR1 脉和 1-R1 脉黄色；翅痣暗褐色，基部有一浅色斑点。头背面观宽为中长的 2.6 倍。头顶光滑。单眼小。额平。脸宽为长的 1.3 倍，稍隆起，大部分光滑，具细刻点。唇基明显拱隆，大部分光滑，端缘平截。上颊向后渐窄。背面观复眼长为上颊的 4.7 倍。颚眼距为上颚基宽的 0.7–0.9。上颚闭合时齿端相接，端部明显扭曲，下齿较短并宽于上齿。下颚须长为头高的 1.3–1.4 倍。前胸背板侧方中凹槽内有弱刻纹。中胸盾片和小盾片光亮；盾纵沟深，内具横脊，会合处横脊稀疏。中胸侧板光滑；胸腹侧脊完整；基节前沟仅后部稍明显。后胸侧板有刻皱。并胸腹节满布网状刻纹，基侧角具弱刻皱；中纵脊在基部 0.3 存在。后翅缘室端部平行；cu-a 脉垂直，直。后足基节具稀疏刻点，无刻条；转节端齿 4 个。跗爪相当细，简单，具刺状刚毛。腹部第 1、2、3 背板长分别为端宽的 1.6–2.1 倍、1.7 倍和 1.5 倍；除第 3 背板端部外具纵刻条。

分布：浙江（临安）；日本。

（606）螟虫长体茧蜂 *Macrocentrus linearis* (Nees, 1811)

Bracon linearis Nees, 1811: 13.
Macrocentrus linearis: Ashmead, 1906: 191.

主要特征：雌，浅色个体黄褐色；头顶单眼区及周围、上颚端齿、触角鞭节、并胸腹节、腹部 1–3 背板浅褐色。足黄褐色。翅透明，翅痣浅黄褐色，中央有浅褐色斑；副痣及痣外脉黄色，翅脉浅褐色。深色个体黄褐色部位为火红色，浅褐色部位为褐色，且深色部位有扩大，如脸、小盾片后端、跗节、翅痣均为浅褐色，腹部背板完全黑褐色。头背面观宽为中长的 2.7 倍。头顶光滑。单眼中等。额平滑，具浅中纵沟。脸宽为长的 1.13 倍，稍拱，具中等刻点。唇基稍拱，具细刻点，端缘平截。背面观复眼长为上颊的 6.4 倍。颚眼距为上颚基宽的 0.8。上颚闭合时齿端相接，两齿尖。下颚须长为头高的 1.6–1.8 倍。前胸背板侧面具模糊刻点，凹槽内具弱并列刻条。中胸盾片具模糊刻点；盾纵沟深，后部会合处有一中纵脊；小盾片光滑。中胸侧板满布浅刻点；胸腹侧脊完整；基节前沟仅在后端明显。后胸侧板除前角外满布网皱。并胸腹节除基部光滑外，具不规则网皱，网皱在后方的大。后翅缘室中部与翅缘近于平行；cu-a 脉稍弧形。后足基节光滑，散生弱刻点；转节端齿 5 个。爪无基叶突。腹部第 1、2、3 背板长分别为端宽的 2.4 倍、1.4 倍和 1.4 倍；第 1、2 背板及第 3 背板基部 0.5–0.8（中央）具纵刻条。茧：聚寄生茧成块；茧粒长 4.6–5.0 mm，径 1.3–1.5 mm；浅赤褐色，外被稀疏黄丝。

分布：浙江（安吉、富阳、宁波、黄岩、衢州、遂昌、松阳、文成）、吉林、山东、甘肃、新疆、江苏、安徽、江西、广西、四川、贵州、云南。

注：国内报道寄生于亚洲玉米螟上的螟虫长体茧蜂（螟虫长距茧蜂），均为腰带长体茧蜂 *M. cingulum* Brishke 之误。

213. 腔室茧蜂属 *Aulacocentrum* Brues, 1922

Aulacocentrum Brues, 1922: 17. Type species: *Aulacocentrum pedicellatum* Brues, 1922.

主要特征：腹部第 1 背板长为端宽的 3–6 倍；第 1 背板至少有一部分具明显横刻纹；后翅 SR 脉基部多少强度弯曲；后翅 R1 脉明显弯曲；后足胫节长距长为基跗节的 0.3–0.5。

生物学：有关腔室茧蜂属 *Aulacocentrum* Brues 的生物学很少了解，从目前已知寄主来看，主要是螟蛾科昆虫幼虫。

分布：古北区、东洋区。世界已知 6 种，中国记录 3 种，浙江分布 2 种。

(607) 混腔室茧蜂 *Aulacocentrum confusum* He et van Achterberg, 1994

Aulacocentrum confusum He et van Achterberg, 1994: 162.

主要特征：雌，头黑色；唇基、颜面下方和上颚除端齿外赤黄色；须黄白色；触角黑褐色，中段（0.4–0.7 处）黄褐色。胸、腹部赤黄色，翅基片及腹部（特别是腹基部）色较浅，或第 1–3 节各节后缘带黑褐色；腹部第 4 节及以后各节带黑褐色。足赤黄色，前、中足转节及胫节色稍浅；后足腿节端部 0.2 和胫节端部 0.4 黑褐色，胫节基部 0.6，距及跗节黄白色。翅透明，翅痣及翅脉黑褐色，翅痣基部、副痣及痣外脉黄褐色。上颊极短，背面观复眼长为上颊的 11 倍。头顶和额光滑，无刻点，额浅凹。唇基中等隆起，近于方形；刻点更稀，端缘平。颚眼距长为上颚基宽的 1.0 倍。上颚粗壮，上齿长，两齿均尖。前胸背板侧方近于光滑，凹槽内及后缘具并列刻条。中胸盾片光滑，散生细刻点；盾纵沟深，内有并列刻条，后方中央凹陷处具明显中纵脊。中、后胸侧板满布带毛刻点；中胸侧板下部点径小于点距；胸腹侧脊完整；基节前沟向后端渐深，密布刻点。并胸腹节表面较平，基半具细网皱，中后部有细密横皱，在端部有细纵脊。后翅缘室中前方中等收窄；cu-a 脉垂直，端部稍内弯。后足基节散生浅刻点；转节端齿 9 个，呈 3 排；腿节基半有齿 14 个，呈不规则一排。爪具基叶突。腹部第 1 背板长为端宽的 3.8–4.0 倍，为最宽处的 3.3 倍；向后稍扩大，具细密横皱；在侧方为斜皱，在后端 0.1 处趋于纵皱。第 2 背板长为端宽的 1.7–2.3 倍，具密纵刻条。第 3 背板长为端宽的 1.2–1.65 倍，基部 0.6–0.7 具细纵皱条。产卵管鞘长为前翅长的 1.2 倍。雄，与雌蜂基本相似，唯体较小。第 2、3 节背板长分别为其宽的 2.1–2.3 倍和 2.0 倍。茧：长圆筒形，长 9.5–10.5 mm，径 3.2–3.5 mm；红褐色，有光泽。

分布：浙江（杭州、镇海）、黑龙江、吉林、辽宁、江苏、安徽、湖北、江西、广西、四川、贵州。

(608) 菲岛腔室茧蜂 *Aulacocentrum philippinense* (Ashmead, 1904)

Macrocentrus philippinensis Ashmead, 1904b: 145.
Aulacocentrum philippinense: van Achterberg & Belokobylskij, 1987: 244.

主要特征：雌，体黑色；须、柄节内侧（外侧浅褐色）、梗节端半黄色，鞭节中部黄白色（此点在原记述中未指明）；翅基部、后胸侧板、并胸腹节基部一狭条褐黄色；腹部第 1 节背板基部、第 3 背板中部黄色。足黄色；后足基节红色，腿节除基部外黑色，胫节端部 0.4 黑褐色。翅透明，翅痣黑色，翅脉褐色。上颊很短，背面观复眼长为上颊的 10–12 倍。头顶和额光滑无刻点，额凹入深。脸长约为宽的 1.0 倍；中央上方纵凹，散生浅而细刻点，在中下方刻点较密。唇基强度隆起；刻点更稀；端缘平截。颚眼距为上颚基宽的 1.0–1.1 倍。上颚粗壮。下颚须长为头高的 1.5 倍。前胸背板侧方光滑，凹槽内及后缘具并列刻条。中胸盾片和小盾片光滑，散生细刻点；盾纵沟深，具并列刻条，后方中央有中纵脊，但不强。中胸侧板满布较粗刻点，下部的点径大于点距；胸腹侧脊完整；基节前沟刻点更密些。后胸侧板满布粗刻点。并胸腹节表面较平，大部分具不规则网皱，在端部有一些纵脊。后翅缘室中前方强度收窄；cu-a 脉稍内斜且稍内弯。后足基节具中等刻点；转节端齿 3–4 个呈一排；腿节基段几乎无齿。爪具基叶突。腹部第 1 背板长为端宽的 3.8–4.0 倍；具很密细横皱，在基部 0.2 光滑，稍有斜皱，后端 0.1 处稍具细纵皱。第 2 背板长为宽的 1.8–2.0 倍，密布细纵刻条。第 3 背板长为宽的 1.6 倍，基部 0.5 具细纵刻条。产卵管鞘长为前翅的 1.2 倍。茧：长圆筒形，长 9.0–10.0 mm，径 2.7–3.1 mm；棕红色，表面多细白丝，无光泽。

分布：浙江（杭州）、山西、陕西、湖北、湖南、台湾、广西、四川、云南；日本，印度，菲律宾。

214. 直赛茧蜂属 *Rectizele* van Achterberg, 1993

Rectizele van Achterberg, 1993: 60. Type species: *Rectizele parki* van Achterberg, 1993.

主要特征：腹部第 1 背板侧凹大而深，与基侧凹明显区分；第 1 背板基部中央均稍凹入；前翅 3-M 脉后端直，长不达 3-SR 脉的 2 倍；前翅 Cu1a 脉上有一弱暗斑；后翅 SR 脉在基部不弯曲或刚弯曲；后翅 R1 脉明显加宽；后翅缘室向端部扩大。已知 2 种均产卵管端部白色；触角具白环。

生物学：未知。

分布：古北区、东洋区。世界已知 2 种，中国记录 2 种，浙江分布 1 种。

（609）朴氏直赛茧蜂 *Rectizele parki* van Achterberg, 1993

Rectizele parki van Achterberg, 1993: 61.

主要特征：雌，产卵管鞘长为前翅长的 1.26 倍。体黑色；须（基节褐色）、翅基片黄色；上颚（除了端齿）黄褐色；触角柄节内侧和梗节端部及鞭节第 13–22 节黄白色，其余黑色至黑褐色，向端色渐浅；小盾片端部亮红色；腹部第 1 背板基部 0.33 处黄色；腹板基部 3 节黄色。产卵管鞘黑褐色，端部 0.4 黄白色。足黄褐色；前足基节基部具褐斑；后足基节和转节深黄褐色；腿节（端部色浅）和胫节端部 0.7 黑褐色。翅痣黑色，透明；翅脉褐色。背面观复眼长为上颊的 5.4 倍。上颊在复眼后直线收窄。头顶具带毛浅刻点。单眼区具粗刻点；单眼大。额光滑，具浅中纵沟。脸宽为长的 1.25 倍，满布中等刻点，上方具一小纵瘤。唇基稍隆起，端缘直。颚眼距是上颚基宽的 0.8。上颚两齿尖。下颚须长为头高的 1.7 倍。前胸背板侧方槽内大部分具横脊，其前方具细刻点，其后方光滑。中胸盾片和小盾片光滑，具稀刻点；盾纵沟明显，端部会合处槽内亦具横脊，无中纵脊。中胸侧板满布中等刻点；胸腹侧脊完整；基节前沟内刻点较粗。后胸侧板刻点粗而密。并胸腹节具不规则细横皱；在基部 0.15 处有中纵脊。后翅缘室基部与翅缘平行，而后向外强度扩大，端部亦与翅缘平行。后足基节光滑；转节端齿 6 个。爪具基叶突。腹部第 1 背板长为端宽的 4.0 倍，为端前宽的 3.5 倍；除基部白色部位光滑外，满布斜形或纵行不规则细而弱皱纹，中央具模糊浅纵槽，槽内具不规则细横皱。第 2 背板长为宽的 1.6 倍，具密而明显纵刻条。第 3 背板长为宽的 1.3 倍，基部 0.75 具细纵刻条。

分布：浙江（临安）、湖北、湖南、福建、广西；韩国。

215. 澳赛茧蜂属 *Austrozele* Roman, 1910

Austrozele Roman, 1910: 113. Type species: *Perilitus longipes* Holmgren, 1868.

主要特征：体长 6–10 mm。触角细长，为前翅长的 1.5–2.0 倍，第 1 节粗大，第 3 节及以后各节长明显大于宽，端节具刺。上颊短。头顶和额光滑，偶具刻点，头顶在单眼后方常陡斜。额凹入。脸中央上方稍纵凹。唇基隆起，与脸多少明显分开，端缘稍凹或平。上颚粗壮，上齿大，两齿尖。下颚须长。前胸背板侧方大部分光滑，通常凹槽内具并列短刻条，肩角散生刻点。中胸盾片散生细刻点，盾片中叶弧形隆起，盾纵沟深，具并列刻条，后方中央有一纵脊；小盾片散生细刻点，小盾片前凹深，内有纵脊。中胸侧板具刻点；胸腹侧脊完整，基节前沟宽，后端稍深。后胸侧板叶突三角形。并胸腹节表面较平，外侧区下方散生横刻条，气门椭圆形或近圆形。前翅 r 脉从翅痣中央很外方伸出，m-cu 脉明显前叉式，第 2 亚缘室至端部稍窄，cu-a 脉稍后叉式，亚基室端部约 0.3 处下方具一淡黄色长斑，偶尔无。后翅缘室中部稍收窄；后翅 cu-a 脉垂直或稍内斜，内弯。足转节有端齿，后足胫节内距长为基跗节的 0.5–0.8，爪具基叶突。腹部第 1 背板气门稍突出，位于基部约 0.25 处，气门后背板侧缘向后常稍宽，侧凹大而深，明显不同于基侧凹。产卵管鞘长等于腹端部厚度，产卵管端前背缺刻深，端尖。

生物学：寄主：夜蛾科幼虫，单寄生。

分布：世界广布。世界已知 6 种，中国记录 5 种，浙江分布 2 种。

（610）黑澳赛茧蜂 *Austrozele nigricans* He et Chen, 2000

Austrozele nigricans He et Chen in He et al., 2000: 522.

主要特征：雌，体基本为黑色，唇基下方、上颚除了端齿、小盾片端部、中胸侧板后下方、后胸侧板上半、第 1 背板基部 0.27 赤褐色，须、触角第 1 节及 11–26 节（除了各节端缘及 26 节之后渐黑）、翅基片、腹部腹板黄白色。前、中足黄褐色，腿节最基部及与转节交界处黑褐色，后足基节（背方有界线不清的暗褐色斑）、转节、腿节基部 0.2 处、胫节基部 0.15 处赤褐色，腿节端部 0.8 处、胫节 0.15–0.7 处黑褐色，胫节端部 0.3、距及跗节白色。翅带淡烟色，翅痣及翅脉黑褐色，翅痣上缘黄褐色，翅痣基部、副痣黄褐色。唇基具中等刻点，端缘刚凹入。上颊短，背面观复眼长为上颊的 6.6 倍。颚眼距为上颚基宽的 1.0 倍。下颚须长为头高的 2.3 倍。前胸背板侧方凹槽内有短而不规则矮刻条，肩角光滑，散生少许浅刻点。小盾片光滑，几乎无刻点。中、后胸侧板满布刻点；后胸侧板的较密。并胸腹节除基部为模糊刻点外，具不规则细网皱，在中后方略呈细横皱。后翅缘室中部几乎不收窄。后足基节具浅细刻点；转节端齿 7 个。后足内爪至端部尖，基叶突弱，腹缘近于直。腹部第 1 背板长为端宽的 4.2 倍，气门突出，背板表面除前方及端缘外满布夹皱的稀纵刻条。第 2 背板长为端宽的 1.4 倍，纵刻条较细密。第 3 背板长为端宽的 1.2 倍，基部具模糊细纵刻条，其余为带毛刻点。产卵管鞘长为后足基跗节长的 0.5。

分布：浙江（临安、松阳）。

（611）长须澳赛茧蜂 *Austrozele longipalpis* van Achterberg, 1993

Austrozele longipalpis van Achterberg, 1993: 14.

主要特征：雌，体褐黄色，头顶、上颚端齿、触角端部带黑色，腹部端部烟褐色。足褐黄色，后足跗节黄白色。头顶光滑。单眼中等。额光滑，具浅中纵沟。脸中央大部分光滑，侧方具细刻点。唇基宽而微凹，具刻点，端缘薄。上颊向后陡窄。背面观复眼长为上颊的 3.7 倍。颚眼距为上颚基宽的 1.3–1.5 倍。上颚下齿相当钝。前胸背板侧面光滑，凹槽上下具并列刻条。中胸侧板满布稀疏刻点；胸腹侧脊完整；基节前沟前端具粗密刻点，后端具点皱。后胸侧板散生刻点。并胸腹节表面具网皱，但前端光滑，在前中凹处有 1 短中脊。后足基节光滑；转节端齿 3 个。跗爪有小的基叶突，具刚毛，基部窄，有黄色栉齿（除了后足内爪），后足内爪基叶突腹缘直。腹部第 1 背板长为端宽的 2.6–3.0 倍，表面具纵刻条，仅基部 1/4 光滑。第 2 背板、第 3 背板基半具纵刻条，其余背板光滑且侧扁。产卵管鞘长为前翅长的 0.11。雄，与雌蜂基本相似。触角 47–49 节，鞭节烟褐色，颚眼距为上颚基宽的倍数有达 1.8 倍者，胸部背面和侧面、腹部背面暗褐色；后足基节、腿节（除了两端）、胫节中央多少暗褐色；翅痣暗褐色。茧：灰褐色，相当粗糙。

分布：浙江（德清、杭州）、湖北、湖南、福建、云南；荷兰，德国，英国，匈牙利。

（十六）滑茧蜂亚科 Homolobinae

主要特征：口窝缺；触角 37–55 节，触角柄节端部近平截，触角端节具刺或无刺；后头脊存在，后头脊与口后脊在上颚基部上方连接；下颚须 6 节；下唇须 4 节，第 3 节常退化；前胸背板凹缺；中胸盾片前凹存在；中胸盾片均匀隆起；小盾片无侧脊；胸腹侧脊几乎伸达中胸侧板前缘；中胸腹板后横脊缺；后胸侧板下缘脊多少薄片状，透明；前翅 1-SR 脉不明显，少数明显；前翅 m-cu 脉明显前叉于 2-SR 脉；前翅 Cu1b 脉、2-SR 脉及 2A 脉存在；前翅第 1 亚盘室端部封闭；前翅无 A 脉；后翅亚基室大；后翅臂室（叶）较大；足第 2 转节简单，无齿；腹部具均匀的毛；腹部第 1 背板无背凹，气门位于中部前方；腹部第 1 背板侧凹深、大；下生殖板端部平截，大至中等大小；产卵管直或几乎如此，亚端部具 1 小结。

生物学：内寄生于裸露生活的鳞翅目幼虫，主要是夜蛾科和尺蛾科，少数也寄生于毒蛾科和枯叶蛾科。

分布：世界广布。包含 2 族：滑茧蜂族和韦氏茧蜂族。中国仅知滑茧蜂族，含 2 属，即滑茧蜂属 *Homolobus* Förster 和梳胫茧蜂属 *Exosticolus* van Achterberg。中国仅分布滑茧蜂属。

216. 滑茧蜂属 *Homolobus* Förster, 1862

Homolobus Förster, 1862: 256. Type species: *Phylax discolor* Wesmael, 1835.

主要特征：体长 4.4–15.0 mm；前翅长 4.6–16.0 mm。唇基腹缘薄；后头脊完整；下唇须第 3 节长是第 4 节的 0.14–0.62。前胸背板中央近中胸盾片前缘处有凹窝；盾纵沟明显；后胸侧板突大。前翅 1-SR+M 脉直；有 r-m 脉；cu-a 脉斜；第 1 盘室无柄；后翅缘室向外扩大，有或无 r 脉。后足胫节端部内侧无梳状栉。腹部第 1 节无柄，气门位于背板基部，背板长是端宽的 1.7–4.8 倍，基部中央突起。雌性腹末侧扁。产卵管长是前翅的 0.04–0.80。

生物学：寄主多数为裸露生活的鳞翅目幼虫，主要是夜蛾科和尺蛾科等科的幼虫，单寄生。

分布：本属是滑茧蜂族中最大的一个属，世界广布。世界已知 60 种，中国记录 19 种，浙江分布 4 种。

分种检索表

1. 爪简单，腹方无齿或薄片状；雄蜂后足胫节距端部通常着色，一般平截 ·················· 截距滑茧蜂 *H. (A.) truncator*
- 至少前足爪有 1 小齿或薄片；雄蜂后足胫节距端部透明、尖锐 ··· 2
2. 雌蜂后足内爪腹方近中部明显凹入，内爪形状与外爪完全不同；雌蜂触角第 3–6 节内侧有脊 ·············
 ··· 暗滑茧蜂 *H. (C.) infumator*
- 雌蜂后足内爪腹方近中部直或凸出，其形状与外爪相同或几乎相同；雌蜂触角第 3–6 节通常无脊，如有则很弱 ········· 3
3. 产卵管鞘短于腹部长，长为前翅的 0.26；前翅 3-SR 脉为 r 脉的 1.0–1.3 倍；脸红褐色；颊眼距为上颚基宽的 0.4 ··········
 ··· 尼泊尔滑茧蜂 *H. (O.) nepalensis*
- 产卵管鞘略长于腹部，长为前翅的 0.51–0.52；前翅 3-SR 脉为 r 脉的 1.7–2.0 倍；脸黑色；颊眼距为上颚基宽的 0.6–0.7 倍
 ·· 日本滑茧蜂 *H. (O.) nipponensis*

（612）截距滑茧蜂 *Homolobus (Apatia) truncator* (Say, 1829)

Bracon truncator Say, 1829: 78.

Homolobus (Apatia) truncator: He *et al.*, 2000: 572.

主要特征：体褐黄色；单眼区黑色；触角鞭节暗褐色；须和产卵管鞘为相当浅的黄色。下颚须长为头高的 1.3 倍。复眼内缘微凹，背面观复眼长度为上颊的 1.6 倍。额几乎平坦，在近触角窝处有浅刻条。头顶光滑，但在近单眼处有微细的刻线。脸相当平，在下方有刻条。唇基相当平坦，有小刻点，唇基端缘与唇基稍分开，中央稍突起。颊眼距长度为上颚基宽的 0.5。前胸背板侧面大部分光滑，中部有稍宽而后部有更窄的扇状刻条。胸腹侧区具皱状刻点；基节前沟有相当粗的夹点刻皱；中胸侧板其余部分光滑。后胸侧板

大部分光滑，仅腹方具皱；叶突相当大，端部平截且宽。中胸盾片光滑；盾纵沟深，具相当宽的扇形脊；并胸腹节前端一小块光滑，有一短中脊，中央和后方有网状皱纹。后足基节几乎光滑；后足胫节距长为基跗节的 0.7 和 0.5。雄性后足胫节距端部通常着色，一般平截；跗爪简单，基部有鬃状刚毛，腹方无齿或薄片状。腹部第 1 背板长为端宽的 3.2 倍，表面有相当浅的不规则的点状刻皱；第 1 背板背脊在基半部稍发达。产卵管鞘长为前翅的 0.07。茧：长椭圆形，长 7.5–8.5 mm，径 3.8–4.2 mm；白色，中段内壁有白带，后端半略带浅黄色。

分布：浙江（平湖、杭州、上虞、庆元）、黑龙江、吉林、辽宁、内蒙古、北京、河北、山西、河南、陕西、宁夏、甘肃、新疆、江苏、江西、台湾、四川、贵州；世界广布。

注：中名有的用绿眼距茧蜂。

（613）暗滑茧蜂 *Homolobus* (*Chartolobus*) *infumator* (Lyle, 1914)

Zele infumator Lyle, 1914: 288, 289.
Homolobus (*Chartolobus*) *infumator*: He *et al*., 2000: 575.

主要特征：体长 6.8–10.0 mm；前翅长 7.1 mm。体褐黄色；单眼区暗褐色。触角 46–50 节，雌性触角第 3–6 节内侧有脊。下颚须长为头高的 1.5 倍。复眼内缘微凹，背面观复眼长为上颊的 1.6 倍。上颊向后圆形收窄。额几乎平滑。头顶光滑。脸相当平，有横行的皱状刻条，但在唇基上方的三角区光滑。唇基相当平坦，具浅的小刻点，几乎光滑。颚眼距长为上颚基宽的 0.7。前胸背板侧方有小浅刻点，在中央有些短扇形刻纹。中胸侧板其余部分具不明显的小刻点；胸腹侧片几乎光滑；基节前沟前端有细皱，后半部光滑。后胸侧板具小刻点；叶突大，端部圆。中胸盾片具小刻点；盾纵沟具细扇形刻纹。并胸腹节表面光滑，除中央有一些皱和向中央延伸的不规则中横脊外，在后端有一弧形脊，围成一半圆形小区。后足基节光滑；后足胫节距长为基跗节的 0.6 和 0.5。跗爪有一亚端齿；雌性后足内爪腹方近中部明显凹入，内爪形状与外爪完全不同。腹部第 1 背板长为端宽的 2.4 倍，表面光滑；第 1 背板无背脊。产卵管鞘长为前翅的 0.05–0.07。

分布：浙江（安吉、临安、庆元、龙泉）、黑龙江、吉林、陕西、甘肃、新疆、江西、湖南、福建、台湾、贵州、云南；世界广布。

（614）尼泊尔滑茧蜂 *Homolobus* (*Oulophus*) *nepalensis* van Achterberg, 1979

Homolobus (*Oulophus*) *nepalensis* van Achterberg, 1979: 340.

主要特征：雌，黑褐色；头、复眼周围、上颊、触角（基半部烟褐色）及后足转节至胫节基部 1/3 处、距、跗节多少红褐色；后足基节暗红褐色；前中足胫节和跗节、第 1-2 背板折缘褐黄色；须、前中足基节和腿节，前胸背板后背角，以及翅鳞片和后翅基部黄白色。翅痣和翅脉暗褐色；翅膜透明。下颚须长为头高的 1.2 倍。背面观复眼长为上颊的 2.1 倍；上颊向后直线收窄。额几乎光滑；头顶相当平滑。脸平，具小刻点，但在近触角窝处有点皱。唇基中央稍突起，有小刻点；端缘相当薄。颚眼距长度为上颚基宽的 0.4 倍。前胸背板侧面中央和后方有并列刻条，其余大多为小刻点。中胸侧板具小刻点；几乎无基节前沟。后胸侧板具浅刻点，腹方有些脊；叶突大，端部圆。盾纵沟有窄的并列刻条，但前端几乎光滑；中胸盾片几乎光滑，有些小刻点。并胸腹节表面光滑，除有分脊和一相当不规则的中脊外，在后方有一规则的封闭椭圆形中区。后足基节具小刻点，背端方有少许刻条；后足胫节距长为基跗节的 0.6 和 0.5。跗爪有一中等大小的呈叶状的亚端齿，基部具刚毛。腹部第 1 背板长为端宽的 1.8 倍，表面有不明显的稀疏细刻皱；除基部有一对短痕迹外无背脊。产卵管鞘长为前翅的 0.26，甚短于腹部。

分布：浙江（临安）、陕西；尼泊尔。

（615）日本滑茧蜂 Homolobus (Oulophus) nipponensis van Achterberg, 1979

Homolobus (Oulophus) nipponensis van Achterberg, 1979: 338.

主要特征：雌，黑褐色；头顶近复眼处的斑、中胸盾片端侧角和后足大部分红褐色；后足胫节端部 0.7 暗褐色；须、前中足、翅基片、前胸背板端背角、下生殖板边缘黄色；触角端部褐色；翅膜透明；翅痣暗褐色。上颊向后直线收窄。额和上颊几乎平坦，几乎光滑。脸相当平坦，中央腹方光滑，背方具点皱，两侧革状纹。唇基具浅刻点，端缘相当厚。颚眼距为上颚基宽的 0.6–0.7。前胸背板侧面下方具细刻条，中央和后方具并列短刻条，背方和亚中部光滑。中胸侧板具稀疏细刻点；胸腹侧区多少具细皱；基节前沟基本上缺。后胸侧板腹方具细皱，背方几乎光滑；侧突大，端部圆。盾纵沟并列刻条窄；中胸盾片密布细刻点。并胸腹节具分脊和中区，其周围几乎光滑，有些细皱，仅前端有短的中纵脊。后足胫节距长为基跗节的 0.6 和 0.4；跗爪具 1 小亚端齿，基部具刚毛。腹部第 1 背板长为端宽的 2.1 倍，表面具浅细皱，背脊在基部 1/4 存在。产卵管鞘长为前翅的 0.51–0.52，略长于腹部。

分布：浙江（德清、庆元）、福建；日本。

（十七）刀腹茧蜂亚科 Xiphozelinae

主要特征：第 1 腹节在基部约 0.35 处气门正前方有一深而圆的侧凹；后翅 cu-a 脉强度内斜；产卵管鞘短，约等于腹端厚度；前翅 m-cu 脉在 2-SR 脉很前方；类似于"瘦姬蜂型"，即体黄色，单眼和复眼均大，夜间活动；第 1 背板无中凹和背脊；后头脊退化，但留有痕迹；爪腹面有一多少发达的叶状突；下颚须长为头高的 1.8–2.8 倍；体大型等。

生物学：仅知窄腹刀腹茧蜂在印度寄生于一种鳞翅目夜蛾科幼虫。

分布：古北区东部、东洋区、澳洲区。仅包括两属：刀腹茧蜂属 Xiphozele Cameron, 1906 和曲脉茧蜂属 Distilirella van Achterberg, 1979，在中国均有发现。浙江分布 1 属。

217. 刀腹茧蜂属 Xiphozele Cameron, 1906

Xiphozele Cameron, 1906: 204. Type species: Xiphozele compressiventris Cameron, 1906.

主要特征：后头脊远离口后脊，仅中段有一段残迹；上颚齿强；唇基强度隆起；额光滑或几乎光滑；触角细长，端节具刺；盾纵沟明显，在端部会合处有一中脊；小盾片无侧脊，在后方有宽阔刻纹，胸腹侧脊伸至中胸侧板前缘；中胸侧板镜面区及其下方光滑，前上方具刻点；1-SR+M 脉直，或近于如此；cu-a 脉与 1-M 脉相交，端方突然弯曲，明显狭于周围翅脉，并有一骨化片；亚中室在端部多少裸露无毛；后翅 1r-m 脉直；后翅 R1 脉稍微弧形或相当直；雌蜂跗爪具刚毛，亚中部有一叶状突；雄蜂跗爪内面有些直，端部有尖叶状突；第 1 腹节侧凹深，之间多少分开；产卵管鞘短壮。

生物学：未知。

分布：古北区、东洋区、澳洲区。世界已知 13 种，中国记录 12 种，浙江分布 3 种。

分种检索表

1. 翅明显烟褐色 ·· 2
- 翅微黄至褐黄色 ·· 阿氏刀腹茧蜂 X. achterbergi
2. 前翅两色（基部 0.3 黄色，其余烟褐色）；中胸盾片黑褐色 ·· 两色刀腹茧蜂 X. bicoloratus
- 前翅一色，暗褐色；中胸盾片黄褐色至褐黄色 ·· 烟翅刀腹茧蜂 X. fumipennis

（616）两色刀腹茧蜂 *Xiphozele bicoloratus* He et Ma, 2000

Xiphozele bicoloratus He et Ma in He et al., 2000: 612.

主要特征：雌，红黄色；头部、触角柄节及梗节、前胸黄褐色；第1背板基部浅黄褐色；上颚端部、单眼周围、中胸盾片3纵条及腹端部黑褐色。足红黄色，转节和腿节相交处褐色，跗节和后足胫节色较浅。翅透明，前翅基部0.3带黄色，其余烟褐色，后翅除最基部烟黄色外烟褐色；翅痣、副痣、痣外脉黄褐色，其余翅脉黑褐色。上颊弧形收窄。额光滑。头顶具带毛细刻点。颜面宽为高的1.5倍；在中央上方隆起处有一纵脊；满布刻点，侧上方具纵皱。颚眼距为上颚基宽的0.6。前胸背板侧面上方及下角光滑，槽前具点皱，在中央凹槽内有并列刻条。中胸侧板镜面区及其下方光滑，具粗点皱；基节前沟为斜网皱，沿侧缝前方光滑。后胸侧板具粗网皱。中胸盾片具模糊刻点；盾纵沟明显，内横脊弱，在端部会合处有一中脊。并胸腹节前方和后方2条亚中纵脊间有横脊，近后方3条横脊更明显，中区两侧为不规则网皱。腹部第1背板长为端宽的5.7倍；气门前方光滑；气门后具略纵行的不规则刻皱，前半刻纹较弱；气门后有一细中纵沟至后方宽而深。雄性气门后的不规则刻皱较强且在端部0.3（除了端缘）呈纵行。

分布：浙江（庆元）、福建。

（617）烟翅刀腹茧蜂 *Xiphozele fumipennis* He et Ma, 2000

Xiphozele fumipennis He et Ma in He et al., 2000: 615.

主要特征：雄，头部黑褐色，颜面下方色稍浅，唇基、上颚基部、须污黄褐色；触角柄节淡褐色，其外侧黄褐色，鞭节火红色，各节端部褐色。胸部褐黄色，中胸盾片后半、并胸腹节除了后缘淡褐至褐色。腹部背面第1节火红色，至基部色浅；第2、3背板背中线及侧缘赤黄色至黄色。足火红色，后足胫节黄褐色，距及跗节黄褐色。翅膜烟褐色；翅痣、副痣、痣外脉浅褐色，其余翅脉黄褐色。上颊弧形收窄。单眼区具皱。头顶具浅而细刻点。颜面宽为高的1.3倍；在中央上方隆起处有一短纵脊；满布夹点刻皱，侧上方呈斜刻条。唇基具皱状点；端缘微凹。颚眼距为上颚基宽的0.9。前胸背板侧面具细网皱，凹槽内和后缘上方具稀并列刻条，其下方有弱刻点。基节前沟满布网皱。后胸侧板具不规则粗网皱。中胸盾片光滑，具少数不明显刻点；盾纵沟后方具并列刻条。后胸背板有一条纵脊和一对平行的亚侧脊。并胸腹节基部有一短中脊及斜脊，其后方中央具稀横刻皱，在后端为细而密横刻条，两侧为粗网皱或几乎全部为横网皱。腹部第1背板长为端宽的6.7倍；基部表面具细颗粒状刻纹，很弱，几乎光滑，基半有一不明显中纵沟；气门后略带纵向网皱或刻点较弱；后端光滑。雌，与雄蜂基本相似。背面观复眼长为上颊的2.8倍；第1背板气门后刻纹稍弱；产卵管鞘长为前翅的0.04，为后足基跗节的0.26；头除单眼区外黄褐色；翅烟褐色较浅；翅痣、副痣及痣外脉黄褐色。

分布：浙江（德清）、云南。

（618）阿氏刀腹茧蜂 *Xiphozele achterbergi* He et Ma, 2000

Xiphozele achterbergi He et Ma, 2000: 625.

主要特征：雌，黄褐色，第1背板基部色稍浅。上颚端部、单眼区及周围、腹端部带黑褐色。足黄褐色，转节和腿节相交处褐色，跗节黄色。翅膜透明，带烟黄色；翅痣、副痣、痣外脉黄色，其余翅脉黑褐色。上颊弧形收窄。头顶具浅而细刻点。颜面宽为高的1.3倍，在中央上方隆起处有一短纵脊；满布浅刻点，在上方较粗，前上角具斜刻条和点皱。唇基具细刻点；端缘微凹。颚眼距为上颚基宽的0.7。前胸背板侧面上方光滑，在凹槽内具横刻条，其下方有弱刻点。基节前沟具波状细网点。后胸侧板中央隆起处具横行粗刻皱。中胸盾片具不明显刻点；盾纵沟后方具并列刻条。后胸背板有一条纵脊和一对平行的亚侧脊。并胸腹节基部有一短中脊，其后方中央具稀疏横刻条，两侧为细而密网皱或斜皱，后端光滑。后足2胫距长分别为基跗节的0.63和0.53。腹部第1背板长为端宽的5.9–6.5倍；基部表面平滑；气门后前半具颗粒状刻纹，近于光滑，有一细中纵沟；后半具浅而弱皱纹，近后端有一短中纵脊，后端光滑。产卵管鞘长为前翅的0.04，为后足基跗节的0.23–0.35。

分布：浙江（德清、杭州）、四川。

（十八）优茧蜂亚科 Euphorinae

主要特征：触角线状，有时柄节巨大，鞭节基部环节特化；触角通常位于复眼之间近额处，但有时着生于近唇基、突出的触角架上；下颚须6节，下唇须3节；前胸背板无前凹；小盾片后方中央有平行刻条的凹陷；前翅下脊光滑；胸腹侧脊存在；中胸腹板后横脊缺；并胸腹节后缘常具脊和分区，有时弱；前翅SR1脉骨化，缘室大至很小；前翅r-m脉缺或存在，1-M脉直，Cu1b脉缺；后翅缘室平行或向端部变窄，轭叶不明显或小；后翅2A脉缺，cu-a脉通常存在，有时缺；后足胫节端部近胫节距基部无钉状刺；腹部第1背板柄状或细长，气门位于背板中部或中部后方，背凹明显，背脊至少基部存在；产卵管及鞘短至长，细长至宽阔。

生物学：内寄生于鳞翅目幼虫、鞘翅目成虫和幼虫以及半翅目、膜翅目、脉翅目成虫，少数寄生于啮虫目和直翅目成虫。

分布：世界广布。浙江分布14属。

分属检索表

1. 腹部第1背板阔，不呈柄状，侧凹深；产卵管鞘长度短于其宽度的3倍，如果长于3倍，则第1背板具大背凹；前翅缘室长；前翅M+Cu1脉大部分不骨化（宽鞘茧蜂族 Centistini） ·················· **宽鞘茧蜂属** *Centistes*
- 腹部第1背板明显呈柄状，若呈亚柄状或较阔，则第1背板侧凹缺和/或前翅缘室短，或产卵管鞘长度长于其宽的3倍；前翅M+Cu1脉多样 ·· 2

2. 跗爪二分叉，中部强度弯曲；后翅1-M脉短于1r-m脉或缺，cu-a脉通常退化；前翅1-SR+M脉缺，SR1+3-SR脉不或稍弯曲，缘室通常长；腹部第1节背板腹方愈合，基半或全部呈管状；后翅2-1A脉缺；前翅M+CU1脉不骨化（姬蜂茧蜂族 Syntertini） ·· **姬蜂茧蜂属** *Syntretus*
- 跗爪简单，中部均匀弯曲，不扭曲；后翅1-M脉等长或长于1r-m脉；后翅cu-a脉、前翅1-SR1+M和SR1+3-SR脉多样；腹部第1背板基半多样，如果腹方愈合，则前翅1-SR+M脉存在；后翅2-1A脉通常存在；前翅M+Cu1脉多样，如果不骨化，则前翅缘室短 ·· 3

3. 触角柄节扩大，长于触角第3节，达到或超过头顶高度；如果处于中间类型，则背凹存在 ········· **长柄茧蜂属** *Streblocera*
- 触角柄节正常，稍微或不扩大，等长于或短于触角第3节，不达头顶高度，若达到头顶高度，则第1背板凹 ············ 4

4. 后头脊完全缺；中胸盾片短，横形，中部网皱；盾纵沟缺；前翅SR1脉近翅缘处消失，因此缘室开放，M+Cu1脉不骨化 ·· **网胸茧蜂属** *Ussuraridelus*
- 后头脊完整；中胸盾片长，非横形，中部大部分光滑；盾纵沟通常存在；前翅SR1脉完整，达前翅翅缘，缘室关闭，或SR1脉完全缺，因此无缘室 ·· 5

5. 前翅M+Cu1脉大部分不骨化或前翅r-m脉缺；产卵管通常强度向下弯曲，并短于后足基跗节；产卵管鞘长为其最大宽度的3倍或更短；前翅缘室小到缺（优茧蜂亚族 Euphorini） ·· 6
- 前翅M+Cu1脉完全骨化，若不骨化，则前翅r-m脉存在；产卵管直或仅端部弯曲，长于后足跗节；产卵管鞘长于其最大宽度的5倍；前翅缘室中等大小至大 ·· 8

6. 后头脊腹方直或几乎直；前翅 1-SR+M 脉存在，2-CU1 脉通常不骨化；后翅 cu-a 脉部分缺；后头脊背方中央有一大段缺；腹部第 1 背板腹方大部分开放 ·· 优茧蜂属 *Euphorus*
- 后头脊弯曲并与口后脊或至少有一分支相连；前翅 1-SR+M 脉多样，若存在，2-CU1 脉通常骨化；后翅 cu-a 脉多样，如果存在，腹部第 1 背板腹方开放；后头脊和第 1 背板多样 ··· 7
7. 前翅第 1 盘室和基室具同样密度的毛，两室均近透明；后翅 cu-a 脉存在；前翅 2-CU1 脉骨化；腹部第 1 背板端部通常变宽；后头脊背中央通常完整或稍有间断；中胸腹板中后部通常明显具皱纹；中胸腹板后横脊不明显或缺 ··· 常室茧蜂属 *Peristenus*
- 前翅第 1 盘室比基室具更多的毛，通常（几乎）完全光滑，颜色比基室更深；后翅 cu-a 脉多样，如果存在，则腹部第 1 背板腹方开放；腹部第 1 背板端部通常不变宽；后头脊通常背中央的间断较宽；中胸背板中后部通常光滑，中胸腹板后横脊明显 ··· 毛室茧蜂属 *Leiophron*
8. 腹柄腹髁几乎处于中足基节基部水平；腹部第 1 背板长，圆柱状，光滑，腹方关闭；前翅 r-m 脉存在 ··· 蜻茧蜂属 *Aridelus*
- 腹柄腹髁正常，近后足基节水平；腹部第 1 背板短，后半扁，不呈圆柱状，通常腹方大部分开放；前翅 r-m 脉多样 ··· 9
9. 前翅 r-m 脉通常存在，若缺，上颚具一条细中纵脊；前翅 1-R1 脉通常长于翅痣；第 1 背板背凹常存在；并胸腹节前方或亚中部常有曲横脊 ··· 10
- 前翅 r-m 脉缺；上颚无细中纵脊，但常具明显的腹脊；前翅 1-R1 脉通常短于翅痣；第 1 背板背凹缺，若存在，则小；并胸腹节常具皱纹或网皱，通常无脊 ··· 11
10. 后翅缘室端部变宽，有时有 r 脉痕迹；腹部第 4–5 背板大部分具密毛；第 1 背板背凹存在；茧无端丝；并胸腹节前端无横脊 ··· 赛茧蜂属 *Zele*
- 后翅缘室端部变窄，很少近两侧平行，无 r 脉；腹部第 4–5 背板大部分无毛，仅雄蜂具毛；背凹多样；一些种的茧具长端丝；并胸腹节前方常无横脊 ··· 悬茧蜂属 *Meteorus*
11. 腹部第 1 背板至少基腹方关闭，管状；唇基窄，几乎平坦，宽为高的 2.0–2.5 倍；后翅 1-M 脉短于 1r-m 脉 ··· 汤氏茧蜂属 *Townesilitus*
- 腹部第 1 背板腹方完全开放；唇基阔，相对凸出，宽为高的 1.4–2.2 倍；后翅 1-M 脉通常等长于 1r-m 脉或更长，但有时短 ··· 12
12. 柄节延长，约与额等长，达头顶高度；小盾片后方大部分具皱纹 ·················· 瓢虫茧蜂属 *Dinocampus*
- 柄节粗壮，长为额高的 0.5，不达顶高度；小盾片后方大部分光滑 ··· 13
13. 前翅 1-SR+M 脉缺，偶尔部分存在，但不完全骨化；雌蜂将卵产在寄主腹面的特定位置 ··· 食甲茧蜂属 *Microctonus*
- 前翅 1-SR+M 脉存在，并完全骨化；雌蜂将卵产在寄主身体的前面部分 ··· 缘茧蜂属 *Perilitus*

218. 蜻茧蜂属 *Aridelus* Marshall, 1887

Aridelus Marshall, 1887: 66. Type species: *Aridelus bucephalus* Marshall, 1887.

主要特征：头背面观呈横形；触角线形，18 节，端节具 1 刺；触角间距为触角窝直径的 2.0 倍；下颚须 6 节；下唇须 4 节；后头脊完整，或背中央的间断较宽，极少完全缺，腹方与口后脊会合；额具刻点，有 1 中脊伸至中单眼；雌性颜面宽大于唇基宽；唇基腹缘中央有凹痕；颚眼距为复眼高的 0.25–0.5；颚眼沟缺；上颚闭合时完全重叠；中胸背板、侧板和并胸腹节大部分具小室状网皱，并胸腹节端区伸至中足基节着生处；前翅副痣大；1-SR 脉缺至短；3-SR 脉缺至明显均有。1-R1 脉短；SR1 脉末端很靠近翅痣，而远离翅端；具 r-m 脉；后翅有 SR 脉和 2-M 脉，着深色；第 1 背板长约为除第 1 背板外腹部长度的 3/4，腹方完全愈合；第 3 背板几乎伸达腹部末端，其后各节隐藏；第 2 和第 3 背板腹方重叠，无侧褶；产卵管和鞘稍露出。

生物学：寄生于半翅目蝽科若虫和成虫。

分布：为中等大小属，世界广布，但热带地区种类丰富。世界已知 46 种，中国记录 25 种，浙江分布 5 种。

分种检索表

1. 后头脊完整，明显；额中脊明显片状或额有 2 条亚中纵脊 ··· 2
- 后头脊背方缺或完全缺；额中脊通常弱、低而宽 ·· 3
2. 胸部黑色；体长 4.8–6.5 mm ·· **橙足蝽茧蜂 *A. rutilipes***
- 胸部红色；体长 6.0–6.5 mm ·· **乌蝽茧蜂 *A. ussuriensis***
3. 后头脊完全缺；头宽为长的 1.7 倍 ·· **峨嵋蝽茧蜂 *A. emeiensis***
- 后头脊侧方存在，但背方缺；头宽为长的 1.9–2.4 倍 ·· 4
4. 第 1 鞭节长为宽的 2.6 倍；体长 3.6 mm ·· **翠峰蝽茧蜂 *A. tsuifengensis***
- 第 1 鞭节长大于宽的 3.0 倍；体长 3.7–4.0 mm ······························ **黑蝽茧蜂 *A. nigricans***

（619）峨嵋蝽茧蜂 *Aridelus emeiensis* Wang, 1985

Aridelus emeiensis Wang, 1985: 74.

主要特征：雌，体黑色；触角柄节、梗节淡黄色，第 1、2 鞭节黄褐色，其余鞭节渐深至端部数节褐色。翅痣褐色，翅透明，无淡褐色带。足黄色，后足腿节褐色，第 5 跗节及爪褐色。腹部第 1 节深褐色，其余腹节黑色；产卵管鞘黑褐色。头背面观横形，宽为长的 1.7 倍；无后头脊；额及头顶布满粗刻点及银白色细毛；额突出，上有 5 个长纵脊，各脊较低，不呈薄片状；前幕骨陷间距为幕骨陷至复眼间距的 2 倍；颚眼距为复眼高的 0.37；触角约与头、胸部之和等长，柄节、梗节长，第 1、2 鞭节较长，其余各鞭节依次渐短。胸部宽大，具网状隆脊，网眼甚大，呈蜂房状。前翅 SR1 脉不明显，1-R1 脉长为翅痣长的 0.5，第 2 亚缘室无"柄"。腹部光滑；腹末有稀疏短毛；产卵器显露。

分布：浙江、四川。

（620）黑蝽茧蜂 *Aridelus nigricans* Chao, 1974

Aridelus nigricans Chao, 1974: 455.

主要特征：雌，体长 3.7–4.0 mm。体完全黑色，头部和柄后腹黑色而略带赤褐色，腹柄节向基方色渐浅；唇基、上颚和翅痣赤褐色；须浅黄褐色；触角基方黄褐色，向末端色渐深，呈暗褐色；足黄褐色，后足腿节除基部和末端外淡赤褐色。翅无淡烟褐色横带。头背面观横形，其宽为长的 2.0–2.4 倍；后头脊不完全，仅两端明显，中央一大段消失；头顶刻点排成横行，两侧的刻点弯向额的两侧呈纵向排列，两行刻点之间为隆脊；额中央的纵脊粗而低，不呈薄片状；前幕骨陷间距为幕骨陷至复眼间距的 2.4–2.8 倍；颚眼距与复眼高之比为 1∶3.6。前翅缘室长约为翅痣长之半，m-cu 脉后叉。后足胫节距长为后足基跗节的 0.3。产卵器仅微露。雄，触角端前节长为宽的 2.0 倍；前幕骨陷间距为幕骨陷至复眼间距的 2.1 倍；后足胫节距明显弯曲，长为后足基跗节的 0.6；后足腿节黄色。

分布：浙江（舟山、开化）、福建、台湾、广东、广西。

（621）橙足蜉茧蜂 *Aridelus rutilipes* Papp, 1965

Aridelus rutilipes Papp, 1965: 187.

主要特征：雌，产卵管鞘长 0.5 mm。体黑色；上颚褐色，基部色深；须黄色；触角及足褐色，触角端部及端跗节和爪色深；翅膜透明，有 2 条暗色横带；痣和脉暗褐色；产卵管鞘黑色。头背面观，宽为长的 1.8 倍，具毛；复眼背面观长与上颊等长；颚眼距为复眼高的 0.45；前幕骨陷间距为幕骨陷至复眼之间距离的 2.0 倍；脸高为宽（最宽处）的 0.6；唇基和脸具细刻点；额多少具刻皱，中脊明显脊状；头顶和上颊具刻点；后头脊完整；POL：OOL：OD=2：4：1；触角第 1 鞭节长为基宽的 4.8 倍，为第 2 鞭节的 1.2 倍；端前节长为宽的 1.8 倍。胸部和并胸腹节刻纹蜂窝状。前翅 SR1 脉明显，有时弱；1-R1 脉长为翅痣长的 0.7；3-SR 脉明显；m-cu 脉明显前叉。腹部第 1 节长为端宽的 5.6 倍；腹部背板光滑。

分布：浙江（临安）、湖南、台湾、广西、贵州。

（622）翠峰蜉茧蜂 *Aridelus tsuifengensis* Chou, 1987

Aridelus tsuifengensis Chou, 1987: 27.

主要特征：雌，体暗褐色；唇基较淡，胸部较暗；上颚黄褐色，端部褐色；须黄褐色；触角黄褐色至褐色，端部暗；足褐色；翅膜透明，痣暗褐色，脉淡褐色；产卵管鞘暗褐色。头背面观宽为长的 1.9 倍，具毛；背面观复眼长为上颊的 1.0 倍；颚眼距长为复眼高的 0.53；前幕骨陷间距为幕骨陷至复眼间距的 1.7–1.9 倍；脸高为宽的 0.5；唇基具密集刻点；脸具密集刻点，略呈细皱状；额具刻点，中纵脊较宽而低；头顶及上颊具稀疏刻点；后头脊背方中央缺；POL：OOL：OD=16：53：10；触角第 1 鞭节长为基宽的 2.6 倍，为第 2 鞭节的 1.1 倍；端前节长为宽的 1.0 倍。胸部和并胸腹节蜂窝状；前翅 SR1 脉明著；1-R1 脉长为翅痣长的 0.5；3-SR 脉明显；m-cu 脉明显后叉。腹部第 1 节长为端宽的 5.7 倍；腹部背板光滑。

分布：浙江（临安）、台湾。

（623）乌蜉茧蜂 *Aridelus ussuriensis* Belokobylskij, 1981

Aridelus ussuriensis Belokobylskij, 1981: 43.

主要特征：雌，体长 6.0–6.5 mm。头、前胸和腹部黑色；胸部大部分及腹部第 1 节红褐色至暗红色；触角红褐色；上颚黑色；翅近透明，前翅有 2 条宽暗色横带，后翅端部暗色；翅痣暗红褐色，基部淡色；前翅翅脉完全红褐色。头背面观宽为长的 2.1 倍；头顶和后头具横皱；后头脊完整；额中纵脊明显，片状；小盾片前沟宽为小盾片长的 0.5。

分布：浙江（临安）；俄罗斯（远东地区）。

219. 宽鞘茧蜂属 *Centistes* Haliday, 1835

Leiophron subgenus *Centistes* Haliday, 1835a: 462. Type species: *Leiophron* (*Ancylus*) *cuspidatus* Haliday, 1833.
Centistes: Chen & van Achterberg, 1997: 21.

主要特征：触角线形；下颚须 5–6 节；下唇须 3 节；复眼具稀疏短毛；后头脊完整，与口后脊会合于上颚基部附近；颚眼沟存在；盾纵沟深，具平行刻条，但通常窄而光滑，有时缺，或仅在中胸盾片后半或 1/3 后部有短纵凹陷；胸腹侧脊完整；基节前沟通常有，但有时缺；并胸腹节常具 1 横中脊；前翅缘室相对较短；M+Cu1 脉不骨化；1-SR 脉存在；1-SR+M 脉有或无；cu-a 脉后叉式；2A 脉呈痕迹状；跗爪简单；腹部第 1 背板短，无腹柄和背凹，但有明显的侧凹；下生殖板中等大小，通常具密毛，有时光滑无毛或有各种突起；产卵管长而平（但其主要部分隐藏于腹部内），镰刀状；产卵管鞘通常短而细，有时长或粗。

生物学：寄生于鞘翅目成虫，特别是象甲科、叶甲科、瓢虫科和步甲科。

分布：世界广布。世界已知 68 种，中国记录 7 种，浙江分布 7 种。

1）宽鞘茧蜂亚属 Centistes Haliday, 1835

分种检索表

1. 前翅 1-SR+M 脉不着色，弱；前翅 m-cu 脉前叉式；背面观复眼为上颊的 0.8；产卵管鞘具短毛 ·· 间宽鞘茧蜂 *C. (C.) intermedius*
- 前翅 1-SR+M 脉明显；前翅 m-cu 脉对叉式；背面观复眼为上颊的 0.9–1.5 倍；产卵管鞘具长毛 ············ 2
2. 翅痣褐色；第 1 背板长为宽的 1.5 倍，中纵脊中部存在；触角 23–24 节 ············ 脊宽鞘茧蜂 *C. (C.) carinatus*
- 翅痣黄色；第 1 背板长为宽的 1.2 倍，其表面无中纵脊；触角 25–26 节 ············ 皱宽鞘茧蜂 *C. (C.) striatus*

（624）脊宽鞘茧蜂 *Centistes (Centistes) carinatus* Chen *et* van Achterberg, 1997

Centistes (*Centistes*) *carinatus* Chen *et* van Achterberg, 1997: 24.

主要特征：雌，体暗红褐色；头腹方（包括脸）、中胸侧板腹方红褐色；中胸盾片部分红褐色，有时完全褐黄色；触角基部褐黄色，端部变暗；前胸背板和足褐黄色，后足胫节端部褐色；须和转节浅黄色；翅透明，翅痣褐色，翅脉浅褐色至浅黄色。头背面观宽为长的 1.8 倍；背面观复眼长为上颊的 1.3 倍；上颊在复眼后圆弧状收窄；上颊、头顶和额光滑；脸和唇基几乎光滑；颚眼距为上颚基宽的 1.3 倍。中胸侧板光滑；基节前沟完全缺；后胸侧板大部分具皱纹；中胸盾片大部分光滑无毛，仅前方具很稀的毛；盾纵沟缺；小盾片前沟深，具 1 中脊；小盾片稍突起和光滑；并胸腹节具 1 横形和较不发达的中纵脊，其背方大部分光滑，中纵脊附近有些皱纹，其后方几乎光滑。前翅 1-R1 脉长为翅痣长的 1.2 倍；r 脉发自翅痣中部。后翅 1-M 脉等长于 1r-m 脉。前中足跗节稍缩短；后足基节几乎光滑；后足胫节距长为基跗节的 0.47。腹部第 1 背板长为端宽的 1.5 倍，其表面光滑，向端部逐渐变宽，气门不突出，背脊明显（除了端部），中纵脊中部存在；第 2 及以后背板光滑；下生殖板简单，具稀毛；产卵管鞘长，亚端部稍变宽，端部变窄，具长毛，鞘长为其宽的 3.4 倍，为前翅长的 0.08。

分布：浙江（德清、临安、开化）、陕西。

（625）间宽鞘茧蜂 *Centistes (Centistes) intermedius* Chen *et* van Achterberg, 1997

Centistes (*Centistes*) *intermedius* Chen *et* van Achterberg, 1997: 27.

主要特征：雌，体暗红褐色；触角第 1 节褐色，第 2 节黄色，第 3 和第 4 节基半褐黄色，其余暗褐色；须黄色；足黄褐色，后足胫节端部和后足跗节暗色，中后足基节基部褐色；翅透明，翅痣褐色，翅脉褐色至褐黄色。上颊在复眼后圆弧状收窄；上颊、头顶和额光滑；脸明显具微皱，其宽为高的 1.4 倍；唇基突起，具刻点；颚眼距为上颚基宽的 1.4 倍。中胸侧板光滑；基节前沟完全缺；后胸侧板腹方具皱纹，背方大部分光滑；中胸盾片光滑，前半具毛；盾纵沟缺；小盾片前沟深，具 1 中脊；小盾片中部光滑，侧方具刻点；并胸腹节具 1 明显横脊，背方大部分光滑，近横脊处具 1 弱中纵脊和皱纹，后半具微皱。足粗壮；前中足跗节明显缩短，后足跗节稍缩短；后足基节几乎光滑；后足胫节距长为基跗节的 0.5；后足跗节长为后足胫节的 0.7。腹部第 1 背板长为端宽的 1.3 倍，其表面端部光滑，其余具皱纹，向端部逐渐变宽，背板基部 2/3 处具背脊，基半具中脊；第 2 及以后背板光滑；下生殖板具短毛；产卵管鞘平，端部窄，具稀毛；鞘长为其宽的 4.6 倍，为前翅的 0.13；产卵管具 1 端前背缺刻。

分布：浙江（临安）、贵州。

（626）皱宽鞘茧蜂 *Centistes* (*Centistes*) *striatus* Chen et van Achterberg, 1997

Centistes (*Centistes*) *striatus* Chen et van Achterberg, 1997: 28.

主要特征：雌，体浅褐黄色；后胸侧板、并胸腹节和腹部第 1 节黄褐色；触角暗褐黄色；单眼区黑色；须浅黄色；足浅褐黄色；翅膜透明；翅痣黄色，翅脉褐黄色至浅黄色。头背面观宽为长的 2 倍；背面观复眼为上颊的 1.5 倍；上颊在复眼后两侧平行，后方明显变窄；上颊、头顶和额光滑；脸几乎光滑，具密毛，其宽为高的 1.2 倍；唇基稍突起，具刻皱；颚眼距为上颚基宽的 1.3 倍。中胸侧板光滑；基节前沟完全缺；后胸侧板大部分具皱纹；中胸盾片光滑，前方具毛；盾纵沟缺；小盾片前沟深，具 1 中脊；小盾片稍突起、光滑；并胸腹节具 1 明显横脊和中纵脊，大部分具不规则皱纹，仅基侧方光滑。前中足跗节缩短；后足基节几乎光滑；后足胫节距长为基跗节的 0.48。腹部第 1 背板长为端宽的 1.2 倍，其表面具纵刻条，向端部渐宽，气门稍突出；第 2 及其后背板光滑；下生殖板简单；产卵管鞘长、窄，亚端部稍变宽，具长毛，鞘长为端宽的 4.2 倍，为前翅的 0.18。

分布：浙江（嵊州）、江苏、湖北。

2）弯茧蜂亚属 *Ancylocentrus* Förster, 1863

分种检索表

1. 中胸盾片后方 1/3 或后半具 1 深短中纵凹陷；盾纵沟仅前方存在，呈很短凹陷 ································ 2
- 中胸盾片无中纵凹陷；盾纵沟完整，但有时浅 ··· 3
2. 颚眼距等长于上颚基宽；复眼较小；第 1 背板具纵皱纹；体长 2.0–2.6 mm ············· 叶甲宽鞘茧蜂 *C.* (*A.*) *medythiae*
- 颚眼距为上颚基宽的 0.6；复眼较大；第 1 背板几乎光滑；体长 2.8 mm ················· 眼宽鞘茧蜂 *C.* (*A.*) *ocularis*
3. 盾纵沟明显，至少部分具平行刻条；产卵管鞘较长且较不粗壮；体长 2.5 mm ············· 刻宽鞘茧蜂 *C.* (*A.*) *punctatus*
- 盾纵沟浅或不明显，光滑；产卵管鞘较短而粗壮；体长 3.3–6.2 mm ············· 毛肛宽鞘茧蜂 *C.* (*A.*) *chaetopygidium*

（627）毛肛宽鞘茧蜂 *Centistes* (*Ancylocentrus*) *chaetopygidium* Belokobylskij, 1992

Centistes (*Ancylocentrus*) *chaetopygidium* Belokobylskij, 1992: 216.

主要特征：雌，体黑色；前胸和中胸淡红褐色；触角黑色，但基部暗褐色；须和足淡褐色；后足胫节较暗；翅膜具非常淡的褐色，翅痣黑色。上颊在复眼后方直线状收窄，其长为复眼的 0.5–0.63；POL 稍长于 OD，为 OOL 的 1.5 倍；颚眼距为复眼高的 0.10–0.15，为上颚基宽的 0.77；脸宽为高的 1.3 倍；触角 30–32 节，第 1 鞭节长为端宽的 3.0–3.3 倍、为第 2 鞭节的 1.2–1.3 倍，端前节长为宽的 1.5–1.6 倍。胸部长为高的 1.5 倍；中胸盾片前方具毛，后方 1/2 至 2/3 光滑无毛；盾纵沟完整，浅而光滑；小盾片前沟长，具 1–3 条脊及一些非常弱的皱纹；小盾片突起；基节前沟很浅，宽，曲，光滑；并胸腹节基半光滑，端半具不规则皱纹，有 1 弱中横脊。腿节稍粗肿；后足腿节长为宽的 4.6–4.9 倍，基跗节为第 2 跗节的 2.0–2.2 倍。腹部第 1 背板向端部稍变宽，中部有短卵圆形凹，气门位于中部前方，稍突出，其长为端宽的 1.3–1.6 倍，端宽为基宽的 1.6–1.9 倍；背板表面光滑，侧方具弱皱；第 2+3 背板长为第 2 背板基宽的 1.5–1.7 倍；下生殖板具密集的刷状短毛；产卵管鞘短，厚，端部强度变窄，具短而密的毛，鞘长与最大宽度相等，为第 1 背板长的 0.25–0.27。雄，体长 3.3–3.8 mm；上颊在复眼后方圆弧状收窄，其长为复眼的 0.7–0.83；颚眼距为复眼高的 0.15–0.2；第 1 背板长为端宽的 1.2–1.4 倍；并胸腹节和第 1 背板具更明显的皱纹。

分布：浙江（临安、龙泉）、江西；俄罗斯（远东地区）。

（628）叶甲宽鞘茧蜂 *Centistes* (*Ancylocentrus*) *medythiae* Maeto *et* Nagai, 1985

Centistes medythiae Maeto *et* Nagai, 1985: 730.
Centistes (*Ancylocentrus*) *medythiae*: Belokobylskij, 1992: 206.

主要特征：雌，体褐黄色至褐色；触角端部褐色；头背方、腹部端半和产卵管鞘暗褐色；脸、胸部和腹部常褐色；须黄色；翅透明，翅痣褐色，基部和端部淡色。头背面观宽为长的 1.4–1.6 倍；上颊在复眼后方渐收窄；复眼背面观长为上颊的 1.0–1.3 倍；后头脊完整；头顶和上颊光滑；额微凸，光滑；复眼具稀疏毛；脸微凸，具微刻皱；唇基具刻皱；颚眼沟存在；颚眼距约等于上颚基宽；上颚端部强度扭曲，中部具 1 对纵脊；触角 21–22 节。前胸背板侧方光滑，前方和后方具一些平行短脊；前胸背板凹不明显；胸腹侧脊完整；中胸侧板大部分光滑，基节前沟完整，具短皱刻条；盾纵沟不完整，仅前端存在，光滑；中胸盾片光滑，后方中央具 1 凹陷；小盾片前沟宽，具 1 短中脊；小盾片凸出，皮革状，侧方具皱平行短脊；并胸腹节具 1 明显横脊，大部分具微皱，仅前方光滑。足跗爪简单；后足基节皮革状，具一些刻纹；后足腿节具浅刻点，长为宽的 3.5–4.0 倍；后足胫节距长为其基跗节的 0.5。腹部第 1 背板长为端宽的 1.3–1.5 倍，具纵刻条，在中部 0.3–0.7 处具 1 中纵脊；气门位于基部 1/3，背凹缺，侧凹深；第 2 背板及以后背板光滑；产卵管鞘宽，长为前翅的 0.1；产卵管强度侧扁，向下弯曲。

分布：浙江（杭州、上虞、东阳、丽水）、黑龙江、山东、江苏、安徽、贵州、云南；俄罗斯（远东地区），日本。

（629）眼宽鞘茧蜂 *Centistes* (*Ancylocentrus*) *ocularis* Chen *et* van Achterberg, 1997

Centistes (*Ancylocentrus*) *ocularis* Chen *et* van Achterberg, 1997: 34.

主要特征：雌，体暗红褐色；唇基、前胸、中胸红色；上颚和须黄色；足褐黄色；翅透明，翅痣褐色，翅脉褐色至浅黄色。复眼大；背面观复眼长为上颊的 1.6 倍；上颊在复眼后圆弧状明显窄；头顶和额光滑；脸宽为高的 1.3 倍，具弱刻点；唇基具刻点，腹缘中部直；颚眼距为上颚基宽的 0.6。基节前沟中部存在，窄，具平行刻条；后胸侧板大部分具皱纹；中胸盾片光滑，仅前方具稀疏毛，后方中央具 1 短凹陷；盾纵沟仅前方存在，几乎光滑；并胸腹节具 1 明显横脊，其背方大部分光滑，后半具不明显皱纹。后足基节几乎光滑；后足胫节距长分别为其基跗节的 0.50 和 0.56。腹部第 1 背板长为端宽的 1.7 倍；第 1 背板细长，中部稍窄，端部变宽，其表面光滑，在背板 1/3 处具 1 明显中纵脊，背脊存在，但端部缺；第 2 及以后背板光滑；端部 1 节侧扁；下生殖板光滑无毛；产卵管鞘短平、具短毛；鞘长为其宽的 2.5 倍，为前翅的 0.11。

分布：浙江（临安、松阳）。

（630）刻宽鞘茧蜂 *Centistes* (*Ancylocentrus*) *punctatus* Chen *et* van Achterberg, 1997

Centistes (*Ancylocentrus*) *punctatus* Chen *et* van Achterberg, 1997: 35.

主要特征：雌，体暗褐色，几乎黑色，腹部（除了第 1 节）色淡；唇基、触角基部和足黄褐色，其余触角褐色；须黄色；翅透明，翅痣和翅脉褐色。上颊在复眼后方稍变宽然后稍窄；上颊、头顶及额光滑；脸具刻点，其宽为高的 2 倍；唇基明显具皱纹，腹缘突起；颚眼距等长于上颚基宽。基节前沟宽，具明显平行刻条；中胸侧板光滑；后胸侧板具皱纹；盾纵沟窄而深，具平行刻条；中胸盾片具刻点和毛；小盾片前沟宽，深，具 1 中脊；小盾片小，几乎光滑，前方突起；并胸腹节大部分具明显皱纹，具 1 弱中横脊。后翅 1-M：1r-m=10：12。后足基节侧方具刻点；后足胫节距长为基跗节的 0.46。腹部第 1 背板长为端宽的 1.4 倍，其表面明显纵皱纹，基部凹；两侧基部至气门渐宽，至端部几乎平行；第 2 及以后背板光滑；下生殖板有长毛；产卵管鞘较长且较不粗壮、具长毛，其长为宽的 2.4 倍，为前翅的 0.09。

分布：浙江（庆元）。

220. 瓢虫茧蜂属 *Dinocampus* Förster, 1862

Dinocampus Förster, 1862: 252. Type species: *Bracon terminalis* Nees, 1811.

主要特征：触角 22–24 节，端节无刺，柄节长约为宽的 3.0 倍，约等长于触角第 3 节；触角窝间距约等长于触角窝直径；下颚须 5 节；下唇须 2 节；后头脊完整，背方位置低，腹方与口后脊在上颚基部上方分离；复眼具毛，但微小；颜面宽大于唇基宽；唇基宽约为其高的 1.4 倍；前幕骨陷甚大；幕骨陷间距约为幕骨陷至复眼间距的 2.0 倍；颚眼沟存在；颚眼距为复眼高的 0.20–0.25；上颚细长，上齿明显长于下齿；盾纵沟存在，后方宽，具不规则皱纹；小盾片具皱纹，后方具 1 小凹陷；基节前沟存在，具皱纹；并胸腹节短，具小室状网皱，后方陡斜，中部具 1 宽沟；翅痣阔，长约为宽的 2.0 倍；前翅 1-R1 脉短，约等长于翅痣；SR1+3-SR 脉末端靠近翅痣，而远离翅尖；1-SR 脉和 1-SR+M 脉存在；r-m 脉缺；M+Cu1 脉骨化；后翅 SR 脉和 2-M 脉存在，着色；M+Cu 脉明显长于 1-M 脉；腹部第 1 背板具柄，端部明显变宽，具皱状刻点，背凹和侧凹缺，腹方不愈合；第 2 和第 3 背板光滑；产卵管细长，约等长于第 1 背板，约为前翅的 0.25。

生物学：寄生于鞘翅目瓢虫科几个属的成虫。

分布：世界广布。小属；世界已知 1 种，中国记录 1 种，浙江分布 1 种。

（631）瓢虫茧蜂 *Dinocampus coccinellae* (Schrank, 1802)

Ichneumon coccinellae Schrank, 1802: 310.
Dinocampus coccinellae: Chen & van Achterberg, 1997: 41.

主要特征：雌，头浅黄褐色；单眼区、后头黑色，触角自基部至端部褐至黑色。胸部及并胸腹节黑色。前足浅黄褐色，中后足暗褐色。翅透明，略呈烟色；翅痣与翅脉暗褐色。腹部第 1 背板黑色，其余背板黑褐色，腹部侧面及腹面浅黄褐色。头光滑，具白色柔毛；触角与体等长，22 节。颜面中央略突起呈脊状。单眼排列呈钝三角形，侧单眼间距离约为单复眼间距离的 2/3。唇基与颜面间分界明显成沟，沟之两端深陷。盾纵沟具网状皱纹，呈宽广"U"字形浅沟，浅沟前方中央及盾片侧叶平滑具光泽。中胸侧板除下部局部光滑外具皱褶刻点。小盾片前沟横宽，具粗网状皱褶。前翅径脉端部距翅痣较距翅端近，m-cu 脉着生于第 1 亚缘室，cu-a 脉后叉式；后翅径室具柄。并胸腹节短，后端陡切，具网状皱纹。腹部有柄；第 1 背板具网状皱褶，第 2 节及其后各节背板平滑，具光泽。产卵管突出，直，其鞘约为腹长之半，被白毛。

分布：浙江（临安、东阳）、北京、河北、山西、山东、河南、陕西、新疆、上海、福建、台湾、广东、广西、四川、云南；世界广布。

221. 优茧蜂属 *Euphorus* Nees, 1834

Euphorus Nees, 1834: 360. Type species: *Euphorus pallicornis* Nees, 1834.

主要特征：触角 16 节，端节无刺；下颚须 5 节；下唇须 3 节；后头脊通常背方中央很长一段缺，腹方与口后脊远离；额、头顶和上颊光滑；颚眼沟存在；颚眼距为复眼高的 0.25–0.5；中胸背板和小盾片光滑；盾纵沟缺，但有时存在；前翅缘室小；SR1 脉远离翅尖；1-SR+M 和 2-M 脉存在；M+Cu1 脉大部分不骨化；2-Cu1 脉通常不骨化，但有时存在；第 1 盘室和基室具相同的毛，两者均透明；跗爪简单；腹部第 1 背板两侧几乎平行或端部稍变宽，腹方不愈合，背凹有时存在，侧凹缺；第 2 和第 3 背板无侧褶，几乎伸达腹部末端，其后各节隐藏；产卵管几乎不可见，通常短于第 1 背板的 0.25；产卵管细长，明显向下弯曲。

生物学：寄生于啮虫目啮虫科的若虫和成虫。

分布：世界广布（除澳洲区外）。世界已知 24 种，中国记录 7 种，浙江分布 2 种。

（632）常优茧蜂 *Euphorus normalis* Chen *et* van Achterberg, 1997

Euphorus normalis Chen *et* van Achterberg, 1997: 46.

主要特征：雌，体暗褐色；脸较浅；第 2、3 背板色较浅。唇基和上颚红黄色；触角和足黄褐色。翅透明，翅痣黄色，翅脉大部分浅黄色至无色。头面观宽为长的 1.7 倍；单眼区底长为侧边长的 1.2 倍；背面观复眼为上颊的 1.1 倍；上颊在复眼后方稍突起；上颊、头顶及额光滑；脸具密毛，其宽为高的 1.5 倍；唇基光滑，腹缘中部突出；颚眼距与上颚基宽等长。基节前沟中部存在，窄，具不规则皱纹，与侧板凹由沟相连；中胸侧板光滑；后胸侧板粗糙，具斜皱纹；中胸盾片光滑，沿盾纵沟有些长毛；盾纵沟完全缺；小盾片光滑，后方有微小凹陷；小盾片前沟深，具 1 中脊；并胸腹节粗糙，具不规则皱纹。前翅 1-R1 脉长为翅痣长的 0.29，为翅痣宽的 0.8；r 脉缺；SR1 和 2-SR 脉发自翅痣同一处；m-cu 脉前段几乎缺。后翅 cu-a 脉缺。后足基节几乎光滑；后足胫节距长分别是基跗节的 0.30 和 0.35；爪简单。腹部第 1 背板长为端宽的 2.6 倍，其表面具粗糙皱纹，气门不突出或稍突起，背凹存在；第 2、3 背板光滑，第 2 背板缝缺；抱握器宽。

分布：浙江（临安）。

（633）红胸优茧蜂 *Euphorus rufithorax* Chen *et* van Achterberg, 1997

Euphorus rufithorax Chen *et* van Achterberg, 1997: 47.

主要特征：雌，体红褐色；头和胸部背方黑色，脸和头腹方红黄色；腹部暗红褐色，第 1 背板黑色；触角褐色，基部 3 节黄色；须浅黄色；足黄色，转节、后足胫节端部和后足跗节变暗；翅透明，有褐色密毛，翅痣褐色，基部色浅，翅脉褐色。触角第 3 节长为第 4 节的 4.4 倍。单眼区底长为侧边长的 1.3 倍；背面观复眼长为上颊的 1.3 倍；上颊在复眼后方圆弧状，稍窄；上颊和头顶光滑；额平，光滑；脸中等均匀突起，具密毛，其宽为高的 1.2 倍；唇基光滑，具长毛，腹缘中部突起，其宽为高的 3.0 倍；颚眼距为上颚基宽的 0.5。基节前沟存在，浅阔，具皱纹；侧板凹与基节前沟间由一斜沟相连；中胸侧板仅中部光滑，背前方具皱纹；后胸侧板完全具皱纹；盾纵沟明显，窄，具平行刻条；中胸盾片中叶大部分具刻点，侧叶大部分光滑；小盾片前沟宽，深，有 3 条脊；小盾片光滑，后方中央具 1 微小凹陷；并胸腹节完全网皱，基部横脊明显。后足基节光滑；后足胫节距长分别是基跗节的 0.33 和 0.29。腹部第 1 背板长为端宽的 1.8 倍，其表面具不规则纵皱纹，端部变宽，基部背脊存在，弱，气门不突出，背凹小；以后背板光滑；第 2 背板缝缺。

分布：浙江（临安）。

222. 毛室茧蜂属 *Leiophron* Nees, 1818

Leiophron Nees, 1818: 303. Type species: *Leiophron apicalis* Haliday, 1833.

主要特征：触角 14–20 节，端节无刺；下颚须 5 节；下唇须 2–3 节；后头脊背方通常中断较长，腹方与口后脊会合；额、头顶和上颊光滑；颚眼沟存在；颚眼距为复眼高的 0.25–0.5；中胸背板和小盾片通常光滑；盾纵沟缺；中胸腹板后横脊明显；并胸腹节中后方无凹陷；前翅缘室小；SR1 脉止于翅端很前方；1-SR+M 脉存在，但有时缺；2-M 脉存在；M+Cu1 脉大部分不骨化；1-M 脉通常粗；2-Cu1 脉骨化或不骨化；3-Cu1 和 Cu1a 脉缺；第 1 盘室比基室毛更密，常比基室黑，也常（几乎）完全光滑无毛。跗爪简单；第 1 背板两侧几乎平行或端部稍变宽，腹方多样；大部分不愈合，明显被一个裂缝分开，两侧相接一长段并多少合并，或完全愈合，侧凹和背凹缺，气门位于背板中部前方；第 2 和第 3 背板无侧褶，第 2 背板缝缺；下生殖板小，腹方直且具毛；产卵管几乎不可见，通常小于第 1 背板的 0.25；产卵管细长，并向下弯曲。

生物学：寄生于盲蝽科、长蝽科和啮虫目若虫。通常寄生于低龄寄主若虫，并从成熟寄主若虫或成虫上羽化。

分布：世界广布。世界已知 95 种，中国记录 5 种，浙江分布 2 种。

（634）程氏毛室茧蜂 *Leiophron* (*Euphoriana*) *chengi* Chen et van Achterberg, 1997

Leiophron (*Euphoriana*) *chengi* Chen et van Achterberg, 1997: 52.

主要特征：雄，体长 2.5 mm，前翅长 2.2 mm。体暗红褐色；触角褐黄色，端部稍暗；须浅褐色；足暗黄褐色。翅透明，翅痣褐色，基部色浅；翅脉褐色至无色。单眼区底长为侧边长的 2 倍；背面观复眼为上颊的 1.3 倍；上颊在复眼后两侧平行；上颊、头顶和额光亮；脸明显具刻点，其宽为高的 1.9 倍；唇基光滑，腹方中部突出呈遮檐状；颚眼距为上颚基宽的 0.6。基节前沟中部存在，具皱纹；中胸侧板前方和腹方光滑，其余具细皱纹；后胸侧板具斜皱纹；中胸盾片光滑，具很稀的毛；盾纵沟完全缺；小盾片前沟有 3 条脊；小盾片光滑；并胸腹节具不规则皱纹。前翅 1-R1 脉长为翅痣长的 0.18；SR1 和 2-SR 脉基部合并；基室光滑无毛；第 1 盘室具稀疏毛。后翅 cu-a 脉存在。后足基节光滑；后足胫节距长分别是基跗节的 0.43 和 0.50。腹部第 1 背板光滑，端部稍变宽，其长为宽的 2.1 倍，腹方不愈合，其气门稍突出；第 2、3 背板光滑。

分布：浙江（临安）。

（635）黄体毛室茧蜂 *Leiophron* (*Leiophron*) *flavicorpus* Chen et van Achterberg, 1997

Leiophron (*Leiophron*) *flavicorpus* Chen et van Achterberg, 1997: 53.

主要特征：体长 1.8 mm，前翅长 1.4 mm。体黄褐色，腹部端部暗褐色；触角褐黄色，端部暗；足黄褐色，后足胫节端部 2/3 暗色。翅透明，但前翅第 1 亚盘室和第 1 盘室褐色；翅痣褐色，基部浅，翅脉黄褐色至无色。头背面观宽为长的 1.5 倍；触角 14+节；OOL∶OD∶POL = 8∶2∶8。前胸背板侧方具平行刻条，腹方有些纵皱；中胸侧板大部分光滑；基节前沟缺；后胸侧板具皱纹；中胸盾片光滑，小盾片前沟宽而深，具 1 中脊；小盾片光滑突起；并胸腹节具不规则皱纹。前翅 1-R1 脉长为翅痣长的 0.14；缘室很小；1-M 脉粗；1-SR+M 脉存在；m-cu、2-Cu1、3-Cu1、Cu1b、2-1A 脉缺；cu-a 脉后叉式；基室光滑无毛；第 1 盘室具毛。后翅丢失。后足胫节距长为基跗节的 0.36。腹部第 1 背板具细纵皱，两侧平行，腹方大部分愈合，其长为宽的 4.7 倍，其气门位于基部 0.33 处，突出；第 2、3 背板光滑。

分布：浙江（龙泉）。

223. 悬茧蜂属 *Meteorus* Haliday, 1835

Meteorus Haliday, 1835b: 24. Type species: *Ichneumon pendulator* Latreille, 1799.

主要特征：雌，触角 28–36 节，端节无刺，柄节端部平截，短，不伸达头部上缘；触角间距稍长于触角窝直径；下颚须 6 节；下唇须 3 节；复眼大而裸，前面观腹方稍内聚；后头脊通常完整，与口后脊会合处远离上颚基部上方；额凹，几乎光滑；口上沟存在；前幕骨陷大而深；唇基稍突起；颚眼沟很发达；上颚细长，逐渐变细，具 1 细中纵脊，上齿明显长于下齿，尖锐；基节前沟完整，宽，具皱状平行刻条；胸腹侧脊完整；中胸腹沟深；后方脊缺；中胸侧沟具平行刻条；盾纵沟完整，深并具平行刻条；小盾片前沟深，内有数条脊；小盾片中部突起，侧脊缺，中央后方有小凹陷；并胸腹节具不规则粗糙皱纹；前翅 1-R1 脉约等长于翅痣；1-SR 脉短；r-m 脉通常存在，但有时缺；M+Cu1 脉完全骨化；3A 脉短；后翅 M+Cu 脉明显长于 1-M 脉；cu-a 脉近于垂直；2-SC+R 脉长；SR 脉不骨化；后翅缘室向顶端收窄或平行，端部不阔；腿细长；爪简单而细长；腹部第 1 背板细而长，腹方中央通常相遇或几乎相遇，有时基部愈合，管状，气门位于中央或中央稍后方，背凹和侧凹通常存在，但有时缺；第 2 和以后各背板光滑；第 2 和第 3 背板有侧褶；腹部背板亚端部具 1 列毛；下生殖板简单，具稀疏短毛；产卵管鞘细长，具横脊和毛；鞘长约为第 1 背板的 2.0 倍；产卵管细而直，端部尖锐，背瓣亚端部具 1 弱缺刻。

生物学：寄生于鳞翅目尺蛾科、夜蛾科、带蛾科、眼蝶科、蛱蝶科、螟蛾科、卷蛾科、蝙蝠蛾科、斑蛾科、谷蛾科、灰蝶科、枯叶蛾科、麦蛾科、毒蛾科、灯蛾科、Nolidae 和尖翅蛾科幼虫体内；有些种寄生于鞘翅目木蠹甲科、长朽木甲科、金龟子科、毛蠹甲科、天牛科、小蠹科、叶甲科及拟步行虫科和脉翅目（*Meteorus oculatus* Ruthe, 1862）。蜂幼虫成熟后，钻出寄主幼虫，通常先引丝下垂，上下数次，以加固悬丝，再悬室结茧，茧多黄褐色，呈麦粒状。通常单寄生，部分聚寄生。

分布：世界广布。世界已知 356 种，中国记录 34 种，浙江分布 3 种。

分种检索表

1. 第 1 背板基部下缘在腹面几乎完全接触；并胸腹节无脊；腹部第 1 背板气门前方无凹洼 ·········**虹彩悬茧蜂 *M. versicolor***
- 第 1 背板基部下缘在腹面短距离接触，或完全不接触；并胸腹节有脊；腹部第 1 背板气门前方有凹洼 ····················· 2
2. 第 1 背板基部下缘在腹面短距离接触；唇基具密集的直立毛簇；翅痣上缘黄色，下方有褐斑 ································
··**斑痣悬茧蜂 *M. pulchricornis***
- 第 1 背板基部下缘在腹面完全不接触；唇基具稀疏的俯卧毛；翅痣浅黄褐色 ·······················**黏虫悬茧蜂 *M. gyrator***

（636）黏虫悬茧蜂 *Meteorus gyrator* (Thunberg, 1822)

Ichneumon gyrator Thunberg, 1822: 261.

Meteorus gyrator: He et al., 2004: 128.

主要特征：体长 4.5–5.5 mm。体黄褐色至赤褐色，北方个体色较深；单眼区及腹部后端色稍暗；触角至末端、端跗节及爪、有时第 1 背板全部或仅凹洼附近、产卵管鞘均黑褐色至黑色。翅透明。翅痣淡黄褐色。侧单眼间距与单复眼间距相等，约为单眼直径的 2 倍；颜面下端宽约为高的 1.5 倍；上颊宽约为复眼横径的 0.65；触角 32–36 节。胸部刻点较细而稀；并胸腹节具网状皱纹，基半有中纵脊。前翅 3-SR 脉近于 r 脉的 3 倍，与 r-m 脉等长；2-SR 脉与 2-M 脉等长，与 m-cu 脉相交且约等长，为 r-m 脉长的 1.3 倍；cu-a 脉在 1-M 脉稍外方；但亦有少数个体 m-cu 脉稍前叉式。腹部第 1 背板基部呈柄状，在气门前方的凹洼明显，后方纵行刻条甚明显，背板下缘在腹面近于平行不相接触；第 2 及以后各节背板光滑；产卵管鞘稍超过腹长的一半，约为后足胫节长的 0.65。

分布：浙江、黑龙江、吉林、辽宁、北京、河北、山西、河南、陕西、江苏、上海、湖北、江西、福建、广东、四川、贵州、云南。

（637）斑痣悬茧蜂 *Meteorus pulchricornis* (Wesmael, 1835)

Perilitus pulchricornis Wesmael, 1835: 42.

Meteorus pulchricornis Shenefect, 1969: 87.

主要特征：体长 3.5–5.0 mm。单复眼间距及侧单眼间距分别为单眼长径的 1.6 倍及 2.0 倍；颜面下端宽长于其高；触角 29–32 节。并胸腹节具不规则刻纹，有中脊。前翅 m-cu 脉多与 2-SR 脉对交，但亦有稍在前方的。腹部第 1 背板近基部通常有 2 个凹洼，但有凹洼极小而看不出的，凹洼之后具纵刻条，背板下缘在腹面短距离相接，接触部位从基部 2/7 至 3/7 处。产卵管鞘约为腹长的 1/2 或为后足胫节长的 1/2。体黄褐色至赤褐色；单眼区、触角至端部、并胸腹节、通常第 1 背板及腹部末端、后足腿节端部、胫节端部、端跗节及爪褐色或黑色；翅痣沿前缘黄色，下方有褐色斑，故又名"斑痣方室茧蜂"。

分布：浙江（杭州、镇海）、河北、河南、陕西、江苏、安徽、湖北、江西、四川、贵州；古北区，旧热带区。

（638）虹彩悬茧蜂 *Meteorus versicolor* (Wesmeal, 1835)

Perilitus versicolor Wesmeal, 1835: 43.
Meteorus versicolor: He et al., 2004: 142.

主要特征：体长 4.0–4.5 mm。体黄褐色；单眼区、并胸腹节黑色；第 1 背板基部及后缘淡黄色，其余黑色；以后背板色泽变化很大，从黄褐色至有黑斑或几乎全黑。头在复眼之后几乎呈直线收窄；单眼大，其长径约为侧单眼间距的 0.9，稍大于单复眼间距；颜面宽度与高度等长，密布细刻点；复眼大，其纵径不达横径 2 倍；触角短于体，29–30 节。中胸盾片具皱状刻点，小盾片平滑有光泽。并胸腹节具网状皱纹。前翅回脉前叉式，但个别近于对叉式。腹部第 1 背板气门前方无凹洼，除基部外具明显细刻条，背板下缘在腹面相接部位较长，从近基部起至该节的 2/5 处。产卵管鞘约为腹长的 2/3，与后足胫节等长。

分布：浙江、黑龙江、吉林、辽宁、湖南；美国曾从欧洲输入。

224. 食甲茧蜂属 *Microctonus* Wesmael, 1835

Microctonus Wesmael, 1835: 54. Type species: *Perilitus aethiops* Nees, 1834.

主要特征：触角 16–40 节，柄节短，长约为宽的 2.0 倍，端节无刺；下颚须 5 节；下唇须 3 节；后头脊完整，或背方比侧方弱，或背方缺，腹方弯向口后脊并与之会合；复眼裸；颚眼沟和口上沟存在；上颚闭合时的重叠部分小于上颚长度的一半，其长小于上颚基宽的 6.0 倍；后胸侧板完全具不规则皱纹；盾纵沟和基节前沟存在；小盾片光滑；并胸腹节具不规则脊，脊间有模糊皱纹，后方中央具明显凹陷；前翅缘室相当短；1-R1 脉长通常不长于翅痣；1-SR+M 脉和 r-m 脉缺；M+Cu1 脉完全骨化；跗爪简单；腹部第 1 背板腹方不愈合，通常无背凹，有时存在，侧凹缺；第 2 及其后背板光滑；第 2 和第 3 背板基部有侧褶；下生殖板小至中等大小，通常光滑无毛；产卵管细长，具毛，毛长大于鞘宽；产卵管长，长于第 1 背板，直或中等程度弯曲。

生物学：寄生于鞘翅目成虫，尤其是叶甲科、步甲科、象甲科、天牛科、朽木甲科和拟步甲科。

分布：世界广布。世界已知 37 种，中国记录 3 种，浙江分布 3 种。

分种检索表

1. 前翅 1-R1 脉等长于翅痣；下颚须端部 2 节和长为第 3 节长的 1.6–1.7 倍；腹部第 1 背板背凹缺；后头脊完整；触角 31–34 节（雄）或 28 节（雌） ·· **冠食甲茧蜂 *M. cretus***
- 前翅 1-R1 脉明显短于翅痣（长为翅痣的 0.46–0.85）；下颚须端部 2 节长度为第 3 节长的 1.0–1.2 倍；腹部第 1 背板背凹通常存在；后头脊通常背中部很短一段缺；触角 18–24 节 ·· 2

2. 前翅 1-R1 脉长为翅痣的 0.70–0.85；前翅 SR1+3-SR 脉端部多少直；第 1 背板背凹缺，长为端宽的 1.8 倍，其表面具纵皱纹，端部光滑；体长 2.2 mm ·· **皱板食甲茧蜂 *M. simulans***
- 前翅 1-R1 脉长为翅痣的 0.45–0.65；前翅 SR1+3-SR 脉均匀弯曲；第 1 背板背凹存在，长为端宽的 2.2 倍，端部稍变宽，具弱皱；体长 1.4 mm ··· **直瓣食甲茧蜂 *M. neptunus***

(639) 冠食甲茧蜂 *Microctonus cretus* Chen *et* van Achterberg, 1997

Microctonus cretus Chen *et* van Achterberg, 1997: 65.

主要特征：雌，体长 2.9 mm，前翅长 2.8 mm。体暗红褐色；头红黄色；上颚和须黄色；触角褐色，基部 3 节红黄色；单眼区黑色；前胸和足褐黄色，后足胫节和跗节褐色；鞘褐色；翅透明，翅痣和翅脉褐色。头背面观宽为长的 1.7 倍；触角 28 节；背面观复眼长为上颊的 1.6 倍；基节前沟宽；中胸侧板大部分光滑，背方具少许皱纹；盾纵沟窄、深，具平行刻条，后方具皱纹和 1 条短而弱中脊；中胸盾片中叶具弱皱纹和密毛；小盾片前沟深，有 3 条脊；小盾片光滑，后方中央具明显横凹；并胸腹节具不规则稀疏网皱。前翅翅痣长为宽的 2.9 倍；1-R1 脉等长于翅痣；r 脉发自翅痣中央稍后方，其长为翅痣宽的 0.58。后足基节光滑；后足胫节距长分别是基跗节的 0.33 和 0.29。腹部第 1 背板长为端宽的 2.4 倍；产卵管鞘细长，其长度为前翅的 0.32，具稀毛，产卵管细长，稍向下弯曲。

雄性与雌性相似，但体长 2.4–3.5 mm，前翅长 2.4–3.0 mm；触角 31–34 节。

分布：浙江（临安）、福建。

(640) 直瓣食甲茧蜂 *Microctonus neptunus* Chen *et* van Achterberg, 1997

Microctonus neptunus Chen *et* van Achterberg, 1997: 72.

主要特征：体长 1.4 mm，前翅长 1.5 mm。头黄色，胸部和腹部暗红黄色，单眼区周围及胸部背方褐色；触角褐色，基部 4 节黄色；足黄色。翅透明；翅痣褐黄色，翅脉褐色至黄色。头背面观宽为长的 1.8 倍；触角 20 节；背面观复眼为上颊的 1.3 倍；脸呈细颗粒状，其宽为高的 1.3 倍；唇基宽短于脸宽，突起，几乎光滑，腹缘中部直；颚眼距为上颚基宽的 0.9。前胸背板侧前方粗糙，具平行刻条，其余大部分光滑；盾纵沟明显，但浅，具粗糙平行刻条；小盾片前沟宽，具 1 条脊；小盾片光滑，后方中央有明显横凹；并胸腹节具不规则稀疏网皱，后侧方脊稍突出。前翅翅痣长为宽的 3.0 倍。后足基节光滑；后足胫节距等长，是基跗节的 0.25。腹部第 1 背板长为端宽的 2.2 倍，第 1 背板端部稍变宽，气门位于中央后方；产卵管鞘细长，其长为前翅宽的 0.24，明显具稀毛；产卵管细长，直，亚端部具 1 背缺刻。

分布：浙江（临安）。

(641) 皱板食甲茧蜂 *Microctonus simulans* Chen *et* van Achterberg, 1997

Microctonus simulans Chen *et* van Achterberg, 1997: 73.

主要特征：体长 2.2 mm，前翅长 2.0 mm。体黄褐色；胸部背方和腹部暗红褐色，腹部端部红褐色；额中部和单眼区褐色；触角暗褐色，基部 4 节黄褐色；须黄色；翅基片和足褐黄色，跗节暗色；翅透明，翅痣黄色，边缘黄色，翅脉浅褐色至无色。头背面观宽为长的 1.7 倍；触角 25 节，稍短于体；后头脊背方中央一点缺；背面观复眼为上颊的 1.2 倍；上颊在复眼后方圆弧状明显窄；上颊和头顶光滑；脸中央具微细横皱，背方具 1 微小突起，其宽为高的 1.4 倍；唇基几乎光滑，腹缘中部几乎直；颚眼距为上颚基宽的 0.6。小盾片前沟深具 1 脊；小盾片光滑，后方中央有明显横凹；并胸腹节具稀疏网皱，脊不规则。前翅翅痣长为宽的 3.0 倍。腹部第 1 背板长为端宽的 1.8 倍；产卵管鞘细长，其长为前翅宽的 0.32，具密毛；产卵管细长，直，端部稍向下弯曲。

分布：浙江（海盐）。

225. 缘茧蜂属 *Perilitus* Nees, 1818

Perilitus Nees, 1818: 302. Type species: *Bracon rutilus* Nees, 1812.

主要特征：触角20-40节，柄节短，其长为宽的2.0倍或短于其宽；下颚须5节；下唇须3节；复眼裸，无毛；后头脊完整或背方中央消失，腹方弯曲并与口后脊会合；唇基稍宽或稍窄于颜面；颚眼沟存在；上颚无中纵脊，最多基部中央具皱纹，但通常具1腹脊；并胸腹节后方有明显中凹陷；前翅1-SR脉和1-SR+M脉存在；前翅r-m脉缺；前翅M+Cu1脉完全骨化；后翅SR和2-M脉不骨化；跗爪简单；腹部第1背板具柄，基部窄，端部明显阔，其气门位于中央或中央稍后方，背方始终具刻纹，且腹方绝不愈合，背凹和侧凹缺，但有时存在；下生殖板中等大小，具稀毛；产卵管鞘细长。

生物学：寄生于鞘翅目成虫，特别是象虫科、叶甲科和长朽木甲科成虫。在澳洲区曾有寄生于蝗虫若虫的记录。

分布：世界广布。世界已知143种，中国记录9种，浙江分布3种。

分种检索表

1. 第1背板侧凹大而深；产卵管鞘阔，具横皱纹，其毛明显短于鞘宽 ·················· 刘氏缘茧蜂 *P. liui*
- 第1背板侧凹缺；产卵管鞘细长，几乎光滑，其毛等长或长于鞘宽 ·· 2
2. 体黑褐色，头浅褐黄色；头宽为长的2倍；复眼长为上颊宽的1.9倍；第1背板长为端宽的1.8倍；触角雌性28-30节；体长3.0-3.6 mm ·· 红头缘茧蜂 *P. ruficephalus*
- 体褐黄色或红黄色，并胸腹节和第1背板褐色；头宽为长的1.7-1.8倍；复眼长为上颊宽的1.6倍；第1背板长为端宽的2.1-2.4倍；触角雌性24节；体长2.4 mm ·· 强皱缘茧蜂 *P. aequorus*

（642）强皱缘茧蜂 *Perilitus aequorus* Chen et van Achterberg, 1997

Perilitus aequorus Chen et van Achterberg, 1997: 77.

主要特征：体长2.4 mm，前翅长2.4 mm。体褐黄色或红黄色；头色淡，小盾片侧方、后胸背板、并胸腹节和第1背板褐色，第1背板基部1/3黄色，第2和第3背板基侧方褐色；触角褐色，基部黄色；足褐黄色，后足胫节端部1/3和后足跗节色暗。翅透明，翅痣和翅脉黄色至无色。头背面观宽为长的1.7-1.8倍；触角24节，鞭节除了第1节粗；脸具细横刻皱，其宽为高的1.3倍；颚眼距为上颚基宽的0.8。中胸侧板大部分光滑，背方具少许皱纹；基节前沟窄，具不规则平行刻条，端部1/3缺；并胸腹节具不规则皱纹，后方有强横脊和侧脊。前翅1-R1脉长为翅痣的1.1倍。后足基节光滑；后足胫节距长分别是基跗节的0.33和0.27。腹部第1背板长为端宽的2.1-2.4倍；其后背板光滑；第2背板和第3背板基部有侧褶；产卵管细长，其长为前翅宽的0.35，亚端部无背缺刻，腹方无齿。

分布：浙江（开化）。

（643）刘氏缘茧蜂 *Perilitus liui* Chen et van Achterberg, 1997

Perilitus liui Chen et van Achterberg, 1997: 77.

主要特征：体长3.8 mm，前翅长3.4 mm。体黄褐色；后胸背板、并胸腹节和第1背板褐色；触角暗黄褐色；须黄色；足褐黄色，端跗节褐色，其他跗节和后足胫节端部黄褐色。翅透明，有褐色毛，翅痣和翅脉黄褐色。头背面观宽为长的 1.8 倍；触角 34 节；上颊在复眼后方明显窄；脸具弱皱纹，其宽为高的 1.5 倍；唇基具刻皱，腹缘中部直；颚眼距为上颚基宽的 0.9。前胸背板侧方大部分具平行刻皱；中胸侧板光滑，背方前缘有皱；并胸腹节具不规则皱纹和明显的脊，背方短，后中区大，侧后方稍突出。后足基节具明显皱纹；后足胫节距长分别是其基跗节的 0.27 和 0.23。腹部第 1 背板长为端宽的 2.3 倍，端部变宽，其表面具不规则皱纹，侧方具不规则纵刻条，气门位于中部后方，刚突出，侧凹深而大，位于基部的 1/3 处，背凹缺；其后背板光滑；第 2 和第 3 背板基部有侧褶；产卵管平和宽，亚端部背方无缺刻，腹方无齿。

分布：浙江（庆元）。

（644）红头缘茧蜂 *Perilitus ruficephalus* Chen *et* van Achterberg, 1997

Perilitus ruficephalus Chen *et* van Achterberg, 1997: 84.

主要特征：体长 3.0–3.6 mm，前翅长 3.0–3.5 mm。体黑褐色；雌性头浅褐黄色；雄性头红色，后头黑色；脸和唇基黄色；触角褐色，柄节褐黄色；前胸和腹部第 1 背板之后红色，或大部分红褐色；足褐黄色，后足胫节和跗节褐色。翅透明，翅痣和翅脉黄褐色。头背面观宽为长的 2 倍；触角 28–30 节（雌）或 31 节（雄）；背面观复眼长为上颊的 1.9 倍；上颊在复眼后方圆弧状收窄；上颊、额和头顶光滑；颚眼距为上颚基宽的 0.9。前胸背板侧方大部分具不规则平行刻条，背方具稀疏刻点；基节前沟浅而宽，具不规则洼状刻皱；并胸腹节具不规则皱纹，后方有不规则脊。后足基节几乎光滑；后足胫节距约等长，为基跗节的 0.30。腹部第 1 背板长为端宽的 1.8 倍，第 2 背板和第 3 背板大部分有侧褶；产卵管鞘细长，明显窄于后足基跗节，其长为前翅宽的 0.28，稀疏具毛，其毛等长或长于鞘宽；产卵管细长，亚端部具 1 背缺刻，腹方无齿。

分布：浙江（临安）。

226. 常室茧蜂属 *Peristenus* Förster, 1862

Peristenus Förster, 1862: 256. Type species: *Microctonus barbiger* Wesmael, 1835.

主要特征：触角 16–33 节，端节无刺；下颚须 5 节；下唇须 3 节；后头脊完整，腹方与口后脊会合，至少由一支脉相连；颚眼沟存在；盾纵沟明显；胸腹侧脊完整；后胸侧板完全具皱；盾纵沟分界明显，具平行刻条，后方在中胸盾片后缘前方会合；并胸腹节气门位于并胸腹节基部 1/5 处；前翅 1-SR+M、m-cu、2-Cu1 和 3-Cu1 脉发育完全；前翅 r-m 脉和 2-1A 脉缺；前翅 M+Cu1 脉不骨化；前翅基室、亚基室和第 1 盘室具相同的毛；后翅 cu-a 脉和 1-1A 脉完整；跗爪简单；腹部第 1 背板端部宽，背凹和侧凹缺，腹方愈合或基部接触；第 1 背板之后的腹部光滑；第 2 背板缝缺；第 2 背板有侧褶；下生殖板中等大小，具密毛；产卵管鞘细而短，具密毛；产卵管细长，明显向下弯曲；雄性阳茎端部通常圆形，长大于抱握器。

生物学：寄生于半翅目盲蝽科，通常寄生于低龄若虫，寄生蜂老龄幼虫从寄主成熟若虫或成虫上完成发育后羽化。

分布：全北区、东洋区和旧热带区。世界已知 96 种，中国记录 7 种，浙江分布 4 种。

分种检索表

1. 中胸背板光滑，无刻点，有时仅前方有弱刻点 ·················· **浅黑常室茧蜂 *P. furvus***
- 中胸背板具明显刻点 ·· 2
2. 雄性触角 31–33 节 ··· **皱常室茧蜂 *P. rugosus***
- 雄性触角 20–25 节 ··· 3

3. 第 1 背板短，长为端宽的 1.5 倍；基室比第 1 盘室具更稀的毛；额、中胸侧板和中胸盾片具大刻点；并胸腹节基部无明显刻点的窄区域；后头脊腹方与口后脊由 1 短脊相连；体长 3.1 mm ·· 怪常室茧蜂 *P. prodigiosus*
- 第 1 背板长为端宽的 1.7–2.2 倍；基室和第 1 盘室具相同的毛；额、中胸侧板无刻点或具细刻点，中胸盾片大部分具皱纹或光滑；并胸腹节基部具 1 明显窄刻点区；后头脊多样；雄性鞭节基部光滑，不宽于雌性，无感觉器；体长 2.7–3.3 mm ·· 山地常室茧蜂 *P. montanus*

（645）浅黑常室茧蜂 *Peristenus furvus* Chen *et* van Achterberg, 1997

Peristenus furvus Chen *et* van Achterberg, 1997: 89.

主要特征：体长 2.5–3.3 mm，前翅长 2.4–2.7 mm。体黑色；上颊在复眼后的一窄点和唇基红褐色；须黄色；触角黄褐色，端部变暗；腹部第 1 背板之后暗红褐色；翅基片和足黄褐色，后足胫节端部和跗节稍暗。翅透明，有褐色毛；翅痣褐色，基部较淡，翅脉褐色至无色。头背面观宽为长的 1.6 倍；触角 23–24 节，端部明显粗，端节长；后头脊腹方与口后脊由 1 脊相连；单眼区底长为侧边长的 1.8 倍；背面观复眼与上颊等长；额具细刻点，中部光滑，具 1 细额中脊；脸具密集而均匀刻点和毛，其宽为高的 1.4 倍；颚眼距与上颚基宽等长。前胸背板侧方大部分具平行刻条，背方具刻点；中胸侧板大部分光滑，背前方具刻皱；基节前沟仅中部存在，明显斜，具稀疏平行刻条；并胸腹节全部具网皱，仅基部具刻点，有 1 明显基横脊。后足基节几乎光滑；后足胫节距长分别是基跗节的 0.36 和 0.33。产卵管鞘刚可见，为前翅的 0.05，具密毛；产卵管细长，明显向下弯曲。

分布：浙江（临安）。

（646）山地常室茧蜂 *Peristenus montanus* Chen *et* van Achterberg, 1997

Peristenus montanus Chen *et* van Achterberg, 1997: 91.

主要特征：体长 2.7–3.3 mm，前翅长 2.5–2.7 mm。体黑色；腹部第 1 背板之后暗红褐色；触角褐黄色，端部变暗；须黄色；翅基片和足褐黄色，跗节稍暗；翅透明，有褐色毛；翅痣褐色，翅脉褐色至黄色。头背面观宽为长的 1.4 倍；触角 24–25 节，端部不明显宽；额具细刻点，具 1 细额中脊；脸具细密刻点和密毛，其宽为高的 1.3 倍；唇基平，有稀长毛，腹缘圆；颚眼距与上颚基宽等长。前胸背板侧方大部分具平行刻条，背方具刻点；中胸侧板大部分光滑，中部有刻点或刻皱，背方具皱；盾纵沟窄，具平行刻条；中胸盾片具刻点和毛，侧叶后方光滑；小盾片前沟宽，侧缘低，具 1 中脊；小盾片几乎光滑，后方中央凹陷小，具 1 中脊；并胸腹节几乎完全具网皱，仅基部具刻点，有 1 明显的基横脊。后足基节具细刻点；后足胫节距长分别是基跗节的 0.42 和 0.38。腹部第 1 背板长为端宽的 1.7 倍，产卵管鞘刚可见。

分布：浙江（庆元、龙泉）、湖南。

（647）怪常室茧蜂 *Peristenus prodigiosus* Chen *et* van Achterberg, 1997

Peristenus prodigiosus Chen *et* van Achterberg, 1997: 95.

主要特征：体长 3.1 mm，前翅长 2.7 mm。体黑色；须和翅基片黄色；触角黄褐色，端部暗；腹部第 1 背板之后暗红褐色；足褐黄色，后足胫节端部褐色。翅透明，有褐色毛；翅痣褐色，基部淡。头背面观宽为长的 1.7 倍；触角 23 节，所有鞭节有许多感觉器；单眼区底长为侧边长的 2 倍；背面观复眼为上颊的 1.2 倍；上颊在复眼后两侧平行；上颊具稀疏刻点；头顶光滑；额具密集大刻点，具 1 中脊；脸具密集刻点和毛，其宽为高的 1.4 倍。胸部长为高的 1.6 倍；前胸背板侧方前方、中部和后方粗糙，具平行刻条，其余具大刻点；中胸侧板完全具大刻皱；基节前沟仅中部存在，具平行刻条；并胸腹节完全具网皱，基部刻点不明显。后足基节光滑；后足胫节距长分别是基跗节的 0.48 和 0.43。腹部第 1 背板长为端宽的 1.5 倍，其表面具不规则纵皱，端部明显变宽，气门位于背板中央。

分布：浙江（开化）。

（648）皱常室茧蜂 *Peristenus rugosus* Chen *et* van Achterberg, 1997

Peristenus rugosus Chen *et* van Achterberg, 1997: 96.

主要特征：体长 3.8 mm，前翅长 3.4 mm。体黑色；腹部第 1 背板之后暗红褐色；上颚红黄色；触角褐色，基部黄褐色；须黄色；翅基片和前、中足褐黄色，胫节暗色；后足褐色，转节和胫节基部色浅。翅透明，有许多褐色毛；翅痣和翅脉褐色，翅痣基部色浅。头背面观宽为长的 1.7 倍；触角 33 节，基部较粗，鞭节向端部渐细，上有刻点和许多感觉器；单眼区底长为侧边长的 2.2 倍；背面观复眼与上颊等长；头顶光滑；额具密刻点，腹方中部凹，具 1 弱中脊；脸密布刻皱，具密毛，其宽为高的 1.6 倍；唇基几乎光滑，有稀长毛，腹缘圆；颚眼距为上颚基宽的 0.9。基节前沟宽而浅，具不规则皱纹；中胸侧板中部和背方具皱纹，仅镜面区和前腹方光滑。后足基节几乎光滑；后足胫节距长分别是基跗节的 0.50 和 0.42。腹部第 1 背板长为端宽的 2 倍，其表面具不规则纵皱，端部变宽，气门近于基部的 0.45；背脊弱，基部存在。

分布：浙江（临安）。

227. 长柄茧蜂属 *Streblocera* Westwood, 1833

Streblocera Westwood, 1833: 342. Type species: *Streblocera fulviceps* Westwood, 1833.

主要特征：头背面观横形；雌性触角异常特化；柄节扩大，长为宽的 2–12 倍，基部有角状突或纵脊突出，或无任何突起；第 3 节有时细长，端部尖而长突出；触角在第 3、第 7 至第 10 节处曲折，或不曲折；下颚须 6 节；下唇须 3 节；后头脊完整，有时背中部有短的间断，腹方与口后脊会合或分离；颜面有时具 1 角突；颚眼沟存在；基节前沟和盾纵沟存在；前翅 1-SR+M 脉和 r-m 脉缺；跗爪简单；腹部较粗壮；第 1 背板端部明显变宽，背凹和侧凹通常存在，但有时缺，气门位于中部后方；第 2 及以后背板光滑；第 5 腹板有时具 1 对齿；产卵管鞘细长，具毛；产卵管弯曲。

生物学：寄生于叶甲科。

分布：世界广布。世界已知 107 种，中国记录 36 种，浙江分布 11 种。

分种检索表

1. 上颚腹方具宽叶状突；雌性触角柄节内侧具密毛 ·· 黄头长柄茧蜂 *S. (C.) flaviceps*
- 上颚腹方无宽叶状突；雌性触角柄节内侧毛较稀 ··· 2
2. 颜面上有 1 锐角；雌性腹部第 5 腹板具 1 对尖齿状突；后头脊腹方不与口后脊会合 ····················· 3
- 颜面上无 1 锐角；雌性腹部第 5 腹板无尖齿状突；后头脊腹方通常与口后脊会合 ····················· 4
3. 颜面中央具短、简单的中角突；雌性触角第 3 节长约为柄节的 0.5；中胸盾片具短而明显的中脊；并胸腹节基部 1/2 近于光滑；腹部第 1 背板光滑 ·· 具角长柄茧蜂 *S. (A.) cornuta*
- 颜面具 1 较长中角突，其上有一条中脊；触角第 3 节长为柄节的 0.8；中胸盾片后端无明显中脊；并胸腹节具粗糙的皱纹；第 1 背板具纵粗条纹 ·· 大峪长柄茧蜂 *S. (A.) dayuensis*

4. 雌性颜面宽等长于高，甚平坦，多少密布向两侧分开的绒毛；触角窝侧面观达复眼上缘；雌性触角第 7 节特化 ··· 绒脸长柄茧蜂 *S. (V.) villosa*
- 雌性颜面横形，或多或少突起，至多具密毛；触角窝侧面观约达复眼中部；雌性触角第 7 节通常不特化 ············ 5
5. 雌性触角第 3 节特化，端部有 1 锐角突；第 4 节通常位于第 3 节的中部；第 7–9 节正常 ·· 大禹岭长柄茧蜂 *S. (S.) tayulingensis*
- 雌性触角第 3 节正常，端部没有突出的锐角，第 4 节位于第 3 节的端部，第 9 节（有时第 7、8 节）腹方端部突出，但有时不突出 ··· 6
6. 触角柄节近基部具角突 ··· 7
- 触角柄节近基部无角突 ··· 显长柄茧蜂 *S. (E.) distincta*
7. 触角第 6 鞭节多少具钩状突，不与第 7 鞭节愈合 ··· 8
- 触角第 6 鞭节无钩状突，与第 7 鞭节紧密愈合 ··· 10
8. 触角 19–22 节 ··· 冈田长柄茧蜂 *S. (E.) okadai*
- 触角 25–26 节 ··· 9
9. 触角柄节基部具 1 微小的角突；第 7 鞭节具 1 长而明显的角状 ································ 角长柄茧蜂 *S. (E.) cornis*
- 触角柄节具 1 较大的角突；第 7 鞭节具 1 小角状突 ··· 峨眉长柄茧蜂 *S. (E.) emeiensis*
10. 触角柄节基部具 1 窄而尖的角突，其长为宽的 7.3–8.0 倍 ··············· 松岗长柄茧蜂 *S. (E.) sungkangensis*
- 触角柄节基部具 1 阔而钝的角突，其长为宽的 5.0 倍 ··· 钝长柄茧蜂 *S. (E.) obtusa*

（649）具角长柄茧蜂 *Streblocera* (*Asiastreblocera*) *cornuta* **Chao, 1964**

Streblocera cornuta Chao, 1964: 156.
Streblocera (*Asiastreblocera*) *cornuta*: Chen & van Achterberg, 1997: 105.

主要特征：体长 4 mm。体褐黄色，并胸腹节后方 1/3 暗褐色；腹部第 1 背板赤褐色，基半色尤深。翅痣基部 1/3 淡色，其余部分暗褐色。头背面观横形，侧面观略呈三角形。触角 19 节，柄节较粗，甚长，第 1 鞭节亦长，其长至少为第 1 节长之半；脸部密生细毛和细刻点，中央具 1 短角状突。中胸背板光亮；无细毛。中胸侧板光亮，基节前沟前端甚短，不伸达侧板前缘，中央部分甚扩大，大约具 6 条并列短刻条和一些刻点，似有不规则粗皱纹，后端部分较狭，伸抵中足基节基部附近。并胸腹节的基脊甚长，并胸腹节后半部表面粗糙，具不规则隆脊，但具光泽。腹部长约与头、胸部之和相等，第 1 背板与其后背板一样光亮，无隆脊，其长约为端宽的 2 倍，气门位于中部两侧，两气门之间距小于由气门至背板末端的距离，两气门之间具一对小凹陷。产卵器及产卵管鞘甚短，仅微露。

分布：浙江（安吉）、福建。

（650）大峪长柄茧蜂 *Streblocera* (*Asiastreblocera*) *dayuensis* **Wang, 1983**

Streblocera dayuensis Wang, 1983: 231.
Streblocera (*Asiastreblocera*) *dayuensis*: Chen & van Achterberg, 1997: 105.

主要特征：体长 3.8 mm，前翅长 3.2 mm，触角长 3.6 mm。体黄褐色，并胸腹节褐黄色；腹部第 1 背板褐色；触角和足黄褐色，爪暗色；翅透明，痣及脉黄褐色。产卵管鞘暗褐色。背面观头宽为长的 1.4 倍；背面观复眼长为上颊的 2.6 倍；额光滑，两侧具密集的毛；触角 17–19 节，柄节长为宽的 5.9 倍，为头高的 1.5 倍，无角突；第 1 鞭节长，矛状，长为宽的 7.5 倍，为梗节长的 2.8 倍；第 3 鞭节具 1 个感觉器；脸具角状突，其宽等于复眼高；脸和唇基具毛；幕骨间距为幕骨陷至复眼间距的 3.3 倍；颚眼距为上颚基宽的 0.6，为复眼高度的 0.22；后头脊完整。中胸背板光滑，中叶前方具短毛，后方光滑；盾纵沟具弱平行短脊；中胸侧板大部分光滑；基节前沟蜂窝状；并胸腹节前方几乎光滑，后方具微皱，基脊和中室明显。前翅长为宽的 2.8 倍，翅痣长为宽的 3.2 倍。腹部第 1 背板具中纵脊，其长为端宽的 2.2 倍。产卵管鞘长为后足跗节的 0.2。

分布：浙江（安吉）、陕西、台湾；俄罗斯（远东地区）。

（651）黄头长柄茧蜂 *Streblocera* (*Cosmophoridia*) *flaviceps* (Marshall, 1898)

Cosmophorus flaviceps Marshall, 1898: 208.
Streblocera (*Cosmophoridia*) *flaviceps*: Chen & van Achterberg, 1997: 105.

主要特征：体长 2.8–3.2 mm。复眼背面观为上颊的 0.8，上颊在复眼后方先略扩大，然后圆弧状收窄；后头脊中央缺，后头脊处具密集毛；触角 24 节，不明显曲折；柄节长，其长为宽的 4.2–4.5 倍，无角状突，内缘凹，具密毛；第 1–7 鞭节愈合，第 1 鞭节正常，稍长于第 2 鞭节；第 6–7 鞭节腹方无突起；脸宽明显大于高，多少突起，无角状突；上颚具宽的腹叶。腹部第 1 背板具背凹，第 5 腹板无 1 对齿。产卵管圆柱状，不扁平和扩大，明显超出腹部末端。

分布：浙江（临安）；俄罗斯（远东地区），欧洲。

（652）角长柄茧蜂 *Streblocera* (*Eutanycerus*) *cornis* Chen *et* van Achterberg, 1997

Streblocera (*Eutanycerus*) *cornis* Chen *et* van Achterberg, 1997: 109.

主要特征：体长 3.4–3.7 mm，前翅长 3.2–3.4 mm。体暗黄褐色，胸部背方和第 1 背板暗褐色，前胸背板侧方、腹方和腹部第 2 节明显淡（黄色）；触角褐色，柄节、梗节黄褐色；须和翅基片浅黄色；足褐黄色，后足胫节暗色；产卵管鞘黑色。翅透明；翅痣褐色，基部淡，翅脉褐色至无色。头背面观宽为长的 1.6 倍。触角 24–25 节；柄节长，扩大，为其宽的 7.0–7.4 倍，为头高的 1.7 倍，在基部 1/4 处具 1 微刺；上颊具稀毛，在复眼后方圆弧状收窄；头顶光滑；额中部光滑，侧方和前方有强脊；脸具细刻点和密毛，其宽为高的 1.6 倍；唇基具细刻点和密毛，腹缘具 1 对小突起；颚眼距为上颚基宽的 0.9。前胸背板侧前方、中部和后方具平行刻条，其余光滑；腹部第 1 背板长为端宽的 2.0–2.1 倍，其表面明显具纵刻条，背凹大，侧凹缺，两气门间距为气门至背板端部的 0.62；产卵管鞘细长，其长为前翅宽的 0.14，具毛；产卵管端部稍向下弯曲。

分布：浙江（临安）。

（653）显长柄茧蜂 *Streblocera* (*Eutanycerus*) *distincta* Chen *et* van Achterberg, 1997

Streblocera (*Eutanycerus*) *distincta* Chen *et* van Achterberg, 1997: 110.

主要特征：体长 4.4–5.0 mm，前翅长 3.9–4.2 mm，雄性稍小。头黄褐色；胸部红褐色；后胸背板、并胸腹节和腹部暗褐色；第 2 背板和第 1 腹板红色；下生殖板黄色；触角褐色，柄节和梗节黄褐色；须浅黄色；足黄褐色；触角 24–26 节；柄节长，无角突，腹方具弱脊；背面观复眼长为上颊的 1.2 倍；头顶光滑；额中部有强弯曲脊；脸具细刻点和密毛，其宽为高的 1.3 倍；唇基具细刻点和密毛，端缘具 1 对小突起；颚眼距为上颚基宽的 0.5。前胸背板侧前方、中部和后方具平行刻条，背方光滑；基节前沟宽，具平行刻条，中胸侧板大部分光滑；并胸腹节具网皱，基部几乎光滑，具 1 短中脊，不分区。后足基节具稀疏刻点；后足胫节距长分别是基跗节的 0.23 和 0.27。腹部第 1 背板长为端宽的 3.5 倍，其表面光滑，端部 1/3 有弱光滑的纵刻条，背凹和侧凹缺，两气门间距为气门至背板端部的 0.43；产卵管鞘细长，其长为前翅宽的 0.21，腹方具长毛；产卵管明显向下弯曲，亚端部具 1 小背缺刻。

分布：浙江（临安）。

（654）峨嵋长柄茧蜂 *Streblocera* (*Eutanycerus*) *emeiensis* Wang, 1981

Streblocera emeiensis Wang, 1981: 107.

主要特征：体长 5–6 mm。头部黄褐色；单眼区黑色；触角基部 2 节褐黄色，其余各节灰褐色。前胸背板褐黄色；中胸背板及小盾片黑褐色；后胸背板、并胸腹节褐黑色；腹部第 1 节褐黑色；其余各腹节背板褐色；体腹面黄褐色；产卵管鞘黑褐色。翅透明，前缘脉浅烟褐色，其余翅脉及翅痣暗褐黄色。头部背面观横宽，侧面观略呈不规则四边形；脸、唇基密生细小刻点及细毛；额具纵皱褶；触角 25–26 节。前胸背板侧方具若干横脊。中胸盾片侧叶平滑具光泽，中叶具小而稀疏的浅刻点及细毛。并胸腹节满布网状皱褶及不规则横脊，具光泽。腹部第 1 节背板长约为端宽的 2.3 倍，具纵刻纹，气门位于背板中部之后，两气门之间距离小于气门至背板末端的距离，背凹甚大；其余各节背板平滑具光泽。产卵管显露，末端略弯。

分布：浙江（临安）、广西、四川。

注：西天目山有一标本，其第 9 鞭节腹方端部有一角状突。

（655）钝长柄茧蜂 *Streblocera* (*Eutanycerus*) *obtusa* Chen *et* van Achterberg, 1997

Streblocera (*Eutanycerus*) *obtusa* Chen *et* van Achterberg, 1997: 116.

主要特征：体长 2.8–3.5 mm，前翅长 2.8–3.1 mm。体浅红褐色；头黄褐色；后胸背板、并胸腹节和第 1 背板褐色；触角黄褐色，第 8 节至端部褐色；产卵管鞘黑色，基部淡；翅透明；翅痣褐色，基部 1/3 色淡，翅脉褐色至无色。头背面观宽为长的 1.4 倍。触角 22 节。后头脊完整，背面观复眼长为上颊的 1.3 倍；上颊具稀毛，在复眼后方圆弧状收窄；头顶光滑，额中部光滑，侧方具刻点和毛，前方有少许弱皱；脸具细刻点和密毛，其宽为高的 1.4 倍；唇基具细刻点和毛，端缘具 1 对小突起；颚眼距为上颚基宽的 1.2 倍。前胸背板侧面前方、中部和后方具平行刻条，背方和腹方几乎光滑；基节前沟宽，内具平行刻条，中胸侧板大部分光滑；并胸腹节具小室状网皱。后足胫节距长分别是基跗节的 0.21 和 0.27。腹部第 1 背板长为端宽的 2 倍，其表面具弱纵皱，背凹大，侧凹缺，两气门间距为气门至背板端部的 0.6；产卵管鞘细长，其长为前翅宽的 0.20，为后足基跗节的 1.3 倍，腹方和端部具毛。

分布：浙江（临安、龙泉）。

（656）冈田长柄茧蜂 *Streblocera* (*Eutanycerus*) *okadai* Watanabe, 1942

Streblocera (*Eutanycerus*) *okadai* Watanabe, 1942b: 158.

主要特征：体长 3.3 mm。雌性体黄褐色，头部单眼区黑褐色或黑色；触角基部 2 节黄色，其余各节烟褐色；并胸腹节全部或后半部烟褐色；腹部第 1 背板暗赤褐色；柄后腹前半黄色，后半略带赤褐色。有时整个并胸腹节、腹部第 1 背板及柄后腹后部色较浓。头背面观横形，侧面观略呈三角形。触角 21–22 节。脸密生细毛和细刻点；额在两触角窝间和触角窝上方具短纵脊。前胸背板具并列弱短刻条，远离背板后缘，侧方和背板后侧缘均具若干并列短刻条。中胸背板光亮，中叶具稀细毛和刻点，侧叶光滑。并胸腹节满布网状粗纵脊，但划分中区和后区的横脊及其向两侧延伸的脊尤为显著；中区较后区小，有时划分不明显。产卵器显露，其末端或微呈波浪状，或稍弯曲。

分布：浙江（杭州、东阳、天台、庆元）、吉林、辽宁、河北、山东、河南、陕西、江苏、安徽、湖北、湖南、福建、云南；俄罗斯（远东地区），日本。

（657）松岗长柄茧蜂 *Streblocera* (*Eutanycerus*) *sungkangensis* Chou, 1990

Streblocera (*Eutanycerus*) *sungkangensis* Chou, 1990: 103.

主要特征：体长 3.8 mm，前翅长 3.7–3.8 mm。体褐色；并胸腹节和第 1 背板暗褐色；触角褐色，第 8 鞭节至触角末端暗褐色；足褐黄色；产卵管鞘暗褐色。翅透明，痣黄褐色，基部淡色；脉黄褐色。头背面观宽为长的 1.4 倍；复眼背面观长为上颊的 1.2–1.3 倍。触角 22–24 节。脸宽为复眼高的 1.2–1.3 倍；脸和唇基具绒毛；唇基腹缘有 1 对小突起；颚眼距为上颚基宽的 0.92–1.1 倍；后头脊完整。中胸盾片光滑，中叶具密毛；盾纵沟具平行短刻条；基节前沟具蜂窝状刻纹；并胸腹节基脊和分区明显。前翅长为宽的 2.9 倍，翅痣长为宽的 2.9 倍；前翅 1-R1 脉长为痣长的 0.63；r 脉为翅痣宽的 0.3。后足腿节长为宽的 6.7–7.3 倍；后足胫节长为基跗节的 2.7–2.8 倍。腹部第 1 背板长为端宽的 2.0–2.2 倍，表面具纵刻纹；气门间距为气门至背板端部距离的 0.5；产卵管圆柱状，产卵管鞘长为基跗节的 1.3 倍。

分布：浙江（安吉、临安）、台湾。

（658）大禹岭长柄茧蜂 *Streblocera* (*Streblocera*) *tayulingensis* Chou, 1990

Streblocera (*Streblocera*) *tayulingensis* Chou, 1990: 113.

主要特征：体长 2.4–2.5 mm，前翅长 2.5–2.6 mm。体暗褐色，脸色较淡；触角褐黄色，鞭节暗褐色；足黄褐色；产卵管鞘褐黄色至暗褐色。翅透明，翅痣和脉黄褐色。头背面观宽为长的 1.5 倍；背面观复眼长为上颊的 1.3–1.4 倍；额光滑，具稀毛。触角 14–16 节。脸宽为复眼高的 1.3 倍；唇基和脸具绒毛；唇基下缘具 1 对小突起；颚眼距为上颚基宽的 0.3；后头脊完整或背中央缺一点。中胸盾片光滑，沿盾纵沟有很稀的毛；盾纵沟具平行短刻条；基节前沟具蜂窝状刻纹；并胸腹节基脊和分区明显。前翅长为宽的 2.9 倍，翅痣长为宽的 3.3 倍；前翅 1-R1 脉长为翅痣的 0.57；r 脉长为翅痣宽的 0.36。后足腿节长为宽的 6.3–6.9 倍，后足胫节长为基跗节的 2.7–2.8 倍。腹部第 1 背板具纵刻纹，其长为端宽的 1.9–2.3 倍，气门间距为气门至背板端部距离的 0.7–0.8；产卵管鞘为后足基跗节的 1.0–1.1 倍。

分布：浙江（临安）、台湾。

（659）绒脸长柄茧蜂 *Streblocera* (*Villocera*) *villosa* Papp, 1985

Streblocera villosa Papp, 1985: 352.
Streblocera (*Villocera*) *villosa*: Chen & van Achterberg, 1997: 124.

主要特征：体长 2.8–3.0 mm。体黄色，单眼区黑色；中胸侧板前缘、后胸背板四周、并胸腹节后部 1/3 褐色；腹部第 1 背板黑褐色；前胸背板和翅基片淡黄色；足黄色，基节和转节淡黄色；翅透明，翅痣褐色，基部黄色，翅脉褐色至黄色。头背面观，宽为长的 1.5 倍。触角 21–22 节，约与体等长；背面观复眼长为上颊的 1.8 倍；上颊在复眼后方强度圆弧状；脸除复眼内缘外被绒毛，所有绒毛从中央指向两侧；单眼小而圆，侧单眼间距与单眼直径相等；单复眼间距是侧单眼间距的 2 倍；颚眼距略短于上颚基宽。盾纵沟明显深，具平行短刻条；小盾片前凹具 1 中脊；基节前沟宽，具皱纹；胸部其余部分光滑。并胸腹节具网皱，基部有光滑区。足细长；后足腿节长为宽的 8.0 倍；后足胫节距约为基跗节的 0.25。产卵管鞘约与后足基跗节等长。

分布：浙江（临安）、福建、台湾、贵州；朝鲜。

228. 姬蜂茧蜂属 *Syntretus* Förster, 1862

Syntretus Förster, 1862: 251. Type species: *Microctonus vernalis* Wesmael, 1835.

主要特征：触角 18–30 节，端节无刺，柄节短，长约为宽的 2 倍，梗节长约为柄节的 0.7；下颚须 5

节；下唇须 3 节；后头脊几乎完整，弯向腹方与口后脊会合；颚眼沟存在；盾纵沟缺或浅，但光滑；基节前沟缺；并胸腹节完全具皱纹至完全光滑；前翅 1-SR+M、r-m 和 2-1A 脉缺；M+Cu1 脉不骨化；后翅 cu-a 脉短缩至一个短距状或缺；后翅 1-1A 脉缺；跗爪分叉；腹部第 1 背板较细，腹方基半至基部 2/3 愈合，侧凹通常缺，但有时存在，背凹缺，气门位于背板中央后方；下生殖板小至中等大小，具稀毛；产卵管鞘较细，具毛；产卵管较细，几乎直。

生物学：寄生于膜翅目姬蜂科和蜜蜂科（熊蜂族）成虫。

分布：全北区、旧热带区和新热带区。世界已知 63 种，中国记录 8 种，浙江分布 1 种。

（660）光姬蜂茧蜂 *Syntretus glaber* Chen *et* van Achterberg, 1997

Syntretus glaber Chen *et* van Achterberg, 1997: 128.

主要特征：体长 2.9–3.2 mm，前翅长 2.7–3.0 mm。体暗红褐色；触角褐色，基部 4 节黄色；头（除了额、头顶、后头背方红褐色）、前胸、中胸侧板腹方和足黄色；雄性中胸侧板、中胸腹板、后胸腹板红褐色。腹部第 1 腹板红黄色。跗节暗色，后足胫节端部和跗节褐色。翅透明有些褐色毛，翅痣和翅脉褐色。头背面观宽为长的 1.7 倍；触角 26 节；背面观复眼长为上颊的 1.2 倍；上颊在复眼后方圆弧状收窄；上颊和头顶光滑，具很稀的毛；额光滑；脸光滑具毛，背方中央具 1 微小突起，其宽为高的 1.1 倍；唇基几乎光滑，有很长毛，腹缘细，中部直，其宽为高的 2.2 倍；颚眼距为上颚基宽的 0.8。前胸背板侧方仅前方具短平行刻条，其余光滑；中胸侧板完全光滑；盾纵沟缺；中胸盾片和小盾片光滑；小盾片前沟深具 1 中脊；小盾片后方中央具 1 微小凹陷；并胸腹节光滑，仅中部有些短横皱，后方具少许皱纹。

分布：浙江（临安）。

229. 汤氏茧蜂属 *Townesilitus* Haeselbarth *et* Loan, 1983

Townesilitus Haeselbarth *et* Loan, 1983: 384. Type species: *Microctonus bicolor* Wesmael, 1835.

主要特征：触角 17–30 节，柄节端部斜而短，长约为宽的 2 倍，鞭节基部圆柱形，不侧扁，不具密毛，端节无刺；下颚须 5 节；下唇须 3 节；后头脊完整，腹方弯曲并与口后脊会合；颚眼沟存在；唇基宽至少为高的 2.0 倍，仅稍突起；唇基明显比颜面宽；颚眼距短，小于复眼高的 0.25；中胸侧板光滑；基节前沟具刻皱；盾纵沟存在；小盾片光滑，后方中央凹陷存在；并胸腹节具脊，脊间有不规则皱纹；前翅 1-SR+M 脉和 r-m 脉缺；前翅 M+Cu1 脉完全骨化；跗爪简单；腹部第 1 背板端宽约为基宽的 4 倍，基部腹方愈合，背凹缺；下生殖板中等大小，具稀毛；产卵管鞘稍细，长于第 1 背板。

生物学：寄生于叶甲科成虫。

分布：全北区。世界已知 10 种，中国记录 4 种，浙江分布 2 种。

（661）骗汤氏茧蜂 *Townesilitus deceptor* (Wesmael, 1835)

Microctonus deceptor Wesmael, 1835: 66.

Townesilitus deceptor: Chen & van Achterberg, 1997: 132.

主要特征：体长 2.5–3.2 mm。体暗褐色；足黄色，后足基节（有时中足基节）暗色；上颚（除了端部）和须淡色；翅痣和翅膜褐色，部分透明。触角 22–28 节；唇基光滑，前缘颗粒状；脸短，具浅横皱；额平而光滑；颚眼距为上颚基宽的 0.5；上颊在复眼后方明显圆弧状收窄。中胸侧板光滑；基节前沟宽，具皱纹；并胸腹节和后胸侧板具粗皱。后足腿节长为宽的 4 倍，为胫节长的 0.75，后足基节腹方刻皱。前翅缘室长，1-R1 脉约与翅痣等长。腹部第 1 背板长约为端宽的 2.0 倍，从基部向端部明显宽，具细纵刻纹。产卵管鞘稍长于第 1 背板，但略短于后足胫节，端部宽；产卵管向下微弯。

分布：浙江（杭州）；古北区。

（662）淡痣汤氏茧蜂 *Townesilitus pallidistigmus* Chen *et* van Achterberg, 1997

Townesilitus pallidistigmus Chen *et* van Achterberg, 1997: 133.

主要特征：体长 3.0–3.5 mm，前翅长 3.2–3.4 mm。体黑色；头（额、头顶、后头中部褐色）、前胸（背中部暗褐色）、第 1 背板以后腹部红褐色或黄褐色；触角褐色，但基部 3 节淡色；须黄色；上颚和足褐黄色，跗节暗色；鞘褐色；翅透明，有褐色毛，翅痣黄色，翅脉褐至黄色。头背面观宽为长的 1.7 倍；触角 27–28 节；背面观复眼长为上颊的 1.9 倍；上颊和头顶光滑，具毛；脸具刻点和毛，中央纵向突起，其宽等长于高；幕骨陷间距为幕骨陷至复眼间距的 3.5 倍；唇基光滑，腹缘中部几乎直；颚眼距为上颚基宽的 0.6。胸部长为高的 1.5 倍；前胸背板侧方大部分具平行刻皱，仅背缘和腹板中部光滑；基节前沟宽，深，具不规则皱纹；中胸侧板光滑，背前方具皱纹；后胸侧板具不规则皱纹；并胸腹节具不规则皱纹，有中区，横脊和侧脊多少发达。后足基节无刻点，几乎光滑；后足腿节、胫节和基跗节长分别为其宽的 7.1 倍、13.3 倍和 9.7 倍；后足胫节距长分别是基跗节的 0.28 和 0.24。

分布：浙江（临安）。

230. 网胸茧蜂属 *Ussuraridelus* Tobias *et* Belokobylskij, 1981

Ussuraridelus Tobias *et* Belokobylskij, 1981: 360. Type species: *Ussuraridelus minutus* Tobias *et* Belokobylskij, 1981.

主要特征：头横形，宽几乎为长的 2 倍；触角 18 节，线形，稍短于体；梗节大，几乎等长于第 3 节；下颚须 5 节；下唇须 3 节；后头脊缺；背面观上颊约等长于复眼；颚眼沟缺；胸部完全具小室状网皱；中胸盾片前方明显平截；盾纵沟不明显；基节前沟缺；小盾片不突出，无侧脊；前翅缘室很短，1-R1 脉长约为翅痣长的 0.4；前翅 SR1+3-SR 脉端部消失，不骨化；前翅 1-SR 脉和 r-m 脉缺；前翅 m-cu 脉前叉式；前翅 cu-a 脉稍后叉式；前翅 M+Cu1 脉不骨化；腿节明显粗；后足跗节明显短于后足胫节；跗爪简单；第 1 背板细长，端部不加宽，两侧几乎平行，管状；腹部第 2 和第 3 背板几乎覆盖其余所有背板；下生殖板中等大小；产卵管鞘较细，具毛，稍突出于腹部端部。

生物学：未知。

分布：古北区东部。世界已知 2 种，中国记录 2 种，浙江分布 1 种。

（663）姚氏网胸茧蜂 *Ussuraridelus yaoae* Chen *et* van Achterberg, 1997

Ussuraridelus yaoae Chen *et* van Achterberg, 1997: 134.

主要特征：体长 2.1–2.2 mm，前翅长 1.8–2.0 mm。体暗褐色；须浅褐色；上颚、触角第 1–3 节和足浅褐黄色；翅近透明，翅痣褐色；翅脉较淡。头宽为长的 1.9 倍；触角 18 节；复眼小，裸；背面观复眼长为上颊的 1.1 倍；上颊在复眼后两侧平行，后方圆弧状收窄；头顶和额光滑；头顶在后单眼之后明显后倾；额稍凹，具 1 弱和细中脊；脸和唇基几乎光滑，脸宽为其高的 1.9 倍；前幕骨陷大；颚眼距与上颚基宽等长，其表面完全具小室状网皱；基节前沟和盾纵沟缺；小盾片前沟宽，具 1 中脊；并胸腹节后方极度倾斜和中部纵凹。

分布：浙江（临安）。

231. 赛茧蜂属 *Zele* Curtis, 1832

Zele Curtis, 1832: 415. Type species: *Zele testaeator* Curtis, 1832.

主要特征：后头脊完整；额无瘤状突起；复眼光裸无毛，腹面多少会聚；颜面不强烈隆起；口上沟完整；唇基强烈隆起，腹缘甚宽，鳃叶状，前缘中央平直；上颚强壮，腹面具 1 对多少突出、细的鳃叶状脊，末端多少扭曲；前凹中大而深；盾纵沟完整；小盾片两侧多少有皱，中后部有刻纹；并胸腹节至少后半具网状皱纹，中脊和横脊常明显，气门小而圆；前翅 SR1 脉平直，m-cu 脉前叉或对叉式，有 3 个亚缘室，第 1 盘室前端短柄状，2A 脉常仅剩余基部 1 小段；后翅缘室末端扩张，径横脉（r）脉有或无；后足胫节明显比腿节窄，跗爪具有 1 大的爪中突；腹部第 1 背板基部较窄，背凹明显，腹面明显分离；第 2 背板光滑或具革状小刻点；至多第 3 及其后背板端半具密毛；产卵管细长而平直，第 2 产卵瓣楔形。

生物学：单寄生的幼虫内寄生蜂，在寄主体内结茧。已知并确定的寄主有：鳞翅目灯蛾科、尺蛾科、枯叶蛾科、刺蛾科、毒蛾科、夜蛾科、螟蛾科及大蚕蛾科；另外，细卷蛾科、蔷潜蛾科、麦蛾科、潜蛾科、细蛾科、蛱蝶科、羽蛾科、卷蛾科和巢蛾科等寄主还需进一步确证。

分布：世界广布，除了旧热带区和澳洲区。世界已知 30 种，中国记录 17 种，浙江分布 2 种。

（664）绿眼赛茧蜂 *Zele chlorophthalmus* (Spinola, 1808)

Bracon chlorophthalmus Spinola, 1808: 133.
*Zele chlorophthalmu*s: Chen *et al.*, 1995a: 560.

主要特征：体长 7.4 mm；前翅长 6.4 mm。体褐黄色；触角端部和产卵管鞘（除了端部）暗褐色；跗节黄色；复眼具绿色光彩。触角 39 节。上颊在复眼后方稍圆形收窄。复眼较小，背面观复眼长为上颊的 1.3–2.1 倍（雌）或 1.2–1.6 倍（雄）。POL：OD：OOL=12：9：6。额基本上光滑，稍凹。头顶拱隆，稍具细刻点。脸相当平，具细刻点。唇基拱隆，具刻点。颚眼距为上颚基宽的 0.1。前胸背板侧面具细刻点，中央和腹方具网皱。中胸侧板后方具夹点刻皱；基节前沟宽，内具夹点网皱，背方有不明显并列刻条。后胸侧板大部分具网皱，背方为弱刻纹。中胸盾片具细刻点；盾纵沟相当宽，具并列刻条；小盾片相当拱隆，具刻点。并胸腹节具相当粗的网皱，仅前方光滑，有一中脊；后部不与前背部分开。后足基节具刻点；腿节长为宽的 6.2 倍。腹部第 1 背板长为端宽的 2.4 倍；背凹中等大小，深，之前有背脊，之后具夹点刻皱，侧凹大而深。第 2 背板基本上裸而光滑。产卵管鞘长为前翅的 0.42。

分布：浙江（庆元）、黑龙江、吉林、辽宁、河北、宁夏、甘肃、新疆、安徽；蒙古国，欧洲，非洲。

（665）红骗赛茧蜂 *Zele deceptor rufulus* (Thomson, 1895)

Meteorus (Zemiotes) rufulus Thomson, 1895: 2149.
Zele deceptor rufulus: He *et al.*, 1992: 1255.

主要特征：体长 7.5 mm；前翅长 6.8 mm。体褐黄色；触角端部和产卵管鞘（除了端部）有些暗色；后足跗节白色。触角 34 节。上颊在复眼后方稍圆形收窄。复眼较小，背面观复眼长为上颊的 2.2 倍。额光滑，稍凹。头顶稍拱，稍具细刻点。脸相当平，具不明显细刻点。唇基侧端稍弧形，端缘平。颚眼距为上颚基宽的 0.3。前胸背板侧面腹方和后方具夹点网皱，中央具并列刻条。中胸侧板背方具网皱，前方具并列刻条；基节前沟宽，腹方具网皱，背方有并列刻条，其余部位具刻点。后胸侧板叶突大，端部片状；具网皱。中胸盾片具细刻点；盾纵沟明显，具并列刻条；小盾片稍拱隆，稍具细刻点。并胸腹节具粗网皱，背中脊常不规则；后部不与前背部分开。

分布：浙江（安吉、临安、丽水）、陕西、安徽、湖北、湖南、福建、云南、西藏；日本，印度，尼泊尔，缅甸，墨西哥。

（十九）高腹茧蜂亚科 Cenocoeliinae

主要特征：前翅长 3–11 mm；触角 23–45 节，通常 26–34 节；上唇平坦，不露或几乎不露；唇基腹缘中央通常具 1 小齿或 3 个小突起；下颚须 6 节，下唇须 4 节；头和上颚较粗大；额中央深凹，光滑或大部分如此，具 1 中纵脊；后头脊完整；前胸背凹缺，或不明显，或中等大小，裂口状，很少大而深；中胸盾片前凹缺；前翅 r-m 脉存在，第 2 亚缘室较小，梯形；中胸腹板后横脊存在，或仅腹部中央存在，偶有完全缺；前足胫节距长是基跗节的 0.25–0.5；后足第 1 转节变宽，背方覆盖第 2 转节，通常比前中足第 1 转节短；腹部着生位置高，远离后足基节，近并胸腹节水平表面；腹部着生位置与后足基节间的骨片高度为后足第 1 转节背方长度的 0.5–2.1 倍；第 1 背板无背脊，或背脊中等大小，背凹缺或几乎如此；产卵管等于或长于腹部长度，从远离腹端部伸出。

生物学：寄生于落叶树或针叶树树干和树皮下生活的鞘翅目幼虫，主要是天牛科和象甲科，少数是吉丁虫科和小蠹科。

分布：世界广布。

232. 藤高腹茧蜂属 *Rattana* van Achterberg, 1994

Rattana van Achterberg, 1994: 29. Type species: *Cenocoelius albopilosella* Cameron, 1911.

主要特征：前翅长 9–13 mm。触角 42–45 节；柄节长为宽的 2.0–4.0 倍。额凹有一对强侧脊；唇基端缘有小中齿；后头脊在后端不明显突出，不与口后脊相连；头顶在单眼区之后有一大块平坦区域。前胸背板在背前方稍突出；侧面观中胸盾片前方有完整的斜脊，多少突出；盾纵沟在中胸盾片中央愈合，以致盾片中叶短；小盾片无后中凹；后胸背板整个具扇形刻条；前翅基下突大部分脊状；基节前沟完全具扇形刻条或中断；无侧板凹，至多有一浅凹痕；后胸侧板无矮的横沟。并胸腹节在腹部插入部位两侧有脊或明显的叶突；并胸腹节无横脊；并胸腹节气门位于中央之后。前翅 1-M 脉稍弯曲；前翅缘室较狭；前翅 2A 脉存在；后翅无 2A 脉；后翅 1r-m 脉较长，明显长于 2-SC+R 脉。后翅 M+Cu 脉长为 1-M 脉的 2.4–6.0 倍，1-M 脉短于 1r-m 脉；后翅缘室端部扩大。雌性后足基节内侧凹痕在腹方止于基节中央刚后方，宽，无脊；跗爪腹方有小至中等基叶或叶状突；前足腿节正常；中足转节明显长于后足转节。第 1 背板稍细，长为端宽的 1.4–2.2 倍，近于柄形，在基部渐窄，无侧凹；第 3 背板无锋锐侧缘，与第 2 背板约等长，且此 2 背板均光滑；产卵管鞘长为前翅的 0.8–0.9。

生物学：未知。

分布：主要分布于澳洲区。世界已知 5 种，中国记录 1 种，浙江分布 1 种。

（666）中华藤高腹茧蜂 *Rattana sinica* He et Chen, 1996

Rattana sinica He et Chen, 1996: 220.

主要特征：体长 7.0 mm；前翅长 6.5 mm。体及足黑色。头背面观宽为中长的 1.7 倍。触角 36 节；上颊光滑，具很稀而浅刻点。头顶平，光滑，侧方有些刻点。额中凹部分光滑，前半有一薄片状中叶突，其高不超过中央外侧的脊，脊由侧单眼连至触角窝外侧，脊之侧方具粗而密刻点。颜面中央、唇基（端部近于光滑）密布粗刻点。颚眼距为上颚基宽的 1.4 倍。前胸背板凹相当大而深，裂口形，其后方被脊包围。前胸背板侧叶中央及后方有粗而略带网状的横刻条，背缘及前下角具细刻点。胸腹侧脊和中胸腹板后横脊完整且强；胸腹侧脊后方、基节前沟及翅基下脊下方相连处侧缝均具发达的并列短刻条，其余部位光滑。后胸侧板和并胸腹节具很粗的网皱。并胸腹节在腹部着生部位两侧有一近梯形的小片状突，内具并列刻条。

分布：浙江（临安）。

（二十）长茧蜂亚科 Helconinae

主要特征：下颚须通常 5–6 节，少数少于 5 节；无口窝；后头脊近乎完整。前胸背板无盾前凹；胸腹侧脊存在；翅基下脊至少具 1 条脊；小盾片后方中央有具短刻条的凹陷；中胸侧板后缘脊缺。并胸腹节具小分区或分区不明显。前翅缘室中等大小至大；前翅 SR1 脉骨化明显；1-M 脉直或微曲；前翅 r-m 脉通常存在，有时缺；Cu1b 和 2-1A 脉存在；前翅第 2 亚缘室中等大小，四边形或梯形；后翅 cu-a 脉存在，2A 脉通常存在；后翅缘室两侧平行或端部变窄。后足胫节在胫节距基部无钉状刺；转节无刺。腹部第 1 背板不呈柄状，至多中等程度伸长；背脊至少在基部明显，背凹缺；气门位于中部前方。

生物学：大部分种类容性内寄生于蛀木性的鞘翅目幼虫，偶尔寄生于鳞翅目钻蛀性幼虫(Yu *et al.*, 2016)。

分布：世界广布。世界已知 3 族 33 属 232 种，中国记录 3 族 9 属 30 种，浙江分布 2 族 3 属 3 种。

I. 天牛茧蜂族 Brulleiini

主要特征：下颚须通常 2–6 节，下唇须 2–3 节；上颚明显从中间向内弯曲或均匀弯曲；唇基平坦或突出，有时中间微凹；后头脊均匀弯曲，或背方中央呈拱形弯曲或减弱；头顶具明显中纵沟或缺；额区中央平坦或微凹或深凹，且无明显片状突起。前足跗节非常长；后足腿节腹面通常光滑无皱纹；后足转节较纤细；后足胫节长为后足腿节长的 1.6–2.4 倍。前翅 1-SR 脉不明显或缺；前翅 m-cu 脉后叉；后翅 2A 脉缺；后翅 cu-a 脉强烈倾斜。并胸腹节无横脊存在。第 2 背板光滑或基部具饰纹。产卵管鞘为前翅长的 1.1–2.6 倍。

生物学：大多数种类生物学习性未知，其中一种（筒天牛茧蜂 *Brulleia obereae* Chen et van Achterberg, 1993）寄生于筒天牛属幼虫(Yu *et al.*, 2016)。

分布：古北区、东洋区。世界已知 2 属 20 种，中国已知 2 属 12 种，浙江分布 2 属 2 种。

233. 天牛茧蜂属 *Brulleia* Szepligeti, 1904

Brulleia Szepligeti, 1904: 150. Type species: *Brulleia melanocephala* Szepligeti, 1904.

主要特征：下颚须通常 2–6 节，下唇须 2–3 节；上颚均匀弯曲；脸密被网皱；唇基突出或中间微凹；后头脊背方中央呈拱形弯曲或减弱；头顶具明显中纵沟；额区中央平坦或微凹。后足胫节长为后足腿节长的 1.6–2.0 倍。第 2 背板光滑或基部具饰纹。

生物学：大多数种类生物学习性未知，其中一种（筒天牛茧蜂 *Brulleia obereae* Chen et van Achterberg, 1993）寄生于筒天牛属幼虫(Yu *et al.*, 2016)。

分布：古北区、东洋区。世界已知 18 种，中国记录 10 种，浙江分布 1 种。

（667）红天牛茧蜂 *Brulleia rubida* Chen et He, 1993

Brulleia rubida Chen et He, 1993: 380.

主要特征：体长 16–22 mm，前翅长 14–18 mm。体黄褐色，中胸暗褐色，腹部背板赤褐色；上颚、产卵管鞘黑褐色；柄节和梗节黄褐色，鞭节褐色，但第 9–16 节黄白色。足完全黄褐色。翅膜黄褐色，翅痣赤褐色，翅脉淡褐色至褐色。触角 40–46 节；下唇须 3 节；头顶密布刻点；额稍凹，中央有横皱及中脊，侧方为斜皱伸至单眼区；唇基具刻点，亚端部隆起；颚眼距为上颚基宽的 0.8。前胸背板凹横形，侧面中央及后方具并列短刻条，其余具刻点；盾纵沟深，具并列刻条，后方有一条中脊；基节前沟宽且深，具并列刻条，前方具网皱。并胸腹节密布皱纹，端侧方具刻条。

分布：浙江、福建。

234. 近天牛茧蜂属 *Parabrulleia* van Achterberg, 1983

Parabrulleia van Achterberg, 1983: 287. Type species: *Doryctes shibuensis* Matsumura, 1912.

主要特征：上颚中央明显有角度向内弯曲；唇基平坦；后头脊均匀弯曲；头顶无明显中纵沟；额区中央明显内凹，且无明显片状突起。后足腿节腹面通常光滑无皱纹；后足转节较纤细；后足胫节长为后足腿节长的 2.2–2.4 倍。第 2 背板基部具饰纹。产卵管鞘为前翅长的 1.6–2.6 倍。

生物学：未知。

分布：古北区、东洋区。世界已知 2 种，中国记录 2 种，浙江分布 1 种。

（668）中华近天牛茧蜂 *Parabrulleia shibuensis* (Matsumura, 1912)

Doryctes shibuensis Matsumura, 1912: 151.

Parabrulleia shibuensis: van Achterberg, 1983: 287.

主要特征：体长 19–24 mm。体黄褐色；触角 42–45 节，黑褐色，基部两节黄褐色，雌蜂中段约 8 节黄白色；上颚末端黑褐色；腹部第 3 节后缘及以后各节黑色；产卵管鞘黑色。翅稍透明，烟褐色；翅痣黑褐色；大部分翅脉黄褐色。足黄褐色，后足胫节末端色稍深。头部稀布细刻点；唇基平坦；上颚中央明显弯曲有角度；背面观复眼长与上颊等长。胸部刻点较密；盾纵沟深，在盾片中央附近会合而形成椭圆形凹陷，在其中央有纵脊及向两边分出的横脊；小盾片前沟具纵脊，小盾片三角形，具不明显的中纵脊。并胸腹节侧缘有一纵脊，表面除侧区具网状刻点外，其余部分多为不规则粗糙皱纹。后足胫节长为后足腿节的 2.2–2.4 倍。

分布：浙江、湖北、江西、福建；日本，越南。

II. 长茧蜂族 Helconini

主要特征：额区中央具明显片状突起，侧方通常具额脊突；唇基平坦或凸，前端缘通常平截；后头脊直或在上颚基部之上逐渐弯曲或在上颚基部上方明显弯曲，与口后脊接触点在上颚基部或明显在上颚基部上方。后足腿节腹面光滑或部分具皱纹，具片状隆起或齿状突起或缺；前翅 1-SR 脉存在，m-cu 脉后叉；后翅 2A 脉存在；缘室端部平行或变阔。

生物学：大多数种类容性内寄生于鞘翅目幼虫。

分布：世界广布。世界已知 15 属 87 种，中国记录 4 属 8 种，浙江分布 1 属 1 种。

235. 近长茧蜂属 *Helconidea* Viereck, 1914

Helconidea Viereck, 1914, 83: 67. Type species: *Helcon aequator* Nees, 1812 (*Pimpla dentator* Fabricius, 1804), by original designation.

主要特征：额区中央具明显片状突起，侧方通常具额脊突；后头脊在上颚基部上方明显弯曲，与口后脊接触点明显在上颚基部上方。后足腿节腹面部分具皱纹，具隆起或齿状突起；前翅 1-SR 脉存在，m-cu 脉后叉；后翅 2A 脉存在；缘室端部平行或轻微变阔。

生物学：寄生于鞘翅目（天牛科、吉丁甲科、象甲科）幼虫。

分布：全北区、东洋区。世界已知 15 种，中国记录 3 种，浙江分布 1 种。

（669）平背近长茧蜂 *Helconidea planidorsum* (Watanabe, 1952)（图 1-209）

Helcon (*Helconidea*) *planidorsum* Watanabe, 1952: 27.
Helconidea planidorsum: Hedqvist, 1967: 140.

主要特征：POL：OD：OOL=15：7：20；上颊背方具刻点，腹方密被网纹；额区具额脊突，侧方具短刻条，中央几近光滑并具一片状突起；基节前沟宽而浅，具不规则网状刻点，前方具网皱，背方具横条纹；小盾片具刻点；第 2 背板具刻皱；背面观复眼长为上颊长的 1.4–1.5 倍；第 1 背板长为端宽的 1.2 倍；后足基节红褐色；后足腿节大部分红黄色；后足胫节基部 1/3 黑黄色。

分布：浙江；俄罗斯，日本。

图 1-209 平背近长茧蜂 *Helconidea planidorsum* (Watanabe, 1952)

A. 整体，侧面观；B. 头，正面观；C. 头，背面观；D. 头，侧面观；E. 胸部，侧面观；F. 中胸背板，背面观；G. 前翅；H. 后足腿节与胫节，侧面观；I. 腹部第 1、2 节背板，背面观；J. 并胸腹节，背面观

（二十一）悦茧蜂亚科 Charmontinae

主要特征：后头脊背方中央弱；复眼无毛，内缘不凹入，中等大小；额和头顶光滑；脸较平坦；唇基腹缘较厚，并有一列刻凹。中胸盾片近前胸背板处向前凸出；基节前沟缺；中胸侧板光滑；并胸腹节无中纵脊和分区。前翅 2-R1 脉长，r-m 脉缺，3-SR+SR1 脉基部弯曲；后翅缘室向端部收窄，具 2A 脉。跗爪简单。腹部第 1 背板基部中央凹入，近中部凸出；腹部第 2 背板无锐褶。

生物学：寄生于隐蔽性生活的鳞翅目幼虫，如卷蛾科、小卷蛾科、螟蛾科、织蛾科、麦蛾科、鞘蛾科等。

分布：世界广布。世界已知 2 属，中国记录 1 属 4 种，浙江分布 1 属 2 种。

236. 悦茧蜂属 *Charmon* Haliday, 1833

Charmon Haliday, 1833: 262. Type species: *Charmon cruentatus* Haliday, 1833.

主要特征：体长 2.9–7.5 mm；前翅长 3.3–5.9 mm。触角端节具刺。前幕骨陷深、中等大小。下唇须第 3 节缺或很短。中胸侧板和小盾片光滑；基节前沟缺。并胸腹节气门圆形、小，位于中部前方。前翅 1-SR+M 脉与副痣相连，第 1 盘室无柄；副痣大。后翅 cu-a 脉长而直。后足基节光滑；后足腿节长是宽的 5.3–6.8 倍；跗爪腹方凸，无齿。腹部第 1 背板长是端宽的 1.3–1.7 倍。产卵管鞘长是前翅的 0.60–1.55 倍。

生物学：寄生于隐藏性生活的鳞翅目幼虫。

分布：世界广布。世界已知 8 种，中国记录 7 种，浙江分布 2 种。

（670）长管悦茧蜂 *Charmon extensor* (Linnaeus, 1758)

Ichneumon extensor Linnaeus, 1758: 564.
Charmon extensor: Chen, He & Ma, 1996: 60.

主要特征：体长 3.5–5.6 mm；前翅长 3.5–5.5 mm。体暗红褐色；梗节、环节、复眼与单眼区域、前胸、翅基片、中胸侧板部分、腹部腹面第 2–3 背板带红色。前足黄色，后足胫节、中后足跗节暗色；翅痣暗褐色；有淡色（黄色）个体。触角约 44 节；下颚须长约为头高的 1.2 倍；背面观复眼长是上颊的 2.3 倍；上颊在复眼后方直线收窄；额平坦，脸几乎光滑，近触角窝处有些刻纹；唇基突出，具模糊细刻点，端缘直；颚眼距长为上颚基宽的 0.4。前胸背板侧方光滑，中央和后方有一些模糊刻纹；盾纵沟缺；中胸盾片光滑；后胸背板中央无脊；并胸腹节光滑，基部中央具小刻皱。产卵管鞘长为前翅的 1.21–1.55 倍。

分布：浙江（缙云、庆元、龙泉）、内蒙古、安徽；世界广布。

（671）红胸悦茧蜂 *Charmon rufithorax* Chen et He, 1996

Charmon rufithorax Chen et He, 1996: 61.

主要特征：体长 4.5–6.5 mm；前翅长 4.1–6.0 mm。体深褐色；触角基部两节色浅；上颚和颊红褐色，中胸背板和侧板、后胸背板和侧板红黄色，须、足（除后足胫节端部褐色外）黄色。翅透明，脉浅褐色，痣黄色。色较淡的个体，中胸和后胸黄色，腹部第 2、3 背板暗红褐色，腹板褐红色；暗色个体，中胸和后胸暗红褐色，翅痣褐黄色。触角 40–45 节。复眼背面观长为上颊长的 2.0 倍，上颊在复眼后方圆弧状收窄。头顶和上颊光亮。额平坦，光滑。脸除上方中央有刻纹外其余光滑。上唇突出，光亮，中下方有刻点，腹缘有一列刻点，中央直。颊光滑。颚眼距是上颚基宽的 0.44。前胸背板侧面光亮，前方中央有一列刻凹点，后缘有皱刻纹。盾纵沟明显。中胸盾片、小盾片、中后胸侧板光滑。后胸背板有一中纵脊。并胸腹节中央有纵向皱纹，后角有明显皱纹，其余光滑。

分布：浙江（临安、庆元、龙泉）、吉林、湖北、湖南、四川、贵州、云南。

（二十二）窄径茧蜂亚科 Agathidinae

主要特征：头横形；唇基凸出，非圆口类；触角鞭节常多于18节；须长，下颚须5节，下唇须4节；后头脊缺如；前翅第1亚缘室和第1盘室通常合并；径脉发达，缘室甚窄，第2亚缘室小，三边形至五边形（愈室茧蜂属 *Camptothlipsis* 第2亚缘室缺）；翅脉中等程度退化（无脉茧蜂属 *Aneurobracon* 严重退化）；前胸背板具背侧凹；前胸侧板脊存在；中后足胫节通常具刺；跗爪简单或分裂，有或无基叶；跗节短；腹部不呈柄状；产卵管鞘长度多样；雄性抱握器通常短且宽。

生物学：大多数内寄生于鳞翅目的幼虫和蛹。

分布：世界广布。世界已知52属，中国记录47属，浙江分布10属。

分属检索表

1. 中足胫节内距长是中足基跗节长的0.8–1.1倍；触角端部具短到中等程度的刺，有时十分小；产卵管鞘短，其长与腹部端高相等，几乎不凸出或不凸出；后足小转节外侧边缘腹部通常具明显脊或边缘具转角 ······················· 2
- 中足胫节内距长是中足基跗节长的0.4–0.7；触角端部无刺；产卵管鞘长多变；后足小转节外侧边缘无脊或脊不明显 ···· 3
2. 前足胫节距长，弯曲，端部光滑无毛，具端刺；颚眼距具皱；盾纵沟相对宽；后足基节具纵脊或皱；额具侧脊 ············
 ··· 褐径茧蜂属 *Coccygidium*
- 前足胫节距短，直，端部具毛；颚眼距光滑或具刻点；盾纵沟相对窄；后足基节无纵脊或皱；额无侧脊 ····················
 ··· 泽拉茧蜂属 *Zelodia*
3. 后足跗爪外侧具明显基叶，与内侧基叶相似，无梳状薄片；近触角窝内侧稍凹；中胸腹板沟深，具粗糙短刻条；后足拟转节腹方具脊；基节前沟至少端半部具明显刻条 ··· 4
- 后足跗爪外侧具齿状或方形薄片，基部具梳状薄片，与内侧不同；近触角窝内侧深凹；中胸腹板沟浅，光滑或几乎光滑；后足拟转节腹方圆滑；基节前沟缺或几乎缺 ··· 长喙茧蜂属 *Cremnops*
4. 额无侧脊；后翅 M+CU 脉至多是 1-M 脉的0.8；须仅稍凸出 ··· 真径茧蜂属 *Euagathis*
- 额具侧脊；后翅 M+CU 脉长于 1-M 脉或相等（至多0.9）；须通常相当凸出 ·· 5
5. 额侧脊指向前单眼或前后单眼之间；触角柄节直且相对于第3节粗壮（足拟转节腹方圆滑）··································
 ··· 刺脸茧蜂属 *Disophrys*
- 额侧脊指向后单眼；触角柄节弯曲，相对于第3节稍粗壮 ·· 刺脸茧蜂属 *Disophrys*
6. 前胸背板侧方前部正常，前端低于中胸盾片；唇基腹方中央几乎不或不凸出，侧面观平截；正面观颊纵长是其横宽的1.7–3.0倍；中胸盾片前部中央无宽的凹陷；上颚无宽的薄片状缘 ··· 窄径茧蜂属 *Agathis*
- 前胸背板侧方前部明显，远高于中胸盾片；唇基腹方中央凸出，侧面观鼻状；正面观颊纵长是其横宽的5.0–6.0倍；中胸盾片前部中央具宽的凹陷；上颚具宽的薄片状凸缘 ·· 7
7. 前、中足跗爪简单且相对粗壮；触角窝后方区域深凹；后翅 1-M 脉长是 M+CU 脉长的1.1–1.6倍 ·····························
 ·· 闭腔茧蜂属 *Bassus*
- 前、中足跗爪几乎通常具明显基叶且相对细长；触角窝后方区域几乎通常浅至中等程度凹陷；后翅 1-M 脉长是 M+CU 脉长的0.6–1.4倍 ··· 8
8. 盾纵沟完整；基节前沟至少后部存在；中胸盾片侧叶具完整侧脊 ·· 布伦茧蜂属 *Braunsia*
- 盾纵沟缺；基节前沟缺；中胸盾片侧叶前端无侧脊 ·· 9
9. 后胸腹板腔至多达后足基节腔上水平线；后胸腹板脊直或几乎如此且明显；腹部第3背板前半部通常具粗糙刻条，但有时光滑 ··· 溶腔茧蜂属 *Lytopylus*

- 后胸腹板腔达后足基节腔上水平线下方；后胸腹板脊弯曲或几乎如此且稍弱；腹部第 3 背板前半部刻纹变化多样，通常光滑或具微弱刻条 ·· 下腔茧蜂属 *Therophilus*

237. 窄径茧蜂属 *Agathis* Latreille, 1804

Agathis Latreille, 1804: 173. Type species: *Agathis malvacearum* Latreille, 1804.

主要特征：头腹方延长，明显逐渐变尖或近平行；颚眼距通常至少是复眼长的 0.5；侧面观单眼区平坦或明显凸出或介于两者之间；前单眼前方区域通常具三角形区域，具浅或深的凹陷；外颚叶变长；盾纵沟通常存在，完整；基节前沟存在；前翅 2-R1 脉短于 1-R1 脉，仅少数情况相等或稍长；第 1 亚缘室和第 1 盘室合并；第 2 亚缘室三角形或四边形；前、中足跗爪简单，具基叶；后足基节腔开放；腹部第 1 背板光滑至具刻条，有时具背脊；第 2 背板光滑至具刻条，有时具横沟。

生物学：寄主广泛，主要为鳞翅目幼虫。据记载，主要寄生于鳞翅目的丝兰蛾科、麦蛾科、鞘蛾科、卷蛾科、织蛾科、举肢蛾科和小卷蛾科等。

分布：世界广布。世界已知 162 种，中国记录 10 种，浙江分布 1 种。

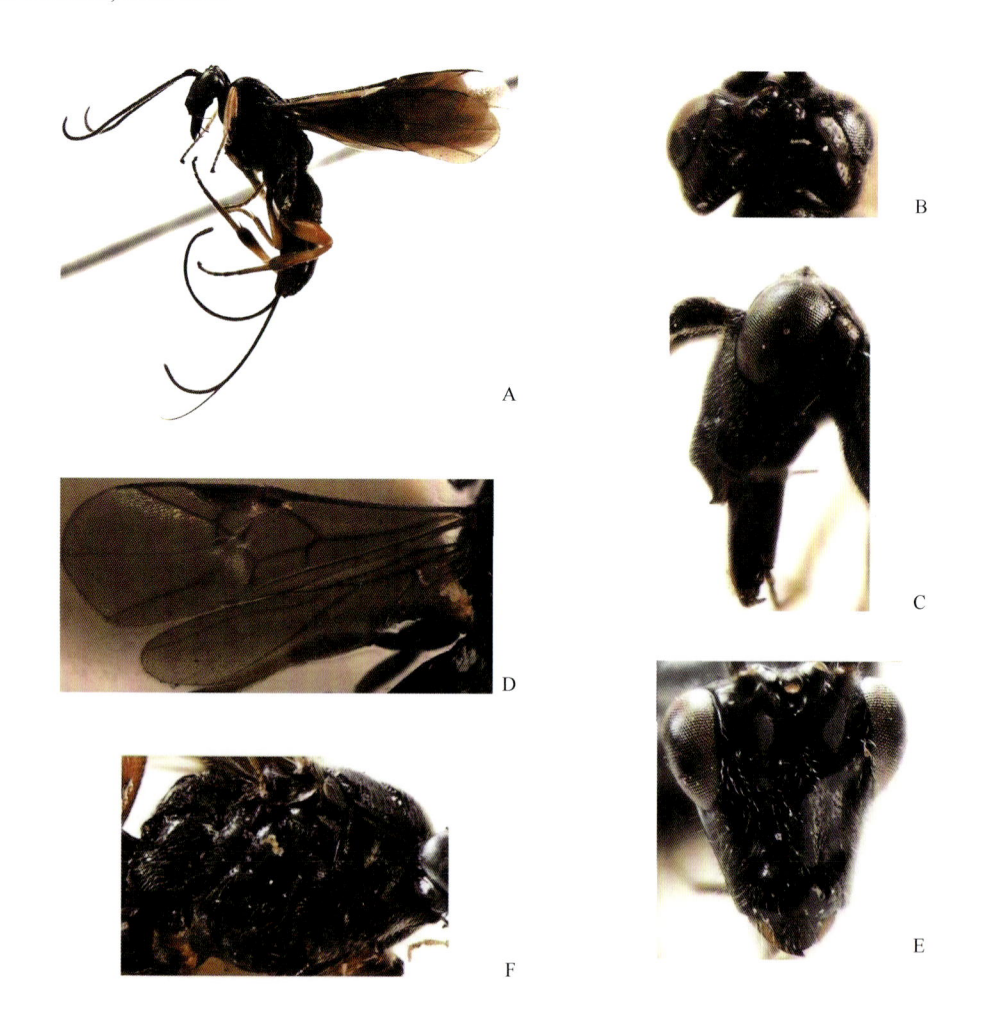

（672）异色窄径茧蜂 *Agathis varipes* Thomson, 1895（图 1-210）

Agathis varipes Thomson, 1895: 2228.

图 1-210 异色窄径茧蜂 *Agathis varipes* Thomson, 1895

A. 整体，侧面观；B. 头，背面观；C. 头，侧面观；D. 翅；E. 头，前面观；F. 胸，侧面观；G. 腹，背面观；H. 后足（基节除外）

主要特征：体长 3.5–5.0 mm，前翅长 3.3–4.5 mm。体黑色；后足胫节近基部无环状色带；足（基节和转节除外）棕色；腿节基部、胫节端部和跗节大部分色深；后足腿节有时完全黄棕色；腹部第 2 背板有时棕色；翅深棕色，翅痣和翅脉深棕色。触角 21–26 节；前面观头长是脸最宽处的 1.3 倍；脸光滑，具相当密集的中等程度毛；唇基侧面观强烈凸出，大部分光滑；复眼长是颚眼距的 1.5–1.7 倍；侧面观单眼区和前单眼区域相当凸出；外颚叶端部钝，光滑，长是颚眼距的 1.3–1.5 倍，是复眼长的 0.7–1.0 倍，是头高的 0.5–0.6。前胸背板侧方大部分光滑，前部中央和腹方后部具皱刻点，背方后部具刻点，近后缘具明显短刻条；中胸盾片和小盾片大部分光滑，具稀疏的微弱刻点；并胸腹节具些许横向皱，剩余部分大部分光滑，中纵脊间具短刻条。

分布：浙江（杭州）、黑龙江、吉林、辽宁、内蒙古、宁夏、甘肃、青海、新疆；芬兰，德国，希腊，匈牙利等。

238. 闭腔茧蜂属 *Bassus* Fabricius, 1804

Bassus Fabricius, 1804: 93. Type species: *Ichneumon calculator* Fabricius, 1798.

主要特征：头不延长或略延长；触角窝间区域具一对脊突，有时具槽或瘤突；正面观颊纵长是其横宽的 1.0–1.5 倍，颊在复眼下方强烈变窄；唇基通常至少部分平坦；口器正常；下颚的外颚叶不长于宽，且短于下唇须，侧面观通常几乎或完全看不见；触角窝后方区域稍凹；基节前沟完整；盾纵沟明显；前翅 1-SR+M 脉完全缺或稍存在；后翅 1-M 脉长是 M+CU 脉长的 1.1–1.6 倍；前、中足跗爪简单，无基叶，相对粗壮。

生物学：寄主广泛，主要为鳞翅目幼虫。据记载，寄主包括鳞翅目灯蛾科、蛙蛾科、遮颜蛾科、果蛀蛾科、鞘蛾科、尖蛾科、木蠹蛾科、扁腹蛾科、小潜蛾科、短翅谷蛾科、麦蛾科、尺蛾科、细蛾科、弄蝶科、枯叶蛾科、柳叶菜蛾科、夜蛾科、瘤蛾科、织蛾科、粉蝶科、螟蛾科、绢蛾科、谷蛾科、冠潜蛾科、卷蛾科、巢蛾科；鞘翅目象甲科、拟步甲科、长朽木甲科；膜翅目瘿蜂科。

分布：世界广布。世界已知 96 种，中国记录 9 种，浙江分布 1 种。

（673）白带闭腔茧蜂 *Bassus albifasciatus* (Watanabe, 1934)（图 1-211）

Microdus albifasciatus Watanabe, 1934a: 201.
Bassus albifasciatus: Chou & Sharkey, 1989: 153.

主要特征：体长 6.5 mm，前翅长 5.5 mm。体黄棕色；并胸腹节和后胸侧板棕色至黑色；翅脉和翅痣深棕色；前翅端部 0.4 明显烟褐色，翅剩余部分稍烟褐色或近透明。触角 32 节；脸具明显微弱刻点；额光滑，光亮；头顶和上颊光亮，具稀疏的小刻点。胸部侧面观长为高的 1.5 倍；前胸背板侧背凹浅；前胸背板侧方大部分光滑，背方具稀疏的微弱刻点；中胸盾片近侧脊区域具稀疏短刻条；中胸盾片具稀疏的微弱刻点，后部凸，光滑；盾纵沟完整，具窄的短刻条；小盾片前沟具 3 条脊，长是小盾片长的 0.6；小盾片稍凸，明显收窄，具侧脊，光亮，具稀疏的微弱刻点；中胸侧板基节前沟上方大部分光滑，下方几乎光滑，具稀疏的微弱刻点；基节前沟浅，具中等程度短刻条；后胸侧板具明显的稀疏刻点，腹方具小室状皱；并胸腹节具密集网皱；气门小，长为其宽的1.2倍。

分布：浙江（松阳）、宁夏、湖北、福建、台湾、西藏；韩国，日本，越南。

图 1-211　白带闭腔茧蜂 *Bassus albifasciatus* (Watanabe, 1934)
A. 整体，侧面观；B. 头，背面观；C. 头，侧面观；D. 翅；E. 头，前面观；F. 胸，背面观；G. 腹，背面观；H. 胸，侧面观

239. 布伦茧蜂属 *Braunsia* Kriechbaumer, 1894

Braunsia Kriechbaumer, 1894: 63. Type species: *Braunsia bicolor* Kriechbaumer, 1894.

主要特征：体中等大小；头横形；头顶光滑；额光滑；额凹浅至深；触角柄节膨大；触角窝间具脊；脸中央突起，不呈喙状；唇基宽，端部稍凹；下颚须5节，下唇须4节；前胸背板具光泽，后缘具弱刻条；中胸盾片中等程度凸出；盾纵沟明显，中等程度宽，具弱至较强的刻条；小盾片凸，光滑；中胸侧板光滑至具稀疏刻点；基节前沟明显，中等程度宽，具刻条；后胸侧板光滑至具稀疏刻点；并胸腹节光滑，具中纵脊，基部横脊有或无；前翅第1亚缘室和第1盘室合并；SR1脉发达；缘室宽；第2亚缘室三角形或四边形，无柄，通常具2RS2脉；足细长；后足转节腹方无纵脊；前、中足具基叶；腹部窄，长；第1、2背板及第3背板基部具明显纵刻条；第1背板具背脊；第2、3背板具明显横沟；产卵管长。

生物学：据记载，主要寄生于鳞翅目的螟蛾科、夜蛾科、枯叶蛾科和鞘蛾科等。

分布：世界广布。世界已知 71 种，中国记录 5 种，浙江分布 4 种。

分种检索表

1. 前翅 cu-a 脉后叉或对叉；产卵管鞘端部稍或不变宽；翅痣浅棕色或黄色；颊与头颜色一致，若浅，则与周围颜色差异不大 …… 2
- 前翅 cu-a 脉前叉；产卵管鞘端部变宽；翅痣深棕色或黑色；上颊象牙白，与周围颜色对比明显 ……………………………………… 3
2. 腹部第 1 背板长是其端宽的 2.8–3.0 倍；第 1 背板几乎完全光滑；第 2 背板长是宽的 1.7 倍；产卵管鞘长几乎与体长相等；前翅无痣斑 …………………………………………………………………………………………………… 后叉布伦茧蜂 *B. postfurcalis*
- 腹部第 1 背板长是其端宽的 1.8–2.0 倍；第 1 背板大部分具纵刻条；第 2 背板长是宽的 1.2 倍；产卵管鞘长明显短于体长；前翅具明显痣斑 ……………………………………………………………………………………… 松村布伦茧蜂 *B. matsumurai*
3. 触角、后足基节和后足腿节黑色 …………………………………………………………………………… 多毛布伦茧蜂 *B. pilosa*
- 触角、后足基节和后足腿节黄棕色 ………………………………………………………………………… 前叉布伦茧蜂 *B. antefurcalis*

（674）前叉布伦茧蜂 *Braunsia antefurcalis* Watanabe, 1937（图 1-212）

Braunsia antefurcalis Watanabe, 1937: 90.

图 1-212 前叉布伦茧蜂 *Braunsia antefurcalis* Watanabe, 1937

A. 整体，侧面观；B. 头，背面观；C. 头，前面观；D. 胸，侧面观；E. 头，侧面观；F. 翅；G. 胸，背面观；H. 腹，背面观；I. 后足腿节和胫节

主要特征：体长 8.6–9.6 mm，前翅长 7.8–8.6 mm。体黑色；颚眼距区域象牙白色；须浅黄色；触角和足黄棕色，但跗节较胫节颜色浅；腹部黄棕色或深棕色；翅膜质部分深棕色。触角 45–50 节；脸闪亮，具稀疏的微弱刻点；头顶和额光滑。胸部侧面观长为高的 1.5 倍；前胸背板侧背凹大，深；前胸背板侧方光滑；中胸盾片侧脊附近具短刻条；中胸盾片侧叶光滑，中叶具稀疏的微弱刻点；盾纵沟深，光滑或仅稍具微弱短刻条；小盾片前凹具 3–5 脊，长是小盾片长的 0.5；小盾片前端凸，光滑，具长毛；中胸侧板的基节前沟上方大部分光滑，仅前端和上方具稀疏刻点，基节前沟下方具密集毛和稀疏刻点；基节前沟浅，宽，内稍具短刻条；后胸侧板大部分光滑，表面覆盖长毛；并胸腹节具密集毛，近基部具完整横脊，后部具皱；气门中等大小，长为宽的 1.8 倍。

分布：浙江（临安、庆元、龙泉）、河南、陕西、福建、四川；俄罗斯，日本。

（675）松村布伦茧蜂 *Braunsia matsumurai* Watanabe, 1937（图 1-213）

Braunsia matsumurai Watanabe, 1937: 89.

主要特征：体长 8.6–12.8 mm，前翅长 8.0–12.4 mm。体黄棕色；触角（柄节和梗节黄棕色）和后足跗节深棕色；腹部有时深棕色；前翅翅痣下方烟褐色条带达翅下缘。触角 45–48 节；脸闪亮，光滑，具稀疏的刻点；头顶和额闪亮，光滑。胸部侧面观长为高的 1.5 倍；前胸背板侧背凹大，深；前胸背板侧方光滑；

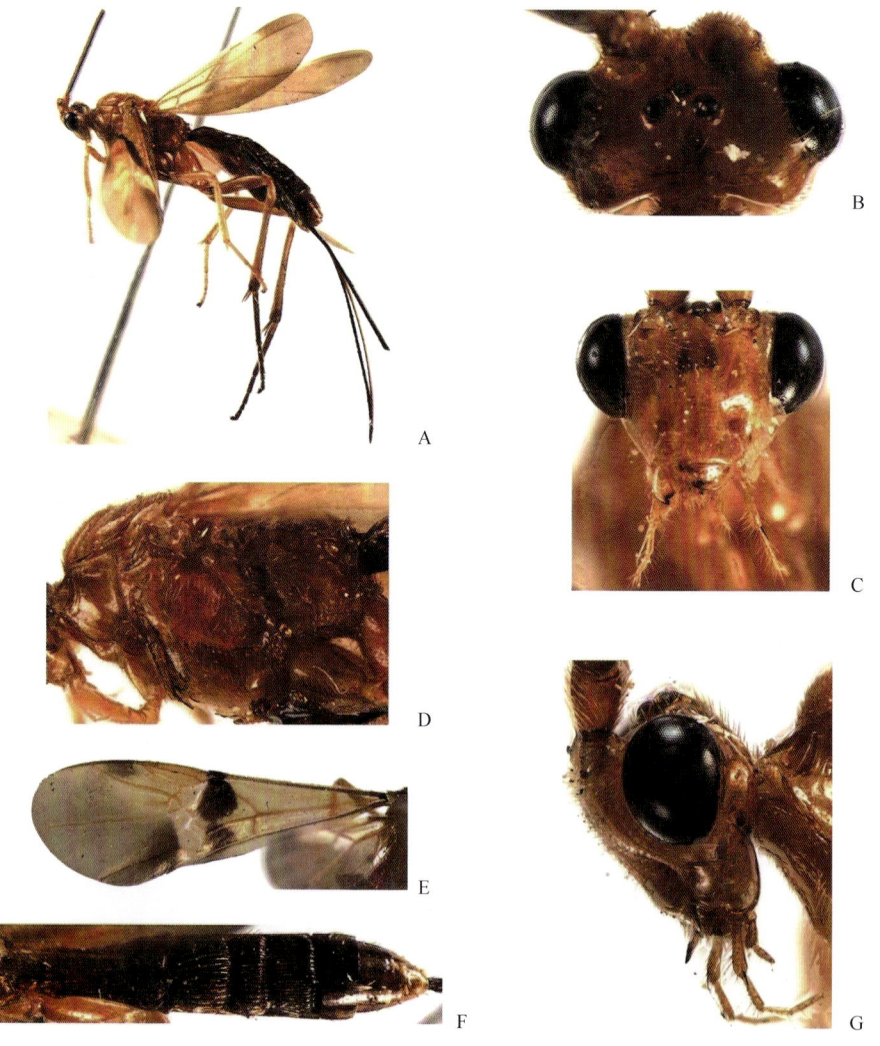

图 1-213　松村布伦茧蜂 *Braunsia matsumurai* Watanabe, 1937

A. 整体，侧面观；B. 头，背面观；C. 头，前面观；D. 胸，侧面观；E. 翅；F. 腹，背面观；G. 头，侧面观中胸盾片侧脊附近光滑；中胸盾片大部分光滑，具稀疏毛和微弱刻点；盾纵沟深，光滑；小盾片前凹具 3 脊，长是小盾片长的 0.4；小盾片凸，光滑，具稀疏毛；中胸侧板闪亮，光滑；基节前沟窄，光滑；后胸侧板光滑；并胸腹节近基部具完整横脊和闭合中区；气门中等大小，近椭圆形，长是其宽的 2.2–2.4 倍。

分布：浙江（安吉、临安、临海、泰顺）、湖南、福建、广东、广西；韩国，日本。

（676）多毛布伦茧蜂 *Braunsia pilosa* Belokobylskij, 1986（图 1-214）

Braunsia pilosa Belokobylskij, 1986: 33.

主要特征：体长 11.0–12.4 mm，前翅长 10.2–11.0 mm。体黑色；颚眼距区域象牙白色；基节，中、后足转节，中足腿节部分，以及后足腿节和跗节黑色，足其余部分棕色；腹部深棕色至红棕色；翅深棕色。触角 45–49 节；复眼长是上颊长的 2.0 倍；POL∶OD∶OOL = 11∶8∶17；脸闪亮，光滑，具稀疏的刻点；头顶和额闪亮，光滑。胸部侧面观长为高的 1.5 倍；前胸背板侧背凹大，深；前胸背板侧方光滑；中胸盾片侧脊附近具短刻条；中胸盾片大部分光滑，具稀疏毛和微弱刻点；盾纵沟深，光滑；小盾片前凹具 3 脊，长是小盾片长的 0.4；小盾片凸，具稀疏刻点和稀疏毛；中胸侧板基节前沟上方闪亮，光滑，仅前段具稀疏

图 1-214 多毛布伦茧蜂 *Braunsia pilosa* Belokobylskij, 1986

A. 整体，侧面观；B. 头，背面观；C. 头，前面观；D. 胸，侧面观；E. 翅；F. 头，侧面观；G. 腹，背面观；H. 胸，背面观；I. 后足腿节和胫节

的小刻点，基节前沟下方具密集的刻点；基节前沟窄，长，几乎横贯中胸侧板，具稀疏短刻条；后胸侧板背方具稀疏刻点，腹方具皱；并胸腹节近基部具完整横脊，无闭合中区，中央具不规则皱刻条；气门中等大小，近椭圆形，长是其宽的 2.2 倍。

分布：浙江（临安）、河南、安徽、云南；俄罗斯，日本。

（677）后叉布伦茧蜂 *Braunsia postfurcalis* Watanabe, 1937（图 1-215）

Braunsia postfurcalis Watanabe, 1937: 88.

主要特征：体长 10.8–11.5 mm，前翅长 10.0–10.3 mm。体黄棕色；触角（柄节和梗节黄棕色）和后足跗节深棕色；腹部有时深棕色；1-R1 脉深棕色；翅痣和翅膜质部分黄色，端部稍烟褐色。触角 47 节；脸闪亮，光滑，具稀疏刻点；头顶和额闪亮，光滑。胸部侧面观长为高的 1.7 倍；前胸背板侧背凹大，浅；前胸背板侧方光滑；中胸盾片侧脊附近光滑；中胸盾片大部分光滑，具稀疏毛和微弱刻点；盾纵沟深，光滑；小盾片前凹具 3 脊，长是小盾片长的 0.5；小盾片凸，具稀疏刻点和稀疏毛；中胸侧板闪亮，光滑；基节前沟窄，光滑；后胸侧板光滑；并胸腹节近基部具完整横脊，无闭合中区，光滑；气门中等大小，近椭圆形，长是其宽的 2.2 倍。

图 1-215 后叉布伦茧蜂 *Braunsia postfurcalis* Watanabe, 1937

A. 整体，侧面观；B. 头，前面观；C. 头，背面观；D. 翅；E. 胸，侧面观；F. 头，侧面观；G. 胸，背面观；H. 腹，背面观；I. 后足腿节和胫节

分布：浙江（临安）、安徽；日本。

240. 褐径茧蜂属 *Coccygidium* Saussure, 1892

Coccygidium Saussure, 1892: 15. Type species: *Coccygidium luteum* Saussure, 1892.

主要特征：触角端部具短到中等程度的刺，有时十分小；额具侧脊；颚眼距具皱；盾纵沟至少前半部明显；盾纵沟相对宽；前翅翅脉大部分存在，SR1 脉存在，有时弱；前足胫节距长，弯曲，端部光滑无毛，具端刺；前足跗爪分裂，无叶突；前足内跗爪小于或等于外跗爪；中足胫节外侧近中央无钉状刺；中足胫节内距长是中足基跗节长的 0.8–1.1 倍；后足基节具纵脊或皱；后足小转节外侧边缘腹部通常具明显脊或边缘具转角；产卵管鞘短，其长与腹部端高相等，几乎不凸出或不凸出。

生物学：据记载，主要寄生于鳞翅目的夜蛾科和弄蝶科等。

分布：东洋区、旧热带区。世界已知 33 种，中国记录 8 种，浙江分布 1 种。

（678）窄腹褐径茧蜂 *Coccygidium angostura* (Bhat *et* Gupta, 1977)（图 1-216）

Zelomorpha angostura Bhat *et* Gupta, 1977: 249.

Coccygidium angostura: van Achterberg & Long, 2010: 51.

主要特征：体长 4.6–6.4 mm，前翅长 3.6–5.2 mm。体黄红色；触角（不包括柄节和鞭节）、后足胫节端部 0.2 和跗节棕色，有时腹部全部或大部分棕色；翅膜质部分透明；翅痣端半部棕色，基半部黄色，翅脉黄色，有时些许翅脉棕色。触角 40–42 节；触角第 1 节鞭节长是第 2 节鞭节长的 1.3–1.4 倍；触角第 1 鞭节、第 2 鞭节长分别为其宽的 2.6–2.8 倍和 1.8–2.2 倍；背面观复眼长是上颊长的 1.6–1.8 倍；OOL：OD：POL=（6–7）：8：（6–7）；脸具稀疏的浅刻点；头顶光滑；额光滑，具侧脊；颚眼距是上颚基宽的 1.3 倍，是复眼高的 0.2–0.3。胸部侧面观长为高的 1.5–1.6 倍；前胸背板光滑；中胸盾片具稀疏的浅刻点；盾纵沟明显，具微弱的短刻条；小盾片平坦，几乎光滑，具明显完整的侧脊；中胸侧板的基节前沟下方具稀疏浅刻点和中等程度毛，上方具稀疏浅刻点，几乎光滑无毛；基节前沟浅，具微弱短刻条，长横贯中胸侧板下缘；后胸侧板具稀疏浅刻点，表面被中等程度毛；并胸腹节具中等程度脊，中区近三角形。

分布：浙江（杭州、黄岩、遂昌、庆元）、河南、安徽、湖北、江西、福建。

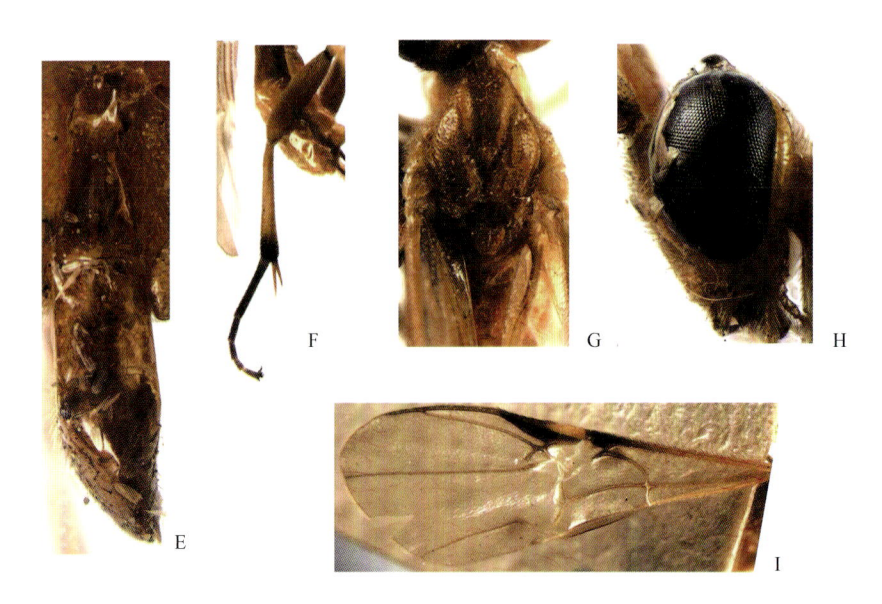

图 1-216　窄腹褐径茧蜂 Coccygidium angostura (Bhat et Gupta, 1977)
A. 整体，侧面观；B. 头，前面观；C. 胸，侧面观；D. 头，背面观；E. 腹，背面观；F. 后足（除基节外）；G. 胸，背面观；H. 头，侧面观；I. 前翅

241. 长喙茧蜂属 Cremnops Förster, 1863

Cremnops Förster, 1863: 246. Type species: *Ichneumon desertor* Linnaeus, 1758.

主要特征：头横形；头顶在后单眼后方凹；额通常无脊，但有时具脊；脸通常延长呈喙状；唇基强度凸出；下颚须 5 节，下唇须 4 节；颚眼距甚长；复眼中等大小，不凹陷；盾纵沟存在，基节前沟缺；胸腹侧脊明显；并胸腹节具小室，气门延长呈椭圆形；前翅第 1 亚缘室和第 1 盘室合并；腹部中等程度长和宽，通常光滑；前、中足跗爪分裂，基部梳状；产卵管长。

生物学：据记载，主要寄生于鳞翅目的螟蛾科、卷蛾科、草螟科、夜蛾科、透翅蛾科、枯叶蛾科和小卷蛾科等。

分布：东洋区、旧热带区。世界已知 77 种，中国记录 8 种，浙江分布 1 种。

（679）荒漠长喙茧蜂 Cremnops desertor (Linnaeus, 1758)（图 1-217）

Ichneumon desertor Linnaeus, 1758: 563.
Cremnops desertor: Sharkey & Clutts, 2011: 111.

主要特征：体长 5.6–7.4 mm，前翅长 5.0–6.8 mm。体棕黄色，腹部末端有时色深；触角深棕色；足棕黄色，后足胫节端部和跗节棕色；翅深棕色，具透明翅斑；翅痣基半部黄色至棕色；产卵管鞘深棕色。触角 38–42 节；颚眼距是上颚基宽的 4.0–4.2 倍；脸狭长，明显喙状，具稀疏的小刻点；额具深的凹陷，光滑；头顶和上颊光亮，具稀疏的小刻点。胸部侧面观长为高的 1.4–1.5 倍；前胸背板侧背凹深，侧方光滑；中胸盾片近侧脊区域具短刻条；中胸盾片光亮，具稀疏的刻点；盾纵沟明显，光滑或具微弱短刻条；并胸腹节分脊不明显，具中区；气门中等大小，长为其宽的 2.0 倍。

分布：浙江（临安、泰顺）、辽宁、江苏、湖北、福建等。

图 1-217　荒漠长喙茧蜂 Cremnops desertor (Linnaeus, 1758)
A. 整体，侧面观；B. 头，背面观；C. 胸，背面观；D. 胸，侧面观；E. 翅；F. 头，前面观；G. 头，侧面观；H. 后足（除基节外）；I. 腹，背面观

242. 刺脸茧蜂属 *Disophrys* Förster, 1863

Disophrys Förster, 1863: 246. Type species: *Agathis caesa* Klug, 1835.

主要特征：头横形；脸延长至喙状；头顶在后单眼后方凹陷；额凹陷，具侧脊；下颚须5节，下唇须4节；盾纵沟明显；基节前沟明显；胸腹侧脊发达；并胸腹节具小室，气门椭圆形；前翅第1亚缘室和第1盘室合并；前、中足的爪分裂，基部非梳状；后足转节腹方具脊；腹部中等程度长且强壮；产卵管中等程度短。

生物学：据记载，主要寄生于鳞翅目的卷蛾科、夜蛾科和枯叶蛾科等。

分布：世界广布。世界已知86种，中国记录7种，浙江分布1种。

（680）红头刺脸茧蜂 *Disophrys erythrocephala* Cameron, 1900（图 1-218）

Disophrys erythrocephala Cameron, 1900: 91.

主要特征：体长 10.3–13.8 mm，前翅长 9.4–12.6 mm。体红棕色；并胸腹节红棕色至深棕色；后胸侧板棕色至深棕色；腹部深棕色；触角深棕色；翅深棕色；足红棕色；中足基节棕色；后足深棕色；产卵管鞘深棕色。触角 57–64 节；脸具密集的小刻点；触角窝间具明显脊；额宽，光亮，光滑；额具侧脊，从侧单眼前缘延伸至触角窝侧方；头顶具密集的小刻点。胸部侧面观长为高的 1.5–1.6 倍；前胸背板侧背凹大，浅；前胸背板边缘具稀疏的微弱刻点；中胸盾片近侧脊区域具明显的短刻条；中胸盾片光亮，光滑，具稀疏的微弱刻点，中后部凹，中叶具成对微弱的浅纵沟；盾纵沟宽，深，具明显密集的短刻条；小盾片前沟长是小盾片长的 1.0 倍，具 1–3 纵脊；小盾片后部稍收窄，前凸后凹，侧脊和端脊完整，具稀疏小刻点；中胸侧板光亮，具密集的小刻点；基节前沟深，宽，具强烈短刻条；后胸侧板具明显皱刻条；并胸腹节具强烈侧脊；中区大，具 3–4 横脊；气门狭长，椭圆形，长是宽的 2.2 倍。

分布：浙江、福建、台湾、广东、海南；印度，越南，泰国，斯里兰卡，马来西亚，印度尼西亚。

图 1-218 红头刺脸茧蜂 *Disophrys erythrocephala* Cameron, 1900

A. 整体，侧面观；B. 头，侧面观；C. 头，背面观；D. 头，前面观；E. 翅；F. 胸，侧面观；G. 胸，背面观；H. 腹，背面观

243. 真径茧蜂属 *Euagathis* Szepligeti, 1900

Euagathis Szepligeti, 1900: 62. Type species: *Euagathis bifasciata* Szepligeti, 1900.

主要特征：体小至大型；头横形；头顶光滑至具密集刻点；额凹浅；额无侧脊和中纵脊；脸光滑至具网状刻点；脸不延长呈喙状；唇基稍凸出或中等程度凸出；下颚须 5 节，下唇须 4 节；前胸背板光滑至具强烈刻点，后缘具微弱刻条；中胸盾片光滑至具强烈刻点；中胸盾片中叶短或长，隆起或光滑，有或无浅的中纵沟；盾纵沟明显或浅，完整或不完整，光滑或具短刻条；小盾片稍隆起或明显隆起，有或无侧脊；中胸侧板光滑至具强烈刻点；基节前沟明显，宽或窄，具刻条；并胸腹节具中等程度脊或强脊，小室明显；气门椭圆形；前翅第 1 亚缘室和第 1 盘室合并；第 2 亚缘室三角形或四边形，通常无柄；后足转节无纵脊；前、中足跗爪分裂；腹部光滑；第 1 背板有或无背脊；产卵管鞘相当短。

生物学：据记载，主要寄生于鳞翅目的毒蛾科和灯蛾科等。

分布：世界广布。世界已知 94 种，中国记录 15 种，浙江分布 4 种。

分种检索表

1. 小盾片强度突出；并胸腹节明显凹陷且中后部无脊，后背部具大的片状突起，侧方具长毛；后胸侧板具粗糙皱；基节前沟下方具粗糙刻点；翅（雄）深棕色，（雌）浅棕色和前翅基半部染黄色光泽；后足腿节（雌）棕色或黑色；小盾片前凹侧边或多或少突出 ·· 突盾真径茧蜂 *E. ophippium*
- 小盾片平坦或稍突出；并胸腹节无明显凹陷且中后部具脊，至多具 1 短的凸缘，侧方具短至中等长度毛；后胸侧板中央或多或少具刻点；基节前沟下方具稍粗糙刻点或光滑；翅通常具明显翅斑或深色色带，翅端部烟褐色或深棕色；后足腿节（雌）完全或部分黄棕色；小盾片前凹侧边不突出 ··· 2
2. 中胸盾片侧叶后部明显凸出，中央具明显刻点；后翅 cu-a 脉周围至少部分光滑；后胸侧板近中央具密集或微弱刻点；第 1 背板长是其端宽的 1.7–2.0 倍；基节前沟下方具明显刻点 ·· 强脊真径茧蜂 *E. forticarinata*
- 中胸盾片侧叶后部稍凸出或平坦，中央大部分光滑；后翅 cu-a 脉周围具正常毛或稍稀疏；后胸侧板中央具稀疏刻点；第 1 背板长是其端宽的 1.0–1.7 倍，若其长是宽的 2.0 倍，则具亚侧凹；基节前沟下方光滑或具稀疏刻点 ······················ 3
3. 第 2 背板缝相对宽，明显；第 1 背板（雌）亚侧方近中央具纵凹；并胸腹节分脊大部分缺；上颊侧方直；中足第 2–4 跗节（雌）相对细长 ·· 婆罗洲真径茧蜂 *E. borneoensis*
- 第 2 背板缝缺或窄；第 1 背板（雌）无或具微弱亚侧凹；并胸腹节分脊存在；上颊侧方稍凹；中足第 2–4 跗节（雌）粗壮 ·· 中华真径茧蜂 *E. chinensis*

（681）婆罗洲真径茧蜂 *Euagathis borneoensis* Szepligeti, 1902（图 1-219）

Euagathis borneoensis Szepligeti, 1902: 67.

主要特征：体长 12.3 mm，前翅长 11.9 mm。体黄棕色；后足胫节端部外侧凸出部分和后足跗节黑色或深棕色；前翅膜质部分黄色。触角第 3 节长是第 4 节长的 1.2 倍；脸和头顶大部分光滑，具稀疏细刻点；触角窝间脊近平行，粗壮，背方圆形且具长毛；后头凸缘相当大，中等宽，腹缘倾斜。胸部侧面观长为高的 1.5 倍；前胸背板侧方具弯曲的皱，剩余部分光滑，后端无短刻条；前胸背板侧背凹深，大；前胸缘脊仅 1 条；中胸盾片大部分光滑，仅具些许微弱刻点，中后端平坦，中叶前端无成对浅沟或中脊；盾纵沟完整且光滑，在后端几乎会合；中胸侧板的基节前沟大部分光滑，具微弱的刻点和中等程度毛；基节前沟窄，深且具短刻条；后胸侧板中央大部分光滑，侧方具刻点，被中等程度毛；并胸腹节具强且弯曲的侧脊，中区粗糙，窄，脊大多小；气门大。

分布：浙江（杭州、遂昌、庆元）、内蒙古、江苏、安徽、湖南、福建。

图 1-219　婆罗洲真径茧蜂 *Euagathis borneoensis* Szepligeti, 1902
A. 头，背面观；B. 头，侧面观；C. 胸，侧面观；D. 胸，背面观；E. 翅；F. 腹，背面观；G. 后足

（682）中华真径茧蜂 *Euagathis chinensis* (Holmgren, 1868)（图 1-220）

Agathis chinensis Holmgren, 1868: 428.
Euagathis chinensis: van Achterberg & Long, 2010: 78.

主要特征：体长 8.0–10.8 mm，前翅长 8.5–11.2 mm。体棕色；头顶、额、单眼区、触角和产卵管鞘黑色；后足胫节端部和后足跗节深棕色至黑色。触角 56–57 节；脸具微弱刻点，头顶具稀疏细刻点；触角窝间脊向后会合，强；后头凸缘大，宽，腹缘倾斜。胸部侧面观长为高的 1.5 倍；前胸背板侧方光滑，仅后端具短刻条；前胸背板侧背凹深，大；前胸缘脊仅 1 条；中胸盾片具稀疏的微弱刻点，中后端扁平，中叶前端具成对浅沟；盾纵沟完整，浅，光滑；小盾片平坦，具稀疏的刻点，前端平截，马鞍形，无侧脊，近后端的脊长，强；中胸侧板的基节前沟下方具密集刻点和稀疏毛，上方具稀疏刻点；基节前沟中等程度宽，深，明显，其刻条中等程度密；后胸侧板几乎光滑，具稀疏刻点且被中等程度毛；并胸腹节具粗糙的小室状刻纹，中区相对窄，中后方的分脊完整；气门中等大小。

分布：浙江（杭州、嵊州、四明山、普陀、金华、衢州、丽水、温州）、江苏、安徽；日本，越南，老挝。

图 1-220 中华真径茧蜂 *Euagathis chinensis* (Holmgren, 1868)

A. 头，前面观；B. 头，背面观；C. 胸，侧面观；D. 头，侧面观；E. 翅；F. 胸，背面观；G. 腹，背面观；H. 后足腿节和胫节

（683）强脊真径茧蜂 *Euagathis forticarinata* (Cameron, 1899)（图 1-221）

Agathis forticarinata Cameron, 1899: 86.
Euagathis forticarinata: van Achterberg & Long, 2010: 83.

主要特征：体长 7.6–8.6 mm，前翅长 8.0–9.0 mm。触角 53–56 节；脸具相当稀疏的微弱刻点；头顶具相当稀疏的微弱刻点；触角窝间脊明显，近平行；后头凸缘大，宽，腹缘近水平。胸部侧面观长为高的 1.3–1.4 倍；前胸背板大部分光滑，后端具些许短刻条；前胸背板侧背凹深，大；前胸缘脊仅 1 条；中胸盾片具稀疏刻点，刻点间距大于刻点直径，前端具成对浅沟，无微弱中脊，侧面观相当平坦，侧叶具粗糙刻点，明显凸，中后端明显凹；盾纵沟窄，明显，具微弱短刻条，但后端光滑；小盾片平坦，具粗糙皱，前端平截，具明显完整的侧脊，近后端脊稍弯曲，长且强；中胸侧板的基节前沟下方具粗糙刻点，刻点间距小于刻点直径，上方具粗糙的稍密集刻点，后端刻点稍稀疏；基节前沟窄，明显，具中等程度短刻条；后胸侧板具粗糙的密集刻点，腹方无皱或仅稍具皱；并胸腹节中央大部分具皱，无中区，侧脊完整且强；气门大。

分布：浙江（杭州、温州）、湖北、江西、湖南、福建、广东等；印度，马来西亚，印度尼西亚等。

图 1-221 强脊真径茧蜂 *Euagathis forticarinata* (Cameron, 1899)
A. 头，前面观；B. 头，背面观；C. 翅；D. 头，侧面观；E. 胸，侧面观；F. 胸，背面观；G. 腹，背面观；H. 后足（除基节外）

（684）突盾真径茧蜂 *Euagathis ophippium* (Cameron, 1899)（图 1-222）

Disophrys ophippium Cameron, 1899: 93.
Euagathis ophippium: van Achterberg & Chen, 2002: 335.

主要特征：体长 6.8–8.6 mm，前翅长 6.6–8.3 mm。触角 47 节；脸侧方具相当稀疏的微弱刻点，中央具密集且粗糙的刻点；头顶具稀疏的微弱刻点；触角窝间脊近平行，粗壮；后头凸缘大，相当宽，腹缘近水平。胸部侧面观长为高的 1.4 倍；前胸背板侧方前端具弯曲皱，后端具中等程度且明显的短刻条；前胸背板侧背凹深，大；前胸缘脊仅 1 条；中胸盾片中叶具明显刻点，中叶前端无成对浅沟和微弱中脊，侧面观中叶背方相当平坦；中胸盾片侧叶侧方具刻点，未明显凸出，中后部明显凹陷；盾纵沟明显，具明显短刻条，但后端光滑；小盾片前端中央强烈凸出，具瘤和粗糙的相当密集的刻点，前端平截，无完整侧脊，近后端的脊弯曲，长且强；并胸腹节中央大部分皱，仅前段具粗糙刻条，中央形成一个小的三角形，无中区，中央附近无分脊；侧脊完整且强；气门大。

分布：浙江（德清、杭州、庆元、温州）、吉林、北京、江苏、福建。

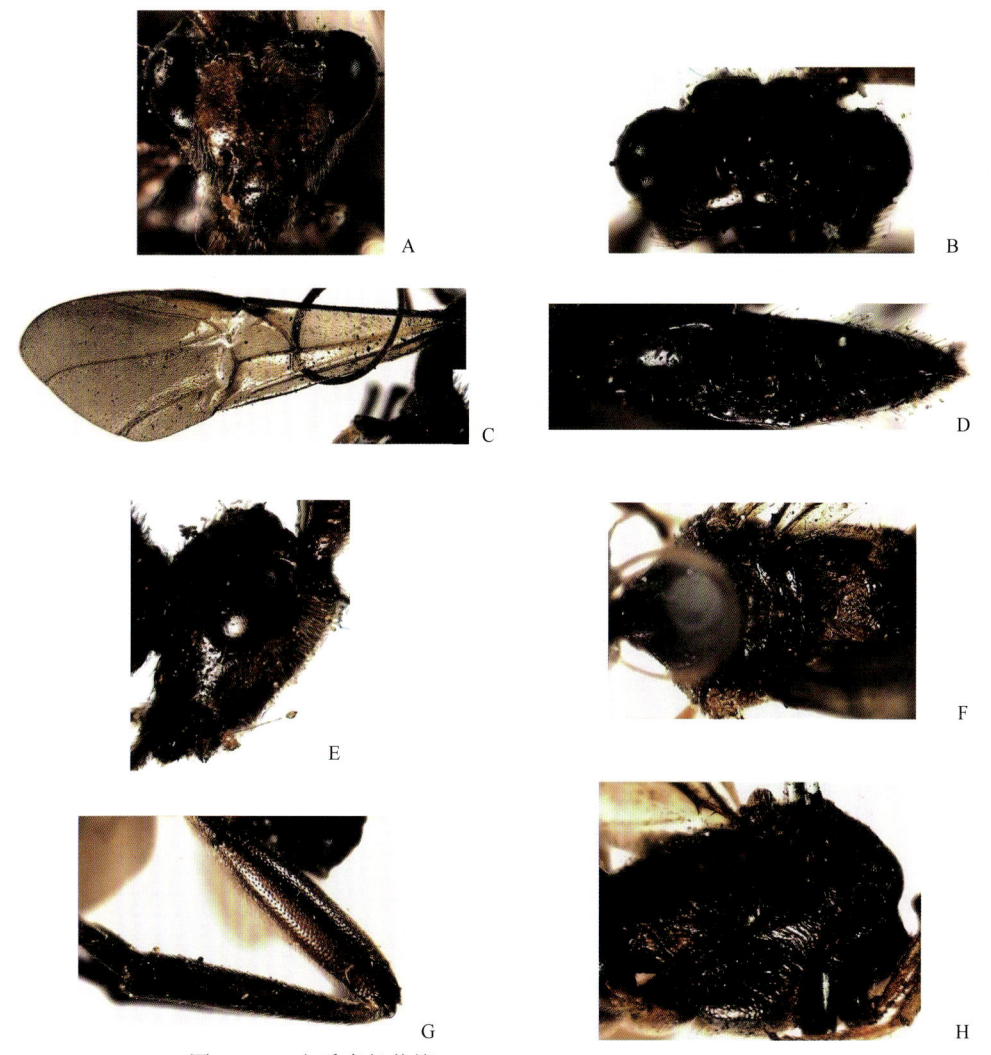

图 1-222　突盾真径茧蜂 *Euagathis ophippium* (Cameron, 1899)

A. 头，前面观；B. 头，背面观；C. 前翅；D. 腹，背面观；E. 头，侧面观；F. 胸，背面观；G. 后足腿节和胫节；H. 胸，侧面观

244. 溶腔茧蜂属 *Lytopylus* Förster, 1862

Lytopylus Förster, 1862: 225-288. Type species: *Lytopylus azygos* Förster, 1862.

主要特征：正面观颊纵长是其横宽的 1.0–1.5 倍，颊在复眼下方强烈变窄；唇基通常至少部分平坦；上颊无侧瘤突；口器正常；下颚的外颚叶长不长于宽，且短于下唇须，侧面观通常几乎或完全看不见；背面观触角窝外侧不突起或稍突起，有时呈窄的薄片；触角窝无环状脊；触角窝间区域具简单的中等程度突起或具槽；触角窝后方区域几乎通常浅至中等程度凹陷；前胸背板侧背凹相对浅，前胸缘脊微弱至中等程度；小盾片近后方无脊突且横向中后部凹陷缺，不明显或半弧形；并胸腹节气门瘤小至中等大小，圆形或近椭圆形；后胸腹板腔至多达后足基节腔上水平线；后胸腹板脊直或几乎如此且明显；前翅翅脉大部分存在，SR1 脉存在，有时弱；前翅 1-SR+M 脉中央缺，不骨化，通常不着色；前翅 2RS2 脉缺；前翅 r-m 脉存在，极少数情况不明显；前足跗爪简单或具薄片形的基叶；前、中足跗爪几乎通常具明显基叶且相对细长；中足胫节外侧近中央具钉状刺或近端部具成簇钉状刺；后足腿节相对于后足基节长；后足基跗节腹方仅具短而硬的毛；腹部第 1 背板背脊通常弱或缺；腹部第 3 背板前半部通常具粗糙刻条，但有时光滑。

生物学：据记载，主要寄生于鳞翅目的螟蛾科、卷蛾科、小潜蛾科、麦蛾科和网蛾科等。

分布：世界广布。世界已知 42 种，中国记录 1 种，浙江分布 1 种。

（685）罗曼氏溶腔茧蜂 *Lytopylus romani* (Shestakov, 1940)（图 1-223）

Microdus romani Shestakov, 1940: 14.
Lytopylus romani: Sharkey & Clutts, 2011: 127.

图 1-223　罗曼氏溶腔茧蜂 *Lytopylus romani* (Shestakov, 1940)
A. 整体，侧面观（色深）；B. 整体，侧面观（色深）；C. 头，前面观；D. 头，背面观；E. 翅；F. 头，侧面观；G. 胸，侧面观；H. 后足（除基节外）；I. 胸，背面观；J. 腹，背面观

主要特征：体长 4.6–6.2 mm，前翅长 3.9–5.4 mm。体黑色；前足（但基节、转节、腿节部分深棕色），中足跗节棕黄色；翅痣深棕色；翅烟褐色（头、前胸背板、中胸盾片、小盾片和中胸侧板有时红色至黄棕色）。触角 37–39 节；脸光亮，具明显的但相当微弱刻点；额具微弱中脊，光亮，具稀疏的微弱刻点；头顶和上颊光亮，具稀疏的微弱刻点。胸部侧面观长为高的 1.5–1.6 倍；前胸背板前部光滑，具刻条，背后方具微弱的密集刻点，后沟几乎光滑；中胸盾片近侧脊区域具短刻条；中胸盾片光亮，具稀疏刻点和刚毛；盾纵沟完整，具窄的刻条；小盾片前沟具 3–5 条脊，长是小盾片长的 0.4–0.5；小盾片具稀疏刻点；中胸侧板基节前沟下方具稀疏的微弱刻点，基节前沟上方几乎光滑，稍具微弱刻点；基节前沟窄，具微弱刻条；后胸侧板具密集毛，具中等程度刻点，腹方具皱；并胸腹节具网皱。

分布：浙江（临安）、辽宁、台湾、广西；俄罗斯，日本，印度，越南，泰国。

245. 下腔茧蜂属 *Therophilus* Wesmael, 1837

Therophilus Wesmael, 1837: 15. Type species: *Microdus conspicuus* Wesmael, 1837.

主要特征：正面观颊纵长是其横宽的 1.0–1.5 倍，颊在复眼下方强烈变窄；唇基通常至少部分平坦；上颊无侧瘤突；口器正常；下颚的外颚叶长不大于宽，且短于下唇须，侧面观通常几乎或完全看不见；背面观触角窝外侧不突起或稍突起，有时呈窄的薄片；触角窝无环状脊；触角窝间区域具简单的中等程度突起或具槽；触角窝后方区域几乎通常浅至中等程度凹陷；前胸背板侧背凹相对浅，前胸缘脊微弱至中等程度；小盾片近后方无脊突且横向中后部凹陷缺，不明显或半弧形；并胸腹节气门瘤小至中等大小，圆形或近椭圆形；后胸腹板腔伸入后足基节腔上水平线内；后胸腹板脊弯曲且稍存在；前翅翅脉大部分存在，SR1 脉存在，有时弱；前翅 1-SR+M 脉中央缺，不骨化，通常不着色；前翅 2RS2 脉缺；前翅 r-m 脉存在，极少数情况不明显；前足跗爪简单或具薄片形的基叶；前、中足跗爪几乎通常具明显基叶且相对细长；中足胫节外侧近中央具钉状刺或近端部具成簇钉状刺；后足腿节相对于后足基节长；后足基跗节腹方仅具短而硬的毛；腹部第 1 背板背脊通常弱或缺；腹部第 3 背板前半部通常光滑，有时具微弱刻条。

生物学：寄主广泛，主要为隐蔽性生活的鳞翅目小蛾类幼虫。

分布：世界广布。世界已知 103 种，中国记录 30 种，浙江分布 2 种。

（686）皱盾下腔茧蜂 *Therophilus asper* (Chou *et* Sharkey, 1989)（图 1-224）

Bassus asper Chou *et* Sharkey, 1989: 154.
Therophilus asper: van Achterberg & Long, 2010: 123.

主要特征：体长 6.6–7.2 mm，前翅长 6.5–7.1 mm。体黑色；须及上颚和前、中足（基节除外）黄棕色；后足胫节距黄棕色；翅基片黑色；翅痣深棕色；翅稍烟褐色。触角 40–43 节；脸具密集刻点；额中等程度凹陷，额中央几乎光滑，侧方具稀疏刻点；头顶具稀疏刻点。胸部侧面观长为高的 1.4–1.5 倍；前胸背板侧边背方具密集刻点，前端和后端具短刻条，中央下部光滑；中胸盾片近侧脊区域具皱-短刻条；中胸盾片具密集皱-刻点，中后部平坦；盾纵沟完整，窄，具皱-短刻条；小盾片前沟具 3 条脊，长是小盾片长的 0.4；小盾片稍平坦，具密集皱；中胸侧板仅上部中央光滑，其余部分具密集皱-刻点；基节前沟宽，深，具强烈皱-短刻条；后胸侧板具稀疏毛，具粗糙网皱；并胸腹节具粗糙网皱，中区明显；气门小。

分布：浙江（临安、松阳、龙泉）、河南、台湾；菲律宾。

图 1-224 皱盾下腔茧蜂 *Therophilus asper* (Chou et Sharkey, 1989)
A. 整体，侧面观；B. 头，背面观；C. 头，侧面观；D. 翅；E. 头，前面观；F. 胸，侧面观；G. 腹，背面观；H. 胸，背面观

（687）曲径下腔茧蜂 *Therophilus cingulipes* (Nees, 1812)（图 1-225）

Microdus cingulipes Nees, 1812: 189.
Therophilus cingulipes: van Achterberg & Long, 2010: 148.

主要特征：体长 3.6–4.7 mm，前翅长 2.7–4.0 mm。体黑色；唇基、上颚和须黄棕色；翅基片黑色；前、中足黄棕色，基节和腿节有时色稍暗；后足胫节端半部色暗，基部具明显深色环状带，后足胫节剩余部分白色；后足胫节距浅黄色；后足腿节和后足跗节深棕色；翅痣深棕色；翅深棕色。触角 27–32 节；脸闪亮，具微弱刻点；额中央光滑，侧方具密集的微弱刻点；头顶和上颊闪亮，大部分光滑，具稀疏的微弱刻点。胸部侧面观长为高的 1.4–1.5 倍；前胸背板大部分光滑，前部具些许皱，背后方具微弱的密集刻点；中胸盾片近侧脊区域具短刻条；中胸盾片具微弱刻点，中后部稍凸；盾纵沟完整，窄，具短刻条；小盾片前沟具 3–5 条脊，长是小盾片长的 0.4；小盾片闪亮，稍具刻点；中胸侧板具微弱刻点；基节前沟深，窄，具短刻条；后胸侧板具密集毛，具中等程度刻点，腹方具皱；并胸腹节具粗糙网皱；气门小。

分布：浙江（安吉、余杭、临安、庆元、龙泉）、黑龙江、吉林、辽宁、河南、福建；阿塞拜疆，奥地利，比利时，保加利亚。

图 1-225　曲径下腔茧蜂 Therophilus cingulipes (Nees, 1812)
A. 整体，侧面观；B. 头，背面观；C. 头，前面观；D. 翅；E. 胸，侧面观；F. 头，侧面观；G. 足；H. 腹，背面观；I. 胸，背面观

246. 泽拉茧蜂属 *Zelodia* van Acterberg *et* Long, 2010

Zelodia van Acterberg *et* Long, 2010: 160. Type species: *Zelomorpha varipes* van Acterberg *et* Maeto, 1990.

主要特征：触角末节具刺突；触角窝间具成对脊，极少数具槽；额侧方无脊；颚眼距光滑，通常相对长，后端不或几乎不凸出；上颊中等大小；盾纵沟至少前半部明显，相对窄；后翅 M+CU 脉至多是 1-M 脉的 0.8；前足胫节距具 1 短直的具毛端刺；前足跗爪分裂，内齿通常和外齿等大，但有时小；中足胫节外侧仅具端刺；中足胫节内距长是中足基跗节长的 0.8–1.1 倍；后足基节无纵刻条或皱；后足转节通常腹方具明显脊或转角；后足腿节腹方具明显刻纹；产卵管鞘短，与腹部端部高相等，背面观几乎不凸出或不凸出；产卵管鞘端部相当钝。

生物学：寄生于鳞翅目夜蛾科。

分布：世界广布。世界已知 45 种，中国记录 9 种，浙江分布 2 种。

(688) 全室泽拉茧蜂 *Zelodia absoluta* (Chen *et* Yang, 1998)（图 1-226）

Coccygidium absoluta Chen *et* Yang, 1998: 334.
Zelodia absoluta: van Achterberg & Long, 2010: 162.

主要特征：体长 6.5–7.4 mm，前翅长 6.8–7.6 mm。体棕黄色；触角（柄节和梗节有时棕黄色），后足（后足胫节仅基部和端部深棕色，其余棕黄色）深棕色；腹部第 1、2 背板象牙白色，其余背板黑色；翅痣深棕色；翅膜质部分稍烟褐色。触角 41–44 节；颚眼距是上颚基宽的 1.4–1.5 倍，是复眼长的 0.3，是头高的 0.2；脸闪亮，具粗糙刻点；额闪亮，光滑，无侧脊；头顶闪亮，具稀疏的微弱刻点；触角窝间成对脊稍存在；后头凸缘大，其腹缘凸。胸部侧面观长为高的 1.3–1.4 倍；前胸背板侧背凹大，深；前胸背板侧方光滑，上方具稀疏刻点，后端具稀疏的短刻条；中胸盾片侧脊附近具短刻条；中胸盾片具明显刻点，后端具稀疏刻点；中胸盾片中叶前端稍具槽；盾纵沟窄，深，具短刻条；小盾片前凹相当长，其长是小盾片长的 1.0 倍，具 3 条脊；小盾片凸，后端明显收窄，具皱刻点，近后端脊长且弯曲；中胸侧板基节前沟下方大部分具粗糙刻点，基节前沟上方具稀疏的刻点。

分布：浙江（杭州、泰顺）、江西、福建、广东。

图 1-226 全室泽拉茧蜂 *Zelodia absoluta* (Chen *et* Yang, 1998)
A. 整体，侧面观；B. 头，背面观；C. 头，前面观；D. 翅；E. 头，侧面观；F. 胸，侧面观；G. 胸，背面观；H. 后足腿节和胫节；I. 腹，背面观

（689）日本泽拉茧蜂 *Zelodia nihonensis* (Sharkey, 1996)（图 1-227）

Coccygidium nihonense Sharkey, 1996: 18.

Zelodia nihonensis: van Achterberg & Long, 2010: 162.

主要特征：体长 6.6–7.8 mm，前翅长 6.3–7.5 mm。体棕黄色；触角深棕色，柄节和梗节有时黄色；后足胫节端部，有时基部顶端深棕色；后足跗节深棕色；腹部有时深棕色；翅膜质部分黄色，副痣，C+SC+R 脉端部，翅痣端半部和前翅端半部翅脉大部分深棕色。触角 37–45 节；颚眼距是上颚基宽的 1.8–2.0 倍，是复眼长的 0.4，是头高的 0.3；脸具明显刻点，刻点间距大于刻点直径；额闪亮，光滑，仅具少许刻点，无侧脊；头顶闪亮，具稀疏的微弱刻点；触角窝间成对脊稍存在；后头凸缘大，其腹缘弧形。长为高的 1.4 倍；前胸背板侧方光滑，背方上部具微弱刻点，后腹方具短刻条；中胸盾片侧脊附近稍具短刻条；中胸盾片中叶具明显刻点，侧叶刻点较中叶稍稀疏和微弱，盾纵沟附近除外；盾纵沟窄，深，几乎光滑或仅稍具微弱短刻条；小盾片前凹长是小盾片长的 1.0 倍；小盾片具相当粗糙刻点；胸腹侧脊强，脊后部具短刻条。

分布：浙江（德清、安吉、临安、淳安、松阳、庆元）、湖南、福建；俄罗斯，韩国，日本。

图 1-227　日本泽拉茧蜂 *Zelodia nihonensis* (Sharkey, 1996)

A. 整体，侧面观；B. 头，背面观；C. 头，前面观；D. 翅；E. 后足腿节和胫节；F. 胸，侧面观；G. 头，侧面观；H. 腹，背面观；I. 胸，背面观

（二十三）鳞跨茧蜂亚科 Meteorideinae

主要特征：上颚内弯，闭合时端部相接。无前口窝。具后头脊。复眼裸，大，几乎接触上颚。唇基与颜面间有明显横沟分开。上颊弧形收窄。触角细长，丝形。盾纵沟完整，但在后方不相接。胸腹侧脊强。前翅缘室正常，较长。亚缘室3个，第2亚缘室方形或近菱形。后翅有2-CU脉，位于2A脉很上方，近cu-a脉中央。跗爪简单。腹部第1背板背脊弱或模糊；第2、3背板气门位于侧方，在锋锐背板侧缘下方；第4及以后各腹板显露。产卵管刚伸出腹端。

生物学：本亚科寄主，仅知 Meteoridea 聚寄生于鳞翅目小鳞翅类的麦蛾科、卷蛾科和螟蛾科，产卵于老熟幼虫，从蛹内羽化。据报道，也有作为重寄生蜂在小腹茧蜂亚科幼虫钻出其寄主和结茧这一短暂时期寄生的，产卵于其蜂幼虫体内，并在蜂所结茧的蛹内寄生。

分布：世界广布。仅知2属，其中鳞跨茧蜂属 Meteoridea Ashmead, 1900 除澳洲区及古北区西部外均有发现。浙江分布1属。

247. 鳞跨茧蜂属 *Meteoridea* Ashmead, 1900

Meteoridea Ashmead, 1900c: 129. Type species: *Meteoridea longiventris* Ashmead, 1900.

主要特征：头横宽，阔于胸。具后头脊，在中央上方常缺。额和头顶基本上平滑。复眼裸，大，几乎接触上颚。唇基与颜面间有明显横沟分开。颚须6节；唇须4节。上颊弧形收窄。触角细长，丝形，端节有长刺。盾纵沟完整，但在后方不相接，沟痕深，内具并列刻条。胸腹侧脊强。足细；后足胫距短而不明显；跗爪简单。前翅有3个亚缘室，第2亚缘室近方形或近菱形。第1盘室上方无柄，即无1-SR脉。腹部狭长，无柄，雌性腹端强度侧扁。第1背板背凹存在。第2、3背板气门位于侧方，在锋锐背板侧缘下方。雌性第3腹板扩大。产卵管刚伸出腹端。

生物学：未知。

分布：世界广布。世界已知16种，中国记录8种，浙江分布2种。

（690）杭州鳞跨茧蜂 *Meteoridea hangzhouensis* He et Ma, 2000

Meteoridea hangzhouensis He et Ma in He et al., 2000: 540.

主要特征：体长4.1 mm；前翅长2.9 mm。体褐黄色；头部、第1背板、触角端部色稍暗；上颚端部、单眼区黑褐色；须、翅基片、后胸侧板、第1–2腹板黄白色。足黄褐色，基节、转节黄白色。翅膜透明；翅痣污黄色。头宽为长的1.8倍。触角30节，第3节长为第4节的1.44倍。背面观复眼长为上颊的2.25倍。颜面拱隆，宽为长的1.2倍；满布浅刻点，光亮。唇基宽，基部稍隆起处光滑；端缘平截，中央微波凸。前胸背板侧方凹槽内刻条极弱。中胸侧板具细刻点；基节前沟仅中段存在，并列刻条少而弱。后胸侧板具浅点皱。并胸腹节满布细网皱，但基部两侧甚弱；在背表面和后表面间有一横脊；背表面中区弱，狭长五角形。第2背板长为端宽的1.5倍，端宽稍窄于基宽，完全光滑。第3背板长为第2背板的1.55倍，光滑。

分布：浙江（杭州）。

（691）祝氏鳞跨茧蜂 *Meteoridea chui* He et Ma, 2000

Meteoridea chui He et Ma in He et al., 2000: 549.

主要特征：体长5.0 mm；前翅长3.4 mm。体黄色。上颚端部、单眼区、并胸腹节、第1–2背板、第3

背板除了端部 1/4 黑至黑褐色；后胸背板褐黄色；触角鞭节黑褐色；翅基片白色。足黄色，基节、转节白色。翅膜透明；翅痣污黄色，边缘淡褐色。头宽为长的 1.6 倍。触角 29 节，第 3 节长为第 4 节的 1.3 倍。背面观复眼长为上颊的 2.2 倍。颜面宽为长的 1.2 倍；中央上方稍隆起且光滑，有一低纵脊；下侧方满布刻点。唇基宽，基部稍隆起，其余具刻点；端缘微凹。前胸背板侧面近于光滑，中央凹槽呈细沟，内有不明显并列横刻条。中胸侧板具不明显夹点刻皱，基节前沟内较强。后胸侧板具夹点弱网皱。盾纵沟端部之间稍皱。并胸腹节背表面中央有一长五角形的中区。

分布：浙江（湖州、杭州）、江苏、四川。

（二十四）屏腹茧蜂亚科 Sigalphinae

主要特征：上颚正常；无圆形的唇基凹。前胸背板具中背凹和一对侧背凹；中胸盾片盾纵沟明显，盾叶均匀隆起；中胸腹板后横脊缺。足具第 2 转节，无齿。翅脉完整；前翅 SR1 脉远在翅端前方，3-SR 脉为 r 脉的 4 倍以上，约与 SR1 脉等长或稍短；1-SR 脉存在；2-SR+M 脉纵行；1-M 脉与 m-cu 脉平行；后翅具长而明显的 2-CU 脉。腹部仅见 3 节，第 4–7 背板藏在第 3 背板之下，基部着生在后足基节之间；第 1 节气门在背板上；第 1 背板与第 2 背板之间可以活动。产卵管短，不长于第 3 背板。个体较大。

生物学：容性内寄生于鳞翅目幼虫，雌蜂产卵于寄主刚孵化的第 1 龄幼虫体内，蜂幼虫成长后钻出体外结茧。单寄生。

分布：世界广布。种数甚少，是比较稀有的类群。世界已知 7 属，中国记录 2 属：腹茧蜂族 Sigalphini Blanchard, 1845 的屏腹茧蜂属 *Sigalphus* 和三节茧蜂族 Acampsini van Achterberg, 1984 的三节茧蜂属 *Acampsis*，浙江分布 1 属。

248. 屏腹茧蜂属 *Sigalphus* Latreille, 1802

Sigalphus Latreille, 1802: 327. Type species: *Ichneumon irrorator* Fabricius, 1775.

主要特征：腹部背板可见 3 节，通常腹末端部渐膨大；第 3 节背板球面状，密被细毛，毛平伸，端部腹面通常有 2 个强齿或叶突，偶尔无；后头脊明显，背方中央缺；盾纵沟完整且具扇状刻条；并胸腹节有亚中纵脊；跗爪基叶发达；前翅 1-SR 脉存在；2-SR+M 脉纵形；后翅 M+CU 脉与 1-M 脉近于等长；cu-a 脉在下方曲折，有长而明显的 2-CU 脉。

生物学：寄主为鳞翅目昆虫，主要寄生于夜蛾科、邻绢蛾科等科的幼虫。

分布：世界广布。世界已知 17 种，中国记录 8 种，浙江分布 1 种。

（692）湖南屏腹茧蜂 *Sigalphus hunanus* You et Tong, 1991

Sigalphus hunanus You et Tong, 1991: 225-229.

主要特征：体长 9.9 mm；前翅长 9.0 mm。体黑色；上颚端部、第 2 背板、第 3 背板基缘和两侧、前足腿节端部内侧和胫节内侧红黄色。翅带茶褐色，r-m 脉、2-SR+M 脉无色透明；痣及脉褐色。触角 49–50 节。额平坦，几乎光滑。头顶和上颊具明显的皱状刻点。背面观上颊与复眼等长。脸具明显粗刻点；中纵隆堤两侧稍凹。唇基隆起，具刻皱；向端部斜削，端缘平。两幕骨陷深。颊具明显的皱状粗刻纹，其长是复眼纵径的 0.4。中胸盾片、小盾片光滑，盾纵沟深，有纵列刻条；中胸侧板光滑；基节前沟明显，内散生几条刻条。后胸侧板有 2 条弧形粗刻条。并胸腹节有 2 条近平行的中纵脊；侧纵脊在端部明显；具明显的皱状刻纹，基部近光滑。爪具 1 阔基叶。茧白色，椭圆形，长约 10.0 mm，宽 4.5 mm。羽化孔圆形，开在一端。

分布：浙江（嵊州）、湖北、江西、湖南、福建、贵州。

参 考 文 献

何俊华. 1980. 我国小室姬蜂属二新种及一新记录(膜翅目: 姬蜂科). 浙江农业大学学报, 6(2): 79-83.
何俊华. 1984. 中国盛雕姬蜂属记要及一新种和一新种团描述(膜翅目: 姬蜂科). 武夷科学, 4: 199-204.
何俊华. 1985. 中国畸脉姬蜂属三新种记述(膜翅目: 姬蜂科). 动物分类学报, 10(3): 316-320.
何俊华, 陈学新. 1987. 中国短姬蜂属 *Pachymelos* Baltazar 二新种记述(膜翅目: 姬蜂科). 武夷科学, 7: 89-93.
何俊华, 陈学新. 1990a. 中国十种寄生于林木害虫的脊茧蜂(膜翅目: 茧蜂科: 内茧蜂亚科). 动物分类学报, 15(2): 201-208.
何俊华, 陈学新. 1990b. 中国伪瘤姬蜂属二新种记述(膜翅目: 姬蜂科). 昆虫分类学报, 12: 141-144.
何俊华, 陈学新. 1994. 中国短脉姬蜂属记要及三新种描述(膜翅目: 姬蜂科). 动物分类学报, 19(1): 90-96.
何俊华, 陈学新. 1995. 膜翅目 姬蜂科 微姬蜂亚科. 250-251. 见: 朱廷安. 浙江古田山昆虫和大型真菌. 杭州: 浙江科学技术出版社.
何俊华, 陈学新, 马云. 1995. 膜翅目: 姬蜂科. 551-557. 见: 吴鸿. 华东百山祖昆虫. 北京: 中国林业出版社.
何俊华, 陈学新, 马云. 1996. 中国经济昆虫志 第五十一册 膜翅目 姬蜂科. 北京: 科学出版社, 1-697.
何俊华, 陈学新, 马云. 1997. 浙江潜水蜂属一新种(膜翅目: 姬蜂总科: 潜水蜂科). 昆虫分类学报, 19(1): 52-54.
何俊华, 陈学新, 马云. 2000. 中国动物志 昆虫纲 第十八卷 膜翅目 茧蜂科(一). 北京: 科学出版社.
何俊华, 马云, 朱春燕. 1995. 膜翅目 姬蜂科 粗角姬蜂亚科. 252-255. 见: 朱廷安. 浙江古田山昆虫和大型真菌. 杭州: 浙江科学技术出版社.
何俊华, 汤玉清, 陈学新, 马云, 童心旺. 1992. 姬蜂科. 见: 湖南省林业厅. 湖南森林昆虫图鉴. 长沙: 湖南科学技术出版社.
何俊华, 叶属峰. 1998. 嗜蛛姬蜂族一新属——斜脉姬蜂属记述(膜翅目: 姬蜂科: 瘤姬蜂亚科). 昆虫分类学报, 20(2): 153-156.
汤玉清. 1990. 中国细颚姬蜂属志 膜翅目 姬蜂科 瘦姬蜂亚科. 重庆: 重庆出版社, 1-208.
王淑芳. 1982. 污翅姬蜂属二新种(姬蜂科: 犁姬蜂亚科). 昆虫学报, 25(2): 206-208.
王淑芳. 1985. 中国壕姬蜂属记要(膜翅目: 姬蜂科). 动物学集刊, 3: 143-146.
王淑芳, 胡建国. 1992. 中国三钩姬蜂属的研究(膜翅目: 姬蜂科: 长尾姬蜂亚科). 动物学集刊, (9): 317-326.
Ashmead W H. 1900a. Some changes in generic names in Hymenoptera. Canadian Entomologist, 32(12): 368.
Ashmead W H. 1900b. Notes on some New Zealand and Australian parasitic Hymenoptera with description of new genera and new species. Proceedings of the Linnean Society of New South Wales, 25: 327-360.
Ashmead W H. 1902a. Classification of the fossorial predaceous and parasitic wasps, or the super family Vespoidae. The Canadian Entomologist, 34: 203-210.
Ashmead W H. 1902b. Classification of the fossorial, predaceous and parasitic wasps, or the superfamily Vespoidea. The Canadian Entomologist, 34(4): 79-89.
Ashmead W H. 1904a. A list of the Hymenoptera of the Philippine Islands, with descriptions of new species. Journal of the Kansas Entomological Society, 12: 1-22.
Ashmead W H. 1904b. Descriptions of new genera and species of Hymenoptera from the Philippine Islands. Proceedings of the United States National Museum, 28(1387): 127-158.
Ashmead W H. 1905. Additions to the recorded hymenopterous fauna of the Philippine Islands, with descriptions of new species. Proceedings of the United States National Museum, 28: 957-971.
Ashmead W H. 1906. Descriptions of new Hymenoptera from Japan. Proceedings of the United States National Museum, 30: 169-201.
Baltazar C R. 1961. The Philippine Pimplini, Poeminiini, Rhyssini, & Xoridini (Hymenoptera, Ichneumonidae, Pimplinae). Monographs of the National Institute of Science & Technology, 7: 1-130.
Barron J R. 1978. Systematics of the world Eucerotinae (Hymenoptera, Icheumonidae). Part 2. Non-Nearctic species. Naturaliste Canadien, 105: 327-374.
Benoit P L G. 1950. Nouveaux Dryinicae du Congo Belge. Revue de Zoologie et de Botanique Africaines, 43: 222-227.
Benoit P L G. 1953. Notes Ichneumonologiques Africaines V. Revue de Zoologie et de Botanique Africaines, 48: 81-88.
Brauns S. 1889. Die Ophionoiden. Archiv des Vereins der Freunde der Naturgeschichte in Mecklenburg, 43: 73-100.
Brethes S. 1913. Hymenopteros de la America meridional. Anales del Museo Nacional de Historia Natural de Buenos Aires, 24: 35-165.
Brischke C G A. 1888. Hymenoptera *Aculeata* der Provinzen West-und Ostpreussen. Schriften der Naturforschenden Gesellschaft in Danzig, 7(1): 85-107.

Brullé M A. 1846. Tome Quatrième. Des Hyménoptères. Les Ichneumonides. *In*: Lepeletier de Saint-Fargeau A. Histoire Naturelles des Insectes. Paris, 680.

Cameron P. 1889a. Hymenoptera Orientalis; or contributions to a knowledge of the Hymenoptera of the Oriental Zoological Region. Memoirs and Proceedings of the Manchester Literary & Philosophical Society (Series 4), 2: 1-220.

Cameron P. 1889b. On the occurrence on Ben Lawers of *Arenetra pilosella* Gr., a genus of Ichneumonidae new to the British fauna. Transactions of the Natural History Society. Glasgow, 2: 202.

Cameron P. 1897. Hymenoptera Orientalia, or contribution to a knowledge of the Hymenoptera of the Oriental Zoological Region. Part V. Memoirs & Proceedings of the Manchester Literary & Philosophical Society, 41(4): 1-144.

Cameron P. 1899. Hymenoptera Orientalia, or contributions to a knowledge of the Hymenoptera of the Oriental Zoological Region. Part VIII. The Hymenoptera of the Khasia Hills. First paper. Memoirs & Proceedings of the Manchester Literary & Philosophical Society, 43(3): 1-220.

Cameron P. 1900a. Descriptions of new genera and species of Hymenoptera. Annals and Magazine of Natural History, (7)6: 410-419, 495-506, 530-539.

Cameron P. 1900b. Hymenoptera Orientalia, or Contributions to the knowledge of the Hymenoptera of the Oriental zoological region, Part IX. The Hymenoptera of the Khasia Hills. Part II. Section I. Memoirs & Proceedings of the Manchester Literary & Philosophical Society, 44(15): 1-114.

Cameron P. 1901a. Descriptions of seventeen new genera of Ichneumonidae from India and one from Australia. Annals and Magazine of Natural History, 7: 275-284, 374-385, 480-487.

Cameron P. 1901b. On the Hymenoptera collected during the "Skeat Expedition" to the Malay Peninsula, 1899, 1900. Proceedings of the Zoological Society of London, 1901(2): 16-44.

Cameron P. 1902a. Description of new genera and species of Hymenoptera collected by Major C. S. Nurse at Deesa, Simla and Ferozepore. Part II. Journal of the Bombay Natural History Society, 14: 419-449.

Cameron P. 1902b. Description of two new genera and thirteen new species of Ichneumonidae from India. Entomologist, 18-22.

Cameron P. 1902c. Descriptions of new genera and species of Hymenoptera from the Oriental zoological region (Ichneumonidae, Fossores, and Anthophila). Annals and Magazine of Natural History, (7)9: 145-155, 204-215, 245-255.

Cameron P. 1902d. On the Hymenoptera collected by Mr. Robert Shelford in Sarawak, and on the Hymenoptera of the Sarawak Museum. Journal of the Straits Branch of the Royal Asiatic Society, 37: 29-131.

Cameron P. 1903a. Descriptions of four new species of *Vespa* from Japan. Entomologist, 36: 278-281.

Cameron P. 1903b. Hymenoptera Orientalia, or Contributions to the knowledge of the Hymenoptera of the Oriental zoological region. Part IX. The Hymenoptera of the Khasia Hills. Part II. Section 2. Memoirs and Proceedings of the Manchester Literary and Philosophical Society, 47(14): 1-50.

Cameron P. 1903c. On some new genera and species of parasitic Hymenoptera from the Khasia Hills, Assam. Annals and Magazine of Natural History, 12: 266-272, 363-371, 565-583.

Cameron P. 1905a. On the phytophagous & parasitic Hymenoptera collected by Mr. E. Green in Ceylon. Spolia Zeylanica, 3: 67-143.

Cameron P. 1905b. Descriptions of some new species of parasitic Hymenoptera, chiefly from the Sikkim Himalaya(Hym.)Zeitschrift für Systematische Hymenopterologie und Dipterologie, 5: 278-283.

Cameron P. 1905c. On the Hymenoptera of the Albany Museum, Grahamstown, South Africa (Second paper). Record of the Albany Museum, 1: 185-244.

Cameron P. 1905d. On some Australian and Malay Parasitic Hymenoptera in the Museum of the R. Zool. Soc. "Natura artis magistra" at Amsterdam. Tijdschrift voor Entomologie, 48: 33-47.

Cameron P. 1907a. On the parasitic Hymenoptera collected by C. S. Nurea in the Bombay Presidency. Journal of the Bombay Natural History Society, 17: 578-597.

Cameron P. 1907b. Hymenoptera of the Dutch expedition to New Guinea in 1904 and 1905. Part II: Parasitic Hymenoptera. Tijdschrift voor Entomologie, 50: 27-57.

Chandra G, Gupta V K. 1977. Ichneumonologia Orientalis. Part VII. The tribes Lissonotini and Banchini (Hymenoptera: Ichneumonidae: Banchinae). Oriental Insects Monograph, 7: 1-290.

Chao H F. 1981. Description of *Chorinaeus facialis* Chao, sp. nov. (Hymenoptera: Ichneumonidae), a pupal parasite of rice leaf-roller *Cnaphalocrocis medinalis* (Lepidoptera: Pyralidae). Acta Zootaxonomica Sinica, 6: 176-178.

Cheesman L E. 1941. Cryptini (formerly Mesostenini) of Dutch East Indies (Hym. Ich.). Annals and Magazine of Natural History, 7(11): 18-35.

Chiu S C. 1954. On some *Enicospilus* species from the Orient (Hymenoptera: Ichneumonidae). Bulletin of the Taiwan Agricultural Research Institute, 13: 1-79.

Chiu S C. 1962. The Taiwan Metopiinae (Hymenoptera: Ichneumonidae). Bull. Taiwan: Agricultural Research Institute, 20: 1-37.

Chu J T, Zhu R Z. 1935. Preliminary notes on the lchneumon-flies in Kiangsu and Chekiang Provinces. Hangchou: 1934 Year Book of the Bureau of Entomology, 4: 7-32.

Cresson E T. 1864. Descriptions of North American Hymenoptera in the collection of the Entomological Society of Philadelphia. Proceedings of the Entomological Society of Philadelphia, 3: 131-196.

Cresson E T. 1872. Hymenoptera Texana. Transactions of the American Entomological Society, 4: 153-292.

Curtis J. 1828. British entomology, being illustrations & descriptions of the genera of insects found in Great Britain & Ireland, 5: 198, 214, 234.

Curtis J. 1829. Guide to an Arrangement of British Insects. London, 256.

Curtis J. 1832. British entomology, being illustrations and descriptions of the genera of insects found in Great Britain and Ireland, 9: 388, 389, 399, 407, 415-418.

Curtis J. 1836. British entomology, being illustrations and descriptions of the genera of insects found in Great Britain and Ireland. London, 13: 588, 624.

Cushman R A. 1919. New genera and species of Ichneumon flies (Hym.). Proceedings of the Entomological Society of Washington, 21: 112-120.

Cushman R A. 1922. New oriental and Australian Ichneumonidae. Philippine Journal of Science, 20: 543-597.

Cushman R A. 1924. New genera and species of Ichneumon-flies. Proceedings of the United States National Museum, 64(2494): 1-16.

Cushman R A. 1929. Three new Ichneumonoid parasites of the rice-borer *Chilo simplex* (Butler). Proceedings of the Hawaiian Entomological Society, 7: 243-245.

Cushman R A. 1933. H. Sauter's Formosa-collection: Subfamily Ichneumoninae (Pimplinae of Ashmead). Insecta Matsumurana, 8: 1-50.

Cushman R A. 1934. New Icheumonidae from India and China. Indian Forest Records, 20: 1-8.

Cushman R A. 1937. H. Sauter's Formosa-collection: Ichneumonidae. Arbeiten über morphologische und taxonomische Entomologie, 4: 283-311.

Cushman R A. 1940. New genera and species of Ichneumon-flies with taxonomic notes. Proceedings of the United States National Museum, 88(3083): 355-372.

Diller E H. 1981. Bemerkungen zur Systematik der Phaeogenini mit einem vorläufigen Katalog der Gattungen (Hymenoptera, Ichneumonidae). Entomofauna, 2: 93-111.

Enderlein G. 1921. Beiträgezur Kenntnis aussereuropäischer Ichneumoniden V. Über die Familie Ophionidae. Stettiner Entomologische Zeitung, 82: 3-45.

Fabricius J C. 1775. Systema entomologiae, sistens insectorum classes, ordines, genera, species adiectis synonymis, locis, descriptionibus, observationibus. Flensburgi et Lipsiae [= Flensburg and Leipzig]: Korte, 832 pp.

Fabricius J C. 1793. Entomologia systematica emendata et aucta. Secundum classes, ordines, genera, species adjectis synonimis, locis, observationibus, descriptionibus. Tome 2. Christ. Gottl. Proft, Hafniae, viii + 519 pp.

Fabricius J C. 1798. Supplementum Entomologiae Systematicae. C. G. Proft et Storon, Hafniae. International Palaeo Entomological Society, 1-577.

Fabricius J C. 1804. Systema Piezatorum secundum ordines, genera, species, adjectis synonymis, locis, observationibus, descriptionibus. Brunswick: C. Reichard, xiv + 15-439 + 30 pp.

Förster A. 1860. Die zweite Centurie neuer Hymenopteren. Verhandlungen des Naturhistorischen Vereins der Preussischen Rheinlande und Westfalens, 17: 147-153.

Förster A. 1869. Synopsis der Familien und Gattungen der Ichneumonen. Verhandlungen des Naturhistorischen Vereins der Preussischen Rheinlande und Westfalens, 25(1868): 135-221.

Fourcroy A F. 1785. Entomologia Parisiensis, Sive Catalogus Insectorum Quae in Agro Parisiensi Reperiuntur. Paris, 544.

Gauld I D. 1976. The classification of the Anomaloninae (Hymenoptera: Ichneumonidae). Bulletin of the British Museum (Natural History) Entomology, 33: 1-135.

Gauld I D. 1977. A revision of the Ophioninae (Hymenoptera: Ichneumonidae) of Australia. Australian Journal of Zoology (Supplementary Series), 49: 1-112.

Gistel J. 1848. Naturgeschichte des Thierreichs für Höhere Schulen. Stuttgart: Scheitlin & Krais, 216.

Gmelin J F. 1790. Caroli a Linne Systema Naturae (Ed. XIII). Tom I. G. E. Beer. Lipsiae, 2225-3020.

Gravenhorst J L C. 1807. Vergleichende übersicht des Linneischen und einiger neurern zoologischen Systeme, nebst dem eingeschalteten Verzeichnisse der zoologischen Sammlung des Verfasser und den Beschreibungen neuer Thierarten, die in derselben vorhanden sind. Göttingen, 1-476.

Gravenhorst J L C. 1820. Monographia Ichneumonum Pedemontanae Regionis. Memorie della Reale Academia dell Scienze di Torino, 24: 275-388.

Gravenhorst J L C. 1829a. Ichneumonologia Europaea. Pars III. Lipsiae: Vratislaviae, 1097.

Gravenhorst J L C. 1829b. Ichneumonologia Europaea. Pars II. Lipsiae: Vratislaviae, 989.

Gravenhorst J L C. 1829c. Ichneumonologia Europaea. Pars I. Lipsiae: Vratislaviae, 827.

Gray J E. 1860. On the hooks on the first edge of the hinder wings of certain Hymenoptera. Annals and Magazine of Natural History, (3)5: 339-342.

Gupta V K. 1968. Indian species of *Itoplectis* Förster (Hymenoptera: Ichneumonidae). Oriental Insects, 1(1/2)(1967): 45-54.

Gupta V K. 1987. The Ichneumonidae of the Indo-Australian Area (Hymenoptera). Memoirs of the American Entomological Institute, 41(1): 1-597; 41(2): 598-1210.

Gupta V K. 1993. The exenterine Ichneumonids (Hymenoptera, Ichneumonidae) of China. Japanese Journal of Applied Entomology and Zoology, 61(3): 425-441.

Gupta V K. 1994. A review of the genus *Brachyscleroma* with descriptions of new species from Africa and the Orient (Hymenoptera: Ichneumonidae: Phrudinae). Oriental Insects, 28: 353-382.

Gupta V K, Maheshwary S. 1977. Ichneumonologia Orientalis, Part IV. The tribe Porizontini (=Campoplegini) (Hymenoptera: Ichneumonidae). Oriental Insects Monograph, 5: 1-267.

Gupta V K, Tikar D T. 1976. Ichneumonologia Orientalis or a monographic study of the Ichneumonidae of the Oriental Region, Part I. The tribe Pimplini (Hymenoptera: Ichneumonidae: Pimplinae). Oriental Insects Monograph, 1: 1-313.

Habermehl H. 1917. Beitrage zur Kenntnis der palaearktischen Ichneumonidenfauna. Zeitschrift fur Wissenschaftliche Insektenbiologie, 13: 20-27, 51-58, 110-117, 161-168, 226-234.

Haliday A H. 1838. Descriptions of new British insects, indicated in Mr. Curtis's guide. Annals of Natural History, 2: 112-121.

Hartig T. 1837. Ueber die gestielten Eier der Schlupfwespen. Archiv für Naturgeschichte, 3: 151-159.

Hartig T. 1838. Ueber den Raupenfrass im Königl. Charlottenburger Forste unfern Berlin, während des Sommers 1837. Jahresberichte über die Fortschritte der Forstwissenschaften und forstlichen Naturkunde nebst Originalarbeiten aus dem Gebiete dieser Wissenschaften, Berlin (1836 und 1837)[1837-1839], Heft 2: 246-274.

Haupt H. 1954. Fensterfaenge bemerkenswerter Ichneumonen (Hym.), darunter 10 neuer Arten. Deutsche Entomologische Zeitschrift, 1: 99-116.

He J H. 1991. Three new species of *Megalomya* Uchida from China (Hymenoptera: Ichneumonidae). Oriental Insects, 25(1): 145-153.

He J H, Ye S F. 1999. A new genus of Polysphioctini (Hymenoptera: Ichneumonidae) from China. Entomologia Sinica, 6(1): 8-10.

Heinrich G H. 1934. Die Ichneumoninae von Celebes. Mitteilungen aus dem Zoologischen Museum in Berlin, 20: 1-263.

Heinrich G H. 1961. Synopsis of Nearctic Ichneumoninae Stenopneusticae with particular reference to the northeastern region (Hymenoptera). Part I. Introduction, key to Nearctic genera of Ichneumoninae Stenopneusticae, and Synopsis of the Protichneumonini North of Mexico. Canadian Entomologist, Suppl.15(1960): 1-88.

Hellén W. 1949. Zur Kenntnis der Ichneumonidenfauna der Atlantischen Inseln. Commentationes Biologicae Societas Scientiarum Fennica, 8(17): 1-23.

Hensch A. 1930. Beitrag zur Kenntnis der jugoslavischen Ichneumonidenfauna. II. Konowia, 9: 71-78, 235-250.

Holmgren A E. 1856a. Om slagtet Schizopyga. Ofversigt af Kongliga Vetenskaps-Akademiens Förhandlingar, 13: 69-72.

Holmgren A E. 1856b. Entomologiska anteckningar under en resa i södra Sverige ar 1854. Kongliga Svenska Vetenskapsakademiens Handlingar, 75(1854): 1-104.

Holmgren A E. 1857. Försök till uppställning och beskrifning af de i sverige funna Tryphonider (Monographia Tryphonidum Sueciae). Kongliga Svenska Vetenskapsakademiens Handlingar, 1(1855): 93-246.

Holmgren A E. 1858. Försök till uppställning och beskrifning af de i sverige funna Tryphonider (Monographia Tryphonidum Sueciae). Kongliga Svenska Vetenskapsakademiens Handlingar, 2(1856): 305-394.

Holmgren A E. 1859a. Conspectus generum *Pimplariarum* Sueciae. Öfversigt af Kongliga Vetenskaps-Akademiens Förhandlingar, 16: 121-132.

Holmgren A E. 1859b. Conspectus generum *Ophionidum* Sueciae. Öfversigt af Kongliga Vetenskaps-Akademiens Förhandlingar, 15(1858): 321-330.

Holmgren A E. 1868. Hymenoptera, Species novas descripsit. Kongliga Svenska Fregatten Eugenies Resaomkring Jorden. Zoologi., 6: 391-442.

Kasparyan D R. 1976. New species of the tribe Cteniscini (Hymenoptera, Ichneumonidae) from east Asia. The genera Cycasis Townes, Orthomiscus Mason and Kristotomus Mason. Entomologicheskoye Obozreniye, 55(1): 137-150.

Kasparyan D R. 1977. Ichneumonids of the subfamilieS Pimplinae & Tryphoninae (Hymenoptera Ichneumonidae) new for Mongolia & Transbaikalia. Nasekomye Mongolii. Insects of Mongolia, 5: 456-469.

Kerrich G J. 1962. Systematic notes on Tryhoninae, Ichneumonidae (Hym.). Opuscula Entomologica, 27: 45-56.

Kerrich G J. 1967. A new Oriental Parasites of the Diamond-Back moth (Hymenoptera: Ichneumonidae). Oriental Insects, 1(3-4): 193-196.

Kirby W F. 1900. Hymenoptera. *In*: Andrew C W. A Monograph of Christmas Island. London: Trustees, 337.

Kriechbaumer J. 1880. Brachycyrtus, novum genus *Cryptidarum*. Correspondenz-Blatt des Zoologische-Mineralogischen Vereines in Regensburg, 34: 161-164.

Kriechbaumer J. 1889. Nova genera et species Pimplidarum. Entomologische Nachrichten, 15(19): 307-312.
Kriechbaumer J. 1895. Hymenoptera nova exotica Ichneumonidae e collectione Dr. Rich. Kriegeri. Sitzungsberichte der Naturforschenden Gesellschaft zu Leipzig, 1893/4: 124-136.
Kriechbaumer J. 1898. Die Gattung Joppa. Entomologische Nachrichten, 24(1/2): 1-36.
Krieger R. 1899. Uber einige mit Pimpla verwandte Ichneumonidengattungen. Sitzungsberichte der Naturforschenden Gesellschaft zu Leipzig, 1897/98: 47-124.
Krieger R. 1906. Über die Ichneumonidengattung *Theronia* Holmg. Zeitschrift für Systematische Hymenopterologie und Dipterologie, 6: 231-240, 316-320.
Krieger R. 1914. Über die Ichneumonidengattung *Xanthopimpla* Saussure. Archiv fur Naturgeschichte, 80(6): 1-148.
Kusigemati K. 1984. Some Ephialtinac of south east Asia, with descriptions of eleven new species (Hymenoptera: Ichneumonidae). Memoir of the Kagoshima University, Research Center for the South Pacific, 5: 126-150.
Kusigemati K. 1985. Mesochorinae of Formosa (Hymenoptera: Ichneumonidae). Memoirs of the Kagoshima University, Research Center for the South Pacific, 6: 130-165.
Latreille P A. 1829. Des Ichneumons (Ichneumon)de Linnaeus. *In*: Cuvier M L B. Le Règne Animal. Tome V. Ed. 2a. Paris, 556.
Laxmann E. 1770. Novae insectorum species. Novi Commentari Academiae Scientiarum Imperialis Petropolitana, 14: 593-604.
Linnaeus C. 1761. Fauna suecica sistens animalia Sueciae regni: Mammalia, Aves, Amphibia, Pisces, Insecta, Vermes. Editio altera, auctior. Stockholmiae [=Stockholm]: L. Salvii, 48 + 578 pp.
Mason W R M. 1981. The polyphyletic nature of *Apanteles* Förster (Hymenoptera: Braconidae): A phylogeny and reclassification of Microgastrinae. Memoirs of the Entomological Society of Canada, No. 115, 147 pp.
Matsumura S. 1908. Nihon Ekichû Mokuroku [List of Japanese Beneficial Insects]. Tokyo: Rokumeikan, 174 pp.
Matsumura S. 1912. Thousand Insects of Japan. Supplement IV. Tokyo: Keishu-sha, 247 p. +14 pl. +4 p.
Matsumura S. 1926. On the five species of *Dendrolimus injurious* to conifers in Japan, with their parasitic & predaceous insects. Journal of the College of Agriculture, Hokkaido Imperial University, 18: 1-42.
Matsumura S, Uchida T. 1926. Die Hymcnopteran-Fauna von den Riukiu-Inseln. Insecta Matsumurana, 1: 63-77.
Michener C D. 1940. A synopsis of the genus *Acerataspis* (Hymenoptera, Ichneumonidae). Psyche, 47: 121-124.
Michener C D. 1941. Notes on the subgenera of *Metopius* with a synopsis of the species of central and southern China (Hymenoptera, Ichneumonidae). Pan-Pacific Entomologist, 17: 1-13.
Momoi S. 1965. A catalogue and reclassification of the eastern Palearctic Ichneumonidae. Memoirs of the American Entomological Institute, 661.
Momoi S. 1966. The Ichneumon-flies of the genus *Colpotrochia* occurring in Japan and adjacent areas (Hymenoptera: Ichneumonidae). Mushi, 40(2): 13-27.
Momoi S. 1971. Some Ephialtinae, Xoridinae, & Banchinae of the Philippines (Hymenoptera: Ichneumonidae). Pacific Insects, 13(1): 123-139.
Morley C. 1912. A revision of the Ichneumonidae based on the collection in the British Museum (Natural History)with descriptions of new genera and species Part I. Tribes Ophionides and Metopiides. London: British Museum, 88.
Morley C. 1913. The fauna of British India including Ceylon & Burma, Hymenoptera, Vol. 3. Ichneumonidae. London: British Museum, 532.
Morley C. 1915. Ichneumonologia Britannica, V. The Ichneumons of Great Britain. Ophioninae. 1914. London, 400.
Müller O F. 1776. Zoologiae Danicae prodromus, seu animalium Daniae et Norvegiae indigenarum characteres, nomina et synonyma imprimis popularium. Hafniae, 282.
Nakanishi A. 1965. Description of a new Ichneumonid parasite of Pryeria sinica Moore (Hymenoptera: Ichneumonidae). Kontyu, 33: 456-458.
Panzer G W F. 1799. Faunae Insectorum Germanicae. Heft, 70-72.
Radoszkowski O. 1887. Hyménoptères de Korée. Horae Societatis Entomologicae Rossicae, 21: 428-440.
Ratzeburg J T C. 1848. Die Ichneumonen der Forstinsecten in forstlicher und entomologischer. Beziehung, 2: 1-238.
Roman A. 1910. Notizen zur Schlupfwespensammlung des schwedischen Reichsmuseums. Entomologisk Tidskrift, 31: 109-196.
Roman A. 1913. Philippinische Schlupfwespen aus dem schwedischen Reichsmuseum 1. Arkiv fur Zoologi, 8(15): 1-51.
Rossi P. 1790. Fauna Etrusca sistens insecta quae in provinciis Florentina et Pisana praesertim collegit. Tomus Secundus, 348.
Saussure H D. 1892. Hymenopteres. *In*: Grandidier: Histoire physique naturelle et politique de Madagascar, 20. Paris, 591.
Say T. 1825. American entomology; or, Descriptions of the insects of North America. Volume 2. Philadelphia: Samuel Augustus Mitchell.
Say T. 1835. Descriptions of new North American Hymenoptera, and observations on some already described. Boston Journal of Natural History, 1(3): 210-305.
Schrottky C. 1902. Neue argentinische Hymenoptera. Anales del Museo Nacional de Buenos Aires, 8: 91-117.
Schrottky C. 1915. Einige neue Hymenoptera aus Paraguay. Societas Entomologica, 30: 5-8.

Scopoli J A. 1763a. Entomologia Carniolica exhibens insecta Carnioliæ indigena et distributa in ordines, genera, species, varietates. Vindobonae: Trattner, 420 pp.

Shiraki T. 1917. Paddy borer, *Schoenobius incertellus* Wlk. Report Taihoku Agricultural Experiment Station, Formosa, 15: 145-147.

Smith F. 1852. Descriptions of some *Hymenopterous* Insects from Northern India. Transactions of the Zoological Society of London, 2: 45-48.

Smith F. 1858. Catalogue of the *Hymenopterous* insects collected at Sarawak, Borneo; Mount Ophir, Malacca; and at Singapore, by A. R. Wallace. Journal and Proceedings of the Linnean Society of London, 2: 42-130.

Smith F. 1877. Descriptions of four new species of Ichneumonidae in the collection of the British Museum. Proceedings of the Zoological Society of London, 1877: 410-413.

Sonan J. 1927. Studies on the insect pests of the tea plant, Part II. Report/Department of Agriculture, Government Research Institute, Formosa, 29: 1-132.

Sonan J. 1930a. A few host-known Ichneumonidae found in Japan & Formosa. Transactions of the Natural History Society of Formosa, 20: 268-273.

Sonan J. 1930b. Some new species of Hymenoptera in Japanese-Empire, with two known species. Transactions of the Natural History Society of Formosa, 20: 355-360.

Sonan J. 1932. Notes on some Braconidae and Ichneumonidae from Formosa, with descriptions of 18 new species. Transactions of the Natural History Society of Formosa, 22: 66-87.

Stephens J F. 1835. Illustrations of British entomology. *In*: Baldwin, Cradock. Mandibulata. Vol. VII. London, 306.

Strobl G. 1902. Ichneumoniden Steiermarks (und der Nachbarländer). Mitteilungen Naturwissenschaftlichen Vereines für Steiermark, 38: 3-48.

Szépligeti G. 1905. Hymenoptera. Ichneumonidae (Gruppe Ophionoidea), subfam. Pharsaliinae-Porizontinae. Genera Insectorum, 34: 1-68.

Szépligeti G. 1906. Neue exotische Ichneumoniden aus der Sammlong des Ungarischen National Museums. Annales Musei Nationalis Hungarici, 4: 119-156.

Szépligeti G. 1908. Jacobons' sche Braconiden und Ichneumoniden. Notes from the Leyden Museum, 29: 209-260.

Szépligeti G. 1916. Ichneumoniden aus der Sammlung des ungarischen National-Museums. II. Annales Musei Nationalis Hungarici, 14: 225-380.

Thomson C G. 1877. XXVII. Bidrag till kannedom om SverigeS Pimpler. Opuscula Entomologica, Lund, VIII: 732-777.

Thomson C G. 1883. XXXII. Bidrag till kännedom om Skandinaviens Tryphoner. Opuscula Entomologica, IX: 873-936.

Thomson C G. 1886. Notes hyménoptèrologiques. Deuxième partie (Genre *Mesochorus*). Annales de la Société Entomologique de France, 5(6): 327-344.

Thomson C G. 1888. XXXVII. Bidrag till Sveriges insectfauna. Opuscula Entomologica, XII: 1185-1265.

Thomson C G. 1893. XLVIII. Anmärkningar öfver Ichneumoner särskildt med hänsyn till några af A. E. Holmgrens typer. Opuscula Entomologica, XVIII: 1889-1967.

Thomson C G. 1894. LI. Anmärkningar öfver Ichneumoner särskildt med hänsyn till några af A. E. Holmgrens typer. Opuscula Entomologica, XIX: 2080-2137.

Thunberg C P. 1822. Ichneumonidea, Insecta Hymenoptera illustrata. Mémoires de l'Académie Imperiale des Sciences de Saint Petersbourg, 8: 249-281.

Thunberg C P. 1824. Ichneumonidea, Insecta Hymenoptera illustrata. Mémoires de l'Académie Imperiale des Sciences de Saint Petersbourg, 9: 285-368.

Tosquinet J. 1896. Contributions à la faune entomologique de l'Afrique. Ichneumonides. Mémoires de la Société Entomologique de Belgique, 5: 1-430.

Townes H K. 1964. Insects of Campbell Island, Hymenoptera: Ichneumonidae. Pacific Insects Monograph, 7: 496-500.

Townes H K. 1965. Nomenclatural notes on European Ichneumonidae (Hymenoptera). Polskie Pismo Entomologiczne, 35: 409-417.

Townes H K. 1969. The genera of Ichneumonidae, Part 1. Memoirs of the American Entomological Institute, No. 11: 300.

Townes H K, Townes M, Walley G S, Townes G. 1960. Ichneumon-flies of American north of Mexico: 2 Subfamily Ephialtinae, Xoridinae, Acaenitinae. United States National Museum Bulletin, 216(2): 1-676.

Townes H K, Townes M. 1959. Ichneumon-flies of American north of Mexico: 1 Subfamily Metopiinae. United States National Museum Bulletin, 216(1): 1-318.

Townes H, Chiu S C. 1970. The Indo-Australian species of *Xanthopimpla* (Ichneumonidae). Memoirs of the American Entomological Institute, 14: 1-372.

Townes H, Momoi S, Townes M. 1965. A catalogue and reclassification of the Eastern Palearctic Ichneumonidae. Memoirs of the American Entomological Institute, 5: 661.

Tschek C. 1871. Beiträge zur Kenntniss der österreichischen Cryptoiden. Verhandlungen der Zoologisch-Botanischen Gesellschaft in Wien, 20(1870): 109-156.

Uchida T. 1924. Some Japanese Ichneumonidae the hosts of which are known. (in Japanese with German descriptions.)Journal of the Sapporo Society of Agriculture and Forestry, 16: 195-256.

Uchida T. 1925. Einige neue Ichneumoninen-Arten aus Formosa. Transactions of the Natural History Society of Formosa. Taihoku, 15(81): 239-249.

Uchida T. 1926. Erster Beitrag zur Ichneumoniden-Fauna Japans. Journal of the Faculty of Agriculture, Hokkaido Imperial University, 18: 43-173.

Uchida T. 1927a. Zwei neue Schmarotzerhymenopteren der Spinnen. Insecta Matsumurana, 1: 171-174.

Uchida T. 1927b. Einige neue Ichneumoniden-Arten und -Varietaeten von Japan, Formosa* und Korea. Transactions of the Sapporo Natural History Society, 9: 193-216.

Uchida T. 1928a. Dritter Beitrag zur Ichneumoniden-Fauna Japans. Journal of the Faculty of Agriculture, Hokkaido University, 25: 1-115.

Uchida T. 1928b. Zweiter Beitrag zur Ichneumoniden-Fauna Japans. Journal of the Faculty of Agriculture, Hokkaido University, 21: 177-297.

Uchida T. 1930a. Vierter Beitrag zur Ichneumoniden-Fauna Japans. Journal of the Faculty of Agriculture, Hokkaido University, 25: 243-298.

Uchida T. 1930b. Beschreibung einer neuen Gattung und einiger neuen Ichneumoniden-Arten aus Japan. Insecta Matsumurana, 5: 94-100.

Uchida T. 1931a. Einige neue Gattungen und Arten der japanischen echten Schlupfwespen. Insecta Matsumurana, 5: 143-148.

Uchida T. 1931b. Beitrag zur Kenntnis der Cryptinenfauna Formosas. Journal of the Faculty of Agriculture, Hokkaido University, 30: 163-193.

Uchida T. 1932a. H. Sauter's Formosa. Ausbeute. Ichneumonidae (Hym.). Journal of the Faculty of Agriculture, Hokkaido University, 33: 133-222.

Uchida T. 1932b. Neue und wenig bekannte japanische Ophioninen-Arten. Transactions of the Sapporo Natural History Society, 12: 73-78.

Uchida T. 1933. Über die Schmarotzerhymenopteren von *Grapholitha molesta* Busck in Japan. Insecta Matsumurana, 7: 153-164.

Uchida T. 1934a. Einige Ichneumonidanarten aus China. Insecta Matsumurana, 9(1-2): 1-5.

Uchida T. 1934b. *Acerataspis* nom. nov. (Hym. Ichneum. Metopiinae). Insecta Matsumurana, 9: 23.

Uchida T. 1934c. Eine neue Gattung und eine neue Art der Unterfamilie Metopiinae (Hym. Ichneum.). Transactions of the Sapporo Natural History Society, 13(3): 275-277.

Uchida T. 1935a. Einige Ichneumonidenarten aus China (II). Insecta Matsumurana, 9: 81-84.

Uchida T. 1935b. Zur Ichneumonidenfauna von Tosa(I.)Subfam. Ichneumoninae. Insecta Matsumurana, 10: 6-33.

Uchida T. 1936a. Drei neue Gattungen sowie acht neue und fuenf unbeschriebene Arten der lchneumoniden aus Japan. Insecta Matsumurana, 10: 111-122.

Uchida T. 1936b. Erster Nachtrag zur Ichneumonidenfauna der Kurilen. (Subfam. Cryptinae und Pimplinae). Insecta Matsumurana, 11: 39-55.

Uchida T. 1936c. Zur Ichneumonidenfauna von Tosa (II.) Subfam. Cryptinae. Insecta Matsumurana, 11: 1-20.

Uchida T. 1940a. Die von Herrn O. Piel gesammelten chinesischen Ichneumonidenarten (Fortsetzung). Insecta Matsumurana, 14: 115-131.

Uchida T. 1940b. Eine neue Art und eine neue Gattung der Tribus Alomyini aus China (Hym. Ichneumonidae Tryphoninae). Transactions of the Natural History Society of Formosa. Taihoku, 30: 220-223.

Uchida T. 1941. Beitrage zur Systematik der TribuS Polysphinctini Japans. Insecta Matsumurana, 15: 112-122.

Uchida T. 1942. Ichneumoniden Mandschukuos aus dem entomologischen Museum der kaiserlichen Hokkaido Universitaet. Insecta Matsumurana, 16: 107-146.

Uchida T. 1955. Die von Dr. K. Tsuneki in Korea gesammelten Ichneumoniden. Journal of the Faculty of Agriculture, Hokkaido University, 50: 95-133.

Uchida T. 1957a. Ein neuer Schmarotzer der Kartoffelmotte in Japan (Hymenoptera, Ichneumonidae). Mushi, 30: 29-30.

Uchida T. 1957b. Beiträge zur Kenntnis der Diplazoninen-Fauna Japans und seiner Umgegenden (Hymenoptera, Ichneumonidae). Journal of the Faculty of Agriculture, Hokkaido University, 50: 225-265.

Uchida T. 1958. Systematische Ubersicht der *Euceros-Arten* Japans (Hym., Ichneumonidae). Mushi, 32: 129-133.

van Rossem G. 1990. Key to the genera of the Palaearctic Oxytorinae, with the description of three new genera (Hymenoptera: Ichneumonidae). Zoologische Mededelingen, 63 (23): 309-323.

---

*台湾是中国领土的一部分。Formosa（早期西方人对台湾岛的称呼）一般是指台湾，具有殖民色彩。本书因引用历史文献不便改动，仍使用 Formosa 一词，但并不代表作者及科学出版社的政治立场

Uchida T, Momoi S. 1957. Descriptions of three new species of the tribe Ephialtini from Japan (Hymenoptera, Ichneumonidae). Insecta Matsumurana, 21: 6-11.

Viereck H L. 1910. Hymenoptera. *In*: Smith J B. The Insects of New Jersey. Trenton: New Jersey State Museum, 888.

Viereck H L. 1911. Descriptions of one new genus & eight new species of Ichneumon flies. Proceedings of the United States National Museum, 40(1832): 475-480.

Viereck H L. 1912a. Descriptions of one new family, eight new genera & thirty-three new species of Ichneumonidae. Proceedings of the United States National Museum, 43: 575-593.

Viereck H L. 1912b. Descriptions of five new genera and twenty six new species of Ichneumon-flies. Proceedings of the United States National Museum, 42: 139-153.

Viereck H L. 1914. Type Species of the Genera of Ichneumon Flies. United States National Museum Bulletin, 186.

Villers C. 1789. Caroli Linnaei Entomologia, Faunae Suecicae Descriptionibus. Tomus tertius. Lugduni, 657.

von Paula S F. 1781. Enumeratio insectorum austriae indigenorum. Augustae Vindelicorum, 548.

Walker F. 1874. Descriptions of some Japanese Hymenoptera. Cistula Entomologica, 1: 301-310.

Wesmael C. 1845. Tentamen dispositionis methodicae. Ichneumonum Belgii. Nouveaux Mémoires de l'Académie Royale des Sciences, des Lettres et Beaux-Arts de Belgique, 18(1944): 1-239.

Wesmael C. 1849. Revue des Anomalons de Belgique. Bulletin de l'Académie Royale des Sciences, des Lettres et des Beaux-Arts de Belgique, 16(2): 115-139.

Yu D S, van Achterberg K, Horstmann K. 2016. World Ichneumonoidea 2016. Taxonomy, Biology, Morphology & Distribution. CD/DVD. Taxapad, Vancouver, Canada.

中名索引

A

阿格姬蜂属 122
阿里山革腹茧蜂 301
阿里山甲腹茧蜂 315
阿里弯姬蜂 7
阿氏刀腹茧蜂 451
阿氏角室茧蜂 427
阿蝇态茧蜂属 205
埃姬蜂属 49
埃利茧蜂属 423
艾维茧蜂属 171
爱姬蜂属 12
安吉长体茧蜂 434
暗翅拱茧蜂 392
暗翅三缝茧蜂 250
暗翅小腹茧蜂 397
暗黑瘤姬蜂 58
暗滑茧蜂 449
凹眼姬蜂属 82
奥姬蜂属 152
奥氏开颚茧蜂 284
奥斯曼断脉茧蜂 176
澳赛茧蜂属 446

B

八重山钝杂姬蜂中华亚种 164
白背阿蝇态茧蜂 206
白带闭腔茧蜂 483
白蛾孤独长颊茧蜂 375
白环黑瘤姬蜂 60
白环蓑瘤姬蜂 18
白基多印姬蜂 32
白胫侧沟茧蜂 404
白口顶姬蜂 9
白眶姬蜂属 2
白螟二叉茧蜂 227
白螟黑纹窄茧蜂 230
白痣绒茧蜂 363
百山祖长体茧蜂 438
百山祖横纹茧蜂 244
斑翅大内茧蜂 247
斑翅恶姬蜂显斑亚种 49
斑翅马尾姬蜂骄亚种 63
斑顶东方茧蜂 215
斑拟内茧蜂 254
斑头厚脉茧蜂 184
斑窄腹茧蜂 238
斑痣长体茧蜂 433
斑痣悬茧蜂 462
半闭弯尾姬蜂 87
半条长体茧蜂 442

棒点黑点瘤姬蜂 45
棒腹方盾姬蜂 110
棒腹克里姬蜂 70
棒甲腹茧蜂亚属 311
薄层绒茧蜂 338
薄膜细颚姬蜂 107
抱缘姬蜂属 94
贝氏齿腹茧蜂 269
贝氏阔跗茧蜂 242
背凹斜脉姬蜂 31
背纹茧蜂 185
闭腔茧蜂 483
闭臀姬蜂属 25
蝙蛾角突姬蜂 153
扁体柄腹茧蜂 196
变色马尾茧蜂 236
标记甲矛茧蜂 183
柄腹茧蜂属 186
柄卵姬蜂亚科 64
波姬蜂族 79
铂金革腹茧蜂 303
布鲁黑瘤姬蜂 58
布伦茧蜂属 484

C

菜蛾盘绒茧蜂 386
菜粉蝶盘绒茧蜂 384
菜粉蝶镶颚姬蜂 88
蚕蛾棘转姬蜂 99
仓蛾姬蜂 82
槽姬蜂亚族 134
草蛉姬蜂属 71
厕蝇姬蜂属 135
侧腹脊茧蜂 263
侧沟东方茧蜂 214
侧沟茧蜂属 403
侧沟茧蜂族 403
侧脊绒茧蜂 342
叉拱茧蜂 391
茶卷蛾刻纹茧蜂 216
茶毛虫细颚姬蜂 105
茶梢尖蛾长体茧蜂 439
茶细蛾原绒茧蜂 389
长柄茧蜂属 468
长大甲腹茧蜂 312
长跗异足姬蜂 122
长腹姬蜂属 165
长管短硬姬蜂 97
长管马尾茧蜂 237
长管三缝茧蜂 252
长管悦茧蜂 480

中名索引

长喙茧蜂属 490
长颊姬蜂属 117
长颊茧蜂属 364
长茧蜂亚科 477
长茧蜂族 478
长胫姬蜂属 30
长口绒茧蜂 344
长脉阔跗茧蜂 242
长体茧蜂属 430
长体茧蜂亚科 429
长体刻柄茧蜂 208
长尾姬蜂属 34
长尾姬蜂族 3
长尾曼姬蜂 136
长尾绒茧蜂 360
长尾小腹茧蜂 396
长尾窄茧蜂 229
长兴绒茧蜂 327
长须澳赛茧蜂 447
长须姬蜂亚族 127
长痣蚜茧蜂 289
长足姬蜂亚族 148
常室茧蜂属 466
常优茧蜂 460
巢姬蜂属 149
朝鲜阔跗茧蜂 242
朝鲜绿姬蜂 144
程氏毛室茧蜂 461
橙足蟓茧蜂 455
齿唇费氏茧蜂 279
齿唇姬蜂属 86
齿腹茧蜂属 268
齿基矛茧蜂 174
齿胫姬蜂属 77
齿胫姬蜂族 77
齿胫优姬蜂 71
齿腿姬蜂属 91
赤腹深沟茧蜂 203
樗蚕黑点瘤姬蜂 41
樗蚕盘绒茧蜂 383
楚南隆侧姬蜂 151
触合沟茧蜂 180
锤跗姬蜂属 27
蟓茧蜂属 453
纯斑细颚姬蜂 106
茨城柄腹茧蜂 190
次原绒茧蜂 389
刺蛾姬蜂亚族 143
刺姬蜂属 128
刺茧蜂属 246
刺脸茧蜂属 491
刺足茧蜂属 198
粗点革腹茧蜂 302
粗角寡脉茧蜂 422
粗角姬蜂族 127
翠峰蟓茧蜂 455

D

大凹姬蜂属 157
大颊革腹茧蜂 307
大甲腹茧蜂亚属 312
大口茧蜂属 247
大螟钝唇姬蜂 90
大内茧蜂属 246
大蓑蛾长颊茧蜂 365
大禹岭长柄茧蜂 472
大峪长柄茧蜂 469
带角怒茧蜂 424
单距姬蜂属 64
单距姬蜂族 64
淡齿齿腹茧蜂 271
淡角横纹茧蜂 244
淡脉脊茧蜂 259
淡绒茧蜂 349
淡痣汤氏茧蜂 474
淡足侧沟茧蜂 410
淡足片跗茧蜂 416
刀腹茧蜂属 450
刀腹茧蜂亚科 450
稻苞虫阿格姬蜂 122
稻苞虫皱腰茧蜂 266
稻切叶螟细柄姬蜂 75
稻田茧蜂属 379
稻纵卷叶螟凹眼姬蜂 83
稻纵卷叶螟白星姬蜂 159
稻纵卷叶螟黄脸姬蜂 111
德姬蜂族 2
等距姬蜂属 116
地蚕大凹姬蜂黄盾亚种 158
低柄腹茧蜂 187
迪奥绒茧蜂 334
点尖腹姬蜂 157
顶姬蜂属 8
定山圆胸姬蜂福建亚种 115
东方长颊姬蜂 117
东方茧蜂亚属 214
东方拟瘦姬蜂 66
东方曲趾姬蜂 78
东洋探茧蜂 418
兜姬蜂属 14
斗姬蜂属 138
豆长管蚜外茧蜂 294
毒蛾原绒茧蜂 389
短翅悬茧姬蜂 84
短刺黑点瘤姬蜂指名亚种 44
短颚眼距甲腹茧蜂 314
短管马尾茧蜂 235
短管小腹茧蜂 395
短姬蜂属 6
短基三钩姬蜂 63
短瘤姬蜂属 131
短脉姬蜂属 123
短梳姬蜂族 65
短尾深沟茧蜂 202
短须长体茧蜂 442
短硬姬蜂属 95
断脉茧蜂属 176
钝长柄茧蜂 471
钝唇姬蜂属 89

钝杂姬蜂属 163
盾脸姬蜂属 112
盾脸姬蜂亚科 109
多棘姬蜂属 134
多毛布伦茧蜂 487
多毛单距姬蜂 64
多色甲腹茧蜂 313
多色盛雕姬蜂 24
多印姬蜂属 32

E

峨嵋长柄茧蜂 471
俄罗斯矛茧蜂 175
峨嵋蟠茧蜂 454
恶姬蜂属 49
遏姬蜂属 154
颚钩茧蜂亚属 218
颚甲腹茧蜂 137
二叉茧蜂属 225
二化螟盘绒茧蜂 382
二化螟亲姬蜂 142
二型革腹茧蜂 300
二叶合沟茧蜂 178

F

反颚茧蜂亚科 282
方柄全脉蚜茧蜂 288
方盾姬蜂属 110
非姬蜂属 13
菲岛抱缘姬蜂 94
菲岛腔室茧蜂 445
菲姬蜂属 146
费氏茧蜂属 279
分距姬蜂亚科 91
风雅合沟茧蜂 179
缝姬蜂亚科 80
缝姬蜂族 81
福建畸脉姬蜂 80
福建镰颚姬蜂 67
斧茧蜂属 221
负泥虫沟姬蜂 133
负泥虫姬蜂 89
副甲腹茧蜂亚属 313
副妙柄腹茧蜂 193
副奇翅茧蜂属 204
富腹非姬蜂指名亚种 14
腹脊茧蜂 265

G

嘎姬蜂亚族 138
甘蓝夜蛾拟瘦姬蜂 66
冈田长柄茧蜂 471
高腹姬蜂亚科 71
高腹茧蜂亚科 475
高氏细颚姬蜂 103
革腹茧蜂属 297
格姬蜂亚科 119
弓脉茧蜂属 254
拱腹茧蜂属 231
拱茧蜂属 390
拱茧蜂族 390

沟姬蜂亚族 130
钩尾姬蜂属 51
古晋小腹茧蜂 396
古氏黑点瘤姬蜂斑基亚种 45
古田山长体茧蜂 440
古田山齿腹茧蜂 270
谷蛾绒茧蜂 325
鼓姬蜂属 68
瓜野螟绒茧蜂 356
寡脉茧蜂属 420
怪常室茧蜂 467
关子岭细颚姬蜂 103
冠食甲茧蜂 464
管状侧沟茧蜂 411
光背刺姬蜂 128
光背姬蜂属 129
光侧洛姬蜂 132
光盾齿腿姬蜂 92
光姬蜂亚科 473
光茧蜂亚属 213
光脸短硬姬蜂 96
光头横纹茧蜂 245
光腰伪瘤姬蜂 5
光蝇蛹姬蜂 135
光爪等距姬蜂 117
广齿腿姬蜂 93
广黑点瘤姬蜂 47

H

海南拟条背茧蜂 172
杭州长体茧蜂 440
杭州鳞跗茧蜂 504
壕姬蜂属 73
壕姬蜂亚科 73
好长腹姬蜂 165
合腹茧蜂属 318
合沟茧蜂属 178
何氏埃利茧蜂 424
何氏革腹茧蜂 308
褐翅盾脸姬蜂 114
褐黄菲姬蜂 147
褐径茧蜂属 489
黑澳赛茧蜂 447
黑斑嵌翅姬蜂 99
黑斑细颚姬蜂 104
黑斑锥凸姬蜂 162
黑长体茧蜂 444
黑蟠茧蜂 454
黑点瘤姬蜂属 40
黑跗曼姬蜂 137
黑腹长体茧蜂 437
黑基长体茧蜂 438
黑脊茧蜂 258
黑角脸姬蜂 133
黑角平姬蜂 168
黑胫副奇翅茧蜂 204
黑瘤姬蜂属 54
黑全脉蚜茧蜂 286
黑绒茧蜂 354
黑三缝茧蜂 251

中名索引

黑深沟姬蜂黄脸亚种　169
黑头细柄姬蜂　75
黑尾姬蜂　167
黑尾盛雕姬蜂　23
黑纹囊爪姬蜂黄瘤亚种　40
黑纹细颚姬蜂　104
黑细柄姬蜂无斑亚种　75
黑胸姬蜂属　140
黑胸茧蜂　210
黑胸全裂茧蜂　276
黑痣内茧蜂　253
黑足凹眼姬蜂　82
黑足兜姬蜂　15
亨姬蜂亚族　129
恒春绒茧蜂　359
横带驼姬蜂　148
横沟姬蜂亚族　142
横脊姬蜂属　109
横脊细颚姬蜂　107
横纹茧蜂属　243
横纹茧蜂族　243
红斑棘领姬蜂　121
红多棘姬蜂　134
红褐小腹茧蜂　396
红黄中脊茧蜂　212
红角角室茧蜂　429
红毛污翅姬蜂　124
红骗赛茧蜂　475
红天牛茧蜂　477
红头齿胫姬蜂红胸亚种　77
红头刺脸茧蜂　492
红头缘茧蜂　466
红尾细颚姬蜂　102
红胸长体茧蜂　435
红胸齿腿姬蜂　92
红胸短姬蜂　6
红胸棘腹姬蜂稻田亚种　128
红胸探茧蜂　418
红胸优茧蜂　460
红胸悦茧蜂　480
红缘单距姬蜂　65
红足等距姬蜂　117
红足革腹茧蜂　310
红足亲姬蜂　142
虹彩悬茧蜂　463
后斑尖腹姬蜂　157
后叉布伦茧蜂　488
厚唇姬蜂族　152
厚脉茧蜂属　184
胡姬蜂亚族　150
湖南屏腹茧蜂　505
花胫蚜蝇姬蜂　125
花胸姬蜂　146
华弓脉茧蜂　255
华丽小甲腹茧蜂　316
滑长颊茧蜂　369
滑茧蜂属　448
滑茧蜂亚科　447
环跗钝杂姬蜂台湾亚种　163

环角长体茧蜂　432
环足甲腹茧蜂　315
荒漠长喙茧蜂　490
黄斑短硬姬蜂　96
黄斑丽茧蜂　160
黄盾凸脸姬蜂　118
黄缝姬蜂属　90
黄腹长颊茧蜂　368
黄腹拱茧蜂　391
黄褐齿腹茧蜂　270
黄褐齿胫姬蜂　78
黄褐二叉茧蜂　226
黄基棒甲腹茧蜂　311
黄脊茧蜂　265
黄角绒茧蜂　351
黄角室茧蜂　428
黄眶离缘姬蜂-　93
黄脸寡脉茧蜂　422
黄脸姬蜂属　111
黄脸裂臀姬蜂　27
黄脸全裂茧蜂　276
黄片跗茧蜂　415
黄三缝茧蜂　251
黄体亮蝇茧蜂　281
黄体毛室茧蜂　461
黄条长尾茧蜂　35
黄条钩尾茧蜂　52
黄头长柄茧蜂　470
黄头拟探茧蜂　419
黄头细颚姬蜂　103
黄星聚蛛姬蜂　21
黄胸锤跗姬蜂　29
黄胸光茧蜂　213
黄须黑瘤姬蜂　60
黄杨斑蛾田猎姬蜂　141
黄愈腹茧蜂　317
黄圆脉茧蜂　249
黄圆胸姬蜂　116
黄锥齿茧蜂　248
灰蝶姬蜂族　165
混短脉姬蜂　123
混腔室茧蜂　445

J

鸡公山斧茧蜂　222
姬蜂茧蜂属　472
姬蜂科　1
姬蜂属　161
姬蜂亚科　151
姬蜂总科　1
姬蜂族　161
基脉宽带茧蜂　278
基突革腹茧蜂　302
畸脉姬蜂属　80
激闭臀姬蜂　26
棘腹姬蜂属　127
棘领姬蜂属　120
棘转姬蜂属　99
脊额黑瘤姬蜂　55
脊额姬蜂属　145

脊甲腹茧蜂亚属 312
脊茧蜂属 255
脊颈姬蜂亚族 128
脊宽鞘茧蜂 456
脊腿囊爪姬蜂腹斑亚种 38
夹色奥姬蜂 153
甲腹姬蜂属 137
甲腹姬蜂族 136
甲腹茧蜂属 311
甲腹茧蜂亚科 296
甲腹茧蜂亚属 314
甲矛茧蜂属 181
假角细颚姬蜂 105
尖腹姬蜂属 156
尖甲甲腹茧蜂 314
尖裂姬蜂属 33
间宽鞘茧蜂 456
茧蜂科 170
茧蜂属 209
茧蜂属指名亚属 210
角长柄茧蜂 470
角额姬蜂属 147
角脸姬蜂属 132
角脉脊茧蜂 258
角怒茧蜂属 424
角室茧蜂属 427
角突姬蜂属 153
截距滑茧蜂 448
金刚钻脊茧蜂 264
金刚钻盘绒茧蜂 383
金光盾脸姬蜂 113
金蛛聚蛛姬蜂 23
近长茧蜂属 478
近天牛茧蜂属 478
近细长柄腹茧蜂 194
京都原姬蜂 164
颈双缘姬蜂 152
静脊茧蜂 260
九龙宽折茧蜂 414
九龙山短硬姬蜂 97
九州优姬蜂 71
具凹脊茧蜂 261
具柄凹眼姬蜂缅甸亚种 83
具柄凹眼姬蜂指名亚种 83
具柄矛茧蜂 174
具角长柄茧蜂 469
具瘤爱姬蜂 13
具瘤畸脉姬蜂 80
具羽甲矛茧蜂 183
距茧蜂属 219
聚瘤姬蜂属 19
聚蛛姬蜂属 21
卷叶螟长体茧蜂 439
绢野螟长颊茧蜂 378

K

卡姬蜂属 168
开颚茧蜂属 283
科农绒茧蜂 364
克里姬蜂属 69

克洛丽丝绒茧蜂 328
克氏鼓姬蜂 68
刻鞭茧蜂属 233
刻柄茧蜂属 207
刻宽鞘茧蜂 458
刻片跗茧蜂 416
刻纹茧蜂亚属 216
肯氏断脉茧蜂 177
孔蚜茧蜂亚属 289
宽背侧沟茧蜂 405
宽带茧蜂属 278
宽沟绒茧蜂 343
宽尖裂姬蜂 33
宽鞘茧蜂属 455
宽鞘茧蜂亚属 456
宽尾长颊茧蜂 370
宽折茧蜂属 413
阔跗茧蜂属 241
阔跗茧蜂族 241
阔肛姬蜂族 78

L

蜡螟绒茧蜂 339
蜡天牛蛀姬蜂 139
离断脉茧蜂 177
离脉茧蜂属 320
离缘姬蜂属 93
犁沟茧蜂属 271
犁姬蜂亚科 124
丽姬蜂属 160
丽水长体茧蜂 441
利普黑点瘤姬蜂 42
镰颚姬蜂属 67
两色长体茧蜂 437
两色刀腹茧蜂 451
两色合腹茧蜂 318
两色巨齿拟瘦姬蜂 66
两色全裂茧蜂 274
两色深沟姬蜂 169
亮艾维茧蜂 171
亮甲矛茧蜂 182
亮蝇茧蜂属 280
裂跗姬蜂亚族 145
裂臀姬蜂属 26
邻盘绒茧蜂 382
鳞跨茧蜂属 504
鳞跨茧蜂亚科 504
铃木阿格姬蜂 122
菱室姬蜂属 108
菱室姬蜂亚科 108
刘氏缘茧蜂 465
琉球细颚姬蜂 106
瘤柄腹茧蜂 195
瘤姬蜂亚科 2
瘤姬蜂族 35
瘤脸姬蜂 143
瘤脸姬蜂属 143
柳天蛾盘绒茧蜂 386
龙泉刻鞭茧蜂 233
龙王三缝茧蜂 252

龙王山侧沟茧蜂　408
龙眼蚁舟蛾盘绒茧蜂　387
隆侧姬蜂属　151
隆缘姬蜂属　144
罗曼氏溶腔茧蜂　498
洛姬蜂属　132
洛姬蜂亚族　131
绿姬蜂属　144
绿眼赛茧蜂　475

M

马克姬蜂族　85
马尼拉侧沟茧蜂　409
马氏圆胸姬蜂　115
马斯囊爪姬蜂黄腿亚种　39
马尾姬蜂属　63
马尾茧蜂属　234
麦蛾柔茧蜂　223
麦蚜茧蜂　287
满点黑瘤姬蜂　54
曼姬蜂属　136
毛肛宽鞘茧蜂　457
毛室茧蜂属　460
毛眼革腹茧蜂　304
毛圆胸姬蜂指名亚种　115
毛圆胸姬蜂中华亚种　116
矛茧蜂属　173
锚斑短脉姬蜂　123
眉原盾脸姬蜂　112
米登绒茧蜂　346
秘姬蜂亚科　126
秘姬蜂族　138
棉大卷叶螟绒茧蜂　348
棉褐带卷叶蛾绒茧蜂　324
棉红铃虫小甲腹茧蜂　317
棉铃虫齿唇姬蜂　86
螟虫长体茧蜂　444
螟虫顶姬蜂　10
螟黑纹茧蜂　211
螟黄抱缘姬蜂　94
螟黄足盘绒茧蜂　384
螟甲腹茧蜂　316
螟蛉埃姬蜂　51
螟蛉脊茧蜂　260
螟蛉盘绒茧蜂　387
螟蛉悬茧姬蜂　84

N

纳库顶姬蜂　10
南折茧蜂属　413
囊爪姬蜂属　37
内茧蜂属　253
内茧蜂亚科　239
内茧蜂族　246
内田顶姬蜂　12
尼泊尔滑茧蜂　449
泥甲姬蜂属　133
泥甲姬蜂亚族　133
泥囊爪姬蜂属　36
拟方头茧蜂属　175

拟内茧蜂属　253
拟怒茧蜂属　425
拟瘦姬蜂属　65
拟探姬蜂属　418
拟条背茧蜂属　172
拟纵卷叶螟绒茧蜂　332
黏虫白星姬蜂　159
黏虫侧沟茧蜂　408
黏虫棘领姬蜂　120
黏虫脊茧蜂　263
黏虫盘绒茧蜂　385
黏虫悬茧蜂　462
宁海似茧蜂　209
弄蝶武姬蜂　156
怒茧蜂属　426
怒茧蜂亚科　422

P

帕怒茧蜂　426
帕氏颚钩茧蜂　218
派姬蜂属　16
盘背菱室姬蜂　108
盘绒茧蜂属　380
盘绒茧蜂族　380
片跗茧蜂属　415
骗汤氏茧蜂　473
瓢虫茧蜂　459
瓢虫茧蜂属　459
平背近长茧蜂　479
平背囊爪姬蜂　38
平姬蜂属　167
平姬蜂族　167
平行柄腹茧蜂　192
苹毒蛾细颚姬蜂　105
屏腹茧蜂属　505
屏腹茧蜂亚科　505
婆罗洲真径茧蜂　493
朴氏长体茧蜂　443
朴氏直赛茧蜂　446
普柄腹茧蜂　188
普尔顶姬蜂　11

Q

前叉布伦茧蜂　485
前眼茧蜂属　419
潜水蜂亚科　72
潜水姬蜂属　73
浅斑全裂茧蜂　277
浅黑常室茧蜂　467
嵌翅姬蜂属　99
腔柄腹茧蜂　187
腔室茧蜂属　444
强脊草蛉姬蜂　72
强脊真径茧蜂　495
强皱缘茧蜂　465
桥夜蛾盘绒茧蜂　382
切盾脸姬蜂台湾亚种　113
亲姬蜂属　141
青腹姬蜂　158
青腹姬蜂属　158

庆元长体茧蜂　436
曲径下腔茧蜂　500
曲趾姬蜂属　78
屈氏角室茧蜂　428
趋稻脊茧蜂　262
趣白眶姬蜂日本亚种　3
权姬蜂属　130
全裂茧蜂属　273
全脉蚜茧蜂属　284
全脉蚜茧蜂亚属　285
全脉蚜茧蜂族　284
全室泽拉茧蜂　502
缺沟姬蜂族　74
缺脊囊爪姬蜂指名亚种　40
缺肘反颚茧蜂属　282

R

日本柄腹茧蜂　191
日本黑瘤姬蜂　61
日本滑茧蜂　450
日本距茧蜂　220
日本泽拉茧蜂　503
绒茧蜂属　321
绒茧蜂族　321
绒脸长柄茧蜂　472
溶腔茧蜂属　497
柔茧蜂属　223
乳色长颊茧蜂　372
软姬蜂属　119
软节茧蜂亚科　268
锐尾费氏茧蜂　279
瑞氏黑点瘤姬蜂离斑亚种　46
弱皱拱茧蜂　392

S

萨拉乌斯绒茧蜂　353
赛茧蜂属　474
赛绒茧蜂　352
赛氏小腹茧蜂　398
三板长体茧蜂　442
三缝茧蜂属　250
三钩姬蜂属　63
三化螟稻田茧蜂　379
三化螟沟姬蜂　140
三角小柄腹茧蜂　183
三阶细颚姬蜂　107
三色反颚茧蜂　283
桑毒蛾原绒茧蜂　388
桑蟥聚瘤姬蜂　20
桑夜蛾盾脸姬蜂　113
瑟伯罗斯绒茧蜂　326
杀蚜蝇姬蜂属　126
山地常室茧蜂　467
上杭革腹茧蜂　305
畬宽折茧蜂　414
深沟姬蜂属　169
深沟姬蜂族　168
深沟茧蜂属　201
神白眶姬蜂指名亚种　2
神绒茧蜂　337

圣利诺合沟茧蜂　179
盛雕姬蜂属　23
食甲茧蜂属　463
食泥甲姬蜂属　88
食心虫白茧蜂　318
食蝇反颚茧蜂　283
饰骨姬蜂属　79
嗜蛛姬蜂属　33
守子蜂　272
守子茧蜂属　272
瘦姬蜂亚科　97
瘦杂姬蜂属　166
瘦杂姬蜂族　166
黍蚜茧蜂　285
双刺小腹茧蜂　394
双脊细颚姬蜂　102
双色刺足茧蜂　199
双条黑瘤姬蜂　62
双洼姬蜂属　150
双缘姬蜂属　152
硕脊茧蜂　257
四齿革腹茧蜂　308
四齿钩尾姬蜂　52
四雕锤跗姬蜂　28
四国细颚姬蜂　106
四角蚜蝇姬蜂　125
四明山长体茧蜂　433
似茧蜂属　209
松村布伦茧蜂　486
松村离缘姬蜂　94
松岗长柄茧蜂　471
松毛虫埃姬蜂　50
松毛虫短瘤姬蜂　131
松毛虫黑点瘤姬蜂　42
松毛虫黑胸姬蜂　88
松毛虫脊茧蜂　262
松毛虫盘绒茧蜂　385
松毛虫软姬蜂　119
松毛虫异足姬蜂　121
松小卷蛾长体茧蜂　443
松阳寡脉茧蜂　421
搜姬蜂亚族　131
苏门答腊大口茧蜂　248
俗姬蜂属　159
襄蛾长颊茧蜂　373
襄蛾黑点瘤姬蜂　47
襄瘤姬蜂属　18
襄瘤姬蜂索氏亚种　18
缩颊犁沟茧蜂　271
索翅茧蜂属　267
索翅茧蜂亚科　266
索角额姬蜂　147
索纳长颊茧蜂　376
索氏斗姬蜂　139
索氏杀蚜蝇姬蜂　126

T

台北甲腹茧蜂　312
台甲腹姬蜂　137
台湾白星姬蜂　160

台湾长尾姬蜂 35	污翅姬蜂属 124
台湾等距姬蜂 117	无斑黑点瘤姬蜂 43
台湾钩尾姬蜂 53	无斑甲腹茧蜂 313
台湾合腹茧蜂 319	无红顶姬蜂 9
台湾甲腹茧蜂 315	无室壕姬蜂 74
台湾双洼姬蜂 150	吴氏阔跗姬蜂 243
台湾弯尾姬蜂 87	武刺茧蜂 246
台湾细颚姬蜂 103	武姬蜂属 156
台湾悬茧姬蜂 85	武夷绒茧蜂 358
泰山小腹茧蜂 399	武夷盛雕姬蜂 25
探茧蜂属 417	舞毒蛾黑瘤姬蜂 59
探茧蜂亚科 417	**X**
汤氏茧蜂属 473	西伯利亚合沟茧蜂 180
汤氏角突姬蜂 154	犀唇姬蜂族 67
汤氏原绒茧蜂 390	喜马拉雅埃姬蜂 50
桃天蛾盘绒茧蜂 385	喜马拉雅聚瘤姬蜂 19
桃蚜茧蜂 290	细柄姬蜂属 74
藤高腹茧蜂属 476	细颚姬蜂属 100
天蛾黑瘤姬蜂 56	细角绒茧蜂 340
天蛾卡姬蜂 168	细脉细颚姬蜂 107
天目山背纹茧蜂 186	细纹亮蝇茧蜂 282
天目山长体茧蜂 435	细线细颚姬蜂 104
天目山齿腹茧蜂 270	细足脊茧蜂 261
天目山角室茧蜂 429	下腔茧蜂属 499
天目山小腹茧蜂 400	显长柄茧蜂 470
天幕毛虫盘绒茧蜂 384	显新模姬蜂东方亚种 166
天牛茧蜂属 477	线角圆丘姬蜂 163
天牛茧蜂族 477	线聚蛛姬蜂 22
田猎姬蜂属 141	相似外姬蜂 69
田猎姬蜂亚族 139	镶颚姬蜂属 88
条斑泥囊爪姬蜂印度亚种 36	小背绒茧蜂 361
同心细颚姬蜂 102	小柄腹茧蜂属 183
透翅绒茧蜂 350	小腹茧蜂属 393
凸脊茧蜂 258	小腹茧蜂亚科 321
凸脸姬蜂属 118	小腹茧蜂族 393
突盾真径茧蜂 496	小拱腹茧蜂 232
土生柄腹茧蜂 189	小拱茧蜂 392
褐色前眼茧蜂 419	小甲腹茧蜂亚属 316
驼姬蜂属 148	小室姬蜂属 85
驼姬蜂亚族 146	小隐陡盾茧蜂 173
W	小枝细颚姬蜂 106
外姬蜂属 69	斜脉长体茧蜂 440
外姬蜂族 68	斜脉姬蜂属 31
弯姬蜂属 7	斜绒茧蜂 330
弯茧蜂亚属 457	斜纹夜蛾刺姬蜂 129
弯脉全裂茧蜂 275	斜纹夜蛾盾脸姬蜂 114
弯尾姬蜂属 87	谢氏革腹茧蜂 298
网脊嵌翅姬蜂 100	辛德锤跗姬蜂 28
网脊蚜外茧蜂属 293	新模姬蜂属 166
网胸茧蜂属 474	新月绒茧蜂 345
网皱革腹茧蜂 309	熊太怒茧蜂 426
微红盘绒茧蜂 386	秀弓脉茧蜂 254
微姬蜂亚科 95	悬茧蜂属 461
维氏拟怒茧蜂 425	悬茧姬蜂属 84
伪瘤姬蜂属 5	旋柈姬蜂 76
纹腹茧蜂属 228	**Y**
稳柔茧蜂 224	蚜茧蜂亚科 284
乌蜂茧蜂 455	蚜外茧蜂属 294
乌黑瘤姬蜂 56	

蚜外茧蜂族 292
蚜蝇姬蜂属 125
蚜蝇姬蜂亚科 124
亚洲拟方头茧蜂 175
亚洲嗜蛛姬蜂 34
烟翅刀腹茧蜂 451
妍柄腹茧蜂 197
眼斑介姬蜂 161
眼蝶脊茧蜂 262
眼宽鞘茧蜂 458
艳断脉茧蜂 177
杨兜姬蜂 16
杨扇舟蛾刻纹茧蜂 217
杨透翅蛾长颊茧蜂 371
腰带长体茧蜂 441
姚氏网胸茧蜂 474
椰树绒茧蜂 331
野蚕黑瘤姬蜂 57
叶甲宽鞘茧蜂 458
夜蛾长颊茧蜂 374
一色多棘姬蜂 134
异脊茧蜂 261
异绒茧蜂 336
异色窄径茧蜂 482
异足姬蜂属 121
翼蚜外茧蜂 295
隐陡盾茧蜂属 173
印派姬蜂中华亚种 17
蝇茧蜂亚科 273
蝇蛹姬蜂属 135
优姬蜂属 70
优姬蜂亚科 70
优茧蜂 459
优茧蜂亚科 452
油茶织蛾距茧蜂 219
油桐尺蠖脊茧蜂 261
游走巢姬蜂红腹亚种 150
游走巢姬蜂指名亚种 149
游走巢姬蜂中华亚种 149
余吴矛茧蜂 174
玉米螟小腹茧蜂 398
愈腹茧蜂属 317
原姬蜂属 164
原绒茧蜂属 388
圆柄姬蜂属 81
圆齿姬蜂族 155
圆脉茧蜂属 249
圆丘姬蜂属 162
圆胸姬蜂属 114
缘盾凸脸姬蜂 118
缘茧蜂属 465
悦长颊茧蜂 366
悦茧蜂属 480
悦茧蜂亚科 480

Z

杂沟姬蜂族 154
藻岩原姬蜂 164
择捉光背姬蜂 129
泽拉茧蜂属 501

窄凹唇亮蝇茧蜂 281
窄腹褐径茧蜂 489
窄腹茧蜂属 238
窄环厕蝇姬蜂 135
窄颊三缝茧蜂 251
窄茧蜂属 229
窄径茧蜂属 482
窄径茧蜂亚科 481
窄痣姬蜂属 98
张氏小甲腹茧蜂 317
爪哇绒茧蜂 341
赵氏侧沟茧蜂 412
赵氏革腹茧蜂 306
赵氏小腹茧蜂 401
遮颜蛾绒茧蜂 355
折半脊茧蜂 259
折脉茧蜂亚科 412
褶皱细颚姬蜂 105
浙江超齿拟瘦姬蜂 66
浙江合腹茧蜂 319
浙江黑点瘤姬蜂 48
浙江南折茧蜂 413
浙江潜水蜂 73
浙江长体茧蜂 436
真径茧蜂属 493
直瓣食甲茧蜂 464
直绒茧蜂 358
直赛茧蜂属 446
栉姬蜂属 76
栉姬蜂亚科 74
栉姬蜂族 76
栉足姬蜂亚科 77
中村兜姬蜂 15
中红侧沟茧蜂 410
中华阿蝇态茧蜂 205
中华齿腹茧蜂 269
中华齿腿姬蜂 92
中华短姬蜂 6
中华短硬姬蜂 96
中华断脉茧蜂 177
中华钝唇姬蜂 89
中华方盾姬蜂 111
中华寡脉茧蜂 421
中华合腹茧蜂 319
中华横脊姬蜂 109
中华黄缝姬蜂 91
中华近天牛茧蜂 478
中华离脉茧蜂 320
中华洛姬蜂 132
中华盘绒茧蜂 383
中华片跗茧蜂 415
中华饰骨姬蜂 79
中华藤高腹茧蜂 476
中华外姬蜂 69
中华纹腹茧蜂 228
中华细颚姬蜂 107
中华长胫姬蜂 30
中华长体茧蜂 435
中华真径茧蜂 494

中脊茧蜂亚属　212
舟蛾脊茧蜂　264
周氏侧沟茧蜂　406
周氏短硬姬蜂　97
周氏长体茧蜂　438
皱板食甲茧蜂　464
皱背姬蜂亚科　62
皱常室茧蜂　468
皱唇革腹茧蜂　304
皱盾下腔茧蜂　499
皱额横纹茧蜂　245
皱宽鞘茧蜂　457
皱蚜茧蜂　291
皱腰茧蜂属　266
皱腰茧蜂亚科　266
朱色遏姬蜂　155
蛛卵权姬蜂　130
竹刺蛾小室姬蜂　85
竹毒蛾细颚姬蜂　104

竹尖蛾寡脉茧蜂　421
竹尖蛾绒茧蜂　362
柱甲腹茧蜂亚属　314
祝氏侧沟茧蜂　407
祝氏革腹茧蜂　306
祝氏鳞跨茧蜂　504
祝氏派姬蜂　17
祝氏网脊蚜外茧蜂　293
祝氏长体茧蜂　434
蛀姬蜂属　139
壮隆缘姬蜂健壮亚种　144
锥齿茧蜂属　248
锥凸姬蜂属　162
紫绿姬蜂　145
紫窄痣姬蜂　98
纵卷叶螟钝唇姬蜂　90
纵卷叶螟绒茧蜂　333
纵卷叶螟索翅茧蜂　267
柞蚕软姬蜂　120

学 名 索 引

A

Acaenitinae 124
Acanthormius 268
Acanthormius albidentis 271
Acanthormius belokobylskiji 269
Acanthormius chinensis 269
Acanthormius gutainshanensis 270
Acanthormius testaceus 270
Acanthormius tianmushanensis 270
Acerataspis 110
Acerataspis clavata 110
Acerataspis sinensis 111
Aclastus 129
Aclastus etorofuensis 129
Acrodactyla 27
Acrodactyla quadrisculpta 28
Acrodactyla syndromosa 28
Acrodactyla takewakii 29
Acrolytina 128
Acropimpla 8
Acropimpla emmiltosa 9
Acropimpla leucostoma 9
Acropimpla nakula 10
Acropimpla persimilis 10
Acropimpla poorva 11
Acropimpla uchidai 12
Acroricnus 149
Acroricnus ambulator ambulator 149
Acroricnus ambulator chinensis 149
Acroricnus ambulator rufiabdominalis 150
Afrephialtes 13
Afrephialtes laetiventris laetiventris 14
Agasthenes 130
Agasthenes swezeyi 130
Agathidinae 481
Agathis 482
Agathis varipes 482
Agriotypinae 72
Agriotypus 73
Agriotypus zhejiangensis 73
Agrothereutes 141
Agrothereutes minousubae 141
Agrothereutina 139
Agrypon 122
Agrypon japonicum 122
Agrypon suzukii 122
Aivalykus 171
Aivalykus nitidus 171
Aleiodes 255
Aleiodes aethris 260

Aleiodes angulinervis 258
Aleiodes buzurae 261
Aleiodes compressor 263
Aleiodes convexus 258
Aleiodes coxalis 262
Aleiodes dispar 261
Aleiodes drymoniae 264
Aleiodes earias 264
Aleiodes esenbeckii 262
Aleiodes excavatus 261
Aleiodes gastritor 265
Aleiodes gracilipes 261
Aleiodes microculatus 258
Aleiodes mythimnae 263
Aleiodes narangae 260
Aleiodes oryzaetora 262
Aleiodes pallescens 265
Aleiodes pallidinervis 259
Aleiodes praetor 257
Aleiodes ruficornis 259
Allophatnus 146
Allophatnus fulvitergus 147
Alysiinae 282
Amauromorpha 140
Amauromorpha accepta 140
Amblyjoppa 163
Amblyjoppa annulitarsis horishanus 163
Amblyjoppa yayeyamensis chinensis 164
Amyosoma 205
Amyosoma chinense 205
Amyosoma zeuzerae 206
Ancylocentrus 457
Angustibracon 238
Angustibracon maculiabdominis 238
Apanteles 321
Apanteles adoxophyesi 324
Apanteles artustigma 363
Apanteles carpatus 325
Apanteles cerberus 326
Apanteles changhingensis 327
Apanteles chloris 328
Apanteles clita 330
Apanteles cocotis 331
Apanteles conon 364
Apanteles cosmopterygivorus 362
Apanteles cyprioides 332
Apanteles cypris 333
Apanteles diocles 334
Apanteles dissimile 336
Apanteles dryas 337
Apanteles folia 338

学 名 索 引

Apanteles galleriae 339
Apanteles gracilicorne 340
Apanteles heichinensis 359
Apanteles javensis 341
Apanteles latericarinatus 342
Apanteles latisulca 343
Apanteles longicaudatus 360
Apanteles longirostris 344
Apanteles lunata 345
Apanteles medon 346
Apanteles opacus 348
Apanteles oritias 349
Apanteles parvus 361
Apanteles pellucipterus 350
Apanteles raviantenna 351
Apanteles salutifer 352
Apanteles saravus 353
Apanteles sodalis 354
Apanteles tachardiae 355
Apanteles taragamae 356
Apanteles verticalis 358
Apanteles wuyiensis 358
Apantelini 321
Apechthis 51
Apechthis quadridentata 52
Apechthis rufata 52
Apechthis taiwana 53
Aphaereta 282
Aphaereta scaptomyzae 283
Aphaereta tricolor 283
Aphidiinae 284
Apophysius 134
Apophysius rufus 134
Apophysius unicolor 134
Arcaleiodes 254
Arcaleiodes aglaurus 255
Arcaleiodes pulchricorpus 254
Areopraon 293
Areopraon chui 293
Arhaconotus 172
Arhaconotus hainanensis 172
Aridelus 453
Aridelus emeiensis 454
Aridelus nigricans 454
Aridelus rutilipes 455
Aridelus tsuifengensis 455
Aridelus ussuriensis 455
Arthula 150
Arthula formosana 150
Ascogaster 297
Ascogaster arisanica 301
Ascogaster chaoi 306
Ascogaster chui 306
Ascogaster consobrina 302
Ascogaster dimorpha 300
Ascogaster grandis 307
Ascogaster hei 308
Ascogaster infacetus 302
Ascogaster perkinsi 303

Ascogaster quadridentata 308
Ascogaster reticulata 309
Ascogaster rufipes 310
Ascogaster rugulosa 304
Ascogaster semenovi 298
Ascogaster setula 304
Ascogaster shanghanensis 305
Astomaspis 127
Astomaspis metathoracica jacobsoni 128
Atanycolus 207
Atanycolus grandis 208
Atanyjoppa 165
Atanyjoppa comissator 165
Atopotrophos 67
Atopotrophos fukienensis 67
Atractodes 135
Atractodes gravidus 135
Auberteterus 152
Auberteterus alternecoloratus 153
Aulacocentrum 444
Aulacocentrum confusum 445
Aulacocentrum philippinense 445
Aulosaphes 271
Aulosaphes constractus 271
Austerocardiochiles 413
Austerocardiochiles zhejiangensis 413
Austrozele 446
Austrozele longipalpis 447
Austrozele nigricans 447

B

Baculonus 311
Banchinae 74
Banchini 76
Banchus 76
Banchus volutatorus 76
Baryceratina 143
Bassus 483
Bassus albifasciatus 483
Bathythrichina 133
Bathythrix 133
Bathythrix kuwanae 133
Brachycyrtus 71
Brachycyrtus nawaii 72
Brachynervus 123
Brachynervus anchorimaculus 123
Brachynervus confusus 123
Brachypimpla 131
Brachypimpla latipetiolar 131
Brachyscleroma 95
Brachyscleroma chinensis 96
Brachyscleroma flavomaculata 96
Brachyscleroma glabrifacialis 96
Brachyscleroma jiulongshanna 97
Brachyscleroma longiterebrae 97
Brachyscleroma zhoui 97
Bracomorpha 209
Bracomorpha ninghais 209
Bracon 209, 210
Bracon (*Bracon*) *nigrorufum* 210

Bracon (*Bracon*) *onukii*　211
Bracon (*Cyanopterobracon*) *urinator*　212
Bracon (*Glabrobracon*) *isomera*　213
Bracon (*Orientobracon*) *laticanaliculatus*　214
Bracon (*Orientobracon*) *maculaverticalis*　215
Bracon (*Sculptobracon*) *adoxophyesi*　216
Bracon (*Sculptobracon*) *yakui*　217
Bracon (*Uncobracon*) *pappi*　218
Braconidae　170
Braunsia　484
Braunsia antefurcalis　485
Braunsia matsumurai　486
Braunsia pilosa　487
Braunsia postfurcalis　488
Brulleia　477
Brulleia rubida　477
Brulleiini　477
Buysmania　144
Buysmania oxymora robusta　144

C

Calcaribracon　219
Calcaribracon (*Arostrobracon*) *camaraphilus*　219
Calcaribracon (*Arostrobracon*) *nipponensis*　220
Callajoppa　168
Callajoppa pepsoides　168
Campoletis　86
Campoletis chlorideae　86
Camptotypus　7
Camptotypus arianus　7
Cardiochilinae　412
Carinichelonus　312
Casinaria　82
Casinaria nigripes　82
Casinaria pedunculata burmensis　83
Casinaria pedunculata pedunculata　83
Casinaria similima　83
Cedria　272
Cedria paradoxa　272
Cenocoeliinae　475
Centistes　455, 456
Centistes (*Ancylocentrus*) *chaetopygidium*　457
Centistes (*Ancylocentrus*) *medythiae*　458
Centistes (*Ancylocentrus*) *ocularis*　458
Centistes (*Ancylocentrus*) *punctatus*　458
Centistes (*Centistes*) *carinatus*　456
Centistes (*Centistes*) *intermedius*　456
Centistes (*Centistes*) *striatus*　457
Chaenusa　283
Chaenusa orghidani　284
Charmon　480
Charmon extensor　480
Charmon rufithorax　480
Charmontinae　480
Charops　84
Charops bicolor　84
Charops brachypterus　84
Charops taiwana　85
Cheloninae　296
Chelonus　311, 314

Chelonus (*Baculonus*) *icteribasis*　311
Chelonus (*Carinichelonus*) *tabonus*　312
Chelonus (*Chelonus*) *annulipes*　315
Chelonus (*Chelonus*) *arisanus*　315
Chelonus (*Chelonus*) *formosanus*　315
Chelonus (*Chelonus*) *munakatae*　316
Chelonus (*Megachelonus*) *macros*　312
Chelonus (*Microchelonus*) *elegantulus*　316
Chelonus (*Microchelonus*) *jungi*　317
Chelonus (*Microchelonus*) *pectinophorae*　317
Chelonus (*Parachelonus*) *amaculatus*　313
Chelonus (*Parachelonus*) *polycolor*　313
Chelonus (*Stylochelonus*) *antenventris*　314
Chelonus (*Stylochelonus*) *brevimalarspacemis*　314
Chiroticina　127
Chlorocryptus　144
Chlorocryptus coreanus　144
Chlorocryptus purpuratus　145
Chorinaeus　111
Chorinaeus facialis　111
Clinocentrini　243
Clinocentrus　243
Clinocentrus baishanzuensis　244
Clinocentrus cornalus　244
Clinocentrus politus　245
Clinocentrus rugifrons　245
Clistopyga　25
Clistopyga incitator　26
Cobunus　162
Cobunus filicornis　163
Coccygidium　489
Coccygidium angostura　489
Coeloides　233
Coeloides longquanus　233
Colpotrochia　114
Colpotrochia (*Colpotrochia*) *jozankeana fukiensis*　115
Colpotrochia (*Colpotrochia*) *maai*　115
Colpotrochia (*Colpotrochia*) *pilosa pilosa*　115
Colpotrochia (*Colpotrochia*) *pilosa sinensis*　116
Colpotrochia (*Scallama*) *flava*　116
Conspinaria　248
Conspinaria flavum　248
Cotesia　380
Cotesia affinis　382
Cotesia anomidis　382
Cotesia chilonis　382
Cotesia chinensis　383
Cotesia dictyoplocae　383
Cotesia eguchii　383
Cotesia flavipes　384
Cotesia gastropachae　384
Cotesia glomerata　384
Cotesia kariyai　385
Cotesia miyoshii　385
Cotesia ordinaria　385
Cotesia planus　386
Cotesia rubecula　386
Cotesia ruficrus　387
Cotesia taprobanae　387

Cotesia vestalis 386
Cotesiini 380
Cremastinae 91
Cremnops 490
Cremnops desertor 490
Cryptinae 126
Cryptini 138
Cryptontsira 173
Cryptontsira parva 173
Ctenichneumon 157
Ctenichneumon panzeri suzukii 158
Ctenopelmatinae 77
Cyanopterobracon 212

D

Delomeristini 2
Diachasmimorpha 273
Diachasmimorpha bicolor 274
Diachasmimorpha curvinervis 275
Diachasmimorpha flavifacialis 276
Diachasmimorpha melathorax 276
Diachasmimorpha palleomaculata 277
Diadegma 87
Diadegma akoensis 87
Diadegma semiclausum 87
Diadromus 152
Diadromus collaris 152
Diatora 128
Diatora lissonota 128
Diatora prodeniae 129
Dicamptus 99
Dicamptus nigropictus 99
Dicamptus reticulatus 100
Dictyonotus 98
Dictyonotus purpurascens 98
Dinocampus 459
Dinocampus coccinellae 459
Diplazon 125
Diplazon laetatorius 125
Diplazon tetragonus 125
Diplazontinae 124
Disophrys 491
Disophrys erythrocephala 492
Dolabraulax 221
Dolabraulax jigongshanus 222
Dolichogenidea 364
Dolichogenidea claniae 365
Dolichogenidea dilecta 366
Dolichogenidea flavigastrula 368
Dolichogenidea lacteicolor 372
Dolichogenidea laevigata 369
Dolichogenidea laticauda 370
Dolichogenidea metesae 373
Dolichogenidea paranthreneus 371
Dolichogenidea priscus 374
Dolichogenidea singularis 375
Dolichogenidea sonani 376
Dolichogenidea stantoni 378
Dolichomitus 14
Dolichomitus melanomerus 15

Dolichomitus nakamurai 15
Dolichomitus populneus 16
Doryctes 173
Doryctes (*Doryctes*) *petiolatus* 174
Doryctes (*Doryctes*) *yogoi* 174
Doryctes denticoxa 174
Doryctes gyljak 175

E

Eccoptosage 154
Eccoptosage miniata 155
Echthromorpha 49
Echthromorpha agrestoria notulatoria 49
Eleonoria 423
Eleonoria hei 424
Enicospilus 100
Enicospilus bicarinatus 102
Enicospilus concentralis 102
Enicospilus erythrocerus 102
Enicospilus flavocephalus 103
Enicospilus formosensis 103
Enicospilus gauldi 103
Enicospilus kanshirensis 103
Enicospilus lineolatus 104
Enicospilus melanocarpus 104
Enicospilus nigropectus 104
Enicospilus pantanae 104
Enicospilus plicatus 105
Enicospilus pseudantennatus 105
Enicospilus pseudoconspersae 105
Enicospilus pudibundae 105
Enicospilus purifenastratus 106
Enicospilus ramidulus 106
Enicospilus riukiuensis 106
Enicospilus shikokuensis 106
Enicospilus sinicus 107
Enicospilus stenophleps 107
Enicospilus tenuinubeculus 107
Enicospilus transversus 107
Enicospilus tripartitus 107
Ephedrini 284
Ephedrus 284
Ephedrus (*Ephedrus*) 285
Ephedrus (*Ephedrus*) *nacheri* 285
Ephedrus (*Ephedrus*) *nigra* 286
Ephedrus (*Ephedrus*) *plagiator* 287
Ephedrus (*Ephedrus*) *quadratum* 288
Ephedrus (*Fovephedrus*) 289
Ephedrus (*Fovephedrus*) *longistigmus* 289
Ephedrus (*Fovephedrus*) *persicae* 290
Ephedrus (*Fovephedrus*) *rugosus* 291
Ephialtes 34
Ephialtes rufata 35
Ephialtes taiwanus 35
Ephialtini 3
Eriborus 89
Eriborus sinicus 89
Eriborus terebranus 90
Eriborus vulgaris 90
Eridolius 68

Eridolius clauseni 68
Etha 143
Etha tuberculata 143
Euagathis 493
Euagathis borneoensis 493
Euagathis chinensis 494
Euagathis forticarinata 495
Euagathis ophippium 496
Euceros 70
Euceros dentatus 71
Euceros kiushuensis 71
Eucerotinae 70
Euphorinae 452
Euphorus 459
Euphorus normalis 460
Euphorus rufithorax 460
Eurycardiochiles 413
Eurycardiochiles jiulong 414
Eurycardiochiles shezu 414
Euryproctini 78
Eurytenes 278
Eurytenes basinervis 278
Euurobracon 234
Euurobracon breviterebrae 235
Euurobracon disparalis 236
Euurobracon yokahamae 237
Exenterini 68
Exenterus 69
Exenterus chinensis 69
Exenterus similis 69
Exeristes 12
Exeristes roborator 13
Exochus 118
Exochus scutellaris 118
Exochus scutellatus 118
Exoryza 379
Exoryza schoenobii 379

F

Facydes 162
Facydes nigroguttatus 162
Fopius 279
Fopius denticulifer 279
Fopius oxoestos 279
Fornicia 390
Fornicia arata 391
Fornicia flavoabdominis 391
Fornicia imbecilla 392
Fornicia minis 392
Fornicia obscuripennis 392
Forniciini 390

G

Gabuniina 138
Gambrus 141
Gambrus ruficoxatus 142
Gambrus wadai 142
Gelina 130
Glabrobracon 213
Goryphina 146

Goryphus 148
Goryphus basilaris 148
Gotra 145
Gotra octocinctus 146
Gravenhorstiinae 119
Gregopimpla 19
Gregopimpla himalayensis 19
Gregopimpla kuwanae 20
Gyrodontini 155
Gyroneuron 249
Gyroneuron testaceator 249

H

Habrobracon 223
Habrobracon hebetor 223
Habrobracon stabilis 224
Habronyx 119
Habronyx heros 119
Habronyx insidiator 120
Hadrodactylus 78
Hadrodactylus orientalis 78
Hartemita 415
Hartemita chinensis 415
Hartemita flava 415
Hartemita latipes 416
Hartemita punctata 416
Hecabolomorpha 175
Hecabolomorpha asiaticum 175
Helconidea 478
Helconidea planidorsum 479
Helconinae 477
Helconini 478
Hemigaster 137
Hemigaster mandibularis 137
Hemigaster taiwana 137
Hemigasterini 136
Hemitelina 129
Heteropelma 121
Heteropelma amictum 121
Heteropelma elongatum 122
Heterospilus 176
Heterospilus austriacus 176
Heterospilus chinensis 177
Heterospilus kerzhneri 177
Heterospilus rubrocinctus 177
Heterospilus separatus 177
Homolobinae 447
Homolobus 448
Homolobus (*Apatia*) *truncator* 448
Homolobus (*Chartolobus*) *infumator* 449
Homolobus (*Oulophus*) *nepalensis* 449
Homolobus (*Oulophus*) *nipponensis* 450
Hormiinae 266
Hormius 267
Hormius moniliatus 267
Hypodoryctes 178
Hypodoryctes bilobus 178
Hypodoryctes fuga 179
Hypodoryctes serenada 179
Hypodoryctes sibiricus 180

Hypodoryctes tango 180
Hyposoter 88
Hyposoter ebeninus 88
Hyposoter takagii 88
Hypsicera 116
Hypsicera erythropus 117
Hypsicera formosana 117
Hypsicera lita 117

I
Ichneumon 161
Ichneumon (Intermedichneumon) ocellus 161
Ichneumonidae 1
Ichneumoninae 151
Ichneumonini 161
Ichneumonoidea 1
Ichneutes 417
Ichneutes orientalis 418
Ichneutes rufithorax 418
Ichneutinae 417
Iphiaulax 201
Iphiaulax impeditor 202
Iphiaulax impostor 203
Ipodoryctes 181
Ipodoryctes nitidus 182
Ipodoryctes signatus 183
Ipodoryctes signipennis 183
Ischnina 142
Ischnojoppa 166
Ischnojoppa luteator 167
Ischnojoppini 166
Itoplectis 49
Itoplectis alternans epinotiae 50
Itoplectis himalayensis 50
Itoplectis naranyae 51

J
Joppocryptini 154

K
Kerorgilus 424
Kerorgilus zonator 424
Kristotomus 69
Kristotomus claviventris 70

L
Labeninae 71
Lareiga 158
Lareiga abdominalis 158
Latibulus 151
Latibulus sonani 151
Leiophron 460
Leiophron (Euphoriana) chengi 461
Leiophron (Leiophron) flavicorpus 461
Lemophagus 88
Lemophagus japonicus 89
Leptobatopsis 74
Leptobatopsis indica 75
Leptobatopsis nigra immaculata 75
Leptobatopsis nigricapitis 75
Leptospathius 183

Leptospathius triangulifera 183
Lissonotini 74
Lissosculpta 160
Lissosculpta javanica 160
Listrodromini 165
Listrognathus 147
Listrognathus (Listrognathus) sauteri 147
Longitibia 30
Longitibia sinica 30
Lophyroplectus 79
Lophyroplectus chinensis 79
Lycorina 73
Lycorina inareolata 74
Lycorininae 73
Lysiterminae 268
Lytopylus 497
Lytopylus romani 498

M
Macrini 85
Macrocentrinae 429
Macrocentrus 430
Macrocentrus anjiensis 434
Macrocentrus baishanzua 438
Macrocentrus bicolor 437
Macrocentrus brevipalpis 442
Macrocentrus choui 438
Macrocentrus chui 434
Macrocentrus cingulum 441
Macrocentrus cnaphalocrocis 439
Macrocentrus coronarius 432
Macrocentrus gutianshanensis 440
Macrocentrus hangzhounesis 440
Macrocentrus hemistriolatus 442
Macrocentrus linearis 444
Macrocentrus lishuiensis 441
Macrocentrus maculistigmus 433
Macrocentrus melanogaster 437
Macrocentrus nigricoxa 438
Macrocentrus nigrigenius 444
Macrocentrus obliquus 440
Macrocentrus parametriatesivorus 439
Macrocentrus parki 443
Macrocentrus qingyuanensis 436
Macrocentrus resinellae 443
Macrocentrus simingshanus 433
Macrocentrus sinensis 435
Macrocentrus thoracicus 435
Macrocentrus tianmushanus 435
Macrocentrus tritergitus 442
Macrocentrus zhejiangensis 436
Macromalon 117
Macromalon orientale 117
Macrostomion 247
Macrostomion sumatranum 248
Mansa 136
Mansa longicauda 136
Mansa tarsalis 137
Mastrina 131
Megachelonus 312

Megalommum　204
Megalommum tibiale　204
Megalomya　153
Megalomya hepialivora　153
Megalomya townesi　154
Megarhogas　246
Megarhogas maculipennis　247
Megarhyssa　63
Megarhyssa praecellens superbiens　63
Mesochorinae　108
Mesochorus　108
Mesochorus discitergus　108
Mesoleptus　135
Mesoleptus laticinctus　135
Mesostenina　145
Meteoridea　504
Meteoridea chui　504
Meteoridea hangzhouensis　504
Meteorideinae　504
Meteorus　461
Meteorus gyrator　462
Meteorus pulchricornis　462
Meteorus versicolor　463
Metopinae　109
Metopius　112
Metopius (*Ceratopius*) *baibarensis*　112
Metopius (*Ceratopius*) *dissectorius dissectorius*　113
Metopius (*Ceratopius*) *dissectorius taiwanensis*　113
Metopius (*Ceratopius*) *metallicus*　113
Metopius (*Metopius*) *rufus*　114
Metopius (*Tylopius*) *fuscolatus*　114
Microchelonus　316
Microctonus　463
Microctonus cretus　464
Microctonus neptunus　464
Microctonus simulans　464
Microgaster　393
Microgaster biaca　394
Microgaster breviterebrae　395
Microgaster ferruginea　396
Microgaster kuchingensis　396
Microgaster longicaudata　396
Microgaster obscuripennata　397
Microgaster ostriniae　398
Microgaster szelenyii　398
Microgaster taishana　399
Microgaster tianmushana　400
Microgaster zhaoi　401
Microgastrinae　321
Microgastrini　393
Microplitini　403
Microplitis　403
Microplitis albotibialis　404
Microplitis amplitergius　405
Microplitis choui　406
Microplitis chui　407
Microplitis leucaniae　408
Microplitis longwangshana　408
Microplitis manilae　409

Microplitis mediator　410
Microplitis pallidipes　410
Microplitis tuberculifer　411
Microplitis zhaoi　412

N

Neotypus　166
Neotypus nobilitator orientalis　166
Netelia　65
Netelia (*Apatagium*) *zhejiangensis*　66
Netelia (*Monomacrodon*) *bicolor*　66
Netelia (*Netelia*) *ocellaris*　66
Netelia (*Netelia*) *orientalis*　66
Neurocrassus　184
Neurocrassus palliatus　184
Neurogenia　80
Neurogenia fujianensis　80
Neurogenia tuberculuta　80
Nipponaetes　132
Nipponaetes haeussleri　133
Nomosphecia　36
Nomosphecia zebroides indica　36

O

Oedemopsini　67
Oligoneurus　420
Oligoneurus cosmopterygivorus　421
Oligoneurus crassicornis　422
Oligoneurus flavifacialis　422
Oligoneurus sinensis　421
Oligoneurus songyangensis　421
Ophioninae　97
Opiinae　273
Orgilinae　422
Orgilonia　425
Orgilonia vechti　425
Orgilus　426
Orgilus kumatai　426
Orgilus pappianus　426
Orientobracon　214
Osprynchotina　148
Oxyrrhexis　33
Oxyrrhexis eurus　33

P

Pachymelos　6
Pachymelos chinensis　6
Pachymelos rufithorax　6
Parabrulleia　478
Parabrulleia shibuensis　478
Parachelonus　313
Paradelius　320
Paradelius chinensis　320
Paraperithous　16
Paraperithous chui　17
Paraperithous indicus sinensis　17
Perilissini　79
Perilitus　465
Perilitus aequorus　465
Perilitus liui　465
Perilitus ruficephalus　466

Peristenus 466
Peristenus furvus 467
Peristenus montanus 467
Peristenus prodigiosus 467
Peristenus rugosus 468
Perithous 2
Perithous divinator divinator 2
Perithous scurra japonicus 3
Phaedrotoma 280
Phaedrotoma depressa 281
Phaedrotoma flavisoma 281
Phaedrotoma rugulifera 282
Phaeogenini 152
Phanerotoma 317
Phanerotoma flava 317
Phanerotoma planifrons 318
Phanerotomella 318
Phanerotomella bicoloratus 318
Phanerotomella sinensis 319
Phanerotomella taiwanensis 319
Phanerotomella zhejiangensis 319
Phrudinae 95
Phygadeuontini 127
Phytodietini 65
Pimpla 54
Pimpla aethiops 54
Pimpla alboannulata 60
Pimpla bilineata 62
Pimpla brumha 58
Pimpla carinifrons 55
Pimpla disparis 59
Pimpla ereba 56
Pimpla flavipalpis 60
Pimpla laothoe 56
Pimpla luctuosa 57
Pimpla nipponica 61
Pimpla pluto 58
Pimplinae 2
Pimplini 35
Platylabini 167
Platylabus 167
Platylabus nigricornis 168
Polysphincta 33
Polysphincta asiatica 34
Porizontinae 80
Porizontini 81
Praini 292
Praon 294
Praon pisiaphis 294
Praon volucre 295
Pristomerus 91
Pristomerus chinensis 92
Pristomerus erythrothoracis 92
Pristomerus scutellaris 92
Pristomerus vulnerator 93
Protapanteles 388
Protapanteles (*Protapanteles*) *femoratus* 388
Protapanteles (*Protapanteles*) *liparidis* 389
Protapanteles (*Protapanteles*) *minor* 389

Protapanteles (*Protapanteles*) *theivorae* 389
Protapanteles (*Protapanteles*) *thompsoni* 390
Proterops 419
Proterops decoloratus 419
Protichneumon 164
Protichneumon moiwanus 164
Protichneumon nakanensis 164
Pseudichneutes 418
Pseudichneutes flavicephalus 419
Pseudopimpla 5
Pseudopimpla glabripropodeum 5
Pseudoshirakia 225
Pseudoshirakia flavus 226
Pseudoshirakia yokohamensis 227

R

Rattana 476
Rattana sinica 476
Reclinervellus 31
Reclinervellus dorsiconcavus 31
Rectizele 446
Rectizele parki 446
Rhaconotinus 185
Rhaconotinus tianmushanus 186
Rhysipolinae 266
Rhysipolis 266
Rhysipolis parnarae 266
Rhyssinae 62
Rogadinae 239
Rogadini 246
Rogas 253
Rogas nigristigma 253
Rogasodes 253
Rogasodes masaicus 254
Rothneyia 132
Rothneyia glabripleuralis 132
Rothneyia sinica 132
Rothneyiina 131

S

Scenocharops 85
Scenocharops parasae 85
Schizopyga 26
Schizopyga flavifrons 27
Schreineria 139
Schreineria ceresia 139
Scolobates 77
Scolobates ruficeps mesothoracica 77
Scolobates testaceus 78
Scolobatini 77
Sculptobracon 216
Sericopimpla 18
Sericopimpla albicincta 18
Sericopimpla sagrae sauteri 18
Shelfordia 228
Shelfordia chinensis 228
Sigalphinae 505
Sigalphus 505
Sigalphus hunanus 505
Spathius 186

Spathius cavus 187
Spathius deplanatus 187
Spathius generosus 188
Spathius habui 189
Spathius ibarakius 190
Spathius japonicus 191
Spathius parallelus 192
Spathius paramoenus 193
Spathius parimbecillus 194
Spathius phymatodis 195
Spathius planus 196
Spathius verustus 197
Sphecophagina 150
Sphinctini 64
Sphinctus 64
Sphinctus pilosus 64
Sphinctus submarginalis 65
Spilopteron 124
Spilopteron hongmaoensis 124
Spinaria 246
Spinaria armator 246
Stantonia 427
Stantonia achterbergi 427
Stantonia issikii 428
Stantonia qui 428
Stantonia ruficornis 429
Stantonia tianmushana 429
Stauropoctonus 99
Stauropoctonus bombycivorus 99
Stenichneumon 156
Stenichneumon appropinquans 157
Stenichneumon posticalis 157
Stenobracon 229
Stenobracon (*Stenobracon*) *deesae* 229
Stenobracon (*Stenobracon*) *nicevillei* 230
Stictopisthus 109
Stictopisthus chinensis 109
Stilpnina 134
Streblocera 468
Streblocera (*Asiastreblocera*) *cornuta* 469
Streblocera (*Asiastreblocera*) *dayuensis* 469
Streblocera (*Cosmophoridia*) *flaviceps* 470
Streblocera (*Eutanycerus*) *cornis* 470
Streblocera (*Eutanycerus*) *distincta* 470
Streblocera (*Eutanycerus*) *emeiensis* 471
Streblocera (*Eutanycerus*) *obtusa* 471
Streblocera (*Eutanycerus*) *okadai* 471
Streblocera (*Eutanycerus*) *sungkangensis* 471
Streblocera (*Streblocera*) *tayulingensis* 472
Streblocera (*Villocera*) *villosa* 472
Stylochelonus 314
Syntretus 472
Syntretus glaber 473
Syrphoctonus 126
Syrphoctonus sauteri 126

T

Temelucha 94
Temelucha biguttula 94
Temelucha philippinensis 94
Testudobracon 231
Testudobracon pleuralis 232
Therion 120
Therion circumflexum 120
Therion rufomaculatum 121
Theronia 37
Theronia atalantae gestator 38
Theronia depressa 38
Theronia maskeliyae flavifemorata 39
Theronia pseudozebra pseudozebra 40
Theronia zebra diluta 40
Therophilus 499
Therophilus asper 499
Therophilus cingulipes 500
Torbda 138
Torbda sauteri 139
Townesilitus 473
Townesilitus deceptor 473
Townesilitus pallidistigmus 474
Trathala 93
Trathala flavo-orbitalis 93
Trathala matsumuraenus 94
Triancyra 63
Triancyra brevilatibasis 63
Triraphis 250
Triraphis brevis 251
Triraphis flavus 251
Triraphis fuscipennis 250
Triraphis longwangensis 252
Triraphis melanus 251
Triraphis terebrans 252
Trogini 168
Trogus 169
Trogus bicolor 169
Trogus lapidator romani 169
Tromatobia 21
Tromatobia argiopei 23
Tromatobia flavistellata 21
Tromatobia lineatoria 22
Tryphoninae 64

U

Ulesta 156
Ulesta agitata 156
Uncobracon 218
Ussuraridelus 474
Ussuraridelus yaoae 474

V

Venturia 81
Venturia canescens 82
Vulgichneumon 159
Vulgichneumon diminutus 159
Vulgichneumon leucaniae 159
Vulgichneumon taiwanensis 160

X

Xanthocampoplex 90
Xanthocampoplex chinensis 91

Xanthopimpla 40
Xanthopimpla brachycentra brachycentra 44
Xanthopimpla clavata 45
Xanthopimpla flavolineata 43
Xanthopimpla guptai maculibasis 45
Xanthopimpla konowi 41
Xanthopimpla lepcha 42
Xanthopimpla naenia 47
Xanthopimpla pedator 42
Xanthopimpla punctata 47
Xanthopimpla reicherti separata 46
Xanthopimpla zhejiangensis 48
Xiphozele 450
Xiphozele achterbergi 451
Xiphozele bicoloratus 451
Xiphozele fumipennis 451
Xiphozelinae 450

Y

Yelicones 241
Yelicones belokobyskiji 242
Yelicones koreanus 242
Yelicones longivena 242
Yelicones wui 243
Yeliconini 241

Z

Zaglyptus 23
Zaglyptus iwatai 23
Zaglyptus multicolor 24
Zaglyptus wuyiensis 25
Zatypota 32
Zatypota albicoxa 32
Zele deceptor rufulus 475
Zele 474
Zele chlorophthalmus 475
Zelodia 501
Zelodia absoluta 502
Zelodia nihonensis 503
Zombrus 198
Zombrus bicolor 199